I0051681

V

28360

RAPPORT
DU JURY CENTRAL

SUR LES PRODUITS

DE L'AGRICULTURE ET DE L'INDUSTRIE

EXPOSÉS EN 1849

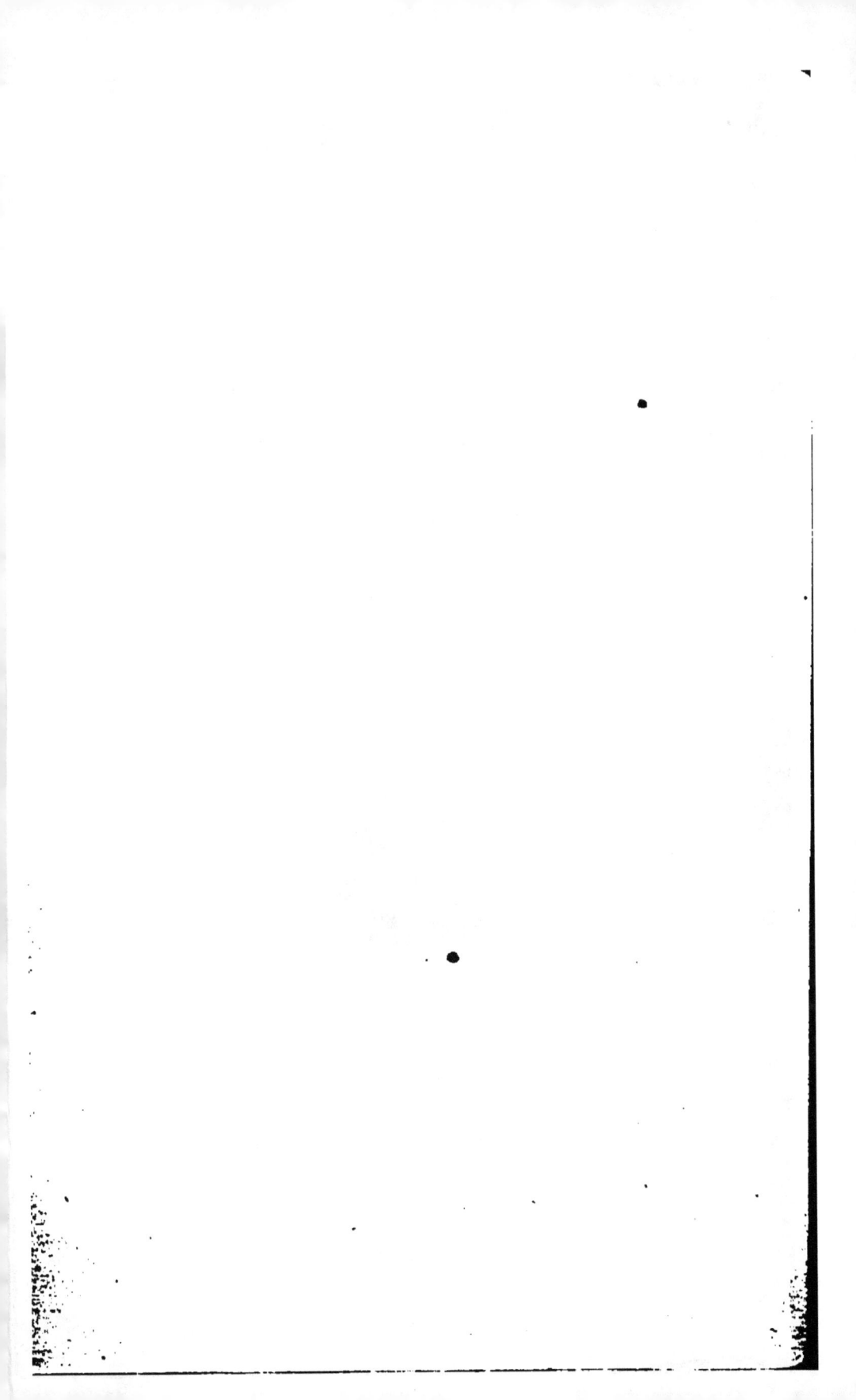

RAPPORT

DU JURY CENTRAL

SUR LES PRODUITS

DE L'AGRICULTURE ET DE L'INDUSTRIE

EXPOSÉS EN 1849

TOME III

BIBLIOTHÈQUE NATIONALE R.F. IMPRIMÉS.

DON. 4510

PARIS
IMPRIMERIE NATIONALE

M DCCC L

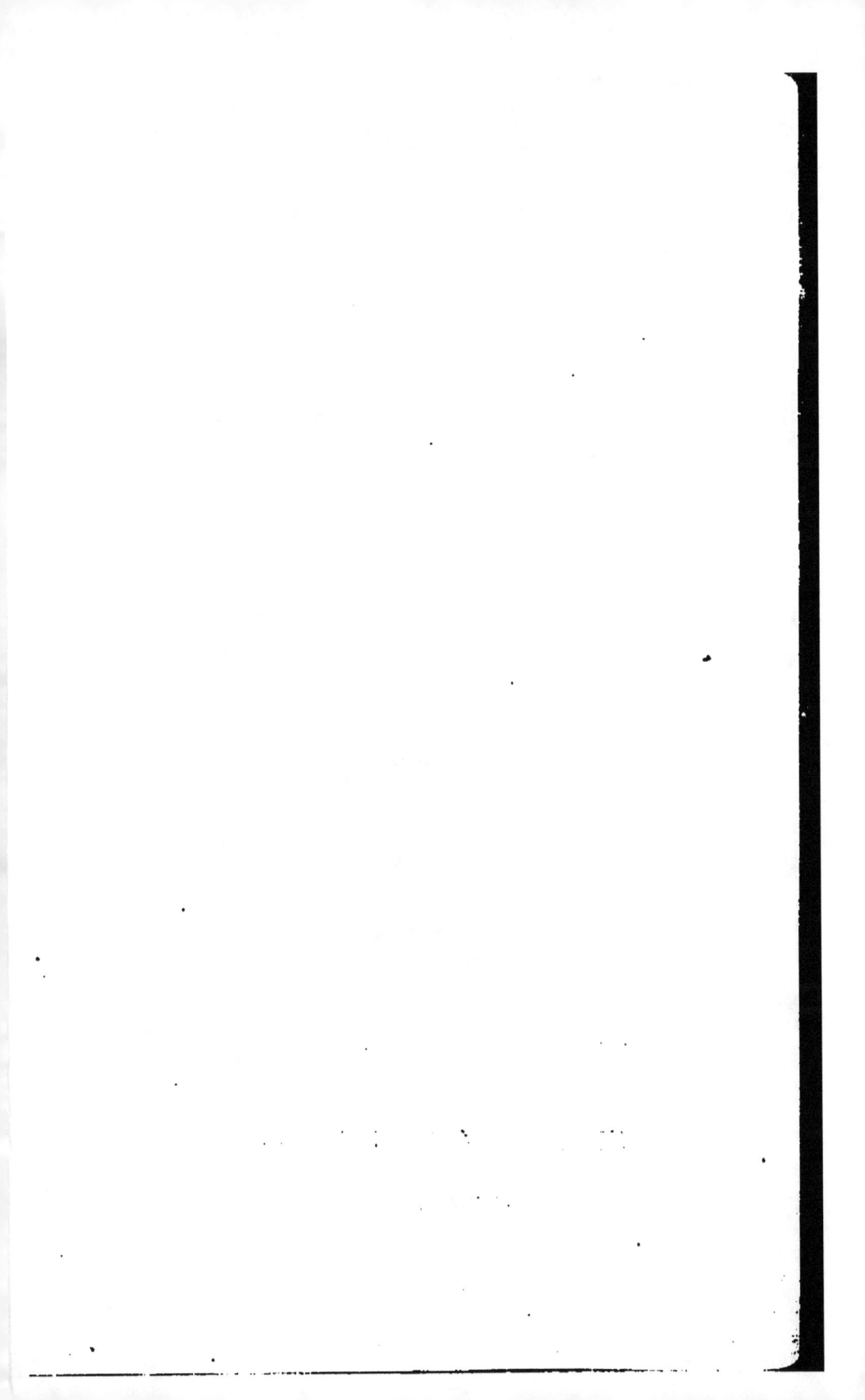

RAPPORT
DU JURY CENTRAL
SUR LES PRODUITS
DE L'INDUSTRIE FRANÇAISE
EXPOSÉS EN 1849.

HUITIÈME COMMISSION.
TISSUS.

MEMBRES DU JURY COMPOSANT LA COMMISSION :

MM. A. Mimerel, président; — Arlès Dufour, Félix Aubry, Barbet, Billiet, Blanqui, E. Dolfus, Dumas (Justin), Dupérier, M. Gaussen, Germain Thibaut, Victor Grandin, Lainel, Legentil, Manière, Persoz, Randoing, Natalis Rondot, Roux Carbonnel, Sallandrouze de la Mornaix, Sieber, Tavernier, Wolowski, Yvart, E. Desportes.

CONSIDÉRATIONS GÉNÉRALES.

M. A. Mimerel.

Parler de l'industrie des tissus, parler surtout de ses progrès, aurait paru bien téméraire il y a peu de mois encore. Le travail, cette source si féconde de la richesse nationale, pouvait-il ne pas être à jamais compromis par la violente tempête qui avait bouleversé la France et ruiné ses producteurs? Et cependant, à peine le calme reparaît, que les ateliers sont actifs, les salaires rétablis, et que l'état vrai des choses ne laisse aucun doute sur la marche toujours progressive de nos diverses industries. En effet, laine, coton, lin et soie, filature, tissage, moyens d'apprêt, de teinture, de blanchiment

III.

1

ou d'impression, tous les produits si beaux et si divers, examinés avec un soin soutenu, permettent d'affirmer que l'exposition de 1849 laisse derrière elle celle de 1844, si brillante, cependant, qu'elle semblait défier tous les efforts et fermer, en quelque sorte, la carrière aux progrès.

C'est un espoir bien consolant que celui de la prompte résurrection de l'industrie des tissus : c'est à la fois la richesse de nos villes, l'aisance de nos villages ; car personne n'ignore aujourd'hui que, si le travail français donne chaque année 2 milliards de produits industriels, les 4/5 (1,600 millions) sont destinés au vêtement de la population, et que, sur cette somme, plus de 800 millions de salaires sont distribués directement aux ouvriers des manufactures et d'usines, plus généralement agglomérés dans les villes, et aux ouvriers tisserands disséminés en très-grand nombre dans les campagnes. Ainsi, même au milieu de cette propagande impie qui avait pour but la désorganisation du travail, le travail résiste, et la population des travailleurs, qu'on croyait courbée sous le découragement, se relève avec toute son énergie; ainsi, même après les ravages que laisse derrière lui le génie des révolutions, un moment triomphant, ses moyens de réparer tant de désastres, d'essuyer tant de pleurs en recréant de nouvelles richesses, ne sont pas perdus sans retour! C'est que, sans cesse travaillée par l'ardeur et l'intelligence de ses habitants. la terre de France est féconde: féconde pour le bien, puisse-t-elle ne jamais l'être pour le mal; puisse-t-elle n'avoir jamais à déplorer de nouveau les excès dont longtemps encore elle portera la peine.

Pour atteindre ce but, pour étouffer les mauvaises semences jetées au milieu des populations ouvrières, nos chefs d'atelier comprendront les nouveaux devoirs qu'ils ont à remplir. Ils deviennent, en effet, moralement responsables devant la société de ces populations qu'ils agglomèrent pour le progrès de la production, mais qui trop souvent jettent l'inquiétude et altèrent la sécurité publique. Non que jamais nos industriels soient restés en dehors de la mission qu'ils ont entreprise, mais le moment est venu de travailler plus activement chaque jour à faire fructifier, par la bienfaisance, les idées de concorde et de respect des lois. Ce n'est plus seulement à transformer habilement la matière que sont appelés les hommes dont l'industrie s'honore; ce n'est plus même à assainir les ateliers, et assurer par-là le bien-être physique des ouvriers; ce sont les ouvriers eux-mêmes qu'il faut transformer en les moralisant. Il faut diriger activement vers le bien l'intelligence incertaine et trop confiante de ces viriles populations.

Il faut leur faire comprendre qu'il n'y a pas de salaire possible et honorable sans travail : il faut que le prix légitime de ce travail donne le nécessaire pour l'âge viril, le nécessaire pour la vieillesse, et pour cela il faut inculquer à chacun la prévoyance. La prévoyance pour soi, la prévoyance pour les siens. Pour ce résultat, difficile à atteindre peut-être, impossible jamais, il faut que l'ouvrier se retrempe dans la famille, et que l'atelier lui ménage quelques-uns de ces loisirs sans lesquels il ne saurait y avoir ni sérénité d'âme, ni calme d'esprit.

La prévoyance et l'esprit de famille, ces deux sauvegardes de l'ouvrier, sont surtout nécessaires aujourd'hui que, si les produits, par leur bas prix, permettent à tous une existence plus complète et des jouissances nouvelles, cette conquête n'est due qu'à l'envahissement chaque jour plus généralisé de la mécanique sur le travail manuel, et que cet envahissement doit amener, dans l'existence de l'ouvrier, des perturbations momentanées. Faut-il, sous ce rapport, regretter que la toile, cette richesse de nos chaumières, échappe définitivement, même pour le tissage, à nos familles villageoises? Ce n'est pas ici le lieu d'examiner cette question, mais en admirant, dans les résultats nouveaux qu'elle expose, les progrès de la machine, un esprit inquiet, ne s'attachant qu'au présent, sans considérer les compensations de l'avenir, pourrait se laisser aller à un sentiment de compassion, en pensant aux précieuses existences qui peuvent être troublées. Ce n'est plus seulement

1.

la force de l'homme que la machine va épargner, et, dirait-il, c'est le salaire de la jeune fille qu'elle va ravir : le salaire, cette nécessité de sa vie, cette première garantie de la pureté des mœurs. En effet, le pli, le jour, la broderie, la dentelle même, ces occupations qui semblaient dévolues à toujours au fuseau, à l'aiguille, aux mains les plus patientes et les plus exercées, seront désormais le produit de l'atelier. Déjà il a abaissé des 9/10 la valeur de ces produits. Sous cette dépression, le travail arrivera-t-il encore utilement à la mansarde? Il ne saurait y avoir accès, et n'en barrera plus la porte au séducteur, et si la morale ne prévaut pas sur les mauvais conseils de la faim, que penser de ces perfectionnements qui mettent en relief la sagacité de l'inventeur, mais qui, poussés à leurs dernières limites, mettent aussi en péril le bonheur, l'existence et l'honneur de la famille, comme s'il était vrai que la faiblesse de l'homme dût se revêtir davantage à mesure qu'elle se croit plus près d'atteindre à la perfection : tristes pensées dont l'expérience se charge de détruire l'exagération.

Quand donc l'existence de l'ouvrier a-t-elle été plus abondante que depuis l'établissement des machines? Jusqu'ici leur développement a toujours ajouté à leurs bienfaits. Mais la machine a arraché l'homme à la famille pour le livrer à l'atelier, et l'atelier n'est pas son élément moralisateur. Là est le mal qu'il faut combattre, et, quelque nombreux que soient les obstacles, la volonté de les surmonter ne doit être arrêtée par rien, car la prudence et l'humanité exigent que l'atelier soit moralisé.

La moralisation des ouvriers par les bons conseils, la généreuse conduite et les bons exemples des chefs, a toujours été la pensée présente à l'esprit des membres de la commission des tissus, quand ils se sont occupés des récompenses à distribuer. Ils n'ont pas cru que l'exposition de 1849 dut, comme les précédentes, n'offrir à la conscience du juge que l'examen de produits plus ou moins parfaits : à d'autres temps, d'autres besoins; tous sont convaincus qu'aujourd'hui surtout la bonne constitution des ateliers, les bons rapports entre le patron et l'ouvrier contribuent davantage à la richesse de l'avenir, que la réduction plus perfecte d'un tissu ou la nouveauté d'une armure, et qu'il faut qu'au moins le progrès jugé par les yeux marche d'accord avec le développement pratique des idées que nous venons d'émettre. C'est qu'en effet, même sous le rapport matériel, il n'y a pas de progrès durable et possible aujourd'hui sans la concorde dans l'atelier, pas de progrès si la pensée du chef n'est traduite avec amour par l'ouvrier.

Suffit-il donc d'une bonne fabrication matérielle pour justifier une récompense? Le plus beau produit, s'il ne doit de possibilité d'être qu'à une diminution abusive des salaires, est-il utile à la société qui a surtout en vue la bonne existence de tous ses enfants? Le bon marché au prix de la misère ne saurait avoir aucun mérite à nos yeux. Le bon marché par la bonne dispensation économique des éléments du travail, voilà le véritable, voilà le seul progrès, et pas plus la République que la monarchie ne voudra honorer celui qui aura spéculé sur la souffrance de son semblable.

Hâtons-nous de le dire, nos investigations, si soigneusement qu'elles aient été faites, ne nous ont laissé ni regrets à formuler, ni exclusions à prononcer; partout nous avons constaté les efforts les plus généreux, les intentions les plus désintéressées, et nous ne savons pas encore ce qu'il faut le plus admirer, ou d'une exposition qui, après une si terrible crise, se produit si riche et si progressive, ou de la conduite des chefs qui, dans ces temps calamiteux, ont obéi à la plus louable émulation en continuant le travail aux ouvriers, en les soulageant dans leur infortune: aussi, avons-nous choisi les plus dignes parmi les plus dignes, et en faisant ces choix, et en disant les motifs qui nous ont dirigés, nous avons espéré donner une impulsion qui, mieux que les mesures législatives, contribuerait à détruire un antagonisme souverainement injuste, sans doute, mais qui tient le pays en inquiétude, et que chacun doit contribuer de tous ses efforts à faire disparaître.

C'est encore dans cette pensée que nous avons demandé quelques récompenses pour honorer les bons sentiments des ouvriers envers leurs chefs. Un jury départemental, dont nous ne saurions trop louer les travaux, avait cru que, tout honorables que fussent les services de cette nature, ils ne pouvaient, dans leur appréciation, ressortir du jury central, qui n'est appelé à juger que des faits matériels, et nullement ceux qui ne rentrent que dans l'ordre moral, comme si l'ordre moral ne dominait pas tout aujourd'hui! Nous avons eu une plus haute idée de notre mission. Nous avons cru que, surtout dans ces jours d'épreuves, il fallait s'incliner devant ces exemples, toujours trop rares, qui doivent répandre partout l'amour du bon et du juste; que ces exemples ne pouvaient être ni trop connus, ni trop honorés; heureux si quelques lauriers fertilisent, en l'ombrageant, la semence que nous voulons répandre; heureux si nous aidons à faire pénétrer plus avant dans les cœurs ce sentiment de fraternité qui doit enfin réunir, dans une même pensée, tous les enfants de la France.

PREMIÈRE PARTIE.

LAINES ET LAINAGES.

PREMIÈRE SECTION.

LAINES PEIGNÉES ET FILÉES.

M. Billiet, rapporteur.

Exposant hors de concours. **MM. BILLIET, CARABIN et HUOT, à Paris (Seine).**

Cette maison, dont l'un des chefs, M. Billiet, est membre du jury central, se trouve par ce fait hors de concours. Le jury regrette que cette situation exceptionnelle le prive de pouvoir leur décerner les éloges et la récompense que la beauté de leurs produits et leur position industrielle pouvait leur mériter.

MM. LUCAS frères, à Reims (Marne).

L'établissement de MM. Lucas frères compte environ 7,000 broches; mais s'il en existe de plus importants, on peut dire qu'il n'en existe pas dont les produits jouissent d'une aussi haute réputation.

Les fils de laine peignée exposés par MM. Lucas frères, dans les nᵒˢ 56 à 90 m/m au kilogramme, pour chaînes, et 90 jusqu'à 164 m/m, pour trames, sont d'une solidité et d'une régularité qui n'avaient pas encore été atteintes, et qu'il semble bien difficile de dépasser.

Cette incontestable supériorité, qui date de loin, avait été appréciée par le jury de 1844, qui a décerné à MM. Lucas frères le rappel de la médaille d'or que le jury de 1849 lui confirme de nouveau.

M. TRANCHART-FROMENT, à Laneuville-lez-Wassigny, près Rethel (Ardennes).

M. Tranchart, dont la filature comptait à peine 3,500 broches pour peigné et cardé, en 1820, en occupait 12,000 en 1844, pour laine peignée, qu'il filait à façon, pour Reims et Paris principalement.

Aujourd'hui c'est la filature de laine la plus importante de France, produisant à façon 12,00 kilogrammes de fil de laine peignée par jour, au moyen de 30,000 broches, et avec le secours de 800 ouvriers.

Un développement aussi rapide fait ressortir mieux que tout ce que nous pourrions dire l'esprit d'entreprise qui distingue si éminemment M. Tranchart-Froment.

Les produits exposés par l'établissement de Laneuville sont trèssatisfaisants, et s'adressent surtout aux masses.

Cependant, ses chaînes nᵒ 62 jusqu'à 136, qui sont d'une grande beauté, prouvent bien que M. Tranchart pourrait aborder les numéros les plus fins avec le même succès.

Mais M. Tranchart n'est pas seulement un industriel des plus hardis et des plus intelligents, il se distingue au même degré par la sollicitude la plus constante et la plus éclairée pour ses ouvriers et la classe pauvre de sa localité.

La construction de routes sur ses propriétés, pour établir de nouvelles communications, et fournir du travail aux bras que l'agriculture laisse inoccupés en hiver; la création d'un village où plus de cent familles trouvent des logements sains, dans des maisons dont elles deviennent bientôt propriétaires, au moyen d'une faible retenue sur leur salaire; l'institution d'une caisse de secours, administrée fraternellement par lui-même, tels sont les titres qui viennent s'ajouter à ceux de l'industriel méritant qui fut récompensé, en 1844, par une médaille d'or, et que le jury lui rappelle.

Nouvelle médaille d'argent. ## MM. LACHAPELLE et LEVARLET, à Reims (Marne).

Ancienne maison, qui, à la filature de la laine cardée et peignée, a joint avec succès, depuis la précédente exposition, la filature mixte.

Les fils qu'elle expose appartiennent à ces trois espèces, et offrent tous l'élasticité, la régularité et la force nécessaires à un bon tissage.

Les deux établissements de MM. Lachapelle et Levarlet, dont l'un est à Saint-Brice et l'autre à Reims, contiennent ensemble 9,000 broches, qui emploient de 130 à 150,000 kilogrammes de laine par an, et occupent environ 250 ouvriers. La moitié de cette production est pour leur propre compte, le surplus est filé à façon.

MM. Lachapelle et Levarlet soutiennent dignement leur ancienne réputation, et ne cessent de marcher dans la voie du progrès. Le jury leur avait accordé un rappel de médaille d'argent en 1844; il leur décerne aujourd'hui une nouvelle médaille d'argent.

Rappel de médaille d'argent. ## M. Julien-Alexis ORIOLLE, à Angers (Maine-et-Loire).

Il présente à l'exposition une grande variété de fils, de laine peignée, de laine cardée, d'étoffes de laine pure, et mélangées en chaîne coton et lin.

Tous ces objets sortent de l'établissement de M. Oriolle, qui joint à la filature la teinture et le tissage.

Ses fils blancs et de couleur servent à la confection d'une foule de tissus lisses qui conviennent surtout à la consommation de la localité et de quelques départements du Midi. Leur bonne qualité et leur bon marché en assurent le facile écoulement.

L'établissement de M. Oriolle a été incendié en 1847. Dix mois ont suffi à cet honorable industriel pour rééditer son usine dans les meilleures conditions de succès, et rendre le travail à 350 ouvriers environ.

M. Oriolle n'est donc pas resté en arrière du grand mouvement industriel des dernières années, et le jury lui rappelle la médaille d'argent qu'avec tant de justice il a obtenue en 1844.

M. CARLOS-FLORIN, à Roubaix (Nord).

Il expose des trames aux n° 124, 140 et 280 au kilogramme, qui sont d'une grande perfection. Son établissement compte 5,000 broches, donnant du travail à environ 100 ouvriers.

Ses produits trouvent leur écoulement pour la fabrique de Roubaix, qui les apprécie à l'égal des meilleurs.

M. Carlos-Florin est donc toujours placé au premier rang dans son industrie.

Le jury de 1844 lui a décerné une nouvelle médaille d'argent, celui de 1849 lui en accorde le rappel.

M. LEJEUNE-MATHON, à Roubaix (Nord).

Médailles d'argent.

Il expose des fils provenant de laine de mérinos et métis de Saint-Omer, d'Irlande, de Kent, d'Australie, et des sortes d'origines diverses, qui lui ont été fournies pour être filées à façon, pour le compte de fabricants de Roubaix, notamment par MM. Dutillier, Lorthivis et Lefebvre du Cateau, frères, qui, eux-mêmes, ont exposé les tissus obtenus avec ces filés.

Cet honorable industriel, qui a apporté de grands perfectionnements dans la construction de ses machines et dans la production de ses fils, mérite l'attention spéciale du jury, qui lui décerne une médaille d'argent.

MM. FOURNIVAL fils, ALTEMAYER et Cie, à Rethel (Ardennes).

L'établissement de MM. Fournival fils, Altemayer et compagnie a été fondé, en 1794, par M. Fournival père, pour le peignage de la laine et la filature à la main. M. Fournival a été plus tard un des premiers promoteurs du filage mécanique. Son intelligence et son activité lui avaient fait prendre un rang élevé dans les affaires. Son fils le plus jeune lui a succédé en 1839, avec M. Altemayer.

Ces messieurs ont dignement soutenu la réputation que leur a léguée leur prédécesseur; ils ont exposé des échantillons de laines peignées, filées et tissées, qui présentent une perfection qu'on ne rencontre que dans les maisons les plus avancées dans ce genre d'industrie.

MM. Fournival fils, Altemayer et compagnie occupent de 500 à 600 ouvriers peigneurs, fileurs et tisseurs. Le chiffre de leurs affaires peut varier de 14 à 1,600,000 francs par année, dont les deux tiers pour l'exportation. Le jury remarque particulièrement une pièce de mérinos 26/28 croiseurs, divisée en quatre coupons d'autant de couleurs différentes.

Ce tissu est d'une souplesse et d'une régularité remarquable.

MM. Fournival fils, Altemayer et compagnie n'avaient pas encore exposé sous leur nouvelle raison de commerce. Le jury, voulant reconnaître la perfection de leurs produits, leur décerne une médaille d'argent.

Médailles de bronze.

M. FAUVEAU, à Bruyères-le-Châtel (Seine-et-Oise).

Associé de M. Rousseau, pour l'exploitation de la filature de Trémeroles, il a exposé, en son nom personnel et avec l'autorisation de son associé, des filés pour chaînes, dans les n°ˢ 90 à 120, et des trames 120 à 220 au kilogramme. Tous ces fils sont d'une belle confection et d'une régularité qui font honneur à M. Fauveau.

Cet industriel était encore simple ouvrier il y a peu d'années; par son intelligence et son esprit d'ordre, il est devenu un habile directeur.

Le nombre d'ouvriers occupés dans l'établissement est de 25 à 30; le chiffre des affaires est de 175 à 200,000 francs. Le jury central, voulant récompenser M. Fauveau des efforts qu'il a faits pour acquérir une position si honorable, lui décerne la médaille de bronze.

M. Augustin-Hubert GILBERT, à Reims (Marne).

Ce filateur expose pour la première fois. Son établissement est à Reims, et ne date que de quelques années. Les produits soumis à l'appréciation du jury prouvent que ce jeune industriel est entré dans la voie du progrès. Les chaînes filées aux n°ˢ 60, 70 et 90 m/m au kilogramme, et les trames 108, 112, 120 et 140 m/m possèdent toutes les qualités convenables à une bonne fabrication. Le jury central, voulant récompenser le mérite industriel de M. Gilbert, lui décerne la médaille de bronze.

M. CARRIOL-BARON, à Angers (Maine-et-Loire).

Il expose pour la première fois.

Il présente un assortiment complet et très-varié de ses produits, qui consistent en fils peignés, chaîne et trame, depuis le n° 14 jusqu'au n° 140 au kilogramme; des fils cardés pour trame et tricots filés, depuis le n° 6 au n° 20, doublés en 6 et 8 fils, pour tricots et broderies.

Il expose aussi un assortiment de traits de laine peignée à la main, de couleur naturelle et composée. Tous ces produits sont très-appréciés par la consommation locale, et le jury, comme récompense, décerne à M. Carriol-Baron la médaille de bronze.

M. Désiré MANCHE, à Roubaix (Nord).

Mentions honorables.

Il a envoyé à l'exposition des fils laine de différentes espèces, 25 à 27 m/m en laine d'Islande, des 25 à 39 m/m en laine métis, et des 27 à 33 m/m en couleurs mélangées. Tous ces produits sont destinés à la fabrication des étoffes de Roubaix.

L'établissement de M. Manche, qui compte 2,800 broches, occupant 56 ouvriers, ne date que de 1847.

Le jury, désirant récompenser ses premiers efforts, lui accorde une mention honorable.

M. BOINOT, à Bordeaux, commune de Floirac (Gironde).

Il se présente pour la première fois au concours.

Il expose des traits de laine provenant de son peignage mécanique. Ces produits ont reçu les différentes manutentions qui les rendent propres à la filature pour étoffes lisses et bonneteries, destinées à la consommation locale.

Sans atteindre la perfection du peignage à la main, le procédé de M. Boinot offre des avantages incontestables, et permet une fabrication convenable.

Le jury central accorde à M. Boinot une mention honorable.

FIL PEIGNÉ MIXTE ET CARDÉ.

M. Billiet, rapporteur.

Rappels
de
médaille
d'or.

M. Thomas CROUTELLE neveu, à Pont-Givart, près de Reims (Marne).

Resté seul propriétaire de l'établissement de MM. Camu fils et Th. Croutelle, à qui le jury décerna en 1844 le rappel de la médaille d'or, M. Croutelle s'est signalé par de nouveaux progrès dans la filature de la laine cardée, qu'il a portée au plus haut degré de perfection.

Les fils nᵒˢ 70 et 80 au kil., en chaîne et demi-chaîne, qu'expose M. Croutelle, sont d'une régularité remarquable, et on comprend que de semblables produits soient très-recherchés par la fabrique de Reims.

Ils ne sont pas moins appréciés à l'étranger, et c'est en travaillant en grande partie pour l'exportation que M. Croutelle a traversé la crise de 1848 sans le moindre temps d'arrêt.

L'établissement de Pont-Givart a, en même temps, une grande importance, puisqu'il compte 8,500 broches, dont l'alimentation demande 200,000 kilog. de laine en balle, en qualité fine principalement.

Des affaires aussi importantes et une si grande supériorité dans les produits, sont des titres hautement appréciés par le jury, qui vote à M. Croutelle un nouveau rappel de la médaille d'or.

Indépendamment de la filature à Pont-Givart, M. Croutelle neveu, au prix des efforts les plus persévérants, et de très-grands sacrifices, avait doté Reims d'une nouvelle industrie appelée à jouer un rôle d'une grande portée, et dans laquelle tous ses devanciers avaient tour à tour complétement échoué. Nous voulons parler du tissage mécanique appliqué aux tissus légers, pure laine peignée et cardée, tels que mousselines, mérinos doubles et simples; flanelles de santé croisées et unies, des qualités les plus ordinaires jusqu'aux plus fines.

Cette industrie, qui n'avait encore pris que peu de développement en 1844, éveilla pourtant toute la sollicitude du jury de la précédente exposition, qui, à titre d'encouragement, et pour récompenser plusieurs années d'efforts, décerna à M. Croutelle, la médaille d'argent.

De 1844 à 1848, le tissage mécanique de M. Croutelle avait marché de progrès en progrès, et, dès 1847, il livrait à la consommation pour 1,500,000 francs de produits très-appréciés sous le double rapport du prix et de la qualité, et dont quelques-uns ont été exposés, soit par M. Croutelle lui-même, soit par M. Andrès père et fils, de Reims.

Malheureusement, au moment de donner des résultats plus importants encore, l'établissement de M. Croutelle fut incendié le 26 février 1848, par une foule égarée qui crut ses intérêts menacés, en présence du nouveau pas que venait d'accomplir l'industrie dans la voie du progrès.

M. Croutelle, si cruellement atteint dans ses intérêts, et découragé par un événement aussi déplorable, paraît avoir renoncé à s'occuper d'une industrie qui n'en demeure pas moins acquise au pays.

Cette circonstance place le jury dans l'impossibilité de décerner à M. Croutelle la récompense à laquelle il aurait eu des droits si incontestables.

MM. BERTHERAND-SUTAINE et Cⁱᵉ, à Reims (Marne).

Cette maison est toujours à la tête de l'établissement de filature de laine le plus important de Reims, car il ne compte pas moins de 11,000 broches donnant du travail à 300 ouvriers, et mettant en œuvre 175,000 kilog. de laine par an.

M. Bertherand file à façon, et telle est la faveur dont jouissent ses produits à Reims, que, dans les temps les plus difficiles, le travail ne lui a jamais manqué.

Rien de plus satisfaisant que la série d'échantillons qu'il expose, soit en fils cardés du n° 15 jusqu'à 105, en fils cardés mélangés du n° 16 jusqu'à 76, soit enfin en fils peignés mixtes, qui n'avaient encore paru à aucune exposition, et qui constituent un véritable progrès, déjà fécond en résultats heureux dans la fabrique de Reims.

M. Bertherand, au milieu des progrès si marqués qu'a accomplis la filature depuis cinq ans, s'étant toujours maintenu au premier rang, le jury lui rappelle la médaille d'or, qui lui a été décernée en 1844.

MM. HARMEL frères, à Warmeriville (Marne).

Médailles d'argent.

Ils exposent un assortiment complet des produits de leurs établissements de Boulzicourt et de Warmeriville.

Le jury a remarqué des chaînes 83 m/m et des trames 133 m/m au kilog. provenant de laine peignée à la main; des chaînes 50 à 56 m/m, des trames 78 à 128 m/m au kilog., provenant de peigné mixte, des chaînes et des trames cardées du n° 22 à 94 m/m.

Tous ces produits répondent, par leur parfaite fabrication, à l'honorable position qu'ont acquise MM. Harmel frères dans les affaires, et qu'ils savent si bien maintenir, par la perfection qu'ils apportent dans le système des machines employées pour le peignage et le cardage des laines. Ces fils procurent, dans la fabrication des tissus dits *écossais*, des avantages que les deux filatures distinctes, cardés et peignés, employées séperément, ne pouvaient offrir aux fabricants. Cette innovation, en favorisant depuis deux ans la fabrication des nouveautés de Reims, donne lieu à des affaires considérables.

Quoique MM. Harmel frères n'aient encore pris part à aucune exposition avant celle de 1849, ils sont des vétérans de l'industrie lainière, puisque leur premier établissement date de 1824, et le second de 1840.

Ces fabriques contiennent ensemble environ 9,000 broches. La quantité de laine nécessaire pour les alimenter est de 130 à 150,000 kilog. par année, ce qui représente une quantité de produits de 1,000,000 à 1,200,000 francs de valeur.

Le jury central, appréciant la bonne qualité et l'importance de la production de MM. Harmel frères, leur décerne la médaille d'argent.

MM. SENTIS père et fils, à Reims, et établissement aux Vanteaux (Marne).

Ils exposent pour la première fois, mais, depuis de longues années, cette maison se distingue au premier rang, d'un côté par l'importance d'un établissement de 11,000 broches; de l'autre, par le progrès incessant qu'elle fait faire à son industrie.

Les affaires de MM. Sentis père et fils présentent un chiffre de 16 à 1,800,000 francs, dont 1,200,000 francs environ pour l'exportation, car les produits de l'établissement des Vanteaux jouissent aussi d'une grande réputation en Angleterre et en Allemagne, que les échantillons exposés justifient hautement.

Les mélanges de couleurs les plus heureux et les plus variés viennent encore rehausser le prix de ses fils de laine cardés d'une excellente fabrication, et rien de plus satisfaisant aussi que ses chaînes simples et doublées en peigné mixte pour nouveautés.

Le jury, appréciant le mérite de leurs produits, qu'ils exposent pour la première fois, décerne à MM. Sentis père et fils la médaille d'argent.

MM. Jean-Louis BRUNEAU et BRUNEAU fils, à Rethel (Ardennes).

Mentions pour ordre.

Ils se présentent à l'exposition de cette année à deux titres différents, d'abord comme mécaniciens (voir au rapport spécial), ensuite comme filateurs.

MM. Bruneau possèdent trois filatures de laine peignée, situées dans les départements des Ardennes et de l'Yonne, et qui, réunies, représentent près de 6,000 broches.

Dans ces trois établissements, MM. Bruneau père et fils ont montré deux systèmes de machines : l'un travaille pour le renvidage des fils, par le concours et l'intelligence de l'ouvrier fileur; l'autre, système Selfacting, fait son renvidage par des combinaisons mécaniques, sans le concours du fileur; il suffit d'avoir, avec ces métiers, des rattacheurs intelligents, pour obtenir des filés aussi bien faits, et mieux renvidés qu'on ne peut l'obtenir à la main.

MM. Bruneau père et fils ont exposé des chaînes 90 mètres et des trames 115 mètres au kilog., filées et renvidées par les métiers appelés renvideurs mécaniques, et des chaînes 78 mètres et des trames 112 mètres au kilog., renvidées à la main : tous ces filés sont en bobines de différentes grosseurs, afin de permettre de juger et d'apprécier la manière dont le renvidage est fait par les deux systèmes.

Les filés de MM. Bruneau sont d'une bonne fabrication, notamment ceux provenant de ses métiers renvideurs mécaniques.

La commission des machines ayant jugé les exposants dignes de la médaille d'argent, la commission des tissus et filés s'empresse de s'associer à cette décision.

M. Julien-Alexis ORIOLLE, à Angers (Maine-et-Loire).

Il est filateur de laine cardée et fabricant d'étoffes. Les petites étoffes de l'assortiment qu'il a présenté à l'exposition sont de bonne qualité et d'une parfaite fabrication.

Nous ne mentionnons ici M. Oriolle que pour ordre, étant compris aux récompenses décernées aux filateurs de laine cardée.

FILÉ LAINE PEIGNÉE, THIBET DE SOIE.

M. Billiet, rapporteur.

Médaille d'or.

MM. DOBLER et fils, à Lyon (Rhône).

Ils exposent un assortiment de fils en laine pure et en laine et soie, appelés *thibet*, ainsi que des fils de bourre de soie pure.

Les produits exposés sont d'une bonne fabrication, et se distinguent également par une grande modération dans les prix.

L'établissement de MM. Dobler et fils est le plus considérable de tous ceux du même genre existant dans les environs de Lyon; il emploie 350 hommes, femmes et enfants, dans l'intérieur de la fabrique, et 400 au dehors. Le chiffre d'affaires de cette maison s'élève de 1 million à 1,200,000 francs par année.

A l'exposition de 1844, MM. Dobler et fils ont obtenu un troisième rappel de la médaille d'argent. Le jury de 1849, pour reconnaître une aussi longue suite d'efforts et de succès, leur décerne la médaille d'or.

Rappel de médaille d'argent.

MM. SOURD frères, à Tenay (Ain).

Ils exposent encore cette année une grande variété de fils en laine peignée, thibet, cachemire, laine soufrée, dans les numéros courants surtout, et qui sont très-recherchés par la fabrique des châles de Lyon.

Cette maison, depuis la précédente exposition, a sensiblement augmenté ses affaires, et ce succès paraît bien mérité au jury, qui donne à MM. Sourd frères un nouveau rappel de la médaille d'argent.

Médaille d'argent.

MM. FRANC père, fils et MARTELIN, à Saint-Rambert (Ain).

Ils exposent des fils laine pure et mélangés de bourre de soie, qui sont bien confectionnés, et des fils de bourre de soie pure du n° 90 à 220 au kilog, destinés à la fabrication des foulards et de la bonneterie de Lyon.

A l'exposition de 1844, le jury central a voulu reconnaître par une mention honorable les efforts que MM. Franc père, fils et Martelin avaient faits pendant 5 années, pour mettre leurs produits en rapport avec les besoins de la consommation. Ces industriels ont de nouveau mérité les encouragements du jury central, en perfectionnant leur fabrication et en augmentant leur production de plus d'un tiers, ce qui procure à 2 ou 300 ouvriers de Saint-Rambert des moyens d'existence qu'ils n'avaient pas avant la fondation de cet établissement. Indépendamment de la filature, ces exposants ont organisé un cardage de fantaisie qui emploie déjà 100 ouvriers, et promet d'en occuper un plus grand nombre.

Pour récompenser les progrès de MM. Franc père, fils et Martelin, et leurs succès dans la filature de la laine et de la bourre de soie, le jury leur décerne la médaille d'argent.

M. BLONDEAU-BILLET, à Lille (Nord).

Médaille de bronze.

Il a exposé des fils mélangés bourre de soie et laine dits *thibet*, en blanc et en couleurs mélangées, dans les n⁰ˢ 65 à 70 m/m au kilogramme; des bourres de soie simples et doubles, dans les n⁰ˢ 65 à 220 au kilogramme, destinées à la fabrication des étoffes à gilets, à robes, aux barèges, à la bonneterie, aux foulards, aux franges de passementerie, etc. Les prix cotés sur les échantillons de M. Blondeau-Billet sont avantageux, et si cet honorable fabricant persiste dans la voie de progrès où il est, il pourra rivaliser avec les meilleurs filateurs de ces genres de produits. C'est la première fois que le jury voit les fils de M. Blondeau-Billet; il lui accorde la médaille de bronze.

MM. DELÈGUE et Cⁱᵉ, à Saffres, canton des Vitteaux (Côte-d'Or).

Mentions honorables.

MM. Delègue et compagnie se présentent au concours pour la première fois. Les fils qu'ils exposent sont des trames en laine pure, depuis le n° 120 jusqu'au n° 144, et des trames et chaînes mélangées laine et soie du n° 110 au n° 120 au kilogramme.

Les produits de MM. Delègue et compagnie sont bien confectionnés, d'un prix modéré, et donneront peu de déchets au tissage.

Le jury central engage ces filateurs à persévérer dans leurs efforts et leur décerne une mention honorable.

M. Pierre VINCENT, à Meyrueis (Lozère).

Il expose un assortiment de laine peignée beige et blanche provenant du département de la Lozère et des Cévennes, un assortiment de déchets de soies cardées et peignées et deux échantillons de bourre de soie cardée en écru.

Ce fabricant occupe 120 à 140 ouvriers pour la manutention de ces différentes matières, dans un village où les moyens d'existence de la classe ouvrière dépendent uniquement de cet établissement.

Les produits de M. Vincent nous ont paru réunir les conditions de bonne fabrication et de bon marché. Le jury central lui accorde une mention honorable.

FILÉ CACHEMIRE.

Rappel de médaille d'or.

MM. Laurent BIÉTRY et fils, à Villepreux (Seine-et-Oise).

Tout le monde connaît cet honorable manufacturier qui défend avec une rare persévérance les intérêts d'une industrie qui occupait naguère un grand nombre de bras.

Notre mission n'est pas de rechercher les causes d'un état de stagnation qui n'est malheureusement que trop avéré.

Mais si quelque chose peut relever l'industrie du cachemire, c'est à coup sûr une perfection de plus en plus grande dans les produits.

C'est ce que semble comprendre à merveille M. Laurent Biétry, et les fils qu'il expose au nom d'une nouvelle société, qui n'a pas encore eu le temps de faire ses preuves, en sont un témoignage irrécusable.

Le jury rappelle à M. Laurent Biétry la médaille d'or qui lui a été décernée en 1844.

FILÉ A LA MAIN.

Médaille de bronze.

M. MILON-MARQUANT, à Beine (Marne).

Il expose sept échantillons de laine extrafine, filés à la main, en numéros 80, 100, 110, 150, 170 et 204 au kilog. Ces fils servent à la fabrication de baréges fins, appelés *voiles de religieuses*, et dont la qualité l'emporte de beaucoup sur tout ce qu'on pourrait produire de plus parfait avec des fils obtenus par le filage à la mécanique.

Malheureusement le procédé de filage de M. Milon-Marquant est aussi lent que coûteux et l'écoulement de ces beaux produits demeure incertain.

Cependant, pour récompenser le rare degré de perfection où M. Milon-Marquant s'est maintenu, le jury lui décerne la médaille de bronze.

DÉFILAGE DE LAINE.

M. GUENUCHO, à Mareuil-sur-Ourcq (Oise).

Mention honorable.

Il expose pour la première fois; c'est la première fois aussi que des produits de cette nature figurent à l'exposition, ce sont des défilages d'étoffes de laine provenant de tissus non foulés.

Cette industrie, qu'exerce M. Guenucho depuis 1843, a pour effet de rendre à l'état de matière première les fils employés dans les tissus non foulés, teints ou écrus; elle présente d'autant plus d'intérêt, qu'ainsi des étoffes déjà usées et devenues sans valeur retrouvent, au moyen de la division ou défilage auquel elles sont soumises, un emploi nouveau qui permet aux fabricants de couvertures et de draps communs auxquels sont livrés ces produits, d'établir de la marchandise, à un prix très-bas et encore d'un très-bon usage.

Après avoir débuté à la Villette, M. Guenucho a transporté son établissement à Mareuil, en 1847; 50 ouvrières sont occupées dans l'intérieur et 200 le sont au dehors, il a ainsi procuré de l'occupation à un grand nombre de jeunes filles qui, depuis l'âge de 10 ans peuvent facilement se livrer à ce travail, et aux femmes de tout âge des moyens d'existence pendant les saisons rigoureuses.

Le jury central, appréciant le mérite de cette industrie et pour récompenser M. Guenucho, lui donne une mention honorable.

POIL DE LAPIN FILÉ.

M. DUPONT-MATHIEU, à Saint-Brice (Marne).

Citation favorable.

M. Dupont expose un échantillon de poils de lapin d'un blanc et d'un brillant remarquables. Si cette matière devient abondante et à bas prix, elle sera sans doute d'un bon emploi pour la chapellerie et la bonneterie.

Le jury lui accorde une citation favorable.

2.

DEUXIÈME SECTION.

TISSUS DE LAINE.

M. Dupérier, rapporteur.

CONSIDÉRATIONS GÉNÉRALES.

En 1844, l'habile rapporteur au jury central, appréciant les progrès notables qui s'étaient manifestés dans nos fabriques de draperie fine, en avait recherché les causes. Il les avait d'abord trouvées dans le concours intelligent de tous les agents de la production : filateurs, tisserands, teinturiers, apprêteurs, qui, à l'envi, y avaient apporté leur contingent. Puis, dans l'appréciation spéciale des moyens mécaniques nouvellement employés, il avait particulièrement signalé l'heureux emploi des foulons à l'anglaise.

De 1844 à 1849, les mêmes causes ont agi sur le mouvement de nos manufactures de draps, et l'apparition des foulons à l'anglaise ayant été, en quelque sorte, simultanée avec la grande extension donnée à la fabrication des étoffes dites *nouveautés*, l'a puissamment secondée. En effet, ces foulons, facilement placés chez le fabricant, lui ont permis de surveiller lui-même l'opération si délicate du feutrage. Il a pu diminuer, augmenter, accélérer ou retarder l'action rétractile des laines employées, et, par cela même, créer des produits d'une égalité, d'une fermeté de tissu qu'il n'aurait pu obtenir de l'action brutale des piles à fouler selon leur mode primitif de construction.

Nous venons de parler de la qualité rétractile des laines employées : une étude plus approfondie de ces matières premières a été l'une des causes les plus certaines de notre progrès industriel. Nos manufacturiers ont appris à combiner des laines diverses dans le même tissu, à former leurs *chaînes* avec des laines d'un prix moindre, en même temps que d'une force plus grande, ayant aussi une qualité rétractile moindre.

Ils ont ainsi pu mieux maîtriser le mouvement de cette partie importante du tissu, il ont pu l'assujettir, en quelque sorte, laissant à la *trame* formée de laines beaucoup plus fines et plus douces, une action rétractile plus spéciale. La main du tisserand a pu suivre les dispositions savantes que le feutrage ne venait point altérer essentiellement, et des apprêts bien dirigés ont pu ensuite donner le fini à ces dispositions.

Deux résultats importants ont été, à la fois, obtenus par cet emploi plus judicieux des laines. On est parvenu à abaisser le prix de revient de l'étoffe, et on l'a obtenue plus belle. Dès lors, nos manufacturiers ont pu tenter toutes les diversités de l'article appelé *nouveautés*. Ils en ont créé pour l'usage des hommes, en hiver et en été. Ils ont encore su captiver le goût délicat et changeant de nos femmes, par la légèreté de leurs tissus, par la gracieuse dispositions de leur dessins, par l'agencement heureux de leurs nuances. L'exposition actuelle en donne des exemples remarquables.

Quoique arrivée la dernière, dans la carrière déjà glorieusement parcourue par les fabriques de Louviers et de Sedan, la ville d'Elbeuf a su bientôt s'y distinguer, et, s'y jetant avec son ardeur et son intelligence accoutumées, s'est bientôt trouvée la première pour le chiffre commercial des produits de ce genre qu'elle crée annuellement. Ce mouvement a été tel, qu'aujourd'hui, sur 10 pièces de draperie qui se fabriquent à Elbeuf, il y en a 9 qui sont *nouveautés*, et une seule qui est *drap* proprement dit. Les consommateurs, sollicités par des étoffes plus élastiques, plus variées, d'une meilleure durée, quoique d'un prix moins élevé, ont abandonné le drap uni, pour s'emparer des nouvelles étoffes.

Bientôt aussi nos exportations ont prouvé que nous avions, dans ces produits, acquis une supériorité incontestable sur tous nos rivaux, et que, transportant aux lainages feutrés l'art des tisserands de Lyon, nous y avions aussi porté le goût et les dessins gracieux qui en sont la manifestation. Le goût et la grâce sont des qualités qui ne se donnent pas ; toutes les nations reconnaissent ici notre supériorité, supériorité due aussi à la diversité périodiquement renouvelée de nos produits.

Il faut le dire, cette transformation capitale de nos draperies fines est provenue de l'élan que leur a imprimé, le premier, M. Bonjean, à Sedan.

Tels ont été les effets amenés par les causes aperçues et signalées en 1844. Tels les nouveaux progrès dus à l'action géminée des causes anciennes, et de celles alors moins appréciées, mais maintenant produites au grand jour.

Aussi, les tissus exposés en 1849, surpassent-ils beaucoup ceux de l'exposition de 1844, non-seulement en perfection, mais aussi en sincérité; car ils ont été très-généralement pris dans les produits courants de nos manufactures, et non point fabriqués dans le but spécial de l'exposition. Cette supériorité justifie les récompenses et les encouragements que nous vous proposons de décerner aux manufacturiers qui, il faut le reconnaître, avec une vive satisfaction, ont tous suivi le mouvement imprimé à leur industrie, d'un pas plus ou moins rapide, avec un élan plus ou moins prononcé, mais tous avec un progrès certain, constaté par les étoffes qu'ils ont exposées.

PREMIÈRE DIVISION.

ÉTOFFES DRAPÉES. ET FOULÉES.

---

§ 1ᵉʳ. DRAPERIE FINE.

DRAPERIE FINE DE LOUVIERS.

M. Victor Grandin, rapporteur.

Rappels du médailles d'or.

MM. JOURDAIN et fils, à Louviers (Eure).

Dire que cette maison se maintient à la hauteur où elle s'est placée depuis longues années, c'est reconnaître que ses produits occupent encore le premier rang parmi ceux qui font tant d'honneur à notre industrie en France et à l'étranger.

Si les draps de MM. Jourdain et fils se distinguent toujours par la beauté de la matière et la perfection des apprêts, les soins que nécessite leur fabrication n'ont nui en rien à la perfection et au bon goût de leurs étoffes à pantalon, si estimées et si recherchées dans le commerce.

Ajoutons que l'immense et magnifique établissement de ces messieurs, malgré les circonstances difficiles que nous avons eu à traverser, n'a pas cessé un instant d'être en activité.

Le jury se plaît à reconnaître que ces heureux résultats sont, en grande partie, dus à la collaboration intelligente et active de M. Jourdain fils, déjà si honorablement cité et distingué par le jury de 1839, et de son beau-frère, M. Constant Noufflard, devenus les associés de M. Jourdain père, un des vétérans de l'industrie française, qui, pendant sa longue carrière, a su conquérir tous les genres de récompense, et continue encore aujourd'hui à être l'âme de sa maison, tout en laissant cependant à son fils et à son gendre la complète et entière direction de la partie industrielle et matérielle de ses établissements.

Le jury décerne à MM. Jourdain et fils le rappel de la médaille d'or.

MM. POITEVIN et fils, à Louviers (Eure).

Cette maison est une de celles qui, par la perfection de ses produits, contribuent le plus à maintenir la réputation de la ville de Louviers.

Les étoffes que MM. Poitevin et fils ont exposées ne laissent rien à désirer, sous le rapport de la matière, de la perfection, de la fabrication et de la modération des prix. Ces étoffes ont, de plus, le mérite d'être la reproduction exacte et sincère de leurs qualités habituelles, toujours recherchées par le commerce de France et par les acheteurs étrangers.

Le jury accorde à MM. Poitevin et fils le rappel de la médaille d'or.

MM. DANNET frères, à Louviers (Eure).

Dès 1823, cette maison avait obtenu la médaille d'or. Depuis lors, elle a constamment pris part aux expositions, et s'y est toujours fait remarquer par la beauté de ses produits.

Ses draps lisses sont remarquables par leur moelleux et par le

fini des apprêts. Ses nouveautés sont toujours du meilleur goût.
Le jury rappelle la médaille d'or.

M. DELPHIS-CHENNEVIÈRE, à Louviers (Eure).

M. Delphis-Chennevière reçut la médaille d'or en 1844. Cette
distinction lui était due pour avoir été le premier à introduire, sur
une large échelle, la fabrication des étoffes à bon marché dans la
ville de Louviers. Ce fut un véritable progrès; car, jusqu'alors Louviers ne s'était attaché qu'à produire les étoffes destinées aux classes
les plus riches de la société. Ce progrès s'est maintenu et développé;
les produits de M. Chennevière se distinguent de plus en plus par
la modicité des prix et leur belle apparence.

M. Chennevière est du nombre des fabricants qui, grâce à leur
intelligence et à leur activité, ont été assez heureux pour entretenir
leurs ouvriers pendant les années calamiteuses 1847 et 1848.

A ce double titre, le jury décerne à M. Delphis-Chennevière le
rappel de la médaille d'or qu'il sut mériter en 1844.

Rappel
de
médaille
d'argent.

M. Louis MARCEL, à Louviers (Eure).

M. Louis Marcel maintient toujours son excellent genre de fabrication. Ses produits sont d'une régularité remarquable, d'un prix
modéré et avantageux : aussi, chez lui, la fabrication est-elle constante et le chômage inconnu.

Le jury rappelle la médaille d'argent qui lui fut décernée en
1839 et rappelée en 1844.

Médaille
de bronze.

M. Brice-Marcel HOUEL, à Louviers (Eure).

Il expose pour la première fois. Son exposition se compose de
8/2 pièces de drap noir, de 7/2 pièces de drap bleu et d'une demi-
pièce écarlate, toutes d'une excellente fabrication et d'un prix
modéré.

M. Houel a, en outre, exposé quelques écheveaux de sa filature,
qui attestent que cette partie de son établissement n'est pas la
moins bien dirigée.

Le jury décerne à M. Houel une médaille de bronze.

Mention
honorable.

M. Raphaël RENAULT, à Louviers (Eure).

Il expose pour la première fois. Ses draps sont d'une bonne fabrication et remarquables par la modicité de leurs prix.

M. Renault s'est particulièrement attaché à établir des draps noirs dans les bas prix, et il y a parfaitement réussi.

Le jury, comme récompense, mentionne honorablement M. Renault.

DRAPERIE FINE DE SEDAN.

M. Dupérier, rapporteur.

MM. CUNIN-GRIDAINE père et fils, à Sedan (Ardennes).

Rappels de médailles d'or.

M. Cunin-Gridaine a noblement repris les travaux manufacturiers qui l'avaient conduit au poste éminent, longtemps occupé, par lui, dans l'État, aux applaudissements et à la satisfaction du commerce de France. Il s'est honoré, en agissant ainsi, et ses émules en commerce lui ont de nouveau ouvert leurs rangs, pour l'y compter de nouveau avec bonheur.

M. Cunin-Gridaine père a retrouvé ses établissements prospères, et toujours éminents : ils n'avaient pas démérité sous l'administration intelligente de ses fils ; ils emploient jusqu'à 1,350 ouvriers de tout âge et de tout sexe.

Le jury n'a point de distinction qu'il puisse particulièrement décerner à M. Cunin-Gridaine père ; mais, faisant droit aux qualités remarquables de sa fabrication, à l'importance de ses affaires, il rappelle à son honorable maison la médaille d'or, qui lui appartient depuis 1823.

MM. BERTÈCHE, CHESNON et Cⁱᵉ, à Sedan (Ardennes).

En 1827, en 1834, en 1839, 1844, la maison Bertèche, Chesnon et compagnie, sous les diverses raisons sociales, Bertèche, Lambquin et fils, Bertèche, Bonjean jeune et Chesnon, et enfin, Bertèche, Chesnon et compagnie, a chaque fois attiré les éloges des jurys de l'exposition, qui lui ont décerné successivement plusieurs médailles d'or.

En 1844, cette maison ajoutait à ses autres produits ceux d'un nouvel établissement, créé à Baseilles, près Sedan, où des étoffes moelleuses, quoique épaisses, se fabriquent, et, par leur bas prix, sont mises à la portée du plus grand nombre, et surtout des classes ouvrières.

Ces conditions heureuses ont aussi permis de livrer ces produits à l'exportation.

Cette année, MM. Bertèche, Chesnon et compagnie, occupent 1,272 ouvriers au lieu de 300, qu'ils employaient en 1834. L'importance de leurs fabrications diverses s'élève à 3 millions annuellement.

La moitié, au moins, de ces produits s'exporte à l'étranger, en Russie, en Belgique, en Hollande, en Espagne, en Angleterre, en Italie, dans les échelles du Levant, dans les deux Amérique, et jusqu'à la Chine. Dans cette dernière partie du monde, que des traités récents ont ouverte à toutes les nations et à toutes les concurrences, MM. Bertèche, Chesnon et compagnie, faisaient parvenir heureusement de fortes cargaisons de draperies, longtemps avant ces traités mémorables. Unissant à leur intelligence manufacturière l'intelligence de négociants supérieurs, ils ajoutaient à l'exportation de leurs propres produits, celles des produits de leurs émules en fabrication de tout genre.

Leurs livres constatent des mouvements d'affaires considérables.

En créations propres, ainsi que nous l'avons dit.. 3,000,000ᶠ
En achats faits à nos diverses manufactures de draps. 4,500,000
_____
Soit un mouvement général de................ 7,500,000

Cette année, des étoffes admirables de fini, de goût, douées des nuances les plus éclatantes, les plus solides, les mieux assorties, prouvent, qu'en perdant le nom de M. Bonjean, cette maison a su conserver le génie créateur que M. Bonjean imprimait à tout ce qu'il entreprenait.

Le jury central rappelle la médaille d'or à MM. Bertèche, Chesnon et compagnie.

M. A. RENARD, à Sedan (Ardennes).

Après avoir fondé, à Pouilly, un établissement considérable qui y a remplacé la misère par l'aisance qu'amènent à leur suite les établissements industriels, M. Renard s'est présenté pour la première fois, en 1844, à l'exposition, et, par la beauté de ses étoffes, par le mérite de son entreprise, à Pouilly, a enlevé les suffrages du jury, qui, sans lui faire subir la filière ordinaire des distinctions, l'a immédiatement honoré d'une médaille d'or.

Quelle qu'ait été la gravité des événements survenus depuis 1844, Pouilly a continué à travailler, à prospérer; ses ouvriers ont vu se maintenir leur bien-être; ils ont secondé leur chef habile dans ses efforts. Les produits exposés cette année sont dignes de cet établissement de premier ordre, et constatent de nouveaux et remarquables progrès.

Le jury rappelle à M. A. Renard la médaille d'or, qui lui avait été décernée en 1844.

MM. A. ROUSSELET et fils, à Sedan (Ardennes).

Ils ont débuté, en 1823, avec 10 ouvriers : en 1849, ils en occupent 625, produisant des valeurs commerciales qui s'élèvent à 800,000 fr. annuellement, dont le tiers est régulièrement exporté à l'étranger.

M. A. Rousselet a rendu la vie et le mouvement à des établissements qui avaient été fondés par M. Ternaux, et qui ne marchaient plus depuis la catastrophe de cette maison célèbre.

Des produits remarquables, des progrès continus justifient le rappel de la médaille d'or, qui avait été décernée à cette maison en 1844. Le jury central lui décerne ce rappel.

M. Paul BACOT et fils, à Sedan (Ardennes).

La maison Paul Bacot et fils, maintenant représentée par le plus jeune des fils de l'ancien manufacturier de ce nom, soutient, à cette exposition, sa réputation si bien acquise antérieurement, et sa supériorité proclamée à tous les concours quinquennaux.

Cette maison a maintenu son chiffre élevé d'affaires, tant à l'intérieur qu'à l'extérieur, quoique la maison fondée par elle, à New-York, ait été liquidée en 1847, par suite de la retraite de son gérant.

M. Paul Bacot fils, qui, depuis le 30 novembre 1836, est devenu le principal administrateur de cette manufacture, a su y maintenir les saines traditions du passé, en même temps qu'il continuait les progrès constatés aujourd'hui par sa belle exposition de produits.

Les ouvriers trouvent dans une caisse de secours mutuels et de prévoyance, établie dans cette maison, une institution bienfaisante, et d'autant plus efficace, que le chef fait, lui-même, de sa bourse, la moitié des fonds qui viennent s'y déposer.

En 1847, cette maison a créé des produits pour une somme de 1,900,000 francs, dont 500,000 ont été exportés : en 1848, malgré la crise, elle a fabriqué pour 1,300,000 francs de produits, dont 560,000 ont été exportés.

Le jury rappelle la médaille d'or si légitimement acquise par M. Paul Bacot et fils, et si bien méritée par sa brillante exposition de cette année.

M. Frédéric BACOT et fils, à Sedan (Ardennes).

En se détachant, en 1837, de l'ancienne maison Paul Bacot et fils, M. Frédéric Bacot a fondé sa nouvelle maison, et y a porté les habitudes d'ordre et d'honneur qu'il avait puisées dans la maison paternelle.

Des draps et des nouveautés parfaitement traités et à des prix très-réduits, des exportations nombreuses en Espagne, en Russie, en Amérique, en Suisse, en Belgique, en Italie, prouvent que cette maison continue de marcher au premier rang.

Le chiffre des fabrications de cette maison s'élève, annuellement, à 1,300,000 francs, dont 100 à 150,000 francs ont été exportés.

Le jury lui rappelle la médaille d'or.

M. DE MONTAGNAC, à Sedan (Ardennes).

Médaille d'or.

Appréciateur impartial et désintéressé, le public a, depuis longtemps, placé au premier rang les produits de la manufacture de M. de Montagnac. Ces produits magnifiques, admirables de fini et de goût, soutiennent à cette exposition leur réputation méritée.

Tout en produisant des étoffes aussi soignées, aussi remarquables, M. de Montagnac a su porter sa fabrication à un chiffre élevé, à 1,100,000 francs, dont le quart a été régulièrement exporté à l'étranger.

Le jury central, ratifiant le jugement du public, décerne la médaille d'or à M. de Montagnac.

M. Marius PARET, à Sedan (Ardennes).

Rappel de médaille d'argent.

Il a introduit à Sedan les machines à fouler par la pression. Il a dû lutter longtemps pour en faire comprendre la supériorité sur les anciens moyens de foulage, mais son infatigable persévérance a fini par triompher.

Son usine de Donchery alimente le travail de tous les environs.

Comme en 1839 et en 1844, expositions où il a reçu d'abord une médaille d'argent, puis le rappel de cette médaille, ses produits offrent, cette année, une variété qui témoigne d'un goût constamment en quête de nouveaux succès.

Le n° 495 drap noir zéphyr est une étoffe parfaite.

Le jury, en présence d'efforts aussi intelligents, aussi soutenus, décerne à M. Marius Paret le rappel de sa médaille d'argent.

MM. BLANPAIN frères, à Sedan (Ardennes).

Médailles d'argent.

L'exposition de MM. Blanpain frères est très-variée et très-remarquable; leurs émules en fabrication reconnaissent qu'ils ont fait de rapides progrès, progrès qui les placeront bientôt au premier rang comme habileté et comme fini.

Le chiffre des affaires de cette maison s'élève à 400,000 francs et tend annuellement à s'accroître.

Le jury central lui décerne une médaille d'argent.

MM. LEROY et fils, Nicolas RAULIN et C°, à Sedan (Ardennes).

L'ancienne maison Nicolas Raulin et fils ne s'est présentée qu'à l'exposition de 1834, il y a quinze ans, et alors une médaille d'argent lui fut décernée. Depuis, elle n'avait point reparu aux concours quinquennaux qui ont été successivement ouverts.

Cette année, elle se manifeste avec éclat, sous une nouvelle raison sociale, Leroy et fils, Nicolas Raulin et compagnie, association formée en 1848, au moment même où une perturbation commerciale profonde atteignait toutes les industries. Cette association, qui s'est immédiatement développée sur une grande échelle, a fondé à Rio de Janeiro un établissement important. Les efforts heureux de ces deux maisons portent les produits de la fabrique française à Lima, à Valparaiso, dans les mers éloignées et dans le cœur de l'union américaine, à New-York.

En 1848, cette maison a touché, en primes, des sommes considérables qui attestent l'importance de ses affaires à l'étranger.

De tels efforts hardiment et sagement combinés, unissant l'action commerciale à l'action manufacturière, appuyés à nos yeux par des produits remarquables, ont attiré nos éloges; mais, considérant cette maison comme maison nouvelle, le jury central décerne une médaille d'argent à MM. Leroy et fils, Nicolas Raulin et compagnie.

DRAPERIE FINE D'ELBEUF.

MM. Randoing et Lainel, rapporteurs.

Exposant hors de concours.

M. RANDOING, à Abbeville (Somme), et à Elbeuf (Seine-Inférieure).

Cette année, comme dans les expositions précédentes, M. Randoing qui, dès 1834 a obtenu la médaille d'or, a su dignement maintenir la belle réputation de la manufacture nationale d'Abbeville, dont il est propriétaire et qu'il dirige seul depuis longtemps.

Belles matières, couleurs vives, apprêts des plus perfectionnés, force ou souplesse suivant les genres, telles sont les qualités qui distinguent les étoffes exposées.

Nous n'entreprendrons pas de faire l'éloge de l'établissement de M. Randoing, de la manière paternelle dont les ouvriers y sont traités, du rare ensemble avec lequel les opérations y sont conçues et dirigées : nous ne ferions que répéter ce qui a été si souvent dit avant nous.

M. Randoing étant d'ailleurs membre du jury, il se trouve hors de concours, et nous devrons borner ici cette notice qui devra rester, cependant, comme un témoignage de l'estime que portent, à M. Randoing, tous ses collègues et confrères en industrie.

Voici, du reste, en quels termes le jury départemental de la Somme s'exprime sur le compte de M. Randoing :

« M. Randoing, fabricant à Abbeville, chef de l'importante fabrique établie à Abbeville depuis près de 200 ans, a toujours été pour ses nombreux ouvriers un protecteur bienfaisant.

« Leur salaire a toujours été le même ; et, en 1847, lorsque le pain était si cher, il n'a cessé de leur prodiguer des secours.

« Tous, hommes, femmes et enfants se sont cotisés, et le produit de cette spontanée souscription a servi à l'achat d'un vase en argent, sur lequel étaient inscrits les titres de M. Randoing à la reconnaissance de ses ouvriers, ainsi que la date de cette offrande.

« La commission croit que ce fait est plus éloquent que tout ce qu'elle pourrait ajouter en faveur de M. Randoing ; elle se borne à le mentionner ici. »

M. Théodore CHENNEVIÈRE, à Elbeuf (Seine-Inférieure.)

Rappels de médailles d'or.

La ville d'Elbeuf, si essentiellement industrielle, doit son prodigieux mouvement et ses incessants progrès à des hommes hors ligne qui, comme M. Chennevière, exercent, par leur énergique persévérance, par leur sollicitude et par leur supériorité, une influence entraînante pour porter la fabrication des étoffes au degré de perfection qu'elle acquiert chaque jour.

Après avoir exploré son exposition qui atteste un goût exquis de l'art, du génie même; après avoir admiré les brillants et élégants tissus pour femmes que l'on était si peu accoutumé à trouver à côté des étoffes destinées aux hommes; que dire de M. Chennevière pour attester sa supériorité, sinon se borner à le nommer.

A côté des récompenses qui lui ont été décernées, à côté du rang qu'il s'est légitimement acquis dans l'industrie par une incessante activité, rien, en effet, ne saurait plus l'honorer que ses beaux produits manufacturés qui sont appréciés dans les comptoirs étrangers comme ils sont recherchés par les consommateurs français.

Des prix renfermés dans de sages limites ont permis à cette maison de faire des placements assez considérables pendant la période si difficile de 1848, d'assurer ainsi l'activité de ses ateliers et d'épargner les plus grandes souffrances aux ouvriers, en contribuant, en même temps, au raffermissement de l'ordre public.

Le jury central rappelle à M. Chennevière la médaille d'or.

MM. CHAUVREULX, CHEFDRUE et fils, à Elbeuf (Seine-Inférieure).

Jalouse de maintenir à l'étranger la supériorité des produits variés de la fabrication d'Elbeuf, non moins jalouse de se maintenir à la hauteur où l'ont placée la beauté et la perfection de ses produits, cette maison, que des médailles d'or sont venues récompenser de ses efforts et de ses soins intelligents en 1834, 1839 et 1844, s'est imposée la tâche bien honorable de ne pas rester un seul jour stationnaire dans la production des articles si divers de la belle industrie des draps fins et des étoffes plus particulièrement du genre de nouveautés, véritable pierre angulaire près de laquelle vient souvent se briser, si heureusement pour nous, l'industrie étrangère malgré l'allégement de ses charges.

Essais, soins, veilles, sacrifices, rien n'est épargné par MM. Chauvreulx, Chesdruc et fils, et, particulièrement, par le chef de cette maison qui en dirige depuis 30 ans la partie industrielle avec une distinction au-dessus de tout éloge.

Quand on a vu leurs magnifiques draps Édredon, on se demande si MM. Chauvreulx ne nous ont pas, en effet, présenté le maximum de ce qu'il est possible d'obtenir en fabrication de ce genre exceptionnel.

C'est avec une extrême satisfaction que le jury central rappelle à ces fabricants la médaille d'or qui leur a été décernée en 1834, 1839 et 1844.

M. Charles-Robert FLAVIGNY, à Elbeuf (Seine-Inférieure).

Cette maison, qui porte un nom connu des vrais appréciateurs d'une fabrication belle et variée, se présente cette année à l'exposition avec un grand nombre de produits, tous marqués au coin du goût le plus parfait.

Il est d'autant plus facile d'apprécier les progrès de cette maison qu'elle a soumis au jury des fabrications de plusieurs années parmi lesquelles nous signalons plus particulièrement, et d'accord avec le jury départemental « les nouveautés blanc et noir, et fond blanc. »

Par suite de l'acquisition récente d'un vaste établissement de teinture, M. Flavigny a prodigieusement accru ses moyens d'action, qui réunissent aujourd'hui directement dans ses mains toutes les opérations de fabrication.

Ces ressources lui garantissent plus sûrement encore la perfection à laquelle il tend constamment, perfection qu'il sait atteindre et qui lui assure des débouchés d'où ressort pour lui la possibilité de maintenir en activité dans ses ateliers un nombre considérable d'ouvriers.

Le jury central rappelle, en conséquence, à M. Flavigny la médaille d'or.

M. DUMOR-MASSON, à Elbeuf (Seine-Inférieure).

Toujours lui-même, c'est-à-dire toujours l'homme le plus soigneux dans les moindres détails de la fabrication, M. Dumor-Masson continue à donner à ses produits ce caractère distinctif de perfection qui les distingue et qui les fait rechercher à l'étranger autant que par notre commerce intérieur comme la représentation fidèle du type de la belle fabrication française.

Ajouter serait affaiblir le mérite de M. Dumor-Masson, mérite que le jury central se plaît à reconnaître et à constater, en lui accordant le rappel de la médaille d'or.

MM. SEVAISTRE aîné et LEGRIX, à Elbeuf (Seine-Inférieure).

Après avoir obtenu un rappel de médaille d'argent en 1844, MM. Sevaistre aîné et Legrix ont compris la distance qui leur restait à franchir pour atteindre une récompense supérieure, et ils ont résolument travaillé dans ce but.

Leur zèle, déjà grand, s'est animé d'une nouvelle ardeur et leurs efforts dans la recherche des fabrications les plus variées ont ajouté à la réputation qu'ils avaient déjà su conquérir.

Les succès obtenus dans cette campagne par MM. Sevaistre aîné et Legrix sont bien justifiés par la grande diversité des étoffes pour gilets et pour pantalons réunies à leur riche exposition.

En présence de tels résultats, en présence aussi du mérite industriel de ces habiles fabricants dont l'active intelligence a été d'une si grande utilité pour l'impulsion qu'ils ont donnée à la fabrication des étoffes, il est facile de formuler la récompense qu'on doit leur réserver.

Le jury central leur décerne, en conséquence, une médaille d'or.

M. Victor BARBIER, à Elbeuf (Seine-Inférieure).

Les étoffes dites *nouveautés* pour pantalons et pour pardessus sont les genres plus particulièrement exécutés par cette maison.

Les difficultés de fabrication que l'on rencontre dans cette spécialité, loin d'être une cause de ralentissement des efforts de M. Barbier, ne font qu'exciter son zèle pour le maintenir et rehausser d'autant plus le mérite de ses succès.

M. Barbier sait trop qu'avec l'excitation de la rivalité on ne peut rester stationnaire : aussi son exposition le montre-t-elle au jury dans une condition de progrès bien constatés pour la variété de ses tissus et pour leur parfait conditionnement.

Le jury n'a pas vu sans le plus grand intérêt que cette maison soit parvenue à maintenir son activité ordinaire dans les moments difficiles que l'industrie a eu à traverser.

Une récompense est justement acquise aux travaux et au savoir de M. Barbier; déjà rappelé en 1844 d'une médaille d'argent qui lui avait été accordée en 1839, le jury central, appréciant tout son mérite, lui en décerne une nouvelle.

M. Alphonse TOUZÉ, à Elbeuf (Seine-Inférieure).

Spécialement et exclusivement livré à la fabrication des draps proprement dits, c'est par le plus grand succès que les efforts de M. Touzé sont couronnés; et les vrais connaisseurs de draperie aussi bien que ses nombreux correspondants savent apprécier tout le mérite de ses tissus.

L'assortiment de M. Touzé est d'une grande variété et comprend les étoffes les plus épaisses jusqu'aux toiles les plus minces; toutes sont d'une exécution qui ferait une réputation si déjà le nom de M. Touzé n'était avantageusement connu par l'impulsion vive qu'il imprime à l'industrie drapière et par les récompenses qu'il a obtenues antérieurement.

Le jury central décerne, en conséquence, à M. Touzé une nouvelle médaille d'argent.

Rappel de médailles d'argent.

M. A. DELARUE, à Elbeuf (Seine-Inférieure).

Comme dans les années antérieures cette maison, dont la fabrication est d'ailleurs variée, expose plus particulièrement des draps de billards qu'elle s'applique à mettre à la portée de toutes les fortunes par des prix de plus en plus modérés.

Juste envers tous, recherchant le bien partout et le saisissant où il se trouve pour le proclamer, le jury, appréciant que la fabrication de M. Delarue a réellement encore atteint un degré de perfection depuis la précédente exposition, accorde à ce fabricant le rappel de la médaille d'argent qui lui a été décernée en 1834, 1839 et 1844.

MM. Ch. FLAMANT et LAVOISEY, à Elbeuf (Seine-Inférieure).

Ils s'occupent plus particulièrement des draps cuirs et satins destinés à l'habillement des officiers de l'armée.

Bonne fabrication, nuances fraîches obtenues par le concours de teinturiers habiles et consciencieux, tel est le mérite bien réel des étoffes de ces fabricants.

Déjà en 1844 une médaille d'argent a été décernée à cette maison et elle n'a pas failli à l'obligation que lui imposait en quelque sorte le témoignage du jury.

Le jury de 1849 constate que MM. Flamant et Lavoisey continuent à mériter cette distinction et que des progrès réels ressortent de leur fabrication.

En conséquence il leur rappelle la médaille d'argent.

M. LEMONNIER-CHENNEVIÈRE, à Elbeuf (Seine-Inférieure).

Cette maison, qui a obtenu une médaille d'argent en 1839, rentre dans la lice de l'exposition avec des produits variés qui rappellent bien sa réputation.

Fabriqués pour la consommation courante, pour les officiers de l'armée et pour l'Algérie, ses draps et ses nouveautés de genres divers sont consciencieusement faits, avec goût et intelligence; on trouve là l'application des bonnes pratiques de M. Lemonnier-Chennevière.

Le jury central, comme acte de justice, enregistre avec plaisir son nom, et pour marquer sa rentrée au nombre des exposants lui décerne la médaille d'argent.

MM. COUPRIE et Cⁱᵉ, à Elbeuf (Seine-Inférieure).

Une médaille de bronze a été accordée en 1844 à cette maison, qui a tout à fait adopté la spécialité des draps noirs dans laquelle on peut dire sans réserve qu'elle excelle.

Rivale redoutable, elle se montre résolument en présence de ses concurrents qu'elle semble hardiment défier.

Ses draps ont de la qualité, de la finesse, et la richesse des apprêts en rehausse la belle apparence.

MM. Couprie et compagnie marquent donc aujourd'hui justement leur place parmi les fabricants du premier mérite.

Le jury central les reconnaît tout à fait dignes d'occuper ce rang et, comme une juste récompense, il leur décerne une médaille d'argent.

M. A. OSMONT-BERTÈCHE, à Elbeuf (Seine-Inférieure).

En décernant une médaille de bronze à M. Osmont-Bertèche, le jury de 1844 manifestait l'espoir que de nouveaux efforts amèneraient bientôt cette maison à une récompense plus élevée.

Ce n'était, en effet, pas trop préjuger, et aujourd'hui M. Osmont-Bertèche a franchi la distance en se montrant à l'exposition au nombre des fabricants qui méritent une récompense d'un ordre supérieur.

Il y a dans sa fabrication un cachet d'ensemble qui fait bien ressortir et apprécier tout le mérite de M. Osmont-Bertèche et qui le classe désormais au rang des hommes qui ont contribué au progrès de l'industrie drapière.

Le jury central lui décerne en conséquence la médaille d'argent.

Médailles de bronze.

MM. DELALANDE et BLANQUET, à Elbeuf (Seine-Inférieure).

Cette maison, établie depuis dix-huit mois seulement, s'occupe plus particulièrement de la fabrication des nouveautés pour pantalons et des tissus pour plaids, robes de chambre et manteaux de dames, gilets, etc.

Les métiers Jacquart, qu'ils utilisent aussi avec une intelligence parfaite, permettent à MM. Delalande et Blanquet d'apporter une grande variété dans leurs dispositions de fabrication.

Juge de leurs efforts, le jury a pu en apprécier le mérite et le succès, et voulant donner un juste témoignage de satisfaction à ces fabricants, il leur décerne une médaille de bronze.

Mme veuve PARNUIT, M. DAUTRESME fils et Cie, à Elbeuf (Seine-Inférieure).

Mme veuve Parnuit, M. Dautresme fils et compagnie n'ont pas encore pris place aux expositions et, pour leur début, ils présentent des étoffes pour pantalons dont le goût des dispositions le dispute à la perfection du tissu.

Le jury central leur décerne en conséquence de leur mérite une médaille de bronze.

§ 2. DRAPERIE MOYENNE ET COMMUNE, MOLLETONS, CADIS, DROGUETS,
LIMOGIENNES.

M. Lainel, rapporteur.

CONSIDÉRATIONS GÉNÉRALES.

Les considérations générales sur l'industrie des tissus, déjà esquissées par un de nos honorables collègues, ne nous semblent pas cependant devoir nous dispenser de rentrer dans la question, et nous croirions n'avoir pas accompli entièrement notre mission, si, avant de résumer la notice relative à chacun des exposants qui ont plus particulièrement mérité de fixer l'attention du jury central, nous ne faisions ressortir, d'une manière toute spéciale, les efforts des établissements livrés plus spécialement à la fabrication des tissus de l'ordre intermédiaire et de l'ordre inférieur, qui, par leurs bas prix, sont mis à la portée des fortunes les plus modestes. et des moindres salaires.

Ici le luxe n'a presque aucune part, et, dans cette grande classification, la transformation de matières moyennes ou communes en étoffes variées, attestant la puissance de notre activité industrielle, vient offrir à la consommation générale. à l'intérieur et à l'extérieur, des produits véritablement utiles, en échange du denier du pauvre.

De tels résultats, conquis à la suite de laborieux travaux. d'incessantes recherches et d'une ferme volonté, touchent de trop près au bien-être matériel des populations, en même temps que leur bonheur moral en ressent la précieuse influence, pour ne pas payer un tribut d'éloges et de reconnaissance aux hommes hardis et persévérants qui, devant les innombrables écueils dont la voie est hérissée, trouvent dans la mesure de leurs forces intellectuelles l'énergie nécessaire pour traverser témérairement les difficultés, franchir les obstacles, et pour contribuer ainsi, pour une si grande part. au soulagement de l'humanité, à l'accroissement de la fortune publique et à la consolidation de notre nationalité.

Depuis la dernière exposition, d'utiles changements ont été apportés au matériel de fabrique.

La filature a pris une grande homogénéité par suite de l'introduction des cardes dites *américaines*, innovation qui a si heureusement permis de supprimer une grande partie des enfants dont les ateliers étaient autrefois encombrés.

Les foulons à cylindres, placés aujourd'hui dans presque toutes les fouleries, ont aussi contribué à l'amélioration de la fabrication et au soulagement des ouvriers.

Toutefois, les chefs d'ouvriers doivent s'imposer l'étude de cette machine pour en faire faire l'application dans des conditions raisonnées, et pour pénétrer leurs ouvriers de la nécessité de ne pas provoquer trop précipitamment le feutrage, sous peine de n'avoir que des draps foulés seulement à la surface, dont la chaîne serait insuffisamment soudée à la trame.

Une accélération trop brusque du mouvement provoque une chaleur trop grande; sous cette influence, le feutrage s'opère d'une manière trop active, les tissus s'altèrent, les laines se corrodent, les nuances perdent leur vivacité.

La permanence d'un thermomètre dans l'intérieur de la caisse, et placé de manière à frapper les regards des ouvriers, serait un guide qui leur permettrait de faire jouer à propos les soupapes, de modérer la chaleur, pour la maintenir dans les conditions prévues.

Nous croyons qu'il n'est pas sans utilité d'appeler aussi l'attention des fabricants :

· 1° Sur l'emploi des lisières de nuance noire dans la fabrication des draps blancs et de ceux de couleurs claires : une partie de ces matières se détache dans l'opération du foulage; rejetée sur le fond de l'étoffe, elle se marie avec elle par le feutrage, et les nombreux filaments noirs constituent un mélange qu'il serait bon d'éviter désormais.

2° Sur les tontes d'envers, qui ne sont généralement pas assez rapprochées : c'est une question importante, qui, traitée avec l'intérêt qu'elle mérite, amènera les tissus drapés à pouvoir être mieux appréciés sous le rapport de leur véritable force.

3° Sur la nécessité de rester désormais dans la vérité, et de renoncer à la coutume, encore conservée dans beaucoup de fabriques, de dissimuler la faiblesse des draps, en empruntant une force factice, soit à l'emploi des substances visqueuses, soit à divers procédés d'apprêts.

La protection que l'on doit aux consommateurs, en même temps qu'à l'industrie, impose aussi le devoir au jury central d'engager les établissements qui procèdent à des manipulations de teinture, à ne jamais oublier que les couleurs classées sous la dénomination de grand teint doivent être produites par l'application de traitements et par le concours de substances qui offrent une parfaite garantie de la solidité des nuances.

C'est surtout aux maisons qui s'occupent de la fabrication des draps noirs, à l'instar de la fabrication de Sedan, que s'adressent ces avertissements.

A moins d'une parfaite connaissance des choses contraires par les acheteurs, les draps noirs ne peuvent être loyalement livrés au commerce, si, avant l'engallage, ils n'ont pas reçu un pied de bleu d'indigo très-corsé, afin de rendre moins sensible l'altération de la nuance par l'effet du frottement exercé sur l'étoffe. Se soustraire à cette condition impérieuse serait essentiellement une faute que nous évitons de qualifier autrement.

Les questions de moralité ne doivent pas être que de vains mots; elles sont essentiellement du domaine des grandes améliorations que la société réclame, et auxquelles l'industrie doit s'efforcer de concourir.

Sentinelles vigilantes, nous ne faillirons pas à notre mission, et, après avoir montré la route, nous nous efforcerons à y ramener ceux qu'un fâcheux oubli pourrait encore égarer.

Nos conseils, expression sincère de l'intérêt que nous portons à l'industrie, ne peuvent manquer d'être appréciés tout ce qu'ils valent; nous nous dispenserons donc de désigner au-

cune des localités auxquelles ils s'appliquent plus particulièrement, certains d'être compris de ceux qui ont pu nous
fournir l'occasion de les faire entendre.

Rappel de médailles d'or.

M. HOULÈS père et fils et CORMOULS, à Mazamet (Tarn).

Créateur d'ateliers considérables qui constituent l'un des plus
beaux, des plus complets établissements de France, M. Houlès a
puissamment contribué à porter l'industrie du Midi au degré de
développement qu'elle a acquis; on lui doit d'avoir ouvert des
sources d'activité qui, dans ses mains, sont, pour le département du Tarn, une mine féconde où 1,500 ouvriers trouvent une
existence honnête en échange d'un honorable travail.

Doué d'une intelligence d'élite, hardi aux affaires, M. Houlès est
un novateur qui aborde avec une rare facilité les genres de fabrication les plus divers, certain de trouver des débouchés que lui garantit une réputation justement acquise.

L'importance annuelle de la fabrication de cette maison est de
1,500,000 francs. Les étoffes qu'elle a exposées caractérisent bien
leur origine : des matières douces, des tissus déliés et moelleux,
sont des caractères qu'on retrouve toujours où son nom se produit.

Trop juste, cependant, pour s'attribuer exclusivement ses succès, M. Houlès fait particulièrement ressortir la participation active
et intelligente de son contre-maître, M. Guiraud père, homme dé-
voué, d'un mérite réel, qui, depuis vingt-cinq ans, n'a cessé de
donner des preuves de zèle, et qui a contribué, pour une grande
part, au développement et au progrès que l'on peut être dans le cas
de constater aujourd'hui dans ses établissements.

M. Houlès revendique, en faveur de M. Guiraud, les témoignages
que pourrait mériter sa maison; mais, le jury central, en appréciant
le sentiment de sollicitude qui honore essentiellement le chef qui
l'exprime, ne croit pas devoir le déshériter. Il lui rappelle, en conséquence, la médaille d'or, en dehors de ce qui sera statué à l'é-
gard de M. Guiraud.

MM. MORIN et Cie à Dieulefit (Drôme).

Les considérations qui ont mérité à MM. Morin et compagnie,
en 1844, une distinction de premier ordre se sont encore forti-

tiées depuis, malgré la pression qu'a ressentie notre industrie.

Cette fabrique conserve toute son importance sous le triple rapport du mouvement des opérations, des ressources qu'elle continue à offrir à l'agriculture locale par la consommation de quantités assez considérables de laine; enfin du bien-être que le travail garantit à plus de 400 ouvriers, indépendamment de l'influence qu'exerce sur eux le caractère personnel et bien connu de M. Morin.

La fabrication générale de cette maison s'élève à 450,000 francs, dont le quart est destiné à l'exportation. Les draps de ces exposants offrent les caractères d'étoffes consciencieusement bonnes, bien traitées et solides. Ces conditions favorables doivent les faire rechercher pour être employées par les consommateurs nombreux qui ne peuvent affecter à leur habillement qu'une dépense restreinte.

Le jury central lui rappelle la médaille d'or.

M. KUNTZER, à Bischwiller (Bas-Rhin).

Médaille d'or.

Observateur sérieux, infatigable dans ses recherches, opiniâtre devant les difficultés, M. Kuntzer est, pour l'industrie, un véritable philosophe qu'aucun sacrifice n'arrête.

Déjà signalé pour l'impulsion qu'il avait imprimée à la fabrication de Bischwiller, il vient aujourd'hui marquer plus hardiment encore sa présence au grand concours industriel, par la présentation d'un drap spécial dont chacun a pu apprécier le traitement et admirer le fini.

L'ensemble de l'exposition de ce fabricant mérite des éloges pour la belle qualité des matières, la finesse des tissus et leur fabrication; mais, exceptionnellement, le jury central a distingué, dans l'assortiment de M. Kuntzer, son drap dit *mousseline*, du prix de 13 fr. 50 cent., dont l'extrême douceur, due à la perfection du travail, le disputerait au velours, si cet habile manufacturier ne venait nous montrer que la laine est en effet susceptible de transformations qui surprennent au point de douter encore, alors qu'en présence de la réalité, la vue et le tact se complaisent à apprécier une conquête qui le place au premier degré de notre industrie nationale.

La mode, parfois si exigeante, toujours capricieuse; la mode, si difficile à satisfaire, trouvera un véritable aliment à ses entraînements dans les tissus que le savoir, le bon goût et l'art de M. Kuntzer lui ont fait créer.

Les produits de cette maison, fabriqués en laine fine de Saxe et de Hongrie, se consomment presque exclusivement à Paris. Le commerce de la place fait beaucoup de cas de ses tissus.

Le jury lui décerne la médaille d'or.

M. MOUISSE, à Limoux (Aude).

Le mouvement de son établissement avait été un instant ralenti; la maladie avait fait du repos une impérieuse loi à M. Mouisse. Malgré son grand âge, son ardent amour du bien est venu réveiller en lui assez de force pour donner à ses ateliers une activité nouvelle, et maintenir son mouvement d'affaires.

La ville de Limoux apprécie chaque jour les ressources que cette fabrique offre à la population ouvrière dont M. Mouisse a fait, en quelque sorte, sa famille, et dont l'existence serait fort compromise sans le secours de l'homme philanthrope que le jury départemental cite dans des termes qui honorent essentiellement son caractère.

La fabrication de cette maison est exclusivement dans le genre nouveautés; elle s'élève à 600,000 francs par an, dont une partie est livrée dans nos possessions d'Afrique, où M. Mouisse a su faire apprécier des tissus qu'il a créés pour burnous.

Les étoffes exposées sont en bonne matière, bien fabriquées et à des prix modérés. Toutes ces conditions ressortent surtout de la pièce castor écossais n° 72,134, cotée à 6 fr. 50 cent. le mètre.

Le jury central lui décerne une nouvelle médaille d'argent.

M. SOMPAIRAC aîné, à Cennes-Monestier (Aude).

Si, sans égard à l'élévation de prix, produire bien est déjà un mérite, produire bien et à bas prix doit être d'autant plus apprécié, et c'est dans cette condition tout exceptionnelle qu'il faut placer cette maison.

Une connaissance réelle des matières et de leur emploi, une longue pratique des opérations assurent aux travaux de M. Sompairac les résultats qu'il obtient; dans ses établissements, ce sont principalement les toisons communes de nos bêtes à laine qui entrent dans ses manipulations faites par 450 ouvriers qui participent à l'exécution d'une fabrication de l'importance de 400,000 fr.

Le jury central lui rappelle la médaille d'argent.

M. Louis-Auguste ROUSTIC, à Carcassonne (Aude).

Sous la raison Roustic frères et fils, cette maison prenait rang, en 1839, parmi les exposants qui recevaient la médaille d'argent. Depuis, elle n'a plus pris part aux expositions.

Sans se préoccuper de cette abstention, le jury a vu avec satisfaction la rentrée de M. Roustic. Ce fabricant livre annuellement à la consommation pour 450,000 francs d'étoffes. Nous avons apprécié le mérite de ses produits sous le rapport de la qualité, du fini et du bas prix. Le jury signale entre autres la pièce cuir laine noir n° 155,212, cotée 9 francs, et la pièce n° 98,008, cotée 9 fr. 25 cent.

La ville de Carcassonne n'a pas oublié les sacrifices que M. Roustic a su s'imposer pour introduire successivement d'utiles innovations dans le matériel de fabrique et dans la fabrication.

Le jury départemental de l'Aude mentionne aussi les efforts fructueux de cet industriel pour trouver des débouchés qui lui ont permis de conserver une activité permanente aux ouvriers pendant l'année 1848.

Le jury central, s'associant au jury de l'Aude dans les éloges qu'il donne à M. Roustic, et reconnaissant en lui un habile manufacturier, lui rappelle la médaille d'argent.

MM. HAZARD père et fils, à Orléans (Loiret).

Dès le début de M. Hazard, le jury marquait, en 1844, l'avenir de sa fabrique, et cette maison a apprécié cette distinction en se maintenant au rang qui lui avait été assigné.

Heureuse influence des encouragements, cet industriel intelligent a compris ce que cette récompense lui imposait d'obligations, et il les a réalisées en atteignant le but qui lui était marqué, et en méritant le témoignage du jury départemental.

Les efforts de M. Hazard ne se sont pas étendus qu'à la fabrication et à produire bien et à bon marché, il a porté aussi sa sollicitude sur les ouvriers, pour leur assurer du travail pendant l'année difficile de 1848.

Depuis deux ans, cette maison ne fait plus rien pour l'exportation; la totalité de sa fabrication, qui s'élève à 300,000 francs, est consommée à l'intérieur; nous le regrettons vivement, et nous engageons M. Hazard à faire des efforts pour replacer son nom sur le marché étranger.

Les draps exposés ont le caractère d'un bon type, ils se font remarquer par le choix des matières, par des toiles énergiques et souples, par un garnissage plein et par une tonte arrondie.

A l'exception de deux pièces, l'une du prix de 5 francs, et l'autre de 7 fr. 50 cent., les 11 coupes exposées sont cotées de 9 à 12 francs, et ces prix sont modérés en raison de la nature des tissus.

Le jury central lui rappelle la médaille d'argent.

M. LENORMAND, à Vire (Calvados).

La récompense qui lui a été décernée, en 1844, a été un puissant stimulant pour M. Lenormand, et lui a marqué le rang où il a su se maintenir parmi les hommes de progrès.

Industriel sérieux, il a senti la nécessité de déserter les vieilles routines, et il s'est résolu à compléter son établissement de tout le matériel proportionné à l'importance de sa fabrication, qu'il porte à 250,000 francs, et dont la totalité est livrée au commerce intérieur.

L'active intelligence de M. Lenormand, sa sollicitude lui ont fait traverser nos périodes difficiles sans diminuer, ni le nombre, ni le salaire de ses ouvriers.

Les draps exposés par cette maison se font apprécier favorablement par l'emploi de matières bien choisies, par une fabrication qui révèle du savoir, des soins et une bonne direction donnée au travail.

La pièce castor mastique, n° 18,558, du prix de 10 fr. 75 cent., est particulièrement recommandable par la douceur de la matière.

Le jury central rappelle à M. Lenormand la médaille d'argent.

MM. VERNAZOBRE jeune et Cie, à Bédarieux (Hérault).

Par leur intelligence et leurs efforts, MM. Vernazobre et compagnie se maintiennent en première ligne parmi l'industrie de Bédarieux, sur laquelle ils exercent une influence réelle, surtout dans les moments difficiles.

Malgré la crise industrielle et commerciale, cette maison, plus heureuse que beaucoup d'autres, semble avoir augmenté sa production annuelle qu'elle porte à 60,000 mètres d'étoffes diverses, réparties par moitié à l'intérieur et à l'exportation.

Bien dirigés dans l'exécution de leur tâche, 290 ouvriers, dont l'existence est assurée par un travail continuel, concourent à l'exécution des manipulations dans les ateliers de MM. Vernazobre et compagnie.

Les draps de cette fabrique sont bien faits, et sont classés parmi les bonnes étoffes courantes.

Le jury central lui rappelle la médaille d'argent.

MM. FLOTTE, frères à Saint-Chinian (Hérault).

Très-ancienne et importante maison, dont le succès était marqué aux expositions, et qui ne s'est pas présentée en 1844.

Vétérans de l'industrie drapière, on peut se réjouir de la rentrée de MM. Flotte dans les rangs des exposants, et nous les félicitons de leur résolution, qui ne pouvait manquer d'être accueillie.

Portée au chiffre de 300,000 francs, la fabrication occupe environ 300 ouvriers. Leurs étoffes sont destinées, en totalité, pour l'exportation. C'est dans les échelles du Levant qu'elles se consomment, et que MM. Flotte ont su y faire accueillir favorablement les produits français.

La vivacité des nuances dans les couleurs écarlate, orange, bouton d'or, violet, bleu de France, distingue autant les draps de cette maison que leur bonne fabrication, la qualité des matières et le traitement des apprêts. Les prix sont aussi très-modérés, et nous ne pouvons nous dispenser de citer la pièce n° 27,619, drap violet, à 9 francs le mètre.

Le jury central rappelle à MM. Flotte la médaille d'argent.

MM. MIEG et fils, à Mulhouse (Bas-Rhin).

L'origine de cette fabrique remonte presque à l'époque de la réunion de l'Alsace à la France, et la constitution de la maison, connue sous le nom de Mieg et fils, date de 1734. La bonne réputation est traditionnelle dans la ville de Mulhouse, où les noms de ces honorables fabricants figurent parmi les hommes distingués de cette ville, si éminemment industrielle.

Les divers ateliers réunissent un matériel complet pour assurer l'activité de 250 ouvriers, et les fabrications annuelles sont d'une valeur de 350,000 francs, dont le huitième est destiné à l'exportation.

MM. Mieg et fils continuent, avec succès, leur fabrication des draps noirs et des cassinettes pour l'habillement; mais, comme en 1844, ils se font surtout remarquer par les étoffes destinées pour l'impression au rouleau et pour celles employées par des industries diverses.

Il est réellement impossible de traiter cette fabrication avec plus de savoir et de supériorité, et le jury leur témoigne sa satisfaction pour l'ensemble de leur fabrication, en faisant plus particulièrement une distinction des cinq coupes de drap blanc.

Le jury accorde, en conséquence, à MM. Mieg et fils le rappel de la médaille d'argent.

MM. GARRISSON oncle et neveu, à Montauban (Tarn-et-Garonne).

Cette maison se livre toujours avec une certaine distinction à la fabrication des molletons, serges, cadis et ratines; elle a exposé, pour vêtements d'hiver, un drap solide en très-bonne matière.

A l'exception de faibles quantités du Maroc, les laines employées par MM Garrisson proviennent de France.

Outre sa fabrication directe, qui mérite des éloges, et dont nous mentionnons les pièces n° 12,218, ratine rouge d'Andrinople à 3 fr. 75 cent., et n° 13,687, flanelle bleue à 3 fr. 50 cent., cette maison continue à acheter considérablement d'étoffes, en état brut, qu'elle apprête et teint dans ses établissements, ce qui ajoute à son importance, en même temps qu'elle est une puissante ressource pour les tisserands des départements voisins du département de Tarn-et-Garonne, qui travaillent chez eux, et qui trouvent ainsi des débouchés faciles pour leurs tissus.

Le jury central lui rappelle la médaille d'argent.

MM. CHÉGUILLAUME et Cie, à la Forge-en-Cugand (Vendée).

Établissement très-considérable qui prend chaque jour des développements et qui constitue une ressource fort importante pour le département de la Vendée.

Sous les dénominations de clissonnaire, rayette, futaine, bure, cette maison présente une variété d'articles qui soutiennent bien sa réputation sous le double rapport du prix et de la fabrication. La pièce de bure fine blanche est particulièrement remarquable par sa force et sa qualité.

Outre les étoffes tissées, MM. Chéguillaume et compagnie tiennent en activité une filature de laine cardée et une filature de coton, et il serait à désirer qu'à l'exposition prochaine ils ne fissent pas défaut en leur qualité de filateurs.

Le jury central leur rappelle la médaille d'argent.

MM. RUEF et BICARD, à Bischwiller (Bas-Rhin).

Médailles d'argent.

Antérieurement, cette fabrique semblait se faire particulièrement remarquer par la solidité de ses tissus. Sans rien avoir perdu de ce caractère distinctif, ses draps, présentés cette année à l'exposition, participent aussi d'apprêts dont le fini atteste une grande habileté d'exécution, et témoigne à la fois du mérite industriel de MM. Ruef et Bicard et de leur active persévérance dans la voie des améliorations. Le jury central a particulièrement arrêté son attention sur la pièce satin bleu n° 7420, et sur la pièce satin garance n° 7674, cotées toutes deux à 15 francs le mètre.

Cette maison n'emploie que des laines d'Allemagne; elle fait pour 380,000 francs de fabrication, dont le quart pour l'exportation. La variété d'une fabrication bien suivie, les prix de vente modérés, tout concourt à faire enregistrer favorablement cette maison.

Le jury leur décerne la médaille d'argent.

M. LIGNIÈRES, à Carcassonne (Aude).

Lors même que M. Lignières n'eût pas été l'objet des témoignages du jury du département de l'Aude, le jury central, si minutieux dans ses investigations, ne pouvait manquer d'arrêter son attention sur l'exposition de ce fabricant.

La confection d'effets à bas prix qui trouvent un grand placement dans l'Amérique du Nord s'est présentée comme une nouvelle ressource pour l'industrie des tissus feutrés.

Recherchant toutes les occasions de travail, appréciant pour les ouvriers et pour lui-même le prix d'une incessante activité, M. Lignières a compris l'importance d'être le premier à l'œuvre pour créer une étoffe en rapport avec le besoin qui se manifestait, et à porter dans une assez grande proportion la fabrication d'un demi-drap noir, qui réunit la bonté et la finesse au bon marché.

La réputation de M. Lignières est justement acquise dans l'industrie et dans le commerce, et il serait réellement difficile de mieux faire que ce qu'il produit.

Appréciant la distinction que fait de ce fabricant le jury dépar-

lemental ainsi que les encouragements que méritent les services
rendus par M. Lignières, le jury central lui décerne la médaille
d'argent.

M. JUHEL-DESMARES, à Vire (Calvados).

Il n'est pas inutile de constater que M. Desmares est l'unique
directeur de sa fabrique, et qu'il préside personnellement aux diverses manutentions; ses opérations, conduites avec économie, lui
ont permis de soustraire le personnel de ses ateliers aux conséquences des crises difficiles, en assurant l'existence de chacun sans
oscillation de salaire.

M. Desmares a parfaitement compris les besoins des ouvriers,
dont grand nombre sont logés dans son établissement.

La fabrication, limitée antérieurement dans cette fabrique aux
draps de couleur bleue, s'est étendue à des étoffes de couleurs variées parfaitement réussies.

Les matières employées sont d'un bon type; la tissure des draps
est bien frappée, le garnissage est ménagé et abondant. Les prix,
dans l'échelle de 7 fr. 25 cent. à 9 fr. 50 cent., sont très-modérés
et recommandent à la consommation les étoffes de cette fabrique
qui peuvent soutenir avec avantage la concurrence sur leurs similaires. Nous devons signaler particulièrement la pièce castor bronze
n° 30,522.

Le jury central lui décerne la médaille d'argent.

MM. GAUDCHAUX-PICARD fils, à Nancy (Meurthe).

On doit à cette maison d'avoir introduit et de maintenir dans la
ville de Nancy une fabrication supérieure à celle qui y était exécutée antérieurement.

Les débouchés qu'ont su trouver MM. Gaudchaux et Picard fils
pour le placement de leurs étoffes à l'intérieur et à l'exportation
témoignent de leurs prévisions en même temps que de leur concours à faire apprécier les produits de notre industrie sur le marché
étranger.

Dans leur diversité, les draps de ces exposants sont fabriqués
avec une bonne entente de l'emploi des matières. Le jury reconnaît que l'extension des opérations de MM. Gaudchaux et Picard,
au chiffre de 400,000 francs, est évidemment due à leur expérience
pratique, qui leur permet de livrer à la consommation des draps

bien fabriqués et à bon marché, et d'assurer l'existence de nombreux ouvriers par une activité non interrompue.

Le jury central leur décerne une médaille d'argent.

M. PONCHON fils aîné, à Vienne (Isère).

Ce fabricant a déjà été signalé, en 1844, comme ayant le plus contribué aux améliorations de l'industrie drapière de sa localité; sa persévérance n'a pas failli; on reconnaît la bonne direction donnée au travail par la qualité de ses draps qui ont été appréciés, surtout la pièce n° 15,829 castor-bronze.

Le jury central lui décerne une nouvelle médaille de bronze.

MM. MURET, SOLANET et PALANGIÉ frères, à Saint-Geniez (Aveyron).

L'existence de cette maison est fort ancienne. Son principal établissement, détruit par le feu depuis la dernière exposition, a été reconstitué dans des conditions en rapport avec les nécessités de l'exploitation, et surtout avec les convenances des ouvriers pour éviter l'encombrement et contribuer, par une assiette bien entendue, à leur rendre le travail facile.

Saint-Geniez doit en partie à MM. Muret, Solanet et Palangié l'activité de sa population qui, sans le secours de leur fabrique, serait dans un dénûment complet.

400 ouvriers prennent part annuellement à la conversion en tissus de 90,000 kilogrammes de laine.

Indépendamment des draps que cette maison fabrique pour les services de la guerre et de la marine, les produits qu'elle expose trouvent dans le commerce intérieur un écoulement facile, en raison de leurs bas prix et de leur qualité. Le jury a remarqué la pièce n° 2, drap bleu teint en pièce, du prix de 5 fr. 25 cent., qui a réellement du travail et de la qualité.

Le jury central lui décerne une nouvelle médaille de bronze.

M. MANIGUET, à Vienne (Isère).

D'après les draps à bas prix qu'il montre à l'exposition, M. Maniguet reste pour le jury au nombre des fabricants dont on doit constater les efforts pour se maintenir au rang qui lui a été assigné au concours de 1844.

Le jury central lui rappelle la médaille de bronze.

MM. COURTEY frères et BARRÉ, à Périgueux (Dordogne).

C'est toujours la fabrication des cadis à bas prix, étoffe si précieuse pour les classes pauvres, qui fait l'exploitation de cette maison, et elle trouve à l'intérieur, et principalement dans les campagnes, des débouchés qui élèvent son mouvement annuel d'opérations à plus de 200,000 francs.

Ce chiffre dit assez en faveur de leurs étoffes, et l'opinion que nous avons conçue de celles exposées leur est aussi toute favorable.

Nous engageons MM. Courtey frères à persévérer et à ajouter à leurs efforts pour conquérir des améliorations.

Le jury central leur rappelle la médaille de bronze.

MM. BRICHE-VANBAVINCHOVE, à Saint-Omer (Pas-de-Calais).

Cette maison continue sa fabrication dans des conditions intelligentes, ainsi que l'atteste la variété de leurs tissus dans les genres castorines, vareuses, molletons, flanelles. Les prix sont en rapport avec leur qualité. Leurs étoffes, dont nous avons apprécié la bonne fabrication, sont recherchées dans les localités voisines du siége de leur fabrique, où, en raison du climat, les populations en font une grande consommation.

Le jury central leur rappelle la médaille de bronze.

MM. BOYER frères, à Limoges (Haute-Vienne).

A l'importance de son tissage, cette maison joint la filature, la teinture et des ateliers d'apprêts, et c'est d'un tel ensemble que ressort la situation qui la classe au premier degré de l'industrie de Limoges.

Ses étoffes dans les genres finettes et flanelles Virginie, pour vêtements de femmes, sont en bonnes matières, bien ouvrées.

320 ouvriers participent aux manipulations, et convertissent annuellement 60,000 kilogrammes de laine et 12,000 kilogrammes de coton ou fils de lin en 110,000 mètres d'étoffes, d'une valeur d'environ 290,000 francs.

MM. Boyer frères, déjà cités antérieurement pour les perfectionnements qu'ils ont apportés dans la fabrication des limogiennes, continuent de justifier leur réputation de manufacturiers habiles. Le jury central leur rappelle la médaille de bronze.

MM. BLIN père et fils et BLOC-JAVAL, à Bischwiller (Bas-Rhin).

Médailles de bronze.

C'est la première fois que ces fabricants se présentent au concours industriel, et, en mesurant leurs forces, ils ont pu comprendre qu'ils seraient accueillis avec la distinction de fabricants consommés.

Leur exposition, qui se compose de 8 pièces de tissus divers, atteste que MM. Blin père et fils et Bloc-Javal connaissent bien la fabrication, et qu'ils sont une application heureuse de leur expérience dans les divers traitements donnés à leurs tissus, qui sont francs de dégraissage, de foulage et d'apprêts, et fabriqués avec des laines d'un bon choix, d'origine d'Allemagne. Les prix déterminés de 8 fr. 50 cent. à 12 fr. 50 cent. classent les draps de cette maison dans les conditions d'une bonne consommation courante.

Le jury central leur décerne la médaille de bronze.

MM. PERRIN frères et Cᵉ, à Nancy (Meurthe).

Sur une petite échelle, cet établissement existait à Nancy depuis 1820; il a reçu en 1846 des développements assez considérables, et c'est à Rosières-aux-Salines, au milieu d'une population pauvre, dont une partie, frappée en naissant d'une constitution inerte, rachitique, est trop faible pour se livrer aux travaux de la campagne, que MM. Perrin frères et compagnie ont établi leur succursale.

Le jury de la Meurthe fait particulièrement ressortir le bien de cette création, qui a été une véritable ancre de salut pour la localité de Rosières.

Cette maison fait environ 18 à 20,000 mètres de drap, dont les 2/3 vont à l'exportation. C'est la première fois qu'elle se présente à l'exposition. Sa fabrication, plus spéciale aux étoffes à bas prix, est, sous ce rapport, des plus remarquables, et les classes pauvres sauront en apprécier comme nous le mérite.

Nous signalerons exceptionnellement les pièces n° 11464, du prix de 3 fr. 75 cent. le mètre, n° 11465, du prix de 5 fr. 50 cent., et n° 11422, du prix de 5 fr. 75 c.

Le jury lui décerne la médaille de bronze.

4.

M. THIOLLIER, à Vienne (Isère).

La mention honorable qui a été accordée en 1844 à M. Thiollier a été pour lui un véritable encouragement.

Le jury a pu reconnaître, en effet, par l'examen des draps de cette maison, particulièrement de la pièce n° 6538, bleu de légion, du prix de 10 francs le mètre, que la fabrication est bien entendue dans ses ateliers et que les résultats obtenus sont dus autant à l'emploi de bonnes matières qu'au travail régulier exécuté dans la succession des diverses opérations par une impulsion intelligente.

L'industrie de la ville de Vienne peut se féliciter d'être ainsi représentée à l'exposition.

Le jury central lui décerne la médaille de bronze.

M. SIGNORET-ROCHAS, à Vienne (Isère).

Cette maison se présente à l'exposition pour la première fois. Le jury constate que M. Signoret-Rochas lui a fourni l'occasion de remarquer, sous le rapport de la qualité de la matière, de la force des tissus et du bon marché, son assortiment de draps dits *de nouveauté*, et de distinguer, entre autres, la pièce n° 2091, cotée 6 fr. 50 cent.

Le jury central lui décerne la médaille de bronze.

MM. BOYER aîné et LACOUR frères, à Limoges (Haute-Vienne).

Précédemment, et jusqu'en 1839, cette maison se présentait aux expositions sous la raison Boyer aîné et compagnie.

Aujourd'hui son importance est telle, qu'elle occupe 180 ouvriers, et qu'indépendamment de son tissage, elle a accessoirement un atelier de teinture près de Limoges.

MM. Boyer aîné et Lacour frères ont voulu marquer leur présence au concours par l'envoi d'un assortiment de limogiennes croisées doubles et satinées unies et à rayures variées, du prix de 5 francs; de flanelles virginie, de 1 fr. 35 cent. jusqu'à 3 fr. 75 cent.; et fabriquées avec une grande intelligence sous le rapport du travail, du choix des matières, de leur qualité, de la teinture et du goût dont les tissus portent avec eux le caractère.

Le jury a vu avec plaisir MM. Boyer aîné et Lacour frères continuer à prendre une part si honorable aux expositions de l'industrie;

il les considère comme des hommes d'impulsion et de progrès, et leur décerne la médaille de bronze.

M. CARCENAC, à Rodez (Aveyron).

Dans un pays où l'industrie est si peu développée, le mouvement de travail imprimé dans la ville de Rodez par M. Carcenac rejaillit d'une manière trop salutaire sur le sort de plus de 300 ouvriers pour ne pas lui tenir compte des difficultés que rencontrent des établissements privés, comme le sien, de tout contact et de toute émulation.

Cette situation, le bas prix des étoffes fabriquées par M. Carcenac, ont été appréciés; mais le jury ne peut se dispenser de l'engager à porter sa sollicitude vers des progrès que ses efforts lui seront nécessairement atteindre.

Prenant en considération, tout à la fois, d'une part, la quantité considérable de laines du pays que consomme M. Carcenac, et, de l'autre, l'influence qu'exerce l'importance de son chiffre d'affaires (400,000 francs), le jury central lui décerne une médaille de bronze.

MM. POUMEAU frères, à Limoges (Haute-Vienne).

Nouvelle maison formée en 1845, et qui se livre avec succès à la fabrication des articles de Limoges.

Les tissus de cette maison sont serrés, fabriqués avec goût et en bonne matière, et peuvent se montrer hardiment près de ceux des anciennes fabriques.

MM. Poumeau font preuve d'habileté; ils fabriquent déjà pour une valeur de 100,000 francs par an.

Leurs étoffes sont livrées au commerce intérieur, et se consomment, particulièrement en Bretagne, en Normandie, et sur notre littoral de l'Ouest.

Le jury central leur décerne la médaille de bronze.

M. LEPARQUOIS, à Saint-Lô (Manche).

Il est dans la coutume de cette maison de n'exposer qu'un très-petit nombre d'articles. Fidèle au rendez-vous, elle présente, cette année, comme aux expositions précédentes, 2 pièces de droguets qui portent le cachet de sa fabrication habituelle.

Ces étoffes sont d'un tissage serré, condition fort essentielle lorsqu'à la qualité la matière et le bon marché viennent s'y associer, comme dans les produits de M. Leparquois.

Le jury central lui décerne la médaille de bronze.

Mentions honorables.

M. HONORAT, à Saint-André (Basses-Alpes).

L'établissement de M. Honorat semble avoir pris une assiette telle, qu'on peut désormais le considérer comme une ressource réelle pour le département des Basses-Alpes.

Les difficultés qu'il a dû rencontrer, pour former aux coutumes d'un travail suivi une population presque entièrement étrangère aux manipulations de la draperie, ont été appréciées par le jury, qui se plaît à reconnaître surtout les efforts de ce fabricant pour obtenir des ouvriers les draps qu'il a envoyés à l'exposition. Ces tissus sont d'une assez bonne fabrication courante.

Le jury central le mentionne honorablement.

M. Antoine DUHIL, à Fougères (Ille-et-Vilaine).

Le jury départemental d'Ille-et-Vilaine mentionne cette maison d'une manière spéciale.

Comme filateur et comme teinturier, M. Duhil occupe un nombre considérable d'ouvriers; mais c'est moins dans ces spécialités que nous sommes appelés à la juger que comme fabricant de flanelles droguets, puisqu'elle n'expose que des tissus de cette espèce.

La bonne qualité des étoffes, les prix modérés qui ressortent des détails consciencieusement décrits dans les renseignements fournis, recommandent ce fabricant, ainsi que l'importance de ses établissements.

Le jury central lui accorde une mention honorable.

Mme veuve DARDIÉ, à Mazamet (Tarn).

Des molletons et des tartans en bonne matière composent l'exposition de cette maison, qui occupe à Mazamet 160 ouvriers.

C'est la première fois qu'elle se présente.

Le jury central lui accorde une mention honorable.

Citations favorables.

MM. DELAGE père et fils, à Limoges (Haute-Vienne).

Le bulletin de déclaration fourni par cette maison ne contient aucuu des renseignements qui puissent éclairer le jury sur l'importance de ses ateliers et de sa fabrication. Il fait connaître seulement que MM. Delage occupent 20 ouvriers, sans préciser s'ils travaillent à l'intérieur ou au dehors de leurs ateliers.

Ils ont présenté 5 pièces de limogiennes en 140, du prix unique de 5 fr. 50 cent. Ces étoffes sont bien faites et d'une bonne consommation courante.

Le jury central les cite favorablement.

M. PÉTINIAUD-DUBOS, à Limoges (Haute-Vienne).

Établissement dont la création remonte à 4 ans, et dont l'importance, d'après les renseignements, d'ailleurs incomplets, du bulletin de déclaration, est limitée à une fabrication exécutée par 12 à 20 ouvriers.

Les flanelles exposées sont de bonnes étoffes, les prix sont dans de sages limites.

Le jury central cite favorablement M. Pétiniaud-Dubos.

DEUXIÈME DIVISION.

ÉTOFFES NON FOULÉES EN LAINE PURE OU MÉLANGÉE.

——

§ 1er. COUVERTURES.

M. Lainel, rapporteur.

CONSIDÉRATIONS GÉNÉRALES.

C'est l'achat des matières premières qui absorbe le plus des fonds engagés dans l'industrie des couvertures, et le travail n'y est que l'accessoire.

Extrêmement limité dans le jeu de ses combinaisons, le métier à tisser reste dans une sorte de condition stationnaire et, par suite, la formation des toiles n'est guère susceptible de modifications.

L'art ayant moins de part, l'appréciation est plus facile et la vérité est plus saisissable; mais, nous devons le reconnaître.

plus les moyens sont limités, plus l'application d'une main-d'œuvre dirigée avec intelligence, une parfaite appréciation des laines, sont des auxiliaires qui contribuent à imprimer à la fabrication le cachet de bien que le jury central, dans ses explorations, a été heureux de constater d'une manière générale.

Cette branche fort importante de notre industrie est exploitée, principalement par la fabrique de Paris qui conserve la réputation qu'elle s'est acquise pour la fabrication des couvertures fines.

A part la consommation de la France, nos produits appréciés à l'extérieur soutiennent, sur quelques marchés, la concurrence anglaise et trouvent des débouchés assez considérables aux États-Unis.

Universellement, la couverture est un objet de première nécessité. Recherchée dans la demeure du riche, elle contribue essentiellement au soulagement du pauvre, surtout dans les longues nuits d'hiver passées dans ces tristes réduits, refuges mal clos, rarement chauffés, où le froid impitoyable exerce ses rigueurs sans distinction d'âge ni de sexe.

Dans l'état actuel et pour suppléer à la cherté des laines, l'industrie s'est livrée à la fabrication des couvertures en poil de cabri; mais, cette matière, employée en trame tissée sur des chaînes en coton, n'étant pas soumise au feutrage, s'échappe facilement par l'effet du moindre frottement, et les organes respiratoires absorbent pendant le sommeil une partie des poils, qui sont une fatigue aussi réelle pour la poitrine que pour la gorge et le cerveau. Au point de vue hygiénique, il serait fort désirable de pouvoir abandonner cette fabrication.

La vente des couvertures à bon marché serait donc un des plus grands soulagements à apporter aux souffrances des classes pauvres; mais le prix des matières premières domine trop cette question, et seuls les efforts des producteurs ne peuvent apporter des diminutions sensibles sur les cours.

Le jury central, dans sa philanthropique sollicitude, regrette de ne pouvoir formuler, à cet égard, aucune observation, de ne pouvoir exprimer aucun vœu, sans paraître s'écarter des limites de son mandat et faire irruption dans le domaine administratif.

MM. POUPINEL jeune et Ernest GUYON, à Paris (Seine).

Nouvelle médaille d'argent.

L'exposition de 1829 marquait les succès de cette maison, et, depuis, des récompenses sont venues successivement s'attacher à son nom.

MM. Poupinel et Guyon ne sont pas que des manufacturiers habiles; ce sont des hommes hardis, progressifs et très-intelligents; placés en tête de l'industrie parisienne, ils ont essentiellement contribué aux améliorations de la fabrication des couvertures.

On promène délicieusement les regards sur leur assortiment et la main se complaît à palper l'abondant duvet dont leurs tissus sont enrichis.

Ils ont eu l'heureuse idée de mettre en fabrication des laines peignées qui, traitées par un garnissage abondant, donnent un tissu mousseux, à brins longs, destiné à fonctionner à l'instar de l'édredon.

On leur doit aussi l'innovation d'encadrements imprimés sur couvertures blanches par le concours de la vapeur, dont la pénétrabilité et la solidité de la couleur n'altèrent en rien la fraîcheur de la nuance écarlate.

Le 1/5 de leur fabrication, dont le total est d'environ 285,000 fr., est consommé à l'exportation.

Le jury central leur décerne une nouvelle médaille d'argent.

MM. BUFFAULT et TRUCHON, à Paris (Seine).

Rappel de médaille d'argent.

C'est à Essonne que cette fabrique est établie; elle réunit exceptionnellement tous les éléments de fabrication, préparation des laines, filature, tissage et teinture. Les matières premières reçoivent donc aussi, sous la même direction toutes les transformations.

MM. Buffault et Truchon occupent de 140 à 150 ouvriers; et font annuellement pour 350,000 francs de fabrication qui se répartit entre le commerce intérieur et l'exportation dans la proportion des 2/5 à la destination des États-Unis; leur active intelligence est parvenue à leur faire trouver des débouchés sur des marchés où les produits de notre industrie font ainsi concurrence à ceux qui depuis longtemps sont maîtres de la place.

Leurs couvertures en laine, en coton ou en cabri, fabriquées avec des matières convenablement choisies et employées avec une connaissance parfaite des manipulations, sont aussi fort appréciées par le commerce intérieur, où le nom de ces fabricants reste honorablement connu.

Le jury central leur rappelle la médaille d'argent.

Médaille d'argent.

M. ALBINET, à Paris (Seine).

Quoique son nom soit depuis longtemps très-favorablement connu dans l'industrie, c'est la première fois que M. Albinet se présente à l'exposition.

Son établissement, créé par son père en 1795, a subi, depuis qu'il lui a succédé, des modifications considérables, et il possède aujourd'hui des ateliers de tissage et de filature complets pour la fabrication des couvertures.

La filature est mue par une machine à vapeur de la force de 12 chevaux; 75 ouvriers prennent part aux travaux d'une production qui s'élève par année à 220,000 francs. L'exportation n'est comprise que pour une très-faible part.

M. Albinet est un manufacturier qui connaît parfaitement la fabrication. Ses couvertures justifient en tout cette opinion par leur netteté de travail, leur blancheur, leur complet dégraissage et leur grande douceur. Nous ne pouvons que l'engager à s'enhardir pour porter son nom sur les marchés étrangers, où il est assuré qu'il sera accueilli aussi favorablement qu'il l'est par le commerce de Paris.

Le jury central lui décerne la médaille d'argent.

Nouvelles médailles de bronze.

M. BEUDON, à Paris (Seine).

Jeune industriel dont l'intelligence devrait lui assurer des succès commerciaux. M. Beudon traite de la fabrication des couvertures avec une véritable connaissance pratique des opérations et des matières.

Son exposition a été bien appréciée par le jury; les couvertures fines ont de la qualité, un bon traitement de blancheur, et ses couvertures en coton, à bas prix, ont surtout le mérite d'être fort goûtées sur le marché étranger, où M. Beudon est parvenu à en placer annuellement pour une valeur de plus de 30,000 francs.

Le jury central lui décerne une nouvelle médaille de bronze.

MM. LÉGER-FRANCOLIN et GOUCHEREAU, à Patay (Loiret).

Toujours bien accueillis aux expositions, MM. Léger-Francolin et Gouchereau évitent de laisser échapper l'occasion de faire proclamer leur nom.

Les couvertures qu'ils exposent soutiennent la bonne réputation qu'ils se sont acquise dans l'industrie et dans le commerce. Leur assortiment se compose de tissus bien traités de lavage et d'apprêts, parmi lesquels nous avons surtout remarqué une couverture blanche à mouches rouges et une couverture à mouches bleues qui sont d'un bon effet.

Le jury central décerne à MM. Léger-Francolin et Gouchereau une nouvelle médaille de bronze.

MM. FORT et AGUIRRE, à Saint-Jean-Pied-de-Port (Basses-Pyrénées).

Après avoir organisé un établissement qui est d'un si grand secours pour les ouvriers dans un pays où le salaire de chaque jour serait si incertain pour eux, on doit savoir gré à MM. Fort et Aguirre de leur persévérance pour maintenir l'activité de leurs ateliers, et le jury y a pris un intérêt réel.

Cette fabrique entretient 200 ouvriers; en dehors de ses placements à l'intérieur, elle livre à l'exportation des couvertures pour une valeur de plus de 100,000 francs.

Les couvertures présentées au jury, fabriquées sans fard, sont d'une bonne facture, et celles de qualité inférieure sont surtout à très-bas prix. Une couverture de cheval à carreaux rouges et verts, de 5 francs 50 centimes, mérite d'être citée pour sa qualité relative, la fabrication et le bon marché.

Le jury central lui décerne une nouvelle médaille de bronze.

M. MARCHAND-LECOMTE, à Patay (Loiret).

Rappel de médaille de bronze.

Chaque jour la fabrique de Patay fait de nouveaux progrès; elle n'a réellement plus rien à envier à Orléans, et M. Marchand-Lecomte peut à justes droits revendiquer une part de cette conquête.

Les couvertures de cette maison, fabriquées avec des matières bien choisies, se font apprécier par de la force, de la souplesse, de la blancheur, un garnissage abondant et des prix modérés. Elles sont toutes réservées au commerce intérieur et sont particulièrement demandées en Bretagne.

Le jury central lui rappelle la médaille de bronze.

Médailles de bronze.

M. PEPIN-VEILLARD, à Orléans (Loiret).

Ancienne maison, favorablement connue dans l'industrie et dans le commerce, ne s'est jamais présentée aux expositions.

30,000 kilogrammes de laine de France, Beauce et Sologne, sont employés par elle, et cet écoulement, ainsi assuré, est une ressource précieuse pour l'agriculture de ces contrées.

Ses couvertures, qui sont en tout d'une bonne fabrication, en matières de bonne qualité, parfaitement dégraissées, font bien ressortir toute l'intelligence qui dirige les manipulations.

Cette maison livre annuellement au commerce de Paris pour 80,000 francs de couvertures, et le reste de sa fabrication, 60,000 francs environ, est expédié directement dans divers départements, et une petite quantité en Turquie.

Nous ne saurions trop encourager M. Pepin-Veillard à étendre ses relations avec l'extérieur, parce que ses couvertures ne peuvent que contribuer à faire bien apprécier notre industrie.

Le jury central lui décerne la médaille de bronze.

MM. RIME et RENARD, à Orléans (Loiret).

Le jury du Loiret a constaté que cet établissement est le plus important du département et qu'il réunit les éléments nécessaires à la fabrication des couvertures sur une échelle importante.

Le jury fait aussi ressortir que MM. Rime et Renard ont préféré, depuis les événements de 1848, suspendre l'exécution d'améliorations qu'ils voulaient apporter à leur matériel, que de subir la douloureuse nécessité de ne pas maintenir en activité près de 100 ouvriers.

Cette maison est ancienne et avantageusement connue : c'est la première fois qu'elle expose : elle met en manipulation environ 60,000 kilogrammes de laine que lui livrent les cultivateurs de la Beauce et de la Sologne.

Les couvertures de MM. Rime et Renard portent bien le cachet de la fabrique d'Orléans : elles ont de la qualité, de la force, de la douceur et du fini. Les vertes sont d'une nuance très-égale.

Le jury central leur décerne la médaille de bronze.

M. ROCHER, à Paris (Seine).

Quoique très-ancienne, c'est la première fois que cette maison se présente à l'exposition.

La fabrique de M. Rocher, quoique classée dans l'ordre secondaire, occupe cependant 60 ouvriers. Ses couvertures ont de la qualité; le dégraissage ne laisse rien à désirer, et ses prix sont en rapport avec ceux des autres fabricants.

Le jury central lui décerne une médaille de bronze.

MM. GIROUD frères, à Sérezin (Isère).

Nouvelle mention honorable.

Leurs couvertures sont d'une bonne fabrication ; la matière a de la qualité. Le jury regrette de n'avoir sur cette maison, qui se présente à l'exposition pour la seconde fois, aucun renseignement, tant sur sa position industrielle que sur l'importance de ses opérations.

Le jury central leur accorde une nouvelle mention honorable.

MM. BARANGER frères, à Châteaurenard (Loiret).

Mentions honorables.

Fabrique de création récente, qui ajoutera nécessairement à sa modeste importance par le succès qu'elle obtient dès ses débuts à l'exposition.

Cette maison doit, pour elle, pour l'industrie et pour les consommateurs, s'efforcer de grandir. Les couvertures qu'elle a soumises à notre inspection, blanches, vertes ou grises, sont bien et nous fournissent l'occasion de prédire à MM. Baranger de l'avenir.

L'agriculture locale et les fermiers des environs de Châteaurenard apprécient beaucoup le mouvement de leur établissement, qui ne consomme que des laines du pays, essentiellement favorables à l'industrie couverturière.

Le jury central leur accorde une mention honorable.

Mme DORMOY, à Paris (Seine).

A la fabrication des couvertures en laine et en coton à bon marché, cette maison joint celle des couvertures en cabri, qui sont surtout employées par les classes pauvres.

Un tiers de sa production annuelle est destinée à l'exportation; ce sont principalement des couvertures en coton pour une valeur de 30,000 francs.

Mme Dormoy occupe 30 ouvriers. On doit lui savoir gré de ses efforts pour les maintenir en activité.

Le jury central lui accorde une mention honorable.

Citation favorable.

M. DENOSSE-BRUNET, à Mouy (Oise).

Couvertures communes, bien fabriquées dans leur genre et remarquables surtout par leur bas prix. Nous engageons M. Denosse-Brunet à étendre sa fabrication.

Le jury central le cite favorablement.

---

§ 2. TISSUS DE LAINE LÉGERS.

M. Sieber, rapporteur.

Rappel de médaille d'or.

M. DAUPHINOT-PÉRARD, à Isles-sur-Suippe (Marne).

M. Dauphinot-Pérard est un des doyens de l'industrie lainière. Ses tissus mérinos ont été justement appréciés aux trois précédentes expositions. Il a obtenu la médaille d'or à celle de 1844, et continue, avec le même succès, le même genre d'industrie, occupant 160 métiers, qui produisent un chiffre d'affaires de 350,000 francs.

Les pièces qu'il expose ne laissent rien à désirer et dénotent une connaissance parfaite du tissage.

Le jury décerne à M. Dauphinot-Pérard le rappel de la médaille d'or.

Médaille d'or.

MM. BENOIST-MALOT et Cie, à Reims (Marne).

Cette maison continue à fabriquer les nouveautés pour robes et manteaux, mérinos et flanelles écossais, tartanelles, châles écossais, etc., avec un succès tel, que ses ateliers n'ont pas chômé un instant durant toute l'année de 1848, et qu'elle occupe aujourd'hui 800 métiers, fournissant du travail à plus de 1,000 ouvriers.

C'est que les soins les plus actifs et les plus intelligents président à tous les travaux dans l'établissement de MM. Benoist-Malot et compagnie, lequel réunit deux industries distinctes, mais qui concourent au même but, la teinture et le tissage.

Les produits de cette maison atteignent le chiffre de 1,200,000 fr., dont un tiers pour l'exportation. Le jury, comme marque de satisfaction, a voté, en 1844, un deuxième rappel de médaille d'argent à MM. Benoist-Malot et compagnie, il leur décerne cette fois la médaille d'or.

MM. BUFFET-PERRIN oncle et neveu, à Reims (Marne).

Nouvelles médailles d'argent.

Les produits de cet établissement, l'un des plus anciens de Reims et qui n'occupe pas moins de 400 ouvriers, se distinguent, comme aux précédentes expositions, par une fabrication on ne peut pas plus soignée et très-bien entendue sous tous les rapports.

Les articles de nouveauté pour manteaux et robes, écossais foulés et non foulés, les valencias quadrillés, les casimirs pour pantalons qu'exposent MM. Buffet-Perrin oncle et neveu, justifient pleinement la faveur dont ils jouissent, aussi bien à l'intérieur que sur les marchés étrangers, et maintiennent ces habiles fabricants au premier rang dans une industrie qui demande tant de soins.

En 1844, le jury leur a voté le rappel de la médaille d'argent. Pour récompenser une suite non interrompue d'efforts et de succès, il leur décerne une nouvelle médaille d'argent.

MM. FORTEL-LARBRE et Cie, à Reims (Marne).

Cette maison, depuis l'exposition de 1844 où elle figura pour la première fois, n'a pas cessé de donner une vive impulsion à la fabrication des articles de nouveauté, qu'elle s'attache surtout à rendre accessibles à la grande consommation.

Les étoffes pour gilets, pour robes et manteaux qu'elle expose, témoignent des efforts heureux faits dans ce but, sans que le mérite du bon marché soit au détriment d'une bonne confection.

Cette intelligence des besoins du plus grand nombre, unie à une activité infatigable, explique les succès signalés obtenus par MM. Fortel-Larbre et compagnie, et qui leur ont permis de porter leur production à 10,000 pièces de tissus divers, représentant une valeur d'environ un million, dont une partie notable pour l'exportation.

Le jury leur décerne une nouvelle médaille d'argent.

M. Charles-François PATRIAU, à Reims (Marne).

Les étoffes exposées par M. Patriau appartiennent à deux branches d'industrie distinctes :

D'un côté, des étoffes de laine pour gilets, pantalons, robes et manteaux; de l'autre, des piqués coton, unis et façonnés, pour gilets. Mais, dans les deux genres, qui supposent des connaissances très-variées en industrie, M. Patriau a surmonté toutes les difficultés avec un rare bonheur.

Ses étoffes de laine sont très-appréciées, et quant à ses piqués de coton, unis ou façonnés, ils ont atteint la perfection des piqués anglais, pour la finesse, et leur sont supérieurs sous le rapport du goût.

M. Patriau occupe environ 200 ouvriers, tant dans le département de la Marne que dans celui de l'Aisne', et la valeur des objets qu'il livre annuellement au commerce peut s'élever à 400,000 fr., dont un tiers pour l'exportation.

Le jury se plaît à reconnaître les succès obtenus par M. Patriau et lui décerne une nouvelle médaille d'argent.

Rappel de médaille d'argent.

M. CAILLET-FRANQUEVILLE, à Bazancourt (Marne).

Les produits de cette maison, consistant en tissus mérinos, jouissent d'une grande réputation que justifient, à tous égards, les pièces qu'elle expose et qui n'ont point été faites en vue de l'exposition.

M. Caillet-Franqueville donne les soins les plus minutieux et les plus intelligents à sa fabrication également satisfaisante dans les qualités courantes et les qualités les plus fines.

Tout ce que peuvent produire les 130 métiers qu'il entretient trouvent un prompt débouché, en grande partie pour l'exportation.

M. Caillet-Franqueville a obtenu une médaille d'argent en 1844. Il est resté digne de cette récompense et le jury lui en accorde le rappel.

Médaille d'argent.

MM. ANDRÈS père et fils, à Reims (Marne).

Ils exposent pour la première fois; c'est pourtant une ancienne maison, établie à Reims depuis trente ans, et dont les produits jouissent depuis long-temps d'une faveur méritée.

Elle occupe 400 métiers produisant pour environ un million de tissus unis divers, principalement des flanelles de santé, flanelles Bolivar et flanelles mousselines, ce qui l'a élevée au premier rang dans son industrie.

Jusque-là les tissus de MM. Andrès père et fils ont trouvé un débouché assuré à l'intérieur, grâce aux qualités qui les distinguent, et il est permis de croire qu'ils soutiendraient avec avantage la concurrence des produits similaires anglais, sur les marchés étrangers.

Le jury appréciant les services rendus à l'industrie par MM. Andrès père et fils, leur décerne la médaille d'argent.

M. MACHET-MAROTTE, à Reims (Marne).

Il expose pour la première fois; mais, depuis 1837 que cette maison est établie, elle se distingue par la bonne fabrication de ses articles de nouveautés, tels qu'étoffes pour manteaux, mérinos écossais, satins de laine, etc., pour la vente courante.

Aussi ses affaires ont-elles pris un prompt développement et elle occupe aujourd'hui près de 400 ouvriers.

Un pareil résultat a une grande valeur aux yeux du jury, qui décerne à M. Machet-Marotte la médaille de bronze.

MM. CLÉRAMBAULT et LECOMTE, à Alençon (Orne).

Ils ont succédé, il y a peu de temps, à la maison si honorablement connue dans l'industrie de MM. Ch. Clérambault, et exposent pour la première fois.

Leurs mousselines pure laine et étoffes croisées, trame laine, et chaîne fantaisie, portent le cachet de supériorité qui distinguait les produits plus variés de leur devancier, et le prompt écoulement qu'elles doivent trouver, contribuera, sans doute, à rendre bientôt à la nouvelle maison l'importance qu'avait l'ancienne.

Le jury décerne à MM. Clérambault et Lecomte la médaille de bronze.

MM. DESTEUQUE et BOUCHEZ, à Reims (Marne).

Ils sont établis depuis 1844, mais exposent pour la première fois. Leurs étoffes pour gilets, qui forment la partie la plus importante d'une production qui tend à se développer, sont d'une qualité courante, que des prix modérés mettent à la portée du plus grand nombre.

Le jury central donne à MM. Desteuque et Bouchez une mention honorable.

Citations
favorables. ## M. VIMAL-MADUR, à Ambert (Puy-de-Dôme).

Il expose pour la première fois; ce sont des étoffes pure laine connues sous le nom d'étamines, et dont l'emploi pour lanières, et pavillons principalement, ne laisse pas que d'avoir une certaine importance.

Cette maison ne fournit aucun renseignement qui permette d'apprécier, soit le nombre d'ouvriers qu'elle occupe, soit la quantité de matière première qu'elle met en œuvre.

Cependant, le jury, appréciant la bonne fabrication des tissus soumis à son examen, cite favorablement M. Vimal-Madur.

M. VIMAL-VIALÈS, à Ambert (Puy-de-Dôme).

Cette maison, qui expose pour la première fois, se livre à la fabrication des galons de laine, étamines à pavillon, camelots, et limousines.

Ces articles sont biens fabriqués et répondent parfaitement aux besoins d'une consommation assez considérable.

Nous ignorons toutefois l'importance de la production annuelle de cette fabrique qui n'a fourni aucun renseignement sur ce point, et le jury ne peut que citer favorablement M. Vimal-Vialès.

---

§ 3. FILS ET TISSUS DE LAINE NON FOULÉS DE ROUBAIX ET LILLE.

MM. Germain Thibaut et Justin Dumas, rapporteurs.

CONSIDÉRATIONS GÉNÉRALES.

L'industrie qui s'exerce sur la laine non foulée mérite, à tous égards, de fixer l'attention.

C'est une production de 220 millions de francs: elle nourrit plus de 200,000 ouvriers et utilise de 600 à 700,000 broches de filature.

Elle s'exerce depuis longtemps à Saint-Quentin, à Reims et à Amiens, et ce sont principalement les laines dites *mérinos* qui alimentent, dans ces trois villes manufacturières, la filature et le tissage.

Elle a été introduite depuis quinze ans seulement à Roubaix, et longtemps on n'utilisa, dans ce centre de production, que les laines longues et lustrées d'Angleterre ; mais, depuis peu, le perfectionnement de sa fabrication a permis l'emploi des laines mérinos et autres, d'origine française, dans une proportion qui devient de plus en plus considérable.

Ainsi donc, aux laines mérinos, les tissus les plus souples et, conséquemment, les plus chers ; aux laines anglaises, les étoffes les plus propres à la consommation du peuple : à toutes deux, ces tissus si légers de pure laine, mélangés de soie ou de coton, dont Paris conçoit la composition, que ses fabricants font tisser dans les villages de l'Aisne et de la Somme, et que Roubaix imite si habilement, en les amoindrissant, toutefois, dans leurs principaux éléments, mais aussi en en rendant le prix accessible à toutes les fortunes.

Ces étoffes si variées et si brillantes, pour la plupart, diaprées des plus vives couleurs par l'art de l'imprimeur et du teinturier, forcent l'étranger à venir, chaque saison, ajouter au tribut qu'il paye depuis longtemps à nos articles de goût.

L'Angleterre et les États-Unis, surtout, sont grands consommateurs de nos tissus légers, et, malgré les tentatives réitérées qu'on y a faites pour les y reproduire identiquement, malgré le bon marché auquel on s'y procure, soit les matières premières, soit celles tinctoriales, la France peut espérer conserver longtemps encore sa supériorité sur les marchés, grâce au bon goût de ses dessins et à la variété infinie des tissus qu'elle crée chaque jour.

L'introduction des laines anglaises a opéré une véritable révolution dans le vêtement des femmes de nos campagnes et de nos ateliers. Autrefois, même en hiver, on leur voyait porter des vêtements de coton, préférables déjà aux anciennes et grossières étoffes de laine et de fil.

Aujourd'hui, la laine est dans les habitudes de tous ; et comment en serait-il autrement, quand pour 1 fr. 50 cent. on obtient un mètre carré d'étoffe qui, il y a moins de 15 ans, coûtait deux fois autant.

Mais cette diminution, déjà si considérable, aurait une bien autre importance, si nos fabriques pouvaient se procurer, sans les droits considérables qui la frappent à l'entrée, une matière qui n'a presque pas de similaire en France, et que notre agriculture ne produit pas en quantité suffisante.

Ce qui est vrai, relativement à la consommation intérieure, aurait une bien autre portée pour nos affaires d'exportation. Nous soutiendrions plus facilement la concurrence sur les marchés étrangers, où le bon goût de notre fabrication nous assurerait une préférence incontestable et les débouchés les plus importants.

L'industrie de la filature et du tissage de la laine peignée était, il y a trente ans, sans renommée, sans grande importance ; aujourd'hui, elle est une des plus vivaces, une des plus développées.

Reims, en 1808, vendait pour 9,500,000 francs, alors que les tissus coûtaient quatre fois plus qu'aujourd'hui ; et nous n'estimons pas, cette année, sa production à moins de 70 millions de francs, dont 45 millions de fils et tissus en peigné. On peut attribuer à Amiens une valeur à peu près égale à la moitié de ce chiffre ; 60 millions, tant à Roubaix que dans ses environs ; 18 millions dans le cercle de Saint-Quentin ; 20 millions dans le Cambrésis ; 5 millions à Paris. Telle est à peu près la mesure de la fécondité du peigné, qui se montre avec une moindre importance, mais avec une même activité à Mulhouse, à Lyon, à Nîmes, à Rouen, etc.

Cette production de 220 millions en prix, fait assez présumer combien grand est le nombre des broches et des métiers, ainsi que des ouvriers occupés à ces fabrications variées.

Nous ne devons pas cependant passer sous silence les phases diverses qu'a eu à supporter, depuis 1844, un industrie si grandement développée.

Des machines plus parfaites ont d'abord mis au néant la valeur des machines premières, qui étaient à peine en activité. Puis, une demande très-active des tissus de laine a surexcité la production au delà des limites raisonnables ; de toutes parts, ont surgi de nouveaux établissements de filature.

La consommation, bientôt, n'a pu suffire aux produits manufacturés qui, dès lors, se sont dépréciés d'une manière tellement sensible, que le prix de la filature, réduit de plus de moitié, suffisait à peine à couvrir le salaire des ouvriers. Une année de disette, et, peu après, les événements politiques de février 1848, sont venus compliquer la position et ont déterminé une crise industrielle qui, pour un grand nombre d'établissements, a eu les plus fâcheuses conséquences.

Hâtons-nous, cependant, de constater qu'à une situation si fatale des jours meilleurs ont succédé. Le retour à la tranquillité a ramené la confiance; les affaires ont repris une activité nouvelle, qui tend à se développer de plus en plus. Les marchandises alors existantes se sont rapidement écoulées; les prix se sont relevés et tout fait présager que cet état de choses se maintiendra, si l'horizon politique ne se rembrunit pas, et si nos manufacturiers ont la sagesse de maintenir leur production en rapport avec la consommation.

Malgré ces causes si évidentes du malaise qui a pesé sur notre industrie, l'exposition de 1849 a confirmé les prévisions des honorables rapporteurs de 1844. Les fabricants ont donné de nouvelles preuves d'intelligence, d'habileté et de goût; ce qu'ils ont exposé, qu'on nous permette de le dire, offre un intérêt très-sérieux. Nous avons eu, en général, sous les yeux, des échantillons de la production habituelle; les chefs-d'œuvre de perfection étaient rares, les tours de force plus rares encore. Un bon choix et une heureuse application de la matière première, une exécution correcte et soignée, une diversité infinie d'armures, de combinaisons de fils, d'effets et de couleurs; des prix modérés et quelquefois très-modiques; en somme, un progrès réel et tellement manifeste, qu'il semble que les douloureuses épreuves de 1848 aient aiguisé la verve et retrempé le talent de nos fabricants.

Sans doute de tels résultats sont précieux; mais on se demande, en voyant tant de machines, de capitaux, de bras et d'intelligences engagés dans cette industrie si hardie et si laborieuse, on se demande s'il ne serait pas possible de seconder tant d'efforts par une modification, *sage* et *prudente*, aux droits qui frappent la matière première à son entrée en France, tout en ménageant les intérêts de notre agriculture.

Nous soumettons avec confiance ces vœux bien modestes à la sollicitude du Gouvernement, persuadés que son ardent désir de faire le bien, le portera à étudier cette question vitale pour l'industrie au nom de laquelle nous parlons.

MM. Henri DELATTRE et fils, de Roubaix (Nord).

Rappels de médailles d'or.

Cette maison, l'une des plus grandes notabilités industrielles de Roubaix, s'est toujours maintenue à la tête de la belle fabrication des tissus de laine de haute nouveauté pour robes. Tout récemment encore, et l'une des premières, elle a donné les plus grands développements à un nouveau genre de tissu, connu dans le commerce sous la dénomination de *satin de Chine*, qui a dû un succès immense, d'abord, à la belle qualité des matières qui entrent dans sa confection, puis à la finesse et à la grande régularité du tissage, et enfin à la netteté d'exécution des dessins très-variés que le métier Jacquard permet d'y adapter.

Les tissus de ce genre, que MM. H. Delattre et fils ont exposés, sont de la plus grande beauté, et font à la fois l'éloge des produits de leur filature et de l'excellence de leur fabrication.

MM. Delattre et fils ne sont étrangers à aucun des articles de laine pour robes qui se fabriquent à Roubaix; ils les abordent tous avec la même supériorité. Rien d'inférieur ne sort de leurs ateliers; ce qui ne les empêche pas de donner à leurs affaires la plus grande importance.

A la fois filateurs et fabricants, ces messieurs fournissent annuellement du travail à 700 ouvriers, et ne cessent d'alimenter les marchés de l'intérieur et de l'étranger, partout enfin où la belle marchandise est appréciée.

Cette maison obtint pour son début, à l'exposition de 1839, une médaille d'or, dont le rappel lui fut décerné à celle de 1844. Le jury de cette année, désireux de constater les nouveaux progrès de MM. Henri Delattre et fils, leur accorde un nouveau rappel de la médaille d'or.

M. François DEBUCHY, à Lille (Nord).

La carrière industrielle qu'a parcourue M. Debuchy a été, pour

ce fabricant, une longue série de progrès incessants; aussi chacune des dernières expositions, en les constatant, lui a-t-elle mérité une récompense de plus en plus importante, et la décoration
de la Légion d'honneur, qu'il a reçue en 1844, a placé M. Debuchy
au nombre de ces industriels hors ligne, qui ont épuisé tous les
genres de distinction. Ces succès, loin de ralentir son zèle, ont
excité en lui le désir de faire mieux, si c'était encore possible.

Parmi les nombreux produits exposés par M. Debuchy, le jury
a remarqué des articles de fantaisie pour gilets et pantalons, en
coutil de fil, d'un goût excellent, et qui, jusque-là, n'avaient pas
été traités avec cette matière. Il a fait l'heureuse application du
battant-brocheur à plusieurs de ses tissus, ce qui lui permet de les
varier à l'infini et de leur donner une plus grande richesse d'aspect, sans sortir des bornes d'un prix de revient modéré.

Le jury, heureux de constater de nouveaux progrès chez un industriel qui en a déjà tant fait, accorde à M. Debuchy le rappel de
la médaille d'or. Malheureusement cette récompense ne sera plus
qu'un hommage à sa mémoire, cet honorable industriel ayant tout
récemment terminé une carrière si bien remplie.

MM. LEFEBVRE-DUCATTEAU frères, à Roubaix (Nord).

Cette maison, déjà ancienne, avait, sous le nom de veuve Lefebvre-Ducatteau, obtenu la médaille d'or à l'exposition de 1844.

MM. Lefebvre-Ducatteau frères, continuateurs de la maison de
leur mère, dont ils étaient alors les utiles auxiliaires, l'ont maintenu à la hauteur où elle s'était placée. Les produits qu'ils exposent,
tous pour gilets, sont d'une variété telle, que la nomenclature en
serait trop longue. Constatons seulement leur belle fabrication et
le bon goût qui a présidé à leur composition.

Nous devons cependant mentionner particulièrement leurs tissus
valencias, qu'ils font avec une grande supériorité, tant en uni, de
couleurs claires, qu'avec des fleurs brochées en soie, qu'ils obtiennent par l'emploi d'un battant-brocheur qu'ils disent être de
leur invention.

Au mérite de la richesse et de la nouveauté, ces messieurs savent
allier celui d'un prix modéré.

Près de 600 ouvriers sont occupés dans les ateliers de MM. Lefebvre-Ducatteau frères, et le chiffre de leurs affaires n'est pas

moindre de 15 à 1,800,000 francs, dont un tiers pour l'exportation.

Le jury, heureux de pouvoir constater les progrès de cette honorable maison, lui accorde le rappel de la médaille d'or.

MM. TERNYNCK frères, à Roubaix (Nord).

Ces habiles industriels, qui ont déjà fait leurs preuves de la manière la plus distinguée, en obtenant une médaille d'argent à l'exposition de 1839, puis la médaille d'or à celle de 1844, ne sont pas restés au-dessous de leur réputation.

Nous les voyons apparaître d'abord avec tous les tissus en fil, en fil et coton pour pantalons, qu'ils traitent avec une évidente supériorité, et qui les ont placés depuis longtemps au premier rang de cette industrie. Ces messieurs ont, de plus, exposé des satins de Chine, des mérinos double-chaîne d'une grande perfection de fabrication ; puis enfin, comme ils abordent à la fois tous les genres, ils produisent des stoffs et satins amazones destinés à l'impression, et qui alors sont d'une très-grande consommation pour les mers du Sud.

L'importance des affaires de cette maison s'est accrue en raison de la multiplicité de leurs articles, et aujourd'hui ils accusent un chiffre annuel de 1,200,000 francs d'affaires.

Le jury, pour constater les progrès incessants de MM. Ternynck frères, leur décerne le rappel de la médaille d'or.

Médaille d'or.

M. Julien-Clovis LAGACHE, à Roubaix (Nord).

L'exposition de M. Lagache est de celles qui fixent le plus l'attention du visiteur par la grande variété, la fraîcheur et le brillant de ses produits, tous destinés à usage de gilets et pantalons.

Il est impossible de déployer plus de goût que ne le fait M. Lagache dans les mille et une nouveautés qu'il produit sur toute espèce de tissus; par l'heureux mélange de la soie, de la laine, du coton et du fil de lin, et sans le secours du métier Jacquard, il obtient les effets les plus riches et les plus variés. Ancien ouvrier, excellent fabricant, il est à bon droit réputé le meilleur créateur des nouveautés dans les genres qu'il exploite, et, si nous en croyons des renseignements qui nous sont parvenus, le jury aurait à regretter de ne pas voir à l'exposition ses meilleures et plus récentes productions.

Avec le concours de près de 400 ouvriers, cette maison produit annuellement 5,500 pièces d'étoffes à gilets et pantalons, et le chiffre de ses affaires ne s'élève pas à moins de 800,000 francs à un million.

Le jury de 1844, en reconnaissant le mérite de la fabrication de M. Lagache, lui avait accordé la médaille d'argent; celui de cette année, heureux de constater ses nouveaux progrès, lui décerne la médaille d'or.

M. Henri CHARVET, à Lille (Nord).

Nouvelle médaille d'argent.

Les articles que M. Charvet a présentés à l'exposition se composent de coutils et tissus mélangés pour pantalons, dont le bon goût et la modicité des prix doivent assurer à ce fabricant un grand et facile débit. Par l'emploi de fils de couleur moulinés et par l'intervention du métier Jacquard, il obtient les résultats les plus heureux et les plus variés.

Mais ce qui recommande surtout M. Charvet à l'attention du jury, c'est la création d'un nouveau tissu, dit *toile du Nord*, pour lequel il revendique la priorité d'exécution. Ce tissu fort simple, puisqu'il ne consiste que dans l'emploi d'une trame de fil de lin blanchi, sur une chaîne de coton de couleur, a eu l'immense mérite d'être adopté par la mode, et a été l'occasion d'affaires très-considérables, tant pour M. Charvet que pour ses nombreux imitateurs, qui en ont livré des masses à la consommation. Un des grands avantages de cette heureuse combinaison a été de créer un nouveau débouché fort important au fil de lin, dont l'emploi, jusqu'ici, avait été nul ou presque nul pour les vêtements de dames. Nous ajouterons que cette idée première, une fois adoptée par la mode, a fourni l'occasion aux fabriques des diverses contrées de produire, avec d'autres matières, des tissus similaires qui, presque tous, ont eu beaucoup de succès.

Du reste, la fabrication de M. Charvet, qui se borne au tissage, est très-importante, puisqu'il occupe constamment de 4 à 500 ouvriers.

Le jury lui décerne une nouvelle médaille d'argent.

M. Auguste CLARO, à Lille (Nord).

Rappel de médaille d'argent.

La spécialité de M. Claro consiste dans des étoffes en satin laine, pour vêtements d'hommes; celles qu'il expose sont d'une très-bonne qualité et d'une parfaite réussite comme nuances et régularité de tissage ; les laines qu'il affecte à sa fabrication sont belles et d'un toucher très-moelleux. Les prix qu'il accuse, de 5 à 6 francs le mètre, nous ont paru avantageux, et doivent lui rendre facile l'écoulement de ses produits.

Le premier, il a appliqué l'opération du foulage à l'article de Roubaix, et en a retiré de grands avantages pour la perfection du genre de tissu qu'il exploite. Son établissement, qui date de 1832, et qui était alors de très-peu d'importance, s'est beaucoup accru, grâce à ses soins intelligents et surtout à sa bonne fabrication. Aujourd'hui, il occupe près de 200 métiers.

Le jury, lui tenant compte de ses efforts incessants, lui accorde le rappel de la médaille d'argent qu'il a obtenu en 1844.

Mme veuve Désirée DEBUCHY, à Tourcoing (Nord).

Cette maison, déjà ancienne, et qui a occupé une place distinguée aux expositions successives de 1827, 1834, 1839 et notamment en 1844, où elle a mérité une médaille d'argent, continue à justifier sa bonne réputation.

Les articles de fil et fil et coton, à l'usage de pantalons, qu'elle expose cette année, réunissent le mérite du bon goût et du bas prix; ses coutils rivalisent avec ceux d'Angleterre, et sont justement appréciés par la consommation. Près de 300 ouvriers trouvent un travail assuré dans cette fabrique, qui livre au commerce d'excellents produits, à des prix modérés.

Le jury lui donne le rappel de la médaille d'argent.

M. Paul DEFRENNE, à Roubaix (Nord).

M. Defrenne réunit deux industries, celle de filateur et celle de fabricant, dans lesquelles il continue à montrer la supériorité que la précédente exposition a permis de constater.

Tous les genres d'étoffes pour robes, qui sont spéciaux à la fabrique de Roubaix, lui sont familiers, et, en se renfermant dans une fabrication courante, il traite avec avantage les étoffs, satins laine et satins de Chine.

Occupant près de 350 ouvriers, il arrive facilement à un chiffre annuel d'affaires d'une certaine importance.

Le jury, satisfait de l'ensemble de la fabrication de M. Paul Defrenne, lui accorde le rappel de la médaille d'argent.

M. ROUSSEL-DAZIN, à Roubaix (Nord).

Cet honorable industriel est le doyen peut-être des fabricants de sa ville; il s'était posé très-favorablement dès l'exposition de 1819; il a continué, depuis lors, à donner tous les développements possibles à la fabrication de ces nombreux tissus qui ont acquis à la ville de Roubaix une si grande importance.

En 1844, les progrès de M. Roussel-Dazin ont été constatés par l'obtention d'une médaille d'argent. Toujours progressif, il se présente aujourd'hui avec de nouveaux titres. A son ancienne réputation d'excellent fabricant, il joint cette fois celle de bon filateur, et n'est plus tributaire de personne pour alimenter sa fabrication.

3 à 4,000 broches, mues par une machine à vapeur de la force de 12 chevaux, lui permettent d'entretenir 400 ouvriers et de produire, annuellement, 5,000 pièces d'étoffes de toute nature, qui ne cessent d'être appréciées par la consommation.

Il faut lui rendre la justice de dire que tous les genres qu'il entreprend, il les traite avec une intelligence consciencieuse, et leur donne toutes les conditions de qualité et de réussite dont ils sont susceptibles.

Le jury constate ce fait, en rappelant à M. Roussel-Dazin la médaille d'argent.

M. Jean-Baptiste SCRÉPEL-ROUSSEL, à Roubaix (Nord).

M. Scrépel-Roussel soutient dignement la réputation qu'il s'était acquise à l'exposition de 1844; ses produits, comme filateur et comme fabricant, ne laissent rien à désirer, au point de vue de la qualité, du goût et de la modération des prix.

S'occupant à la fois des articles pour robes, et de ceux spécialement destinés aux vêtements d'hommes, il les traite avec un égal succès.

M. Scrépel-Roussel alimente en même temps une filature de laine de 9,000 broches, et un tissage qui occupe près de 300 ouvriers.

Le jury accorde à M. Scrépel le rappel de la médaille d'argent, qui lui a été décernée en 1844.

M. WIBAUX-FLORIN, à Roubaix (Nord).

Cette maison, l'une des plus considérables de Roubaix, s'occupe à la fois, et avec un grand succès, de la filature du coton et de la fabrication d'articles de fantaisie pour pantalons, ainsi que de la teinture des matières qui entrent dans leur confection.

Les moyens de production qu'elle a réunis sont aussi importants que multipliés; ainsi, une machine à vapeur de la force de 80 chevaux; une filature de coton importante; une teinturerie considérable; quinze métiers à tisser, mécaniques, fonctionnant dans l'établissement; un grand nombre d'autres métiers répartis au dehors, chez les ouvriers, telles sont les ressources qu'offre le bel établissement de M. Wibaux-Florin. On comprendra facilement qu'avec une telle puissance d'action, il arrive sans peine à livrer au commerce 10,000 pièces de tissus divers, et à atteindre un chiffre considérable d'affaires.

Indépendamment de sa propre consommation, M. Wibaux fournit au commerce de Roubaix des filés blanchis ou teints, qui sont fort estimés.

Ce qui distingue le plus particulièrement les produits de cette maison, c'est la solidité de ses tissus et la modicité des prix. S'adressant à la grande consommation, les deux conditions étaient indispensables et M. Wibaux les a remplies complétement.

Le jury, en parcourant les nombreux articles qui composent cette belle et surtout utile exposition, a remarqué des nankins naturels de Siam, à 75 centimes le mètre, des coutils blancs en coton à 85 centimes le mètre, des coutils écrus, en fil, à 75 centimes le mètre, et, enfin, un article dit *trois bouts*, en fil et coton, destiné aux travailleurs, d'une force remarquable, au modique prix de 1 fr. 90 cent. le mètre, en grande largeur.

Le jury, satisfait des excellents résultats obtenus par M. Wibaux-Florin, lui rappelle la médaille d'argent qu'il avait déjà si bien méritée à la première exposition.

Médailles d'argent.

MM. A. DERVAUX et DUTILLEUL-LORTHIOIS, à Roubaix (Nord).

Parmi toutes les maisons de Roubaix, la plupart si importantes, celle de M. A. Dervaux était placée en première ligne par la variété de ses produits et par le chiffre de ses affaires.

M. Dervaux, qui avait obtenu la médaille d'argent à l'exposition de 1839, puis une nouvelle médaille d'argent en 1844, a continué de doter ses vastes établissements de tous les perfectionnements qu'apportent constamment l'expérience et les progrès de l'industrie.

Le chiffre des affaires de M. A. Dervaux, qui était de 1,200,000 francs en 1844, s'est accru de plus de moitié, grâce à la multiplicité des articles de tous genres qu'il aborde simultanément. Stoffs unis et brochés, laine pure et laine et coton; satins de laine, satins de Chine; mérinos écossais chaîne coton; en un mot, tout ce que la grande consommation recherche avec empressement par rapport à la modicité des prix, elle est certaine de le trouver dans les produits de M. Dervaux.

30 métiers à filer la laine, représentant 6,000 broches;
350 métiers à tisser à la Jacquard;
450 métiers à tisser à la Marche;

L'occupation presque constante d'environ 1,100 ouvriers.

Tel était le bilan industriel qui recommandait M. Dervaux à toute l'attention du jury, lorsqu'il lui notifia son association avec M. Dutilleul-Lorthiois exposant sous le n° 4031, et le pria de vouloir bien juger collectivement et par un seul rapport leurs produits respectifs.

Le jury, qui déjà avait été à même d'apprécier le mérite industriel de M. Dutilleul, cité favorablement à l'exposition de 1844, ne peut qu'applaudir à la réunion de ces deux manufacturiers et leur présage un succès en rapport avec leurs très-importants moyens de production et leur mérite respectif, qu'il constate en décernant une médaille d'argent à leur nouvelle raison sociale.

MM. DELFOSSE frères, à Roubaix (Nord).

Cette maison est la continuation de celle Delfosse et Motte, qui figura avec distinction à l'exposition de 1844 et mérita la médaille d'argent.

Depuis lors, sous la nouvelle raison sociale, elle continua la bonne réputation de ses prédécesseurs pour les articles fins pour robes, ainsi que pour ameublements qu'elle traite en qualité fine et avec une grande supériorité, tant sous le rapport de l'exécution que du choix parfait des dessins.

Plus de 300 ouvriers, dont la majeure partie travaille avec des mécaniques Jacquard, concourent au grand développement des affaires de cette maison et la maintiennent au rang distingué qu'elle occupe dans cette industrie.

Le jury, rendant hommage aux efforts constants de MM. Delfosse

frères pour augmenter l'ancienne et bonne réputation de leurs prédécesseurs, leur décerne la médaille d'argent.

M. Alexandre DELESPAUL et Cie, à Roubaix (Nord).

L'établissement que dirige M. Delespaul ne date que de 1843;
mais longtemps avant il avait fait ses preuves comme soldat de
l'industrie. Ancien ouvrier, puis contre-maître, puis intéressé dans
une des premières fabriques de Roubaix, il est parvenu, par son
intelligence et ses capacités, à fonder l'établissement dont nous
avons à juger les produits.

Les articles qu'expose M. Delespaul se composent de nouveautés
pour pantalons en laine, fil, laine et coton, fil et coton; ils se distinguent par leur grande variété et surtout par la modicité de leurs
prix qui les rendent propres à la grande consommation.

Occupant plus de 100 ouvriers, M. Delespaul livre annuellement
au commerce 3,000 pièces qui se font rechercher par leur bonne
fabrication.

Le jury, appréciant tout le mérite de cet honorable industriel,
lui accorde la médaille d'argent.

Mme veuve MAZURE-MAZURE, à Roubaix (Nord).

Cette maison se présente pour la première fois à l'exposition,
avec un grand assortiment d'articles divers pour robes, châles et
ameublements. L'ensemble de ses produits, qui s'adressent surtout
à la consommation courante, est fort satisfaisant.

A la fois filateur et fabricant, Mme veuve Mazure-Mazure emploie
110 ouvriers à la préparation de ses fils, et 400 ouvriers tisserands
dont les trois quarts travaillent en Jacquard. Elle fait monter à
1,000,000 ou 1,200,000 francs la valeur de sa production annuelle.

Le jury lui accorde la médaille d'argent.

M. PIN-BAYART et Cie, à Roubaix (Nord).

M. Pin-Bayart, ancien dessinateur de Lyon, très-bon fabricant,
a déjà fixé l'attention du jury lors de l'exposition de 1844. Il est un
de ceux qui ont donné le plus d'essor à l'industrie de Roubaix par
la belle exécution de ses tissus et le bon goût des dessins qu'il y
applique.

Au nombre des tissus qu'il a exposés cette année, nous devons mentionner tout particulièrement ses satins de Chine unis et façonnés qui ne laissent rien à désirer et peuvent rivaliser avec ce qui se fait de plus beau dans ce genre. Cette maison entretient constamment un nombre de 200 ouvriers au minimum et produit annuellement 3,500 pièces d'étoffes diverses qu'elle écoule avec une grande facilité.

Le jury, pour récompenser comme elle le mérite la belle fabrication de M. Pin-Bayart et compagnie, leur décerne la médaille d'argent.

M. JOURDAIN-DEFONTAINE, à Tourcoing (Nord).

Cet industriel expose des articles très-variés en fil, fil et coton, le tout pour pantalons, qui réunissent le mérite du bon goût et de la modicité des prix. Ses coutils peuvent rivaliser avec les similaires anglais.

. Nous citerons, parmi les produits de cet excellent fabricant, de très-beaux satins fil unis et à filets qui sont cotés de 2 francs 40 centimes à 2 francs 70 centimes et 3 francs 25 centimes pour ceux à double duite; de la bussine pur fil, d'une exécution parfaite, au prix de 2 francs 25 centimes.

Le jury constate les grands progrès faits par M. Jourdain-Defontaine depuis la dernière exposition, où il avait mérité la médaille de bronze, et lui décerne cette fois la médaille d'argent.

M. Joseph POLLET, à Roubaix (Nord).

A la fois filateur et fabricant, M. Pollet se recommande et par la variété de ses produits et par le cachet de bonne exécution qu'il y attache.

Stoffs, mérinos double-chaîne, satins de Chine, voilà les principaux articles qui composent sa fabrication. Nous mentionnerons surtout le satin dit *Montpensier*, que M. Pollet traite avec une supériorité incontestable, ainsi qu'un autre genre de satin foulé, spécialement destiné pour chaussures.

M. Pollet compte près de 300 ouvriers, tant pour son tissage que pour sa filature, qui est de 2,000 broches environ.

Il produit annuellement 3,000 pièces qui représentent un chiffre d'affaires de 5 à 600,000 francs.

Le jury, voulant récompenser les efforts et les progrès accomplis par cet honorable industriel depuis la dernière exposition, lui décerne la médaille d'argent.

M. Prosper-Candide SOYER-VASSEUR à Lille (Nord.)

Le jury de 1844 ayant eu à récompenser les produits de la maison veuve Lefebvre-Ducatteau, a constaté que M. Soyer-Vasseur de Roubaix, qui était alors en communauté d'intérêts avec cette maison, avait contribué pour une large part dans la création des nombreux articles de goût qui furent exposés sous leur nom collectif.

Depuis lors, les intérêts cessèrent; M. Soyer-Vasseur forma à Lille, et sous son nom personnel, l'importante fabrique dont nous sommes appelés à juger les produits.

Empressons-nous, tout d'abord, de rendre hommage au bon goût et à l'entente intelligente qui ont présidé à la création des nombreux articles qui composent cette exposition. Il est impossible de mieux allier la soie à la laine et même au coton, pour faire ressortir le mérite relatif de chacune de ces matières; mais, disons-le avec la même franchise, nous regrettons de n'avoir pas remarqué, dans le nombreux assortiment de M. Soyer-Vasseur, les étoffes nouvelles dont la mode s'est emparée, et qui sont une véritable conquête faite sur l'Angleterre par notre industrie nationale.

Que M. Soyer-Vasseur se rappelle certains produits exposés par nos meilleurs fabricants de Paris et de Reims et il se convaincra qu'il est trop haut placé dans l'industrie qu'il exerce, pour ne pas aborder tous les genres avec la même supériorité.

Néanmoins, rendant hommage au mérite incontestable de M. Soyer-Vasseur, le jury lui décerne la médaille d'argent.

Rappels de médailles de bronze.

Mᵐᵉ veuve CORDONNIER à Roubaix (Nord).

Cette maison se livre à la fabrication des étoffes en laine cardée pour pantalons; celles qu'elle a exposées sont de bonne qualité et dénotent un goût intelligent dans le mélange des nuances et la variété des dispositions; l'une des premières, elle a contribué à l'établissement de foulons dans la ville de Roubaix et est parvenue ainsi à y compléter une fabrication qui, sous de certains rapports, peut rivaliser avec Elbeuf et Reims.

Le rapport du jury départemental constate que Mᵐᵉ Cordonnier fabrique, avec distinction, des étoffes légèrement foulées pour robes, qui lui auraient sans doute mérité une récompense plus évée. Le jury central regrette qu'elle n'ait pas jugé à propos de les produire à l'exposition et lui rappelle la médaille de bronze qui lui a été décernée en 1844.

M. TESTELIN-MONTAGNE, à Roubaix, (Nord).

Les articles qui font l'objet principal de la fabrication de cet exposant sont les châles satin laine damassés et à carreaux; puis les articles de fantaisie pour robes en tissus mélangés de laine coton, soie ou alpaga.

Le but que se propose M. Testelin est de faire bien et au meilleur marché possible; aussi est-il en possession de la vente pour la consommation courante.

M. Testelin, avec 300 ouvriers, prétend faire un chiffre annuel de 700,000 francs d'affaires; c'est un beau résultat, surtout avec des produits d'une valeur peu élevée.

Le jury lui accorde le rappel de la médaille de bronze.

M. Léon DATHIS, à Roubaix (Nord).

Médaille de bronze.

Le fabricant soigneux et persévérant, qui expose de très-bons produits en tissus mélangés de laine, lin et coton, travaille depuis longtemps à doter notre industrie d'un tissu laine et coton dit *orléans*, dont la consommation est très-considérable sur certains marchés étrangers et notamment dans les colonies; encore bien que nous ayons à constater de très-notables perfectionnements dans cette fabrication fort difficile, le but de complète perfection que M. Dathis s'est courageusement proposé n'est pas encore atteint, peut-être les difficultés qui restent à vaincre tiennent-elles plus aux traitements de teinture et apprêt, qu'à la fabrication. C'est un point sur lequel nous appelons toute son attention. Qu'il persévère donc, et nous ne doutons pas qu'il n'arrive prochainement à pouvoir soutenir toute concurrence étrangère.

Le jury, pour récompenser M. Dathis de tous ses efforts, lui décerne la médaille de bronze.

M. DUVILLIER-DELATTRE, à Tourcoing (Nord).

Si les produits de M. Duvillier n'attirent pas les yeux par leur finesse ou leur brillant, comme ceux de certains de ses concurrents,

III.

6

ils ont, du moins, le mérite incontestable de réunir la bonté à la modicité de leurs prix.

Filateur et fabricant, M. Duvillier traite plus particulièrement les molletons de coton et laine, de fil et laine et autres articles spécialement destinés à la consommation des habitants de la campagne.

Pourvoir, dans de bonnes conditions, aux besoins d'une classe si intéressante, est aussi méritoire que de s'occuper des articles de luxe; c'est pourquoi le jury, satisfait de la bonne fabrication de M. Duvillier-Delattre lui accorde la médaille de bronze.

M. Joseph FLORIN, à Roubaix (Nord).

Cette maison s'occupe avec succès du tissage d'articles à pantalons en coton et laine et coton, en fil de lin. Avec 80 ouvriers, elle produit annuellement 2,400 pièces. Sa fabrication est bonne et bien variée, quant au goût des dispositions.

Le jury lui décerne la médaille de bronze.

MM. LAURENT frères et sœurs, à Tourcoing (Nord).

Les produits exposés par cette maison se composent de toile du Nord, coutils façonnés pour gilets, et d'une foule d'articles de coton pour pantalons, dont la majeure partie est destinée à l'exportation.

MM. Laurent frères et sœurs occupent de 200 à 250 ouvriers; le chiffre de leurs affaires est évalué par eux de 300 à 350,000 francs, dont la moitié pour l'exportation.

Déjà mentionnés honorablement en 1844, le jury leur décerne la médaille de bronze.

M. Jean MONTAGNE, à Roubaix (Nord).

Ce fabricant, qui expose pour la première fois, présente un joli assortiment d'étoffes légères mélangées de coton et de soie, parmi lesquelles on remarque celle dite *toile de l'Inde*, quadrillée en soie et coton; puis un tissu rayé jaspé, d'un bon goût et d'un prix avantageux, à 80 centimes et 1 franc le mètre.

Il produit aussi l'article toile du Nord, si popularisé depuis quelque temps; des stoffs chaîne coton, au modique prix de 80 centimes.

Occupant 250 ouvriers, il produit annuellement 10,000 pièces de ces articles, qui se recommandent par le bon goût et la modicité des prix.

Le jury lui accorde la médaille de bronze.

M. César SCRÉPEL, à Roubaix (Nord).

A la fois filateur et fabricant, M. Scrépel se recommande par la variété et la bonne entente de ses produits. Il aborde avec avantage tous les genres qui ne réclament pas l'intervention du métier Jacquard, ce qui ne l'empêche pas de produire une foule d'effets différents et de satisfaire ainsi aux exigences de la mode.

20 métiers à filer la laine et 240 métiers à la lisse, tels sont les moyens avec lesquels M. César Scrépel livre annuellement au commerce 16 à 1,800 pièces de tissus de nouveauté pour robes.

Déjà mentionné honorablement en 1844, le jury, cette fois, lui accorde la médaille de bronze.

M. DELEMAZURE-DETHON, à Roubaix (Nord).

Mentions honorables:

Cet exposant, qui entre pour la première fois dans la lice, s'y présente d'une manière favorable, par la variété, et surtout par la modicité du prix de ses produits. Sa spécialité est l'article pantalons, destiné à la grande consommation.

Faire bien et à bas prix est le double but que s'est proposé M. Delemazure-Dethon; le jury l'engage à persévérer dans cette voie, qui l'amènera promptement au développement de son industrie et à une fabrication de plus en plus importante, il lui accorde une mention honorable.

M. ROUSSEL-BECQUART à Roubaix, (Nord).

Pour son début à l'exposition, M. Roussel-Becquart soumet à l'appréciation du jury des articles pour pantalons en coton et en mélange de laine et coton, qui réunissent le double mérite de la solidité et du bas prix.

Destinés à la grande consommation de l'intérieur, et convenables surtout pour l'exportation, ces produits ont un aspect très-satisfaisant, et doivent trouver un débit prompt et facile.

Le jury, reconnaissant le mérite relatif de cette fabrication, accorde à M. Roussel-Becquart une mention honorable.

Citation favorable.

M. Fidèle DUFOREST-WATRELOT, à Roubaix (Nord).

M. Duforest-Watrelot fait fabriquer le coutil dans la campagne. Il emploie 37,000 kilogrammes de lin et d'étoupe par année, et produit pour 180,000 francs environ de valeurs.

Les produits exposés sont bien fabriqués et à prix modérés; ils se recommandent à la consommation. Le jury cite favorablement M. Fidèle Duforest-Watrelot.

----

§ 4. ÉTOFFES POUR AMEUBLEMENT.

MM. Germain Thibaut et Justin Dumas, rapporteurs.

Médaille d'argent.

MM. MOURCEAU et Cᵗ, à Paris (Seine).

Ces fabricants, dont le jury de 1844 a déjà apprécié les produits en leur décernant une médaille de bronze, prouvent à celui de 1849 que cette récompense a porté ses fruits. En effet, tout ce qui se trouve dans la case de MM. Mourceau et compagnie, dénote des progrès qu'ils ont faits dans la fabrique des étoffes pour ameublement, portières et tapis de tables. Leurs reps, chaîne coton, brochés et lancés, laine, fantaisie, ou soie cuite à trois, quatre, cinq, et jusqu'à dix et onze couleurs, sont remarquables. Leurs rayures algériennes en travers à 8 et 10 francs le mètre, en 150 centimètres de large, leurs dessins à compartiments, aux couleurs et mélanges orientaux, frappent par leur éclat, autant que par leur bon marché; mais un reps extrafin imitant le point des Gobelins à 8 et 11 couleurs, avec effets brochés d'or et d'argent mi-fin: des tapis de tables, même style, franges riches à 45 francs et d'autres moins riches, ont frappé le jury.

En temps ordinaire, cette maison occupe 80 métiers et fabrique pour 400,000 francs de marchandises, dont un tiers est exporté.

Le jury décerne à MM. Mourceau et compagnie une médaille d'argent.

Médailles de bronze.

M. Eugène POIRRIER, à Paris (Seine).

Ce fabricant paraît pour la première fois devant le jury. Il lui soumet un riche assortiment d'étoffes diverses pour ameublement; des reps, chaîne coton, tramés laine, soie ou fantaisie, variés de qualité et richement nuancés; des damas, chaîne fantaisie, tramés laine, à 7 fr. 50 cent. le mètre; des dessus de tables, des housses de canapés, de fauteuils, de chaises; des vénitiennes multicolores à 12 fr. 50 cent.; des côtelés tramés laine, sans envers, 23 francs, sur 1 mèt. 40 cent.; ceux tramés soie à 28 francs, etc., dont le jury a pu apprécier la bonne exécution.

Reconnaissant les efforts soutenus dans la fabrication de M. Poirrier, le jury lui accorde une médaille de bronze.

MM. GASPARD, SCHLUMBERGER et Cⁱᵉ, à Mulhouse (Haut-Rhin).

Ils ont succédé, depuis les premiers jours de 1847, à M. Médard Schlumberger, dans la fabrication d'étoffes d'ameublement. Ils soumettent au jury plusieurs pièces de tissus laine et soie d'un grand effet et d'exécution parfaite. Cette maison compte 40 métiers à tisser à bras, qui emploient 70 ouvriers gagnant: les hommes, de 2 fr. 25 cent. à 3 francs; les femmes, de 1 franc à 1 fr. 25 cent. par jour.

Le jury central leur décerne la médaille de bronze.

MM. MALLARD et Cⁱᵉ, à Paris (Seine).

Cette maison, commencée très-modestement en 1819, par le père de M. Mallard, occupait, avant février 1848, 60 métiers, autour desquels 80 à 90 ouvriers, hommes, femmes et enfants, trouvaient une existence assurée. Depuis, MM. Mallard et compagnie ont reçu un prêt du Gouvernement, et se sont constitués en association avec leurs ouvriers. Quoique cette organisation soit nouvelle, la maison possède 16 métiers montés occupant de 25 à 30 ouvriers. Elle expose de fort jolis produits en étoffes, pour ameublement: on y remarque des rideaux, portières, tapis de tables d'un bon goût et de bonne exécution; quelques articles pour robes en chaîne laine, et autres matières, rayées ou à quadrilles soie, et d'autres imprimés sur chaîne; un drap d'or fort riche à 22 francs le mètre, sur 140 centimètres de large, etc.

La date récente de cette association ne permettant pas au jury d'en apprécier les résultats, il se borne à récompenser le fait matériel de la fabrication, en décernant à MM. Mallard et compagnie une médaille de bronze.

Citation
favorable.

MM. J. MILLOT et fils, à Paris (Seine).

Il soumet au jury deux châles brodés et un coupon d'un tissu confectionné avec une nouvelle matière (moustaches de Gniackera) dont il ne peut indiquer le prix, et qui a besoin d'être étudié; il y a joint quelques échantillons de reps, chaîne coton, tramés laine, soie ou fantaisie, à dessins riches; d'autres à rayure stramées chape, laine ou alpaga, de 5 fr. 5o cent. à 6 francs et 6 fr. 5o cent.

Le jury le cite favorablement.

---

§ 5. NOUVEAUTÉS POUR ROBES, CHALES ET ÉCHARPES.

M. Justin Dumas, rapporteur.

Rappel
de
médaille
d'or.

M. Théodore-George MORIN, à Paris (Seine).

Voilà une exposition digne de toute l'attention du jury, qui s'est appliqué à l'examiner en détail et s'empresse de signaler la perfection et le goût de tout ce qui y figure. M. Morin s'attache surtout à imaginer, à créer, à régénérer les tissus que l'impitoyable mode adopte, rejette et réclame au renouvellement de chaque saison.

C'est aux maisons de haute nouveauté de Paris que M. Morin soumet et livre d'abord ses produits; chacune d'elles retient ce qui convient à sa vente, et, comme toutes ne peuvent en avoir, il arrive souvent que d'autres fabriques de Paris et celles du Nord cherchent à imiter les tissus de ce fabricant consommé. M. Morin ne vise pas aux masses; il préfère livrer 100 bonnes pièces d'un article que 200 de qualité médiocre. 400 à 500 ouvriers qu'il possède à Honnechy, canton du Cateau (Nord) et dans ses environs, gagnant de 1 fr. 5o cent. à 3 fr. 5o cent. par jour, sont assez constamment occupés. Ils ont fait beaucoup de *satin de Chine*, ce joli article, mis en vogue par M. Morin, et si grandement exploité aujourd'hui par les fabriques de Roubaix, de mérinos écossais, etc. La case de M. Morin contient des valencias légers pour robes; rayés, écossais, glacés par des trames mélangées d'un effet excellent et d'une fabrication irréprochable. Ces tissus, d'un bon usage, sont aussi goûtés à l'étranger, par l'élite de la mode, qu'à Paris qui en est le berceau.

Le jury lui rappelle la médaille d'or, rappelée déjà, en 1839, à son ancienne maison.

MM. Veran **SABRAN** et G. **JESSÉ**, à Paris (Seine). Médaille d'or.

Ce fut en 1844 que cette maison exposa pour la première fois les produits de son importante fabrique située à Origny-Sainte-Benoîte (Aisne). Depuis lors, elle s'est considérablement accrue par la sagacité avec laquelle ses chefs ont abordé la nouveauté que tout le commerce de Paris lui demande, soit en tissus écrus, pour l'impression et la teinture, soit en tissus mélangés de matières diverses et variés de couleurs.

700 à 1,000 métiers à tisser, occupant, tant à Origny que dans les communes environnantes, de 1,000 à 1,500 ouvriers, qui gagnent depuis 1 franc jusqu'à 3 fr. 50 cent. et 4 francs par jour, font les tissus les plus divers. *En écru*, les baréges unis, rayés, satinés et quadrillés soie, pour robes, châles et écharpes, tout laine et chaîne soie, trame laine ; les mousselines, satins, cachemires d'Écosse tout laine, unis, rayés et quadrillés soie : tels sont les articles livrés pour l'impression et la teinture. En *haute nouveauté*, ce sont des baréges en robes, châles et écharpes unis, brochés laine, soie ou divers mélanges variés de couleurs et de dispositions ; des mousselines laine, des mérinos écossais à bandes ou cadres satin, et une foule d'articles qui dénotent autant d'esprit inventif que de connaissances variées. Disons ici que ces fabricants sont parfaitement secondés par l'habileté incontestable des ouvriers de l'Aisne, du Nord et de la Somme, qu'ils occupent. Ce sont des hommes auxquels on peut demander aujourd'hui la gaze la plus légère, chaîne à trame grége 3 à 4 cocons, et demain, du mérinos, des châles brochés, ou tout autre article plus ou moins fort, plus ou moins compliqué, avec une, deux et même trois mécaniques Jacquart !.... Ces ouvriers, qui travaillent chez eux, ont tous un coin de terre à cultiver, ce qu'ils font pour se reposer du tissage. Mais, tout habiles que sont ces braves ouvriers, ils ont besoin d'une bonne direction, et MM. Sabran et Jessé, l'ont toujours su imprimer partout où ils ont fait et font travailler. Leurs produits, constamment recherchés, sont consommés en France pour un tiers, soit 600,000 francs environ, et au dehors pour les deux tiers, 1,200,000 francs, aussi environ.

Par ces divers motifs, le jury décerne à MM. V. Sabran et G. Jessé une médaille d'or.

MM. **LAMBERT-BLANCHARD** et Cⁱᵉ, à Paris (Seine). Rappel de médaille d'argent.

Cette maison, dont les produits ont figuré aux deux dernières expositions, continue à se livrer à la fabrication des tissus écrus tout laine, laine et soie, laine et coton pour robes, châles et écharpes, principalement destinés à ces belles impressions, à ces belles teintures dont les dames de tous les pays aiment à se parer. Baréges de toutes sortes et mousseline-laine pour l'été, cachemire d'Écosse et mérinos pour l'hiver, M. Lambert-Blanchard, travaillant pour toutes les consommations, n'arrête, pour ainsi dire, jamais sa fabrication, et les 1,000 à 1,500 ouvriers qu'il occupe dans le canton de Guise chôment rarement.

M. Lambert-Blanchard que l'épidémie a saisi, alors qu'il était à son poste pour la défense de l'ordre menacé, et a enlevé à l'industrie, livrait au commerce pour 1,500,000 francs de tissus écrus, qui, transformés par la teinture et l'impression, pouvaient représenter un capital de plus de 2 millions, dont la moitié au moins pour l'exportation.

Cet industriel avait su s'entourer d'auxiliaires capables de continuer son œuvre : c'est donc autant pour honorer sa mémoire que pour récompenser ses successeurs que le jury rappelle la médaille d'argent votée en 1844.

Médailles de bronze. ## M. Henry COIGNET, à Paris (Seine).

Fondée en 1833, cette maison joignit à son commerce d'articles légers de Lyon la fabrication des gazes de soie et plus tard celle des baréges et autres nouveautés. C'est à Bohain (Aisne) qu'est son centre de fabrication : c'est là que 300 à 400 ouvriers de Bohain et des villages qui l'entourent jusqu'à 20 et 24 kilomètres vont prendre les chaînes et matières pour tisser chez eux et rapportent leurs pièces.

Les produits de cette fabrique soumis au jury par les successeurs de M. Henry Coignet, décédé en mars 1849, se composent de gazes de baréges unies, façonnées et quadrillées soie, tramées d'une ou plusieurs couleurs mélangées, en robes, châles, écharpes; des tissus tout laine, tout soie, soie et laine, laine et coton, etc., dont la variété d'armures, de dispositions et de couleurs rivalisent avec ce qui se fait de mieux.

Cette maison expose en outre des articles filet de soie au fuseau, qu'elle commissionne dans diverses contrées de la France (en Normandie, en Alsace) et dont elle exporte la majeure partie.

La fabrique de Bohain produit pour 6 à 800,000 francs de mar-

chandises; les deux tiers vont à l'étranger. Le jury décerne à
M. Henry Coignet et compagnie une médaille de bronze.

M. Frédéric DREYFOUS, à Paris (Seine).

M. Dreyfous a fondé en 1840, à Heudicourt (Somme), une fabrique de gazes diverses et petites étoffes pour robes, dont la majeure partie des produits sont allés à l'étranger. C'est surtout à un genre de foulard chaîne soie fantaisie, tramé grége, rayé de nuances et plus tard quadrillé, que M. Dreyfous s'est attaché; à côté de ces foulards rayés et quadrillés nous trouvons des gazes de soie avec rayures et quadrilles soie fantaisie; des robes chaîne soie, tramées laine, des chaînes coton, des chaînes laines, tramées de différentes matières, le tout habilement varié de couleurs et dispositions.

En fondant sa fabrique à Heudicourt, M. Dreyfous devait y trouver le tissage à bon marché. Il n'en a pas moins porté l'aisance dans une pauvre localité jusqu'alors privée de ressources. Les efforts heureux qu'il a faits décident le jury à décerner à M. Dreyfous une médaille de bronze.

---

§ 6. ÉTOFFES POUR GILETS.

M. Justin Dumas, rapporteur.

M. PAGÈS-BALIGOT, à Paris (Seine).

Médaille
d'or.

Ce manufacturier, qui peut, à juste titre, revendiquer une bonne part au développement qu'a pris en France la fabrication des articles pour gilets, en soumet un assortiment des plus riches et des plus variés. Les tissus laine pour gilets nous venaient d'Angleterre; Lyon les faisait en étoffes de soie et en velours; Paris, centre du goût et de la mode, devait tisser le cachemire et les étoffes nouvelles. La maison Pagès-Baligot, fondée en 1832, après des efforts inouïs et coûteux, est arrivée à monter un atelier de 250 métiers d'étoffes à gilets au centre de la capitale; 300 ouvriers y sont presque constamment occupés, et, à leurs pièces, gagnent depuis 3 francs jusqu'à 5 et 6 francs par jour. Sur les 6 à 700,000 francs d'affaires de M. Pagès-Baligot, le tiers est exporté, les deux autres tiers se consomment en France.

M. Pagès-Baligot n'est pas un fabricant ordinaire : il est créateur infatigable. Lorsqu'il a livré sa nouveauté pendant une saison, il laisse ses concurrents de Paris et les fabriques de Roubaix l'exploiter à leur tour. C'est ainsi que les gilets ont pris tant d'extension; il s'en fait pour 8 à 10 millions par an.

Nous remarquons dans cet étalage un velours jaspé en laine, des satins renforcés, des étoffes à double corps en chaîne soie, imitant le velours, des piqués soie matelassés, des jaspés et autres nouveautés, trop longues à énumérer, qui toutes méritent des éloges.

Le jury décerne à M. Pagès-Baligot la médaille d'or.

Nouvelle médaille d'argent.

M. François CROCO, à Paris (Seine).

C'est un ancien et excellent fabricant, que le jury connaît depuis 1834, et qui continue à créer avec succès de jolis articles pour gilets et pour robes. Tous ses produits sont d'une grande pureté et portent le cachet du bon goût que les jurys précédents leur ont reconnu : la vogue dont ils jouissent (ils sont livrés au fur et à mesure de fabrication) en est une preuve irrécusable. Les piqués fins en coton blanc et de couleurs sont de nouvelle fabrication chez M. Croco, et déjà ils approchent des tissus anglais. Ses ouvriers, au nombre de 200 à 300, sont à leurs pièces et gagnent depuis 2 fr. 50 cent. jusqu'à 7 et 8 francs par jour. Son chiffre d'affaires varie suivant les circonstances; le tiers de cette fabrication est exporté par les maisons de Paris auxquelles M. Croco livre ses tissus. Le jury lui décerne une nouvelle médaille d'argent.

Médaille d'argent.

M. DAUPHINOT-BALIGOT, à Paris (Seine).

C'est la première fois que cette maison se présente à l'exposition; quoique établie depuis 1840, ce n'est guère qu'en 1846, après maints essais, qu'elle est parvenue à doter la France d'une fabrication de tissus unis et piqués ou façonnés nommés *valencias pour gilets*, et pour lesquels jusqu'alors nous étions tributaires de l'Angleterre. Par sa bonne fabrication en écru et l'utile concours de M. Feau-Béchard, *teinturier-apprêteur*, M. Dauphinot-Baligot a si bien réussi les valencias, qu'en octobre 1846, M. le ministre du commerce et M. le directeur général des douanes, s'étant transportés chez cet honorable fabricant, furent aussi surpris que satisfaits d'avoir à préférer ses tissus aux articles similaires anglais dont ils avaient apporté des types. Ces messieurs jugèrent indispensable d'envoyer M. le directeur des douanes de Paris et ses employés se convaincre aussi par eux-mêmes, chez M. Dauphinot-Baligot, de la réussite des tissus valencias, et sa marque de fabrique a été déposée à la douane de Paris, pour garantir désormais ces étoffes de la saisie.

Depuis lors, non-seulement la fraude à l'aide de laquelle, *seuls*, ces tissus arrivaient à la consommation française, a cessé complétement, mais encore, il faut le dire, nos maisons d'exportation envoient partout, même en Angleterre, les valencias de M. Dauphinot-Baligot. Ce fabricant fait aussi très en grand et d'une manière remarquable les *tartans fins tout laine*, les cachemires riches et ordinaires qui rivalisent avec tout ce qui se fait de mieux en étoffes pour gilets. Il occupe de 120 à 130 ouvriers, gagnant de 1 fr. 50 cent. à 5 francs par jour.

Le jury décerne à M. Dauphinot-Baligot la médaille d'argent.

M. Alexis COCU, à Paris (Seine).

Rappel de mention honorable.

Ce fabricant, qui compte 15 ans d'établissement, occupe de 30 à 40 ouvriers et produit pour 30 à 60,000 francs d'étoffes à gilets, et travaille consciencieusement; ses valencias unis, ses lancés soie à une et à deux couleurs, ses imitations en cachemire broché sont de bons produits. Mentionné honorablement par le jury de 1839, le jury de 1844 lui en accorde le rappel.

M. AUBEUX, à Paris (Seine).

Mention honorable.

Il soumet au jury un assortiment d'étoffes à gilets, imitation cachemire, qui ne manque pas de goût et de variété. Cette maison, fondée en 1846, compte 18 métiers occupant 18 hommes, 30 femmes et 16 enfants. M. Aubeux, qui naguère était ouvrier, est parvenu à la position qu'il occupe aujourd'hui par son aptitude et son intelligence.

Le jury lui décerne une mention honorable.

M. Gustave HESS, à Paris (Seine).

Citation favorable.

Il était, avant 1844, date de son établissement, un bon ouvrier tisseur. Une ambition bien légitime l'a poussé à devenir fabricant; il possède aujourd'hui 20 métiers et occupe 35 ouvriers. La moitié de ses produits est pour l'exportation. Les étoffes à gilets qu'il nous présente sont bien comprises comme réduction et fabrication; manquant d'un cachet particulier, elles ressemblent trop à celles de ses concurrents. M. Hess a pris, en 1845, un brevet pour une amélioration apportée au métier d'armure. Le jury le cite favorablement.

TROISIÈME SECTION.

CHALES DE CACHEMIRE ET LEURS IMITATIONS.

MM. Gaussen et Roux Carbonnel, rapporteurs.

CONSIDÉRATIONS GÉNÉRALES.

Cette industrie, qui n'a pas quarante ans d'existence, est aujourd'hui une de nos gloires industrielles les plus incontestées. L'imitation de châles de l'Inde, qui était l'enfance de l'art, lui a servi de point de départ; et, de perfectionnements en perfectionnements, elle s'est élevée à une hauteur telle, qu'il est permis d'affirmer aujourd'hui que la concurrence étrangère ne l'atteindra jamais. Elle a créé, en France, plus qu'une étoffe et un vêtement; elle a créé un art, qui se traduit par le sentiment général du coloris, c'est-à-dire de l'harmonie des couleurs, sous le point de vue industriel.

Cette industrie a toujours paru, depuis sa création, inspirer et féconder une foule d'autres industries. Quelle est aujourd'hui l'étoffe, peinte ou brochée, qui n'emprunte pas au cachemire, et ne s'inspire de son dessin, d'un caractère à la fois si souple et si original, ou de la manière dont ses couleurs sont mariées et harmonisées?

Mais l'industrie des châles a d'autres titres à l'admiration du pays que son étoffe et son dessin : ce sont les perfectionnements mécaniques qu'elle a enfantés. Leur histoire complète nous conduirait trop loin; contentons-nous de dire en quelques lignes : De l'antique métier à la tire, à la machine Jacquart primitive, quel pas gigantesque! de cette machine à la mécanique actuelle perfectionnée, quelle série de progrès et de transformations! de l'œuvre de Jacquart perfectionnée à la machine à papier qui, pour quelques-uns, est encore à l'état d'essai, et qui, pour d'autres, commence déjà à fonctionner, quelle distance! Pour nous, le problème de la substitution du papier au carton, qui amènera une économie énorme dans les frais de lecture, si écrasants pour le producteur, est à peu près résolu.

Il y a trente ans que les esprits les plus ingénieux de l'industrie châlière ont cherché à le résoudre, tout en doutant de sa solution. On touche à peine au but aujourd'hui. Si Jacquart reparaissait au milieu de nous, il n'est pas bien sûr qu'il reconnût sa création en voyant fonctionner une mécanique à papier.

Quittons la partie matérielle si intéressante de l'industrie des châles, et revenons à son côté artistique. Tous ceux qui sont nés avant ce siècle peuvent se rappeler ces essais timides de châles, qui se réduisaient à garnir un fond d'étoffe de petites palmettes uniformes, détachées les unes des autres, et encadrées par une bordure étroite d'un dessin grossier. A côté de ces tâtonnements pour ainsi dire enfantins, voyez la charpente grandiose, compliquée, d'un beau châle de nos jours.

L'imagination a peine à comprendre que le compositeur puisse se retrouver dans ce dédale de motifs gracieux, et arrive si complétement à cette harmonieuse entente des lignes et du coloris.

Maintenant, qui est-ce qui croirait, en le voyant si beau et si splendide, que le châle, pour vivre et prospérer, soit obligé de changer aussi souvent son style et son aspect? Qu'il faut que son dessin soit usé avant son étoffe, et qu'une femme qui veut suivre la mode, cette divinité toute française, soit obligée d'abandonner son plus beau vêtement dans un état parfait de conservation, parce qu'il est déjà vieux de genre et que les couleurs ne sont plus en harmonie avec le goût du moment? C'est pourtant ce renouvellement de mélange des couleurs qui fait la vie et la fortune de nos fabriques de châles; et cette puissance de goût et d'invention est leur plus grand mérite. Longtemps, toutefois, nos fabricants ont conservé la tradition de copier, plus ou moins fidèlement, le châle de l'Inde; mais ils étaient dominés alors par une idée fort logique. Le châle français est né du châle de l'Inde; tant qu'il a eu besoin de la protection de ce dernier, pour entrer profondément dans la consommation, il l'a imité; mais le jour où le goût du châle est devenu général, le jour surtout où le modèle indien ne se modifia pas assez vite au gré de la mobilité française, le châle français a rompu brusquement avec son passé; il s'est rajeuni en adoptant un genre nouveau que l'on a appelé renaissance; c'était l'ornement et la fleur de fantaisie mélangés, le tout modifié dans le style châle, car il faut toujours conserver ce style : les fabricants qui ont vieilli dans le métier le savent bien, et, dans leurs plus grands écarts même, cherchent toujours à le respecter.

Le genre renaissance usé, le goût français, enhardi par cet essai, n'a pas craint de modifier le type primitif sous le triple point de vue de la hardiesse des lignes, de la richesse et de la multiplicité du détail; on peut dire, à propos de cette dernière modification, qu'il est allé jusqu'à l'excès. C'est peut-être ce qui donne, pour le moment, au châle, cet aspect uniforme et légèrement confus. Cependant, il faut en convenir, ce genre a fait prospérer la fabrique pendant ces dernières années; il a arriéré tous les autres, et les producteurs qui sont entrés le plus franchement dans cette voie ont vu la consommation les favoriser. Aujourd'hui plusieurs fabricants s'en éloignent; l'un des doyens de la fabrique, en particulier, qui vient de rentrer dans la lice industrielle, signale sa présence par un genre aussi neuf qu'extraordinaire; c'est un mélange de fleurs naturelles et de cachemire. Les roses, les œillets, les dalhias, sont tout étonnés de se trouver au milieu de ce détail séculaire que l'on appelle le type indien. L'effet général de cet essai est neuf, hardi; est-ce un point de départ, est-ce une excentricité heureuse? Les plus osés n'osent se prononcer.

On peut conclure de tout ce qui précède que les fabricants de châles de Paris sont à la tête d'une véritable école de dessin appliquée à toute espèce d'étoffe. Ce qui le prouve, c'est que le phénomène qui s'est produit, pour ainsi dire, à la naissance du châle se manifeste encore aujourd'hui. En 1827, les impressions de Rouen, de Jouy, de Munster, de Mulhouse, d'Amiens, sur escot, de Reims, sur mérinos, copiaient nos cachemires.

Maintenant jetez les yeux sur les impressions du Haut-Rhin, du Rhône, de la Seine, de la Seine-Inférieure : partout vous verrez de grands succès obtenus par l'imitation du châle.

On peut donc dire que le type cachemire, qui se concentre dans la fabrique parisienne, domine le goût français en matière de dessin d'étoffe, et que la position morale et matérielle de cette fabrique est sans rivale dans le monde industriel. L'Autriche seule nous menace dans l'article d'exportation à bas prix; mais Nîmes et Lyon lui font, en ce moment, une concurrence qui doit devenir de plus en plus sérieuse. Il faut dire aussi que c'est nous qui fournissons des armes à nos rivaux. Les Viennois achètent leurs modèles dans nos meilleures fabriques parisiennes et les copient. Il est donc évident que ce n'est que le prix de la main-d'œuvre ou de la matière première qui peuvent leur laisser une certaine supériorité sur les marchés étrangers; mais, comme tous les renseignements s'accordent à prouver que la main-d'œuvre n'est pas meilleur marché à Vienne qu'à Nîmes ou en Picardie, par exemple, il faut que la supériorité, quant au prix, du produit autrichien, tienne au bon marché de la matière première employée dans la fabrication des châles. Ce qui prouve, cependant, combien il y a de ressources dans l'industrie châlière, c'est que, malgré la concurrence de l'étranger, malgré les commotions politiques que le pays a subies, l'article riche seul a été sensiblement frappé; aussi doit-on particulièrement lui tenir compte des efforts qu'il fait pour se relever. A notre connaissance, certaines fabriques de châles riches ont osé faire cette année jusqu'à 60,000 francs de frais de dessin. On n'a jamais vu, en effet, des châles plus riches et plus beaux que ceux qui figurent à l'exposition de 1849. Jamais on n'a atteint des réductions plus fines; la richesse du détail et le grandiose de la composition n'ont pas encore été poussés aussi loin. Nous pouvons donc affirmer que la fabrique de cachemire, malgré la concurrence désastreuse que lui fait l'article indien bas prix, malgré tous ses désastres, s'est maintenue à une grande hauteur.

Nous devons dire maintenant, pour terminer ces considérations, qu'après les événements de février, au milieu des plus grandes souffrances des industries de luxe, au moment où les doctrines les plus funestes tendaient à rendre ennemis des hommes dont le bien-être mutuel est lié d'une manière indissoluble, les fabricants de châles de Paris ont donné un exemple qui mérite l'attention du Gouvernement. Ils ont appelé à eux les délégués des classes ouvrières qui vivent du châle, et, après avoir écouté leurs plaintes et reconnu tous les abus de la concurrence sur le prix du travail, ils ont établi un tarif uniforme de salaire pour toute l'industrie, s'appuyant sur ce principe : « L'ouvrier doit vivre aisément de son travail. » Pour compléter son œuvre, la fabrique de châles a choisi dans son sein une commission à qui elle a donné pouvoir de régler tous les différends qui pourraient s'élever sur les questions relatives au prix du travail entre les patrons et les chefs d'ateliers, entre ces derniers et les ouvriers. Cette commission, après avoir largement rempli sa tâche, est allée plus loin; entraînée par un sentiment naturel de justice, elle a cru devoir s'inquiéter de la condition vraiment déplorable des femmes dans les ateliers de tissage. Pour remédier à cette situation, elle a décidé, à l'unanimité, que la femme ne devait monter sur le métier qu'à l'âge de dix-neuf ans révolus, et qu'elle devait être payée comme l'homme. Tout ce qu'a fait cette commission a été fait sous l'inspiration et avec la participation de la partie éclairée de la classe ouvrière; elle a fait comprendre, en un mot, aux ouvriers prévenus et défiants, que leurs patrons étaient leurs véritables amis. Voilà son plus beau titre à la sollicitude du jury central.

CHALES DE PARIS.

MM. GAUSSEN et POUZADOUX, à Paris (Seine).

Exposants hors de concours.

Cette maison se trouve naturellement hors de concours, par la position actuelle de son chef, qui est membre du jury central.

Le jury croit devoir exprimer le regret de ne pouvoir accorder à la maison MM. Gaussen et Pouzadoux la récompense que sa position industrielle mériterait.

M. Frédéric HÉBERT, à Paris (Seine).

Rappels de médailles d'or.

En présence de l'exposition de cet honorable industriel, nous ne pouvons que répéter ce qui a été dit par le jury de 1844. M. Hébert est toujours l'imitateur exact et intelligent du type indien; il est resté fidèle à un genre qui lui a valu de si éclatants succès. La fabrication de M. Hébert est toujours parfaite; ses matières, ses teintures sont irréprochables. Malgré les variations du goût et les caprices de la consommation, M. Hébert croit devoir s'en tenir au châle de l'Inde. Il maintient son drapeau industriel avec une persévérance remarquable. Ce qu'il y a de certain, c'est qu'à différentes reprises, la fabrique, en général, est revenue un peu au genre de M. Hébert, et que M. Hébert n'a jamais changé le sien.

Le jury accorde à M. Hébert un nouveau rappel de médaille d'or.

MM. GAUSSEN jeune, FARGETON et C⁺, à Paris (Seine).

M. Gaussen jeune, qui est aujourd'hui un des doyens de la fabrique, et dont le mérite incontestable est généralement reconnu, a déjà obtenu plusieurs médailles d'or en société avec différents industriels. Son plus beau titre, qu'on peut ajouter à celui d'ancien contremaître de la maison Lagorce, est d'avoir été le collaborateur le plus actif et le plus intelligent de son frère. M. Gaussen jeune se présente cette année au concours avec une nouvelle raison de commerce. Cette maison, dont les éléments sont à peu près les mêmes que ceux de l'ancienne maison Gaussen jeune et Maubernard, qui a obtenu un rappel de médaille d'or en 1844, est toujours une des premières pour son goût et ses bonnes traditions. Les châles de la maison Gaussen jeune et Fargeton ont un cachet particulier qui les fait facilement reconnaître. La mise en carte est d'une pureté irré-

prochable, le coloris est harmonieux et flatteur; leurs produits sont de ceux qu'on peut atteindre, mais qu'il est difficile de surpasser. Le nouveau châle long que ces messieurs viennent d'exposer est d'un fini gracieux et d'un goût délicat et nouveau. C'est un châle qui n'arrête pas toujours l'indifférent, mais que le connaisseur étudiera avec soin; c'est le châle d'une femme comme il faut, selon l'expression consacrée. Quoique classique par tradition, la maison Gaussen jeune est ordinairement la première à tracer la route, quand l'industrie châlière doit entrer dans une nouvelle voie, et on peut dire, avec vérité, qu'elle ne tombe jamais dans les écarts de coloris ou de composition.

Cette maison mérite au plus haut degré la sollicitude du jury qui lui décerne un rappel de médaille d'or.

M. Jean-Louis ARNOULD, à Paris (Seine).

Cet honorable industriel, qui a obtenu une médaille d'argent en 1834, une médaille d'or en 1839 et un rappel en 1844, se maintient toujours au premier rang, par son goût et sa belle fabrication.

Sa mise en carte est parfaite, son coloris est charmant, quoique toujours classique. Nous trouvons à son exposition un châle carré blanc, remarquable sous tous les rapports. Les deux châles longs qu'il a produits récemment sont d'un goût très-pur et d'une grande sagesse de composition; on peut dire que le nuancé en est tranquille et distingué. Nous devons parler aussi d'un fond plein tapis, dont le dessin est neuf, original, et indiquerait un essai dans une voie nouvelle.

M. Arnould est toujours un de ceux qui tiennent depuis longtemps la tête de la fabrique de châles; à ce titre, le jury lui accorde un nouveau rappel de médaille d'or.

M. Pierre-Thomas-Pascal FORTIER, à Paris (Seine).

Ce fabricant est l'un de ceux qui ont toujours été distingués par le jury. M. Fortier a des titres incontestables à la reconnaissance de la fabrique parisienne. Il a été le premier à fabriquer, à Paris, l'article indous, et on doit dire qu'à cette époque il a eu un succès très-grand et très-mérité. Aujourd'hui, M. Fortier s'occupe plus particulièrement de la fabrication du châle chaîne laine; il est, sans contredit, au premier rang dans cet article. Nous trouvons à son exposition des chaînes laine qui rivalisent, pour le toucher et la finesse, avec les plus beaux cachemires. Les matières qu'emploie M. Fortier sont toujours de premier choix et irréprochables ; tout en faisant le bon marché avec une grande supériorité, ce fabricant n'a jamais sacrifié ni la qualité des fils, ni l'étoffe de ses châles. Nous remarquons, dans l'exposition de cet honorable industriel, des châles dits *tapis*, d'une fabrication magnifique, d'un goût original et pur comme dessin. C'est, sans contredit, ce qui s'est fait de mieux dans ce genre.

Le jury accorde à M. Fortier un rappel de médaille d'or.

M. DUCHÉ aîné et Cⁱᵉ, à Paris (Seine).

M. Duché aîné est un fabricant hors ligne, par l'étendue de ses affaires et ses grandes relations commerciales. Sa maison est la plus importante de la fabrique de Paris. Le chiffre de sa production s'élève depuis plusieurs années à 1,200,000 francs. M. Duché a le grand mérite, à nos yeux, d'avoir toujours soutenu l'article riche, et de lui avoir souvent donné un élan extraordinaire. Il fabrique et vend journellement des châles qui atteignent les prix de 1,200 fr. en châles longs, et de 7 à 800 francs en carrés. Beaucoup de goût, beaucoup de hardiesse, un grand savoir-faire, une facilité étonnante à se créer des débouchés, voilà l'ensemble des qualités de cet industriel.

La maison Duché et compagnie expose un châle long d'une réduction extraordinaire, dont le fond, en particulier, est d'un goût exquis ; ce châle a ce qu'on appelle deux cents coups au pouce, ce qui en donne quatre cents pour le fond. Nous trouvons également dans son exposition un carré quatre faces, d'une fabrication magnifique et d'un dessin très-élégant. Son carré blanc, fond plein, entièrement neuf de style, peut rivaliser avec le châle à fleurs de M. Deneirousse. Le carré fond plein et rayé à la fois, qu'il vient d'exposer en dernier lieu, est d'un très-bel effet.

Nous pouvons dire que M. Duché mérite toutes les sympathies de ses juges. Le jury lui accorde le rappel de la médaille d'or.

MM. DENEIROUSE, E. BOISGLAVY et Cⁱᵉ, fabrique importante à Corbeil (Seine-et-Oise).

Médaille d'or.

M. Deneirousse, le chef naturel de cette nouvelle société, rentre aujourd'hui dans les affaires après avoir épuisé la série des récompenses industrielles, et se présente au concours avec la collaboration de M. Eugène Boisglavy.

Le jury s'empresse de dire que l'exposition de MM. Deneirouse, E. Boisglavy et compagnie est magnifique. Il a admiré d'abord un châle long blanc, travail de l'Inde, qui a fixé au plus haut degré l'attention publique.

Ce produit, le plus complet que l'on ait vu dans son genre, prouve, jusqu'à la dernière évidence, que nous pouvons faire en France des châles plus beaux et plus riches que dans l'Inde.

Le dessin de cette magnifique pièce est bien supérieur à tout ce que l'Orient nous a envoyé de plus extraordinaire et de plus parfait. C'est un mélange de la fleur naturelle française et du détail cachemire. Les roses, les dahlias, les œillets, s'étalent dans toute leur fraicheur sur une étoffe irréprochable. Tout est réuni dans ce châle, harmonie de couleurs, finesse de réduction, perfection de travail. Nous devons féliciter, en particulier, M. Deneirouse du beau succès qu'il vient d'obtenir, et nous devons lui rendre une justice d'autant plus éclatante que, parmi tous ses confrères, il est peut-être le seul qui n'ait jamais désespéré du châle spouliné. De quel intérêt, en effet, ne serait-il pas de créer, en France, une nouvelle et belle industrie qui donnerait un travail facile à une foule de femmes et d'enfants! Nous avons le droit d'espérer, car aujourd'hui nous pouvons dire, au risque de froisser les préjugés de nos dames, que le châle de l'Inde est vaincu : en effet, quelle est celle qui oserait mettre, à côté du châle de M. Deneirouse, un de ces beaux cachemires si enviés?

Le dessin que M. Deneirouse et E. Boisglavy exposent en spouliné, ils le présentent également exécuté au lancé, et, pour la première fois, on peut comparer l'effet du travail indien à celui du travail français. Ce dernier nous a paru résister complétement à la comparaison. De bonne foi, quelle différence peut-il y avoir? L'aspect des deux châles est le même, le travail seul est différent; seulement l'un vaut 5,000 francs, l'autre en vaut 1,000 ou 1,200.

La maison Deneirouse et E. Boisglavy expose une série de châles dans le genre de celui dont nous venons de parler. Cette maison a confiance dans ce nouveau style de dessin et de coloris. Appuyée sur la haute expérience et le goût sûr de son chef, elle paraît vouloir marcher d'un pas ferme dans cette nouvelle voie ; l'avenir seul peut nous dire si elle entrainera la fabrique avec elle. Quoi qu'il en soit, l'exposition de M. Deneirouse est hors ligne, et nous pouvons oublier de parler de certains perfectionnements qu'il vient d'introduire dans la fabrication du châle. Le jury, reconnaissant la haute position que la maison Deneirouse et E. Boisglavy vient de prendre dans l'industrie des châles, lui décerne une médaille d'or.

MM. BOAS frères et Cⁱᵉ, à Paris (Seine).

Nouvelle médaille d'argent.

Ces fabricants ont obtenu, en 1844, une médaille d'argent. Le jury de la dernière exposition a voulu récompenser un nouveau procédé dont ils se servaient pour fabriquer ce qu'on appelle les châles doubles. Quoique ce mode de fabrication n'ait pas pris une grande extension depuis 1844, nous devons dire qu'il nous paraît destiné à rendre des services sérieux à la fabrication des gilets. La maison Boas frères et compagnie a pris une grande extension depuis l'exposition dernière ; aujourd'hui, elle fabrique le châle riche et le châle bon marché avec beaucoup de succès. Nous avons remarqué à son exposition un carré blanc d'un dessin gracieux et original, et d'un coloris très-harmonieux.

Leurs châles longs chaîne laine, à 120 francs, sont d'un très-joli goût et d'une fabrication convenable pour le prix. Ajoutons maintenant que MM. Boas frères sont à la tête de toutes les améliorations qui se produisent dans leur industrie. Il y a dans leur maison un savoir-faire et une activité remarquables ; elle nous paraît devoir se placer avant peu au premier rang.

Le jury accorde à MM. Boas frères et compagnie une nouvelle médaille d'argent.

MM. G. CHAMBELLAN et Cⁱᵉ, à Paris (Seine).

Rappel de médaille d'argent.

M. Chambellan a obtenu en 1834 une médaille d'argent en collaboration avec M. Duché aîné. Les jurys de 1839 et 1844 lui ont confirmé cette récompense.

Nous remarquons, cette année, dans l'exposition de M. Chambellan, un châle long blanc, d'une jolie composition, et des carrés tapis, genre dit *lamé*, d'un très-bon goût. La production de M. Chambellan embrasse à la fois le châle riche et le châle bon marché.

Le jury lui rappelle de nouveau la médaille d'argent.

M. Joseph DEBRAS, à Paris (Seine).

M. Debras est un des plus anciens fabricants de châles. En 1823, comme employé de la maison Chainebot, il avait déjà fabriqué avec succès un châle long, spouliné, sur une mécanique Jacquard. En 1826, employé chez M. J. B. Richard, il a trouvé un genre de papier qui facilitait beaucoup la mise en carte. En 1839, exposant pour la première fois, il obtint une médaille d'argent. M. Debras ayant apporté une grande amélioration dans le montage des métiers, en 1844, le jury crut devoir rappeler la médaille d'argent à cet honorable industriel, dont les produits sont toujours bien fabriqués, bien entendus et d'un prix plus que modeste. Le jury de 1849 rappelle, de nouveau, à M. Debras, la médaille d'argent.

M. Pierre-René FOUQUET aîné, à Paris (Seine).

Cet honorable industriel a obtenu en 1844 le rappel d'une médaille d'argent, qu'il avait méritée en 1839. M. Fouquet est l'un des doyens de l'industrie châlière. Le rapport de 1844 mentionne avec raison ce fait, que M. Fouquet a été l'un des premiers à tisser un châle cachemire à la tire sur chaîne soie dans l'ancienne maison Bellangé et Dumas-Descombes. Fabricant intelligent, producteur consciencieux, M. Fouquet mérite toujours la sollicitude du jury, si ce n'est par son chiffre de production, au moins par ses antécédents industriels. Le jury lui rappelle la médaille d'argent.

Médailles d'argent.

MM. LION frères, à Paris (Seine).

Ces fabricants, qui ont, par un heureux début, obtenu la médaille de bronze en 1844, se présentent cette année avec des titres de plus à l'attention du jury. Leur maison avait pris, avant les événements de février, une extension remarquable, et, dans plusieurs genres de châles, ils ont su s'attirer exclusivement les faveurs de la consommation. MM. Lion frères ont été les premiers à faire un nouveau genre de carte, dit *lamé*, qui, momentanément, a renouvelé la physionomie du châle. La maison Lion frères est aujourd'hui une des maisons importantes de l'industrie châlière.

Le jury accorde à ces messieurs la médaille d'argent.

MM. BOUTARD, VIGNON et Cⁱᵉ, à Paris (Seine).

Cette maison s'attache particulièrement au genre moyen et bon marché. Quoique MM. Boutard, Vignon et compagnie fassent fabriquer à Paris, ils arrivent à lutter souvent, avec avantage, contre les produits similaires qui se fabriquent à Lyon et en Picardie. Ces messieurs se font remarquer par une fabrication régulière et un goût très-pur dans la composition et le nuancé de leur dessin. L'ensemble de leur fabrication est très-satisfaisant. C'est une de ces maisons qui marchent avec persévérance, d'un pas ferme et sûr, dans la voie du progrès. Leurs châles sont très-estimés sur la place de Paris, et ils font avec la Belgique des affaires très-suivies.

Le jury croit devoir récompenser cette maison, qui a obtenu une médaille de bronze en 1844, en lui décernant cette année une médaille d'argent.

M. JUNOT, à Paris (Seine).

Nouvelle médaille de bronze.

Quoique M. Junot ne fasse pas un chiffre considérable d'affaires, cet honorable industriel n'en est pas moins très-méritant aux yeux du jury. M. Junot est un fabricant consommé et s'occupe constamment du progrès de la partie mécanique de son industrie. Il est depuis longtemps sur la trace du nouveau procédé relatif à la substitution du papier au carton. Nous avons été à même de reconnaître les grandes connaissances de M. Junot dans l'examen que nous avons fait des nouveaux procédés mécaniques, relatifs à la Jacquart, qui sont exposés cette année. Nous avons remarqué à son exposition des châles à 17 fr. 50 cent., qui sont d'une très-bonne fabrication et d'un dessin très-satisfaisant.

Le jury, pour récompenser à la fois le fabricant consommé et ami du progrès, décerne à M. Junot une nouvelle médaille de bronze.

MM. DACHÈS et DUVERGER, à Paris (Seine).

Rappel de médaille de bronze.

Ces honorables industriels exposent des châles longs et carrés d'une très-bonne fabrication. Nous remarquons dans leurs produits un genre de vêtement qu'on a appelé *mantelet*, qui a beaucoup de difficulté à entrer dans la consommation. Ce vêtement a été abandonné jusqu'à présent par toutes les maisons qui ont essayé de le fabriquer. MM. Dachès et Duverger mettent dans cet essai beaucoup plus de persévérance que leurs confrères, ce qui nous fait penser qu'ils ont su se créer des débouchés pour ce genre d'article. Ces messieurs ont obtenu la médaille de bronze en 1844. Le jury de 1849 leur accorde le rappel de cette médaille.

M. Charles CHINARD fils, à Paris (Seine).

Cette maison, qui a exposé en 1844 sous la raison de commerce Chinard fils et compagnie, a obtenu une médaille de bronze. Les produits qu'elle expose cette année sont variés et d'une bonne fabrication. Nous remarquons particulièrement des châles de demi-saison d'un très-bon goût et d'une exécution parfaite.

Le jury rappelle à M. Chinard fils la médaille de bronze qui lui a été accordée en 1844.

Médaille de bronze. ## MM. BONFILS, MICHEL, SOUVRAZ et Cⁱᵉ, à Paris (Seine).

L'ancienne société Bonfils, Michel et compagnie a déjà obtenu une mention honorable en 1844. Depuis cette époque, ces messieurs ont prouvé que cette récompense était parfaitement méritée. La maison Bonfils, Michel et compagnie s'est fondue il y a quelque temps, avec l'aide du Gouvernement, dans une nouvelle société ayant pour raison de commerce Bonfils, Michel, Souvraz et compagnie. Cette nouvelle organisation est très-intéressante; c'est une association de patrons et d'ouvriers. Nous devons dire qu'elle a des éléments de succès incontestables; un des chefs d'ateliers les plus considérés de Paris, M. Souvraz, membre du conseil des prud'hommes, en fait partie. Cette maison, du reste, pour le peu de temps qu'elle existe, a déjà prouvé qu'elle saurait, tôt ou tard, conquérir un rang élevé dans l'industrie châlière. Ses produits sont acceptés avec faveur par la consommation.

Le jury regrette que la date de sa fondation ne permette pas de lui accorder une récompense plus élevée que la médaille de bronze.

mentions honorables. ## MM. NOURTIER et Cⁱᵉ, à Paris (Seine).

MM. Nourtier et compagnie s'attachent particulièrement aux genres palmettes et fonds-pleins; dans ces articles, ils ont obtenu quelques succès. Le jury croit devoir considérer la maison Nourtier et compagnie comme une nouvelle maison; il lui accorde une mention honorable.

MM. FABART et Cⁱᵉ, à Paris (Seine).

MM. Fabart et compagnie sont de nouveaux exposants, leurs produits sont très-satisfaisants sous le point de vue du goût et de la bonne fabrication.

Le jury leur accorde une mention honorable.

MM. ROSSET et NORMAND, à Paris (Seine).

Cette maison a exposé, en 1844, sous la raison de commerce Rosset et compagnie. Elle se présente cette année sous une nouvelle raison sociale, et soumet au jury des châles d'une bonne fabrication, imitant généralement les châles de l'Inde.

Le jury accorde à MM. Rousset et Normand une mention honorable.

MM. BOUTEILLE frères, à Paris (Seine).

Citations favorables.

Cette maison s'occupe particulièrement de la fabrication des genres bon marché; elle expose pour la première fois.

Le jury la cite favorablement.

MM. GEOFFROY et CHANEL, à Paris (Seine).

MM. Geoffroy et Chanel sont nouveaux dans l'industrie des châles et exposent pour la première fois des genres courants à des prix très-avantageux. Ils ont succédé à M. Brunet qui a obtenu la médaille d'argent en 1844.

Le jury les cite favorablement.

M. WEIL, rue Neuve-Saint-Eustache, à Paris (Seine).

Cet industriel, qui se présente pour la première fois au concours, soumet au jury une collection de châles carrés d'un bon goût et d'une fabrication régulière.

Le jury le cite favorablement.

MM. Laurent BIÉTRY et fils, à Paris (Seine).

Mentions pour ordre.

MM. Biétry et fils exposent à la fois des fils, des tissus, des châles brochés et brodés. Nous ne devons pas apprécier ici les filatures de MM. Biétry et fils, nous renvoyons à la partie du rapport relatif aux fils peignés.

Les tissus cachemires de ces messieurs sont toujours irréprochables; les broderies dont ils ont couvert leurs châles unis sont des imitations heureuses de crêpes de Chine. La fabrication des châles brochés de la maison Laurent Biétry et fils étant naissante, et le jury ayant cru devoir lui rappeler la médaille d'or pour la perfection de sa filature, nous n'avons pas à le classer ici pour cette production entièrement nouvelle dans sa maison.

M. Louis CHAMPION, à Paris (Seine).

M. Champion a obtenu, en 1844, une médaille d'argent sous la raison de commerce Champion et Gérard. Le jury regrette que la date de la fondation de son nouvel établissement ne lui permette pas de mettre cet honorable fabricant au rang que ses antécédents industriels mériteraient.

Il laisse au jury de 1854 le soin de récompenser M. Champion.

M. Charles GÉRARD, à Paris (Seine).

Sous la raison de commerce Champion et Gérard, cet honorable fabricant a obtenu une médaille d'argent en 1844. M. Gérard se présente seul cette année au concours, et expose des châles longs et carrés d'un très-bon goût et d'une excellente fabrication; mais son établissement est de trop fraîche date pour que le jury de 1849 puisse lui accorder une récompense que mériteraient les antécédents industriels de la maison Champion et Gérard, et il laisse au jury de 1854 le soin de payer la dette qu'il contracte envers lui.

CHALES DE LYON.

Rappel de médaille d'or.

MM. GRILLET aîné et Cᵉ, à Lyon (Rhône).

Cette maison est toujours à la tête de la fabrication des châles, à Lyon. Son chef, M. Grillet aîné, a épuisé la série des récompenses industrielles.

La production de MM. Grillet aîné et compagnie s'élève annuellement à 1,500,000 francs, et embrasse tous les genres, depuis le châle riche jusqu'au châle le meilleur marché. Les affaires de ces messieurs sont considérables à l'extérieur: ils mettent en œuvre tous les ans 40,000 kilogrammes de matières premières, dont la plus grande partie est en laine. Pour la beauté, la variété et le chiffre de sa production, la maison Grillet aîné et compagnie est toujours digne du rang qu'elle occupe depuis longtemps.

Le jury lui accorde un nouveau rappel de médaille d'or.

MM. MONFALCON et BOZONNET, à Lyon (Rhône).

Médaille d'argent.

Ces fabricants, qui ont succédé à l'ancienne maison Balme et d'Hautencourt, exposent pour la première fois des produits très-variés, et qui méritent l'attention du jury. Les articles de M. Monfalcon et Bozonnet sont très-avantageux, pour les prix auxquels ils les livrent à la consommation. Nous avons trouvé dans leur assortiment des châles longs, chaîne fantaisie, à 50 francs, d'un bon coloris et d'une fabrication très-satisfaisante. Les longs chaîne laine, à 60 francs, sont, sans contredit, ce qu'on peut voir de mieux dans ce genre. Leurs fonds pleins à 48 francs, que nous avons examinés avec plaisir, sont d'un joli goût et d'une réduction passable. La maison Monfalcon et Bozonnet fait de grandes affaires à l'intérieur et à l'extérieur. Le chiffre de ses ventes s'élève annuellement à 700,000 francs.

Le jury accorde une médaille d'argent à ces honorables producteurs.

MM. MANTELIER et Cⁱᵉ, à Lyon (Rhône).

Médailles de bronze.

Cette maison, qui expose pour la première fois des châles brochés, s'est déjà fait remarquer dans la fabrication de l'article appelé *châle fantaisie*.

Nous avons distingué dans son exposition de très-jolis châles imprimés de demi-saison, et particulièrement des fonds pleins d'un très-bon goût, à des prix très-modérés. En châles brochés, ces messieurs ont exposé des fonds tapis d'une très-bonne exécution.

Les carrés de MM. Mantelier et compagnie, de 12 à 25 francs, en indoux, de 30 à 70 francs, en chaîne laine, sont d'une fabrication très-satisfaisante. Leurs châles longs, de 60 à 70 francs, ne laissent rien à désirer. 18,000 châles, de tous les genres, sont sortis de cette fabrique en 1847, et le chiffre de ses affaires s'est élevé à 700,000 francs.

Le jury accorde une médaille de bronze à MM. Mantelier et compagnie.

MM. PELLION fils et Cⁱᵉ, à Lyon (Rhône).

Cette maison, qui est très-importante, a donné une grande

extension à sa production de châles imprimés. Depuis quelques temps, elle fabrique l'article broché avec succès. Nous remarquons à son exposition des châles longs et carrés d'un bon goût et d'une fabrication bonne. Ses châles thibets imprimés sont très-jolis et d'un prix avantageux. MM. Pellion fils et compagnie occupent le premier rang parmi les maisons qui fabriquent ce genre d'article. Leur chiffre d'affaires s'élève à 800,000 francs; la plus grande partie de leurs produits s'exportent.

Le jury accorde à MM. Pellion fils et compagnie une médaille de bronze.

CHÂLES DE NÎMES.

Rappel de médaille d'or.

MM. CURNIER et Cⁱᵉ, à Nîmes (Gard).

Nous devons dire, au sujet de ces honorables industriels, comme le jury de 1844 : « Cette maison, qui a changé de chef depuis long-« temps, n'a pas changé de raison commerciale ; MM. Curnier fils « et Brunel, son cousin, ont conservé la raison sociale, honorée par « tant de succès. » Ajoutons que cette maison est toujours la première, tant par le chiffre de ses affaires que par le goût qui distingue ses produits.

Nous avons trouvé dans son exposition plusieurs châles assez remarquables, et qui peuvent rivaliser avec ce qui se fait de mieux à Lyon. Non-seulement ces messieurs excellent dans la fabrication du châle broché, mais ils font les châles damassés et imprimés avec beaucoup de succès. Ils n'ont pas cessé d'employer de 20 à 30 tables d'impression. La maison Curnier et compagnie occupe environ 400 ouvriers. Quoique M. Curnier père, qui a épuisé la série des récompenses industrielles, se soit retiré en 1840, le jury de 1849, comme celui de 1844, se trouvant en présence de l'ancienne raison de commerce, rappelle la médaille d'or à MM. Curnier et compagnie.

Médaille d'or.

MM. François CONSTANT père et fils, à Nîmes (Gard).

Le jury de 1844 a cru devoir accorder à MM. Constant et fils la médaille d'argent. Il a motivé cette récompense en disant que M. Constant père était à la fois un excellent fabricant, un dessinaleur habile, et qu'il avait rendu des services à l'industrie nîmoise, en contribuant à maintenir dans cette industrie le type du bon goût et de la bonne fabrication.

Le jury de 1849 se plaît à dire que M. Constant a continué de marcher dans cette voie et qu'il doit être considéré comme l'un des hommes les plus méritants de la fabrique de châles. Ses produits ont un cachet de distinction fort remarquable ; ils rivalisent assez facilement, dans l'article bas prix, avec ce qui se fait de mieux à Lyon et même à Paris. Nous avons remarqué dans l'exposition de MM. Constant et fils un châle tapis d'un genre tout à fait parisien et d'un coloris très-harmonieux. Cette maison mérite d'autant plus les éloges du jury, que, dans la crise commerciale de 1848, elle a fait les plus grands efforts pour maintenir son chiffre de fabrication.

En raison de ses antécédents, de la beauté de ses produits, et de la valeur industrielle de son chef, le jury décerne la médaille d'or à la maison Constant et fils.

MM. COLONDRE et DUCROS, à Nîmes (Gard).

Rappels de médailles d'argent.

M. J. Colondre, fabricant de châles depuis 1824, est aujourd'hui à Nîmes le doyen de cette industrie.

En 1839, il obtenait, sous la raison de commerce J. Colondre et Prade, la médaille d'argent, et en 1844, sous la raison de commerce J. Colondre et Géraudan, le rappel de cette médaille. Aujourd'hui il se présente au concours, associé à M. Ducros.

Ces messieurs exposent des carrés et des écharpes d'un très-bon goût et d'une très-bonne fabrication, qui prouvent qu'ils ont su se maintenir à un rang distingué dans leur industrie.

Leurs affaires se font à la fois avec l'intérieur, la Belgique et la Hollande. Depuis les événements de février, ils ont su augmenter le chiffre de leurs productions. Toutes ces considérations motivent, aux yeux du jury, le rappel de la médaille d'argent.

M. PRADE-FOULE, à Nîmes (Gard).

M. Prade-Foule, ancien associé de M. Colondre, a obtenu à la dernière exposition une médaille d'argent. Les produits de cet honorable industriel méritent d'être distingués par leur fabrication et le choix de leur dessin.

Nous remarquons à son exposition des articles très-variés et très-bien compris. Les affaires de M. Prade-Foule sont importantes, et se font principalement à l'intérieur et en Hollande. Le jury départemental cite la maison Prade-Foule comme une de celles qui, dans les moments d'épreuves, ont contribué à adoucir la position de la classe ouvrière.

Le jury lui accorde le rappel de la médaille d'argent.

Médaille d'argent.

MM. FABRÈGUE, NOURY fils, BARNOUIN et Cie, à Nîmes (Gard).

Cette maison est très-importante; ses chefs appartiennent, d'ancienne date, à l'industrie nîmoise. Ils ont acquis, depuis plusieurs années, un rang honorable parmi les meilleurs fabricants de châles. Leurs produits, dans ce genre d'article, sont destinés à la Belgique et à la Hollande, et sont très-bien entendus pour ces deux consommations.

MM. Fabrègue, Noury fils, Barnouin et compagnie exposent, en outre, des échantillons de fantaisie cardée. Ce cardage de bourre de soie alimente, en partie, les filatures de Paris, Lyon et Lille. Leur chiffre d'affaires, dans cette spécialité de produits, est très-considérable; il atteint 700,000 francs.

Le jury, considérant l'importance de leur maison et le mérite de leur production, leur décerne une médaille d'argent.

Nouvelles médailles de bronze.

M. BOUËT, à Nîmes (Gard).

M. Bouët, dont la position est d'autant plus honorable qu'il a commencé par être ouvrier, a déjà obtenu une médaille de bronze en 1839 et un rappel en 1844. Le jury de cette dernière année, tout en accordant des éloges à cet honorable industriel, manifestait le regret qu'il n'eût pas donné une plus grande extension à sa production. M. Bouët a profité de l'avis bienveillant du jury de 1844. Ses produits sont aujourd'hui plus nombreux, plus parfaits, et le jury de 1849, reconnaissant un progrès marqué dans sa fabrication, lui décerne une nouvelle médaille de bronze.

MM. REYNAUD père et fils, à Nîmes (Gard).

La maison Reynaud père et fils est une des maisons les plus anciennes et les plus respectables de l'industrie châlière à Nîmes. Elle a obtenu à la dernière exposition une médaille de bronze. Elle se présente cette année au concours avec une variété de produits d'un très-joli effet et d'une grande modicité de prix. Nous remarquons dans son étalage un genre de châle carré entièrement nouveau, qui doit convenir parfaitement à l'exportation.

Les carrés arlequinés de ces honorables fabricants sont vraiment séduisants; ils sont d'un très-bon goût et d'un aspect très-riche. Le jury, voyant un progrès sensible dans la position commerciale de la maison Reynaud père et fils, lui décerne une nouvelle médaille de bronze.

MM. POURCHEROL cousins, à Nîmes (Gard).

Médailles
de bronze.

Ces messieurs se présentent pour la première fois au concours. Leurs produits méritent d'être distingués par leur fabrication et le choix de leurs dessins.

Les châles de MM. Pourcherol cousins sont très-recherchés en Hollande et en Belgique. Nous remarquons à leur exposition de très-jolis carrés unis, et des quatre faces bien compris. Le jury, rendant justice au mérite de leur production, leur décerne une médaille de bronze.

M. SÉVÉGNIER, à Nîmes (Gard).

Ancien associé de la maison Reynault père et fils, M. Sévégnier expose, pour la première fois, des articles courants d'un bon goût et d'une fabrication très-satisfaisante.

Nous avons remarqué, dans son exposition, un châle long noir, très-bien réussi. Cet honorable industriel emploie 150 ouvriers, et met en œuvre de 15 à 18,000 kilog. de matières diverses, laine, coton et fantaisie.

Le jury le récompense en lui décernant la médaille de bronze.

M. AUDEMARD et BRÈS fils, à Nîmes (Gard).

Cette maison fabrique exclusivement pour l'exportation; ses produits sont fort avantageux pour le prix auquel elle les livre. Elle emploie 24,000 kilogrammes de laine, coton, ou bourre de soie, donne du travail à 120 ouvriers, et fait battre 60 métiers.

MM. Audemard et Brès fils ont obtenu une mention honorable en 1844; leurs affaires ayant pris de l'extension depuis cette époque, et leurs produits étant toujours méritants sous le point de vue de la régularité de la fabrication et du goût de leurs dessins, le jury leur accorde la médaille de bronze.

M. Gaston HUGUET, à Nîmes (Gard).

Il s'occupe particulièrement de la fabrication des châles bon marché qui conviennent à la classe peu aisée. Sa production est importante et se consomme dans le midi de la France.

Jusqu'à présent Paris et Reims avaient seuls le monopole de ce débouché. Les articles de M. Huguet approvisionnent ces contrées à meilleur marché: sous ce point de vue, sa maison est très-intéressante.

Le chiffre des affaires de cet industriel s'élève à 200,000 francs, et, pour cette somme, il livre à la consommation environ trente mille châles.

Le jury, considérant l'importance de cette production dans un genre d'article aussi utile, décerne à M. Huguet une médaille de bronze.

Mentions honorables.

MM. PONGE fils et MURET, à Nîmes (Gard).

M. Ponge a déjà obtenu en 1844 une citation favorable, sous la raison de commerce Ponge et fils. Il se présente aujourd'hui au concours, en société avec M. Muret. Les produits de ces messieurs se consomment principalement en Belgique et en Hollande; ils sont très-avantageux pour les prix auxquels ils sont livrés.

Le jury leur accorde une mention honorable.

M. MALHIAN aîné, à Nîmes (Gard).

Ce producteur, qui a obtenu à la dernière exposition une citation favorable, mérite de nouveau, cette année, l'attention du jury, par le soin et l'intelligence qui président à la confection de ses produits. Sa maison est en progrès.

Le jury de 1849 lui accorde une mention honorable.

M. Pierre HUGON, à Nîmes (Gard).

Cet honorable industriel expose pour la première fois : ses produits se consomment plus particulièrement en Amérique et en Hollande. Sa fabrication est régulière, et son genre de dessin et de coloris paraît bien approprié au goût des pays qui consomment ces articles.

Le jury lui accorde une mention honorable.

M. CONSTANT jeune, à Nîmes (Gard).

Il expose pour la première fois des châles dits *kabyles* et des carrés ordinaires. Les prix de ces châles sont avantageux; leur fabrication est satisfaisante.

Le jury croit pouvoir espérer qu'avant peu cet honorable industriel, suivant la route tracée par son frère, se rendra digne d'être classé au premier rang: il lui accorde une mention honorable.

M. Paul FABRE, à Nîmes (Gard).

Citation favorable.

Cet industriel s'occupe particulièrement de l'article bon marché, dit *tartans*; ces produits sont d'un prix très-avantageux et d'une fabrication régulière.

Le jury le cite favorablement.

DEUXIÈME PARTIE.

SOIES ET SOIERIES.

PREMIÈRE SECTION.

SOIES OUVRÉES[1].

M. Arlès-Dufour, rapporteur.

M. J. B. HAMELIN, aux Andelys (Eure) et à Paris.

Médaille d'or.

M. Hamelin est établi depuis vingt ans, et depuis quinze il est à la tête de son industrie.

---

[1] Voir, pour les cocons et soies grèges, à l'*agriculture*, 1er volume.

Son exposition, si remarquable par la variété et la perfection de ses produits, n'est pas un tour de force, mais bien le résumé exact de sa fabrication courante, qui embrasse toutes les transformations possibles de la soie, pour la couture, la broderie, le frangeage, l'enjolivure, etc., etc.

Depuis la dernière exposition, M. Hamelin n'a cessé de développer ses établissements et ses affaires, sans négliger le perfectionnement de sa fabrication.

Il emploie aujourd'hui trois cents ouvriers ou ouvrières qui, aidés par une machine à vapeur de la force de cinq chevaux, mettent en œuvre 16 à 18,000 kilogrammes de soie formant un produit de 800,000 francs à un million.

La fabrication de M. Hamelin et de tous ses concurrents prendrait un plus grand développement sans le droit qui frappe leurs produits à la sortie. Ce droit, qui ne peut être que la conséquence d'une erreur, sera, nous l'espérons, bientôt aboli.

M. Hamelin après avoir obtenu une médaille de bronze en 1834, une d'argent en 1839, obtint une *nouvelle médaille* d'argent en 1844. — Le jury, pour récompenser les progrès incessants de M. Hamelin, lui décerne la médaille d'or.

M. BRUGUIÈRE (Adolphe), à Nîmes (Gard).

Rappel de médaille d'argent.

A figuré avantageusement aux expositions de 1834, 1839 et 1844, sous la raison sociale Bruguière et Boucoiran.

Quoique resté seul à la tête de son établissement, où il occupe près de deux cents ouvriers et transforme 10 à 12,000 kilogrammes de soies grossières en superbes soies à coudre, M. Bruguière est resté à Nîmes à la tête de son industrie, et les soies qu'il expose prouvent qu'il n'a cessé de perfectionner ses procédés de fabrication, c'est pourquoi le jury lui rappelle la médaille d'argent qu'il avait obtenue sous son ancienne raison sociale.

MM. AYNÉ frères, à Lyon (Rhône).

Citation favorable.

Ils exposent des soies dites *grenadines* de divers titres et propres à plusieurs emplois, mais principalement à la fabrication des dentelles.

Le jury départemental n'ayant pas accompagné cette exposition de renseignements qui permettent de juger l'importance de la fabrication de MM. Ayné frères, le jury central se borne à les citer favorablement.

— — — — — —

FILATURE DE BOURRE ET DÉCHETS DE SOIE.

MM. Joseph LANGEVIN et Cⁱᵉ, à Itteville (Seine-et-Oise).

Nouvelle médaille d'or.

Ils ont, dès leur début, mérité l'attention et l'encouragement du jury, qui leur décerna la médaille d'argent en 1834, la médaille d'or en 1839, et le rappel, avec les plus grands éloges, en 1844.

Cette année, l'établissement de MM. Joseph Langevin et compagnie se présente avec de nouveaux progrès, de nouveaux développements, et, par conséquent, de nouveaux titres.

Le doute qui planait encore sur le succès de la concurrence avec les produits anglais n'existe plus, et il est aujourd'hui de notoriété publique que ceux de MM. Langevin leur sont non-seulement égaux, mais supérieurs.

Ce résultat est d'autant plus beau, d'autant plus louable, qu'il a été obtenu sans protection, puisque les fils de bourre de soie anglais entrent avec un simple droit de balance, et que, depuis un an, les bourres de soie françaises, qui en sont la matière première, sortent aussi avec un simple droit de balance.

Le jury, appréciant les efforts persévérants et les succès de MM. Joseph Langevin et compagnie, leur décerne ce qu'il peut donner de plus élevé, une nouvelle médaille d'or.

MM. EYMIEUX père et fils, à Saillans (Drôme).

Nouvelle médaille d'argent.

Cette ancienne et respectable maison se présenta, pour la première fois, à l'exposition de 1819 où elle obtint la médaille d'argent, qui lui fut rappelée trois fois, en 1823, 1834 et 1839. Après dix ans elle se représente, et nous sommes heureux de reconnaître que le temps, loin de l'affaiblir, l'a fortifiée et développée.

Cette industrie de la filature des déchets de soie rend d'immenses services au pays, non-seulement parce qu'elle occupe de nombreux ouvriers et ouvrières, mais parce qu'elle donne une grande valeur à des matières qui n'en avaient aucune, de telle sorte qu'on peut justement dire d'elle qu'elle fait de rien quelque chose;

8.

MM. Eymieux père et fils occupent, dans leurs ateliers, ou en dehors, 800 ouvriers, hommes, femmes ou enfants, c'est-à-dire presque toute la population ouvrière de Saillons.

Ils transforment 25,000 kilogrammes de frisons bruts, qui coûtent 50,000 francs, en 17,000 kilogramme de fantaisie dont la valeur commerciale est de plus de 150,000 francs ; presque tout passe donc en main-d'œuvre.

Le jury, pour récompenser les efforts intelligents et persévérants de MM. Eymieux père et fils, leur décerne une nouvelle médaille d'argent.

Médaille d'argent.

MM. RÉVIL et Cⁱᵉ, à Amilly (Loiret).

Voyant la consommation des fils de bourre de soie augmenter en France, et ne doutant pas que la concurrence anglaise, qui en importe près de 200,000 kilogrammes par an, ne pût être vaincue, MM. Révil et compagnie ont monté, en 1846, une filature de bourres de soie sur le système anglais. La révolution de 1848, qui les a surpris à leur début, a naturellement retardé leurs développements ; mais ce qu'ils font déjà est considérable, car ils occupent 100 ouvriers ou ouvrières et transforment 25 à 30,000 kilogrammes de bourre de soie en 12 à 15,000 kilogrammes de ces beaux fils qu'ils exposent et dont la perfection égale, si elle ne la surpasse, celle des fils anglais.

Le meilleur éloge que le jury puisse faire des produits de MM. Charles Révil et compagnie, c'est qu'il a acquis la certitude que la consommation en demande plus qu'ils n'en peuvent livrer, à des prix supérieurs à ceux des fils anglais.

En conséquence le jury décerne à MM. Charles Révil et compagnie la médaille d'argent.

Mention honorable.

MM. MALZAC (Florent) et VALÈS (Casimir), à Meyrueis (Lozère).

Ces deux industriels exposent séparément des déchets de soie cardée à la mécanique. Leurs établissements sont de même importance, cardant chacun environ 15,000 kilogrammes de déchets, presque de nulle valeur et auxquels ils en donnent une de près de 80,000 francs.

Ces deux établissements sont appelés à rendre de véritables services au pays, et le jury vote une mention honorable à M. Malzac et à M. Valès.

DEUXIÈME SECTION.

TISSUS DE SOIE.

SOIERIES DE LYON ET DE TOURS.

M. Arlès-Dufour, rapporteur.

CONSIDÉRATIONS GÉNÉRALES.

Si l'on voulait juger les progrès de l'industrie des soieries par le nombre des exposants, on se tromperait grandement, car il est moindre qu'en 1844, et cependant il est facile de prouver que cette industrie n'a cessé de grandir et de progresser.

La meilleure preuve à donner à l'appui de cette assertion, est le relevé officiel suivant des soies qui ont passé par la condition publique à Lyon depuis l'année 1844. Quoique cet établissement soit local, il peut être considéré, surtout depuis sa régénération par le système Talabot, comme le thermomètre général de l'activité de nos fabriques de soieries.

Il a enregistré :

En 1844, 18,269 numéros, pesant net 1,361,889 kilog.
En 1845, 19,285 ——————————— 1,446,982
En 1846, 21,647 ——————————— 1,596,518
En 1847, 23,326 ——————————— 1,697,987
En 1848, 17,581 ——————————— 1,408,368

Les six premiers mois de 1849 présentent 12,808 numéros, et 1,066,933 kilogrammes, ce qui donnerait, pour l'année, 25,616 numéros, et 2,133,866 kilogrammes.

Par ces chiffres, on voit que l'année 1848, relativement aux précédentes, ne présente pas un grand déficit, ce qui vient de ce que cette industrie, exportant près de la moitié de sa production, souffre moins que les autres des perturbations et même des révolutions intérieures.

Le tableau des douanes avec les valeurs officielles, ramenées à la valeur réelle, nous donne une autre preuve saisissante des progrès de l'industrie des soieries.

En 1845, ses exportations sont de 140,900,000 francs, et celle de tous les tissus, y compris les soieries, est de 396,800,000 francs.

En 1846, ses exportations sont de 146,500,000 francs, et celle de tous les tissus, y compris les soieries, est de 419,200,000 francs.

En 1847, ses exportations sont de 165,500,000 francs, et celle de tous les tissus, y compris les soieries, est de 440,800,000 francs.

En 1848, ses exportations sont de 138,800,000 francs, et celle de tous les tissus, y compris les soieries, est de 399,000,000 francs.

Le total de ses exportations, en 4 ans, est de 591,700,000 fr., et celui de tous les tissus, y compris les soieries, est de 1,655,800,000 francs.

Ainsi, le total des exportations de tous les tissus français, y compris les soieries, pendant les quatre dernières années, s'élève à 1,655,800,000 francs, et, dans ce total, les soieries de tout genre figurent pour 591,700,000 francs, soit pour 36 p. o/o. Il y a 5 ans, la proportion n'était pas du tiers, et la différence ne vient pas d'une diminution sur l'ensemble de l'exportation des tissus en général, mais bien d'une augmentation de celle des tissus de soie.

Nous ne recommencerons pas ici l'historique de cette grande industrie qui figure déjà dans le rapport du jury de 1844, et nous exposerons seulement les progrès qu'elle a faits depuis lors.

Ainsi que nous venons de le voir, ses exportations se sont

accrues, et il serait facile de prouver que ses débouchés intérieurs ont encore plus augmenté. Cependant le nombre des
métiers dans la ville et les faubourgs pourrait être stationn-
naire; c'est que beaucoup de fabricants, effrayés des agitations répétées de la cité, ont monté des métiers dans les
campagnes environnantes, et même dans des provinces
éloignées.

Nous remarquons que les métiers mécaniques ont peu
participé à ce mouvement ascendant; leur substitution aux
métiers ordinaires marche très-lentement : cette substitution
devant fatalement avoir pour résultat la transformation du
travail en famille, en travail par grands ateliers, nous ne savons si, dans l'intérêt physique, intellectuel et moral des
ouvriers de cette industrie, nous devons nous en plaindre
ou nous en réjouir; le problème est trop grave et trop grand
pour que nous cherchions à le résoudre ici.

Aujourd'hui, ce n'est plus seulement à Lyon, à Saint-
Étienne, à Nîmes et à Avignon qu'on fabrique des soieries,
des rubans et des articles où la soie se mêle à d'autres matières, c'est encore à Tarare, à Paris, à Rouen, à Roubaix,
dans la Moselle, la Picardie et l'Alsace; bientôt ce sera dans
toutes les contrées industrielles de la France.

Ce n'est pas exagérer que de porter à 350 millions, les
produits manufacturiers où la soie domine, et nous avons vu
que l'étranger nous en achète pour plus de 150 millions.

Ce chiffre peut se décomposer ainsi :

233, pour soies ou fils de bourre de soie, dont 160 produits nationaux et 53 produits étrangers;

20, pour les autres matières mélangées à la soie, comme
le coton et la laine, et 117 millions, qui représentent les divers bénéfices et main-d'œuvre.

Le nombre de métiers occupés à tisser les soieries, les rubans, la passementerie de soie, et, en général, les étoffes où
la soie domine, peut être évaluée à 120,000, répartis à peu
près ainsi :

A Lyon, dans le département du Rhône, et les départements avoisinants............................ . 6c 000

Saint-Étienne, Saint-Chamond et les montagnes
de la Loire............................. 25 000

Avignon, Nîmes et ses environs............ 10 000

Dans la Moselle, la Picardie, l'Alsace, à Paris,
Roubaix, Rouen, etc...................... 25 000

120 000

La concurrence étrangère ne manque pas à nos fabriques
de soieries et de rubans, et partout elle se développe avec
une grande énergie. Depuis cinq ans, le nombre des métiers
s'est accru à Manchester et à Spitalfield, à Zurich et à Bâle,
à Moscou et à Berlin, en Saxe et sur le Rhin.

Si la production a grandi partout, partout aussi, grâce à
la paix, la consommation a suivi le même mouvement. L'année 1848 a vu, il est vrai, ces deux inséparables progrès, de
la consommation et de la production, s'arrêter court; mais,
Dieu merci, ils semblent avoir repris partout leur cours régulier.

Nous ne terminerons pas ce rapide résumé sans témoigner
à l'industrie des soies et des soieries notre admiration pour
ses progrès incessants, progrès d'autant plus beaux et plus
heureux, qu'ils sont obtenus sans aucun moyen artificiel, sans
primes ni prohibitions. Cela seul justifierait, pour cette
grande branche de la richesse nationale, le titre de reine de
nos industries, qu'on lui donne depuis Colbert.

M. Nicolas YEMENIZ, à Lyon (Rhône).

Nouvelle
médaille
d'or.

Cette fabrique soutient son ancienne réputation pour ses beaux
produits en étoffes pour ameublements. La richesse de ses dessins
ne le cède en rien à la perfection de la fabrication.

Le jury a surtout remarqué une magnifique portière de 4 mètres
de haut sur 3m,50 de large, d'une seule pièce, sans aucune ajouture, d'un beau tissu de soie mêlé de laine, d'or et d'argent fin.
Le fond est semé du chiffre et le milieu représente les armes de

M. Albert de Luynes, pour lequel cette portière, d'une exécution parfaite, a été fabriquée.

Ce beau morceau n'empêche pas d'admirer la perfection des autres articles, tels que damas, lampas, brocards et étoffes brochées riches de divers genres.

Cet habile fabricant, qui est à la tête de ceux qui produisent les plus belles étoffes pour meubles, a reçu la médaille d'or qui lui a été rappelée plusieurs fois aux expositions précédentes.

Le jury, pour reconnaître la supériorité de ses produits, lui décerne une nouvelle médaille d'or.

MM. BONNET et Cⁱᵉ, à Lyon (Rhône).

L'exposition de M. Bonnet ne peut donner qu'une très-faible idée de l'importance de sa fabrique, qui occupe près de 3,000 ouvriers et ouvrières, et livre à la consommation pour environ 4 millions d'étoffe de soie, dont les deux tiers vont à l'étranger.

La perfection de ses produits, qui ne sont, à peu d'articles près, que des satins et des taffetas noirs unis, est due principalement à l'établissement modèle de filature que M. Bonnet a fondé dans le département de l'Ain, dans lequel il fait filer et préparer la plus grande partie des soies qu'il emploie pour sa fabrication.

Cette filature, montée et dirigée avec l'ordre et l'intelligence qui distingue cet habile manufacturier, est un progrès réel qu'il serait désirable de voir imiter par d'autres fabricants de Lyon.

Quelque temps après l'exposition de 1844, le Gouvernement, voulant récompenser l'un des grands industriels de la ville de Lyon, a décoré M. Bonnet de la croix de la Légion d'honneur.

Le jury de 1849 rappelle la médaille d'or qui lui avait été décernée en 1844.

MM. POTTON, RAMBAUD et Cⁱᵉ, à Lyon (Rhône).

Cette maison est une des plus anciennes fabriques de Lyon et des plus estimées dans son genre. Elle figurait avec distinction aux dernières expositions, et notamment à celle de 1844, sous la raison de commerce Potton, Croizier et compagnie, et la médaille d'or qu'elle avait obtenue en 1839 lui fut honorablement rappelée.

Son chef, M. Potton, l'un des hommes les plus considérés de la ville de Lyon, a eu successivement plusieurs associés, qui ont fait leur fortune avec lui. Seul, il est resté comme pour soutenir la répu-

Rappels de médailles d'or.

tation de sa fabrique, car il pouvait se reposer après quarante ans de travail non interrompu.

M. Potton est membre de la société séricicole du pays ; il a fait aussi, dans cette branche si importante de notre industrie, des efforts pour améliorer la culture du mûrier et l'éducation des vers à soie dans son département.

Le jury croit devoir signaler particulièrement M. Potton comme dirigeant une manufacture qui n'a cessé de grandir et de progresser, et dont les produits sont recherchés par la belle consommation de la France et de l'étranger.

MM. Potton, Rambaud et compagnie fabriquent tous les beaux articles façonnés sur métiers Jacquart. Leurs damas pour robes, leurs gros de Tours et reps façonnés brochés, dont ils ont exposé plusieurs échantillons, se font remarquer par l'élégance, le bon goût des dessins et leur parfaite exécution.

En lui rappelant pour la deuxième fois la médaille d'or, le jury reconnaît que cette fabrique est de plus en plus digne de cette récompense.

M. TEILLARD, à Lyon (Rhône).

Ce fabricant a une réputation méritée et incontestée pour les belles étoffes unies que le jury de l'exposition de 1844 avait déjà reconnu, en lui décernant la médaille d'or.

M. Teillard a maintenu sa supériorité, en perfectionnant encore sa fabrication par le bon choix des matières qu'il emploie, et qu'il fait monter exprès dans diverses localités.

Il a exposé des moires, des taffetas glacés, des velours et d'autres étoffes unies de première qualité, dont le jury a pu apprécier la parfaite exécution et l'éclat des couleurs.

M. Teillard a augmenté l'importance de ses affaires, en ajoutant à sa spécialité des beaux unis quelques articles de goût à dispositions, fabriqués sur métiers à lisses, ainsi que l'article popelines soie et laine, qui rivalisent avec celles d'Irlande.

Il occupe 1,200 ouvriers tisseurs, et fait un chiffre d'affaires qui ne s'élève pas à moins de 4 millions de francs.

Le jury lui rappelle la médaille d'or.

M. HECKEL aîné, à Lyon (Rhône).

Ce fabricant a consacré tous ses soins et une grande activité à produire exclusivement des satins unis de tous les prix, depuis les plus légers jusqu'aux qualités les plus fortes et les plus belles ; aussi il a porté la perfection de cette étoffe à son dernier degré.

Il excelle surtout à faire les beaux blancs et les couleurs délicates, ce dont on a pu se convaincre par l'examen de plusieurs échantillons de nuances claires de son exposition.

Depuis 1844, il a perfectionné et étendu sa fabrication de satins noirs avec les mêmes succès.

On peut dire que, pour l'article satins unis, M. Heckel est hors ligne, non-seulement en France, mais en Europe.

Malgré la perturbation que les troubles qui ont suivi la révolution de 1848 ont portée dans sa fabrication, par la destruction des ateliers établis dans des congrégations religieuses, où se faisait l'étoffe la plus propre et la plus régulière, M. Heckel occupe encore au moins 1,300 métiers. Il emploie environ 2,400 ouvriers, hommes et femmes, produisant par an 24,000 pièces de satin, d'une valeur de 5 à 6 millions de francs, dont les deux tiers sont pour l'exportation.

Le jury rappelle à M. Heckel la médaille d'or qu'il a obtenue en 1844.

MM. LEMIRE père et fils, à Lyon (Rhône).

Cette maison, l'une des plus anciennes de Lyon, fabrique les étoffes pour ameublements et pour églises avec une véritable perfection. Malgré les circonstances si défavorables à la consommation des articles de luxe, MM. Lemire père et fils n'ont pas moins produit de très-belles et très-riches étoffes pour meubles sur divers fonds : les uns, avec des figures en taille douce, ou des fleurs, avec des effets d'or et d'argent, qu'ils savent habilement mêler à la soie ; d'autres, brochés, d'un grand nombre de couleurs, dites *Pompadour*.

Ils ont exposé aussi un drapeau aux trois couleurs, de 1ᵐ,50, sans couture, à deux faces, avec bordure, inscription et feuillage en or broché au métier. Ce drapeau, destiné à la garde nationale, est ce qui s'est fait de plus parfait en ce genre.

Cette fabrique a progressé depuis la dernière exposition. Le jury lui rappelle la médaille d'or, récompense qui lui a déjà été accordée aux trois dernières expositions.

Médailles
d'or.

MM. JOLY et CROIZAT, à Lyon (Rhône).

Ils ont exposé une grande variété d'étoffes façonnées, dont le jury a remarqué la parfaite exécution et le bon goût de plusieurs dispositions d'étoffes riches.

Mais c'est surtout près de la consommation qu'il faut aller chercher les éloges que nous devons donner à cette excellente fabrique, dont les produits s'exportent dans tous les pays du monde. MM. Joly et Croizat font avec succès tous les genres, depuis les petits gros de Naples et satins façonnés, pour l'Orient, les colonies espagnoles et toute l'Amérique, jusqu'aux étoffes riches, pour la France, l'Angleterre et les autres États de l'Europe.

Le digne chef de cette maison, M. Joly, est un des citoyens les plus honorables et les plus dévoués aux intérêts de la ville de Lyon et de son industrie.

Cette fabrique a été fondée en 1812; elle a constamment progressé, et s'est toujours fait remarquer par une bonne et loyale exécution. Elle produit des articles appréciés par toutes les consommations, et surtout par le commerce d'exportation, ce qui l'a placé depuis longtemps au premier rang de nos fabricants de façonnés.

Le jury, reconnaissant que cette maison contribue largement à soutenir la réputation de la fabrique de Lyon, par la supériorité et la grande variété de ses articles, lui décerne la médaille d'or.

MM. Félix BALLEYDIER, à Lyon (Rhône).

L'article gilets façonnés en soie, qui occupait beaucoup de métiers à Lyon, souffre depuis quelques années. La mode est probablement la seule cause de diminution dans la demande de ces étoffes. Il en est résulté que le nombre des fabricants qui s'occupaient spécialement de cet article s'est réduit successivement.

M. Balleydier est un de ceux qui a persévéré, et on peut dire qu'il a maintenu la supériorité de la fabrique de Lyon dans ce genre.

Il a exposé un bel assortiment d'étoffes à gilets brochées, d'une grande réduction et d'un très-bon goût, des velours ciselés brochés à plusieurs effets très-remarquables et très-variés de genres.

Cet article, dont les métiers sont les plus difficiles et les plus coûteux à monter, sont aussi ceux qui donnent le plus de profit aux ouvriers habiles.

M. Balleydier a tellement perfectionné la fabrication des velours à gilets, qu'il est parvenu à établir des genres riches et bien réussis à des prix forts modérés, dont il s'exporte de très-grandes quantités, de préférence à ceux des fabriques d'Allemagne.

M. Balleydier a reçu, en 1844, la médaille d'argent. Il avait alors deux associés; aujourd'hui il est seul, ce qui ne l'a pas empêché de perfectionner ses produits et d'agrandir ses affaires.

Le jury, pour reconnaître ses efforts, lui décerne la médaille d'or.

M. Claude PONSON, à Lyon (Rhône).

M. Ponson est un fabricant plein d'activité et de goût, connaissant parfaitement tous les détails de la fabrication et les matières premières qu'il emploie. Il a fondé sa maison en 1841, et, dès son début, il s'est placé au premier rang, comme exécution irréprochable et comme importance. C'est l'émule de M. Teillard pour la belle étoffe unie. Un fait honorable à constater en faveur de cet habile fabricant, c'est qu'il n'a cherché à faire concurrence à ses confrères qu'en perfectionnant ses produits.

Il n'est pas de fabricant qui comprenne mieux que M. Ponson le montage d'une étoffe et l'effet du mélange des couleurs avec les combinaisons du métier à lisser.

Le jury a remarqué ses belles armures, le fini, la fraîcheur et l'éclat des nuances de ses taffetas glacés, ainsi qu'un châle de la même étoffe, en 190 centimètres de large, d'une qualité supérieure.

M. Ponson fabrique aussi des étoffes de fantaisie et de goût très-recherchées par la belle vente de Paris et de l'Angleterre. Il occupe 1,000 métiers, et livre à la consommation pour près de 3 millions d'étoffes de divers genres, dont environ la moitié pour l'exportation.

Le jury, reconnaissant que cette maison contribue largement à soutenir la réputation de la fabrique de Lyon par la supériorité de ses produits, l'importance de ses affaires et le grand nombre d'ouvriers qu'elle emploie, lui décerne une médaille d'or.

MM. SAVOYE, RAVIER et CHANU, à Lyon (Rhône). Nouvelle médaille d'argent.

Cette maison, qui existe depuis 1827, a reçu, en 1839, la médaille d'argent qui lui a été rappelée en 1844, pour sa bonne fabrication des étoffes de soie unie.

Depuis, M. Savoye s'est adjoint de jeunes et habiles collaborateurs. Il a ajouté à sa fabrique d'unis les étoffes façonnées, que sa nouvelle maison réussit très-bien. Nous regrettons qu'elle n'ait pas mis le jury à même d'en apprécier le mérite par une exposition plus complète et plus variée.

Le jury l'engage à continuer ses efforts dans les deux genres qu'elle exploite, et lui décerne une nouvelle médaille d'argent.

Médailles d'argent. ## MM. FEY et MARTIN, à Tours (Indre-et-Loire).

La fabrique de Tours était autrefois renommée par ses étoffes de soie pour ameublement; il s'en faisait une grande quantité, qui rivalisaient avec Lyon et l'Italie.

Cette industrie a été sinon abandonnée, du moins réduite à peu de chose pendant longtemps. Depuis quelques années, elle a repris un accroissement remarquable. Les maisons qui ne faisaient plus que des taffetas unis 15/16 et autres largeurs se sont mises à fabriquer les façonnés pour tentures et pour meubles.

Nous avons à regretter, comme le signale le jury départemental, que les fabricants de Tours ne nous aient pas mis à même de juger complétement ce progrès, en exposant leurs produits.

Une seule maison expose, celle de MM. Fey et Martin, qui déjà, à l'exposition de 1844, représentaient seuls l'industrie de leur pays. Ces jeunes fabricants, qui sont nés en Touraine, ont été apprendre à Lyon les bons principes de fabrication des étoffes pour meubles, avec la résolution d'en établir ensemble à Tours une manufacture, et d'y relever cette industrie, source de travail et de richesse pour leur département.

Leur établissement date de 1841. C'est effectivement vers cette époque que la fabrique d'étoffes de soie de Tours s'est régénérée, et a commencé à livrer au commerce des produits nouveaux et façonnés de divers genres. MM. Fey et Martin ont beaucoup contribué à ce résultat. Par leur activité, ils ont stimulé la concurrence, et, grâce à leur bonne gestion et à leur goût, ils sont placés au premier rang.

Ils ont réuni dans une manufacture 80 bons métiers, sur lesquels ils fabriquent des étoffes pour voitures dites *reps* ou cotelines façonnées, en 126 centimètres de large, ainsi que toutes les étoffes pour ameublement, brocatelles unies et façonnés, lampas, satin-Pompadour, damas pour rideaux, etc.

Ils sont les premiers qui aient monté les brocatelles en double et triple largeur, jusqu'à 1m,65 de large.

MM. Fey et Martin fabriquent surtout avec succès les damas indiens, qui rivalisent avec ceux de la Chine pour le prix, et qui leur sont bien supérieurs pour la réduction du tissu, le goût et la netteté du dessin. Les trois quarts au moins de leurs produits se vendent pour l'exportation.

Ces industrieux fabricants ont reçu, en 1844, la médaille d'argent. Pour reconnaître les progrès qu'ils ont fait et récompenser leurs efforts, le jury leur décerne la médaille d'argent.

M. CARQUILLAT, à Lyon (Rhône).

M. Carquillat est un artiste, un chef d'atelier qui connaît toutes les ressources que l'on peut tirer du métier Jacquart. Il en a donné la preuve en exposant le portrait du pape Pie IX, exécuté en grand sur gros de Tours.

La réussite en est parfaite; on peut dire que c'est ce qui s'est fait de mieux en ce genre.

Le jury regrette que les connaissances si approfondies de la fabrique, que possède M. Carquillat, ne soient pas employées à produire des articles susceptibles d'une grande consommation

M. Carquillat a déjà obtenu la médaille de bronze, en 1844, pour un ouvrage du même genre. Le jury, ayant reconnu la beauté de celui exposé cette année, dont l'exécution et le fini du travail sont plus parfaits, lui décerne la médaille d'argent.

M. SAGNIER-TEULON, à Nîmes (Gard).

Nouvelle médaille de bronze.

Cette fabrique ne travaille que pour l'exportation; ses produits sont principalement destinés à la consommation de l'Orient et de l'Algérie.

M. Sagnier-Teulon, pour répondre aux besoins de ces contrées, a compris qu'il était indispensable de fabriquer des articles conformes à leur goût, si différent du nôtre.

Les ceintures, les écharpes et les petits châles en soie, couleurs vives, mêlés d'or, qu'il a exposés, sont des copies de ce qui se fabrique à Tunis, mais à des prix beaucoup plus bas, quoique d'une qualité supérieure.

Indépendamment de ces articles d'imitation, le jury a remarqué des châles en soie à fleurs brochées en or, sans envers, d'une bonne exécution, et un grand châle dit *Madagascar*, fabriqué pour le pays dont il porte le nom : il est d'un dessin bizarre, fait par le spouliné en travers, qui présente des difficultés vaincues.

M. Sagnier-Teulon a obtenu, en 1844, la médaille de bronze ; le jury lui décerne une nouvelle médaille de bronze.

Médailles
de
bronze.

MM. MONNOYEUR et MORAS, à Lyon (Rhône).

Ils exposent, pour la première fois, des étoffes pour ameublements et ornements d'église, qui démontrent qu'ils sont habiles à fabriquer ces articles, qui forment une branche très-importante de l'industrie lyonnaise.

Le jury a remarqué plusieurs étoffes d'un très-bon goût, en satins brochés et coloriés, brocatelles et lampas, et surtout une étoffe grande largeur, à médaillons et arabesques, avec des effets de velours coupé et frisé, d'une très-belle exécution.

Le jury décerne à ces fabricants la médaille de bronze.

M. GROBOZ et Cie, à Lyon (Rhône).

Cette fabrique expose pour la première fois. Sa spécialité est l'étoffe pour ornements d'église et l'ameublement, qu'elle fabrique avec succès, pour toutes les consommations.

Plusieurs brocards, avec relevés d'or et d'argent, ainsi que des brocatelles brochées, se font remarquer par l'élégance de leurs dessins, ce qui est une difficulté vaincue dans ce genre, qui entraine à des effets lourds.

Le jury décerne à M. Groboz la médaille de bronze.

MM. THÉVENET, RAFFIN et ROUX, à Lyon (Rhône).

Ces jeunes fabricants exposent pour la première fois un assortiment de châles façonnés et brochés en soie, qui sont parfaitement entendus pour les consommations étrangères auxquelles ils sont destinés.

C'est un article dont il s'exporte beaucoup, principalement pour l'Amérique du Sud, et qui occupe un très-grand nombre d'ouvriers pour la fabrication, et d'ouvrières pour le frangeage.

Cette maison, qui ne date que de 1846, a monté le châle de soie avec une grande intelligence, aussi ses produits sont-ils recherchés par tous les exportateurs.

Le jury les engage à persévérer dans leurs efforts et leur accorde la médaille de bronze.

M. MAYGRE, à Saint-Étienne (Loire).

M. Maygre est un artiste qui a exposé un portrait du duc d'Orléans, dont l'exécution lui a coûté beaucoup de soins, de temps et de dépenses. Il a mis une grande persévérance pour trouver une armure dans le genre du satin, qui donne beaucoup de douceur au travail et produit l'effet complet d'une gravure en taille-douce.

On peut juger de l'immense travail de la mise en carte de cet ouvrage par la feuille que M. Maygre a exposée, qui a au moins 2 mètres 50 centimètres de haut sur 2 mètres de large; malheureusement il est sans résultat sous le rapport industriel et commercial.

Le jury lui accorde la médaille de bronze.

M. DUBUS, à Paris (Seine).

Il a exposé des étoffes pour ornements d'église fabriqués en fils de verre mêlés à la soie; cette invention date de 1838; elle ne peut facilement se développer, à cause de la fragilité de la matière première.

Le jury, pour récompenser la persévérance de M. Dubus, lui confirme la mention honorable qu'il a reçue en 1844.

Rappel de mention honorable.

M. GANTILLON, à Lyon (Rhône).

Mentions honorables.

Il a exposé un paysage tissé sur satin, qui représente une vue du lac de Côme.

M. Gantillon annonce que pour la fabrication de ce genre d'étoffe il a trouvé un procédé qui permet de reproduire le même dessin dans des dimensions plus ou moins grandes.

Le jury n'a pas été à même de juger le mérite de ce procédé qui ne lui a pas été soumis.

Il y a déjà longtemps que les étoffes exposées sont connues, mais jusqu'ici elles n'ont pas encore été goûtées par la consommation, ce qu'il faut probablement attribuer à leur prix élevé.

Le jury accorde à M. Gantillon une mention honorable.

M. VANEL, à Lyon (Rhône).

Il fabrique exclusivement les étoffes pour ornements d'église avec effets de broderie au métier relevés d'or. Ses articles, qui sont à des prix très-modérés, quoique fort bien faits, sont principalement destinés aux paroisses peu aisées.

III.

9

Le jury, pour récompenser M. Vanel, qui expose pour la première fois, lui accorde une mention honorable.

PELUCHES DE SOIE POUR CHAPEAUX D'HOMMES.

M. Arlès-Dufour, rapporteur.

CONSIDÉRATIONS GÉNÉRALES.

A l'exposition de 1839 deux exposants seulement révélaient l'existence, en France, de cette grande industrie.

C'est que, à cette époque, Berlin et la Prusse rhénane avaient encore le privilége de fournir la peluche à tous les pays et même à la France.

En 1844, douze exposants se présentèrent, prouvant que dans ces cinq années les progrès de cette industrie avaient été tels, que non-seulement elle ne redoutait plus la concurrence étrangère en France, mais qu'elle ne la craignait pas même sur les marchés étrangers.

La crise de 1848 n'a pas arrêté ses progrès, et, quoique sept exposants seulement se présentent, il nous est bien prouvé qu'elle a justifié toutes les espérances qu'elle avait fait naître.

Ainsi, en 1845, le nombre des métiers de peluche était d'environ 3,000 et leur produit de 9 millions; aujourd'hui leur nombre s'élève à 5,000 et leur fabrication à plus de 13 millions.

Il n'entre plus, ou presque plus de peluches étrangères, et les trois quarts de notre production s'exportent en Amérique, en Angleterre et même en Allemagne.

A la dernière exposition, il fut constaté que les fabriques de la Moselle laissaient en arrière, sous plusieurs rapports, les fabriques du Rhône; aussi celles-ci n'obtinrent qu'une médaille d'argent et trois de bronze, tandis que les premières méritèrent une médaille d'or, deux d'argent et une de bronze.

Mais, dans les cinq dernières années, les fabriques du Rhône ont regagné le terrain qu'elles avaient perdu, et, quoique moins nombreuses que celles de la Moselle, grâce à leurs métiers mécaniques, elles arrivent à un chiffre, pour la production, presque égal et pour l'exportation supérieur au leur.

Nous devons cependant reconnaître que la chapellerie française, dans les prix élevés, donne encore la préférence aux peluches de la Moselle.

Cette préférence est sans doute motivée par le tissage à la main sur métiers ordinaires, qui permet, peut-être, des soins plus minutieux que le tissage mécanique; mais, chaque jour, cette différence s'efface par les inventions ou les perfectionnements incessants apportés aux opérations accessoires du tissage à la mécanique.

A la dernière exposition, plusieurs fabricants de la Moselle exposèrent des velours façon Crefeld, et le jury avait espéré que les habiles industriels qui, en si peu d'années, avaient enlevé à la Prusse rhénane le monopole de la fabrication des peluches, pourraient bientôt lui disputer celui des velours légers.

L'exposition actuelle, et les renseignements que nous avons pris, prouveraient que la fabrication du velours Crefeld ne s'est pas développée comme le jury l'avait espéré.

Si, comme tout le fait supposer, la concurrence des fabriques de peluche du Rhône ralentit le développement de celles de la Moselle, nous engageons sérieusement celles-ci à aborder le velours, et, si elles mettent à cette conquête pacifique l'intelligence et la persévérance qu'elles ont mises à celle de la peluche, nous leur promettons le même succès.

MM. MASSING frères, HUBER et Cⁱᵉ, à Puttelange (Moselle). Rappels de médailles d'or.

Cette maison fut fondée seulement en 1833, et elle sut se placer vite à la tête de son industrie, car elle obtint la médaille d'or à l'exposition de 1839. — Depuis lors, elle ne s'est pas ralentie dans ses progrès, et, quoiqu'elle n'ait pas de grands ateliers, elle occupe huit cents métiers qui répandent le bien-être dans les villages où ils sont dispersés.

Ces huit cents métiers font environ deux millions de peluche.

dont moitié pour la consommation intérieure et moitié pour l'exportation.

C'est avec plaisir que le jury constate les efforts éclairés de MM. Massing frères, Huber et compagnie, et qu'il leur rappelle la médaille d'or.

M. SCHMALTZ, à Metz (Moselle.)

Depuis son début, en 1831, cet industriel n'a cessé de progresser et de grandir. Il obtint la médaille de bronze en 1839, et ses grands et rapides progrès le firent juger digne de la médaille d'or en 1844, sous la raison sociale Schmaltz et Thibert.

Quoique resté seul à la tête de son importante fabrique, et malgré la crise de 1848, il a soutenu et accru la réputation et l'importance de sa maison, qui occupe plus de trois cents métiers et fait plus d'un million d'affaires.

Le jury regrette de ne pas trouver dans son exposition les velours façon Crefeld.

Comme les autres fabricants de la Moselle, il a ses métiers dispersés dans les villages; mais il les fabrique lui-même et les fournit aux ouvriers. Il réunit aussi chez lui la teinture, le dévidage et l'ourdissage.

Sous tous les rapports, le jury constate que M. Schmaltz mérite le rappel de la médaille d'or.

MM. MARTIN frères, à Tarare (Rhône).

Médaille d'or.

Cette maison a largement tenu les espérances qu'elle donna dès son début, en 1844, et qui lui valurent la médaille de bronze.

Dans cinq années, elle a pris un accroissement si considérable, qu'elle est maintenant la plus importante fabrique de peluches, non-seulement de France, mais du continent.

Pour arriver à cette haute position, cette maison n'a reculé devant aucun sacrifice, elle a bâti ses ateliers, construit, monté et concentré dans le même établissement trois cents métiers mécaniques mus par la vapeur; elle a établi des mécaniques ingénieuses pour baguetter, purger et repasser les peluches, et un atelier de teinture, sous la direction de M. Urbanusky, contre-maître aussi modeste qu'habile.

Enfin MM. Martin frères, comprenant les devoirs qu'impose l'humanité, ont fondé pour leurs ouvriers une caisse de secours, dont ils font la moitié des versements.

Indépendamment de leur grand établissement de Tarare, ils ont beaucoup de métiers ordinaires dans la Moselle.

L'ensemble de leur fabrication qui, en 1844, n'allait pas à 500,000 francs, s'élève aujourd'hui à près de 4 millions, dont plus des trois quarts se vendent en Amérique, en Angleterre et même en Allemagne. La crise de 1848 n'a pas arrêté les progrès de cette maison, qui grandit chaque jour.

Ses nombreux employés et ouvriers sont généralement très-bien rétribués.

Toutes ces raisons décident le jury à donner à MM. Martin frères la médaille d'or.

MM. BARTH, MASSING et PLICHON, à Sarregue-mines (Moselle).

Rappel de médailles d'argent.

Ils exposent des peluches qui justifient leur bonne et ancienne réputation.

Depuis la dernière exposition, où leurs produits furent remarqués et récompensés, ils n'ont cessé de les perfectionner et d'en développer la fabrication. Les huit cents métiers qu'ils occupent dans les villages y répandent le bien-être. Nous sommes heureux de trouver que la crise n'a pas arrêté l'élan de cette maison, qui produit plus d'un million de peluche, dont un tiers pour la France et deux tiers pour l'étranger. Nous regrettons qu'elle ait négligé la fabrication des velours Crefeld, que nous signalons à son intelligente attention.

Nous rappelons à MM. Barth, Massing et Plichon, la médaille d'argent.

MM. NANOT et Cⁱᵉ, à Sarreguemines (Moselle).

Les peluches noires qu'ils exposent, et surtout la faveur dont jouissent leurs produits chez les fabricants français de chapellerie, prouvent qu'ils ont suivi le mouvement de progrès général qu'a réalisé cette fabrication.

Tout est parfait dans les peluches de MM. Nanot et compagnie, le noir, le brillant, la régularité.

Ces messieurs signalent comme les ayant bien et loyalement secondés dans tous leurs travaux, leurs contre-maîtres, MM. Watrin et Fischer, dont nous nous plaisons à consigner les noms.

MM. Nanot et compagnie occupent environ 900 métiers dispersés dans la campagne et ils livrent pour 5oo,ooo francs de produits à la consommation intérieure et pour un million à l'exportation.

Le jury leur rappelle la médaille d'argent.

MM. BRISSON frères, à Lyon (Rhône).

Depuis la dernière exposition, où elle obtint la médaille d'argent, cette ancienne et respectable maison a redoublé d'efforts pour perfectionner et développer sa fabrication.

Elle a augmenté le nombre de ses métiers mécaniques à double pièce qu'elle a porté à plus de cent, et elle occupe, en outre, environ 2oo métiers ordinaires dans Lyon ou les campagnes.

Elle réunit dans ses établissements de Tarare toutes les opérations de la fabrication, et même, sous la direction d'un habile mécanicien, M. Bauder, la construction de ses métiers et de toutes les machines accessoires.

MM. Brisson ont les premiers appliqué le métier mécanique à pièces doubles à la fabrication des peluches; les premiers aussi, dans le département du Rhône, ils ont conçu et réalisé l'idée d'établir une teinture spéciale pour le noir, à l'instar de la Moselle, et c'est un des deux associés qui la dirige.

Leur production qui, en 1844, allait à peine à un million s'élève aujourd'hui à environ 1,5oo,ooo francs, dont plus des trois quarts pour l'exportation.

Le jury décerne à MM. Brisson frères une nouvelle médaille d'argent.

MM. THIBERT et ADAM, à Metz (Moselle).

Établis en 1844, ils exposent pour la première fois des peluches dont la fabrication est parfaite et le noir très-éclatant.

Ces habiles fabricants, dont l'un, M. Thibert, a longtemps travaillé comme associé de M. Schmaltz, ont rapidement conquis une belle place dans cette industrie, car, après cinq années à peine, dont l'une a le millésime 1848, ils occupent plus de 3oo métiers dispersés dans les villages, et ils réunissent dans leur établissement les principales opérations préparatoires dont la teinture est la plus importante.

Ils vendent à l'intérieur pour près de 3oo,ooo francs et autant à l'étranger. Les fabricants de chapellerie placent les peluches de MM. Thibert et Adam au premier rang comme perfection.

Le jury leur décerne la médaille d'argent.

TISSUS DE CRIN.

M. Natalis Roudot, rapporteur.

CONSIDÉRATIONS GÉNÉRALES.

La fabrication des étoffes en crin a son siége principal à Paris; elle existe en d'autres points, et ces points sont, pour la plupart, de petites villes ou des villages où sont établis, ici un établissement, là quelques maîtres tisserands qui font en même temps un petit commerce de crin.

A Villedieu-les-Poêles et à Gavray (Manche), à Grâce (Côtes-du-Nord), à Blajan (Haute-Garonne), se font les toiles à tamis, les étrindelles, etc.

A Buc, à Saint-Arnould et à Saint-Germain (Seine-et-Oise), à Senlis et à Gouvieux (Oise), à la Fère (Aisne), se trouvent les ateliers de tissage de crinoline et de tissus pour meuble de fabricants de Paris; ils ne renferment pas moins de 173 métiers, dont 75 sont à la Jacquart et 98 à lisses.

Le tissu de crin est également fabriqué, mais en petite quantité, dans les départements de la Moselle, de la Haute-Saône et d'Ille-et-Vilaine.

Les étoffes de crin faites à Paris sont destinées à trois usages différents : à la cordonnerie, au vêtement, à l'ameublement. Les tissus pour meuble étaient les plus nombreux à l'exposition. Ce sont ceux dont la production a conservé quelque importance, quoi qu'elle devienne, d'année en année, moins active : le bon marché des damas et des vénitiennes a restreint l'usage des étoffes de crin dans l'ameublement, et, sans l'habile parti que l'on a su tirer de l'abaca pour les brochés, il est probable que la fabrication serait aujourd'hui encore plus limitée.

Cette industrie, qui disparaît en France, est, en Belgique, en Allemagne, en Angleterre, en pleine activité. Les Belges, ainsi que nos voisins d'outre-Manche et d'outre-Rhin, font, à meilleur marché que nous, des articles d'une excellente exécution; et, sans contredit, nous avons trouvé à l'exposition de Bruxelles, en 1847, un plus joli choix de genres et d'ornements.

Gazes à jour écossaises, mousselines rayées roses, blanches ou bleues (dont quelques-unes avaient une finesse de 14 fils aux 5 millimètres) pour stores, crinolines damassées en deux, trois ou quatre couleurs, toiles de Venise lisses ou croisées, tamis de tous les numéros; ces différents articles, d'un prix modique, témoignaient des heureux efforts des fabricants de Vilvorde et de Bruxelles.

Le tisserand de crin belge est réglé à la pièce; il gagne de 12 à 16 francs par semaine. C'est habituellement lui qui engage et qui paye son *donneur* : ce donneur est un enfant qui, assis sur une traverse en bois faisant corps avec le métier, présente un à un les fils de crin que l'ouvrier saisit avec le crochet-navette; il reçoit à peu près 2 fr. 50 cent. par semaine. La journée commence de 5 à 6 heures du matin, et finit à 8 heures du soir. Quant au salaire de nos tisseurs en crin, il n'est pas moindre de 3 à 4 francs par jour.

Les états de commerce confirment le fait de la décadence de notre industrie du tissu de crin. En 1827, nous expédiions pour 269,000 francs, et en 1837, pour 210,000 francs; les exportations se sont élevées, en 1841, à 457,000 francs; en 1844, à 465,000 francs, et sont tombées, en 1846, à 359,000 francs et, en 1847, à 218,000 francs, c'est-à-dire au-dessous du chiffre de 1827. En Belgique, au contraire, l'exportation a presque doublé à cinq ou six ans d'intervalle.

Nos débouchés sont : les États-Unis, le Brésil, l'Amérique du Sud, l'Espagne, l'Angleterre, la Turquie; et nous n'y envoyons guère que les belles étoffes damassées ou brochées, que font préférer à celles de nos rivaux l'élégance et le bon goût du dessin, l'éclat des couleurs, la netteté du tissu.

M. Bardel a perfectionné le premier chez nous cette fabrication; M. Joliet a monté, vers 1818, des rosaces et des bouquets; et M. Eugène Bardel, vers 1834, a marié en trame le crin avec les filaments de l'abaca. — L'*abaca* est le nom tagal du *musa Trogloditarum textoria* de Blanco [1]; les filaments longs et soyeux de l'intérieur du pétiole de la feuille sont employés, dans l'île Luçon (archipel des Philippines), pour faire des cordages et des tissus légers. Il coûte, à Manille, environ 5o centimes le kilogramme.

M. DELACOUR, rue Vieille-du-Temple, n° 51, à Paris (Seine) et à Saint-Germain-en-Laye (Seine-et-Oise).

Rappel de médaille d'argent.

M. Delacour est le successeur de la maison Bardel, qui a obtenu la médaille de bronze aux expositions de 1802, 1806, 1819 et 1823, et la médaille d'argent à celles de 1834 et de 1839; cette dernière récompense a été confirmée, en 1844, à M. Delacour par le jury.

Les étoffes damassées et brochées qui nous ont été soumises sont d'une fabrication tout à fait supérieure, et cette supériorité est due, en grande partie, au goût et à la richesse des dispositions. Ajoutons que, en Belgique et en Allemagne, on n'atteint pas à une aussi grande correction dans le montage à *la Jacquart*.

Le prix des jolis brochés abaca, sur trame crin et chaîne coton retors, est aujourd'hui peu élevé : 6 francs le mètre en 43 centimètres; 8 fr. 75 cent. en 65 centimètres; 11 fr. 75 cent. en 81 centimètres. Comme point de comparaison, nous rappellerons que, en noir, le mètre, tout tramé en crin, coûte, en 43 centimètres, 3 fr. 5o cent; en 65, 4 fr. 75 cent.; en 81, 7 fr. 25 cent.

M. Delacour fait battre, à Saint-Germain-en-Laye, 26 métiers Jacquart, et exporte les 9/10es de ses produits.

Le jury central lui rappelle la médaille d'argent.

M. JOLIET, rue Saint-Denis, n° 349, à Paris (Seine) et à Igny, près Bièvre (Seine-et-Oise).

Nouvelle médaille de bronze.

Mentionné honorablement en 1819 et en 1823, récompensé, en 1827, par la médaille de bronze, qui lui a été rappelée en 1834 et en 1839, M. Joliet est un de nos bons fabricants d'étoffes en crin. Il s'est toujours attaché à perfectionner le travail; cette année, il expose une frise de canapé en 8 couleurs, et de beaux brochés en abaca et en soie.

[1] *Flora de las Filipinas*, édition de 1845, page 173.

Les prix sont en général avantageux, même en les comparant à ceux de nos rivaux, et en tenant compte de la plus grande richesse du dessin : damassés, en noir, 2 fr. 35 cent. le mètre en 43 centimètres ; 4 fr. 20 cent. en 65 centimètres ; 7 francs en 81 centimètres ; médaillons en 2 couleurs, de 43 centimètres de côté, 2 fr. 25 cent.; de 65 centimètres de côté, 5 fr. 50 cent.; de 81 centimètres de côté, 10 francs ; frises de canapé en 65 centimètres, 16 francs.

M. Joliet occupe 4 métiers à Paris, et son établissement d'Igny renferme 20 Jacquart; plus des 8/10" de sa fabrication sont vendus pour l'exportation.

Le jury central décerne à ce laborieux fabricant une nouvelle médaille de bronze.

Mentions honorables. ## MM. MOUSSAINT frères, rue des Fossés-du-Temple, à Paris (Seine).

MM. Moussaint ont 20 métiers à lisses et 10 à la Jacquart. Ils ont exposé des tissus à la marche, trame crin noir, à 4 fr. 15 cent. en 65 cent., et à 6 fr. 65 cent. en 81 cent.; des damassés noirs, à 4 fr. 60 cent. en 65 cent., et à 7 fr. 25 cent. en 81 centimètres. Leur nouvelle étoffe, tramée en crin de couleur, chaîne soie fantaisie, formant le damassé, est assez jolie, mais d'un prix assez élevé : 11 fr. 50 cent. en 65 cent., et 14 fr. en 81 centimètres.

Les produits de MM. Moussaint se recommandent par leur bonne exécution.

Le jury accorde à ces exposants une mention honorable.

M. COESNON jeune, rue de la Fidélité, n° 14, à Paris, (Seine).

M. Coesnon jeune a exposé :

1° Des tissus de crin et de cheveux pour boutons. Ces tissus sont, les uns sur chaîne soie, les autres sur chaîne coton. Quelques-uns sont unis, la plupart sont façonnés : l'armure des unis est tantôt un sergé droit, brisé ou en chevron, tantôt un satin, un grain de poudre, un reps, un taffetas ; les façonnés sont, ou rayés, losangés, à carreaux, ou ornés, soit de fleurettes brochées, soit d'étoiles et de rosettes damassées. Presque tous les échantillons sont noirs, et plusieurs teints en grenat, d'autres conservent la couleur grise naturelle du crin.

2° Des boutons pour habit d'homme et robe de dame. Recou
verts avec les tissus de crin ou de cheveux dont nous venons de
parler, garnis d'une queue flexible, ces boutons sont bien faits et
solides. Le prix des grands varie de 5 à 7 francs la grosse, selon le
diamètre et la qualité ; celui des petits est 2 fr. 75 cent. En crino-
line-cheveu, le grand bouton vaut de 7 à 11 francs, et le petit
4 fr. 75 cent. la grosse. En général, le centrage laisse à désirer.

3° Des tissus de crin pour casquette. Plusieurs dessins écossais
sont très-jolis ; les couleurs sont vives, et le tissage régulier.

4° Des bougrans chaîne fil, trame crin, pour garniture d'habit,
de paletot, de gilet.

5° Des crinolines zéphirs pour sous-jupe, sur coton ou sur soie.

6° Des tresses en crin, unies ou enjolivées par des filets de couleur.

7° Enfin, des chapeaux de dame, faits avec ces tresses remmaillées
à l'aiguille. Souples et élastiques, légers et solides, pouvant se laver,
ils offrent des avantages qui les rendent utiles dans certaines occasions. Leur poids moyen est de 40 à 50 grammes ; leur prix de 12 à
15 francs en tresses de crin de queue, de 25 à 30 francs en crin de
crinière.

M. Coesnon dégraisse, prépare, teint, lisse et tresse, chez lui, le
crin ; celui de ses tresses est d'une pureté qui témoigne du soin de
l'apprêt.

La variété et la fabrication de ces échantillons a appelé sur cet
exposant l'attention du jury, qui lui accorde une mention honorable.

M. ZERR, galerie Colbert, nᵒˢ 8 et 10, à Paris (Seine).

M. Zerr fabrique une étoffe, double chaîne coton retors, trame
crin, très-corsée, très-solide et néanmoins assez souple, qu'il vend,
en 43 centimètres de large, 5 francs le mètre, quelle que soit la disposition ; M. Zerr l'emploie pour la chaussure d'été dite *sicyonienne*.
Faites en ce tissu, les bottines et souliers de dame valent 8 francs
la paire, et les napolitains et bottines d'homme, 12 francs. Le travail de cordonnerie est assez soigné pour être signalé.

Déjà distingué en 1844, M. Zerr mérite une nouvelle mention
honorable ; le jury la lui accorde.

Mᵐᵉ veuve LARIVIÈRE-LEGRIS, Grande-Rue, nᵒ 121, à la Chapelle-Saint-Denis, à Paris (Seine).

Citation
favorable.

Les graines de colza, d'œillette, etc., après avoir été écrasées et torréliées, sont enfermées dans de petits sacs, qui sont recouverts d'un tissu de crin, nommé *étendelle* ou *étrindelle*. C'est ainsi enveloppées qu'elles sont soumises, sous une presse hydraulique, à une forte pression. L'huile sort, et il ne reste dans les sacs que le tourteau.

Ces sacs sont faits en *malfil* ou *maléfique*, étoffe grossière en laine peignée, armure sergée de trois, tissée en 80 centimètres de large. La pièce exposée est montée sur une chaîne très-nerveuse; sa force et sa régularité sont satisfaisantes; le prix est 4 fr. 25 cent. le mètre.

Mme Larivière a également exposé des échantillons de toute sa fabrication d'étrindelles; ils nous ont paru d'une excellente qualité: quelques-uns, destinés au travail de la stéarine et de l'huile de noix, se distinguent par une exécution bien entendue.

Le jury accorde à Mme veuve Larivière-Legris une citation favorable.

RUBANS.

M. Wolowski, rapporteur.

CONSIDÉRATIONS GÉNÉRALES.

L'industrie des rubans est du nombre de celles qui ont le plus vigoureusement résisté à la tourmente de février: ses débouchés se trouvent en grande partie dans les pays que la révolution n'a point visités durant ces dernières années; le marché intérieur a donc seul souffert. Ajoutons que cette industrie, acclimatée en France depuis des siècles, mérite, *par excellence*, avec celle des soieries en général, le nom d'*industrie nationale*; car elle puise, dans le sol et dans le génie des habitants, les principaux éléments de sa prospérité, sans avoir besoin de recourir à la protection douanière. Née spontanément, librement, elle se développe avec vigueur dans la liberté de ses allures.

Elle eut beaucoup à souffrir de l'intolérance religieuse et des troubles civils. Saint-Étienne et Saint-Chamond, qui, depuis le commencement du xvɪɪ° siècle , lui ont servi de siége principal, faisaient battre 10,000 métiers au moment où la révocation de l'édit de Nantes la priva de beaucoup d'ouvriers habiles, et suscita une concurrence plus active au dehors.

La fabrique de Bâle grandit de notre désastre; elle existait déjà, mais elle prit un large et rapide développement en accueillant cette première émigration, qui étendit l'importance et accrut la prospérité de la rubanerie suisse.

Celle-ci profita d'inventions mécaniques, trop longtemps inconnues ou négligées en France, où elles ne furent importées que dans la seconde moitié du xvɪɪɪ° siècle. Notre fabrication reprit alors, et elle occupait environ 15,000 métiers au moment où éclata la grande révolution.

Les discordes civiles et la guerre ont depuis déprimé cet élan; à la restauration, le nombre des métiers employés ne montait pas à 14,000; il s'est accru durant ces trente dernières années. On en compte au delà de 20,000 maintenant, et encore se ferait-on une idée inexacte de la production totale, si l'on se bornait à un simple rapprochement proportionnel. Les progrès de la mécanique et le talent des fabricants ont accru la quantité et augmenté la valeur des rubans produits par un même nombre de métiers. L'industrie rubanière, sous une apparence modeste ou frivole, constitue une branche notable de la richesse nationale. Il ne s'agit pas d'une valeur de moins de 70 à 80 millions de francs par an, suivant le prix très-variable de la matière première. La moitié environ s'écoule sur les marchés étrangers et forme ainsi un de nos pricipaux articles d'exportation.

Voici quelques chiffres, utiles à consulter, pour donner une idée exacte de la marche de cette industrie.

Nos états de douane estiment à 120 francs le kilogramme des rubans exportés : cette évaluation, admise en 1846, a été maintenue en 1847, lorsque l'administration, voulant faire disparaître la disproportion choquante entre les *valeurs officielles* de certains articles et leur prix courant, résolut d'ajouter au chiffre *permanent*, qui permet de suivre le mouvement des *quotités* vendues ou achetées, le chiffre *variable* résultant de la révision annuelle des *valeurs*, et se rapprochant ainsi beaucoup plus de la réalité.

Faisons observer, en passant, que l'évaluation au taux de 120 francs le kilogramme de rubans nous paraît trop faible, mais elle nous guidera pour apprécier l'importance de cette industrie [1].

Si nous remontons à 1833, nous voyons que notre commerce *spécial* d'exportation de rubans était de plus de 30 millions; il est tombé à 23 millions en 1834, pour se relever à 33 millions l'année suivante. Depuis cette époque il a peu varié : nous le trouvons de 31 millions en 1845, et les états de 1847 le font monter à 36,318,240 francs.

C'est un progrès que l'année 1848 n'a que faiblement affecté et qui se soutiendra, nous en avons l'assurance, en 1849.

Mais nous ne devons pas le dissimuler, ce progrès est lent, si on le compare à celui dont la fabrique suisse a profité dans le même intervalle de temps. En 1834 la rubanerie de Bâle n'exportait pas pour une valeur de dix millions; ce chiffre a presque doublé. Nos états de douanes pour 1847 nous fournissent les indications suivantes:

Notre commerce *général* d'exportation en rubans s'est élevé à 59,417,040 francs, dont 36,318,240 francs provenaient de nos fabriques et se classaient dans le commerce spécial. La différence se trouve comblée par le *transit*.

Les *importations* de rubans ont été, durant cette même année 1847, de 25,950,360 francs, en conservant le chiffre d'évaluation de 1826, à raison de 120 francs par kilogramme, et de 23,787,830 francs, si l'on réduit ce chiffre à 110 francs par kilogramme, en raison de la qualité des rubans étrangers, inférieure à celle des rubans français.

Sur les 216,253 kilogrammes de rubans importés, il en

---

[1] Une nouvelle évaluation officielle a été admise pour 1849. Elle élève le prix du kilogramme des rubans importés à 135 francs, et celui du kilogramme des rubans exportés à 150 francs. Il faut donc augmenter d'un *quart* la valeur officielle de l'exportation ci-dessus mentionnée.

venait 187,203 de Suisse, ce qui, au taux d'évaluation de 110 fr. par kilogramme, donne un total de 20,592,330 fr. Ce chiffre peut faire juger de l'importance actuelle de la fabrique de Bâle, qui l'alimente seule à peu de chose près.

Il s'est opéré depuis quelques années, dans la production de nos industrieux voisins, une transformation remarquable: la création des rubans façonnés et satinés. Notre fabrique doit donc prêter une sérieuse attention à la concurrence des fabricants suisses. Ils n'ont ni diplomatie, ni marine, ni missions commerciales, mais leur activité, fortement trempée au contact d'un régime exempt de tout secours artificiel, suffit pour suppléer à tout et pour doter leur production de cette souplesse et de cette élasticité qui fait qu'elle s'accommode avec les variations de la demande et qu'elle résiste aux orages commerciaux.

Aussi faut-il plus que jamais que nos fabricants s'attachent à maintenir cette supériorité de goût, ce cachet d'élégance, ce choix heureux des dessins et des couleurs, qui leur assurent un riche débouché.

Le mot de Colbert est toujours vrai : Le bon goût est pour la France *le plus adroit de tous les commerces*. Rien ne doit être négligé pour que ce genre de suprématie nous reste.

Nous devons applaudir en même temps aux heureux efforts faits pour naturaliser définitivement chez nous le ruban léger à bon marché, qui donne satisfaction aux besoins les plus nombreux, et qui demeurait, jusqu'à ces derniers temps, l'apanage de Bâle.

La fabrique française et la fabrique suisse se sont fait de mutuels emprunts. Une voie de fructueuse émulation est ouverte devant nous; entrons-y largement, avec une confiance bien justifiée par le mérite de nos dessinateurs et de nos fabricants. La France a su conquérir le premier rang dans une des plus belles et des plus riches industries que le génie de l'homme ait abordées; elle ne se le laissera point ravir au moment où le progrès de la richesse publique et la diffusion, de plus en plus générale, du bien-être et de l'aisance, permettent aux rubans, comme aux tissus de soie en général, un débouché de plus en plus avantageux.

Rappels de médailles d'or.

MM. VIGNAT frères, à Saint-Étienne (Loire).

Cette ancienne maison soutient dignement la belle réputation acquise à ses produits; ses chefs actuels ont su conserver le rang que la perfection de la fabrication, le bon goût et la variété dans la disposition des dessins et des couleurs, ainsi que l'importance de la production, ont, depuis longtemps, marqué à cette fabrique. Nous citerons notamment ses rubans larges à bouquets brochés, admirablement exécutés, malgré la grande difficulté du travail, ainsi que ses *châtelaines* à bouts brochés, dont il se fait un grand débit.

MM. Vignat frères ne se sont pas contentés de maintenir les précédents que leur avait transmis M. Vignat père, dans la création du ruban riche, d'un prix élevé: ils ont résolument abordé, depuis deux ans, les rubans de taffetas unis et rayés; leurs pièces, de 9 fr. 50 cent. à 11 francs les 14" 40°, font une heureuse concurrence aux rubans de Bâle, surtout à cause de la supériorité des nuances. Nous constatons avec satisfaction le succès qui a consacré ces intelligents efforts.

La fabrique de MM. Vignat frères occupe 1,000 métiers, et emploie environ 1,200 ouvriers, avec lesquels elle a constamment entretenu d'excellents rapports. Elle met en œuvre annuellement près de 9,600 kilogrammes de soie, et son chiffre d'affaires dépasse 1 million de francs, dont moitié pour l'exportation.

Aussi le jury rappelle-t-il la médaille d'or que cette maison a obtenue en 1839, qui lui a été confirmée en 1844, et dont elle se montre de plus en plus digne.

M. Jules BALAY, à Saint-Étienne (Loire).

Le cadre modeste qui contient les échantillons de la fabrique de M. Jules Balay mérite une attention particulière. On n'y rencontre que des rubans de satin unis, fabriqués avec de la soie grége, teints en pièce, dans les qualités les plus courantes. Mais ce genre de fabrication a été porté à un haut degré de perfection. Les rubans de M. Jules Balay se vendent sur tous les marchés d'Europe et d'Amérique; ils ne redoutent aucune concurrence étrangère, et ils ont contribué à nous conserver des débouchés précieux.

Cette fabrique occupe 1,220 ouvriers; elle emploie 350 métiers de 12 à 32 pièces par métier, et met en œuvre annuellement 14 à 15,000 kilogrammes de soie. Son chiffre d'affaires flotte entre 12 et 1,500,000 francs; elle vend les trois quarts de ses produits au dehors, le quart seulement sur le marché français.

M. Jules Balay continue sa fabrication avec un soin et une vigueur qui lui garantissent le maintien régulier de ses acheteurs, malgré tous les efforts de la concurrence bâloise.

Le jury lui décerne le rappel de la médaille d'or qu'il a obtenue en 1844.

M. LARCHER-FAURE et Cⁱᵉ, à Saint-Étienne (Loire).

Médaille d'or.

« La maison Larcher-Faure est une des premières fabriques de Saint-Étienne pour les rubans façonnés riches; elle a contribué le plus au progrès de cet article, et nous recommandons particulièrement son exposition. »

C'est en ces termes que parle de l'exposant, dont nous devons apprécier les produits, la commission départementale, et cet éloge est pleinement mérité. Les rubans et les rubans-écharpes riches de M. Larcher-Faure sont d'une exécution excellente; ils se distinguent par la perfection du tissu, le fini des couleurs, et la nouveauté des dessins, dont l'imitation alimente la fabrique de second ordre.

M. Larcher-Faure est un fabricant complet, dans la force du terme: il est en même temps dessinateur et négociant habile; aussi la récompense que méritent ses produits lui revient-elle légitimement tout entière. Le chiffre de ses affaires monte de 5 à 600,000 francs.

Le jury lui décerne la médaille d'or.

MM. GRANGIER frères, à Saint-Chamond (Loire).

Nouvelles médailles d'argent.

Rien de plus gracieux que les rubans de gaze exposés par MM. Grangier; leur *crêpe plissé illusion* attire surtout l'attention, ainsi que leurs rubans en spirale et ceux à jour, rattachés par des fleurs brodées. Il y a dans cette disposition beaucoup de goût et d'invention.

Le jury décerne à MM. Grangier une nouvelle médaille d'argent.

M. de BARY-MÉRIAN, à Guebwiller (Haut-Rhin).

Ce n'est point par l'éclat du tissu que MM. de Bary-Mérian sollicitent l'attention; mais leurs produits, d'une fabrication excellente, répondent à des besoins nombreux. En 1844, ils avaient envoyé des rubans taffetas noirs et couleurs, trame simple, et des galons divers. Dès 1845, ils ont entrepris des taffetas cuits, qualité forte, qu'ils ont fait suivre, en 1846, de *taffetas glacés et gros fils*, et en 1847, de *taffetas basse lisse, à effets*, en qualité forte, et gros de Naples. Enfin, en 1849, ils ont entrepris l'article écossais.

MM. de Bary-Mérian ont donc constamment marché dans la voie du progrès; sans augmenter sensiblement le nombre de leurs métiers (90 en 1844 et 95 en 1849), ils ont obtenu un accroissement assez notable dans le chiffre de leurs affaires; 525 à 600,000 francs en 1844, 680 à 750,000 en 1849. Ce résultat tient à une qualité plus élevée des produits, et à l'excellence des procédés mécaniques, ainsi qu'à une bonne distribution du travail.

Les ouvriers de cet établissement ont traversé la crise causée par la révolution de février, sans en éprouver le poids. Ils n'ont pas chômé un seul jour et n'ont subi que pendant six semaines une diminution dans les heures de travail. Ils se distinguent par leur tenue et le bien-être dont ils jouissent.

Pour récompenser dignement les intelligents efforts de MM. de Bary-Mérian, ainsi que les succès qu'ils ont obtenus, le jury leur décerne une nouvelle médaille d'argent.

Rappel de médaille d'argent.

M. PASSERAT fils et Cⁱᵉ, à Saint-Étienne (Loire).

Cette maison se maintient au rang honorable auquel elle s'était élevée en 1844, quand le jury lui décerna la médaille d'argent. Elle expose, outre divers échantillons de rubans bien fabriqués, des portraits de l'archevêque de Paris, monseigneur Affre, et du pape Pie IX, tissés sur rubans à la Jacquart.

Son chiffre d'affaires est de 11 à 1,200,000 francs depuis 1835.

Le jury lui rappelle la médaille d'argent dont elle se montre de plus en plus digne.

Médailles d'argent.

MM. COLLARD et COMTE, à Saint-Étienne (Loire).

Rien n'est plus utile, en industrie, que l'association de deux hommes qui ont poussé fort loin chacun une habileté spéciale, et qui font approcher de la perfection le produit à la création duquel deux arts distincts doivent présider. Le beau succès obtenu par MM. Collard et Comte, dont la fabrique ne date que de 4 années, tient à cette heureuse circonstance. M. Comte est un ouvrier très-ingénieux, qui, à force de persévérance et d'étude, s'est élevé au niveau des premiers fabricants de Saint-Étienne. Quant à M. Collard, l'exposition prouve qu'il possède à un très-haut degré les deux qualités essentielles au dessinateur : la variété dans la conception, et le goût dans l'exécution. Nous n'aurions rien à redouter de la transformation de la fabrique de Bâle, si tous les fabricants méritaient l'éloge que MM. Collard et Comte ont légitimement conquis. Dès leur début, ils se sont placés au premier rang par la richesse et la beauté de leurs produits. Ils ont été les premiers à fabriquer le ruban riche large, et ils viennent d'ajouter à cette création un autre produit non moins remarquable, le ruban *impérial*, tissé de manière à conserver un fond blanc d'une grande pureté. On distingue aussi chez eux une heureuse disposition de l'or marié à la soie, ainsi que les rubans à volants.

Leur chiffre d'affaires monte déjà de 3 à 400,000 francs.

MM. Collard et Comte exposent pour la première fois; il sont nouveaux dans l'industrie. Le jury a pensé qu'ils remplissaient pleinement la condition à laquelle notre production rubanière doit rattacher ses espérances : nous voulons parler du choix et de la nouveauté sans cesse rafraîchie de dessins heureusement combinés.

Le jury leur décerne la médaille d'argent, et il pense qu'en suivant la voie dans laquelle ils sont si brillamment entrés, MM. Collard et Comte obtiendront de nouveaux succès.

MM. MOUNIER père et fils, à Saint-Étienne (Loire).

La spécialité de cette fabrique est le ruban très-bon marché, fabriqué avec la soie telle qu'elle sort du cocon, tissée avec et sans moulinage. Le ruban est teint après la fabrication. MM. Mounier réussissent également bien les satins unis grèges, les façonnés chaîne grège crue, tramé cuit, les taffetas façonnés et moirés; leur fabrication est très-régulière. Ils emploient 100 métiers à la Jacquart. Leur production s'élève à 250,000 francs pour le marché intérieur, et à 300,000 francs pour l'exportation. Ils ont toujours su se concilier le respect et l'affection de leurs ouvriers.

Le jury leur décerne la médaille d'argent.

M. DUTROU fils, à Paris, rue Saint-Denis, n° 345 (Seine).

Nouvelle médaille de bronze.

Les exigences de la consommation journalière créent à Paris un genre d'industrie particulière; il s'agit de tisser des rubans pour ceintures, en les assortissant aux robes, dont on fournit l'échantillon au fabricant. M. Dutrou a fait preuve de goût dans cette production exceptionnelle, à laquelle il joint la fabrication de rubans pour ordres.

Le chiffre de ses affaires s'élève à 100,000 francs, dont les deux tiers répondent à la consommation parisienne. Ses produits sont soignés et élégants.

Il a obtenu en 1844 une médaille de bronze, qui lui a été rappelée en 1839 et en 1849.

Le jury décerne à M. Dutrou une nouvelle médaille de bronze.

Médaille de bronze.

M. MEYER-MÉRIAN, à Soultz (Haut-Rhin).

La fabrique de M. Meyer-Mérian est consacrée à la production des rubans légers dits *faveurs*, et à celle des rubans taffetas. Fondée en 1841, elle a déjà pris un certain développement, puisqu'elle vend à l'intérieur pour 200 à 230,000 francs. Elle ne fait rien pour l'exportation.

Les chefs de cet établissement s'occupent avec sollicitude de leurs ouvriers; ils ont fondé une *caisse des malades*, alimentée au moyen de versements obligatoires faits tous les 15 jours, et au moyen du produit des amendes. Cette association, qui date du 1er août 1845, a constamment pourvu à l'entretien de tous les malades, et il lui restait au commencement de cette année un fonds de réserve de 800 francs.

Le jury, pour récompenser le travail méritoire de MM. Meyer-Mérian, leur accorde une médaille de bronze.

Mention honorable.

MM. BOUGNOL et GIRAN, à Nîmes (Gard).

Cet établissement, récemment fondé, fabrique les rubans de coton, bourre de soie et fantaisie. Il travaille pour la consommation intérieure, et rencontre un débouché avantageux, surtout dans les campagnes.

Le jury donne à MM. Bougnol et Giran la mention honorable.

Citation favorable.

M. PEYRET-LACOMBE, à Saint-Étienne (Loire).

M. Peyret-Lacombe, fabricant de rubans de soie façonnés, a tissé à la Jacquart un petit tableau représentant l'intérieur d'un atelier chinois. C'est un *petit tour de force* de fabrication; mais il n'est pas dénué d'intérêt.

Le jury le cite favorablement.

TROISIÈME SECTION.

BONNETERIE.

M. Manière, rapporteur.

CONSIDÉRATIONS GÉNÉRALES.

La fabrication de bonneterie n'est pas restée en arrière de la marche progressive qu'à l'ombre d'une paix bienveillante et protectrice ont suivi toutes les branches de commerce en France.

Malheureusement, comme aussi dans toutes les industries, la concurrence, au lieu de s'appuyer principalement sur la beauté des produits et la bonne confection des articles, s'est, en grande partie, portée sur le bon marché.

Chaque fabricant, désirant donner de l'extension à ses rapports commerciaux, a voulu vendre meilleur marché que son confrère, et en est venu à diminuer tellement le prix de la main-d'œuvre, que les ouvriers ne perçoivent plus maintenant qu'un très-modique salaire et ne font plus d'apprentis.

Les ouvriers gagnent, particulièrement en province, de 1 fr. 20 cent. à 1 fr. 50 cent. par jour, et les ouvrières de 60 à 70 centimes.

Aussi le département de l'Aube, et principalement la ville de Troyes, présentent-ils, comme par le passé, des produits d'une fabrication très-importante, mais à des prix trop bas.

Le département du Calvados produit une grande quantité d'articles à bon marché.

Le métier continu dit *métier circulaire*, qui est principalement employé dans ce département à la confection des articles, est appelé à faire de grands changements dans la bonneterie, lorsqu'il aura atteint toutes les améliorations dont il est susceptible.

Le département du Gard fabrique des bas et gants en soie, en filoselle et en coton, et autres articles d'une bonne fabrication et à des prix très-peu élevés.

Le département de la Somme a vu s'élever depuis quelques années de nombreuses filatures de laine pour bonneterie, qui ne laissent rien à désirer pour la beauté de leurs produits, et qui ont beaucoup contribué à assurer à ce département la supériorité pour les articles en laine, dont il fournit toute la France.

Paris continue toujours à être en première ligne pour la supériorité de ses produits.

La ganterie en tissu foulé y a pris, depuis quelque temps, un essor considérable.

Malgré le bon marché regrettable des produits de la bonneterie, ils ne peuvent cependant pas rivaliser pour la modicité des prix avec les articles de Saxe et d'Angleterre, et particulièrement pour les bas unis.

La bonneterie entre pour une somme très-minime dans le chiffre des exportations. Une prime plus élevée pourrait lui faciliter l'étendue de ses rapports avec l'étranger.

Rappel de médaille d'or.

MM. LAURET frères, à Paris (Seine); fabrique à Ganges (Hérault).

La fabrique de MM. Lauret frères, l'une des plus importantes du Midi, réunit toutes les opérations qui constituent une manufacture de premier ordre.

Ces messieurs font filer dans leur établissement les soies qu'ils emploient à la confection de leurs produits. Les soins qu'ils apportent, soit comme filateurs, soit comme fabricants, les placent en première ligne dans leur industrie.

Ils ont exposé des bas, des chaussettes, des gants et des mitaines de soie et de fil d'Écosse. Tous ces articles sont d'une excellente fabrication et d'un goût parfait.

Après avoir remarqué des bas de soie à 27 francs la douzaine.

l'attention du jury s'est particulièrement portée sur des bas à 50 francs la paire, dont les broderies et les dessins à jour sont d'une richesse extraordinaire et la maille d'une finesse vraiment merveilleuse. Ces messieurs s'occupent d'articles depuis les prix les plus bas jusqu'aux plus élevés.

Cette maison date de plus de 50 ans; elle occupe de 350 à 400 ouvriers qui, fabriquant spécialement l'article de luxe, gagnent un salaire très-raisonnable.

Les affaires de ces messieurs, qui ont toujours été en augmentant, ont atteint un chiffre important dont plus de moitié pour l'exportation.

Les progrès que ces négociants n'ont cessé d'apporter dans leur fabrication leur ont mérité, en 1844, la médaille d'or.

Le jury, reconnaissant que ces messieurs ont toujours marché dans la même voie, leur décerne le rappel de cette médaille.

M. Valentin FÉAU-BÉCHARD, à Orléans (Loiret).

Nouvelle médaille d'argent.

Il a exposé de la bonneterie dite bonneterie orientale et africaine.

Ces produits en tissu foulé sont principalement exportés aux Échelles du Levant et en Algérie où ce fabricant fait des fournitures considérables pour les troupes.

La Turquie donne la préférence aux articles de cette maison sur ceux fournis par les fabriques du pays. Cette préférence est grandement justifiée par la beauté des formes et la bonté des produits de cette fabrique, mais surtout par la vivacité du rouge dit *rouge andrinople* reconnu, d'une manière incontestable, plus solide que celui de Tunis.

M. Valentin Féau-Béchard occupe, année commune, 1,200 ouvrières à la confection des tricots à la main et, parmi les ouvrières, beaucoup d'aveugles et d'infirmes. Ces femmes perçoivent un salaire journalier très-modique, suivant leur habileté.

M. Valentin Féau-Béchard occupe encore dans ses ateliers une centaine d'ouvriers qui gagnent de 1 fr. 50 cent. à 2 francs par jour.

Cette maison, fondée en 1758, a toujours fait de grands progrès dans la fabrication; elle fait un chiffre d'affaires élevé et rend d'importants services au pays, par le travail qu'elle procure à la classe ouvrière et par l'emploi qu'elle fait des matières premières provenant du sol.

L'exposant a obtenu, en 1839 et 1844, le rappel de la médaille d'argent décernée trois fois à ses prédécesseurs.

Le jury de 1849 lui accorde une nouvelle médaille d'argent.

Rappels de médailles d'argent.

M. Pierre GERMAIN, au Vigan (Gard).

Il a exposé des bas et des gants de sa fabrique.

Les articles présentés par cette maison sont d'une bonne fabrication et lui ont facilité l'accroissement de ses relations.

La beauté et surtout le prix de ses produits lui permettent de lutter avec avantage sur les marchés étrangers avec les fabriques rivales.

Cette maison fait la plus grande partie de ses affaires à l'exportation.

Le jury de 1839 lui a accordé la médaille d'argent.

Le jury de 1849 rappelle la médaille d'argent à M. Pierre Germain.

M. TROTRY-LATOUCHE, rue des Quatre-Fils, n° 9, à Paris (Seine).

Il expose des bonnets turcs en usage dans l'Orient, des chaussons orientaux, nouveau procédé. Ces deux objets sont brevetés.

Le jury a remarqué les bonnets orientaux *cuir de laine* qui se vendent 25 p. o/o meilleur marché que les bonnets de Livourne, qui faisaient une concurrence dangereuse à notre industrie dans ce genre.

M. Trotry-Latouche a obtenu une médaille d'argent en 1827, rappelée en 1834, 1839 et 1844. Le jury de 1849 lui en fait de nouveau le rappel, reconnaissant la bonne fabrication des objets présentés.

Médailles d'argent.

MM. TAILLEBOUIS, VERDIER et MEYNARD frères, rue des Mauvaises-Paroles, à Paris (Seine).

Ils ont exposé des gants de soie, manteaux et autres objets de fantaisie de haute nouveauté.

Le jury a reconnu la bonne fabrication et le bon goût des articles exposés par ces messieurs. Il a surtout porté son attention sur un article nouveau de gants de soie, que ces messieurs ont nommé satin de peau et pour lequel ils ont pris un brevet. Ces gants méritent d'être remarqués pour plusieurs motifs :

Premièrement, à cause de leur ressemblance avec les gants de peau, attendu qu'ils dessinent la forme de la main aussi bien que ces derniers ;

Deuxièmement, pour la finesse et la souplesse du tissu ;

Troisièmement, le brillant semblable à celui du satin ;

Quatrièmement, leur solidité à l'usage et leurs coutures faites à la mécanique ;

Cinquièmement, l'élégance de la coupe qui se fait à l'emporte-pièce.

Enfin ces gants ne laissent rien à désirer, leur perfectionnement paraissant complet. Ces messieurs ont rendu un véritable service à l'industrie de la bonneterie en y introduisant cet article de ganterie; ils se sont également rendus utiles aux consommateurs, car le gant de chevreau arrivera à un prix tellement élevé, que l'usage n'en sera plus possible : en effet, il est constaté que ces gants sont augmentés de 30 p. 100, les peaux de chevreau n'étant pas à beaucoup près en rapport avec la consommation.

Ces fabricants occupent une centaine de métiers, 5 à 600 ouvriers, et font 1 million d'affaires, dont un tiers à l'exportation.

Cette maison existe depuis 1810 et a toujours augmenté ses affaires.

M. Meynard, l'un des intéressés actuels de cette maison, a obtenu en 1819, 1834, 1839 et 1844 la médaille d'argent.

Le jury accorde à MM. Taillebouis, Verdier et Meynard frères la médaille d'argent.

M. Jean-Baptiste BLANCHET, rue des Mauvaises-Paroles, n° 14, à Paris (Seine).

Il a exposé des bas et chaussettes de soie, des gants de soie et de cachemire, des articles de fantaisie, tels que paletots d'enfants, cravates à châle, des coiffures pour jeunes filles, en filet de soie avec chenille.

Le jury a remarqué la bonne fabrication de tous les objets présentés à l'exposition et surtout l'élégance et le goût qui règnent dans les articles de nouveauté.

M. Blanchet a apporté plusieurs innovations dans les métiers à chaîne ou tricot, qui lui ont permis de faire de nouveaux dessins.

Cette maison, qui est très-ancienne, occupe environ 600 ouvriers et ouvrières dont le travail est assez bien rétribué, ce fabricant produisant principalement des articles livrés à la consommation de la classe aisée.

Cette maison, une des plus importantes de son genre de commerce, fait environ 800,000 fr. d'affaires, dont le quart au moins pour l'exportation.

C'est la première fois qu'elle a présenté ses produits à l'exposition.

Le jury lui accorde la médaille d'argent.

MM. BERNAY et PEYROT, à Orléans (Loiret).

Médailles de bronze.

Ils exposent des bas de laine pour enfants et des pièces de tricot de laine pour les faire, des pièces de tricot en coton pour manches, camisoles et autres articles.

Les objets exposés sont d'une bonne matière première et d'une belle fabrication; la maille est très-régulière et a conservé une grande élasticité.

Ces messieurs ont le mérite d'avoir rétabli dans le pays la fabrication de la bonneterie, qui y avait presque entièrement perdu son importance.

Cette maison, fondée en 1834, occupe une centaine d'ouvriers ou ouvrières, 12 métiers, et emploie 6 à 7,000 kilogrammes de laine et 3 à 4,000 kilogrammes de coton.

Le quart de ses affaires se fait à l'exportation.

Le jury, reconnaissant le mérite de cette maison, qui n'a pas encore exposé, lui décerne la médaille de bronze.

M. GERMAIN fils, à Nîmes (Gard).

Il a exposé des gants de différents genres.

Le jury reconnaît la bonne fabrication des articles présentés par cette maison.

M. Germain fils, qui occupe une quantité considérable d'ouvriers, fait de 5 à 600,000 francs d'affaires, dont une grande partie pour l'exportation.

Ce fabricant exploite depuis plusieurs années l'article de ganterie de soie et bourre de soie d'une manière tout à fait remarquable et sur une vaste échelle.

Les soins que M. Germain fils a toujours apportés à la fabrication de ses produits en ont fait un des premiers industriels du commerce de bonneterie de son département.

Le jury lui accorde une médaille de bronze.

MM. Ch. JOYEUX et LAUNE, à Nîmes (Gard).

Ils ont exposé des gants et des mitaines de soie de différents genres et dessins dont la fabrication est parfaitement soignée; les bas de bourre de soie et mi-soie présentés sont également d'une bonne confection. Cette maison occupe 150 à 200 ouvriers et ouvrières.

Le jury de 1844 a accordé une médaille de bronze à M. Joyeux fils ainé, leur prédécesseur.

Celui de 1849 décerne une médaille de bronze à MM. Joyeux et Laune.

M. Louis-Antoine THIBOUST, à Saint-Germain-en-Laye (Seine-et-Oise).

Il a exposé des pièces de tissu de tricot pure-laine et laine et cachemire pour vêtements.

Ces tissus ne laissent rien à désirer; la matière première est de très-belle qualité, soyeuse à la main; le tricot est serré et offre une bonne garantie de durée. Ce fabricant apporte beaucoup de soin dans la confection de ses produits.

M. Thiboust a succédé à son père, dont la maison existe depuis plus de 40 ans. Il occupe 40 à 50 ouvriers et 40 métiers; il emploie 9 à 10,000 kilos de laine, et fait environ 140,000 francs d'affaires.

Il est à regretter que les produits de ce fabricant n'aient été présentés à aucune des précédentes expositions.

Le jury lui accorde la médaille de bronze.

M. Charles-Hippolyte DOUINE, à Troyes (Aube).

Les articles de bonneterie de cette maison méritent d'être remarqués; car, malgré la modicité des prix, ils sont fabriqués avec le plus grand soin.

M. Douine a également exposé des calotes en coton pour militaires, à des prix vraiment fabuleux (1 franc 48 centimes la dizaine).

Le jury a principalement remarqué un perfectionnement apporté dans le mécanisme de ses métiers circulaires. Ce perfectionnement consiste à faire arrêter le métier aussitôt que l'un des fils qui forment le tricot vient à se casser, ou lorsque les bobines sont à la fin du coton. Il a pour principal résultat de rendre la surveillance de ses métiers beaucoup plus facile.

Cette maison emploie 40,000 kilos de coton, occupe 80 ouvriers ou ouvrières, et fait 150,000 francs d'affaires. Tous ses produits sont vendus à l'intérieur.

Le jury décerne à M. Douine la médaille de bronze.

M. Jules-Clément SAVOURÉ, à Paris (Seine).

Il a exposé des bas de coton et de fil d'Écosse, des gants de fil d'Écosse, des gilets et des camisoles de cachemire.

Ces objets sont faits avec tout le soin que ce fabricant a toujours apporté dans la confection de ses articles, ce qui lui a valu la réputation dont il jouit dans le commerce de bonneterie.

M. Savouré emploie environ 200 ouvriers et fait à peu près 250,000 francs d'affaires, dont 1/5 pour l'exportation.

Le jury lui décerne une médaille de bronze.

MM. COUTURAT et FRÉROT, à Troyes (Aube).

Ils ont exposé des bas, des chaussettes, des gants, des manches de mitaines en coton et en laine.

Le jury se plaît à reconnaître la bonne fabrication des objets présentés par cette maison, et qui sont faits avec autant de goût que d'intelligence.

Ces fabricants, établis depuis 1833, ont apporté de grandes améliorations dans la fabrication de la bonneterie.

En 1835, ils ont, de concert avec M. Jacquin, au prix de grands sacrifices, introduit à Troyes le métier circulaire, qui a pris depuis un immense développement et qui a ainsi contribué à augmenter le commerce de cette ville.

Ils ont encore entrepris la fabrication des gants pour l'armée: ce nouveau genre d'industrie n'occupe pas moins de 1,000 à 1,200 ouvriers. Enfin ces messieurs ont fait tout ce qui était en leur pouvoir pour augmenter le travail, et le jury, reconnaissant leurs efforts et les améliorations qu'ils ont apportées dans leur industrie, leur décerne la médaille de bronze.

M. LARDIÈRE, à Falaise (Calvados).

Il expose des bas, des gilets, des jupons et pantalons.

Le jury reconnaît la bonne fabrication de ces articles.

Cet industriel occupe 180 ouvriers et ouvrières, et fait environ 200,000 francs d'affaires, et emploie 50,000 kilos de coton. Son intelligence remarquable l'a rendu l'inventeur d'un nouveau procédé différent de celui de M. Douine, dont il a déjà été parlé. Ce nouveau procédé s'applique aux métiers circulaires fonctionnant plusieurs à la fois; ce mécanisme consiste à arrêter de suite un ou plusieurs métiers si un fil vient à casser; ce changement est un grand perfectionnement apporté dans la fabrication de la bonneterie.

Le jury central décerne à M. Lardière la médaille de bronze.

M. Émile JOYEUX, à Nîmes (Gard).

Ce fabricant, quoiqu'il n'occupe que peu de métiers, n'en mérite pas moins d'être remarqué du jury, car les articles qu'il a exposés sont d'une confection parfaite. Les gants et les bonnets au filet sont surtout très-avantageux pour le prix.

M. Joyeux a obtenu en 1834, 1839 et 1844, la mention honorable.

Le jury de 1849, reconnaissant les progrès incessants faits par cet ingénieux fabricant, lui accorde la médaille de bronze.

M. BRACONNIER, à Paris (Seine).

Ce fabricant présente à l'exposition des tissus de flanelle tricot double qu'il déclare non susceptibles de rétrécissement; il affirme même que ce tissu s'élargit au porté et qu'il conserve jusqu'à la fin sa grande souplesse, son élasticité et tout son moelleux. Si ce fait était certain, ce serait une grande amélioration, car le rétrécissement de la flanelle est ce qui porte le plus de tort à cet article.

M. Braconnier a également présenté des tissus pour ganterie d'une excellente qualité et qui ont été acceptés par le commerce; car, soit pour ses propres affaires, soit par l'entremise des personnes auxquelles il a cédé des licences, il s'en vend annuellement pour 7 à 800,000 francs.

M. Braconnier, plutôt mécanicien que fabricant, a continuellement cherché à faire progresser son industrie par le perfectionnement de la mécanique

Il occupe environ 40 ouvriers et ouvrières et 6 métiers circulaires, emploie 8 à 9.000 kilos de laine et fait 130,000 francs d'affaires.

Le jury de 1844 lui a accordé la citation favorable.

Désirant reconnaître le zèle soutenu de ce fabricant dans la voie des améliorations, le jury lui décerne la médaille de bronze.

Mentions honorables. M. Jean-François LUCE-VILLIARD, à Dijon (Côte-d'Or).

Il a exposé des bas, robes, jupons et plusieurs pièces d'échantillon en coton.

Ces articles sont faits avec soin; la maille est bien corsée et régulière, la matière première de belle qualité. Les robes et les jupons sont dans de bonnes proportions.

Cette maison, établie comme fabricant depuis 1845 seulement, a le mérite d'avoir doté son pays d'une industrie qui n'y existait pas. Il occupe en ce moment 50 à 60 ouvriers; il emploie 9,000 kilos de coton et fait environ 60,000 francs d'affaires.

Le jury décerne une mention honorable à M. Luce-Villiard.

M. QUINQUARLET-DUPONT, à Troyes (Aube).

Il a exposé des camisoles en laine et en coton faites à taille.

Ces camisoles exposées sont d'une forme gracieuse et d'une bonne fabrication.

Ce fabricant, qui occupe 175 ouvriers et fait environ 110,000 fr. d'affaires, a pris, il y a 3 ans, un brevet d'invention.

Le jury accorde une mention honorable à M. Quinquarlet-Dupont.

MM. DUMAS frères, BOSSENS et Cie, à Sauve (Gard).

Ils ont exposé des gilets de tricot en laine et en coton au métier, d'une bonne fabrication et à des prix modérés.

Ces messieurs, à la tête d'une fabrique importante du pays, occupent 400 ouvriers, 134 métiers, et emploient 50 à 60,000 kilos de laine du pays et une grande quantité de coton.

Cette maison fait 350 à 400,000 francs d'affaires, dont un quart à l'exportation; c'est la première fois qu'elle expose.

Le jury lui accorde une mention honorable.

Mᵐᵉ veuve DE MONTLAUR, rue Monsigny, n° 3, à Paris (Seine).

Elle a exposé des châles, couvre-pieds et autres articles de tricot à l'aiguille, dits *de Bagnères*.

Cette industrie, qui aurait pu prendre un grand accroissement, reste stationnaire par suite de la concurrence que lui font aujourd'hui les articles fabriqués sur le métier, et dont le prix est beaucoup moins élevé.

Les articles exposés par cette dame sont pleins de goût et ont attiré l'attention du jury.

L'industrie de Mᵐᵉ de Montlaur est d'une grande importance pour le pays de Bagnères, où elle procure du travail à plus de 200 ouvrières.

Le jury lui décerne la mention honorable.

M. David AUDUMARÈS, à Sauve (Gard).

Les articles présentés par cette maison sont d'une fabrication toute particulière, et, quoique modestes, ils ne tiennent pas moins une place avantageuse dans la fabrication locale et méritent d'être remarqués; ils consistent en tissus de tricot.

Ses bonnets sont bien faits et d'un prix très-peu élevé. C'est le seul article qui puisse encore se vendre en concurrence avec ceux fabriqués sur les métiers circulaires, qui ont enlevé une partie du travail dans ces contrées.

Ce fabricant fait 80,000 francs d'affaires, dont le quart à l'exportation; il emploie 9 à 10,000 kilogrammes de coton, et occupe environ 50 ouvriers et ouvrières et 40 métiers.

C'est la première fois que cette maison présente ses produits à l'exposition.

Le jury lui décerne la mention honorable.

M. Pierre-Paul CARETTE, à Gentelles (Somme).

Il a exposé des jupons en tricot de laine et de coton, des couvre-pieds et rideaux en tricot de coton, le tout fait au métier.

Ces articles, qui sont fabriqués avec goût et avec soin, ont attiré l'attention du jury; il a particulièrement remarqué les rideaux, dont le dessin est bien réussi.

Ce fabricant emploie 1,200 kilogrammes de laine et de coton, et fait environ 24,000 francs d'affaires, dont un tiers à l'étranger.

Le jury lui accorde la mention honorable.

M. Pierre-Antoine BOULAY, à Falaise (Calvados).

Cette maison, qui expose pour la première fois, a présenté des bas, des gilets, des pantalons et des pièces de tissu servant à la fabrication de ces articles.

Ce fabricant occupe 150 ouvriers et fait environ 100,000 francs d'affaires.

Le jury se plaît à reconnaître la bonne confection et la modicité des prix des articles exposés, ainsi que s'est également plu à le reconnaître le jury du Calvados.

Le jury accorde à M. Boulay une mention honorable.

M. Jean BOURABIER, à Limoges (Haute-Vienne).

Il a exposé des bas et chaussettes.

Ces articles se recommandent par leur bonne fabrication.

Le jury lui accorde la mention honorable.

M. Nicolas-Edme MICHON, rue Villedot, n° 7, à Paris (Seine).

Il présente à l'exposition des couvre-pieds en maille quadrillée, faits au métier.

Ces objets, fabriqués en laine torse ou floche, de différentes couleurs, plaisent aux yeux pour la diversité des nuances et surtout pour leur bon emploi.

Le jury, en 1833 et en 1844, a accordé la mention honorable à M. Fazola, prédécesseur de cette maison.

Le jury de 1849 accorde une mention honorable à M. Michon.

Citations favorables.

M. BARBARY jeune, à Limoges (Haute-Vienne).

Il a exposé des bas et des chaussettes d'une bonne fabrication.

Le jury le cite favorablement.

M. AKSELBAN, rue Saint-Denis, n° 281, à Paris (Seine).

Il a exposé des bas à doigts, qui paraissent ne devoir servir que pour le théâtre.

Il a déposé un modèle au conseil des prud'hommes, le 28 janvier.

Le jury, après avoir remarqué la bonne fabrication de ces bas, cite favorablement M. Akselban.

Mme Dauphin AUBRY, à Tours (Indre-et-Loire).

Elle a exposé, comme spécimen d'une industrie que la mode pourrait utiliser, des châles en coton, tricotés à la main, et faits d'une seule pièce.

Le jury a remarqué la bonne confection des objets soumis à son examen, il espère que Mme Aubry pourra tirer parti de son invention, et procurer du travail à un grand nombre d'ouvrières de son pays.

Désirant donner à cette dame une récompense qu'elle mérite, le jury la cite favorablement.

MM. ESPRIT et NOYÉ, à Lyon (Rhône).

Ils ont présenté à l'exposition des bas et des gants, dont les coutures sont faites au métier au lieu d'être, comme habituellement, faites à la main,

Ces coutures sont beaucoup plus régulières et offrent une plus grande solidité que celles à l'aiguille.

Le jury regrette de ne pas avoir vu fonctionner le métier qui est à Lyon, il aurait pu beaucoup mieux apprécier le mérite de l'invention de ces messieurs.

Le jury les cite favorablement.

PASSEMENTERIE.

M. Manière, rapporteur.

CONSIDÉRATIONS GÉNÉRALES.

Cette partie a depuis quelques années pris un accroissement important, et surtout en ce qui concerne les articles de nouveauté et ceux pour ameublement; il serait difficile de fixer le nombre d'ouvriers qu'occupe la passementerie, mais il est considérable, et principalement à Paris et dans ses environs.

Cette industrie, qui emploie une grande quantité de matières premières, soie, laine, coton, et occupe beaucoup de monde, est loin d'être fructueuse pour les ouvriers, car les salaires sont très-peu élevés, et ouvriers et ouvrières gagnent à peine de quoi vivre.

Cette partie s'apprend très-facilement et s'exploite avec peu de fonds, ce qui est cause qu'elle est entre les mains d'une foule de petits fabricants qui, à l'envi l'un de l'autre et pour pouvoir vendre meilleur marché, diminuent le prix de la main-d'œuvre; aussi, hommes, femmes et enfants ne gagnent-ils qu'un faible salaire, après un travail journalier de douze heures.

Le jury pense que l'on devrait sérieusement s'occuper de ces ouvriers, qui pourraient être mieux rétribués; car cette partie, qui a peu de concurrence à l'étranger (les articles de luxe et de goût étant presque exclusivement tirés de Paris), supporterait facilement une augmentation sur la façon; une mauvaise fabrication, engendrée par une concurrence effrénée, pourrait seule la perdre, par suite de l'infériorité des produits expédiés sur les marchés étrangers.

Le jury espère que M. le ministre du commerce voudra bien jeter un regard favorable sur cette classe intéressante de travailleurs, particulièrement en ce qui concerne les enfants, de grandes améliorations pouvant être apportées dans cette industrie.

MM. RICHARD frères, à Saint-Chamond (Loire).

Nouvelle médaille d'argent.

Ils ont exposé des lacets et cordons en coton et en soie.

Cette maison, établie en 1817, est une des plus importantes du département; elle occupe mille métiers au moins, et les moulinages pour tordre la soie et le coton, et de 400 à 500 ouvriers et ouvrières, et fait environ 600,000 francs d'affaires.

Elle occupe encore 2 machines de 10 à 20 chevaux, et 3 roues hydrauliques de 10 à 15 chevaux; elle emploie 30,000 kilogrammes de coton n° 20/22, 5,000 de soie du Levant et 4,000 bourre de soie.

La main-d'œuvre entre pour moitié dans les articles de coton et pour un cinquième dans les articles de soie.

C'est l'industrie qui a remplacé celle du moulinage, devenue impossible à Saint-Chamond, par la concurrence des mouliniers du Midi.

Cette industrie, naguère inconnue, est maintenant la première et celle qui occupe le plus de négociants et de capitaux à Saint-Chamond.

Le jury se plaît à reconnaître que les produits exposés par ces messieurs ne laissent rien à désirer, et qu'ils soutiennent la réputation que cette maison s'est acquise.

Ces industriels ont obtenu, en 1839, une médaille d'argent, et n'ont pas exposé en 1844.

Le jury, voulant reconnaître les services que MM. Richard rendent à l'industrie, leur décerne une nouvelle médaille d'argent.

M. André-Amédée JULLIEN, à Tours (Indre-et-Loire).

Médailles d'argent.

Il a exposé des échantillons de passementerie pour ameublements.

Cette maison, dont la fondation remonte à plus de deux siècles, occupe 300 ouvriers et ouvrières, et fait environ 400,000 francs d'affaires.

Les articles présentés par cet industriel attestent des progrès qu'il a faits sous le rapport de la fabrication.

M. Jullien, qui fait maintenant ses dessins lui-même, a apporté par cela une grande amélioration dans son industrie, les fabricants ayant toujours, jusqu'alors, fait venir leurs dessins de Paris.

Le jury, appréciant les efforts faits par M. Jullien pour apporter des améliorations dans sa fabrication, lui décerne la médaille d'argent.

MM. VAUGEOIS et TRUCHY, rue Mauconseil, n° 1, à Paris (Seine).

Cette maison a exposé des objets de broderie en or et en argent: épaulettes, ceintures, etc.

Le jury se plaît à reconnaître la belle fabrication de ces articles et le bon goût qui y règne. Ces articles sont livrés au commerce à des prix très-modérés.

Le jury a principalement remarqué les objets de broderie pour uniforme et pour ornements d'église, et autres, qui placent cette maison en première ligne.

Ces messieurs soutiennent la réputation qu'ils ont acquise; ils ont obtenu, en 1844, la médaille de bronze.

Le jury leur décerne la médaille d'argent.

MM. MALÉZIEUX, LEFEBVRE et Cⁱᵉ, rue Saint-Denis, n° 121, à Paris (Seine).

Ils ont exposé des articles de passementerie en tissu métallique, articles de passementerie ordinaire, or et argent, et articles de nouveauté en passementerie.

Cette maison, établie depuis 1815, fait environ 600,000 francs d'affaires et emploie un grand nombre d'ouvriers.

Ses relations sont très-grandes, tant en France qu'à l'étranger, où la confection supérieure de ses produits lui assure une suprématie incontestable.

Entre autres articles présentés par ces messieurs, le jury a remarqué avec beaucoup d'intérêt les épaulettes métalliques, dont le travail est d'un fini tellement perfectionné qu'il est impossible de le distinguer de la passementerie.

Les épaulettes diamones à jupes mobiles ont aussi attiré l'attention du jury.

Ces industriels ont également présenté à l'exposition des torsades métalliques flexibles pour glands de ceintures, écharpes, pour le civil et pour le militaire, qui offrent de grands avantages par la facilité avec laquelle elles peuvent, à peu de frais, être remises à neuf.

MM. Malézieux et Lefebvre soutiennent avec honneur la réputation, justement acquise, de M. Auguste Guibout, leur prédécesseur, qui, en 1844, avait obtenu la médaille d'argent.

Le jury leur accorde la médaille d'argent.

Nouvelle médaille de bronze.

M. Samuel GUÉRIN, à Nîmes (Gard).

Il a exposé des lacets de soie et de coton.

Cette maison a l'immense mérite d'avoir, il y a vingt ans environ, importé à Nîmes la fabrication des lacets de soie, bourre de soie et de coton, ainsi que les bords élastiques qui ont contribué au développement de la ganterie, industrie très-importante dans le département du Gard.

M. Guérin est un fabricant distingué; c'est à son zèle et à son intelligence qu'un grand nombre d'ouvriers doivent un nouvel élément de travail; car ses seuls ateliers en renferment plus de 300. Cette industrie, jusqu'au moment où M. Guérin l'eut importée à Nîmes, n'était jamais sortie de Saint-Étienne et de Saint-Chamond.

En 1839, MM. Guérin et Pailler ont obtenu la médaille de bronze, qui leur fut confirmée en 1844.

Le jury central de 1849, reconnaissant la bonne confection des lacets exposés, ainsi que les progrès que M. Guérin a toujours apportés dans sa fabrication, lui décerne une nouvelle médaille de bronze.

M. JURY fils, à Ambert (Puy-de-Dôme).

Rappels de médailles de bronze.

Il a exposé des objets de passementerie et rubanerie pour jarretières en laine, poil de chèvre, qui sont très-bien fabriqués; des galons plats, des chevillères en laine d'une fabrication parfaite, et des tirants de bottes d'une grande solidité.

Le jury de 1844 a accordé à ce fabricant une médaille de bronze.

En reconnaissance des soins qu'il apporte dans son industrie, le jury de 1849 la lui confirme.

MM. GUILLEMOT frères, rue Neuve-des-Mathurins, n° 88, à Paris (Seine).

Ils ont exposé de la passementerie pour voitures.

Ces messieurs ont soutenu la réputation qu'ils se sont justement acquise par leur bonne fabrication.

Le jury regrette qu'ils n'aient pas pu lui soumettre une machine de leur invention qui leur permettra de livrer à la consommation les galons de voiture, dits épinglés, avec une grande économie.

Le jury leur rappelle la médaille de bronze obtenue en 1844.

M. Joseph-Nicolas BIAIS, rue du Pot-de-Fer-Saint-Sulpice, n° 4, à Paris (Seine).

Il a exposé des produits qui méritent d'être cités.

Cette maison, qui emploie 60 ouvriers, continue de mériter la réputation qu'elle s'est acquise.

Elle a obtenue la médaille de bronze en 1827, et rappel en 1834, 1839 et 1844.

Le jury lui accorde nouveau le rappel de la médaille de bronze.

Médailles de bronze. **M. Jean-Marie SENS-CAZALOT, rue des Lombards, n° 37, à Paris (Seine).**

Il a exposé des canevas de soie, effilés, galons, tresses, et tout ce qui fait partie de la nouveauté dans cette industrie.

Cette maison occupe 40 ouvriers et ouvrières, et fait environ 120,000 francs d'affaires.

M. Sens-Cazalot a le mérite de tout fabriquer chez lui, même les accessoires qui servent à la confection de ses produits.

Le jury se plaît à reconnaître que les articles de goût pour hommes et pour dames sont parfaitement bien réussis.

Le jury décerne à M. Sens-Cazalot la médaille de bronze.

M. Alfred SORRÉ-DELISLE, place de la Bourse, n° 31, à Paris (Seine).

Il a exposé une collection d'échantillons de haute nouveauté, garnitures de robes et de manteaux, effilés, cordelières soie et or.

Cette maison, qui emploie 45 ouvriers et ouvrières, et fait environ 200,000 francs d'affaires, a inventé un tissu à chaîne mobile et appliquée au métier à la barre, dont les dessins sont remarquables.

Le jury se plaît à reconnaître le goût et le fini des articles de nouveauté et de tous les objets présentés à l'exposition.

Le jury décerne une médaille de bronze à M. Sorré-Delisle.

M. Alexandre-Fabien SESTIER, rue Saint-Sauveur, n° 26, à Paris (Seine).

Cette maison emploie 400 ouvriers, et fait environ 800,000 francs d'affaires, dont moitié à l'exportation. Elle existe depuis plus de 70 ans.

Les produits qu'elle a exposés sont d'une belle fabrication. Le jury a principalement remarqué les épaulettes dont les corps et les contours, entièrement métalliques, imitent parfaitement l'ouvrage de passementerie, et sont appelés à les remplacer avec avantage, en ce que les épaulettes faites par ce procédé offriront plus de solidité et plus de durée, et pourront s'établir à des prix plus modérés.

Les corps d'épaulettes d'officiers généraux, pour lesquels il a remplacé la broderie par le procédé électro-chimique, dénotent une haute capacité.

Les épaulettes à corps d'acier et de cuivre ont également attiré l'attention du jury. Ces épaulettes, principalement pour la cavalerie, offrent une grande solidité, se démontent très-facilement, et permettent de les nettoyer en très-peu de temps; elles sont principalement à considérer comme armes défensives.

Ce fabricant a encore inventé un galon très-bien fait, appelé à remplacer les franges des épaulettes; l'intérieur des torsades est rempli par une ganse de coton.

Le jury a remarqué aussi des galons en relief et des galons importation d'Allemagne.

M. Sestier est un industriel intelligent et cherchant continuellement le progrès.

Le jury lui décerne la médaille de bronze.

M. Louis-Alphonse LABBÉ, rue du Faubourg-Saint-Denis, n° 14, à Paris (Seine).

Il a exposé des chenilles qui servent à la broderie, et font une concurrence remarquable aux mêmes produits de Saxe et d'Allemagne. Ses chenilles sont également bien employées par nos premiers fleuristes.

Les deux tableaux que M. Labbé a exposés prouvent le bon emploi que l'on peut faire des produits de sa fabrique.

Ce fabricant soutient, par la bonne confection de ses produits, l'ancienne réputation de sa maison, fondée en 1759.

Le jury regrette de n'avoir pas vu le nom de M. Labbé figurer aux précédentes expositions, et accorde à cet habile industriel la médaille de bronze.

MM. MERCIER et Cie, à Firminy (Loire).

Il a exposé des galons de voiture et des épaulettes, articles de passementerie d'une bonne fabrication.

C'est une industrie nouvelle que ces messieurs ont importée depuis 8 ans dans le département de la Loire, et à laquelle ils ont fait faire un remarquable progrès.

L'abaissement de prix qu'ils ont obtenu sur ces articles a procuré à ce pays les préférences des commandes sur les fabriques de Paris.

Cette maison occupe 100 et quelques ouvriers et ouvrières, qui gagnent, en moyenne, 1 franc par jour.

Elle emploie plus de 10,000 kilogrammes de matières premières, laine, fil, coton et soie, et fait environ 110,000 francs d'affaires.

Cette fabrique fait beaucoup de bien dans le pays, par l'emploi d'un grand nombre de bras inoccupés par les autres industries du département, soit par incapacité reconnue, soit par un âge trop avancé.

Le jury de 1844 a accordé une mention honorable à MM. Mercier et compagnie. Celui de 1849, voulant reconnaître les constants efforts que font ces honorables fabricants, leur décerne la médaille de bronze.

Nouvelle mention honorable.

M. Pierre-Louis PUZIN, rue Saint-Denis, n° 135, à Paris (Seine).

Il a exposé des galons de voiture de différents dessins et de diverses qualités ;

Des galons de livrée et des garnitures de voiture.

Cette maison emploie 45 ouvriers et ouvrières, et fait environ 35,000 francs d'affaires.

Le jury se plaît à reconnaître une amélioration et une économie sensibles dans les articles exposés par cet industriel.

Il a obtenu une mention honorable en 1844. Le jury lui décerne une nouvelle mention honorable.

Rappel de mention honorable.

M. Pierre-Antoine BÉLORGÉ, rue Saint-Denis, n° 268, à Paris (Seine).

Il a exposé des bretelles en tissu caoutchouc, et autres articles de nouveauté, d'une bonne fabrication.

Ce fabricant a obtenu une mention honorable en 1844. Le jury lui en accorde le rappel.

M. Jean-Baptiste PAYEN, rue Saint-Denis, n° 257, à Paris (Seine).

Mentions honorables.

Il a exposé des garnitures de passementerie. Cette maison occupe 12 à 15 ouvriers, et fait environ 35,000 francs d'affaires.

Ce fabricant est inventeur d'un nouveau procédé, pour lequel il a pris un brevet en 1848. Ce procédé consiste à faire à la mécanique ce que l'on ne pouvait obtenir avant que par le travail manuel. Cette amélioration lui a permis de baisser considérablement le prix de ses produits, et lui donne même la possibilité de faire une quantité d'articles qui ne trouvaient autrefois aucun débouché.

C'est un progrès : aussi le jury décerne-t-il une mention honorable à cet industriel.

M. Joseph-Charles-Félix PINGUET, rue du Grand-Hurleur, n° 6, à Paris (Seine).

Cette maison occupe 20 ou 25 ouvriers ou ouvrières, et fait environ 70,000 francs d'affaires.

Les produits exposés consistent en agrafes de manteau, ganses, tresses de différents genres, dont les dessins sont du meilleur goût et sont déposés au conseil des prud'hommes.

Les articles de cette maison sont d'une bonne fabrication et établis à des prix très-modérés.

Ce fabricant a une spécialité de garnitures de manteau et de cabans qui lui a valu une réputation justement méritée.

Le jury lui décerne la mention honorable.

MM. SPIQUEL et Cᵉ, rue Saint-Honoré, n° 164, à Paris (Seine).

Cette maison expose pour la première fois. Elle a présenté une belle collection d'objets de passementerie, en épaulettes de divers genres, des galons, des broderies pour uniformes et costumes différents.

Cette maison a également exposé des sabres, des épées et des cuirasses d'une admirable fabrication, et qui ne laisse rien à désirer.

Le jury rend justice à la beauté remarquable de tous les articles présentés par MM. Spiquel et compagnie, et leur accorde une mention honorable.

MM. GIRERD et fils frères, à Lyon (Rhône).

Ils ont exposé deux broderies or et argent, pour ornement d'église, d'une belle fabrication.

Cette maison occupe 80 à 100 ouvriers, fait environ 300,000 fr. en France et 200,000 francs pour l'exportation.

Le jury leur décerne une mention honorable.

M. Joseph-Grégoire ZOELLER, rue Mauconseil, n° 20, à Paris (Seine).

Cette maison occupe 50 ouvriers et fait environ 40,000 francs d'affaires.

Ce fabricant a exposé des articles de haute nouveauté, tels que coiffures, garnitures de robes, de manteaux.

Tous les articles sont d'une bonne fabrication et d'un très-bon goût.

Le jury décerne à M. Zoeller une mention honorable.

MM. LAVIGNE et SOURD, rue Saint-Denis, n° 192, à Paris (Seine).

Ils ont exposé des franges, un rideau de vitrage tout passementerie et deux embrasses de passementerie en coton.

Cette maison, nouvellement établie, emploie 60 ouvriers et utilise 30 métiers.

Le jury a remarqué le bon goût des articles exposés par ces fabricants et la modicité de leurs prix, et leur accorde une mention honorable.

M. FRAISIER, à Valbenoîte (Loire).

Il a exposé des lacets et soutaches. C'est la première fois qu'il présente ses produits.

Il occupe 40 à 50 ouvriers.

Il est l'inventeur d'un nouvel article en passementerie soutache anglaise, lacets unis et façonnés.

Ces produits, d'un prix très-raisonnable, ont mérité l'attention du jury.

Le jury lui accorde une mention honorable.

M. Hippolyte BRICHARD, rue Saint-Denis, n° 120, à Paris (Seine).

Cette maison, qui présente pour la première fois ses produits, a exposé un choix remarquable de boutons en soie et de galons pour nouveautés. Les boutons en soie, entièrement fabriqués par elle, ont attiré l'attention du jury par leur bonne confection et le choix des dessins.

Il a particulièrement remarqué un galon découpé fait sur un métier à la barre, avec lisière de chaque côté; les autres galons sont également fabriqués avec le plus grand soin et ne laissent rien à désirer sous le rapport de la qualité.

Le jury accorde une mention honorable à M. Brichard.

M. Jean-Marie BOISARD, à Paris, rue Saint-Denis, n° 217 (Seine).

Citations favorables.

Il a exposé, entre autres produits, des guipures en soie, couvertes à la mécanique, d'une bonne confection.

Le jury a pu apprécier la régularité des soies qui lui sont soumises et accorde une citation favorable.

M. Auguste PANNIER, rue Rambuteau, n° 75, à Paris (Seine).

Il a exposé des ganses en soie, en laine, et autres, rondes et plates.

Cette maison, qui occupe 25 ouvriers et ouvrières et fait 100,000 francs d'affaires, soutient avec avantage la concurrence avec Saint-Étienne et Saint-Chamond, malgré la différence des prix de façon.

Le jury lui accorde une citation favorable.

MM. LORRAIN-BRIGOT et Cie, rue Saint-Denis, n° 155, à Paris (Seine).

Ils ont exposé des galons, rubans et lacets. L'attention du jury a été attirée par le goût et la bonne fabrication des articles exposés par cette maison.

Le jury la cite favorablement.

MM. JOURDAIN et NAUDIN, rue Quincampoix, n° 19, à Paris (Seine).

Ils ont exposé des boutons, galons et ganses nouveautés qui se font remarquer par la beauté de la fabrication.

Cette maison, qui emploie 150 à 200 ouvriers ou ouvrières, et qui fait environ 300,000 francs d'affaires, travaille avec goût.

Le jury lui accorde une citation honorable.

M. Antoine HUREL, rue Saint-Magloire, n° 1, à Paris (Seine).

Il a exposé de la passementerie et glands. Cette maison, qui occupe environ 12 ouvriers et ouvrières, et fait de 30 à 35,000 fr. d'affaires, se recommande par une bonne fabrication.

Le jury la cite favorablement.

M. Augustin-Philibert CATILLON, rue Montmartre, n° 18, à Paris (Seine).

Il a exposé des boutons de soie, galons et nouveautés à l'aiguille pour tailleurs ; la fabrication est bien soignée et de bon goût.

Cette maison occupe 12 à 15 ouvriers, fait environ de 25 à 30,000 francs d'affaires.

Le jury la cite favorablement.

M. DORSO, rue Babylone, n° 47, à Paris (Seine).

Le jury a examiné, avec la plus grande attention, les modèles de pompons que cette maison a exposés. Il a reconnu un progrès très-sensible dans la manière dont les pompons sont tondus, la monture surtout est remarquable par sa solidité.

Le jury décerne à M. Dorso une citation favorable.

M. François BERNARD, à Ambert (Puy-de-Dôme).

Ce fabricant présente à l'exposition des lacets de laine et de coton et des cordons d'une fabrication qui ne laisse rien à désirer.

Le jury regrette que M. Bernard n'ait pas joint à ses échantillons une note de ses prix, pour qu'il pût reconnaître s'ils sont aussi avantageux que la marchandise lui a paru bien soignée.

Le jury le cite favorablement.

M. Hugues LEGAVRE, rue Saint-Denis, n° 148, à Paris (Seine).

Il a exposé des boutons de soie et des objets de passementerie en nouveautés pour dames.

Cette maison occupe de 80 à 100 ouvriers et ouvrières, suivant la saison, et fait environ 200,000 francs d'affaires.

Le jury a remarqué le bon goût des articles exposés par ce fabriquant et le cite favorablement.

Mme Françoise-Victoire MERCIER, rue d'Anjou, n° 21, au Marais, à Paris (Seine).

Elle a exposé un très-joli choix de bourses, sacs et autres fantaisies faites au crochet avec broderies en perles d'acier et d'or.

Cette maison emploie 25 à 30 ouvriers et fait environ 30,000 fr. d'affaires.

Le jury, rendant justice au bon goût des articles exposés par Mme Mercier, lui accorde une citation favorable.

Mme Françoise PÉRIER, rue Fontaine-Molière, n° 32, à Paris (Seine).

Elle a exposé des articles de passementerie algérienne et crochet haute nouveauté.

Cette maison, qui n'existe que depuis quatre ans, emploie 10 ouvriers et fait environ 5,000 francs d'affaires.

Les articles présentés à l'exposition sont d'une bonne fabrication et d'un très-bon goût.

Le jury accorde à Mme Périer une citation favorable.

TROISIÈME PARTIE.

INDUSTRIE DU COTON.

MM. A. Mimerel et E. Dolfus, rapporteurs.

CONSIDÉRATIONS GÉNÉRALES.

Nous dirons quelques mots seulement sur l'industrie du coton.

Nous avons laissé, en 1844, la consommation annuelle de la France à 58 millions de kilogrammes.

En 1846, cette consommation était arrivée à 64 millions.

Nos filatures et nos tissages mécaniques s'étaient accrus dans une proportion relativement aussi considérable.

Cette consommation s'est affaissée en 1847 et 1848; mais les cinq premiers mois de 1849 constatent une mise en œuvre de 27 millions ; soit, pour l'année entière, 65 millions.

Ainsi, du calme et un peu de confiance, et l'industrie reprend bientôt son allure habituelle.

Si la mise en consommation de 1849 est de 27 millions dans les 5 premiers mois, dans le même intervalle, en 1847, elle n'avait été que de 17 millions : c'était l'effet d'une récolte manquée.

Et, dans le même laps de temps, en 1848, ce n'est plus que 15 millions, encore que les deux mois de janvier et février aient été prospères : c'était l'effet du bouleversement politique.

Ce qui veut dire que, si terribles que soient les résultats d'une disette, ils sont loin d'être comparables aux effets d'une révolution, et que l'intempérie des saisons a des suites moins funestes, pour l'existence de l'ouvrier, que l'égarement des esprits: vérité qui ne saurait être trop répétée.

La filature du coton est, de tous les arts textiles, le plus indéfiniment perfectible, conséquemment celui qui, pour être exercé avec succès, demande le plus d'application et d'étude.

Un brin de laine, en effet, s'il est propre à filer le n° 28, filera mal le n° 32, quels que soient les procédés employés pour arriver à un bon résultat.

Dans le coton, au contraire, le même brin employé pour donner le n° 40, pourra tout aussi bien atteindre le n° 80, si les machines sont spécialement disposées pour cela, si le travail est plus lent, la production sera moins considérable.

De sorte que, pour le producteur de coton, finesse et perfection dépendent de l'agencement des machines et de leur degré d'accélération ; quantité obtenue, prix de revient, dépendent de ces mêmes circonstances. Quelle carrière d'études et d'essais, mais aussi quel élément de progrès ! parce qu'en industrie le progrès consiste à satisfaire, de la manière la plus étendue, aux besoins de la consommation.

Le prix des tissus de coton était tellement abaissé en 1844, qu'une nouvelle réduction de prix paraissait impossible ; et cependant le prix, depuis 1844, a fléchi de 20 p. o/o ; depuis 1834, le tissu de coton est précisément baissé de moitié, de sorte qu'aujourd'hui la femme de l'ouvrier a deux habillements pour le prix qui lui était indispensable pour en payer un seul, il y a 15 ans.

Malgré ce résultat, l'exportation de nos tissus de coton est relativement peu considérable ; elle figure pour 20 millions, à peine, dans le commerce de concurrence, c'est le 30e de ce que nous faisons.

L'exportation de l'Angleterre en produits cotonniers était de 150 millions de francs, en 1845 ; 130 millions en 1846, c'est-à-dire huit fois aussi considérable que la nôtre.

C'est que l'Angleterre a tous les éléments utiles pour poursuivre le très-bon marché, et la France, pour atteindre le bon goût. En Angleterre, on imprime et on vend longtemps un même dessin. Nos Françaises, même les moins favorisées de la fortune, ne souffrent pas cette monotonie dans le vêtement. La variété est pour elles un besoin. Or, la variété est chose agréable, sans doute, mais il faut la payer ; voilà un des motifs qui enchérit notre production, et la réduit, en ce qui concerne l'exportation, à quelques articles dont la classe aisée ne marchande pas le prix.

L'exposition nous offre des fils de coton d'une ténacité et d'une souplesse admirables. A l'œil et au toucher, c'est l'apparence de la soie, et pourtant ces fils si beaux, qui ne redoutent pas la comparaison de qualité avec les fils anglais, ne produiraient pas une mousseline aussi souple que celle de l'Inde, dont le fil sort des doigts de l'esclave et ne doit rien aux admirables perfectionnements de la mécanique. Où filerait-on à la main le coton que produirait la mousseline de l'Inde? Où voit-on se reproduire ce phénomène de l'art mécanique vaincu par la pratique manuelle?

On remarque encore à l'exposition des impressions sur coton qui surprennent par la vivacité et la netteté de leur exécution. Les rapports sur les exposants mettront ces différents progrès plus en évidence. Parlons donc des exposants.

PREMIÈRE SECTION.

COTONS FILÉS.

Exposants hors de concours. MM. DOLFUS, MIEG et Cⁱᵉ, à Mulhouse et à Dornac (Haut-Rhin).

Leur industrie comprend la filature de coton, le tissage des calicots, mousselines et jaconas, le blanchiment et l'impression sur coton et sur laine.

Par des rapports spéciaux à chacune des industries de la filature du coton, du tissage et du blanchiment, on vous a fait connaître que MM. Dolfus, Mieg et compagnie sont au premier rang pour la perfection et l'importance de ces produits.

Pour l'impression des tissus de coton et de laine, cette maison est aussi depuis longtemps au premier rang pour les articles nouveautés; elle a des concurrents très-sérieux, mais qui, jusqu'à présent, ne sont pas parvenus à la dépasser. Il n'existe rien à l'exposition ni dans le commerce qui soit mieux fabriqué ni de meilleur goût que ce qui est produit par MM. Dolfus, Mieg et compagnie; aussi tous leurs articles sont-ils très-recherchés pour la consommation intérieure et pour l'exportation.

Leur fabrique d'indiennes a été fondée en 1799, elle absorbe tous les tissus faits avec les produits de leur filature.

7 à 800 ouvriers, hommes, femmes et enfants y sont employés, leurs salaires sont annuellement de 4 à 500,000 francs.

La production est de 5 à 6,000,000 de mètres de tissus imprimés, dont la valeur dépasse 6,000,000. Plus de la moitié sont écoulés par l'exportation en Italie, en Espagne, en Allemagne et dans les Amériques, la consommation intérieure absorbe facilement le reste.

On ne trouvera pas étonnant que MM. Dolfus, Mieg et compagnie produisent 5 ou 6 millions de mètres d'étoffes imprimées, qui doivent être fabriquées et vendues en moins de 5 mois, 3 au printemps et 2 en automne, lorsqu'on saura qu'ils peuvent mettre en mouvement à la fois 14 machines à imprimer à 1, 2, 3 et 4 couleurs, 9 perrotines et tous les accessoires dans cette proportion ; ils ont en outre 300 tables pour imprimer à la main.

Tout en déployant une grande activité et des connaissances très-étendues pour se maintenir au premier rang comme manufacturiers et alimenter une fabrication aussi variée et aussi importante, MM. Dolfus ont pensé à leurs ouvriers, tant pour le présent que pour l'avenir.

Dans le département du Haut-Rhin où la philanthropie est un culte pour beaucoup de personnes, MM. Dolfus, Mieg et compagnie n'ont pas été des derniers à créer des écoles primaires pour les deux sexes, caisses de secours pour les ouvriers malades, caisse de retraite pour les vieillards et les incurables.

Nous devons faire des vœux, messieurs, pour que ces institutions, qui existent dans un très-grand nombre d'établissements en Alsace, soient créés par toute la France ; le pays y gagnera beaucoup en bien-être et en sécurité.

Honorés de la médaille d'or en 1819, rappelée en 1834, 1839 et 1844, nous ne pouvons vous faire une demande spéciale en 1849, parce que M Émile Dolfus, l'un des associés de cette maison, est membre du jury central.

MM. FÉRAY et Cⁱᵉ, à Essonne (Seine-et-Oise).

Le jury regrette que la position exceptionnelle faite à cet établissement par la présence de son chef M. Féray au sein du jury, ne lui permette pas de lui accorder la récompense à laquelle il aurait droit, à raison du mérite incontestable des produits qu'il expose. On se bornera donc à mentionner ici (renvoyant au chapitre des tissus de coton et à ceux des fils et tissus de lin pour les autres articles exposés) les produits en filés de coton présentés par MM. Féray et compagnie ; ce sont des chaînes simples 46 à 60, et des retors 60 à 100, à 2 brins.

Rappels de médailles d'or.

M. MALLET, à Lille (Nord); raison commerciale, VAN-TROYEN, MALLET et Cie.

Voici sur cet industriel l'opinion du jury départemental du Nord :

« Le jury a été frappé de l'incomparable beauté des produits de « M. Mallet. Il semble que le n° 425 m/m, si élevé qu'il paraisse, « ait été obtenu sans difficulté, et qu'il aurait été possible de filer « les mêmes préparations à un numéro plus élevé encore.

« Honneur donc à ce manufacturier ; le jury départemental ne « saurait trop le recommander à la bienveillance du jury central et « du Gouvernement. »

Cet éloge, si complet, a fixé l'attention du jury central. Les produits de M. Mallet, le fil simple 425 surtout, ont été examinés à plusieurs reprises, et toujours comparés à ceux de ses concurrents. Les examinateurs ont été unanimes pour déclarer la perfection et l'incontestable supériorité des produits exposés par M. Mallet.

Toutefois, le jury a voulu s'assurer de la réputation dont jouissaient dans le commerce les produits de l'exposant, et, pour cela, il a adressé plusieurs questions à M. le préfet du Nord, avec prière de les faire résoudre par les personnes les plus spéciales. Voici les réponses reçues :

1re question. — Quel est le fil le plus fin qu'emploie la fabrique de Calais, qu'il provienne, soit de l'Angleterre, soit de la fabrication de M. Mallet?

Réponse. — Le n° 340 anglais.

2e question. — Quel prix vend M. Mallet, et quel est le prix des cotons anglais même numéro?

Réponse. — Le tableau du prix courant ci-joint prouve que M. Mallet vend de 5 à 8 p. o/o moins cher que les meilleures fabriques de l'Angleterre.

3e question. — Quel est le n° le plus fin qui ait été produit en Angleterre?

Réponse. — 460. (M. Mallet expose du 425 métrique correspondant au n° 510 anglais.)

Enfin, des preuves nous sont fournies qui établissent que le coton filé par l'exposant est fort recherché, même en présence des produits similaires anglais.

Satisfait de ces réponses, le jury a désiré recevoir un tulle fait en coton de M. Mallet, et un autre tulle, de même finesse et même dessin, fabriqué avec du coton filé anglais de premier choix.

Il a été satisfait à notre demande : le même métier, le même ouvrier, ont été employés au tissage, et ce n'est qu'à la loupe, et après bien des hésitations, que le jury a cru reconnaître un léger avantage au produit anglais, avantage qui, l'instant d'après, était par d'autres attribué au produit français, de sorte qu'en définitive, l'égalité des produits est ressortie de l'examen attentif auquel plus de 10 membres du jury ont été appelés à prendre part.

C'est là un résultat immense et glorieux à signaler. Ainsi, en perfection, voilà une filature française qui marche de pair avec les meilleures filatures de l'Angleterre; et tandis qu'il y a 15 ans la fabrique de tulle était retenue dans son élan par l'infériorité de notre production, voilà qu'aujourd'hui la filature française arrive à produire les numéros que le tissage ne demande pas encore à employer.

Ce résultat est digne de tous éloges. Le jury est le premier appelé à récompenser son auteur. Il y a 15 ans, il lui décernait une médaille d'or, déjà deux fois rappelée depuis : ce n'est pas à lui de mieux faire; mais il décerne un troisième rappel de cette médaille.

MM. Edmond COX et Cⁱᵉ, à Lille (Nord).

Telle est l'émulation qu'entretiennent les récompenses décernées par le jury, que, tous les 5 ans, on voit se reproduire la même ardeur parmi les mêmes concurrents.

M. Mallet, dont nous venons de vous entretenir, laissait peut-être un peu d'avance à M. Cox en 1844; aujourd'hui les rôles paraissent intervertis, et M. Mallet est le plus près du but. Mais qu'il y prenne garde, et qu'il ne ralentisse pas sa marche; car son concurrent n'est pas d'humeur à se laisser longtemps devancer: il voudra reprendre ses avantages.

Les produits de M. Cox sont toujours remarquablement beaux; ils sont dignes de vos éloges et de vos récompenses. Pourquoi ces récompenses sont-elles limitées? M. Cox obtint la médaille d'or en 1839; il en eut le rappel en 1844; et quand le jury départemental du Nord déclare que M. Cox tient toujours le premier rang dans la filature du coton fin, quand les faits établissent que, sur les marchés français et belges, l'exposant vend ses produits en concurrence avec les plus beaux produits similaires anglais, le jury central récompense M. Cox par un nouveau rappel de la médaille d'or.

MM. Nicolas SCHLUMBERGER et Cⁱᵉ, à Guebwiller (Haut-Rhin).

Il y a toujours la même perfection à signaler dans les produits de cet établissement. Sa marque continue de se classer en première ligne, et d'emporter, dès lors, une garantie certaine de supériorité.

Les récompenses déjà obtenues par MM. Nicolas Schlumberger et compagnie, et la constance de leur succès, les placent en quelque sorte hors de concours. En tout cas, le jury, en parlant de leurs produits, ne peut-il que répéter aujourd'hui ce qui a été constaté tant de fois aux expositions précédentes : c'est qu'il est difficile de faire aussi bien que M. Schlumberger, et que personne ne fait mieux. Les types qu'ils exposent représentent la série de numéros de leur fabrication courante, qui va du 28 au 200 métrique.

Ajoutons cependant qu'une innovation importante est à signaler ici : c'est la même suite d'échantillons présentée en filés Jumel et Géorgie long, obtenus au moyen de préparations qui sont le produit de la nouvelle peigneuse mécanique exposée par ces fabricants. Ces filés, que le jury a examinés avec le plus vif intérêt, ne le cèdent en rien à ceux obtenus par les procédés ordinaires. (Voir au chapitre des machines de filature pour la peigneuse.)

En résumé, le jury, en rappelant que MM. Schlumberger et compagnie peuvent être considérés comme les véritables créateurs en France de la filature en fin, constate, avec non moins de satisfaction, qu'ils n'ont cessé depuis lors de prêcher d'exemple, sous le rapport des progrès et de la perfection, à ceux qui sont venus après eux.

Le jury, voulant récompenser le mérite de ces fabricants, leur décerne un nouveau rappel de la médaille d'or obtenue en 1827, et rappelée trois fois depuis lors.

M. Antoine HERZOG, à Logelbach (Haut-Rhin).

L'excellente réputation dont jouissent, à juste titre, les produits de M. Herzog, et qui ont valu à cet habile industriel les distinctions les plus éminentes aux expositions précédentes, n'a pas décliné. La consommation continue de classer ses filés au premier rang. A côté des types de sa fabrication habituelle, M. Herzog présente aujourd'hui une série nouvelle de numéros qui s'élèvent jusqu'au 430 métrique. Dans l'état actuel de la consommation, la filature de ces numéros peut sans doute être considérée encore comme un tour de force; mais le fait d'un progrès aussi remarquable n'en reste pas moins acquis à notre industrie. Le jury se plaît donc à le signaler, tout en félicitant M. Herzog. Cet éminent filateur, dont l'établissement est l'un des plus importants de l'Alsace, a rendu de nombreux et incontestables services à son industrie, en ne reculant jamais devant aucun sacrifice pour introduire chez lui les machines les plus perfectionnées, les meilleurs procédés, et en contribuant ainsi à en répandre et populariser l'emploi.

Le jury, rendant hommage au mérite de M. Herzog, lui décerne un nouveau rappel de la médaille d'or qu'il avait obtenue en 1839, et qui lui fut rappelée en 1844.

M. FAUQUET-LEMAITRE, à Bolbec (Seine-Inférieure).

C'est ici encore un nom célèbre dans l'industrie, et qui y est justement honoré. M. Fauquet-Lemaître est non-seulement l'industriel le plus important du département de la Seine-Inférieure (il n'occupe pas moins de 2,000 ouvriers), mais il peut être considéré à la fois comme l'émule des filateurs de ce pays, à raison des perfectionnements incessants introduits dans ses établissements, surtout en ce qui touche les machines de préparation. Il ne file que la série de numéros comprise entre 6 et 30, dont il expose les types, mais il les traite avec ce savoir-faire qui le distingue à un si haut degré; aussi le tissage mécanique accorde-t-il une préférence marquée à tout ce qui sort de ses ateliers. Les légitimes succès obtenus par M. Fauquet-Lemaître, succès que sa haute capacité et son infatigable activité ont su rendre constants, l'ont fait arriver depuis longtemps aux premières récompenses. Le jury, en signalant au pays un noble et utile exemple, en constatant une fois de plus les services rendus par M. Fauquet-Lemaître, donne à cet honorable industriel un nouveau rappel de la médaille d'or qui lui fut décernée en 1834, et rappelée deux fois depuis lors.

MM. Ch. NAEGELY et Cⁱᵉ, à Mulhouse (Haut-Rhin).

L'établissement de filature de MM. Naegely et compagnie est le plus important de France. Fondé en 1826, il a acquis, jusqu'en 1837, un développement qui le porte à 84,000 broches, mises en mouvement par plusieurs machines à vapeur d'une force totale de 250 chevaux et occupant 1,300 ouvriers.

MM. Naegely et compagnie se livrent principalement à la filature des nºˢ 40 à 160. Leurs produits sont fort estimés et recherchés en Alsace, aussi bien qu'à Tarare et à Saint-Quentin. Les types exposés comprennent toute la série des numéros indiqués plus haut. Ils ne laissent rien à désirer ni pour la netteté, ni pour la régularité et la solidité.

Honorés de la médaille d'or en 1839, MM. Naegely et compagnie n'ont point pris part à l'exposition de 1844, mais ils n'en ont pas moins soutenu dignement depuis lors le rang correspondant à cette distinction; aussi le jury, en constatant derechef aujourd'hui la parfaite qualité des produits de cet établissement si important, accorde-t-il à MM. Ch. Naegely et compagnie le rappel de cette même récompense.

M. Henri HOFER, à Kaysersberg (Haut-Rhin).

La position industrielle de cet établissement continue de se maintenir au rang précédemment acquis. Ses produits se distinguent par une grande netteté et une régularité parfaite. M. Henri Hofer s'occupe principalement de la filature des nºˢ 40 à 80. C'est là une spécialité chez lui qu'il traite avec une véritable supériorité, et dans laquelle il s'est acquise une réputation justement méritée. Le jury signale avec plaisir cette persévérance dans la voie de la perfection, et décerne à M. Hofer le rappel de la médaille d'or qui lui a été décernée en 1844.

Médailles d'or.

MM. SCHLUMBERGER et HOFER, à Ribeauvillers (Haut-Rhin).

L'établissement de MM. Schlumberger et Hofer compte 17,000 broches et occupe 350 ouvriers. Il expose une série d'échantillons dans les nºˢ 50 à 120. Ces produits ne laissent rien à désirer, et viendraient, s'il en était besoin, confirmer l'excellente réputation dont les filés de cette maison jouissent auprès du consommateur. Ils portent l'empreinte de ces soins habiles et incessants par lesquels MM. Schlumberger et Hofer sont parvenus à faire classer leur fabrication au premier rang. Leurs trames surtout sont fort estimées, autant pour l'excellente confection des canettes que pour la souplesse et la régularité du fil. La filature en fin doit des progrès à MM. Schlumberger et Hofer.

Le jury, appréciant le mérite de ces fabricants, déjà honorés de la médaille d'argent en 1844, et voulant récompenser des efforts couronnés d'un aussi incontestable succès, décerne à MM. Schumberger et Hofer la médaille d'or.

M. DELAMARRE-DEBOUTTEVILLE, à Rouen (Seine Inférieure).

Il expose des cotons filés provenant de ses trois filatures, situées à Fontaine-le-Bourg (Seine-Inférieure). Ces produits, consistant en n° 26 à 100, ne laissent rien à désirer; le jury a surtout remarqué les chaînes 40 comme irréprochables autant sous le rapport de la netteté que de la solidité.

M. Delamarre-Debouteville est un de ces rares et habiles industriels qui ne reculent devant aucune dépense, devant aucune difficulté, lorsqu'il s'agit d'obtenir un perfectionnement; aussi ses établissements peuvent-ils être considérés comme des modèles en leur genre. Dans de telles conditions, il n'est pas étonnant que l'on arrive à un produit de qualité supérieure, et c'est là, au surplus, ce qu'atteste suffisamment la préférence marquée qui est accordée par la consommation à tous les articles que lui fournit M. Delamarre. La parfaite habileté autant que les efforts persévérants de ce fabricant, placé à la tête de trois établissements importants, le désignent suffisamment à l'une des premières récompenses, aussi le jury, après lui avoir accordé en 1844 la médaille d'argent, lui décerne-t-il la médaille d'or.

M. TESSE-PETIT, à Lille (Nord).

M. Tesse-Petit est un bon filateur de coton de qualité courante : voilà le témoignage du jury départemental du Nord, et celui que dicte l'inspection des produits exposés.

M. Tesse-Petit obtint la médaille d'argent en 1834; elle lui a été rappelée en 1839 et 1844.

M. Tesse-Petit maintient honorablement le rang qu'indique cette récompense élevée.

Mais pour arriver plus haut, il faut de nouveaux progrès.

Rappels de médailles d'argent.

S'arrêter, ne pas toujours avancer, ne pas marquer sa marche par des succès chaque jour plus éclatants, c'est n'arriver pas là où on pourrait atteindre.

M. Tesse-Petit comprendra ce langage. Il arrivera dès qu'il le voudra sérieusement, et qu'il sera secondé d'ailleurs par des circonstances moins fâcheuses que celles qui ont pesé sur l'industrie depuis la dernière exposition.

Le jury central accorde à M. Tesse-Petit le rappel de la médaille d'argent.

M. Émile BLOT, à Douai (Nord).

Il est propriétaire d'une filature de coton, fondée à Douai en 1815.

C'est une ancienneté d'origine, d'autant plus remarquable, que, de tous les établissements de même nature qui ont été fondés dans la même ville, pas un seul ne reste debout.

Cela prouve en faveur de l'intelligence et de la persévérance de M. Blot.

Quelque chose prouve mieux encore : c'est la qualité toujours très-bonne des produits de M. Blot.

450 ouvriers sont employés dans l'établissement de M. Blot. C'est une précieuse ressource pour la population de la ville.

M. Blot parut à l'exposition de 1834 et reçut la médaille d'argent. Depuis lors, on ne l'a pas revu.

Le jury central, en déclarant que l'exposant tient toujours dans l'industrie le rang élevé qu'il a su y conquérir, lui accorde le rappel de la médaille d'argent.

M. Jean-Baptiste COURMONT, à Wazemmes (Nord).

Il est déjà connu à l'exposition, il y vient exactement depuis 1834; il obtint alors une mention honorable; en 1839, ce fut une médaille de bronze, enfin, en 1844, une médaille d'argent.

M. Courmont maintient bien sa fabrication. Ses produits sont bons et leur vente courante. C'est depuis le n° 60 jusqu'au n° 200 qu'il exerce son industrie. Il n'y a pas à signaler, dans cette fabrication, de progrès transcendants depuis 1844; il y a, toutefois, une régularité qui indique que le bien faire est habituel.

Le jury rappelle, à M. Courmont, la médaille d'argent qu'il lui a donnée lors de l'exposition de 1844.

MM. MOTTE-BOSSUT et Cⁱᵉ, à Roubaix (Nord).

Médailles d'argent.

Dans le département du Nord, où les plus grands établissements n'excèdent guère 12.000 broches, monter d'un seul jet un établissement de 44,000 broches est une entreprise qui témoigne hautement de l'esprit résolument industriel qui anime ses fondateurs. MM. Motte-Bossut ont introduit, dans leur création, les machines les plus nouvelles et les plus perfectionnées; ils ont montré combien les progrès de la mécanique adoucissent chaque jour le labeur de l'homme, et, en même temps, combien les progrès de la mécanique enlèvent aussi de travail aux sujets de l'industrie. Ainsi, par exemple, pour 44,000 broches, MM. Motte-Bossut emploient 355 travailleurs, il en faudrait plus de 600 pour un même nombre de broches dans les autres établissements. Est-ce à dire que tous les bras économisés tournent entièrement à l'abaissement du prix de la production? Non assurément. Les machines plus perfectionnées coûtent un plus gros capital qu'il faut alimenter et assortir; des machines à vapeur plus puissantes demandent aussi une plus grande quantité de combustible; quoi qu'il en soit, l'industrie doit honorer ceux qui, par une démarche hardie et sur laquelle le retour est impossible, lui dévouent toute leur existence. Les produits sortis de la filature Motte-Bossut sont d'une qualité vraiment très-bonne et d'une vente facile; aussi, pour récompenser le nouvel exposant, le jury lui décerne une médaille d'argent.

MM. THIRIEZ et Cⁱᵉ, à Esquermes-lez-Lille (Nord).

Voici de nouveaux concurrents qui se présentent dans la filature du coton fin. Voici un établissement qui, fondé en 1843, expose, pour la première fois, des produits de la plus grande finesse.

Les cotons filés, présentés dans les nᵒˢ 200 et au-dessus, sont de très-bonne fabrication; les 430 laissent à désirer en fil simple pour la netteté; les retors, pour l'emploi des tulles, paraissent d'excellente qualité.

Pour rivaliser avec les premiers dans l'art industriel qu'ils exercent, MM. Thiriez et compagnie n'ont qu'à persévérer. Pour récompenser leurs efforts et leurs prompts succès, le jury leur décerne la médaille d'argent.

M. POUYER-QUERTIER fils, à Rouen (Seine-Inférieure).

Il expose des cotons filés, chaîne et trame, pour la teinture et la fabrication des calicots, qui se placent au niveau de ce que l'exposition offre de mieux en ce genre. Ce sont des n°° 24 et 40, tous parfaitement traités, nets et d'une régularité irréprochable.

La filature de M. Pouyer-Quertier fils, fondée en 1844, compte 14,000 broches et emploie 200 ouvriers. Elle possède un excellent matériel, autant pour les opérations de la filature proprement dite que pour les préparations. Ses métiers à filer sont à envideurs mécaniques. La perfection de ses machines et l'habile parti que sait en tirer ce fabricant intelligent lui permettent de mieux rétribuer ses ouvriers que cela ne se fait dans la plupart des établissements du même genre. C'est là un exemple utile à citer. Une mention relative aux préparations des bancs à broches, présentées par le même exposant, doit encore trouver sa place ici; ce sont des bobines obtenues par le système dit *à compression*, et qui offrent une perfection remarquable.

En résumé, M. Pouyer-Quertier fils vient de prouver ce que valent les bonnes machines, et quel parti en savent tirer des hommes aussi intelligents que lui. Il a des droits incontestables à une récompense toute particulière. Le jury veut la lui offrir en lui décernant la médaille d'argent.

M. NEVEU, à Malaunay (Seine-Inférieure).

Cet exposant avait obtenu une médaille de bronze en 1844. Mais, comme pour éprouver cet industriel, une trombe détruisit de fond en comble son établissement en 1845. Il le reconstruit et le remet en activité en 1847; et voilà que la crise, plus terrible encore que la trombe, vient lui apprendre que l'industrie est une lutte continuelle dans laquelle le courage ne doit jamais faillir.

Aussi le courage n'a pas failli à M. Neveu, et le jury départemental atteste que cet habile et persévérant industriel a su reprendre la place qu'il avait autrefois conquise, et que ses produits rivalisent avec ceux des meilleures filatures du département.

Cet exposé suffit pour légitimer pleinement la médaille d'argent que le jury décerne à M. Neveu.

M. François LALISEL, à Malaunay (Seine-Inférieure).

M. Lalisel est un industriel modeste et persévérant ; chaque année, dit le jury départemental, il ajoute quelque chose à sa filature, dont les produits s'écoulent facilement. Cité favorablement en 1833, il obtint, en 1844, une mention honorable. Cette année, satisfait de sa constance et de ses efforts, le jury lui décerne la médaille de bronze.

M. DESHAYES-BENARD, à Saint-Sever (Seine-Inférieure).

En 1846, l'incendie a dévoré l'établissement que possédait M. Deshayes-Benard. M. Deshayes remit dans l'industrie de nouveaux capitaux, réédifia en 1847 un atelier composé entièrement de machines neuves, et en expose aujourd'hui les produits.

Ils sont de très-bonne qualité, et ne laissent rien à désirer, affirme le jury départemental.

Le jury central confirme cette opinion, et décerne à M. Deshayes-Benard, dont l'exposition reçoit pour la première fois les produits, une médaille de bronze.

MM. DE BERGUE frères et Cⁱᵉ, à Lisieux (Calvados).

Cet établissement produit annuellement environ 207,000 kil. de coton filés, et emploie 110 à 112 ouvriers. Son matériel est parfaitement monté. Tous ses métiers à filer sont garnis de renvideurs mécaniques.

Les produits exposés par MM. de Bergue frères et compagnie sont de fort belle qualité. C'est, d'une part, de la trame 16 à 30, de l'autre, des chaînes 16 à 24 *mull-jenny*, ainsi que des 14 en *continus*. Le jury constate, avec satisfaction, les résultats obtenus par MM. de Bergue frères et compagnie, dont la filature n'est montée que depuis peu d'années, et les récompense de leurs efforts en leur décernant une médaille de bronze.

MM. RISLER fils et Cⁱᵉ, à Cernay (Haut-Rhin).

Cet établissement consiste en une filature de 5,000 broches, et un tissage de 200 métiers mécaniques.

MM. Risler fils et compagnie exposent des échantillons de coton préparé au moyen d'une machine de l'invention de M. G.-A. Risler, dite *épurateur*, ainsi que des cotons filés obtenus de ces préparations, sans cardage aucun. Ces filés paraissent nets et réguliers, et rendront ainsi témoignage des bons effets à attendre de cette machine, laquelle est d'une application trop récente d'ailleurs pour que l'expérience ait déjà pu prononcer sur son mérite. Les produits de la filature de MM. Risler et compagnie sont d'une fabrication bonne et suivie, et employés aux besoins de leur propre tissage. Le jury décerne à ces fabricants une médaille de bronze.

M. BERTRAND-GÉRAUD, à Rouen (Seine-Inférieure).

Il expose des cotons filés de diverses nuances, mélangées à la carde. Ses produits sont recherchés et employés pour la fabrication des étoffes pour blouses, pantalons, et particulièrement la bonneterie. Ils sont, en effet, parfaitement traités, réguliers, de belle nuance, et d'un prix comparativement peu élevé. C'est la première fois que M. Bertrand se présente au concours. Le jury décerne à ce fabricant une médaille de bronze.

M. DELAVIGNE, à Déville (Seine-Inférieure).

Il expose pour la première fois. Ce fabricant présente des cotons filés *continus* et autres, en chaîne et demi-chaîne, depuis le n° 14 jusqu'au n° 34. Ces produits sont de bonne qualité. La consommation les recherche, et a su les distinguer depuis bien des années.

La filature de M. Delavigne compte 18,000 broches, et occupe 400 ouvriers. Le jury décerne à ce fabricant la médaille de bronze.

Mentions honorables.

MM. LAGET et DUPUY, à Vizille (Isère).

Ils exposent des cotons filés en gros numéros, des moulinés, fils à tricoter, ainsi que des cotons cardés. Ces produits sont d'une bonne fabrication, réguliers, soignés, et proviennent d'excellentes matières. MM. Laget et Dupuy exposent pour la première fois. Le jury accorde à ces fabricants une mention honorable.

MM. HENRY fils et BOMPART, à Bar-sur-Ornain (Meuse).

Filature de 8,000 broches, employant 150 ouvriers. Ces fabricants exposent pour la première fois. Leurs produits sont de bonne qualité et généralement estimés. Le jury accorde à MM. Henry fils et Bompart, une mention honorable. Il regrette que, dans une localité où les établissements ne manquent pas, aucun n'ait cru devoir suivre l'exemple donné par ces honorables fabricants, et serait heureux de voir comblée, à l'exposition prochaine, la lacune qu'il vient de signaler.

M. J.-C. DAVILLIER et Cⁱᵉ, à Gisors (Eure).

Mentions
pour ordre

Cette maison a perdu son regrettable chef il y a trois ans; il était âgé de 87 ans, et, l'année qui a précédé sa mort, il rédigeait et écrivait de sa main ses dispositions testamentaires dont il confiait l'exécution à l'un de ses collègues; il les faisait précéder de ces mots: « J'ai consacré ma vie entière au travail afin de laisser à mes enfants « un nom et une fortune honorables, etc. » Il avait noblement atteint ce double but. L'empereur l'avait créé baron, le roi Louis-Philippe l'avait fait pair de France, et ces honneurs ne lui firent point d'envieux, car chacun rendait justice à ses éminentes qualités et à l'intégrité de son caractère. Sa grande fortune lui était également pardonnée, parce qu'on savait qu'elle avait été aussi laborieusement qu'honorablement acquise et qu'elle ne devait rien au jeu de la spéculation.

M. J.-C. Davillier était bien le fils de ses œuvres. Il était venu de Montpellier, son pays natal, à Paris, à l'âge de 18 ans, avec 25 louis dans son gousset pour toute fortune. Il aimait à raconter ses modestes débuts dans la carrière qu'il a si bien remplie. Si sa longue vie nous offre un modèle de constance, de probité, d'honneur, sa mort nous laisse un exemple qui n'est pas moins digne d'imitation. Reconnaissant envers l'industrie qui l'avait fait tout ce qu'il était, il a voulu s'y survivre: il a légué ses grands établissements de Gisors et des environs, en commun à deux de ses fils et à son gendre, qui depuis longues années étaient ses associés, à la charge par eux de continuer à les exploiter en société. Ce sont eux qui, soutenant dignement le nom de leur auteur, exposent aujourd'hui leurs produits sous l'ancienne raison de commerce qui est encore la leur.

Depuis 1824 cette ancienne maison n'avait pas figuré aux expositions. Il faut d'autant plus féliciter ses représentants actuels de s'être décidés à se présenter au concours, qu'ils auront fait naître l'occasion de constater de nouveau le mérite incontestable de leurs produits et les progrès qu'ils ont fait faire à leur industrie.

Les vastes établissements de MM. J.-C. Davillier et compagnie, situés à Gisors (Eure) et dans les environs, se composent d'une filature de 28,272 broches, d'un tissage de 383 métiers mécaniques et de 120 métiers à bras, enfin d'une blanchisserie de calicot, la plus considérable de ce genre qui existe en France.

Ils emploient 1,000 ouvriers et livrent annuellement à la consommation une valeur moyenne de deux millions de produits.

Les cotons filés soumis à l'appréciation du jury consistent principalement en chaînes n° 28 à 44 simples, 40, 60 et 70 retors à deux bouts, sont fort beaux, d'une grande netteté et très-résistante à la traction.

Ces honorables industriels n'ont point attendu l'appel fait à leur philanthropie pour la mettre en pratique dans leurs établissements. Depuis longtemps ils distribuent à l'entrée de l'hiver des vêtements à leurs ouvriers nécessiteux, ils font chaque jour des distributions gratuites de soupes auxquelles sont conviés les ouvriers et leur famille dans le besoin. A la première apparition du choléra, ces soupes sont devenues plus substantielles par l'addition de la viande de bœuf, et ils ont pris des précautions hygiéniques pour sauvegarder leurs ouvriers contre les atteintes du fléau.

Dès 1824 ils ont fondé et doté une caisse d'association mutuelle entre leurs ouvriers pour venir au secours des malades.

Non contents de pourvoir aux besoins physiques de leurs ouvriers ils n'ont pas mis moins de zèle à favoriser leur éducation morale. Ils ont fondé des écoles d'enfants et d'adultes; ils ont fait construire un bâtiment exprès, ont pourvu les classes du mobilier nécessaire et des ouvrages dont on fait usage dans les meilleures écoles primaires.

Aussi la reconnaissance de leurs ouvriers les a-t-elle récompensés de leurs soins intelligents et généreux. Ils ont résisté dans les mauvais jours que nous venons de traverser, aux provocations qui ne leur ont pas manqué du dehors; ils sont restés fidèles à leurs ateliers où il ont toujours été assurés de trouver de l'ouvrage et un salaire convenable.

Ces exposants, employant eux-mêmes la plus grande partie de leur filature, trouveront à l'article des tissus de coton, la mention de la récompense que leur décerne le jury.

MM. HARTMANN et fils, à Munster (Haut-Rhin).

Ils exposent un assortiment complet de filés, depuis le n° 6 jusqu'au n° 3oo métrique. La plus grande partie du produit de la vaste filature de MM. Hartmann et fils est employée par leurs propres tissages; cependant une quantité assez notable en est livrée à la consommation, qui les recherche et les distingue avec un empressement parfaitement justifié. MM. Hartmann et fils ont toujours marché en tête de l'industrie de la filature : perfection des machines, soins parfaitement entendus, tout enfin concourt, chez eux, à donner à leurs produits ce cachet de supériorité que nous venons de signaler. Si le jury n'avait à juger MM. Hartmann et fils que comme filateurs, il aurait sans doute le devoir de payer ici un tribut d'éloges plus longuement motivé à leurs excellents produits; mais MM. Hartmann sont en même temps des tisseurs distingués, et surtout des fabricants d'impression d'une haute réputation. Ils trouveront donc, à ces divers chapitres, une appréciation plus complète, et de l'importance et de la rare perfection de l'ensemble de leur fabrication.

MM. POUYER - QUERTIER et PALIER, à Fleury-sur-Andelle (Eure).

Ils exposent des échantillons de chaîne et trame pour la fabrication des calicots. Ces produits sont de belle qualité.

MM. Pouyer, Quertier et Palier convertissant en tissus tout le produit de leur filature, trouveront, au chapitre des *Tissus de coton*, l'indication de la récompense que le jury leur attribue.

M. PEIGNÉ-DELACOURT, directeur de la Société anonyme d'Ourscamps (Oise).

La société d'Ourscamps emploie pour ses propres tissages la plus grande partie du produit de sa filature; une faible partie seulement en est livrée à la vente.

Les échantillons de filés, présentés par cet établissement, sont de bonne qualité et doivent donner de bons résultats au tissage. La société d'Ourscamps trouvera, au chapitre des *Tissus de coton*, l'indication de la récompense que le jury lui attribue.

MM. STEINHEIL, DIETERLIN et Cⁱᵉ, à Rothau (Vosges).
(Successeurs de Mᵐᵉ Vᵉ Pramberger.)

Ils exposent des chaînes 27, 29 et 32, et des trames 36, 40 et 48, nettes, régulières et bien filées.

MM. Steinheil, Dieterlin et compagnie, employant eux-mêmes les produits de leur filature, trouveront, au chapitre des *Tissus de coton*, une appréciation de l'ensemble de leur fabrication.

MM. LÉVEILLÉ frères, à Rouen (Seine-Inférieure).

Ils sont à la fois filateurs et teinturiers, c'est-à-dire que MM. Léveillé sont très-habiles filateurs et, de plus, habiles teinturiers. Leurs produits de filature, d'excellente qualité et de prix modérés, sont toujours classés au premier rang chez tous les consommateurs. L'habile chimiste chargé d'examiner les produits teints qu'exposent MM. Léveillé, dira s'ils méritent, comme teinturiers, les éloges que la commission des tissus leur adresse comme filateurs; il unira son avis au nôtre pour nous aider à dire par quelle récompense peuvent être payés les efforts persévérants et les succès de ces exposants.

COTONS RETORS.

Nouvelle médaille d'argent.

M. BRESSON, à Paris (Seine).

M. Bresson est tout à fait hors ligne dans son industrie; il n'est pas filateur de coton, mais il transforme le coton en objets si variés, et le rend propre à tant d'usages, que c'est, en quelque sorte, une seconde création.

Le fil à coudre et le fil à broder sont les principales appropriations du coton auxquelles s'est livré M. Bresson, et il le fait avec un succès qui chaque jour affermit sa réputation.

M. Bresson ne fait pas seulement de bons produits, il entretient toujours ses ouvriers, qui trouvent chez lui un salaire abondant; c'est 100 hommes, gagnant de 3 fr. 25 cent. à 4 fr. 50 cent. par jour, et 350 femmes, dont le gain varie de 1 fr. 25 cent. à 2 fr. 50; voilà l'ensemble des salaires que distribue annuellement M. Bresson: c'est l'équivalent de 300,000 francs qui, joints au prix des matières premières, composent une production estimée à 1,200,000 francs.

L'atelier de M. Bresson s'est de beaucoup accru depuis la dernière exposition. Il avait reçu alors la médaille d'argent. L'industrie de M. Bresson ne paraît pas promettre une rémunération plus élevée; néanmoins, en raison des efforts constants de cet habile industriel, le jury lui décerne une nouvelle médaille d'argent.

MM. MOREL frères, à Paris (Seine).

Le jury mentionne honorablement MM. Morel frères.

M. VALETTE et Cⁱᵉ, à Paris (Seine).

Retordeurs de fil à coudre en coton, qui paraissent pour la première fois à l'exposition avec de bons produits. Ils reçoivent une mention honorable.

Mentions honorables.

DEUXIÈME SECTION.

1ʳᵉ DIVISION.

TISSUS DE COTON EN BLANC ET ÉCRU.

M. Émile Dolfus, rapporteur.

MM. KETTINGER et fils, manufacturiers à l'Escuse, près Rouen (Seine-Inférieure).

Faisant partie du jury central, ils se trouvent hors de concours. Quoiqu'il nous soit interdit d'entrer dans quelques développements sur les produits exposés par cette maison, qu'il nous soit cependant permis d'affirmer qu'elle se maintient au rang qui l'avait fait distinguer en 1834 par la médaille d'or.

Exposants hors de concours.

MM FÉRAY et Cⁱᵉ, à Essonne (Seine-et-Oise).

Nous avons déjà eu l'occasion, à l'article *Cotons filés*, de parler des produits de MM. Féray et compagnie. Il reste à dire un mot, ici, des tissus de coton exposés par ces fabricants. Ces tissus consistent principalement en tissus forts ou serrés, dits *madapolams*, genre dans lequel MM. Féray et compagnie ont acquis une grande perfection. Les types exposés présentent un grain parfaitement net et une grande régularité. Quant à la récompense qui serait due à MM. Féray et compagnie, le jury ne peut que se référer à ce qui a été dit à l'article *Cotons filés*, ces messieurs se trouvant hors de concours.

Médailles
d'or.

MM. Jean-Charles DAVILLIER et Cie, à Gisors (Eure).

Ce qui a été dit de cet important établissement à l'article *Cotons filés*, s'applique également, et d'une façon non moins complète, aux produits des tissages de MM. Davillier, ainsi que de leurs ateliers de blanchiment et d'apprêts : grande netteté de matière, régularité parfaite du tissu, et une pureté complète pour le blanc, c'est là ce que le jury a constaté dans les types de cette fabrication.

Le bel établissement de Gisors fournit du travail à un nombre considérable d'ouvriers, il offre, sous ce rapport, de grandes ressources aux populations de la localité. 450,000 kilogrammes de coton en laine y sont annuellement convertis en filés et en tissus, et, outre le blanchiment de la plupart de ces étoffes, 10 millions de mètres de calicot, cretonne, etc., sont blanchis et apprêtés à façon dans ses ateliers. Un tel mouvement d'affaires dit suffisamment que la consommation recherche les produits qui y donnent lieu, et quelle est la qualité de ceux-ci. MM. Jean-Charles Davillier et compagnie avaient obtenu une médaille d'argent en 1824. Depuis lors, ils n'avaient plus paru aux expositions, mais leurs produits n'en ont pas moins continué de soutenir leur excellente réputation. Aujourd'hui, ces fabricants se présentent de nouveau au concours, et ont pu faire constater que cette réputation était pleinement justifiée. Le jury, en signalant ce fait, et voulant offrir à MM. Davillier et compagnie la légitime récompense à laquelle ils peuvent prétendre, leur décerne la médaille d'or.

MM. A. B. et Ernest SEILLIÈRE et Cie, à Senones (Vosges).

Ils réunissent les trois industries de la filature, du tissage et du blanchiment et apprêt. Ils livrent annuellement à la consommation 2 millions de mètres de tissus divers, tels que cretonnes, calicots, madapolams, coutils, croisés, brillantis, etc. Leur fabrication est très-soignée. Le jury a constaté avec plaisir que cet important établissement soutenait dignement le rang qu'il occupe dans l'industrie depuis un grand nombre d'années. Placé dans de fort bonnes conditions de production, il a pris une extension rapide. La variété de ses articles, jointe à leur bonne qualité, lui en assure un débouché facile.

MM. Seillières et compagnie, succédant à MM. Seillières et Travensal, ont obtenu, en 1844, le rappel de la médaille d'argent, décernée à leurs prédécesseurs en 1834. Depuis lors, de nouveaux progrès ont encore été faits par ces fabricants ; le jury, en le constatant, a voulu les en récompeuser, en leur décernant aujourd'hui la médaille d'or.

M. Xavier JOURDAIN, à Altkirch (Haut-Rhin).

Il expose une grande variété de tissus écrus en coton pur et coton et laine, mousselines-laine dites *chaînes-coton*, jaconas, organdis, pekins, satin grec, croisés, calicots, etc., le tout d'une exécution parfaite.

Cet établissement compte aujourd'hui 650 métiers à tisser à la mécanique ainsi qu'une filature de 16,500 broches. Le tissage produit annuellement plus de 3 millions de mètres d'étoffes dans les genres indiqués plus haut, représentant une valeur de près d'un million et demi.

La fabrication des tissus de coton mélangées de laine, et principalement l'article dit *chaîne-coton*, qui a pris depuis quelques années une si grande extension en Alsace, doit de notables perfectionnements à M. Xavier Jourdain. Ses tissus se font remarquer par une régularité et une netteté vivement appréciées pour l'impression.

Industriel habile, actif et surtout persévérant, sachant faire face aux difficultés et les vaincre, M. Jourdain est arrivé non-seulement à créer, mais à faire prospérer un établissement important dans une localité où, avant lui, n'existait aucune industrie. C'est une ressource qu'il a assurée à une population nombreuse, et qu'il a su lui conserver intacte, malgré la crise que le pays a eu à traverser, grâce à des efforts qui ne se sont jamais ralentis et à la qualité parfaite de ses produits qui en ont assuré le débouché. Le jury se plaît à offrir à ce fabricant, déjà honoré d'une médaille d'argent en 1844, la juste récompense de si honorables succès et lui décerne, en conséquence, la médaille d'or.

M. VAUSSARD, à Bondeville (Seine-Inférieure).

Nouvelle médaille d'argent.

Filature de 24,000 broches, tissage mécanique de 416 métiers.

Cet établissement est l'un des plus importants du département de la Seine-Inférieure. Ses produits, parfaitement soignés, obtiennent un écoulement facile, tant sur place que sur les marchés de l'Algérie, où M. Vaussard a établi des maisons de vente. De pareilles entreprises sont dignes de tout l'encouragement du jury, puisqu'en contribuant à procurer l'écoulement de nos produits au dehors, c'est assurer en même temps un nouvel aliment au travail national.

Le jury, en félicitant M. Vaussard d'être entré dans cette voie, ne peut que l'engager à y persévérer, et lui décerne, à titre de récompense, une nouvelle médaille d'argent.

Rappels de médailles d'argent.

MM. POUYER-QUERTIER et PALIER, à Fleury-sur-Andelle (Eure).

Ils produisent annuellement de 12 à 1,300,000 mètres de calicot, destinés principalement à l'impression; ils fournissent aussi des toiles pour l'Algérie : ces produits sont estimés. Le jury accorde à MM. Pouyer-Quertier et Palier le rappel de la médaille d'argent obtenue par ces fabricants en 1844.

M. BUREAU jeune, à Nantes (Loire-Inférieure).

Il expose des futaines écrues blanches et en couleurs, de divers genres et finesses; des finettes et des toiles de coton fortes, écrues et blanches; des retors gris et rayés; des doublures unies et croisées. Ces articles, si variés, sont, sans exception, d'une fort belle exécution et, par cela même, très-recherchés dans la consommation. M. Bureau jeune réunit chez lui les trois industries de la filature, du tissage et de la teinture, qui toutes concourent au mérite de ses produits.

Le jury lui donne le rappel de la médaille d'argent qu'il a obtenue en 1844.

Médailles d'argent.

M. ROUSÉE, à Darnetal (Seine-Inférieure).

Il expose trois pièces de calicots pour l'impression, et douze pièces pour la vente de l'Algérie. Ses produits, fabriqués avec d'excellentes matières, sont très-nets et parfaitement soignés. L'établissement de M. Rousée compte 350 métiers mécaniques, 1,400,000 mètres de tissus en représentent le produit, dont la moitié se vend pour l'exportation de l'Algérie.

Le jury est heureux de signaler ce fait qui fait honneur à l'intelligente activité et aux soins habiles de cet industriel. M. Rousée a obtenu une médaille de bronze en 1844, il a droit aujourd'hui à une récompense supérieure. Le jury lui décerne, en conséquence, la médaille d'argent.

M. Jean-Baptiste FLAGEOLLET, à Vagney (Vosges).

Il a fondé en 1830 à Zainevilliers près Vagney (Vosges), un établissement de filature et de tissage mécanique, qui compte aujourd'hui 10,000 broches et 536 métiers à tisser, avec les accessoires d'un atelier de construction et d'une fonderie, le tout occupant plus de 700 ouvriers. Cette rapide extension, dans une localité où l'industrie était à peine acclimatée, témoigne à la fois de l'activité et de l'intelligente direction que ce fabricant a su donner à son entreprise. Son exemple n'a pas été perdu, et les perfectionnements que M. Flageollet n'a cessé d'apporter à ses machines, comme à toutes les parties de son établissement, ont servi d'encouragement et de modèle à plus d'un concurrent.

Les produits de M. Flageollet sont bien fabriqués, et entrent dans la grande consommation. Il expose plusieurs pièces de brillantis et de croisés à rayures, qui sont fort belles; il présente également une machine construite dans ses ateliers. Cette dernière sera appréciée au chapitre des machines.

Le jury, voulant récompenser les efforts de cet industriel habile et laborieux, lui décerne la médaille d'argent.

MM. STROEHLIN, PEYNAUD et LECOMTE, à Rouen (Seine-Inférieure).

Ils exposent une pièce de calicot pour l'impression, comme type de leur fabrication, qui est fort belle et parfaitement suivie; la grande régularité des tissus sortant de cette maison les fait rechercher de préférence pour la fabrique d'indiennes. MM. Stroehlin, Peynaud et Lecomte produisent eux-mêmes les filés employés par leur tissage; ils occupent 330 ouvriers; ils produisent annuellement 2,400,000 mètres de tissus, représentant une valeur de 850,000 francs.

Ces fabricants exposent pour la première fois.

Le jury, reconnaissant la perfection de leurs produits, généralement appréciés d'ailleurs, ainsi que les efforts faits pour arriver à ce résultat, décerne à MM. Stroehlin, Peynaud et Lecomte, la médaille d'argent.

M. PEIGNÉ-DELACOURT (société d'Ourscamps), à Paris (Seine).

L'établissement d'Ourscamps compte 29,160 broches de filature, 240 métiers à tisser à la main, et 16 métiers mécaniques; fondé en 1822, au moment où la filature du coton commençait à prendre en France un développement vraiment sérieux, il a eu le mérite de contribuer largement aux progrès que fit surtout et rapidement, à cette époque, la filature des numéros ordinaires. Depuis lors, des phases diverses ont été traversées par cet établissement, mais il a continué de fournir des produits qui sont estimés. Ceux qu'il expose aujourd'hui offrent incontestablement ce caractère.

Le jury a remarqué des cretonnes, des madapolams et des tissus plus légers, genre dit *toile*, qui présentent une grande régularité et sont généralement bien traités. Une médaille d'argent est, en conséquence, décernée à M. Peigné-Delacourt, directeur de la société anonyme d'Ourscamps.

Nouvelles médailles de bronze.

MM. Eugène PROVENSAL et Cⁱᵉ, à Moussey (Vosges).

Il a été l'un des premiers qui ait introduit dans le département des Vosges les appareils à tisser dits *Jacquarts*, aujourd'hui très-répandus dans le tissage mécanique. Les brillantés et damassés présentés par M. Provensal sont d'une belle apparence et d'une bonne fabrication. Cet établissement compte 210 métiers et occupe 220 ouvriers.

M. Provensal a obtenu en 1844 une médaille de bronze. Depuis lors, de nouveaux perfectionnements ont encore été apportés à sa fabrication. Le jury le reconnaît et décerne à M. Provensal une nouvelle médaille de bronze.

MM. Antoine COLLIN et Cⁱᵉ, à Saulx (Vosges).

Ils s'occupent principalement de la fabrication des calicots légers pour l'impression. Les types qu'ils exposent sont nets et parfaitement réguliers. Ces artistes ne sont pas sans mérite.

MM. Antoine Collin et compagnie ont obtenu en 1844 une médaille de bronze. Ces fabricants ne sont pas restés stationnaires depuis lors, et ont suffisamment prouvé qu'ils avaient marché avec le progrès qui n'a pas cessé de s'opérer dans l'intéressante industrie dont ils s'occupent. Le jury décerne à MM. A. Collin et compagnie une nouvelle médaille de bronze.

MM. DEBU père et fils, à Blosseville (Seine-Inférieure).

Ils présentent 4 pièces de calicot pour l'impression, d'une fort bonne exécution. Ces fabricants soutiennent leur réputation, et leurs produits peuvent être classés parmi ce qui se fait de mieux dans ce genre de tissus. L'établissement de MM. Debu père et fils compte 120 métiers à tisser et occupe 85 ouvriers. Ces fabricants ont obtenu une médaille de bronze en 1844. Le jury, reconnaissant qu'ils s'en montrent toujours dignes, et voulant récompenser la persévérance de leurs efforts, leur décerne une nouvelle médaille de bronze.

Mme veuve HAMELIN et M. LEFEBVRE, à Saint-Blaise-la-Roche (Vosges).

Médailles de bronze.

Ils exposent 2 pièces cretonne blanche et une pièce cretonne écrue. La fabrication de Mme veuve Hamelin et Lefebvre se recommande par une grande régularité de tissu et beaucoup de force. L'usage de ces tissus paraît devoir être excellent. Le jury décerne à Mme veuve Hamelin et Lefebvre une médaille de bronze.

M. Louis BIAN, à Reutheim (Haut-Rhin).

Créé, en 1835, dans une vallée du Haut-Rhin offrant peu de ressources au travail agricole, l'établissement de M. Louis Bian a rendu un véritable service à la partie pauvre de la population de cette localité. Il se compose d'une filature de 10,000 broches et d'un tissage de 280 métiers mécaniques, produisant annuellement 1,300,000 mètres de calicot et cretonne. M. Bian expose pour la première fois; les articles qu'il présente consistent en plusieurs pièces de sa fabrication habituelle. Cette marchandise est de belle qualité, régulière et faite avec de bonnes matières. Le jury a examiné ces produits avec intérêt, et décerne à M. Bian une médaille de bronze.

M. DEFFRENNES-DUPLOUY, à Lannoy (Nord).

Il expose 6 courtes-pointes piquées, blanches, en coton, de bonne fabrication. M. Deffrennes-Duplouy, déjà mentionné honorablement en 1844, a joint depuis lors, à son industrie du tissage du coton, celle de la filature et du tissage de la laine. Le produit de son établissement s'élève aujourd'hui à près de 300,000 francs par an. Ses marchandises se placent avec avantage.

Le jury décerne à M. Deffrennes-Duplouy une médaille de bronze.

MM. G. STEINHEIL - DIETERLIN et Cie, à Rothau (Vosges).

Ils occupent 500 ouvriers, tant à la filature qu'au tissage du coton, et livrent annuellement à la consommation pour près de 800,000 francs de produits, consistant en calicots et croisés, tant écrus que teints, glacés pour doublures ou divers autres usages.

Ces produits offrent une grande variété et sont parfaitement traités. MM. G. Steinheil-Dieterlin et compagnie exposent pour la première fois. Le jury leur décerne une médaille de bronze.

FUTAINE.

Mentions honorables.

M. Armand LEPONTOIS, à Lorient (Morbihan).

Il expose une pièce futaine écrue de bonne fabrication. Le jury lui accorde une mention honorable.

DEVANTS DE CHEMISES.

M. Jean-Baptiste DURANTON, à Paris (Seine).

Il présente un nouvel article en coton : ce sont des devants de chemises façonnés, obtenus directement au tissage, et imitant parfaitement les plis des devants cousus. L'inventeur de ce nouveau procédé de fabrication est M. Hulot. Ces tissus sont fort beaux et peuvent être produits dans les dessins les plus compliqués comme dans les plus simples, en tissu de lin comme en coton. L'article de M. Duranton paraît appelé à avoir de l'avenir, grâce à sa belle exécution et à l'économie considérable qu'il présente sur les travaux exécutés à l'aiguille. Le jury accorde à M. Duranton, qui expose pour la première fois, une mention honorable.

Étoffes indéplissables pour lingerie.

M. Barthélemy LABIOSSE, à Lyon (Rhône).

Il expose un nouveau tissu en coton, dit *indéplissable*, pour lingerie. Ce tissu reproduit entièrement les plis cousus, de toutes les largeurs désirables, à cette seule différence près, on l'a déjà compris, qu'ici les plis, qui ne sont, d'ailleurs, fixés que d'un seul côté, à l'imitation du travail à la main, sont formés par le tissu même, au lieu d'être faits à l'aiguille. Cette étoffe nouvelle est fort belle et peut être fabriquées à divers degrés de finesse. Les devants de chemises mis sous les yeux du jury peuvent être livrés à 21 francs la douzaine, en dessins très-riches ; c'est la sixième partie de ce qu'un travail analogue coûterait, exécuté à la main. Selon toute apparence, ce nouveau produit sera appelé à jouer un rôle important dans la confection des articles de lingerie. Le jury, voulant récompenter M. Labiosse de son ingénieuse application, lui accorde une mention honorable.

Mme Vve THORÉ jeune, P. HOREM et DENIS aîné, à Saint-Georges-Buttavant (Mayenne).

Ils exposent deux pièces de calicot en 45 et 55 portées. C'est de la marchandise légère, mais bien fabriquée. L'établissement de Mme Vve Thoré jeune, P. Horem et Denis aîné se compose d'une filature de 10,000 broches et d'un tissage mécanique de 220 métiers ; son produit annuel est de 1 million 1/2 environ de mètres de tissus.

Le jury signale avec plaisir une circonstance qui se retrouve malheureusement trop rarement ailleurs et qui existe dans l'établissement de Mme Vve Thoré jeune, P. Horem et Denis aîné : c'est que tous les ouvriers y sont logés, et que chacun y a son jardin. Il serait à désirer que cette condition, si favorable sous tant de rapports, pût se rencontrer plus fréquemment. C'est la première fois que Mme Vve Thoré jeune, P. Horem et Denis aîné se présentent à l'exposition. Le jury leur accorde une mention honorable.

MM. GROS, ODIER, ROMAN et Cie, à Wesserling (Haut-Rhin).

Mention pour ordre.

Ils exposent des madapolams, des croisés, percales, cretonnes, brillantis, damassés, etc., en blanc et apprêtés. Ce sont de beaux et bons articles, justifiant de tous points la réputation des produits sortant de la fabrique de Wesserling. MM. Gros, Odier, Roman et compagnie ont, depuis quelques années, considérablement augmenté le nombre de leurs métiers à tisser. Il est peu d'établissements qui produisent autant et aussi bien. Tout s'y fait mécaniquement, depuis les articles les plus serrés jusqu'aux plus légers. Une grande partie en est convertie en impressions dans leur manufacture même; le reste est livré à la vente en blanc. L'extension que ses habiles fabricants ont su donner à cette vente dit assez que leur marchandise répond, par la qualité et le prix, au goût du consommateur.

L'impression étant la principale branche d'industrie de MM. Gros, Odier, Roman et compagnie, ils trouveront, au chapitre des tissus imprimés, le résumé de l'opinion du jury sur l'ensemble de leurs produits.

MM. HARTMANN et fils, à Munster (Haut-Rhin).

Ils possèdent l'un des plus beaux et des plus vastes établissements de tissage de France. On retrouve ici cette perfection dans les machines, cet agencement bien entendu, cet ensemble de soins, enfin, qu'offrent leurs ateliers de filature et d'impression. Comment les produits d'un tel établissement ne porteraient-ils pas l'empreinte de tant d'éléments de supériorité et de succès? Le jury a constaté la qualité parfaite des divers articles qui ont passé sous ses yeux. Il a vu de fort belles cretonnes et des madapolams qui ne laissent rien à désirer. Le blanc et l'apprêt de ces marchandises répondent à la qualité du tissu.

L'impression formant la principale branche d'industrie de MM. Hartmann et fils, ils trouveront, au chapitre des tissus imprimés, le résumé de l'opinion du jury sur leurs divers produits.

DEUXIÈME DIVISION.

TISSUS DE COTON EN COULEUR.

---

§ 1er. FABRICATION D'ALSACE.

Médailles d'or. Mme veuve Laurent WEBER et Cie, à Mulhouse (Haut-Rhin).

Rien n'égale la variété, le brillant, ainsi que le bon goût des articles exposés par cette fabrique. Le coton, la laine, la soie y sont tour à tour mis à contribution, soit isolément, soit réunis, pour se présenter à l'œil sous les formes les plus diverses, les plus élégantes et les plus riches.

La fabrication de Mme veuve Laurent Weber et compagnie est parfaitement soignée. Beauté du tissu, fraîcheur du coloris, originalité et bon goût des dessins, tout y concourt. Elle comprend principalement ce qu'on appelle le genre nouveautés dans ces articles, et y tient incontestablement le premier rang. Un produit annuel de 35,000 pièces, soit environ 900,000 mètres, représentant une valeur de 1,100,000 francs, donnent la mesure de son importance. Une partie notable de ce produit est placée à l'exportation.

Fondé en 1795, cet établissement, fort ancien, a toujours su, mais depuis un certain nombre d'années surtout, s'assurer, par une bonne exécution, certaines spécialités d'articles, suivant avec intelligence les caprices de la mode, et se montrant habile à y conformer sa production.

Honorés de la médaille d'argent en 1839, laquelle leur fut rappelée en 1844, Mme veuve Laurent Weber et compagnie, n'ayant pas cessé de progresser dans leur industrie, possèdent aujourd'hui des titres incontestables à une récompense supérieure. Le jury le reconnaît et leur décerne, en conséquence, la médaille d'or.

MM. BLECH frères, à Sainte-Marie-aux-Mines (Haut-Rhin).

Ils exposent une grande variété de tissus en coton, laine et soie, pour robes et cravates, qui se font remarquer autant par le bon goût des dessins que par leur finesse et leur belle exécution.

La maison Blech frères est l'une des plus anciennes d'Alsace pour ce genre de fabrication, dans lequel elle a toujours, et avec justice, été citée au premier rang. Ses produits, qui ont un rare cachet de perfection, sont goûtés en France comme à l'étranger, et procurent du travail à 2,000 ouvriers autant dans l'établissement même qu'au dehors.

Depuis 1844, cette maison a encore augmenté le chiffre de sa production, qui atteint aujourd'hui 27,000 pièces, représentant une valeur de 800,000 francs, et témoigne suffisamment des progrès incessants qu'elle a dû apporter dans sa fabrication pour la faire arriver à cette importance, tout en lui conservant la supériorité par laquelle elle n'a pas cessé de se faire remarquer.

Récompensés de la médaille d'argent en 1839, MM. Blech frères se sont vus rappeler cette récompense en 1844. Le jury reconnaît les nouveaux progrès qu'ils ont faits depuis lors et leur décerne une médaille d'or.

Nouvelle médaille d'argent. ## M. Adolphe MOHLER, à Obernay (Bas-Rhin).

Il a le talent de joindre, à une exécution parfaite, un goût toujours remarquable, une variété infinie dans la composition et le nombre de ses produits.

Il expose de forts beaux tapis en coton, de divers genres, que l'on a peine à ne pas confondre avec ceux de laine, tant pour le brillant des couleurs que pour la nature vraiment artistique du tissu; un assortiment de cravates et mouchoirs dits *madras*, parfaitement traités; enfin plusieurs produits nouveaux, entre autres des fichus en coton, avec lames d'or et d'argent, et un tapis en *formium tenax* ou chanvre de Calcutta.

Tous ces articles valent à M. Mohler des éloges mérités. Par ses louables et incessants efforts, il a étendu et perfectionné un genre de fabrication si utile à la grande consommation, et il est arrivé à se créer, autant à l'extérieur qu'à l'intérieur, un débouché qui s'élève à 500,000 francs, et qui procure du travail à un grand nombre d'ouvriers.

M. Mohler a été remarqué avec distinction aux expositions précédentes; il ne l'est pas moins aujourd'hui. Le jury lui accorde une nouvelle médaille d'argent.

Médailles d'argent. ## MM. FISCHER frères, à Sainte-Marie-aux-Mines (Haut-Rhin).

Le jury regrette que MM. Fischer frères ne l'aient pas mis dans le cas, plus tôt, de distinguer leurs beaux produits; car ces fabricants se présentent pour la première fois au concours, et, il faut le reconnaître, ce début les place à l'un des rangs les plus honorables.

La fabrication de MM. Fischer frères consiste en articles de nouveautés divers, pour cravates et robes, en coton, laine et soie. Ces articles sont de fort bon goût, très-bien établis, et présentent une grande variété.

MM. Fischer emploient 600 ouvriers, et produisent annuellement pour 500,000 francs de marchandises, dont un cinquième au moins se place sur les marchés du dehors. Cette maison a beaucoup d'industrie; aussi s'est-elle rapidement élevée à l'une des premières positions dans son genre de fabrication.

Le jury décerne à MM. Fischer frères la médaille d'argent.

M. Napoléon KOENIG, à Sainte-Marie-aux-Mines (Haut-Rhin).

Il continue de se faire remarquer par une excellente fabrication, comme par le bon goût de ses articles, en tissus de coton et mélanges de coton, laine et soie. Le jury a reconnu que de nouveaux progrès avaient été faits par ce fabricant depuis la dernière exposition. Ses articles ont beaucoup de solidité, les couleurs en sont vives et bien assemblées. Ses qualités, jointes à leur variété infinie, ont permis à M. Kœnig d'augmenter sensiblement sa production, qui s'élève aujourd'hui à 500,000 mètres, représentant une valeur de 400,000 francs, dont près de 100,000 passent à l'étranger.

M. Kœnig a obtenu, en 1844, une médaille de bronze, le jury le juge digne aujourd'hui d'une récompense supérieure, et lui décerne la médaille d'argent.

M. ZETTER-TESSIER, à Saint-Dié (Vosges).

Nouvelle médaille de bronze.

Il expose des tissus en fil de lin et coton et lin, pour robes et habillement d'hommes; des étoffes pour gilets, des cravates, des mouchoirs, etc. De cette grande variété d'articles, les uns sont plus particulièrement destinés à la grande consommation, d'autres, plus fins, sont d'une vente moins étendue; mais tous se distinguent par des prix modérés et une bonne fabrication. L'importance de celle-ci est de 140,000 francs par an.

M. Zetter-Tessier a obtenu une médaille de bronze en 1823; depuis lors il n'a plus exposé. Le jury, par les motifs énoncés plus haut, lui décerne aujourd'hui une médaille de bronze nouvelle.

M. URNER jeune, à Sainte-Marie-aux-Mines (Haut-Rhin).

Médaille de bronze.

La fabrication de M. Urner continue d'être distinguée et heureuse dans ses combinaisons. Ce fabricant présente un grand assortiment de tissus pour robes, cravates et mouchoirs; brillants et variés, presque tous en coton, matière dont il sait tirer excellent parti. L'exportation prend le tiers environ de la production de M. Urner jeune, qui s'élève à 160,000 francs par an.

Mentionné honorablement en 1844, M. Urner a droit aujourd'hui à une récompense supérieure; le jury lui décerne une médaille de bronze.

Mention honorable. ## M. Victor GRÉBUS, à Saint-Dié (Vosges).

Il expose plusieurs pièces cotonnades de bon goût et d'une très-bonne fabrication. M. Grébus occupe 200 métiers, dont le produit, qui est de 150,000 mètres environ par an, et d'une valeur de 120,000 francs, s'écoule pour un tiers à l'étranger. Ce fabricant expose pour la première fois. Le jury lui accorde une mention honorable.

---

§ 2. FABRICATION DE ROUEN.

Médaille d'or. ## M. François-Sernin TRICOT, à Rouen (Seine-Inférieure).

Les produits exposés par M. Tricot ont vivement fixé l'attention du public et du jury : ce sont en majeure partie des articles d'exportation destinés à la vente des côtes occidentales d'Afrique, offrant un caractère original, étrange, et cependant parfaitement raisonné et de fort bon goût.

M. Tricot s'est particulièrement attaché à étudier la consommation de ces contrées, et, par ses soins scrupuleux à se conformer au goût et aux habitudes des populations, il est arrivé à s'y créer un débouché considérable. Les genres destinés à cette vente, et que le jury a plus particulièrement remarqués, sont les *hamacs*, sorte de tissu à couleurs vives, brillantes et fortement tranchées; les *dampés* ou couvertures; les *pagnes*, longues et larges écharpes dont s'enveloppent les hommes et les femmes de ce pays; enfin, les *baraous*, que portent les Arabes. Tous ces articles sont fabriqués avec d'excellentes matières, d'un tissu généralement très-fort, et parfaitement soigné quant à la disposition des couleurs, qui sont toutes de bon teint.

Nous avons dit qu'ils étaient plus spécialement destinés au commerce de troque sur les côtes du Sénégal et de la Gambie. Ils y font concurrence aux tissus fabriqués par les indigènes eux-mêmes, et ce n'est que très-difficilement que l'on arrive à imiter parfaitement ceux-ci : aussi cette difficulté, jointe à la complication des dessins, oblige-t-elle de payer aux ouvriers des salaires plus élevés.

Ce genre d'affaires nécessite de grands assortiments de marchandises et des soins infinis; mais M. Tricot n'a reculé devant aucune difficulté, et ses expéditions d'outre-mer qui, en 1844, n'atteignaient que le chiffre de 120,000 francs, s'étaient déjà élevées, pour 1847, à 300,000 francs.

Le jury signale ce résultat avec une grande satisfaction, comme promettant à notre industrie, et plus particulièrement aux habiles et persévérants efforts de M. Tricot, un débouché de plus en plus considérable, et précieux sous beaucoup de rapports.

Beaucoup d'autres articles, non moins remarquables, destinés au marché intérieur, figurent dans l'exposition de M. Tricot, à côté des produits que nous venons de citer : ce sont des croisés, des popelines, des toiles, et, entre autres, un genre de tissu particulier pour camisoles de force, remarquable par la particularité et la solidité du tissu. Tous ces articles portent un cachet spécial de bonne et excellente fabrication, de goût, et de parfaite intelligence des besoins de la consommation.

M. Tricot avait obtenu en 1844 la médaille d'argent, le jury, appréciant les efforts de ce fabricant, et les progrès remarquables faits par lui depuis cette époque, le récompense aujourd'hui par la médaille d'or.

M. CHATAIN fils aîné, à Rouen (Seine-Inférieure).

Rappel de médaille d'argent

Les tissus présentés par M. Chatain constatent leur ancienne supériorité et les progrès nouveaux faits par ce fabricant depuis l'exposition dernière. Ses rouenneries dites *carreaux du Midi* sont de très-belle qualité ; les dessins en sont bien raisonnés. M. Chatain excelle dans la fabrication de cet article.

Cet industriel a entrepris avec succès, depuis quelque temps, les genres gilets, laine, coton et soie, à la Jacquart. Il expose des pièces de cet article à 2 francs le mètre, dont la réussite soignée lui garantit une vente très-active.

La fabrication entière de M. Chatain, dont l'importance est d'environ 600,000 francs par an, se fait remarquer par la hardiesse et le bon goût des dessins, la nouveauté du coloris, enfin l'excellente qualité du tissu : le jury rappelle à ce fabricant la médaille d'argent qui lui fut décernée en 1844.

Médailles d'argent.

M. AUBER fils, à Rouen (Seine-Inférieure).

Il expose un grand assortiment d'étoffes de genres divers, de fort bon goût et d'une très-belle fabrication : ce sont tous des articles pour robes, particulièrement destinés à la vente de Paris.

M. Auber a su admirablement varier et disposer tous ces tissus, par le choix des matières, l'élégance des dessins et l'arrangement des couleurs.

Le jury a plus particulièrement distingué les popelines, les côtelés à raies et à carreaux, les gazes, mille-raies, toiles fantaisie, les mérinos écossais, etc.

Ce jeune fabricant n'est établi que depuis 3 ans; mais il débute dans la carrière d'une manière vraiment remarquable. Tout dénote en lui l'industriel intelligent, habile, l'homme de savoir et de goût, et déjà il peut faire valoir d'incontestables succès, qui lui promettent un bel avenir.

M. Auber fils était autrefois attaché à la maison Auber et compagnie. Le rapport du jury de 1844 constate la part qui lui revient dans le rappel de la médaille d'or accordé à cette maison en 1844. Ces divers titres justifient pleinement la récompense que le jury attribue à M. Auber fils en lui décernant la médaille d'argent.

M. Charles BLUET, à Rouen (Seine-Inférieure).

M. Bluet expose un assortiment de tissus divers en coton, laine et soie, pour robes, gilets, etc., d'une exécution et d'un goût remarquables.

Le rapport du jury de 1844 disait, en parlant de M. Bluet, que l'agencement des couleurs décelait chez ce jeune fabricant un goût distingué, qui devra plus tard lui attirer des récompenses d'un rang plus élevé. M. Bluet répond aujourd'hui, de la façon la plus complète, par les belles étoffes qu'il a envoyées, aux espérances exprimées alors. Sa fabrication a progressé d'une manière remarquable, et ses produits ont un cachet de goût et de perfection qui lui méritent, à tous égards, la récompense que faisait entrevoir le rapport qui a été cité.

M. Bluet avait obtenu une médaille de bronze en 1844; le jury lui décerne aujourd'hui la médaille d'argent.

M. LEPICARD, à Rouen (Seine-Inférieure).

Il expose 17 coupes de rouennerie fantaisie, d'une bonne fabrication et de prix très-modérés. Les produits de ce fabricant se placent facilement en France et à l'étranger. Sa production est très-considérable, puisqu'elle représente une valeur annuelle de 1,100,000 francs et fournit du travail à 1,500 tisserands et à un nombre proportionné de trameuses. Il est à regretter que le salaire de ces ouvriers ne soit pas plus élevé. M. Lepicard a obtenu deux médailles de bronze : l'une en 1823, l'autre en 1834; depuis lors il n'a plus exposé. Le jury lui décerne aujourd'hui une nouvelle médaille de bronze.

MM. COLIN et Cⁱᵉ, à Bar-sur-Ornain (Meuse).

Les produits exposés par ces fabricants consistent en tissus de coton divers, en couleur, pour robes, etc. Ils sont de bon goût, la fabrication en est soignée et paraît fort solide.

L'établissement de MM. Colin et compagnie a été fondé en 1816 et s'est successivement développé, jusqu'à occuper près de 500 ouvriers. Le nombre est plus restreint aujourd'hui, par suite de la crise qui pèse sur l'industrie; mais, avec des articles aussi bien traités que ceux que présente cette maison, elle semble ne pouvoir manquer de regagner promptement le terrain perdu, au premier retour d'activité dans les affaires.

Le jury décerne à MM. Colin et compagnie une médaille de bronze.

MM. Jean-François DELATTRE et Cⁱᵉ, à Ramburelles (Somme).

Il expose une grande variété d'articles en coton et laine pour robes, pantalons, etc. Ces articles, généralement forts, sont bien fabriqués, de bon goût, et répondent aux besoins de la grande consommation. MM. Delattre et compagnie sont des fabricants intelligents, ayant beaucoup d'industrie, s'étant élevés par leur seul mérite, et sachant allier, dans leurs produits, la solidité et le bon aspect à des prix fort modérés.

C'est la première fois qu'ils se présentent au concours. La bonne qualité de leur fabrication les rend dignes de la médaille de bronze, que le jury leur décerne.

III.   14

M. Pierre GILLES, à Rouen (Seine-Inférieure).

La fabrication de M. Gilles consiste principalement en tissus, nouveautés pour gilets, à la *Jacquart* et autres armures, en laine, coton et soie. Ces marchandises sont d'une belle fabrication, de bon goût, et d'une disposition heureuse pour le choix des dessins et l'assemblage des couleurs: leur prix est modéré.

M. Gilles a le mérite d'avoir introduit à Rouen l'industrie des étoffes pour gilets. Ses affaires sont importantes. Il occupe environ 600 ouvriers, dont les salaires, à raison de la spécialité de leur travail, sont plus élevés que d'ordinaire.

M. Gilles expose pour la première fois. Le jury constate avec plaisir tout ce qu'il y a de remarquable dans les produits de ce fabricant et lui décerne une médaille de bronze.

Mentions honorables.

M. Séraphin ALLAIS, à Rouen (Seine-Inférieure).

Il expose des mouchoirs de diverses grandeurs, depuis le très-bas prix de 75 centimes la douzaine jusqu'à celui de 9 fr. 25 cent., et 10 coupons de toiles de fantaisie pour robes.

Les mouchoirs de cette fabrique, peu sujets au caprice de la mode, trouvent de nombreux consommateurs. Les toiles fantaisie, bien fabriquées également et d'un prix extrêmement modéré, se placent de même avec facilité sur le marché intérieur.

L'importance de la fabrication de M. Allais est de 325,000 francs environ. Ce fabricant expose pour la première fois. Le jury lui accorde une mention honorable.

M. Guillaume DÉRUBÉ, à Rouen (Seine-Inférieure).

Il expose divers genres de mouchoirs de poche bien fabriqués et cotés à des prix avantageux. Ses mouchoirs, dits *imitation de fils*, se font remarquer par des dessins bien variés, la solidité de leurs couleurs, et paraissent devoir être recherchés par la consommation.

M. Dérubé joint à sa fabrique l'apprêt de ses produits. Il produit environ 36,000 douzaines de mouchoirs par an, représentant une valeur de 150,000 francs. Ce fabricant expose pour la première fois. Le jury lui accorde une mention honorable.

TROISIÈME DIVISION.

TISSUS DIVERS.

§ 1ᵉʳ. TISSUS DE FIL ET COTON.

MM. MARIE et Cⁱᵉ, à Laval (Mayenne).

Rappel du médaille de bronze.

Ils exposent un grand assortiment de piqués, croisés, coutils en fil et fil et coton, pour pantalons et gilets. Bonne fabrication, choix heureux de dessins, solidité du tissu et prix modérés sont les qualités qui distinguent les produits de cette maison : aussi trouvent-ils un écoulement facile. Le jury, qui avait déjà distingué les articles exposés par MM. Marie et compagnie en 1844, est heureux de les retrouver aujourd'hui sur une ligne non moins honorable ; il donne, en conséquence, à ces fabricants le rappel de la médaille de bronze qui leur fut décernée alors.

MM. TIROUFLET et DAVEAUX, à Laval (Mayenne).

Médaille de bronze.

La fabrication de MM. Tirouflet et Daveaux est très-variée ; elle consiste en coutils, croisés, etc. en fil et fil et coton, pour pantalons, gilets, etc. La solidité de ces articles, la bonne disposition des dessins et leur prix modéré les font rechercher par la consommation.

MM. Tirouflet et Daveaux exposent pour la première fois. L'un des chefs de cette maison, M. Paul Tirouflet, était associé de la maison Poirier-Tirouflet, qui a obtenu une médaille de bronze à l'exposition de 1823.

Le jury, reconnaissant que les exposants sont dignes de la même récompense, leur décerne une médaille de bronze.

MM. LEHUJEUR et RETOUST, à Flers (Orne).

Mentions honorables.

Ils exposent des coutils de coton à rayures et carreaux, de toutes nuances, pour stores, pantalons, etc. Cette marchandise, qui est d'une bonne fabrication courante, solide, de bon goût, répond aux besoins de la grande consommation.

La production de MM. Lehujeur et Retoust est de 180,000 francs par an. Ces fabricants exposent pour la première fois. Le jury les juge dignes de récompense et leur accorde une mention honorable.

MM. DIOT et NOURRY, à Flers (Orne).

Ils exposent un assortiment de coutils et tissus divers en coton pour vêtements des deux sexes. Cette marchandise est d'une bonne fabrication, le tissu en est solide et soigné, les dessins très-variés.

MM. Diot et Nourry produisent annuellement environ 125,000ᵐ de tissus, qui représentent une valeur d'environ 180,000 francs.

Ces fabricants exposent pour la première fois. Le jury leur accorde une mention honorable.

M. TOUSSAINT, à Flers (Orne).

Il expose un assortiment de coutils blancs et de couleur, de bonne fabrication et se distinguant par une grande solidité. Les articles produits par M. Toussaint sont très-variés de dessins et de combinaisons de tissus, et doivent rencontrer un placement avantageux et facile. M. Toussaint occupe plus de 200 ouvriers et livre annuellement à la consommation environ 200,000 mètres de tissus, représentant une valeur d'environ 200,000 francs.

Ce fabricant expose pour la première fois. Le jury lui accorde une mention honorable.

----

§ 2. TISSUS DE COTON IMPRIMÉS.

M. H. Barbet, rapporteur.

Exposant hors de concours.

MM. BARBET et Cⁱᵉ, manufacturiers, à Deville, près Rouen (Seine-Inférieure).

Ils exposent une grande variété de produits pour indiennes et mouchoirs. Le chef de cette maison faisant partie du jury, nous ne pouvons émettre d'opinion sur leur fabrication, ils sont déclarés hors de concours.

Rappels de médailles d'or.

MM. J. GROS, ODIER, ROMAN et Cⁱᵉ, à Wesserling (Haut-Rhin).

Leur établissement a été fondé en 1750; 2,000 ouvriers sont occupés annuellement dans l'établissement, et 1,500 à l'extérieur.

Les produits de toute espèce, livrés à la consommation, peuvent être évalués à 6 millions.

Les pompes à feu et les générateurs de vapeur sont de 400 chevaux de force environ.

Des rapports spéciaux feront connaître quelle part peut être attribuée à la filature, au tissage et au blanchiment.

Voici celle de l'impression :

5 ou 600 ouvriers, hommes, femmes et enfants, y sont annuellement occupés.

La force hydraulique de 35 chevaux met en activité :

5 machines à imprimer, à 1, 2, 3 et 4 couleurs;

4 perrotines et tous les accessoires nécessaires pour la fabrication.

Les générateurs de vapeur sont d'à peu près 28 chevaux de force.

En moyenne, on imprime chaque année :

1,800,000 mètres de calicot;

675,000 mètres de jaconas et tissus légers;

315,000 mètres de mousselines de laine et baréges;

12,000 châles.

Le tout pour une valeur d'à peu près 3 millions.

L'exposition de MM. Gros, Odier, Roman et compagnie consiste en 30 pièces de tous les tissus énumérés ci-dessus, nous ne pensons pas qu'il soit possible de présenter des produits exécutés avec plus de soin, et dont les couleurs et le bon goût des dessins soient plus remarquables; la consommation intérieure et l'exportation absorbent facilement ce qui leur est offert par cette maison.

Nous pouvons affirmer que MM. J. Gros, Odier, Roman et compagnie sont toujours au premier rang parmi les industriels de l'Alsace.

En 1819, ces messieurs ont obtenu une médaille d'or, qui leur a été confirmée en 1834, 1839 et 1844; le jury leur en décerne aujourd'hui le rappel.

Après vous avoir parlé des titres de MM. J. Gros, Odier, Roman et compagnie, comme industriels, qu'il nous soit permis, messieurs, de vous faire connaître les services qu'ils ont rendus et qu'ils rendent encore aux nombreux ouvriers qu'ils emploient dans leur établissement.

Ces messieurs ont fondé à Wesserling, siège principal de leur établissement, des institutions très-importantes :

1° Une école primaire, à laquelle on a joint plus tard une école du degré supérieur, puis une école de dessin;

2° Un service gratuit de santé pour tout l'établissement;

3° Des caisses de secours et de retraite;

4° Une caisse d'épargnes;

5° Une boulangerie commune où le pain est délivré au-dessous du prix de la taxe;

6° Une caisse de prêt pour les ouvriers qui éprouvent des embarras momentanés, parce que, désireux de devenir propriétaires, ils contractent souvent des engagements qu'ils ne peuvent remplir plus tard. Au moyen de cette création, ils évitent les prêts usuraires, qui leur enlèveraient, en très-peu de temps, les économies qu'ils ont obtenus par un travail de plusieurs années.

Voilà ce que MM. J. Gros, Odier, Roman et compagnie ont fait pour leurs employés; chaque jour ils apportent de nouvelles améliorations à ces institutions, ils se proposent d'en créer d'autres qui viendront encore augmenter le bien-être qu'ils ont organisé autour d'eux.

Honneur aux manufacturiers qui ont si bien compris leur mission! Après les nombreux exemples qui ont été mis sous vos yeux, messieurs, après ce que nous savons qui existe chez des manufacturiers qui n'ont pas exposé, nous sommes étonnés qu'on vienne encore dire que les industriels n'ont d'autre préoccupation que de tirer le plus de profit possible du travail de leurs ouvriers, qu'ils ne s'occupent jamais de leur avenir.

Ceux qui tiennent ce langage sont bien ignorants des faits, ou mus par de très-mauvaises intentions.

MM. HARTMANN et fils, à Munster (Haut-Rhin).

Ils se présentent à plusieurs titres à l'examen du jury central: déjà, par des rapports spéciaux, vous avez appris que ces messieurs sont au premier rang pour la filature des cotons et le tissage jusqu'au n° 120.

Cette année, MM. Hartmann se présentent de nouveau avec un assortissement de percales, mousselines, jaconas et tissus de laine imprimés; le bon goût des dessins, la vivacité des couleurs et la bonne fabrication prouvent que MM. Hartmann sont toujours en progrès; leurs produits sont recherchés par la consommation, tant intérieure qu'extérieure.

Leur établissement, pour la fabrication des indiennes, remonte à 1776, ils y occupent près de 700 ouvriers, tant hommes que femmes et enfants; les hommes gagnent de 2 à 4 francs par jour, les femmes et les enfants de 75 centimes à 1 franc.

Une chute d'eau, de la force de 25 chevaux, met en activité 3 machines à imprimer à 1, 2, 3 et 4 couleurs; 4 perrotines et tous les accessoires indispensables pour la fabrication.

Ils impriment environ 2 millions de mètres d'étoffes, pour une valeur de 1,600,000 francs; ces produits sont placés à l'intérieur, à l'exception d'un huitième qui est exporté.

Tout en travaillant à la prospérité de leur établissement, MM. Hartmann et fils ont pensé aussi au présent et à l'avenir de leurs nombreux ouvriers, aussi trouve-t-on dans leurs ateliers:

1° Des écoles gratuites pour tous les enfants des deux sexes;

2° Une boulangerie, où le pain est distribué à un prix inférieur à la taxe;

3° Un médecin donne gratuitement ses soins aux ouvriers malades, qui reçoivent également, sans payer, tous les médicaments;

4° Les ouvriers vieux ou infirmes sont pensionnés par MM. Hartmann.

Honorés d'une médaille d'or en 1834, rappelée en 1839, ces messieurs furent, en 1844, mis hors concours, parce que M. Frédéric Hartmann, un des associés de la maison, était membre du jury central.

Cette année, le jury leur décerne le rappel de la médaille d'or.

MM. KŒCHLIN frères, à Mulhouse (Haut-Rhin)..

Cet établissement, fondé en 1746, est le plus ancien de l'Alsace. Ce fut M. Jean Kœchlin qui l'exploita le premier.

MM. Daniel et Ferdinand Kœchlin, ses fils, lui ont succédé.

M. Daniel Kœchlin, aussi habile chimiste que fabricant distingué, a certainement le plus contribué à faire arriver l'Alsace au degré de réputation auquel elle est parvenue pour l'impression des toiles peintes.

On lui doit les découvertes et les applications les plus importantes qui aient été faites depuis plus de cinquante années :

Enlevage blanc et bleu sur les rangers dits *mérinos*, avec l'aide du chlore ;

Le moyen de fixer sur les étoffes de coton la couleur jaune de chrome.

C'est sa maison, dont il suivait plus particulièrement la partie chimique, qui a exploité ces articles le plus en grand et avec le plus de succès.

Aussi désintéressé qu'habile chimiste, M. Daniel Kœchlin a souvent mis dans le domaine public des découvertes très-importantes : c'est lui qui a publié le premier la théorie des mordants de fer et d'alumine ; c'est aussi à lui qu'on doit les observations sur le bousage des mordants et les passages en son : il a publié tous ses procédés, il a fait connaître toutes ses observations sur ces opérations importantes, alors que la théorie en était encore dans l'enfance, et que les procédés les plus imparfaits étaient seuls les guides des manufacturiers.

Les hommes qui montrent un si grand désintéressement sont si rares, qu'on ne peut trop s'empresser de publier leurs noms.

Les produits de la manufacture de MM. Kœchlin frères ont toujours été et sont encore au premier rang parmi ceux de leurs rivaux qui ne reculent devant aucun sacrifice pour arriver à mieux faire.

L'exposition de ces messieurs est particulièrement remarquable par des impressions, dessins, cachemires à palme sur tissus de laine, qui ne laissent rien à désirer : les manufacturiers, même les plus habiles, rendent hommage au fini de ces impressions, beauté d'exécution, nuançage de couleurs, rien ne manque à cette fabrication. L'imitation du véritable cachemire est si parfaite, que ce n'est qu'au toucher qu'on reconnaît que cette étoffe est de la mousseline-laine imprimée.

Quatre cents ouvriers environ sont occupés dans cette fabrique qui produit :

25,000 pièces de calicots imprimés,
5,000 —— de jaconas,
1,000 —— de mousseline-laine pure,
6,000 —— de mousseline-laine, chaîne coton.

Ensemble, 3,500.000 mètres pour une valeur d'à peu près 3 millions.

Décidé par tout ce qui précède, le jury décerne à MM. Kœchlin frères un nouveau rappel de la médaille d'or qu'ils ont obtenue à l'exposition de 1819. Rappelée déjà en 1834 et 1844.

MM. SCHWARTZ-HUGUENIN et Cⁱᵉ, à Merrange, commune de Dannach (Haut-Rhin).

Fondé en 1812, cet établissement a d'abord été dirigé par M. Schwartz aîné, qui s'est retiré pour céder la place à son frère puîné, sous la même raison de commerce.

300 ouvriers environ sont occupés dans cet établissement.

La force motrice est de 25 chevaux.

La valeur des produits est de 11 à 1,200,000 francs.

Ces messieurs ont exposé des impressions sur calicot et sur laine, mais c'est surtout l'article meuble à colonnes et à ramage qui assure le succès de leur maison, et qui la place en première ligne dans ce genre.

Il est impossible de trouver un ensemble de couleurs plus parfait, une dégradation mieux combinée que celle qu'on remarque dans ce meuble à onze couleurs qu'on admire à l'exposition de MM. Schwartz-Huguenin.

Nous croyons pouvoir affirmer que les pièces soumises à notre appréciation doivent être considérées comme ce qui a été présenté de plus parfait jusqu'à présent; ce genre est d'autant plus difficile à bien exécuter, que, de toutes les couleurs qui le composent, il suffirait qu'une seule n'eût pas le ton et la vivacité convenable pour faire éprouver au fabricant une réduction assez considérable sur le prix.

MM. Schwartz-Huguenin ont eu, en 1834, une médaille d'or; rappelée en 1839 et 1844, le jury leur décerne un nouveau rappel pour 1849.

MM. BLECH, STEINBACH et MANTZ, à Mulhouse (Haut-Rhin). Médaille d'or.

Ils exposent des impressions sur jaconas et calicots; ils ont aussi une filature, mais elle est peu importante, et d'ailleurs nous avons pour mission de parler seulement de la fabrication des indiennes.

Cet établissement a été fondé en 1787.

Il a pris successivement un développement considérable, puisque, plus de 4 à 500 ouvriers des deux sexes et de tout âge y trouvent aujourd'hui de l'occupation.

Une force totale de 80 chevaux mettent en activité 8 machines à imprimer.

Les produits sont de 3,230,000 pièces de calicot, 9 perrotines et tous les accessoires de la fabrication, et 480,000 pièces de laine et de soie.

Pour une valeur de plus de 4 millions de francs, dont les deux cinquièmes pour l'exportation.

Pendant longtemps MM. Blech, Steinbach et Mantz ont exploité les articles garancés, et plus particulièrement les couleurs fixées par la vapeur; ce sont eux qui ont contribué, par la persistance et par la perfection à laquelle ils sont arrivés dans leur fabrication, à faire entrer dans la consommation cet article qui, jusqu'alors, y était vu avec déplaisir.

Depuis la dernière exposition, ils ont commencé à traiter les articles jaconas grande nouveauté; sans être encore peut-être aussi avancés que les manufacturiers qui les ont précédés dans cette carrière, ils débutent avec une perfection qui annonce qu'ils seront des concurrents très-sérieux et auxquels il faut faire attention si on ne veut pas se laisser devancer.

On remarque encore, à l'exposition de cette maison, de très-belles impressions sur laine.

Tous ces motifs ont déterminé le jury à décerner à MM. Blech, Steinbach et Mantz, de Mulhouse, une médaille d'or; déjà, en 1839, ces messieurs avaient reçu une médaille d'argent avec rappel en 1844.

Nouvelles médailles d'argent. **MM. THIERRY-MIEG et C⁰, à Mulhouse (Haut-Rhin).**

Cette maison a toujours figuré avec honneur dans nos expositions, mais pour des articles autres que ceux qu'elle présente aujourd'hui. S'apercevant que la consommation n'avait plus le même besoin des impressions sur rouge andrinople, qui faisaient la base de sa fabrication sur toiles peintes, elle se décida à la changer complétement pour entreprendre l'impression des châles sur laine.

MM. Thierry-Mieg et compagnie n'ont eu qu'à se féliciter d'avoir

pris une détermination aussi hardie, nous dirons même aussi téméraire : le succès a couronné leur entreprise ; ils exposent des châles
de toutes grandeurs et de toutes nuances, imprimés à la main, à
cinq ou six couleurs ; les dessins sont de très-bon goût, l'exécution
ne laisse rien à désirer ; aussi ces produits sont-ils très-recherchés
par la consommation.

Nous pouvons citer plus particulièrement les fonds bleu Marie-
Louise unis, avec bordure à palmes à 4 et 5 couleurs.

Cet établissement a été fondé en 1806 ; on y occupe 350 ouvriers.

A l'exposition de 1823, MM. Thierry-Mieg et compagnie ont
obtenu une médaille d'argent, qui leur a été rappelée en 1827 et
1834.

En 1839 et 1844, ils n'ont pas exposé, parce qu'alors ils s'occupaient des changements à opérer dans leur établissement pour
passer de la fabrication des rouges andrinople à celle des impressions sur laine qu'ils exposent aujourd'hui.

Ayant constaté la supériorité qu'ils ont acquise dans ce genre
d'impression, le jury leur accorde une nouvelle médaille d'argent.

M. Michel DALIPHARD et Nicolas DESSAINT, fabricants d'indiennes, à Radepont (Eure).

Ils exposent une grande quantité de toiles imprimées pour robes
et pour ameublements.

Ces produits à bon marché, puisqu'ils sont du prix de 50 à
90 centimes par mètre, sont autant destinés à l'exportation qu'à la
consommation intérieure, où ils ont des débouchés toujours assurés.

On remarque particulièrement les bleu et blanc, vert et blanc
par enlevage, et les meubles à deux et trois couleurs, garancés.

Cet établissement, fondé en 1820, a pris un développement
successif justifié par la bonne fabrication. A l'origine, MM. Daliphard et Dessaint ne fournissaient pas plus de 12 à 1,500,000 mètres
d'indiennes ; en 1844, ils étaient arrivés à en produire 3,500,000.
Aujourd'hui, d'après les renseignements que nous nous sommes
procurés, en outre des notes qui sont jointes au dossier, ils sont
arrivés à 5 millions de mètres, soit 3,500,000 francs en valeur.
Ce développement prouve que les produits de cette maison sont
très-recherchés.

Ces résultats sont obtenus avec 5 machines à imprimer à une, deux, trois et quatre couleurs; une force motrice de 70 chevaux, 45 à la vapeur, 25 à l'eau. 400 ouvriers, femmes et enfants, y trouvent un salaire annuel en rapport avec les services rendus.

C'est un fait, messieurs, que nous nous plaisons à constater: il est commun à toutes les fabriques d'impression. Malheureusement, on ne peut admettre la même affirmation pour toutes les industries.

En 1844, MM. Daliphard et Dessaint ont obtenu la médaille d'argent.

Le jury, reconnaissant que MM. Daliphard et Dessaint ont toujours une bonne fabrication, en rapport avec les progrès qui ont été signalés dans l'industrie des toiles peintes, leur accorde une nouvelle médaille d'argent.

MM. HAZARD frères, manufacturiers à Maiaunay (Seine-Inférieure), et à Rouen.

Rappel de médaille d'argent.

Ils exposent presque exclusivement des articles garancine à très-bas prix, 70 centimes, dont la réussite ne laisse rien à désirer. On remarque aussi quelques impressions de couleurs fixées par la vapeur.

Leur fabrication a toujours été considérée comme l'une des meilleures de la place de Rouen.

Ils impriment environ 2,500,000 mètres par an, pour une valeur de 1,500,000 francs.

Leur force motrice, qui est de 18 chevaux, met en activité 3 machines à imprimer à deux, trois et quatre couleurs; ils occupent 150 ouvriers.

Les hommes et les adultes gagnent de 1 fr. 75 cent. à 2 fr. 50 c. par jour; les femmes et les enfants de 1 franc à 1 fr. 25 cent.

Ces messieurs ont obtenu en 1839 une médaille d'argent, un rappel en 1844. La bonne position qu'ils ont conservée dans l'industrie, au milieu de concurrents actifs et intelligents, ont déterminé le jury à rappeler la médaille d'argent à MM. Hazard.

M. RHEM, à Marommes (Seine-Inférieure).

Médailles d'argent.

Son établissement a été fondé en 1831. Il occupe 138 ouvriers, qui gagnent de 2 francs à 2 fr. 25 cent., les hommes, et 1 fr. 25 c.

les femmes. Il y a 2 machines à imprimer, l'une à trois et l'autre à quatre couleurs, plus 3 perrotines.

Ces diverses machines sont mises en activité par une force motrice de 10 chevaux.

M. Rhem livre à la consommation environ 1,400,000 mètres d'indiennes par an, qui représentent un capital de 1,150,000 francs. Il expose des indiennes et des cravates.

Il s'occupe plus spécialement de l'impression des couleurs fixées par la vapeur. Les dessins qu'il expose sont de bon goût; la fabrication n'en laisse rien à désirer. Ces articles, recherchés par la consommation, y trouvent un débouché facile, à des prix avantageux, 75 centimes par mètre.

C'est la première fois que M. Rhem expose. Le jury lui décerne une médaille d'argent.

M. Charles STEINER, à Ribeauvillers (Haut-Rhin).

Cet établissement a été fondé en 1839.

Il expose des toiles rouge andrinople uni, indiennes et mouchoirs de cette même couleur, avec enlevage blanc et plusieurs couleurs rentrées, plus une pièce fond blanc et deux rouges obtenues par le même procédé.

Le nombre des ouvriers employés est de 120 à 130. Ils gagnent de 1 fr. 80 cent. à 4 francs.

Les mécaniques sont mises en mouvement par une force hydraulique de 12 chevaux.

L'importance de la fabrication est de 5,000 pièces, dont la valeur approximative représente 550 à 600,000 francs.

Les deux cinquièmes de cette fabrication sont destinés à l'exportation.

L'application des enlevages sur les rouges andrinople a toujours été considérée comme le premier pas fait vers ces merveilles qui sont dues à l'emploi des moyens et des produits chimiques dans la fabrication des toiles peintes et de la teinture.

L'Alsace peut, à juste titre, revendiquer ces premières applications. Ce sont MM. Kœchlin frères, de Mulhouse, qui ont commencé à exploiter la belle industrie des rouges andrinople avec des enluminages de toutes couleurs. Ce premier pas fait, ils n'ont pas tardé à avoir des rivaux, qui tour à tour se sont emparés d'un article qui eut pendant longtemps une grande vogue. Aujourd'hui, la consommation en est très-limitée : l'établissement de M. Charles Steiner suffit seul pour la satisfaire.

Cette maison doit ce défaut de concurrence aux grands perfectionnements qu'elle a apportés dans l'huilage des toiles, à la supériorité de la teinture et au bas prix auquel elle a établi ses produits, sans nuire à leur perfection et à leur beauté, et tout en conservant cependant un bénéfice raisonnable. Ce sont ces considérations qui déterminent le jury à décerner une médaille d'argent à M. Charles Steiner. Il a eu une médaille de bronze en 1844.

M. Auguste SCHEURER, ROTH et Cie, à Thann (Haut-Rhin).

Cet établissement a été fondé en 1818, sous la raison Lieback-Hartmann; 220 ouvriers y trouvent de l'occupation; ils gagnent, les hommes, de 1 fr. 50 cent. à 2 francs, les femmes, de 75 cent. à 1 franc.

On y fabrique 1,080,000 mètres d'indiennes,
  166,000 mètres laine et laine et coton,
  200,000 mètres jaconas et mousselines.

La valeur approximative de ces produits est de 1,500,000 francs.

Une pompe à feu, de la force de 24 chevaux, met en activité 4 machines à imprimer, 6 perrotines, les séchoirs et toutes les mécaniques nécessaires pour cette exploitation.

MM. A. Scheurer, Roth et compagnie exposent des jaconas, des mousselines et des indiennes garancées. Votre commission a plus particulièrement remarqué quelques fonds lilas et rose garancés, qui établissent que ce fabricant fait des efforts pour arriver au premier rang dans ce genre difficile à bien exécuter. Quelques jaconas, grande nouveauté, et des impressions sur laine, ont aussi appelé l'attention de votre commission, qui se plaît à reconnaître que M. Scheurer a fait des progrès dans les divers genres de sa fabrication.

C'est par ces considérations que le jury accorde à ce fabricant une médaille d'argent. En 1844, il avait obtenu une médaille de bronze.

§ 3. COUVERTURES DE COTON.

M. Émile Dolfus, rapporteur.

M. ACCARY, à Montluel (Ain).

Mentions honorables.

Ce fabricant expose un assortiment de couvertures en coton, laine et soie de divers genres, piquées, imprimées et blanches. Ces produits sont d'une bonne fabrication courante. Le jury donne à M. Accary une mention honorable

M. Jacques-Marie MORAND, à Paris (Seine).

Il expose plusieurs couvertures en coton, blanches et en poils de chevreaux, ces dernières en couleur. Cette marchandise est bien fabriquée.

Le jury accorde à M. Morand une mention honorable.

M. DUPUY, à Châteauroux (Indre).

Citation favorable.

Il présente une couverture en coton d'une confection particulière, et de façon à pouvoir se diviser au besoin, et former plusieurs couvertures complètes de dimensions moindres.

Le jury accorde à M. Dupuy, déjà cité en 1844, une nouvelle citation favorable.

QUATRIÈME DIVISION.

ARTICLES DE SAINT-QUENTIN ET BRODERIES DE TARARE.

M. Félix Aubry, rapporteur.

CONSIDÉRATIONS GÉNÉRALES.

Peu de fabricants de Saint-Quentin se sont présentés au concours de cette année.

La hauteur à laquelle s'est élevée l'industrie de Saint-Quentin qui s'occupe, depuis un demi-siècle, spécialement de la fabrication des tissus unis et légers en coton, tels que *jaconas*, *nansouks*, et divers autres articles de fantaisie, ne lui a pas laissé beaucoup à faire depuis l'exposition de 1844.

Toutefois, les rideaux de mousseline et gaze brochées, pour ameublements, offrent de grands progrès sous le double rapport de la composition et de la fabrication.

Les divers établissements de tissage, dont cette ville est le centre, ont continué de se développer dans diverses branches d'industrie, notamment dans la fabrication des mousselines-laine, de divers articles de fantaisie soie, de châles, etc.

L'exposition de la broderie de Tarare est brillante.

Tarare est le centre d'une fabrication qui occupe non-seulement la population de tout le canton de cette ville, mais encore les cantons limitrophes.

On y fabrique spécialement la mousseline claire, soit unie, soit façonnée, soit brodée.

Il est difficile de fixer le nombre des ouvriers qu'occupe cette fabrication; cependant, sans exagération, on peut le porter à 40,000, tant hommes que femmes et enfants; le chiffre du mouvement des affaires dépasse 12 millions.

La mousseline unie, qui est peu représentée à l'exposition, est la branche la plus importante du commerce de Tarare, elle est arrivée à une grande perfection.

Pour cet article, l'ouvrier travaille chez lui, il est propriétaire de son métier, le peigne seul appartient au fabricant.

Pour les mousselines rayées, à carreaux, et brochées à la mécanique, dites *plumetis*, le fabricant est propriétaire du métier et les ouvriers sont réunis par ateliers de 10 à 12 métiers.

Le salaire des ouvriers est très-variable, il dépend de leur habileté; on peut établir le minimum à 1 fr. 25 et le maximum à 3 francs.

La fabrication de la broderie au crochet, qui figure d'une manière si brillante à l'exposition, est dans d'autres conditions; elle n'occupe exclusivement que les femmes qui travaillent dans leurs familles.

Le métier et l'outil nécessaires à l'ouvrière brodeuse sont

d'une grande simplicité; une forte aiguille, dite *crochet*, montée dans un petit manche, un léger tamis circulaire sur lequel l'ouvrière tend le tissu et qu'elle soutient de son bras gauche, pendant que la main droite fait rapidement mouvoir le crochet, voilà tout l'attirail de la fabrication; il s'emporte aux champs, se prend et se quitte à volonté.

Une enquête faite, il y a quatre ans, a constaté que la broderie occupait près de 20,000 ouvrières, qui travaillent toutes dans leurs familles; elles peuvent gagner de 60 cent. à 1 fr. 25 cent. par jour.

Il y a à peine quinze ans qu'on utilisa les ouvrières de Tarare pour la fabrication des articles d'ameublement brodés, dont jusqu'alors la Suisse avait le monopole; aujourd'hui c'est une des branches importantes du commerce de Tarare.

Cette industrie lutta difficilement contre la concurrence de la Suisse, où la main-d'œuvre est si peu payée, mais, par des efforts incessants pour développer l'habileté de l'ouvrière, par le bon goût des dessins et l'initiative intelligente de la nouveauté, nos fabricants sont parvenus à ne plus craindre autant, sur le marché intérieur, la contrebande si active des articles suisses.

Le mérite du fabricant est de produire des articles de bon goût et d'effets heureusement combinés qui, en ménageant la main-d'œuvre sur une surface donnée, amènent des prix favorables pour la consommation moyenne.

Il y a moins de difficultés à produire, à grands frais, des pièces extrêmement riches, qui rendent rarement au fabricant ses déboursés, qu'à établir de jolies choses courantes, bien exécutées, accessibles à la consommation, et sur lesquelles le fabricant trouve son compte aussi bien que l'ouvrière qui y trouve un travail continu.

Cette fabrication, comme tout ce qui tient au luxe, a beaucoup souffert des événements de 1848, elle a même presque complétement cessé; nous sommes heureux de pouvoir constater qu'elle reprend son ancienne activité.

La broderie de Tarare n'est pas encore parvenue à se créer des débouchés à l'étranger, où nous n'exportons que quelques articles très-riches et de haute nouveauté.

Mais les autres produits fabriqués à Tarare occupent une place dans nos exportations, que nous devons mentionner.

Environ 100,000 kilogrammes de tissus clairs communs, unis ou brochés, s'exportent annuellement pour l'Algérie.

Nous exportons également, avec supériorité, les grands clairs dits *tarlatanes*, en blanc et en couleur, et notamment des mousselines façonnées dites *plumetis*. Ces articles s'expédient dans toute l'Europe et surtout dans les deux Amérique, où ils sont très-estimés.

En 1837, nous n'exportions que 17,020 kilogrammes de mousselines diverses, d'une valeur de 510,600 francs.

Neuf ans plus tard, en 1846, nous avons exporté 186,064 kilogrammes, représentant une valeur de 5,581,920 francs (commerce spécial).

Nous constatons avec d'autant plus de bonheur ce résultat, qu'il nous paraît indispensable que nos grandes industries se créent des débouchés à l'étranger, non-seulement au point de vue du progrès, mais aussi comme le meilleur moyen de continuer à donner de l'ouvrage et du pain aux ouvriers, lorsque des crises, comme celle de 1848, viennent tarir les sources de la consommation intérieure.

MM. LEHOULT et Cⁱᵉ, à Saint-Quentin (Aisne).

Rappel de médaille d'or.

Cette maison, fondée en 1806, est la plus importante de Saint-Quentin. Elle livre annuellement au commerce plus de 200,000 kilogrammes de produits, et fait près de 2 millions d'affaires.

Tous les articles exposés par cette honorable maison sont des plus beaux, et la placent au premier rang.

Le jury a remarqué des dessins sur gaze double et sur mousseline, entourés d'une broderie au crochet, dont l'effet imite parfaitement l'application, ainsi que des jaconas et des brillantés d'une finesse et d'une régularité de tissus qui ne laissent rien à désirer.

Le jury, appréciant la persévérance du digne chef de cette maison, qui, depuis de nombreuses années, est si bien secondé par son associé-gérant, M. Sarazin, reconnaît qu'il mérite la plus haute récompense, et rappelle à MM. Lehoult et compagnie la médaille d'or obtenue en 1844.

M. ESTRAGNAT fils aîné, à Tarare (Rhône).

Nouvelle médaille d'argent.

Cette maison a toujours donné une grande impulsion à la fabrication des articles fantaisie, et notamment à la broderie au crochet pour meubles. Rien de plus varié et de plus joli que son exposition. Le jury a apprécié la nouveauté et le goût des dessins, ainsi que le fini du travail. Le store brodé au crochet était admirable.

Par sa position à Paris, M. Estragnat donne un certain élan à la fabrication des articles nouveaux. Le jury a remarqué des mousselines grain serré, tissées en coton teint, broché blanc, qui, aujourd'hui, sont adoptées pour toilettes de ville, tandis qu'il y a peu d'années on n'employait cet article que pour toilettes de bals ou de soirées.

Cette maison est la plus importante de Tarare pour la fabrication des rideaux brodés; elle livre annuellement 12 à 15,000 pièces au commerce, représentant une valeur de 500,000 francs.

M. Estragnat fils aîné a obtenu la médaille de bronze en 1839, celle d'argent en 1844. Le jury de cette année lui décerne une nouvelle médaille d'argent.

MM. A. DAUDVILLE et Cⁱᵉ, à Saint-Quentin (Aisne).

Rappels de médailles d'argent.

Cette maison s'est toujours fait remarquer par l'initiative de ses productions et par le goût de ses dessins.

MM. A. Daudville et compagnie ont exposé cette année un store d'un effet nouveau : ils ont réuni, sur un fond de gaze claire, tous les effets que comporte la fabrication du rideau. On y trouve l'assemblage de la mousseline et de la gaze. La combinaison d'un double maillon sur le broché simple produit un genre ombré tout à fait nouveau.

Le jury a remarqué cette exposition, et notamment un rideau à cascades d'un goût parfait.

Le jury rappelle à MM. Daudville et compagnie la médaille d'argent obtenue en 1844.

M. J. FION, à Tarare (Rhône).

Cette maison est une des plus importantes de Tarare pour la fabrication des tulles et mousselines brodés au crochet. Elle a commencé la broderie en 1833, et elle a toujours occupé beaucoup d'ouvrières, dont le nombre est d'autant plus variable, que M. Fion fait spécialement broder pour Paris, à la commission, et qu'il est plus sujet que tout autre à ressentir les effets des événements politiques.

L'exposition de M. Jules Fion est très-belle; ses broderies sont remarquablement soignées et les dessins de bon goût.

Le jury lui rappelle la médaille d'argent obtenue en 1844.

Médaille d'argent. ## MM. LUCY-SÉDILLOT et Cⁱᵉ, rue des Jeûneurs, n° 36. à Paris (Seine).

Cette maison est une des premières qui se soit occupé de la broderie au crochet sur mousseline. Elle a fait faire à cette industrie de grands progrès, et elle l'a perfectionnée.

MM. Lucy-Sédillot et compagnie font broder avec un succès incontesté des broderies fines pour mantelets, lingeries, etc. Leurs produits en ce genre sont des plus remarquables et arrivent à une grande perfection. Mais la partie la plus considérable de sa fabrication est l'article pour meubles.

Le jury a surtout distingué de charmantes broderies fines à petits dessins ramagés, et un store à fleurs de maronniers d'un goût exquis.

M. Lucy-Sédillot a obtenu la médaille de bronze en 1844, et mérite cette année la médaille d'argent que le jury lui décerne.

Médailles de bronze. ## M. BRIN-LALAUX, à Homblières, près Saint-Quentin (Aisne).

M. Brin-Lalaux expose un assortiment de divers tissus écrus et blanchis, pour ameublements. Tous ces articles annoncent une excellente fabrication.

Le jury a spécialement remarqué des mousselines et gazes brochées, un fort beau rideau à médaillons et un store en gaze broché d'un très-bon goût.

La beauté et la bonne fabrication des produits de M. Brin-Lalaux lui font obtenir la médaille de bronze.

MM. BRUN frères, fils, et DENOYEL, à Tarare (Rhône).

Ces messieurs occupent beaucoup d'ouvrières brodeuses et 150 à 200 ouvriers tisseurs, à Tarare et dans les environs. Ils livrent annuellement 8 à 10,000 pièces de rideaux brodés, et font 250 à 300,000 francs d'affaires.

Ces messieurs sont actifs, intelligents, sans cesse en course dans les campagnes. Ils visitent eux-mêmes leurs nombreuses ouvrières et dirigent leur travail.

Le jury a remarqué la bonne fabrication des articles exposés, et il décerne à cette maison la médaille de bronze.

MM. ESTRAGNAT frères et ROUX, à Tarare (Rhône).

L'établissement de ces messieurs date de 1845. Ils se livrent particulièrement à la fabrication des articles brodés pour meubles.

Cette maison a promptement acquis une assez grande importance dans les affaires, et ses produits sont estimés.

MM. Estragnat frères et Roux n'ont exposé que des articles qu'ils vendent journellement, et néanmoins leur exposition est fort belle, et le jury a surtout remarqué un tapis de lit et des rideaux brodés sur tulle d'une parfaite exécution.

Le jury leur accorde une médaille de bronze.

M. LEPELLETIER-DAMAS, rue Saint-Fiacre, n° 5, à Paris (Seine).

La principale fabrication de M. Lepelletier est à Bonnal (Doubs), et les produits qu'il expose sont remarquablement soignés. Le jury a surtout distingué de forts beaux rideaux à vitrages et un store magnifique.

Le jury lui accorde une médaille de bronze.

MM. BOUTHORS et DEREINS, à Amiens (Somme). *Mentions honorables.*

Ces messieurs exposent un assortiment de bandes lambrequines festonnées mécaniquement. Ces bandes brochées sont destinées à remplacer les bandes brodées, dont la consommation est considérable.

Le jury accorde à MM. Bouthors et Dereins une mention honorable.

M. BIBAS, rue du Sentier, n° 3, à Paris (Seine).

M. Bibas fait beaucoup broder à Tarare, à Laye et à Saint-Symphorien. Son exposition est très-jolie, et le jury a remarqué un store d'un travail admirable.

Le jury lui décerne une mention honorable.

Citation favorable.

TRAVAIL DES ORPHELINES, à Arras (Pas-de-Calais).

Le jury a remarqué de belles broderies pour ameublement faites par de malheureuses orphelines. Le jury accorde à ce travail une citation favorable.

OUATES, MÈCHES DE COTON.

Médailles de bronze.

MM. SIREDEY et BILLEBAULT, à Paris (Seine).

Ils exposent des ouates glacées et autres (coton cardé), blanches et en couleur, de qualité supérieure. Leur coton cardé blanchi, pour bijouterie, etc., obtenu au moyen de procédés particuliers, a surtout été remarqué. L'établissement de MM. Siredey et Billebault occupe 3o à 35 ouvriers, et produit annuellement 5o,ooo kilogr. d'ouates et cotons cardés, pour une valeur de 13o,ooo francs.

Le jury accorde à ces fabricants une médaille de bronze.

M. Pierre-Louis CANDLOT, à Paris (Seine).

Cet établissement occupe 5o ouvriers, et produit annuellement environ 18o,ooo kilogrammes d'ouates en tous genres. Les articles de M. Candlot entrent dans la grande consommation. Ses produits sont bien fabriqués, et obtenus par des procédés entièrement mécaniques qui lui sont particuliers.

Le jury accorde à M. Candlot une médaille de bronze.

Mentions honorables.

Mme veuve NICOD et fils, à Annonay (Ardèche).

Ils exposent des mèches nattées pour bougies en stéarine, ainsi que du papier percé pour le délitement des vers à soie.

L'établissement de Mme veuve Nicod et fils, fondé en 1846, livre de bons produits, et présente, entre autres, cet avantage pour la localité, de procurer du travail à domicile à un assez grand nombre de femmes pauvres, qui ne peuvent quitter leur ménage ou leurs enfants.

Le jury accorde à Mme veuve Nicod et fils une mention honorable.

M. Joseph-Émile THOUVENIN, à Paris (Seine).

Il expose des ouates en coton, blanches glacées, et du coton cardé pour couvertures, etc. Il y joint des couvre-pieds en soie piquée, ainsi que des soies cardées et en ouate, provenant d'effilures de soie. Ce dernier article présente l'avantage de tirer partie d'un déchet qui demeure, en quelque sorte, sans autre emploi possible. Ces divers produits sont bien confectionnés.

Le jury accorde à M. Thouvenin une mention honorable.

M. Charles VINCOURT, à Paris (Seine).

Citation favorable.

Le jury accorde à M. Vincourt, déjà cité en 1844, une citation favorable, pour les mèches à quinquets qu'il expose cette année, et qui sont d'une bonne fabrication.

———

QUATRIÈME PARTIE.

INDUSTRIE LINIÈRE.

M. Desportes, rapporteur.

CONSIDÉRATIONS GÉNÉRALES.

Le jury de 1844 signalait un temps d'arrêt dans la marche progressive de notre industrie linière; il a suffi d'un retour de prospérité dans les deux années suivantes pour produire le développement le plus rapide et le plus complet dans la filature et le tissage du lin et du chanvre. Ce développement paraîtra d'autant plus remarquable qu'il s'est réalisé, pour ainsi dire tout entier, dans l'espace de trois années; car, en 1847, la crise des céréales et la disette des matières textiles, en 1848 la révolution de février, sont venues renouveler, pour cette industrie, les difficultés et les périls de sa création si récente encore.

En 1844, nos filatures, au nombre de 53, comptaient

120,000 broches; aujourd'hui, au nombre de 103, elles en
comptent 250,000. Elles occupent 15 à 16,000 ouvriers; elles
emploient une force motrice d'environ 4,300 chevaux et
mettent en œuvre 23 millions de kilogrammes de lin et de
chanvre teillés; le capital immobilisé dans la filature peut
être évalué à 50,000,000 de francs. Le département du Nord
figure en première ligne dans ce prodigieux accroissement de
notre richesse industrielle.

La production n'était estimée, il y a 5 ans qu'à 6 millions
de kilogrammes (cette évaluation était trop basse); nous trouvons qu'elle s'élève aujourd'hui à 20 millions. Ce chiffre dépasse
la proportion des broches existant aux deux époques, la différence s'explique par la plus grande habileté des ouvriers
et par le perfectionnement des machines; la réalisation de ce
dernier progrès remonte à 1844, mais il ne s'est généralisé
que depuis. De là cet autre avantage, non moins intéressant,
d'une meilleure production malgré l'emploi de matières plus
communes, de sorte que nous avons vu les prix s'abaisser graduellement, au grand avantage des consommateurs, sans
qu'aucune réduction de salaire ait été imposée à l'ouvrier.
Nous trouvons, en effet, que de 1844 à ce jour, après des
alternatives fréquentes de hausse et de baisse, les fils ont
diminué de 15 p. o/o, tandis que le cours des matières
premières est exactement le même aux deux époques. Quelle
que soit, pour la filature, l'insuffisance des bénéfices actuels,
ce n'est pas moins un fait remarquable, et qui fait le plus
grand honneur à la persévérance de nos chefs d'industrie, que
d'avoir résisté et maintenu le travail, en présence d'une aussi
grande réduction de prix. Car il faut considérer que la matière brute figure pour environ 60 p. o/o dans le prix de revient des fils de grande consommation, et que c'est, par conséquent, une diminution de 33 à 35 p. o/o réalisée depuis
5 ans dans les frais de fabrication.

Tandis que la plupart de nos filateurs perfectionnaient leurs
produits, tout en réduisant leurs frais généraux, d'autres, sans
négliger le même but, s'appliquaient à pousser le filage du lin

et de l'étoupe à un très-haut degré de finesse ; c'est un progrès favorable au développement de nos fabriques de Cholet, de Valenciennes et de Cambrai. Des filateurs du département du Nord ont atteint le n° 162 m/m (270 anglais) en lin, et le n° 84 m/m (140 anglais) en étoupe; en 1844, la filature française n'allait pas au delà des n° 66 m/m (110 anglais) en lin, n° 30 m/m (50 anglais) en étoupe : aujourd'hui la finesse est doublée. Ce fait est considérable, quoique les numéros extrêmes en lin et en étoupe ne paraissent pas appelés, pour quelque temps au moins, à faire l'objet d'une consommation importante, et que nos filatures n'en produisent encore que de très-faibles quantités.

Les fils qui se fabriquent à sec, sans que la décomposition de la matière gommeuse vienne aider, comme dans la filature mouillée, à l'allongement du fil en gros, ne sont pas susceptibles d'atteindre une égale finesse. On a exposé des n° 30 m/m (50 anglais) dans ce genre de filature; la consommation actuelle s'arrête au n° 18 m/m (30 anglais); l'usage des n° supérieurs pourra s'établir, ainsi qu'il l'est déjà en Écosse, question réservée pour plus tard, mais qu'il était bon de poser devant les consommateurs qui visitent les galeries de l'exposition.

Le filage du chanvre a été porté avec succès dans la filature à sec, jusqu'au n° 12 m/m (20 anglais) ; il est bien à désirer que cette matière s'adoucisse, par le choix de la semence, par les soins du rouissage et du teillage, et qu'on puisse l'appliquer aussi utilement au filage des numéros plus élevés.

Nous devons citer encore avec éloge les progrès réalisés dans la fabrication des fils retors, des fils préparés pour la cordonnerie et la sellerie. La filerie de Lille, qui monopolise la fabrication du fil à coudre, est une industrie éminente et habilement conduite, d'une importance considérable; il est regrettable qu'elle ne se présente pas à nos expositions : nous aurions eu à la féliciter d'avoir adopté, depuis 5 ans, des procédés de fabrication qui lui ont permis de réduire ses prix d'une manière sensible.

Non moins d'efforts, non moins de succès chez nos fabricants de toiles unies et façonnées : intelligence parfaite des besoins de la consommation ; fabrication progressive, excellente et à bon marché ; goût exquis dans les dessins ; développement de la production ; fils et toiles bien blanchis ; brillants apprêts, telles sont les qualités qui se révèlent à l'inspection de cette abondante variété de produits. Nous devons cependant renouveler une observation déjà faite par nos devanciers, c'est que nos blanchisseurs et nos apprêteurs ne donnent pas à la marchandise qui sort de leurs mains toute l'élégance et la bonne mine, s'il est permis de parler ainsi, que savent lui donner les blanchisseurs irlandais. Et nous insisterons d'autant plus sur cette observation, que la Belgique a suivi l'exemple de l'Angleterre ; or, chacun comprendra que c'est un désavantage très-réel pour la fabrique française que de se présenter ainsi, sans parure, en concurrence avec les tissus que l'Angleterre et la Belgique savent orner avec la plus habile recherche.

L'exportation de nos batistes est restée à peu près stationnaire, dans les années 1845, 1846 et 1847 ; elle a baissé de 33 p. o/o en 1848[1]. Espérons qu'avec le retour de la confiance, cette branche de notre industrie, si intéressante pour les populations rurales, reprendra bientôt sa place sur les marchés étrangers.

Le tissage du lin et du chanvre à la mécanique a pris peu de développement ; les salaires du tissage à la main ont été tellement réduits depuis 1847, qu'il a dû paraître prématuré d'entrer en lutte et de verser des capitaux dans des organisations coûteuses, alors que les débouchés devenaient de plus en plus rares.

L'agriculture, dans plusieurs localités, a amélioré ses pro-

[1] Exportation de 1845....... 70,690 kilogrammes.
          de 1846....... 66,830.
          de 1847....... 66,890.
          de 1848....... 44,070.
                  (*Tableau général du Commerce de la France.*)

cédés de rouissage et de teillage, mais il faut que ces efforts intelligents s'étendent à toutes les contrées qui produisent les plantes textiles. Nous ne saurions trop recommander l'adoption des systèmes de préparation qui se pratiquent, avec avantage, en Belgique et dans le Nord de la France. Si l'emploi de ces méthodes ne devait pas prévaloir, plusieurs de nos départements seraient bientôt déshérités de la culture du lin, si précieuse pour nos campagnes, à cause des nombreux salaires qu'elle y répand. On verrait incessamment les lins de Russie, de Prusse, de Hollande, de Belgique et d'Irlande se substituer aux nôtres, dont l'exportation se réduit chaque jour dans une proportion considérable et toujours croissante [1].

Le filage à la main s'exerce encore et continuera de s'exercer dans une proportion notable pour la confection des fils fins pour batiste et des gros numéros pour emballage, toile à bâches, toile à voiles, toile ménagère, etc.; le lin et le chanvre ainsi filés se tissent généralement dans la chaumière, sont employés dans la famille ou se placent dans un rayon fort étroit sans paraître sur les marchés; aussi est-il bien difficile de déterminer la richesse réelle de l'industrie du lin et du chanvre, prise dans son ensemble. Voici cependant quelques données puisées dans les statistiques, que nous exposons avec toute la réserve que commandent ces renseignements toujours incertains. On estime à 248,000 hectares les terres cultivées en France, en chanvre et en lin [2], produisant annuellement :

[1] Exportation des lins français: en 1840... 2,580,000 kilogrammes,
en 1845... 504,000,
en 1848... 196,000.
(*Tableau général du Commerce de la France.*)

[2] 158,000 hectares en chanvre.
90,000 en lin.

248,000 hectares.

(*Statistique de 1845.*)
Depuis cette époque, la culture ne s'est pas étendue, elle avait décru de 1836 à 1843 : on avait trouvé alors 177,000 hectares en chanvre;
97,000 en lin.

135,000,000' de filasse d'une valeur de. . . . . . . 96,000,000'

à quoi il faut ajouter :

10,803,000	8,535,000 lin teillé importé.	8,535,000'	10,009,000
	2,268,000 chanvre teillé importé. . . .	1,474,000	

145,803,000'   106,009,000'

À DÉDUIRE :

463,000	196,000 lin teillé exporté.	235,200'	409,000
	267,000 chanvre teillé exporté.	173,800	

145,340,000'   105,600,000

À AJOUTER, la façon et les frais sur :

23,120,000	23,000,000 appliqués à la filature mécanique. . . .	19,000,000'	34,000,000
	120,000 appliqués à la fabrication des batistes. . . .	15,000,000	

122,220,000'   139,600,000'

Quelle valeur ajouter au surplus des 145,803,600' susénoncés, soit 122,220,000' pour le filage à la main et autres manutentions que subissent ces matières? Cette valeur, ne fût-elle que de 25 cent. par kilogramme, nous donnerait. . . . . 30,500,000'

Il faut ajouter les frais de la main-d'œuvre, du tissage, du blanchissage, des apprêts, de la teinture du doublage, les transports, etc., environ. 75,000,000

Ce qui porte la somme totale des valeurs créées annuellement par l'industrie du lin et du chanvre, sans y comprendre les graines oléagineuses, à. . . 245,100,000'

[1] Importation de 1848.

[2] Idem.

[3] Nous établissons ce dernier chiffre sur la production de 1847.

PREMIÈRE SECTION.

FILS DE LIN ET DE CHANVRE.

M. Lainel, rapporteur.

SOCIÉTÉ ANONYME FILATURE DE LIN D'AMIENS (Somme).

Exposants hors de concours.

Fondée en 1838, la société anonyme pour la filature du lin à Amiens était accueillie, à l'exposition de 1844, par la distinction d'une médaille d'or dont le mérite ne cesse d'être justifié.

Appelé au nombre des membres du jury central, le directeur de cet important établissement, l'un des plus considérables de France, en acceptant ce mandat, l'a placé, de fait, hors de concours : mais, sans participer aux récompenses, la filature d'Amiens ne saurait être déshéritée de ses droits aux éloges du jury, éloges mérités à tous égards par les progrès que révèle l'assortissement présenté à l'exposition et par l'importance de ses opérations.

Une blanchisserie et 10,360 broches, fonctionnant par le concours d'une force de 300 chevaux et avec la participation de 860 ouvriers, produisent annuellement pour une valeur de 3,500,000 francs.

Des 2,500,000 kilogrammes de chanvre et de lin mis en œuvre, 1,400,000 sont livrés par notre agriculture, et le reste provient des productions de la Belgique et de la Russie.

La blanchisserie, dont nous avons apprécié les résultats à la blancheur des fils et à leur parfaite épuration du chlore, consomme pour environ 30,000 francs de produits chimiques par année.

M. Desportes, rapporteur.

MM. FÉRAY et Cⁱᵉ, à Essonne et à Palleau (Seine-et-Oise).

Ils exposent des fils de lin d'une rare perfection et des toiles damassées dont le travail réunit les qualités les plus exquises.

M. Féray, faisant partie du jury, se trouve hors de concours : qu'il nous soit permis, cependant, de rappeler que ces habiles manufacturiers figurent en première ligne parmi ceux de nos industriels qui, à force de sacrifices et d'efforts persévérants, ont réussi à conserver à la France notre grande industrie linière, lorsque les progrès de la mécanique vinrent modifier si profondément les conditions de la filature et du tissage. C'est ce que le jury de 1839 a voulu reconnaître en décernant une médaille d'or à MM. Féray et compagnie.

Mention
pour ordre.

MM. Nicolas SCHLUMBERGER et Cie, de Guebwiller (Haut-Rhin).

L'industrie de la filature doit beaucoup à MM. Nicolas Schlumberger et compagnie; constructeurs de machines à lin, ils ont voulu les étudier par la pratique même du filage, et dès 1838 la filature de lin fonctionnait à côté de l'atelier de construction.

Leur filature est restée ce qu'elle était en 1844, avec 1,400 broches dans les deux systèmes, sec et mouillé.

Les produits exposés sont des fils d'étoupe, de lin et de chanvre dans les n°s 8 m/m à 40 (14 à 65 numéros anglais); ces marchandises sont de parfaite qualité et d'un placement toujours facile.

MM. Nicolas Schlumberger et compagnie ont obtenu, en 1837, une médaille d'or pour leurs machines à lin; le jury, en considérant cette distinction comme un hommage rendu à l'habileté du filateur, les mentionne ici pour ordre.

MM. SCRIVE frères, à Lille (Nord).

Cette filature date de 1834; placée sous la main d'une habile direction, elle a traversé toutes les crises, vaincu tous les obstacles, réalisé tous les progrès.

MM. Scrive frères possèdent

10,000 broches à l'eau,

300 broches à sec.

Ils occupent 550 ouvriers. La vapeur leur fournit 120 chevaux de force. Ils produisent pour 1,300,000 francs de fil par année.

MM. Scrive frères ont fondé un établissement de tissage mécanique à Marquette, près Lille; nous reviendrons sur le mérite de leur filature lorsque nous nous occuperons du tissage.

Rappel
de
médaille
d'or.

MM. FAUQUET-LEMAITRE et Cie, à Pont-Audemer (Eure).

Ils ont établi leur filature en 1842, sur une magnifique chute d'eau utilisée par une turbine de 148 chevaux, du système de M. Fourneyron : 7,000 broches y sont mises en mouvement, 410 ouvriers y sont employés.

La valeur produite annuellement est de 1,380,000 francs.

Les fils exposés sont en lin et en étoupe;

Les fils secs, du n° $\frac{1}{100}$ à 9 $\frac{1}{100}$ m/m (1 à 16 anglais);

Les fils mouillés, du n° 9 $\frac{1}{100}$ à 36 m/m. (16 à 60 *idem*).

La majeure partie est en lin de Caux et de Bernay. Ces fils, sous le double rapport de la matière et du filage, conviennent parfaitement aux fabricants de toile de Normandie, et nous y trouvons la preuve qu'il dépend de nos agriculteurs de conserver et d'étendre la culture des plantes textiles.

Le jury retrouve, dans MM. Fauquet-Lemaître et compagnie, filateurs de lin, la science manufacturière qui les distingue éminemment comme filateurs de coton; c'est à ce dernier titre que la médaille d'or a été décernée à MM. Fauquet-Lemaître et compagnie à l'exposition de 1834 et rappelée en 1839 et 1844. Le jury en prononce le rappel.

MM. COHIN et Cⁱᵉ, à Rollepot-lès-Frévent (Pas-de-Calais). Médailles d'or.

L'un des associés de la maison Cohin et compagnie, M. Millescamp, est propriétaire de la filature de Rollepot depuis longues années. Cet établissement, dont la fondation remonte à 1834, a eu à traverser ces temps si difficiles où l'imperfection des machines et la concurrence étrangère risquaient de compromettre à tout jamais l'avenir de notre industrie linière. Ces obstacles ont été surmontés avec courage, le matériel s'est renouvelé, la production s'est développée, et, en 1846, la filature de M. Millescamp, devenue sa propriété commune avec MM. Cohin et compagnie, comptait 10,130 broches. Elle occupe 575 ouvriers et dépense une force de 230 chevaux; elle met en œuvre 1,200,000 kilogrammes de lin; elle fait pour 2 millions 1/2 d'affaires.

MM. Cohin et compagnie, qui exposent pour la première fois, présentent un assortiment de fils, tous bien traités; nous avons remarqué un n° 100 anglais (60 m/m) d'une grande perfection, et la toile, tissée avec ce fil en chaîne et en trame, est d'excellente qualité.

MM. Cohin sont fabricants de toile, et ils exploitent cette industrie avec la sûreté d'appréciation que leur donne le grand commerce qu'ils font à Paris dans ce genre d'affaires. Ils occupent 300 tisserands dans les départements de la Somme et du Pas-de-Calais; au Breil et à Connerré, dans la Sarthe, ils ont 190 métiers en atelier et 550 au dehors.

Les toiles qu'ils ont exposées sont destinées au commerce et aux services du Gouvernement; elles sont toutes parfaitement appropriées à leur destination et à bas prix.

Les services rendus à l'industrie linière, à sa naissance, par l'un des associés de la maison Cobin et compagnie, l'importance et la bonne direction de la filature de Rollepot, l'élan imprimé à la fabrication par cette maison, tels sont les titres que le jury a voulu reconnaître en décernant la médaille d'or à MM. Cobin et compagnie.

M. MAHIEU-DELANGRE, à Armentières (Nord).

Créée en 1839, la filature de M. Mahieu-Delangre a commencé à se développer en 1844; elle se compose aujourd'hui de 6,328 broches pour fils à sec et mouillés. Elle emploie 342 ouvriers et dépense une force de 80 chevaux de vapeur; 1.000 ouvriers tisserands, travaillant au dehors, mettent en œuvre la plus grande partie des produits de la filature. Les toiles présentées à l'exposition offrent un assortiment complet de qualités courantes et fines dont les prix varient de 55 centimes à 2 fr. 45 cent. le mètre. Ces toiles sont parfaites et à bon marché; leur régularité met en lumière tout le mérite du filateur.

M. Mahieu-Delangre a exposé des fils d'étoupe du n° 16 au n° 80 (9 $\frac{38}{44}$ à 48 m/m) et des fils de lin du n° 18 au n° 200 (10 $\frac{38}{44}$ à 120 m/m); ils méritent un éloge complet.

620,000 kilogrammes de lin, chanvre et étoupe, sont employés annuellement; la valeur des fils est de 870,000 francs; le tissage produit 1 million de mètres.

M. Mahieu-Delangre est au premier rang des industriels les plus éminents; il a reçu une médaille d'argent à l'exposition de 1844. Le jury de 1849 lui décerne une médaille d'or, en considération des progrès qu'il a fait faire à la filature dans la fabrication des numéros élevés, et pour l'ensemble de sa fabrication.

MM. HEUZÉ, RADIGUET, HOMON, GOURY et LE-ROUX, à Landerneau (Finistère).

La filature de cette compagnie travaille le lin et le chanvre; fondée en 1847, elle s'est établie avec tous les avantages des perfectionnements acquis. Elle compte 3,00 broches à sec, mises en mouvement par une turbine de M. Fourneyron d'une puissance de 100 chevaux, à laquelle une machine à vapeur de 50 chevaux sert d'auxiliaire.

Un appareil importé d'Irlande pour le teillage du lin, mû par une force hydraulique de 20 chevaux, 3 blanchisseries de fil et de toile et 6 manufactures de toile occupent 1,000 ouvriers en atelier; 1,200 autres tissent au dehors, répandus dans les communes environnantes; les valeurs créées annuellement varient de 1,800,000 fr. à 2 millions. Tel est l'ensemble de l'organisation et du mouvement industriel de cette puissante association.

La compagnie fait des efforts très-louables pour améliorer la culture des lins et des chanvres de Bretagne, matières fortes, mais généralement dures et mal préparées; l'avenir la dédommagera des sacrifices qu'elle fait aujourd'hui pour atteindre ce résultat. C'est un service éminent rendu à des populations éloignées de nos grands centres industriels que de leur conserver ainsi le travail du lin et du chanvre, leur vieux patrimoine, sous l'empire des nouvelles conditions que le progrès nous impose; la société linière du Finistère y aura puissamment contribué.

Les fils exposés dans les n°° 1 $\frac{00}{100}$ à 18 m/m (2 à 30 anglais) sont de qualité parfaite. Les toiles à voile pour le commerce et pour l'État, ainsi que les toiles à tente pour l'armée sont irréprochables. Ces derniers produits ont déjà valu la médaille d'argent à MM. Poisson, Heuzé, Goury et Radiguet, à l'exposition de 1834.

Le jury décerne une médaille d'or à MM. Heuzé, Radiguet, Homon, Goury et Leroux.

MM. LAINÉ-LAROCHE et MAX-RICHARD, à Angers (Maine-et-Loire).

Nouvelle médaille d'argent.

M. Lainé-Laroche possédait, en 1844, 510 broches de filature à sec; depuis son association avec M. Max Richard, il a doublé son établissement. Cette maison occupe aujourd'hui 200 ouvriers, sa

III.

16

force vapeur est de 40 chevaux, sa production de 290,000 kilog.
fil de lin, de chanvre et d'étoupe; son mouvement commercial est
de 550,000 francs.

MM. Lainé-Laroche et Max-Richard exposent
des n°° 1 à 12 m/m en chanvre,
———— 1 à 5 1/2 en étoupe,
———— 1 à 17 en lin.

Ces produits sont dignes d'éloge; les matières sont belles, bien
préparées, les fils droits et brillants, les échantillons de toile à voile
en chanvre et en lin témoignent de la parfaite régularité de la filature.

Ces messieurs ont ajouté une blanchisserie de fils à leur établissement.

Le jury, reconnaissant les progrès que MM. Lainé-Laroche
et Max-Richard ont fait faire à la filature du chanvre, leur décerne
une nouvelle médaille d'argent.

Rappels
de
médailles
d'argent.

M. J. J. DUPASSEUR, à Gerville, canton de Fécamp (Seine-Inférieure).

La filature de lin de Gerville a été fondée en 1838. Elle se compose de 2,500 broches mises en mouvement par une force de
35 chevaux vapeur. Elle occupe 164 ouvriers à l'intérieur et, au-
dehors, une centaine de tisserands.

M. Dupasseur expose des n°° 25 à 70 (15 à 42 m/m). Tous ces
fils sont fabriqués en lin du pays de Caux, la matière est bonne et
le filage en est très-régulier.

M. Dupasseur a fait des progrès sensibles depuis 1844, le jury
rappelle la médaille d'argent qui lui a été décernée à cette époque.

MM. CHÉROT frères, à Nantes (Loire-Inférieure).

La création de la filature de MM. Chérot frères remonte à 1838,
c'est-à-dire qu'elle est une de celles qui ont ouvert la voie au milieu des difficultés de cette époque, alors que l'Angleterre prohi-
bait la sortie de ses machines à filer et que nos constructeurs n'é-
taient pas encore en possession des modèles qu'ils ont su depuis
conquérir et égaler.

MM. Chérot occupent 120 ouvriers dans leur établissement,
80 à 100 au dehors; ils emploient une force motrice de 35 chevaux;

ils font annuellement 200 à 225,000 kilog. de fil et tissent 50 à 60,000 mètres de toiles.

Ces messieurs ont exposé des fils de chanvre, de lin et d'étoupe depuis le n° 2 1/2 ($1\frac{5}{10}$ m/m), jusqu'au n° 20 (12 m/m), des fils à seines pour la pêche, et des toiles à voile en chanvre et en lin pour l'État.

Tous ces produits sont bons; les progrès dans la fabrication des toiles à voile sont réels; le jury de 1844 avait décerné à MM. Chérot une médaille d'argent pour cette dernière branche de fabrication, le jury de 1849 en prononce le rappel.

M. DAUTREMER et Cie à Lille (Nord). Médaille d'argent.

MM. Dautremer et compagnie ont fondé leur établissement en 1845, c'est donc pour la première fois qu'ils se présentent à l'exposition; ils y apportent des fils d'une grande beauté et se placent, dès le début, au premier rang de nos industriels; leurs fils fins jusqu'au n° 162 m/m (270 anglais) en lin et 48 m/m (85) en étoupe, sont des produits remarquables et qui prouvent l'excellence de leurs machines et leur habileté de filateurs. Ils possèdent 3,800 broches mises en mouvement par 40 chevaux de force, leur production est de 240,000 kilog. de fil d'une valeur de 680,000 francs.

Le jury décerne à MM. Dautremer et compagnie une médaille d'argent, en considération du progrès qu'ils ont réalisé dans le filage des numéros élevés.

MM. A. BOCQUET et Cie, à Ailly-sur-Somme (Somme).

Création de 1845.

250 ouvriers.

145 chevaux de force.

2,500 broches à sec.

Valeur produite : 1,100,000 à 1,200,000 francs.

MM. Bocquet et compagnie exposent des fils d'étoupe et de lin filés à sec dans les n°° 3 ($2\frac{40}{100}$ m/m) à 20 (12 m/m).

Ces produits sont beaux, bien appropriés aux besoins de la consommation; les n°° supérieurs 9 1/2 et 12 m/m en lin jaune sont d'une régularité remarquable. Cet établissement est organisé dans les meilleures conditions et possède les machines les plus perfectionnées, il a pris place, dès le début, au premier rang de nos filatures à sec, le jury décerne une médaille d'argent à MM. A Bocquet et compagnie.

Rappels de Médailles de bronze.

M. Adolphe DUTUIT, filateur de lin et de chanvre, à Barentin (Seine-Inférieure).

La filature de M. Dutuit a été créée en 1839, elle se composait de 1,200 broches en 1844, elle en compte aujourd'hui 2,000. Elle emploie 150 ouvriers et 36 chevaux de force, selon sa déclaration.

En même temps que M. Dutuit a augmenté sa production, il l'a perfectionnée, les échantillons qu'il expose, du n° 5 1/2 à 18 m/m. sont de très-bonne qualité.

Le jury rappelle la médaille de bronze décernée à M. Dutuit lors de l'exposition de 1844.

MM. Félix-Susanne MORET et Cⁱᵉ, à Berthenicourt (Aisne).

MM. Moret et compagnie ont 10 métiers à filer, qu'ils appliquent à la fabrication de fils d'étoupe, et ils parviennent à tirer un parti utile des matières les plus communes.

Ils emploient 30 ouvriers.

M. Moret est un homme de science et d'études pratiques, qui a rendu des services réels à l'agriculture et à l'industrie.

Le jury rappelle la médaille de bronze qui lui a été décernée à l'exposition de 1834.

Médailles de bronze.

MM. A. VALDELIÈVRE fils et Cⁱᵉ, filateurs de lin, à Saint-Pierre-lez-Calais (Pas-de-Calais).

La filature de MM. Valdelièvre fils et compagnie a été créée en 1844. Elle compte 4,500 broches; elle occupe 500 ouvriers; la force motrice est de 60 chevaux : la production pourrait s'élever, selon la déclaration des exposants, à 1,500,000 francs de valeur si la consommation répondait à leurs moyens de production.

Les fils exposés sont des nᵒˢ 16 (9 60/00 m/m) en étoupe, et 30 (18 m/m) en lin.

La qualité en est bonne et régulière.

La ville de Saint-Pierre porte un vif intérêt à l'établissement de MM. Valdelièvre et compagnie; sa population et celle des communes voisines y trouvent des moyens d'existence. On cite avec éloge les efforts qu'ils ont faits pour maintenir le travail, autant qu'ils l'ont pu, dans les circonstances les plus difficiles de ces derniers temps.

Le jury décerne une médaille de bronze à MM. Valdelièvre et compagnie.

MM. J. DEQUOY et Cie, filateurs de lin et d'étoupes, aux Moulins-lez-Lille (Nord).

MM. Dequoy et compagnie occupent 150 ouvriers; leur filature, dont la création remonte à 1846, se compose de 2,000 broches, mues par une machine à vapeur de 35 chevaux; ils mettent en œuvre 300,000 kilogrammes de lin, et font pour 450,000 francs d'affaires. Ils se sont appliqués depuis un an à la fabrication des fils dits à *cordonnier*. Leur assortiment d'échantillons, dans ce genre de filature, mérite des éloges pour la régularité du fil, sa bonne torsion, la teinture et l'apprêt spécial que requiert ce genre de produit. MM. Dequoy et compagnie luttent avec avantage contre les fils de même nature que nous recevons d'Angleterre.

Le jury leur décerne une médaille de bronze.

M. J.-B. CHAUVEL aîné, filateur de lin et fabricant de toiles, au Breuil (Calvados).

Établissement fondé en 1842.

2,080 broches.

136 ouvriers en atelier.

437 au dehors.

Force hydraulique de 45 chevaux.

M. Chauvel aîné emploie annuellement 190,000 kilogrammes de matières textiles; sa fabrication de toile s'élève à 3,000 pièces.

Les fils qu'il a exposés étaient de bonne qualité, le jury lui décerne une médaille de bronze.

M. Pierre BISSON, à Guisseray (Seine-et-Oise).

M. Bisson expose un assortiment de fils blanchis, teints et apprêtés.

Son usine a été fondée en 1836; elle occupe 50 ouvriers, et produit pour 120,000 francs de valeurs annuelles.

M. Bisson a obtenu une mention honorable en 1844.

Le jury, reconnaissant qu'il y a progrès dans sa fabrication, lui décerne une médaille de bronze.

Mentions
honorables. ## M. Nicolas-Marie-Joseph BUTRUILLE, filateur de lin et fabricant de toile, à Douai (Nord).

M. Butruille est un des doyens de la filature de lin.

Il a fondé son établissement en 1838, et y a joint un tissage qui donne de bons produits. Sa filature se compose de 1,400 broches filant à sec et à l'eau froide. Ce dernier mode n'est plus guère employé: il réussit cependant pour certains genres de fils dans les gros numéros.

M. Butruille occupe 90 ouvriers; il produit 125,000 kilogrammes de fil du n° 7 m/m (12 anglais) à 12 m/m (20 anglais).

Le tissage produit 600 pièces toile de lin et d'étoupe, coutil, linge de table, serviettes à liteaux, etc.

Les échantillons exposés sont de bonne qualité courante. M. Butruille expose pour la première fois.

Le jury lui décerne une mention honorable.

M. Alphonse FOURÉ, à Nantes (Charente-Inférieure).

La filature de M. Alphonse Fouré date de la fin de 1847.

Elle occupe 120 à 150 ouvriers.

Elle se compose de 14 métiers à filer à sec et mouillé, employant une force de 50 chevaux.

M. Fouré accuse 500,000 francs d'affaires.

Son exposition se compose de fils d'étoupe, de chanvre et de lin, de provenance française et étrangère, dans les n°° 9 (5 $\frac{..}{1..}$ m/m) à 20 (12 m/m).

Le jury départemental signale dans ces fils l'emploi de matières du pays, lin et chanvre; il fait valoir les difficultés surmontées par l'exposant pour l'appropriation de ces matières au filage mécanique, et l'intérêt considérable qui s'y attache au point de vue de l'agriculture.

Le jury central donne une mention honorable à M. Alphonse Fouré.

M. Charles DECOSTER, à Avilly, près Senlis (Oise).

4 métiers à filer.

12 chevaux de force hydraulique.

35 ouvriers dans l'usine.

3o au dehors.

140,000 francs d'affaires.

M. Charles Decoster expose des fils pour toiles à voile, lin et chanvre, et un assortiment de fils pour la sellerie et la cordonnerie.

Ces fils sont forts et réguliers; la teinture est bien réussie, le fil à cordonnier est lisse et brillant.

Le jury décerne une mention honorable à M. Charles Decoster.

M. Michel PÉNIL, à Pincé (Sarthe).

M. Pénil est filateur de chanvre depuis 1843. Il a 12 ouvriers chez lui et 8 au dehors; il marche au moyen d'une chute d'eau de 6 chevaux de force; il possède 9 métiers, et produit, d'après sa déclaration, pour 44,000 francs de fil.

Les produits qu'il expose sont forts et régulièrement filés.

Le jury lui décerne une mention honorable.

M. Charles LEDUC, à Nantes (Charente-Inférieure).

L'assortiment de cordes et ficelles présenté par M. Leduc est très-complet. On distingue surtout les fils à seines pour la pêche de la morue, du hareng, etc.; c'est un article important, et M. Leduc mérite des éloges pour les soins et les perfectionnements qu'il a apportés à cette fabrication. Les prix sont modérés.

M. Leduc fait annuellement pour environ 100,000 francs d'affaires.

Le jury lui décerne une mention honorable.

Mlle SAVREUX, à Boué (Aisne).

Le jury, appréciant l'extrême finesse et la régularité des fils exposés par Mlle Savreux, lui accorde une mention honorable.

M. PAULUS, à Paris (Seine).

Citation favorable.

M. Paulus donne au fil de lin et de chanvre les préparations qui le rendent propre à l'emploi des cordonniers et des bourreliers. Les échantillons exposés sont bien traités.

Le jury accorde une citation favorable à M. Paulus.

DEUXIÈME SECTION.

TOILES DE LIN ET DE CHANVRE.

M. Desportes, rapporteur.

Médaille
d'or.

MM. SCRIVE frères et J. DANSET, à Marquette et à Halluin (Nord).

MM. Scrive frères, prenant dans leur ensemble la filature et le tissage du lin, ont fait faire un grand pas à cette double industrie. Comme filateurs, ils ont exposé des n° 138 m/m (230 anglais), en lin, et des n° 84 m/m (140 anglais), en étoupe. En 1844, nos filateurs ne dépassaient pas le n° 66 m/m (110 anglais), en lin, et 30 m/m (50 anglais), en étoupe, d'où il suit que le degré de finesse a été doublé. C'est évidemment un grand progrès, dût-on, dans une certaine mesure, suspendre son jugement sur l'emploi utile des numéros les plus élevés que nos filatures n'ont encore livrés au commerce que dans un très-faible rapport avec leur production générale.

MM Scrive frères et Danset convertissent en toile, en linge de table et autres tissus façonnés une partie des produits de la filature de MM. Scrive frères, de Lille. Leur tissage, fondé à Marquette, près Lille, en 1840, occupe 300 ouvriers, et compte 140 métiers mécaniques, pour la fabrication de la toile unie. Ils entretiennent à Halluin 350 ouvriers, qui tissent le linge de table et les toiles damassées pour la grande consommation. Leur production annuelle est de 1,500,000 francs.

Les échantillons exposés se distinguent par la régularité, par la bonne qualité du tissu, par la variété et par la parfaite entente des besoins de la consommation. Aussi MM. Scrive ont-ils pu traverser la dernière crise sans interrompre leur fabrication.

L'établissement de Marquette ne comptait que 50 métiers lors de l'exposition de 1844. Il a valu à ses fondateurs une mention honorable; c'est aujourd'hui l'une de nos usines les plus complètes et les mieux ordonnées. On ne saurait donner trop d'éloges aux soins particuliers que MM. Scrive consacrent au bien-être de leurs ouvriers. Presque tous ceux qui travaillent au tissage de Marquette sont logés dans l'établissement; une habitation salubre est affectée à chaque famille; un jardin et une salle de récréation les réunit les jours de fête et les dimanches.

MM. Scrive et Danset ont donc abordé courageusement et résolu avec bonheur, en ce qui les concerne, l'une des questions les plus controversés de l'industrie linière, à savoir, si le lin, comme le coton, est appelé à être tissé mécaniquement dans la pratique générale: question intéressante au plus haut degré, car il ne faut pas que nous nous laissions devancer par nos rivaux d'Angleterre et de Belgique, dans cette lutte pacifique, il est vrai, mais à laquelle sont attachées la richesse et la vie des peuples modernes.

Le jury central, appréciant le mérite de la création du tissage mécanique de Marquette, la beauté et la variété des produits, les efforts et les sacrifices que font MM. Scrive frères et Danset pour améliorer la situation physique et morale de leurs ouvriers, leur décerne une médaille d'or.

M. LEMAITRE-DEMEESTÈRE, à Halluin (Nord).

Nouvelle médaille d'argent

Établi depuis 1835, M. Lemaitre-Demeestère occupe 6 à 700 ouvriers, dont 130 en atelier. Sa production annuelle est de 720,000 mètres de tissus, dont 120,000 mètres vont à l'exportation. La valeur de ces produits est de 800,000 francs.

L'exposition de M. Lemaitre est des plus remarquables; tous ses tissus, toile unie, linge de table, toile à matelas, sont d'une régularité parfaite, et témoignent d'un progrès constant. Déjà, en 1844, M. Lemaitre-Demeestère recevait une médaille d'argent.

Le jury lui décerne une nouvelle médaille d'argent.

MM. ROUSSEAU père et fils, à Fresnay (Sarthe).

Rappels de médailles d'argent.

MM. Rousseau père et fils, de Fresnay, sont fidèles aux expositions de l'industrie, et c'est toujours avec honneur et avec des produits marqués au sceau du progrès qu'ils s'y présentent. Des mentions honorables leur ont été décernées en 1827, 1834 et 1839; le jury de 1844 les a jugés dignes de la médaille d'argent.

Les toiles exposées par ces honorables fabricants sont d'une beauté vraiment remarquable; elles varient du prix de 1 fr. 40 cent. à 5 francs.

Le jury, appréciant les progrès réalisés par MM. Rousseau père et fils, depuis la dernière exposition, rappelle la médaille d'argent qui leur a été décernée à cette époque.

M. J. BANCE, à Mortagne (Orne).

M. Bance est un industriel distingué. Les toiles qu'il expose sont d'une belle fabrication et justement appréciées. On remarque surtout une pièce pour toile à tableau de 8^m,06 de large dont le tissu est régulier dans toute sa largeur. C'est une grande difficulté d'exécution qu'a su vaincre M. Bance.

Le jury de 1844 a rendu hommage à son mérite en lui décernant une médaille d'argent dont le jury de 1849 prononce le rappel.

MM. VETILLART père et fils, à Pontlieue (Sarthe).

MM. Vetillart père et fils sont blanchisseurs de fils et tisserands. Comme blanchisseurs, ils emploient 50 ouvriers ; comme tisserands, 60 ou 80.

Les fils qu'ils ont exposés ont conservé toute leur force ; ils sont lisses et brillants, le blanc pourrait avoir plus d'éclat ; ce n'en est pas moins de bonne marchandise bien traitée.

D'après le témoignage du jury départemental, les progrès réalisés par MM. Vetillart depuis 5 ans ont quintuplé les travaux de leur blanchisserie. M. Vetillart fils s'est livré aux études les plus consciencieuses en France et en Angleterre pour atteindre ce résultat.

Le jury rappelle la médaille d'argent qui leur a été décernée en 1844.

Médaille
d'argent.

M. Adrien GRENIER, à Armentières (Nord).

M. Adrien Grenier s'est élevé en peu d'années au rang des industriels les plus distingués du département du Nord. Ouvrier avant 1843, c'est alors seulement qu'il a créé le tissage d'Armentières, qu'il dirige avec une rare habileté. Il emploie aujourd'hui plus de 1,000 ouvriers, et il a si bien compris les besoins de la consommation qu'il a pu traverser la crise de 1848 sans retirer à aucun le salaire qui le faisait vivre dans ces temps difficiles, si funestes à tant d'autres. Dans cette même année, M. Adrien Grenier a livré au commerce 13,400 pièces de toile d'une valeur de

1,230,000 francs. Les échantillons exposés sont de belle qualité et justifient pleinement la faveur dont jouissent les toiles de ce fabricant.

Le jury départemental présente avec orgueil l'exemple de M. Grenier aux classes laborieuses. Le jury central s'associe au même sentiment et décerne à M. Ad. Grenier une médaille d'argent.

M. Louis MARY, à Essuiles-Saint-Rimault (Oise).

Rappel de médaille de bronze.

Établi depuis 1825, M. Mary occupe 30 ouvriers.

Les 2 pièces qu'il a exposées sont fort belles. Le jury rappelle la médaille de bronze décernée à M. L. Mary en 1839, et déjà rappelée en 1844.

M. Louis-Christophe RICHER-LÉVÊQUE, à Alençon (Orne).

Médailles de bronze.

M. Richer-Lévêque emploie 150 à 160 ouvriers en atelier; il a 16 métiers à filer le chanvre, mais la plus grande importance de son exploitation réside dans le tissage de la toile pour fournitures du Gouvernement et pour le commerce. Ce tissage se pratique au dehors; 1,000 ou 1,200 ouvriers y sont employés.

Les produits exposés sont de bonne marchandise courante et rentrant bien dans les besoins de la consommation.

Le jury décerne à M. Richer-Lévêque une médaille de bronze.

M. J. DEMEESTÈRE-DELANNOY, à Halluin (Nord).

La fabrique de toile de M. Demeestère-Delannoy a été créée en 1807, et depuis lors elle n'a cessé de fonctionner. Elle compte aujourd'hui 120 ouvriers à l'intérieur et 240 au dehors; elle produit annuellement 2,800 pièces de toile pour la consommation intérieure et 1,000 pièces pour l'exportation. La valeur de cette production est de 320,000 francs.

Les toiles unies et à matelas exposées par M. Demeestère sont fortes et régulières; il a été mentionné honorablement à la dernière exposition. Le jury lui décerne une médaille de bronze.

MM. Charles LEBORGNE et Cⁱᵉ, à la Ferté-Bernard (Sarthe).

MM. Charles Leborgne et compagnie ont créé leur atelier de tissage en 1846. Ils y emploient 340 ouvriers et 8 ou 900 au dehors.

Leur principale branche de fabrication consiste en toile dite *treillis* pour fournitures de l'armée. Ces marchandises, dont les échantillons ont été exposés, remplissent toutes les conditions exigées par l'administration publique sous le rapport de la force et de la régularité.

Le jury décerne une médaille de bronze à MM. Charles Leborgne et compagnie.

M. CORNILLEAU aîné, au Mans (Sarthe).

M. Cornilleau occupe 140 ouvriers, dont moitié en atelier. L'organisation de sa fabrique remonte à 1840; il a 140 métiers et produit pour 400,000 francs de valeurs.

Les échantillons exposés sont de bonne qualité courante; c'est de la marchandise forte et bien appropriée à son emploi.

Le jury donne une médaille de bronze à M. Cornilleau aîné.

Mentions honorables.

M. Michel BEAULIEU, à Fougères (Ille-et-Vilaine).

M. Beaulieu travaille depuis 1831; il occupe 30 ouvriers et produit pour 54,000 francs de toile par an. Ses produits sont de bonne qualité courante et bien accueillis par la consommation.

Il a été cité favorablement lors de l'exposition de 1844. Le jury lui décerne une mention honorable.

Mme Adélaïde SILVESTRE, à Lillebonne (Seine-Inférieure).

Mme Silvestre occupe 3 ou 4 ouvriers; elle fabrique de belle toile avec des fils à la main d'une grande finesse. Elle produit 400 mètres par an qu'elle estime à 10 francs le mètre.

Quoique l'industrie du tissage ait changé de voie, au grand bénéfice du consommateur, depuis l'adoption des fils mécaniques, la toile exposée par Mme Silvestre n'en est pas moins de belle et bonne qualité.

Le jury lui décerne une mention honorable.

Citations favorables.

M. Adrien HATTON-LAGAINIÈRE, à Fresnay-le-Vicomte (Sarthe).

M. Lagainière est fabricant de toiles et blanchisseur.

Les 3 pièces de toile blanche qu'il a exposées sont de bonne qualité.

Le jury cite favorablement M. A. Hatton-Lagainière.

M. Toussaint SOUCHET, à Saint-Calais (Sarthe).

M. Souchet emploie 5 ouvriers en atelier; au dehors, un plus grand nombre qui varie selon les saisons. Sa production annuelle est de 10,000 francs.

Ses échantillons de toile exposés sont de bonne marchandise courante.

Le jury cite favorablement M. Souchet.

M. Michel DUHET, à Alençon (Orne).

La navette exposée par M. Duhet paraît devoir être d'un usage avantageux. La fabrique d'Alençon rend hommage à l'habileté de ce fabricant.

Le jury central le cite favorablement.

---

§ 1ᵉʳ. LINGE DE TABLE UNI ET DAMASSÉ.

M. Desportes, rapporteur.

M. Pierre-Félix BEGUÉ, à Pau (Basses-Pyrénées).

M. Begué occupe en temps ordinaire de 120 à 170 ouvriers, tant chez eux qu'à son établissement de Bizanos, fondé en 1829. Il emploie une machine à vapeur de huit chevaux et 40 métiers de tissage. Sa production est variée; elle se distingue principalement sous le rapport de la force. Le blanc pourrait avoir plus d'éclat, mais il conserve à la toile toute son énergie. C'est le mérite distinctif des blancs du Béarn. M. Begué a reçu une médaille d'argent à l'exposition dernière; le jury en prononce le rappel.

Rappels de médailles d'argent.

M. AULOY-MILLERAND, à Marcigny (Saône-et-Loire).

M. Auloy-Millerand se livre depuis longtemps à la fabrication du linge damassé. Ses produits sont de bonne qualité, les prix en sont modérés et les dessins choisis avec goût.

Peu d'industries ont autant souffert de la secousse révolutionnaire que celle de la toile damassée. M. Auloy a dû réduire sa fabrication. En temps ordinaire, il produit pour 150 à 180,000 francs de valeurs annuelles ; c'est un chiffre élevé dans ce genre de fabrication.

Le jury rappelle la médaille d'argent décernée à M. Auloy-Millerand à l'exposition de 1839.

Médailles
d'argent.

MM. GRASSOT et JOANNARD, à Lyon (Rhône).

MM. Grassot et Joannard occupent 60 ouvriers en atelier.

Leurs linges damassés sont des plus remarquables par la richesse des dessins, la rondeur et la finesse des contours, la régularité parfaite et la belle qualité du tissu. Leurs produits sont en grande faveur dans le commerce.

Le jury décerne à MM. Grassot et Joannard la médaille d'argent.

MM. DUHAMEL frères, à Merville (Nord).

MM. Duhamel frères ont succédé à leur père en 1839 ; leur établissement a été créé en 1814. Ils ont 40 métiers en atelier, pour la fabrication du linge de table, et, au dehors, ils occupent un grand nombre d'ouvriers qui tissent la toile unie. Ils accusent un chiffre d'affaires de 800,000 francs à 1 million.

Les produits exposés sont fort beaux, notamment leur linge damassé ; ces fabricants ont de charmantes dispositions, parfaitement traitées et d'un fini remarquable. Le jury de 1844 a donné une médaille de bronze à MM. Duhamel frères. Le jury de 1849, considérant les progrès remarquables de leur fabrication et l'étendue de leurs affaires, leur décerne une médaille d'argent.

Médailles
de bronze.

M. Jean CASSE, à Lille (Nord).

M. Jean Casse occupe 230 ouvriers, dont 80 en atelier. Il produit pour 450,000 francs par an.

M. Casse a exposé de grandes pièces, qui dénotent une fabrication bien montée. Dans les services de vente courante, ce fabricant s'applique à réunir l'effet au bon marché.

Le jury lui décerne une médaille de bronze.

MM. WATTIER et CROMBET, Aux Moulins-lez-Lille (Nord).

MM. Wattier et Crombet ont exposé des linges de table et des toiles à matelas damassées. Ces tissus, de qualité courante, sont bien fabriqués; l'effet d'ensemble en est agréable et bien entendu. Cette maison possède 80 métiers, 30 ou 40 seulement sont occupés en ce moment, par suite de l'influence des derniers événements politiques sur les industries de luxe.

Le jury décerne une médaille de bronze à MM. Wattier et Crombet.

Mme LAUDET, à Pau (Basses-Pyrénées).

Mentions honorables.

Mme Laudet expose de bons produits. On y distingue certains dessins pleins de goût. C'est en prenant ainsi de bons modèles que la fabrique de Pau pourra se perpétuer, malgré la concurrence redoutable de nos départements du Nord.

Le jury décerne une mention honorable à Mme Laudet.

M. Louis-François DENEUX-MICHAUT, à Hallencourt (Somme).

M. Deneux-Michaut est un fabricant actif et persévérant. Le jury de 1844 mentionnait honorablement ses produits. Il y a du mérite à lutter, comme le fait M. Deneux, avec les grands établissements qui s'adonnent au tissage du linge damassé.

Il possède 12 métiers Jacquart.

Le jury, prenant surtout en considération la bonne qualité de son linge ouvré, lui décerne une mention honorable.

MM. SINEY père et fils, à Saint-Lô (Manche).

Citations favorables.

MM. Siney père et fils sont établis depuis 1815. Ils occupent 6 ouvriers, et travaillent, le plus souvent, ainsi qu'ils l'indiquent, pour le compte des particuliers.

Les produits exposés sont de bonne qualité.

Le jury, pour honorer cette industrie de famille, cite favorablement MM. Syney père et fils.

M. Pierre ANDRIEUX, à Clermont-Ferrand (Puy-de-Dôme).

M. Andrieux travaille seul avec un ouvrier. Il expose une nappe tissée à la Jacquart, dont l'exécution dénote une habileté remarquable. Le jury accorde une citation favorable à M. Andrieux.

---

§ 2. BATISTES ET LINONS.

M. Félix Aubry, rapporteur.

CONSIDÉRATIONS GÉNÉRALES.

La batiste est du petit nombre des articles de l'industrie française qui soit sans aucune concurrence à l'étranger.

La fabrication de la batiste remonte à l'année 1309; un tisserand, nommé Batiste Cambrai, du village de Cantaing, près de Cambrai, fut le premier qui tissa ce genre de toile, qui porte son nom [1].

Les principaux centres de la fabrication de la batiste sont : Valenciennes, Cambrai, Solennes, Bapaume et le Vervinois.

La batiste se fabrique toujours dans des endroits humides et généralement dans des caves, afin de conserver au fil toute son élasticité et sa souplesse.

Le fil de lin employé, est filé à la main, dans le pays même; depuis quelques années, on commence à employer du fil filé à la mécanique, mais seulement pour les sortes communes.

En général, les tisseurs de batistes sont des ouvriers modèles; l'ouvrier est en quelque sorte fabricant, et son état est l'objet de l'ambition de ceux qui l'entourent, il travaille chez lui avec sa famille et ses enfants, il ne vend sa pièce que lorsqu'il le juge convenable.

Le bénéfice des tisseurs de batiste est au moins de 1 franc par jour, il y a des ouvriers qui peuvent gagner de 3 à 4 francs et quelquefois plus.

Depuis de longues années, nos belles batistes fines, brillantes et soyeuses, qui font l'admiration et l'envie de nos

---

[1] Notes historiques sur l'arrondissement de Cambrai, par A. Bruyelle.

rivaux en industrie, ont atteint un tel degré de perfection, qu'il n'est guère permis d'espérer qu'on puisse aller au delà.

Mais si nous ne pouvons depuis longtemps constater des progrès dans la fabrication de la batiste fil à la main, nous devons signaler la voie nouvelle ouverte à cette belle industrie, par les progrès de la filature mécanique, et l'exposition de cette année nous a montré, pour la première fois, des batistes tissées avec du fil mécanique.

Sans considérer si c'est un bien ou un mal que l'emploi du fil mécanique dans la fabrication de la batiste, nous pouvons constater que l'emploi de ce fil, dans le tissage des sortes ordinaires, est un progrès, puisqu'il a permis d'établir, à des prix moins élevés des batistes propres à l'impression et d'autres destinées à faire concurrence aux toiles fines d'Irlande.

En serait-il de même pour les batistes fines, si la filature mécanique parvenait à fournir des numéros aussi fins que ceux du fil de mulquinerie?

Question grave et difficile, que nous serions disposés à résoudre négativement.

En effet, si d'une part, les progrès de l'industrie sont incessants, d'autre part, n'est-il pas juste de penser que les fils à la mécanique ne pourront parvenir à donner à la batiste ce cachet qui lui est propre, ce blanc si pur et ce brillant si soyeux qui la rendent inimitable et qui font de cette belle industrie, une industrie sans rivale?

MM. GODARD et BONTEMPS, rue de Cléry, n° 40, à Paris (Seine).

Médaille d'argent.

Cette maison expose des batistes fil à la main, des batistes claires, lissées à pas ouverts, dites *linons*, et des batistes de fil mécanique. Tous ces produits annoncent une excellente fabrication.

Rien de plus joli et de plus varié que l'assortiment des mouchoirs à vignettes exposés. Ce choix des dessins témoigne du goût de ces honorables fabricants.

Au moyen des fils mécaniques, ils peuvent établir des mouchoirs de batiste imprimés à vignettes à 15 et à 18 francs la douzaine, en qualité très-remarquable pour le prix. Les foulards sur batiste double face, ainsi qu'une magnifique pièce de batiste extra-fine, ont été admirés du jury.

Cette maison a été fondée en 1796. Son siége est à Paris, mais elle a trois comptoirs spéciaux de fabrication : à Bapaume, à Cambrai et à Valenciennes.

MM. Godard et Bontemps ont obtenu, en 1834, une mention honorable, une médaille de bronze en 1839, qui leur a été rappelée en 1844. Cette année, le jury leur décerne une médaille d'argent.

Nouvelle médaille de bronze.

MM. BOULARD et PIEDNOIR, à Cholet (Maine-et-Loire):

Cette maison occupe près de 700 ouvriers et fait 600,000 francs d'affaires. Elle expose un assortiment de toiles fortes et légères, dites *batistes*, et des mouchoirs unis et à vignettes.

Tous ces produits annoncent une fabrication bien entendue; le tissu est régulier et de bonne qualité et les dessins bien choisis.

MM. Boulard et Piednoir sont des fabricants intelligents; ils font des efforts pour donner plus de réputation à la fabrique de Cholet, par l'emploi de matières premières de bonne qualité.

Cette maison a obtenu en 1844, sous la raison de commerce Boulard et compagnie, la médaille de bronze. Cette année, le jury décerne à la maison Boulard et Piednoir une nouvelle médaille de bronze.

Médailles de bronze.

MM. BERTRAND frères et VILLAIN, à Cambrai et rue des Jeûneurs, à Paris (Seine).

Ils exposent un choix de batiste en fil à la main et en fils mécaniques.

Cette maison est une des premières qui ait employé le fil filé à la mécanique dans la fabrication de la batiste.

MM. Bertrand frères et Villain viennent d'établir des prix d'honneur pour les ouvriers dont les produits auront été jugés les plus dignes. C'est une excellente pensée que de stimuler l'ouvrier à une bonne fabrication par des récompenses.

Le jury n'a que des éloges à donner aux produits exposés par cette maison, et notamment à une pièce linon imprimée et à jour, d'un fort beau travail. Il décerne à ces messieurs une médaille de bronze.

MM. LUSSIGNY frères, rue du Mail, n° 3o, à Paris (Seine).

Ils occupent un grand nombre d'ouvriers tisserands dans l'arrondissement de Valenciennes ; ils font 400,000 francs d'affaires. Ils ont exposé un assortiment varié de batistes écrues et blanchies en fil de main. Le jury a remarqué une belle fabrication et leur collection de mouchoirs imprimés, dont les dessins sont d'un très-bon goût, et décerne à ces messieurs une médaille de bronze.

MM. DELAME, LELIÈVRE et fils, rue du Gros-Chenet, n° 6, à Paris. (Seine).

Ils exposent un choix complet de mouchoirs de batiste imprimés. Le jury a remarqué spécialement des impressions à la planche plate d'un excellent goût, et il décerne à ces messieurs la médaille de bronze.

---

§ 3. COUTILS DE FIL.

M. Desportes, rapporteur.

M. TAILLANDIER aîné, fabricant de coutils, à Évreux (Eure).

Rappel de médaille d'argent.

La fabrique de coutils de M. Taillandier existe depuis 1824. Il occupe aujourd'hui 100 ouvriers et produit 100,000 francs de valeurs. Le jury central de 1844 signalait M. Taillandier comme l'un de nos industriels les plus habiles et les plus persévérants. Ses produits remplacent avec avantage ce que l'Angleterre était en possession de nous fournir de mieux. Le jury, reconnaissant les progrès de cette fabrication, accorde le rappel de la médaille d'argent décernée en 1844 à M. Taillandier.

M. LÉCLUZE-BIARD, fabricant de coutils, à Saint-Lô (Manche).

Rappel de médaille de bronze.

Le jury lui accorde le rappel de la médaille de bronze obtenue en 1844.

17.

Mentions
honorables.

M. CAZENAVE, à Coaraze (Basses-Pyrénées).

Il occupe 70 ouvriers à la fabrication des coutils; il emploie annuellement 20,000 kilogrammes de fil de lin et produit pour 80,000 francs de valeurs. Les pièces qu'il a exposées sont de bonne qualité, les dispositions pourraient être plus heureuses, mais, si la consommation du Midi les goûte, il n'y a pas de reproche à faire au fabricant qui suit la mode plutôt qu'il ne la dirige.

Le jury accorde une mention honorable à M. Cazenave.

M. Julien RALLU fils, fabricant de coutils, sangles, etc., à la Ferté-Macé (Orne).

Il occupe 120 à 150 ouvriers, qui travaillent chez eux. Ils possède 40 métiers. Sa production annuelle est de 200,000 francs.

M. Rallu expose des coutils, des sangles, des pièces de tirants de diverses dispositions, tous ces articles sont bien fabriqués. Le jury lui accorde une mention honorable.

---

§ 4. TOILES A VOILES.

M. Laisnel, rapporteur.

CONSIDÉRATIONS GÉNÉRALES.

L'honorable rapporteur qui, en 1844, a fait, avec une grande distinction, l'exposé des considérations qui ont mis l'industrie et la marine aux prises avec la question si importante du lin employé concurremment avec le chanvre dans la voilure des bâtiments, avait, à cette époque, proclamé la conquête de MM. Malo-Dikson qui, les premiers, ouvraient à l'industrie cette large voie de progrès.

En présence du succès constaté par l'habile ingénieur dont l'opinion devait naturellement faire autorité, il n'était guère permis de douter du rôle désormais réservé au lin.

La lutte ainsi ouverte entre les produits des deux plantes, l'administration supérieure, appréciant tout l'intérêt du débat, s'est emparée de la question, comprenant parfaitement que l'expérimentation, faite sous sa direction, devait être d'autant plus concluante, que des constatations légales, relevées de faits accomplis, revêtiraient à la fois les caractères d'autorité, de vérité et d'authenticité.

Le ministre de la marine a, en conséquence, ordonné des essais à bord d'un certain nombre de bâtiments.

L'emploi simultané, dans une même voilure, de toiles de chanvre et de toiles de lin fabriquées dans les mêmes conditions de force et de poids pouvait seul fournir les éléments de comparaison. Ces moyens ont été adoptés; indiqués dans les ports et à bord des bâtiments, la mise en service des toiles a été subordonnée à des conditions identiques.

Chaque jour des résultats viennent se grouper; mais en l'état, et malgré l'opinion favorable exprimée par les officiers commandants sur la bonne participation des toiles de lin employées à la voilure, sur leur résistance pendant la navigation et sur les résultats dynanométriques constatés après un certain temps de service, comparativement aux mêmes épreuves exercées sur des toiles en chanvre dans des conditions semblables, la question reste encore réservée pour l'administration, jusqu'à ce qu'il ait été possible de rassembler des documents sur l'objet si important de la conservation et de la durée.

Dès le début, nous avons accompagné de nos vœux le succès des essais tentés par MM. Malo-Dikson, et nous regrettons que les noms de ces habiles manufacturiers ne puissent être prononcés cette année qu'à titre de souvenir, n'étant pas compris au nombre des exposants.

L'administration de la marine a bien voulu nous mettre en possession des renseignements fournis par MM. les préfets maritimes et nous autoriser à les porter à la connaissance de ceux qu'ils peuvent intéresser.

Sans conclure rien d'absolu, les résultats succincts que nous présentons seront du moins une boussole pour la marine marchande, qui saura d'une manière déjà précise le parti qu'elle peut désormais tirer avec sécurité des toiles à voiles en lin.

De toutes les fabrications qui sont soumises à notre appréciation, celle des toiles à voiles est sans contredit celle qui
réclame le plus, de la part des producteurs, l'observance rigoureuse d'une exécution consciencieuse.

Sans doute l'extrême bonne foi doit présider à toutes les
opérations de l'industrie; mais, dans la fabrication des toiles
à voiles, combien n'est-il pas impérieux de porter la religion
de la probité jusqu'au scrupule.

Plus qu'ailleurs les écarts sont des fautes, des fautes graves,
et les exigences du commerce, basées sur des besoins réels de
la navigation, doivent être tout particulièrement respectées
par les fabricants.

Qui ne sait l'importance du rôle que joue la voilure dans
la navigation? Qui ignore qu'elle est, en effet, l'auxiliaire le plus
actif qui concourt à la marche du bâtiment, à sa conservation, au salut de l'équipage enfin?

L'industrie des toiles à voiles a donc, de fait, une immense
responsabilité morale envers le commerce.

On ne peut s'émotionner assez des conséquences qu'une
erreur, qu'une inadvertance même pourrait entraîner à sa
suite, et il serait de la plus grande sagesse que, par exception, à l'instar de ce qui a lieu pour les machines à vapeur,
pour les matières d'or et d'argent, pour les ponts, etc., les
toiles à voiles fussent soumises au contrôle d'un délégué de la
chambre ou du tribunal de commerce, avant de les introduire dans la consommation.

Ces toiles, en effet, ne doivent pas seulement être jugées
à la simple inspection. Les conditions rigoureuses de fabrication s'étendent plus particulièrement à la force, et l'expérimentation si essentielle de la résistance par le dynamomètre,
ne pouvant que rarement être faite par les acquéreurs, serait,
dès lors, réalisée par les vérificateurs avant l'application du
timbre de circulation.

Le jury central, dans sa sollicitude pour les intérêts qui
ont besoin de protection, croit devoir appeler l'attention de

M. le ministre du commerce sur cette question bien digne de
ses méditations.

LA SOCIÉTÉ LINIÈRE DU FINISTÈRE, à Lander-neau (Finistère).

Mention pour ordre.

La société linière du Finistère est du nombre des adjudicataires
pour la fourniture des toiles à voiles de la marine nationale. Les
toiles exposées par cette association sont d'une fabrication parfaite
en tout.

La société linière, étant comprise aux récompenses décernées aux
filateurs, n'est mentionnée ici que pour ordre.

M. CHÉROT frères, à Nantes (Loire-Inférieure).

Le jury a reconnu la bonne fabrication des toiles de MM. Chérot
frères, dont nous ne mentionnons le nom que pour ordre, étant
désigné aux récompenses décernées aux filateurs.

MM. LAINÉ-LAROCHE et MAX-RICHARD, à Angers (Maine-et-Loire).

La toile à voiles présentée à l'exposition est de bonne fabrication courante.

Le nom de MM. Lainé-Laroche et Max-Richard n'est mentionné
ici que pour ordre, étant compris au nombre des récompenses décernées aux filateurs.

MM. JOUBERT-BONNAIRE, à Angers (Maine-et-Loire).

Nouvelle médaille d'argent.

Une position conquise par d'honorables travaux et par une succession de récompenses obtenues depuis 1806 distingue, dans l'industrie, MM. Joubert-Bonnaire, et ils soutiennent parfaitement leur
réputation d'habiles et honnêtes fabricants.

Adjudicataires de fournitures pour l'État, la marine nationale
aussi bien que la marine marchande, apprécient chaque jour le
mérite des toiles qui sortent de leurs établissements.

MM. Joubert-Bonnaire ont toujours suivi, quand ils ne les ont
pas devancés, les progrès de leur industrie. Leur exposition se
compose de toiles à voiles en lin, de toiles à voiles en chanvre et de
toiles à pantalons pour marins, etc. Ces divers tissus sont d'une su-

périorité réelle. Les matières des toiles à voiles sont à longs brins, les fils sont unis, pleins et vigoureux, la tissure et le grain sont de la plus grande régularité.

A côté de ces conditions de fabrication, nous devons faire ressortir aussi la qualité, et le bon marché ajoute encore au mérite industriel de ces fabricants, qui maintiennent en activité plus de 500 ouvriers.

Le jury central leur décerne, en conséquence, une nouvelle médaille d'argent.

Mention honorable.

M. C. JOUZEL-ARONDEL, à Amanlis (Ille-et-Vilaine).

Ce nouvel exposant, filateur à la main et tisseur de toiles à voiles, occupe 6 peigneurs et 30 fileuses; 15 tisserands convertissent ses fils en toiles à voiles, qui sont d'une bonne fabrication courante.

La production de cette maison n'est portée qu'au chiffre de 40,000 francs par an; mais il faut néanmoins reconnaître en M. Jouzel un bon fabricant, puisqu'il parvient à soutenir la lutte contre les fils et le tissage mécaniques.

Le jury central lui accorde une mention honorable.

---

§ 5. TOILES A BACHES ET SEAUX A INCENDIE.

M. Justin Dumas, rapporteur.

Médaille de bronze.

MM. DE CHASTELLUX père et fils, à Haguenau (Bas-Rhin).

Ils ont trouvé le moyen d'utiliser, en le filant, le déchet des bourres de soie ou fantaisies, qui jusqu'alors était entièrement perdu. Filé à divers numéros, ce déchet sert à faire des tissus grossiers, il est vrai, mais variés, et qui peuvent devenir d'un grand emploi. Ces exposants soumettent au jury des échantillons de toile à gargousses pour l'artillerie, dont les expériences presque décisives font espérer une supériorité marquée sur celles employées jusqu'alors, que l'humidité ou les papillons altéraient; de toiles à bâches, de seaux à incendie, qui sont en expérimentation à l'administration de la marine et de la guerre; des descentes de lit écossaises et d'autres échantillons de tissus plus minces et plus fins, que le jury aurait voulu voir en pièces. MM. de Chastellux père et fils soumettent en outre quelques flottes de leurs filés en divers numéros, dont la régularité et les nuances se sentent de l'origine de la matière.

Le jury leur décerne une médaille de bronze.

———

§ 6. TUYAUX ET SACS SANS COUTURE.

M. Natalis-Rondot, rapporteur.

MM. DE BEINE et CRESSON, rue Mercier, n° 2, à Paris (Seine).

Nouvelle médaille de bronze.

MM. de Beine et Cresson occupent à Fère-Champenoise 20 ou 22 métiers, sur lesquels ils font tisser toute leur toilerie de chanvre.

Leurs sacs sans couture sont en étoupe et brin, ou en pur brin, armure lisse ou treillis. Un bon sac contenant 2 hectolitres de grain, ou 159 kilogrammes de farine, coûte environ 4 francs. Les tuyaux de 80 à 100 millimètres de diamètre, à 3 fr. 25 cent. et 4 fr. 25 cent. le mètre, sont d'une exécution et d'une force remarquables. Enfin, des échantillons de tapis croisés, rayés ou façonnés, d'une densité et d'une solidité extrêmes, de 2 fr. 50 cent. à 7 fr. le mètre en 60 centimètres, attestent les progrès de la fabrication de MM. de Beine et Cresson.

Mentionné honorablement en 1827 et en 1834, récompensé en 1839 par une médaille de bronze qui lui a été rappelée en 1844, M. de Beine se présente à l'exposition sous une raison sociale nouvelle. Le jury central, appréciant ses efforts et ceux de son associé, décerne à MM. de Beine et Cresson une nouvelle médaille de bronze.

M. GALIBERT, rue Saint-Martin, n° 277, à Paris (Seine).

Mention honorable.

Le jury mentionne honorablement M. Galibert pour des seaux à incendie, des tuyaux et des sangles. Ces divers produits se recommandent par leur solidité, leur cohésion et leur régularité.

MM. HARMOIS frères, rue Marivaux-des-Lombards, n° 14, à Paris (Seine).

Mentions pour ordre.

Leurs seaux à incendie, en toile de chanvre dont la couronne en fer galvanisé est cordée en abaca, sont légers et bien établis.

MM. FLAUD et Cie, rue Jean-Goujon, n° 27, à Paris (Seine).

Ils ont exposé, avec leur matériel contre l'incendie, des seaux en toile, de 12 litres, et du prix de 2 fr. 50 cent. La couronne est en rotin. L'expérience a justifié de la bonne qualité de ces seaux et de l'amélioration des coutures. En 1847, MM. Flaud et compagnie en ont livré au commerce 10,200.

Par suite de circonstances regrettables, indépendantes de la volonté du jury et des fabricants, les seaux à incendie et les tuyaux sans couture envoyés par M. André Baumüller, de Düppigheim, et par M. Mutsig, de Strasbourg, n'ont pas figuré à l'exposition; le jury central le regrette, il croit devoir mentionner l'éloge qu'a fait des produits de M. Baumüller le jury du Bas-Rhin.

CINQUIÈME PARTIE.

ÉTOFFES IMPRIMÉES.

M. J. Persoz, rapporteur.

Rappel de médaille d'or.

M. Léon GODEFROY, à Puteaux (Seine).

L'établissement de M. Godefroy comprend 3 machines au rouleau, à 2 et 3 couleurs; 5 perrotines, un cylindre à lustrer et 14 machines accessoires, telles que machines à foularder, à laver, à sécher, etc. Ces divers agents mécaniques sont mis en mouvement à l'aide d'une pompe à feu de la force de 18 chevaux.

Cet établissement occupe de 3 à 400 ouvriers dont le salaire pour la journée de 10 heures est, savoir: de 6 francs pour les imprimeurs, de 2 fr. 50 cent. pour les manœuvres et de 1 fr. 25 cent. à 1 fr. 50 cent. pour la journée des femmes. On y fabrique environ 24,000 pièces pour la façon desquelles le fabricant perçoit de 5 à 600,000 francs.

Le jury de 1844 ayant reconnu en M. Godefroy l'un de nos plus habiles imprimeurs sur étoffes, lui décerna la médaille d'or. Cet intelligent fabricant, qui s'était déjà distingué par beaucoup d'inventions, en présente encore de nouvelles au concours de cette année. Indépendamment d'un très-bel assortiment de châles, d'écharpes, d'étoffes de soie, de laine et de chaîne coton imprimés, remarquables par la netteté de l'impression, la vivacité des couleurs et l'heureuse disposition des dessins, il expose :

1° Des tissus imprimés au rouleau, avec des couleurs dégradées régulièrement, à l'aide d'un appareil nouveau, pour lequel ce fabricant a pris un brevet d'invention ;

2° Des étoffes imprimées de la même manière, mais à l'aide d'une gravure nouvelle qui permet d'obtenir, avec toutes les dégradations de tons, mécaniquement et sans le concours de la molette, la gravure d'un sujet dont la dimension n'a d'autre limite que celle de la circonférence du rouleau. C'est donc une nouvelle voie ouverte à l'impression au rouleau et dont l'inventeur a déjà su tirer un heureux parti.

Enfin M. Godefroy expose un nouveau genre d'articles (laine et soie), appelés dibaphiques, pour lesquels il a pris un brevet d'invention. Ce procédé d'impression fait autant d'honneur aux connaissances chimiques de l'inventeur qu'à son habileté comme imprimeur, puisqu'il est parvenu à réaliser, par teinture et avec presque toutes les couleurs, des contrastes de tons d'un effet très-avantageux.

En constatant de pareils progrès dans une branche aussi importante de l'industrie parisienne, le jury décerne à M. Godefroy, le rappel de la médaille d'or.

MM. MEURER et JANDIN, à Lyon (Rhône).

Médaille d'or.

MM. Meurer et Jandin, successeurs et anciens associés de la maison Peillon et Roche de Lyon, exposent un très-bel assortiment d'articles imprimés, foulards, teints et vaporisés, pour mouchoirs et pour robes.

Leur établissement, qui ne date que d'une dizaine d'années, s'est formé des débris des manufactures de toiles peintes situées à Lyon ou dans les environs. L'impression du calicot n'offrant plus aucune ressource aux fabricants lyonnais, ils se livrèrent à celle des étoffes de soie et de laine; mais ils ne tardèrent pas à rencontrer dans les imprimeurs des environs de Paris des concurrents redoutables qui leur laissaient peu d'espoir de succès. C'est dans des circonstances si fâcheuses pour cette industrie que ces habiles fabricants entreprirent la fabrication des foulards, dont l'Angleterre, la Prusse rhénane et la Suisse avaient eu jusque-là le monopole sur les marchés étrangers.

Pour entrer en lice avec leurs concurrents, il fallait, comme l'ont fait MM. Meurer et Jaudin, composer un tissu-foulard qui relevât ceux de fabrication française de la défaveur qui pesait depuis si longtemps sur eux; trouver des moyens d'impression et de fabrication qui sortissent cette industrie de l'état primitif et stationnaire où elle semblait condamnée à rester; trouver, à l'exemple des Anglais, un apprêt propre à rehausser les qualités de la soie et la vivacité des couleurs, faire choix enfin de dessins qui eussent le caractère spécial de ce genre d'impression. Telles furent les difficultés qui se présentèrent d'abord à ces messieurs, et qu'ils ont, ce nous semble, entièrement surmontées. En effet, leurs tissus, de même que leur apprêt, peuvent soutenir la comparaison avec ce qui se fait de mieux à l'étranger. Quant à la disposition de leurs dessins, elle est originale et bien entendue; car, à l'aide des effets de contraste, deux couleurs seulement y servent presque toujours à l'enluminage des dessins, qui néanmoins sont d'un grand effet.

MM. Meurer et Jaudin exécutent encore un genre d'impression dont les produits sont en grande faveur sur le marché de Paris, et qui, sans être nouveau, n'avait jamais été amené au degré de perfection qu'il a atteint entre les mains de ces industriels. Ce sont des foulards pour robes en fond couleurs diverses, avec dessins blancs imprimés et réservés à la teinture. Ajoutons que, pour soutenir la concurrence, ils ont composé des tissus-foulards qu'ils livrent à la vente au prix de 17 fr. 50 cent. et même de 11 francs la pièce de 7 mouchoirs. Enfin, ce qui, dans cette lutte, leur fait le plus d'honneur, c'est de s'être attachés, dans l'imitation qu'ils font de certains genres étrangers, à remplacer les fausses couleurs aux bois par des teintures en garancine dont la solidité laisse peu à désirer.

On ne s'étonne pas qu'après avoir obtenu de si heureux résultats, MM. Meurer et Jandin aient pu fabriquer, dès la première année de leur établissement, pour 1,500,000 francs de foulards. Leur prospérité a suscité autour d'eux de nombreux imitateurs, et Lyon livre annuellement à la consommation pour 12 à 15 millions de foulards.

Le jury, appréciant l'heureuse impulsion que MM. Meurer et Jandin ont donnée à la fabrication des foulards français, leur décerne pour récompense la médaille d'or.

MM. DAUDET-QUERETY, à Nîmes (Gard).

Ces messieurs, qui ont reçu en 1844 une médaille d'argent pour leur fabrication de foulards imprimés, présentent aujourd'hui dans ce genre un assortiment complet. Sous le rapport de l'impression, ces produits laissent quelque chose à désirer: ainsi les rapports ne sont pas très-corrects, et la juxta-position des couleurs donne lieu parfois à des confusions de nuances qui nuisent à la pureté de la fabrication. Mais ces défauts sont rachetés en grande partie par les soins donnés à la confection des tissus, surtout à ceux de fantaisie (cravates nouveautés), qui sont livrés à la consommation à un prix très-modique.

Le jury accorde à MM. Daudet-Querety le rappel de la médaille d'argent.

MM. DAUDET aîné et CHARDON, à Nîmes (Gard).

Les succès obtenus pendant ces dernières années, à Lyon, à Héricourt et à Paris, dans la fabrication et l'impression des foulards, ont laissé un peu en arrière les fabricants de Nîmes. Il en est cependant, et parmi ceux-ci nous citerons MM. Daudet et Chardon, qui se sont présentés avec avantage aux concours. Ainsi la commission a examiné avec plaisir les foulards fond bleu de France et les cravates fond noir et fond amarante qui font partie de la collection de ces messieurs.

Le jury, appréciant les efforts de ces industriels et les sacrifices qu'ils ont faits pour secourir leurs ouvriers pendant la crise que nous venons de passer, leur décerne le rappel de la médaille d'argent.

M. Auguste CHABAUD, à Nîmes (Gard).

Dans l'établissement fondé par M. Chabaud se trouve une machine à vapeur de la force de 12 chevaux; on y occupe environ 400 ouvriers employés aux opérations du dévidage, du tissage, de l'apprêt, etc. M. Chabaud est, dit-on, un des premiers qui aient tenté de centraliser les ouvriers dans un même établissement, et l'expérience lui aurait démontré qu'il obtient actuellement des tissus mieux fabriqués, et dans des conditions plus avantageuses pour la vente, que lorsque ses ouvriers n'étaient pas placés immédiatement sous sa surveillance. Ses foulards, quoique d'une impression peu correcte, ont néanmoins un grand écoulement. Il résulte, en effet, des déclarations de cet industriel qu'il livre à la consommation 33,000 pièces de foulards imprimés, soit 231,000 mètres. Le jury lui donne le rappel de la médaille d'argent.

MM. Louis CHOCQUEEL et Cⁱᵉ, à la Briche, près Saint-Denis (Seine).

Ce qui distingue particulièrement M. Louis Chocqueel, c'est le sentiment artistique et le goût parfait qu'il apporte à la composition et au choix de ses dessins. Connaissant, en outre, toutes les ressources de l'impression, il est toujours certain à l'avance de la réussite des articles qu'il entreprend.

L'exposition de MM. Chocqueel et compagnie se compose de châles longs et carrés, imitant parfaitement le cachemire; d'écharpes, de fichus et de robes en tissus légers, dont les dessins gracieux s'harmonisent parfaitement avec la nature de chacun d'eux.

Comme bon goût, coloris et parfaite exécution, les produits de MM. Chocqueel et compagnie ne laissent rien à désirer.

Leur fabrique, fondée en 1845, à la Briche, près Saint-Denis, occupe constamment de 120 à 130 ouvriers, et presque tout ce qui en sort est commissionné à l'avance par les premières maisons de Londres et de Paris.

Le jury accorde la médaille d'argent à MM. Louis Chocqueel et compagnie.

MM. DELAMORINIÈRE, GONIN et MICHELET, à Paris (Seine).

Ces messieurs ont justifié les espérances qu'avait fait naître la première exposition de leurs produits, en 1844. Ils présentent aujourd'hui un grand assortiment de dessins pour robes et châles, imprimés sur toute espèce de tissus, et dont le bon goût égale la parfaite exécution.

Connaissant à fond toutes les ressources de leur art, MM. Delamorinière, Gonin et Michelet abordent également tous les genres; mais leurs produits s'adressent particulièrement à la bellevente, et c'est surtout la haute nouveauté parisienne qu'ils exploitent avec le plus de succès.

Placé au centre de Paris, leur établissement se compose de 250 tables d'impression qui sont presque constamment occupées.

Le jury, reconnaissant les progrès obtenus par MM. Delamorinière, Gonin et Michelet, leur décerne la médaille d'argent.

MM. MÉQUILLET, NOBLOT et Cⁱᵉ, à Héricourt (Haute-Saône).

L'établissement de ces messieurs, fondé en 1802, a été jusque dans ces derniers temps exclusivement consacré à l'industrie cotonnière. Il possède une filature, un tissage et un blanchiment. Dans ce moment encore, on file annuellement dans cette maison environ 180,000 kilogrammes de coton, qui entrent dans la consommation sous forme de calicot écru. Toutefois, ce n'est pas tant sur ce produit que se porte l'attention du jury que sur ceux qui sont le résultat de la transformation qu'a subie l'industrie de MM. Méquillet, Noblot et compagnie, et que quelques mots feront connaître.

A mesure que les fabricants d'Alsace se faisaient une si brillante réputation dans le genre d'impression riche, ils négligeaient peu à peu l'exploitation des articles mouchoirs enluminés (genre campagne), qui avait si puissamment contribué à leur prospérité première. Héricourt, placée dans de meilleures conditions pour la main-d'œuvre, et située en quelque sorte à la porte de Mulhouse, devint l'héritière naturelle de ce genre de fabrication. On fit pendant plusieurs années, avec avantage, dans cette première ville, l'article mouchoir; mais la concurrence des Suisses, des Glarinois en particulier, ne tarda pas à se faire sentir. Enfin, lorsque les Rouennais abordèrent, avec le secours de leurs puissants agents mécaniques, la fabrication des mouchoirs enluminés, la lutte devint si inégale, que MM. Méquillet et Noblot résolurent d'abandonner cette industrie pour embrasser celle des foulards, qu'ils ont commencée de la manière la plus heureuse; car, dès leur début dans cette nouvelle carrière industrielle, leurs produits sont venus se ranger à la tête de ce qui se fabriquait de mieux en France dans ce genre. Cependant leur apprêt laisse encore quelque chose à désirer, la disposition de leurs dessins s'éloigne peut-être un peu du véritable type foulard, car les couleurs d'enluminage y sont trop prodiguées; enfin, dans l'ensemble des dessins respire une certaine tradition de la fabrication des mouchoirs calicot. Mais ces légères imperfections ne peuvent diminuer en rien les qualités qui distinguent d'une manière si avantageuse les produits de MM. Méquillet et Noblot, savoir : la beauté du tissu, la netteté de l'impression, la vivacité et la fixité des couleurs, enfin le bas prix de la marchandise.

Le jury, voulant récompenser ces industriels du progrès qu'ils ont fait faire à la fabrication des foulards français, leur décerne la médaille d'argent.

MM. FANFERNOT et DULAC, successeurs de M. Lucian jeune, à Belleville (Seine).

Ils exposent un très-bel assortiment de tapis en drap, imprimés, et dont une partie est en relief. L'impression en est des plus correctes; le coloris, d'une pureté et d'une vivacité comparables aux teintes que l'on ne rencontre communément que sur les tissus les plus fins. Enfin, grâce au choix des dessins, l'harmonie des couleurs est bien ménagée. Depuis la dernière exposition, ces messieurs ont introduit quelques améliorations dans l'opération du gaufrage. En général, les perfectionnements de leur fabrication ont puissamment contribué au développement de leur établissement, dans lequel on imprime annuellement 1,000 à 1,200 pièces de drap mérinos, pour les convertir en 25,000 tapis divers, qui représentent à la vente une valeur de 250 à 300,000 francs.

MM. Fanfernot et Dulac occupent 30 à 35 ouvriers, qui reçoivent journellement pour salaire 2 ou 6 francs, et ils emploient une machine à vapeur de 5 chevaux, ainsi que 7 presses hydrauliques.

A l'exposition de 1834, ils ont obtenu la médaille de bronze, et ont mérité le rappel de cette médaille en 1839 et en 1844. Le jury, appréciant les perfectionnements introduits dans leurs procédés, et l'importance que ces fabricants ont donnée à leur industrie, leur décerne le rappel de la médaille de bronze.

MM. RHEINS et Cie, à Paris (Seine).

Ces fabricants, auxquels le jury de 1844 a décerné une médaille de bronze, ne se sont point montrés cette année au-dessous du rang qu'ils occupaient à ce concours.

Ils exposent un grand nombre de tapis et de cabas qui, imprimés en relief, seraient bien exécutés si l'impression ne laissait quelque chose à désirer. Quant aux couleurs, elles sont parfaitement fixées, et les reliefs sont très-prononcés. La valeur de la matière première mise en œuvre annuellement (150,000 francs), jointe à celle de la marchandise fabriquée (300,000 francs), prouvent suffisamment toute l'importance que ces messieurs ont su donner à leur établissement. En conséquence, le jury leur accorde le rappel de la médaille de bronze.

M. Frédéric CHAMBON, au Chaylard (Ardèche).

Il expose pour la première fois. M. Chambon occupe dans son établissement 150 ouvriers, dont le salaire varie de 1 à 6 francs par jour. Outre une chaudière à vapeur de la force de 12 chevaux, il emploie 5 machines à imprimer à la planche plate, et 70 tables pour l'impression à la main. On imprime annuellement dans cette fabrique, qui n'a que 2 ans d'existence, 780,000 foulards provenant des fabriques de Lyon.

Les produits soumis au jury par M. Chambon témoignent hautement en sa faveur. Ses impressions à la planche plate se font remarquer, non-seulement par leur bonne exécution et par la beauté des dessins, mais encore par la vivacité des couleurs, obtenues tant par la teinture que par le vaporisage. Ses impressions à la main sont exécutées avec beaucoup d'intelligence. Le but visible du fabricant a été de produire beaucoup d'effet avec le moins de couleur possible, et c'est ce qui explique comment M. Chambon est parvenu à fabriquer à façon des foulards au prix modique de 50 centimes à 1 franc pièce.

L'auteur d'une fabrication entreprise dans un si bon esprit, méritant d'être récompensé, le jury décerne à M. Chambon la médaille de bronze.

M. Félix CHOCQUEEL, à St-Denis, quai de Seine (Seine).

Cet industriel, qui, depuis longtemps, avait fait ses preuves en dirigeant à la Briche la fabrique d'impression de son frère, a fondé avec grand succès l'établissement d'où sortent les produits soumis actuellement à l'appréciation du jury.

Les châles, les écharpes et les robes qu'il expose sont d'une exécution des plus satisfaisantes, tant sous le rapport du choix et de l'harmonie des couleurs que comme fabrication à la main. Nous avons remarqué surtout des meubles en lasting imprimés dont la netteté d'exécution et la vivacité des coloris ne laissent rien à désirer.

M. Félix Chocqueel ne travaille que sur commandes, et il occupe annuellement près de 150 ouvriers. Presque tous ses produits sont destinés à l'exportation et concourent à soutenir la belle réputation de l'industrie française en ce genre.

Le jury lui décerne la médaille de bronze.

MM. SANDOZ et Cⁱᵉ, à Lyon (Rhône).

Le genre d'impression adopté par ces messieurs s'adresse surtout à la grande consommation et se recommande par la modicité de leurs prix. Cette spécialité de bon marché ne leur permet pas d'apporter dans leur fabrication tout le perfectionnement désirable; mais on doit leur tenir compte de verser annuellement dans la consommation 300,000 francs environ de produits, dont un tiers pour l'exportation, avec 40 tables d'impression et une centaine d'ouvriers.

Le jury a remarqué dans leur exposition un genre d'impression pour châles, dit *bengale*, dont l'exécution est très-satisfaisante et d'un fort bon effet.

Le jury, appréciant l'utilité du genre qu'ils exploitent, décerne à MM. Sandoz et compagnie la médaille de bronze.

Mᵐᵉ Vᵉ VEYRUN, née DUMOR, et fils, à Nîmes (Gard).

Dans cet établissement, fondé en 1826, on occupe 350 ouvriers dont le salaire est de 2 fr. 50 cent. à 4 fr. 50 cent. par jour. On y imprime des châles de laine et des foulards de soie. Les produits que cette maison expose, intéressants déjà par une assez belle disposition des dessins, par des couleurs vives et des fonds variés, se font surtout remarquer par la modicité de leur prix. Les foulards, selon leurs dimensions, se vendent de 12 fr. 75 cent. à 22 francs la pièce de 7 foulards, et les châles Thibet, de 1 fr. 40 cent. à 5 fr. 25 cent.

Une impression plus correcte et plus d'exactitude dans les rapports placeraient au premier rang des imprimeries sur soie les produits de cet établissement. C'est dans l'espoir de les y voir figurer à la prochaine exposition que le jury accorde une médaille de bronze à Mᵐᵉ veuve Veyrun, qui, au concours de 1844, a déjà obtenu une mention honorable.

M. PAUL aîné, à Valence (Drôme).

M. Paul aîné a exposé plusieurs spécimens de ses impressions:

tous sont remarquables par la vivacité et l'heureux choix des couleurs.

Le jury, appréciant les honorables efforts de cet exposant, lui décerne une médaille de bronze.

M. Joseph LABROUSSE, à Saint-Germain-en-Laye (Seine-et-Oise).

Mentions honorables.

L'exposition de M. Labrousse se compose d'un grand nombre de châles et écharpes imprimés, tous en genre cachemire, sur tissus de laine. Comme exécution et coloris, les articles ne laissent rien à désirer et doivent être fort appréciés par la consommation.

M. Labrousse déclare occuper 80 ouvriers dans son établissement, qui est pourvu d'une machine à vapeur de la force de 12 chevaux.

Le jury lui accorde une mention honorable.

MM. STEHELIN et SCHŒNAUER, à Bischwiller (Haut-Rhin).

Le rapport du jury de l'exposition de 1834 fait connaître la part que MM. Dépouilly, Gonin, Marson, Desbrosses et Stehelin ont eue aux essais tentés en France, en vue d'y établir l'industrie des draps feutrés. Aujourd'hui ce dernier industriel, de même que M. Schœnauer, son associé, se présentent comme propriétaires exploitants du brevet d'importation pour la fabrication de ces draps. Ils exposent, outre des draps feutrés pour tapis et ameublement, un grand nombre de produits nouveaux qui semblent devoir augmenter l'essor de cette industrie. Ainsi ils soumettent au jury un bel assortissement de bonneterie orientale, des draps pour l'impression au rouleau sur lesquels, à l'imitation de quelques fabriques anglaises et en vue de donner à ces draps plus d'élasticité, ils appliquent superficiellement une couche de caoutchouc recouverte de calicot fin; des draps blancs faits à l'usage des filatures; des manchons sans couture pour les rouleaux des machines à parer; des feutres absorbants à l'usage des hôpitaux, des feutres pour pianos; de gros feutres en poil de veau pour garnitures de chaudières à vapeur, enfin des chaussures imprimées en diverses couleurs et dont certains dessins imitent parfaitement la broderie en tapisserie par l'effet d'un gaufrage que l'on fait subir aux draps après l'impression proprement dite. Une machine hydraulique, de la force de 30 chevaux, met en mouvement 6 tabliers desservis par 24 cadres; 10 machines à feutrer, 2 foulons, enfin plusieurs machines à laver et à apprêter. On occupe, dans l'établissement même, 50 ouvriers dont le salaire de chaque jour varie de 1 fr. 75 cent. à 4 francs, et, au dehors, 200 femmes qui reçoivent, pour chaque journée de travail, de 75 centimes à 1 fr. 25 cent.

Un fait qui démontre l'importance de l'industrie des draps feutrés, c'est que, à l'aide des moyens de production énumérés ci-dessus, MM. Stehelin et Schœnauer convertissent annuellement en 20,000 mètres d'étoffes d'une valeur de 200,000 francs 15 à 20,000 kilogrammes de laine.

En attendant que les sacrifices nombreux faits par ces industriels puissent leur mériter une distinction d'un ordre plus élevé et mieux proportionnés à leurs persévérants efforts, le jury décerne à ces messieurs une mention honorable.

Citation favorable.

MM. CORDIER et KAINDLER, à Paris (Seine).

Successeurs pour la fabrique d'impression de M. Paul Godefroy, qui s'était fait distinguer à l'exposition de 1844, ces messieurs paraissent devoir suivre les errements de leur prédécesseur. Les quelques échantillons de meubles qu'ils ont exposés sont d'une bonne fabrication; mais le jury regrette que MM. Cordier et Kaindler n'aient pas soumis à son appréciation une plus grande quantité de leurs produits. Il leur accorde néanmoins une citation favorable.

SIXIÈME PARTIE.

PREMIÈRE SECTION.

TAPIS.

M. Blanqui, rapporteur.

CONSIDÉRATIONS GÉNÉRALES.

La fabrication des tapis a surtout brillé, cette année, dans la confection des moquettes ; les tapis ras, les veloutés, ont soutenu leur vieille réputation ; les tapis écossais ont presque entièrement disparu. Telle est, en peu de mots, la situation de cette belle industrie. Les tapis veloutés, surtout ceux de grande dimension, sont désormais au-dessus de nos modestes fortunes ; les tapis ras semblent froids, trop chers aussi, peut-être, malgré leur solidité et la variété infinie de leurs dessins. Les tapis écossais, dont nous annoncions la ruine prochaine, il y a cinq ans, paraissent de plus en plus abandonnés, à cause de leur mauvaise qualité : il ont nui beaucoup plus qu'on ne pense à la réputation des autres, et la tendance générale de la consommation semble n'être favorable aujourd'hui qu'aux moquettes.

Les moquettes tiennent le milieu entre les tapis veloutés et les tapis ras. Moins chères et moins solides que les veloutés, plus chaudes et d'un emploi plus facile que les tapis ras, elles répondent mieux aux besoins actuels, et leur usage s'étend de jour en jour, non-seulement sous forme de foyers, de descentes de lit et de tapis d'appartement, mais sous forme de portières, de tentures, et, depuis quelque temps, à la fabrication des étoffes pour meubles ; c'est même sous ce dernier rapport qu'elles ont fait le plus de progrès, et soutenu quelque peu l'activité de la demande.

Il était aisé de deviner que la fabrication des tapis serait la première à souffrir du trouble jeté dans la consommation par les événements que nous avons traversés. Il n'en est point qui ait été plus profondément atteinte dans le présent, et qui soit plus menacée, peut-être, dans son avenir. Les grands tapis veloutés, qui ont jeté un éclat si vif sur la manufacture d'Aubusson, ne trouvent plus en France que de rares acheteurs, et les tapis ras, depuis si longtemps en vogue, grâce aux produits célèbres sortis des ateliers de M. Sallandrouze, ont pris la route de l'Angleterre, où cet habile fabricant vient d'établir un dépôt.

L'effort principal de nos manufacturiers s'est donc porté sur le travail des moquettes, et c'est dans cette seule branche de la fabrication que le jury a constaté des progrès véritables. Non-seulement l'usage s'en est répandu pour les tapis de pieds, mais pour la garniture des meubles, et c'est ce dernier emploi qui nous a valu les produits les plus remarquables. La plupart des fabricants ont rivalisé de goût et d'habileté dans la confection de ces tissus, infiniment supérieurs au velours d'Utrecht, et riches d'un certain nombre de couleurs heureusement combinées. Amiens, Aubusson, Nîmes, Tourcoing, se distinguent également dans cette branche, tout en conservant les caractères de leur fabrication respective. Une maison de Nîmes a exposé un nouveau genre d'étoffe pour meubles, connue sous le nom de *Gobelin uni* et *chiné*, soie et laine, de l'effet le plus brillant, et qui a été généralement appréciée, ainsi que les moquettes à *envers serré*, aussi pour meubles, qu'on dirait doublées d'une toile solide et inaltérable.

Un certaine extension a été donnée aux essais de tapis dits *chenilles*, qui permettent l'*emploi indéfini* de couleurs, interdit aux moquettes, et qui ont déjà produit des œuvres très-remarquables, dont l'honneur appartient à la ville de Nîmes. Deux fabricants d'Amiens en ont exposé des échantillons, de grandeur différente, qui ne manquent ni d'apprêt ni de vigueur, et qui promettent à ce genre quelques chances d'avenir, si l'industrie parvient à donner au fil de suture une plus grande solidité.

Le jury ne mentionne que pour mémoire une tentative de tapis de coton imprimés, dont l'emploi ne lui paraît pas plus appréciable que le débouché.

Tel est l'exposé exact de la situation de nos fabriques de tapis, en 1849. Plusieurs maisons de Nîmes et d'Aubusson, honorées, à la dernière exposition, des plus hautes récompenses, n'ont pas reparu. D'autres, plus modestes, ont cessé d'exister. Aussi l'exposition des tapis n'a-t-elle pas eu cette année l'éclat et la richesse de celle de 1844. On devine trop que, la haute consommation ayant cessé, c'est la production *terre à terre* qui commence. La fabrique s'est réfugiée dans les petits détails, dans les petites œuvres; elle perd son caractère artistique pour adopter les habitudes plus modestes que les circonstances nous ont imposées. Le jury central se voit donc dans la pénible nécessité de proportionner ses récompenses à la valeur des produits qui ont été soumis à son examen, et, pour la première fois, à son grand regret, il ne décerne qu'une seule récompense de premier ordre.

M. Charles SALLANDROUZE-LAMORNAIX.

Exposant hors de concours.

Il a exposé deux grands tapis, l'un velouté et l'autre ras, qui représentent dignement les types renommés de la fabrication d'Aubusson. Plusieurs riches tentures pour portières, des dimensions les plus imposantes et du goût le plus exquis, ornaient la salle de réception du Président, où le public n'a cessé d'admirer les meubles magnifiques destinés à l'hôtel de ville de Paris, aux armes de la Ville, et divers articles d'ameublement, tous sortis des fabriques d'Aubusson et de Felletin, appartenant à M. Sallandrouze.

Le jury exprime à cet habile fabricant les félicitations qui lui sont dues pour sa persévérance à maintenir la haute réputation des manufactures de la Creuse et pour le débouché important qu'il vient de leur ouvrir en Angleterre.

MM. Henri LAURENT et fils, à Amiens (Somme).

Rappels de médailles d'or.

Ils ont obtenu la médaille de bronze en 1823, celle d'argent en 1834, et la médaille d'or en 1844. Ces habiles fabricants n'ont cessé de développer leurs travaux et d'apporter le plus grand zèle dans l'exécution des articles distingués et variés de leur industrie. Les moquettes qu'ils ont exposées cette année, leurs heureuses imitations de tapis de Perse, leurs carpettes à effet de peau de panthère, ont dignement répondu à leurs succès des années précédentes.

Le jury a particulièrement remarqué des moquettes larges, de l'aspect le plus agréable et très-solidement fabriquées. Il décerne à MM. Henri Laurent et fils le rappel de la médaille d'or.

MM. FLAISSIER frères, à Nîmes (Gard).

Ils ont parfaitement justifié toutes les récompenses que le jury leur a successivement accordées. Ces honorables fabricants n'ont cessé de donner la plus vive et la plus heureuse impulsion à la fabrication des tapis de tout genre : veloutés, moquettes pour tapis et pour meubles, écossais, tapis de table; c'est à leur habileté que sont dus les essais de tapis dits *chenilles*, qui permettent l'emploi d'un nombre illimité de couleurs. Toutes leurs moquettes pour meubles et plusieurs de celles qu'ils ont exposées pour tapis ont excité au plus haut degré l'attention publique.

Le jury décerne à MM. Flaissier frères le rappel de la médaille d'or, et il félicite ces habiles manufacturiers de leur persévérance à maintenir l'honneur de la fabrique.

Médaille d'or.

MM. RÉQUILLART, ROUSSEL et CHOCQUEEL, à Tourcoing (Nord).

Déjà honorés d'une médaille d'argent en 1839 et du rappel de la même médaille en 1844, ils ont exposé cette année une grande variété de tapis, et particulièrement des moquettes de la plus grande beauté. Le jury central, tout en applaudissant à l'essai tenté par ces messieurs d'introduire à Tourcoing la fabrication des tapis ras, n'a pas trouvé dans le tapis de ce genre, exposé par eux, toutes les qualités désirables. Mais il ne saurait trop applaudir au succès mérité de leurs moquettes fines pour meubles et à l'heureuse exécution de quelques échantillons de tapisseries dites *des Gobelins*. L'ensemble des produits présentés par MM. Réquillart, Roussel et Chocqueel, constate un progrès remarquable dans leur fabrication.

Le jury leur décerne une médaille d'or.

Nouvelle médaille d'argent.

MM. LAROQUE frères, fils et JACQUEMET, à Bordeaux (Gironde).

Ils exposent divers tapis ras, des moquettes et des jaspés d'une bonne confection courante, et des tapis d'été (chanvre de l'Inde) à des prix modérés. La valeur totale de leurs produits s'élève à des sommes considérables, et leurs diverses fabrications ont ouvert une carrière nouvelle au travail dans le département de la Gironde.

Le jury leur accorde une nouvelle médaille d'argent.

Médailles d'argent.

M. CHASSAIGNE, à Aubusson (Creuse).

Il ne travaille pas sur une très-grande échelle, mais la bonne exécution de ses tapis et leurs prix modérés méritent un intérêt spécial. M. Chassaigne est non-seulement fabricant consciencieux, mais encore dessinateur habile et bon teinturier. Le principal tapis qu'il expose est d'une excellente fabrication, quoiqu'un peu confus de dessin.

Le jury, appréciant particulièrement dans ce tapis plusieurs effets de coloris nouveaux et très-heureux, décerne à M. Chassaigne une médaille d'argent.

MM. BARBAZA et Cⁱᵉ, à Belloy-sur-Somme (Somme).

Ils avaient exposé pour la première fois en 1844 et obtenu une mention honorable; leur établissement s'est élevé rapidement à une grande hauteur, et, cette année, ils se sont principalement distingués, comme la plupart de leurs confrères, dans la fabrication des moquettes. Ils en ont exposé un grand nombre, toutes fort bien exécutées, et plusieurs d'un goût parfait.

Le jury leur décerne une médaille d'argent.

M. BUSSIÈRE jeune, à Aubusson (Creuse).

Il expose pour la première fois : il présente deux tapis ras. Ce fabricant travaille sur une grande échelle, il occupe plus de 200 ouvriers. Il a su, par ses tapis ras à 10 francs le mètre carré et par ses jaspés à 2 francs, accroître la consommation de ces articles; et il a rendu à la ville d'Aubusson un véritable service en popularisant ses produits.

Le jury lui décerne une médaille d'argent.

MM. ROUVIÈRE-CABANE, MILHAUD, MARTIN et GRILL, à Nîmes (Gard).

Ils paraissent pour la première fois à l'exposition avec des produits d'une originalité peut-être un peu coûteuse, mais très-élégants. Le tissu qu'ils ont nommé *Gobelin-chiné*, laine et soie, est une étoffe pour meubles, entièrement nouvelle, qui rappelle le tour anglais, fait par une chaîne laine ou soie, et tissé en même temps que le canevas sur lequel il est lié. L'un des associés de cette maison, M. Milhaud, est l'inventeur de ce procédé et de plusieurs simplifications ingénieuses dans la confection des moquettes dont ces habiles fabricants ont exposé de fort beaux échantillons. On a surtout remarqué leurs moquettes pour meubles, doublées, dites à *libre palette*.

Le jury leur décerne une médaille d'argent.

M. DAUCHEL fils aîné, à Amiens (Somme).

Ce nouvel exposant s'est placé à un rang distingué dans la fabrication par ses velours d'Utrecht damas épinglés, ses moquettes fines pour meubles et tentures, et ses moquettes pour tapis.

Le jury lui accorde une médaille d'argent.

Nouvelle médaille de bronze.

MM. DEMY-DOISNEAU et BRAQUENIÉ, à Paris (Seine) et à Aubusson (Creuse).

Ils ont exposé des tapis et tapisseries de diverses qualités. Le jury central leur a décerné une médaille de bronze en 1844, autant pour les débuts heureux de leur fabrication que pour l'impulsion qu'ils avaient donnée au commerce des tapis. MM. Demy-Doisneau et Braquenié n'ont cessé, depuis, d'accroître l'importance de leur maison et de favoriser le développement de la fabrique.

Le jury leur accorde une nouvelle médaille de bronze.

Rappel de médaille de bronze.

M. Alexis SALLANDROUZE, à Paris (Seine).

Il expose un tapis de 30 mètres carrés pour lequel le jury mentionne le rappel de la médaille de bronze.

Médailles de bronze.

M. Jean-Antoine VAYSON, à Abbeville (Somme).

Il expose un tapis dit *chenille*, de 5 mètres 1/2 de long sur 5 mètres 45 centimètres de large, d'un dessin régulier et d'un prix modéré, le plus grand de ce genre qui ait été envoyé cette année.

Les moquettes de M. Vayson et les autres articles qu'il a exposés sont jugés dignes d'une médaille de bronze.

MM. CAUSSIN et DEVIEILHE, à Amiens (Somme).

Ils ont exposé plusieurs rouleaux de moquettes à 3 et 5 couleurs, d'un tissu ferme et serré, de tons vifs et d'un caractère nerveux tout à fait spécial.

Le jury leur décerne une médaille de bronze.

Mentions honorables.

M. Florentin NICOLLE, à Darnétal, près Rouen (Seine-Inférieure).

Il a créé dans cette ville une fabrique de tapis de coton, imprimés, dont les produits sont encore d'un prix trop élevé, comparé à celui des tapis de laine.

Le jury récompense cet essai par une mention honorable.

M. DENNEBECQ, à Paris (Seine).

Il est l'inventeur d'un procédé de nettoiement des tapis qu'il remet à neuf en les soumettant à une véritable tondeuse mécanique. On lui doit aussi un appareil d'extension très-ingénieux pour la pose rapide des tapis.

Le jury lui accorde une mention honorable.

DEUXIÈME SECTION.

TAPISSERIE AU MÉTIER ET SUR LE DOIGT. FILET. BRODERIE AU CROCHET ET A L'AIGUILLE. CHASUBLERIE.

M. Natalis Rondot, rapporteur.

CONSIDÉRATIONS GÉNÉRALES.

L'industrie de la broderie-tapisserie n'est pas sans importance, et elle n'existe en France que depuis vingt-cinq ans à peine ; jusque vers 1830, l'Allemagne nous fournissait, avec les dessins, les échantillonnages et les ouvrages divers de tapisserie. On estime aujourd'hui de 2 à 3,000 le nombre des ouvrières employées, à Paris, à la confection de ces articles, à 50 ou 60 le nombre des dessinateurs qui s'occupent particulièrement de cette spécialité ; le chiffre des affaires, soies et laines comprises, dépasse, pour Paris, 6.000,000 de francs. Nous ignorons quelle est l'importance de la production de ces ouvrages à Lyon et à Strasbourg, où elle s'est développée depuis plusieurs années.

Les ouvrières en tapisserie sont, pour la plupart, des femmes de petits employés et d'ouvriers, des jeunes filles, des veuves et des mères de famille qui, à la suite de malheurs, se trouvent réduites à ce seul travail, pour vivre et élever leurs enfants. Toutes jouissent d'une bonne réputation de moralité; elles brodent chez elles, sont ordinairement occupées toute l'année, et peuvent, en travaillant laborieusement, subvenir à leurs besoins.

Jusqu'à présent, tous les essais tentés en France et en Allemagne pour exécuter la broderie-tapisserie par des procédés mécaniques, n'ont pas réussi.

La broderie-tapisserie est arrivée à un grand degré de perfection; on commence même à imiter avec avantage et succès les tapisseries riches. La reproduction des peintures, jusqu'alors ridicule, est devenue satisfaisante depuis que l'ouvrière dispose de canevas fins et de gammes de nuances variées et étendues.

La tapisserie est brodée sur un canevas tissé en fil de coton retors. Ce canevas est le plus ordinairement en largeur de 60 ou de 80 centimètres, et la pièce est longue de 50 mètres environ. Les numéros (on compte par numéros pairs) commencent à 6 et finissent à 60; les grosseurs habituelles sont celles des n°ˢ 18, 20, 22, 24 et 26.

La pièce en 60 centimètres de large pèse, en qualité supérieure, 6 kilogrammes, et en deuxième qualité, 4 kilog. 500 gr.; le canevas de 80 centimètres ne se fait qu'en qualité fine, et son poids moyen est de 9 ou 10 kilogrammes. Il faut déduire de ces poids 500 grammes d'apprêt. Le prix est de 1 fr. 75 cent. le mètre pour les canevas de 80 centimètres de large, de 1 fr. 25 cent. pour les canevas de 60 centimètres en première qualité, et de 75 centimes pour ceux de même largeur en seconde qualité.

Il y a à Paris environ 120 métiers consacrés à la fabrication du canevas.

La broderie proprement dite se divise en plusieurs catégories :

1° La broderie sur tulle à la neige, à peu près abandonnée;

2° La broderie au crochet sur tulle, exécutée à Lunéville, celle sur mousseline, produite à Tarare et à Alençon :

3° La broderie au plumetis sur mousseline, jaconas, batiste de fil, etc., dont la fabrication est répandue dans les campagnes de la Meurthe, de la Meuse, de la Moselle et des Vosges ;

4° La broderie au point d'arme, au point de plume, avec jours en point d'Alençon, faite à Paris et essayée avec assez peu de succès à Alençon, à Lorquin, à Plombières, à Metz et à Nancy.

On évalue à 1850 le nombre des brodeuses de fin, et à 33,800 celui des brodeuses de commun ou au crochet ; sur les 33,800, 25,000 à peu près font de la broderie inférieure au plumetis. Il ne s'agit, bien entendu ici, que du blanc, et ne sont pas comprises dans les chiffres précédents les ouvrières qui font le lamé or et argent, la soutache, la broderie de couleur sur soie ou laine, etc.

Notre broderie au crochet et au plumetis est suffisamment vivace ; il n'en est pas de même de celle au point d'arme. Elle a été introduite en Suisse, il y a quelques années, s'y est développée et y existe aujourd'hui dans des conditions d'activité, d'intelligence et de prix très-favorables ; on ne compte pas moins de 4,500 brodeuses au point d'arme à Saint-Gall et à Appenzell.

Il ne nous appartient pas d'examiner les questions qu'ont soulevées la supériorité et le bon marché de la broderie fine au métier, de la Suisse ; nous n'avons eu à apprécier que la broderie sur le doigt, qui craint peu la concurrence étrangère, et dont les ouvrières qui partagent leur temps entre les soins du ménage, les travaux agricoles (en certains départements) et l'aiguille, sont, à juste titre, renommés pour leur habileté.

Mᵐᵉ BUCHER, boulevard Montmartre, n° 17, à Paris (Seine).
Médaille de bronze

Elle a exposé des ouvrages en tapisserie d'une exécution remarquable ; nous ne nous arrêterons que sur ceux d'entre eux dont la vente est courante. Les canevas, en 60 ou 80 centimètres de large, de 75 centimes à 1 fr. 30 cent. le mètre, sont réguliers et corrects. Les échantillonnages sont d'une variété infinie : les prix diffèrent selon la nouveauté, le goût du dessin, l'état plus ou moins avancé du travail ; ils s'étendent, pour la pantoufle, de 6 francs à 90 francs, pour la chaise et le coussin, de 18 francs à 84 francs la douzaine.

Mme Bucher dirige les travaux de broderie et de tapisserie de la maison avec beaucoup d'intelligence et d'activité ; elle occupe, année moyenne, 12 métiers à tisser le canevas, 40 ouvriers et 250 femmes ; le chiffre de ses affaires s'élève à 340,000 francs, dont le tiers pour l'exportation.

Le jury central décerne à Mme Bucher une médaille de bronze.

Mentions honorables. ## M. LANGLOIS, rue Saint-Martin, n°s 175 et 177, à Paris (Seine).

Il a exposé une charmante collection de bourses, sachets, quêteuses, sacs, pelotes, écrans, etc., brodés au crochet et à l'aiguille, en soie, en perles et en filigrane d'acier mat ou poli. Dans les années favorables, 150 ouvrières sont employées à ce travail. Des dessins arabes et indiens de bon goût, des modèles élégants, une grande finesse de broderie, des prix avantageux assurent à l'étranger la vogue de ces jolis articles.

Le jury central accorde à M. Langlois une mention honorable.

M. Alexandre TACHY, rue Dauphine, n°s 30 et 32, à Paris (Seine).

Il est à la tête d'une grande maison de vente de mercerie ; le travail du filet, de la broderie au passé et de la tapisserie n'est chez lui qu'un accessoire. Quoi qu'il en soit, l'échantillonnage et la confection de ces ouvrages sont exécutés avec soin et à des prix avantageux.

M. Tachy a apporté au filoir un perfectionnement qui permet de régler rapidement la tension de la corde ; il fait faire ce petit meuble à Ténissé (Côte-d'Or), et à Metz une aiguille dans laquelle, l'œil étant ouvert sur le côté, le fil est enfilé rapidement.

Le jury central accorde à M. Tachy, pour l'ensemble de ses perfectionnements et de ses produits, une mention honorable.

Mlle LEVASSEUR, rue Saint-Honoré, n° 332, à Paris (Seine).

Les ouvrages au filet, au crochet et à l'aiguille, exposés par

Mme Levasseur se distinguent par leur élégance, leur goût et leur fini. Nous citerons les fanchons et les cols frivolité en lacet, de 54 fr. à 60 francs la douzaine; les cols au crochet à 36 francs la douzaine; l'ombrelle recouverte en frivolité, et un col de tulle avec application de fleur au crochet.

Le jury central mentionne honorablement Mme Levasseur.

M. MAYER aîné, rue Saint-Denis, n° 148, à Paris (Seine).

Citations favorables.

Il a exposé une chasuble et un tableau en broderie or fin, qui se distinguent par la netteté des reliefs et le fini du travail.

Le jury central accorde à M. Mayer aîné une citation favorable.

Mme MERCIER, rue d'Anjou, n° 21, à Paris (Seine).

Elle fait avec un goût et une habileté dignes d'éloges toute la broderie au crochet en soie de couleur, en fil d'or ou d'argent, en perle d'acier et en berlin. Ses marquises rosettes, ses élégantes bourses algériennes, ses sacs dessin cachemirien à 12 couleurs et dentelle d'acier, ses porte-cigares, etc., lui font honneur. Le prix élevé de quelques-uns de ces ouvrages est dû aux frais de dessin, qui sont de 20 francs à 50 francs par modèle. Dans un sac de 30 francs, il y a 35 p. o/o de façon, 17 p. o/o de soie, 13 p. o/o de glands, 20 p. o/o d'amortissement de dessin.

Le jury cite favorablement Mme Mercier.

M. Alfred CARRÉ, rue Rambuteau, n° 78, à Paris (Seine).

M. Carré a exposé des échantillons de pantoufles, tapis, coussins, ainsi que des pièces en tapisserie et en broderie au passé, de genres différents. Le soin apporté dans l'échantillonnage a décidé le jury à citer favorablement M. Carré.

MM. BARNE et GERVAIS, rue de Seine-Saint-Germain, n° 5, à Paris (Seine).

Le tissu broché en perles, destiné à remplacer la broderie à l'aiguille pour les garnitures de boîte, les pantoufles, les écrans, les sachets, est encore à l'état d'essai. Tel qu'il est, il témoigne de l'intelligence de MM. Barne et Gervais, et le jury récompense leurs patients efforts de la citation favorable.

Mlle LECROSNIER, rue du Faubourg-Saint-Martin, n° 27, à Paris (Seine).

Mlle Lecrosnier est une sourde-muette qui a réussi à appliquer sur tulle Bruxelle une broderie au crochet d'un grand relief; elle obtient ainsi de jolis effets. Elle a exposé d'autres ouvrages au crochet bien exécutés.

Le jury cite favorablement Mlle Lecrosnier.

TROISIÈME SECTION.

DENTELLES.

§ 1er DENTELLES, BLONDES, TULLES ET BRODERIES.

M. Félix Aubry, rapporteur.

CONSIDÉRATIONS GÉNÉRALES.

Une des galeries les plus remarquables de l'exposition de 1849, est celle des dentelles, blondes, etc.

Cette industrie a fait d'immenses progrès, non-seulement sous le rapport du goût, mais aussi sous celui de la perfection et de la délicatesse du travail.

L'exposition de cette année en est une preuve; à aucune époque on n'avait exposé une variété aussi complète de ces gracieux tissus.

La dentelle se fabrique aux fuseaux (excepté celle d'Alençon) sur un petit métier mobile appelé *carreau;* les départements du Calvados, de la Haute-Loire, du Nord et des Vosges sont ceux où il se fabrique le plus de dentelles.

On emploie, pour la fabrication de la dentelle, le fil de lin, le coton, la soie; la laine et quelquefois des fils d'or et d'argent mélangés à la soie.

Cette industrie est des plus anciennes; son berceau est à Venise; elle s'est développée en France d'abord sous la forme de passementeries, puis, le goût et le luxe aidant, nos diverses fabriques, spécialement protégées et encouragées par Colbert, ont pris un développement qui n'a fait que progresser.

Le nombre des ouvrières qui travaillent la dentelle, la blonde et la broderie, est très-considérable; d'après nos calculs, il peut s'élever de 300 à 350,000 ouvrières femmes et jeunes filles, dont moitié pour la dentelle et la blonde, et moitié pour la broderie; elles sont répandues dans plus de vingt-cinq départements.

Ces ouvrières commencent à travailler dès l'âge de six à sept ans, jusqu'à la plus grande vieillesse; elles peuvent gagner en moyenne, en travaillant dix heures par jour, de 60 cent. à 1 fr. 20 cent., suivant leur habileté.

Comme on le voit, ces industries sont plus considérables qu'on ne le croit généralement, et elles méritent le plus grand intérêt, puisqu'elles procurent de l'ouvrage à tant de malheureuses ouvrières qui n'ont pas d'autre ressource.

Il faut considérer aussi que, dans ces industries, tout est main-d'œuvre, et que la matière première n'entre guère dans la valeur des produits que pour 15 à 20 p. o/o au plus.

Il y a dix-huit ans, toutes les dentelles blanches se faisaient avec du fil de lin filé à la main (fil de mulquinerie), aujourd'hui on n'emploie plus guère que du fil de coton filé à Lille, du n° 120 au n° 340 métrique.

Aux yeux de certaines personnes, l'emploi du fil de coton au lieu du fil de mulquinerie est un mal au point de vue de la qualité; mais les progrès de l'industrie sont toujours un bien, et il est incontestable que l'emploi du coton au lieu du fil, a beaucoup développé l'industrie dentellière, en augmentant la consommation et en facilitant la production.

La France exporte annuellement pour 12 à 15 millions de dentelles, blondes et broderies, on vient acheter nos dentelles de tous les points du globe; dans aucun pays on ne fabrique une aussi grande quantité de genres différents, nulle part les dessins n'ont autant de goût et de nouveauté, et la fabrique de dentelles de Suisse, si prospère et si renommée il y a cinquante ans, a dû cesser devant les progrès des fabriques françaises.

Nous n'avons aucune concurrence à craindre à l'étranger pour nos riches morceaux en dentelle de fil, pas plus que pour nos blondes mates, blanches et noires.

Pour la blonde mate, qui est une consommation toute espagnole, une seule fabrique s'est élevée il y a huit à dix ans, en Catalogne, mais ses produits sont si inférieurs pour le goût et le travail que, malgré des prix très-bas, on donne la préférence à nos articles qui sont recherchés dans toute l'Espagne et ses colonies, à la Havane, au Mexique, dans les mers du Sud, etc.

Jusqu'à ce jour, on n'avait guère fait que des essais en dentelles de laine, cet article était presque inconnu dans le commerce; depuis quelques mois, la fabrication de ce nouveau genre de dentelles a pris un développement considérable.

Les échantillons exposés cette année nous donnent l'espoir fondé que la dentelle de laine est destinée à un grand succès, et qu'un nouvel élément de travail est acquis aux ouvrières des départements de la Haute-Loire et du Calvados, où elle se fabrique.

Comme toutes les industries, celle des dentelles doit toujours progresser, sous peine d'être dépassée par la concurrence de la Saxe pour les dentelles communes, et par la Belgique pour les dentelles de luxe.

La Saxe fabrique des dentelles fort ordinaires et à très-bas prix, mais les dessins sont généralement mauvais, et, quand ils sont bons, ils sont copiés sur nos dentelles, et alors ils arrivent sur les marchés étrangers quand les nôtres y sont déjà connus.

Il se fabrique en Belgique trois sortes de dentelles que nous ne produisons pas en France, et dont nous sommes les tributaires : la *Maline*, la *Valenciennes fine*, et *l'application de Bruxelles*.

Pour ce dernier article, hâtons nous de dire que l'exposition de cette année constate un progrès très-remarquable: c'est l'importation en France de la fabrication des fleurs d'application dont, jusqu'à ce jour, Bruxelles avait le monopole.

La fabrication des fleurs d'application, commencée il y a quelques années à Courseuilles (Calvados), est aujourd'hui établie en grand à Mirecourt (Vosges), et les produits sont identiquement semblables à ceux de la Belgique, sous le rapport du travail, et leur sont bien supérieurs pour le blanc.

A Bruxelles, les fleurs de dentelles sortent des mains de l'ouvrière avec une nuance telle, qu'on est obligé de les blanchir avec du blanc de plomb, qui est nuisible à la santé des ouvrières; les fleurs fabriquées en France, au contraire, peuvent être appliquées en sortant du métier, leur blanc est irréprochable.

On a pu remarquer aussi à l'exposition de cette année, les progrès faits dans la fabrication des tulles; au moyen de l'application du métier Jacquart, on fait, à la mécanique, des dentelles qui imitent parfaitement les dentelles faites aux fuseaux à la main, et dont le prix est de cinq à six fois meilleur marché. On a pu comparer, à l'exposition, des châles de dentelle noire, à la mécanique, de 120 francs, à côté des châles de Chantilly de 1,000 à 1,200 francs.

Autrefois, nous tirions presque tous nos tulles de l'industrieuse ville de Nottingham, en Angleterre; aujourd'hui nos villes de Calais, Lille, Cambrai, etc., ne craignent plus la concurrence anglaise.

La broderie blanche et de couleur a fait aussi des progrès: elle était représentée par les fabriques de Tarare, de Nancy, de Caen, d'Alençon, de Paris, etc.; les articles exposés par la fabrique de Tarare, surtout, ne laissent rien à désirer pour l'exécution et le bon goût. (Voir l'article spécial à Tarare.)

Ces diverses industries, dentelles, blondes et broderies, sont donc les plus intéressantes au point de vue commercial, mais elles le sont plus encore, peut-être, sous le rapport moral.

En effet, toutes ces nombreuses ouvrières travaillent chez

elles, sous les yeux de leur mère qui en est en quelque sorte leur contre-maitresse. Elles se trouvent ainsi éloignées de tout contact pernicieux; elles vivent de la vie de famille, en prennent le goût et les habitudes; aussi devons-nous encourager et développer ces industries toutes moralisantes, et disons, avec un de nos collègues (M. Louis Leclerc), que la femme qui porte de la dentelle fait une bonne action.

M. A. LEFEBURE, 42, rue de Cléry, à Paris (Seine).

Rappel de médaille d'or.

L'exposition de dentelles de M. A. Lefebure, est admirable, elle est riche et variée. M. Lefebure s'était distingué à toutes les expositions, mais, cette année, il s'est surpassé.

Son exposition témoigne des progrès que, sous son active et intelligente impulsion, il a fait faire à l'industrie dentellière.

M. Lefebure occupe près de 3,000 ouvrières dans le département du Calvados; et le jury de ce département le cite avec reconnaissance, comme rendant de grands services à la classe ouvrière de l'arrondissement de Bayeux.

Cette maison exporte pour tous les pays; elle fournit plus encore, peut-être, pour les élégantes de la Havane et des mers du Sud, que pour nos parisiennes.

Aussi M. Lefebure a-t-il exposé des mantilles espagnoles et mexicaines, une toulus havanaise, à côté d'un magnifique châle en dentelle noire et d'un travail admirable.

Mais les deux objets les plus remarquables de son exposition, sont une écharpe en point d'Alençon, d'une richesse et d'un goût parfait, et un dessus de lit en dentelle de Bayeux.

Ce dernier morceau présentait des difficultés telles, que les fabricants du pays les croyaient insurmontables; 34 ouvrières ont mis plus d'un an pour le terminer. C'est le plus beau morceau de dentelle aux fuseaux qui ait jamais été fabriqué en France.

Cette maison a obtenu la médaille de bronze en 1823, celle d'or en 1827, sous le nom de Mᵐᵉ veuve Carpentier; la médaille d'or lui a été rappelée en 1844, sous la raison sociale A. Lefebure et sœurs et L. Petit. Cette année, le jury la rappelle à M. A. Lefebure, qui, maintenant, est le seul chef de cette importante et honorable maison.

MM. AUBRY frères, à Mirecourt (Vosges), et à Paris, rue des Jeuneurs, n° 33.

Médaille d'or.

MM. Aubry frères n'ont exposé qu'une espèce de dentelle; mais leur exposition est réellement une révolution dans l'industrie dentellière.

Jusqu'à ce jour, la France était tributaire de la Belgique pour les fleurs d'application de Bruxelles, dites application d'Angleterre, tous les ans la France achète pour deux millions de ces dentelles.

Cette maison travaille depuis plusieurs années à importer en France cette industrie, aucun sacrifice ne lui a coûté. Ces messieurs ont pleinement réussi, leur exposition en est la preuve la plus complète; il est impossible, même à la loupe, de distinguer la différence qu'il peut y avoir entre une fleur fabriquée à Bruxelles et la pareille faite à leur fabrique de Mirecourt (Vosges).

MM. Aubry frères occupent 1,200 ouvrières; ils ont exposé une toilette complète en dentelle d'application, qui ne laisse rien à désirer sous le double rapport de la fabrication et du goût.

Le jury, tout en admirant ces beaux produits, a surtout apprécié l'établissement *réel et en grand d'une nouvelle industrie*, dont, jusqu'ici, la fabrique belge avait eu le monopole, et décerne à MM. Aubry frères la médaille d'or.

M. VIOLARD, rue de Choiseul, n° 4, à Paris (Seine).

Nouvelle médaille d'argent.

Le rapport du jury de 1844 disait: «M. Violard est aussi habile «artiste que sérieux fabricant.» Cette appréciation était très-juste; depuis plus de vingt ans, M. Violard ne cesse d'apporter des innovations dans sa fabrique de Courseulles (Calvados), il est signalé par le jury départemental, comme rendant de grands services à la classe ouvrière.

C'est M. Violard qui le premier a fabriqué des fleurs d'application aussi belles que celles faites à Bruxelles, il est le premier aussi qui ait fait de la dentelle avec du poil de chèvre.

Cette année M. Violard a exposé différentes sortes de dentelles toutes admirables. Le jury a surtout apprécié son beau châle de dentelle noire et un magnifique volant d'application.

A la dernière exposition, M. Violard a obtenu une médaille

d'argent ; cette année, le jury lui décerne une nouvelle médaille d'argent.

Rappel de médaille d'argent.

M. D'OCAGNE, rue de Grammont, n° 3, à Paris (Seine).

M. d'Ocagne a exposé une fort jolie voilette et de beaux cols en point d'Alençon. Le jury lui rappelle la médaille d'argent qu'il avait obtenue en 1819, et qui lui a été rappelée à toutes les expositions.

Médaille d'argent.

MM. PIGACHE et MALLAT, rue du Sentier, n° 2, à Paris (Seine).

Ces messieurs exposent pour la première fois, mais ils se sont placés au premier rang.

Tous les articles exposés sont admirables d'exécution et de goût; la fabrique de ces messieurs est à Chantilly et aux environs; ils occupent 1,500 ouvrières.

On ne peut rien faire de plus joli et de plus gracieux que les morceaux de dentelle noire exposés, notamment un châle, un volant et une voilette.

Le jury décerne à MM. Pigache et Mallat une médaille d'argent.

Rappel de médaille de bronze.

M. TORCAPEL-THOUROUDE, à Caen (Calvados).

Outre ses fabriques de dentelles et de blondes, la ville de Caen possède d'excellentes ouvrières brodeuses qui produisent de charmants tulles brodés en bandes, fort appréciés, non-seulement en France, mais aussi dans l'Amérique du Nord, où il s'en exporte beaucoup.

M. Torcapel-Thouroude a exposé des tulles brodés imitant parfaitement la dentelle. Le jury lui rappelle la médaille de bronze obtenue en 1844.

Médailles de bronze.

M. PAGNY, à Bayeux (Calvados).

Après les événements de février 1848, il y avait, dans l'industrieuse ville de Bayeux, beaucoup d'ouvrières sans ouvrage. M. Pagny eut la bonne pensée d'employer ces malheureuses femmes, et il se fit fabricant de dentelles.

Il expose différentes dentelles noires fort belles, et surtout un châle d'un goût remarquable. Le dessus de ce châle, fort apprécié du jury, est de M. Couder.

Le début de M. Pagny dans une fabrication si difficile témoigne de l'intelligence et du goût de ce fabricant, et le jury lui décerne la médaille de bronze.

Mlle JULIEN, au Puy (Haute-Loire).

Elle expose de très-jolies dentelles noires; à aucune exposition on n'avait vu des dentelles noires du Puy aussi bien fabriquées et aussi fines.

La fabrique de dentelles du Puy est la seule en France qui puisse lutter, pour les bas prix, avec les fabriques de Saxe. Aussi le jury, voulant récompenser les efforts intelligents de Mlle Julien, lui accorde une médaille de bronze.

M. Charles-Robert FAURE, rue des Jeûneurs, n° 23, à Paris (Seine).

C'est un habile fabricant; il a donné, depuis 15 ans, une impulsion fort remarquable à la fabrique de dentelles du Puy.

A l'exposition de cette année, M. Robert Faure eût pu briller davantage : il n'a exposé que des articles en dentelles de laine.

Cet article est nouveau et il a paru au jury avoir beaucoup d'avenir, surtout si, sans augmentation de prix, on parvient à donner au travail plus de régularité et de perfection.

Le jury a remarqué un châle noir en dentelle de laine dont le prix était aussi bas que celui d'un châle en dentelle à la mécanique.

M. Robert est un des premiers qui se soient livrés à la fabrication de cette nouvelle dentelle; c'est un progrès réel, et le jury lui décerne une médaille de bronze.

M. LESEURE, rue du Sentier, n° 11, à Paris (Seine).

C'est un fabricant intelligent et innovateur. Son exposition se compose principalement de velours brodés pour meubles.

Ces belles productions sont obtenues par des procédés mécaniques de l'invention de M. Leseure, qui occupe à Nancy 200 ouvrières et 20 métiers à moteur continu.

Les articles exposés forment de riches et charmantes décorations d'ameublement; ils témoignent du goût de ce fabricant, qui est réellement créateur de ce genre nouveau.

M. Leseure expose presque tous les produits de sa fabrication.

Le jury lui décerne une médaille de bronze.

M. BARBE, à Nancy (Meurthe).

Il expose un assortiment complet d'objets de lingerie brodés à Nancy.

Ce fabricant occupe 400 ouvrières à Nancy et dans les environs il s'attache surtout à lutter contre la broderie de Saint-Gall.

Le jury a examiné avec grand soin les produits exposés; il a pu remarquer, à côté d'articles très-jolis et d'un travail parfait, d'autres articles d'un extrême bas prix.

Le jury décerne une médaille de bronze à M. Barbe.

Mᵐᵉ PROVOST, rue Mazagran, n° 10 *bis*, à Paris (Seine).

Elle est entrepreneuse de broderies pour plusieurs maisons de Paris; elle brode elle-même à la perfection, et, comme preuve de ce qu'elle peut produire, elle a exposé un tableau de fleurs naturelles, brodé en soie, qui est, en quelque sorte, un objet d'art.

Le jury lui accorde une médaille de bronze.

ATELIER DE CHARITÉ de Lannion (Côtes-du-Nord).

Par les soins de personnes bienfaisantes, on a monté à Lannion un atelier de charité où il se fabrique des dentelles blanches et noires.

C'est une heureuse pensée d'appliquer l'industrie à la charité, et le jury, appréciant tout le mérite d'une industrie importée dans un pays où elle était inconnue, accorde à l'atelier de charité de Lannion une médaille de bronze.

M. LECERF, rue Grange-Batelière, n° 17, à Paris (Seine).

Il fait broder à Paris, où il occupe 60 ouvriers. Il a exposé de très-riches broderies au point d'arme, notamment un très-beau mouchoir de poche en point de plume et plumetis d'un effet fort joli.

Le jury lui accorde la médaille de bronze.

MM. LECORNU frères et Cⁱᵉ, à Gonneville-sur-Merville (Calvados).

Mention honorable

Ils ont exposé un demi-châle en dentelle noire, d'un fort beau travail.

Le jury leur accorde une mention honorable.

M. FOURNIER-VARDON, à Caen (Calvados).

Il est fabricant de dentelles noires et de tulles brodés. Il expose de jolies dentelles et de beaux tulles. Ces produits annoncent une excellente fabrication, et le jury lui accorde une mention honorable.

M. DEGAND, à Saint-Omer (Pas-de-Calais).

Les objets de lingerie confectionnés, exposés par M. Degand, sont remarquables par leur fraîcheur et par leur bon marché.

M. Degand occupe 180 ouvriers et vend beaucoup de bonnets confectionnés, qu'il livre à la consommation à des prix extrêmement bas; on a pu remarquer des bonnets de femmes à 2 fr. 70 cent. la douzaine.

Le jury lui accorde une mention honorable.

M. CASSE-LHUILLIER, à Nancy (Meurthe).

Il expose des cols et des bonnets brodés au plumetis. Ces articles, dont les prix sont très-bas, annoncent une bonne fabrication.

Le jury lui accorde une mention honorable.

Mˡˡᵉ Adèle BONA, place de la Madeleine, n° 10, à Paris (Seine).

Citation favorable

Elle a exposé différents articles brodés à Paris, d'un goût remarquable, notamment une jolie robe brodée en soie.

Le jury lui accorde une citation favorable.

M. Marius VIDAL, passage Choiseul, n° 8, à Paris (Seine).

Il est dessinateur-brodeur, artiste et fabricant. Il a exposé différents objets de lingerie de bon goût et très-bien brodés, notamment un mouchoir de poche brodé au crochet.

Le jury lui accorde une citation favorable.

---

§ 2. DENTELLES A LA MÉCANIQUE.

M. Félix Aubry, rapporteur.

Mention pour ordre.

MM. JOURDAN et Cⁱᵉ, à Cambrai (Nord).

Ils exposent un grand assortiment de tulles de soie unis, fabriqués sur leurs métiers Bobin mécaniques, teints et apprêtés par eux. Ils fabriquent cet article depuis 1835; et, dès cette époque, leurs produits rivalisèrent avec succès ceux de Lyon. Pendant 13 ans, ils ont livré annuellement de 4,000 à 4,500 pièces de 60 à 80 mètres à une seule maison de Paris : c'est le produit de 12 métiers mus par la vapeur.

En 1840, MM. Jourdan et compagnie trouvèrent le moyen de faire sur le métier Bobin, avec application de la Jacquart, une bonne imitation des véritables dentelles, et prirent un brevet. Les essais furent longs et coûteux. Enfin, ces énormes sacrifices furent couronnés d'un plein succès, et aujourd'hui ces messieurs exposent aussi un riche assortiment d'imitations de dentelle. Ce sont des cols, pèlerines, écharpes, volants de toutes hauteurs, voilettes, voiles, pointes et châles riches, qui ressemblent de très-près aux belles dentelles de Caen et de Chantilly, mais dont le prix leur est de quatre à sept fois inférieur. Les dentelles de Cambrai entrent dans toutes les consommations, et il n'est pas de marché au monde où elles ne soient connues et goûtées.

Là n'est pas le seul titre de MM. Jourdan et compagnie à l'attention du jury. Il veut encore leur tenir compte du travail donné à plus de 1,500 femmes et jeunes filles de la ville et des environs de Cambrai qui, par une occupation incessante, ont trouvé, en ces temps difficiles, un abri contre le besoin.

Pour la récompense à décerner à MM. Jourdan et compagnie, le jury central renvoie au rapport sur les teintures et impressions.

Rappel de médaille d'argent.

M. DOGNIN fils, à Lyon (Rhône).

Il a déjà exposé, en 1844, des tulles imitation de dentelle, appelés *dentelle de France*, fabriqués sur métier de tulle Bobin, avec adjonction de la mécanique Jacquart. Ils lui ont mérité la médaille d'argent. Une étude plus approfondie des dessins de dentelle, et la broderie du contournage des fleurs, font que l'article de M. Dognin ressemble de plus en plus à la véritable dentelle, dont le prix est de cinq à six fois plus élevé.

On remarque dans la montre de M. Dognin fils un beau châle, des écharpes, des volants en imitation de dentelle noire, et de jolis volants aux couleurs fraîches et variées pour assortir et orner les belles étoffes de soie.

Le jury, tenant compte à M. Dognin fils de ses persévérants efforts, lui rappelle la médaille d'argent de 1844.

MM. IDRIL et MARION, de Lyon (Rhône).

Médaille de bronze.

Cette maison fabrique, depuis 1847 seulement, la dentelle de soie sur métier de tulle Bobin, avec application de la mécanique Jacquart, par un procédé à elle, breveté. Ses produits, de 80 p. o/o meilleur marché que les dentelles de Caen ou de Chantilly, qu'ils imitent, sont d'une grande netteté d'exécution. Les volants surtout sont bien et font juger des perfectionnements que ces fabricants ne manqueront pas d'apporter à leurs produits.

Le jury décerne à MM. Idril et Marion une médaille de bronze.

M. BILLECOQ, à Paris (Seine).

Citation favorable.

Le jury donne à M. Billecoq une citation favorable.

---

§ 3. FILET DENTELLE.

M. Félix Aubry, rapporteur.

M^b A. FOULQUIER et Cie, à Paris (Seine).

Médaille de bronze.

Ils ont exposé une quantité d'objets en filet de soie, faits au fuseau, dont la variété et la richesse ont frappé le jury. Les mitons en filet extra-fin, unis et brodés; les gants rendus faciles à ganter, par suite d'une ingénieuse combinaison; les fausses manches, si riches et si variées, ramènent le goût des dames à un article qu'elles ont tant aimé, et que le haut prix ou la mauvaise fabrication les avait forcé d'abandonner. Ces colliers écossais, véritable difficulté vaincue ; ces fanchons, écharpes, châles si bien coloriés, aux dessins faits avec le fond, doivent être d'autant plus appréciés que ce sont des objets faciles à faire par cette classe de femmes et de jeunes filles bien élevées que des revers de fortune forcent à travailler pour soutenir leur famille.

Mᵐᵉ Foulquier, qui a le talent du filet au fuseau, a formé des ouvrières habiles dans toutes les classes de la société : elle en occupe de 100 à 120 en ce moment de calme.

L'Angleterre, l'Allemagne, l'Espagne, les États-Unis d'Amérique, etc., sont et seront toujours nos tributaires pour cet article de goût et de luxe.

Le jury engage non-seulement Mᵐᵉ Foulquier et compagnie, mais aussi toutes les maisons qui s'occupent du filet au fuseau, à redoubler d'efforts, et, pour récompenser cette maison des succès qu'elle a déjà obtenus, lui décerne la médaille de bronze.

QUATRIÈME SECTION.

BRODERIES DITES DE PARIS.

M. Félix Aubry, rapporteur.

CONSIDÉRATIONS GÉNÉRALES.

La broderie riche, sur articles divers, occupe, à Paris et dans un rayon de 15 à 20 lieues, un nombre considérable d'ouvriers ; beaucoup de maisons de Paris font broder des objets de consommation intérieure et d'exportation.

Deux seulement ont exposé !.. Le jury de 1849 regrette sincèrement que les premières maisons de cette industrie ne lui aient pas montré leurs produits. Il forme des vœux pour qu'il n'en soit pas ainsi à la prochaine exposition.

Rappel de médaille de bronze.

M. A. PERSON, à Paris (Seine).

Parmi les broderies exposées par ce fabricant, le jury a remarqué un très-beau châle brodé sans envers, sur tissu français imitant le crêpe de Chine. Il est fâcheux que la qualité du tissu ne réponde pas à la richesse et au fini de la broderie.

Le jury donne à M. Person le rappel de la médaille de bronze qui lui a été décernée en 1844.

M. A. G. PRAMONDON, à Paris (Seine).

Mentions honorables.

Il expose peu, trop peu de ses produits: quelques châles et écharpes brodés sur tissus français, imitant le crêpe de Chine; une robe brodée sur taffetas, et un châle brodé sur cachemire, forment son exposition. Sa fabrique, fondée à Paris depuis 1847 seulement, acquerra, sans doute, une grande importance.

Le jury accorde à M. Pramondon une mention honorable.

M. D'HANGEST, rue Neuve-des-Petits-Champs, n° 27, à Paris (Seine).

La montre de M. d'Hangest renferme des échantillons d'application de crêpe lisse froncé, contournés de cordonnet ou de filets brodés au crochet, sur tulle de soie, crêpe et satin, destinés à faire des chapeaux de dames, des voilettes, des robes à grands dessins, le tout d'un fort joli effet. Les premières maisons de haute nouveauté de Paris ont commencé à goûter cet article, et déjà en donnent quelques commissions qui occupent de 20 à 22 ouvriers.

Cette industrie nouvelle, variable à l'infini, offre des chances de succès, et satisfera sûrement les acheteurs étrangers qui viennent à Paris pour chercher constamment de la nouveauté.

Le jury décerne à M. d'Hangest une mention honorable.

CINQUIÈME SECTION.

GAZES POUR BLUTERIES.

M. Justin Dumas, rapporteur.

M. J. HENNECART, à Paris (Seine).

Rappel de médaille d'or.

Déjà appréciés par les jurys précédents, les produits de ce fabricant continuent à se maintenir en première ligne, et sont tous les jours plus perfectionnés. Destinés, en majeure partie, à l'exportation, les gazes pour bluteries de M. Hennecart n'ont point eu à souffrir des circonstances qui ont paralysé tant d'industries en 1848. Aussi a-t-il pu maintenir tous ses ouvriers à Sailly (Somme) pendant la crise.

Ces gazes à bluteries, depuis que M. Hennecart en a introduit la fabrication en France, rendent l'Amérique et l'Allemagne nos tributaires pour cet article. Les Américains, qui font un commerce immense de farines, sont une des plus belles clientèles de M. Hennecart.

Depuis 1844, M. Hennecart a poussé la réduction de ses gazes jusqu'à 64 dents à 2 fils au centimètre, ou 172 dents et 344 fils au pouce ancien (27 millimètres). Le jury central, appréciant les divers titres de M. Hennecart, lui rappelle de nouveau la médaille d'or décernée en 1839, et confirmée en 1844.

Médaille d'or.

MM. COUDERC et SOUCARET fils, à Montauban (Tarn-et-Garonne).

Cette maison, depuis la dernière exposition, a beaucoup progressé, non-seulement pour l'importance, mais encore pour la perfection de sa fabrication en gazes à bluteries, et dans la filature des soies gréges, qu'elle y emploie exclusivement. MM. Couderc et Soucaret fils font peu de gazes dites *de Zurich*, à tour anglais. Ils font principalement des gazes unies, armure taffetas, qu'ils poussent jusqu'à 85 dents à 1 fil au centimètre, ou 230 fils au pouce ancien (27 millimètres). C'est la plus grande réduction de peigne qu'on puisse obtenir. Leurs produits, à l'exception de l'Espagne, qui prend les numéros les plus fins, se consomment généralement en France.

C'est au double titre d'excellents filateurs de soie et de fabricants consommés que le jury de 1844 a décerné le rappel de la médaille d'argent à MM. Couderc et Soucaret fils. Le jury de 1849 leur décerne la médaille d'or.

Rappel de médaille de bronze.

MM. BONNAL et Cⁱᵉ, à Montauban (Tarn-et-Garonne).

Cette maison, qui réunit à sa filature de soies gréges la fabrication de gazes pour bluteries, à tour anglais, pour les gros numéros, et fond toile pour les fins, jusqu'au n° 180 fils dans un pouce ancieu (27 millimètres), soit 66 fils au centimètre, a reçu du jury de 1844 la médaille de bronze. Le jury de 1849 la lui rappelle.

FABRICATION DES TISSUS.

INDUSTRIELS, CONTRE-MAÎTRES ET OUVRIERS

(NON EXPOSANTS).

RAPPORT SUR LES TITRES DES OUVRIERS

ATTACHÉS À CETTE FABRICATION.

M. Blanqui, rapporteur.

Le jury central de l'exposition, dans ses diverses sessions précédentes, n'a cessé d'appeler l'attention du Gouvernement sur les ouvriers et contre-maîtres qui ont le plus contribué aux progrès de l'industrie nationale. Cette année, il a voulu que leurs noms fussent inscrits auprès de ceux des chefs de l'industrie, et reçussent comme eux le prix de leurs efforts. Le Gouvernement s'était associé par avance à cette noble pensée, en invitant les jurys départementaux à signaler au jury central les titres des ouvriers dignes de ces hautes récompenses. Soit que le temps ait manqué pour compléter les listes, soit qu'il ait été difficile de faire des choix suffisamment motivés au sein d'une population mobile, le nombre des candidats présentés a été extrêmement restreint, du moins en ce qui concerne l'industrie collective des tissus: cinquante ouvriers à peine ont été désignés dans cette catégorie, en y comprenant un trop petit nombre de femmes.

Il y a lieu d'espérer que les prochaines sessions du jury lui fourniront l'occasion d'encouragements plus nombreux, et que ces encouragements produiront une salutaire émulation dans toutes les classes d'ouvriers. Le plus sûr moyen d'améliorer leur sort est de les attacher, par les liens du bien-être et de la reconnaissance, aux usines qui les emploient, et qui sont pour eux comme une seconde patrie. Quand l'ouvrier sera convaincu, par la précieuse expérience que le jury central lui fait faire cette année, que la fidélité à l'atelier se récompense aussi honorablement que la fidélité au drapeau, il s'y attachera davantage, et l'atelier ressemblera de plus en plus à la famille, où les enfants vivent heureux sous une autorité respectée.

Le jury a examiné avec le plus grand soin les dossiers qui lui ont été envoyés par les départements, et quelques-uns de ses membres, en position de bien connaître les services rendus à l'industrie, ont provoqué des adjonctions qui nous ont permis de donner cours à nos sympathies pour les populations ouvrières. Le jury aurait vivement désiré pouvoir décerner un plus grand nombre de récompenses pour les femmes, particulièrement pour les ouvrières en dentelles, qui sont les véritables soutiens de cette industrie domestique: mais leur modestie lui a dérobé la plupart de leurs noms, et celles qui nous ont été signalées, l'ont été à leur insu, sans aucune exception. Si le concours eût été plus considérable, le jury central n'aurait point hésité à accorder une ou plusieurs récompenses de premier ordre.

L'importance qui ne peut manquer de s'attacher à ces distinctions nécessitera, pour les expositions prochaines, un mode de présentation, plus régulier que celui de cette année, aux suffrages du jury central. Beaucoup de jurys de départements n'ont pas eu le temps de faire des propositions; d'autres n'ont pas osé improviser les leurs, de peur de blesser l'équité. Évidemment, le Gouvernement aura désormais à aviser au choix du mode le plus avantageux de concours entre les ouvriers des diverses industries, afin que la lice ouverte cette année produise tous les résultats que le pays a droit d'en attendre.

Les principaux départements qui aient répondu à son appel sont ceux de la Seine, du Rhône, de la Gironde, du Nord, de l'Aude, d'Eure-et-Loir, de l'Orne, de l'Aisne, du Calvados et de la Creuse. La ville de Lyon insiste vivement en faveur d'un de ses chefs d'atelier les plus distingués, M. Roussy, digne émule de Jacquart, qui s'est honoré par les inventions les plus ingénieuses, toutes consacrées par la pratique, et qui ont rendu d'immenses services à la fabrication des soieries. La récompense de l'ordre le plus élevé a été demandée pour ce vétéran de l'industrie, qui n'a pris de brevets d'invention pour toutes ses machines que pour constater son titre d'inventeur, et qui les a toutes mises gratuitement dans le domaine public. Le jury central n'a pas accueilli avec moins d'intérêt les titres du Nestor des ouvriers français, un digne homme qui est resté attaché *pendant cinquante-six ans* à la même filature, dans le département d'Eure-et-Loir.

C'est en poursuivant avec persévérance de pareilles recherches que les chefs de l'industrie honoreront le rang élevé qui leur appartient parmi nous. C'est ainsi qu'ils feront comprendre à leurs ouvriers, trop longtemps égarés par de funestes illusions, par quels liens de réciproque bienveillance et d'intérêt mutuel ils peuvent raffermir la paix des ateliers. Les expériences terribles que les uns et les autres viennent de faire doivent profiter à tous : ils ont souffert ensemble des mêmes malheurs; ils se relèveront par les mêmes prospérités. Le jury central, heureux de favoriser cette tendance au retour de la bonne harmonie dans nos manufactures, espère que le nombre des ouvriers signalés aux récompenses nationales s'accroîtra sous les auspices du patriotisme de tous.

Voici dans quel ordre de mérite sont classés les ouvriers et ouvrières jugés dignes de récompenses par le jury central.

MM. ROUSSY, Lyon.   Rappel
                                                    de médaille
                                                      d'or.

BLANDIN (Pierre), Rouen.   Médailles
JAILLET, Lyon.   d'argent.
JOAS (Esther), Bayeux (Calvados).
PITIOT, Paris.
RETOU, Flers (Orne).
TAVERNIER, inventeur des draps dits *de Bazeilles* (Ardennes).

III.   20

Médailles
de bronze.

MM. BELLIER, Armentières (Nord).

BÉRAUD (Constance), Mirecourt (Vosges).

CAVÉ (Pierre-Nicolas), Elbeuf (Seine-Inférieure).

CHÉLIFOUR, Reims.

CHERRIER (Mme), directrice de la filature de soie des Champs-Élysées.

CRETON, Metz.

DERATTE, Esquermes (Nord).

DUBS, Sainte-Marie-aux-Mines (Haut-Rhin).

DUFOUR, Lyon.

FONTENEAU, Paris.

GILBERT (Orléans).

GONNARD, Lyon.

GUIRAND jeune, Mazamet (Tarn).

HILAIRE (Nicolas), Saint-Rémy (Eure-et-Loir).

JORAZY, les Brotteaux (Rhône).

KLEIN, Metz.

LANCELEVÉE (Clément), Rouen.

LEBLANC, Paris.

LECLERC, Rouen.

PETYT (Louis), Essonne (Seine-et-Oise).

RAVIEZ, Paris.

THOREL, Abbeville.

Mentions honorables.

BLOTTIÈRE, Rouen.

BOCQUET, Elbeuf.

CALIPPE, Rouen.

COURTIN, Rouen.

COURVOISIER, Lille.

DESMARETS, Rouen.

FAUCONNIER, Bayeux (Calvados).

HEINING, Saint-Quentin.

LÉCUYER (Catherine), Chantilly (Seine-et-Oise).

MARAIS, Rouen.

MM. MAREST, Bayeux (Calvados).
MÉNY, Paris.
NORION (Victor), Elbeuf.

FOUQUET, Lamorlaye, près Chantilly (Seine-et-Oise).
GILLON (Mme), Reims.
MOTTET, Bayeux (Calvados).

Citations
favorables

NEUVIÈME COMMISSION.

BEAUX-ARTS.

MEMBRES DU JURY COMPOSANT LA COMMISSION:

MM. Fontaine, président; — Blanqui, Bougon, Ambroise-Firmin Didot, A. Durand, L. Feuchère, Héricart de Thury, L. de Laborde, Peupin, Pouillet, J. Persoz, Natalis Rondot, Wolowski.

PREMIÈRE SECTION.

ORFÉVRERIE, PLAQUÉ, MAILLECHORT.

§ Iᵉʳ. ORFÉVRERIE.

M. Wolowski, rapporteur.

CONSIDÉRATIONS GÉNÉRALES.

S'il est une industrie qui a dû subir le funeste contre-coup de nos agitations politiques, c'est bien celle qui façonne les métaux précieux. Les objets de luxe, ceux qui mêlent à la satisfaction des besoins les jouissances du goût, demandent des temps calmes pour se multiplier; ils exigent, avant tout, la possibilité d'une dépense extraordinaire et une certaine sécurité d'avenir; sous ce dernier rapport, ils marchent de pair avec la fondation de nouveaux établissements industriels. Là, comme ici, il faut des *capitaux*, c'est-à-dire, dans une mesure plus ou moins forte, un excédant de la production sur la consommation, et la possibilité de faire et d'utiliser les épargnes.

Telle n'a malheureusement pas été la situation de notre pays depuis dix-huit mois; par une triste répétition de ce qui s'est passé dans d'autres temps, les nécessités de la vie, aussi bien que des craintes que l'on excusait alors même qu'on ne les partageait pas, ont commandé à beaucoup de personnes de se défaire des objets travaillés dont l'or et l'argent forment la substance. Pendant plusieurs mois, l'hôtel de la Monnaie fut assiégé, non point comme d'habitude, par les industriels qui viennent mettre leurs produits sous la sauvegarde de la *marque* publique, mais par des citoyens qui demandaient à transformer en pièces d'or et d'argent les objets simples ou élégants qui étaient devenus pour eux une ressource précieuse dans ces jours de détresse. Le bureau *de garantie* était vide et inoccupé; on fondait les articles d'orfévrerie, on n'en créait pas. Comment, à un moment où la valeur déposée dans le produit par la main-d'œuvre disparaissait complétement, aurait-on pu livrer à un travail industriel quelconque les métaux précieux ?

La situation s'est améliorée depuis, mais en laissant toujours subsister la redoutable concurrence de *la dépréciation* de beaucoup d'anciennes pièces à la conservation desquelles leurs possesseurs avaient renoncé.

L'exportation, qui avait pris un développement notable quant à notre belle fabrique d'orfévrerie, a également souffert; partout, en Europe, une commotion terrible s'est déclarée à la suite de la révolution de février; l'inquiétude s'est emparée des esprits, en faisant obstacle au commerce des objets de goût et aux longues pensées. Partout on a songé plutôt à céder qu'à acquérir les ouvrages d'orfévrerie; l'offre a donc singulièrement pesé sur la demande.

Aussi n'avons-nous abordé qu'avec une certaine appréhension l'examen de cette partie de l'exposition que 1844 nous avait montrée si brillante. Mais, du premier coup d'œil que nous avons jeté sur le fruit du labeur de nos orfévres, nous nous sommes repentis d'avoir pu concevoir ces doutes et ces craintes. Sans doute, l'ébranlement produit par les événements politiques a empêché beaucoup d'œuvres d'art de naître ou de s'achever, il a condamné nos habiles fabricants à dépénibles sacrifices; cependant cette épreuve n'a fait qu'ajouter le mérite du courage et du dévouement au mérite de l'exécution. Les produits qu'il nous a été permis d'étudier et d'admirer suffisent pour prouver qu'un nouveau progrès a été accompli par notre fabrication, qui peut s'enorgueillir de nouveaux chefs-d'œuvre.

Jamais l'orfévrerie française, malgré la difficulté des temps, n'a été plus dignement et plus richement représentée que cette année; elle se maintient avec constance dans la voie que lui a ouverte Wagner, en renouvelant les belles traditions des siècles où l'orfévre marchait à côté du sculpteur et du peintre. Dans les créations qui rappellent les époques les plus glorieuses du passé, nous avons remarqué une fidélité plus scrupuleuse à reproduire le style de chacune des anciennes écoles, sans tomber dans le *pastiche* servile et sans confondre les genres. Artistes eux-mêmes, nos premiers fabricants ont eu le bonheur de s'entourer d'artistes distingués par la pensée et par l'exécution; on voit qu'ils se sont livrés à une sérieuse et patiente étude des collections, des musées, des tableaux des maîtres, car le *beau* n'a qu'un type éternel, c'est le *vrai* qu'accompagnent une imagination pure, un goût délicat et l'harmonie de l'ensemble. La grandeur du style n'exclut pas la grâce des détails; le véritable artiste sait imprimer un cachet de distinction aux objets les plus vulgaires.

Il y a un grand mérite et un véritable service à populariser les ressources de l'art, en relevant à son contact les articles d'un usage journalier, qui familiarisent ainsi ceux qui s'en servent avec les jouissances d'un ordre plus élevé, et qui contribuent à élever la pensée en épurant le goût. Comme l'a dit l'honorable rapporteur de 1844, les maîtres du grand siècle de l'orfévrerie, tout en créant des œuvres privilégiées par leur destination, appliquaient ainsi leur génie aux besoins de la vie intérieure, aux choses utiles. La délicatesse du goût n'excluait pas chez eux le caractère de l'utilité, la convenance de l'appropriation, la logique de la forme.

Nos orfévres se montrent leurs dignes émules; aucun secret

de la *ciselure*, du *repoussé*, de la *fonte*, ne leur a échappé; toutes les grâces des *nielles*, de la *gravure*, des *émaux*, se retrouvent dans leurs œuvres. Ils ont compris qu'il leur fallait faire un appel incessant au concours de véritables artistes; c'est ainsi que la forme de leurs produits a gagné en finesse d'exécution et en conception heureuse. Nous devons particulièrement signaler les progrès accomplis par le *repoussé*, qui est de la véritable sculpture en métaux précieux, et applaudir au respect avec lequel les différents styles du passé ont été reproduits, sans confusion, sans mélange adultère. Lorsque nos fabricants ont voulu innover, créer, être eux-mêmes, ils ont su allier la hardiesse à la grâce, l'originalité de la conception au fini d'une exécution correcte et élégante; ils ont, par-dessus tout, nous ne saurions trop insister sur ce point, appliqué les inspirations de l'art aux objets d'un usage habituel.

Qu'ils persévèrent dans cette direction, qu'ils réalisent de plus en plus l'heureuse alliance qu'ils ont su former entre l'art et l'industrie, de manière à ce qu'il soit difficile de dire : « Ils font de l'industrie artistique ou de l'art industriel, » et ils conserveront à notre pays, dans une des branches les plus importantes du travail de goût et de prix, cette prééminence que le monde a toujours été disposé à lui reconnaître. Ce n'est pas seulement le profit matériel, c'est la renommée, et une renommée bien acquise, qui récompense de pareils efforts.

Pendant les cinq années qui ont précédé l'exposition de 1844, le poids des matières fabriquées que contrôle le poinçon de la monnaie s'élevait, en moyenne :

Pour l'or, à 4.292 kilogrammes;
Pour l'argent, à 64,082 kilogrammes.
Soit en francs, pour l'or, (à 740 m.)..... 12,489,720 fr.
——————— pour l'argent, (à 875 m.). 14,226,204
ㅤㅤㅤㅤㅤㅤㅤㅤㅤㅤTOTAL............. 26,715,924

Depuis lors, les quantités d'or et d'argent présentées et

marquées au bureau de garantie de Paris ont été comme il suit :

Années.	Or.	Argent.
1844.	4,340,058 gr.	62,895,650 gr.
1845.	4,172,489	64,674,015
1846.	4,213,049	61,723,775
1847.	3,698,137	54,947,650
1848.	1,378,351	18,807,160
1ᵉʳ semestre de 1849.	1,143,069	13,802,860
Total.........	18,945,153	276,851,110

Si l'on fait abstraction du premier semestre de 1849, les matières d'or et d'argent employées depuis 1844 jusqu'en 1849, ressortent à un total de 17,802 kilogr. pour l'or, et de 263,048 kilogr. pour l'argent, c'est-à-dire en moyenne par année à 3,560 kilogr. pour l'or, et 52,619 kilogr. pour l'argent. C'est une décroissance notable sur les chiffres relevés à la dernière exposition; il est vrai que 1848 pèse sur ce résultat; mais les mauvaises années qui l'avaient précédé ont aussi, dans une certaine mesure, exercé leur influence, tant il est vrai que de mauvaises récoltes et la cherté des subsistances influent sur les branches de la production qui semblent le plus étrangères à ces circonstances économiques, tant il est vrai que de toutes parts éclate la loi d'harmonie et de solidarité qui relie tous les membres de la grande famille nationale.

Le premier semestre de 1849 s'est passé sous de meilleurs auspices; aussitôt le travail des métaux précieux a repris, il a presque égalé en importance, dans cette moitié d'année, l'année précédente tout entière. Ce mouvement ne fera que grandir, et alors nos habiles fabricants retrouveront, avec l'étendue de leurs affaires, les moyens d'ajouter à la collection des pièces qui font honneur à l'orfévrerie française.

Dans le relevé que nous avons présenté, l'or et l'argent travaillés par le joaillier et par le bijoutier se trouvent confondus avec ceux qu'emploie l'orfévre. Le bureau *de garantie* ne saurait établir de distinction d'origine, et d'ailleurs, sur bien des points, les limites se trouvent complétement effacées. Nos orfévres les plus distingués marchent ainsi au premier rang comme joailliers et bijoutiers.

Cette indication suffit pour faire comprendre que le prix de la *façon*, sur l'ensemble, égale au moins le prix de la matière première, et pour faire estimer la quantité de salaires que cette industrie répand entre les ouvriers expérimentés qu'elle emploie.

ORFÉVRERIE, JOAILLERIE ET BIJOUTERIE.

M. FROMENT-MEURICE, rue du Faubourg-Saint-Honoré, n° 52, à Paris.

Nouvelle médaille d'or.

En parlant de nouveaux progrès, accomplis par l'orfévrerie, nous avions principalement en vue la belle exposition de M. Froment-Meurice. On y trouve les œuvres d'un artiste complet, véritable, qui a su s'inspirer des meilleurs modèles, et dont l'exécution révèle à la fois le goût cultivé et l'inspiration originale. Cette case résume tous les genres, elle assigne définitivement à M. Froment-Meurice une place distinguée dans l'histoire de l'art auquel il s'est voué avec une énergie qui égale son talent.

Les formes de ses divers articles, soit qu'il s'agisse d'œuvres d'élite, destinées à figurer comme des créations exceptionnelles, soit que l'on examine les produits les plus usuels, les ornements les plus frivoles, conservent toujours la même pureté; on sent que l'artiste a passé par là, et que le sentiment du beau dirige ses conceptions.

Beaucoup de travaux commandés à M. Froment-Meurice, ou qu'il se proposait d'entreprendre, ont été paralysés depuis dix-huit mois; néanmoins, quelques hommes qui savent faire de leur fortune un grand et noble usage, en l'employant à l'encouragement des arts, et en tête desquels il est juste de citer M. le duc de Luynes, dont plusieurs sections de cette exposition ont fait constater la large influence, ont permis à M. Froment-Meurice de ne pas rester inactif, de ne point condamner à un repos stérile des facultés qui ont besoin de vie et de création.

Une ligne de Térence, *Sine Cerere ac Baccho friget Venus*, a inspiré à M. Froment-Meurice une de ses plus charmantes compositions, qui forme la pièce principale de son exposition de cette année. C'est un milieu de table, groupe de onze figures, toutes en *ciselure repoussée*; il a demandé trois années de travail *d'orfévrerie et de ciselure*. Les figures de Bacchus, de Cérès et de Vénus posent sur un globe céleste, autour duquel voltigent des génies, symboles de l'abondance, de l'harmonie et de l'amour. Quatre géants monstres, à queues de serpent, terminées par la tête même du serpent, comme les décrit Hésiode, supportent les motifs principaux. Rien de plus sévère et de plus correct que l'ensemble de cette belle œuvre, commandée par M. le duc de Luynes. Elle a un autre mérite. Le travail qu'elle a exigé a conservé à notre pays des ouvriers expérimentés, que le défaut d'occupation aurait pu, comme tant d'autres, décider à porter à l'étranger leur expérience et leur talent.

La sculpture des onze figures de ce groupe est due à M. Jean Feuchères; c'est d'après ses modèles et sous sa direction que l'exécution en a été faite en *argent repoussé*, à l'exclusion absolue de la fonte et de tout autre procédé ordinaire de fabrication. Les difficultés ont été comme accumulées à plaisir dans cette création; l'argent a été pétri comme de la cire ou de la terre. L'art du ciseleur-repousseur, destiné à produire des œuvres d'art qui doivent rester *uniques*, n'a peut-être jamais brillé d'un plus vif éclat, jamais figures en *ronde bosse* n'ont été exécutées avec plus de hardiesse et de pureté; il en est, dans ce groupe, qui n'ont pas demandé moins de quarante plaques, qu'il a fallu emboutir séparément, rétreindre, assembler et souder ensemble; telle main (car tous les doigts, sans exception, sont creux) où il a fallu dix ou douze pièces séparées. Dans un travail aussi délicat, aussi minutieux, de la bonne préparation par l'orfèvre dépend la bonne exécution de la ciselure.

Le beau *milieu de table* est une œuvre d'élite qui nous a paru commander cet examen détaillé; nous ne pouvons que citer les autres articles d'art et de goût, multipliés par le talent de M. Froment-Meurice.

Signalons en premier lieu une *aiguière et son plateau* et un *coffret à bijoux*, deux charmantes pièces, détachées de la toilette en argent exécutée pour la princesse de Lucques, sur les dessins de M. Duban. On y remarque des *émaux à surfaces planes*, parfaitement travaillés par un jeune artiste, M. Sollier, d'après les cartons de M. Jean Feuchères.

A côté vient se placer un délicieux triptyque, dans le goût du gothique allemand, ciselé avec une délicatesse admirable, et orné de peintures sur vélin et de figurines.

L'encrier en or massif, destiné au Pape, est exécuté en entier, figures et ornements, par le mode du *repoussé*.

Le coffret en fer et argent, appartenant au comte de Paris, reproduit celui de 1844 qui était simplement en *fer fondu*. Celui-ci est en *fer forgé*.

Nous avons également revu, avec plaisir, le *bouclier* établi sur les cires de MM. Jean Feuchères, Rouillard et Justin; les bas-reliefs, exécutés en 1844 en fonte d'argent ciselée, l'ont été cette fois complétement en *repoussé*.

L'*épée* offerte au général Cavaignac, par les habitants du Lot, mérite aussi de ne pas être passée sous silence; la sculpture des figures du groupe principal, et celle de la garde sont de M. Jules Cavelier. Nous mentionnerons également l'épée offerte au général Changarnier, par les ouvriers de Montluçon.

A côté de ces ouvrages se trouve une série de coupes du XVe et du XVIe siècle, et de pièces d'orfévrerie usuelle, telles que cafetières, théières, sucriers, plateaux, bouilloires, vases à rafraîchir dans le goût Louis XV et dans le style de la renaissance. Partout nous devons signaler un mérite égal. Nous en dirons autant des pièces de *bijouterie en ciselure*, des bracelets, des châtelaines genre byzantin, mauresque, Louis XV, et de la charmante collection de bracelets, broches, coiffures en diamants et pierres de couleurs, qui affectent la forme des fleurs, roses, lis, œillets.

Les efforts persévérants de M. Froment-Meurice ont donc été couronnés d'un plein succès; c'est qu'aussi tout se réunissait pour en faire un orfèvre d'élite, digne successeur de ceux qui ont inscrit leurs noms aux plus glorieuses pages de l'histoire de l'art: il a commencé par être ouvrier dans l'atelier de son père et il est devenu dessinateur habile, investigateur passionné des anciens modèles, observateur enthousiaste des formes diverses qu'affecte la manifestation du génie, peinture, sculpture, gravure. La connaissance exacte des procédés et des difficultés de la pratique s'est donc alliée chez lui à la culture de l'intelligence et à une inspiration élevée. Quant aux élans de l'âme, qui font seuls les grands artistes, la conduite qu'il a tenue quand le choléra a sévi la première fois, à Paris en 1832, et qui lui a valu la croix de la Légion d'honneur, dit assez ce qu'on peut attendre de lui sous ce rapport.

Comme tous les hommes d'un vrai mérite, M. Froment-Meurice s'attache avec scrupule à faire ressortir les services rendus par les collaborateurs qu'il a su s'adjoindre, peintres, sculpteurs, ciseleurs, ouvriers habiles. Il a toujours eu soin, pour chacune des pièces remarquables de son exposition, d'indiquer ceux qui l'avaient secondé.

C'est ainsi que, sans parler des artistes dont nous avons déjà signalé les noms, M. Froment-Meurice a particulièrement insisté sur le mérite de ses deux contre-maîtres MM. Babeur et Wissel, ainsi que sur celui de MM. Frémonteil et Croville, tous deux ses anciens apprentis, qui n'ont pas quitté sa fabrique depuis 20 ans.

Les quatre *ciseleurs* qui ont exécuté les figures en repoussé, du groupe de M. de Luynes, sont MM. Muleret, Alexandre Daubergue, Fannière et Poux; trois d'entre eux ont passé par l'atelier de M. Vechte, et se montrent les dignes élèves d'un si grand maître. M. Fannière est le neveu et l'élève du regrettable Fauconnier.

M. Sollier, émailleur, a fait preuve du plus grand talent.

Enfin, M. Froment-Meurice a payé un tribut de reconnaissance au dessinateur-sculpteur, dont l'expérience et le goût ont contribué à placer son atelier à un rang si élevé, à M. Liénard, un des artistes qui ont le plus fait pour la splendeur de notre industrie.

M. Froment-Meurice était arrivé, en 1847, à employer 120 ouvriers, dont le salaire journalier variait de 4 francs à 10 francs. Il avait élevé son chiffre d'affaires à 1,100,000 francs. Cette industrie a eu beaucoup à souffrir dans ces derniers temps, mais elle commence à reprendre et nous espérons que M. Froment-Meurice retrouvera, dans toute son étendue, la clientèle que lui ont conquis ses travaux.

Les nombreux détails dans lesquels nous a obligé d'entrer l'exposition si remarquable de M. Froment-Meurice appellent une conclusion bien naturelle : un mérite éminent provoque une récompense éminente; la plus haute dont le jury puisse disposer, c'est une nouvelle médaille d'or et il l'accorde à M. Froment-Meurice, qui a déjà obtenu une médaille d'or en 1844.

Rappel de médaille d'or. **M. RUDOLPHI**, rue Tronchet, n° 3, à Paris.

Voici encore un artiste d'une grande valeur; si les détails aux-

quels nous avons été entraîné, en rendant compte des produits de
M. Froment-Meurice, nous obligent à resserrer davantage nos ap-
préciations, nous n'en rendrons pas moins justice à ce simple ouvrier orfévre que Wagner sut distinguer en 1840 et qu'il associa
à ses travaux, en le jugeant digne de continuer son œuvre, c'est-à-
dire de porter au plus haut degré l'art de l'orfévre, du bijoutier et
du ciseleur.

M. Rudolphi a justifié cette confiance du maître; il l'avait déjà
montré en 1844; il en fournit cette année des preuves nouvelles et
nombreuses. Sa toilette en argent réunit tous les mérites des
nielles, de la gravure, de la ciselure et de l'émail; ses plats en argent, d'après MM. Feuchères et Pascal; son coffre en argent, dont
la sculpture est de M. Geoffroy de Chaumes, et ses coffres renaissance, sa coupe en lapis-lazuli, avec une monture simple, légère,
pleine d'élégance; ses deux coupes en agate orientale, dont l'une
est supportée par un groupe de bacchantes, et l'autre par le groupe
des *trois Grâces*, enfin une coupe ronde en argent, qui représente
le *mont Parnasse*, présentaient un ensemble très-satisfaisant. Cette
dernière coupe a été en entier composée, modelée et ciselée, sous
la direction de M. Rudolphi, par un de ses jeunes élèves, M. Eugène Leroy, à peine âgé de dix-huit ans et déjà créateur de plusieurs œuvres qui lui promettent un bel avenir.

M. Rudolphi traite avec un soin particulier les bijoux à *sujets*,
bracelets, broches, châtelaines, bagues, boutons, épingles, ainsi
que la bijouterie émaillée. Ses pommes de cannes, cachets, poignards, presse-papiers, sculptés par MM. Geoffroy de Chaumes,
Cain, etc., sont d'un fini d'exécution qui égale celui des grandes
pièces d'orfévrerie et mettent de véritables objets d'art à la disposition des fortunes les plus modestes. Sans la stagnation des affaires,
M. Rudolphi aurait exposé plus de grandes pièces; avec des ouvriers
tels que MM. Édouard Verraux et Magnus, orfévres, Jules et
Alexandre Plouin, graveurs, Dollbergen, Cleff et Douy, ciseleurs,
il peut tout entreprendre. La riche variété de ses produits et leur
distinction a mérité à M. Rudolphi, en 1844, le rappel de la médaille
d'or de M. Wagner, dont il se montrait le digne continuateur.

Aujourd'hui, le jury croit devoir récompenser le travail persévérant de M. Rudolphi, devenu maître à son tour, en lui décernant
un nouveau rappel de la médaille d'or.

Médaille
d'or.

M. DUPONCHEL, rue Neuve-Saint-Augustin, n° 39, à Paris.

L'orfévrerie artistique a révélé d'une manière brillante, à l'exposition de 1844, le nom de M. Morel. Il avait à peine fondé son établissement depuis quelques années, et déjà la perfection de ses produits l'élevait au premier rang, elle lui méritait de prime-abord la médaille d'or. Ouvrier plein de hardiesse et d'habileté, M. Morel rencontrait dans son associé, M. Duponchel, l'inspiration qui crée et le goût qui dirige et choisit. Aujourd'hui, M. Duponchel lui a succédé; il donne seul l'impulsion aux remarquables artistes formés dans cet atelier, bien connu de l'Europe entière. Il continue à fabriquer, avec une égale distinction, la haute orfévrerie, la joaillerie et la bijouterie; chez lui, un heureux caprice rencontre de quoi satisfaire les désirs les plus exigeants, la forme est originale sans tomber dans le bizarre, élégante sans toucher à l'affectation. Ses produits sont modelés avec un talent, qui, en les variant à l'infini, sait toujours leur conserver le cachet du maître.

Le style Louis XIV et le style Louis XV rencontrent dans M. Duponchel un habile interprète, il se joue avec les difficultés; sa toilette, entièrement au repoussé, son service à thé en vermeil et son grand service de table, le prouvent suffisamment. A côté figurent, comme pour témoigner de la flexibilité de la conception et de l'exécution, une croix gothique avec émaux et cristaux de roche, un coffret à bijoux en vermeil avec de charmantes figurines en argent oxydé et une châtelaine genre mauresque, en or de diverses couleurs, qui est un petit chef-d'œuvre de grâce et d'originalité. Ses bijoux proprement dits, ses broches, ses bracelets serpent et tigre, en or repoussé, et surtout un délicieux modèle, les *pêcheuses de perles*, ses cachets, au milieu desquels on remarquait le jongleur indien avec ses enfants, ses flacons, ses montres de platine incrustées d'or fin, ses coffrets émaillés, etc., méritent des éloges analogues.

Mais c'est surtout dans l'atelier de M. Duponchel que nous devons chercher les œuvres de haute orfévrerie qu'il a créées depuis 1844, et qui, expédiées à leurs propriétaires, n'ont pu figurer à l'exposition; il nous a suffi de recueillir nos souvenirs, d'étudier les modèles conservés et quelques pièces détachées pour rendre justice à ces créations.

En première ligne se place le *surtout* commandé par le prince Léon

Radziwill, composé d'une pièce de milieu, de deux candélabres, de quatre seaux à glace, etc. La pièce du milieu représente une chasse au sanglier, au XIII° siècle, dans une forêt de Lithuanie: rien de plus dramatique, de mieux posé, que ce groupe de sculpture en argent; les candélabres, qui figurent deux sapins sur des rochers, avec leurs longues branches et leurs milliers d'aiguilles effilées, tout autour des chiens revenant de la chasse, le sanglier tué, un garde sonnant du cor, etc., accompagnent dignement cette pièce d'élite; nous en dirons autant des seaux, dont les anses montrent des ours blancs escaladant des glaçons; au milieu sont les chasseurs, sur des fragments de glace, prêts à les attaquer. Ces objets si nombreux, si variés, personnages, chevaux, chiens, sangliers, sapins, ont été exécutés de ronde bosse, au repoussé; la perfection du travail a répondu à la difficulté d'une telle entreprise dans de pareilles dimensions. La pièce du milieu a près d'un mètre, et les candélabres chacun près de deux mètres de hauteur.

Les autres pièces remarquables, sorties de l'atelier de M. Duponchel, sont : la garniture de l'album de la princesse de Montpensier, avec portraits de huit grands peintres, finement ciselés en argent oxydé, se détachant sur des ornements dorés; le service à thé du comte de Nesselrode, et plusieurs autres, genres arabe, mauresque et indien; des candélabres, genre indien, avec éléphants et cornacs, etc.

La révolution de février a ralenti l'achèvement de plusieurs travaux en cours d'exécution, qui ont une grande importance. Nous devons mentionner comme une œuvre d'art du plus haut style, la statue de la Minerve du Parthénon, d'après Phidias, commandée par M. le duc de Luynes, ce généreux protecteur des beaux-arts, artiste lui-même. Cette pièce, unique dans sa grandeur et dans sa magnificence, a été sculptée par M. Simard; elle a 2ᵐ,35ᶜ (7 pieds) de hauteur; commencée en 1846, elle ne pourra être achevée que dans dix-huit mois, car, à cause des proportions gigantesques, l'exécution présente des difficultés énormes; il n'aura pas fallu moins de trois années d'un travail assidu pour les vaincre, afin de reproduire au repoussé un des plus beaux chefs-d'œuvre de l'antiquité.

Pour aborder de pareils travaux, il a fallu la hardiesse de M. Duponchel, il a fallu aussi qu'il pût disposer de collaborateurs tels que M. Ch. Philippe Aurillon, qui dirige l'atelier de monture, et M. Niviller, chef des ateliers de dessin et de gravure, véritables artistes chez lesquels la puissance de l'exécution égale la vigueur de la conception.

C'est à M. Duponchel que se trouve confiée l'exécution de la brillante épée offerte, par souscription nationale, au général Changarnier. La poignée, le pommeau et la garde sont exécutés en or de diverses couleurs, au repoussé, ayant tous la même épaisseur de métal, au lieu d'être superposés, comme cela s'est pratiqué jusqu'ici.

L'importance de la fabrique de M. Duponchel [1], l'intarissable fécondité d'idées qui la distingue pour les objets les plus variés, l'heureuse application de connaissances artistiques aux objets d'industrie, dont le mérite se relève ainsi, enfin une exécution irréprochable, tout se réunit pour décider le jury à décerner à M. Duponchel une médaille d'or.

M. MAYER, rue Vivienne, n° 20, à Paris.

Nouvelle médaille d'argent.

Dès son début, M. Maurice Mayer a su rivaliser avec les maîtres de l'art, ainsi que l'a proclamé le jury de 1844, en lui décernant la médaille d'argent la première fois qu'il a exposé. Depuis lors, M. Mayer a encore accompli un progrès remarquable; il a produit diverses pièces qui méritent l'éloge de tous les hommes de goût.

Nous devons signaler un videcome, coupe d'ivoire, garniture en argent repoussé; il représente le combat d'Hercule contre un centaure. La manière du xve siècle s'y trouve fidèlement et largement reproduite. L'ensemble est sévère et plein d'harmonie.

Une grande coupe renaissance, entièrement dorée, ciselée en plein, ornée sur le couvercle d'un groupe d'enfants supportant un chevalier, est d'un heureux effet. Nous en dirons autant de deux coupes en repoussé, d'un travail soigné, de celle surtout qui représente un groupe d'enfants jouant avec une chèvre, et des trois médaillons repoussés, gracieuse reproduction des pastorales de Wateau. La petite soupière Louis XV, argent et or, avec son assiette, porte sur le couvercle un groupe délicatement travaillé : la Pudeur que lutinent des enfants.

A côté, signalons le beau couteau de chasse du prince d'Aremberg; le poignard en acier, pris sur pièce, entièrement incrusté

[1] Elle emploie pour 300,000 francs d'or et d'argent, et elle en double au moins la valeur.

d'or, et surtout le cachet sculpté sur un morceau d'acier, où la difficulté du travail a été admirablement vaincue.

M. Mayer expose, en outre, un choix varié de pièces pour le service de table, des thés de toutes les formes, Louis XV, chinoise, japonaise, mauresque, etc., et une riche collection de broches, bracelets, corsages, coiffures en brillants, tabatières, porte-crayons, etc.

Il exécute en ce moment un très-beau sabre, tout en or repoussé, pour le bey de Tunis.

Le jury décerne à M. Mayer une nouvelle médaille d'argent.

M. Alexandre GUEYTON, rue Chapon, n° 12, à Paris.

Médaille d'argent.

C'est pour la première fois que M. Gueyton expose ses produits; sa fabrique est de fondation récente, mais il a su déjà lui donner une importance véritable, surtout pour la création des armes de luxe, qu'il travaille avec grand succès.

Il a exécuté plusieurs *sabres d'honneur*, dont il a fort bien approprié le dessin à leur destination; c'est à lui que la légion d'artillerie a confié le sabre d'artillerie qu'elle a offert à son colonel, M. Guinard, et la ville de Lyon celui qu'elle a fait accepter au général Gémeau. M. Gueyton a montré dans ce travail une grande fécondité d'idées et une heureuse disposition des éléments qui concourent à l'harmonie de l'ensemble.

Sa case présentait une très-grande variété d'épées de forme nouvelle, quelques-unes parées en brillants, d'autres avec les poignées remarquablement ciselées.

Un joli coffret offrait l'application d'une idée heureuse: on y remarquait une figure de danseuse, d'après Pradier, dansant sur une perle.

Plusieurs porte-cigares sculptés, des bracelets en acier, des broches algériennes, plusieurs tableaux ciselés en relief, des poignards, des cachets, témoignaient de l'intelligente activité de M. Gueyton. Il a lui-même modelé et ciselé les charmants petits tableaux en argent, entre autres la prise de la smala d'Abd-el-Kader et une fête flamande, qu'il utilise aussi en bracelets brisés. Tout ce qu'il a envoyé a été créé par lui et exécuté dans son atelier. Le chiffre de ses affaires s'élève déjà de 150 à 200,000 francs.

C'est pour la première fois que M. Gueyton entre dans la lice; le jury se plaît à constater le mérite de ce jeune artiste en lui décernant une médaille d'argent.

ORFÉVRERIE.

M. LEBRUN, quai des Orfévres, n° 40, à Paris.

L'excellence du travail, la perfection de l'exécution, le soin minutieux avec lequel toutes les pièces sont achevées, polies, ajustées,
a depuis long-temps appelé sur M. Lebrun les récompenses du
jury. Après avoir obtenu dès 1823 une médaille d'argent, qui lui
fut rappelée en 1827 et en 1834, il eut une nouvelle médaille d'argent en 1839, et sut mériter en 1844 la médaille d'or.

Un mérite nouveau distingue l'exposition actuelle de M. Lebrun;
nous le félicitons d'avoir compris combien l'orfévrerie doit grandir
au contact de l'art. Il a su s'assurer le concours d'artistes distingués, qui lui ont permis de marcher dans la voie du progrès.

Une des plus grandes pièces de l'exposition appartient à M. Lebrun : c'est le beau milieu de table faisant partie d'un surtout en
exécution, qui lui fait grand honneur. Les capricieux ornements du
genre Louis XV se prêtent bien à ces ceps de vigne après lesquels
grimpent des enfants, et qui entourent Bacchus et une bacchante.
La sculpture des ornements est de M. Gagne; celle des enfants, de
M. Carrier. La ciselure des groupes d'animaux placés à chaque extrémité est de MM. Poux et Dalbergue; ce dernier a ciselé les ornements, et M. Schropp les enfants. M. Lebrun cite les ouvriers qui
ont coopéré, sous sa direction, à cette œuvre remarquable; ce
sont MM. Bastié, Passeron, Gautier, Tourseiller, Chevalier et
Juillot.

A côté et non au-dessous de cette grande composition se place la
merveilleuse tasse ciselée par les frères Fannière pour M. de Meck-
lembourg. Quand on admire à la loupe les merveilles de ce dessin,
la perfection de ce travail, on ne s'étonne plus que cette tasse, où
il entre pour 150 francs d'argent, vaille 10,000 francs.

Auprès de ces deux œuvres d'élite, M. Lebrun a exposé une belle
bouilloire à thé, des seaux en argent fort bien travaillés, des réchauds, des plats, etc., qui portent le cachet d'une exécution excellente et sévère; aussi le jury se plaît-il à lui rappeler la médaille
d'or.

M. ODIOT, rue Basse-du-Rampart, n° 26, à Paris.

La fabrique de M. Odiot est la plus ancienne de Paris; elle a toujours mérité la médaille d'or à nos expositions; bien connue dans le monde entier, elle produit beaucoup pour l'exportation, en se pliant au goût des contrées d'où lui viennent les commandes. Toutes ses créations visent à l'utilité; elle travaille avec un soin scrupuleux les objets usuels, et elle emprunte à l'art d'heureuses inspirations.

Jamais on n'a pu accuser M. Odiot d'avoir exécuté des *chefs-d'œuvre* en vue de l'exposition; il ne présente que les produits courants de sa fabrique ayant mérité l'approbation des consommateurs qui savent apprécier le mérite d'une argenterie soignée.

Le chiffre des affaires de cette maison est des plus considérables; il atteint un million de francs.

On remarquait cette année, dans la case de M. Odiot, un service de table, genre Louis XVI, pour l'Amérique; un service à thé, genre renaissance, et un autre, genre Louis XV. Cet habile fabricant exécute dans ce style un service de table très-riche, dont il a exposé une pièce détachée, une casserole, parfaitement exécutée.

Le jury décerne à M. Odiot le rappel de la médaille d'or qu'il a obtenue aux précédentes expositions.

M. DURAND, rue du Bac, n° 41, à Paris.

Rappels de médailles d'argent.

M. Durand, élève de M. Odiot s'est vu rappeler, aux expositions de 1839 et 1844, la médaille d'argent qu'il a méritée en 1834. C'est un fabricant consciencieux, qui se maintient avec honneur au rang qu'il a su conquérir. Outre diverses pièces de service de table fort bien traitées, M. Durand a exposé un beau vase de course, représentant un tournois, œuvre vraiment distinguée, exécutée avec ce scrupule d'un travail minutieux qui rend M. Durand l'émule de M. Lebrun.

Une cafetière, d'une forme originale, représentait un homme donnant de la trompe; elle attirait les regards par la nouveauté de la conception.

En général, tous les objets fabriqués par M. Durand portent la trace d'un travail soigné, exact; les difficultés y sont heureusement vaincues.

Le jury décerne à M. Durand le rappel de la médaille d'argent.

M. TRIOUILLER, rue du Vieux-Colombier, n° 32, à Paris.

Ce fabricant se livre spécialement à la création des articles d'église, qu'il travaille avec une véritable supériorité. Son ostensoir gothique, d'après le dessin du père Martin, est une bonne et fidèle reproduction des anciennes pièces qui décorent depuis des siècles nos cathédrales.

M. Triouiller réussit toujours dans la ciselure en repoussé, qui a été de sa part l'objet d'un travail constant et méritoire.

Ses calices, ses ciboires et les autres objets qu'il expose sont fort bien exécutés et révèlent le sentiment de l'art.

Le jury rappelle à M. Triouiller la médaille d'argent qu'il a obtenue en 1844.

M. AUCOC, rue de la Paix, n° 6, à Paris.

L'atelier de M. Aucoc fournit un exemple terrible de l'influence exercée par la révolution de février sur la marche du travail. En 1847, il occupait 60 ouvriers et fabriquait pour la valeur d'un demi-million ; en 1848, il ne lui est resté que 2 ouvriers, et sa production a presque été réduite à néant; ajoutons qu'elle a bien repris depuis. M. Aucoc n'a point cessé de créer des articles également distingués par le goût et par le soin mis à leur exécution. Sa toilette et sa glace avec le cadre en argent, ses candélabres et autres pièces d'orfévrerie, ainsi que ses nécessaires, conservent un mérite réel.

Aussi le jury rappelle-t-il à M. Aucoc la médaille d'argent qu'il a obtenue aux précédentes expositions.

Médailles d'argent.

M. FRAY, rue Pastourelle, à Paris.

M. Fray fabrique l'orfévrerie de table et de dessert, vulgairement appelée la *grosserie*, par opposition à la petite partie. Sans se proposer de copier ces œuvres d'orfévrerie artistique qui ont élevé si haut la réputation de nos fabricants, M. Fray travaille avec beaucoup de soin et de goût les objets usuels. Il partage avec M. Veyrat l'honneur d'avoir créé une sorte d'argenterie intermédiaire qui n'emploie que le métal pur, et, sans dépasser de beaucoup le prix d'un bon plaqué, permet de se procurer des objets d'orfévrerie solide, quoique plus légère, et revêtue de formes élégantes et variées.

Un débit facile et considérable a récompensé les intelligents efforts de M. Fray, qui a obtenu aussi un long débouché à l'étranger, la puissance et la richesse de son outillage lui permettant d'établir ses produits à un prix avantageux pour le consommateur.

Les ouvriers employés dans cette partie gagnent des journées supérieures à celles des ouvriers qui travaillent aux pièces tout à fait artistiques. M. Fray en occupait environ 70 avant la révolution de Février; une quinzaine gagnaient de 7 à 10 fr. par jour, et le salaire d'une autre s'élevait à 12 fr.

La fabrication de M. Fray utilisait alors environ 2,000 kilog. d'argent au premier titre; elle produisait pour 600,000 fr., dont un tiers pour l'exportation. Après avoir, comme ses confrères, mais dans une proportion moindre cependant, subi l'influence fâcheuse des circonstances politiques, M. Fray a retrouvé en grande partie son ancienne clientèle; l'exportation forme aujourd'hui la moitié de son débouché.

L'exposition de M. Fray offrait beaucoup de pièces dignes d'éloge; elles présentaient toutes des formes gracieuses; la ciselure, sans avoir tout le fini de la haute argenterie, possédait néanmoins un mérite remarquable, vu le prix réduit de tous ces articles. Plusieurs thés complets, fort bien travaillés, des tasses, des bougeoirs, toutes les pièces employées pour le service de la table se rencontraient dans cette case, et l'on y reconnaissait sans peine les objets qui s'étalent aux vitraux de nos magasins les plus élégants.

M. Fray a donc élevé à la hauteur d'une industrie considérable la fabrication de l'argenterie massive, facilement abordable par l'économie du métal employé, et cependant exempte de tout reproche quant à la confection. Plus d'une fois, aux précédentes expositions, les fabricants d'orfévrerie ont été invités à entrer dans cette voie.

Le jury, pour récompenser le succès signalé obtenu par M. Fray, lui décerne la médaille d'argent.

MM. BERTHET et PERET, rue Montmorency-Saint-Martin, n° 13, à Paris.

Au nombre des plus élégants produits de l'industrie parisienne se rencontrent les nécessaires qui empruntent à la petite orfévrerie leurs pièces principales. Cette fabrication, très-variée dans ses moyens et dans le nombre des spécialités auxquelles elle doit recourir, se rattache par ce côté à l'orfévrerie proprement dite. L'habileté développée par MM. Berthet et Peret rend d'ailleurs leurs produits dignes d'une sérieuse attention. Ils ont su soutenir avec avantage, et sous le rapport du prix, et sous le rapport d'une excellente confection, la concurrence de l'Angleterre. Leur chiffre d'affaires s'est élevé, dans les bonnes années, avant février 1848, jusqu'à plus de 500,000 fr.; en grande partie pour l'exportation.

Orfévrerie, cristaux, ébénisterie, gaînerie, tout est concentré dans les ateliers de MM. Berthet et Peret. Tout porte également le cachet du goût et de la distinction; la taille des cristaux surtout et les pièces d'argenterie sont traités avec un succès remarquable. Rien de plus élégant ni de plus commode que les nécessaires de voyage et de toilette établis par MM. Berthet et Peret, qui fabriquent d'une manière tout aussi satisfaisante les divers objets de fantaisie, dont l'emploi s'est tellement multiplié depuis un certain temps, et notamment les caves à liqueur.

En 1844, MM. Berthet et Peret ont obtenu la médaille de bronze; pour récompenser leurs persévérants efforts, le jury leur accorde la médaille d'argent.

MM. BRUNEAU et PELLERIN, rue Montmorency, n° 38, à Paris.

Médaille de bronze.

Si l'on en excepte les tabatières et timbales que MM. Bruneau et Pellerin ont envoyées à l'exposition, leur fabrique de petite orfévrerie et de bijouterie de bureau, qui fait un chiffre très-considérable d'affaires, se distingue plus par la masse que par la qualité de ses produits : cela se conçoit, puisqu'elle vise avant tout au bon marché.

Mais l'orfévrerie niellée est traitée par MM. Bruneau et Pellerin avec une véritable distinction; leurs tabatières ont obtenu une supériorité incontestable sur celles de Russie, qu'on fabrique à Toula : elles reproduisent des sujets empruntés aux grands peintres avec un fini d'exécution fort remarquable. MM. Bruneau et Pellerin emploient le même procédé pour la fabrication de fort jolis porte-cigares. Ils ont été très-utilement secondés dans ce travail par un habile ouvrier, élève de Vagner, M. Chauchefoin.

La moitié de leurs tabatières s'exporte en Italie, en Suisse, en Angleterre et en Amérique; ils ont produit jusqu'à une valeur de 100.000 francs par an de cet article, et pensent arriver cette année au chiffre de 60,000 francs, qui n'est qu'une faible partie de celui auquel s'élèvent leurs affaires annuelles.

Le jury décerner à MM. Bruneau et Pellerin la médaille de bronze.

M. THIÉRY, rue Sainte-Marguerite, n° 14, à Paris.

M. Thiéry a donné une grande extension à sa fabrication de vases d'église. Il a exposé plusieurs ostensoirs en vermeil, des chapelles en vermeil, des calices émaillés, des ciboires, des crosses d'évêque, une croix de procession, etc. Nous avons reconnu qu'il y avait chez ce fabricant une bonne tendance, et qu'il a déjà obtenu de bons résultats.

C'est pour la première fois que M. Thiéry se présente à l'exposition. Le jury lui accorde une mention honorable.

M. AUDOT, rue Richelieu, n° 81, à Paris.

M. Audot a succédé, en 1847, à M. Vedel; il fabrique l'orfèvrerie en argent massif et en doublé d'or et d'argent, et il a su maintenir la bonne réputation acquise par son prédécesseur quant à la production des *nécessaires*. Ce fabricant est un homme de beaucoup de goût; il possède des modèles et des matrices d'orfèvrerie dont l'idée et le dessin lui appartiennent en entier. Il présente plusieurs pièces, entre autres, une glace de toilette d'un aspect fort gracieux, dont le cadre a été travaillé à l'aide d'un procédé électro-chimique pour la colorisation des métaux. Une paire de candélabres, en argent massif, mérite aussi d'être citée.

Le jury accorde à M. Audot une mention honorable.

M. DUPÉRIER, rue du Parc, au Marais, n° 11, à Paris.

M. Dupérier fabrique des couverts en *demi-argent;* il les a ainsi nommés parce que la moitié du couvert, celle qui touche les aliments, et doit être ainsi mise en contact avec la bouche, est en argent, tandis que l'autre moitié, qui est simplement maniée, est en composition. Ces couverts réunirent à l'avantage de l'économie celui de la durée.

Le jury accorde à M. Dupérier une citation favorable.

M. VERNAUT, rue des Filles-du-Calvaire, n° 9, à Paris.

M. Vernaut est modeleur-ciseleur, il crée et exécute lui-même, sans aucun aide; il a exposé un portrait du Président de la République modelé et repoussé en argent.

Le jury lui décerne une citation favorable.

M. FAYOLLE, Palais-National, galerie de Valois, n° 180.

La spécialité de M. Fayolle est la fabrication des croix d'ordres, et des insignes des membres de l'Assemblée nationale et des autorités publiques. Ses modèles de croix de commandeur, d'officier et de chevalier de la Légion d'honneur sont bien établis, et à un prix très-réduit.

Le jury accorde à M. Fayolle une citation favorable.

---

§ 2. PLAQUÉ ET ORFÉVRERIE LÉGÈRE.

M. Wolowski, rapporteur.

CONSIDÉRATIONS GÉNÉRALES.

L'industrie du plaqué date d'un siècle environ, mais elle ne s'est sérieusement établie en France que depuis 1815. C'est une industrie éminemment parisienne, car en dehors de la capitale on ne rencontre aucune fabrique de plaqué. Elle a doublement souffert dans ces derniers temps, et des événements politiques et d'une autre révolution, tout à fait spéciale, celle que les nouveaux procédés d'argenture ont produite, en lui créant une redoutable concurrence.

Elle a cependant résisté à ce double danger, et nous ne saurions partager le pessimisme de ceux qui allaient jusqu'à dire qu'ils la croyaient destinée à périr.

Sans doute, il est des articles pour lesquels l'argenture par immersion obtient un avantage décidé, ceux dont le travail très-ouvragé exigerait un grand nombre de pièces de rapport pour être exécuté en *doublé*; mais d'autres pièces, plus simples dans leurs formes (ce qui n'exclut ni l'élégance ni l'emploi très-usuel), continueront à profiter de l'ingénieuse application de l'argent sur le cuivre au moyen de la pression, qui rend les deux métaux tellement adhérents l'un à l'autre, qu'ils forment un seul et même corps et deviennent inséparables.

Une autre branche de la fabrication en *plaqué*, qui est appelée à se maintenir avec avantage, c'est celle du bon *doublé*, avec ornements en argent pur, qui ajoutent essentiellement à la solidité, sans augmenter de beaucoup le prix.

La seule industrie qui nous paraisse sérieusement menacée, et nous sommes loin de nous en plaindre, c'est la mauvaise industrie du mauvais *plaqué*, établi à des titres tellement bas, qu'ils échappent à toute appréciation sérieuse et ramènent à une sorte d'application idéale la couche, perceptible seulement à l'œil, de l'argent qui masque le cuivre, au lieu de le recouvrir solidement.

Le *plaqué d'exportation* (c'est le nom qu'on lui donne et la destination qu'il reçoit d'habitude) n'a pas peu contribué à décrier nos produits sur les marchés étrangers.

La fabrique de *plaqué* peut vivre et prospérer, mais c'est à une condition : celle d'une grande loyauté, d'un respect fidèle de la *marque*, qui dénote la proportion d'argent employé. Soulever les justes plaintes du consommateur quant à l'inexactitude du *titre* indiqué, c'est pour elle, surtout dans les circonstances présentes, commettre un véritable suicide. Elle se trouve pressée, d'un côté, par les nouveaux procédés d'argenture, et, d'autre part, elle rencontre la concurrence de l'argenterie légère, fabriquée maintenant avec une grande économie de façon et de matière première. L'unique moyen de tenir tête à ce péril, c'est de maintenir avec scrupule la sincérité de la *marque*, qui raffermira la confiance du consommateur. Nous ne voulons pas faire ici de reproches, mais nous désirons que nos conseils soient entendus.

L'aisance, qui est destinée à se répandre de plus en plus dans toutes les classes de la population, rend la demande des objets qui peuvent utilement remplir l'office de l'argenterie pure, de plus en plus considérable. Le *plaqué* peut donc et doit vivre, car le véritable progrès crée de nouveaux procédés, sans supprimer les ingénieuses et utiles découvertes du passé. Mais nous ne saurions trop le répéter, c'est à la condition de produire des objets solides, bien et loyalement confectionnés, sous des formes correctes, élégantes et sanctionnées par le goût.

ARGENTERIE ET PLAQUÉ.

M. VEYRAT, rue de Malte, n° 40, à Paris.

Nouvelle
médaille
d'argent.

Le jury de 1839 s'était exprimé en ces termes :

« Pour appliquer à l'orfévrerie tous les procédés de la fabrication du plaqué, il faudrait faire des dépenses premières qui ne peuvent être compensées que par une grande consommation, à laquelle l'orfévrerie d'argent ne peut atteindre. »

Cependant MM. Veyrat et fils ont su vaincre cette difficulté : déjà le jury de 1844 leur a rendu justice en signalant le progrès qu'ils ont réalisé par l'application faite à l'orfévrerie des procédés expéditifs de fabrication employés pour le plaqué. Ils ont popularisé ainsi l'usage de l'orfévrerie massive en diminuant et le prix de la main-d'œuvre et le poids des objets, d'ailleurs soigneusement établis.

A la dernière exposition, cette heureuse innovation avait valu à la maison de MM. Veyrat une *nouvelle médaille d'argent*, ajoutée à celle qui lui avait été décernée en 1839. Depuis cette époque, et malgré les périlleuses circonstances que nous avons traversées, M. A. Veyrat n'a cessé de marcher en avant dans cette voie qu'il avait inaugurée. Il a invoqué le secours des artistes, en s'inspirant sans cesse aux meilleures sources. Aussi, quoiqu'il produise à des prix fort réduits, les modèles qu'il emploie sont-ils variés et élégants et lui assurent-ils une nombreuse clientèle à l'étranger et aux colonies.

Il a continué en même temps la fabrication tant du bon plaqué, que du plaqué d'exportation.

Le chiffre d'affaires de M. Veyrat dépasse 600,000 francs dont plus des deux tiers représentent la fabrique d'orfévrerie courante.

On se tromperait, si l'on ne croyait rencontrer, dans les envois de M. Veyrat, que le mérite d'une bonne confection d'articles vulgaires. Il a su les rehausser par la forme : plusieurs thés complets, en argent massif, se faisaient remarquer par un bon aspect. Pour donner un exemple de bon marché, nous dirons qu'un pot à eau avec sa cuvette, tout en argent, d'une valeur intrinsèque de 525 fr., ne revenait, bien que d'une apparence tout à fait distinguée, qu'à 775 francs. On remarquait une tasse d'argent avec sa soucoupe pour 44 francs, un bougeoir en argent pour 75 francs.

Nous devons signaler aussi un service complet en argent, composé de 60 pièces.

Trois porte-cigares, plusieurs objets d'art se faisaient remarquer aussi dans la case de M. Veyrat, qui exposait à côté de cette argenterie pure, de nombreux produits en plaqué, tels que candélabres, lustres, seaux à champagne, bouilloires, cloches, réchauds et plats ovolés et carrés, etc.

La maison de M. Veyrat est la seule où l'on puisse harmoniser parfaitement un service de table en orfévrerie massive et en plaqué, car, seule, elle a réuni ces deux industries.

La manière remarquable dont M. Veyrat fils s'est attaché à répondre aux indications et aux vœux exprimés lors des précédentes expositions, la création d'une industrie, en quelque sorte nouvelle, qui lui est due et qui paraît appelée à prendre une grande extension, enfin le zèle avec lequel il a puisé, dans les récompenses antérieurement obtenues par sa maison, deux médailles de bronze et deux médailles d'argent, une sorte d'excitation à progresser toujours, ont décidé le jury à lui accorder, la première fois qu'il expose comme seul chef de sa maison, une nouvelle médaille d'argent.

---

§ 3. PLAQUÉ.

M. Wolowski, rapporteur.

M. BALAINE, place de la Bourse, n° 12, et rue du Faubourg-du-Temple, n° 93, à Paris.

Nouvelle médaille d'argent.

Le jury est heureux de constater que cet honorable fabricant n'a rien négligé pour réaliser les perfectionnements indiqués tout à l'heure, et qu'il a puissamment contribué à maintenir le renom du *plaqué* français. Il a fidèlement maintenu le titre *du dixième,* reconnu nécessaire pour la solidité parfaite de ce genre de produits, rehaussé encore par des moulures en argent soudées sur la plaque, de manière à aller au feu sans aucun inconvénient. Les *doubles fonds* sont *au cinquième.* De cette manière, l'orfévrerie plaquée au véritable dixième, avec doubles fonds au cinquième, et tous les ornements en argent, sans soudure à l'étain, prend rang à côté de l'orfévrerie massive et peut durer un quart de siècle, quoique ne coûtant guère plus que la façon et le contrôle de l'orfévrerie en argent pur.

Nous devons ajouter que le service exposé par M. Balaine se faisait remarquer par une élégante simplicité et par de gracieux détails; sous tous les rapports il nous a paru irréprochable.

Ce fabricant demeure donc dans une excellente voie; il a bien compris toute l'importance de la *marque* pour ce genre d'industrie. Afin d'obvier à l'inconvénient d'un poinçon illusoire, s'il n'est point accompagné de la responsabilité *légale* ou *morale*, il frappe tous ses produits de son nom, et donne ainsi au consommateur une garantie positive.

Aussi, a-t-il non-seulement maintenu, mais encore amélioré la qualité de ses produits en élevant le titre du *plaqué*.

M. Balaine a obtenu une médaille de bronze en 1827, et en 1834 une médaille d'argent, qui lui fut rappelée en 1839. Le jury de 1844, pour récompenser les progrès toujours croissants accomplis par cet honorable fabricant, lui a décerné une médaille d'argent : le jury actuel lui en décerne une nouvelle.

Médaille d'argent. ## M. FOUGÈRE, rue Jean-Robert, n° 2, à Paris.

La fabrique de M. Fougère conserve un caractère *mixte;* elle continue de produire des services en plaqué, principalement destinés pour l'exportation; mais de plus en plus la création des objets à bon marché, en cuivre et en divers autres métaux, acquiert de l'importance dans les affaires de cette maison. Elle est arrivée, sous le rapport du prix auquel elle est parvenue à livrer les objets qu'elle envoie sur les marchés les plus lointains, à des résultats véritablement surprenants. C'est là une production modeste en apparence, mais qui se rehausse par son utilité et par la masse des besoins qui la sollicitent; elle mérite donc d'être encouragée. Presque toute la fabrication de M. Fougère, qui s'élève à environ 300,000 francs, alimente le marché étranger.

Le jury accorde à M. Fougère la médaille d'argent.

Médaille de bronze. ## M. LAMBERT, rue Notre Dame-de-Nazareth, n° 29, à Paris.

Simple ouvrier d'abord, puis chef d'atelier, M. Lambert a successivement étendu son industrie de manière à occuper lui-même, en 1846 et 1847, 60 ouvriers, et à élever à 350,000 fr. le chiffre de ses affaires; les circonstances politiques les ont réduites de moitié.

Ce fabricant a traité avec soin les deux branches d'industrie entre lesquelles se divise malheureusement la fabrication du plaqué, au grand détriment de la confiance qu'elle devrait inspirer. Les objets fabriqués pour l'intérieur sont de meilleure qualité et d'un titre beaucoup plus élevé que ceux destinés au dehors; le *plaqué d'exportation* constitue le plus souvent un produit auquel il est difficile d'assigner un titre quelconque, et qui n'a pas peu contribué à discréditer nos envois. Le pli est pris, et les plus honnêtes fabricants sont obligés de créer de ces articles qui brillent uniquement par l'apparence.

M. Lambert est parvenu à réaliser une économie notable sur la fabrication, sans porter aucune atteinte au salaire des ouvriers. Il a établi, pour les pièces à *côtes*, des poinçons qui activent et facilitent beaucoup l'exécution, en ramenant les prix à un taux qui permet l'écoulement facile d'une marchandise, à formes plus riches.

Ce fabricant a envoyé plusieurs réchauds, 2 plateaux, divers articles de service de table d'un aspect très-satisfaisant.

Le jury accorde à M. Lambert, qui expose pour la première fois, une médaille de bronze.

M. BRISSEAU, rue Grenétat, n° 16, à Paris.

Mention honorable.

Ce fabricant a envoyé un plateau, un tête-à-tête, des candélabres, des réchauds, des cafetières, etc. Tous ces objets étaient soigneusement exécutés, et portaient un bon cachet de goût et de disposition heureuse, bien qu'appropriés aux besoins les plus usuels.

Le jury accorde à M. Brisseau une mention honorable.

---

§ 4. ORFÉVRERIE DE MAILLECHORT ET DE CUIVRE.— DORURE ET ARGENTURE.

M. Wolowski, rapporteur.

CONSIDÉRATIONS GÉNÉRALES.

Le maillechort est, comme on le sait, un alliage imitant l'argent, composé de nickel, de cuivre et de zinc. Introduit en France depuis une trentaine d'années, il est devenu depuis

20 ans d'un emploi considérable ; la facilité avec laquelle il se prête à l'argenture, par les procédés électriques, en a multiplié l'usage depuis que les découvertes de MM. Elkington et Ruolz ont reçu une application industrielle.

Les proportions des éléments qui le constituent étant mieux étudiées, il a beaucoup gagné en facilité de travail et de fabrication.

Maintenant, il partage avec le cuivre le privilége de servir à créer une grande quantité de véritables objets d'orfévrerie, revêtus d'une couche plus ou moins épaisse d'or ou d'argent que le courant électrique y a pour ainsi dire incrusté. Comme la pression confond la plaque d'or ou d'argent avec le métal auquel on les fait adhérer dans le travail du doublé ou du plaqué, l'électricité fixe à la surface, d'une manière solide, une sorte de pellicule dorée ou argentée, dont l'épaisseur peut varier à volonté et dont il n'est pas impossible de contrôler le *titre*.

Si les procédés nouveaux de dorure et d'argenture n'étaient point enlacés dans le monopole temporaire du *brevet;* si, tombés dans le domaine public, ils ouvraient à une concurrence loyale et à l'activité du travail un aliment précieux, il est à croire que les applications deviendraient plus variées et les avantages d'une belle découverte plus généraux. Il serait injuste d'accuser d'une manière directe ou indirecte l'honorable fabricant auquel est dévolue l'exploitation privilégiée des brevets Elkington et Ruolz; les jury précédents l'ont hautement proclamé, et nous n'hésiterons pas à confirmer cette opinion : il est impossible d'apporter à la création d'une nouvelle industrie plus de zèle, de lumières et de talent. M. Christofle a monté son atelier sur le modèle des plus beaux établissements de l'Angleterre, en y introduisant les perfectionnements désirables et en l'élevant aux proportions d'une véritable exploitation manufacturière. Mais les embarras et les périls du monopole n'en existent pas moins au préjudice de l'ensemble de la fabrication : ce n'est point la faute de l'homme qui préside au développement de cette belle branche d'industrie, c'est la faute du principe qui en domine l'essor. Le privilége exclusif, récompense légitime de l'invention, porte, dans tout un ordre de travaux considérables, la perturbation et quelquefois la ruine.

En ce qui concerne la dorure, il s'élève non-seulement une question de production, mais encore une question d'humanité, car on n'ignore pas les résultats qu'entraine pour les ouvriers le travail au mercure.

Quant à l'argenture, la concurrence, le libre accès et le perfectionnement des procédés nouveaux, peuvent seuls raviver la fabrique et procurer de l'emploi à beaucoup de bras aujourd'hui inoccupés.

Enfin tout le monde, grâce à une invention essentiellement libérale et démocratique, devient tributaire de l'industrie nouvelle; tout le monde profiterait donc de la baisse de prix qu'amènerait forcément la cessation du monopole.

Aussi un grand nombre de fabricants, doreurs, bijoutiers, jouailliers, orfévres, fabricants de bronze, fabricants de plaqué, horlogers, argenteurs, fabricants de couverts, fabricants de maillechort, membres du conseil des prud'hommes pour l'industrie des métaux, ont-ils appelé la sollicitude du législateur sur une question d'une haute importance pour l'industrie parisienne et pour l'existence de nombreux ouvriers. Déjà, en janvier 1848, ils avaient adressé à la Chambre des députés une pétition tendante au rachat du brevet Ruolz et Elkington par l'État, comme cela s'est pratiqué pour une autre découverte, très-curieuse et très-méritoire sans doute, mais d'une importance industrielle secondaire, celle de MM. Daguerre et Niepce. La dorure et l'argenture sont, au contraire, l'âme de beaucoup de fabrications importantes, frappées de perturbation par suite de procédés qui déplacent les anciennes conditions de la production, et qui peuvent devenir un bienfait ou une menace suivant qu'ils sont librement employés ou assujettis au monopole.

Cette pétition a été renouvelée devant l'Assemblée nationale; ses auteurs ont vivement insisté sur cette double considération que les nouveaux procédés de dorure et d'argenture ont une importance capitale, et, en même temps, qu'ils constituent pour de nombreuses industries préexistantes une concurrence impossible à soutenir. Le plaqué, l'orfévrerie, le maillechort, la fabrication des couverts, se trouvent ainsi sous le coup d'une lutte désastreuse : il est de la nature du privilége de ne prospérer qu'en multipliant autour de lui les catastrophes, comme il est de l'essence de la liberté de répandre des bienfaits à son contact fécond.

Qu'arrive-t-il ? Les producteurs se trouvent placés entre deux écueils : la ruine, ou ce vol intellectuel qu'on appelle la contrefaçon. Le nombre des saisies et des procès auxquels M. Christofle a été forcé de recourir pour défendre son droit, témoigne assez des embarras inextricables qui enveloppent cette industrie. La moralité publique et le développement du travail reçoivent une égale atteinte. Le tribunal correctionnel a déjà statué sur plus de 3oo saisies, et beaucoup d'affaires analogues sont pendantes, sans parler d'une longue série de *transactions*.

Pour faire sortir leurs industries de cette impasse, les pétitionnaires demandent le rachat du brevet par l'État et la réunion des procédés nouveaux au domaine public. Ils proposent de payer cet affranchissement par un droit fiscal, qui serait calculé de manière à faire promptement rentrer l'État dans ses avances.

Le jury n'est point officiellement saisi de cette question ; il ne pouvait cependant la passer sous silence, car il ne saurait méconnaître les avantages de la mise dans le domaine public des brevets Ruolz et Elkington. En effet, il a été à même de constater combien pourrait s'étendre l'application des procédés d'argenture et de dorure électro-chimiques.

Il est aussi un côté de la question sur lequel il n'hésite point à appeler la sollicitude éclairée de l'Administration.

Tout le monde sait que si l'industrie du plaqué a beaucoup souffert, si elle a décliné en partie, cela tient principalement à l'anarchie de la fabrication, dépourvue de tout contrôle, livrée à une variété de *titres* arbitraires, sans qu'il y eût aucun moyen sérieux de se rattacher à des données fixes, éprouvées, connues.

Il serait déplorable que l'argenture électro-chimique tombât dans un pareil discrédit par suite d'abus analogues. Aujourd'hui le brevet d'un fabricant consciencieux la préserve de ce danger; mais, dès que ce brevet sera expiré, comment éloignera-t-on la confusion des langues, sur quelle base solide ramènera-t-on la confiance publique, en la préservant d'erreurs involontaires.

Le poinçon de l'État, la *marque* officielle, fournirait un précieux sceau de garantie, et régulariserait la fabrication en y maintenant une loyauté intacte. Est-il possible de procéder ainsi ? N'y aurait-il pas à craindre que des industriels déloyaux n'abusassent de la *marque* publique en enlevant, aux objets qui en seraient revêtus, une portion du métal précieux dont l'existence aurait été constatée? Est-il aussi facile de contrôler les produits argentés que les objets en argent? Telles sont les questions qui attendent une solution, et pour lesquelles on peut espérer *l'affirmative,* si l'on s'en rapporte aux observations fournies par les hommes les plus compétents.

Dans cette hypothèse, le rachat des brevets Ruolz et Elkington aurait un double avantage; non-seulement il affranchirait des liens du privilége de nombreuses et importantes industries, mais encore il leur fournirait un élément de sécurité; le contrôle de l'État ne servirait pas uniquement à lui faire récupérer ses sacrifices, mais aussi à rassurer les consommateurs : le droit fiscal deviendrait un mode de garantie, en conciliant l'intérêt privé avec l'intégrité des ressources générales.

On n'aurait pas besoin de recourir à l'expropriation, que la loi n'a pas encore régularisée en matière d'invention : le propriétaire actuel du brevet a déclaré qu'il se soumettrait et au rachat et au poinçon de contrôle. Il a pris une honorable initiative pour solliciter cette garantie publique de la loyauté des transactions.

Le jury n'a aucune décision à émettre; mais il croit accomplir un devoir en appelant sur cette question la sérieuse attention du Gouvernement.

Nouvelle médaille d'or.

MM. CHRISTOFLE et Cie, rue de Bondy, n° 52, à Paris.

Ce n'est pas comme argenteur et doreur que nous apprécierons ici M. Christofle; sous ce rapport, le jury de 1844 lui a rendu pleine justice. Nous devons seulement ajouter que, depuis cette époque, de nombreuses améliorations ont été introduites dans sa fabrique, sans contredit une des plus belles du continent. Nous dirons aussi que, par suite d'un perfectionnement remarquable, il est parvenu à obtenir une *dorure mate* d'un admirable effet.

Mais M. Christofle ne se borne point à l'application habile des procédés pour lesquels il est breveté; il s'est souvenu de la première industrie qui lui a valu, bien jeune encore, la plus haute récompense dont le jury d'exposition puisse disposer; seulement, au lieu de pétrir les métaux précieux, il s'est attaché à imprimer le cachet de son expérience, puisée dans d'anciennes études et dans une heureuse pratique de l'orfévrerie et de la bijouterie, à des métaux plus vulgaires destinés à recevoir une enveloppe d'or et d'argent.

C'est donc en qualité d'orfévre en cuivre et en alliages divers, que se présente M. Christofle; il a su les rendre dignes de se marier aux métaux nobles, comme on les nommait jadis, à ces métaux que la science précipite sur eux, et sous lesquels ils développent les formes exquises que l'art a su leur donner.

Rien de plus magnifique et de plus complet que l'exposition de M. Christofle, considérée de ce point de vue; il a étalé un véritable bazar d'objets dorés et argentés, conçus avec bonheur et parfaitement exécutés. Les deux grandes bouilloires frappaient l'attention par leur dessin correct, leurs ornements pleins de grâce, aussi bien que par leurs vastes proportions. Des *surtouts* d'une grande richesse, des services de table complets, exécutés d'après d'excellents modèles, des lustres, des candélabres, de la vaisselle plate, en un mot tout ce qui formait jusqu'ici l'apanage des métaux précieux, se rencontraient dans cette case sous l'aspect le plus séduisant. Seulement, ce qui n'avait été accessible jusque-là qu'aux fortunes les plus opulentes, est devenu l'apanage de positions plus modestes; par conséquent, la base de cette consommation, jadis exceptionnelle, s'est singulièrement élargie.

M. Christofle a été habilement secondé par des collaborateurs exercés et dévoués : il a principalement signalé à l'attention du jury MM. François-Jules Lebon, dessinateur, François Gilbert, sculpteur, et Brocelx chef d'atelier. Un fait, digne d'une mention particulière, nous a été révélé. Après la révolution de février, ces intelligents ouvriers ont été les premiers à demander la réduction des avantages qui leur avaient été assurés, voulant attendre des temps meilleurs pour rentrer dans les termes de leurs contrats, et désirant s'associer aux sacrifices commandés par les circonstances.

En 1844, les affaires de M. Christofle n'atteignirent pas un chiffre de 680,000 francs; ce chiffre s'est élevé, en 1845, à 930,957 francs; en 1846, à 1,569,054 francs, et en 1847, à plus de 2 millions. Il n'a été que de 946,744 francs en 1848; maintenant sa fabrique reprend tout son essor et regagne le terrain que les événements politiques lui avaient fait perdre.

M. Christofle a donc rendu de nouveaux services qui le recommandaient à l'attention de ses juges. Le jury lui décerne une nouvelle médaille d'or.

M. THOURET, place de la Bourse, n° 31, à Paris.

Rappel de médaille de bronze.

Parmi les fabricants qui ont le plus contribué à populariser l'emploi des procédés d'argenture à la pile, on doit citer en première ligne M. Thouret. Horloger habile et orfèvre, il s'est consacré presque exclusivement à la création des couverts et de l'orfèvrerie en maillechort et en cuivre, argentés par M. Christofle; et il l'a fait avec un succès que justifie la multiplicité des jolis modèles qu'il emploie. Le service de table complet envoyé par lui était d'une forme élégante, il formait un ensemble tout à fait satisfaisant. Nous n'avons pas besoin d'ajouter que, comme chez M. Christofle, on rencontre chez M. Thouret le fidèle respect de la *marque*.

C'est ainsi que l'on arrive utilement à la création d'une nouvelle industrie.

Le jury rappelle, pour les objets d'orfèvrerie, la médaille de bronze que M. Thouret a obtenue en 1844.

MM. GOMBAULT et C*, rue Moreau, n° 9, faubourg Saint-Antoine, à Paris.

Médailles de bronze.

M. Gombault marche en tête des fabricants d'orfèvrerie en maillechort de la capitale. Ses produits sont très-beaux comme modèles d'une vente courante et comme blancheur. Le maillechort a moins de ductilité, il offre plus de résistance que l'argent; cependant, M. Gombault est parvenu à reproduire avec succès les formes à grosses côtes, et presque tous les modèles d'orfévrerie massive, employés par les meilleurs fabricants de *grosseris*. Il possède un bel assortiment de matrices riches pour tous les articles des *cuillsristes*. Son atelier est considérable et bien monté. D'ailleurs M. Gombault ne néglige rien povr faire progresser son industrie; il s'est livré à des essais utiles pour arriver à reconnaître la qualité du nickel employé, car l'imperfection apportée à l'extraction de ce métal, cause des tâtonnements et des pertes qui nuisent à la fabrique du maillechort.

M. Gombault est un des rares fabricants qui ont gardé tous leurs ouvriers après la révolution de février; pour les occuper, il a joint à son industrie le laminage du cuivre.

Son exposition comprenait un grand nombre d'articles de service de table, ainsi que de ceux à l'usage spécial des cafés, des limonadiers et des restaurateurs. On y remarquait un fort beau seau à glace.

A côté de ces produits, travaillés avec soin, on remarquait le maillechort en feuilles et laminé à toute épaisseur, pour l'emploi dans les arts, ainsi que de bons fils du même alliage.

Le jury récompense les efforts intelligents de M. Gombault, qui se présente pour la première fois à l'exposition, en lui accordant une médaille de bronze.

M. MONTAGNAC, rue de Paradis-Poissonnière, n° 26, à Paris.

M. Montagnac expose à la fois comme orfévre, comme fabricant de toiles métalliques et comme inventeur d'un nouveau procédé d'argenture pour lequel il est breveté depuis novembre 1847.

C'est sous ce dernier rapport surtout qu'il a sollicité l'examen du jury. Son procédé *calorique*, ainsi qu'il le nomme, consiste à faire pénétrer l'argent dans les pores du métal auquel il doit adhérer, et à le fixer en lame solide à la surface, au moyen de l'action combinée du feu et d'une brosse d'acier. Les pièces, bien décapées, sont immergées d'abord dans une légère dissolution d'argent (30 grammes par litre); elles y reçoivent une sorte d'émail. Lavées et bien séchées, on les fait chauffer au charbon et l'on y pose deux feuilles d'argent que la brosse d'acier imprime dans le métal. Ensuite on superpose autant de feuilles d'argent que l'on veut; on chauffe, et on les fait adhérer au moyen de la brosse d'acier. On peut, à volonté, multiplier les couches aux endroits qui sont le plus exposés au contact et le plus susceptibles de frottement, endroits qui se dépouillent les premiers lorsqu'une quantité égale d'argent se trouve répartie sur toute la surface.

Comme couleur et comme ton, cette argenture ne laisse rien à désirer. M. Montagnac déclare qu'il emploie, par douzaine de couverts, 60 à 70 grammes d'argent; il vend le couvert tout bruni 5 fr. 50 cent. L'adhérence de l'argent est complète.

Le prix d'argenture d'une douzaine de couverts, par M. Montagnac, est de 30 francs, brunissage compris, avec 60 à 70 grammes d'argent.

Les pièces que M. Montagnac a exposées, et notamment 2 grands chandeliers d'église, 30 flambeaux de différents modèles, des couverts et accessoires de table, sont d'un bon aspect; nous citerons notamment un plateau de grande dimension, où l'argenture est relevée par le vermeil.

M. Montagnac a déjà obtenu une mention honorable en 1839 pour ses toiles métalliques; le jury lui accorde, pour l'ensemble de sa fabrication, une médaille de bronze.

M. ROUSSEVILLE, rue Saint-Martin, n° 155, à Paris.

Outre la poterie d'étain et les couverts en alliage que M. Rousseville continue à fabriquer avec succès, en renouvelant ses formes et en les améliorant sans cesse, il s'est livré à la création des services à thé, de manière à faire une utile concurrence aux produits anglais. Il a monté, avec des frais considérables, son atelier quelque temps avant la révolution de février. M. Rousseville est bien outillé; les produits qu'il a exposés sont d'une forme tout à fait convenable.

La mention honorable qu'il a reçue en 1839 lui a été rappelée en 1844. Cette fois, le jury accorde à M. Rousseville une médaille de bronze.

M. SANDERS, rue Soly, n° 13, à Paris.

Mentions honorables.

Nous sommes bien loin encore de consommer le thé comme on le fait en Angleterre; mais l'usage de cette boisson saine et agréable se propage de plus en plus, et comme la première condition, pour avoir de bon thé, c'est d'avoir de l'eau bien chaude, qui n'ait pas trop longtemps bouilli et qui soit exempte de tout mauvais goût, les fontaines à thé ont formé une spécialité importante.

On connaît les grands *samovars* russes, à longs tuyaux, qui accélèrent le développement de la chaleur; on sait combien l'Angleterre produit de fontaines à thé de formes diverses. M. Sanders s'est proposé d'établir, dans tous les systèmes, et en les perfectionnant encore, ces utiles instruments qui se multiplient chaque jour dans l'usage domestique, et qu'il livre en cuivre, en bronze, argentés, etc., tous parfaitement établis.

M. Sanders est un ouvrier devenu chef d'industrie à force de travail persévérant. Il se livre à sa fabrication avec zèle et intelligence, aussi les formes qu'il emploie sont-elles pleines de richesse et d'élégance, en même temps que des combinaisons fort ingénieuses de chauffage rendent ses fontaines d'un usage excellent. Il en a disposé de telles sortes qu'elles peuvent à volonté être chauffées à l'esprit-de-vin, au charbon, ou au fer rouge, à la manière anglaise.

Rien n'a été négligé par M. Sanders pour arriver au succès qu'il a si complétement mérité; aussi le jury, appelé pour la première fois à récompenser ses produits, lui accorde une mention honorable.

DEUXIÈME SECTION.

§ 1er. BRONZES, ORNEMENTS, MOULÉS, DORÉS, ETC.

M. Léon Feuchère, rapporteur.

CONSIDÉRATIONS GÉNÉRALES.

Tous les jurys qui se sont succédé aux diverses expositions de l'industrie nationale, ont constaté, par des considérations plus ou moins générales et plus ou moins développées, le haut intérêt qu'a constamment offert l'industrie des bronzes. Cet intérêt ressort vivement, soit au point de vue de l'art et de ses progrès successifs, soit à celui de son importance commerciale, établie par des statistiques aussi remarquables qu'exactes.

Bien que les titres les plus sérieux à l'attention et à l'admiration publique, paraissent depuis longtemps suffisamment acquis à cette belle et utile industrie, cependant, risque à tomber dans des redites qui ne sauraient être superflues, nous ne dérogerons pas aux usages consacrés.

Plus que jamais, nous devons signaler dans cette grande solennité du pays, le tableau intéressant que présente cette branche de l'industrie parisienne qui, tous les cinq ans, et surtout cette année, en est un des plus beaux fleurons.

L'industrie dont nous nous occupons, et qui comptait déjà pour une somme importante dans le commerce si varié de Paris, a pris depuis quelques années un accroissement considérable. Elle est même devenue une des plus productives. Cette seule branche fait vivre plus de 12,000 familles, et, sans compter la vente intérieure, elle exporte annuellement plus de 20,000,000 de ses produits.

Depuis quelque temps, cette industrie, comme bien d'autres, se voit menacée d'une concurrence étrangère sérieuse. Les grands États qui nous entourent, par des mesures prohibitives à l'égard de nos fabricants, et par des primes ou subventions aux nationaux, favorisent le plus possible tout ce qui peut tendre à l'importation chez eux de cette belle industrie, jusqu'ici, non-seulement toute nationale, mais toute parisienne.

On doit certainement se préoccuper de ces grandes questions, pour ne pas voir un jour Paris déshérité de ses bronzes, comme nous avons vu Venise l'être de ses verreries, Tolède de ses fabriques d'armes, et les Flandres de leurs manufactures de tapisseries.

Outre ces considérations générales, nous en présenterons quelques-unes toutes particulières aux exposants de mérite qui sont venus prendre place dans les salles de l'exposition de 1849. Un fait bien remarquable, et qui a frappé cette année le jury, c'est leur nombre imposant. Ce fait s'est rarement présenté, si ce n'est aux époques où entraient en lice, seulement, les quelques maisons rivales qui avient nom : *Thomire*, le fondateur de cette maison, *Feuchère*, son digne émule, *Denière*, *Delafontaine*, *Galle*, et *Ledure-Ravrio*. En dehors de ces établissements de premier ordre, ceux secondaires, trop modestes sans doute, avaient cru longtemps devoir renoncer à l'honneur de l'exposition, et se tenir silencieusement à l'écart.

En 1844 même, deux maisons seulement en première ligne parurent, l'une à laquelle la présence d'un de ses membres dans le jury central interdisait tout éloge, et l'autre qui fut récompensée d'une nouvelle médaille d'argent; l'exposition des bronzes se complétait d'industriels de deuxième ordre, remarquables cependant par des tendances sensibles vers le progrès.

Cette année, la première catégorie se présente nombreuse: en tête, les deux maisons, *Denière* et *Victor Paillard*, signalées plus haut, arrivent avec des conditions qui ont fixé, en première ligne, l'attention du jury. Leurs constants efforts, suivis de succès mérités, ont fait surgir, soit de nouveaux établissements qui offrent des qualités éminentes, soit d'anciens, ou qui reparaissent, ou qui viennent concourir pour la première fois. Ce sont MM. Vittoz, Delafontaine fils, Charpentier et Matifat, pléiade brillante dont nous aurons à considérer le mérite.

Par tout ceci, il est prouvé, à la grande satisfaction du jury, que l'exposition des bronzes soumis à son examen est dans une voie toute nouvelle de progrès, par les concurrents nombreux qui réunissent, presque au même degré, toutes les qualités indispensables aux grandes industries de luxe; qualités qui sont la recherche des morceaux d'art dans les choses usuelles, et l'observance intelligente de ses règles dans son application, si difficile, à tout ce qui comporte en principe un caractère d'utilité.

Le bronze a donc cette année repris plus complétement dans l'art son droit, qui, en 1844, à quelque exception près, avait paru sommeiller.

Ce progrès si flagrant doit une grande partie de son développement à l'appel, si bien compris, fait aux artistes d'un ordre élevé. Sans déserter les galeries du Louvre, qui semblaient devoir être exclusivement réservées à leurs œuvres, nos sculpteurs ont senti qu'ils devaient doter l'industrie nationale de ces productions qui ajoutent grandement à son éclat, et qui lui donnent le premier rang dans le monde entier.

Cet appel, nous le devons du reste à cette haute intelligence et à ce sentiment si vrai qui distinguent, entre tous, les industriels dont nous sommes appelés à juger les travaux.

Constatons aussi hautement, à l'honneur des fabricants bronziers, l'exécution si remarquable de ces œuvres mêmes, qui leur sont confiées par nos artistes. De leurs mains elles sortent intactes et pures de leur origine. Cette religion, si inappréciable dans l'art, atteste cette foi si vive qui les possède et les dirige.

En 1844, une légère critique est venue frapper une tendance, un entraînement même vers les réminiscences fâcheuses des époques fatales au bon goût; soit que le public y ait renoncé, soit plutôt, et nous sommes heureux de le penser, que l'observation du jury, écoutée de nos fabricants, ait porté ses fruits, on remarque avec satisfaction que l'art plus pur domine, à l'exclusion presque complète de ces tristes imitations.

Ces excentricités du siècle de Louis XV, dues à des imaginations déréglées, étaient le reflet tout naturel des mœurs du temps; elles apportaient leur contingent dans ce tout, où le bon sens et la morale avaient fait place aux instincts dépravés de la vie purement matérielle.

Au milieu de toutes les vicissitudes commerciales, si fatales depuis quelque temps aux établissements de luxe surtout, une chose que nous signalerons parce qu'elle nous a frappé, c'est que, comme autrefois, subsistent encore des ateliers où les ouvriers, en grand nombre, trouvant dans le travail un vif attrait, s'identifient en quelque sorte à la position des patrons et semblent, avec ces derniers, faire partie d'une seule et même famille.

Des ouvriers qui, pourtant par leur mérite, se sont rendus complétement indépendants, non-seulement sont restés fidèles et dévoués, mais encore considèrent les intérêts du patron comme étant les leurs. Il est très-commun d'entendre dire aux ouvriers nous avons fait, nous avons vendu, nous avons exposé. En effet, les récompenses accordées au chef deviennent celles de l'atelier qui a concouru par son travail, par son mérite enfin, à ces belles productions qui les lui ont méritées. N'est-ce point aussi en partie aux bons sentiments des chefs que l'on doit ces résultats si heureux, si consolants. C'est que beaucoup ont compris, de bonne heure, qu'il fallait s'occuper de faire disparaître le côté aride du travail, en faisant aussi grande que possible la part de l'intelligence, de celle qui fait naître ce juste orgueil auquel l'homme doit souvent ses plus belles actions comme ses plus belles œuvres.

En résumé, accroissement dans le chiffre commercial et dans le nombre des exposants, collaboration très-active de la part de nos grands artistes; plus de pureté et d'observance dans l'art; zèle et dévouement des ouvriers pour cette belle industrie; voici les faits accomplis que nous avons eu à apprécier et que nous signalons avec orgueil au pays.

Selon l'usage, nous avons divisé les bronzes en deux catégories.

1° Fonderie, bronzes d'art.

2° Bronzes d'art et d'ameublement.

1. FONDERIE, BRONZES D'ART.

Rappel de médaille d'or.

MM. ECK et DURAND, rue des Trois-Bornes, n° 15, à Paris,

Ont exposé cette année une grande figure de Casimir Delavigne, d'après David; une statuette du pape Pie IX, par Barre.

Deux buires, d'après Triquetti, d'une exécution complète.

Un Milon de Crotone, fondu sur l'esquisse originale du Puget. Des statuettes et médaillons, d'une pureté remarquable. Depuis 1844, ils ont fondu et réparé :

La statue colossale de Jean-Bart pour Dunkerque.

Celle du maréchal Drouet d'Erlon pour Reims;

Celle du roi René, par David, pour Angers.

Celles de Monge, de Descartes, sont sorties de leurs ateliers avec cette perfection qui caractérise leurs œuvres.

Le soin, la reproduction de fidélité que MM. Eck et Durand apportent dans tous les travaux qui leur sont confiés, nous les retrouvons cette fois, comme toujours, dans tous les beaux produits que nous avons admirés à leur exposition.

Du reste, les éloges nombreux que les artistes ont adressés à MM. Eck et Durand, sur la belle réussite de leurs œuvres, les ont placés depuis longtemps au premier rang dans ce grand art de la fonte.

Outre les progrès incessants dans leur art, MM. Eck et Durand se sont toujours préoccupés, non-seulement des possibilités d'arriver à des prix modérés, mais encore à conserver intact à l'ouvrier le salaire qu'il a le droit d'attendre et de son travail et de son intelligence.

Ces Messieurs n'ont pas cessé d'occuper leurs nombreux ouvriers pendant la stagnation des travaux en divisant habilement entre eux ceux qu'ils pouvaient avoir à exécuter.

Talent, courage, probité sont les éléments des succès qu'ont toujours obtenus ces habiles industriels, le jury, pour le proclamer hautement, décerne à MM. Eck et Durand le rappel de la médaille d'or dont ils se montrent de plus en plus dignes.

MM. QUESNEL fils et Cʰ, rue des Amandiers-Popincourt, n° 22, à Paris.

Médaille de bronze.

Qui succède à son père, expose cette année pour la première fois. Nous passerons sous silence divers objets exposés en 1844, et qui valurent à son père une nouvelle médaille d'argent.

Dans les objets exclusivement de sa fabrication, nous constaterons un groupe d'enfants représentant les quatre Saisons, plusieurs statuettes et groupes de figures, tous fort bien venus, sans que la reparure eût altéré en rien les lignes d'ensemble et les détails.

Depuis cinq ans, époque à laquelle M. Quesnel fils prit la maison de son père, il a fondu plusieurs grandes statues, parmi lesquelles nous citerons celle d'Althen, importateur de la garance en France, et que nous avons vue placée sur le rocher des Doms, à Avignon.

On nous a signalé un Cambronne de M. Debay, un Royer-Collard de M. Marochetti, et un Malherbe de M. Dantan aîné, destiné à la ville de Caen.

M. Quesnel fils, tout en suivant avec scrupule les bonnes traditions laissées par son père, relatives à la question d'art, a cherché et est parvenu à trouver les moyens d'opérer aussi bien, et à obtenir une économie très-sensible dans les opérations de la fonte, et une baisse importante dans les prix de vente.

Pour toutes ces considérations, le jury décerne à M. Quesnel fils une médaille de bronze.

M. Pierre-Marie-François CHARNOD, rue du Faubourg Saint-Honoré, n° 217, à Paris,

Expose le modèle de la fontaine dont les surmoulés sont placés dans le faubourg Saint-Martin, il a aussi été chargé du modèle et des surmoulés de l'urinoir qui alterne avec les fontaines.

Habile ouvrier, sorti des ateliers de MM. Eck et Durand, il s'est parfaitement tiré de ce travail qui, par ses refouillements, offrait des difficultés, et a pleinement justifié la confiance qu'avaient eu en lui les propriétaires du faubourg Saint-Martin auxquels on doit cet embellissement.

M. Charnod, d'habile ouvrier, est devenu un habile maître fondeur. Le jury lui décerne une médaille de bronze.

Mention honorable.
M. André-Théophile CARLE, à Saint-Maur-les-Fossés, (Seine),

Se présente à l'exposition avec diverses petites pièces fondues d'un seul morceau par un procédé particulier; il lui serait facile de l'appliquer à des objets d'art d'une difficulté de moulage aussi grande que celle des pièces qu'il a exposées, et qui nous semblent arrivées à un grand degré de perfection.

N'ayant encore pu opérer que par essais, les prix de M. Carle, nous paraissent trop élevés. Mais il espère arriver bientôt à des prix analogues à ceux que les autres fondeurs demandent pour des objets d'une fonte difficile.

M. Carle mérite d'être récompensé, et le jury, lui accorde une mention honorable.

2. BRONZE D'ART ET D'AMEUBLEMENT.

M. Léon Feuchère, rapporteur.

M. Jean-François DÉNIÈRE fils, rue d'Orléans, n° 9, au Marais, à Paris,

Médailles d'or.

Expose, il est vrai, pour la première fois en son nom seul; mais le jury, dans ses annales de 1839, lui décerna un tribut d'éloges bien mérités, éloges qui furent provoqués par la collaboration empreinte d'un grand sentiment d'art qu'il apportait depuis deux ans à la maison paternelle.

En 1844, associé à son père que le jury comptait dans son sein, M. Dénière fils dut à un pareil honneur de partager la mise hors de concours inhérente aux exposants membres du jury central; et par conséquent s'inclina devant le silence que les juges durent garder à son égard.

Fidèles aux usages reçus dictés par une haute convenance, nous devons, sous peine de les rendre illusoires, garder cette année le même silence vis-à-vis des objets exposés en 1844 qui se retrouvent en 1849 à l'exposition de M. Dénière fils.

Élève d'Aimé Chenavard, cet ornemaniste si fécond, et de l'architecte Labrouste, M. Dénière fils quitta l'atelier de ce maître célébre il y a 12 ans. Depuis cette époque déjà, dans la part active qu'il prit à la direction de la fabrique, on sentit l'influence de l'élève distingué sorti de l'école sérieuse et brillante d'un artiste aussi admiré de ses rivaux qu'aimé et vénéré de ses disciples.

Ces études consciencieuses se retrouvent à chaque instant dans les diverses productions que M. Dénière soumet au jury. Dans quelque style que ce soit, le bon choix indique l'homme bien élevé dans l'art.

Une considération importante qui trouve ici son application, et que le jury, sans risquer d'être injuste, ne doit pas perdre de vue, c'est que souvent un programme imposé à un fabricant devient un écueil dangereux même pour les plus habiles. Quel mérite n'acquiert-il pas aussi quand de ces difficultés naît un ensemble heureux. C'est ici le cas de signaler le pompeux dressoir exécuté pour lord Breadalbane, qui devient une œuvre d'art.

Les exigences étaient des portes en bronze, des colonnes et une grande plaque en lapis, des mosaïques; la valeur des armoiries scrupuleusement indiquée, tous objets existants; enfin des proportions fixes imposées par l'emplacement auquel ce dressoir était destiné.

L'ensemble de cette pièce remarquable et rare brille par une combinaison heureuse dans les masses et par le mâle effet des détails. Le programme, suivi dans toutes les exigences rigoureuses, n'a rien ôté à celles si impératives que l'art impose. Une complète réussite dédommage l'industriel et l'artiste des efforts qui ont dû être nombreux.

Voici maintenant la nomenclature des objets, tous traités avec ce sentiment et ce tact que possède à un haut degré M. Denière fils.

Des candélabres de chasse; une magnifique pendule avec candélabres, soldats et panoplies, dans la manière de Salvator Rosa. La sculpture en est due à Carrier.

Une Cérès, membres en ivoire, essai de polychromie antique, bien réussi; des candélabres Jour et Nuit, style Louis XIV. Sculpteur Devaux.

Une belle coupe renaissance, à têtes, or et argent.

Un très-grand candélabre renaissance, à griffons ailés, dans la manière de Diéterlin.

Un beau groupe, combat d'amazones.

Une statue équestre de Pierre le Grand, d'après Gayrard.

Plusieurs lustres fort riches, brillants d'arrangement et d'exécution, et de styles variés.

Un Chabot, d'après Jean Cousin, or et vieil argent.

Une pendule, d'après Sarrazin. Enfin une multitude de pièces remarquables d'après Chenavard, Klagmann et autres, parmi lesquelles nous citerons plusieurs porcelaines ornées avec goût et enrichies de détails d'une grande variété et d'une grande finesse.

Digne fils d'un père qui s'est élevé si haut dans la fabrication du bronze, M. Denière n'a pas voulu rester au-dessous; aussi le jury, voulant le constater, décerne à M. Denière fils, cette fois seul père avoué de ses œuvres, la médaille d'or.

M. Alexandre-Victor PAILLARD, rue Saint-Claude, n° 2 bis, à Paris.

Élève de Chenavard pour l'art, et de Martinot, ciseleur habile pour la fabrication du bronze, M. Victor Paillard a commencé sa carrière industrielle par un établissement de petits bronzes connus sous le nom de presse ou serre-papiers. Le mérite déjà appréciable qui ressortait de ces productions modestes, lui valut l'entrée comme premier chef d'atelier dans la grande fabrique de M. Dénière père.

Après 7 années d'une direction aussi habile qu'intelligente, jointe à une assiduité rare et à une probité incontestable, M. Victor Paillard fonda seul une maison qu'il porta en peu de temps au plus haut degré de la fabrication bronzière.

Pour la première fois, il parut à l'exposition de 1839, et tout d'abord conquit une médaille d'argent; en 1844 une nouvelle médaille d'argent vient récompenser de nouveaux efforts et de nouveaux succès.

M. Victor Paillard arrive donc pour la troisième fois dans les galeries de l'exposition de l'industrie.

Il expose : un grand candélabre à enfants, d'après Moristo. On retrouve dans ce morceau capital toute l'énergie et la vigueur de l'ornementation de cette époque, et, de plus, toutes les conditions d'un ajustement sévère.

Un groupe, Daphnis et Chloé, d'après Jean Feuchère, conserve dans son exécution toute la grâce et la suavité qui distinguent ce sculpteur de mérite.

Une statue (demi-nature) d'après Jules Klagmann, est un bronze qui fait honneur au statuaire et à celui qui l'a reproduite.

Des groupes et vases d'une grande finesse de détails d'après Harue et Clodion.

L'ange au clavecin, d'après Sauvageot, est l'heureux prétexte d'une charmante pendule.

De petites coupes, sur lesquelles se placent des panthères pour former les anses, dues à Jules Fossey et Constant; des candélabres style Pompéi; des vases de formes variées; d'autres coupes, autour desquelles viennent se grouper les noms de *Liénard*, d'*Yon*, de *Combettes*, qui les ont exécutés d'après les compositions et dessins de M. Victor Paillard; enfin des montures délicieuses de vases et de porcelaine, de petites cassolettes très-fines de ciselure complètent à peu près cette exposition, avec une grande pendule rocaille, candélabres et lustres entièrement composés et modelés par M. Victor Paillard.

N'oublions pas cependant quelques charmants bas-reliefs en zinc aussi composés et exécutés par lui, qui nous ont été signalés à l'exposition de la société de la Vieille-Montagne.

Maintenant, parmi les objets qui n'ont pu être exposés, et qu'un nombreux public a pu remarquer au Jardin d'hiver, cette merveille créée par M. Charpentier, architecte, nous citerons : les charmantes fontaines et vasques soutenues par des enfants modelés par Klagmann, cet artiste si fécond.

Tous ces objets si longs à citer viennent confirmer le mérite toujours progressif de la fabrication de M. Victor Paillard. En 1849, il revient encore avec toutes les qualités qui déterminent de suite les hommes hors ligne, le goût pur, l'élégance ou la fermeté, suivant que l'exigent les sujets qu'ils traitent.

M. Victor Paillard est créateur, dessinateur, modeleur, ciseleur, enfin chef éclairé et pratique d'un excellent et nombreux atelier. Comme tous les hommes de mérite, il ne craint pas de faire appel au talent de nos premiers artistes.

Le jury central, ayant reconnu dans les productions si variées et si éminentes de M. Victor Paillard, le résultat des qualités inhérentes aux industriels de premier ordre, lui décerne la médaille d'or.

M. Victor Paillard signale à l'attention du jury :

MM. Chatain, ouvrier ciseleur figuriste,
Pierre Cornaire,
Noël Guignard,
Jules Gouvignon,
Ferdinand Dutertre,
Ledoux,
Les frères Bonhon,
et Frédéric Paillard,

tous rivalisant de zèle et de dévouement.

Nouvelle médaille d'argent.

M. VILLEMSENS, rue Sainte-Avoye, n° 57, à Paris,

Avant de se livrer à la fabrication du bronze, était orfèvre distingué; depuis 39 ans, il a exposé 5 fois, et 5 fois il a obtenu des récompenses et les éloges bien mérités des divers jurys qui, successivement, ont eu la mission d'apprécier ses travaux.

Le jury a examiné avec intérêt un maître-autel exécuté d'après les dessins de M. Gau de Saint-Germain, architecte, outre l'ensemble, l'ajustage en est remarquable par sa simplicité et ses résultats. Cet autel, non terminé, offrait à cet égard de nombreuses et grandes difficultés.

Le même mérite se remarque dans un bénitier d'après Justin, dans des chandeliers et des tabernacles, d'après les dessins de divers architectes.

Un lustre, dans le style de la renaissance, se recommande par une forme agréable et un travail précieux.

Le jury, voulant récompenser M. Villemsens pour ses succès lui vote une nouvelle médaille d'argent.

M. Gaspard-Joseph VITTOZ, rue des Filles-du-Calvaire, n° 10, à Paris.

Médailles d'argent.

Fabricant distingué depuis 30 ans, expose pour la première fois Simple ouvrier en 1813, deux ans après, il créait un petit établissement, et, par de l'intelligence et une volonté soutenue, il s'est élevé en peu d'années au premier rang de la fabrication du bronze.

M. Vittoz n'a pas craint d'appeler à lui les artistes les plus célèbres et les ouvriers les plus habiles; de ces derniers, plus que tout autre, il était apte à faire un choix heureux.

Nous donnerons la nomenclature en partie des morceaux d'art qui distinguent l'exposition de ce laborieux industriel :

Un grand candélabre à figures, d'après Clodion, orné de fleurs et de feuillages d'une riche exécution.

Les trois parties du jour, pendule par Pascal.

Plusieurs pendules : la Poésie épique, les Quatre Saisons, un Raphaël et un Michel-Ange, sont dus au talent de Jean Feuchère, ainsi que plusieurs statues : le Benvenuto Cellini, la Navigation, l'Industrie, la Peinture, l'Age d'or et un groupe très-gracieux; la première leçon de mandoline, divers autres objets d'art remarquables sont de Gayrard, de Clodion; enfin une pendule, style renaissance, bronze doré et vieil argent, par Klagmann, ainsi que les candélabres qui l'accompagnent.

D'après la recommandation de M. Vittoz, nous devons ici signaler le fils qui a pris largement part à la réussite et au succès de ses opérations. Le jury le félicite, bien sincèrement convaincu que cet encouragement, M. Vittoz fils le regardera comme un engagement d'honneur à suivre dignement l'exemple et les traces de son père dans l'avenir qui l'attend.

M. Vittoz signale encore, parmi ses ouvriers, M. Jules Berlin, devenu son chef d'atelier, M. Montagnier père, un de ses plus habiles ciseleurs, et, parmi les monteurs, M. Boningre et MM. Lefèvre père et fils.

Le jury décerne à M. Vittoz la médaille d'argent, que, sans son abstention aux concours précédents de l'industrie nationale, il eût obtenue sans doute depuis longtemps.

M. Auguste-Maximilien DELAFONTAINE, rue de l'Abbaye, n° 10, à Paris.

L'ancienne réputation du fondateur de cette maison pouvait devenir, pour le successeur, un fardeau trop lourd à supporter; le jury a pu remarquer avec bonheur que le fils ne faisait qu'ajouter à la gloire du père. Fidèle aux bonnes traditions, M. Delafontaine, a concentré toutes ses préoccupations dans l'étude de l'art pur et antique.

Exposant pour la première fois, il se présente dignement pour compter parmi les premiers. Ses productions sont remarquables par le goût qui y préside et l'heureux choix des modèles; les noms de ceux qui les ont composés, et signalés au jury par M. Delafontaine, expliquent d'eux-mêmes les heureux résultats présentés à son appréciation.

Ainsi de M. Duret, l'Improvisateur napolitain, la Comédie et la Tragédie.

De M. Klagmann, le gracieux petit Pâtre au lapin et une pendule, le Printemps et l'Automne.

De M. Geoffroy de Chaumes, un fort joli coffre à bijoux (style san), des coupes, vases, etc.

Une suite d'animaux, par M. Jacquemart.

De M. Robert, deux figures cariatides portant lumières (style antique), d'une tournure aussi simple que gracieuse. L'ornementation, ainsi que celle de divers autres objets, est due au goût de M. Delafontaine, et sculptée par son frère et son associé, M. Henri Cailleux.

Une série nombreuse d'objets moulés sur l'antique, ou inspirés de l'antique, tous arrangés ou composés par M. Delafontaine, termine la nomenclature de cette exposition remarquable.

Le jury décerne à M. Delafontaine la médaille d'argent.

M. Nicolas-Germain CHARPENTIER, rue d'Orléans, n° 6, au Marais, à Paris.

Encore ouvrier ciseleur en 1830, il n'a commencé qu'à cette époque à fonder l'établissement qu'il dirige. Peu à peu, il est parvenu au rang distingué qu'il occupe maintenant dans la grande industrie du bronze par les tendances artistiques qui l'ont poussé souvent à faire d'un bronze d'ameublement un bronze d'art.

Son exposition se compose d'un morceau d'un ordre élevé. Ainsi nous avons remarqué une pendule des Quatre Saisons; les figures groupées autour du globe terrestre sont heureusement disposées.

Une pendule, la Paix protégeant les arts et l'industrie, et les candélabres qui l'accompagnent, est un modèle fort beau.

Ce qui nous a le plus frappé, par son originalité et son bon arrangement, c'est toute une garniture : une pendule, un lustre, des candélabres, etc., composés d'hommes d'armes et d'armures et de trophées, offrent des groupes très-heureux et méritent les éloges de tous les artistes.

Une grande pendule Louis XVI, exécutée avec soin, ainsi que les candélabres qui en font partie, un grand lustre qui, par la disposition de ses branches offre une heureuse variété de contours, enfin des pièces de service de table et nombre d'objets très-bien exécutés, font, de l'exposition de M. Charpentier, une des plus remarquables.

Le jury décerne à M. Charpentier une médaille d'argent.

M. Charles-Stanislas MATIFAT, rue de la Perle, n° 9, à Paris.

Cette maison existe depuis 25 ans. M. Matifat, qui succède à son père, expose pour la première fois et avec le succès qu'obtient toujours le talent soutenu par un travail assidu.

Tous les objets de son exposition sont créés depuis cinq ans, traités également avec soin et composés, la plupart, avec beaucoup de goût; ils font honneur à l'imagination féconde et au zèle toujours constant de cet habile artiste.

Nous avons remarqué une grande armoire dans le style Louis XIV,

23.

d'une belle forme et dont les bronzes sont d'une grande énergie de composition et d'exécution.

Une pendule mauresque, une autre à feuillages et oiseaux, très-originale d'invention et d'une facture élégante, des flambeaux, coupes, écritoires d'un style varié et d'un travail très-soigné, méritent les éloges du jury, ainsi qu'une série très-nombreuse de petits bronzes, tels que sonnettes, petites coupes, couteaux de chasse, etc.

Le grand et le petit bronze sont également traités par M. Matifat qui, dès son début se place au première ligne.

M. Matifat nous signale, comme l'ayant puissamment aidé dans ses travaux,

M. Lucien Plantin, ciseleur habile, travaillant depuis 3o ans chez son père et chez lui;

M. Leleur, monteur,

Et M. Charles Yon, sculpteur décorateur.

Le jury, pour le récompenser, lui décerne la médaille d'argent.

MM. LEROLLE frères, chaussée des Minimes, n° 2, à Paris,

Exposent pour la première fois pour leur compte et en leur nom. Leur père obtint une médaille d'argent en 1834.

L'exposition de ces fabricants est très-importante et très-complète : la majeure partie des objets exposés par eux est le résultat des compositions de M. Lerolle jeune, qui en a fait aussi la sculpture.

Les groupes d'enfants de leurs grands candélabres destinés à orner la villa du comte Torlonia, à Rome, sont d'après Canova, et d'une bonne réussite d'exécution.

Plusieurs autres figures décorant des pendules et candélabres sont exécutés avec soin d'après Clodion.

A part quelques négligences de style que le mérite de M. Lerolle fera facilement disparaître, l'ensemble considérable de leurs produits ne mérite que des éloges : le jury leur décerne la médaille d'argent.

Rappel de médaille de bronze.

MM. SUSSE frères, rue Ménilmontant, n° 12, à Paris,

Exposent, cette année, plusieurs bronzes remarquables, d'après Pradier, Duret, Jean Feuchère, Mouchette, Comberworth et'autres artistes de mérite. L'exécution intelligente de ces divers morceaux d'art remplit toutes les conditions de bonne fabrication qu'impose rigoureusement l'art lui-même.

Le jury a aussi remarqué des candélabres, vases et lustres, plus un grand groupe d'enfants ; des réductions d'antiques, par le procédé Sauvage, terminent cette nomenclature intéressante.

Le jury rappelle à MM. Susse frères la médaille de bronze obtenue par eux en 1844.

M. Louis MARQUIS, rue Chapon, n° 23, à Paris.

M. Marquis expose différents bronzes copiés ou imités d'après Berrain.

Une cariatide moulée, pour la partie supérieure, sur une existant à une cheminée du château de Versailles, se termine par un ajustement dont le style pourrait être mieux observé.

Des garnitures de candélabres, avec figures de satyres et faunes, sont bien agencées. Quelques lustres, enfin, bien exécutés et surtout d'un prix très-modique, forment surtout le principal intérêt de cette exposition, pour laquelle le jury rappelle la médaille de bronze à M. Marquis.

M. Victor-Placide BOYER, rue Saintonge, n° 38, à Paris.

M. Boyer a exposé des chevaux d'après Gayrard, et une course aux singes, du même sculpteur, qui sont des motifs heureux, et doivent facilement trouver des amateurs.

Un Marius, en pendule ; une autre, le Jour et la Nuit, dont l'exécution est dans des conditions de progrès.

Des candélabres dans le style grec, qui pourrait être plus pur, et nombre d'objets courants d'une vente avantageuse, continuent à mériter à M. Boyer la médaille de bronze de 1844, et que le jury de 1849 lui rappelle.

M. RAINGO, frères, rue Saintonge, n° 11, à Paris,

Ont exposé plusieurs pendules dont une, *la mère des Gracches*, se fait remarquer par le style et une bonne exécution.

Une pendule étude, marbre et bronze, des vases de porcelaine riches d'ornementation de bronzes dorés, et plusieurs pièces importantes d'un surtout de table placent MM. Raingo parmi les fabricants distingués.

Deux petits vases à feuillages et oiseaux sont une composition charmante, et font honneur à leur auteur.

Une garniture de pendule et candélabres Louis XVI, dans le style de Cochin, ajoutent encore à l'effet heureux de cette exposition intéressante.

Le grand écoulement de la fabrique de MM. Raingo est principalement à l'étranger, où ils ont conquis en partie le monopole commercial.

Le jury rappelle à MM. Raingo frères la médaille de bronze obtenue par eux à la dernière exposition.

M. RODEL, boulevard Beaumarchais, n° 109, à Paris,

A exposé cette année un groupe en bronze d'après une terre cuite de Pinelli. Sans parler du choix plus ou moins heureux ni de l'emploi facile de ce morceau, purement de fantaisie, nous dirons que la reproduction en est bien traitée.

Divers objets, tels que pendules, candélabres, coupes, etc., dont la destination est usuelle et dont la facture est satisfaisante, méritent à M. Rodel le rappel de la médaille de bronze.

Médailles de bronze.

M. Jean-Baptiste MARCHAND, rue Richelieu, n° 57, à Paris,

L'exposition de M. Marchand se distingue par le choix des artistes qui ont été appelés pour en composer les morceaux principaux. L'exécution, du reste, en est parfaitement intelligente et conserve avec religion le caractère donné à chaque sujet.

Nous avons examiné avec soin et remarqué principalement la pendule Cléopâtre et les candélabres qui l'accompagnent : l'ensemble très-heureusement combiné de cette garniture est due au talent de M. Comberworth, sculpteur. De lui aussi est la figure de Lesbie, ornant une pendule.

Une pendule, la Fable, de Klagmann; une muse, de Jean Feuchère, et un saint Jean, de Gechter, viennent ajouter à la belle exposition de M. Marchand, auquel le jury accorde la médaille de bronze.

M. Léopold RENAULD, rue Vieille-du-Temple, n° 88, à Paris,

Dont la spécialité est la lutherie, a cherché tous les moyens possibles de rendre faciles et praticable le système des contre-poids, si embarrassants à faire manœuvrer dans les appartements de peu d'élévation.

Il est parvenu à en faire une application très-heureuse dans plusieurs de ses lampes suspendues, qui conservent toujours dans les deux mouvements opérés une forme aussi gracieuse qu'élégante. Là était la grande difficulté que M. Renauld a su vaincre avec succès.

M. Renauld se distingue par le goût qu'il apporte à tout ce qui sort de sa fabrique. Pour surmonter les difficultés inhérentes à son genre d'industrie; il ne perd point de vue les formes heureuses aussi qui sont de première obligation dans l'art du bronze.

Le jury, satisfait de ces bons résultats, donne à M. Renauld la médaille de bronze.

M. Antoine BARYE, rue Chaptal, n° 12, à Paris,

Qui nous a habitués à admirer ses œuvres aux expositions du Louvre, les voulant mettre à la portée des fortunes modestes, mais qui n'en ont pas moins le goût de l'art véritable, est venu se ranger, à l'exposition de l'industrie, parmi les fondeurs fabricants de bronze.

Le côté de l'art jugé depuis longtemps par l'admiration publique, nous jugerons principalement la fonte et la main-d'œuvre, qui est dirigée avec l'habileté et l'intelligence qu'on devait attendre de M. Barye. Il s'est surtout attaché à pouvoir rendre facile le placement de ses œuvres, et M. Barye a réussi.

Comme industriel, M. Barye mérite la médaille de bronze que le jury lui décerne.

MM. COLLAS et BARBEDIENNE, boulevard Poissonnière, n° 30, à Paris.

Ces messieurs, dont le procédé de réduction a été jugé à une autre exposition, l'ayant appliqué d'une manière remarquable à l'industrie des bronzes, ont donné un élan très-grand à la propagation des antiques dans le commerce si étendu du bronze d'art et d'ameublement.

Un grand nombre de modèles variés, dont quelques-uns adaptés avec intelligence à des objets usuels, comme pendules et cheminées, donnent la preuve de l'importance que MM. Colas et Barbedienne sont parvenus à donner à la branche d'industrie qu'ils ont entreprise.

MM. Colas et Barbedienne ont obtenu déjà les récompenses les plus élevées. Le jury, pour leur spécialité nouvelle, leur décerne une médaille de bronze.

M. GRAUX-MARLY, boulevard du Temple, n° 37, à Paris.

Cette fabrique, quoique ancienne (elle date de 30 ans), expose pour la première fois.

L'importance de cet établissement frappe de suite par l'ensemble si complet et si remarquable de son exposition. De nombreuses garnitures, pendules, candélabres et feux, des lustres de grande et petite dimension, des pièces montées pour services de tables, entre autres un sceau à glace d'une forme ingénieuse, des buires, enfin tous les objets qui ressortent de la grande fabrication du bronze, sont soumis à l'examen du jury. Son attention s'est portée principalement sur une grande pendule rocaille qu'accompagnent des candélabres et coupes de même style et d'une bonne exécution. Le chiffre d'affaires de cette maison répond à l'importance de ses produits.

Le jury donne à M. Graux-Marly une médaille de bronze.

M. POUSSIELGUE-RUSAND, rue Cassette, n° 36, à Paris.

Successeur de M. Choiselat, dont la fabrication s'adressait exclusivement à l'ameublement des édifices religieux, M. Poussielgue-Rusand a continué ce même genre d'industrie.

Il expose un grand candélabre d'église très-riche de détails, et bien traité; un chandelier à sept branches nous a paru d'un style simple et sévère.

Des tabernacles, des lampes suspendues, des châsses et reliquaires, se font remarquer par une exécution très-soignée.

M. Poussielgue joint à ses produits en bronze quelques pièces d'orfévrerie d'un bon style : nous avons distingué des calices et ostensoirs garnis d'émaux qui rappellent avec succès les objets sacrés des XIIᵉ et XIIIᵉ siècles.

Le jury, pour le complément intéressant de cette fabrication, décerne à M. Poussielgue-Rusand une médaille de bronze.

M. QUILLET aîné, dit NOEL, rue de Vendôme, n° 9, à Paris,

Ce fabricant, que le choléra a enlevé dans les premiers jours de l'exposition, se faisait remarquer par un goût recherché et par la variété infinie de ses modèles. Sa spécialité, dans laquelle il était le premier, est le petit bronze.

Il expose des petits coffres, des encriers, vases, des montures de porcelaine qui, par leur exécution et leur bon style, ont toujours été d'un placement facile.

Il était secondé avec succès par son fils, qui se voue à ce genre de fabrication.

Madame veuve Quillet, qui a repris la maison, mérite de recevoir la médaille de bronze que le jury destinait à son mari.

Madame veuve Denise-Madeleine FÉVRIER, rue Dupetit-Thouars, n° 21, à Paris.

Mentions honorables

Au milieu d'une exposition très-complète de pendules nombreuses, de candélabres, coupes, vases, flambeaux, etc., nous avons remarqué une fort jolie figure de l'Innocence, aussi gracieuse que bien exécutée. Une charmante pendule : l'Amour et l'Hymen, a fixé notre attention par sa forme élégante et le modelé bien compris des figures. Cet ensemble est généralement le résultat d'une bonne direction et d'une exécution bien soutenue, pour lesquelles le jury accorde à madame veuve Février une mention honorable.

MM. GOBIN et MORISOT, rue de la Cerisaie, n° 12, à Paris,

Exposent pour la première fois; ils se sont renfermés dans la fabrication des feux, galeries, pelles et pincettes, croissants et porte-pelles.

Ils ont envoyé à l'exposition une variété considérable d'objets d'un placement facile, très-bien entendus pour la solidité, tout en conservant une apparence séduisante.

Plusieurs feux et galeries se font remarquer par leur style heureux.

Le jury, pour récompenser de leurs travaux MM. Gobin et Morisot, leur décerne une mention honorable.

M. Jean-Baptiste ALIX, rue Pavée-Popincourt, n° 18, à Paris,

Qui expose plusieurs objets en bronze, tels que pendules, candélabres, coupes, etc., a reproduit, entre autres, en fer ciselé et poli, une pendule et des candélabres à enfants, dont la main-d'œuvre ne laisse rien à désirer.

Il a aussi exposé des poignards, également en fer ciselé et d'une bonne exécution. Cet ensemble mérite une mention honorable que le jury lui accorde.

M. Charles-Adolphe GARNIER, rue Vieille-du-Temple, n° 131, à Paris,

Expose des vases, coffrets en imitation de lapis, malachite et autres marbres précieux ornés de bronzes dorés.

Nous avons remarqué la variété de ses modèles, dans une bonne voie de goût et d'exécution.

Une mention honorable est donnée par le jury pour ces produits, auxquels se joignent d'autres petits objets, tels qu'encriers, porte-flacons, également bien ajustés.

MM. LEVY frères, rue Meslay, n° 1, à Paris,

Peintres sur porcelaine, ont joint à leur industrie celle de la fabrication du bronze.

Ils exposent des pendules, vases, candélabres, lustres et bras de cheminée en porcelaine décorée et ornés de bronzes ciselés et dorés.

Un vase gros bleu, surtout, portant une lampe, est remarquable par le bon ajustement.

Le jury décerne à MM. Levy frères une mention honorable.

M. Jean-Marie MUDESSE, rue des Fossés-du-Temple, n° 6, à Paris,

Qui, en 1844, a obtenu une médaille de bronze pour sa marbrerie montée sur zinc, se présente cette année pour des bronzes appliqués sur cadres et socles en marbre. Au point de vue de l'industrie du bronze, son emploi, tout en nous paraissant mériter l'approbation du jury, ne nous a pas paru pouvoir atteindre la médaille obtenue par M. Mudesse pour ses marbres. En conséquence, le jury accorde une mention honorable à M. Mudesse.

M. ROLLIN, rue de la Corderie-du-Temple, n° 11, à Paris, *Citations favorables.*

Est cité favorablement pour l'ensemble satisfaisant de ses pendules de diverses dimensions.

M. CARRIER-ROUGE, de Lyon (Rhône),

Est cité favorablement pour ses grands chandeliers d'église, exécutés avec talent, et d'une forme sévère.

M. Joseph DESRUES, rue de la Marche, n° 12, à Paris,

Est cité favorablement pour ses garnitures complètes, composées de pendules, lustres, flambeaux, coupes et candélabres, d'un prix de vente très-modéré, quoique exécutés avec intelligence et recherche.

---

3. BRONZE POUR L'ÉCLAIRAGE.

M. Léon Feuchère, rapporteur.

M. Auguste LACARRIÈRE, rue Sainte-Élisabeth, n° 3 *bis*, à Paris. *Médaille d'or.*

M. Lacarrière, qui déjà en 1844 avait été jugé digne de la médaille d'argent, tant pour ses progrès rapides dans son industrie, que pour l'extension considérable de son commerce, se présente cette année, toujours avec les excellentes conditions que le jury avait le droit de retrouver chez cet industriel de premier ordre.

Parmi les nombreux objets dignes de remarque se distingue un lustre à cristaux d'une bonne exécution, et qui, malgré la dimension obligatoire pour les conduits du gaz, peut lutter de légèreté et de bon goût avec les lustres à bougies.

Un candélabre, d'une grande dimension et d'un style sévère, a été l'objet tout particulier de l'attention du jury et d'un examen sérieux. On retrouve dans ce morceau important des formes heureuses secondées par des proportions bien coordonnées.

Des bras à suspension mobile, malgré les exigences du gaz, sont d'un arrangement ingénieux.

Ces articles, si nombreux et si variés, sont tous exécutés dans les ateliers de M. Lacarrière, et sous la direction et impulsion de ce chef habile et laborieux.

Dans les 5 ans d'une exposition à l'autre, infatigable, il a exécuté des travaux importants, et avec succès, pour l'Espagne, l'Allemagne, la Hollande et les États-Unis (Beau lustre à gaz de Barcelone.)

A cette partie, toute d'art, M. Lacarrière joint un établissement considérable de moulures en cuivre étiré des étalages divers pour magasins, des supports, des montres en cuivre, portes en fer, et qui déjà, en 1844, lui valurent aussi une médaille d'argent. Cette fabrique emploie, année commune, plus de 200 ouvriers; c'est incontestablement le premier établissement de ce genre, et c'est un simple ouvrier qui est parvenu à force de travail et de persévérance à lui donner ce développement et à le lui maintenir.

Le jury, pour reconnaître dignement tant de qualités et de mérite, décerne à M. Lacarrière une médaille d'or.

Médailles de bronze. M. François DOMBROWSKI, rue du Luxembourg, n° 46, à Paris.

Expose pour la seconde fois et fut récompensé par une mention honorable en 1844.

Son exposition se distingue par une recherche d'art bien entendue.

Une jolie pendule à figures élégantes, supportant le cadran, et composée par Guillomet, est un des morceaux les plus gracieux parmi les productions de M. Dombrowski.

Une série nombreuse de potiches chinoises, garnies de bronzes de modèles variés et ciselés avec soin, donne la valeur du goût bien compris de ce fabricant, goût qui se reproduit dans diverses lampes et supports de lampe enrichis d'enfants d'un bon style et d'une exécution intelligente.

Tout cet ensemble mérite à M. Dombrowski la médaille de bronze que le jury lui accorde.

M. Charles-Frédéric-Guillaume GEORGI, rue Saint-Denis, n° 328 à Paris.

En 1844, l'établissement de M. Georgi, quoique fort modeste, indiquait cependant déjà l'atelier dirigé par un maître habile, et qui, lui-même, avait été ouvrier. Aussi obtint-il une mention honorable.

L'accroissement de cette fabrique a été rapide. M. Georgi expose des objets dignes d'un grand intérêt.

Un lustre à fleurs est un essai parfaitement réussi de goût et d'élégance, sans cependant que les conditions impérieuses pour les passages réservés au gaz soient en rien altérées.

Une lanterne du modèle adopté par la ville de Paris se recommande par sa bonne exécution et son prix modéré. Quelques lampes variées de forme et d'ornementation, des bras qui les accompagnent ont captivé l'attention du jury et obtenu son approbation.

Pour récompenser les progrès incontestables faits depuis 5 ans par M. Georgi, le jury lui décerne la médaille de bronze.

M. Léonard-Antoine PIÉRON, rue des Enfants-Rouges, n° 13, à Paris.

M. Piéron qui, en 1844, obtint pour un calorifère une citation favorable, paraît à l'exposition de 1849 avec un ensemble remarquable d'articles en bronze pour étalage.

Des tubes unis et tors en cuivre étiré, applicables au gaz, et diverses sortes de moulures sur bois indiquent une extension assez importante donnée à son industrie. Ces progrès, le jury est toujours heureux de les constater, la concurrence nombreuse ne pouvant produire que de bons résultats.

Un calorifère ou poêle servant de milieu pour café ou cercle d'une forme heureuse et de détails soignés ajoute à l'intérêt qu'offre cette exposition. Cette fabrication se recommande non-seulement par la qualité de ses produits, mais aussi par l'intelligence avec laquelle elle est dirigée.

Le jury décerne à M. Piéron une médaille de bronze pour l'ensemble de ses travaux.

Nouvelle
mention
honorable.

M. Théophile DECOURT, passage Choiseul, n° 30, à Paris.

L'exposition de M. Decourt se recommande par divers bras en bronze bien établis ; des lustres, des porcelaines ornées, des lampes de modèles variés et exécutés avec soin complètent cet ensemble satisfaisant.

Le jury qui déjà, en 1844, avait récompensé M. Decourt par une mention honorable lui en accorde une nouvelle en 1849.

Citation
favorable.

M. Alexandre HUBERT, rue de Thorigny, n° 6, à Paris.

Le jury cite favorablement M. Hubert pour ses lustres à bougies, ses appareils à gaz et divers objets en imitation de bronze.

---

§ 2. SCULPTURES EN CARTON-PIERRE.

M. Bougon, rapporteur.

CONSIDÉRATIONS GÉNÉRALES.

L'exposition du carton-pierre, cette année, n'a pas été moins remarquable que celle de 1844. L'importance de cette industrie, qui date à peine de 35 ans, a pris, depuis 15 ans surtout, un accroissement que nous nous empressons de signaler. Le peu de difficulté de l'emploi de ce genre d'ornementation, la facilité de reproduire par le moulage les sculptures artistiques aussi bien que les ornements les plus délicats, ont mis les produits de cette industrie en position d'être employés dans les palais aussi bien que dans les habitations modestes.

Si, en effet, il fallait obtenir, soit en pierre, soit en bois ou en marbre, les immenses sculptures qui sont sorties des ateliers de nos fabricants de moulages par la plastique, nous ne verrions pas briller partout cette belle ornementation qu'on rencontre sur tant d'édifices, sur tant d'établissements publics. Évidemment, le prix de la sculpture, qui n'est à la portée que du plus petit nombre, serait très-restreinte. On voit, d'après ce court exposé, tous les avantages que l'industrie a dû rencontrer dans cette découverte. S'il fallait signaler ici les hommes qui ont puissamment contribué à agrandir et à développer cette fabrication, nous serions beaucoup trop long ; nous croyons cependant devoir citer les noms de MM. Hubert, Romagnési, Cruchet et Lombard. Les succès obtenus par ces hommes, tout à la fois artistes et fabricants, ont puissamment contribué à l'extention du carton-pierre en province, comme à son exportation à l'étranger.

Le véritable emploi du carton-pierre est dans son application aux intérieurs; il peut, à l'aide d'habiles artistes, prêter un secours éminent à l'architecture; il vient, attendu le prix modique auquel on l'obtient, se mettre à la portée du plus grand nombre; de là sa grande production et les nombreux envois faits en tout pays.

Les efforts, les sacrifices faits par les fabricants, le concours que tant d'artistes distingués ont prêté à cette fabrication ont été couronnés de succès; ils ont fait de cette industrie, toute artistique, une branche de commerce importante, qui n'a pas échappé à la sollicitude du jury.

M. Joseph HUBERT, fabricant de carton-pierre, rue Bergère, n° 28, à Paris.

Médaille d'or.

Les travaux immenses entrepris et achevés par cette maison la placent, sous le rapport commercial aussi bien que sous le rapport de l'art, à la tête de cette industrie. M. Hubert, en dehors d'une exposition bien susceptible de fixer l'attention du jury, se présente avec des antécédents qui peuvent nous dispenser de tout éloge; les palais de Saint-Cloud, Versailles et Fontainebleau, l'hôtel de ville de Paris, sont là pour attester les grands services rendus par lui aux arts, à l'ornementation, et surtout les secours qu'il a prêtés à la décoration architecturale.

Les récompenses obtenues par cet exposant, dès l'année 1823, celles décernées aux expositions qui les ont suivies, viennent attester la sollicitude du jury pour une industrie que M. Hubert a constamment fait grandir. Nous avons visité les ateliers et les magasins de ce fabricant, et nous avons été frappé en voyant apparaître cette immense quantité de modèles; que de temps, que de travaux il a fallu pour réunir cette belle collection.

M. Hubert se présente comme artiste et comme fabricant; il est l'auteur des dessins et des modèles qui composent la riche collection qu'il possède; sa haute intelligence a mis à la disposition de MM. les architectes les ornements succeptibles de décorer les modestes demeures aussi bien que les palais; le style de chaque époque a été abordé par lui avec la même supériorité. L'exposition que présente cet habile artiste vient confirmer ce que nous avons avancé: nous y voyons figurer une frise presque ronde-bosse, largement composée. Les figures et les arabesques révèlent une main de maître; puis de jolis panneaux peints, dorés et bronzés du plus joli goût; des bas-reliefs avec figure allégorique fort bien modelés, des statuettes, consoles, supports, guirlandes, torsades de fleurs, etc., donnent à cette exposition un ensemble digne de remarque. L'or, l'argent, le bronze et la peinture, viennent prêter à ces ornements, déjà si riches de sculpture, une variété qui les feront constamment rechercher et qui en font aujourd'hui une branche de commerce fort étendue.

Le jury décerne à M. Hubert une médaille d'or.

Rappel de médaille d'argent.

M. ROMAGNÉSI, fabricant de carton-pierre, rue Lafayette, n° 35, à Paris.

Si M. Romagnési ne fait pas un aussi grand commerce que M. Hubert, il est juste de le placer, comme fabricant et comme artiste, à la tête des hommes qui ont fait prospérer cette belle industrie. Il est surtout cité, par les personnes en position d'apprécier son mérite, comme statuaire distingué. Les expositions de 1839 et 1844 viennent attester le succès de cette maison.

M. Romagnési n'a pas exposé beaucoup de choses; le peu de place qu'il a pu obtenir l'a empêché de produire à son exposition plusieurs objets qu'il y destinait. Nous avons visité son établissement et nous nous sommes assurés qu'une très-belle figure en pied n'avait pu, faute de place, y être apportée; nous avons aussi remarqué, dans cette visite, la belle collection de modèles que possède cette maison, qui, pour la plupart, sont l'œuvre de MM. Romagnési père et fils. Cette belle collection, pour le goût, le genre et le style, aussi bien que sous le rapport artistique, offre à MM. les architectes un assortiment complet.

La pièce principale que l'exposant soumet au jury est un groupe de grande dimension, représentant la Vierge tenant le Christ étendu mort sur ses genoux. Quelques statuettes, pendentifs, supports et tabernacles, vases style renaissance et étrusque, complétent cette exposition; le groupe est d'une difficile exécution et digne de fixer l'attention du jury par l'expression des figures et les difficultés à surmonter pour obtenir une pièce d'une aussi grande dimension.

Les efforts réitérés de M. Romagnési lui ont mérité le rappel de la médaille d'argent.

M. CRUCHET, fabricant de carton-pierre rue Notre-Dame-de-Lorette, n° 58, à Paris.

Médaille d'argent.

Ce fabricant, bien que déjà ancien dans l'industrie du carton-pierre, se présente pour la première fois. Nous sommes heureux d'avoir à constater un si beau début, et nous ne craignons pas d'avancer, en toute assurance, que cette exposition par les ravissantes sculptures que nous y remarquons, place ce fabricant, dès à présent, sur la même ligne que les meilleurs maîtres; il est impossible, en effet, de ne pas reconnaître, lorsqu'on s'arrête devant les objets exposés par M. Cruchet, que le bon goût et la grâce ont constamment présidé à la composition des sujets.

Les panneaux qui forment encoignures sont, par la tournure des arabesques, la gracieuse pose des sujets et la composition des trophées, d'un ensemble qui ne laisse rien à désirer. Des sujets pastoraux, des trophées de chasse et d'animaux en relief sur des panneaux, sont artistement modelés; les panneaux sont eux-mêmes encadrés d'ornementations style Louis XV du meilleur effet; des bas-reliefs jeux d'enfants, des vases forme étrusque et renaissance, aussi bien que beaucoup d'autres objets que nous ne pouvons décrire ici forment et complètent cette belle collection.

M. Cruchet est encore très-bon sculpteur en bois; nous voyons figurer à cette exposition, une étagère fort jolie, des cariatides, un cadre et un écran; le tout en chêne fort artistement sculpté. En un mot, cette exposition est des plus remarquables, considérée sous le rapport de l'art, du goût et du genre.

Le jury décerne la médaille d'argent pour récompense de ces remarquables progrès.

M. MARSUZI DE AGUIRRE, fabricant d'objets d'art en chanvre imperméable, rue de la Concorde, 6, Paris.

Rappels de médaille de bronze.

Nous n'avons pas à nous occuper des avantages que présente le

chanvre imperméable au point de vue chimique; les rapports de
M. Payen à l'occasion du numérotage des rues de Paris; celui de
la commission de chimie de 1844, établissent que la pâte de
chanvre imperméable, employée à fabriquer les objets exposés par
M. Marsuzi, atteint, après son entier refroidissement, une solidité incontestable. Le rapport établit encore que les objets moulés
avec cette matière peuvent être exposés à l'intempérie des saisons
sans éprouver de détérioration. C'est donc au point de vue de mise
en œuvre, et à l'heureux emploi qu'en fait l'exposant, que nous
avons à le juger.

L'exposition de M. Marsuzi est très-remarquable sous le rapport
industriel, aussi bien que sous le rapport l'art. Des bas-reliefs, des
consoles et des frises sont parfaitement modelés; mais c'est surtout l'application des sculptures sur les meubles, plafonds et panneaux, que nous signalons; des motifs, ingénieusement disposés,
peuvent servir à l'ornementation des appartements, des cadres,
des coffrets, comme à tout autre objet de fantaisie; ils sont remarquables pour le bon style et la variété.

La sculpture en chanvre imperméable reçoit l'or, l'argent, le
bronze et la peinture; elle est susceptible, par là, de décorer les
théâtres aussi bien que les temples. Cette maison a été chargée de
décorer divers édifices publics et particuliers, et toujours ses efforts
ont été couronnés de succès.

Le jury rappelle à M. Marsuzi la médaille de bronze.

M. LOMBARD, fabricant de carton-pierre, rue de Thori-
gny, n° 5, à Paris.

Déjà, en 1839, cet habile exposant avait été remarqué; et le rapport de 1844 constatait les progrès faits par M. Lombard. L'exposition de 1849 établit de nouveau que cette maison, loin de dé-
choir, soutient victorieusement une réputation justement acquise.

Les objets exposés sont modelés et exécutés par ce fabricant: ils
prouvent l'habileté et le goût de M. Lombard. Un fort bel assortiment de cadres, style renaissance et Louis XV, des plus variés et
d'une ornementation heureuse, sont là pour l'attester; des candélabres, des consoles, et surtout un reliquaire doré, sont du meilleur
goût; une frise et son couronnement, d'une exécution pure et
élégante, viennent compléter cette belle exposition.

M. Lombard, depuis longtemps, a marqué sa place avantageusement dans cette industrie; l'exposition de 1849, pour sa spécialité, le met en première ligne. Le jury, en lui rappelant la médaille de bronze obtenue en 1844, se trouve heureux d'avoir à constater un nouveau succès.

M. TEXIER, sculpteur en pierre factice, rue Sainte-Marie-Blanche, n° 7, à Montmartre.

M. Texier a, depuis longtemps, entrepris la sculpture en pierre factice. Déjà, à l'exposition de 1844, il avait été remarqué pour la reproduction de la Vénus de Canova et pour son groupe de Céphale et Procris. Ces statues, exécutées avec le ciment de porcelaine pilée, sont d'une dureté telle, que les travaux faits depuis plusieurs années par cet exposant, sont restés à l'air sans en éprouver aucune détérioration.

Un progrès fait par M. Texier dans le moulage de ses figures n'avait pas échappé au jury de 1844, et la fidèle et bonne reproduction de chefs-d'œuvre avec un mastic que le temps ne pouvait détruire, lui avait valu la médaille de bronze.

Aujourd'hui, M. Texier présente à l'exposition un groupe remarquable d'exécution, celui d'une Bacchante faisant danser un Faune enfant, et d'une Vierge immaculée. Ces statues, grandes comme nature, prouvent que M. Texier a constamment suivi la bonne route qui l'avait fait distinguer en 1844. Le jury lui rappelle la médaille de bronze.

M. TROUVÉ, fabricant de carton-pierre, passage Violet, n° 5, à Paris.

Rappel de mention honorable.

Ce fabricant, comme en 1844, a exposé un assortiment de cadres de différents styles, généralement bien entendus et fabriqués avec soin; son exposition prouve qu'il est resté constamment dans la bonne route qui lui avait fait obtenir une mention honorable en 1844. Le jury lui rappelle cette mention honorable.

MM. HEILIGENTHAL et Cⁱᵉ, fabricants de carton-pierre pour l'architecture, à Strasbourg (Bas-Rhin).

Mentions honorables.

Ces fabricants présentent à l'exposition des objets faits avec deux sortes de pâtes : l'une, qu'ils nomment mastic, sert à fabriquer des pièces qui peuvent être placées extérieurement ; l'autre, qui n'est autre que la pâte de carton-pierre, est employée pour les motifs de décoration intérieure. Si, en effet, les motifs architecturaux fabriqués avec le mastic, pouvaient être exposés en dehors des édifices, ce serait une grande découverte dans cette industrie ; mais la preuve n'en est pas établie et MM. les fabricants, convoqués deux fois par nous, n'ont point encore paru ; nous ne pouvons donc rien conclure.

Les motifs d'architecture exposés par MM. Heiligenthal et Cie sont très-bien exécutés ; des chapiteaux d'ordre corinthien, ionique et composite, sont fort bien modelés ; des colonnes, des pilastres, des têtes d'hommes, de femmes et d'animaux, sont remarquables et peuvent être employés comme ornementation avec succès.

Le jury décerne à MM. Heiligenthal et Cie, une mention honorable.

M. CAMARET, rue de Braque, n° 5, à Paris.

Les sculptures de cet exposant, faites avec une pâte très-ductile et composée par lui, ont fixé l'attention du jury ; ce sont principalement les fleurs que M. Camaret reproduit d'une façon supérieure ; un bouquet en relief, dans un cadre imitant le chêne naturel, le tout rehaussé d'un beau vernis, est vraiment artistement modelé.

Une niche de style gothique, ornée de figures, entourée d'un cadre composé de fleurs et de feuillages, le tout avec un goût, une légèreté et une délicatesse qui séduisent, est aussi très-remarquable ; les corbeilles, les paniers, sont de forme gracieuse et tressés habilement ; il faut que la pâte avec laquelle sont modelés tous ces objets soit bien plastique pour en obtenir des produits aussi délicats.

Cette pâte, outre sa ductilité, a l'avantage de présenter beaucoup de solidité après son entière dessiccation.

M. Camaret se place, par son exposition, au rang des artistes qui savent allier la grâce et le bon goût au savoir-faire. Le jury décerne la médaille de bronze à M. Camaret, qui déjà avait obtenu, en 1844, une mention honorable.

M. SOLON, fabricant de carton-pierre, rue Pétrelle, n° 3o, faubourg Poissonnière, à Paris.

Cet exposant se présente pour la première fois. Son exposition est remarquable sous le rapport artistique; elle est composée en partie de statues propres aux temples catholiques : une Vierge, des anges agenouillés, une figure en pied du Christ, ont fixé l'attention du jury; des bas-reliefs se recommandent aussi pour le dessin et la bonne exécution.

Le jury décerne à M. Solou une mention honorable.

M. MERCIER, rue des Gardes, n° 16, à la Chapelle-Saint-Denis.

Citations favorables

Présente à l'exposition un assortiment de fruits en carton-pierre moulés sur nature; ces fruits sont coloriés par M. Mercier avec une vérité parfaite. La peinture a si bien imité la nature que l'œil le mieux exercé peut s'y méprendre.

Le jury lui accorde une citation favorable.

M. DESBAILLET, fabricant de carton-pierre, rue Rochechouart, n° 21, à Paris.

Cet exposant, avant d'être fabricant, était modeleur; son établissement ne date que de 1845. Les objets exposés sont tous modelés par lui. Ainsi qu'il le déclare, ce sont pour la plupart des applications pour panneaux et plafonds; des arabesques sont remarquables par leurs gracieux contours; des supports et des bénitiers sont bien modelés.

Ce fabricant paraît avoir fait de grands efforts pour créer son établissement. Le jury lui décerne une citation favorable.

§ 3. PLASTIQUE PAR MOULAGE A LA GÉLATINE.

M. Bougon, rapporteur.

CONSIDÉRATIONS GÉNÉRALES.

Avant la découverte du moulage à la gélatine, les sujets reproduits dans les moules à bon creux, seul moyen connu alors, présentaient de graves inconvénients. Les rebarbes et les coutures, inévitables dans les moules à pièces, faisaient perdre un temps fort grand pour réparer les objets, et, malgré tous les soins qu'on y apportait, le sujet réparé ainsi présentait encore de grandes imperfections, toujours nuisibles à la pureté du modèle.

A la tête des hommes qui ont donné à cette découverte tous les développements qu'on devait en espérer, il faut placer MM. Hyppolite Vincent et Carteaux; nous devons regretter de ne pas retrouver à l'exposition de 1849 les remarquables pièces d'anatomie présentées, en 1844, par M. le docteur Carteaux, et obtenues par le procédé de moulage à la gélatine. Cette belle collection, commandée par M. Orfila pour l'étude de la médecine, donnait la mesure des avantages qu'on avait obtenus par ce procédé.

Les artistes, préoccupés des inconvénients que nous venons de signaler plus haut, cherchaient depuis longtemps les moyens d'y remédier, lorsque la découverte du moulage à la gélatine est venue, à la satisfaction de tout ce qui s'occupe de sculpture, faire une révolution dans cette industrie et aplanir les difficultés sans nombre qu'on rencontrait dans l'ancien procédé.

En effet, trouver une matière qui, par son élasticité, épouse tous les contours, toutes les surfaces des objets, quelque profonds, quelque contournés qu'ils soient, qui puisse acquérir assez de solidité pour faire un moule à bon creux, susceptible de donner 10 ou 12 épreuves ou reproductions avec la plus minutieuse fidélité, était une belle et précieuse découverte dont MM. Vincent et Carteaux ont su habilement profiter.

Parmi les avantages obtenus depuis cette découverte, celui surtout de mouler en creux les modèles les plus précieux, quelle que soit la matière avec laquelle ils sont faits, sans qu'ils en éprouvent la plus légère détérioration, est un des plus précieux.

Rappel
de médaille
d'argent.

M. Hippolyte VINCENT, rue Neuve-Saint-François, n° 14, à Paris.

Depuis la découverte de la plastique par le moulage à la gélatine, M. Vincent s'est constamment placé à la tête de cette industrie. Les premiers travaux de cet habile et ingénieux mouleur datent de 16 années; à partir de cette époque, il a toujours marché vers le progrès. Les expositions de 1834, 1839 et 1844, sont venues tour à tour constater ces succès, et celle de 1849 n'est pas moins remarquable par la belle collection des sujets exposés.

Le précieux avantage du moulage à la gélatine est de reproduire, sans rebarbes ni coutures, les modèles avec une parfaite fidélité. Cette découverte est d'autant plus précieuse qu'elle donne des épreuves ou reproductions telles, qu'on peut reconnaître tous les caractères des objets sur lequel ce creux a été coulé; le marbre, le bois, l'ivoire, se reproduisent au point qu'il faut briser l'objet pour s'assurer de la vérité, quant aux pièces d'anatomie, on retrouve les muscles, le grain même de la chair, enfin les finesses les plus délicates se reproduisent sans aucune altération.

La collection exposée par M. Vincent se compose d'objets tout aussi remarquables qu'aux expositions précédentes; le fini le dispute à l'art; tous ses modèles, en partie religieux, sont artistement modelés et la ciselure en est des plus précieuses.

Déjà, en 1844, le rapporteur signalait tous les avantages que cette découverte devait avoir pour la galvano-plastique; M. Vincent s'en est occupé sans relâche. Nous avons admiré dans son établissement des reproductions par ce moyen, qui promettent, aussitôt que le procédé sera du domaine public, tous les résultats préconisés par le rapporteur de 1844.

Énumérer ici les services que le moulage à la gélatine peut rendre aux arts, à l'industrie et à l'anatomie, dans les mains de M. Vincent, ce serait reproduire ce qui a été dit par l'habile rapporteur de 1844. Bornons-nous à dire que l'exposant, loin de rester stationnaire dans cette belle découverte, en a développé et propagé tout ce qu'on en pouvait attendre.

Le jury se plaît à reconnaître ces notables progrès, en rappelant à M. Vincent, la médaille d'argent qu'il avait justement méritée en 1844.

M. STHAL, mouleur en plâtre au Muséum d'histoire naturelle, rue de Paradis, n° 14, au Marais, à Paris.

Médaille d'argent.

M. Sthal présente à l'exposition, pour la première fois, des objets moulés en plâtre par deux nouveaux procédés. Par le premier, il parvient, au moyen de l'emploi du chlorure de zinc, à mouler avec la plus grande précision les pièces anatomiques, molles ou fraîches, conservées ou non dans l'alcool. Ce moyen consiste à immerger les pièces anatomiques dans le chlorure de zinc, à un certain degré pendant quelques heures; par ce procédé, leur surface acquiert une certaine solidité qui permet d'en obtenir la reproduction avec une grande exactitude. On évite encore, par ce moyen, le farinage, inconvénient qui arrive souvent dans les empreintes. Dans un compte rendu à l'Académie, le 8 mars 1847, le procédé a été reconnu comme très-bon et la découverte attribuée à M. Stahl.

L'autre moyen, bien que plus simple, peut être aussi utile; il reproduit les plus petits détails des objets moulés, le grain de la chair, le fil du tissu le plus fin; il consiste à plonger dans l'eau de Seine, pendant 20 minutes environ, le moule après qu'il a été coulé; cette immersion détermine la dépouille de l'empreinte qu'on veut avoir, sans qu'il soit besoin d'autre préparation, après quoi, on coule immédiatement l'épreuve qu'on veut obtenir et le moule s'en détache aussi bien que s'il avait été savonné et graissé. On évite par là d'empâter le moule d'huile ou de savon qui nuisent toujours à la pureté de l'épreuve.

Plusieurs objets exposés démontrent jusqu'à l'évidence les avantages de ces procédés, ils peuvent rendre des services aux sciences aussi bien qu'aux arts. Le jury décerne à M. Stahl, pour sa découverte, une médaille d'argent.

Rappels de médailles de bronze. ## M. SAUVAGE, rue Neuve-Ménilmontant, n° 6, à Paris.

Déjà, en 1844, le pantographe, perfectionné par cet habile mécanicien, avait été remarqué du jury. La belle collection de figures en bronze, en marbre et en plâtre, exposée par M. Sauvage, présentait toutes les réductions et augmentations qu'on peut obtenir par l'ingénieux moyen de l'exposant.

En 1849, M. Sauvage a de nouveau exposé une belle collection de sculptures; nous y voyons figurer des statues, des bas-reliefs, des bustes, augmentés ou réduits, d'après nos meilleurs maîtres, et reproduisant fidèlement les originaux.

Nous avons visité les ateliers de M. Sauvage; là nous avons vu fonctionner le pantographe, réduisant un buste du Président de la République par son ingénieux moyen. Nous avons encore remarqué dans ces ateliers des statues colossales, réduites aux plus petites dimensions; enfin, des sculptures que nous avons vues, comme figures en pied, bustes, bas-reliefs, pendules, etc, nous ont paru parfaitement exécutées, elles prouvent que M. Sauvage est toujours digne de la médaille de bronze que le jury lui rappelle.

MM. GUILLOUD et SAVOYE, fabricants de plâtre aluné, dit ciment anglais, rue des Poitevins n° 7, à Paris.

Déjà, en 1844, le plâtre aluné de M. Savoye avait été remarqué du jury et lui avait justement mérité la médaille de bronze. MM. Guilloud et Savoye présentent de nouveau à l'exposition plusieurs bocaux remplis de plâtre aluné ou ciment anglais. Le rapport de 1844 signalait les services rendus par cette matière au stucage, à la plastique et à l'architecture; ce rapport nous dispense de nouveaux éloges.

M. A. Chevalier constatait aussi que le plâtre aluné pouvait être employé par le premier maçon venu; qu'on en obtenait des enduits d'une dureté telle, qu'ils pouvaient résister aux alternatives de la sécheresse et de l'humidité; enfin qu'il donnait des stucs plus durs et supérieurs en beauté à ceux faits en plâtre ordinaire.

Le jury rappelle à M. Guilloud et Savoye la médaille de bronze.

M. HARDOUIN, sculpteur sur bois, marbre, pierre et carton-pierre, rue du Bac, n° 26, à Paris.

L'objet principal exposé par M. Hardouin est un ange dans une niche d'ordre corinthien; la figure de l'ange est bien modelée; elle prouve que cet exposant est resté dans les bonnes conditions qui lui valurent la médaille de bronze en 1844. Une masse ou châsse pour procession, de style gothique, est aussi très-délicatement sculptée.

D'autres motifs d'architecture, tels que corniches, ro...ces, dessus de porte, ornements pour panneaux, complètent cette exposition.

Le jury rappelle à M. Hardouin la médaille de bronze qu'il a obtenue en 1844.

M. COTELLE, fabricant de figures et d'ornements en plastique, bois et pierre métallique, rue du Faubourg-Saint-Germain, n° 47, à Paris.

Médailles de bronze.

Déjà, en 1844, le jury appréciait la composition de la pâte de M. Cotelle; il reconnaissait qu'elle avait la solidité de la pierre et qu'elle pouvait résister au choc le plus violent; il engageait cet exposant à donner à son industrie toute l'extension et tout le développement possible, désirant voir se propager le bon emploi de cette plastique.

M. Cotelle a profité de ce salutaire conseil; son exposition est très-variée; elle est composée d'objets remarquables, sous le rapport de la bonne fabrication, comme aussi par la bonne composition des sujets; des cadres bien ornemanisés, des applications sur panneaux, sur meubles et tabernacles, avec des motifs bien disposés pour chaque objet, les Chemins de la Croix en diverses grandeurs, peints et bronzés avec une diversité qui permet de satisfaire tous les goûts.

M. Cotelle avait obtenu, comme encouragement, en 1844, une mention honorable. Le jury, voulant reconnaître les progrès faits par cet ingénieux fabricant, lui décerne la médaille de bronze.

M. DUFAILLY, boulevard Beaumarchais, n° 15, à Paris,

Expose, pour la première fois, une collection d'animaux d'après les modèles de M. Mène, qu'il est autorisé, par ce dernier, à reproduire en plâtre; il fallait l'habileté de l'exposant pour obtenir, avec une aussi remarquable fidélité, cette précieuse collection. L'œuvre de l'artiste y est conservée avec la précision qu'on ne rencontre pas toujours dans les moules à bon creux; le sentiment, la pose, le caractère, donnés à chaque espèce, par l'habile artiste, se retrouvent avec leur pureté dans les moulages de M. Duffailly.

La grande difficulté à surmonter par l'exposant, était de faire des moules en bon creux sur des sujets d'une délicatesse et d'une finesse telle, que les modèles de M. Mène, ses oiseaux surtout, en présentaient de fort grandes; elles ont été abordées et résolues victorieusement par M. Dufailly, à la grande satisfaction de M. Mène.

Les sujets exposés par M. Dufailly auraient été d'une fragilité telle, que le plus petit choc les aurait brisés, si on n'avait pas introduit, lors du coulage, des armatures dans les membres des animaux. Ce moyen est, il est vrai, généralement employé dans les moulages ordinaires, mais il est infiniment plus difficile à mettre en œuvre dans cette collection, puisque les pattes des oiseaux ne sont guère plus grosses que le fil de fer qu'il fallait y introduire.

Nous avons voulu nous rendre compte des moyens employés pour obtenir la solidité désirable; nous avons fait couler devant nous le groupe des deux levrettes, un des plus fragiles, et nous avons reconnu qu'au moyen de fil de fer très-fin et galvanisé, et très-ingénieusement introduit pendant le coulage on obtenait la solidité nécessaire pour dépouiller l'objet et le consolider.

Sans doute nous admirons, dans cette belle collection, le beau talent de l'artiste, mais celui qui sait reproduire ses œuvres avec une rare fidélité et les mettre par là à la portée de toutes les bourses, rend aussi un service aux arts et à l'industrie.

Le jury décerne à M. Dufailly une médaille de bronze.

M. GUETROT, à Melle (Deux-Sèvres).

Mentions honorables.

M. Guetrot présente, pour la première fois à l'exposition, une collection d'ornements et de bas-reliefs en plâtre, moulés par les moyens ordinaires; il applique ces motifs dans les intérieurs, soit aux panneaux, soit aux plafonds, au moyen d'une vis assujettie à l'objet qu'il veut appliquer, et assez ingénieusement disposée; il peut, sans endommager les parties sur lesquelles il applique les sculptures, les changer autant de fois qu'il plaira de les renouveler; il peut même, à ce qu'il assure, garnir de caissons un grand plafond et le changer à volonté; c'est sans doute ce qui a déterminé M. Guetrot à nommer son industrie sculpture mobile. Ce moyen peut être avantageux aux personnes qui aiment à changer fréquemment l'ornementation de leurs appartements.

Nous avons remarqué quelques sujets en plâtre, passés à la stéarine, bien modelés. Le jury décerne à M. Guetrot une mention honorable.

M. CHARDIN, mouleur en plâtre, rue Tiron, n° 17, à Paris.

M. Chardin présente à l'exposition, pour la première fois, sous le n° 1405, une collection de sujets religieux coulés en plâtre aluné, par le procédé de la gélatine. Ces objets, sans atteindre la perfection, la variété et le fini des belles épreuves exposées par M. H. Vincent, ont cependant fixé l'attention du jury par la perfection apportée dans les moulages.

Les modèles de cet exposant sont bien finis et bien artistement faits; les épreuves sont d'une pureté remarquable, et nous laissent l'espoir que M. Chardin se place, dès à présent, parmi les personnes qui doivent occuper un rang distingué dans cette industrie.

Le jury donne à M. Chardin une mention honorable.

M. DAUPHIN, rue de Bondy, n° 76, à Paris.

L'industrie de M. Dauphin est tout à fait nouvelle; elle date de 1847; il fabrique des moulures sur bois au moyen d'une pâte composée par lui, pâte fort dure après la dessiccation et très-adhérente au bois. Il calibre, avec cette pâte, sur des bandes de sapin, les moulures qu'il veut obtenir, avec un outil à peu près fait comme les calibres dont se servent les maçons pour faire les corniches; il colore ensuite ces moulures de façon à imiter les bois français et étrangers avec une vérité telle que l'imitation, après le vernis appliqué, est complète; ces moulures servent à encadrer les glaces, les miroirs, les panneaux, les papiers peints, etc.

M. Dauphin ne se borne pas à imiter la couleur des bois; il décore ses moulures avec des ornements faits avec cette même pâte, et qu'il obtient par le moulage ordinaire; au moyen d'une colle composée, il applique ces ornements à ses moulures et vient encore par là rendre son industrie plus recherchée.

M. Dauphin assure que les applications superposées sont très-solides et que déjà il a livré dans la capitale, comme en province, quantité de ses produits, qui, jusqu'à ce jour, n'ont éprouvé aucune détérioration.

Le jury décerne, à M. Dauphin, une mention honorable.

Madame veuve ROUVIER-PAILLARD, inventeur breveté, rue des Marais-Saint-Martin, n° 29 bis, à Paris.

Une nouvelle industrie se présente à l'exposition; c'est celle de Mme veuve Rouvier-Paillard. Nous n'avons pas à nous occuper de la découverte de cette dame au point de vue chimique; elle ne veut pas communiquer son secret, qui consiste à produire, par la dissolution, une pâte faite avec des os et des déchets d'ivoire. Au moyen de cette pâte, cette exposante peut opérer des moulages en creux d'une grande dimension et les reproduire en relief avec cette même matière.

Nous ne pouvons, ici, restreints dans les limites d'un rapport, entrer dans tous les détails et les avantages signalés par Mme Rouvier en faveur de sa découverte; nous nous bornerons à indiquer ce qui doit en résulter d'avantageux pour les arts et pour l'industrie.

Le mode de moulage par la gélatine est connu depuis quelque temps; les premiers essais parurent en 1839. M. H. Viennent a le premier essayé cet ingénieux moyen; on doit à cet habile artiste tous les perfectionnements qu'on pouvait en espérer; mais, malgré tous les avantages qu'on a pu en tirer, ainsi que cela a été longuement signalé par le savant rapport de 1844, on n'avait pu encore mouler de grands objets. Mme Rouvier établit, par le témoignage d'une commission scientifique, présidée par M. le duc de Luynes, qu'elle a obtenu, en présence de cette commission, par son procédé, le moulage d'un bas-relief de 2 mètres de longueur sur un mètre de hauteur où se trouvent des figures presque en ronde-bosse; elle a de même, avec l'autorisation de M. l'archevêque de Paris, moulé les sujets en bois sculptés, du chœur de Notre-Dame; c'est à son important procédé du moulage plastique que l'on devra la reproduction de ces chefs-d'œuvre.

Les objets exposés par cette dame sont remarquables et viennent à l'appui de ce qu'elle avance dans l'exposé de ses moyens. Le jury lui décerne, pour cette belle découverte, qui peut porter un puissant secours aux arts, une mention honorable.

---

§ 4. CUIVRE ESTAMPÉ ET VERNI.

M. Léon Feuchère, rapporteur.

M. Léopold MARSAUX, rue de la Perle, n° 14, à Paris,

Nouvelle médaille d'argent.

M. Marsaux, qui en 1834 obtint une médaille d'argent et deux rappels en 1839 et 1844, est, par son exposition, encore en progrès sur celle de 1844. Il expose un assortiment bien entendu de nombreuses galeries de fenêtres, une carte de patères d'une grande variété et exécutées avec goût; des palmettes très-riches, des rosaces de toutes dimensions, très-refouillées et d'un bon style.

Une des choses les plus intéressantes de son exposition, c'est une cheminée garnie d'ornements de choix; l'élégance s'allie à la recherche du dessin. Cet ensemble indique, de la part de M. Marsaux, une tendance remarquable vers les véritables exigences de l'art dans cette partie décorative, qui vient si souvent et à si bon marché en aide aux caprices du goût. Cette fabrication est non-seulement soutenue avec avantage, mais encore est en voie de progrès sensibles. Le jury, heureux de le constater, décerne à M. Marsaux une nouvelle médaille d'argent.

Rappels de médailles d'argent.

M. FUGÈRE, rue Amelot, n° 52, à Paris.

Outre une partie des objets déjà exposés en 1844, M. Fugère expose des vases suspendus, établis en zinc, qui peuvent remplacer assez avantageusement ceux en terre cuite, des moulures et ornements de marquises en cuivre qu'il substitue à la fonte. Ces articles présentent une notable économie ; enfin des échantillons de moulures en zinc, qui doivent offrir une diminution considérable sur celles en cuivre. Mais ces moulures, pour être employées dans les appartements ou salles de spectacle, doivent recevoir une préparation qui permette l'application du vernis.

M. Fugère n'ayant pu encore nous fournir la réalisation complète du résultat qu'il désire atteindre, nous ne pouvons que l'encourager dans ses recherches. Du reste, cette fabrique est toujours remarquable et tend à progresser. Le jury accorde à M. Fugère le rappel de la médaille d'argent qui lui fut décernée en 1844.

Nicolas-Hippolyte LECOCQ, rue des Francs-Bourgeois, n° 14 (au Marais), à Paris,

Expose une grande quantité d'objets variés destinés aux garnitures de croisées ; des rosaces, des moulures-frises, corniches, plateaux, enfin toute la partie courante du cuivre estampé. Nous retrouvons toujours dans cette fabrication le même soin et le même goût qu'aux expositions précédentes. Le jury rappelle à M. Lecocq la médaille d'argent obtenue déjà par lui.

Nouvelle médaille de bronze.

M. THOUMIN, rue Saint-Antoine, n° 165, à Paris.

MM. Thoumin et Corbière, en 1844, obtenaient pour leurs produits une médaille de bronze. M. Thoumin se présente seul, mais toujours avec cette importance qui mérita une récompense à cette habile fabrication. Une grande variété d'objets, qui sont du domaine du cuivre estampé, et qui s'adressent à la consommation journalière et facile, des galeries, rosaces, rinceaux, moulures, patères, peuvent suffire largement aux besoins de ce commerce très étendu.

Nous ne parlerons pas de quelques objets bien traités, mais qui figuraient déjà à la dernière exposition.

Au reste, tous les ornements en cuivre estampé ou fondu, que nous avons remarqués, sont la preuve des progrès toujours soutenus qui conservent à M. Thoumin son rang parmi les plus habiles et les plus distingués. Le jury, pour récompenser le talent de ce fabricant, lui décerne une nouvelle médaille de bronze.

M. François Hector BORDEAUX, rue Saint-Sauveur, n° 12, à Paris.

Rappels de médailles de bronze.

M. Bordeaux, pour ajouter à la grande variété de cuivre estampé verni sous toutes formes, et qui s'étend à tous les objets relatifs à la tapisserie, expose de la sculpture sur bois dont il s'occupait spécialement avant d'entreprendre l'estampage du cuivre. Sa fabrication dénote toujours le talent qu'il a su apporter à chaque exposition. Le jury lui rappelle la médaille de bronze obtenue par lui en 1839.

Mme BASNIER, impasse Saint-Laurent, n° 4, à Belleville.

Le jury rappelle avec éloges à madame Basnier la médaille de bronze obtenue par elle en 1844. En effet, l'exposition de madame Basnier est remarquable par ses cuivres estampés, qui peuvent s'appeler de l'orfévrerie à bon marché. Les crosses, reliquaires, ostensoirs et encensoirs, exécutés si bien et si légers, sont des produits qui enrichissent nos églises à des prix modiques. C'est principalement aux édifices religieux que s'adresse la fabrication si utile de madame Basnier.

M. Félix GÉRARD-PINSONNIÈRE, rue Vivienne, n° 24, à Paris.

Cette maison, qui exposa en 1834 et 1839, et obtint une médaille de bronze, se présente après une lacune de dix années. Des objets de diverse nature sont soumis au jury. Ainsi il a remarqué des baldaquins de lit fort riches, des galeries de croisées en bois sculpté et doré, de nombreux objets en cuivre estampé et fondu verni, tels que patères, rosaces, etc. Du reste, cette exposition justifie l'importance commerciale que représente le chiffre des affaires annuelles de cette fabrication.

Le jury accorde à M. Gérard-Piasonnière le rappel de la médaille de bronze qu'il continue à mériter.

M. DESJARDINS-LIEUX, passage Saint-Avoie, n° 4, à Paris.

Sept moutons, un fort balancier, trois découpoirs, c'est avec ces outils que M. Desjardins-Lieux estampe de la bijouterie or et argent, du cuivre doré. La coutellerie, l'orfèvrerie s'adressent à lui. L'équipement militaire, pour ornements en cuivre de toutes sortes, trouve chez ce fabricant tous les détails qui lui sont nécessaires. M. Lieux est graveur-estampeur, il fait des modèles pour les nombreux détaillants pour lesquels il estampe.

L'établissement de M. Desjardins-Lieux, que nous avons visité, est un des mieux outillés, et répond à tous les besoins qui se traduisent en cuivre et zinc estampés, tels que manches de couteau, corps de lampe. Des statuettes et des médaillons presque ronde-bosse sortent de ses mains très-bien confectionnés.

M. Desjardins-Lieux est un industriel et un artiste très intelligent; c'est la première fois qu'il expose, mais il se présente en maître habile dans sa profession. Le jury, toujours satisfait de récompenser l'aptitude couronnée de bons résultats, décerne à M. Desjardins-Lieux une médaille de bronze.

M. BLÈVE, rue de Bondy, n° 48, à Paris.

Le jury décerne à M. Blève une nouvelle mention honorable pour son exposition, toujours très-remarquable, d'objets estampés destinés à l'ornementation de lits, croisées, cadres de glaces et de tableaux.

M. Louis Dominique MORA, rue Jean-Robert, n° 17, à Paris.

M. Mora expose un grand nombre de petits objets en estampage, tels que pendules, petits vases ornés, des encriers, des coffrets à bijoux, enfin tous les petits bronzes estampés qui s'adressent à la consommation modeste. Le jury lui décerne une nouvelle mention honorable.

§ 5. TOLES VERNIES.

M. Léon Feuchère, rapporteur.

MM. MIROY frères, rue d'Angoulême-du-Temple, n° 10, à Paris.

Médaille d'argent.

Les frères Miroy se présentent sous trois formes. Le bronze, le zinc et la tôle vernie se groupent ensemble à leur exposition pour concourir chacun avec succès, et mettre en évidence la haute intelligence, la capacité et les efforts énormes de ces industriels.

Depuis 1839, MM. Miroy se sont occupés avec un grand zèle de la fabrication en zinc des pendules, candélabres, vases, flambeaux, enfin de tout ce qui a rapport à l'ameublement, et ont réussi à amener peu à peu le zinc en état de rivalité souvent heureuse avec le bronze qu'ils exposent aussi.

Plusieurs statuettes, pendules, etc., dont le placement est facile à l'étranger, sont remarquables par le fini et le soin qu'ils y apportent. La similitude avec le bronze, comme effet, est souvent d'un résultat complet; le bon marché qui offre une différence de 40 p. o/o, doit leur procurer un écoulement considérable.

MM. Miroy exposent aussi des tôles vernies pour meubles en imitation de laques; ils fournissent presque tous les fabricants; nous citerons, entre autres, M. Osmond et M. Pinard. MM. Miroy frères exposent en tôle vernie des échantillons très-variés; une grande quantité de plateaux, des porte-mouchettes, des porte-carafes, des fontaines et des corbeilles, se font remarquer aussi bien par leur forme heureuse que par la belle qualité du vernis qui en fait le principal mérite. Ce commerce de MM. Miroy frères, aux divers points de vue de son exposition, est considérable et très-étendu.

Le jury décerne à MM. Miroy frères un médaille d'argent.

M. BENOIT-LANGLASSÉ, à Paris, rue de Paradis, n° 6 (Marais).

Rappel de médaille de bronze.

M. Benoît-Langlassé mérite à tous égards le rappel de la médaille de bronze qui lui fut votée par le jury de 1844 pour son vernis : ce vernis est le seul employé par tous les fabricants de cuivre estampé; M. Langlassé expose divers objets dont il est le fabricant et le propriétaire, dont le mérite principal est dû au bel effet de son vernis; ainsi nous avons remarqué des pendules, plusieurs lustres, des chandeliers d'église, des croix et ostensoirs, enfin des bronzes d'art.

Le jury lui rappelle la médaille de bronze dont il se montre toujours digne.

Citation
favorable.

M. François PINARD, rue Nationale-Saint-Honoré, n° 25, à Paris.

Le jury le cite favorablement pour la variété de ses articles de fantaisie en tôle vernie, qui sont bien traités.

§ 6. STORES.

M. Bougon, rapporteur.

CONSIDÉRATIONS GÉNÉRALES.

Les fabricants de stores, cette année, sont moins nombreux qu'en 1844, et, il faut bien le reconnaître, l'exposition est loin de présenter l'ensemble et la variété que nous avions remarqué à la précédente exposition; mais nous devons dire aussi à l'avantage des exposants que cette fois les artistes qui s'occupent de cette industrie ont mieux compris les observations bienveillantes exprimées dans le rapport de 1844, et si les produits sont moins considérables, ils se recommandent par l'observation du style et du bon goût.

Le luxe qui s'est propagé en France a donné à cette industrie plus d'extension qu'elle n'en avait; mais c'est surtout en Italie, en Espagne et en Orient que l'usage des stores est généralement adopté.

La spécialité du store est, avant tout, de reposer la vue, de laisser traverser la lumière et d'offrir de gracieuses peintures. Les personnes qui s'occupent de cette industrie doivent comprendre les avantages qu'ils peuvent obtenir en restant dans ces heureuses conditions. Les peintres de ce genre trouveront toujours le jury disposé à encourager un art qui, au point de vue de l'exportation, peut devenir tout à la fois d'un intérêt national et particulier.

Rappels
de
médailles
de bronze.

M. GIRARD, fabricant de stores, rue Saint-Martin, 254, à Paris.

En 1844, M. Girard avait obtenu un succès justement mérité.

Cet artiste se présente de nouveau. Les stores qu'il soumet à l'appréciation du jury nous laissent la certitude qu'il s'est maintenu à la hauteur de sa réputation.

Comme à la dernière exposition, M. Girard présente un intérieur d'église (Palerme). Ce store est d'un heureux effet : l'architecture du monument est fort belle et d'une admirable ornementation, la perspective est bien observée, les figures sont bien dessinées et fort bien groupées. Cet intérieur, d'un joli coloris, est digne de fixer l'attention du jury.

Un grand panneau où sont des groupes de fleurs placées dans un encadrement de volubulis; ces derniers, d'un ton très-doux, laissent au tableau toute sa valeur. Les stores de ce fabricant sont dignes de figurer à l'exposition.

L'établissement de M. Girard est important : il occupe 15 artistes et ouvriers; il fait 80,000 francs d'affaires.

Le jury rappelle à M. Girard la médaille de bronze qu'il avait obtenu en 1844.

M. HATTAT, fabricant de stores, rue Richelieu, nº 81, à Paris.

Le principal sujet de cet exposant est un grand store représentant l'*Éducation de la Vierge*, par sainte Anne. La Vierge est bien posée et bien dessinée, mais on souhaiterait plus d'expression dans la figure; la personne de sainte Anne est largement touchée, la figure ne manque pas d'expression. Ce tableau, d'une assez grande dimension, est d'un vigoureux coloris et d'un ensemble très-satisfaisant.

Des stores, représentant des arabesques, des oiseaux et des fleurs, sont de gracieuses et séduisantes compositions. Elles prouvent que M. Hattat est toujours digne de la médaille de bronze qu'il a obtenu en 1844, et que le jury lui rappelle.

M. BACH-PÈRES, fabricant de stores, rue du Faubourg-Saint-Denis, nº 99, à Paris.

Ce fabricant, comme en 1844, a exposé plusieurs stores artistement touchés. Les oiseaux et les fleurs sont plus particulièrement l'objet de son exposition. Les fleurs sont bien groupées et d'une fraîcheur remarquable; les oiseaux sont gracieusement posés et d'un joli coloris.

Un paysage avec plantes et oiseaux exotiques; un grand store avec un bouquet de fleurs encadré dans un fond vert moiré, complète cette remarquable exposition.

Le jury rappelle à M. Bach-Pérès la médaille de bronze qu'il avait justement méritée dès 1844.

Médaille de bronze. **M. SAVARY,** fabricant de stores, rue du Roule, n° 5, à Paris.

Parmi les compositions exposées par M. Savary, nous signalons, comme œuvre importante, un sujet tiré de l'Histoire Sainte, représentant *la Visitation*. Ce tableau, d'une grande dimension, est largement touché et d'un bel effet de couleur : il est aussi bien composé; c'est, sans contredit, la composition la plus importante des œuvres de ce genre figurant à l'exposition.

Nous voyons encore figurer à l'exposition de M. Savary un paysage à effet, représentant un torrent jaillissant qui s'échappe à travers des roches; deux panneaux de style gothique et renaissance encadrés avec goût, des fleurs fort bien coloriées, complètent cette remarquable exposition.

Nous avons pris connaissance des prix de M. Savary; nous constatons qu'ils sont dans des conditions favorables aux acquéreurs. Ce fabricant avait obtenu, en 1839, une citation favorable; en 1844, il eut une mention honorable.

Le jury, pour reconnaître les progrès faits par M. Savary, lui décerne la médaille de bronze.

Mention honorable. **M. GILBERT,** fabricant de stores, rue du Bac, n° 63, à Paris.

L'exposition de M. Gilbert est une des plus considérables. Un assortiment de transparents faits sur jaconas et mousseline présentent une variété de sujets divers et généralement bien traités.

Le plus important de ces sujets est un tableau destiné pour église, représentant trois figures allégoriques encadrées dans des ornements gothiques; sous chacune de ces trois figures, trois cartels avec des personnages occupés à cultiver la vigne du Seigneur. Ce tableau, ingénieusement composé, n'est pas sans mérite.

Ce fabricant, qui se présente pour la première fois, aborde tous les genres; des fleurs, des oiseaux, des paysages, sont remarquables pour la diversité des sujets et la variété des couleurs.

Le jury décerne à M. Gilbert une mention honorable.

M. AUDRY, rue Bellefonds, n° 38, à Paris.

Rappel de citation favorable.

Cet exposant, bien que convoqué deux fois, n'a pas paru. Son exposition n'en a pas moins été examinée avec attention. Un sujet pastoral d'après Vatteau, des fleurs, des arabesques, composent l'exposition de M. Audry. Ces produits sont, en général, assez bien dessinés; mais la couleur n'a pas l'éclat et la fraîcheur que nous voudrions y rencontrer.

Le jury rappelle à M. Audry la citation favorable qu'il a obtenue en 1844.

---

§ 7. ÉVENTAILS ET ÉCRANS A MAIN.

M. Natalis Rondot, rapporteur.

CONSIDÉRATIONS GÉNÉRALES.

La fabrication de l'éventail est une industrie si complexe, que l'on ne sait vraiment où elle commence, où elle finit, et elle présente ce fait étrange que l'éventailliste proprement dit est, de tous les fabricants par les mains desquels passe l'éventail, celui qui y travaille le moins, et cependant celui dont l'intervention est la plus utile. Cette singularité se remarque dans d'autres industries, elle devait être signalée, et nous l'expliquerons.

Disons d'abord où et comment se font les éventails [1].

La monture de l'éventail s'appelle le *pied* ou le *bois*, quelle que soit la matière qui la compose; pour faire ce *pied*, on commence par scier ou débiter dans un morceau de bois, d'ivoire, de nacre ou d'os, les *brins* qui forment la *gorge* et les

---

[1] Nous devons une partie de ces renseignements sur la fabrication à l'obligeance de M. Duvelleroy, l'un de nos premiers éventaillistes.

(*Note du rapporteur.*)

deux longues branches extérieures destinées à protéger la feuille, l'éventail étant fermé, et que l'on nomme les *panaches*. Des mains du *débiteur*, les *brins* et les *panaches* passent dans celles du *façonneur*, qui donne au *bois*, avec la lime, la façon et la forme convenues. Ainsi préparé, le *bois* arrive successivement au *polisseur*, au *découpeur*, qui évide et taille à jour les *brins*, au *graveur*, au *sculpteur*, au *doreur*, au *poseur de paillettes* en or, en argent, en acier, etc. Le *pied* est alors terminé; il est envoyé à la fabrique sur les dessins de laquelle cette première série de travaux a été effectuée, et la *tête* y reçoit la *rivure*, c'est-à-dire le clou avec les deux petits yeux qui réunit les brins et les panaches. Cette rivure est ornée parfois d'une pierre fine.

La feuille est l'autre partie non moins essentielle de l'éventail. Quelquefois simple, plus souvent double, elle est faite ordinairement en papier doublé de cabretille, soit en parchemin, en canepin, en papier peint, en satin ou en gaze de soie. Un *dessinateur* compose le sujet, que l'on fait *graver* ou *lithographier*, et que l'on remet ensuite à la *coloriste*. Les feuilles des éventails riches sont peintes à la gouache sur vélin, et ce travail, exécuté habituellement par des artistes connus sous le nom de *feuillistes*, est confié, pour les pièces de prix, à des peintres de talent: Boucher et Watteau, Camille Roqueplan, Gavarni, Clément Boulanger et Dupré ont signé des éventails.

La feuille étant prête, est plissée dans un moule de papier fort, puis fixée sur la monture; elle est rendue adhérente au pied par les *bouts*, lamelles minces et flexibles qui sont le prolongement des brins, et sur lesquels une face de la double feuille est collée. On dessine alors au pinceau avec un mordant, puis on dore à l'or fin la bordure, qui, dans les éventails communs, est imprimée aussi au mordant et dorée en faux. Le *décorateur* complète l'enjolivement de la feuille, du pied et des panaches par des ornements en or, en bronze, en couleur, etc. Enfin, une ouvrière fait la *visite*; elle est chargée de donner la dernière façon à l'éventail, d'y poser les glands, les houppes, d'assortir les étuis, etc., etc.

Ainsi l'éventail n'occupe pas moins de 18 ouvriers; il y a peu d'objets qui soient le produit d'une telle division de travail. En résumé, la fabrication se divise en trois séries :

1° Travail du *bois*, qui est ouvré et orné par le débiteur, le façonneur, le polisseur, le découpeur, le graveur ou le sculpteur, le doreur, le pailleteur, le riveur, et quelquefois le bijoutier pour sertir la pierre de la rivure.

2° Travail de la *feuille*, qui réclame le dessinateur, l'imprimeur, la colleuse, la coloriste et le peintre.

3° Travail d'ensemble, auquel sont employés la monteuse, le borduriste, la bordeuse et la visiteuse.

Le *bois* est fabriqué dans les communes d'Andeville, du Déluge, de la Boissière, de Corbeil-Cerf et de Sainte-Geneviève. Parmi la population de tabletiers qui peuple ce pays, situé entre Méru et Beauvais, dans le département de l'Oise, 2,000 ouvriers environ, hommes, femmes et enfants, sont occupés par l'industrie de l'éventail. L'alisier, le prunier, l'ébène, le sandal et le citronnier, l'os, l'écaille, l'ivoire et la nacre, telles sont les matières qu'ils façonnent. Tous sont des paysans qui, sans principes de dessin, gravent, sculptent et dorent avec une hardiesse et une habileté singulière. Au moyen de petites scies faites par eux-mêmes avec des ressorts de montre, ils découpent ces dentelles fines et variées qui donnent aux brins tant de légèreté. Bons ornemanistes, ils excellent dans la marqueterie, l'incrustation et la sculpture des fleurs.

L'impression ou la peinture de la feuille, la monture et le finissage de l'éventail se font à Paris; ces deux dernières opérations ont lieu ordinairement chez l'éventailliste, et ceci nous ramène à notre point de départ, à expliquer quelle part il prend à la fabrication. Disons auparavant que presque tous les ouvriers occupés à l'une ou à l'autre des branches spéciales de cette industrie travaillent à leurs pièces, chez eux, et souvent même en famille, c'est-à-dire aidés par leurs femmes et leurs enfants.

L'éventailliste concentre en ses mains l'ensemble des façons; il réunit en un faisceau tous ces éléments isolés. C'est lui qui guide le paysan de l'Oise et lui fournit le modèle, qui modifie son goût et son travail suivant les variations de la mode; c'est encore lui qui inspire et conseille le feuilliste, corrige son dessin, y assortit les ornements des brins et des panaches, qui dirige et perfectionne la monture, qui combine toutes les diverses façons, de manière à obtenir au meilleur marché possible un produit original et bien fait.

L'éventailliste, bien que souvent il n'ait chez lui qu'un petit nombre d'ouvriers, et qu'il ne fabrique rien de toutes pièces, n'en est pas moins un industriel digne d'encouragements et de récompenses, au même titre que l'éditeur et que bien des fabricants éminents qui sont des chefs d'industrie sans être des chefs d'atelier.

La fabrication de l'éventail a été perfectionnée en France dans ces dernières années; elle est aujourd'hui arrivée à une beauté d'exécution telle, que les imitations des éventails des xviie et xviiie siècles sont souvent préférées aux originaux, que l'Angleterre, l'Italie, l'Espagne et ses colonies, le Portugal et l'Amérique du Sud recherchent nos éventails de tout genre, et nous en achètent pour quatre ou cinq millions de francs environ.

La fabrication chinoise est toutefois encore supérieure : quoi qu'on ait dit, et malgré tous les efforts, les éventaillistes cantonnais n'ont pas, à prix égal, de rivaux pour la sculpture, la gravure ou la découpure des bois en nacre, en ivoire, en os, pour la pureté et l'éclat de leur laque, la finesse et l'élégance de leurs décors. Verve et originalité de dessin, vivacité de couleur, correction et solidité de travail, hardiesse de pinceau, perfection d'ajustement; on trouve ces mérites réunis jusque dans les éventails les plus communs, nous serions plus vrai en disant les moins chers. Il est impossible de comparer les éventails de quinze centimes de Paris avec ceux de Canton[1].

---

[1] On peut consulter, sur les éventails et les écrans chinois, notre *Étude pratique du commerce d'exportation de la Chine*, page 91. (Guillaumin, 1848.)

Il est juste de dire que nous n'avons ni bambou, papiers, laque, ivoire, soieries, aussi convenables pour cet emploi et à si bas prix, ni artistes et artisans laborieux et habiles à 2 fr. 50 cent. par jour, et que les nôtres n'ont pas la même sûreté et la même dextérité de main.

C'est encore faire l'éloge des éventaillistes parisiens que de les placer après leurs confrères cantonais, et de dire que dans les Indes orientales ils essayent de lutter contre la concurrence de ceux-ci. Avoir engagé cette lutte en Malaisie et dans les présidences de l'Inde, la soutenir victorieusement pour le prix et le goût en Amérique, dans les États du Sud et les colonies espagnoles contre les produits chinois qui y abondent, est un mérite d'autant plus grand que les rivaux sont plus intelligents et plus habiles.

On comptait à Paris, en 1750, cent cinquante maîtres éventaillistes[1]; il n'y en avait plus, en 1827, que le dixième; depuis lors, leur nombre s'est encore réduit, mais le chiffre de leurs affaires a augmenté considérablement; trois ont exposé en 1827.

La situation de l'industrie des éventails à Paris, en 1827, a été exposée avec assez d'exactitude dans les *Recherches statistiques sur la ville de Paris et le département de la Seine*, 1829 (tableau n° 118); en voici les faits principaux :

Les quinze fabricants de Paris, en 1827, faisaient travailler, dans le département de l'Oise, 1,200 ouvriers, et à Paris, 1,010 ouvriers (344 hommes, 500 femmes et 166 enfants), ainsi divisés :

---

[1] Voici ce que nous trouvons dans une lettre adressée au Ministre de l'intérieur par la chambre de commerce de Paris, le 28 mars 1807 :

«Il y avait à peu près à Paris cinquante fabricants d'éventails avant la Révolution, qui occupaient ensemble, soit dans leurs ateliers, soit en chambre, deux mille ouvriers et quatre mille ouvrières de tout âge.

«Depuis la Révolution, il s'est créé trois à quatre cents éventaillistes, dont les deux tiers ont été culbutés, surtout depuis que les femmes ont substitué le ridicule à l'éventail.»

Peintres en figures..................... 21

Id..... en fleurs..................... 27

Monteurs et monteuses.............. 300

Riveurs........................... 24

Enjoliveurs....................... 12

Découpeurs....................... 32

Borduristes....................... 230

Feuillistes....................... 25

Enlumineurs..................... 240

Imprimeurs....................... 21

Colleurs........................ 18

Vernisseurs..................... 10

Bijoutiers....................... 8

Empaqueteurs et visiteuses............. 42

1010

Dans la valeur du produit, la matière première entre pour 21 pour 100, et la façon pour 79 pour 100. Ainsi, en 1827, celle-là représentait une valeur de 186,000 francs, dont 50,000 francs en os, ivoire, écaille et corne; 29,000 francs en bois exotiques et indigènes, 25,000 francs en papier, 20,000 francs en peaux d'Italie, 30,000 francs en or et argent, etc.; la main-d'œuvre s'élevait, pour les 2,210 ouvriers, à 684,390 francs. Enfin, les éventails fabriqués en 1827 étaient estimés à 1,013,000 francs, dont le dixième seulement était présumé se vendre en France. Il ne faut pas oublier qu'à cette époque l'entrée des éventails était prohibée en Espagne, dans les possessions autrichiennes, en Italie, et que l'exportation en était arrêtée par les guerres intestines des États de l'Amérique du Sud.

. Il y a aujourd'hui, tant fabricants que façonniers, environ cent éventaillistes, dont la production annuelle est de 2,500,000 francs, et qui ne font travailler, à Paris seulement, que 500 ouvriers, hommes, femmes et enfants.

M. DUVELLEROY, passage des Panoramas, n° 17, à Paris.

Médaille d'argent.

M. Duvelleroy a substitué au débitage à la main du bois d'éventail le sciage mécanique; au découpage à la scie, l'emporte-pièce; au travail de la lime pour façonner les brins et les panaches, le balancier; au décor à la main, les impressions lithochromiques; à la ciselure, l'estampage, etc. Ces applications à l'industrie de l'éventail de procédés sanctionnés par l'expérience ont assuré une économie précieuse de matière, de temps et de main-d'œuvre.

Les *bois* débités, façonnés et découpés à la mécanique, les *feuilles* décorées également à la mécanique, sont tous d'une exécution très-satisfaisante, tous d'un prix avantageux. M. Duvelleroy fait imprimer en couleur non-seulement les dessins de la feuille, mais ceux destinés à recouvrir les brins et les panaches, et, dans ce but, collés sur feuillets de bois ou de carton et découpés au balancier. Ces lithographies, fond or ou bleu d'outremer, sont en général d'un bon style, d'un coloris éclatant et varié.

Le jury ne pouvait apprécier à sa valeur la fabrication de M. Duvelleroy d'après les éventails de luxe qui étaient exposés; il a rendu justice à la distinction des modèles, au mérite de la peinture, au soin qui apparaît jusque dans les détails. Nous avons voulu juger par l'ensemble de la production les avantages des améliorations qui nous étaient signalées. Une collection de plus de trois cents dessins, des essais de composition et de moulage pour faire et décorer les panaches, des brins en carton, bois, haliotide, écaille, découpés au balancier avec précision, une curieuse variété de modèles, des éventails depuis 6 francs la grosse (4 centimes la pièce); un choix des genres à 5 centimes et demi, à 25 centimes, à 2 fr. 50 cent. et 4 fr. 50 cent. en os, à 4 francs en laque, à 12 francs en nacre, à 18 francs en os, plumes et or, à 20 francs, en nacre et or avec double miroir, etc., qui sont les plus demandés à l'étranger : toutes ces preuves nous ont convaincu que M. Duvelleroy n'est pas resté au-dessous de son expérience et de sa réputation. L'importance de sa maison a augmenté : environ 350,000 francs d'affaires, dont les sept dixièmes pour l'exportation; 200 ouvriers, hommes, femmes, enfants, employés tant à Paris que dans l'Oise, en témoignent.

Nous ne ferons pas à M. Duvelleroy un reproche du singulier

goût de quelques modèles, des vieilles gravures de la Restauration, des enluminures éclatantes ou des assez mauvaises lithographies politiques que l'on trouve sur plusieurs feuilles : tout cela a le grand mérite de convenir, les unes à la consommation américaine, les autres à la vente populaire. Il a été vendu, par exemple, à Paris, 13,000, et à Londres près de 4,000 de ces éventails à 50 centimes, dont la feuille offrait les portraits des membres du Gouvernement provisoire. Édités dans les premiers jours de mars 1848, ils ont occupé, durant une partie de nos agitations révolutionnaires, les ouvriers de M. Duvelleroy. Parmi les autres éventails *de circonstance*, nous citerons la feuille dite *de la Reine d'Espagne*, dont il a été commissionné 200 douzaines pour Saint-Thomas.

Le jury central décerne à M. Duvelleroy une médaille d'argent.

Médailles de bronze.

Mme veuve Isidore DUPRÉ et M. AUBÉRY, boulevard Saint-Denis, n° 22 *bis*, à Paris.

Mme veuve Isidore Dupré et M. Aubéry soutiennent dignement la réputation de Mme Isidore Dupré, à laquelle le jury a accordé en 1844 une médaille de bronze : ils font avec un égal succès tous les genres de bois et de feuilles ; brisés ou non, leurs éventails se font remarquer par le fini du travail et de la peinture. Les belles pièces de luxe exposées ne pouvaient nous suffire pour juger la fabrication de cette maison, et nous avons dû examiner les produits qu'elle exporte dans les états du sud de l'Europe et de l'Amérique.

Mme veuve Isidore Dupré et M. Aubéry ont soin de se conformer aux goûts, aux idées, aux modes des pays auxquels ils expédient : cette intelligente prévenance explique l'étrangeté des modèles et des décors. Les prix de 7 à 27 francs la grosse (de 5 à 18 centimes pièce), de 5 à 45 francs la douzaine, de 15 à 55 francs la pièce, indiquent sur quelles conditions a porté notre attention ; nous avons trouvé l'exécution satisfaisante et bien entendue. Le jeu de quelques éventails était affaibli par des bouts trop courts pour la hauteur de la feuille ou gêné par une rivure un peu serrée.

Mme veuve Isidore Dupré et M. Aubéry se présentent pour la première fois à l'Exposition sous cette raison sociale.

Le jury leur décerne une médaille de bronze.

M. Félix ALEXANDRE, rue Saint-Honoré, n° 40, à Paris.

M. Alexandre est à la fois dessinateur sur canevas, feuilliste et éventailliste.

Comme dessinateur pour tapisserie à l'aiguille, il a présenté deux grands bouquets de fleurs d'un beau style; il y a, dans le *jeté*, de la vivacité et de la hardiesse, dans la forme et le nué, une grande vérité. Iris, jacinthes, convolvulus, tulipes, œillets, lilas, sont traités avec bonheur. Deux tapisseries exposées ont prouvé qu'il est possible d'exécuter à l'aiguille et les dessins et la gamme d'ombrés qui les anime. Elles reproduisaient avec fidélité deux études de fleurs d'après Van Spaendonck. L'appréciation du mérite de M. Alexandre, comme dessinateur, appartient à la sous-commission des dessins de fabrique; nous ne nous arrêterons donc pas plus longtemps sur cette première partie de son exposition.

M. Alexandre a succédé à M. Desrochers; celui-ci, éventailliste habile, s'était attaché à imiter, avec l'exactitude la plus minutieuse, les éventails des XVII° et XVIII° siècles, et, après de laborieux essais, il a réussi à produire des copies quelquefois confondues avec les originaux. Sur la plupart des feuilles, on retrouve la mignardise et la grâce de la peinture des feuillistes contemporains de Boucher et de Watteau; les bordures sont ornées de roses, de véroniques, de bluets, délicieusement enlacés par de légers rinceaux dorés. Le travail délicat des brins et des panaches est digne d'être signé par les maîtres éventaillistes du XVII° siècle. Ces éventails sont des œuvres d'art bien étudiées, et ont un cachet de distinction qui explique leur vogue. Le prix en est, on le conçoit, en général assez élevé : il varie de 35 à 600 francs; dans ceux dont la valeur ne dépasse pas 100 francs, la feuille est ordinairement peinte sur un fond lithographié.

La révolution de février a considérablement réduit l'importance de la maison Alexandre, qui occupait en atelier, avant 1848, deux imprimeurs, six peintres, deux monteurs et deux doreurs. Elle n'a pas abandonné la spécialité des éventails de luxe, dans laquelle elle fait toujours preuve d'habileté.

Le jury central décerne à M. Félix Alexandre, pour l'ensemble de ses produits, une médaille de bronze.

Citations
favorables. Mlle Pauline CHÉRADAME, rue Rochechouart, n° 12, à
Paris.

Mlle Chéradame est une ouvrière fleuriste, élève de M. Constantin, qui a eu l'idée d'appliquer des fleurs artificielles sur l'une des faces d'un éventail, d'articuler la monture de celui-ci de manière à pouvoir le transformer en bouquet. Cet éventail est une élégante fantaisie, qui aura peut-être à l'étranger un petit succès de nouveauté.

Le jury accorde à Mlle Chéradame une citation favorable.

Mmes de BÉMY, rue Phélipeaux, n° 5 *bis*.

Mmes de Bémy ont cherché à imiter les écrans à main de Soutchou, brodés en soie et peints sans envers, et ceux de Canton, peints sur brins de bambou; elles ont produit des ouvrages élégants et d'un joli travail, mais sans atteindre à l'originalité, à la netteté et au bon marché des modèles chinois (à Chang-haï, un écran brodé et peint coûte 75 centimes, avec monture en bois laqué et long gland de soie). Quelques autres écrans de fantaisie peuvent convenir pour l'exportation et prouvent l'habileté de Mmes de Bémy dans cette petite fabrication.

Le jury leur accorde une citation favorable.

---

§ 8. IMITATION DES BOIS ET MARBRES PAR LA PEINTURE.

M. Léon Feuchère, rapporteur.

CONSIDÉRATIONS GÉNÉRALES.

Malgré tout le mérite que peuvent avoir les imitations, sous le rapport du trompe-l'œil, il est incontestable qu'à l'exception de l'intérêt que peut offrir à l'amateur l'imitation parfaite de la nature, son but est complétement manqué si à ces conditions, plus ou moins intéressantes de l'art, ne viennent se joindre, pour plus grand intérêt, le bon marché ou tout au moins une sensible et imposante différence entre le prix de cette imitation et l'emploi des bois naturels. Ce n'est donc qu'à cette dernière condition que les imitations peuvent faire

partie des intérêts exigés par l'industrie. Le jury a donc dû
se préoccuper, en première ligne, des prix qui pussent donner
à cette industrie le droit inhérent à tout échange commercial,
c'est-à-dire les prix de vente possible. Ces conditions, obtenues
par des renseignements sûrs, permettront au jury d'admettre
au droit de récompense les exposants qui suivent.

M. Louis-Antoine FOULLEY, rue de Charonne, n° 51, à Paris, — *Médaille de bronze.*

Expose un tableau d'échantillons de bois et de marbres disposés
de manière à former, par ses compartiments variés, une très-belle
mosaïque; des encadrements et filets divisent les diverses natures de
bois et de marbre qu'il représente. L'imitation de chacune de ces
variétés est parfaite. L'observation la plus minutieuse de tous les
accidents qu'offrent ces natures si multipliées, est poussée à un tel
point qu'il est difficile, si ce n'est impossible, de déterminer la limite de l'art et de la nature.

Le jury, voulant récompenser cette sorte de talent, qui trouve
si fréquemment son application, décerne à M. Foulley la médaille
de bronze.

M. GERSIN, rue du Faubourg-Saint-Antoine, n° 3, à Paris. — *Mention honorable.*

Quoique cet exposant présente moins de variétés de bois, cependant nous devons dire que, dans la porte à deux venteaux, offerte à
notre examen, le mariage des bois de rose, palissandre et chêne
est non-seulement d'un effet heureux, mais que leur exécution est
poussée à un tel point de perfection qu'il faut voir de près et toucher pour ne pas croire à des bois naturels.

Le jury donne à M. Gersin une mention honorable.

M. LESIEUR, rue d'Aboukir, n° 23, à Paris, — *Citations favorables.*

Est cité favorablement pour ses modèles d'enseignes.

M. WATTRAU-MAYER, de Lyon (Rhône),

Est cité favorablement pour ses tables en imitation de mosaïque.

§ 9. DORURE SUR BOIS ET SUR ÉTOFFE.

M. Léon Feuchère, rapporteur.

CONSIDÉRATIONS GÉNÉRALES.

Comme il y a cinq ans, les procédés de dorure n'ont pas varié : comme il y a cinq ans aussi, la dorure offre toutes les garanties de bonne exécution qu'il est permis de désirer ; aussi le jury se plaît-il à citer avec éloge ceux qui ne reculent pas devant les bonnes traditions, à cette époque, surtout, où bien des acheteurs préfèrent l'aspect de la chose à la chose elle-même.

Médailles de bronze. M. Pierre-Prosper SOUTY, à Paris, rue du Louvre, n° 18.

La maison Souty, connue de père en fils depuis 1802, époque de sa fondation, et récompensée en 1844 par une mention honorable, a joint depuis, à son établissement de dorure, un atelier de sculpture et de carton-pierre.

Les objets que M. Souty soumet au jury justifient par le talent et l'intelligence qui ont présidé à leur exécution, le parti que cet industriel actif a adopté. Par là M. Souty a vu sensiblement augmenter son chiffre d'affaires, qui, vu la bonne qualité de sa dorure, sont presque toutes pour l'intérieur.

L'exportation dans cette maison ne compte que pour un sixième.

La réputation justement méritée que M. Souty s'est acquise, le jury est heureux de la constater de nouveau en lui décernant une médaille de bronze.

M. Jean-Auguste LAJOIE, rue de Charonne, n° 47, à Paris.

Pour la décoration d'un appartement riche, on procède habituellement par la pose de baguettes, bordures, enfin panneaux avec leurs ornements, qu'on livre ensuite au doreur. Cette façon, qui est celle ordinaire entraîne souvent des lenteurs qu'il est facile de comprendre.

Pour obvier à ces inconvénients si fréquents, M. Lajoie a fondé, depuis 1839, un établissement important où se confectionne à l'avance, tout doré, des ornements, panneaux, bordures, écoinçons, qu'il peut mettre en place en très-peu de temps. Pour une fête improvisée, quelques heures suffisent pour réaliser avec succès la décoration la plus somptueuse et la plus recherchée.

Quelques échantillons habilement traités et solidement dorés nous ont complétement édifiés sur les moyens ingénieux que M. Lajoie met au service du consommateur impatient.

Le jury décerne à M. A. Lajoie la médaille de bronze.

M. Pierre-Alexandre EDAN, à Paris, rue d'Angervilliers, n° 10.

Mentions honorables.

Établi depuis 25 ans, outre la dourure sur cadres, entreprend avantageusement la dorure en bâtiment. Ses procédés sont ceux connus, mais ce qui se remarque dans les travaux de M. Edan, c'est la conscience et le soin avec lesquels ils sont constamment exécutés.

Une console très-riche d'ornementation en bois sculpté, et deux cadres, dont un d'une grande dimension et orné de pâtes très-refouillées, sont des échantillons importants où se trouvent réunies toutes les difficultés qu'entraîne la dorure faite avec intelligence et solidité.

Le jury accorde à cet habile doreur une mention honorable.

M. Louis-Édouard MULLER, quai Saint-Michel, n° 21, à Paris,

Expose un grand assortiment de portefeuilles enrichis de dorures, des buvards en peau et velours, des étuis à cigares, avec mosaïque en relief, des couvertures de livres, soit en cuir, soit en étoffes. Tous ces objets sont ornés plus ou moins richement de dessins dorés.

L'ensemble de ces produits, traité également avec beaucoup d'intelligence offre un résultat avantageux aux reliures riches et procure à son auteur une vente importante.

Le jury donne à M. Muller une mention honorable.

M. BOURSIER, à Caen (Calvados).

Citations favorables.

Le jury cite favorablement M. Boursier pour ses réparures faites aux cadres anciens, travail qui est d'un grand intérêt.

M. Jean-François RONSEN, rue Ménilmontant, n° 7, à Paris.

Pour sa dorure en faux qui imite si bien la dorure en fin, le jury donne une citation favorable à M. Ronsen.

S 10. MACHINERIE DE THÉATRE.

M. Léon Feuchère, rapporteur.

Mention honorable. M. Philippe-Auguste SANREY, à Paris, rue des Fossés-Montmartre, n° 18.

M. Sanrey, machiniste, déjà cité favorablement en 1844, s'occupe spécialement de machinerie de théâtres, mais de théâtres destinés aux jouissances de l'enfance. Par des changements à vue et réellement féériques, il sait les rendre intéressants même pour ceux qui déjà ont dépassé de beaucoup les limites de la jeunesse.

D'ailleurs, quel père ou plutôt quelle mère de famille n'aura pas une reconnaissance profonde pour celui qui, par une heureuse combinaison, procure aux enfants l'attrait des jeux tranquilles.

Au reste le système de M. Sanrey peut s'appliquer à une théâtre déjà d'une échelle assez grande, par exemple, à un théâtre de société.

Le jury décerne à M. Sanrey une mention honorable.

S 11. CONSTRUCTIONS ET MODÈLES, PLANS EN RELIEF.

M. Léon Feuchère, rapporteur.

Médaille d'argent. ASSOCIATION DES OUVRIERS CHARPENTIERS, à la Villette, rue d'Allemagne, n° 51.

Tout le monde sait que cette association est une des plus anciennes et des plus recommandables.

D'usage immémorial ces corporations établissent ce qu'on appelle le *chef-d'œuvre*, auquel chacun des compagnons coopère, ou tout au moins le grand nombre.

Quand un compagnon manque d'ouvrage, il se rend chez *la mère*, qui toujours est un marchand de vins. Là réside le chef-d'œuvre.

L'association doit, pendant 3 ou 4 jours, temps jugé nécessaire au compagnon, asile et nourriture; en échange de cette hospitalité vraiment fraternelle, celui-ci paye son tribut à l'association en travaillant au chef-d'œuvre, qui est confié à la sollicitude de *la mère*.

C'est donc à cette institution si belle et si noble que nous devons d'avoir pu admirer à l'exposition :

1° Un modèle excessivement précieux et par son travail et par le souvenir qu'il entraîne avec lui, c'est le modèle de la charpente si ancienne de la cathédrale de Paris, qui date du XIII° siècle et qui, du reste, s'est conservée jusqu'à nos jours, moins la partie supérieure de la flèche.

Il n'existe dans cette charpente aucune partie en fer, ni boulons, ni plates-bandes, et pour réunir les diverses pièces on a employé simplement de longues clefs en bois retenues par des contre-clefs.

2° Un baldaquin ou dôme dans lequel on peut remarquer toutes les difficultés de la charpente résolues avec un art qui fait de nos charpentiers français les plus habiles entre tous.

Le jury, heureux d'applaudir à ces grandes solidarités du mérite et de l'intelligence, félicite hautement les compagnons charpentiers pour les beaux résultats qui incontestablement justifient le titre de *chef-d'œuvre*, et décerne à l'Association de la Villette la médaille d'argent.

M. Louis GALOUZEAU DE VILLEPIN, à Paris, rue de l'Ouest, n° 48.

Médaille de bronze.

Ce que le talent manuel et la patience peuvent créer se résume de suite dans l'admirable travail que présente à l'exposition M. Galouzeau de Villepin. Tout le monde a vu avec surprise ce plan en relief, image fidèle de Notre-Dame de Paris, exécuté en plâtre au 144°, et composé de 1,080 pièces rapportées.

Le scrupule le plus ingénieux dans les détails comme dans l'ensemble se fait admirer pour l'intérieur comme pour l'extérieur de ce précieux portrait.

On ne peut considérer ce magnifique morceau que comme un objet d'art, ou tout au moins le classer parmi la haute curiosité.

Il est regrettable que le prix d'un pareil travail en rende l'acquisition difficile, car un musée ne rougirait pas d'admettre dans son sein un résultat aussi intéressant.

Le jury accorde à M. Galouzeau de Villepin une médaille de bronze.

M. Victor MASSE, à Paris, rue du Petit-Bourbon-Saint-Sulpice, n° 7.

Mention honorable.

Le jury décerne une mention honorable à M. Masse pour son plan en relief de la colonie de Mettray. D'autres plans de propriétés particulières, et qui sont livrés à des prix très-modérés, nous ont paru devoir être en même temps très-utiles et très-intéressants pour les propriétaires qui désirent juger plus facilement et d'une manière plus vraie des divers détails qui composent une propriété rurale.

TROISIÈME SECTION.

ÉBÉNISTERIE, TABLETTERIE, EMPLOI DU BOIS.

M. Blanqui, rapporteur.

CONSIDÉRATIONS GÉNÉRALES.

L'ébénisterie française, presque toute parisienne, a eu à traverser de mauvais jours depuis la dernière exposition. Cantonnée au faubourg Saint-Antoine, elle a vécu au milieu des orages, sans rien perdre de son caractère de supériorité et de distinction habituel, et le nombre des exposants qui la représentaient, loin de diminuer, n'a cessé de s'accroître. On n'en comptait pas plus de 60 en 1844 : ils étaient plus de 120 à l'exposition de 1849. Leurs produits brillants et variés ont attiré au plus haut degré l'attention publique, et l'ont justifiée à tous égards par la richesse du travail, l'élégance des formes, et par plusieurs perfectionnements d'un mérite reconnu. Il convient de diviser cette industrie en plusieurs catégories pour rendre à chacune d'elles la justice qui lui est due, et aussi pour lui donner quelques indications utiles.

Ces différentes branches de l'ébénisterie se composent de la fabrication des meubles de luxe et des meubles usuels, en bois d'origines diverses, et de celle des divans, fauteuils, canapés, connue sous le nom d'ébénisterie de siége, qui comprend, outre la garniture, la construction des supports, la taille des formes et la préparation des bois. L'ébénisterie occupe à Paris, chaque année, près de 12,000 ouvriers, dont la plupart sont de véritables artistes, aux travaux du dessin, du sciage, du découpage, du placage, du montage et des innombrables détails de cette belle fabrication. Sa production s'élève à plus de 30 millions de francs.

On peut dire que le monde entier est tributaire du faubourg Saint-Antoine, car ses meubles, déjà répandus par toute
l'Europe, s'exportent en nombre de plus en plus considérable
pour l'Amérique, où leur excellente construction brave les
variations les plus extrêmes de la température et du climat.
Les ouvriers parisiens excellent surtout dans la sculpture sur
bois, dans le placage et dans les imitations de style de toutes
les époques par eux reproduites avec un art infini. Eux seuls
semblent connaître le secret d'approprier les meubles à tous
les besoins, à tous les caprices de la consommation, et de donner à ces vêtements de nos habitations toute la grâce et la
souplesse des vêtements de l'homme.

C'est ainsi, pour commencer par l'utile, qu'ils ont exposé,
cette année, une foule de lits ou de canapés à système, de
tables servant à deux, et même à trois fins, de secrétaires et
de bureaux à secret, de fauteuils de malades, de pliants portatifs, de hamacs oscillants contre le mal de mer, et une infinité d'autres meubles, plus ou moins ingénieux, qui n'ont
cessé d'exciter l'intérêt général. Peut-être les fabricants ont-ils
trop sacrifié à l'art dans l'époque sévère où nous entrons : les
galeries de l'Exposition étaient encombrées de buffets gigantesques, de bibliothèques d'un prix inaccessible, et de bahuts
imités du passé, pas toujours heureusement, il faut le dire.
Ces imitations venaient presque toutes de l'industrie départementale, et il est fort à craindre pour leurs auteurs qu'elles y
retournent sans autre récompense que les regards étonnés ou
distraits du public.

L'art véritable, celui qui demeure fidèle tout à la fois au
goût et à la vérité, comme types éternels du beau, ne s'est
retrouvé à l'Exposition que chez un petit nombre de fabricants. La plupart des autres ont couru après le bizarre, en
mêlant tous les styles et en confondant toutes les époques,
comme pour faire voir qu'ils seraient capables de triompher
des plus grandes difficultés. Il en est, le jury doit le dire,
qui ont poussé jusqu'à l'abus le luxe des sculptures, et qui les
ont prodiguées dans certains meubles, tels que des canapés

et des fauteuils, au point de les rendre inhabitables à force d'aspérités. On peut citer et blâmer, dans ce genre, des fauteuils qui coûtent 1,000 francs la pièce, et dont il serait dangereux de se servir.

Le jury ne saurait trop prémunir la fabrication française contre les excès de ses qualités mêmes. Les meubles de 20,000 f. ne sont plus des produits de l'industrie, mais de l'art. On a vu reparaître pour la troisième fois une table à écrire cotée 4,000 francs, et qui attend un acheteur depuis quinze ans. Un guéridon de 1,500 francs, une toilette de 3,000 francs, une petite bibliothèque de 5,000 francs, un bahut de 8,000, quand ils ne sont pas commandés à l'avance, sont parfois des causes de ruine pour leurs auteurs. C'est à d'autres produits que le jury attache surtout de l'importance; c'est l'ébénisterie simple et gracieuse, élégante et commode, bien exécutée, solide, d'un jeu facile et régulier, qu'il importe de favoriser, car c'est celle-là seule qui répond aux besoins sans cesse renaissants de la consommation, et qui donne vie aux affaires.

Le jury a remarqué que la fabrication était restée trop servilement fidèle au culte de l'acajou et du palissandre, dont la monotonie a été à peine rompue par quelques assortiments de meubles en bois de rose et d'ébène, ou plutôt de poirier teint en noir. Les fabricants se sont renfermés dans le cercle trop étroit de ces matières premières, à cause du peu de succès obtenu aux expositions précédentes par les bois indigènes, nommément ceux d'érable, de frêne et de chêne; mais il faut absolument qu'ils recherchent d'autres bois, et ces bois ne leur manqueront pas. Le refuge qu'ils ont cru trouver cette année dans l'essai de quelques meubles de bois préparés par le procédé du docteur Boucherie, ne saurait leur offrir aucune sûreté : ces bois sont de couleurs fausses, ternes, maladives, et ne ressemblent pas plus aux couleurs naturelles, qu'un cadavre injecté à un être vivant.

Si donc l'acajou et le palissandre sont devenus communs, le poirier teint en noir un peu triste, et le bois de rose trop fragile et trop peu solide au placage à cause des petits fragments dont il est composé, l'ébénisterie doit aviser aux moyens de substituer des bois nouveaux à ceux qu'elle a employés jusqu'à ce jour. Ces bois existent en masses inépuisables à la Guyane, au Brésil, dans les forêts des environs de Caracas, dans les Indes, partout. Dans le seul arsenal de Bahia, on emploie plus de cent variétés de bois, brillant des couleurs les plus vives, et très-faciles à travailler. Dans les forêts qui longent le Danube, il existe des millions d'arbres séculaires de la famille des aliziers, dont le bois est d'un blanc d'argent incomparable, et le grain uni comme du cristal. Le jury a eu sous les yeux de nombreux échantillons de bois provenant des bords du fleuve de la Madeleine, et qui pourraient arriver, aux prix les plus modérés, par le port de Carthagène jusque sur nos rivages.

Les progrès vraiment admirables constatés cette année dans l'industrie du placage, réduite à teindre ses bois en couleurs naturellement fugitives, feront sans doute apprécier aux fabricants de meubles l'importance des observations du jury central sur la nécessité de rechercher de nouvelles variétés de bois. Le meuble exposé par M. Cremet en offre un exemple frappant : il est évident que les revêtements intérieurs de ce meuble, si gracieusement ornés de fleurs, auraient infiniment plus de prix si la couleur des bois, au lieu d'être artificielle, eût été naturelle. La nouvelle carrière ouverte au placage par cet essai décisif, serait vraiment sans limites et compenserait par la variété de la matière première la monotonie à peu près inévitable de la forme dans les meubles courants.

Ainsi, en résumé, l'ébénisterie française s'est maintenue à la hauteur de sa vieille réputation. Le nombre des exposants a doublé. Les œuvres d'art et de goût ont trouvé de dignes représentants dans M. Grohé, dans M. Lemarchand et dans les ouvriers de l'Association parisienne, qui ont exposé une bibliothèque admirable. La fabrication marchande a multiplié et perfectionné les meubles utiles; les meubles de ménage et de fantaisie, tels que lits et fauteuils mécaniques, guéridons, tables de jeux, présentaient une variété de dispositions infinies. A quelques exceptions près, la sobriété des ornements, la simplicité, la bonne exécution, étaient fort remarquables dans cette catégorie. La perfection avec laquelle nos découpeurs sont parvenus à développer en feuilles sans fin des billes entières d'acajou, de palissandre et même d'ivoire, a permis d'employer ces feuilles sans craindre les accidents du placage, si fréquents dans les joints. Le jury espère donc que l'ébénisterie, cette belle industrie, l'une des gloires de la capitale, retrouvera dans le retour du calme, trop souvent troublé au foyer même de ses travaux, la prospérité de ses anciens jours.

§ 1er. ÉBÉNISTERIE D'ART.

M. Blanqui, rapporteur.

Rappel de médaille d'or. MM. GROHÉ frères et J.-M. SCHALLER neveu, rue de Varennes, n° 30, à Paris,

Ont obtenu toutes les récompenses et les ont justifiées, s'il le fallait, une fois de plus, par les produits qu'ils ont exposés cette année, savoir: un meuble sculpté, style Henri II; un meuble en ébène, style Louis XIII; un meuble en bois de rose, style Louis XVI; un meuble en palissandre, style renaissance, et par tous les articles qui composent leur exposition.

Élégance, richesse, distinction, fidélité de style, exécution parfaite, intelligence irréprochable du caractère des diverses écoles, toutes ces qualités distinguent au plus haut degré les exposants, et elles en ont fait les fabricants de meubles les plus habiles, les plus noblement voués aux progrès de leur art. Le jury leur rappelle la médaille d'or.

Médaille d'or. M. MEYARD, rue du Faubourg-St-Antoine, n° 52, à Paris,

A obtenu une médaille d'argent en 1834, le rappel de cette médaille en 1839 et un nouvelle médaille d'argent en 1844.

Ce fabricant habile est à l'ébénisterie de consommation ce que MM. Grohé sont à l'ébénisterie d'art. Ses meubles, tous remarquables par l'utilité et la simplicité, par un goût pur et sévère, par une exécution irréprochable, ont maintenu les saines traditions de la fabrique dans toute leur intégrité. M. Meynard est l'ébéniste marchand par excellence. Il fait des meubles pour répondre aux besoins permanents plutôt qu'aux fantaisies passagères de la consommation, et l'on pourrait dire de son ébénisterie qu'elle se compose principalement de pièces de résistance. Telle est surtout une table d'étude à rallonge, pour le déploiement des cartes et des dessins, qui présente autant de solidité dans son plus grand déploiement que lorsqu'elle est repliée sur elle-même. Le jury central, non moins favorable à l'ébénisterie utile qu'à l'ébénisterie d'art, accorde à M. Meynard la médaille d'or.

M. FOSSEY, rue de Malte, n° 13, à Paris.

Nouvelle médaille d'argent.

Déjà honoré de la médaille d'argent, en 1844, a exposé cette année un buffet en acajou et ébène sculpté, de 5 mètres de long sur 2 mètres de hauteur, une table en noyer sculpté et quelques menus objets en bois sculpté de la plus belle exécution; le grand buffet, surtout, révèle un artiste habile et hardi, et capable d'ajouter à la haute réputation de l'industrie parisienne.

M. Fossey, ancien associé de la maison Fossey et Fourdinois, avait obtenu une médaille d'argent en 1844. Le jury lui en décerne une nouvelle.

MM. LEMARCHAND et LEMOINE, rue des Tournelles, n° 17, à Paris,

Suivent de près les traces de MM. Grohé et ils excellent surtout dans l'ébénisterie d'art. Les meubles qu'ils exposent sont tous remarquables par une exécution correcte, par la sagesse du dessin, et par le choix exquis des ornements. C'est de l'art calme et contenu, élégant et grave tout à la fois. MM. Lemarchand et Lemoine ont essayé cette année de naturaliser dans les *extérieurs* de l'ébénisterie le bois de sapin verni avec baguettes de bois de couleur, et quoique l'effet en soit un peu heurté et les tons trop criards, ces meubles peuvent être considérés comme une innovation heureuse pour les ameublements de campagne. MM. Lemarchand et Lemoine ont obtenu, en 1844, une médaille d'argent, le jury leur en décerne une nouvelle.

M. FISCHER, fils aîné, impasse Guéménée, n° 3, à Paris.

Rappel de médaille d'argent.

A obtenu une médaille d'argent en 1834, et des rappels successifs en 1839 et 1844. La table de salon qu'il expose, le lit, la commode et l'armoire à glace justifient un nouveau rappel, par la sagesse de la composition et le fini du travail.

M. JOLLY LECLERC, rue du Faubourg-Saint-Antoine, n° 38, à Paris,

A obtenu une médaille d'argent en 1839, et le rappel de cette médaille en 1844.

M. Jolly est un ancien ouvrier qui s'est élevé par son mérite, au travers de circonstances difficiles, et qui a donné à sa fabrication un caractère de simplicité solide et variée. Les deux meubles qu'il expose cette année, et particulièrement une armoire à glace en palissandre, ont prouvé que ce fabricant était toujours digne des suffrages du jury central, qui lui décerne un nouveau rappel de la médaille d'argent.

M. CLAVEL, rue de Charonne, n° 38 bis, à Paris,

Expose une armoire à glace en ébène, une table à coulisse en acajou, un buffet de salle à manger, un bureau dit ministre en ébène, et plusieurs autres meubles élégants, bien traités, d'une excellente fabrication courante.

Le jury lui décerne le rappel de la médaille d'argent, obtenue en 1844.

MM. Pierre et Christophe CHARMOIS, rue du Faubourg-Saint-Antoine, n° 23, à Paris,

Ont obtenu une médaille d'argent en 1844. Ils exposent cette année huit meubles de grandeur et de spécialité différente, toilette, buffet, lit, commode, armoire à glace, qui ont paru au jury dignes du rappel de la médaille accordée en 1844.

Médailles d'argent.

MM. REY et Cⁱᵉ, représentant l'Association parisienne des ouvriers ébénistes, rue de Charonne, n° 7, à Paris,

Ont exposé une bibliothèque en bois de palissandre avec ornements sculptés, qui présente réunies la plus grande partie des difficultés du travail de l'ébénisterie. Les autres objets qu'ils ont présentés à l'examen du jury ne sont pas comparables à ce chef-d'œuvre d'exécution dont la hardiesse et le fini révèlent des ouvriers con-

sommés. Finesse des moulures, harmonie des détails, élégance et
beauté de l'ensemble, rien ne manque à ce bel ouvrage, exécuté
avec des bois de choix et qui honore tout à la fois l'ébénisterie parisienne et l'Association des ébénistes. Le jury lui décerne une médaille d'argent.

M. TAHAN, rue Meslay, n° 4, à Paris.

Le prince de la petite ébénisterie, mériterait d'être rangé parmi
les artistes de la tabletterie, qui a été de tout temps la spécialité de
sa maison, si depuis quelques années il n'avait donné à la fabrication
des meubles d'art une attention particulière. Le petit bahut qu'il a
exposé, relevé par de gracieuses figures sur porcelaine, la variété
exquise de ses petits meubles et l'originalité élégante de toute son
exposition l'on fait juger digne de la médaille d'argent.

M. BOUTUNG, rue du Faubourg-St-Antoine, n° 23, à Paris,

Rappels de médailles de bronze.

Expose des meubles simples, mais très-bien faits, avec netteté,
solidité et élégance. Le jeu en est facile, souple, régulier. Excellente
ébénisterie de consommation et d'utilité.

Le jury rappelle à M. Boutung la médaille de bronze qu'il a obtenue en 1844.

M. KLEIN, rue du Faubourg-St-Antoine, n° 123, à Paris,

A reçu à la dernière exposition une médaille de bronze. Il présente cette année un ameublement de chambre à coucher du meilleur goût, table de salon et quelques autres pièces très-distinguées.
Cet habile fabricant a profité avec bonheur de la facilité que présente aujourd'hui le découpage de l'acajou en feuilles illimitées,
pour exécuter des placages d'une grande hardiesse.

Le jury lui décerne le rappel de la médaille de bronze.

M. VEDDER, rue du Pas-de-la-Mule, n° 1, à Paris.

Les objets exposés par ce fabricant sont très-variés. Son ameublement complet, armoire, lit, commode, table en acajou, a été fort
apprécié. L'exécution en est franche, nette, délicate et soignée au
plus haut degré. M. Vedder est un puriste de détails et il maintient
les bonnes traditions. Le jury lui décerne le rappel de la médaille
de bronze qu'il a obtenue en 1844.

M. HOEFER, boulevard Beaumarchais, n° 26, à Paris,

A exposé une véritable encyclopédie de meubles, au nombre de plus de vingt, en bois français et étrangers, avec ornements en bronze, du meilleur goût. Le jury lui accorde le rappel de la médaille en bronze, qu'il a obtenue en 1844.

M. BERTAUD, rue Meslay, n° 57, à Paris,

A obtenu, en 1844, une médaille de bronze pour la bonne exécution de ses produits. Ceux qu'il présente cette année, et surtout un bureau et une table à manger d'un nouveau système justifient le rappel que le jury accorde à cet exposant.

M. MARSOUDET, rue Beaumarchais, n° 4, à Paris,

Qui a obtenu une médaille de bronze en 1844, a exposé cette année deux petites bibliothèques avec mosaïques en relief en pierres dures, ornées de bronzes dorés, d'un goût peut-être un peu contestable, mais dont le travail est exécuté d'une main ferme et exercée. Le jury lui accorde le rappel de la médaille de 1844.

Médailles de bronze. **M. KRIEGER**, rue du Faubourg-St-Antoine, n° 84, à Paris,

Est un de nos plus ingénieux fabricants de meubles. On pourrait dire qu'il dédaigne les meubles ordinaires et ne s'occupe que des meubles à système ou à secret. Il en expose une collection complète. Son fauteuil à toutes sortes de fins, pour malade, y compris les plus humbles nécessités de la vie, est une invention de grande utilité. Tout y est, et un malade pourrait vivre de la vie intellectuelle et de la vie matérielle dans ce curieux fauteuil, sans en sortir, car on y peut lire, écrire, faire sa toilette, manger, digérer et dormir. M. Krieger expose aussi un petit cadre qui s'ouvre comme un livre et d'où s'élancent des porte-manteaux capables de supporter une garde-robe tout entière. Le jury décerne à cet ingénieux fabricant une médaille de bronze.

MM. RIMLIN frères, rue Neuve-St-Laurent, n° 16, à Paris,

Avaient obtenu une mention honorable en 1844, mais leur fabrication a marché d'un pas rapide. Ces honorables fabricants travaillent avec beaucoup de goût et surtout d'économie. Ils exécutent, d'une manière très-satisfaisante pour le commerce, les objets de fantaisie, tels que tables de jeu, guéridons de choix, corbeilles de mariage, écrans. Leurs produits sont très-simples, très-purs, très-harmonieux et très-recherchés. Le jury leur décerne une médaille de bronze.

M. MERCIER, rue du Faubourg-Saint-Antoine, n° 110, à Paris.

Qui a obtenu une mention honorable en 1844, a paru digne au jury de la médaille de bronze à cause de l'excellente exécution de plusieurs meubles de divers styles, qui ont mérité l'attention publique par leur caractère artistique et utile tout à la fois. M. Mercier se tient sur la limite des deux genres et s'élèvera de plus en plus; c'est l'espoir du jury.

M. GOCHT, rue des Marais-Saint-Martin, n° 12, à Paris,

Il avait obtenu une citation en 1844; les objets qu'il a présentés ont paru surtout distingués par la régularité du dessin, par la sagesse de l'exécution et par une certaine recherche de simplicité, trop rare dans l'industrie qu'il exerce. Le jury récompense ses efforts par une médaille de bronze.

Le jury décerne des mentions honorables à :

Mentions honorables

MM. HUBEL, à Paris.
ROLL, à Paris.
GAILLOUSTE, à Paris.
GROS, à Paris.
TESTARD et TOULON, à Paris.
VAN BATHOVEN, à Paris.
HIPP, à Paris.

MM. KOCH, à Paris.
MUNZ, à Paris.
OSMONT, à Paris.
RAMONDENC, à Paris.
ROUSSET, à Paris.
TÉTARD, à Paris.
WEBER, à Paris.

Le jury décerne des citations favorables à :

Citations favorables

MM. BOILEAU, à Paris.
HERTENSTEIN, à Paris.

MM. VOLTZ, à Paris.
LOTH, à Paris.

§ 2. MEUBLES D'UTILITÉ ET A SYSTÈME, OBJETS D'AMEUBLEMENT.

M. Blanqui, rapporteur.

CONSIDÉRATIONS GÉNÉRALES.

Le jury a compris dans cette seconde catégorie les objets d'ameublement, la marqueterie et les meubles de fantaisie qui ne sauraient être classés parmi les objets d'ébénisterie proprement dits et qui appartiennent tout à la fois à l'industrie du tabletier, à celle du tapissier et du décorateur.

Rappel de médaille d'argent.

M. FOURDINOIS, rue Amelot, n° 38, à Paris,

A obtenu la médaille d'argent en 1844, en association avec M. Fossey. Les divers meubles qu'il a exposés, tous parfaitement exécutés, ont appelé l'attention particulière du jury, qui lui accorde le rappel de la médaille d'argent.

Médaille d'argent.

M. Joseph-Pierre-François JEANSELME, rue du Harlay, n° 7 *bis*, à Paris,

A exposé divers modèles de fauteuils et chaises dorées, un buffet de salle à manger, une armoire à glace et plusieurs autres articles en noyer, acajou et palissandre qui ne laissent rien à désirer pour le goût, la forme et la solidité. M. Jeanselme excelle surtout dans la fabrication des bois de fauteuils, et il a donné à cette branche de l'ébénisterie une impulsion considérable.

Le jury lui décerne une médaille d'argent.

Nouvelle médaille de bronze.

M. BAUDRY, avenue de Saint-Cloud, n° 10, à Passy (Seine),

Est très-honorablement connu pour l'un des fabricants qui ont exposé les premiers des lits doubles à tiroirs et à compartiment mobiles, parfaitement exécutés, d'une manœuvre aisée et d'un prix modéré. Cette industrie a eu de nombreux imitateurs; mais M. Baudry a constamment perfectionné ses inventions, fort appréciées à Paris, où le peu d'étendue des appartements ne permet pas toujours l'emploi des meubles les plus nécessaires. M. Baudry a obtenu en 1839 une médaille de bronze rappelée en 1844. Le jury lui accorde une nouvelle médaille.

MM. DAUBERT et DUMAREST, à Lyon (Rhône).

Sont auteurs brevetés d'un procédé très-ingénieux d'ouverture et de fermeture des tiroirs de commode, qui permet de s'en servir en toute saison sans craindre les effets hygrométriques de la température. Rien de plus simple que le mécanisme qu'ils ont inventé, et qui s'adapte avec facilité à tous les meubles à tiroirs, tels qu'armoires à glace, secrétaires et autres. Tous leurs meubles ont un jeu facile, doux, naturel et plein de souplesse, qui ne peut manquer d'être généralement substitué à l'ancien procédé.

Le jury décerne à MM. Daubert et Dumarest une médaille de bronze.

M. Pierre FAURE, sculpteur sur bois, rue du Faubourg-Saint-Honoré, n° 49, à Paris,

A exposé une bibliothèque gothique, d'un style ogival, surmontée de quatre statues d'évangélistes finement travaillées. On peut contester à cette œuvre la correction et l'harmonie. Les ornements en sont un peu anguleux, heurtés et d'un effet bizarre; mais, si le goût en est hasardé, l'exécution matérielle est parfaite et dénote une main supérieure et hardie. Le prix de cette bibliothèque est aussi trop élevé. Néanmoins le jury, frappé de l'habileté consommée de l'artiste, lui accorde une médaille de bronze.

M. Joseph DESCARTES, rue du Vingt-neuf-Juillet, n° 6, à Paris,

A exposé des lits-divans, des fauteuils et des chaises d'un travail excellent et remarquables sous tous les rapports.

Le jury lui décerne une mention honorable.

M. BAUDRY fils, rue Neuve-des-Petits-Champs, n° 16, à Paris.

Pareille récompense lui est accordée pour un lit suspendu destiné à préserver les passagers du mal de mer.

MM. LABBÉ et LARROUY, rue Samson, n° 5, à Paris.

Pareille récompense leur est accordée pour la variété et l'excellente confection de leurs meubles, canapés, méridiennes et fauteuils.

M. RIBAILLIER, ébéniste antiquaire, boulevard Beau-marchais, n° 71, à Paris.

Une récompense semblable lui est accordée pour un bureau en chêne sculpté, un buffet de salle à manger et divers modèles de chaises et de fauteuils parfaitement exécutés.

M. FLORANGE, rue du Faubourg-St-Antoine, n° 20, à Paris.

Pareille récompense lui est accordée pour le soin et le fini des divers objets d'ameublement qu'il a exposés.

S 3. MEUBLES DE FANTAISIE.

M. Blanqui, rapporteur.

Médaille d'argent.

M. CREMER, rue de l'Entrepôt, n° 27, à Paris,

Déjà honoré d'une médaille de bronze à l'exposition de 1844, s'est surpassé en 1849 dans la fabrication d'un meuble de fantaisie formant médaillier, bureau et prie-Dieu, en marqueterie de bois coloriés, qui a excité l'admiration générale par le goût du dessin, la finesse exquise du travail et l'originalité des dispositions. Il y a joint un dessin exécuté en bois de couleur, représentant un moine, et digne du pinceau de Zurbaran. M. Cremer a ouvert une voie nouvelle à l'ébénisterie en perfectionnant ce genre de placage et en l'élevant jusqu'aux hardiesses de l'art par la simplicité des moyens qu'il emploie et l'éclat des effets qu'il produit. Le jury lui décerne une médaille d'argent.

Médailles de bronze.

M. LEUDOLPH, rue St-Nicolas-St-Antoine, n° 24, à Paris,

A exposé une petite bibliothèque Boule et bronze, un meuble de salon en bois rose et bronze, un buffet et divers autres meubles qui ont paru dignes d'une attention spéciale par le mérite de plusieurs grandes difficultés vaincues et le goût original de la composition. Le jury lui décerne une médaille de bronze.

M. PRÉTOT, rue du Harlay, n° 5, à Paris,

S'est surtout distingué par la variété de ses produits, tels que console en mosaïque, table à volets, canapés, table à ouvrage, tous très-élégants, très-solides, pleins de détails parfaitement exécutés et d'un prix modéré. Le jury lui décerne une médaille de bronze.

M. GUYOT, rue du Faubourg-Saint-Antoine, n° 97, à Paris,

Mention honorable.

Une mention honorable lui est accordée pour ses tables à coulisse d'un système fort ingénieux et tout à fait nouveau.

MM. Jacques JACQUET et DAGRIN, rue du Petit-Carreau, n° 18, à Paris,

Une mention honorable leur est accordée pour leurs divers produits.

M. SINTZ, rue Saint-Pierre-Popincourt, n° 6, à Paris,

Une mention honorable lui est accordée pour sa collection de modèles de chaises, tabourets et escabeaux.

M. PECKELS, à Charleville (Moselle),

Est cité favorablement.

Citations favorables.

M. JEANNIN, rue de l'École-de-Médecine, n° 81, à Paris,

Est cité favorablement.

M. DUPONT, à Autun (Saône-et-Loire),

Est cité favorablement.

S 4. MARQUETERIE.

M. Blanqui, rapporteur.

M. BELLANGÉ, rue des Marais-Saint-Martin, n° 33 à Paris,

Rappel de médaille d'argent.

A obtenu une médaille d'argent en 1839, et le rappel de cette médaille en 1844 pour ses meubles de Boule. Il n'a cessé depuis de se vouer à cette fabrication, dans laquelle il excelle, et dont il a exposé de nombreux échantillons riches et variés.

Le jury lui décerne un nouveau rappel.

M. LOMBARD, rue de Thorigny, n° 5, à Paris,

Rappel de médaille de bronze.

Le jury lui accorde le rappel de la médaille de bronze qu'il a obtenue en 1844 pour ses cadres et objets de fantaisie.

III.

Médaille de bronze. M. BARBIER, rue des Rosiers, n° 11, à Paris,

Fabrique avec le plus grand succès des boîtes de diverses grandeurs pour cachemires, services de thé, de jeu, etc., et il donne chaque jour une impulsion nouvelle à cette intéressante industrie. Le jury lui accorde une médaille de bronze.

Mentions honorables. M. BLANCK, rue du Roi de Sicile, n° 20, à Paris,

Est mentionné honorablement.

M. JORRIS, rue Guénégaud, n° 23, à Paris,
Est mentionné honorablement.

M. MALLET, rue de Berry, n° 13, à Paris,
Est mentionné honorablement.

Citation favorable. M. BLOTTIÈRE, au Mans (Sarthe),

Est cité favorablement.

---

§ 5. ÉBÉNISTERIE DE SIÉGE.

M. Blanqui, rapporteur.

Rappel de médaille de bronze. M. BALNY jeune, rue du Faubourg-St-Antoine, n° 40, à Paris,

A obtenu en 1844 une médaille de bronze pour ses meubles garnis; le jury lui en décerne le rappel.

Mentions honorables. M. JEANSELME, rue du Harlay, n° 7 *bis*, à Paris,

Est mentionné honorablement.

M. ORENGE, à Rouen (Seine-Inférieure),
Est mentionné honorablement.

M. DRAPIER, rue Bellechasse, n° 42, à Paris,
Est mentionné honorablement.

M. ALLARD, rue du Faubourg-du-Temple, n° 46, à Paris,
Est mentionné honorablement.

§ 6. TABLETTERIE.

M. Léon Feuchère, rapporteur.

M. François LAURENT, rue Chapon, n° 5, à Paris.

Médaille d'argent.

MM. Laurent et Ferry obtenaient en 1844 une mention honorable.

M. Laurent se présente seul en 1849. Depuis 1838 successeur de la maison Mauduit, qui faisait principalement et en grand l'article portefeuille et maroquinerie, il a su donner à cette branche d'industrie tout le développement qu'elle pouvait atteindre, et dans des conditions de vente facile, celle surtout qui s'adresse à la province et à l'exportation.

Secondé par la réussite, M. Laurent joignit bientôt à l'industrie de la maroquinerie, l'ébénisterie en nécessaires qui, en 1840, était encore à l'état d'exploitation modeste.

L'exposition de M. Laurent se distingue par une grande variété d'objets, depuis ceux qui s'adressent au luxe jusqu'à ceux qui conviennent aux fortunes moyennes. On remarque avec intérêt des boîtes, dites de mariage, en bois de rose, enrichies de peintures sur vieux sèvres; un charmant pupitre Louis XVI, d'un ajustement aussi élégant que riche; plusieurs nécessaires, des tables en marqueterie, des boîtes à gants; des albums et portefeuilles, enfin des trousses de voyage très-ingénieusement combinées et d'un prix modeste; complètent l'exposition de cet industrieux et laborieux fabricant.

Cette maison alimente en grande partie les somptueux magasins de Paris, et déverse sur la province des produits variés qui y trouvent un écoulement facile.

Le jury décerne à M. Laurent une médaille d'argent.

M. Claude-Marie COLLETTA, rue Mandar, n° 9, à Paris,

Rappel de médaille de bronze

Est plutôt le type du véritable ouvrier artiste que celui de l'industriel. La corne de buffle, le palmier, l'amboine, l'écaille, même les bois les plus durs sortent de ses mains habiles transformées en tabatières d'une exécution achevée. On peut dire de cet intelligent travailleur qu'il a la passion de son œuvre. Ses produits sont principalement appréciés par les amateurs distingués.

Le jury donne à M. Colletta le rappel de la médaille de bronze obtenue par lui en 1844.

M. Théodore-Alexandre GUILBERT, rue Neuve-Saint-Martin, n° 28, à Paris.

Outre la bonne confection de ses peignes, M. Guilbert se distingue par ses objets de tabletterie, qui tous indiquent le fabricant habile à vaincre les difficultés et dénotent l'importance de son établissement.

Dans l'ensemble de son exposition, on remarque avec intérêt un verre d'eau en écaille, incrusté or et argent, qui se compose de plusieurs pièces, compris le plateau aussi en écaille.

La perfection apportée par cet intelligent industriel à ces diverses productions lui mérite le rappel de la médaille de bronze que lui a décernée le jury de 1844.

Médailles de bronze.

M. Paul SORMANI, rue du Cimetière-Saint-Nicolas, n° 7, à Paris.

La fabrique de M. Sormani date de 25 ans. La matière première mise en œuvre annuellement, le nombre des ouvriers, et par conséquent le chiffre des affaires, présentent une importance notable dans l'article dit de Paris.

Au reste, les produits de cette fabrique expliquent ces heureux résultats.

Son industrie comprend une branche très-utile et très-exploitée: c'est la trousse et le nécessaire de voyage, ces meubles si indispensables aux nombreux voyageurs de commerce et aux touristes qui sillonnent la France et les pays étrangers.

Outre ces objets si commodes et dont les perfectionnements sont récents, nous avons distingué des caves à liqueurs, des boîtes à châles, des papeteries et pupitres, et une nombreuse série de petits nécessaires de fantaisie, qui sont à la trousse et au nécessaire de voyage ce qu'est la chose futile et de luxe à celle de la nécessité rigoureuse.

La bonne confection de tous ces objets, dont ceux vraiment utiles sont d'un prix très-modéré, fait de l'établissement de M. Sormani un des premiers de ce genre.

Le jury reconnaît cette vérité en décernant à M. Sormani une médaille de bronze.

M. Henry-François VINCENT aîné, rue Ménilmontant, n° 24, à Paris.

La fabrique de M. Vincent aîné est certes l'une des plus considérables du commerce de la tabletterie. Depuis l'exposition de 1844, où il obtint une citation favorable, M. Vincent a donné à son établissement une extension considérable,

Des albums ornés de fleurs peintes, des carnets, buvards, des tabatières, empruntent à l'écaille ses effets les plus variés, auxquels l'argent, l'or, le maillechort, etc., viennent ajouter la richesse de leurs incrustations. Des porte-cigares, porte-monnaies et autres petits bijoux d'une bonne facture complètent, avec un grand assortiment de cadres de toutes formes pour portraits et daguerréotypes, l'ensemble digne d'éloges de l'exposition de M. Vincent.

Cette maison, toute en progrès, est habilement dirigée par M. Vincent, dont le jury récompense les efforts par la médaille de bronze qu'il lui décerne.

MM. Charles GOËBEL et MARTIN (Ferdinand), rue Michel-le-Comte, n° 30, à Paris.

Nouvelle mention honorable.

M. Goëbel, qui, en 1844, se présentait seul et obtenait une mention honorable, expose cette fois, en société de M. Martin, de la petite ébénisterie faite avec recherche et remarquable par le goût qui s'y trouve.

De petites tables à ouvrage, des nécessaires, des coffres de mariage où la richesse des détails s'allie à l'élégance des formes, méritent à MM. Goëbel et Martin une nouvelle mention honorable, que leur accorde le jury.

M. Claude-Victor MERCIER, rue des Gravilliers, n° 28, à Paris,

Mentions honorables.

Expose un très-grand assortiment de tabatières de bois de toutes sortes et à des prix faciles au consommateur. L'ivoire, la corne marbrée, l'écaille plaquée sur bois, le palmier, enfin les racines les plus dures et les plus bizarres d'effet, sont également exploités avec goût et intelligence par M. Mercier. Le jury lui décerne une mention honorable.

M. Constantin CHIQUET, rue de la Croix, n° 15, à Paris.

M. Chiquet, cité favorablement en 1844, expose une grande variété de tabatières, dont les charnières, bien faites, en rendent le jeu facile et commode. Outre l'écaille, il en emploie la poudre, dont il tire un parti avantageux. Des couvertures de missel en poudre d'écaille, ornées d'incrustations fines de détails, des reliures en gélatine bleue avec incrustations d'argent, des souvenirs, visites, et entre autres objets un porte-cigare en écaille, d'un très-bon modèle et d'un prix très-modique, méritent à M. Chiquet la mention honorable que lui décerne le jury.

M. Charlés-Pierre DESLORIERS, rue Aumaire, n° 43, à Paris.

Des cartes de visite, des reliures de livres de messe, des porte-cigares en écaille rehaussée et incrustée d'argent, d'un goût heureux d'arrangement; plusieurs bonbonnières, des tabatières, enfin un assortiment où la recherche et la bonne exécution dominent, fait distinguer l'exposition de M. Desloriers.

Beaucoup d'intelligence et une variété assez grande, apportées dans les produits qui sortent de sa fabrique, placent avantageusement cet industriel, et lui méritent la mention honorable que lui accorde le jury.

Citations favorables. **M. TIEFENBRUNER**, rue Montmorency, n° 6, à Paris,

Est cité favorablement par le jury pour un porte-liqueurs d'un bon travail, des tables à ouvrage, boîtes à cachemire et corbeilles de mariage bien confectionnées.

M. LOIRE, rue Saint-Denis, n° 39, à Paris,

Est cité favorablement par le jury pour l'ensemble de sa tabletterie en écaille.

§ 7. MEUBLES ET TABLETTERIE EN BOIS OU CARTON LAQUÉ.

IMITATION DE CHINE OU DU JAPON.

M. Natalis Rondot, rapporteur.

CONSIDÉRATIONS GÉNÉRALES.

L'honorable rapporteur de 1844 terminait ses *Considérations générales* en ces termes : « Nos fabricants ont, aujourd'hui la « prétention, peut-être fondée, de faire les meubles laqués « beaucoup mieux que les Chinois. » M. Boudin, tout en constatant les progrès accomplis, n'a admis qu'avec réserve les prétentions de nos tabletiers en laque ; nous faisons les mêmes réserves, nous allons plus loin même : nous déclarons qu'on n'est pas encore, que nous sachions, arrivé en France et en Angleterre à la perfection des laques chinois et japonais. Nous nous empressons d'ajouter que nos fabricants n'ont pas essayé réellement d'y atteindre.

Avant de poursuivre, il n'est pas inutile de faire connaître le mode de travail suivi en Chine et en France. Nous commençons par la Chine.

Le laque est un meuble verni avec la laque. La laque est la sève de l'*augia Sinensis* (en Chine) et du *rhus vernix* (au Japon). C'est une gomme résine d'autant plus estimée et plus fine, noircissant d'autant plus vite à l'air, que sa couleur café au lait tire plus sur le rouge. Elle arrive à Canton des provinces de Sse-tchouènn et de Kiang-si, et s'y vend de 3 fr. 65 c. à 9 fr. le kilogramme, suivant la qualité.

Le bois, souvent en cyprès, toujours très-sec, léger, plané avec soin, reçoit d'abord une couche de fiel de buffle et de grès rouge pulvérisé ; ce premier fond est poli avec un brunissoir de grès, gommé ou ciré, puis verni. Le vernis est composé ainsi : 605 grammes de laque fine sont étendus dans 1,210 grammes d'eau, et l'on y ajoute 38 grammes d'huile de *camellia sasanqua*, un fiel de porc et 19 grammes de vinaigre de riz. Le tout est mélangé intimement en plein jour, la laque se fonce de plus en plus, et le vernis devient bientôt d'un noir brillant; ou l'applique sur le meuble en couche très-mince avec un pinceau plat fait en cheveux. La pièce séjourne dans un séchoir humide, et arrive ensuite entre les mains d'un ouvrier qui la plane à l'eau avec un schiste d'un grain très-fin. Le meuble revient recevoir une deuxième couche de laque, puis un deuxième poli, et les deux opérations se succèdent jusqu'à ce que la surface soit parfaitement unie et brillante. A mesure que le travail s'avance, on emploie de la laque de plus en plus pure; on ne donne jamais moins de 3 couches, ni plus de 18.

Le décor est confié à un ouvrier artiste, qui esquisse d'abord le dessin avec un pinceau blanchi d'un peu de céruse; s'il est satisfait de son croquis, il le burine et trace alors les mille petits détails du sujet. Il ne reste plus qu'à les peindre avec la laque du Kouang-si camphrée, qui sert de mordant, et qu'à dorer au tampon et au pinceau. On obtient des reliefs avec une ou deux couches de *hoa-kinn-tsi*, et l'on enjolive ces minia-tures dorées avec la laque du Fo-kiènn.

Malgré le danger auquel l'exposent les exhalaisons délétères de cette sève, le paysan qui la recueille ne gagne que 26 *centimes* par jour. L'ouvrier qui applique les couches de fiel et de grès pulvérisé, reçoit 275 francs par an (75 centimes par jour). Le laqueur est payé, en moyenne, 1 franc par jour, et les peintres sont engagés, selon leur habileté, à raison de 1 fr. 28 cent. à 2 fr. 75 cent. par jour. A l'exception du paysan, les ouvriers et les artistes sont logés dans l'atelier, mais leur aménagement est fort simple. Le patron les nourrit, et estime à 165 francs la dépense annuelle par tête (45 cen-times par jour).

On connaît peu les beaux laques unis de Sou-tchou et de Nann-king; le prix en est très-élevé et s'explique par les frais de main-d'œuvre que réclament l'application, le séchage et le ponçage alternatifs de 18 à 20 couches. Nous nous bornerons à signaler la pureté et l'éclat du vernis; la finesse merveilleuse du décor, la correction du travail d'ébénisterie. On fait bien mieux encore au Japon : on y incruste avec art des fragments d'haliotide et d'avicule, diversement découpés et colorés ; les dernières couches de laque sont polies avec un roseau.

Vers 1675, les missionnaires jésuites firent connaître en France les laques de Chine. L'originalité et la richesse des coffrets, des guéridons, des paravents qui furent présentés à la cour, mirent en vogue ces chinoiseries, et, sous Louis XV, le beau laque fit longtemps fureur. C'est à cette époque que furent envoyés en Chine pour être laqués tant de meubles en acajou, en chêne, en tilleul, en bois exotique, d'un précieux travail.

Pendant ce temps, les modèles abondaient en France, les essais étaient multipliés, les missionnaires révélaient quelques-uns des procédés chinois; malgré tout ce zèle, on n'aboutit à aucun heureux résultat. On parvint à laquer de la petite tabletterie, à vernir, peindre et dorer quelques fonds noirs.

Vers 1832, M. Jacques-Louis Osmont, qui s'était consacré à ce travail, entra dans une voie d'expériences et de progrès qui assura bientôt la réputation de ses produits. En 1839, il ne s'occupait encore que de la fantaisie, c'est-à-dire du coffret, du guéridon, du plateau; en 1844, il avait abordé et réussi le meuble.

Le laquage parisien diffère complétement du laquage chinois. Le brillant est dû principalement, à Paris, au vernis; à Canton, au poli.

On commence chez nous par poser un fond de noir de fumée et un apprêt à l'ocre ou à la céruse; on polit au papier verré, on passe deux couches de noir mat; on donne deux ponçages, on applique une couche de noir d'ivoire broyé avec de l'huile et de l'essence, et l'on termine par deux glacis et un frottis au vernis teinté.

On emploie ordinairement, pour les ouvrages laqués, le tilleul, le hêtre, le frêne et le merisier.

Les décors, largement traités, laissent en général à désirer sous le rapport de la correction et de l'art. Il ne faut pas oublier toutefois, 1° que, depuis la révolution de février on ne vend le meuble laqué que pour l'exportation; 2° que le premier devoir du fabricant est de se conformer fidèlement aux goûts et aux idées des consommateurs pour lesquels il travaille.

L'Angleterre excelle dans la tabletterie et le petit meuble en papier mâché et en carton verni; elle produit en ce genre des pièces belles et solides, et l'importance des manufactures, ainsi que des débouchés, y permettant la formation d'un outillage complet en matrices, balanciers, découpoirs, etc., rend possible à Birmingham la fabrication à très-bas prix des plateaux de tout genre et de tous les articles analogues.

Mention pour ordre. M. PINARD, rue Nationale-Saint-Honoré, n° 25, à Paris.

La finesse, la pureté, le poli de la laque de M. Pinard laissent à désirer; il est vrai que le prix de ses tables et paravents n'est pas assez élevé pour permettre un travail plus soigné. Le décor, où nous avons reconnu avec plaisir plusieurs dessins réellement chinois, est bien exécuté; les reliefs, les ors, le frottis sont passablement réussis.

M. Pinard a exposé des tôles vernies; l'appréciation de l'ensemble de ses produits appartient à la commission des arts chimiques.

Rappel de médaille d'argent. Mme veuve OSMONT, boulevard Beaumarchais, n° 85, et impasse Saint-Sébastien, n°s 8 et 10, à Paris.

Mme veuve Osmont continue les affaires et la fabrication de son mari, que le jury central a récompensé, en 1839, par la médaille de bronze et, en 1844, par la médaille d'argent.

Mme veuve Osmont soutient dignement la réputation de sa maison. Elle est utilement secondée dans cette tâche laborieuse par son beau-frère, M. Jean-Baptiste Osmont, qui est plus spécialement chargé de la direction de la manufacture et du travail.

Le bois arrive en grume à la fabrique et en sort en meubles laqués, peints, dorés ou incrustés. Quatre-vingts ouvriers sont employés; cinquante dans les ateliers et trente au dehors. La vente annuelle s'élève en moyenne à 150,000 francs; les deux tiers des affaires sont pour l'exportation, et depuis la révolution, pour elle seule ont été commandées toutes les pièces faites et à faire. L'Angleterre, l'Amérique du Sud, l'Espagne et ses colonies sont les principaux débouchés.

Les meubles exposés par Mᵐᵉ veuve Osmont offrent un double intérêt. Comme ébénisterie, il est difficile de trouver des pièces mieux établies et ajustées, planées avec plus de soin ; comme laque, eu égard à la destination, à l'usage et au prix des objets, les résultats sont satisfaisants. Le grain est fin, le noir bien franc, le glacis brillant et durable.

Nous préférons aux chinoiseries laque et or de Mᵐᵉ Osmont ses imitations de laque japonais ; les appliques de nacre pure ou colorée, unie ou gravée, sont charmantes, originales et de bon goût.

Parmi les guéridons ornés de fleurs et d'oiseaux, plusieurs doivent être distingués par la richesse du décor, la vivacité et la vérité de la peinture. Ces belles tables sont, dans leur genre, des œuvres d'art traitées avec verve, habileté et finesse.

En terminant, nous mentionnerons encore une très-élégante toilette, un bureau de dame en citronnier, laqué et incrusté, enfin une table décor paysage avec effets métalliques.

Le jury central rappelle à Mᵐᵉ veuve Osmont la médaille d'argent qui a été décernée en 1844 à son mari.

M. MAINFROY, rue du Faubourg-Saint-Martin, n° 70, à Paris.

Nouvelle médaille de bronze.

M. Mainfroy a exposé des guéridons genres anglais, français, japonais et chinois, tous brillamment exécutés. Nous n'avons que des éloges à lui donner pour la richesse et l'éclat des décors. Le noir paraît posé sur un excellent apprêt, le ponçage est soigné, le glacis est assez vif. Les prix des meubles sont assez avantageux pour expliquer la faveur avec laquelle ils sont accueillis en Angleterre.

En 1844, le jury a pris particulièrement en considération les progrès faits par M. Mainfroy dans la fabrication, à la matrice et au mandrin, des produits en papier mâché ; cette année, appréciant la bonne confection des meubles en bois laqué et peint, le jury central décerne à M. Mainfroy une nouvelle médaille de bronze.

Mention
honorable. **M. MOULOISE**, rue de Montmorency, n° 38 *bis*, à Paris.

M. Mouloise travaille, laque et décore le carton-pâte ; il exporte en Italie et en Amérique. Ses produits sont établis avec le plus d'économie possible : aussi le vernis est-il un peu pâteux et inégal. Le décor est traité avec largeur ; quelques groupes, dessinés d'après les albums industriels des délégués commerciaux en Chine, sont rendus avec assez de vérité.

Les porte-mouchettes, dessous de carafe, ronds de serviette, petits plateaux, ont arrêté l'attention du jury, qui accorde à M. Mouloise, pour l'ensemble de ses produits, une mention honorable.

S 8. OUVRAGES EN IVOIRE.

M. Léon Feuchère, rapporteur.

Médailles
d'argent. **M. Léon-Joseph-Thomas ALESSANDRI**, rue Folie-Méricourt, n° 21, à Paris.

Déjà exposant en 1844, obtenait simplement une mention honorable pour une feuille d'ivoire de 2 mètres de longueur sur 0",66 de largeur. Ce résultat obtenu par une machine très-ingénieuse qui permet, quelle que soit la conformation de la dent, de dérouler également le cône et l'ovale, et qui n'avait point encore trouvé son application utile, explique la modicité de cette récompense.

Cette année, M. Alessandri nous offre l'emploi de ces feuilles dans des coffres d'une grande dimension ce qui, jusqu'à lui, n'avait été tenté que dans de petites proportions. Plusieurs de ces coffres, plus ou moins ornés, présentent la réussite la plus complète. Entre autres un, enrichi de charmants bas-reliefs surmontés de figurines, dus également au talent de Klagmann, est d'une forme aussi simple que gracieuse. Ces divers accessoires, habilement disposés, laissent à l'ivoire tout l'effet de sa pureté et y ajoutent sans lui nuire.

Des coffres ou boîtes à parties cintrées, sans ajustage, ce qui ne s'obtenait qu'à ces conditions, prouvent qu'à des frais moindres, on peut obtenir les formes les plus variées et les plus capricieuses.

De plus, M. Alessandri, par des plaques de 20° sur 50° (proportions inusitées jusqu'à ce jour), vient, par un résultat très-ingénieux, en aide aux peintres de miniature. Par l'adhérence de l'ivoire à une feuille d'ardoise, au moyen d'une colle préparée par lui, il est parvenu à doter ces plaques, destinées à la peinture, d'un principe inaltérable à l'humidité.

Une plaque qui offre l'expérience de deux années, donne la preuve de l'excellence de l'ingénieux procédé de M. Alessandri.

Divers autres objets, tels que vases, billes de billard, enfin de la menue tabletterie, complètent cette exposition déjà si intéressante.

Le jury, pour récompenser dignement tant d'intelligence et de persévérance à multiplier les ressources d'une matière aussi belle et aussi précieuse, décerne à M. Alessandri une médaille d'argent.

M. Jean-Louis MOREAU, rue du Petit-Lion-Saint-Sauveur, n° 13, à Paris,

Dont l'établissement date de vingt ans, expose pour la troisième fois.

Une mention honorable en 1839, une médaille de bronze en 1844, ont successivement récompensé des progrès toujours nouveaux.

En 1849, M. Moreau, pour rester fidèle à ses principes, se présente soutenu par de constants efforts. Il est le premier qui ait donné, dans Paris, une grande extension à la sculpture d'ivoire qui était, il y a 15 ou 20 ans, la propriété presque exclusive de la ville de Dieppe. Au moyen de fraises et scies mécaniques, il est parvenu à obtenir des produits à des prix de vente inférieurs à ceux de cette ville, tout en conservant des salaires supérieurs à ses ouvriers et élèves.

Depuis février il a su, par l'établissement de modèles nouveaux d'un écoulement facile, garder intact le nombre d'ouvriers qu'il employait précédemment.

M. Moreau soumet à l'examen du jury, une pendule d'un travail précieux, un Christ d'une forme gracieuse et sévère, un petit enfant, d'après François Flamand, d'une parfaite exécution.

C'est une heureuse idée dont nous félicitons M. Moreau; on ne saurait trop faire de copies des chef-d'œuvres des maîtres; nous l'engageons beaucoup à persévérer dans cette voie.

Diverses figurines, travaillées avec goût, et un grand nombre d'objets courants donnent à l'ensemble de son exposition le cachet de l'industrie et de l'art alliés ensemble avec intelligence.

Le jury décerne M. Moreau, une médaille d'argent.

Médailles de bronze.

M. Armand GARNOT, rue du Temple, n° 98, à Paris,

Qui déjà obtenait en 1844 une mention honorable, et le plaçait sur la ligne des bons fabricants, loin de faire mentir ce début, nous présente une variété d'objets qui forment une exposition très-remarquable. Une des principales branches de son industrie est le guillochis, dont il expédie les résultats à Dieppe. Entre autres objets, le jury signale, avec grand intérêt, un petit vase sculpté, d'un joli style et d'une grande finesse de détails, orné d'un bas-relief bien exécuté; un petit panier fait au tour, d'une élégance heureuse, et appréciable surtout par le prix peu élevé; de plus, un écran monté sur un pied, très-léger et très-fin; un petit pavillon à colonnes sveltes, d'une exécution rare et difficultueuse, est d'une parfaite réussite. Le goût qui règne dans l'ensemble de cette exposition explique facilement la vogue bien méritée qu'obtiennent les productions de M. Garnot; aussi, le jury appréciant ces heureux résultats, et pour constater les efforts faits par ce fabricant depuis cinq ans, lui décerne une médaille de bronze.

M. Antoine-Florent WOLF, rue Meslay, n° 65 *bis*, à Paris.

M. Wolf se présente pour la seconde fois aux expositions de l'industrie, après une lacune de dix années.

En 1834, il n'obtint que la faveur d'exposer; cette fois, M. Wolf arrive avec toutes les conditions exigibles pour constater un bon et habile fabricant : il se place avantageusement en ligne avec ses rivaux, et vient recueillir le fruit de sa persévérance et de ses efforts.

Un très-remarquable bas-relief, le départ pour le Calvaire et l'arrivée au tombeau, est un des objets principaux que le jury a examiné avec grand intérêt; il y a, dans ce morceau important, un mérite d'art et une grande intelligence d'exécution.

Un ravissant manche de fouet, représentant une chasse, est un petit meuble usuel qui approche même de la curiosité.

Enfin, outre divers objets nombreux de vente courante, M. Wolf complète l'ensemble de ses travaux en ivoire, par un Christ d'une belle tournure et d'une facture tout artistique.

Devant ces résultats aussi réussis, le jury, pour récompenser M. Wolf lui décerne une médaille de bronze.

M. André-Alexandre BEAUMONT, rue de la Douane, n° 1, à Paris.

Une mention honorable en 1844 récompense M. Beaumont de ses pièces en ivoire exécutées par le tour à guillocher perfectionné par lui. M. Beaumont, non patenté, est plutôt professeur de tour et de guillochis, et fait de nombreux élèves. Outre les productions qu'il nous présente, nous avons remarqué chez d'autres exposants, non cités, des objets d'un travail excessivement remarquable qui sortent de ses mains et qui nous ont été signalés par les exposants eux-mêmes. Nous avons apprécié des reliures et des garnitures de livres exécutées avec cette délicatesse que nécessite l'ornementation du livre.

Un bas-relief et divers travaux en bois et ivoire, d'un travail supérieur, méritent à M. Beaumont la médaille de bronze que lui décerne le jury.

MM. BARBIER et TRAVAILLOT, à Beaumont (Oise).

Mentions honorables

L'aspect de l'exposition de ces fabricants est principalement industriel. Leurs produits sont des touches pour claviers, des couteaux à papier, des mors, des manches, des poignées, soit pour voitures ou cordons à sonnette; en outre, ils débitent en grande quantité la matière première qu'ils livrent aux metteurs en œuvre.

Cet établissement se recommande par son commerce important.

Le jury accorde à MM. Barbier et Travaillot une mention honorable.

M. François-Théodore VERRY, rue du Temple, n° 85, à Paris,

Exécute toute la menue tabletterie, tels que couteaux à papier, garnitures en ivoire sculptée de flacons en cristal, porte-crayons, cachets, manches de canif, grattoirs, porte-cigares, etc.

Cette fabrique alimente un grand nombre de détaillants.

Le jury a remarqué l'exécution de ces divers objets et le goût qui y règne; il accorde à M. Verry une mention honorable.

M. Eugène-Benoît BLETON, rue Saint-Denis, n° 326, à Paris,

Pour ses pommes de canne, ses poignées de parapluie et d'ombrelle établies avec soin, obtient une mention honorable.

Citation favorable. M. Antoine DROOGHRYS, rue de Seine-Saint-Germain, n° 29, à Paris.

Est cité favorablement pour un Christ ancien dont la restauration est digne de remarque sous le double rapport de l'art et de l'ajustement.

§ 9. MARQUETERIE D'INCRUSTATION D'IVOIRE.

M. Héricart de Thury, rapporteur.

Médaille de bronze. M. KUBITSCHEK, rue Barbette, n° 17, à Paris.

Le jury central décerne à M. Kubitschek une médaille de bronze pour sa bonne fabrication de nécessaires en marqueterie avec incrustations d'ivoire.

Mention honorable. M. LÉVÊQUE, à Meaux (Seine-et-Marne),

Pour sa fabrication de meubles avec incrustations d'ivoire.

§ 10. BILLARDS.

M. Léon de Laborde, rapporteur.

CONSIDÉRATIONS GÉNÉRALES.

Le jeu de billard, ne fût-il qu'un passe-temps d'estaminet, mériterait l'attention du jury, parce qu'une branche importante de l'industrie parisienne est occupée à fournir de billards tous les établissements publics de Paris et de vingt lieues à la ronde: mais ce jeu est aussi une combinaison savante, qui exige pour rendre des effets prévus et calculés, toute l'exactitude d'un instrument de précision. C'était une raison, ajoutée aux autres, pour que la commission examinât avec soin les modifications ou les perfectionnements nouveaux apportés depuis l'exposition dernière, dans cette fabrication.

Il y a cinq ans, on vit pour la première fois, dans les galeries de l'exposition, des billards à table d'ardoise et à bandes élastiques: on en est resté là; mais bien que ces cinq années n'aient pas été utilisées par les novateurs, elles ont été mises à profit par l'expérience, chargée de condamner ou d'admettre les inventions. C'est, en effet, à l'expérience seule des joueurs qu'on peut demander si, après un long exercice, telle bande de composition nouvelle a conservé un degré toujours égal d'élasticité, égalité d'autant plus difficile à maintenir que les coups ne se répartissent pas régulièrement, certaines combinaisons du jeu, comme certaines habitudes des joueurs, ramenant les billes plutôt dans telle partie du billard que dans telle autre. C'est aussi à l'expérience seule du temps qu'on a pu recourir pour savoir si des billards, abandonnés des hivers entiers dans des chambres froides et humides, devaient être à tables d'ardoises ou de bois, pour mieux conserver leur niveau. A ces questions nous n'avons pas voulu répondre nous-mêmes; nous avons consulté les plus forts joueurs, les marqueurs les plus célèbres de Paris; et de l'ensemble de ces informations, dans lesquelles nous avons fait entrer pour quelque chose l'esprit de routine, les intérêts et les opinions engagées, nous concluons qu'on peut considérer comme un perfectionnement la substitution des tables d'ardoise aux tables de bois, la garniture des bandes à ressorts recouverts de lisières, au lieu des bandes garnies seulement de lisières, enfin le mécanisme qui permet de fermer les blouses, soit toutes ensemble, soit chacune d'elles isolément, selon les règles du jeu et le goût des amateurs.

L'ornementation extérieure n'ajoute pas toujours au billard une valeur proportionnée à son augmentation de prix : c'est que chaque objet comporte un certain degré de richesse et qu'on est trop disposé à dépasser la limite. Un meuble autour duquel on circule, sur lequel on glisse et on se colle, doit présenter le moins possible de saillies abruptes. Il convient, autant à sa destination qu'à l'idée qu'on se fait d'un billard, de le construire en bois et non en fonte de fer, de l'entourer de moulures lisses et continues, de l'orner de sculptures en relief plat et de riches incrustations, d'exclure enfin les ornements de bronze qui salissent les mains et les ornements de fer que les mains salissent. Restreint dans ces limites, le luxe a encore de grandes ressources : la variété des bois est aussi inépuisable que la fécondité du dessin.

Sans doute il s'est produit cette année aussi des idées neuves. Toute grande industrie est un foyer où elles sont en fermentation, mêlées, il est vrai, les meilleures avec les plus saugrenues. Nous les avons signalées toutes avec soin, mais sans exprimer d'opinion sur leur valeur, léguant au jury de 1854, c'est-à-dire à l'expérience, le soin de nous dire si les tables en fonte, formées de quatre pièces rapportées et qui doublent le prix d'un billard, sont de beaucoup préférables aux tables d'ardoise; s'il est bien utile de supprimer deux pieds à un billard, et de les supprimer même tous les six en lui donnant dans le premier cas, au détriment de sa solidité, une légèreté qui n'est pas dans sa nature, et, dans le second cas, une apparence par trop massive; enfin, s'il est commode de mettre son lit dans son billard, et s'il est favorable à sa propreté de le transformer en table de salle à manger.

Médaille
d'argent. **M. BOUHARDET**, rue de Bondy, n° 66, à Paris.

Ce fabricant s'est maintenu à la tête de son industrie; il a confirmé par de nouveaux efforts le jugement porté sur lui par le jury de l'exposition de 1844. Partisan réservé des innovations, il a adopté celles que l'expérience légitimait, et il s'est contenté de perfectionner les anciens procédés, quand les nouveaux lui ont semblé d'un avantage contestable : c'est ainsi que, tout en adoptant les tables d'ardoise et les bandes à ressort, il a maintenu dans d'autres billards les tables en bois et conservé les bandes en lisières, améliorant toutefois les unes et les autres.

Cette année, il a présenté deux billards d'un genre de travail très-différent et d'une exécution également irréprochable. Dans l'un, la table est formée de bandes d'acajou prises dans divers madriers, mais toujours choisis dans la même partie de l'arbre et dans l'ensemble d'une même provenance, de manière à obtenir, dans leur juxtaposition et sous l'influence de l'humidité, un jeu égal et régulier, jeu indispensable, mais qui devient insensible sur chaque point de la surface plane parce qu'il est réparti sur tout l'ensemble.

Les ornements de ce billard, ses découpures et incrustations d'écaille et de cuivre, ses appliques de porcelaines peintes, nous semblent convenir médiocrement à un meuble de ce genre; mais, s'ils ne satisfont pas entièrement le goût, ils ne le choquent pas. D'ailleurs, M. Bouhardet a évité les saillies vives, et il a maintenu le bois dans toutes les parties où porte la main des joueurs. L'autre billard, d'un extérieur élégant, présente une innovation sur laquelle nous laissons à l'expérience le soin de prononcer. Au lieu de reposer sur six pieds, il n'en a que quatre, et les deux pieds du milieu, qui conspirent contre les genoux des joueurs, sont remplacés par un pied central. Le billard acquiert sans doute par ce changement une apparence de grande légèreté. Est-ce le but auquel on doit tendre? Ne faut-il pas prévoir le cas où un joueur, pour atteindre sa bille, portera tout le poids de son corps sur le billard, ne conservant à terre la pointe de son pied que pour ne pas enfreindre la règle du jeu. M. Bouhardet a prévu ce cas : il a imaginé deux vis de rappel formant tirant sur des arcs-boutants qui relèvent assez facilement la table du billard lorsqu'elle s'est affaissée.

En 1839, M. Bouhardet a obtenu une mention honorable, en 1844 une médaille de bronze.

Le jury, reconnaissant dans l'ensemble de sa fabrication des perfectionnements alliés à une exécution toujours consciencieuse, lui décerne une médaille d'argent.

M. Astorquiza BARTHÉLEMY, rue Saint-Pierre-Amelot, n° 14, à Paris.

Rappels de médailles de bronze

Le jury de 1844, se tenant dans une juste réserve, demandait à l'expérience de confirmer les espérances que faisait naître la substitution des tables d'ardoise aux tables en morceaux de bois assemblés. L'expérience a parlé en faveur de M. Barthélemy, à qui on doit, sinon la première idée, au moins la première application de cette idée en France. Le brevet d'invention qu'il a pris est expiré, et plusieurs fabricants ont employé l'ardoise, soit d'une seule pièce, ce qui rend un billard trop cher, soit en trois morceaux, ce qui permet de l'établir à peu près au même prix qu'en tables de bois.

Ces billards sont adoptés par les plus habiles joueurs, qui ne s'aperçoivent pas que l'humidité s'attache à l'ardoise comme on le croyait, ni que le drap, placé ainsi entre deux corps durs, se coupe plus facilement.

Le jury est heureux de trouver ainsi confirmées ses premières espérances, et il rappelle en faveur de M. Barthélemy la médaille de bronze.

M. J.-H. GUILELOUVETTE, rue des Marais-Saint-Martin, n° 47, à Paris.

Le plus beau billard déposé dans les galeries de l'exposition appartient à cet exposant. Il est orné de bronzes fondus et ciselés par Journaux, d'incrustations délicates exécutées par Cramer, c'est assez dire qu'il est fort riche, et ainsi s'explique et s'excuse son prix de 4,500 fr. M. Guilelouvette fabrique aussi de bons et simples billards à 12 et 1,300 francs.

Il avait imaginé, il y a 5 ans, de faire fondre soit 4, soit 6 plaques de fer qui, boulonnées fortement ensemble et placées sur une seconde table de chêne, semblaient devoir présenter de fortes garanties contre les effets de la température; mais, après deux tentatives, il a abandonné cette innovation, qui n'offrait pas assez d'avantages pour compenser les difficultés de la main-d'œuvre et la cherté de la matière. Un bon billard, tout en bois, peut s'établir au prix de 12 à 1400 francs; avec table d'ardoise, de 13 à 1,500 fr.; avec table de fonte, de 2,800 à 3,000 francs.

Le jury reconnaît avec plaisir la continuation des efforts de M. Guilelouvette, et il rappelle en sa faveur la médaille de bronze obtenue en 1844.

Médaille de bronze.

M. COSSON, rue Grange-aux-Belles, n° 20 *bis*, à Paris.

Cette maison, établie en 1818, citée favorablement en 1827, a reçu des mentions honorables en 1834, 1839 et 1844. Elle a continué à soutenir dans le commerce sa vieille réputation acquise par de persévérants efforts et une grande loyauté commerciale. Cette année, M. Cosson expose un beau billard, dont il a confié l'ornementation à M. Fossey. Cet artiste habile, dont le talent sera apprécié dans un autre rapport, a composé ce billard avec goût et l'a exécuté avec soin. M. Cosson ne peut revendiquer dans ce succès d'autre mérite que celui d'avoir fait un bon choix, et ce mérite a de la valeur aux yeux du jury. En effet, un chef d'établissement peut imprimer à son industrie un plus vif essor par la bonne direction donnée à ses ouvriers, par la recherche intelligente des artistes qu'il appelle à son aide, que par une habileté d'exécution manuelle qui, le plus souvent, pour vouloir tout entreprendre, s'épuise en vains efforts.

Ce fabricant s'est appliqué à remplir les conditions essentielles d'un bon billard : ses tables, construites en bois, sont bien assemblées ; ses bandes, mi-partie ressorts et lisières, sont élastiques sans l'être trop ; enfin, un mécanisme simple et d'un maniement facile permet de fermer avec une seule clef toutes les blouses à la fois, en substituant à leur cavité une surface plane, de niveau avec la table, disposition exigée par les joueurs pour la partie de la carambole.

Le jury, appréciant l'ensemble et la durée de cet établissement, les perfectionnements introduits par M. Cosson dans son industrie et les billards exposés par lui, décide qu'il a droit à une médaille de bronze.

M. Ph. MARCHAL, rue de Sèvres, n° 17, à Paris.

Ce fabricant a exposé un billard en bois de palissandre qui frappe tout d'abord par la simplicité de ses formes, l'élégance de ses profils et l'absence complète d'ornements. On sent, à première vue, que ces longues moulures arrondies, assez fortes pour soutenir tout le poids du joueur, laisseront glisser ses mouvements sans interrompre leur précision, et que ce beau bois, dans son lustre naturel, n'engendrera ni rouille ni vert-de-gris quand les mains, en transpiration, auront mille fois passé sur ses surfaces. C'est ainsi que ce meuble doit être conçu pour répondre à sa destination. M. Marchal a le mérite d'exécuter ses billards dans ses ateliers sans le secours d'aucune autre industrie, et de les livrer au commerce au prix de 1,000 francs. Or, ce bon marché n'est acheté par l'abandon d'aucune qualité. Ses tables, assemblées en panneaux pris dans du vieux bois de chêne provenant d'une même démolition, sont capables de résister à l'influence de l'atmosphère, et ses bandes à ressorts, déjà mentionnées honorablement par le jury en 1844, se sont perfectionnées et continuent à jouir de l'approbation qu'elles avaient reçu de nos plus forts joueurs.

Le jury accorde à M. Marchal une médaille de bronze.

M. B. LABURTHE, rue du Faubourg-Saint-Denis, n° 14, à Paris.

Mentionné honorablement par le jury de 1844 pour ses billards en table d'ardoise, à bandes de lisières, M. Laburthe se présente avec les mêmes titres à l'exposition de 1849. Les cercles élégants de Paris et ses cafés les plus visités possèdent de ses billards; les joueurs les plus habiles recommandent sa maison.

Le jury renouvelle en sa faveur une mention honorable.

MM. MAILLARD et Cⁱᵉ, rue du Faubourg-Sᵗ-Denis, à Paris.

Des associations d'ouvriers se sont formées dans plusieurs industries sous l'influence des idées nouvelles. Si nos grands établissements n'avaient perdu dans ce mouvement que cette masse d'ouvriers incapables qui parent leur fainéantise de théories socialistes, le mal n'eût pas été grand; mais des hommes consommés dans leur art n'ont pas su défendre leur intelligence vive et candide contre les séductions de ces théories, et, en quittant les ateliers, ils y ont laissé des lacunes sensibles. Le jury n'a pas de leçons à donner, il n'a pas d'avenir à prévoir, il souhaite à ces associations le succès qu'elles espèrent; mais, observant rigoureusement un principe de réserve qui lui impose l'obligation d'attendre le résultat de l'expérience, il mentionne honorablement les efforts des ouvriers associés sous la raison sociale Maillard et compagnie.

M. J. E. DAUD, boulevard du Temple, n° 24, à Paris.

Cet inventeur présente des certificats délivrés en Piémont qui tendent à prouver que, dès 1840, il aurait appliqué des bandes élastiques à des billards, c'est-à-dire des bandes formées de ressorts en boudins métalliques recouverts en lisières. On reprocha dès lors, à cette combinaison, son irrégularité résultant de la place où la bille frappait sur la bande, soit en plein sur l'extrémité du ressort, soit entre deux ressorts. Depuis, il a ajouté aux ressorts en boudins des plaques métalliques qui les recouvrent en s'étendant sur toute la longueur de la bande. Ces bandes, étant ainsi continues dans leur élasticité, renvoient la bille dans une direction qui se trouve toujours en rapport avec l'impulsion qu'elle a reçue. L'approbation des joueurs est venue en aide au jury, qui a trouvé les bandes de

M. Dand appliquées à plusieurs billards exposés par divers fabricants: il lui accorde une mention honorable.

M. E. PLENEL, boulevard Saint-Martin, n° 8, à Paris.

Le billard de cet exposant est simple, d'un bon modèle et bien confectionné; l'élévation de son prix s'explique par la difficulté de travailler le bois des îles, dit bois de violette, qui n'a encore été débité pour placage qu'en petits morceaux. Ce bois a une teinte très-agréable, un tissu de veines d'un joli dessin, et il acquiert un poli très-utile dans les billards.

M. Plenel avait été cité favorablement en 1844; le jury lui accorde une mention honorable.

M. GAUDIN, à Rouen (Seine-Inférieure).

Rappel de citation favorable.

Les billards de M. Gaudin sont bien établis; ses tables sont formées de bandes de chêne posées de champ, réunies, collées, et s'étendant d'une seule pièce dans toute la largeur. Ces précautions contre l'humidité et la trop grande sécheresse ne lui ont pas paru suffisantes; il a lié toutes les bandes entre elles dans la longueur du billard au moyen de boulons placés à moitié bois et vissés fortement aux extrémités. Il évite ainsi les solutions de continuité qui lui semblent l'obstacle réel au maintien d'un niveau constant sur une surface composée d'un si grand nombre de morceaux assemblés, et le jury de 1844, qui s'en remettait à l'expérience, trouvera la confirmation de son jugement dans la citation favorable que le jury de 1849 rappelle en faveur de cet exposant.

M. SAURAUX, rue du Faubourg-du-Temple, n° 17, à Paris.

Citations favorables.

Des blessures honorables, reçues dans les rues de Paris en juin 1848, ont obligé M. Sauraux à fermer ses ateliers pour se rendre à Bourbonne-les-Bains. Il n'a pu, par ce motif, donner au jury les explications qu'on attendait de lui; mais un mémoire qu'il a envoyé, la citation favorable qu'il a reçue en 1844, et, mieux que cela, l'examen attentif des deux billards exposés par lui, permettent de le classer au nombre de nos bons fabricants. Il s'est préoccupé, peut-être trop exclusivement, de la solidité de la table; sans doute, c'est la pièce capitale du billard: mais faut-il obtenir sa précision en passant sur toute autre considération! Est-il besoin, d'ailleurs, pour atteindre un bon résultat: d'emprisonner une table en pierre ou en ardoise dans un double cadre de fer, le premier destiné à établir un niveau constant, le second formant l'enveloppe et l'ornement du meuble? Nos maisons ne sont pas construites pour soutenir un pareil poids, et les membres des joueurs pour supporter des chocs contre des corps aussi durs. Tout l'ensemble d'un billard, ainsi fait de pierre et de fer, choque la vue et ne s'associe pas à l'idée qu'on se fait d'un meuble de salon pour un jeu d'intérieur. L'autre billard, en ébène, manque de goût à l'extérieur, mais sa table doit fixer l'attention. Elle est établie en petits tasseaux de bois d'un décimètre de long, mi-partie chêne et acajou, et disposés en échiquier. Ce nouveau système de table présenterait d'autant plus de solidité, selon le mémoire de M. Sauraux, qu'il est parvenu, par un moyen pour lequel il a pris un brevet d'invention, à dépouiller le bois de sa séve. Attendons les effets de la température, ou plutôt le jugement de l'expérience. Nous saurons si les bois neufs ont perdu leur séve par ce procédé aussi complétement et à aussi bon marché que les vieux bois de démolition en ont été dépouillés par l'âge.

Le jury renouvelle à M. Sauraux une citation favorable.

M. P. BELEURGEY, boulevard Beaumarchais, nᵒˢ 53 et 67, à Paris.

Ce serait un perfectionnement sans doute que la suppression des six pieds qui soutiennent un billard, et contre lesquels viennent se heurter les joueurs. M. Beleurgey a cherché, dans le corps même de son billard, une force suffisante de résistance pour supporter sur ses bandes, s'avançant en surplomb, tout le poids du joueur. Le problème serait résolu si ce meuble, reposant ainsi sur une base unique, ne prenait un aspect de coffre ou de baignoire. Cette masse encore informe a besoin, pour entrer en compagnie des meubles élégants de nos appartements, d'être mieux étudié sous le rapport de la forme et des profils.

M. Beleugey fabrique bien : c'est son titre à la citation favorable favorable que lui décerne le jury.

M. J. GUILELOUVETTE jeune, rue Notre-Dame-de-Lorette, nᵒ 56, à Paris.

Les modifications apportées dans les règles du jeu exigent des modifications dans l'établissement du billard. Plusieurs parties nouvelles, comme celle de la carambole, veulent une table unie et exigent la suppression de la cavité des blouses. Il fallait trouver un moyen de transformer rapidement, et au caprice des joueurs, un billard à six blouses en un billard à quatre blouses, à deux blouses ou sans blouses aucunes. Le mécanisme inventé par M. Cosson suffisait à la dernière de ces exigences; M. Guilelouvette répond à toutes en appliquant à chaque blouse une rondelle à bascule qui en remplit exactement la cavité, qui s'abaisse ou se relève isolément avec rapidité, et au moyen d'un tour de clef.

Mais un billard doit-il servir à cacher un lit, doit-il se transformer en table de salle à manger? L'exiguïté et la cherté des logements, dans une ville qui voit chaque année sa population augmenter, a souvent éveillé l'esprit inventif de nos industriels, et le jury n'est pas indifférent à ce qui peut ajouter, dans des conditions égales de fortune, une somme nouvelle de bien-être. Or, on conçoit qu'un garçon de café qui peut cacher sans inconvénient son lit dans le billard, trouvera plus facilement son repos en tirant de ce meuble son lit tout fait, maintenu sec et chaud, qu'en allant le chercher au grenier ou à la cave, avec l'obligation de le monter et démonter soir et matin. Il y a dans ces ingénieuses combinaisons quelque chose de louable, et dans leur exagération quelque chose de ridicule; c'est à observer une juste limite qu'il faut s'appliquer.

Le jury accorde à M. Guilelouvette une citation favorable.

M. Luc LEDÉE, rue Chapon, n° 6, à Paris.

Un billard fût-il excellent, le jeu serait imparfait si les queues manquaient de précision. M. Ledée s'est appliqué à cette fabrication et il a présenté au jury une collection de queues, depuis les plus simples jusqu'aux plus ornées, depuis les queues en frêne à 10 francs la douzaine, jusqu'aux queues en marqueterie formées de l'assemblage de plus de 200 morceaux rapportés, à 40 francs pièce. L'essai que nous avons fait des unes et des autres, et les témoignages qui nous sont parvenus, prouvent que cet exposant s'est rendu compte des conditions particulières de sa spécialité et qu'il sait y répondre.

Le jury lui accorde une citation favorable.

§ 11. PARQUETS.

M. Léon Feuchère, rapporteur.

Médaille de bronze. M. Charles BLUMER, à Strasbourg (Bas-Rhin),

Est menuisier en bâtiments; il confectionne surtout des parquets par procédés mécaniques. Ceux qu'il soumet à l'examen du jury sont d'un assemblage simple, et présentent l'aspect de solidité qui est la condition la plus essentielle de cette partie importante de la menuiserie.

Le bulletin de déclaration de la commission de Strasbourg porte que cet établissement est fondé depuis cinquante ans.

Ébéniste dans le principe, M. Blumer renonça à cette industrie pour se livrer entièrement à la confection des parquets.

Une machine à vapeur de 8 chevaux, 12 machines à scier, raboter, tourner, font de cet établissement le plus important de l'Est de la France.

La modicité de ses prix, jointe à la supériorité de ses produits, lui a amené et facilité un grand débouché en Allemagne et en Suisse.

Par toutes ces considérations, le jury, pour récompenser un atelier si bien organisé et si productif, et d'un secours si précieux surtout en province, décerne à son laborieux chef, M. Blumer, la médaille de bronze.

Mention honorable. M. Lou-Norbert GOURGUECHON, rue de Port-Royal, n° 16, à Paris,

Expose un échantillon de parquet dont l'établissement et la confection nous ont paru réunir de bonnes conditions de solidité.

Ce parquet est scellé à bain de bitume, sans rainure et languette, à plat-joint. Le prix est très-modéré.

Il emploie le même système pour des cloisons qui échappent à l'humidité, en même temps qu'il arrête le son et l'empêche de se transmettre. Cet avantage est précieux, surtout dans les maisons habitées par plusieurs locataires.

Le jury décerne une mention honorable à M. Gourguechon.

M. PASCAL, à Bordeaux (Gironde),

Expose des parquets mosaïques enchevêtrés, qui offrent des garanties de solidité et de durée et présentent une élégance et une recherche qu'il est aisé d'apprécier: aussi le jury vote-t-il avec empressement une citation favorable à M. Pascal.

§ 12. COLLECTION DE BOIS POUR L'ÉBÉNISTERIE ET LES ARTS.

M. Héricart de Thury, rapporteur.

M. GARAND, rue de Charonne, n° 38, à Paris.

Rappel de médaille de bronze.

M. Garand a présenté à l'exposition une feuille de palissandre découpée par un procédé mécanique, pour l'ébénisterie. Cette feuille de palissandre, de 6 mètres de longueur sur 2 mètres de largeur, est remarquable à tous égards, et le jury croit devoir en faire mention, quel que soit l'inventeur du procédé mécanique par lequel elle a été obtenue.

Le jury central rappelle à M. Garand la médaille de bronze par lui obtenue en 1844.

M. SAINT-UBERY, à Tarbes (Hautes-Pyrénées).

Médailles de bronze.

M. Saint-Ubery a envoyé à l'exposition une collection de bois indigènes pour l'ébénisterie, et une collection de bois des arbres de la chaîne des Pyrénées.

Le jury central lui décerne une médaille de bronze.

M. GOISNARD, rue Bayard, n° 22, à Paris.

Sa collection d'échantillons de bois indigène, propres à être employés dans l'ébénisterie, la tabletterie et la marqueterie, a paru bien choisie et d'un bon emploi.

Le jury central décerne à M. Goisnard une médaille de bronze.

§ 13. EMPLOI DU BOIS APPLIQUÉ AU BÂTIMENT.

M. Léon Feuchère, rapporteur.

M. TACHET (Claude-François), rue Saint-Honoré, n° 274, à Paris.

Médailles de bronze.

M. Tachet, connu depuis 1824 de tout élève de l'école d'architecture pour l'excellence de ses planches, de ses T, excellence constatée par la précision rigoureuse qu'un long usage ne peut détruire, expose pour la première fois et présente à l'examen du jury des résultats heureux dus à un procédé qu'il appelle *ouxhygrométrique*, procédé pour lequel il est breveté. Les panneaux en bois, par ce procédé, nous ont paru résoudre avec succès ce problème si difficile qui ôte au bois la possibilité de se rétrécir, s'élargir, s'onduler et se disjoindre. Ce procédé s'applique aux panneaux de voiture, à ceux destinés à la peinture et aux parquets. Un fragment posé au devant de l'exposition de M. Tachet a subi alternativement l'action du soleil et de l'eau, sans qu'il ait été possible, pendant trois mois de durée de l'exposition, d'y apercevoir la moindre altération.

Le jury, comprenant tous les avantages que présentent les heureuses combinaisons de M. Tachet, lui décerne la médaille de bronze.

M. AINDAS (Antoine), à Bordeaux (Gironde),

Menuisier en bâtiments, établi à Bordeaux depuis 1795 de père en fils, a envoyé à l'exposition l'application de systèmes ingénieux à des portes d'appartement, à une croisée avec persiennes et à une porte à vitres pour balcons.

Par un mécanisme très-simple il assure pour la porte le jeu qu'exige en l'ouvrant l'usage des tapis ou les inégalités du parquet. En ce qui concerne les croisées à persiennes, par un bouton à l'intérieur il fait jouer un mécanisme qui développe la persienne sans nécessiter l'ouverture de la croisée, et par conséquent évite l'introduction de l'air froid dans la saison rigoureuse.

Enfin il empêche l'introduction de l'air et de l'eau par les portes-croisées qui donnent sur un balcon, une cour ou un jardin.

Cet habile et intelligent ouvrier a déjà, à Bordeaux, expérimenté avec succès les applications de ses systèmes, du reste très-simples.

Le jury décerne à M. Aindas une médaille de bronze.

Mentions honorables. ## M. WOLF (François), rue de la Planche, n° 17, à Paris.

M. Wolf, déjà cité en 1844, établi pendant trente ans à Nancy, a transporté son industrie à Paris depuis dix-sept ans. Cet habile ouvrier a concentré tous ses soins dans la confection des jalousies. Son système, breveté en 1812, est encore celui qui est le plus en usage. Son âge avancé et un travail constant ont mérité l'attention particulière du jury, qui lui donne une mention honorable.

M. COULON (Antoine), rue Ménilmontant, n° 10, à Paris,

Expose deux modèles en grand d'escalier tournant exécutés simplement et dans des conditions de prix très-modéré : en résultat, bon établissement et économie. Pour ces deux qualités, le jury donne à M. Coulon une mention honorable.

M. MARTEL (Jacques-Michel), rue Thiroux, n° 3, à Paris.

Le jury mentionne honorablement M. Martel pour ses jalousies mécaniques fonctionnant de l'intérieur sans obligation d'ouvrir les croisées, ainsi que pour des jalousies adaptées aux archivoltes, et qui fonctionnent par le même moyen.

M. DELABARRE (Auguste-César), à Rouen (Seine-Inférieure).

Citations favorables.

M. Delabarre, de Rouen, mérite d'être cité favorablement pour un châssis à crémaillère, qui fonctionne bien ; pour un châssis à rideaux mobiles, dont le jeu est facile et commode ; enfin, pour un châssis à tabatière en tôle, dont la forme, arrondie aux angles, est une garantie de propreté.

M. ALIBERT, à Bréau (Seine-et-Marne),

Est cité favorablement par le jury pour une porte à deux vantaux de chêne maillé, et une autre en maillé ronceux.

MM. JEANJEAN aîné et MAZAUYÉ, à Montpellier (Gard),

Sont cités favorablement par le jury pour leurs croisées dites à percussion.

M. VIENNEY (Pierre), rue de la Fidélité, n° 20, à Paris,

Est cité favorablement par le jury pour un petit modèle très-ingénieux d'escalier tournant à trois révolutions. C'est un ouvrier très-intelligent.

§ 14. MOULURES ET CADRES.

M. Léon Feuchère, rapporteur.

CONSIDÉRATIONS GÉNÉRALES.

Cette industrie, qui paraît à première vue d'une utilité modeste, est cependant, à notre époque, d'un secours tellement usuel et répandu qu'elle mérite et l'attention bienveillante et les encouragements du jury. L'emploi des moulures s'étend depuis le meuble, où il est d'une si heureuse application, jusqu'aux décorations intérieures formant corniches et moulures des panneaux pour bordures de glaces, etc. Quant aux cadres qui permettent, en entourant une gravure d'un prix modeste, de répandre une certaine richesse et élégance dans les salons de cette classe aisée et si nombreuse pour laquelle l'ornementation et la dorure est tout, l'art n'est rien, la variété des bois indigènes et exotiques vient faire l'appoint à l'objet qu'il renferme, et qui le plus souvent est bien étonné de se trouver si bien gardé et si bien entouré d'ébène noire. Nos encadreurs à Paris possèdent ce talent à un point, que des gravures et tableaux mêmes ne doivent leur succès qu'à la valeur et à l'intérêt qu'offre le cadre à l'acquéreur.

Rappel de médaille d'argent.

M. François LAURENT et compagnie, rue de Ménilmontant, n° 86, à Paris.

En 1844, M. Laurent fut placé par le jury central en tête de l'industrie du découpage mécanique du bois pour les moulures, les filets, les guillochages, cadres, mosaïques, parquets, dorures, etc., et il lui décerna une médaille d'argent.

Cette année, M. Laurent a présenté de nombreux produits qui prouvent de nouveaux perfectionnements apportés dans les mécanismes de ses usines, mis en mouvement par une machine à vapeur de la force de six chevaux.

Tous les bois, de quelque dureté qu'ils soient et quelle que soit leur nature, ainsi les résineux, comme les bois gras, huileux, gommeux, etc., sont tous découpés avec la même perfection dans leurs plus petits détails.

Les parquets mosaïqués en bois indigènes et en bois étrangers de M. Laurent, déjà connus depuis plusieurs années, sont de la plus grande beauté, et très-recherchés.

Le jury, en constatant les nouveaux succès de M. Laurent, rappelle la médaille d'argent qui lui a été décernée en 1844, et dont il se montre de plus en plus digne à tous égards.

M. Alexandre-Joseph MORISOT, boulevard Beaumarchais, n° 2, à Paris.

Rappel de médaille de bronze.

En 1844, M. Morisot obtenait une médaille de bronze pour des moulures en imitation de bois exotiques, dont l'emploi pour encadrement de tentures, pour galeries de croisée, etc., était d'un secours très-efficace aux tapissiers et décorateurs. En effet, le bas prix, joint à l'imitation si vraie des divers bois, a rendu possible et de placement facile ce que le prix trop élevé des bois naturels ne pouvait rendre que rare et difficultueux.

Cette année, M. Morisot nous apporte les preuves d'une application très-étendue. Le palissandre, l'acajou, le chêne, s'allient entre eux avec succès.

L'extension considérable de cette branche d'industrie est due à l'activité et à l'intelligence de M. Morisot, à qui le jury, pour le récompenser, rappelle la médaille de bronze, qu'il continue toujours à mériter.

M. Jean-Claude THOLIN, rue Neuve-Saint-Sabin, n° 7, à Paris.

Médailles de bronze.

M. Tholin, en prenant l'établissement de M. Mariotte, constructeur de machines-outils qui valurent à ce dernier, en 1844, une médaille d'argent, et tout en conservant l'établissement de ces machines, a ajouté un établissement d'ébénisterie. Il applique lui-même l'usage de ces outils à une fabrication considérable de moulures.

Bien qu'exposant quelques meubles, tels qu'armoire à glace, couchette, commode, etc., les moulures et les cadres sont la partie la plus importante de son exploitation qui forme un produit considérable.

Ainsi, l'outil et sa mise en œuvre sont tour à tour l'objet de la préoccupation tout industrielle de M. Tholin.

Le jury, appréciant ces divers résultats, décerne à ce fabricant habile une médaille de bronze.

M. Nicolas HÉNAULT, rue du Val-Sainte-Catherine, n° 1, au Marais, à Paris.

Une machine très-simple qui fonctionne facilement et qui abrége considérablement le travail, et se mouvant sur des planches de sapin recouvertes d'une pâte liquide, produit des guillochis variés et ingénieux, tout en réservant des parties unies.

Cette machine ou petit chariot, armée des outils en usage aux menuisiers en moulures, est mue par deux ouvriers. Ils lui impriment une oscillation qui donne pour résultat le guillochis.

La pâte, par une dernière opération de la machine, se lisse suffisamment, sans qu'il soit nécessaire de lui faire subir les apprêts, assez longs, qu'exige ordinairement la dorure bien établie.

Les résultats présentés par M. Hénault sont très-satisfaisants; ce sont: un baldaquin, des galeries de croisée, des moulures et cadres pour appartement, des bordures de glaces et de tableaux.

Nous avons vu fonctionner la machine de M. Hénault avec une promptitude qui doit lui donner un débit considérable et lui permettre d'écouler ses produits à des prix très-bas.

Le jury décerne à M. Hénault une médaille de bronze.

Mentions honorables.

M. Jutte-Sylvestre FERT, rue du Faubourg-Saint-Antoine n° 130, à Paris.

Tout en exposant ses moulures guillochées, il fait lui-même le meuble qui en reçoit l'application.

De plus, utilisant d'une manière nouvelle l'outil à guillocher, il est parvenu, en lui imprimant un mouvement ondulatoire, à obtenir des effets contrariés, qui donnent à ses panneaux un aspect assez semblable à celui que produit la moire.

La commode que présente M. Fert, où ces panneaux sont employés avec sobriété, est un heureux résultat des moulures bien combinées, et quelques sculptures bien exécutées complètent l'ensemble de ce meuble.

Des médaillons saillants et bas-reliefs obtenus par la pression nous ont paru le produit d'une idée ingénieuse, qui peut souvent et utilement trouver son emploi.

M. Fert expose pour la première fois; le jury lui décerne une mention honorable.

M. Pierre-Louis PENNEQUIN rue Saint-Antoine, n° 214, à Paris.

Cité favorablement en 1844, M. Pennequin exposait comme ébéniste confectionnant le meuble; aujourd'hui il se présente comme fabricant de parquets et surtout de moulures. Cet exposant a perfectionné la fraise qu'il employait, et l'a modifiée de façon à l'utiliser avantageusement pour exécuter des moulures courbes, et pour des parquets mosaïques à rainures et languettes. Ce parquet représente des dessins curvilignes qui, d'un dessin heureux, peuvent s'appliquer à des dessus de table. Tout en espérant que le prix, encore trop élevé, M. Pennequin parviendra à le rendre plus accessible au public, le jury lui accorde une mention honorable.

M. François-Louis JUNOD, rue Moreau, n° 45, à Paris.

M. Junod, que le jury de 1844 récompensa par une citation favorable pour ses moulures guillochées, nous en présente l'application heureuse dans un grand cadre; il y joint une grande variété de moulures et des ornements rubanés de toutes sortes.

Par un perfectionnement apporté à sa machine, il obtient des résultats plus prompts et plus nets. Le jury lui accorde une mention honorable.

M. Pierre-Bernard DIEU, rue Saint-Antoine, n° 159, à Paris.

Des cadres ajustés avec goût et intelligence, ornés d'incrustations faites avec soin, méritent à M. Dieu, cité favorablement en 1844, la mention honorable que le jury lui décerne.

M. Théophile-Abel LECLÈRE, rue des Quatre Fils, n° 4, à Paris.

Élève et successeur de l'habile ciseleur Chéron, M. Leclère expose plusieurs cadres en cuivre pour miniatures d'une bonne exécution de ciselure et dorés avec soin.

Il est facile de juger qu'à son tour, habile maître, excellent praticien, M. Leclère ne peut que créer de bons élèves, car il donne à ses productions cet aspect qui mérite l'attention et une récompense, ce que le jury reconnaît en lui accordant une mention honorable.

Citation
favorable.

M. E. LANNAY, rue du Faubourg saint-Antoine, n° 48, à Paris.

Tourneur en bois, expose une grande variété de cadres dorés; ces cadres doivent leur richesse surtout à leur contournement, sans le secours de pâtes ou plastiques.

Un peu moins d'exagération dans les formes serait à désirer, de crainte de tomber dans des effets disgracieux

M. Lannay est trop intelligent pour ne pas comprendre la valeur d'un bon avis que le jury joint à la citation favorable qu'il fait de ses produits.

---

§ 15. MIROITERIE.

M. Léon de Laborde, rapporteur.

CONSIDÉRATIONS GÉNÉRALES.

Lorsque les fabriques de Venise fournissaient le monde entier de glaces petites, défectueuses et d'un haut prix, le miroitier fut bien inspiré en combinant ensemble les plus petits morceaux pour en former un tout quelquefois gracieux dans son assemblage et toujours très-riche dans son encadrement. Il avait trouvé dans le biseau et dans la gravure des ressources, sinon pour grandir, au moins pour faire ressortir la grandeur du morceau principal, et nos pères ont, pendant deux cents ans, payé grassement une main-d'œuvre patiente, ingénieuse autant qu'ingrate.

Les miroitiers, nos contemporains, ont-ils donc oublié qu'il s'est fait depuis cinquante ans une révolution dans la fabrication des glaces? ignorent-ils que Saint-Gobain, Saint-Quirin, Cirey, Commentry, donnent à bon marché d'admirables produits? Mais ils ne l'ignorent pas, puisqu'ils tirent de ces puissantes usines les grandes glaces qu'ils coupent en petits morceaux, qu'ils évident, qu'ils gravent, qu'ils biseautent, faisant perdre ainsi à cette belle matière ses surfaces unies et limpides, sa transparence, sa netteté.

Le jury se voit obligé de blâmer ces efforts stériles et cette fausse tendance : au point de vue de l'art, c'est condamnable ; au point de vue industriel, c'est inexplicable, car c'est tout simplement déprécier une belle matière en la rendant plus chère. Pour tout dire, c'est un non-sens.

L'application des glaces transparentes ou étamées au revêtement des cheminées nous a semblé faire exception et mériter des éloges, parce que ce genre d'ornement peut recevoir quelque développement et devenir une ressource dans l'ameublement.

Mais ce qui a fixé toute l'attention du jury, c'est la miroiterie qu'on peut appeler populaire, celle qui va s'offrir aux prix les plus modiques dans nos faubourgs, nos casernes et nos campagnes. De grands ateliers, de nombreux ouvriers, une foule de machines ingénieuses viennent concourir toutes ensemble à la production d'un miroir qu'un industriel habile peut vendre à un sou, parce qu'il en vend, année commune, plus de cinq millions. Faire participer ainsi les classes pauvres à quelques-unes des jouissances réservées aux classes supérieures, en mettant ce luxe à la portée des bourses les plus mal fournies, c'est un progrès industriel dont les conséquences ne sont pas à dédaigner, quand cette extension, donnée au bien-être de tous, profite, grâce à l'intelligence du chef de la fabrique, à l'existence heureuse de 110 ouvriers, d'innombrables colporteurs, et à sa propre fortune.

M. PAILLARD, rue du Grand-Chantier, n° 10, à Paris. — Médaille d'argent.

Ce grand atelier a été fondé en 1841 et s'est accru chaque année, à mesure que son chef habile étendait le cercle de ses opérations. S'appliquant exclusivement, dans l'origine à la fabrication des miroirs de poche, montés sur zinc et sur cuivre, M. Paillard a entrepris successivement l'imagerie encadrée, l'estampage, les jouets d'enfants, les objets de sainteté, comme crucifix, bénitiers, et la bimbeloterie, les étuis à lunettes, les porte-allumettes, etc., etc. Une grande modicité de prix ne pouvait être atteinte, et celle qu'il a obtenue, ne s'explique que par l'emploi de machines ingénieuses et la réunion dans un seul local, sous son intelligente direction, de toute la fabrication, depuis l'étamage des glaces, l'estampage des différentes plaques et pièces de rapport en métal, jusqu'au montage. Aussi la concurrence n'a-t-elle pu lutter sur aucun marché, si ce n'est en Allemagne, où Nuremberg contrefait la marque de fabrique de M. Paillard pour écouler quelques produits rivaux.

Il serait impossible de se faire une idée de cette fabrication, si l'on ne mettait en regard d'un chiffre d'affaires de 320,000 francs les prix de quelques objets, calculés à la grosse, c'est-à-dire aux 12 douzaines, ou au nombre de 144.

Miroirs de poche, ronds, en zinc estampé, à charnières, formant boîte fermée, s'ouvrant et s'appuyant sur un support :

De 21 lignes de diamètre, la grosse, 7 francs;
De 4 pouces   36

J'omets tous les numéros intermédiaires.

Miroirs de chambre, carrés longs, dans un cadre en cuivre estampé :

De 4 centimètres, la grosse,   4 francs;
De 21   50

Miroirs à pelotes montés sur pieds en cuivre :
Huit numéros différents de 7 fr. à 144 fr. la grosse.

Petites boîtes contenant un meuble de salon, composé de 7 pièces, soit 1,008 pièces et 144 boîtes pour 27 francs;

Les mêmes meubles, veloutés, pour 33 francs.

Étuis à lunettes avec dessins estampés gorges et charnières :

La grosse, en zinc, 12 francs;
en cuivre, 30

Nous n'avons pas voulu pousser plus loin une démonstration de ce genre: ces quelques chiffres suffisent; nous renonçons également à décrire toutes les machines ingénieuses combinées par M. Paillard pour diminuer les frais de main-d'œuvre; nous dirons seulement que l'ensemble de cette fabrication s'élevait en 1847 au chiffre de 150,000 francs, en 1848 à 280,000 francs, et qu'il dépassera 320,000 francs en 1849.

Le jury, appréciant la direction habile de M. Paillard, qui se fait sentir jusque dans les moindres détails, considérant l'extension de ses affaires et la bonne condition de ses produits, mise en regard de ses prix si modiques, lui décerne la médaille d'argent.

M. LUCE, Miroitier, à Versailles (Seine-et-Oise).

Mention honorable

Les glaces peuvent être prodiguées dans les appartements; une si belle matière est susceptible des plus heureuses applications. M. Luce a eu l'idée de composer des cheminées avec des glaces étamées à l'entour du foyer, sans tain sur la table, et gravées en dessins de fleurs sur les montants. Une de ces cheminées placée depuis deux ans chez M. Fontaine, à Versailles, a subi l'effet d'une chaleur vive, continue ou interrompue sans que le tain ait éprouvé d'altération, sans que les glaces se soient brisées. Cette extension donnée à l'industrie du miroitier n'a pas empêché M. Luce de remplir toutes les conditions de sa partie; le jury lui accorde une mention honorable.

M. CHAMOUILLET, rue de Cléry, n° 22, à Paris.

Citation favorable.

La glace exposée par M. Chamouillet, dans un cadre en bois sculpté par M. Fossey, est dorée par lui et ne doit servir que comme un spécimen de l'habileté de ce miroitier, spécimen commandé et vendu, par conséquent établi dans les conditions industrielles.

Le jury, appréciant l'ensemble de l'industrie de M. Chamouillet, lui accorde une citation favorable.

---

§ 16. BOISSELLERIE, TONNELLERIE.

M. Léon Feuchère, rapporteur.

M. ROUILLARD, à Belleville. (Seine).

Rappel de mention honorable.

Le jury rappelle à M. Rouillard, tonnelier-mécanicien, la mention honorable déjà obtenue par lui en 1844 pour ses brocs et bouteilles en bois garnies intérieurement en étain.

M. Victor-Désiré BLOUET, rue Saint-Antoine, n° 181, à Paris.

Mention honorable.

Boisselier de l'administration des poids publics de la ville de Paris expose des mesures pour bois, charbon, grains, plâtres, etc.

Ces mesures en bois et fer sont bien confectionnés, et présentent la garantie d'une longue durée. En raison de ces avantages, le jury décerne à M. Blouet une mention honorable.

QUATRIÈME SECTION.

§ I. BIJOUTERIE, STUCS, PIERRES FACTICES, BIJOUTERIE
DE CORAIL, ETC.

I. BIJOUTERIE DE JOAILLERIE DE DIAMANTS, PIERRES FINES,
OR, ARGENT.

M. Héricart de Thury, rapporteur.

CONSIDÉRATIONS GÉNÉRALES.

La bijouterie et la joaillerie, depuis la dernière exposition, ont marché, de concurrence avec l'orfévrerie, de progrès en progrès, en s'attachant à reproduire les chefs-d'œuvre des xiv, xv et xvi siècles; aussi maintenons-nous en tête de la bijouterie et de la joaillerie, MM. Froment-Meurice, Rudolphi et Duponchel, qui se sont également distingués dans l'une comme dans l'autre de ces trois brillantes industries, et auxquels le jury central a décerné, pour le bel et riche ensemble de leurs produits :

1° A M. Froment-Meurice, une nouvelle médaille d'or;

2° A M. Rudolphi, le rappel de la médaille d'or de M. Wagner-Mention, son prédécesseur, dont il soutient dignement la haute réputation;

Et 3° à M. Duponchel, successeur de M. Morel, une médaille d'or

M. L. ROUVENAT, rue de Bondy, n° 52, à Paris.

Rappel de médaille d'or.

M. Rouvenat, depuis neuf années associé de M. Ch⁰ Christofle, et son successeur, est aujourd'hui seul à la tête de cette importante fabrique. Bien que M. Ch⁰ Christofle y fût toujours en nom, les nombreuses occupations qui absorbaient tout son temps pour la création de sa nouvelle industrie, l'orfévrerie, ne lui permettaient plus de s'occuper cette fabrique. Depuis cette époque, M. Rouvenat l'a dirigée seul, tant sous le rapport commercial que sous le rapport industriel. C'est donc à lui seul que revient tout le mérite que présentent les objets qu'il a exposés.

Sa fabrication comporte trois genres : la bijouterie et la joaillerie fine pour Paris, et les mêmes articles pour l'exportation. Ces derniers se distinguent par un cachet tout particulier de transition entre les formes anciennement demandées pour l'exportation et celles qui, chaque jour, sont demandées par les nouvelles modes françaises.

Il expose, entre autres objets, tous les modèles des épées qu'il a fabriquées depuis deux années seulement. Le jury accorde à M. Léon Rouvenat le rappel de la médaille d'or, qu'il avait décernée, à la dernière exposition, à MM. Rouvenat-Christofle.

M. DAFRIQUE, rue J. J. Rousseau, n° 8, à Paris.

Nouvelle médaille d'argent.

M. Dafrique est toujours incontestablement un des plus habiles fabricants de chaînes. Le jury de 1844 lui a décerné une médaille d'argent.

Cette année, en se maintenant au rang où il s'était placé, il a ajouté à son ancienne industrie une industrie nouvelle. Cette dernière consiste en une ornementation d'or et de pierreries ingénieusement ajustées et appliquées sur des camées de toute nature. Il varie ainsi les nuances des coiffures, des habillements, et quand ce mariage est habilement fait, ces camées produisent un effet très-agréable à l'œil.

Le jury accorde à M. Dafrique une nouvelle médaille d'argent.

M. PAYEN, rue Molay, n° 10, à Paris.

Rappel de médaille d'argent.

M. Payen expose de la bijouterie d'or destinée à l'exportation, principalement aux colonies françaises, à la Havane, au Mexique.

Sa fabrication, tout à fait en dehors du genre et du goût français, a cela de remarquable qu'elle est parfaitement appropriée au goût des pays qui la lui demandent.

Il expose, entre autres objets, une parure en or mat, ciselée or de différentes couleurs, remarquable par l'ingénieuse combinaison qui permet de lui donner plusieurs formes au moyen d'un mécanisme de rechange très-simple.

Le jury, prenant en considération la bonne voie dans laquelle ce fabricant s'est maintenu et les progrès qu'il a faits, lui rappelle la médaille d'argent à lui décernée en 1844.

Médaille
d'argent. **M. GRANGER, rue de Bondy, n° 70, à Paris.**

M. Granger n'a pas exposé cette année, bien qu'il en eût fait la demande. La raison est le peu d'emplacement qui lui était destiné.

On comprend, du reste, les embarras de l'Administration pour répondre aux demandes, souvent déraisonnables, de quelques exposants; mais, dans cette circonstance, le jury doit regretter qu'un homme de la valeur de M. Granger, ancien élève de l'école de Châlons, n'ait pas fait les démarches nécessaires auprès du jury pour faire apprécier la justice de sa demande.

Le jury de 1844, après un rapport très-circonstancié sur les progrès que la ligne adoptée par M. Granger a fait faire à toutes les branches de l'industrie parisienne, dont il s'est occupé, tels que la bijouterie, les ornements de toilette pour le théâtre, appropriés avec une grande intelligence aux coutumes et aux époques des personnages qui les portent, les armures anciennes, etc., etc., lui avait décerné une médaille d'argent Vers la fin de l'exposition, M. Granger a apporté différentes pièces très-remarquables qui lui ont permis de prouver qu'il n'a pas démérité. Le jury, prenant en considération tous les faits ci-dessus, décerne à M. Granger une médaille d'argent.

Médailles
de bronze. **MM. HALETTIN et PAYEN, rue Saint-Nicolas-des-Champs, n° 2, à Paris.**

Ces deux associés, successeurs depuis trois ans de M. Delance, très-bons fabricants, ont maintenu à leur établissement la réputation qu'il avait acquise. Ils ont mieux fait encore, ils sont entrés dans une voie nouvelle très-goûtée des acheteurs. On s'en convaincra facilement en examinant avec soin leur fabrication, qui, remplit toutes les conditions demandées pour une fabrication courante et de prix moyens.

Le jury décerne à MM. Halettin et Payen une médaille de bronze.

MM. PICOT et LUQUET, rue Sainte-Élisabeth, n° 3, à Paris.

MM. Picot et Luquet exposent de la bijouterie à bon marché, de toute espèce, des bagues, épingles et boucles d'oreilles. Quoique très-légers en or, tous ces objets sont fabriqués avec beaucoup de goût et de soin.

Le nombre d'ouvriers assez considérable que cette fabrication emploie mérite d'entrer en considération dans l'appréciation qui sera faite de l'importance de cet établissement.

Le jury accorde à MM. Picot et Luquet une médaille de bronze.

MM. LASERVE et ROYER, rue Pagevin, n° 3, à Paris.

MM. Laserve et Royer, exposent diverses pièces de bijouterie et reproductions en argent.

Leurs reproductions en argent au moyen de la galvanoplastie, ont cela de remarquable, que les parties en ronde bosse sont parfaitement venues.

Le jury, prenant en considération les efforts et la réussite obtenue par MM. Laserve et Royer, et l'utilité dont seront un jour, pour les industries de luxe, telles que l'orfévrerie, le bronze, la bijouterie, ces applications trop peu appréciées jusqu'à ce jour en France par l'industrie, quand des établissements en Russie ont donné à ce travail un essor considérable, décerne à MM. Laserve et Royer une médaille de bronze, et les engage à persister dans cette voie.

M. Hubert OBRY, place Dauphine, n° 11, à Paris.

M. Hubert Aubry est un modeleur-ciseleur excessivement habile. Les objets qu'il expose, destinés à former des épingles, des cachets, des groupes d'animaux, sont modelés et ciselés avec un soin et un art tout particuliers, et d'autant plus remarquables que leur dimension est très-réduite.

Son exposition a toujours attiré les regards de tous les amateurs, et des personnes qui voient avec plaisir le goût de l'artiste s'allier avec le talent de l'ouvrier. Le jury, prenant en considération les efforts constants de M. Obry pour se maintenir dans la voie qu'il s'est tracée, lui accorde une mention honorable.

M. MIGUET fils, rue Molay, n° 2, à Paris.

M. Miguet fils expose différents articles de bijouterie et de mise en œuvre. Sa bijouterie, imitation de celle en or avec pierreries incrustées, est faite avec goût et beaucoup de soin; la mise en œuvre est sa principale branche d'industrie, et surtout les ornements maçonniques qu'il expédie à l'étranger pour une valeur assez importante.

M. Miguet mérite d'être encouragé, car, en maintenant sa fabrication dans la voie qu'il suit aujourd'hui, elle lui assure un bel avenir.

Le jury accorde à M. Miguet une mention honorable.

M. COUDRON, à la Ferté-Gaucher (Seine-et-Marne).

M. Coudron expose un mécanisme appliqué aux boutons de chemise, qui permet de fixer le bouton à la chemise sans boutonnière; il a déjà exposé en 1844 le même objet qui n'avait pas attiré l'attention du jury. Mention honorable.

Citation favorable.

M. Théodore ELAMBERT, rue des Enfants-Rouges, n° 6, à Paris.

M. Elambert expose des broches, breloques et autres objets de fantaisie, ingénieusement imaginés et bien fabriqués. Il est dans une bonne voie et mérite d'être encouragé.

Le jury accorde à M. Elambert une citation favorable.

2. BIJOUTERIE DE PIERRES FINES, AGATIERS, JASPIERS, PIERRISTES ET LAPIDAIRES.

M. Héricart de Thury, rapporteur.

CONSIDÉRATIONS GÉNÉRALES.

Le jury central, à l'exposition de 1844, avait décerné une médaille d'argent à M. Theret, pour la bijouterie, les mosaïques et marqueteries de pierres fines, qu'il avait présentées à l'exposition, et qui se plaçaient en tête de nos pierristes et lapidaires pour le travail et la mise en œuvre des agates, jaspes, améthystes, lazulites, malachites et de toutes les pierres fines et précieuses employées dans la joaillerie. Depuis cette époque cette belle industrie a fait des progrès remarquables que la commission a signalée au jury central, et nous pouvons nous flatter que nos pierristes-lapidaires, continueront à se distinguer de plus en plus, en suivant l'exemple de M. Theret, auquel nous

devons le rétablissement de l'école des mosaïques en pierres
fines des xv et xvi siècles.

M. CHRITIN, pierriste-lapidaire, rue de Montmorency, n° 26, à Paris.

Médaille d'argent.

Fils et petit-fils de lapidaire, M. Chritin est aujourd'hui l'un de
nos plus habiles joailliers-lapidaires. Il est du petit nombre des artistes industriels qui se forment d'eux-mêmes en s'attachant de passion à leur profession, à laquelle, souvent, ils font faire des progrès
remarquables.

Simple ouvrier, M. Chritin, travaillant pour différents maîtres qui
lui ont dû une grande partie de la réputation dont ils ont joui, se
trouvait dans une sorte d'obligation de s'abstenir de se présenter au
concours des expositions; mais la perfection, la supériorité de ses
travaux en pierres précieuses, agates, cornalines, sardoines, calcédoines, jaspes, etc., l'ont fait enfin sortir des rangs inférieurs dans
lesquels il avait jusqu'alors travaillé, et l'ont classé en tête de nos pierristes-lapidaires. En effet, outre ses pivots d'échappement du système
Brocot pour les pendules et l'horlogerie de précision, M. Chritin s'est
présenté à l'exposition avec un bel assortiment de pièces plus remarquables les unes que les autres, et parmi lesquelles on distinguait : 1° Une belle jacinthe double en fleurs et en boutons, prise
dans une cornaline orientale, et ses tiges avec les feuilles, dans un
jaspe vert sanguin; 2° un papillon dont le corps est en labrador,
les ailes en agate orientale striée et rubanée, des yeux en rubis et
les antennes en sardoine de contexture soyeuse; 3° une belle tabatière de mosaïque saxonne, composée de cent dix agates orientales,
calcédoines, jaspes, etc., recommandable par le choix et l'ajustage
des pierres; 4° divers ouvrages de mosaïque, de fleurs, de fruits et
de papillons en relief et à plat; 5° des serre-papier en malachite et
lapis-lazuli; 6° des verres de montres et Lecs à corbin en quartz
hyalin, cristal de roche, etc.

Le jury décerne à M. Chritin une médaille d'argent.

M. BIGOT-DUMAINE jeune, pierriste-lapidaire, rue Bou-cher, n° 1 bis, à Paris.

Médaille de bronze.

M. Bigot-Dumaine est un bon, un excellent ouvrier, qui s'est
particulièrement attaché à l'industrie du travail des agates, des cor-

nalines, des jaspes, etc., pour la joaillerie et la bijouterie. Depuis, il s'est livré avec succès à celle des pivots d'échappement pour l'horlogerie, et s'est fait une certaine réputation dans cette spécialité.

Le jury lui accorde une médaille de bronze.

3. BIJOUTERIE DORÉE, BRONZE DORÉ, CHAINES DORÉES, ETC.

M. Héricart de Thury, rapporteur.

CONSIDÉRATIONS GÉNÉRALES.

La bijouterie dorée a prouvé, par les riches assortiments qu'elle a présentés à l'exposition, qu'elle était toujours digne de la haute réputation dont elle jouissait, et que, si quelques fabriques de pacotilles avaient pu donner lieu à des plaintes plus ou moins fondées, nos principaux fabricants n'avaient rien négligé pour prouver la supériorité de leurs produits, et qu'ils étaient de plus en plus dignes des récompenses que le jury central leur avaient accordées.

Nouvelles médailles d'argent. M. MOUREY, rue du Temple, n° 63, à Paris.

M. Mourey a obtenu à l'exposition de 1844 une médaille d'argent pour sa fabrication de bijouterie en cuivre doré et argenté, qu'il avait poussée à un degré de perfection remarquable. Cette année, il expose, outre la bijouterie dorée, des camées en argent et argentés, reproduits par la galvanoplastie d'après des modèles de camées gravés de la bijouterie, et divers genres de corbeilles ornées de feuillages argentés, destinées à l'exportation, et dont le genre de fabrication est approprié aux pays auxquels elles sont destinées.

Nous ne pouvons rien dire de plus favorable de cet exposant que de le signaler comme s'étant maintenu au premier rang qu'il avait su conquérir à la dernière exposition, quoique ses relations commerciales aient eu considérablement à souffrir de la crise industrielle amenée par la révolution de Février.

Le jury accorde à M. Mourey une nouvelle médaille d'argent.

M. HOUDAILLE, rue Saint-Martin, n° 171, à Paris.

M. Houdaille est incontestablement le premier et le meilleur fabricant de garnitures de livres en argent et en cuivre doré et argenté.

Sa bonne fabrication, l'importance qu'il lui a donnée, lui avait mérité, en 1844, la médaille d'argent.

Aujourd'hui, il faut reconnaître que sa fabrication a fait encore des progrès, tant sous le rapport de l'exécution que pour la grâce et les formes de ses dessins.

Le jury décerne à M. Houdaille une nouvelle médaille d'argent.

M. LELONG, rue du Temple, n° 49, à Paris.

A la dernière exposition, M. Lelong a obtenu une médaille d'argent pour sa fabrication très-remarquable des chaînes en cuivre doré.

Depuis il a ajouté à cette branche de la bijouterie d'autres articles, tels que clefs et cachets et des breloques de formes gracieuses et variées.

Il mérite d'être maintenu au rang où l'avait placé le jury de 1844.

Le jury accorde à M. Lelong le rappel de la médaille d'argent.

Rappel de médaille d'argent.

M. BUREAU (Jean Prosper), rue Chapon, n° 23, à Paris.

M. Bureau expose des produits d'une fabrication soignée et toujours remarquable. Il avait obtenu, en 1844, une médaille de bronze, et, depuis cette époque, il a fait des progrès pour lesquels le jury lui accorde le rappel de la médaille de bronze.

Rappel de médaille de bronze.

M. CORNILLON, rue du Temple, n° 50, à Paris.

M. Cornillon a exposé des flacons en cristal, des porte-montres avec garnitures d'ornements estampés dorés et argentés.

C'est un des industriels qui ont le mieux compris ce genre de fabrication, et il se distingue des autres par un meilleur choix dans ses dessins, dans ses ornements et dans ses formes.

Le jury décerne à M. Cornillon une médaille de bronze.

Médaille de bronze

M. PLIQUE, rue Saint-Martin, n° 295, à Paris.

La fondation de son établissement remonte à 1823. C'est la première fois qu'il expose. Ses bracelets à ressort sont très-goûtés; il s'est toujours maintenu dans une bonne ligne de fabrication.

C'est un fabricant qui mérite d'attirer l'attention du jury.

Le jury accorde à M. Plique une mention honorable.

Mentions honorables.

M. MOJON, rue Saint-Martin, n° 9, à Paris.

M. Mojon a obtenu en 1844 une mention honorable, et, bien que des pertes considérables soient venues porter une grave atteinte à l'étendue de ses relations commerciales, sa persévérance dans une bonne fabrication, sa supériorité dans le genre de bijoux en filigranes, le placent à un rang supérieur à celui qui lui avait été assigné en 1844.

Le jury décerne à M. Mojon une mention honorable.

M. HUSSON, rue des Fontaines-du-Temple, n° 18, à Paris,

A obtenu à l'exposition de 1844 une mention honorable.

Ce que l'on peut dire de plus honorable pour lui, c'est que si les fabricants de perles eussent maintenu comme lui la qualité de la dorure, cette industrie ne serait pas tombée dans le discrédit où elle est aujourd'hui.

Le jury décerne à M. Husson une mention honorable.

M. DECHAVANNE, rue Rambuteau, n° 1, à Paris.

M. Dechavanne expose, entre autres choses, des porte-montres, des porte-cigares, des porte-monnaie, etc., dont les garnitures sont en métal excessivement malléable et que, par un procédé de fabrication très-ingénieux et très-peu dispendieux, il réussit à repercer et à graver, en conservant très-purs et très-nets les formes et les dessins qui en font l'ornement.

Cette jolie fabrication mérite l'attention particulière et une marque d'intérêt.

Le jury décerne à M. Dechavanne une mention honorable.

MM. DOBBÉ frères, rue du Temple, n° 56, à Paris,

Exposent des objets de bijouterie en cuivre, doublé d'or et estampé.

Leur fabrique est importante, leur fabrication est soignée; mais cette industrie est stationnaire comme les populations auxquelles elle est destinée. Cependant, elle occupe à Paris un grand nombre d'ouvriers, tant pour la fabrication spéciale que par les autres industries qui s'y rattachent. Sous ce point de vue, MM. Dobbé frères méritent l'attention du jury.

Le jury accorde à MM. Dobbé frères une mention honorable.

M. RENAULT, rue Montmorency, n° 28, à Paris.

Les objets en bijouterie fausse exposés par M. Renault se distinguent par leur grâce et leur légèreté. Il est dans une bonne ligne, dans laquelle il faut l'encourager à persévérer.

C'est l'une des plus fortes maisons de Paris pour l'exportation de la mise en œuvre.

Cette maison existe depuis quinze années.

Le jury décerne à M. Renault une mention honorable.

M. PÉROT, rue des Fossés-Montmartre, n° 12, à Paris.

M. Pérot expose des pièces gravées, damasquinées et incrustées, d'un travail excessivement remarquable. Ses incrustations d'or surtout, bien que d'une ténuité excessive, présentent une solidité qui n'avait pas été atteinte avant lui.

Le jury décerne à M. Pérot une mention honorable.

M. PICHARD, rue des Blancs-Manteaux, n° 30, à Paris.

Cette fabrication existe depuis 14 années.

M. Pichard expose pour la première fois. Sa joaillerie fausse est bien exécutée.

Le jury décerne à M. Pichard une mention honorable.

M. Charles Antoine MAQUET, rue de la Calandre, n° 17, à Paris.

Citations favorables.

Lampes à souder, à l'usage des bijoutiers-joailliers, bien confectionnées, et d'un bon emploi.

Le jury accorde à M. Maquet une citation favorable.

M. Charles SCHMOLL, passage Bastour, n° 9, à Paris.

M. Schmoll a exposé de la joaillerie dorée d'exportation, remarquable par son travail, sa perfection et son bas prix.

Le jury lui décerne une citation favorable.

Mme REYNAUD-CHAPELAIN, passage Basfour, n° 13, à Paris.

Mme Reynaud-Chapelain a exposé des assortiments de montres, avec leur chaîne, à 0,05 centimes, avec de la bijouterie de colportage en foire et d'exportation.

Ces produits, fabriqués par des apprentis, divisés selon le travail, ont été jugés dignes d'être cités favorablement pour leur exécution et leur bas prix.

4. BIJOUTERIE DE DEUIL.

M. Héricart de Thury, rapporteur.

CONSIDÉRATIONS GÉNÉRALES.

La belle bijouterie de deuil a été pendant longtemps une industrie particulière à quelques-uns de nos départements, où la matière première, le *jais* ou *jaïst*, se trouvait d'une telle pureté et d'un noir si pur et si intense, qu'on l'employait avec le plus grand succès pour cette industrie; mais son peu de dureté, sa friabilité et son extrême combustibilité lui ont fait préférer le verre noir, l'émail noir, la fonte et l'acier, qui remplacent le *jais* ou *jaïst*, en présentant des caractères bien supérieurs pour leur emploi dans la bijouterie de deuil.

Rappel de médaille de bronze.

M. RICHARD, rue Saint-Martin, n° 139, à Paris.

Expose de la bijouterie de deuil.

Comme il le déclare lui-même dans une notice remise au jury, c'était là son ancienne industrie, pour laquelle il a obtenu une médaille de bronze en 1827, 1834, 1839 et 1844.

Mais aujourd'hui sa principale fabrication est la boucle de chapeau, qu'il a réussi à établir à des prix très-modiques par des moyens de fabrication très-simples et très-ingénieux.

Sa principale exportation est pour les États-Unis.

Dans cette nouvelle branche d'industrie, comme dans celle à laquelle il se livrait précédemment, M. Richard s'est montré qu'il était digne des encouragements qui lui avaient été décernés, et le jury, reconnaissant ses constants efforts, lui rappelle la médaille de bronze à lui décernée en 1844.

M. POTEL, rue Beaubourg, n° 50, à Paris.

M. Potel expose une collection de bijoux pour deuil d'un bon goût et solidement fabriqués.

Les progrès qu'il a fait faire à sa fabrication le rendent digne de la mention honorable que le jury lui décerne cette année.

5. BIJOUTERIE D'ACIER.

M. Héricart de Thury, rapporteur.

CONSIDÉRATIONS GÉNÉRALES.

Notre fabrication de bijouterie d'acier poli se soutient à la hauteur des aciéries anglaises qui ont eu longtemps la supériorité sur les nôtres, et nous devons rappeler ici que c'est particulièrement à M. Frichot, qui présenta aux expositions de 1827 et 1834 des assortiments d'ameublement et de bijouterie d'acier poli, que nous devons les développements que depuis quelques années cette belle industrie a pris chez nous avec une supériorité que soutiennent nos fabricants avec le plus grand succès.

M. DANLOY (Mathieu), à Raucourt, dans les Ardennes (Moselle).

La fabrique de Raucourt fut distinguée en 1834 pour ses boucles de fer et d'acier, qui lui méritèrent une médaille de bronze. Depuis cette époque, M. Mathieu Danloy a introduit de nombreux perfectionnements dans sa fabrication qui a pris le plus grand développement, et occupe constamment plus de cent ouvriers.

Le jury lui décerne une nouvelle médaille de bronze.

M. VAUTIER, rue du Faubourg-du-Temple, n° 57, à Paris.

La fabrique de bijouterie d'acier de la maison Vautier est ancienne et s'est distinguée aux expositions de 1839 et 1844. Elle se maintient avec succès au rang où elle s'était placée.

Le jury prenant en considération le rappel de la médaille de bronze qui lui fut décernée à la précédente exposition, lui en décerne une nouvelle.

6. BIJOUTERIE DES STRASS ADAMANTOÏDES, BRILLANTS OÙ DIAMANTS ARTIFICIELS.

M. Héricart de Thury, rapporteur.

CONSIDÉRATIONS GÉNÉRALES.

L'industrie de la fabrication des diamants de strass adamantoïdes a fait, depuis les grands prix de la société d'encouragement et les médailles décernées par le jury central, de tels progrès, par les recherches et les travaux de MM. Lançon, Doault-Wieland, Bon, Marion, Bourguignon et autres, et nos brillants diamantoïdes sont aujourd'hui d'une telle beauté et d'une telle *pseudovérité*, qu'il est impossible à aucune fabrique étrangère de faire mieux et de lutter avec nos fabricants, qui peuvent à peine suffire aux nombreuses demandes adressées d'Allemagne, de Russie, d'Angleterre, d'Amérique et des Indes, où leur bijouterie a obtenu le plus grand succès.

Médaille d'or.

MM. SAVARY et MOSBACH, rue Vaucanson, n° 4, à Paris.

MM. Savary et Mosbach ont poussé aussi loin qu'il est possible de le faire l'imitation de la joaillerie fine, tant pour la façon du montage que pour l'imitation des pierres.

Tout ce qu'ils exposent a un cachet de bon goût remarquable. Si tous les fabricants suivaient leur exemple, cette industrie, qui occupe à Paris un grand nombre d'ouvriers, prendrait un accroissement considérable.

Successeurs de M. Bon, qui avait mérité la médaille d'argent à la dernière exposition, il faut leur rendre cette justice qu'ils ont encore mieux fait que leur prédécesseur et qu'ils se sont placés au premier rang de leur belle industrie.

Le jury décerne à MM. Savary et Mosbach une médaille d'or.

M. BENDER, rue des Petites-Écuries, n° 16, à Paris.

Médaille d'argent.

De tous les fabricants qui ont exposé cette année de la bijouterie diamantoïde et cuivre doré dans le genre de Paris, M. Bender est incontestablement un de ceux qui ont le mieux imité le fini de la belle bijouterie d'or et de diamant.

Les bracelets, les broches, les épingles qu'il expose sont d'une exécution très-remarquable qui soutient la comparaison avec tout ce qui a été exposé de plus parfait par ses confrères.

Le jury décerne à M. Bender une médaille d'argent.

M. MASSON, Palais-National, n° 117, à Paris,

Médaille de bronze.

Doit être placé, pour la bijouterie fausse, dans la même catégorie que M. Petiteau pour la bijouterie fine.

Le jury lui décerne la médaille de bronze.

MM. CLÉMENT et FILLOZ, rue Neuve-Bourg-Labbé, n° 10, à Paris.

Mention honorable.

MM. Clément et Filloz exposent des chapelets en grains de strass diamantoïde, cristal, corail et bois divers, travaillés à Saint-Claude (département du Jura).

Ils exposent aussi divers objets de belle tabletterie sous les noms Clément et Desmarets.

Leur fabrication, qui paraissait d'abord peu importante, a pris, entre leurs mains, un développement considérable puisqu'elle ne s'élève pas à moins de 250,000 francs par année, et occupe plus de trois cents ouvriers. Les moyens mécaniques employés par eux pour la confection des grains de strass et de coco les mettent à même de rivaliser, sur les marchés étrangers, avec les premiers fabricants d'Allemagne.

Le jury, prenant en considération l'importance donnée à cette fabrication par MM. Clément et Filloz, et pour les engager à continuer dans la voie où ils sont entrés, leur décerne une mention honorable.

7. FABRICATION DES PERLES ARTIFICIELLES.

M. Héricart de Thury, rapporteur.

CONSIDÉRATIONS GÉNÉRALES.

Notre fabrication des perles artificielles est aujourd'hui

30.

arrivée à un tel degré de perfection et de supériorité, par les études, les essais, les recherches et les travaux de MM. Constant Valès et Truchy, qu'il est impossible à l'œil le plus exercé de distinguer leurs perles placées et montées avec de vraies perles, ces fabricants étant parvenus à leur donner le poids, la dureté, l'irisation orientale et la demi-transparence ou la translucidité opaline des plus belles perles : aussi les perles de ces habiles fabricants obtiennent-elles partout une préférence marquée, en Russie, en Allemagne, en Angleterre, en Espagne, en Amérique et jusques aux Indes, qui nous renvoient des perles naturelles en échange des parures des perles de Paris.

Rappels de médailles d'argent.

M. Constant VALÈS, rue Saint-Martin, n° 161, à Paris.

M. Constant Valès soutient dignement la haute réputation qu'il s'est faite pour la fabrication des perles artificielles, dans laquelle il se maintient au premier rang, pour les améliorations et perfectionnements des anciens procédés de cette industrie, et il justifie ainsi de plus en plus les récompenses qui lui ont été décernées aux précédentes expositions.

Ses produits, qui semblent défier la nature et qui sont souvent confondus ensemble, sont très-recherchés et obtiennent les plus grands succès en Angleterre, en Allemagne, en Russie, dans tout le Levant, l'Amérique, enfin, et généralement partout, comme en France.

Le produit moyen de la fabrication de M. Constant Valès, suivant ses livres, s'élève à plus de 120,000 francs.

Il occupe constamment de cinquante à soixante ouvriers, et les a soutenus dans les moments les plus critiques; mais ce qui nous a été révélé par un de ses anciens ouvriers et que nous ne pouvons passer sous silence, c'est que, depuis longtemps, M. Valès s'est associé ses contre-maîtres et premiers ouvriers, et que, par actes notariés, il a fait des pensions à ceux qui, trop âgés ou infirmes, ne pouvaient plus continuer les travaux de la fabrication des perles.

Le jury central, en applaudissant à l'honorable conduite de M. Constant Valès envers ses ouvriers, le déclare de plus en plus digne de la médaille d'argent qui lui fut décernée en 1844.

M. TRUCHY, rue du Petit-Lion-Saint-Sauveur, n° 18, à Paris.

M. Truchy est arrière-petit-fils de M. Jacquin, qui, en l'année 1686, établit en France la fabrication des perles artificielles, pour laquelle il fut breveté sous Louis XIV, ainsi qu'il est constaté dans le catalogue dès découvertes des arts et métiers du ministère de l'intérieur.

Après M. Constant Valès, ou au même rang, vient se placer M. Truchy. Son exposition se distingue par une imitation aussi parfaite que possible des perles dites *grosses baroques*, de formes bizarres, telles qu'on les trouve dans la nature.

Ces perles baroques sont aujourd'hui employées avec le plus grand succès dans les arts par des fabricants qui en tirent parti pour en faire des objets originaux et de caprice ou de fantaisie. L'art de faire les perles artificielles doit d'importantes améliorations à M. Truchy. Ses perles ont acquis une telle supériorité qu'il est difficile et souvent impossible, à la simple vue, de les distinguer des perles véritables, dont cet habile fabricant est parvenu à donner aux siennes la dureté, le poids et les belles teintes orientales opaliques qui les font rechercher pour la haute joaillerie d'imitation.

Le jury avait décerné à M. Truchy une médaille d'argent en 1844, pour tous ses perfectionnements dans l'art de faire les perles artificielles; aujourd'hui il la lui rappelle.

M. GRÉER, rue Saint-Martin, n° 193, à Paris.

Rappel de médaille de bronze.

M. Gréer a parfaitement soutenu sa fabrication et, à cela près de l'importance de ses affaires, les perles exposées par lui en imitation de celles d'Orient et de Panama, marchent de pair avec celles de ses concurrents.

Le jury rappelle à M. Gréer la médaille de bronze à lui décernée en 1844.

M. HALLBERG, rue Neuve-Bourg-l'Abbé, n° 8, à Paris,

Mention honorable.

Mérite cette année le rang que lui avait assigné le jury de 1844.
Le jury décerne à M. Hallberg une mention honorable.

5. BIJOUTERIE DE CORAIL.

M. Héricart de Thury, rapporteur.

CONSIDÉRATIONS GÉNÉRALES.

L'art de travailler le corail est très-ancien : cette substance précieuse, considérée longtemps comme un végétal marin, ensuite comme un intermédiaire entre les végétaux et les animaux marins, puis enfin comme une production marine produite par des polypes, le corail était connu des anciens, qui le pêchaient comme nous sur les rochers des côtes de la Méditerranée, de la Sicile, de l'Adriatique, de l'Afrique, de la mer Rouge, etc., etc. Il était très-recherché et classé parmi les pierres précieuses employées dans la bijouterie et la joaillerie, comme le prouvent les médaillons, les bijoux, les chatons, les grains perlés qu'on trouve dans les tombeaux et les ruines de quelques villes, et dont on voit des échantillons bien conservés dans divers musées et collections.

L'industrie du corailleur et la mise en œuvre du corail ont été rapportées du temps des croisades, d'abord en Italie, où elles furent exploitées avec succès à Naples en Sicile, à Livourne, à Gênes, puis à Marseille, dont nos fabriques soutiennent la concurrence pour le travail, le fini et la beauté de la bijouterie avec les fabriques étrangères. Elles emploient annuellement de 2,000 à 2,500 et 3,000 kilogrammes de corail qui produisent en bijouterie de toute espèce plus de 1,500,000 francs, dont, près des deux tiers pour l'exportation, nos coraux étant très-recherchés au Sénégal, à la Gambie, dans l'Amérique, les Indes, etc. etc.

M. BARBAROUX DE MÉGY, à Marseille (Bouches-du-Rhône).

Rappels de médailles d'argent.

M. Barbaroux de Mégy, depuis l'exposition de 1844, à la suite de laquelle il obtint une médaille d'argent, est entré dans une voie de progrès très-remarquable.

Sa fabrique occupe de vingt-cinq à trente ouvriers à Marseille, et de trente à quarante dans les environs, à Capri.

Il emploie annuellement 1,500 kilogrammes de corail brut,

pour 800 kilogrammes de corail ouvré, dont 500 kilogrammes pour l'exportation.

Parmi les nombreux produits exposés par M. Barbaroux de Mégy, on distinguait :

1° De belles files de graines de corail de différentes nuances et grosseurs ;

2° Dix files d'olivettes ;

3° Une pendule ;

4° Un jeu d'échecs ;

5° Une montre contenant plus de deux cents articles de fantaisie et objets divers pour la bijouterie.

Le jury rappelle à M. Barbaroux de Mégy la médaille d'argent à lui décernée en 1844.

M. GARAUDY, à Marseille (Bouches-du-Rhône).

M. Garaudy maintient sa manufacture de corail de Marseille en activité, et en concurrence de celle de M. Barbaroux. Il présente les mêmes progrès. Il occupe cinquante ouvriers dans ses ateliers de Marseille et d'Aix.

Il emploie 800 kilogrammes de corail brut, pour en confectionner et ouvrer 600 kilogrammes environ, dont un tiers environ pour l'exportation.

Les nombreux produits que M. Garaudy a présentés étaient remarquables par leur travail, leur fini, leur beau choix.

Le jury reconnaît que M. Garaudy est de plus en plus digne de la médaille d'argent qu'il lui a décernée en 1844, et la lui rappelle.

9. RÉVIVIFICATION DES DORURES, RÉPARATION DE LA BIJOUTERIE ET DES BRONZE DORÉS.

M. Héricart de Thury, rapporteur.

M. ROSSELET, inventeur, fabricant de produits chimiques, rue du Faubourg-Saint-Honoré, n° 26, à Paris.

Médaille de bronze

M. Rosselet a présenté au jury central deux liquides qu'il a nommés *chryso-palingénésiques* ou révivificateurs de dorures et argentures, l'un pour les métaux, l'autre pour les équipements militaires, passementeries, broderies, etc., etc.

La commission mixte des beaux-arts et de chimie s'est assurée d'abord qu'il n'entrait aucun acide dans la composition des deux liquides de M. Rosselet, puis elle les a soumis à diverses épreuves, savoir :

1° Sur des pièces d'or, de vermeil, d'orfévrerie, des bijoux d'or vrais ou faux, des armes, des bronzes dorés ; et 2° sur des ornements d'église d'or, d'argent et dorés, sur des uniformes et équipements militaires.

Et par ses essais elle a constaté que les deux liquides revivifient réellement, sans oxydation de métaux comme sans altération des étoffes, l'or et l'argent mats et brunis, ainsi que l'attestent, d'une part, les certificats de Mᵍʳ l'archevêque de Reims, de MM. les curés des paroisses de la Madeleine, de Saint-Merry, etc., etc., et, d'autre part, les certificats d'un grand nombre de généraux, amiraux et officiers supérieurs des armées de terre et de mer.

A l'exposition de 1844, le jury central avait accordé à M. Rosselet, pour ses liquides revivificateurs de dorures et argentures, une mention honorable, en attendant que l'usage en fût plus répandu et que le succès en fût généralement constaté.

Le nouveau rapport de la commission mixte des beaux-arts et de chimie ne pouvant plus laisser aucun doute sur l'efficacité et le plein succès des liquides de M. Rosselet, d'ailleurs prouvés par les pièces nombreuses qu'il a présentées au jury et à la commission avec les certificats à l'appui, le jury central lui a décerné la médaille de bronze.

---

§ 2. INDUSTRIE DES MOSAIQUES.

M. Héricart de Thury, rapporteur.

CONSIDÉRATIONS GÉNÉRALES.

Dans le rapport sur l'exposition de 1844, la commission des beaux-arts, après avoir fait un exposé rapide de l'état de l'industrie des mosaïques, portée, chez les anciens, à un si haut degré de perfection et cependant si vulgaire, ou tellement répandue, qu'on en trouve encore partout de beaux restes, dans les ruines des temples et des palais, comme dans celles des plus modestes villas ou maisons de campagne des anciens, la commission des beaux-arts exprimait ses regrets de la déchéance d'un art pour lequel l'Empereur, sur la proposition de M. Denon, directeur du musée du Louvre, avait fondé à Paris une école de mosaïque monumentale, à l'instar de la mosaïque antique : cette école, sous la direction de Belloni, obtint les plus brillants succès, comme l'attestent quelques belles mosaïques de sa composition, et fut malheureusement abandonnée faute de travaux et d'encouragement, au point que cette belle industrie n'est plus exercée et pratiquée aujourd'hui que par quelques mosaïstes, élèves de cette école, qui, malgré leur talent et la perfection de leurs ouvrages, ne trouvent qu'avec peine à les placer.

La mosaïque en pierres fines pour la joaillerie se soutient mieux que la mosaïque monumentale; elle continue à faire de tels progrès, qu'elle rivalise aujourd'hui avec les premiers mosaïstes d'Italie, ainsi qu'on peut en juger par ceux qui ont été exposés.

La mosaïque florentine, soit en plaques de pierres découpées, d'agates, jaspe, lazulite, stalactite, marbre, soit en relief, est également en progrès, et divers bons ouvriers mosaïstes, élèves de l'école de Belloni, ont fourni à plusieurs exposants des produits remarquables, qui soutiennent parfaitement la comparaison avec les plus belles compositions des écoles de Florence, et qui rappellent celles des règnes de Louis XIII et Louis XIV; mais les mosaïstes auxquels elles sont dues, travaillant pour le compte de nos premiers ébénistes, ne se sont pas fait connaître dans la crainte de perdre leur clientèle. La commission exprime, à leur égard, le regret de ne pouvoir leur faire décerner par le jury les médailles auxquelles ils auraient eu droit s'ils avaient exposé leurs produits sous leur nom.

La marqueterie en plaqué de bois et autres matières, telles que l'écaille, l'ivoire et les métaux, est aujourd'hui portée au plus haut degré de perfection; mais elle fait partie essentielle de l'ébénisterie dont elle n'aurait pas dû être séparée. Cependant, comme elle a été renvoyée à la section chargée de l'examen des ouvrages de mosaïque, la commission en a examiné avec soin tous les produits, heureuse de s'être rencontrée, pour leur classement, avec la section de l'ébénisterie.

D'après cet exposé, la commission a divisé son travail en deux grandes sections, savoir : la première, la mosaïque proprement dite, qui est sous-divisée, 1° en mosaïque antique et byzantine monumentale, et 2° en mosaïque de la renaissance et mosaïque florentine.

La seconde, la marqueterie, divisée, 1° en marqueterie de pierres fines, agates, jaspes, marbres, etc., incrustés dans l'ébénisterie ; 2° la marqueterie des feuilles de bois découpées ; et 3° la marqueterie d'incrustation d'ivoire, d'écaille, étain, cuivre et autres métaux pour l'ébénisterie, la tabletterie, etc.

Enfin, et pour compléter tout ce qui est relatif à la marqueterie, la commission a joint, par appendice, les différentes branches d'industrie du travail du bois, qui ont été également renvoyées à son examen, telles que, 1° les collections de bois ; 2° le travail du découpage du bois à la mécanique ; et 3° les préparations chimiques pour la coloration du bois d'ébénisterie, de marqueterie, de tabletterie, de menuiserie, et pour la conservation du bois.

1° MOSAÏQUE ANTIQUE ET BYZANTINE EN DÉS OU CUBES DE MARBRE, PATE, VERRE.

Médaille d'argent

M. CHRÉTIN (Théodore), rue des Nonandières, n° 13, à Paris.

Il a fondé une école de mosaïque artistique avec des mécaniques pour débiter le marbre en plaques et baguettes, des sciottes, dressoirs, polissoirs, etc.

Le jury central lui décerne une médaille d'argent.

2° MOSAÏQUES DE RENAISSANCE OU FLORENTINE, EN ÉCHANTILLONS DE MARBRE ET AUTRES PIERRES.

Médaille de bronze.

M. BOSSY, rue Saint-Hyacinthe-Saint-Michel, à Paris.

M. Bossy, élève de l'école de Bellone, a exécuté de belles tables de mosaïque; il s'est distingué par ses travaux de marbrerie mosaïque pour le tombeau de l'Empereur.

Le jury lui décerne une médaille de bronze.

M. GOUBIN, rue Saint-Severin, n° 20 *bis*, à Paris.

Mention honorable

Il est un de nos bons mosaïstes-marbriers, ainsi que le prouve sa belle table de marbre, albâtre, stalactites et pierres diverses.

Le jury lui accorde une mention honorable.

M. DUPUIS, mosaïste-marbrier, Petite-rue-Saint-Pierre-Amelot, à Paris.

Il a exposé de belles tables de mosaïque avec incrustations découpées, d'un travail soigné et bien exécuté.

Le jury lui accorde une mention honorable.

3° MOSAÏQUES BOIS, AGATE, JASPES ET MÉTAUX, ETC.

M. MARCELIN, rue Basse-du-Rempart, n° 40, à Paris.

Rappel de médaille d'argent.

Cet habile mosaïste soutient la réputation de ses travaux et composition, le jury central lui confirme la médaille d'argent par lui obtenue en 1844.

Le jury central a également décerné à

MM. PROFILET, rue des Tournelles, n° 47, à Paris;
COURONNE, rue des Trois-Couronnes, n° 13, à Paris.

Médaille de bronze.

A chacun une médaille de bronze pour leurs beaux travaux de mosaïques;

Des mentions honorables à

MM. MARANGONI, rue des Tournelles, n° 13, à Paris;
GROS, rue des Blancs-Manteaux, n° 27, à Paris;
PÉRET, et MATHIEU, rue Saint-Hyacinthe-Saint-Michel, n° 8, à Paris;

Mentions honorables.

Des citations favorables à

MM. WALKER, rue de Charenton, n° 18, à Paris;
GAULT, rue du Faubourg-Saint-Martin, n° 14, à Paris.

Citations favorables.

MM. SOLLIER, rue Pastourelle, n° 7, à Paris ;
MÉJAS, rue Guérin-Boisseau, n° 7, à Paris ;
LACAILLE-TRINCARD, à Blois (Loir-et-Cher).

CINQUIÈME SECTION.

§ 1ᵉʳ. GRAVURE ET FONTE DE CARACTÈRES D'IMPRIMERIE.

M. Ambroise-Firmin Didot, rapporteur.

CONSIDÉRATIONS GÉNÉRALES.

Les conseils que nous donnions aux graveurs et aux fondeurs en caractères à la dernière exposition n'ont pas été inutiles. On remarque, en général, dans la forme des types des proportions qui, sans trop nuire à l'élégance, facilitent la lecture et permettent aux caractères de mieux résister à l'action de la presse.

Les espérances qu'on avait conçues des nouveaux moules mécaniques dits *américains* n'ont pu encore se réaliser, malgré de nombreux essais. Cependant on ne doit pas perdre tout espoir de réussir, puisqu'en Allemagne ils sont mis en usage ; mais on doit remarquer que ce qui peut s'appliquer jusqu'à un certain point aux caractères allemands, dont la forme des lettres, terminées en parties aiguës, rend peu sensible les légers défauts d'alignement, ne saurait être toléré dans les caractères romains dont les bases carrées, prolongées par des déliés parfaitement horizontaux, accusent le moindre défaut d'alignement.

L'emploi d'une matière très dure, dans laquelle entre du zinc et même du fer, a permis de donner plus de solidité aux caractères destinés particulièrement aux journaux. Cette matière a l'inconvénient, il est vrai, de ne point reproduire l'œil de la lettre avec autant de vivacité qu'on l'obtient au moyen de l'alliage ordinaire ; mais cet inconvénient, qui serait très grave pour des belles impressions, est d'une moindre importance pour les caractères destinés aux journaux, et ne saurait entrer en comparaison avec l'avantage d'une plus longue durée.

Pour lutter contre la lithographie, à qui tous les caprices de la plume sont permis, la typographie, qui ne peut procéder que par les formes régulières de la géométrie combinées de manière à ce que les lignes et les pages forment toujours des angles droits, a fait de nouveaux efforts à cette exposition. Autrefois la fonderie de caractères ne connaissait que les moules à angles droits pour la fonte des types et vignettes. Ce fut au commencement de ce siècle que Firmin Didot inventa le moule penché avec angles saillants et rentrants, pour pouvoir, par la typographie, imiter, à s'y méprendre, les divers caractères d'écritures anglaises, coulées, etc., soit manuscrites, soit gravées en taille-douce[1].

Nous avons vu cette année M. Derriey, par d'ingénieux procédés dont il sera parlé plus loin, parvenir, au moyen de moules de son invention, à imiter en typographie les jeux de la plume, et combiner les vignettes de manière à produire des résultats auxquels il semblait impossible d'atteindre par la typographie.

M. MARCELLIN-LEGRAND, rue du Cherche-Midi, n° 99, à Paris.

Rappels de médailles d'or.

A la précédente exposition, M. Marcellin-Legrand a obtenu la médaille d'or comme récompense des grands travaux de gravure qu'il a exécutés, particulièrement la gravure des caractères chinois. Les 28,000 poinçons et matrices qu'il avait produits alors ont été augmentés

___

[1] Le premier essai de ces caractères servit à l'impression de la dédicace faite par Firmin Didot à son frère, Pierre Didot, de sa traduction en vers français des *Bucoliques de Virgile* (Paris, 1806). Lorsqu'en 1817 je passai à Parme pour visiter l'établissement de ce célèbre typographe, qui venait de mourir, j'ai su de sa veuve et de Gins-Lama, son ami (qui a écrit la *Vie de Bodoni*, en 2 vol. in-4°, Parme, 1816), que ce célèbre typographe n'avait jamais pu deviner par quel moyen son heureux rival, comme lui graveur, fondeur en caractères et imprimeur, avait pu vaincre des difficultés qui lui semblaient insolubles en typographie.

de 5,000 groupes ; en sorte que maintenant tout ouvrage chinois peut s'exécuter avec cette nombreuse série. Ce qui prouve le mérite et l'utilité d'un travail aussi immense, c'est que, non-seulement en Europe et en Amérique, mais même dans la Chine, l'usage vient d'en être adopté. Des ouvrages imprimés à Macao et à Ning-po avec ces caractères sont tout récemment arrivés en France ; c'est donc à M. Legrand que notre pays devra l'honneur d'introduire cette innovation typographique dans l'immuable empire chinois; mais, malgré l'avantage d'une plus prompte exécution, peut-être ce gouvernement si prudent s'opposera-t-il à une innovation qui pourrait jeter quelque trouble dans son immobilité politique et industrielle, et qui priverait nécessairement de travail le nombre immense d'ouvriers employés depuis tant de siècles à la gravure des planches en bois.

Indépendamment des 5,000 poinçons et matrices de caractères chinois, M. Legrand expose d'autres caractères étrangers qu'il a gravés pour l'Imprimerie nationale, tels que l'arabe d'Afrique, le bougui, l'himyarite, le javanais, le télinga et le ninivite. Parmi ces caractères, le ninivite surtout, offrait des difficultés, à cause de la jonction des éléments dont se composent les groupes. Par d'ingénieuses combinaisons, dont le système appartient à l'Imprimerie nationale, M. Marcellin-Legrand a pu réduire à une centaine environ le nombre des poinçons nécessaires à la reproduction des sept ou huit cents groupes que reproduisent les inscriptions assyriennes, sans nuire à l'exactitude de ces caractères cunéiformes.

Si l'on compare la typographie orientale de l'Imprimerie nationale, telle qu'elle est aujourd'hui, à ce qu'elle était sous l'Empire, lorsqu'elle s'accrut des poinçons provenant de la Propagande de Rome, on rendra justice tout à la fois au zèle éclairé de ses administrateurs et au talent de M. Marcellin-Legrand, qui a été chargé de la gravure de la plus grande partie des nouveaux caractères étrangers qui enrichissent sans cesse cet établissement.

M. Legrand grave en outre, en ce moment, pour l'Imprimerie nationale, une nouvelle série de types français.

Par ces nombreux travaux, M. Legrand mérite à tous égards le rappel de la médaille d'or qui lui a été décernée en 1844.

BIESTA, LABOULAYE et Cᵉ, rue Madame, nᵒ 30, à Paris.

Ce grand établissement, formé par la réunion de plusieurs fonderies de caractères les plus considérables de France, se recommande par la grande quantité de types divers qui s'y trouvent réunis, et dont le nombre s'accroît chaque jour, afin de satisfaire aux combinaisons si variées de la typographie et aux caprices si inconstants de la mode.

Nous regrettons que les essais fort satisfaisants pour la fonte des monnaies les plus courantes, dont l'exposition de 1844 nous avait offert d'heureux spécimens, n'aient pas été continués. Le jury engage MM. les directeurs de cette vaste fonderie de caractères à faire de nouveaux efforts pour perfectionner leurs essais.

Les résultats obtenus par le moule mécanique dit *américain* sont satisfaisants, et même ne laisseraient rien à désirer si la bonne foi du directeur, M. Laboulaye, ne nous avait appris que la fonte des caractères employés à l'impression du spécimen remarquable que le jury a examiné avec une vive satisfaction, avait exigé de tels soins, que les frais excédaient ceux qu'auraient coûtés les caractères exécutés par les procédés ordinaires ; mais c'est déjà beaucoup d'avoir atteint cette perfection. La principale difficulté à vaincre consiste dans l'échauffement du moule. Dès qu'on veut obtenir 15 à 20,000 lettres par jour, elles se trouvent faussées; espérons qu'à la prochaine exposition cette difficulté, à laquelle se joint la question d'économie, pourra être surmontée.

MM. Biesta et Laboulaye exposent un rouleau de plus d'un mètre de longueur, revêtu de vignettes clichées et fondues, de manière à former, par leur courbe et leur dimension, un cylindre aussi parfait qu'il pourrait l'être s'il était gravé tout d'une pièce. Au moyen d'une seule vignette reproduite autant de fois qu'il est nécessaire, les imprimeurs de toiles peintes peuvent composer un rouleau peu dispendieux et qui pourrait se modifier à l'infini en multipliant les vignettes et en variant leur position comme peut le faire la typographie; de plus, il serait facile, en composant avec les mêmes vignettes d'autres rouleaux identiques au premier, de supprimer telles ou telles parties des vignettes sur chacun des rouleaux dont on voudrait varier les couleurs, ce qui offrirait de l'économie, puisque jusqu'à présent il faut graver d'une seule pièce autant de rouleaux qu'on désire obtenir de couleurs.

Nous croyons aussi devoir rappeler que M. Laboulaye, directeur de la Fonderie générale, a publié, avec la collaboration de plusieurs de ses camarades de l'École polytechnique, un ouvrage fort utile à quiconque s'occupe d'industrie : c'est le *Dictionnaire des arts et manufactures*, véritable encyclopédie technologique, où chaque fabricant peut trouver des renseignements profitables au progrès de son art.

Le jury, tout en invitant MM. Biesta, Laboulaye et Cie à faire de nouveaux efforts pour perfectionner la fonte de caractères d'imprimerie, déclare que l'établissement de la Fonderie générale des caractères mérite encore, cette fois, que la médaille d'or, déjà rappelée en 1844, lui soit rappelée de nouveau en 1849.

Nouvelle médaille d'argent.

MM. LAURENT et DE BERNY, rue des Marais-Saint-Germain-des-Prés, à Paris.

A la précédente exposition, le jury avait été frappé du mérite des produits exécutés dans cet établissement, qui devient de plus en plus considérable, et dont les fontes sont recherchées à juste titre aussi bien en France que dans les pays étrangers. Le caractère microscopique appelé diamant, dont un spécimen a été exposé en 1844, est fondu sur corps 2 et 1/2 ; c'est un véritable chef-d'œuvre qui ne laisse rien à désirer, soit sous le rapport de la gravure, soit sous le rapport de l'alignement, de l'approche, de la parfaite régularité de hauteur, enfin de la netteté de la fonte : on en peut juger par l'édition des *Fables de La Fontaine* imprimée chez M. Plon ; les formes de cet ouvrage ont été composées chez M. de Berny, par les soins de ses ouvriers.

M. de Berny améliore perpétuellement ses types, et soutient le premier rang auquel il a placé son établissement.

Le jury a décidé qu'une nouvelle médaille d'argent devait être accordée à MM. Laurent et de Berny.

Rappels de médailles d'argent.

M. BUIGNIER, rue des Vertus, n° 20, à Paris.

A la précédente exposition, nous avons signalé l'art avec lequel M. Buignier obtient des reliefs en tout genre, au moyen de matrices extrêmement creuses qu'il fabrique par des procédés qui lui sont particuliers. Comme M. Buignier offre d'exécuter gratuitement la matrice de tous objets dont le commerce ou la bijouterie lui confie les modèles, et qu'il en conserve les matrices, leur nombre s'élève à près de 4,000 ; sa collection n'était que de 500 à l'exposition précédente.

Le jury voit avec satisfaction le développement que prend de plus en plus l'établissement de M. Buignier, et lui rappelle la médaille d'argent qu'il a obtenue en 1844.

MM. TANTENSTEIN et CORDEL, rue de la Harpe, n° 90, à Paris.

Les différences entre les procédés de M. Tantenstein et de M. Duverger, qui tous deux ont beaucoup contribué à propager la musique en France par des moyens typographiques, sont indiquées dans le rapport de la précédente exposition. MM. Tantenstein et Cordel ont apporté quelques modifications à leurs procédés, mis par eux en pratique depuis 15 ans, particulièrement dans les *couldes* et *portées* de la musique.

Ils exposent un grand nombre d'ouvrages de musique exécutés par leur procédé, tels que l'*orphéon*, les chants pieux des frères de la doctrine chrétienne, etc. On ne saurait trop encourager tout ce qui peut contribuer à propager le goût et l'étude de la musique, cette partie de l'éducation qui contribue si puissamment à l'adoucissement des mœurs.

Le jury rappelle à MM. Tantenstein et Cordel la médaille d'argent qui leur a été accordée en 1844.

M. DERRIEY (François-Charles), rue Notre-Dame-des-Champs, n° 12, à Paris.

Médailles d'argent.

Le mérite de M. Derriey, comme graveur habile et plein de goût et comme habile mécanicien, avait été signalé dans le rapport fait à la précédente exposition, où sont énumérées plusieurs de ses inventions passées maintenant à l'état pratique. Aujourd'hui M. Derriey expose les moules ingénieux qui, au moyen de noyaux adaptés à la matrice, permettent d'obtenir au milieu même des vignettes et des imitations de *traits de plume*, des vides dans lesquels on peut insérer en caractères typographiques des mots et textes qui suivent les courbures et inclinaisons de ces vignettes ou traits de plume, en sorte que la typographie peut se permettre maintenant ce qui semblait être du domaine exclusif de la gravure en taille-douce ou de la lithographie.

M. Derriey est aussi inventeur d'un système mécanique pour couper les filets d'après des angles variés, afin de former avec ces filets des figures diverses : on en peut voir une application qui ne laisse rien à désirer, dans le volume in-folio, *Essais pratiques d'imprimerie*, imprimé en 1849 par M. Paul Dupont.

Les cadrats cintrés de son invention permettent d'exécuter les figures rondes, ovales et serpentées, de toutes grandeurs, ce qui offre de nouvelles ressources à la typographie.

Cet habile artiste s'occupe des moyens d'exécuter typographiquement la musique par des procédés autres que ceux de MM. Duverger et Tantenstein. Le jury ne saurait trop l'encourager dans ses essais, et serait heureux de pouvoir en signaler et récompenser l'entier succès.

Il décerne à M. Derriey la médaille d'argent.

M. PETYT (J. C.), boulevard du Temple, n° 32, à Paris.

La machine très-remarquable qu'il expose est destinée à fabriquer, par des procédés nouveaux, des caractères d'imprimerie en cuivre, étirés et estampés à froid au lieu d'être coulés en métal fusible, composé d'un alliage de plomb et d'antimoine : aussi M. Petyt donne-t-il à ces caractères le nom d'*apyrotypes*.

Au moyen d'un mouvement de mordage, le fil de cuivre s'avance en s'étirant de manière à former la tige de la lettre au moyen d'un moule carré donnant l'épaisseur et la force de corps à la lettre. Pendant que la tige se façonne et s'avance horizontalement, un mouton portant la matrice, en acier trempé, est poussé à sa rencontre par une came à détente, et, au moment où l'extrémité de la tige en cuivre s'introduit dans la matrice, cette tige est pincée fortement des deux côtés, près de l'œil même de la lettre, afin que cette compression, exercée obliquement par deux repoussoirs, force la tige en cuivre à s'introduire encore plus violemment au fond de la matrice et en prenne mieux l'empreinte, en pénétrant ainsi forcément, par ces diverses actions simultanées, dans les parties les plus ténues de la matrice.

C'est au moyen de deux leviers placés de chaque côté de la machine que le moule, composé de deux pièces en équerre, assujetties par un fort sommier, donne à la tige, sur ses quatre faces (la force du corps et la *frotterie*), une parfaite régularité. A l'extrémité de ce même sommier est adapté une lame d'acier tranchante qui, en descendant, coupe le pied de la lettre à angle droit, en sorte que la lettre forme un parallélipipède complet.

M. Petyt a cru ne pas devoir exposer la machine au moyen de laquelle il obtient les matrices en acier.

Ces caractères offriront l'avantage d'une durée considérablement plus grande, attendu la dureté du cuivre frappé à froid et refoulé par les procédés que nous venons de décrire; et si, comme l'affirme M. Petyt, sa machine, mise en mouvement par une petite machine à vapeur, peut façonner 36,000 lettres par jour, elle remplacerait le travail de dix ouvriers, en sorte que les caractères obtenus par ce procédé pourraient coûter moins de main-d'œuvre que ceux qui sont fondus à la main.

Les lettres obtenues ainsi nous ont paru parfaitement exécutées. Cependant nous craignons que les *rebarbes* ne soient une difficulté, qui pourrait dans la pratique offrir des inconvénients contre lesquels nous ne pouvons nous prononcer, puisque cette ingénieuse machine est à peine achevée.

Si, comme nous l'espérons, M. Petyt parvient à surmonter à peu de frais cet obstacle, et si cette belle invention réalise tout ce qu'elle promet, ce sera un véritable perfectionnement pour l'art typographique, puisque les caractères conserveront très-longtemps leur primitive netteté. Le capital d'une imprimerie se trouvera, il est vrai, considérablement augmenté par la différence du prix des métaux; mais la longue durée des caractères *apyrotypes*, dont la matière pourra d'ailleurs être utilisée lorsqu'ils seront hors d'usage, compensera avantageusement cet inconvénient.

Le jury, qui a examiné avec un vif intérêt cette belle machine, accorde à M. Petyt la médaille d'argent.

M. PETITBON, rue de la Bourbe, n° 12, à Paris.

Rappels de médailles de bronze.

A l'exposition précédente, le mérite de M. Petitbon a été signalé. Depuis, son établissement a acquis encore plus d'importance, et ses charmantes vignettes à combinaisons lui ont attiré une réputation justement méritée. Il a créé une fonderie de caractères à Madrid, une autre à Milan; ses produits sont toujours très-estimés, et lui méritent le rappel de la médaille de bronze.

MM. THOREY et VIREY, rue de Vaugirard, n° 104, à Paris.

MM. Thorey et Virey exposent une série de caractères qui complètent ceux qui avaient appelé l'attention du jury à la précédente exposition. Cette fonderie de caractères acquiert de plus en plus d'importance et de renom justement mérité.

Le jury rappelle la médaille de bronze qui leur a été accordée à la précédente exposition.

M. LŒUILLET, rue Poupée, n° 7, à Paris,

Expose la série très-considérable des caractères qu'il a gravés, et dont les fontes sont exécutées par ses soins. Sa collection se compose de 30,000 poinçons, tous gravés par lui-même, et il vend à l'étranger un grand nombre de matrices.

Le jury a remarqué dans la plupart de ces caractères la pureté des formes et leur belle exécution, entre autres une série complète d'initiales russes et un caractère imitant l'écriture allemande, ainsi que deux caractères, l'un arménien, l'autre javanais.

Le jury rappelle, pour la troisième fois, la médaille de bronze que les travaux de M. Lœuillet lui ont méritée.

Médailles de bronze. ## M. SAUNIER, rue de la Tombe-Issoire, à Montrouge, Seine).

M. Saunier est connu par le grand nombre de billets de banque qu'il a gravés pour les établissements de banques départementales et des pays étrangers, tels que la Grèce, Gènes, etc. Il est employé très-souvent aux travaux de la banque de France.

Sa gravure est large et facile à imprimer, mais elle laisse quelque chose à désirer sous le rapport de la pureté d'exécution et du style.

Le jury a voulu récompenser les travaux persévérants de M. Saunier en lui accordant la médaille de bronze.

M. ROBINET, rue Mademoiselle, à Vaugirard (Seine).

Les caractères gravés par M. Robinet ont été mentionnés honorablement à l'exposition précédente. Il nous montre à celle-ci de nouvelles séries fort bien gravées. Le caractère arabe, entre autres, est remarquable par sa belle exécution; la coupe en est nette et ferme, et l'aspect de la page qu'il expose semble être une belle écriture orientale.

Le jury décerne aux travaux de M. Robinet une médaille de bronze.

MM. CONSTANTIN, à Nancy (Meurthe).

Rappels de mentions honorables.

La collection de caractères qu'ils exposent se complète à chaque exposition, et mérite le rappel de la mention honorable que cette maison a obtenue aux trois expositions précédentes.

M. VILLEREY, rue Saint-Jacques, n° 41, à Paris.

M. Villerey expose des guillochages perfectionnés pour servir de garantie aux billets de banque. Plusieurs offrent une heureuse application du procédé dû à M. *Collas*.

Parmi les guillocheurs qui s'occupent de ce genre de travaux, il n'en est point qui aient offert de produits plus parfaits. Au moyen de la machine à graver, modifiée par M. Villerey, il produit des dessins moirés qu'il prétend *incontrefaisables*, parce que les dessins ne peuvent pas se reproduire, ôtant l'effet du hasard, dont il multiplie les chances à volonté.

Le jury rappelle la mention honorable que les produits de M. Villerey continuent à si bien mériter.

M. Jacques DERRIEY, boulevard Mont-Parnasse, n° 12, à Paris.

Mentions honorables.

Plusieurs inconvénients étaient inhérents à l'impression des clichés : 1° la multiplicité des blocs selon la diverse dimension des clichés; 2° la rupture des biseaux des clichés, occasionnée par la morsure des griffes qui fixent les clichés aux blocs; 3° le maculage des griffes lorsque, par l'ébranlement de la presse, elles se lèvent et atteignent ou dépassent le niveau des caractères.

Les nouvelles inventions de M. J. Derriey doivent désormais nous préserver de ces inconvénients. Il a donc rendu un véritable service à l'imprimerie par son heureuse combinaison de blocs fondus d'après une proportion mathématique qui leur permet de se prêter à tous les besoins, et par l'idée, non moins ingénieuse, d'entailler les blocs de manière à ce que les griffes puissent s'y insérer sans rien déranger à l'alignement des blocs. En effet, ces griffes ne sauraient se mouvoir par l'effet de l'ébranlement causé aux formes par le mouvement de va-et-vient des presses mécaniques, attendu qu'il donne plus d'épaisseur à la base des griffes qu'elles n'en ont à leur sommet. C'est de plus une économie pour les imprimeurs. L'expérience confirmera très-probablement les avantages résultant de ces divers procédés, auxquels le jury accorde une mention honorable.

MM. MANISTER et WIESENER, rue de Sorbonne, nᵒ 4, à Paris,

Exposent des gravures de divers genres destinées à la typographie. Celles sur bois, représentant des figures d'histoire naturelle, exécutées par M. Wiesener, rivalisent avec ce que la taille-douce offre de plus délicat. Un tableau de Claude Lorrain, représentant un coucher de soleil, offre des effets de lumière qu'on ne s'attendait pas à obtenir de gravures sur bois.

Les produits de MM. Manister et Wiesener, exposés pour la première fois, méritent la mention honorable que le jury leur décerne.

MM. GALLAY et GRIGNON, rue Poupée-Saint-André, nᵒ 7, à Paris,

Exposent une série complète de caractères, et une casse d'un nouveau modèle pour la composition des journaux, afin de faciliter aux ouvriers la rapidité d'exécution. Déjà les travaux de MM. Gallay et Grignon avaient été cités favorablement à la précédente exposition. Le jury leur accorde la mention honorable.

M. GAUTHIER, rue de la Parcheminerie, nᵒˢ 10 et 12, à Paris.

M. Étienne-Alexandre Gauthier est le chef d'une ancienne maison qui s'occupe des objets relatifs à l'imprimerie, tels que presses, casses, etc.: il expose des caractères fondus d'après un nouveau système qui diminue beaucoup le poids de la fonte au moyen d'un moule à support. La force de *corps* de la lettre n'excède pas la dimension de l'm, de l'a, du c, n, o, etc. Quant aux lettres qui sont longues, telles que b, f, p, g, etc., et les voyelles accentuées, tout ce qui dépasse le calibre de l'm est fondu *créné*; mais le moule à *support*, donne à cette partie crénée une épaisseur assez considérable pour ne pouvoir fléchir sous la pression de la platine des presses. C'est au moyen d'interlignes qu'il remplit le vide laissé sur la force de corps. Toutefois, il est présumable que la fonte doit offrir plus de difficultés, et que par conséquent l'économie de matière se trouvera compensée en grande partie par le prix plus élevé de la fonte; d'ailleurs, comme il faut toujours accompagner de deux interlignes chaque ligne de caractères, ce qui nécessite autant de longueurs d'interlignes qu'il faut de *justifica-*

tions, et que, de plus, la base de la lettre, diminuée de plus de moitié, doit nécessairement avoir moins d'aplomb et être plus sujette à *chevaucher*, cette idée nous paraît avoir peu de chance de succès, excepté pour des caractères tels que ceux d'écriture ou orientaux, dont les traits de plume, dépassant le corps ordinaire de la lettre, se trouveront ainsi supportés solidement.

M. Gauthier expose une série de caractères en laiton pour les relieurs. Ils sont parfaitement fondus; les matrices en cuivre rouge peuvent servir à la fonte de 30,000 lettres, dont l'œil est assez vif et assez creux pour n'exiger qu'une faible retouche. Un ouvrier peut fondre 800 lettres par jour; M. Gauthier livre aux relieurs un assortiment de 100 lettres, y compris la boîte en cuivre pour composer, au prix modique de 12 francs.

Le jury accorde une mention honorable aux produits de M. Gauthier.

M. VIALON, rue de la Bourse, n° 1, à Paris.

A l'exposition de 1844, le jury a mentionné honorablement les travaux de M. Vialon. Il continue à graver sur étain des ornements et sujets divers avec goût et à des prix très-modiques. Aussi le jury continue-t-il à mentionner favorablement les produits de M. Vialon.

M. BATTEMBERG, rue du Dragon, n° 20, à Paris.

Citations favorables.

Son livre d'épreuves renferme un grand nombre de caractères dont plusieurs imitent l'écriture; mais, comme chaque lettre est fondue isolément, l'interruption entre les déliés, au point de la jonction, devient de plus en plus apparente à mesure que les caractères, en roulant dans les casses, émoussent l'extrémité des déliés.

Le jury accorde une citation favorable aux produits de M. Battemberg.

MM. DOUBLET et HUCHET, rue des Ursulines, n° 12, à Paris.

Exposent pour la première fois des vignettes et initiales qui ne sont pas sans mérite, et méritent d'être cités favorablement.

M. Charles ROUSSEL, à Besançon (Doubs).

M. Charles Roussel, de Besançon, expose pour la première fois une série de caractères bien gravés. Il en vend les matrices a des prix modiques.

Ses travaux méritent d'être favorablement cités.

M. FRÉRY, rue Saint-Jacques, n° 128, à Paris,

Expose une série de caractères de fantaisie et quelques vignettes. Sa série de caractères dits antiques est bien exécutée.

Le jury accorde une citation favorable aux produits de M. Fréry.

---

§ 2. IMPRIMERIE.

M. Ambroise-Firmin Didot, rapporteur.

CONSIDÉRATIONS GÉNÉRALES.

Jusqu'à la fin du siècle dernier, l'imprimerie, qui faisait partie de l'Université, dont elle partageait les priviléges et les immunités, n'était point considérée en France comme une industrie; Franklin et Ambroise Didot l'appelaient une profession libérale, tenant à la fois aux beaux-arts et aux belles-lettres. Un imprimeur, avant d'être reçu, devait subir des examens sévères, savoir le latin, même le grec, et justifier d'un long apprentissage. Aussi les imprimeurs étaient-ils généralement des hommes très-instruits. Renfermés dans leur cabinet, ils s'occupaient surtout de la lecture de leurs épreuves, de la révision des textes et de la surveillance personnelle des divers travaux typographiques, particulièrement du tirage exécuté péniblement au moyen des presses en bois, remplacées il y a trente ans par des presses en fer, et maintenant par les presses mécaniques. Mais l'extension toujours croissante des produits de la presse et la célérité prodigieuse exigée par des besoins insatiables ont singulièrement modifié cet ancien état de choses. Le hardi spéculateur, l'habile administrateur, ont remplacé le savant obscur et timide qui transmettait à ses enfants le petit nombre de presses dont il avait hérité de ses pères. Maintenant, de vastes fabriques se sont élevées sur des plans méthodiques qui facilitent la surveillance et l'ensemble du travail, mais qui forcent l'imprimeur de substituer à la science l'activité commerciale, et d'appliquer toutes les ressources de son intelligence pour suffire aux besoins incessants de ce grand nombre de mécaniques qui, mues par la vapeur, sont aussi infatigables le jour que la nuit. Parmi ces belles imprimeries construites sur des plans tout nouveaux, on doit citer, à Paris, celle de M. Chaix, récemment achevée, et dont les produits n'ont pu être exposés cette année, et, à Tours, la vaste imprimerie de M. Mame.

Ce grand développement industriel est sans doute une amélioration que nous devions constater, tout en signalant les dangers qui menacent de plus en plus la profession d'imprimeur. L'extrême modicité des prix auxquels sont payées les impressions, et l'obligation d'entretenir un matériel presque toujours trop considérable et trop dispendieux, ont amené et amèneront encore probablement bien des catastrophes inconnues du temps de nos pères. Il convient donc de faire un nouvel appel à la prudence et à la modération [1].

L'imprimerie a fait encore quelques progrès depuis la dernière exposition; mais ces progrès, il faut l'avouer, tiennent principalement à l'habitude, qui devient presque générale, de faire lisser le papier encore humide peu d'instants avant de le mettre sous presse. Il en résulte que, toutes les aspérités du papier étant aplanies, on peut, avec moins de foulage et en mettant moins d'étoffes dans le tympan, obtenir une impression plus nette. L'encre, sur cette surface glacée, brille d'un plus vif éclat, et le contour des lettres s'y dessine avec plus de

---

[1] Sur 80 imprimeurs, il n'en existe plus aujourd'hui que 8 qui aient succédé à leur père. La pétition adressée en janvier 1847 à M. le ministre de l'intérieur, par la chambre des imprimeurs, signale cet autre fait non moins remarquable : «De 1810 à 1830, une seule faillite d'imprimeur; de « 1830 à la fin de 1843, quarante-sept faillites, avec un passif de 7,000,000, « figurent au greffe du tribunal de commerce; un nombre au moins égal « d'autres établissements d'imprimerie ont liquidé sans l'intervention de la « justice consulaire et d'une façon plus ou moins honorable, plus ou moins « funeste à leurs intérêts ou à ceux de leurs créanciers. »

pureté. A la précédente exposition, le procédé du glaçage du papier n'était guère employé que pour l'impression des vignettes en bois; maintenant on l'applique généralement à celle des livres, ce qui facilite beaucoup l'art de bien imprimer.

Entraînée par les nécessités de l'époque, faire vite et à bas prix, l'imprimerie s'est précipitée de plus en plus dans des voies difficiles, et cependant l'art en a moins souffert qu'on ne pouvait le craindre.

Quant à la célérité, il suffira de dire qu'un seul établissement peut exécuter aujourd'hui autant de produits à lui seul qu'en auraient pu fabriquer il y a vingt ans toutes les imprimeries réunies de Paris. Pour accélérer encore l'impression des journaux bien des tentatives ont été faites ces dernières années; mais, quelque ingénieux que soient les nouveaux mécanismes, ils ne sauraient devancer en rapidité la main de la *margeuse* qui, quelque agile et exercée qu'elle soit, ne saurait placer plus de trois à quatre mille feuilles de papier par heure sur le pupitre de la presse mécanique. Aujourd'hui ce dernier obstacle n'existe peut-être plus : nous apprenons à l'instant qu'un marché va se conclure avec un mécanicien qui s'engage à fournir une machine imprimant 20,000 journaux à l'heure, au moyen d'un énorme rouleau de papier continu, se déroulant sur les cylindres et s'imprimant aussi rapidement que les engrenages de cette machine accélérée le permettront. Il faut la sanction du temps pour constater le succès de cette nouvelle invention, qui offre de grandes difficultés à résoudre.

Quant à la modicité des prix, il suffit d'indiquer que l'impression d'un volume in-8° de 4 à 500 pages, tiré à 6,000 exemplaires, coûte seulement vingt centimes par exemplaire, pour pouvoir apprécier les progrès industriels de la typographie française et aussi le résultat d'une concurrence portée aux dernières limites.

A la précédente exposition, la fâcheuse situation de cette belle industrie a été signalée; mais le mal s'est encore accru, car en temps de révolution les lettres, encore plus que les arts, sont les premières frappées et les dernières à renaître. Espérons que les esprits retrouveront en France le calme indispensable pour se livrer aux charmes des études sérieuses et même aux séductions des lectures légères. Aussi, quiconque par son industrie se rattache à l'art typographique, doit être plus que tout autre convaincu qu'il est de son devoir autant que de son intérêt, de concourir au maintien de l'ordre, qui peut seul assurer les bienfaits de la liberté de la presse et la prospérité de l'art typographique.

MM. DUPONT (Paul) et Cie, rue de Grenelle-St-Honoré, n° 55, à Paris.

Médailles d'or.

L'imprimerie de M. Dupont est universellement et depuis long-temps connue par les services qu'elle a rendus à l'Administration. On est étonné du nombre et de la variété d'ouvrages divers qui s'y impriment, de tableaux, feuilles volantes sans cesse modifiées par l'Administration, et qui exigent une comptabilité si étendue que les frais des écritures commerciales de cette maison dépassent 50,000 francs, que les comptes ouverts s'élèvent au nombre de 40,000, et que les formes de tableaux conservées dépassent une valeur de 300,000 francs. Il a fallu à M. Dupont un véritable génie d'ordre pour organiser tant de détails, soit sous le rapport du matériel, soit sous celui de la comptabilité: car il est tel de ces ouvrages, comme le Bulletin des actes du ministère de l'intérieur, qui ne s'imprime pas à moins de 14,000 exemplaires, et qui exige tout autant de comptes courants; enfin il est telle feuille de papier du prix de 10 centimes qui exige souvent, pour elle seule, une correspondance.

Mais si ces considérations ont pu paraître secondaires aux yeux du jury, il n'en est pas de même des produits que M. Dupont a exposés cette année, et qui ne sont pas moins remarquables sous le rapport de la typographie que de la lithographie. Par la combinaison de ces deux arts M. Dupont est parvenu à obtenir d'importants résultats.

M. Dupont, qui en 1839 et en 1844 a obtenu la médaille d'argent pour l'ensemble de ses travaux, expose cette année un volume in-folio intitulé : *Essais pratiques d'imprimerie, précédés d'une notice historique sur l'imprimerie*, et ce volume prouve que son imprimerie s'est placée aussi au premier rang pour l'exécution typographique et lithographique.

La notice historique contient sur l'imprimerie, depuis son origine, des renseignements très-intéressants, que tout imprimeur et libraire doit étudier; on y trouvera des documents curieux sur l'Imprimerie nationale, ce vaste établissement tout à la fois manufacture de luxe comme les Gobelins, Sèvres, etc., et vaste manufacture, où s'exécutent les impressions de l'État; des chapitres intéressants sur tout ce qui se rattache à l'imprimerie, sur la lithographie, la stéréotypie, etc. La deuxième partie se compose de divers spécimens d'impressions typographiques polychromes, qui ne laissent rien à désirer quant à la perfection; d'un spécimen de tous les caractères qui composent cette imprimerie; de divers modèles d'actions exécutés, soit typographiquement, soit lithographiquement, soit par les deux procédés réunis, et qui sont aussi remarquables par leur élégance que par leur belle exécution. Un papillon entre autres, imprimé typographiquement par 14 planches apportant chacune leur couleur, rivalise pour la parfaite imitation de la nature avec ce que peut faire le pinceau.

Dans ce volume, deux feuilles surtout sont remarquables: elles représentent un hexagone imprimé à deux couleurs et en filets s'entrecoupant à angles divers, ce qui offre une difficulté d'exécution vaincue avec une perfection qui étonne quiconque connaît la typographie; l'autre, représentant un cercle orné d'arabesques et contenant les noms de tous les hommes illustres de la France enchâssés dans des pans coupés, paraîtrait d'une exécution aussi impossible que l'autre, si M. Derriey, au moyen de ses moules et de son coupoir pour tailler les biseaux, n'avait pas rendu exécutable à l'imprimeur ce qui eût été impossible auparavant.

Une autre page très-remarquable est celle qui représente les principaux signes de correction typographique. Dans cette planche, tout le texte a été exécuté en caractères mobiles, puis cette page a été reportée sur une pierre lithographique, où tous les signes que les correcteurs font ordinairement à la plume sur les marges du papier ont été imités par l'artiste lithographe. Jamais emploi de la lithographie n'a été mieux appliqué.

Indépendamment du mérite de l'établissement typographique de M. Dupont et de son importance, puisqu'il n'a pas moins de huit presses mécaniques mues à la vapeur, de vingt presses à bras et

d'un matériel immense en caractères, la lithographie, qui est redevable à M. Dupont de diverses améliorations, offre, par l'alliance
de ses procédés unis à ceux de la typographie, des résultats lithotypographiques très-satisfaisants, et qui rendent de véritables services. Déjà, à la précédente exposition, plusieurs livres avaient été
complétés, par les soins de M. Dupont, au moyen du report fait sur
pierre, d'une feuille imprimée, même très-anciennement. Aujour-
d'hui M. Dupont nous a donné les titres de 85 ouvrages divers qu'il
a complétés ou exécutés entièrement par ce procédé. Pour plusieurs
de ces ouvrages, il a reporté sur pierre de 200 à 500 pages; quelques-uns ont été tirés jusqu'à 200 exemplaires. Enfin on sait que
la grande collection des *Historiens des Gaules*, publiée par les Béné-
dictins, perdait tout son prix lorsqu'il y manquait le tome XIII détruit dans un incendie, et coûtait une somme énorme quand elle se
trouvait complète; au moyen de reports lithotypographiques, M.
Dupont a pu nous donner un fac-simile au nombre de cent exemplaires de ce grand volume in-folio de plus de 1,000 pages, en
sorte qu'au prix de 150 francs on peut compléter maintenant cette
précieuse collection.

M. Dupont a le premier appliqué la vapeur comme moteur pour
les presses lithographiques. Au moyen d'un mécanisme fort simple,
l'encre est distribuée sur les rouleaux et le chariot s'avance seul,
ce qui évite aux ouvriers la partie la plus pénible du travail, et
leur laisse toutefois la partie intelligente de l'exécution, celle de
l'encrage des pierres.

Au moyen de reliefs ménagés sur les pierres lithographiques à
l'aide d'une morsure faite par les acides, M. Dupont empreint par
un fort foulage, opéré entre deux cylindres, des clairs sur le papier,
et lui donne, à s'y méprendre, l'effet d'un papier filigrané. Ce procédé, fort simple et fort économique, peut, jusqu'à un certain
point, dispenser de recourir au procédé long et dispendieux d'un
papier fabriqué exprès sur des formes filigranées.

Pour ces divers genres de mérite et pour le mérite administratif,
qu'on ne saurait trop faire ressortir aux yeux de ceux qui, engagés
dans la profession d'imprimeur, n'y voient, les uns, que la partie
de l'*art*, les autres que celle de la *science*, et qui succombent à la
peine, faute de comprendre que cette profession libérale est devenue une fabrique où l'ordre et l'économie la plus sévère doivent
présider, le jury accorde à M. Dupont, qui deux fois a obtenu la

médaille d'argent aux expositions précédentes, une médaille d'or, pour l'ensemble des travaux exposés en 1849.

M. A. MAME, à Tours (Indre-et-Loire).

Le vaste et superbe établissement fondé à Tours par MM. Mame frères, depuis près d'un demi-siècle, et qui est administré maintenant par M. A. Mame, rend de grands services à cette ville où il occupe un grand nombre d'ouvriers, et à toute la France en répandant une innombrable multitude de livres fabriqués à des prix dont la modicité ne peut s'expliquer que par l'immensité du débit.

Les 20 presses mécaniques qui impriment ou glacent 70,000 rames de papier par an, sont mises en mouvement par une machine à vapeur de la force de 12 chevaux, et chaque jour 10,000 volumes sont confectionnés (en prenant l'in-12 pour moyen terme des formats, et en supposant le volume de 10 feuilles); chacun de ces volumes est généralement du prix de 1 franc.

Cette modicité de prix ne nuit en rien à la belle exécution typographique; chaque ouvrage qui sort des vastes magasins, où tout est placé dans un ordre admirable, est orné de gravures en taille-douce qui donnent de l'attrait à des lectures destinées presque exclusivement à l'éducation ou à la piété. L'éclat, le goût des cartonnages exécutés par les relieurs de la ville de Tours, à l'imitation de ceux de M. Lenègre, relieur à Paris, facilitent singulièrement le débit de ces publications toutes destinées à la propagation des principes religieux et moraux. Soumises à un examen sévère et à des approbations, elles méritent la confiance des instituteurs.

Le catalogue indique 24 sortes de Paroissiens, dont le prix des reliures, aussi bien exécutées qu'elles pourraient l'être par les meilleurs relieurs de Paris, varie de 70 centimes à 5 francs.

Le jury accorde la médaille d'or à M. Alfred-Henri-Amand Mame.

MM. PLON frères, rue de Vaugirard, n° 36, à Paris.

MM. Plon frères justifient, par de constants efforts, la réputation croissante de leur imprimerie. Élevés dès l'enfance par leur père, habile typographe, ils connaissent, aussi bien que les ouvriers les plus expérimentés, toutes les parties de la typographie. Ils joignent à ces connaissances la passion de leur art et le goût du beau. Tout ce qui sort de leurs presses porte un cachet de perfection relative qui est un mérite d'autant plus digne d'être loué, qu'ils impriment à la fois un très-grand nombre d'ouvrages de luxe et de fantaisie ; ceux même d'une fabrication courante sont toujours exécutés avec soin.

Il serait impossible de signaler tous les ouvrages qu'ils ont mis à l'exposition ; mais comme tous ont un véritable mérite d'exécution, plus le nombre en est grand, plus le mérite s'accroît. Nous nous bornerons à signaler en grands ouvrages celui du docteur Chénu sur la *Conchyliologie*, et l'ouvrage intitulé *Selectæ praxis medico-chirurgicæ*, par Al. Anvert. En ouvrages in-8°, les *Lettres de Marie-Stuart*, recueillies par les soins du prince Labanoff, en 7 volumes ; les *Œuvres de Casimir Delavigne* ; l'*Histoire des Girondins*, par M. de Lamartine ; deux éditions des *Fables de La Fontaine*, grand in-8° avec vignettes ; parfaitement exécutées ; l'ouvrage intitulé *Cent traités pour l'instruction du peuple* ; enfin une foule de livres dans le format in-18. Nous signalerons particulièrement une charmante édition des *Fables de La Fontaine*, d'un très-petit format et imprimée en caractères microscopiques. La netteté de l'impression en fait un véritable bijou typographique.

C'est à MM. Plon qu'on doit l'usage, devenu presque général, de glacer le papier étant encore humide, ce qui rend l'impression plus nette et plus brillante. Les premiers livres imprimés d'après ce procédé sont les *Pèlerinages en Suisse* (1839) et les poésies d'André Chénier (1840). Ce charmant volume frappa l'attention du public, par son élégance et la netteté de son impression.

Ils impriment aussi une foule d'ouvrages liturgiques ornés de gravures ; tels sont le *livre de Mariage* et le *Paroissien*, entourés de vignettes, enrichis de lettres ornées, comparables aux jolis livres qu'imprimait Pigouchet pour le libraire Simon Vostre au xvi° siècle, mais qui se distinguent par un goût plus moderne, et par la perfection toujours croissante de la gravure en bois. La variété infiniment plus grande des sujets évite la monotonie qui résultait de leur répétition trop fréquente dans ces petits chefs-d'œuvre du xvi° siècle.

Une spécialité qui distingue l'imprimerie de MM. Plon est la perfection avec laquelle s'y impriment les gravures sur bois ; on peut en juger par le grand nombre de celles qui ornent les éditions de luxe sorties de leurs presses, et par le journal l'*Illustration*, qui, bien qu'imprimé avec la célérité qu'exige ce genre de publication, est d'une exécution remarquable.

Dans l'imprimerie de MM. Plon, 8 presses mécaniques et

20 presses à bras impriment près de 60,000 rames par année. MM. Plon ont ajouté à leur établissement une fonderie de caractères.

MM. Plon ont déjà obtenu la médaille d'argent : le jury leur accorde cette année la médaille d'or.

Nouvelle médaille d'argent.

M DESROSIERS, à Moulins (Allier).

Les éloges accordés à M. Desrosiers aux expositions précédentes, 1834, 1839, 1844, sont de plus en plus mérités par ses nouveaux travaux. Après avoir terminé l'ancien Bourbonnais, il expose aujourd'hui l'ancienne Auvergne et le Vélay, en 4 volumes in-folio, enrichis de 150 planches in-folio dont les lithographies sont exécutées chez cet imprimeur, non moins habile lithographe que typographe. Ces belles et grandes publications, créées par M. Desrosiers qui en est l'éditeur, lui ont coûté près de 300,000 francs. Il les a entreprises et achevées sans réclamer le secours du Gouvernement, et sans que son éloignement de la capitale où les secours et les facilités de tous genres abondent, ait nui en rien à la perfection de l'ensemble.

Le jury, qui, en 1844, a rappelé pour la troisième fois, avec distinction la médaille d'argent que M. Desrosiers avait si bien méritée, lui décerne une nouvelle médaille d'argent, comme preuve du mérite qu'il reconnaît au nouvel ouvrage dont il vient d'enrichir notre pays, et pour signaler à la bienveillance du Gouvernement cet éditeur courageux, qui, sans autre appui que la force de sa volonté et le désir de faire honneur à son pays, a créé ces deux grandes publications le *Bourbonnais* et l'*Auvergne*, et va commencer celle du *Berry*.

Médailles d'argent.

M. BACHELIER, rue de Jardinet, n° 12, à Paris.

L'importance des services rendus aux sciences exactes par la librairie de M. Bachelier, gendre et successeur de M. Courcier, est depuis longtemps connue et justement appréciée.

Lorsque M. Bachelier ajouta à sa librairie l'imprimerie de la veuve Courcier, il s'appliqua particulièrement à l'amélioration des signes et caractères destinés à la représentation des formules algébriques employées si fréquemment dans les nombreux ouvrages de mathématiques qu'il publie. La nouvelle série de ces signes offre des combinaisons heureuses, et les pages des divers ouvrages d'algèbre présentés comme spécimen ne laissent rien à désirer, soit sous le rapport de la composition typographique, soit sous celui de l'impression.

Le jury, désirant récompenser à la fois le service rendu à l'imprimerie par ce perfectionnement appliqué aux impressions mathématiques et l'importance des publications scientifiques de M. Bachelier, lui accorde la médaille d'argent.

MM. CLAYE et Cⁱᵉ, rue Saint-Benoît, n° 7, à Paris.

Cette imprimerie modeste a mérité l'attention toute particulière du jury par la belle exécution des ouvrages qui sortent de ses presses. M. Claye, ainsi que M. Fournier, auquel il succède, a fait son apprentissage chez MM. Firmin Didot. L'impression des gravures sur bois s'y exécute avec plus de perfection encore que partout ailleurs. L'impression d'un portrait de Napoléon, admirablement gravé par Pisan, rivalise presque avec le tirage de la taille-douce, et l'on sait que jusqu'à présent les figures gravées sur bois avaient été l'écueil en ce genre, autant pour l'artiste que pour l'imprimeur. Nous citerons aussi le tirage des *Vendanges*, d'après Prudhon, comme un véritable chef-d'œuvre.

Depuis longtemps on connaît les belles éditions des fables de La Fontaine, illustrées par Grandville; l'impression en a été exécutée dans cette imprimerie avec la plus grande perfection.

Un magnifique ouvrage qui s'y imprime est l'*Histoire des Peintres*, grand in-4°, par M. Charles Blanc, accompagné d'un grand nombre de gravures sur bois; leur exécution et leur belle impression ne laissent rien à désirer, et le talent des artistes graveurs sur bois qui concourent à ce bel ouvrage est tel que nous croyons devoir signaler le nom des principaux d'entre eux: ce sont MM. Dujardin, Gusman, Pisan, Piand, Frichon, Lavieille, Carbonneau, Faguion, Pierdon, Gauchard, Gérard, Bara, Montigneul, Verdeil et Godard d'Alençon. Ce dernier doit être surtout signalé, et pour la perfection de son talent, et pour avoir été l'un des premiers à cultiver en France cette nouvelle branche des arts qui se rattache à la typographie, et qui doit les grands progrès qu'elle a faits au perfectionnement dans la fabrication du papier et son glaçage, à la justesse des presses, à la qualité de l'encre, etc. conditions qui manquaient à nos prédécesseurs; en sorte que les graveurs sur bois ne pouvaient donner à leurs travaux la finesse, et chercher les effets d'ombre comme peuvent le faire maintenant nos artistes.

L'édition des œuvres de Walter Scott, in-8°, imprimée sur clichés à la presse mécanique chez M. Claye, est ce que les typographes reconnaissent de plus parfait en ce genre; les titres courants sont partout de la plus grande netteté; enfin titres, faux-titres et couvertures, tout est tiré à la presse mécanique : c'est là un véritable progrès.

Le jury accorde une médaille d'argent à M. Claye, qui est un de nos plus habiles typographes.

Médailles de bronze.

Mme Ve BOUCHARD-HUZARD, rue de l'Éperon, n° 5, à Paris.

On connaît depuis longtemps les services que rend l'imprimerie de Mme veuve Bouchard-Huzard, particulièrement à l'agriculture, par le grand nombre d'ouvrages qu'elle a publiés.

Elle expose un ouvrage fort bien imprimé intitulé, *Yo-san-fi-rock*, ou Art d'élever les vers à soie au Japon, traduit du japonais par M. Hoffmann ; les préceptes qu'il contient seront utiles à notre industrie de la soie.

La collection en 68 volumes de la *Description des brevets d'invention et de perfectionnement*, celle en 48 volumes du *Bulletin de la Société d'encouragement*, prouvent l'importance de cette maison et les services qu'elle rend à l'industrie.

Le jury décerne une médaille de bronze à Mme Ve Bouchard-Huzard.

Mme Ve COQUEBERT, rue Jacob, n° 48, à Paris.

Mme veuve Coquebert expose un magnifique volume intitulé, *La Bretagne ancienne et moderne*, dont le texte est rédigé par M. Pitre-Chevalier.

C'est pour se conformer au vœu de M. Coquebert, son mari, qui en est l'éditeur, et qu'elle a eu le malheur de perdre, qu'elle soumet à l'attention du jury ce bel ouvrage, qui n'a pu être terminé pour l'exposition précédente.

Né en Bretagne, M. Coquebert, passionné pour son pays comme pour les beaux-arts, a voulu élever un monument à la Bretagne en consacrant à ce volume plus de cent mille francs en superbes gravures sur bois, exécutées sous sa direction par les plus habiles artistes.

M. Coquebert avait à peine terminé ce bel ouvrage, auquel il avait consacré toute sa fortune, que la mort l'a frappé, ne laissant d'autre héritage pour sa veuve et ses enfants que l'espoir qu'il leur promettait à son lit de mort, de voir ses efforts appréciés du public à cette exposition.

Le jury accorde à Mᵐᵉ veuve Coquebert une médaille de bronze.

M. CRÉTÉ, à Corbeil (Seine-et-Oise).

A la précédente exposition M. Crété a obtenu une médaille de bronze pour les belles impressions exécutées dans l'imprimerie qu'il venait de fonder à Corbeil. Depuis M. Crété a beaucoup augmenté son matériel et perfectionné ses produits, qui deviennent de plus en plus nombreux.

C'est en instruisant de jeunes filles à composer les caractères que M. Crété a pu donner de l'occupation à 60 filles ou femmes de Corbeil, qui, tout en se contentant de salaires moins élevés que ceux des ouvriers, gagnent encore suffisamment.

Plusieurs des ouvrages qu'il expose peuvent être classés parmi ceux de luxe. Nous citerons, entre autres, le *Cours élémentaire d'Histoire naturelle*, par M. Milne Edwards, in-18 (les gravures en sont fort bien imprimées), les *Codes Français*, grand in-8°, etc.

M. Crété s'occupe avec succès de l'impression des planches gravées sur bois et combinées de manière à ce que chacune d'elles apporte successivement sa couleur au moyen de repères. Par la combinaison des tons il obtient avec un petit nombre de planches des effets très-satisfaisants, tels que costumes, scènes et paysages. Ces procédés, que M. Silbermann a le premier mis en pratique à Strasbourg, ont besoin d'être encore perfectionnés.

Le jury décerne à M. Crété une médaille de bronze.

M. MONPIED, rue du Faubourg-Montmartre, n° 10, à Paris.

L'emploi des gravures sur bois, qui devient de plus en plus général, a remplacé, surtout à Paris, où les graveurs sur bois sont devenus très-nombreux, le procédé à l'aide duquel les ouvriers typographes façonnaient autrefois, avec de simples filets typographiques, des figures de géométrie, des dessins linéaires, etc.

Les deux dessins parfaitement rendus, au moyen de filets typographiques, par M. Monpied, représentant, l'un, l'enlèvement de Pandore, d'après Flaxmann, l'autre, l'Amour et Psyché, de Canova, offrent de telles difficultés vaincues que jamais la typographie n'a su rien faire de mieux en ce genre. M. Monpied a prouvé aussi aux jeunes typographes par ce chef d'œuvre d'adresse et de patience, quelles ressources peuvent leur fournir les filets typographiques habilement contournés, pour remplacer, au besoin, la gravure sur bois. Il en donne comme exemple l'exécution en filets typographiques d'une figure représentant l'appareil de Marsh et de plusieurs signes hiéroglyphiques insérés dans le texte courant.

M. Barre, au sujet de l'exécution typographique de ces deux dessins, a fait un rapport très-favorable à la Société d'encouragement pour l'industrie nationale.

Le jury accorde à M. Monpied une médaille de bronze.

Mentions honorables.

M. ANNER, de Brest (Finistère).

Depuis cinquante ans l'imprimerie de M. Anner, de Brest, est connue par les impressions qu'elle exécute pour la marine. M. Anner expose cette année un ouvrage intitulé, *Éléments de navigation*, qui mérite une mention honorable. Elle lui est décernée par le jury.

M. DANEL, à Lille (Nord).

C'est pour la première fois que M. Danel, dont l'établissement paternel date de 1676, expose divers produits en imprimerie et lithographie, en stéréotypie et impressions polychromes, dites *à la congrève*, qui méritent une mention honorable, que le jury lui accorde.

---

§ 3. IMPRIMERIE EN TAILLE-DOUCE ET CARTES.

M. Ambroise Firmin Didot, rapporteur.

Rappel de médaille d'argent.

M. ANDRIVEAU-GOUJON, rue du Bac, n° 21, à Paris.

La carte routière et postale de la France exposée cette année par M. Andriveau-Goujon est fort belle et a l'avantage d'être parfaitement claire. Il est vrai que les montagnes n'y sont pas figurées. L'écriture des noms est renfermée dans un cartouche colorié, ce qui facilite singulièrement les recherches.

L'établissement de M. Andriveau-Goujon maintient toujours sa réputation. Le jury lui rappelle donc la médaille d'argent qui lui a été décernée en 1844.

M. RÉMOND rue du Foin-Saint-Jacques, n° 13, à Paris.

Médaille
de bronze

Quoique M. Rémond expose pour la première fois, il est depuis longtemps connu comme notre plus habile imprimeur en taille-douce pour les planches coloriées. Les spécimens qu'il expose ne laissent rien à désirer. Le plus parfait coloriage fait par la main du plus habile artiste ne saurait l'emporter sur la finesse de tons, la pureté des détails et la beauté de l'ensemble. Il faut tout à la fois le concours du graveur (M. Visto) et de l'imprimeur (M. Rémond) pour combiner le genre de gravure qui convient et répartir sur les diverses planches les nuances qu'on peut obtenir de chacune d'elles, soit isolément, soit par leur combinaison en superposant certaines teintes, afin de diminuer le plus possible les coloriages faits au pinceau sur les planches. Les points de repère sont d'une parfaite exactitude. Malheureusement ce genre d'impression, par sa perfection même, et par le haut prix qu'il coûte, est très-limité. Les planches exposées, donnant dix-huit tons au moyen de trois planches, coûtent 70 centimes chaque feuille.

Le jury accorde à M. Rémond une médaille de bronze.

M. CHARDON, rue Racine, n° 3, à Paris.

Les impressions en taille-douce qu'il expose se font remarquer par leur vivacité et le relief obtenu par des moyens qui lui sont particuliers. Les planches qu'il a soumises au jury, imprimées par les procédés ordinaires, semblent n'avoir enlevé qu'une partie de l'encre engagée dans les tailles, tandis que par son procédé la planche se trouve vidée à chaque épreuve. Ce résultat est obtenu par une manière d'imprimer qui lui est particulière, et par la qualité du noir qu'il compose tout exprès.

Le jury décerne à M. Chardon une médaille de bronze.

MM. ARMENGAUD et O'REILLY, rue de la Boule-Rouge, n° 12, à Paris.

Ont conçu une grande et belle entreprise, *la Vie des Peintres*, accompagnée de superbes gravures sur bois représentant les principaux chefs-d'œuvre de chacun d'eux. Cet ouvrage, qui coûte aux éditeurs, MM. Armengaud et O'Reilly, des sommes considérables, occupe un grand nombre d'habiles graveurs, dont il est juste de signaler le mérite. Tous ont fait preuve d'un vrai talent : et leur nom a été cité avec éloge. (Voir l'article CLAYE.) Le texte et les vignettes sont admirablement imprimés par M. Claye; le texte est rédigé par M. Charles Blanc.

Le jury accorde une médaille de bronze à cette belle et grande entreprise

Mention honorable. **M. SCHONENBERGER**, boulevard Poissonnière, n° 28, à Paris.

La collection des œuvres de musique que M. Schonenberger fait exécuter, soit en taille-douce sur étain et sur zinc, soit par les procédés typographiques de M. Tanteintein, s'augmente chaque année. Cet éditeur rend aussi de véritables services à l'art musical et à notre commerce d'exportation. Il s'est attaché à publier les ouvrages du premier ordre, et à bon marché, tout en les exécutant aussi bien que les éditeurs étrangers.

Le mérite des publications de M. Schonenberger avait été favorablement cité aux expositions de 1839 et de 1844, et mérite d'être mentionné honorablement à cette exposition.

---

§ 4. TYPOCHROMIE.

M. J. Persoz, rapporteur.

Médaille d'or. **M. SILBERMANN**, à Strasbourg (Bas-Rhin).

C'est en 1824 que M. Silbermann prit possession de l'imprimerie créée, en 1788, par son aïeul. A dater de cette époque, l'invention de nouveaux genres d'impressions, des sacrifices nombreux, joints à une série de travaux qui avaient pour but d'améliorer ses moyens de production et d'en perfectionner les résultats, développèrent successivement son établissement et l'élevèrent au premier rang de ceux qui honorent la France.

L'établissement qui lui fut ainsi légué ne comptait que 3 presses, desservies par 15 ouvriers. Au bout de vingt ans, c'est-à-dire en 1844, 11 presses nouvelles, perfectionnées par M. Silbermann, remplacèrent les anciennes, et, au lieu de 1,200 coups en 10 heures, que donnait chacune des trois premières, en donnèrent 2,000. sans occuper plus de 50 à 60 ouvriers.

Quoique M. Silbermann eût déjà plus que quintuplé ses agents de production, il y ajouta encore une presse mécanique d'un nouveau modèle, fournissant à elle seule 10,000 tirages par jour. En même temps que cet habile imprimeur multipliait ses moyens d'impression, qu'il introduisait dans son travail une grande économie et réduisait le prix de ses produits, il les perfectionnait de telle sorte, qu'il est des éditions sorties de ses presses, qui, sous le point de vue de l'art typographique, n'ont rien à envier à celles qui ont fait la réputation de nos premiers typographes de Paris.

Si, comme typographe, M. Silbermann jouit déjà parmi ses confrères d'une grande réputation, il est une nouvelle branche de son art, la typochromie, dont il est en quelque sorte le créateur, qui lui assigne un rang que personne ne peut lui disputer. En effet, ses impressions en couleur, par la perfection de leur exécution, doivent être classées plutôt parmi les œuvres d'art que parmi les productions industrielles, avec lesquelles elles ne peuvent être comparées que pour le bas prix de vente. Le tableau qui sert à représenter les effets de contraste permet de juger des difficultés que M. Silbermann a vaincues pour obtenir la juxtaposition régulière de ces filets de diverses couleurs. Sa carte géologique, coloriée en neuf teintes très-distinctes, démontre avec quelle précision les rentrures sont effectuées; car on n'y remarque aucune bavure.

Ses études d'aquarelle ne sont pas seulement propres à faire comprendre l'art avec lequel M. Silbermann sait obtenir les dégradations de teinte; elles font encore ressortir les avantages qu'il rencontre dans l'emploi simultané des procédés d'impression inventés par lui, l'un par juxtaposition, l'autre par superposition.

Ce genre d'impression typographique, qui semble au premier abord ne s'appliquer qu'à des œuvres de luxe, comme cette édition des ornements d'anciens manuscrits, d'après les dessins de Toudouze, a cependant un côté tout à fait industriel. Pour n'en citer qu'un exemple, nous dirons qu'il sort annuellement des presses de M. Silbermann 120,000 feuilles de soldats coloriés, dont il trouve l'écoulement en France, en Allemagne et en Angleterre, au prix modique de 10 centimes la feuille.

C'est, comme on le voit, une branche toute nouvelle qui s'ouvre à la typographie, et qui, une fois mieux connue, offrira de nouvelles et nombreuses applications aux sciences, aux arts et à l'industrie.

Le jury a suivi avec un vif intérêt, à chaque exposition, les heureuses tentatives que fait M. Silbermann pour conserver à la typographie ce que la lithographie, sa rivale, voudrait lui enlever. Il lutte avec elle non-seulement par la perfection, mais encore par le bas prix de ses produits.

Aujourd'hui, considérant que M. Silbermann s'est acquis des droits incontestables à la reconnaissance de ses concitoyens par ses travaux en typographie, et surtout par les procédés ingénieux qu'il a créés pour l'impression typographique en plusieurs couleurs, le jury décerne à ce savant imprimeur la médaille d'or.

§ 5. LITHOGRAPHIE

M. J. Persoz, rapporteur.

CONSIDÉRATIONS GÉNÉRALES.

Si, depuis la dernière exposition, il ne s'est fait en lithographie aucune invention qui mérite d'être signalée, nous avons au moins à constater les efforts constants de nos plus habiles lithographes, pour arriver à perfectionner les procédés connus, et à donner à leurs productions, tout en les livrant à des prix accessibles à tout le monde, des caractères qui les rapprochent de plus en plus des productions de l'art.

Il est à propos de mentionner ici le perfectionnement que M. Sabatier a apporté dans les travaux de la lithographie par son nouveau mode d'impression à l'estompe, au moyen duquel il produit des teintes plus pures, plus fines et plus suaves que par les procédés ordinaires. Ce genre, qui est appelé sans doute à faire encore de grands progrès, témoigne hautement du talent de celui qui a réussi dans une entreprise où, depuis vingt ans, beaucoup d'hommes de mérite avaient échoué.

Aux deux branches principales de la lithographie, le crayon et la chromolithographie, il s'en est ajouté une troisième dans ces dernières années: c'est le report des planches de cuivre et d'acier sur pierre, qui a pris un développement considérable, et a acquis une importance qu'on était loin de prévoir à la dernière exposition.

Nouvelle Médaille d'or.

M. LEMERCIER, rue de Seine, n° 55, à Paris.

L'établissement de M. Lemercier occupe 120 ouvriers, dont le salaire s'élève de 5 à 15 francs par jour pour les imprimeurs, et de 3 à 4 francs pour les manœuvres. On y trouve en activité 75 presses à bras, à l'aide desquelles on imprime annuellement 1,800,000 estampes, tant pour l'encadrement que pour le cartonnage, la librairie et l'exportation.

M. Lemercier, qui, par ses brillants succès, a mérité, en 1839, la médaille d'argent, et, en 1844, la médaille d'or et la croix de la Légion d'honneur, se montre encore aujourd'hui avec toute sa supériorité dans les deux branches de son art, crayons avec teinte et impressions en couleurs, qu'il traite avec un égal succès.

Comme impressions au crayon, le jury a surtout remarqué deux marines avec superposition de teintes; une planche de grande dimension, représentant un groupe de nymphes, où des tons rehaussés par des teintes dégradées produisent un effet admirable; une sainte par Fanoli, imprimée sur papier de Chine, dont le tirage est de la plus grande perfection. Enfin c'est dans ces lavis d'architecture, obtenus par des teintes plates, fondues soit par des hachures, soit par le crayon, que se révèle surtout l'habileté de M. Lemercier.

Comme impressions en couleurs, obtenues par les procédés connus, le jury a aussi vu avec intérêt le saint Louis portant la couronne, le Moyen Age et la Renaissance (collection de costumes); l'album Vilensky (vignettes religieuses); les Fleurs, par Élie Champin; et il a constaté que, dans cette seconde branche de la lithographie, M. Lemercier obtient tout autant de succès que dans la première. Outre ces incontestables mérites, il a celui d'avoir formé une multitude d'élèves qui rivalisent de zèle avec leur maître, et qui ne manqueront pas de contribuer à maintenir en France la lithographie au rang élevé où elle s'est déjà placée de nos jours.

Par ces motifs, convaincu que M. Lemercier s'est montré de plus en plus digne des hautes récompenses qui lui ont été données, le jury lui décerne une nouvelle médaille d'or.

M. KAEPPELIN, quai Voltaire, n° 15, à Paris.

Médaille d'or.

M. Kaeppelin imprime avec un égal succès presque tous les genres de lithographie. Il a fait surtout de grands progrès dans les reports des gravures sur pierre, genre dans lequel il s'était déjà distingué en 1844. Le jury a particulièrement apprécié :

1° Ses fonds damassés (pour coupons d'actions), qui sont le produit du report d'une planche d'acier gravée au tour à guillocher, et dont les traits, presque imperceptibles à l'œil nu, font de cette feuille imprimée un véritable chef-d'œuvre.

2° La planche des deux mappemondes, obtenue d'un seul tirage, par le report de deux planches, dont l'une sert à déposer sur la pièce les contours, les écritures et les eaux, et l'autre, gravée à la mécanique, les ombres ou la sphéricité.

3° La carte topographique de l'arrondissement de Meaux, ayant 118 sur 86 centimètres de gravure, qui a aussi été obtenue d'un seul tirage, mais par le report sur pierre de six planches en cuivre provenant de la collection de la carte de France. Cette opération a été effectuée avec tant de précision, que l'œil le mieux exercé ne peut découvrir dans cette carte les points de repère.

Le jury n'a pas vu avec moins d'intérêt la facilité avec laquelle M. Kaeppelin est parvenu à faire des additions sur des cartes, telles que des lignes de chemins de fer, etc., sans être astreint, comme autrefois, à des grattages longs et dispendieux, qui ne donnaient, en définitive, qu'un ouvrage imparfait.

Si la perfection qui caractérise les ouvrages de M. Kaeppelin lui donne déjà un titre suffisant à une récompense élevée, il a un autre titre qui n'est pas moins méritant aux yeux du jury : nous voulons parler de l'économie qu'il a procurée à l'État, à l'occasion de l'impression de la carte de France. La gravure sur cuivre de cette carte, qui est établie par zones, revient, en moyenne, à 12,000 francs par planche. Si l'assemblage de ces zones par départements avait dû se faire sur cuivre, l'État aurait dépensé pour cet objet plus de 2 millions, tandis que, grâce aux intelligents efforts de M. Kaeppelin, la carte de trente de nos départements, tirée à 350 exemplaires, n'a occasionné que la faible dépense d'environ 60,000 fr.

Le jury, voulant récompenser de pareils résultats, décerne à M. Kaeppelin la médaille d'or.

Nouvelle médaille d'argent.

MM. THIERRY frères, cité Bergère, n° 1, à Paris.

L'établissement de MM. Thierry compte 25 presses lithographiques, 20 presses en taille-douce, et occupe 70 ouvriers, dont le salaire s'élève de 3 à 8 francs par jour. Les produits qui sortent des presses de ces lithographes sont particulièrement destinés aux usages du commerce, et le chiffre de leurs affaires ne s'élève pas à moins de 130,000 francs, année commune.

Comme ouvrage au crayon, le jury a particulièrement remarqué, au point de vue de la perfection de l'impression, le portail de la cathédrale de Reims, et une collection de petits paysages avec teintes.

Leurs travaux chromolithographiques, exécutés à la plume, pour les besoins du commerce, n'offrent de particulier que leur variété et leur bonne exécution.

Le jury décerne à MM. Thierry une nouvelle médaille d'argent, qui lui a été décernée en 1839, et rappelée en 1844.

M. CATTIER, rue de Lancry, n° 12, à Paris.

Rappel de médaille d'argent.

L'exposition de M. Cattier se compose d'un grand nombre de planches d'une parfaite exécution, parmi lesquelles il en est cinq qui sortent des productions ordinaires. Ce sont trois marines par Sabattier, d'après Isabey, un chien et des amazones.

Pour comprendre tout le mérite de ces lithographies, il faut savoir que M. Sabattier mélange à ses dessins au crayon du crayon en poudre frotté par des estompes, avec lesquelles il obtient, en opposition avec les tons les plus chauds, des teintes extrêmement tendres, mais aussi très-difficiles à reproduire par la lithographie, et dont l'exécution exige un imprimeur des plus habiles. M. Cattier a été assez heureux pour trouver cet imprimeur en la personne de M. Jacum, l'un des élèves de M. Lemercier.

Le jury donne à M. Cattier le rappel de la médaille d'argent.

M. BRY, rue Guénégaud, n° 29, à Paris.

Nouvelle médaille de bronze.

M. Bry expose cette année une collection de marines à deux tons, et trois petits dessins, par Aubry-le-Comte, très-bien imprimés, malgré la difficulté que leur exécution a dû présenter.

Sa collection de Valério, à teintes, et ses portraits, ont été exécutés aussi avec un soin particulier. Ses dessins à l'estompe et au lavis par Charlet et Hubert, sans être parfaits, sont cependant d'un effet très-remarquable.

Le jury décerne à M. Bry une nouvelle médaille de bronze.

M. BERTAUTS, rue Saint-Marc, n° 14, à Paris.

Médaille de bronze.

M. Bertauts, qui a obtenu, en 1844, une mention honorable,

expose aujourd'hui un auto-da-fé d'après Fleury, trois autres grandes planches, et quelques paysages de la collection de l'album des artistes. Si tous ces dessins, d'une teinte chaude et vigoureuse, offrent peu de difficultés d'exécution par la manière dont ils sont traités, ils n'en ont pas moins le mérite d'être parfaitement imprimés.

Le jury décerne à M. Bertauts la médaille de bronze.

M. SCHMAUTZ aîné, rue du Cherche-Midi, n° 15, à Paris.

M. Schmautz expose des rouleaux fournisseurs pour la presse lithographique et la gravure, savoir : un rouleau pour imprimer le crayon et l'écriture, un second pour les teintes, un troisième pour les impressions chromolithographiques, un quatrième enfin pour recouvrir les plaques de cuivre et d'acier sur lesquelles on veut graver à l'eau forte.

M. Schmautz a su donner à ses rouleaux des qualités qui les font rechercher non-seulement par nos lithographes français, mais encore par ceux de l'étranger.

Le jury lui décerne la médaille de bronze.

Mentions honorables.

M. CARLES, rue Jean-Jacques-Rousseau, n° 12, à Paris.

Le jury donne à M. Carles une mention honorable, pour ses impressions lithographiques, et spécialement, pour sa publication des cinq ordres d'architecture et d'autres impressions, qui ont pour objet de développer le goût du dessin et d'en favoriser l'étude, ainsi que celle de l'écriture.

M. LEFÈVRE, rue de la République, n° 48, à Paris.

M. Lefèvre expose un cadre ou tableau renfermant les spécimens des objets qu'il imprime journellement pour le commerce. C'est lui qui a composé et lithographié, depuis le mois de juin 1848, les 100,000 bulletins et les 20,000 tableaux de l'enquête industrielle. Dans ces impressions, qu'il a livrées à des prix très-modérés, il a fait preuve de beaucoup d'intelligence.

L'établissement de M. Lefèvre, où l'on imprime annuellement pour une valeur de 50 à 60,000 francs, possède 11 presses desservies par 20 ouvriers, dont le salaire s'élève de 3 à 6 francs par jour.

Le jury donne à M. Lefèvre une mention honorable.

M. Alphonse GODARD, rue Hautefeuille, n° 16, à Paris.

Citation
favorable.

Quatre portraits et une muse par Aubry-le-Comte, des chevaux, par Adam, deux paysages et diverses autres lithographies, également bien exécutés, composent l'exposition de M. Godard, et lui méritent une citation favorable.

M. MARTENOT, rue d'Antin, n° 8, à Paris.

Le jury décerne également à M. Martenot une citation favorable pour ses travaux lithographiques.

---

§ 6. CHROMO-LITHOGRAPHIE.

M. J. Persoz, rapporteur.

M. SIMON, à Strasbourg (Bas-Rhin).

Médailles
d'or

M. Simon, par sa position à l'extrême frontière et par son éloignement de la capitale, se trouve privé des ressources qu'offre à Paris cette multitude d'habiles dessinateurs qu'on y rencontre. De plus, forcé de satisfaire à tous les besoins du milieu où s'est développée son industrie, il est, en quelque sorte, dans l'impossibilité de s'adonner à une spécialité. Cet état de choses, s'il est désavantageux sous un rapport, fait du moins ressortir le mérite de M. Simon, qui a su lutter avantageusement avec ses confrères de Paris, sans être placé dans des conditions aussi favorables. Les produits qu'il expose prouvent qu'il traite avec succès toutes les branches de la lithographie.

Outre des travaux de commerce qui se font communément à la plume, M. Simon exécute des impressions avec crayons et teintes, et crayons mélangés d'estompe; des gravures sur pierre, des reports de planche, des sépias et des aquarelles obtenues par un procédé de son invention, et, depuis plus de quinze ans, des impressions chromolithographiques.

Une vue de Colmar, abstraction faite de l'œuvre de l'artiste, témoigne de l'habileté de M. Simon dans l'emploi du crayon estompé. Ses planches représentant les glandes intestinales et les maladies du foie, son mausolée du maréchal de Saxe, ses trois petites aquarelles des glaciers de l'Aar, ainsi que son panorama d'une partie des

Vosges, prouvent que ses procédés sont supérieurs à tous ceux qui ont été employés jusqu'ici.

Le dessin de la cathédrale de Strasbourg l'honore aussi comme graveur sur pierre. Enfin son tableau représentant les armoiries des diverses communes d'Alsace, les quatre vitraux de la cathédrale, l'horloge astronomique du célèbre Schwilgué, les spécimens de l'important et précieux ouvrage de M. Schimper sur les plantes fossiles du grès bigarré, placent M. Simon au nombre des premiers lithographes contemporains.

Le jury, après avoir signalé les importants travaux de M. Simon, lui décerne la médaille d'or.

MM. ENGELMANN et GRAF, Cité Bergère, n° 1, à Paris.

Les impressions en couleurs de ces Messieurs se distinguent encore aujourd'hui par leur belle exécution. Ils exploitent toujours avec succès les ingénieux moyens de repérage dont l'invention leur avait valu, en 1844, la médaille d'argent.

Parmi les objets qu'ils exposent, on remarque surtout deux planches de vitraux de Dreux, par M. Dauce et des vues d'Orient qui appartiennent à l'ouvrage de M. L. de Laborde. Ces deux planches, faites d'après d'excellents originaux, sont chaudes et vigoureuses d'effets. Il est à regretter seulement que les lointains qu'elles représentent, étant faits au crayon, n'aient pas tout le vaporeux nécessaires.

MM. Engelmann et Graf soumettent encore au jury des articles d'ornements en or et en couleur, traités avec beaucoup de soin: de plus, une collection de prières ornées de vignettes religieuses, faites d'après les plus célèbres manuscrits de la Bibliothèque nationale. Ce dernier travail, qui paraîtra sous peu, révèle, par la délicatesse des détails, et le tirage recto et verso, tout le talent avec lequel MM. Engelmann et Graf pratiquent la chromolithographie.

Le jury, prenant en considération les services rendus à la lithographie par MM. Engelmann, leur décerne la médaille d'or.

S 7. IMAGERIE.

M. Natalis Rondot, rapporteur.

Médailles de bronze. M. DOPTER, rue de la Harpe, n° 58, à Paris (Seine).

L'industrie de M. Dopter a acquis dans ces dernières années une grande importance commerciale; ce fabricant emploie aujourd'hui une centaine d'ouvriers, et il jouit toujours d'une réputation méritée.

Les découpures et les gaufrages qui entourent les images religieuses sont parfaitement exécutés et sont, en général, de beaucoup supérieurs, pour le goût et la finesse, à ce qu'on faisait auparavant. Si quelques modèles laissent encore à désirer, il faut faire la part des exigences de prix ou de goût auxquelles entraine la vente pour les pays étrangers, qui a pris chez M. Dopter un développement rapide.

Le jury décerne la médaille de bronze à M. Dopter, qui est un de nos premiers fabricants d'imagerie.

Mᵐᵉ Vᵉ BOUASSE-LEBEL, rue du Petit-Bourbon-Saint-Sulpice, n° 9, à Paris (Seine).

L'application à l'imagerie des métaux en feuilles minces et polies, ainsi que de la gélatine coulée sur papier, le coloriage perfectionné des feuilles de métal, l'association heureuse, à la dentelle, de paillons et de paillettes riches, un travail de gravure et de lithographie suffisamment soigné, tels sont les titres qui recommandent madame veuve Bouasse-Lebel.

Cent dix ouvriers et employés sont occupés par cette laborieuse fabricante, qui, grâce à des soins intelligents et assidus, est parvenue à ouvrir à l'imagerie religieuse de nouveaux débouchés, à la produire avec toute l'économie possible, et à fonder une maison qui tient déjà un rang honorable.

Le jury central accorde à madame veuve Bouasse-Lebel la médaille de bronze.

----

§ 8. GRAVURE POUR IMPRESSION; CLICHAGE, OUTILS DE GRAVEURS.

M. J. Persoz.

MM. FELDTRAPPE frères, rue du Faubourg-Saint-Denis, n° 144, à Paris.

Rappel de médaille d'argent.

Les spécimens ou échantillons de diverses gravures que MM. Feldtrappe ont exécutés pour les imprimeurs sur tissus des environs de Paris, et qu'ils exposent, en même temps que trois cylindres gravés, justifient, d'une part, la réputation dont jouit leur établissement de dessin et de gravure; d'une autre, les récompenses qui leur ont été décernées aux expositions précédentes, où ils obtinrent, en 1834, une médaille d'argent, et deux nouvelles médailles d'argent en 1839 et 1844.

MM. Feldtrappe ne se sont pas seulement attachés à perfectionner leur gravure à la molette, en substituant à propos à l'action du burin celle d'une molette canevas ou de l'eau forte, soit pour réaliser des formes plus correctes, soit pour vaincre certaines difficultés, soit enfin pour graver plus rapidement et d'une manière plus économique; depuis plusieurs années, nous les avons vus redoubler d'efforts pour obtenir, sur les rouleaux destinés à l'impression des étoffes de laine, des dessins à fond, avec sujets réservés par la gravure. Ils donnent ainsi au fabricant le moyen d'obtenir, directement et par un seul rouleau, le résultat qu'on ne réalisait anciennement que par l'impression d'une réserve ou d'un rongeant, qu'on fait précéder ou succéder à l'application de la couleur du fond uni. Le rapport du jury de 1844 signale ainsi ce progrès : « MM. Feldtrappe obtiennent des fonds d'une dimension considérable au moyen de rainures ondulées, tracées longitudinalement sur le cylindre. »

Le cylindre gravé, pour fond, que MM. Feldtrappe exposent, se distingue spécialement par des traits en biais régulièrement tranchés à l'aide d'une machine pour l'invention de laquelle ces graveurs ont pris en 1847 un brevet d'invention. Ils soumettent encore au concours deux autres rouleaux, dont l'un sert à gaufrer le papier.

L'ensemble des produits exposés par MM. Feldtrappe démontre une fois de plus qu'il n'existe dans l'art de la gravure du rouleau, l'un des plus puissants agents de production dans l'impression des étoffes, aucune difficulté qu'ils ne puissent surmonter.

En signalant ces heureux résultats, le jury accorde à ces Messieurs le rappel de la médaille d'argent.

Médaille d'argent. **M. Jacques KRAFFT, rue du Faubourg-Saint-Denis, n° 42, à Paris.**

M. Krafft expose, outre quatre cylindres gravés, une série d'échantillons, imprimés avec ses rouleaux, dans les premières maisons d'impression de Paris, et notamment dans celle de M. L. Godefroy.

Ce qui fait le principal mérite des gravures de M. Krafft, c'est, d'une part, la hardiesse avec laquelle elles sont exécutées dans ces grands sujets qui ne peuvent être gravés avec le secours des molettes; d'une autre, ce sentiment des contours et des dégradations de tons, qui contribuent tant à rehausser la beauté d'un dessin, et qui assurent le succès de l'impression.

A l'exposition de 1844, M. Krafft obtint, pour ses cylindres gravés, une médaille de bronze. Depuis cette époque, il a fait dans son art des progrès incontestables.

Empruntant au tour à guilloches ses parties les plus importantes, il a composé une machine à graver pour l'invention de laquelle il a pris, en 1846, un brevet d'invention. C'est à l'aide de cette machine qu'il obtint ces heureuses dégradations de tons que le jury a particulièrement remarquées dans ce dessin fond vert, avec enluminage vert clair, rouge et rose. Enfin, c'est encore avec cette même machine que M. Krafft grave des dessins à fond, pour impressions sur laine, en substituant aux lignes ondulées de MM. Feldtrappe des lignes obliques, décrivant sur le cylindre une spirale régulière, qui permet à la racle d'enlever l'excédant de couleur, sans produire de soubressauts et sans endommager le fond.

Désormais, donc, il est loisible au fabricant d'imprimer sur étoffes de laine, comme cela se faisait déjà pour certains articles en coton, des fonds avec les sujets les plus délicats, réservés par la gravure.

Le jury, appréciant les perfectionnements introduits par M. Krafft dans la gravure des rouleaux, décerne à cet habile graveur la médaille d'argent.

M. CONIL-LACOSTE, rue des Grands-Augustins, n° 20, à Paris.

Nouvelles médailles de bronze.

Par ses belles gravures sur bois et par ses clichés, qui ne laissent rien à désirer, M. Conil-Lacoste a su associer ses travaux aux publications les plus importantes qui se sont faites en France et à l'étranger.

Le jury voit avec plaisir que M. Conil-Lacoste se rend de plus en plus digne des récompenses qui lui ont été décernées aux précédentes expositions, et lui accorde une nouvelle médaille de bronze.

M. CLICQUOT, à Courbevoie (Seine).

Les roulettes et outils destinés à faciliter l'exécution des gravures à l'aqua-tinte, que M. Clicquot expose, témoignent hautement en faveur de son habileté. Il continue à aller au-devant des besoins de l'industrie qu'il est appelé à alimenter.

Le jury. qui se plaît à reconnaître cette heureuse tendance, décerne à M. Clicquot une nouvelle médaille de bronze.

M. François MICHEL, rue du Hasard, n° 3, à Paris.

Tous les connaisseurs ont admiré à l'exposition les impressions obtenues avec les clichés bitumineux de M. Michel.

En récompense de son heureuse invention, M. Michel a reçu, au précédent concours, une médaille de bronze, dont le jury de cette année lui donne le rappel.

M. BORDES, à Rouen (Seine-Inférieure).

M. Bordes expose un cylindre et des molettes gravées par un procédé en partie de son invention.

Le plus grand progrès accompli dans la gravure des rouleaux destinés à l'impression est incontestablement l'introduction de la molette gravée (rouleau miniature), en acier trempé, à l'aide de laquelle on transporte sur le rouleau en cuivre, par l'effet d'une pression convenable, le sujet qui s'y répète régulièrement. Mais, dans la gravure de ces molettes, quelle que soit d'ailleurs l'habileté du graveur, il ne peut que très-difficilement faire qu'un sujet qui se répète plusieurs fois sur la surface de la molette soit partout identique, surtout en ce qui concerne la profondeur de cette gravure. De là résulte pour l'impression de fâcheux inconvénients, qu'on ne peut surmonter que par de grands sacrifices de temps et d'argent, et en consacrant à la confection d'un outil industriel tous les soins qu'exige une œuvre d'art. M. Bordes n'a pas été le premier à signaler ce vice fondamental; car depuis longtemps nos habiles graveurs, pénétrés de ces imperfections, employaient des molettes, dites canevas, remplissant, par rapport à la gravure des molettes proprement dites, le même rôle que celles-ci accomplissent dans la gravure des rouleaux eux-mêmes; mais il a le mérite d'avoir cherché à faire disparaître ces imperfections par un procédé qui lui est propre, et que voici:

Le premier ouvrier venu trace au burin sur une molette les contours du sujet qu'il s'agit de graver. Puis, soit par l'effet de l'eau forte, soit à l'aide de l'échoppe, il creuse les vides sans s'occuper de leur profondeur, qui s'obtient plus tard indirectement en enlevant aux deux extrémités de la molette une petite bande, dont l'épaisseur représente exactement la profondeur de la gravure que l'on veut obtenir. Cette opération achevée, la gravure est terminée; car il n'y a plus qu'à tremper cette molette et à la transporter par les procédés connus, à l'aide des picots de repère, sur une molette deux, trois, quatre fois plus grande, avec laquelle on finit par graver le rouleau. A l'aide de ce procédé, les dessins les plus grands et les plus difficiles, peuvent être obtenus avec plus d'exactitude, d'économie de temps et d'argent, par les ouvriers même les moins habiles, qu'ils ne le seraient par les procédés généralement mis en usage.

L'invention de M. Bordes, qui lui donnerait des droits incontestables à une récompense élevée, si l'expérience eût confirmé tous les résultats heureux qu'elle promet, mérite d'être signalée ici. Le jury, en accomplissant ce devoir, décerne à M. Bordes une médaille de bronze pour ses gravures sur cylindre, qui satisfont si parfaitement aux besoins de l'industrie rouennaise.

M. CARLIEZ, à Rouen (Seine-Inférieure).

Il occupe dans ses ateliers, à raison de 2 à 6 francs par jour, 53 ouvriers, qui desservent 7 machines à graver, avec leurs accessoires, mises en mouvement par un manége à deux chevaux.

La gravure dont s'occupe spécialement et avec le plus de succès M. Carliez est celle du genre meuble. Aussi parmi les rouleaux qu'il a exposés cette année, le jury a-t-il particulièrement remarqué 4 rouleaux composant un dessin meuble à 4 couleurs. Les contrastes de tons y ont été si heureusement observés par la gravure, que chaque cylindre chargé d'une couleur dépose par le fait 3 tons bien distincts sur l'étoffe.

Les récompenses qui, à deux reprises, ont été décernées à M. Carliez par la société d'émulation de Rouen, prouvent que ses gravures sont appréciées à leur juste valeur dans cette contrée industrielle.

Le jury, se plaisant à reconnaître les efforts incessants de M. Carliez pour maintenir son art au niveau des besoins de l'industrie des toiles peintes, lui décerne une médaille de bronze.

M. CURMER, rue St-Germain-des-Prés, n° 10 bis, à Paris.

M. Curmer expose plusieurs spécimens de clichés d'une bonne réussite, exécutés par un procédé qui lui est propre, et qui consiste à relever le sujet en y superposant alternativement des feuilles de papier de soie et des couches d'une pâte de sa composition. On fait pénétrer cette masse hétérogène dans les cavités de la gravure d'abord à l'aide d'un tampon, ensuite avec le secours d'une presse assez puissante. On obtient ainsi un moule en creux (matrice) qu'on dessèche, et dans lequel on peut couler un nombre indéfini de clichés.

Ce procédé, qui permet d'obtenir des clichés d'une grande netteté, offre en outre l'avantage de pouvoir relever des sujets d'une grande dimension, et à beaucoup moins de frais que par les autres modes de clichage.

M. Curmer s'occupe maintenant avec un égal succès de la reproduction d'œuvres typographiques et de celle des différents genres d'impression sur étoffes. Il place annuellement pour 80,000 francs de clichés divers. Le jury, en constatant ces heureux résultats, décerne à M. Curmer la médaille de bronze.

Nouvelle mention honorable. **M. PIGACHE, à Puteaux (Seine).**

Le jury donne à M. Pigache une nouvelle mention honorable pour ses gravures sur rouleaux, destinées aux impressions sur étoffes.

Mention honorable. **M. PETIN, rue Monsieur-le-Prince, n° 29, à Paris.**

Le jury décerne aussi à M. Petin une mention honorable pour sa bonne fabrication de clichés.

Citation favorable. **M. BESSAIGNET, galerie Montpensier, n° 15, à Paris.**

Le jury accorde une citation favorable à M. Bessaignet pour la gravure de ses cachets emporte-pièces en cuivre doré, ayant pour but de dégager l'empreinte de toute cire inutile.

_____

§ 9. MODÈLES GRAVÉS DE BILLETS DE BANQUE.

Médaille d'argent. **M. HULOT, Hôtel des Monnaies.**

M. Hulot est un artiste habile qui, dans ses modèles gravés de billets de banque, a donné des preuves de son esprit inventif: fini, perfection des dessins, tout enfin concourt à faire de son œuvre une bonne et utile chose. Aussi le jury central décerne-t-il à M. Hulot une médaille d'argent.

_____

§ 10. RELIURE.

M. Ambroise Firmin Didot, rapporteur.

CONSIDÉRATIONS GÉNÉRALES.

A cette exposition comme à la précédente, le luxe des reliures ne laisse rien à désirer, et bien que MM. Bauzonnet,
Nidrée et Otmann n'aient envoyé aucun de leurs chefs-d'œuvre,
on voit que la reliure maintient en France sa réputation généralement reconnue. Tout en admirant l'art de nos relieurs qui
ont exposé cette année, et leurs efforts pour satisfaire aux caprices de la mode, le goût sévère peut leur reprocher le trop
splendide vêtement dont ils couvrent souvent des livres d'un
mérite très-médiocre.

Au degré de perfection auquel est parvenu maintenant
l'art de la reliure, on conçoit que les progrès deviennent très-
difficiles ; toutefois nous croyons devoir réitérer le vœu de voir
nos relieurs se préoccuper davantage d'améliorer les reliures
ordinaires, surtout par l'abaissement du prix, afin de les mettre
plus en rapport avec celui des livres qui, grâce à l'habileté de
nos typographes et fabricants de papiers, secondés par les
progrès de la mécanique, a considérablement diminué. C'est
ce genre de produits que le jury de 1844 promettait surtout
de récompenser.

Nous croyons qu'au moyen de procédés mécaniques perfectionnés il serait possible d'apporter d'importantes économies
sur le prix de la main-d'œuvre. Déjà quelques relieurs, tels
que M. Lenègre, sont entrés dans cette voie et en ont obtenu
d'heureux résultats à cette exposition ; ce sont surtout les cartonnages qui ont reçu de notables améliorations en élégance
et en solidité. Ils éblouissent par l'éclat des couleurs et par la
prodigalité de l'or, ou, pour mieux dire, de la dorure en
cuivre qui, sauf la durée, a tout le brillant de l'or.

A côté de ces cartonnages si séduisants, on voit d'autres
livres, particulièrement des missels et paroissiens, recouverts
sur les dos et sur les plats d'ornements en acier, en or, en

argent, et rehaussés de pierres précieuses, d'émaux et de décors de tout genre, qui en font des ouvrages plutôt d'orfévrerie et de bijouterie que de reliure. En effet, ces livres ne sauraient se serrer les uns contre les autres dans les bibliothèques; ils ne peuvent donc être placés qu'isolément et sur le plat dans de riches étagères ou sur des pupitres pour satisfaire la vue et l'orgueil du possesseur, car on leur peut appliquer ce que Sénèque disait déjà de son temps au sujet de pareils livres, « *Plerisque libri non studiorum instrumenta sunt, sed ædium ornamenta;* ce ne sont point des objets pour l'étude, mais des parures pour les palais. »

Les chefs-d'œuvre que l'art moderne a produits en ce genre soutiennent la comparaison avec ce que les habiles artistes de l'époque de la Renaissance exécutaient pour les rois, les princes et quelques riches et savants amateurs, dont les noms se conservent dans le souvenir des bibliophiles; mais alors le petit nombre de livres manuscrits ou d'éditions *princeps* étaient d'une telle rareté, qu'on avait raison de les exposer isolément comme des objets dignes d'admiration. Maintenant, appliquer un pareil luxe aux livres que nous entassons dans nos bibliothèques si serrés les uns contre les autres, c'est un anachronisme. Les missels et les livres de prières sont les seuls où ce luxe puisse être permis.

Rappel de médaille d'argent.

M. KOEHLER, rue du Bac, n° 83, à Paris.

Les reliures de M. Kœhler se distinguent par une simplicité qui atteste en lui l'homme de goût; les ornements qu'il se permet sont placés avec discernement. Rien de plus parfait que les 4 volumes du *Roman du Renard* en cuir de Russie. Il expose aussi un superbe volume du *Voltaire* de Kehl; chaque volume offre une aussi parfaite exécution l'un que l'autre. Le volume de *Paul et Virginie* est un chef-d'œuvre.

Le jury a remarqué avec un intérêt tout particulier ses 12 reliures au prix de 2 fr. 50 cent. Elles ne laissent rien à désirer qu'une diminution dans les prix; espérons que par des procédés nouveaux et par la division du travail dans ses ateliers, M. Kœhler pourra y parvenir sans préjudicier toutefois à la perfection qui signale tout ce qui sort de son atelier.

Le jury lui rappelle pour la quatrième fois la médaille d'argent.

M. LENÈGRE, rue St-Germain-des-Prés, n° 12 bis, à Paris.

Médaille d'argent.

C'est à M. Lenègre qu'on est redevable de ces brillants cartonnages qui rendent de véritables services au commerce de la librairie en permettant de vendre à des prix très-modiques un grand nombre d'ouvrages qui ont besoin de ce luxe apparent pour séduire les yeux. Au moyen de cette parure, nos exportations de livres sur les marchés étrangers, particulièrement de l'Amérique du Sud, ont pris un accroissement considérable, ainsi que l'attestent les signatures d'un grand nombre de nos principaux libraires, qui signalent les services que leur a rendus M. Lenègre.

Par des procédés fort simples il a su appliquer le premier à la toile l'ornementation en couleur, imitant ainsi ces belles reliures à compartiments en mosaïque du xvi° siècle, où les habiles artistes, dont les noms sont restés inconnus, mariaient avec tant de goût l'éclat des maroquins de diverses couleurs, pour en composer ces dessins et arabesques dignes de plaire à François Ier, à Henri II, à Diane de Poitiers, et qui sont l'objet de notre admiration à la Bibliothèque nationale, où plusieurs de ces superbes reliures existent encore.

Ces beaux cartonnages n'ont, il est vrai, qu'une durée éphémère, comparativement aux reliures en peau ; toutefois, par des améliorations très-réelles, telles que l'endossement fait au moyen d'une machine de l'invention de M. Lenègre, et d'une forte toile dont il recouvre le dos et une partie des gardes, il a pu donner à ses cartonnages bien plus de solidité qu'ils n'en avaient autrefois. Les papiers d'une couleur éclatante qu'il emploie pour ses dessins en mosaïque, et qu'il applique sur la toile, se rapprochent du parchemin par la solidité, et sont recouverts de dorures au moyen de plaques gravées et frappées à chaud par un puissant balancier : ce qui fait de l'ensemble un tout homogène.

Il faut considérer que le prix de ces cartonnages, qui ont toute l'apparence d'une reliure n'est que de 3 à 4 fr. par volume petit in-4°, tandis que ce même volume relié en peau ne coûterait pas moins de 50 à 60 fr. et même plus.

Il est fâcheux sans doute que dans ce siècle l'apparence soit préférée en beaucoup de choses à la réalité, et qu'au lieu de la solidité que nos pères recherchaient en toute chose, comme si tout devait durer éternellement, ce soit, par un excès contraire, le changement et la variété que préfère notre mobilité ; mais le commerce n'en doit pas moins savoir gré à M. Lenègre de lui avoir ouvert de nouvelles voies et de répondre ainsi aux besoins de l'époque.

Indépendamment de ces cartonnages en toile et papier, M. Lenègre exécute chez lui toutes les branches de la reliure, même la dorure sur tranche, que la plupart des relieurs font exécuter au dehors. Nous avons remarqué plusieurs reliures fort riches et à très-bas prix, exécutées au moyen d'un balancier d'une force considérable et dont la platine supérieure est chauffée intérieurement au moyen de la vapeur qui y est introduite.

Le nombre des vignettes et dessins que M. Lenègre a fait exécuter en cuivre est considérable ; la plupart sont gravées par parties qui se combinent et peuvent ainsi former des cadres et ornements divers, d'où résulte une grande variété, dont M. Lenègre sait tirer un très-heureux parti. Il occupe cinquante ouvriers.

Le jury décerne à M. Lenègre la médaille d'argent.

Nouvelle médaille de bronze.

M. LEBRUN, rue de Grenelle-S¹-Germain, n° 126, à Paris,

Est un de nos relieurs qui aiment leur art avec passion, et qui se livrent à des tentatives réitérées pour l'améliorer. A la précédente exposition son mérite a été signalé ; depuis, il s'est livré à de nombreux essais pour teindre en diverses couleurs le cuir de Russie, auquel il est parvenu à donner sept nuances différentes. Une reliure en mosaïque à compartiments divers, faite avec ces cuirs diversement teints, est fort bien exécutée. M. Lebrun expose aussi des livres reliés en peau de porc ; on sait que ce genre de couvertures, dont on faisait un si fréquent usage autrefois, donne aux reliures une grande solidité. La reliure d'un autre volume est en peau de veau marin ; enfin divers livres sont fort bien exécutés, entre autres un volume entièrement couvert de filets d'or se coupant à angle droit est très-remarquable.

En 1839 les produits de M. Lebrun ont été cités favorablement ; en 1844, il a obtenu une médaille de bronze. Le jury apprécie les efforts qu'il fait pour perfectionner son art, et lui accorde une nouvelle médaille de bronze.

M. LARDIÈRE, rue de la Chaussée-d'Antin, n° 26, à Paris.

Occupe toujours parmi nos bons relieurs un rang très-distingué. Tout ce qui sort de ses ateliers est d'une excellente exécution et réunit l'élégance à la solidité. Un volume intitulé *Commères de Larivey* se fait remarquer, entre autres, par le charme de la reliure.

M. Lardière a obtenu la médaille de bronze en 1839 ; elle lui a été rappelée en 1844, et le jury la lui rappelle de nouveau à cette exposition.

MM. ABRY et VIGNA, rue Basse-du-Rempart, n° 56, à Paris,

Rendent de grands services aux bibliophiles et aux libraires par l'art avec lequel ils enlèvent toute espèce de taches sur les feuilles des livres. Les pages qui leur ont été remises dans un état complet de dégradation, tachées d'encre et de graisse, après avoir été revêtues de la signature des membres du jury, leur ont été représentées sans que l'impression ni le papier eussent en rien été altérés par les procédés qu'ils emploient. Ils savent aussi parfaitement encoller le papier et refaire à la main les lacunes causées par la moisissure ou les déchirures dans les parties du texte ou des vignettes. Ces reproductions sont faites par eux avec une telle habileté qu'elles trompent l'œil du dessinateur, du graveur et du typographe.

Le jury accorde à MM. Aubry et Vigna la médaille de bronze.

Mᵐᵉ Vᵉ GRUEL, rue de la Concorde, n° 8, à Paris.

Les objets présentés par Mᵐᵉ Vᵉ Gruel sont exécutés par des artistes du plus grand talent, graveurs sur bois, découpeurs, émailleurs, doreurs, etc. Rien de plus beau, de plus splendide que les livres somptueux qu'elle expose et qui ressemblent à des châsses tant les ornements de bijouterie, les pierres précieuses, les émaux, y sont prodigués.

Au milieu de tant de richesses, la vue s'arrête sur un missel privé d'ornements et relié en bois ; mais les sculptures, les vignettes, les figures en haut relief en sont un objet d'une valeur si considérable, sous le rapport de l'art et du prix, que le possesseur d'un tel livre, à moins de le mettre sous verre, doit trembler de le voir s'échapper des mains, car tous ces chefs-d'œuvre sculptés si délicatement en bois voleraient en éclats. Ce ne sont plus là les in-folio de la Sainte-Chapelle, *dont quatre ais mal unis formaient la couverture*.....

A côté de cet élégant missel, on en admire un autre en maroquin, qui, à son tour, est éclipsé par le missel exécuté pour la Malmaison, et qui appartient à la reine Christine ; les ornements en or, les émaux et les pierres précieuses y étincellent, mais leur valeur est de beaucoup inférieure à celle de la main-d'œuvre.

Les lithographies de la Chapelle d'Orléans sont encore un autre chef-d'œuvre, dans un genre différent ; mais rien qui charme et séduise davantage qu'un petit livre de prières, en velours bleu de ciel, recouvert d'ornements découpés en ivoire avec un goût parfait et un art merveilleux.

Le jury accorde la médaille de bronze à Mᵐᵉ Vᵉ Gruel, qui sait si bien diriger et coordonner l'ensemble de ces travaux, et les fait exécuter par divers artistes d'un grand mérite, mais dont nous regrettons qu'elle nous ait tu les noms.

M. SIMIER neveu, rue de l'Arbre-Sec, n° 28, à Paris,

Expose un grand nombre de reliures, fort bien exécutées, et dont les nervures sont remarquables par leur solidité. M. Simier neveu s'est établi en 1844 ; héritier des bonnes traditions de famille, ses produits, qui ont attiré l'attention du jury, ont paru devoir lui mériter la médaille de bronze, qui lui est décernée.

Mentions
honorables.

M. LARD, rue Feydeau, n° 25, à Paris,

Est inventeur d'une reliure mobile à lames indépendantes, et il expose plusieurs objets concernant le commerce de la papeterie, qui ont un mérite d'utilité, entre autres le diaphanographe, pour apprendre à écrire et à dessiner, invention nouvelle sur laquelle il ne convient pas encore de se prononcer. M. Lard s'occupe aussi de la reliure : sa maison, établie à Paris depuis cinquante ans, fait un commerce important. Il mérite la mention honorable que le jury lui accorde.

M. LORTIC, rue Saint-Honoré, n° 199, à Paris,

Expose pour la première fois. Ses reliures sont d'une bonne exécution. Le jury a remarqué particulièrement une reliure en mosaïque à compartiments, dont toutes les pièces sont découpées et rejointes avec beaucoup d'art. Les filets qui en suivent les contours sont poussés au petit fer, avec une grande habileté.

Tous les volumes exposés par M. Lortic méritent chacun des éloges, et le jury les mentionne honorablement.

M. Jules-Jean-François LEFÈVRE, boulevard de l'Étoile, n° 15, à Paris,

Citation favorable.

Reproduit avec habileté les anciens manuscrits. Les travaux de M. Lefèvre, dessinateur au Dépôt de la guerre, méritent d'être cités favorablement par le jury.

SIXIÈME SECTION.

PAPIERS PEINTS.

M. J. Persoz, rapporteur.

CONSIDÉRATIONS GÉNÉRALES.

C'est la première fois que l'exposition des papiers peints s'est montrée au concours d'une manière aussi brillante. Jamais les ressources dont cette industrie dispose ne s'étaient révélées avec tant d'éclat. Jamais la supériorité qu'elle s'est acquise depuis si longtemps, et qu'elle conservera sans doute toujours sur ses rivales étrangères, ne s'est mieux fait sentir. Jamais, en un mot, elle ne s'est signalée par tant de progrès.

Les papiers peints exposés cette année se font remarquer, pour la plupart, par l'harmonie et la vivacité des couleurs, par le choix des dessins où règnent l'art et le goût, asservis, dans de justes limites, aux caprices de la mode; par de belles exécutions, enfin par des améliorations sensibles dans les moyens d'impression. Il n'y a rien dans ce résultat qui doive étonner. En effet, cette industrie a pris naissance et s'exerce encore dans le milieu le plus favorable à son développement. Obligée d'emprunter au bon goût, à l'art, à la mode, ce qu'ils font de mieux, elle a trouvé à Paris tous ces éléments de prospérité, et à Mulhouse, où elle a acquis une si grande importance, elle a pu mettre à profit les moyens d'impression dont se servent les fabricants d'indienne.

C'est grâce à ces avantages que notre industrie des papiers peints a trouvé de si grands débouchés sur les marchés étrangers. Ainsi, la maison Zuber qui fabrique annuellement pour plus d'un million de produits, en exporte à peu près les deux tiers (600,000 fr.), et celle de M. Delicourt, dont les produits s'élèvent à 530,000 francs, en exporte, de son côté, pour 360,000 francs. Enfin, s'il est un fait qui puisse démontrer la supériorité des fabricants français dans l'impression des papiers peints, c'est sans contredit le vœu exprimé par l'un d'eux, M. Zuber, de lutter avec les fabriques étrangères.

Nouvelle médaille d'or. MM. ZUBER fils et Ce, à Rixheim (Haut-Rhin).

L'établissement de papiers peints de Rixheim date de 1797. M. Zuber père, qui en est le fondateur, obtint en 1806 la médaille d'argent, et fut nommé, en 1834, chevalier de la Légion d'honneur en récompense de ses services. M. Jean Zuber fils dirige cet établissement depuis vingt-cinq ans, et c'est sous son habile direction que la fabrique de papiers peints de Rixheim a pris son prodigieux développement. En effet, à l'aide des machines qu'il a perfectionnées, M. Zuber transforme les chiffons en papiers propres à tous les usages, dont une partie est livrée à la consommation, et dont l'autre est employée à l'impression du papier peint. Les laques de couleur, la colle et la plupart des substances qui font la base de cette fabrication, sont préparées dans l'établissement même. Élève de Robiquet, et par lui initié à toutes les ressources de la chimie, M. Zuber ne s'est pas borné à fabriquer les produits chimiques qui lui étaient nécessaires; il en a fourni aux fabricants de toiles peintes d'Alsace. Son établissement possède une machine à vapeur et une turbine représentant ensemble la force de 62 chevaux, employées à faire mouvoir 44 machines différentes, les unes propres à fabriquer du papier, les autres destinées à l'imprimer, à le gaufrer, à le satiner, etc. Il possède encore un moulin à broyer l'outremer et les autres couleurs; de plus, 50 tables pour l'impression à la main. Si l'on ajoute que 500 ouvriers, dont le salaire varie de 1 à 3 francs par jour, sont occupés dans cette fabrique, on ne sera pas surpris d'apprendre que l'exploitation d'une matière première aussi peu coûteuse que le chiffon puisse produire par année pour plus d'un million de marchandises, et que M. Zuber paye à ses ouvriers environ 250,000ʳ de main-d'œuvre.

Cet établissement, si intéressant déjà par toute l'importance qu'il a acquise, ne l'est pas moins par la perfection des produits qu'il livre au commerce et par les inventions qui y ont pris naissance.

Parmi les produits exposés, on remarque un beau paysage, un panneau orné d'une riche guirlande de fleurs et des papiers rayures. Quoi de mieux rendu, par exemple, que ces vases de fleurs, ces lauriers roses, ces oiseaux qui ornent le premier plan du paysage? Dire qu'on croirait voir en ces objets une œuvre d'art, et non une production de l'industrie, c'est faire le plus bel éloge possible des produits de M. Zuber.

Depuis la dernière exposition, l'établissement de Rixheim a donné à la fabrication des papiers rayures une impulsion toute nouvelle. Jusque-là ces articles avaient toujours été exécutés à la main. Mais, quelle que fut l'habileté de l'imprimeur, la juxtaposition n'était jamais assez parfaite pour qu'on ne vît pas paraître les rapports avec des déviations plus ou moins grandes dans le parallélisme des bandes. M. Zuber a fait disparaître ces inconvénients en employant une machine dont il est l'inventeur, et qui n'est autre chose qu'un petit réservoir composé d'autant de compartiments qu'on veut produire de bandes. Ces compartiments, percés d'ouvertures régulières, représentent une série de *tire-lignes* liés entre eux et immobiles. On les remplit de couleur, et, tout en pressant légèrement le papier avec un tampon, on le fait glisser par-dessous. De cette manière les couleurs se transmettent sur toute la longueur du papier avec une régularité parfaite.

M. Zuber est le premier qui ait fabriqué en grand le chromate de potasse et les jaunes de chrôme, le vert de Schweinfurt, le bleu minéral. Récemment encore il vient d'introduire en Alsace la fabrication du bleu d'outremer de très-belle qualité, et que l'on emploie beaucoup dans les ateliers d'impression. C'est lui qui a imprimé pour la première fois le papier au rouleau. Enfin il a concouru avec le célèbre Spœrlin à la belle découverte des fondus ombrés, dont on a tiré un si grand parti dans l'impression des tissus.

Ancien président et l'un des deux fondateurs de la société industrielle de Mulhouse, M. Zuber a associé son nom à toutes les œuvres qui ont eu pour objet le perfectionnement moral et intellectuel du peuple en Alsace.

Le jury a épuisé en faveur de M. Zuber tous les moyens de récompense dont il peut disposer. Mais, en lui décernant de nouveau la médaille d'or, il signale tous les services que ce fabricant a rendus à son pays, comme industriel, comme inventeur et comme philanthrope.

Rappel de médaille d'or.

M. DELICOURT, rue de Charenton, n° 125 *ter*, à Paris.

L'établissement de M. Delicourt, qui occupe près de 300 ouvriers dont le salaire varie de 2 fr. 50 cent. à 5 francs, est après celui de M. Zuber de Rixheim, dont il se rapproche par l'heureux choix des dessins et leur parfaite exécution, le plus important dans ce genre de fabrication.

Digne rival de M. Zuber et formé à son école, M. Delicourt expose de très-beaux papiers, fonds doubles verts au blanc de zinc. Les bouquets et les guirlandes qui ornent ses panneaux ne laissent rien à désirer. La descente de croix et le papier fond bleu avec impression rocaille qu'il soumet au jury prouvent d'une manière incontestable le mérite supérieur de ce fabricant.

M. Delicourt a reçu pour récompense en 1839 la médaille d'argent et en 1844 la médaille d'or. Le jury de cette année lui décerne le rappel de la médaille d'or.

Nouvelle médaille d'argent.

MM. LAPEYRE, KOB et Cᵉ, rue de Charenton, n° 120, à Paris.

Ces industriels, qui occupent dans leur fabrique une centaine d'ouvriers, exposent un très-bel assortiment de papiers peints, d'une parfaite exécution, dont quelques-uns sont le produit d'une fabrication nouvelle. Ils représentent, les uns des imitations d'ornements en relief d'un très-bon goût, les autres des brocards diamantés d'argent, laine grenat, du velours changeant de deux nuances d'un effet admirable, enfin des imitations d'étoffes de soie de toutes couleurs. Dans leur assortiment, on remarque aussi plusieurs papiers gaufrés dorés ou argentés brunis.

Il est facile de juger, d'après les produits exposés par MM. Lapeyre et Kob, que ces industriels exercent leur art avec intelligence et succès.

Le jury, constatant avec plaisir que MM. Lapeyre et Kob ont répondu cette année par d'heureuses inventions aux espérances que leur fabrication avait fait concevoir lors du précédent concours, leur accorde une nouvelle médaille d'argent.

MM. MADER frères, rue de Montreuil, n° 1, à Paris.

MM. Mader frères, qui ont obtenu deux nouvelles médailles d'argent aux expositions de 1839 et de 1844, exposent cette année plusieurs spécimens de papiers peints imprimés, au nombre desquels le jury a particulièrement remarqué un panneau de décors architectural, d'une exécution qui ne laisse rien à désirer. Mais la composition du dessin est d'un style qui doit nécessairement rendre difficile le placement de ce panneau.

Le jury donne à MM. Mader le rappel de la médaille d'argent.

M. Bernard MARGUERIE, rue de Ménilmontant, n° 79, à Paris.

M. Marguerie s'était fait remarquer à la dernière exposition par des impressions de dessins perses, imitant assez bien les beaux meubles de Claye. Il présente cette année au concours des produits qui constatent qu'il a fait de véritables progrès dans l'impression dite *veloutée à plusieurs nuances*. Si rien n'est plus facile que de réaliser ce genre avec une seule teinte, rien n'est plus difficile aussi que de l'obtenir par les procédés ordinaires, quand il s'agit de plusieurs dégradations du même ton ou de couleurs diverses. En effet, il faut, dans ce cas, fixer les couleurs les unes après les autres, ce qui entraîne une grande augmentation de main-d'œuvre, et occasionne de fréquents accidents dans l'impression. Grâce au procédé inventé par M. Marguerie, et pour lequel il a pris un brevet, l'impression qui nous occupe est beaucoup plus correcte. Que, par exemple, pour composer une feuille, on veuille juxtaposer trois verts : on commence par imprimer un vernis blanc, puis un vernis coloré vert clair, et enfin un vernis teint en vert plus foncé. Ces trois vernis une fois imprimés, on saupoudre le tout de tontisse vert clair, qui donne le vert clair, en se fixant sur le vernis blanc; le second vert, en tombant sur le vernis de couleur vert tendre, et enfin le gros vert, en se combinant au vernis foncé.

Le jury, toujours heureux de constater un progrès dans une des branches de notre industrie, décerne la médaille d'argent à M. Marguerie.

M. GÉNOUX, rue du Faubourg-St-Antoine, n° 257, à Paris.

Cet industriel a obtenu, en 1844, la médaille de bronze. Les

papiers peints qu'il expose cette année prouvent qu'il n'est point
resté en arrière dans sa fabrication. On remarque surtout parmi
ses produits un panneau fond bleu, parsemé de roses et de dahlias,
d'une exécution qui ne laisse rien à désirer.

Le jury donne, en conséquence, le rappel de la médaille de bronze
à M. Génoux.

Médailles de bronze. M. RIOTTOT, Grande rue de Reuilly, n° 67, à Paris.

Les produits de la fabrique de M. Riottot sont d'une très-bonne
exécution. S'il n'en est aucun, parmi ceux qu'il expose, qui ait particulièrement fixé l'attention du jury par la nouveauté des procédés,
disons que tous se distinguent par un fini d'exécution qui fait honneur à l'habileté du fabricant, et témoignent du zèle qu'il apporte
à suivre les progrès de son industrie.

Le jury lui décerne en récompense la médaille de bronze.

MM. MAGNIER, CLERC et MARGERIDON, rue Saint-Bernard, n° 26, à Paris.

Les produits exposés par ces Messieurs dénotent un goût exquis
dans le choix des dessins et une grande habileté dans l'impression.
Ces qualités se révèlent surtout dans deux panneaux : l'un fond
noir, avec double rouge velouté ; l'autre, fond bleu d'outremer,
avec dessin grenat et or. Le jury, rendant hommage à cette belle
fabrication, décerne à MM. Magnier, Clerc et Margeridon la médaille de bronze.

Mentions honorables. M. DAUDRIEU, rue de Sèvres, n° 55, à Paris.

M. Daudrieu expose un bel assortiment de papiers marbrés et
glacés, qu'il livre au commerce à des prix fort modiques. On
trouve, en effet, chez lui des papiers peints depuis 50 centimes jusqu'à
2 francs le rouleau. Le jury lui donne une mention honorable.

MM. DUBREUIL frères, rue Montesquieu, n° 4, à Paris.

M. CHEVALLIER, rue Papillon, n° 4, à Paris.

Comme l'expérience n'a point encore pu prononcer sur les avantages que pourront exercer, pour la consommation et pour l'industrie, certaines étoffes de soie, de fil et de laine, imprimées à la

manière des papiers peints, et destinés aux mêmes usages, le jury se borne aujourd'hui à constater les efforts faits dans cette direction par d'habiles fabricants, et vote :

A MM. Dubreuil frères, pour leurs impressions veloutées sur satin de soie, qui imitent parfaitement les satins brochés de la fabrication lyonnaise, *une citation favorable.*

A M. Chevallier, pour ses impressions de rubans brochés et de sujets découpés, appliqués et fixés sur toiles ou tissus divers, à l'imitation du papier de tenture, *une mention honorable.*

SEPTIÈME SECTION.

HÉLIOGRAPHIE.

M. Léon de Laborde, rapporteur.

CONSIDÉRATIONS GÉNÉRALES.

L'action des rayons du soleil sur certaines substances était depuis longtemps un fait acquis à la science, et l'on avait déjà obtenu, sur du papier imprégné de chlorure d'argent, des effets significatifs, lorsque deux hommes ingénieux, MM. Niepce et Daguerre, combinant ensemble les données de la chimie et le goût des arts, amenèrent ce principe encore vague à un degré de perfection si extraordinaire et à une manipulation déjà si simple, que l'admiration pour les résultats obtenus se confondit avec le désir de voir passer dans le domaine public ce qui était encore la propriété des inventeurs.

Le dernier gouvernement, accessible à toutes les propositions qui ont pour but, en signalant les grands progrès de la science, de relever la gloire de la France, en même temps qu'elles permettent de récompenser dignement des savants dont les efforts ne sont que trop désintéressés, le dernier gouvernement s'empressa de satisfaire le vœu généralement exprimé; les Chambres répondirent à son appel, et l'un des inventeurs, celui qui, à juste titre, réclamait la principale part de l'ingénieuse combinaison de l'iode et du mercure sur le métal, M. Daguerre donna son nom à l'invention.

M. Niepce était mort (5 juillet 1833); M. Daguerre, en recevant des Chambres une récompense nationale, s'était engagé à rendre publiques toutes ses nouvelles conquêtes; mais il arriva une chose singulière: tandis que l'inventeur, après avoir déclaré qu'il serait impossible de rendre la nature vivante, n'inventait plus rien, le public, mis en possession du procédé, le rendait simple, facile, et tellement prompt, qu'on l'appliqua presque exclusivement au portrait.

L'espace nous manquerait, et ce n'est, d'ailleurs, pas le lieu pour détailler toutes les ressources de l'héliographie, si nous voulions faire ressortir son influence sur les arts et sa portée industrielle; il suffira de dire que toutes les sciences l'ont mis à contribution, que tous les arts se sont ressentis de sa perfection, en puisant dans ses qualités merveilleuses des enseignements précieux, que l'industrie enfin, et sur ce point il nous serait facile de nous étendre, que l'industrie a trouvé de larges débouchés dans la vente en France et l'exportation jusqu'en Amérique des substances chimiques, les usines et les planeurs dans la fabrication des plaques, les opticiens et les menuisiers dans la disposition des appareils, les faiseurs de cartonnages et de cadres dans une foule de combinaisons que rendent nécessaires les 100,000 portraits et vues qui se conservent chaque année, sans compter un chiffre bien autrement considérable d'opérations infructueuses.

Il nous a paru juste de citer ici les artistes et les amateurs qui, après MM. Niepce et Daguerre, ont fait faire à cette invention les plus importants progrès, au moins ceux dont les épreuves ont été placées dans les galeries de l'exposition par nos principaux opticiens; la commission des instruments de précision rendra compte des perfectionnements apportés dans la construction des appareils, dans la fabrication des verres; ici nous ne devons prendre en considération que les résultats obtenus et les services rendus par quelques hommes habiles.

En premier lieu, M. Blanquart-Éverard, de Lille, l'héliographe le plus zélé, le plus heureux dans ses ingénieuses combinaisons, et, j'ajouterai à tous ces mérites, le plus libéral
dans ses communications. — M. Martens, graveur distingué, qui à l'habileté de l'opérateur, dont il a donné des
preuves en tous genres, réunit le titre d'inventeur de l'appareil panoramique, disposition neuve et féconde qui permet
de promener une image d'une grande étendue sous le foyer
de l'objectif, de manière à obtenir sur chaque point d'une
longue surface une même action de lumière combinée avec une
égale précision. — M. Thévenin, graveur aussi, qui a cherché
dans l'héliographie de nouvelles ressources pour son art. —
M. Chevalier, opticien, a exposé sa suite de vues des monuments de l'Italie, exécutées avec un de ses objectifs, et qui
nous ont semblé ajouter de nouvelles qualités d'effet et d'harmonie aux qualités déjà conquises par d'autres opérateurs. —
Enfin, M. Lewiski, un amateur qui est devenu un maître, tant
ses épreuves sur plaques ont ajouté un charme d'harmonie
générale à cette vivacité de précision, à cette netteté de contours qui est le propre de l'invention de M. Daguerre. Nous
devons au concours de tant d'efforts intelligents et dévoués
une habileté d'exécution et une certitude dans les opérations
qui ont amené l'héliographie sur plaque de métal à la dernière
limite du progrès.

Quant à des perfectionnements essentiels, à des méthodes
nouvelles, aucun des exposants n'en a le mérite; M. Thompson
lui-même n'est qu'importateur des procédés américains. Cette
manière d'opérer, qui rend les manipulations faciles et simples, les résultats à peu près certains et plus satisfaisants, a
été adopté par tous ceux qui s'occupent d'héliographie. Il y
aurait bien à mentionner la grandeur des plaques, et par
suite la grandeur des proportions et l'étendue des vues; mais
le principal mérite en revient aux opticiens auteurs des objectifs : il y a aussi l'habileté du coloriage, il y aurait enfin la
conquête immense de la reproduction de la couleur, si M. Becquerel avait poussé plus loin sa découverte; mais il s'est ar-

rêté comme satisfait d'avoir fait le premier pas qui ouvre la
carrière et qui établit la possibilité de donner à l'héliographie
son dernier développement.

C'est après avoir obtenu tous ces perfectionnements, c'est
après avoir mis dans la circulation des millions de plaques,
qu'on remarqua les défauts de ces images miroitantes, les inconvénients de ces dessins qui s'effacent, de ces glaces destinées à les préserver qui se brisent. On comprit dès lors que le
progrès devait être dans l'emploi du papier, et on remonta
aux essais des Wegwood, Davy, Charles, abandonnés par
Niepce et perfectionnés par Talbot. Nous n'avons pas à écrire
l'histoire de l'héliographie ni à en suivre tous les développements; mais nous avons dû rechercher les avantages des nouveaux procédés sur papier en les comparant aux procédés déjà
anciens de l'héliographie sur plaque; ces avantages nous ont
paru évidents : ils transforment en art pratique ce qui était
réservé à certaines conditions de fortune; ils mettent ainsi à
la portée de tous les artistes une ressource merveilleuse, en
rendant l'attirail nécessaire d'une acquisition peu coûteuse,
d'un transport commode et d'une conservation facile, tandis
qu'il était cher, embarrassant et fragile.

Le bon marché est incontestable, aussitôt qu'on a calmé
la fièvre des premiers essais, et que de sang-froid on procède
régulièrement au dosage et à la préparation des papiers. Une
épreuve sur papier revient, tout compris, à trois sous; elle
coûte sur plaque, dans les mêmes dimensions, 6 francs.

La facilité du transport peut s'établir ainsi : l'approvision-
nement de deux cents grandes plaques avec leurs verres coûterait 1,200 francs; il exigerait une caisse volumineuse, et pè-
serait 100 kilogrammes, c'est-à-dire qu'il serait d'un transport
difficile et coûteux, tandis qu'on enferme deux cents feuilles
de papier dans un portefeuille qui n'a ni l'épaisseur, ni le
poids d'un mince volume in-4°, et tous ces feuillets, convertis en épreuves, n'ont pas même besoin des précautions
qu'exigent les dessins; ils se placent les uns sur les autres, ils
se roulent, ils se pressent sans éprouver la moindre altéra-

tion, car l'image n'est pas seulement apparente à la surface du papier, elle a pénétré dans son épaisseur, elle fait corps avec lui, c'est le papier même.

Les résultats obtenus jusqu'à présent, les progrès immenses faits en peu d'années, permettent d'espérer un succès plus complet. Les épreuves présentées au jury sont défectueuses sous quelques rapports : tantôt, la netteté est satisfaisante, mais l'effet manque ; si l'effet au contraire séduit à première vue, on s'aperçoit bientôt que tous les détails nagent dans un vague qui, pour être harmonieux, n'en est pas moins confus. Les portraits de celui-ci sont vivement éclairés, mais durement accentués ; les portraits de celui-là sont pleins d'harmonie, mais ils sont restés sombres, ils ont pour ainsi dire poussé au noir. L'héliographie rencontre, il est vrai, plus d'un obstacle : le plus réel semble résider dans la nature même du papier, dans la composition de sa pâte, dans la disposition de sa trame ; cet obstacle doit tomber devant l'intelligence de nos fabricants de papier, qui ont résolu déjà de bien autres difficultés. Afin de venir en aide aux efforts que nous attendons de leur industrie, nous avons adressé une série de questions à nos différents opérateurs, nous avons fait et fait faire de nombreux essais sur les papiers sortis de nos fabriques, enfin nous offrons à leur sagacité des instructions détaillées [1].

Quel que soit le succès de nos papeteries, d'autres ressources sont ouvertes à l'avenir. M. Niepce de Saint-Victor, chez qui l'esprit inventif est devenu un héritage de famille et l'étude de l'action de la lumière comme une carrière obligée, M. Niepce de Saint-Victor remplace heureusement le papier par l'albumine mélangée d'iode et étendue sur glace. MM. Bayard, Blanquart-Éverard et Martens ont obtenu des résultats qui montrent les ressources de ce nouveau procédé.

Telle est donc la situation où le jury a trouvé, où il laisse cet art : l'héliographie sur plaque arrivée à une grande perfection dans ses résultats, parvenue à une facilité extrême

[1]. Voir ci-joint une notice.

dans les procédés, l'héliographie sur papier ayant fait des pas immenses, et à la veille d'atteindre une perfection qui ne laisserait plus rien à désirer, si le souffle de vie, cette inspiration du génie que Dieu n'a mis que dans l'homme, pouvait entrer dans une machine; mais l'industrie pas plus que l'art ne verra un instrument remplacer le génie de l'artiste. La machine ne supplantera jamais la main guidée par l'intelligence, elle ne peut que lui venir en aide; et elle lui devient d'un véritable secours si, en faisant tout ce qui lui est donné de faire, elle permet à l'homme de réserver son habileté pour créer et d'employer toute son attention à la direction intelligente. Dans la fabrique, l'artiste multipliera encore à l'infini ces riches bouquets, ces souples guirlandes, ces ornements pris judicieusement dans tous les styles; il continuera à être l'auteur de toutes ces inventions marquées au coin du bon goût, et qui depuis tant d'années enchaînent la mode au milieu de nous. Mais ces inventions, l'artiste les puise ailleurs que dans son cerveau : il lui faut, de temps à autre, renouveler en face de la nature la matière première de ses idées; et si cette observation est longue, si ces études demandent beaucoup de temps, qui payera ce chômage forcé? L'industrie. Si, au contraire, l'artiste peut, en plaçant une chambre noire devant les objets de ses études, les reproduire en dix secondes au lieu de semaines entières qu'exigerait un dessin à la main; s'il peut rendre avec une grande exactitude et un charme inappréciable tous les détails des habiles combinaisons de ses dessins, ici les feuilles des arbres, dans la netteté de leurs contours, avec la délicatesse de leurs fibres; là, les fleurs et les fruits; un jour, les monuments, les sculptures et les tableaux de nos artistes; un autre jour, les premiers plans de ses vues et les horizons de ses paysages; s'il peut faire tout cela dans ses moments perdus, presque instantanément, qui en profitera? L'industrie la première, puis l'artiste aussi, car ces études *mécaniques* formeront son musée. Pour tout autre que pour lui, cette reproduction de la nature, prise sur le fait, semble morte malgré sa perfection : il lui manque la couleur, le mouvement, il lui manque un souffle de vie; mais, comme au temps des fables, ce sera encore le génie de l'artiste qui fera sortir de ces matériaux inertes les mille compositions animées par la puissance de son talent.

Le jury a donné une attention toute particulière à cette invention, dont l'influence sur les arts et l'industrie est déjà très-sensible et sera immense dans l'avenir.

---

§ 1er. HÉLIOGRAPHIE SUR PLAQUES DE MÉTAL.

M. WARREN THOMPSON, boulevard Poissonnière, n° 14 bis, à Paris. *Médailles de bronze.*

La dimension des portraits exposés par M. Warren Thompson, surtout son propre portrait en pied et la scène des buveurs composée par lui, offre les résultats heureux d'une difficulté vaincue. On désirerait, sans doute, trouver dans les traits moins de déformation, et dans la manière d'éclairer le modèle une lumière plus franche, un effet mieux accusé; mais, tels qu'ils sont, ils surpassent de beaucoup, en grandeur, en clarté et en réussite générale, ce qu'on avait produit jusqu'à ce jour. Ajoutons que M. Thompson, dans ses portraits de dimensions ordinaires, procède avec une sûreté et une rapidité rares, qu'il dessert une clientèle nombreuse et répond en un mot aux conditions les plus appréciées par le jury. Il a perfectionné les procédés, il les a rendus plus faciles, plus sûrs; il a atteint enfin un chiffre d'affaires qu'on peut appeler considérable dans cette industrie.

Le jury lui décerne une médaille de bronze.

M. VAILLAT, Palais-National, n° 43, à Paris.

Maintenir sa réputation dans un public nombreux, accroître sa clientèle et produire avec certitude des épreuves toujours constantes sous le rapport de la vigueur du ton et de la netteté des détails, tel est le caractère de l'atelier de M. Vaillat, qui ne produit pas moins de 2,000 portraits par année au prix moyen de 10 fr. Ajoutons que cet opticien a été un des premiers à se consacrer à cet art, qu'il en a suivi et souvent devancé les progrès avec persévérance; enfin, et c'est aussi un mérite, qu'il s'est prêté aux communications les plus libérales en formant un grand nombre d'élèves parmi les artistes et les amateurs.

Le jury lui décerne une médaille de bronze.

Rappel de mention honorable.

M. SABATIER-BLOT, Palais-National, n° 129, à Paris.

Le jury de 1844 mentionnait honorablement les travaux de M. Sabatier-Blot, qui n'a pas cessé depuis cette époque d'exercer son art avec succès. Seulement, il nous a semblé qu'il était entré dans une fausse voie, conséquence d'un engouement exagéré pour la vivacité de la lumière. La personne qui pose dans son atelier n'est pas seulement éclairée par la lumière vive du dehors, elle reçoit aussi de droite, de gauche, de face et de côté des reflets renvoyés soit par des écrans blancs et bleus, soit par des glaces. Ainsi illuminée, la nature perd son modelé et l'œil ne retrouve plus les effets d'ombre qu'il est habitué à voir dans le jeu de la physionomie. Les plaques déjà miroitantes le deviennent davantage; la précision des contours est remplacée par l'ondulation d'un mirage, et la netteté des détails par un *flou* lumineux qui rappelle un effet d'incendie. Il est regrettable que M. Sabatier-Blot perde ainsi le mérite de la parfaite préparation de ses plaques, depuis les plus petites, préparées aux polissoirs longs, jusqu'aux plus grandes, polies au moyen d'une machine ingénieuse dont il est l'inventeur.

Le jury rappelle en sa faveur la mention honorable qu'il a obtenue en 1844.

Mentions honorables.

M. ANDRIEUX, place du Carrousel, n° 2, à Paris.

Le sentiment des arts, une grande précision dans toutes les manipulations, une recherche attentive des procédés les plus perfectionnés, distinguent l'atelier de M. Andrieux et l'ont recommandé à l'attention du jury, qui a remarqué les poses heureuses, les effets bien calculés qu'il donne à ses modèles, la réussite presque toujours égale de ses opérations et les beaux résultats qu'il obtient.

Le jury lui accorde une mention honorable.

MM. BISSON frères, boulevard des Italiens, n° 11, à Paris.

MM. Bisson père et fils ont été longtemps à la tête des héliographes qui les premiers s'emparèrent des procédés de M. Daguerre. Le jury n'a oublié ni les beaux portraits, ni les planches d'histoire naturelle qui leur valurent, en 1844, une citation favorable. Cette année, MM. Bisson frères continuent d'exercer cet art; mais d'autres poursuites, d'autres préoccupations les ont distraits de ces recherches, et ils se sont laissé devancer. Toutefois, ils comptent encore parmi nos opérateurs habiles, et on a pu s'en convaincre en regardant la collection complète des portraits de nos deux Assemblées, qui a été lithographiée d'après leurs héliographies. Quand ils voudront s'appliquer exclusivement à cet art, ils reprendront leur rang et ils rendront de nouveaux services.

Dans cette espérance, le jury leur accorde une mention honorable.

M. J. THIERRY, à Lyon (Rhône).

M. Thierry de Lyon avait deux titres différents à l'attention du jury : il a présenté des épreuves de paysage très-remarquables et il a cherché à faciliter les opérations de l'héliographie en composant et en mettant dans le commerce une liqueur qu'il appelle *invariable*. Au point de perfection où en est arrivé cet art, nous ne pouvons compter pour un progrès une préparation immuable qui n'est tout au plus qu'un guide-âne à l'usage des commençants ou des opérateurs dépourvus de ce sens observateur qui, seul, dirige au milieu des circonstances très-diverses où l'on se trouve. La couche d'iode et de bromure de chaux est si facile à suivre, au moyen des nouvelles boîtes, dans les divers degrés de sensibilité que l'atmosphère exige, qu'il n'est pas nécessaire, qu'il peut être fâcheux d'en immobiliser la puissance.

En ne considérant que les épreuves exposées par M. Thierry, on acquiert la conviction qu'il est maître de son art. Jamais on n'a rendu des vues générales avec des premiers plans aussi bien accusés et une dégradation aussi complète de teintes pour tous les plans successifs que forment dans l'éloignement les mouvements du terrain.

Le jury décerne à cet habile opérateur une mention honorable.

M. PLUMIER, rue Vivienne, n° 36, à Paris.

Citations favorables.

Nous avons dit que tous les héliographes procédaient aujourd'hui d'une manière uniforme; les opérations, en effet, sont les mêmes, les substances et le matériel identiquement les mêmes. Ce qui diffère, c'est, comme dans toute autre industrie, l'intelligence, le goût, et une sorte d'instinct qui constituent la vocation. M. Plumier possède toutes ces qualités à un degré remarquable; il leur doit la régularité de ses préparations, qui donnent à toutes ses épreuves un ton argentin et vigoureux qu'on reconnaît de prime-abord, et le constant succès de ses opérations, qui lui ont conquis sa clientèle et qui l'étendent.

Le jury lui accorde une citation favorable.

M. DERUSSY, rue des Prouvaires, n° 3, à Paris.

M. Ph. Derussy a obtenu en 1844 une citation favorable; il a, depuis cette époque, considérablement étendu le cercle de ses af-faires. Aujourd'hui il produit près de 3,000 portraits par année, et ces portraits sont bien exécutés.

Le jury lui accorde la citation favorable.

S 2. HÉLIOGRAPHIE SUR PAPIER.

Médaille d'argent.

M. BAYARD, rue de la Paix, n° 91, aux Batignolles (Seine).

M. Bayard a suivi de bien près MM. Niepce et Daguerre dans l'emploi de l'iode, il a rivalisé avec M. Talbot pour l'application de l'héliographie sur papier, enfin il présente des épreuves exécutées sur verre par un procédé qu'il avoue être analogue à celui qu'a publié M. Niepce de Saint-Victor, mais qu'il prétend avoir mis à exécution avant la communication qui en a été faite à l'Académie des sciences. Le jury n'avait à examiner ni ces titres hono-rables, ni ces prétentions, sans doute bien fondées; il aurait désiré trouver dans les communications que M. Bayard lui a faites plus d'ouverture, plus de franchise, plus de libéralité; il croit que la science et que M. Bayard lui-même y auraient gagné l'une en pro-grès réels, l'autre en titres à la reconnaissance des savants et à la munificence du Gouvernement; mais, ne considérant que les cadres exposés par cet habile opérateur, il s'est convaincu que les résultats obtenus par lui, après douze années de persévérantes recherches, étaient les plus satisfaisants dans les conditions essentielles de cet art : la netteté, la précision, l'effet. Jamais aucun opérateur, en au-cun pays, n'a produit sur papier des vues aussi détaillées, aussi pures de contours, aussi fraîches et vigoureuses d'effet. Si l'on ajoute à la beauté des résultats, les avantages du procédé, qui permet de préparer les glaces plusieurs jours à l'avance, de les transporter au loin, de les soumettre à l'action de la lumière et de revenir chez soi, plusieurs jours après, pour les fixer à son aise, on reconnaîtra que M. Bayard a fait un véritable progrès, et, s'il n'est pas l'inventeur du procédé, qu'il a été au moins le premier à obtenir des épreuves de cette dimension et de cette beauté.

En considération de ces efforts persévérants, de ces résultats remarquables, le jury décerne à M. Bayard une médaille d'argent.

M. Gustave LEGRAY, rue de Richelieu, n° 110, à Paris.

Médailles de bronze.

Ce jeune peintre s'est appliqué aux sujets qui rentraient dans ses premières études, au portrait et à la reproduction des peintures et des objets d'art. Il est parvenu à donner au portrait une netteté qui semblait réservée à la plaque, et une harmonie qui va quelquefois (c'est là son tort) jusqu'à la monotonie. Les tableaux qu'il a copiés, les objets d'art qu'il a reproduits sont des chefs-d'œuvre de fini précieux et de fidélité flatteuse. Les artistes trouveront une grande ressource dans cette facilité de reproduction de tous les matériaux qui leurs sont nécessaires, et qui forment comme les outils de leur travail.

M. Legray n'est pas inventeur, il n'a pas de procédé qui lui soit particulier; mais, doué d'une intelligence rare et d'une persévérance précieuse, il combine heureusement tout ce qui peut faire progresser son art, il fait mieux encore, il communique avec la plus grande libéralité les méthodes qui lui réussissent, et il acquiert ainsi des titres à l'estime des artistes et à la faveur du jury, qui lui accorde une médaille de bronze.

MM. GUILLOT-SAGNEZ, rue Vivienne, n° 36, à Paris.

Le soleil est l'ouvrier prompt, fidèle, habile que l'héliographe appelle à son aide; mais, de même qu'il y a ouvrier et ouvrier, il y a soleil et soleil, et M. Guillot-Sagnez a eu le bon esprit de s'associer l'astre qui inonde de lumière l'Italie et l'Orient. On sent que ses vues sont éclairées par des rayons vifs, limpides, éclatants, qui vont, par reflets, donner de la clarté aux ombres elles-mêmes. Parmi ses portraits on remarque celui du pape Pie IX et un berger de la campagne de Rome; l'effet général s'unit à la finesse des détails. Le Moïse de Michel-Ange est d'autant mieux réussi, que, dans l'impossibilité de le déplacer, cette héliographie a été exécutée dans les plus mauvaises conditions d'éclairage. M. Guillot-Saignez a détaillé libéralement, dans une brochure très-bien faite, tous ses procédés; si des circonstances particulières ont suspendu ses recherches, il y a lieu d'espérer qu'il s'y consacrera de nouveau, nous avons beaucoup à attendre de sa sagacité.

Le jury lui décerne une médaille de bronze.

§ 3. HÉLIOGRAPHIE COLORIÉE.

Médailles de bronze.

M. V. MAUCOMBLE, rue de Graumont, n° 26, à Paris.

Un vœu général a suivi les premières communications de M. Daguerre et les succès obtenus après lui. On s'est dit : « Quand trouvera-t-on le moyen de transmettre, avec les noirs et les clairs de l'image, les couleurs propres à chaque objet ? « M. Becquerel a répondu : « Je reproduis le prisme. » Et on a cru que la découverte était faite. Mais il fallait fixer ce prisme, il fallait que les couleurs des objets vinssent à leur place se fondre avec leurs nuances et avec les dégradations de la lumière qui forment l'effet et la perspective. Nous en sommes encore loin, s'il est vrai que ce savant renonce à poursuivre ses recherches; nous en sommes peut-être bien près, tant il y a d'inconnu et de hasard dans cette mystérieuse action de la lumière.

Les épreuves daguerriennes placées dans les galeries de l'exposition ne nous obligent pas à traiter cette intéressante question scientifique, les opérateurs ont tourné la difficulté. Ils se sont contentés de colorier la plaque au pinceau et à l'estompe. Nous dirons notre avis sur ce développement donné à l'héliographie.

Au point de vue industriel, c'est, sans aucun doute, un perfectionnement; car beaucoup de personnes, que rebutait l'aspect noir et métallique des portraits sur plaque, en ont rempli leurs maisons quand la couleur leur a donné quelque apparence de vie. Le portrait est devenu véritablement populaire, à partir de ce moment.

Au point de vue de l'art ce mérite est contestable. Une épreuve sortie de la chambre noire est une merveille par elle-même et dans ses conditions propres. Tout ce qu'on y ajoute à la main peut avoir quelque charme; mais, en fait, ces additions sont autant de pris sur les qualités qui sont l'essence et le mérite de l'héliographie. Le jury devait donc reconnaître l'utilité du coloriage sous le rapport industriel, et signaler l'habileté des exposants qui exploitent cette manière avec le plus de succès.

M. Maucomble est sans rival en ce genre; peintre en miniature assez habile, il est devenu excellent opérateur, et il a su employer son goût dans les arts pour poser ses modèles, son talent d'héliographe à produire des plaques au ton le plus convenable, enfin l'habileté de son pinceau et de ses estompes à fixer une couleur brillante sur la plaque au moyen d'un travail ingénieux de frottis, de pointillé et de hachures. Cette addition manuelle élève beaucoup le prix d'un portrait, mais elle en relève aussi le mérite aux yeux du public. M. Maucomble exécute chaque année un grand nombre de portraits, qui semblent, au premier aspect, de brillantes miniatures et méritent le succès qu'ils ont généralement.

Le jury lui décerne une médaille de bronze.

MM. MAYER frères, passage Verdeau, n° 13 *bis*, à Paris.

La rapidité d'exécution, la réussite des épreuves, le brillant du coloriage sont réunis dans l'atelier de MM. Mayer frères qui, en outre, vendent des chambres noires habilement modifiées par eux et fabriquées pour leur compte, des substances mélangées d'après leur formule et des boîtes de couleur préparées exprès pour le coloriage de leur invention. Le portrait est leur spécialité, ils le réussissent et le colorient à merveille, aussi en produisent-ils chaque année un très-grand nombre. Ils ont exposé aussi quelques vues d'un fini précieux, où le mouvement des eaux dans une rivière, leur calme dans un lac sont rendus merveilleusement. Un poste qu'on relève dans une ville hollandaise est saisi au moment où les deux officiers se donnent à l'oreille le mot d'ordre, et le sujet à lui seul sert à prouver la rapidité de l'exécution. MM. Mayer ne sont étrangers à aucune partie de leur art, et le jury leur décerne une médaille de bronze.

----

§ 4. MENUISERIE APPLIQUÉE A L'HÉLIOGRAPHIE.

M. G. SCHIERTZ, rue de la Huchette, n° 29, à Paris. Médaille d'argent.

L'ébénisterie appliquée exclusivement aux appareils d'héliographie devait former une spécialité, M. Schiertz s'en est emparé avec un succès qui fut signalé en 1844 par le jury : il obtint alors une médaille de bronze. Depuis cinq ans cet habile ouvrier n'a pas cessé de suivre les progrès de cet art, de s'associer à tous ses perfectionnements, de les hâter même en saisissant dans les plaintes des opérateurs, comme dans leurs tentatives, les modifications qu'il était nécessaire d'apporter dans les instruments dont ils se servent, et dans le bagage qu'ils sont obligés de traîner avec eux. Chambre noire, châssis de toutes sortes, pieds et supports de toutes dimensions, boîte de voyage, etc., ont été exécutés par M. Schiertz avec une intelligence rare et une conscience qui, depuis onze années, ne se sont pas démenties. Son atelier est lui-même un titre à l'attention du jury; car toutes les opérations s'exécutent mécaniquement par des moyens ingénieux de son invention qui assurent à sa fabrication toute la précision réclamée par la science.

La commission des beaux-arts, réunie à celle des instruments de précision, lui accorde une médaille d'argent.

HUITIÈME SECTION.

MODÈLES ANATOMIQUES ET TAXIDERMIES.

M. Héricart de Thury, rapporteur.

Nouvelle médaille d'or.

M. AUZOUX, rue de l'Observance, n° 2, à Paris.

On sait avec quels soins et quelle heureuse persévérance M. Auzoux s'est occupé, depuis nombre d'années, de reproduire à l'aide d'une matière solide et légère, par couches superposées, toutes les parties de l'organisation chez l'homme, et de rendre ainsi palpables, pour tout le monde, jusqu'aux moindres détails.

Le degré de perfection auquel il a fait arriver son anatomie *clastique* semble ne rien laisser à désirer. Tout ce qui a été vu dans les dissections par les plus habiles anatomistes anciens et modernes, en France et à l'étranger, se trouve reproduit avec la plus grande vérité sur les préparations qui figurent à l'exposition. Les détails trop délicats pour être facilement vus dans des proportions ordinaires sont merveilleusement exécutés dans des proportions gigantesques : c'est ainsi qu'il montre l'œil, l'oreille, tout ce qui a rapport à la base du crâne et de la face, au développement de l'œuf humain dès les premiers jours de sa formation.

Le cerveau qui, dans ces derniers temps a été l'objet de recherches et d'admirables découvertes, a fourni à cet anatomiste le sujet d'une préparation spéciale, et les diverses coupes qu'il a heureusement tracées dans la masse cérébrale permettent de suivre et d'apprécier les plus minutieux détails de structure et d'arrangement des fibres qui entrent dans sa composition.

Infatigable dans ses recherches, M. Auzoux ne s'est pas borné à la reproduction de l'anatomie de l'homme, dont il a exécuté quatre modèles de grandeurs différentes, pour mettre leur prix plus à la portée des praticiens. Il a voulu aussi étudier de la même manière l'anatomie comparée, et, dans ce but, il a reproduit un sujet de chacune des grandes familles qui la composent : ainsi, pour type des grands mammifères, il a donné le cheval; pour les poissons, l'anatomie du squale; pour les insectes, à l'état parfait, le hanneton; à l'état de larve, le ver à soie, dans des proportions gigantesques; pour les mollusques, le colimaçon; pour les annélides, une sangsue monstre; enfin, pour type des zoophytes, le polype d'eau douce. Afin de mieux faire apprécier la manière dont s'exercent les principales fonctions de la vie dans toute l'échelle des êtres, il a reproduit (souvent dans d'énormes proportions) une série d'organes représentant la digestion, la respiration, la circulation, l'innervation dans chaque classe depuis le zoophyte jusqu'à l'homme.

Au nombre des productions nouvelles présentées par M. Auzoux, nous devons surtout citer comme ayant principalement attiré l'attention du jury, son ovologie, collection de plus de vingt pièces reproduites avec un grossissement énorme et montrant les modifications que subit le germe; ses enveloppes, la vésicule vitelline et presque jour par jour du premier au trentième, c'est-à-dire depuis l'apparition de l'ovule dans l'ovaire jusqu'à la formation de l'embryon. — Son ver à soie, d'une grande dimension, et qui, ainsi que son hanneton, peut être regardé comme chef-d'œuvre d'anatomie clastique; une moitié de tête humaine, grande dimension, pour l'étude des détails de la base du crâne, de l'oreille, de l'œil, des fosses nasales, la bouche, la langue, le pharynx et le larynx. Un œil d'un énorme volume pour l'explication des phénomènes de la vision. Une préparation parfaite du pied du cheval, montrant la disposition de la boîte cornée, du tissu podophylleux, du coussinet plantaire, vaisseaux et nerfs, etc. Une collection de mâchoires accusant nettement l'âge du même animal aux différentes époques de la vie; enfin, les tares osseuses, pour donner une idée des affections connues sous le nom de courbes, jardes, éparvins, formes, suros, osselets.

Envisagée sous le rapport scientifique, l'anatomie *clastique*, il faut le dire, a rendu depuis vingt-cinq ans et rend encore aux sciences médicales, tant en France qu'à l'étranger, d'immenses services qui ne peuvent que s'accroître au fur et à mesure de la propagation de cette anatomie dans les colléges, les écoles régimentaires et d'agriculture. Mais ce ne sont pas les souls titres à la gloire de M. Auzoux; car, sous le point de vue industriel, il a dans ses ateliers de fabrication, aidé de son intelligent contre-maître M. Taurin, résolu un problème qui n'est pas d'une moindre importance : celui de l'amélioration et de la moralisation de la classe ouvrière.

A Saint-Aubin d'Écroville, sa commune natale, de vastes bâtiments ont été construits, et M. Auzoux y occupe journellement de soixante à quatre-vingts ouvriers de tous âges. Indépendamment de leur travail habituel, qui participe de la peinture et de la sculpture, ces ouvriers reçoivent obligatoirement des enseignements particuliers propres à développer rapidement leur intelligence et leur moralité.

Tous ceux qui ont visité l'établissement sont restés émerveillés d'entendre au milieu des champs, de jeunes paysans parler le langage correct de l'anatomie, et expliquer avec une lucidité remarquable les opérations les plus surprenantes du mécanisme de la vie. Le bon accord, l'ordre, la philanthropie et le bien-être règnent dans cette fabrique qui, à elle seule, pour ainsi dire, fait vivre un village entier. Un règlement simple, discuté article par article par les ouvriers réunis, régit depuis vingt ans la conduite et les intérêts de chacun, l'emploi des heures de travail, les titres aux augmentations de salaires, aussi bien que le taux des amendes pour infractions aux devoirs, et ces amendes, versées à la caisse d'épargne, tournent au profit de tous. Aussi, grâce à ces sages dispositions, les terribles épreuves auxquelles la classe ouvrière a été soumise pendant les années 1847-48 et 49 sont-elles restées inaperçues par les habitants de Saint-Aubin.

Le jury a déjà rappelé plusieurs fois à M. Auzoux, et toujours avec de nouveaux éloges, toutes les récompenses qu'il a été en son pouvoir de lui décerner : aujourd'hui, sur le rapport de la commission, le jury central en lui réitérant sa satisfaction pour sa louable persévérance, lui décerne une nouvelle médaille d'or.

Mme BOURGERY, Ve THIBERT, rue Hautefeuille, n° 22, à Paris,

Médaille d'argent.

A présenté cette année divers échantillons du musée Thibert, qui offrait déjà une nombreuse collection d'instruments et pièces d'anatomie pathologique. Ce musée s'est encore enrichi d'une série de cas pathologiques qui doivent intéresser vivement les praticiens. Parmi ces produits, nous citerons particulièrement les lésions anatomiques de la glande mammaire, celles des voies urinaires; une collection de bassins viciés; l'exposition de divers procédés chirurgicaux, tels que la ligature des artères, etc.

Indépendamment des pièces d'anatomie, ce musée comprend encore une infinité de sujets d'histoire naturelle, tels que mammifères, oiseaux, poissons, coquillages.

Tous ces objets sont d'une vérité frappante, ils mériteraient de fixer l'attention du Gouvernement, et la commission croit, à cet égard, devoir engager le jury central à recommander le musée Thibert à M. le ministre de l'agriculture et du commerce, comme pouvant figurer avantageusement dans un établissement public.

Le jury accorde à Mme Thibert la médaille d'argent.

M. LEFÈVRE (Auguste), quai Malaquais, 21, à Paris.

Médaille de bronze.

La taxidermie est une industrie très-peu cultivée et qui intéresse cependant essentiellement l'étude de l'histoire naturelle. On comptait à cette exposition sept préparateurs naturalistes, dont quelques-uns ont présenté des collections d'une très-grande vérité.

M. Lefèvre a présenté deux groupes de la plus grande beauté, qui pourraient soutenir la comparaison avec les plus belles préparations du Muséum d'histoire naturelle.

Le jury lui décerne une médaille de bronze.

Mme MANTOIS, rue du Pot-de-Fer-Saint-Sulpice, n° 14, à Paris.

Depuis vingt ans, Mme Mantois s'occupe du coloriage des belles planches anatomiques de MM. Bourgery et Jacob. Le tableau qu'elle a soumis cette année comme échantillon des perfectionnements apportés à son industrie lui a valu, de la part du jury, des éloges sous plus d'un rapport. En effet, Mme Mantois est arrivée à une perfection de coloris et de vérité remarquable par l'heureuse combinaison de ses couleurs, qui conservent néanmoins une fixité durable, ainsi que le prouvent d'autres pièces provenant de l'exposition de 1844, qu'elle a eu soin de placer en regard de ses nouveaux produits, comme terme de comparaison. L'habile emploi qu'elle fait d'un nouveau blanc, pour retracer les nombreux filets nerveux qui figurent sur sa pièce, donne un nouveau relief à ce chef-d'œuvre iconographique. Tout en perfectionnant ses moyens de reproduction, Mme Mantois est encore arrivée à en diminuer singulièrement les prix, et le jury lui accorde la médaille de bronze.

M. le Dr ROBERT, à Strasbourg (Bas-Rhin),

A exposé des pièces d'anatomie plastique, sur lesquelles le jury a porté une sérieuse attention. Depuis dix ans, M. le docteur Robert se livre à la reproduction de la nature humaine, à l'aide du moulage en plâtre qui lui a permis de compléter plusieurs collections intéressantes d'anatomie et de pathologie.

A l'instar de ce praticien, d'autres anatomistes se sont occupés, comme lui, depuis longtemps, en se servant de matières solides et inaltérables, de mouler sur nature et de retracer avec une vérité étonnante et une exactitude rigoureuse tout ce que l'organisation humaine offre de curieux. Il est à regretter que M. le docteur Robert n'ait pas cru devoir assurer, par le choix d'une substance nouvelle, une durée indéfinie aux produits qu'il expose.

Cependant le jury se fait un plaisir d'apprécier sa persévérance, et lui accorde une médaille de bronze.

Mentions honorables.

M. ÉVANS (François-Paul), quai Voltaire, n° 3, à Paris, préparateur et marchand d'histoire naturelle.

M. Évans est un ancien préparateur dont on retrouve des groupes et pièces importantes dans différentes collections d'histoire naturelle. Ils s'y font remarquer par leur bonne préparation, leur conservation et la vérité ou le naturel des animaux.

Le jury lui décerne une mention honorable.

M. PARZUDAKI (Charles), rue du Bouloi, n° 2, à Paris.

M. Parzudaki a été distingué aux expositions de 1839 et 1844 pour ses préparations taxidermiques, pour lesquelles le jury lui avait décerné des mentions honorables; la collection qu'il a présentée cette année prouve des progrès et des études pour lesquelles le jury lui décerne une mention honorable.

M. BONTEMPS, rue de Cléry, n° 80, à Paris.

M. Bontemps est un artiste distingué, auteur d'un instrument employé pour la réduction des statues et des dessins. Il se livre avec succès aux préparations taxidermiques.

Le jury a remarqué avec intérêt celles qu'il a présentées, et lui décerne une mention honorable.

M. MORRITZ, rue de la Monnaie, n° 19, à Paris.

M. Morritz a présenté un groupe d'oiseaux parfaitement préparés.

M. Morritz, employé chez M. Deyrolles, préparateur, travaille seul.

Le jury lui décerne une mention honorable.

M. DEYROLLES (Achille), rue de la Monnaie, n° 19, à Paris.

M. Deyrolles, préparateur naturaliste, a exposé un groupe d'animaux empaillés, représentant un lion terrassant une gazelle.

Le jury lui décerne une mention honorable.

NEUVIÈME SECTION.

MANNEQUINS POUR PEINTRE, TOILES, BROSSES, PINCEAUX, ETC.

---

§ 1er. MANNEQUINS.
M. Léon Feuchère, rapporteur.

M. Jean-Désiré LEBLOND, rue Saint-Louis, au Marais, n° 5, à Paris.

Médaille d'argent.

Après la déclaration unanime de l'Institut, ce corps si éminent dans l'art, au sujet du mannequin en bois présenté par M. Leblond

35.

au jury, la tâche de ce dernier devient facile. Ce jugement si décisif et si favorable à l'auteur de ce mannequin, nous l'avons sous les yeux.

Ce mannequin, par son habile construction, permet d'exécuter tous les mouvements et toutes les poses que le corps humain peut opérer.

La ferrure de la colonne vertébrale est disposée de façon à recevoir autant de vertèbres qu'il en existe dans la nature, et, sans perdre de sa solidité, elle laisse au torse toute liberté pour ses fonctions.

Les bras sont fixés au torse par des charnières à double centre qui leur permettent d'agir en tous sens et aussi aux épaules d'exécuter tous les mouvements qui sont dans la nature.

La disposition des boules sur lesquelles se meuvent les membres laisse à ces derniers, le mannequin étant assis, par exemple, les proportions qu'ils doivent avoir pour rester justes.

L'emploi du caoutchouc habilement disposé pour conserver les formes du torse, celles du derrière de la cuisse, est une très-ingénieuse idée et dont le résultat est complet.

Le vœu exprimé par l'Institut est que ce mannequin de petite dimension puisse être exécuté en grand par M. Leblond, comme devant être d'un immense intérêt et d'une utilité incontestable pour les artistes.

Le jury, reconnaissant que ce mannequin est, de tous ceux exécutés jusqu'à ce jour, celui qui réunit le mieux toutes les qualités désirables décerne à M. Leblond, son auteur, une médaille d'argent.

M. André FAURE, rue Neuve-Coquenard, n° 5, à Paris.

Rappel de médaille de bronze.

Expose plusieurs mannequins de différente nature. Leur construction est tellement bien établie qu'il est fort difficile qu'ils puissent se déformer. Une étude très-sérieuse et très-constante de la nature humaine lui a permis de donner à ses mannequins une grande vérité et une grande élégance. L'armature, qui en est très-bien combinée, en fait certainement les plus heureusement réussis de tous ceux exposés jusqu'à présent.

Le jury, pour toutes ces qualités réunies, rappelle à M. Faure la médaille de bronze obtenue par lui en 1844, et dont il se montre toujours digne.

M. Louis-François CARPENTIER, rue Ménilmontant, n° 61, à Paris, *Médaille de bronze*

Expose trois objets, un cheval articulé, un chien et un cavalier également à articulations, le tout exécuté en bois.

Le cheval fut déjà exposé en 1844, et valut à son auteur une simple citation favorable; nous ne nous occuperons donc que du chien et du cavalier.

L'exécution aussi parfaite que possible de ce chien, et les mouvements si multipliés et si vrais qu'on peut lui faire exécuter, font de ce modèle un objet d'art qui présente aux artistes une utilité notable.

Un procédé ingénieux et facile pour la suppression d'une partie des côtes permet alors à l'animal de rapprocher la tête de sa patte de derrière, et aussi d'opérer le mouvement contraire; de plus, le modelé de la tête et des membres est d'une perfection remarquable.

Le cavalier, par son heureuse combinaison, est parfaitement à cheval, tout en conservant exactes les distances voulues, de la hanche à l'articulation du genou.

Le jury, pour récompenser les efforts soutenus de M. Carpentier et leurs excellents résultats, lui décerne une médaille de bronze.

M. Jean-Auguste GAGNERY, quai Saint-Michel, n° 7, à Paris. *Mentions honorables*

M. Gagnery, cité favorablement en 1844, expose des mannequins dont le perfectionnement ne laisse pas que d'offrir de l'intérêt. Ils peuvent se soutenir seuls sans le secours des supports ordinaires, par conséquent offrent plus de facilité pour en former des groupes.

Le jury, pour cette innovation, donne à M. Gagnery une mention honorable.

Mme Marie-Louise-Mélanie MAUDUIT, rue des Marais-Saint-Martin, n° 38 *bis*, à Paris,

Expose un mannequin auquel le mécanisme perfectionné permet d'imprimer les mouvements les plus naturels, même les plus exagérés, sans qu'il puisse être altéré. Des muscles élastiques se dilatent et se contractent sans que les traces de ces mouvements restent après qu'ils ont cessé. La confection de ces mannequins est généralement très-bonne.

Mᵐᵉ Mauduit, qui en 1844 avait obtenu une citation favorable, mérite la mention honorable que lui décerne le jury pour les améliorations apportées à ses mannequins.

---

§ 2. TOILES POUR PEINTRES, RESTAURATION DE TABLEAUX, CHEVALETS.

M. Léon Feuchère, rapporteur.

Médaille d'argent.

M. Étienne-François HARO, rue des Petits-Augustins, n° 26, à Paris.

La maison Haro compte près d'un siècle d'existence de père en fils. M. Haro fils expose pour la première fois, et pour son début présente à l'examen du jury des toiles préparées pour la peinture à l'huile.

Nous ne croyons pas pouvoir mieux faire que de citer, à propos de ces nouvelles toiles, les opinions de plusieurs de nos grands artistes ; en voici le résumé :

La découverte de M. Haro fils est des plus importantes pour les arts ; l'expérience acquise de ses toiles les fait juger infiniment supérieures à tout ce qui existe en ce genre. Nulle toile n'est aussi agréable sous le pinceau et ne facilite davantage le travail.

En effet, la souplesse des toiles de M. Haro est telle, qu'en les froissant avec la main il n'en résulte aucun pli, aucune gerçure.

Une application dont le succès est incontestable, c'est celle qui en a été faite aux pendentifs de la bibliothèque du palais de l'Assemblée nationale, peints par M. Eugène Delacroix. Ces toiles, quoique très-solidement collées, peuvent être enlevées facilement si des réparations à la peinture deviennent nécessaires.

Nous ne craignons pas, pour terminer, d'affirmer que la souplesse, la solidité de ces toiles, que cette invention enfin est d'une importance majeure pour l'avenir des tableaux. N'est-il pas désespérant, en effet, de voir nos plus belles peintures perdues du vivant même de leur auteur, par les gerces ou la sécheresse, et le plus souvent par l'humidité. Ce dernier et grave inconvénient ne peut, en aucune sorte, altérer et détruire la préparation dont M. Haro est l'inventeur.

Outre ces toiles, le vernis de M. Haro nous a paru bien supérieur aux autres et sèche à fond en peu de temps.

Dans l'intérêt des arts et des artistes, le jury ne croit pas pouvoir mieux récompenser l'heureuse découverte de M. Haro qu'en lui décernant une médaille d'argent.

M. Claude MERCIER, rue de Seine, n° 27, à Paris,

Médaille de bronze.

Présente au jury un tableau d'église d'une grande dimension, rentoilé et restauré par moitié. L'autre, resté dans son état de dégradation, permet de juger de l'heureux résultat de son procédé.

Il nous a paru réunir toutes les conditions que peuvent exiger la difficulté et le soin d'un travail aussi utile qu'intéressant pour la conservation des maîtres anciens.

Le jury décerne à M. Mercier, en récompense de son intelligence et de son procédé ingénieux, une médaille de bronze.

M. Jacques-Jean-Édouard CHÉROT, à Bou-Ismaël par Douéra (Alger),

Nouvelle mention honorable.

Déjà mentionné en 1844 pour ses toiles à peindre et ses couleurs, expose cette fois diverses statues enduites plastiquement. Cet enduit est combiné de façon à préserver les objets et de l'humidité et des intempéries; il trouve utilement son application pour vases et statues exposés à l'air.

Des brosses et couleurs pour fresque complètent son exposition. Le jury lui accorde une nouvelle mention honorable.

M. BONHOMME, rue Béthisy, n° 9, à Paris,

Mention honorable.

Déjà cité favorablement par le jury précédent, mérite cette année une mention honorable pour quelques chevalets, dont le mécanisme simple est d'un usage facile et permet de placer dans des positions très-variées les tableaux qui y sont adaptés.

Ses lampes sont aussi ingénieusement établies, et l'emploi en est très-commode. La mention honorable lui est accordée.

§ 3. BROSSES ET PINCEAUX.

M. Léon Feuchère, rapporteur.

Médailles
de bronze. ## M. Simon SAUNIER, rue Bourg-l'Abbé, n° 39, à Paris,

Succède à Mme Saunier. Il a su soutenir dignement la réputation justement acquise par une maison qui existe depuis vingt-quatre ans, et dont les produits ont toujours été l'objet de l'approbation et des récompenses du jury.

En 1834, une médaille de bronze; en 1839, un rappel; en 1844, une nouvelle médaille de bronze, accordés à Mme Saunier, ont donné à son successeur le désir bien naturel de marcher dans la bonne voie.

En effet, les pinceaux que présente M. Saunier fils sont très-bien confectionnés et ont toutes les qualités qui les font rechercher par les artistes et les amateurs.

Le jury, pour récompenser M. Saunier, qui s'est maintenu à la hauteur de son prédécesseur, lui décerne une médaille de bronze.

M. DAGNEAU, rue de Constantine, n° 15, à Paris,

Fait mentir le dicton, « les bons ouvriers n'ont pas besoin de bons outils, » car tous nos grands artistes, en tête M. Ingres, recherchent avec empressement les brosses et pinceaux de M. Dagneau, qui est parvenu à leur faire atteindre tous les degrés de perfection qui sont d'un si grand secours aux peintres.

On peut dire avec raison, « tel père, tel fils; » en effet, M. Dagneau n'est pas resté au-dessous de son père, dont l'excellente réputation, comme confectionneur habile, lui a valu l'estime de tous les artistes grands et petits.

Le jury décerne à M. Dagneau fils, déjà récompensé par une mention honorable en 1844, la médaille de bronze, qu'il mérite à tous égards.

Rappel
de
mention
honorable. ## Mlle FONTANA, rue de l'Entrepôt-des-Marais, n° 25, à Paris.

Le jury rappelle à Mlle Fontana la mention honorable que lui avait méritée en 1844 et que lui mérite encore la bonne qualité de ses produits.

M. CALTEAUX, rue du Four-Saint-Germain, n° 42, à
Paris.

M. Calteaux présente à l'exposition un assortiment de brosses et
pinceaux très-bien confectionnés : ils offrent aux artistes une souplesse suffisante et une grande solidité par la façon dont ils sont
montés.

M. Calteaux est appelé à faire à ses rivaux une concurrence sérieuse par la bonté de ses produits.

Le jury lui donne une mention honorable.

M. Charles PITET aîné, rue Saint-Martin, n° 257, à
Paris.

M. Pitet aîné, déjà cité favorablement en 1844, outre qu'il confectionne comme ses confrères des brosses et pinceaux pour peintres de tableaux, établit aussi les grosses brosses pour peintres en
décor et en bâtiment.

Le chiffre de ses opérations, indiqué par lui, serait considérable
pour une industrie de ce genre. En dehors de cela, la bonne qualité des objets qu'il livre au commerce et aux arts lui mérite la
mention honorable décernée par le jury.

M. MULLER, rue Folie-Méricourt, n° 38, à Paris,

Expose des panneaux en bois bien établis et des cartons d'études
pour la peinture à l'huile, l'aquarelle et le pastel.

Ces divers objets, par leur préparation, offrent toutes les garanties que les artistes peuvent désirer pour la conservation de leurs
œuvres.

Des papiers siliceux et des toiles complètent l'exposition de
M. Muller, que le jury récompense en lui accordant une mention
honorable.

M. PRESBOURG, rue Quincampoix, n° 56, à Paris.

Pour l'assortiment complet de ses brosses de toutes dimensions
et leur bonne qualité,

Le jury le juge digne d'être de nouveau cité favorablement.

Mᵐᵉ BULLIER, rue du Cloître-Saint-Merry, n° 8, à Paris.

Pour la confection toujours intelligente et satisfaisante de ses produits,

Le jury la juge digne d'être de nouveau citée favorablement.

DIXIÈME SECTION.

§ 1. DESSINS DE FABRIQUE ET DESSINS DE MÉTIERS A TAPISSERIE.

M. Sallandrouze-Lamornaix, rapporteur.

Rappel de médaille d'or.

M. COUDER, rue Rochechouart, n° 67, à Paris,

Est l'un des plus anciens, des plus laborieux, des plus intelligents de nos dessinateurs industriels. Le premier il fonda un atelier-école où tous les genres de dessins étaient traités et d'où est sorti un grand nombre de ces artistes qui concourent aujourd'hui avec tant de succès à maintenir la supériorité de nos produits de luxe et de goût sur les marchés étrangers.

Après l'exposition de 1844, le jury décerna la médaille d'or à M. Couder, et, depuis cette époque, l'habile artiste s'est attaché à prouver de plus en plus qu'il était vraiment digne de cette haute récompense. Les compositions qu'il a soumises cette année à l'appréciation du public semblent, au premier abord, s'accorder mal avec les tendances de notre industrie moderne, qui recherche plutôt la simplicité et l'élégance appliquées aux choses usuelles, que les vastes conceptions et les créations colossales. Mais il faut tenir compte à M. Couder de la nature même de son talent : il est hardi jusqu'à la témérité, brillant jusqu'à l'éclat, original quelquefois jusqu'à la bizarrerie. Ce sont là des qualités trop rares à notre époque pour qu'on ne les apprécie pas. Si M. Couder n'a pas toujours tenu compte des impossibilités de la fabrication, il n'en a pas moins donné à l'industrie une vive impulsion en recherchant sans cesse des effets nouveaux. Ainsi, nous l'avons vu introduire, non sans efforts, mais aussi non sans succès, les fleurs modelées dans les dessins de châles et donner dans les nou-roug le premier exemple de cette remarquable innovation. D'ailleurs, cette recherche incessante et souvent féconde des choses nouvelles, ne lui enlève rien du mérite que les industriels aiment surtout à lui reconnaître. Les compositions trop grandioses, à notre point de vue, qu'il a exposées, brillent cependant par de charmants détails et l'on peut y trouver une grande variété de riches et gracieux motifs.

Le jury lui rappelle la médaille qu'il lui a décernée en 1844.

M. Édouard LAROCHE, rue des Jeûneurs, n° 10, à Paris.   Médaille d'or.

Les dessinateurs pour impressions sont, sans contredit, de tous les dessinateurs industriels, ceux dont les travaux exigent les connaissances les plus approfondies, et en même temps la pratique la plus habile.

Plus que tous les autres, ces dessinateurs ont à lutter contre les ressources restreintes de la fabrication. Ils doivent connaître non-seulement le jeu artistique, mais encore le jeu chimique et industriel des couleurs ; ils doivent posséder en même temps le grand art d'en tirer parti, c'est-à-dire de produire des effets variés au moyen d'un nombre très-limité de nuances, et d'obtenir par conséquent, sans nuire à la beauté du dessin, une économie notable de matière et de main-d'œuvre.

Comme les dessinateurs pour tapis et pour papiers peints, le dessinateur pour impressions est obligé de reproduire les objets naturels : la fleur, l'ornement, la figure ; mais il faut qu'il se plie aux nécessités de la fabrication, et, forcé d'étudier la nature, il lui est interdit cependant de la copier avec exactitude.

M. Laroche réunit en lui toutes les qualités essentielles que nous venons d'énumérer. Aux connaissances du peintre il joint des notions précises sur les effets physiques qui résultent de la juxtaposition des matières colorantes, et, de plus, une connaissance approfondie de la fabrication. Enfin, il est initié à toutes les conditions de fixation des couleurs, science importante pour le dessinateur de fabrique, puisqu'il existe certaines nuances qui ne peuvent subir sans s'altérer les opérations nécessaires à leur fixation.

Mieux que les autres, l'exposition de M. Laroche nous a montré la haute intelligence de l'art unie à celle de la pratique. Si nous nous arrêtions à la belle et délicate couronne de fleurs dont il a entouré une carte d'échantillon, nous dirions qu'il est un habile artiste ; mais nous devons surtout considérer les produits qui révâlent véritablement la supériorité du dessinateur industriel, ces dessins légers et sévères dans lesquels on s'étonne de trouver des effets si variés, lorsqu'on sait dans quelles étroites limites l'artiste se trouve renfermé en ce qui concerne l'emploi des couleurs.

La réputation de M. Laroche, déjà si bien justifiée par son exposition précédente, grandira encore après celle-ci. Établi depuis 1836, cet industriel a vu sans cesse s'accroître l'importance de ses affaires. Élevé dans l'établissement de M. Oberkampf, où il a pratiqué d'abord les parties les plus élémentaires de la fabrication, M. Laroche a laissé un souvenir de ses premières années par la création d'un châssis-compartiment employé aujourd'hui dans les premières fabriques des environs de Paris.

Le jury central, voulant témoigner à M. Laroche sa haute satisfaction et récompenser en lui les qualités essentielles du dessinateur industriel, lui décerne la médaille d'or.

Médailles d'argent.

MM. BERRUS frères, rue Montmartre, n° 73, à Paris,

Avaient obtenu une mention honorable en 1844; ils employaient alors 30 ouvriers; depuis, leur maison a pris une extension considérable, elle occupe plus de 100 personnes et paye environ 150,000 francs de main-d'œuvre.

MM. Berrus sont aujourd'hui les principaux dessinateurs de la fabrique de châles; ils se sont voués particulièrement à ce genre. Ces habiles dessinateurs ont rendu des services incontestables à l'industrie châlière; ils travaillent à la fois pour Paris, Lyon et Nîmes. Une grande partie des châles exposés cette année est exécutée d'après leurs dessins.

Il y a, en général, dans leurs compositions, beaucoup de hardiesse et d'originalité; on y trouve toujours un grand sentiment de ce qui convient au genre de tissu pour lequel ils travaillent; leur coloris est fin et harmonieux, leur œuvre en carte est délicate et fort bien soignée.

Le jury, prenant en considération la grande et bonne production de MM. Berrus frères, leur décerne une médaille d'argent.

M. Charles-Ernest CLERGET, rue Albouy, n° 10, à Paris,

Nous a paru mériter l'attention spéciale et les encouragements du jury. Il n'a cessé, depuis 1834, de travailler avec une ardeur infatigable et une remarquable intelligence à des publications en-

treprises pour favoriser et répandre le goût de l'art industriel. Il
est l'auteur d'un ouvrage publié en 1839 sous le titre de *Mélanges
d'ornements divers*, ouvrage qui a obtenu un assez grand succès et
qui a valu une mention honorable à l'éditeur, M. Émile Leconte.
Il fut chargé à la même époque, par l'administration de l'Imprimerie royale, de continuer les travaux de M. Chenavard, dont il
était l'élève, et il exécuta les dessins qui illustrent un des ouvrages
de la collection orientale.

Ce sont là les principaux mais non les derniers titres de M. Clerget. Il a publié depuis plusieurs remarquables séries de dessins, et
il occupe un rang très-estimable parmi les artistes qui se sont occupés de l'ornementation.

Il a exposé cette année 12 cadres qui attestent des études diverses
et approfondies; on y remarque des dessins de tapisseries, des mosaïques, des décors, des reproductions d'ornements exécutés par
les grands maîtres, des motifs de vitraux, des dessins relevés sur
des manuscrits indiens, arabes et persans, un encadrement destiné
à entourer des peintures de M. Ingres. A toutes ces études, résultant
de douze années de travaux et de recherches laborieuses, M. Clerget
a joint un travail ingénieux relatif à la composition géométrique
des dessins de mosaïque.

Le jury est heureux de récompenser à la fois, dans la personne
de M. Clerget, la vive intelligence de l'art et la persévérance du
travail; il se plaît à reconnaître les services rendus à l'industrie par
cet artiste, et il lui décerne une médaille d'argent.

M. Hippolyte-François HENRY, rue des Marais-St-Martin, n° 40, à Paris,

A prouvé d'une manière irrécusable, à l'exposition de cette année,
à Paris, son mérite distingué comme peintre de fleurs; le public a
pu remarquer parmi ses œuvres un magnifique tableau de fleurs
que les artistes les plus habiles n'auraient pas désavoué; mais les
fabricants se sont sans doute attachés davantage aux gracieuses
études qui l'entouraient et qui pouvaient fournir de charmants
motifs pour des dessins de papiers peints et de toiles imprimées.

Nous ne pouvons faire, à notre point de vue, un plus grand
éloge des dessins de M. Henry, qu'en rappelant l'usage qu'en ont
fait un grand nombre d'industriels. Nous les voyons sous forme de
tapis et de tapisseries dans l'exposition de MM. Barbeja de la
Somme, Riquillart et Roussel de Tourcoing, Berles d'Amiens. Nous

les trouvons exécutés en étoffe de soie pour ameublements par MM. Fey et Martin de Tours, Maujé fils et Pillot; enfin, les fabricants de papiers peints qui tiennent le premier rang dans cette industrie ont mis aussi à contribution le talent si varié de M. Henry.

Le jury ne pouvait refuser son attention à des œuvres qui se présentaient avec la recommandation d'un si notable succès. Il a trouvé, après un sérieux examen, que ce succès était légitime, que les dessins de M. Henry étaient bien composés et bien exécutés : il accorde donc à cet artiste la médaille d'argent.

M. Auguste GALIMARD, rue Honoré-Chevalier, n° 4, à Paris,

Expose quatre dessins qui font partie des grandes compositions commandées par la ville de Paris et exécutées en vitraux pour le chœur de l'église Saint-Laurent. Ces dessins représentent le Christ, sainte Appoline, saint Laurent et les cinq apôtres saint Pierre, saint Paul, saint Jacques, saint Jean et saint Jude.

Nous laissons à ceux qui s'occupent spécialement d'art le soin de juger le mérite de l'œuvre de M. Galimard, au point de vue de la composition et du dessin. Nous croyons pouvoir dire cependant que la noble simplicité des draperies, l'heureuse variété des attitudes, la science des détails, laissent peu à désirer, et que ces cartons nous ont paru d'un goût sévère et d'un grand style. Sous ce rapport, M. Galimard avait déjà fait ses preuves, et ses productions lui ont valu deux médailles d'or aux expositions du Louvre, l'une en 1835, l'autre en 1846.

Mais ce que le jury avait à apprécier, c'étaient les études faites par le peintre pour arriver aux meilleures combinaisons des couleurs et pour produire ces assemblages de tons, à la fois brillants et harmonieux, qui font la beauté spéciale des vitraux.

Les récompenses données au nom de l'industrie sont dues naturellement aux procédés habiles et ingénieux qui concilient les formes élevées de l'art avec les exigences matérielles des manipulations de l'ouvrier. Les cartons de M. Galimard portent la trace d'un travail approfondi. La manière dont les teintes sont employées, et dont les figures sont modelées dans la peinture, atteste qu'il n'a jamais perdu de vue le but spécial de son œuvre. On voit qu'il connaît à la fois les ressources et les difficultés de l'art du verrier, et qu'il n'a pas négligé non plus la science nécessaire de la mise en plomb dans ses rapports avec les verrières.

Les vitraux anciens des XIV° et XV° siècles nous offrent une expression fort élevée de l'art industriel ; nous n'avons pas à examiner ici la nature et la portée des progrès qui peuvent avoir été faits à notre époque dans la fabrication des verres peints ; mais il est certain que nos peintres auront une grande part dans ces progrès s'ils suivent la voie où M. Galimard s'est placé.

Le jury, voulant témoigner à M. Galimard sa haute et juste satisfaction, lui décerne une médaille d'argent.

TABLEAUX EXPOSÉS AU LOUVRE ET AUX TUILERIES.

Salon de 1835 (médaille d'or de 3° classe) :

Les saintes Femmes au tombeau de Jésus-Christ (acheté par S. M. la reine) ; — Jeune femme châtelaine du XVI° siècle (cabinet de M. de Jussieu).

Salon de 1836 :

La Liberté s'appuyant sur le Christ (cabinet de M. de Jussieu) ; — La Reine des anges (vitraux).

Salon de 1839 :

La Vierge en prière (acheté pour l'église de Pithiviers).

Salon de 1841 :

Nausicaa et ses compagnes (acheté par S. M. le roi des Belges).

Salon de 1845 :

L'Ange aux parfums (acheté pour l'église de Breuillet).

Salon de 1846 (médaille d'or de 2° classe) :

L'ode.

Salon de 1848 (rappel de médaille) :

Quatre grands cartons faisant partie des compositions qui décorent le chœur de l'église Saint-Laurent.

Salon de 1849 :

La Vierge aux douleurs (commandé par l'Intérieur) ; — Le Christ donnant la bénédiction (commandé par l'Intérieur) ; — Le moineau de Lesbie ; — Junon jalouse ; — Seize cartons pour verrières ; — Portraits et lithographies.

ŒUVRES MONUMENTALES NON EXPOSÉES.

Hémicycle de l'église du village de Vincennes ;

La Trinité, à l'hôpital de Metz ;

La Nativité, maître-autel d'Artenay (Loiret) ;

La Résurrection, maître-autel de Trédarzec (Côtes-du-Nord) ;

Décoration de l'oratoire de madame la marquise du Plessis-Bellière ;

Décoration générale de l'église de Bréhémont, près Tours. (Cinq grandes verrières) ;

Vitraux ayant pour sujets des épisodes de la vie de saint Landry ;

Grande décoration du chœur de l'église Saint-Laurent, formant huit grandes verrières d'une superficie de treize cents pieds ;

Décoration générale d'une chapelle en Russie ;

Les pèlerins d'Emmaüs.

EXPOSITION INDUSTRIELLE DE 1849.

Jésus-Christ ;

Sainte Appoline ;

Saint Laurent ;

Saint Pierre, saint Paul, saint Jacques, saint Jean, saint Jude, écrivant leurs épîtres, en une seule composition.

Ces cartons sont de la grandeur des verrières et exécutés avec l'indication du travail qu'a dû suivre le peintre verrier, ainsi que l'indication des plombs.

Rappel de médaille de bronze.

M. NAZE fils, rue du Gros-Chenet, n° 23, à Paris,

Expose deux cadres de dessins de châles cachemires pour impressions, et des dessins de foulards et de jaconas, dont on ne peut que louer la bonne exécution. Cet artiste travaille pour la France et pour les fabriques étrangères; il emploie 20 personnes environ et produit chaque année pour une valeur d'environ 35 à 40,000 francs.

Le jury lui rappelle la médaille de bronze qu'il a obtenue en 1844.

Médailles de bronze.

M. BRAUN, à Mulhouse (Haut-Rhin),

Expose des dessins pour jaconas d'un goût et d'un fini remarquable qui attestent une grande habitude du jeu des couleurs et une connaissance certaine de la fabrication.

Le jury voulant surtout récompenser M. Braun de la bonne entente des conditions de fabrique lui accorde une médaille de bronze.

M. DELURTIER, rue Singer, à Passy (Seine),

Est un dessinateur intelligent et fort habile; il excelle à faire paraître dans un dessin beaucoup plus de couleur qu'il n'y en a réellement.

M. Delurtier obtient à la fois des succès dans l'article broché et dans l'impression; ses compositions sont sages et bien ordonnées, son exécution est simple et facile.

Le jury lui décerne une médaille de bronze.

M. CAGNIARD, rue de l'Échiquier, n° 12, à Paris.

Expose deux cadres de fleurs qui prouvent la conscience de ses études. On ne peut contester les services qu'il rend chaque jour à l'industrie, qui trouve dans ses compositions des motifs d'une grande variété.

La réputation de M. Cagniard comme artiste habile était déjà faite: son exposition la confirme, et le jury, en témoignage de sa satisfaction, lui décerne une médaille de bronze.

M. LUBIENSKI, rue St-Louis, n° 15, à Batignolles (Seine),

A obtenu en 1844 une mention honorable; l'importance de sa maison s'est accrue depuis cette époque; il emploie maintenant 30 personnes dans ses ateliers.

M. Lubienski expose diverses compositions, pour foulards et pour robes, arrangées avec goût et rendues habilement par l'exécution. La variété de ces dessins le rend digne de la médaille de bronze que le jury lui décerne.

M. MEREAUX, rue de la Jussienne, n° 7, à Paris.

Expose plusieurs dessins qui ont particulièrement fixé l'attention de votre Commission chargée de l'examen des dentelles. M. Mereaux, dont les compositions sont riches et variées, s'est appliqué surtout à ne livrer aux fabricants que des dessins où tous les motifs sont calculés à l'avance et où il n'y a plus rien à modifier dans la fabrication. L'exécution en est si parfaite, que l'on croit avoir sous les yeux, en les regardant, non le dessin, mais le produit lui-même.

Le jury, prenant en considération les services rendus à la fabrication par M. Mereaux, lui décerne une médaille de bronze.

III.   36

M. PARGUEZ, rue du Sentier, n° 18, à Paris,

Expose trois cadres de modèles pour toiles perses qui attestent d'excellentes études, du goût dans la composition, une grande variété dans les moyens, une entente parfaite des exigences de la fabrication.

Ces qualités se trouvent au même degré dans ses dessins pour barège et pour indienne.

Le jury, satisfait des heureux résultats obtenus par M. Parguez, lui décerne une médaille de bronze.

Mentions honorables. **M. CARNET**, rue de Mulhouse, n° 13, à Paris.

Cet exposant, dont les dessins figurent avec avantage à l'exposition, mérite à tous égards la mention honorable que le jury lui décerne.

M. LEROY, rue de la Tour-d'Auvergne, n° 37, à Paris.

Depuis longues années cet artiste s'occupe avec succès du dessin de broderies. La variété de ses compositions le rend digne d'une mention honorable.

M. GODON, rue du Faubourg-du-Temple, n° 42, à Paris,

Présente différents modèles pour meubles et bronzes. Les services qu'il rend chaque jour à ces industries par son travail consciencieux et son goût sévère lui méritent, de la part du jury central, une mention honorable.

M. HARTWECK, rue du Mail, n° 21, à Paris,

Expose un châle et trois fonds pleins, pour impressions cachemire d'une bonne composition et d'un fini d'exécution remarquable.

Le jury lui accorde une mention honorable.

M. Léon MARTIN, rue Montmartre, n° 160, à Paris,

Expose plusieurs cadres de dessins pour l'impression sur laine et sur coton. Ses compositions sont gracieuses et exécutées avec soin.

Le jury lui accorde une mention honorable.

M. SPEIZER, à Rouen (Seine-Inférieure),

Est attaché depuis dix-sept ans, comme dessinateur, à la fabrique d'indiennes de MM. Hasard frères.

Il expose plusieurs dessins de bon goût et d'une fabrication facile.

Le jury lui accorde une mention honorable.

M. VASSELON, galerie Montpensier, n° 18, Palais-National, à Paris,

Expose quatre cadres contenant une grande variété de dessins pour rubans. Ces compositions se distinguent par la grâce, la légèreté et l'élégance.

Le jury accorde à M. Vasselon une mention honorable.

M. WATEL, rue du Sentier, n° 18, à Paris,

Expose des dessins pour toiles perses, pour jaconas et pour mousselines de laine. On remarque dans ces différentes compositions de la hardiesse, de la grâce. L'exécution ne laisse rien à désirer.

Le jury accorde à M. Watel une mention honorable.

M. BRUNIER, rue des Jeûneurs, n° 41, à Paris.

Citations favorables.

Le jury central accorde une citation favorable à M. Brunier pour les travaux qu'il a présentés à l'exposition.

M. CARJAT, rue Mogador, n° 10, à Paris.

A obtenu une citation favorable du jury central pour la bonne exécution de ses travaux.

M. FAY, rue Geoffroy-Lasnier, n° 28, à Paris.

Le jury central désirant reconnaître le talent de cet artiste, lui accorde une citation favorable.

M. GUILMARD, rue de Lancry, n° 2, à Paris.

L'exposition de cet artiste lui a mérité, de la part du jury central, une citation favorable.

M. LÉONARD, passage Choiseul, n° 8, à Paris.

Cet artiste a été cité favorablement par le jury central.

36.

Les travaux de cet artiste, admis à l'exposition, lui ont mérité cette distinction.

M. Alfred ROSSELIN, rue de la Monnaie, n° 20, à Paris,

A obtenu de la part du jury central une citation favorable pour les travaux qu'il a exposés.

M. SAIVE, rue Saint-Honoré, n° 192, à Paris.

Le jury central accorde à M. Saive une citation favorable pour la bonne exécution de ses travaux.

---

§ 2. DESSINS ET MÉTIERS POUR LA BRODERIE. — TAPISSERIE.

M. Natalis Rondot, rapporteur.

Nouvelle médaille de bronze.

Mⁱˡᵉ CHANSON, rue de Choiseul, n° 3, à Paris.

Mⁱˡᵉ F. J. Chanson a exposé : 1° deux modèles de métier à broder ; 2° des mises en carte et des échantillonnages de tapisserie ; 3° des pièces de tapisserie ; 4° des broderies à l'aiguille.

1° En 1844, Mⁱˡᵉ Chanson a obtenu une médaille de bronze pour le métier qu'elle avait présenté. Le jury a tenu compte, à cette époque, du mérite de l'invention ; nous avons, cette année, à nous occuper principalement de l'exécution et de l'utilité industrielle. Le métier a été perfectionné depuis 1844 ; il est plus simple et plus solide ; le jeu est plus facile, la tension du canevas plus régulière ; les engrenages à cliquet sont mieux disposés et les vis à double pas mieux filetées. Le cadre, monté sur genou, peut être incliné et même rabattu, pour réduire le volume. Économie de temps, commodité, élégance, tels sont les avantages de ce métier. Fait en merisier, il coûtait 80 francs en 1844 ; il se vend aujourd'hui 40 fr.

2° Nous citerons pour mémoire les transparents quadrillés, pour la mise en carte des dessins : ils ont déjà été appréciés en 1844 ; nous nous arrêterons de préférence sur les dessins et les modèles de tapisserie. Mⁱˡᵉ Chanson nous a soumis une collection variée, qui témoigne de son bon goût et de son habileté. Les pantoufles de 50 cent. à 48 fr. la douzaine ; les chaises et coussins de 2 fr. 25 cent. à 78 fr. la douzaine, prouvent qu'elle fait tous les genres avec un égal succès. Cependant cette exposante s'occupe plus particulièrement des articles de nouveauté et de luxe : c'est ce qui explique la présence de ces belles portières chinoises dont la composition et l'échantillonnage ont été également remarqués.

3° Des écrans, des sachets, des tableaux, ont montré jusqu'où peut aller la perfection du travail de la tapisserie ; le coussin brodé en chenille était l'ouvrage le plus difficile et le mieux réussi.

4° Enfin Mlle Chanson a créé deux charmantes nouveautés : un point de tapisserie sur tulle, qui imite la dentelle d'application ; et un réseau algérien, léger et élégant, de 20 p. o/o meilleur marché que la broderie au crochet.

Pour l'ensemble de ces perfectionnements et de ces produits, le jury central décerne à Mlle Chanson une nouvelle médaille de bronze.

M. SAJOU, rue de Rambuteau, n° 50, à Paris.

Médaille
de bronze.

Papillon ne mentionne dans son *Traité de la gravure en bois*, que les planches de Gatin, dont le travail est, dit-il, extraordinaire[1] ; il est singulier qu'il ne dise rien de l'origine de la mise en carte et des premiers dessins quadrillés, gravés sur bois. Cette origine, qui est aussi celle des dessins de tapisserie, ne paraît pas antérieure au commencement du xvi° siècle. En effet, les premiers ouvrages, qui renferment des mises en carte gravées, portent les dates de 1554, 1559, 1584, etc., et les noms de Togliami, Bellin, Dominique de Sera, Vinciolo, etc. C'est à Venise qu'a été publiée la plus ancienne de ces collections de dessins, et celle de Messire Antoine Bellin et de Jehan Mayol Larme, éditée à Lyon, est de la même époque. *Les singuliers et nouveaux pourtraicts pour toutes sortes d'ouvrages de lingerie*, de Vinciolo, sont plus connus, mais plus récents : la 1re édition parut en 1587[2]. C'est en ce temps-là que les Allemands commencèrent leurs essais et leurs publications en ce genre ; le *Model Fuïch*, dessiné et gravé sur cuivre par Hélène Furstin, de Nuremberg, doit avoir été édité à la fin du xvi° siècle.

[1] Tome I, page 232. Édition de 1766.
[2] Les dessins sont gravés sur bois. Les quadrilles, gravés sur le relief, sont imprimés en noir ; les cordes longitudinales et horizontales, ainsi que le sujet, ressortent en blanc.

Gatin appliqua, vers 1745, une gravure plus savante aux systèmes de mise en carte de ses devanciers ; Bellin, poursuivant les travaux entrepris à Nuremberg et en d'autres points de l'Allemagne, amena bientôt cette fabrication à un degré de perfectionnement assez avancé, et dans les premières années de ce siècle, Natto et Lehman cherchaient à exécuter, d'après les anciens modèles, des dessins pour tricot, filet, etc.

On ne trouve guère en France, avant 1815, de traces de cette industrie. Aug. Legrand paraît être le premier qui, chez nous, lui donna une certaine extension ; il produisit plusieurs centaines de modèles et se ruina. Mallez aîné, qui lui succéda, Robert, Helbronner, Martin, publièrent aussi quelques dessins, en général d'assez mauvais goût, mal dessinés et mal coloriés. Les meilleurs étaient des copies de modèles allemands. Imprimés sur petit format (23 sur 31 centimètres), ils étaient vendus 4 fr. 15 cent. net la douzaine. En 1839 et 1840, M. Rouget de Lisle fit faire des progrès à cette fabrication par l'invention de procédés d'impression et par quelques utiles publications [1].

Malgré ces intelligents efforts, Berlin était, jusque dans ces dernières années, le foyer unique de la production des dessins de tapisserie : on cite Müller de Vienne, et surtout Wittich, comme étant, en Allemagne, les hommes à qui la double industrie du dessin et du travail de la tapisserie doit, en quelque sorte, sa création, son développement et ses perfectionnements. Les noms de Grünthal, de Hertz et Wegener, sont devenus populaires en France, tant a été et est encore considérable la vente des dessins de Berlin.

C'est en 1840 que M. Sajou a entrepris la fabrication de cet article ; il a tiré un habile et excellent parti des travaux antérieurs : en 1844, il a exposé ses produits, et « ses imitations parfaites des « dessins de Berlin, obtenues à bon marché, prouvant son incon- « testable supériorité en ce genre, » il reçut du jury une mention honorable.

Cette année, M. Sajou a exposé : 1° des dessins pour filet, tricot et broderie au crochet : ils sont imités de Vinciolo, comme ceux, toujours estimés, qu'a édités en 1847 Mme Fragerolle ; 2° des ouvrages en tapisserie et en broderie au crochet : nous les mentionnons en raison de leur bonne confection et du choix intelligent des

[1] La *Chromographie* de M. Rouget de Lisle a été publiée en 1839.

dispositions; 3° des dessins pour tapisserie. La production de ceux-ci figure pour les sept dixièmes dans le chiffre des affaires; c'est sur eux que M. Sajou a appelé l'attention du jury : ils ont été en conséquence, de notre part, l'objet d'un sérieux examen.

Les prix inscrits sur les tarifs de Grünthal, de Hertz et Wegener, dont les dessins sont le plus répandus et le plus estimés en France, ces prix, disons-nous, sont de 50 pour 100 plus élevés que ceux du tarif de M. Sajou; cette différence atteint même 70 et 75 pour 100 pour les dessins sans numéro et pour ceux qui sont fournis à des publications périodiques. Malgré cette réduction considérable, M. Sajou vend en faisant les mêmes remises que les dépositaires des fabricants de Berlin.

Le prix a été diminué et l'exécution améliorée; on en acquiert la preuve en comparant les échantillons exposés avec les dessins de Mallez aîné, de Helbrönner et de Martin, ou avec ceux de Wittich, de Lusch, de Grünthal, de Hertz et Wegener. Le progrès est manifeste, Paris sera bientôt sans doute l'égal de Berlin; mais on est loin encore d'y avoir atteint à la perfection industrielle et artistique.

Le bon marché a rendu la vente facile, et d'année en année plus considérable, tant en France qu'à l'étranger.

Une cinquantaine de jeunes filles de huit à quinze ans sont occupées en atelier au coloriage; les procédés sont tenus secrets, et, lors de notre visite, avaient été remplacés par le travail au pinceau. Enfin, c'est au moyen d'une machine assez simple que la mise en carte est gravée.

L'établissement de M. Sajou est à la fois une fondation charitable et une exploitation industrielle : faute de renseignements suffisants, le jury ne peut se prononcer sur les avantages et les produits de cette combinaison exceptionnelle : cependant, prenant en considération la supériorité comparative de prix et d'exécution apportée dans la fabrication des dessins de tapisserie par M. Sajou, le jury central lui accorde une médaille de bronze.

M. LUGOL, rue Rochechouart, n° 88, à Paris.

Citations favorables.

M. Lugol, ouvrier mécanicien, a remplacé les vis à double pas du métier à tapisserie de Mlle Chanson par des tringles, le long desquelles glissent les rouleaux en fer étiré; un écrou les fixe au point voulu. Un mécanisme très-simple rend faciles la révolution et l'arrêt des rouleaux, et une rainure permet d'y engager le canevas.

Les métiers de M. Lugol sont en zinc ou en fer poli; l'expérience n'a pas encore prononcé sur les avantages de la substitution du métal au bois. Quoi qu'il en soit, le prix est peu élevé : ainsi, en fer bronzé, 5 francs en 33 centimètres, 7 francs en 49 centimètres, 9 francs en 65 centimètres, etc. Quant au modèle avec tringles, il coûte 15 francs.

Ces perfectionnements ont été apportés au métier à broder depuis trop peu de temps pour que l'on puisse être éclairé sur leur utilité industrielle; aussi le jury ne peut-il encourager M. Lugol que par une citation favorable.

M. FAZON, rue Saint-Denis, n° 347, à Paris,

A exposé plutôt comme tourneur et tabletier que comme inventeur de métier à broder. Celui qu'il a exposé, tout en offrant de bonnes dispositions, laisse à désirer, et quelques-uns de ses organes se retrouvent dans des métiers antérieurement brevetés. Néanmoins son prix modique (25 francs en merisier) en rend la vente et l'exportation faciles.

Les dévidoirs de salon à 30 francs en merisier sont établis avec intelligence et élégance.

Pour l'ensemble de cette fabrication, qui comprend, outre les métiers, des nécessaires, caves à liqueurs, corbeilles, etc. le jury cite favorablement M. Fazon.

ARTISTES, CONTRE-MAITRES ET OUVRIERS

NON-EXPOSANTS.

Médaille d'or. M. LIENARD, dessinateur pour meubles et orfévrerie.

Cet habile dessinateur a particulièrement travaillé pour M. Froment-Meurice, qui s'empresse de payer un tribut de reconnaissance à M. Lienard, dont l'expérience et le goût ont contribué à placer son atelier à un rang si élevé.

Aussi, sur le rapport de M. Wolowski, qui constate le succès et les immenses travaux de M. Lienard, le jury central, voulant témoigner à cet habile artiste sa haute satisfaction, et récompenser en lui des qualités essentielles du dessinateur et de l'artiste, lui décerne la médaille d'or.

MM. FANNIÈRE frères, sculpteurs et ciseleurs.

MM. Fannière frères, ouvriers ciseleurs chez M. Froment-Meurice, ont puissamment contribué, par leurs travaux, à la réputation de cet orfévre d'élite, et ces habiles artistes, dont il est fait mention au rapport de M. Froment-Meurice, ont dû recevoir une haute marque de distinction de la part du jury central, qui a cru ne pouvoir mieux faire que de leur décerner une médaille d'argent.

M. JACUM, ouvrier lithographe,

Est élève de M. Lemercier. Cet habile artiste a puisé à cette brillante école tout le savoir et la science que comporte le travail de la lithographie.

C'est chez M. Cattier que M. Jacum a mis en œuvre son grand savoir d'imprimeur lithographe; aussi, pour être juste, M. Cattier reconnaît que la bonne réputation de sa maison est due entièrement aux travaux de cet ingénieux et habile artiste.

Le jury central décerne à M. Jacum une médaille d'argent.

M. LAISNÉ.

L'imprimerie de MM. Firmin Didot frères est hors de concours depuis cinq années : son honorable chef fait partie du jury central depuis la dernière exposition, et c'est à ses lumières qu'on a dû en 1844 et qu'on devra en 1849 les rapports sur l'ensemble de l'imprimerie. Le jury, tout en appréciant la valeur de ce concours, regrette de ne pouvoir plus placer dans son rapport en tête des récompenses la maison de M. Didot, qui a longtemps fait la gloire de cette noble industrie, et qui en est toujours l'honneur. Une occasion se présente cette année de consigner ces regrets, et le jury la saisit avec d'autant plus d'empressement qu'il répare en même temps une omission, la seule injustice dont M. Didot pût se rendre coupable.

M. Laisné, prote de cette grande imprimerie, a été signalé au jury central comme un de ces hommes qui s'élèvent par leur intelligence, qui maintiennent leur autorité par leur caractère et qui servent d'exemple par ce long dévouement de toute la vie, qui attache l'ouvrier au patron et fait de l'atelier sa famille et sa maison. M. Didot, par un scrupule honorable, a refusé d'insérer dans son rapport une mention et des détails qui pouvaient sembler un éloge indirect donné à ses propres travaux. Le jury, tout en appréciant la délicatesse de cette réserve, ne s'est pas cru obligé de l'imiter: il a voulu que les titres de M. Laisné fussent consignés dans le rapport et fissent connaître les raisons qui l'ont porté à lui décerner la médaille d'argent.

Entré dans la maison de M. Didot en 1820, il a fait son apprentissage en parcourant tous les degrés, en s'initiant à toutes les pratiques de son métier. Devenu prote, c'est-à-dire contre-maître général de ce grand atelier, il n'a cessé d'en exercer les actives fonctions que de 1832 à 1836, pour aller monter et diriger l'imprimerie que Méhémet-Ali avait établie dans la seconde de ses capitales. Ces trois années doivent également lui être comptées comme des titres à la bienveillance du jury central; car M. Laisné a porté une conduite exemplaire et il a fait preuve d'un caractère honorable dans un pays où le nom de Franc est loin d'être toujours le synonyme d'honneur et de probité. Rentré depuis quinze ans dans l'imprimerie de MM. Didot, il n'a cessé d'en diriger tous les travaux, et il nous serait impossible de rendre compte de ses mérites sans présenter le tableau de l'activité de ce grand établissement qui, seul, dans l'imprimerie, a conservé, avec une tendance érudite et un goût littéraire toujours pur, les anciennes traditions des Étienne et des Aldes.

Nous ne pouvons donner une plus grande extension à ce rapport. Contentons-nous de représenter ce prote habile surveillant à la fois l'exécution morcelée des impressions courantes et le travail suivi des grandes collections littéraires; ici, tous les auteurs grecs, avec la traduction latine en regard; là, les in-quarto de la collection des Documents inédits du ministère de l'instruction publique. Ajoutons plusieurs grands ouvrages à figures, et des collections compactes format in-12, l'ensemble des travaux de l'Institut, l'*Univers pittoresque*, vaste collection entièrement clichée; enfin, l'*Annuaire du commerce*, dont les 1,800 pages, conservées en composition pour subir les remaniements de chaque année, représentent un poids de 27,000 kilogrammes de caractères et un matériel de près de 100,000 francs.

Faire marcher de front et sans les confondre toutes ces entreprises, échelonner la besogne et la répartir assez habilement pour que chaque ouvrier puisse avoir son travail de chaque jour, en se prêtant aux lenteurs comme aux impatiences des auteurs, surveiller en même temps la composition, le tirage, le matériel et les approvisionnements de toutes sortes, éviter les retards de toute nature, se rendre compte de la tâche accomplie par chacun et de ce qui lui est dû, du travail livré à chaque client et de ce qu'il doit à la maison, telle est, bien sommairement, l'action multiple et continue d'un prote habile, et M. Laisné répond à toutes les exigences de ses fonctions.

Nous venons de dire la part active que M. Laisné prend dans les opérations de cette maison, nous consignerons ici une opinion qui lui appartient. Apprenant que le jury central songeait à le distinguer, il nous a dit : « Je suis confus et bien touché de tant d'honneur; mais l'orgueil que j'en ressens ne modifie pas l'opinion que j'ai sur cette répartition de vos récompenses. Vous signalez mon zèle, mais votre consciencieuse attention suivra-t-elle l'échelle continue des efforts de chacun de nous dans l'œuvre commune qui s'appelle l'imprimerie de M. Didot ? Nous exécutons tous la pensée de notre chef, chacun avec sa part de capacité, d'intelligence, de zèle; récompensez tous nos ouvriers en même temps que moi, chacun dans la proportion exacte de sa participation, ou, pour mieux nous contenter tous, ne mentionnez que notre chef, chacun de nous saura prendre dans les distinctions qu'il recevra la part d'honneur qui lui revient. » Cette opinion en principe nous a paru assez remarquable, cette modestie trop estimable pour la passer sous silence. Nous avons voulu l'ajouter aux autres titres de M. Laisné à la médaille d'argent que lui décerne le jury.

M. BAILLEUL, prote de M. Bachelier.

Parmi les ouvriers qui secondent les chefs d'établissements, il en est peu qui méritent autant une distinction toute particulière que les contre-maîtres d'imprimerie, nommés *protes*, d'un nom grec qui signifie *premier*, parce qu'ils sont en effet les premiers au travail, comme ils le sont aussi par leur intelligence, puisque c'est toujours parmi les plus habiles ouvriers et les plus instruits, les plus probes et les plus dévoués, que le patron choisit son prote pour en faire son *alter ego*.

Depuis quelques années, les protes de l'imprimerie de Paris ont formé une société sous le patronage de leurs chefs. Dans leurs réunions mensuelles, ils traitent de questions relatives à l'art typogra-

phique; ils font même des excursions dans le domaine de la littéra-
ture et de la poésie, jamais dans celui de la politique.

M. Bailleul, qui a été élu président de cette association par le
suffrage de ses confrères, a été successivement prote chez M. Cra-
pelet, puis chez Mᵐᵉ Huzard et M. Bachelier, son successeur, où
il s'est toujours distingué par toutes les qualités qui signalent un
prote d'imprimerie.

En rendant compte de l'exposition de M. Bachelier, nous avons
signalé les beaux spécimens des formules algébriques qu'il a exposés.
C'est pour se conformer au désir qu'avait M. Bachelier de donner à
ces formules toute la perfection désirable, que M. Bailleul, qui allie
aux connaissances déjà si variées qu'exige la condition de prote
celles des procédés de la gravure et de la fonderie des caractères,
se mit en rapport avec M. Charles Laboulaye, ancien élève de
l'École polytechnique, directeur de la fonderie générale des caractères.

Par d'heureuses combinaisons de la gravure et de la fonte des
divers signes, il a simplifié la composition de ces formules algébriques si compliquées et leur a donné plus de régularité. L'œil se
repose avec satisfaction sur l'ensemble de ces chiffres groupés habilement avec les racines et les radicaux.

C'est un véritable service rendu par M. Bailleul à cette partie de
l'art typographique, dont l'exécution est devenue plus facile et ne
laisse plus rien à désirer.

Le jury honore en M. Bailleul les protes de l'imprimerie française, dont il peut être considéré comme le représentant, puisque
le suffrage de ses confrères l'a élu leur président. Il lui décerne la
médaille d'argent.

Médailles
de bronze.

M. Joseph WINTERSINGER, contre-maître, directeur des presses mécaniques de MM. Claye et Cⁱᵉ.

L'art d'imprimer les gravures en bois a fait d'année en année
de véritables progrès, et c'est à l'habileté et aux soins minutieux apportés par les conducteurs des mécaniques à imprimer qu'est dû
en grande partie le succès des gravures sur bois adoptées maintenant si généralement dans nos livres. Sans ces soins intelligents,
qui transforment presque l'ouvrier imprimeur en véritable artiste,
l'art du graveur sur bois disparaîtrait presque entièrement, et sa
réputation serait compromise par une impression monotone et sans

effets : on ne saurait donc trop encourager le petit nombre d'ouvriers imprimeurs habiles qui, ayant senti toute l'importance des mises en train, ont su, avec une patience guidée par le sentiment de l'art, placer les hausses là où le dessin exige une intensité plus ou moins grande dans les teintes, découper les endroits qui demandent des dégradations de tons, enfin donner à l'impression des gravures en bois l'apparence de belles gravures en taille-douce.

MM. Aristide et Wintersinger se sont créé en ce genre une véritable réputation.

Ce dernier est contre-maître des presses mécaniques de M. Claye, dont nous avons signalé les belles impressions, soit pour les textes, soit pour les gravures sur bois. Mais M. Claye est loin de vouloir s'approprier tout le mérite de ces beaux tirages ; nous croyons même devoir reproduire, comme un exemple de sa modestie, la note qu'il nous a communiquée :

« Permettez-moi de rappeler à votre bienveillant souvenir et de « recommander tout particulièrement à votre justice notre contre-« maître imprimeur, M. Joseph Wintersinger, dont le goût, le savoir-« faire et l'intelligence méritent récompense. Aussi habile à tirer « parti de l'instrument mécanique, qu'il a sérieusement étudié, « qu'imprimeur distingué à la presse manuelle, il s'est fait distinguer « des dessinateurs et graveurs, qui le regardent comme hors ligne « pour l'impression des gravures sur bois. Puisque le Gouvernement « pense à donner des encouragements aux ouvriers, je suis heureux « de vous signaler celui-là, et je le recommande avec d'autant plus « de confiance à votre bienveillante attention, que j'ai la conviction « intime que si le jury lui accordait une distinction, ce serait un « acte de bonne justice qu'il accomplirait en faveur d'un homme « qui le mérite à tous égards. »

Le jury, informé du mérite généralement reconnu de M. Joseph Wintersinger, et croyant devoir récompenser en lui les efforts qu'il a faits pour porter à un aussi haut degré de perfection le tirage des gravures sur bois, lui accorde la médaille de bronze.

M. Jean-Baptiste OSMONT, gérant de la fabrique de meubles laqués de Mme Ve Osmont, impasse Saint-Sébastien, nos 8 et 10, à Paris.

Nous avons fait connaître l'excellente exécution, sous le triple rapport de l'ébénisterie, du laquage et du décor, des meubles qui sortent des ateliers de Mme Ve Osmont; nous avons mentionné en même temps la direction intelligente qui est imprimée au travail et le bon goût qui préside au choix et à l'ornementation des modèles.

C'est en grande partie à M. Osmont aîné, beau-frère de Mme Ve Osmont, que sont dus, et cette entente de la fabrication, et les progrès qu'elle a amenés. La connaissance des procédés en usage en Angleterre, une collaboration active avec son frère pendant quelques années, ont donné à M. Jean-Baptiste Osmont une grande expérience, qu'il met habilement à profit.

Simple gérant de la fabrique, il ne participe pas à la récompense élevée qui a été confirmée à Mme Ve Osmont; le jury central veut témoigner à M. Osmont aîné, qu'il apprécie ses efforts laborieux et lui décerne une médaille de bronze.

Le jury se plaît à accorder aux contre-maîtres et ouvriers orfèvres suivants, pour leurs bons travaux et surtout leur bonne conduite, des médailles de bronze.

MM. AVRILLON.	MM. NIVILLER (Charles).
BABEUR.	SOLLIER.
BROECK.	VIAUD.
DEVIENNE.	WISSET.
LEROY (Eugène).	

Mentions honorables. M. Émile BERTRAND, ouvrier peintre de fleurs sur meubles laqués, chez Mme Ve Osmont, à Paris.

Le jury central accorde une mention honorable à M. Émile Bertrand, peintre de fleurs sur laques, très-habile, intelligent et laborieux.

Le jury espère qu'aux expositions prochaines on lui fera mieux connaître les ouvriers qui, par l'invention de perfectionnements ou de bonnes méthodes de travail, par un goût, une habileté, une intelligence supérieurs, sont dignes de récompenses. L'industrie parisienne possède de ces ouvriers et de ces ouvrières méritants. Cette année, faute de renseignements, c'est en quelque sorte à titre exceptionnel que le jury a distingué M. Émile Bertrand avec

MM. BRAMET, prote de M. Dupont, MARÉCHAL, DELAND et FISTEL.

Dans le volume fort remarquable exposé par M. Dupont sous le titre, *Essais pratiques d'imprimerie*, où plusieurs genres de mérite et de difficultés d'exécution sont réunis, le jury a remarqué un médaillon polychrome, indiquant que ce volume a été composé par M. H. Maréchal, tiré par MM. Deland et Fistel, sous la direction de M. Bramet, prote. Le jury croit devoir signaler le concours de ces habiles ouvriers, et leur accorder une mention honorable, qui leur attestera tout à la fois l'intérêt que le jury apporte à la parfaite exécution de leur travail, et leur rappellera qu'ils ont contribué, par leur talent et leur zèle, à la réputation et au succès de l'établissement dont ils font partie.

Le jury central accorde également aux contre-maîtres et ouvriers orfèvres suivants des mentions honorables :

MM. CARRIÈRE.	MM. LEBON.
DEUBERGNE.	MULERET.
DOLBERGEN.	PLOUIN.
GAGNE.	POUX.
GILBERT.	VERREAUX.

Le jury central accorde également aux contre-maîtres et ouvriers orfèvres suivants des citations favorables :

Citations favorables.

MM. CHAUCHEFOIN.	MM. JULIOT.
CLEF.	MAGNUS.
CROVILLE.	PLOUIN (Alexandre).
DOUY.	PANSETON.
FREMONTEIL.	BASTIÉ.

DIXIÈME COMMISSION.
ARTS DIVERS.

MEMBRES DU JURY COMPOSANT LA COMMISSION :

MM. L. de Laborde, président; Blanqui, A. Firmin Didot, Dumas (de l'Institut), Héricart de Thury, Péligot, J. Persoz, Natalis Rondot, Wolowski, M. Gaussen, Geoffroy de Villeneuve.

PREMIÈRE SECTION.

PAPETERIE.

M. Ambroise Firmin Didot, rapporteur.

CONSIDÉRATIONS GÉNÉRALES.

En 1844, votre rapporteur s'exprimait ainsi : « D'après « l'examen des produits exposés cette année, les progrès de la « papeterie ont été tels, depuis cinq ans, qu'on a tout lieu de « croire que cette belle industrie approche, après tant d'efforts « et tant de catastrophes, du but auquel toute industrie doit « enfin s'arrêter. »

Les faits sont venus confirmer cette assertion, et désormais, à moins d'un changement complet de système, ce qui est peu probable, on ne doit plus s'attendre qu'à quelques améliorations de détail.

L'Angleterre, qui nous a devancés de vingt ans dans la fabrication du papier continu, dont l'idée et les essais y avaient été importés en 1796 par Didot (Saint-Léger), n'a sur nous maintenant aucun avantage. Les plus habiles fabricants anglais, MM. Dickenson et Longman, se sont plu à le reconnaître à l'exposition précédente.

Toutefois, le temps, qui finit par tout dévoiler, a fait reconnaître les inconvénients résultant de l'abus du procédé de blanchiment dû à Bertholet qui altère la solidité, autrefois si remarquable dans les anciens papiers, alors qu'on se bornait au simple lessivage des chiffons. On a donc modifié l'emploi trop énergique du chlore gazeux, qui maintenant est remplacé en grande partie par le chlore à l'état liquide; les lavages ont été multipliés et rendus plus complets; enfin on a eu recours aux anti-chlores, particulièrement aux sulfites, pour neutraliser ce qui peut rester encore dans les pâtes de principes délétères; mais c'est au temps, qui a signalé le mal, à nous dévoiler le meilleur des procédés pour empêcher les papiers de se détériorer. Hâtons-nous d'ajouter que de grandes améliorations ont été déjà réalisées, et que les bibliophiles doivent de plus en plus se rassurer sur l'avenir des papiers fabriqués aujourd'hui.

Ces admirables papiers, dits *pelure* et *papier végétal*, d'une égalité, d'une finesse, d'une solidité si merveilleuses; ces papiers *coquille*, éblouissants de blancheur; ces papiers *registre*, rivalisant en solidité avec les fameux papiers de Hollande; ceux dits *parchemin* et qui ont, en effet, toutes les qualités du parchemin, se reproduisent cette année avec la même perfection que nous avons signalée à l'exposition précédente, et c'est avec une vive satisfaction que nous voyons s'accroître considérablement le nombre de fabriques nouvelles qui rivalisent presque avec celles des Canson, des Lacroix, des Johannot, des Kleber, des Desgranges, etc. l'honneur de la papeterie française.

C'est là le principal résultat de cette exposition, et on n'en saurait désirer de plus satisfaisant, puisqu'il nous assure une multiplicité d'excellents produits qui facilitera nos exportations.

Nous devons toutefois signaler une amélioration dans la fabrication des papiers pour les journaux. Le prix en a diminué, bien qu'ils soient en général mieux fabriqués et qu'ils aient acquis une plus grande solidité par l'emploi qu'on a su faire de matières végétales, telles que cordes, bâches, ficelles, etc. que l'on rebutait auparavant ou qu'on n'utilisait que pour des papiers grossiers.

Les papiers de couleur se sont aussi perfectionnés et se présentent en grand nombre à cette exposition. L'extension qu'a prise la fabrication des fleurs a engagé quelques-unes de nos meilleures fabriques à rivaliser avec la nature en vivacité et variété de couleurs. Leur zèle a été récompensé par de véritables succès, et ces efforts pour des objets exceptionnels ont profité en général à la fabrication de produits d'une utilité plus générale.

De nouveaux services sont sollicités de la papeterie par de nouvelles découvertes. La photographie, ou plutôt l'*héliographie* sur papier, dont la découverte est toute récente, réclame de nouveaux efforts de nos fabriques, particulièrement de celles qui sont placées dans les conditions les plus favorables par la nature du sol et la pureté des eaux. Déjà guidés par nos plus habiles fabricants, par les observations que l'expérience et les comparaisons indiquent, nos artistes et nos savants chimistes se sont livrés à des essais qui méritent d'être encouragés.

Le jury émet donc le vœu que la Société d'encouragement pour l'industrie nationale veuille bien proposer un prix pour hâter des tentatives dont la complète réussite enrichirait notre siècle d'un prodige de plus.

Les essais de papiers fabriqués avec les tissus végétaux de bananier reparaissent cette année avec quelques améliorations; on a vu aussi se produire des essais fabriqués avec le palmier nain de l'Algérie. Tous ces papiers offrent les avantages de solidité qu'on remarque dans tous les papiers fabriqués avec des pâtes dites *vertes*, c'est-à-dire dont les filaments, n'ayant pas subi les manutentions et blanchiments successifs des toiles, ont conservé toute leur ténacité. Mais la transparence et l'aspect *vitreux* de cette nature de pâte ne permettront jamais de les employer que dans une certaine proportion et pour corroborer les chiffons dits *de ville*, trop énervés par les blanchiments excessifs. Ils pourront toutefois contre-balancer l'introduction toujours croissante des cotons, dont l'importation en France s'élève maintenant à 60 millions de kilogrammes par an, et qui ne fournissent pour la fabrication des papiers qu'une matière bien moins solide que celle du chanvre et du lin.

Le prix considérable du transport de ces substances exotiques a été jusqu'à présent un obstacle insurmontable à leur emploi en France; mais il n'est pas douteux que, de même qu'en Chine tout le papier est fabriqué avec le bambou, et qu'à la Havane il est confectionné avec les produits végétaux indigènes, de même on doit espérer que nous pourrons bientôt utiliser avec avantage le palmier nain en Algérie. Il faut donc savoir gré à tous ceux qui s'efforcent de substituer ces matières à celles qui pourraient un jour nous manquer, si les progrès croissants de la civilisation, multipliant subitement les besoins de la lecture et de l'écriture, renchérissaient considérablement le prix des chiffons; mais leur production s'est jusqu'à présent maintenue en France au niveau des progrès de la civilisation. Là où l'instruction est le plus répandue, là aussi il est plus cher; c'est même une sorte de thermomètre qui peut être consulté par la statistique pour constater l'état intellectuel des divers pays.

MM. CANSON frères, à Vidalon-lès-Annonay (Ardèche).

Rappels de médailles d'or.

Au point de perfection où la papeterie mécanique est parvenue en France, et qui est due surtout à la famille Canson; dont les fabriques datent du commencement du siècle dernier; se maintenir à la hauteur de la position que cette famille a conquise est un grand honneur pour MM. Étienne fils aîné et son jeune frère, qui depuis longtemps dirigent l'établissement paternel, et ont exposé en leur nom, en 1844, ces beaux produits qui leur ont mérité la médaille d'or, et ont été signalés avec tant de distinction dans le rapport du jury.

L'examen des vingt-sept articles qu'ils ont envoyés à l'exposition et qui offrent un spécimen de tous les papiers employés par le commerce et les arts, depuis le grand-monde jusqu'aux papiers écoliers, ne pouvait amener d'autre résultat que de constater ce qui est su de tous, que, loin de reculer, le célèbre établissement de MM. Canson améliore chacun de ses produits par l'effet même de la longue expérience que leurs habiles chefs et leurs nombreux ouvriers ont acquise.

A la précédente exposition leur établissement comptait quatre machines; il s'est augmenté d'une cinquième; nous en félicitons le pays ainsi que MM. Canson; c'est une preuve que leurs produits si admirés de la France et de l'étranger y sont de plus en plus recherchés.

M. Étienne Canson, connu depuis longtemps comme un savant et habile mécanicien, et qui avait exposé à la précédente exposition un appareil pour mettre les chaudières à l'abri des chances d'explosion, présente cette année plusieurs turbines de son invention, qui sont adoptées généralement dans le midi de la France; leur mérite sera apprécié ailleurs. Mais nous croyons que lorsque tant de conditions honorables ont mérité d'être signalées à l'attention du Gouvernement, on peut tout espérer de sa bienveillance en faveur de M. Étienne Canson.

Le jury rappelle de nouveau la médaille d'or que MM. Canson frères continuent à si bien mériter.

M. JOHANNOT, à Annonay (Ardèche).

M. Johannot a obtenu, dès 1806, la médaille d'or pour la beauté de ses produits, juste récompense des progrès dont la papeterie lui est redevable. C'est peut-être la plus ancienne fabrique de France: elle date du milieu du dix-septième siècle, et c'est par elle qu'Ambroise Didot fit fabriquer, pour la première fois, le papier dit *vélin*, pour la collection du Dauphin.

M. Johannot n'avait point exposé en 1839 et 1844; nous voyons donc reparaître cette année, avec une vive satisfaction, les produits de ce bel et ancien établissement, qui a obtenu quatre fois la médaille d'or, et dont les produits, au nombre de vingt, ne redoutent la comparaison avec aucun de ceux de nos meilleurs fabricants.

Nous avons remarqué, entre autres, la série des papiers à dessin, et ceux à laver soit blancs, soit légèrement teintés en bistre ou couleurs tendres.

Rien de plus beau que l'égalité parfaite de l'azur dans les papiers coquilles.

Le jury est heureux de rappeler à M. Johannot la médaille d'or que ses beaux produits lui méritent à juste titre.

MM. BLANCHET et KLEBER, à Rives (Isère).

Comme le dit très-bien le rapport du jury départemental qui, pour les détails des produits de cette papeterie, renvoie à notre rapport de 1844, MM. Blanchet et Kleber ont épuisé toutes les récompenses qui se distribuent à Paris et dans les départements.

En admirant la beauté de leurs produits divers, en papiers fabriqués soit à la mécanique, soit à la cuve, nous avons également reconnu l'exactitude de cette autre assertion du jury départemental, qui s'exprime ainsi : « L'industrie de MM. Kleber et Blanchet se « perfectionne toujours, et progresse encore lorsqu'elle semble avoir « atteint les limites de la perfection. »

Aussi nous abstiendrons-nous d'entrer dans aucun détail sur les échantillons de tout genre envoyés à l'exposition par MM. Blanchet et Kleber; la notoriété publique en dira toujours plus que nous ne pourrions le faire.

Nous signalerons seulement les papiers gargousse incombustibles et imperméables, de tout calibre, qu'ils exposent pour la première fois, et qui sont employés par l'artillerie et la marine.

Le jury leur rappelle de nouveau la médaille d'or.

MM. LACROIX frères, à Angoulême (Charente).

Cette fabrique, si universellement renommée, a parcouru successivement les degrés de récompense que le jury et le Gouvernement pouvaient lui décerner.

De la médaille de bronze, obtenue en 1823, elle est parvenue successivement à la médaille d'or; et, à la précédente exposition, le chef de famille a obtenu la décoration de la Légion d'honneur. Cette fabrique doit donc être considérée comme hors de concours, et le jury est heureux de pouvoir, à chaque exposition, admirer ses produits, qui servent d'encouragement aux jeunes concurrents et qui sont un modèle de fabrication.

MM. Lacroix frères exposent seize échantillons, qui tous ont le degré de perfection qu'on est en droit d'attendre de cet établissement national.

Le jury rappelle à MM. Lacroix la médaille d'or.

MM. DURANDEAU, LACOMBE et Cⁱᵉ, à la Courn ne (Charente).

Leur papeterie complète la série de ces papeteries émérites d'Annonay, qui ont obtenu plusieurs fois la médaille d'or, et qui continuent à la mériter par la perfection de leurs produits. Elle expose vingt-huit espèces de papiers, tous parfaitement fabriqués. Son importance commerciale est moins grande que celle des autres fabriques dites d'*Angoulême*, mais ce n'est qu'une considération très-secondaire pour le jury qui, reconnaissant que MM. Durandeau, Lacombe et compagnie n'ont négligé aucun progrès, aucune innovation, et que les produits qu'ils exposent sont dignes en tout point de la réputation de leur fabrique d'or pour la troisième fois.

SOCIÉTÉ ANONYME DES PAPETERIES du Marais et de Sainte-Marie (Seine-et-Marne).

Comme les précédentes, cette papeterie, qui a obtenu toutes les récompenses nationales, est du nombre de celles qui conservent leur supériorité, et qui doivent être rangées parmi ces papeteries dont les produits continuent à honorer notre pays et à maintenir, par leur exemple, les bonnes traditions. Treize échantillons de papier prouvent que le nouveau gérant, M. Doumerc, soutient dignement la réputation de cette fabrique, où s'exécutent, depuis les cartons fabriqués mécaniquement pour les relieurs, jusqu'à ces papiers filigranés destinés au service de la banque de France, aux emprunts, aux actions, etc. Dans ces derniers papiers, les fonds clairs et les fonds opaques, et enfin tous les genres de difficultés, sont mis en usage pour créer des obstacles à la contrefaçon.

Le jury, qui a examiné avec une très-grande satisfaction les produits de cette fabrique, déclare qu'elle mérite toujours la médaille d'or, qu'il lui rappelle pour la quatrième fois.

Médailles d'or.

SOCIÉTÉ ANONYME du Souche (Vosges).

Les produits de la papeterie du Souche, dont la fabrication est dirigée par M. Journet, et l'administration à Paris, par M. Mauban, sont aussi estimés en France que dans les pays étrangers. En même temps qu'elle acquiert une plus grande importance, puisqu'elle occupe trois grandes machines et emploie 335 ouvriers, elle fait continuellement de véritables progrès et marche de pair avec nos meilleures fabriques pour *tous* les papiers d'impression, d'écriture, de tentures, de papiers dits *pelures et serpentes,* et particulièrement pour les papiers registres, qui ont acquis encore plus de solidité. Rien de plus beau que le papier grand-aigle collé, *pelure,* du poids de 8 kilog., et du prix de 36 francs; il rivalise avec le papier végétal de M. Canson et de MM. Lacroix frères.

Cette perfection dans l'exécution, lorsqu'elle s'étend sur une grande masse de produits, puisque cette fabrique fournit 500,000 kilog. de papiers par an, la place donc au premier rang et lui en a mérité les honneurs.

Mais M. Journet, dont le savoir et l'expérience sont généralement appréciés de tous nos fabricants, a exposé cette année une série de papiers de couleur, et particulièrement un papier d'un rose tellement éclatant, que la fabrication des fleurs qui, jusqu'à présent, n'avait jamais pu arriver à une telle intensité de ton, en obtiendra de nouveaux effets; c'est donc une conquête de plus en ce genre, dont nous sommes redevables à M. Journet.

Pour un autre ordre de produits, la science est redevable à M. Journet d'un papier à filtrer destiné à nos laboratoires de chimie, pour remplacer le papier dit *Berzelius.* Il réunit, en effet, toutes les conditions du papier de Suède, employé jusqu'ici pour cet usage. On peut juger de la pureté de la pâte par l'analyse qu'en a bien voulu faire M. Bareswil, préparateur de M. Pelouze.

Une feuille pesant 9 grammes 6,970 milligrammes, ayant en surface $0^m,2336$, a donné en cendres 0,0293.

D'où il résulte que 100 kilog. de ce papier donneraient 3o2 grammes de cendres, soit 3 millièmes de cendres pour un gramme. C'est un admirable résultat.

Tout en tenant compte à M. Journet de son habileté et du soin extrême qu'il a apporté à cette fabrication, il faut reconnaître que la nature du sol traversé par le cours d'eau des Souches et la pureté de l'eau, sont les conditions indispensables pour obtenir un pareil résultat. Le sol est granitique ou siliceux, ce qui est un heureux privilége contre lequel ne pourront probablement jamais lutter les cours d'eau d'Angoulême, qui sont généralement plus ou moins calcaires; ceux d'Annonay, qui contiennent quelques parties ferrugineuses, et ceux d'Essonnes qui contiennent des parcelles de tourbe qui forment le fond de cette vallée. Aussi le jury espère-t-il beaucoup de la promesse que lui a faite M. Journet de s'occuper de la fabrication d'un papier favorable à l'héliographie et aux merveilles qu'on doit espérer de cette étonnante découverte.

Une instruction détaillée et constatant les résultats des expériences comparées de diverses sortes de papiers lui a été remise pour le guider dans ses essais.

Le jury proclame le mérite de M. Journet et lui décerne la médaille d'or. Il mentionne aussi honorablement l'habile administration de M. Manban, car les succès de l'industrie ne dépendent pas moins de la bonne administration que de l'habile fabrication.

MM. LOMBARD, LATUNE et Cⁱᵉ, à Crest (Drôme).

Ces honorables fabricants se sont signalés à toutes les expositions par la perfection de leurs produits; aussi la notoriété publique, non moins que l'usage et l'estime générale que fait le commerce des sortes si variées qui s'exécutent dans cette papeterie, l'une des premières établies en France, la place-t-elle au premier rang.

Ils exposent quarante-deux échantillons de papier de toute nature qui, tous, méritent les plus grands éloges. La commission du jury, à la précédente exposition, a fait subir à ces papiers divers essais qui ont constaté l'excellence de leur fabrication et leur solidité. MM. Latune et Lombard ont encore apporté de nouveaux perfectionnements à leurs produits.

C'est en 1820 qu'ils ont remplacé l'ancien système de fabrication à la cuve par les mécaniques de papier sans fin. Dès 1823, ils ont obtenu la médaille de bronze; en 1834, la médaille d'argent, qui leur a été rappelée en 1839; une nouvelle médaille d'argent leur a été accordée avec distinction, en 1844.

Le jury croit devoir récompenser la continuité d'une perfection de produits d'autant plus méritoire que la fabrique de MM. Lombard et Latune, située dans le département de la Drôme, n'a pas, par son isolement, les mêmes facilités dont jouissent les fabriques qui, par leur agglomération, peuvent se prêter un mutuel secours, soit par des communications spontanées et réciproques, soit par une comparaison immédiate de leurs produits et de leurs procédés, soit enfin par les communications des ouvriers et des mécaniciens.

Le jury décerne donc à ces habiles fabricants la médaille d'or pour récompenser leur mérite et leur persévérance.

MM. LAROCHE frères, à Angoulême (Charente).

Nouvelle médaille d'or.

C'est une de ces admirables fabriques d'Angoulême qui maintiennent depuis longtemps la réputation des papiers de cette provenance. Toutes les espèces de papiers qu'ils exposent sont irréprochables; on ne peut en citer un qui soit inférieur aux autres, aussi les produits de cette papeterie célèbre ne sont-ils pas moins recherchés à Paris que dans les pays étrangers, où ils soutiennent l'honneur de la fabrication française.

Les papiers dits *pelures* peuvent être proclamés le chef-d'œuvre de ce genre de fabrication, et la preuve, c'est que, comparés au papier végétal de M. Canson, ils ne leur sont en rien inférieurs.

Ce sont ces admirables papiers, fabriqués par MM. Laroche frères, auxquels M. Dédé donne un apprêt qui les fait rechercher des artistes. Ils leur trouvent toutes les qualités désirables, et ils coûtent moins cher que le papier végétal.

MM. Laroche frères ont reçu la médaille d'argent en 1839; elle leur a été rappelée avec les plus grands éloges en 1844. Le jury proclame le mérite incontestable des produits de ces honorables fabricants et leur décerne une nouvelle médaille d'or.

M. OBRY fils et Cⁱᵉ, à Prouzel (Somme).

Nouvelles médailles d'argent.

A l'exposition de 1844, cette papeterie, la plus considérable du département de la Somme, a obtenu une médaille d'argent. Les éloges donnés aux papiers qu'elle a fabriqués alors ne pourraient qu'être répétés à ceux qu'elle expose aujourd'hui, car ces produits que le jury a examinés ont encore acquis quelque degré de supériorité pour la solidité. On sait qu'une spécialité des produits de cette fabrique est le papier noir, destiné à envelopper les batistes, dont, par le contraste de la couleur, il rehausse la blancheur sans en ternir l'éclat, inconvénient inhérent plus ou moins aux papiers de ce genre, qui, lorsqu'ils ne sont pas aussi parfaitement exécutés, laissent se détacher quelques parcelles de noir dont le contact est très-funeste aux objets précieux qu'ils enveloppent.

Cette année, cette fabrique expose des papiers violets destinés à envelopper les aiguilles tout en les préservant de la rouille. L'exécution en est tout aussi parfaite.

Plusieurs papiers de couleur ont aussi appelé l'attention du jury par leur qualité.

Le jury, qui apprécie les efforts de MM. Obry et compagnie, leur décerne une nouvelle médaille d'argent.

M. GRATIOT, à Essonnes (Seine-et-Oise).

Cette papeterie, à laquelle le jury a décerné une seconde médaille d'argent, en 1844, est aussi remarquable par la perfection des produits que par l'habile administration de M. Amédée Gratiot. C'est, de plus, une de nos principales fabriques, puisqu'elle entretient trois grandes machines dont les produits s'élèvent à une valeur de près d'un million de francs.

Des soins tout particuliers sont donnés aux ouvriers dans cette fabrique; ils attestent les sentiments d'une philanthropie aussi généreuse qu'éclairée de M. A. Gratiot.

Par la proximité de Paris, cette fabrique peut suffire aux besoins instantanés qui ne pourraient être satisfaits par des fabriques éloignées de la capitale. Elle exécute à des prix modérés et en grande abondance les papiers destinés à l'exportation et les confectionne aussitôt la commande. Parmi les papiers de tout genre qu'elle expose, et qui tous sont d'une exécution fort remarquable, la série des papiers de couleur est très-riche et très-belle; c'est encore une des spécialités de cette fabrique.

Les coquilles vergées fabriquées à la mécanique, dont M. Gratiot avait exposé des échantillons à la précédente exposition, semblent s'être encore perfectionnées; enfin, parmi le grand nombre de papiers exposés, ceux qui sont destinés à la lithographie nous ont paru très-appropriés à ce genre d'impression.

Le jury, voulant témoigner toute sa satisfaction à M. Gratiot pour l'habile direction de sa fabrication et de son administration, lui décerne, pour la troisième fois, une nouvelle médaille d'argent, récompense si justement méritée.

Médailles d'argent.

MM. LAROCHE-JOUBERT, DUMERGUE et Cᵉ, à Nersac (Charente).

Créée en 1841, cette fabrique s'est placée dès son début au rang des premières fabriques d'Angoulême; les produits qu'elle expose cette année font voir qu'elle fait partie de cette élite des papeteries françaises.

De même que pour celle de MM. Lacroix frères, il serait superflu de décrire chaque sorte des papiers qu'elle expose; ce serait le même éloge à faire de chacune, et d'ailleurs la notoriété publique en dit plus que ne pourrait le faire l'examen de chaque échantillon soumis au jury, et tous réunis dans un registre où vingt et une sortes rivalisent entre elles de perfection. La fabrication de cette belle papeterie ne s'élève pas à moins de 1,000,000 de francs chaque année.

Nous nous bornerons à signaler l'admirable papier vergé fabriqué à la machine. Bien des essais avaient été tentés par nos meilleurs fabricants et avaient réussi dans un degré plus ou moins satisfaisant. Mais depuis plusieurs années, MM. Laroche-Joubert, Dumergue et compagnie en livrent au commerce des quantités considérables commandées par des commissionnaires qui les vendent comme papiers anglais.

Le jury accorde à MM. Laroche-Joubert, Dumergue et compagnie, la médaille d'argent qu'ils ont si justement méritée.

MM. BRETON frères, à Pont-de-Claix (Isère).

La papeterie de MM. Breton frères se distingue par la bonne qualité de ses produits et par les progrès dont on lui est redevable. À l'exposition précédente, le jury a signalé le papier façon de Chine qui s'y fabrique avec succès et dont les échantillons exposés cette année prouvent de nouveau la parfaite exécution. Les imprimeurs en taille-douce les plus célèbres de Paris ont attesté alors et attestent encore aujourd'hui que les impressions faites sur ce papier sont au moins aussi belles que sur le papier de Chine même. Un prix de 2,000 francs a été accordé par la société d'encouragement pour l'industrie française à MM. Breton pour ce genre de produits.

A la précédente exposition, dans les considérations générales sur la papeterie, le jury, en rendant compte des inventions et des progrès dus à chaque fabricant, avait attribué à MM. Blanchet et Kleber, de Rives, l'invention des tambours laveurs, qui ont apporté une si grande amélioration au lavage des pâtes. Ces honorables fabricants se sont empressés de déclarer que, tout en apportant un perfectionnement à ce procédé, ils reconnaissaient que l'invention en est due à MM. Breton frères, qui étaient parvenus, d'essais en essais trop longs à relater ici, à faire fonctionner dans les piles le tambour laveur, invention qu'ils s'empressèrent de montrer à MM. Blanchet, de Rives. Ceux-ci l'adoptèrent en remplaçant la feuille de cuivre percée de trous dont MM. Breton recouvraient leur tambour laveur par une toile métallique, ce que MM. Breton adoptèrent à leur tour comme perfectionnement et complément de cette utile invention, qui a tant contribué à donner aux papiers la solidité dont manquent tous ceux qui ont été fabriqués avant cette découverte.

Tous les produits exposés par MM. Breton frères se recommandent par leur excellente fabrication et méritent à ces habiles fabricants la médaille d'argent que le jury leur décerne.

M. FERRAND-LAMOTTE, à Troyes (Aube).

Rappels de médaille de bronze.

A l'exposition précédente, il a été rendu compte des produits de la fabrique de M. Ferrand-Lamotte et de son appareil pour presser les pâtes au sortir du défilage. Cette année, M. Lamotte expose de nouveau cette machine, avec quelques améliorations. Ainsi, en tête de l'appareil est placé un agitateur pour mieux diviser la pâte. Mais, en s'améliorant, cette machine se complique. Il est vrai qu'on peut utiliser les toiles métalliques qui, hors de service pour la fabrication du papier, servent pour conduire les pâtes sur cette machine, dont le système offre de l'analogie avec la machine à papier continu. Quoique plusieurs fabricants aient commandé de semblables machines à M. Ferrand-Lamotte, il faut cependant attendre qu'une plus longue expérience ait prouvé que les avantages qu'elle présente ne se trouvent pas compensés par une main-d'œuvre plus coûteuse que ne l'est le pressage des pâtes au moyen des presses hydrauliques.

Le jury apprécie les efforts que fait M. Ferrand-Lamotte, l'un de nos plus ingénieux fabricants. Aussi lui rappelle-t-il la médaille de bronze qui lui a été décernée en 1844.

MM. ANDRIEUX, VALLÉE et C*, à Morlaix (Finistère).

Les papiers de la Bretagne ont été longtemps estimés uniquement pour leur solidité; mais leur fabrication était restée stationnaire. On doit savoir gré à MM. Andrieux, Vallée et compagnie, des efforts qu'ils ont faits pour améliorer les produits de cette contrée de la France, préservée jusqu'à présent presque entièrement de l'invasion des tissus de coton. Les papiers vergés fabriqués à la cuve par M. Vallée sont très-solides et soutiennent leur ancienne réputation.

Les produits de MM. Andrieux et Vallée avaient fixé l'attention du jury à la précédente exposition, et leur avaient mérité la médaille de bronze; ils se sont depuis beaucoup accrus, ce qui prouve qu'ils ne sont pas moins recherchés par la consommation intérieure que pour l'exportation. Ces papiers sont d'excellente qualité, très-nerveux et bien fabriqués.

Le jury rappelle à MM. Andrieux, Vallée et compagnie, la médaille de bronze, comme nouvelle preuve de l'estime qu'il fait de leurs produits et des améliorations que leur doit la papeterie en Bretagne.

MM. JOURNET et C⁴, à Carcassonne (Aude).

Médailles de bronze.

C'est pour la première fois que M. Journet jeune expose les produits de sa fabrique de Carcassonne, qui rend de véritables services aux contrées où il l'a fondée, en 1830. Les vingt-huit sortes qu'il envoie comme échantillons sont d'une très-bonne exécution et prouvent l'habileté de M. Journet jeune, frère du directeur de la papeterie du Souche. Tous deux se sont formés dans les fabriques de MM. Firmin Didot, lors de l'introduction en France des premières machines à papier.

Élèves de l'école de Châlons, leurs connaissances spéciales leur ont permis de suivre avec plus de sûreté que d'autres tous les progrès qu'a faits dès l'origine la fabrication des papiers à la mécanique. Les produits de la papeterie de Carcassonne sont très-estimés dans le midi de la France, où ils trouvent un facile écoulement. Nous croyons devoir mentionner et signaler à tous les fabricants un service que peut rendre à l'agriculture chaque papeterie, et que M. Journet jeune a mis en pratique. Par un système d'irrigation des mieux entendus, il est parvenu à utiliser les eaux grasses chargées de matières animales et de potasse, provenant des lavages et des lessivages des chiffons de leur usine, et à convertir par ce moyen en d'excellentes prairies des terres qui auparavant étaient sans aucune valeur et complétement stériles.

Le jury accorde à M. Journet la médaille de bronze comme récompense de ses constants efforts.

M. ROQUES, rue des Martyrs, n° 12, à Paris.

Les nombreux essais faits en présence d'habiles chimistes ont démontré la possibilité de fabriquer le papier avec les plantes textiles des tropiques et de l'Algérie, et la solidité qu'elles donnent au papier. Elles seront donc d'un grand secours, si le prix peut se niveler avec celui des chiffons. Là est toute la question. Déjà, afin de diminuer les frais de transport, M. Roques a opéré, sur les lieux mêmes de production, des lessivages alcalins qui ont enlevé près d'un tiers du poids à la filasse, en la débarrassant de parties hétérogènes; mais il ne faut pas se dissimuler que, par l'opération du blanchiment, nécessairement très-actif, ces filasses éprouvent encore un déchet considérable, qui ne doit pas être estimé à moins de 20 p. o/o. Si M. Roques pouvait faire exécuter sur les lieux mêmes de production cette opération du blanchiment qui succède à celle du lessivage, il en résulterait une économie de 20 p. o/o sur les prix du transport, ce qui lui permettrait de se rapprocher un peu plus du prix des chiffons, car, nous le répétons, là est toute la question, et nous croyons devoir rappeler ici la conclusion du rapport très-circonstancié fait à M. le ministre de l'agriculture et du commerce, le 6 décembre 1846, par MM. Chevreul et Peligot :

« Si M. Roques peut livrer aux fabricants de papier des filasses « d'aloès, de bananier, etc. etc. douées de la ténacité qui leur est « naturelle, à un prix égal au plus à celui du chiffon de bonne qua- « lité, il aura rendu un véritable service à son pays. »

Un autre rapport, présenté à l'Académie des sciences, le 12 février 1849, par MM. Pouillet, Boussingault et Payen, témoigne de l'avantage que présenterait, pour donner de la solidité à nos papiers, l'emploi de ces substances exotiques. Ces savants chimistes ont pensé que « le projet de M. Roques arrivait à point et était digne des en- « couragements de l'Académie des sciences, puisqu'il aurait pour « but de réaliser des améliorations si importantes et qu'il pourrait « contribuer au développement de nos cultures tropicales. »

Le jury, qui a déjà rendu compte, en 1839, des essais de M. May, et qui, en 1844, a mentionné honorablement les efforts de MM. Fremendity, Gabald, Baraton et compagnie, espère qu'à la prochaine exposition M. Roques aura vaincu les difficultés qui s'opposent jusqu'à présent à l'emploi de ces substances; il lui accorde la médaille de bronze.

MM. MICHAUT frères, à Laval (Vosges).

Cette fabrique expose pour la première fois ses produits. C'est en 1836 que MM. Michaut frères ont remplacé l'ancien système des cuves par une machine qui, montée d'après les meilleurs modèles, donne d'excellents produits, que le jury a examinés avec intérêt.

Le grand-aigle pour lavis, du prix de 100 francs la rame, est d'une parfaite fabrication ; il en est de même des carrés, fleurettes, coquilles, papiers de rouleaux pour tenture. Un rouleau de papier pour calquer, du prix de 200 francs, est d'une fabrication très-remarquable.

La papeterie de MM. Michaut frères ne peut qu'accroître la réputation des papiers des Vosges.

Le jury leur accorde la médaille de bronze.

MM. PAUL et CARDAILLAC, à Toulouse (Haute-Garonne).

La papeterie mécanique que MM. Paul et Cardaillac ont récemment établie à Toulouse, d'après les procédés les plus récents, expose pour la première fois ses produits, qui sont fort bien exécutés. Cette papeterie, placée près de l'un des grands centres de population, remplace, pour un grand nombre de sortes, les papeteries d'Angoulême, qui jusqu'alors fournissaient aux besoins des imprimeurs, des lithographes et fabricants de papiers peints de ces contrées.

MM. Paul et Cardaillac ont établi une autre papeterie à Bagnère, et en ont fondé une à Valladolid, en Espagne, où ils exportent une partie de leurs produits.

Ils se sont livrés à plusieurs essais pour utiliser le palmier nain d'Algérie, le maïs et diverses sortes de joncs.

Parmi les papiers qu'ils ont exposés, le jury a remarqué des papiers dits *fleurettes* au prix de 1 fr. 60 cent. et de 1 fr. 70 cent. le kilogramme, qui sont très-bien exécutés.

Le jury accorde la médaille de bronze aux produits de la fabrique de MM. Paul et Cardaillac, qui est appelée à rendre de véritables services au midi de la France.

M. RABOURDIN, à Cusset (Allier).

Mentions honorables.

M. Rabourdin expose, pour la première fois, les produits de

deux papeteries, l'une à Cusset, département de l'Allier, et l'autre à Villeret, département de la Loire.

Les échantillons qu'il a envoyés à l'exposition prouvent que ces papeteries sont dans une bonne voie de fabrication; aussi le commerce en recherche-t-il les produits, dont les prix sont modiques. Sans prétendre rivaliser avec les belles qualités d'Angoulême, les échantillons examinés par le jury sont reconnus comme très-satisfaisants.

Ces deux papeteries fabriquent 600,000 kilogrammes par an, dont la valeur s'élève de 6 à 700,000 francs.

Le jury mentionne honorablement les produits des fabriques de M. Rabourdin.

M. GOSSE DE SERLAY, à Gueures (Seine-Inférieure).

La fabrique de Gueures est connue par les bons produits qui s'y fabriquent. Comme elle le déclare elle-même, elle s'occupe exclusivement des produits d'un usage général et courant, sans viser aux papiers de luxe. C'est une des bonnes papeteries de France, dont les produits méritent d'être honorablement mentionnés par le jury.

MM. COSTE et DESGATZ-RICOLE, à Castres-sur-l'Agout (Tarn).

Ils fabriquent des papiers à la cuve depuis 1785, et à la machine depuis 1825. Ils exposent pour la première fois. Leurs produits sont destinés plus particulièrement aux besoins des manufactures du pays et à l'exportation. C'est particulièrement le papier dit cigarettes qui est leur principale fabrication.

Le jury mentionne honorablement les produits de MM. Coste et Desgatz.

MM. PIQUES frères, à Nancuise (Jura).

Les produits de MM. Piques frères ont été cités favorablement à la précédente exposition. Les cartons à satiner le papier et les étoffes qui sont envoyés cette année nous paraissent avoir acquis encore un plus grand degré de solidité et de lustre. Le jury accorde à MM. Piques frères une mention honorable.

M. TIXIER-CHABRIER, à Ambert (Puy-de-Dôme).

Citations
favorables.

Il expose des papiers dits *serpente* remarquables par leur finesse et leur qualité soyeuse, qui les rend si précieux pour envelopper les bijoux, les dorures, etc. On est étonné du bas prix auquel M. Tixier-Chabrier peut livrer au commerce ce genre de papiers. Les 1,000 feuilles, grandeur ordinaire de carré, ne coûtent que 6 fr. 5o cent., et cependant ces 1,000 feuilles sont fabriquées à la main.

Cette fabrication tout exceptionnelle ne peut s'expliquer que par le bas prix de la main-d'œuvre en Auvergne et par l'absence de tous travaux en hiver ou pendant la saison des pluies, en sorte que ce sont en général des laboureurs ou terrassiers qui se livrent à cette occupation, pour un salaire presque nul, mais que ces populations laborieuses préfèrent à l'oisiveté.

Le jury accorde une citation favorable aux produits exposés par M. Tixier-Chabrier.

M. RENARD fils, à Nonancourt (Eure).

Il fabrique avec succès, depuis longtemps, des cylindres et autres objets concernant les machines à papiers. Ses cylindres sont particulièrement renommés pour leur solidité. Le nouveau modèle qu'il expose réunit de nouvelles conditions de durée et mérite d'être cité favorablement.

DEUXIÈME SECTION.

CUIRS ET PEAUX, HONGROIRIE, MAROQUINS, CUIRS VERNIS, TOILES CIRÉES, ETC.

§ 1ᵉʳ. CUIRS ET PEAUX.

M. Dumas, de l'Institut, rapporteur.

M. OGEREAU, rue de Buffon, n° 15, à Paris.

Rappels
de
médailles
d'or.

La perfection des produits de M. Ogereau est attestée par le nombre des commandes qui lui sont faites. Les États-Unis seuls lui demandent autant de cuirs corroyés qu'il en peut fabriquer, et depuis la dernière exposition il s'est vu contraint de doubler le nombre de ses ouvriers corroyeurs ; le prix élevé auquel il vend ses cuirs est, du reste, une garantie de leur bonne qualité. Pour les cuirs forts, il a été obligé de fonder une nouvelle usine à Randans (Puy-de-Dôme), et les produits de cette fabrique sont très-estimés dans le commerce.

Le jury le juge toujours digne de la médaille d'or qui lui fut décernée en 1839.

MM. DURAND frères, rue de l'Oursine, n° 9, à Paris.

MM. Durand frères, dont le père M. Durand-Chancerel a obtenu la médaille d'or en 1839, ont continué ses opérations dans deux des tanneries les plus considérables du quartier Saint-Marceau. 50 ou 60 ouvriers y sont continuellement employés, et produisent annuellement 10,000 cuirs forts, dont la valeur est environ de 5 à 600 mille francs, et qui, à la halle aux cuirs, se vendent toujours au taux le plus élevé. Le premier marteau Berendorf, à battre les cuirs forts, a été construit pour cette usine, qui a renoncé des premières à l'emploi de l'acide sulfurique dans la fabrication des cuirs jasés ; des expériences importantes s'effectuent chez MM. Durand pour arriver à l'accélération si désirable du tannage ; il est à espérer qu'elles auront des résultats durables.

Le jury déclare que MM. Durand frères sont dignes du rappel de la médaille d'or que leur père avait obtenue en 1839.

M. DELBUT père et Cⁱᵉ, à Saint-Germain-en-Laye (Seine-et-Oise).

Il présente à l'appréciation du jury des cuirs forts, tannés en 18, 14 et même 12 mois ; ces cuirs, connus dans le commerce et fort recherchés sur les marchés sous le nom de cuirs *Delbut*, ne sont surpassés en qualité par aucun de ceux que ses concurrents fabriquent en 2 ans, 2 ans et demi ; son procédé offre donc de grands avantages, puisqu'en diminuant la durée du tannage il permet de baisser le prix des produits.

Depuis trente ans que la tannerie de M. Delbut existe, cet industriel habile a fait beaucoup d'essais pour l'amélioration des cuirs forts. C'est lui qui, le premier, a substitué à l'ébourrage à la chaux, l'ébourrage au moyen d'une étuve, et qui a supprimé ainsi l'introduction dans le tissu des peaux d'une matière nuisible et très-difficile a enlever plus tard. Aujourd'hui, l'usage des jeunes branches de chêne dans le tannage, l'emploi régulier du séchage des peaux ajoutés à l'adoption de tous les procédés mécaniques connus, donnent à sa tannerie un caractère digne de l'attention du jury.

Une médaille de bronze en 1834, une d'argent en 1839, une d'or en 1844, sont des preuves éclatantes de l'amélioration constante de ses produits pendant les vingt années qui viennent de s'écouler.

Le jury rappelle en conséquence, avec la plus ferme conviction, la médaille d'or obtenue déjà par M. Delbut.

MM. PELTEREAU jeune et frères, à Château-Renault (Indre-et-Loire).

La fabrique de MM. Peltereau, qui existe depuis deux siècles, a toujours donné d'excellents produits au commerce. Honorés de la médaille d'argent en 1823, du rappel de cette médaille en 1827, et enfin de la médaille d'or à la dernière exposition, ses chefs continuent, par la qualité de leurs cuirs forts, à mériter l'attention des commerçants.

Mais ce qui en ce moment doit attirer surtout la bienveillance du jury, c'est la sollicitude avec laquelle MM. Peltereau s'occupent du sort de leurs ouvriers; une caisse de secours pour les ouvriers infirmes ou âgés, un médecin dont les soins gratuits sont assurés aux malades, telles sont les institutions que les ouvriers de la tannerie de Château-Renault doivent à ses propriétaires, et c'est à la confiance inspirée par ces soins éclairés et incessants que M. le maire de cette ville attribue la tranquillité exceptionnelle dont elle a joui pendant la révolution de Février, et la crise occasionnée, en 1846, par l'élévation de prix du grain.

Le jury les juge toujours dignes de la médaille d'or qu'ils ont obtenue en 1844.

M. STERLINGUE, à Aubervilliers (Seine).

Il fabrique spécialement des cuirs forts; tous ses produits sont consommés à l'intérieur de la France; il ne livre rien à l'exportation.

Le chiffre de ses affaires, qui s'élève à 300,000 francs, les 40 ouvriers qu'il emploie, la médaille d'or qu'il a obtenue en 1839, à l'exposition, et celle que lui a accordée le commerce des cuirs, indiquent une bonne fabrication et une usine en voie de prospérité.

Le jury lui accorde le rappel de la médaille d'or qu'il a obtenue en 1839.

Médailles d'or.

M. DUPORT, rue des Francs-Bourgeois-St-Marcel, n° 16, à Paris (Seine).

Depuis la dernière exposition, M. Duport a donné de nouveaux développements aux procédés pour la refente des peaux, qui lui avaient mérité en 1844 la médaille d'argent. Il est parvenu à doubler les dimensions en longueur et largeur des peaux de bœuf les plus grandes, et, par conséquent, à les rendre propres à des usages auxquels jusqu'alors elles se refusaient. Il a su, en outre, par des procédés nouveaux, restituer aux peaux, ainsi doublées, le grain naturel de la fleur, auquel on tient beaucoup dans les applications de luxe auxquelles ces peaux sont destinées. Les peaux, ainsi refendues et grainées artificiellement après leur vernissage, peuvent servir à faire des capotes sans coutures pour les plus grandes voitures.

M. Duport, par une application ingénieuse de la pression atmosphérique, est parvenu à refendre les peaux les plus molles, telles que les peaux de veau destinées à la reliure, qui sont toujours ainsi d'une égale épaisseur et d'une résistance constante.

Le jury lui accorde la médaille d'or.

M. HERRENSCHMIDT, à Strasbourg (Bas-Rhin).

L'établissement de M. Herrenschmidt produit tous les genres de cuirs,

1° Pour l'équipement des troupes;

2° Cuirs forts, vaches lissées, veaux cirés, etc.

3° Cuirs noirs pour carrosserie, sellerie, etc. cuirs jaunes; cuirs de Hongrie;

4° Courroies pour les établissements industriels.

L'extension des rapports de cette maison avec l'Allemagne, la Hollande, l'Autriche, la Turquie et même certaines parties de l'Amérique, et la préférence marquée que les fournisseurs de l'armée lui accordent pour les souliers des troupes, à cause de la souplesse des croupons de vache fabriqués pour cet usage, sont autant de preuves d'une belle et bonne fabrication, que le jury se trouve heureux de constater en décernant à M. Herrenschmidt une médaille d'or.

M. REULOS, rue du Jardin-des-Plantes, n° 15, à Paris (Seine).

Nouvelles médailles d'argent.

M. Reulos est, avec M. Budin, dont il a été longtemps l'associé, le seul tanneur de Paris qui tire parti des peaux de chevaux. Longtemps les cuirs provenant de l'abatage des chevaux à Paris lui ont suffi; mais actuellement la consommation de ce produit davient si considérable, en province surtout, qu'il est obligé d'avoir recours aux peaux sèches et salées qui arrivent d'Amérique.

Outre les cuirs de cheval, M. Reulos fabrique aussi des veaux cirés fort estimés.

La supériorité de ce fabricant consiste surtout dans la rapidité avec laquelle le tannage s'effectue chez lui. Cette rapidité a été constatée par la société d'encouragement, qui, après avoir marqué des peaux de cheval et de veau, les a reçues, au bout de 42 jours, tannées et corroyées avec toute la perfection désirable. Ces produits ne sont en rien inférieurs à ceux qui ont été tannés en 4 et 6 mois, car les commerçants auxquels on les a vendus n'ont eu que des éloges à donner à M. Reulos sur leur force, leur souplesse et leur durée.

Le jury lui décerne une nouvelle médaille d'argent.

M. BUDIN, rue du Fer-à-Moulin, n° 50, à Paris (Seine).

Depuis trente ans, M. Budin s'occupe de la fabrication du cuir de cheval; ses produits sont fort estimés dans le commerce, ainsi que l'atteste leur prix élevé. L'étendue des affaires de cette maison, surtout dans le midi de la France, les marques de satisfaction de tous ses correspondants, et les commandes nouvelles que s'empressent de lui faire ceux qui ont déjà eu l'occasion de consommer de ses cuirs, indiquent assez les soins que cet industriel apporte à sa fabrication et les heureux résultats auxquels il est arrivé.

Le jury lui accorde une nouvelle médaille d'argent.

M. BRISOU fils aîné, à Rennes (Ille-et-Vilaine).

Il a fondé en 1800 le premier établissement de tannerie à Rennes. Avant cette époque, on ne tirait aucun parti des écorces de chêne des bois qui environnent Rennes. La valeur considérable que cette écorce représente actuellement était donc entièrement perdue.

Trente tanneries, depuis 1800, se sont fondées à Rennes, à l'exemple de celle de M. Brisou, et cette industrie, autrefois nulle, représente actuellement un mouvement d'argent de 5 à 6 millions.

M. Brisou fabrique pour l'intérieur et pour l'exportation une quantité considérable de cuirs forts et de cuirs de veau; son chiffre d'affaires est de 3 à 400,000 francs; il emploie, en général, de 40 à 45 ouvriers, et jusqu'à 400 à l'époque de la récolte des écorces.

Le jury lui accorde une nouvelle médaille d'argent.

Rappels de médailles d'argent.

M. PRIN, à Nantes (Loire-Inférieure).

Il fabrique des veaux jaunes et cirés presque uniquement pour l'exportation, aussi apporte-t-il un grand soin à varier les produits suivant les marchés sur lesquels il doit les vendre. Il est en outre obligé, ses cuirs devant supporter de très-longues traversées, de les fabriquer avec des précautions toutes particulières afin qu'ils arrivent dans le meilleur état de conservation possible. Les résultats satisfaisants auxquels il est parvenu dans cette fabrication sont constatés par de nombreuses commandes qui lui arrivent de toutes les parties de l'Amérique, et par le nombre de peaux qu'il est obligé de fabriquer pour satisfaire à ses nombreux engagements. 400,000 peaux de veau qui sortent chaque année de ses ateliers, et qui vont se répandre sur les marchés de Londres, de New-York, de Rio-Janeiro, de Buenos-Ayres, etc. attestent la prospérité de son établissement et la bonne qualité de ses produits.

Le jury lui accorde le rappel de la médaille d'argent qu'il a obtenue en 1839.

MM. LEWEN et fils aîné, rue de l'Ourcine, n° 23, à Paris (Seine).

Cette fabrique, alimentée par les veaux des boucheries de Paris et par les cuirs de vaches provenant de l'Inde, produit la plupart des peaux qui servent pour la fabrication des cuirs vernis. Ceux qui connaissent cette dernière industrie savent toutes les difficultés qu'éprouve le tanneur à donner aux peaux la souplesse et en même temps la résistance nécessaires à la beauté et à la solidité du vernis que l'on y doit appliquer. Ils reconnaîtront donc les efforts multipliés qu'ont dû faire MM. Lewen pour maintenir leurs produits au niveau des exigences de ceux qui les emploient.

Le jury rappelle la médaille d'argent.

MM. GILLARD frères, à Sierck (Moselle).

La tannerie de MM. Gillard frères a été établie, en 1806, par leur père.

Ils livrent annuellement au commerce 4,500 cuirs forts provenant de peaux sèches de Buenos-Ayres. Ces cuirs, d'une belle qualité, d'une bonne fabrication et d'un usage avantageux, ont mérité à MM. Gillard frères plusieurs médailles aux expositions de Metz, et une à Paris en 1839.

Ces fabricants donnent de grands éloges à leur contre-maître, M. Joseph Schmitt, qui a, par trente-cinq ans d'un service actif et fidèle, puissamment contribué à la prospérité de leur établissement.

Le jury les juge toujours dignes de la médaille d'argent qui leur fut décernée en 1839.

M. SUZER, à Nantes (Loire-Inférieure).

Dans l'usine de M. Suzer, 30 ouvriers, aidés de moyens mécaniques, soumettent au tannage 1,000 ou 1,200 peaux de veau par semaine, ou 50 à 60,000 par an, et de plus environ 3,000 peaux de bœufs et vaches. Les peaux de veau sont ensuite soumises chez lui également aux opérations du corroyage, qui occupent environ 20 à 25 ouvriers; 200 ouvriers cordonniers, qui fabriquent de 45 à 50,000 paires de souliers de toutes sortes par an, complètent la série des travaux de cette industrie. M. Suzer emploie donc 255 ouvriers qui livrent chaque année à la consommation 60,000 peaux préparées et 50,000 paires de chaussures de toutes sortes. Ces marchandises sont vendues avec une faveur marquée, sur les divers marchés d'Europe et des deux Amériques.

Le jury lui accorde une médaille d'argent.

Médailles d'argent.

M. COURTEPÉE-DUCHESNAY, rue du Renard-Saint-Sauveur, n° 11, à Paris (Seine).

Cette usine considérable produit pour environ 1,100,000 francs de cuirs par an. Une moitié est consommée en France, le reste est exporté. Ces cuirs, dont la bonne fabrication a valu, en 1844, une médaille de bronze à M. Courtepée, se sont améliorés depuis la dernière exposition. Il a su créer un débouché très-considérable à Londres.

Le jury pense que M. Courtepée-Duchesnay est digne, en conséquence, d'une distinction plus élevée : il lui décerne la médaille d'argent.

M. LANDRON frères, à Meung (Loiret).

Les tanneries de Meung ont, pendant longtemps, produit tous les cuirs nécessaires à Marseille et à plusieurs autres villes. Les divers établissements du même genre qui se sont formés depuis quelques années ont un peu nui à ce succès; cependant les négociants de Marseille continuent à demander à MM. Landron des cuirs dont ils trouvent un débouché avantageux, surtout sur les marchés étrangers.

MM. Landron fabriquent les cuirs à la jusée ou cuirs forts, et les peaux de vache, veau et cheval. Ces cuirs et peaux, par un procédé particulier à cette maison, sont débarrassés de tous les inconvénients que présentait l'emploi de la chaux dans l'opération du débourrage. Ces cuirs ont été reconnus, par les corroyeurs d'Orléans eux-mêmes, supérieurs à tout ce qu'ils avaient pu fabriquer jusque alors.

Le jury leur accorde une médaille d'argent.

M. PELTEREAU (Auguste), à Château-Renault (Indre-et-Loire).

Cette fabrique, fondée en 1597, n'avait pas encore exposé, malgré son ancienneté; depuis longtemps cependant cet établissement se fait remarquer par la supériorité de ses produits. M. Peltereau occupe 45 à 60 ouvriers, et livre au commerce de grandes quantités de cuirs tannés et corroyés, dont la qualité est excellente.

Le jury lui accorde la médaille d'argent.

M. DESAUX-LACOUR, à Guise (Aisne).

En 1832, l'établissement de Guise n'était composé que de 9 fosses. Il occupait 5 ou 6 ouvriers; ses approvisionnements se faisaient dans le pays, et ses produits se consommaient dans un très-faible rayon.

Aujourd'hui, 24 fosses, 30 ouvriers, une machine à vapeur de 6 chevaux, les achats de peaux étrangères que l'usine est obligée de faire, et l'extension donnée à la consommation de ses produits, viennent témoigner du soin apporté à la fabrication et de la bonne qualité des cuirs de cet établissement.

Une médaille de bronze, accordée en 1844 à M. Dessaux-Lacour, a été pour lui un encouragement à de nouveaux perfectionnements. Une presse hydraulique destinée à extraire de l'écorce qui a déjà servi le jus qui possède encore quelques qualités; des volants et des foulons destinés à activer le tannage et le corroyage des peaux, etc. témoignent de l'empressement avec lequel M. Lacour adopte les innovations qu'il croit favorables à la rapidité et à la perfection de la fabrication.

Le jury lui décerne la médaille d'argent.

M. GOUBE-PIÉRACHE, à Douai (Nord).

M. Goube est le seul fabricant de cuirs à cardes qui ait exposé cette année. Les commandes qui lui ont été faites par des manufacturiers étrangers à la vue des produits de son exposition l'ont forcé à élever le nombre de ses ouvriers de 18 à 27. Ce fait, la garantie des noms des plus grandes filatures de Rouen et de Reims qui se fournissent chez lui, les attestations les plus favorables émanées des hommes les plus compétents, enfin, l'importance de la fabrication à laquelle se livre M. Goube-Piérache, déterminent le jury à lui accorder la médaille d'argent.

M. LEGAL, à Châteaubriant (Loire-Inférieure).

M. Legal est un des meilleurs fabricants de la Bretagne; ses produits, fort recherchés pour la confection des cuirs vernis, sont toujours placés d'avance.

Le jury, voulant constater et récompenser une fabrication loyale et heureuse, lui décerne une médaille d'argent.

M. GUILLOT, rue des Anglaises-Saint-Marcel, n° 28, à Paris (Seine).

M. Guillot, dont l'usine a été fondée en 1843, fait déjà pour environ 1 million de francs d'affaires, tant en France qu'en Angleterre et en Amérique. Il livre au commerce des veaux corroyés et cirés, du cheval et des croupons de vache pour la troupe. Il travaille en veaux de Bordeaux et jouit d'une grande confiance à Londres. L'importance de ses affaires et la bonne qualité de ses produits rendent M. Guillot digne de la médaille d'argent.

M. SALLERON, rue Saint-Hippolyte, n° 10, à Paris.

Les cuirs forts exposés par M. Salleron sont fort beaux ; leur poids, leur solidité, leur grain égal et régulier, ne laissent rien à désirer.

Le jury accorde à M. Salleron la médaille d'argent.

M. FORTIER-BEAULIEU, à Bercy (Seine).

Il s'occupe spécialement du tannage des peaux de porcs employées dans la sellerie. Les difficultés que présente ce tannage sont considérables, et peu d'industriels ont pu les surmonter aussi complètement que M. Fortier-Beaulieu, auquel le jury décerne la médaille d'argent.

Rappels de médailles de bronze.

M. DURAND, à Rully (Calvados).

Sa tannerie ne produit que des peaux de veau. Les quarante années qui se sont écoulées depuis sa fondation, les 15,000 cuirs qu'elle livre annuellement au commerce, et les deux médailles de bronze qu'elle a obtenues aux dernières expositions sont autant de garanties de sa bonne fabrication.

Le jury lui accorde le rappel de la médaille de bronze qui lui fut décernée en 1839.

MM. ESTIVANT frères et BIDOU fils, à Givet (Nord).

Les établissements de MM. Estivant et Bidou, situés à Givet, datent en partie de 1699. Depuis vingt ans surtout cette usine a beaucoup augmenté d'importance. 179 fosses dans lesquelles passent annuellement 6,000 cuirs de bœufs, qui se consomment entièrement en France, un marteau Berendorf pour battre les cuirs, indiquent une fabrication active, et par conséquent un écoulement rapide des produits causé par leur bonne qualité.

Le jury les juge toujours dignes de la médaille de bronze qui leur fut décernée en 1844.

M. SORREL-BERTHELET, à Moulins (Allier).

Les cuirs de M. Sorrel-Berthelet sont employés presque entièrement par le midi de la France, un 5ᵉ seulement de sa production est exporté à l'étranger.

40 à 50 ouvriers sont employés dans son usine, dont les produits ont mérité une médaille de bronze en 1844.

D'après l'examen des produits envoyés à l'exposition, et d'après les informations recueillies par le jury, il juge que M. Sorrel-Berthelet, toujours très-digne de la médaille qu'il a obtenue, pourra facilement, à l'aide de quelques efforts, obtenir désormais des récompenses plus élevées.

MM. BURDALLET et LOUET, à Toulouse (Haute-Garonne).

Médailles de bronze.

Honorés en 1829 d'une médaille d'argent, en 1835 d'une médaille d'or par l'exposition de Toulouse, en qualité de chefs d'atelier, MM. Burdallet et Louet fondèrent en 1844 une corroirie à laquelle, dès 1845, l'exposition de Toulouse accorda une médaille d'or. Depuis cette époque ils ont, en 1848, joint une fabrique de cuirs vernis à leur usine primitive. 1,500 cuirs de vache, autant de peaux de cheval et 7 à 8,000 cuirs de veau sortent chaque année de leur corroirie. 16 à 1,800 douzaines de peaux de veau passent, avant de sortir de leurs mains, dans leurs ateliers de vernissage et tendent à affranchir le Midi d'une industrie pour laquelle il était jusqu'à ce jour tributaire des départements du nord.

Le jury leur accorde une médaille de bronze.

M. CHICOINEAU, à Quimperlé (Finistère).

La fabrication de M. Chicoineau, à Quimperlé, est une des plus vastes du département : 35 ouvriers y travaillent seulement en ce moment, mais 80 pourraient aisément y trouver place. M. Chicoineau fabrique toute espèce de cuir : les cuirs forts, les peaux de vache, de mouton, de veau, de cheval ; il met aussi en usage les cuirs secs provenant des États-Unis et du Brésil.

Le jury lui accorde la médaille de bronze.

M. DUMONT-DESMOUTIERS, à Douai (Nord).

Il s'est appliqué, depuis vingt ans que sa fabrique existe, à éviter l'emploi de procédés chimiques ou mécaniques dans le tannage des cuirs. L'état florissant de son usine, qui se compose de 60 fosses, qui emploie au moins 16 ouvriers, et produit annuellement 3,000 cuirs forts, répond de la bonne qualité et du prompt écoulement des produits de cet industriel, qui travaille surtout pour la consommation locale.

Le jury lui accorde une médaille de bronze.

M. FIEUX aîné et Cᵉ, à Toulouse (Haute-Garonne).

Trois branches de l'industrie des cuirs: la tannerie, la corroirie et la hongroirie se réunissent chez M. Fieux, et lui ont mérité de nombreuses récompenses de l'exposition de Toulouse, de l'académie de l'industrie et une mention honorable à la dernière exposition des produits de l'industrie. 2,000 peaux qui sortent de chez lui annuellement sont vendues sur les marchés français et ne souffrent aucunement de la comparaison avec les cuirs de nos meilleures fabriques.

Le jury lui accorde une médaille de bronze.

M. GEORGET, rue Saint-Hippolyte, n° 6, à Paris (Seine).

M. Georget, teinturier en peaux, est parvenu, après une suite d'essais longs et coûteux, à dégraisser les peaux avant ou après l'opération de la teinture, de manière à donner aux couleurs plus de vivacité, et en même temps à la peau un aspect qui la rend plus facile à vendre et à mettre en œuvre.

Tous les commerçants, peaussiers, chamoiseurs, etc. qui ont eu l'occasion d'employer M. Georget se plaisent à rendre un compte favorable des résultats de son procédé.

Le jury lui accorde une médaille de bronze.

M. MASSEMIN, rue du Jardin-des-Plantes, n° 16, à Paris (Seine).

Parti d'une position très-secondaire, et aujourd'hui tanneur et corroyeur en état de faire un million d'affaires, M. Massemin fait cambrer chez lui les tiges de bottes et les guêtres pour l'armée. Son établissement depuis vingt ans occupe 80 à 90 ouvriers, 7 machines à cambrer, et produit annuellement de 50 à 60,000 peaux de veau, dont un tiers se vend sur les marchés français et dont le reste alimente le commerce extérieur. Il travaille avec économie ; c'est à lui maintenant à donner aussi l'exemple de la belle et solide fabrication.

Le jury lui accorde une médaille de bronze.

M. BARRANDE (J. B.), rue des Cinq-Diamants, n° 11, à Paris (Seine).

Rappels de mentions honorables.

Il s'occupe spécialement de la teinture des peaux pour la chaussure et pour la reliure. Il fabrique 10 à 12,000 douzaines de peaux par an, et en exporte environ la moitié. Sa fabrique, qui date de 1833, est avantageusement connue, et la beauté de ses produits lui a déjà mérité une mention honorable à la dernière exposition des produits de l'industrie.

Le jury lui accorde le rappel de la mention honorable.

M. CORNIQUEL (Ch. M.), à Vannes (Morbihan).

Des médailles à toutes les expositions départementales depuis 1834, deux mentions honorables à l'exposition des produits de l'industrie indiquent des efforts constants, de la part de M. Corniquel, pour arriver à une bonne fabrication. D'un autre côté, la quantité considérable de cuirs de toute provenance que cet industriel emploie chaque année, et qu'il livre tant au commerce intérieur qu'au commerce d'exportation, montrent assez clairement qu'il mérite les distinctions dont il a été honoré.

Le jury lui accorde le rappel de la mention honorable.

MM. LOUVET et COTTARD, à Soissons (Aisne).

Mentions honorables.

Les produits que cette maison présente à l'exposition sont des spécimens des résultats obtenus par la nouvelle méthode de tannage inventée par M. Louvet.

Cette méthode, tout à fait nouvelle, permet de tanner :

Les basanes en 6 jours au lieu de 3 mois,

Les veaux en 24 jours au lieu de 6 mois,

Les cuirs légers en 1 mois au lieu de 9 mois,

Les cuirs lourds en 6 semaines au lieu d'un an,

Les cuirs forts en deux mois et demi au lieu de dix-huit mois; en outre la main-d'œuvre est simplifiée.

Les cuirs acquérant plus de poids pendant le tannage, la quantité de tan employée est diminuée d'un quart.

La tannerie n'a plus aucune odeur.

Cette usine emploie chaque année 100,000 kilogrammes de peaux fraiches, dont les 5/6ᵐ sont consommés en France, et 1/6ᵉ en Angleterre.

Lorsque les procédés employés par M. Louvet seront connus, et que les avantages que l'invention annonce auront été constatés, il y aura lieu sans doute de lui accorder une récompense élevée.

Jusque-là, fidèle aux règles qu'il s'est imposées, le jury doit se borner à décerner une mention honorable à MM. Louvet et Cottard.

Nouvelle mention honorable.

M. Jean-Chᵉ. F. LEBAILLY, à Vire (Calvados).

Un nombre considérable de tanneurs exercent leur industrie en Normandie, et dans le département du Calvados particulièrement. M. Lebailly est un de leurs représentants, et une mention honorable a récompensé, à la dernière exposition, les efforts de cet industriel pour se maintenir à la tête de ses concurrents.

Cet industriel, qui fabrique spécialement des cuirs pour cylindre, a exposé des produits que le jury a jugés dignes d'une nouvelle mention honorable.

Mentions honorables.

M. R. E. TROUVÉ-CUTIVEL, à La Suze (Sarthe).

Fondée en 1847, la tannerie de La Suze est déjà, par la bonne entente de sa direction, par la quantité des produits qui en sortent, et dont une partie est exportée en Amérique, et par la fabrication sur une grande échelle des effets militaires, un des plus beaux établissements de ce genre.

200 ouvriers, une machine à vapeur de la force de 45 chevaux, 270 fosses mettent en œuvre chaque année pour 100,000 francs de cuirs, et permettraient de tripler ce chiffre, si les débouchés y suffisaient.

La quantité énorme de cuirs qui se travaillent dans cette usine, quelles que soient l'habileté de la fabrication, et l'intelligence avec laquelle on a pu profiter des plus petits morceaux, donne des déchets qui sont employés sur les lieux mêmes à fabriquer de la colle-forte, car on a le soin d'enlever, avant le tannage, toutes les portions de la peau qui ne seraient plus tard d'aucun usage.

Les jus de tan épuisés, et les poils des peaux mélangés à la chaux avec laquelle on a opéré le débourrage, forment un engrais dont les agriculteurs du voisinage se montrent très-satisfaits.

Le jury lui accorde une mention honorable.

M. MARSILLE-GUILLOTAUX, à Quimperlé (Finistère).

Cette tannerie-corroirie établie à Lorient (Morbihan) depuis 1839, et à Quimperlé depuis 1843, produit des peaux de veau destinées à être vernies, et par conséquent d'une fabrication soignée.

15 à 20,000 peaux de veau, de mouton et de vache, sortent chaque année de chez M. Marsille, sous forme de tiges de bottes, de peau blanche, de cuir lustré, de brides estampées, etc. et tous les commerçants s'accordent à reconnaître que ces produits sont d'une bonne qualité. — Une médaille d'argent obtenue à l'exposition de Nantes confirme cette assertion.

Le jury lui accorde une mention honorable.

M. Charles PICARD, à l'Aigle (Orne).

Les cuirs de veau pour vernis de M. Picard sont les plus prisés sur la place de Paris. Sa fabrique ne datant que de 1843, c'est la première fois qu'il expose; aucun de ces produits, qui se distinguent par leur grande finesse, ne s'exporte.

Le jury lui accorde une mention honorable.

M. Étienne PATHIER, rue Saint-Jean-de-Beauvais, u° 18, à Paris (Seine).

Cet industriel, dont l'usine est assez considérable, puisqu'il occupe 20 ouvriers et 30 ouvrières, qui gagnent par jour, depuis 2 francs jusqu'à 5, et fait pour 180,000 francs d'affaires par an, ne s'occupe absolument que du corroyage et de la fabrication des brides à sabots et des sous-pieds.

Le jury lui accorde une mention honorable.

M. Léonard-Édouard OTTENHEIM, à Versailles (Seine-et-Oise.)

Bien que cette fabrique existe depuis 1822, elle n'a pas encore exposé. M. Ottenheim fait pour 150 à 160,000 francs d'affaires par an, en France, et pour environ 12,000 francs en Suisse, seul pays étranger où il exporte ses produits.

Le jury lui accorde une mention honorable.

M. GUILLOIS et Cᵉ, rue Montmartre, nᵒ 76, à Paris (Seine).

M. Guillois a exposé des cuirs corroyés et vernis et des feutres vernis dont la bonne qualité lui avait déjà valu, en 1839, une citation favorable. Il a cherché à remplacer dans les sucreries les formes en terre par des formes en feutres vernis, et a exposé deux pains de sucre fabriqués dans ces formes.

Le jury lui accorde une mention honorable.

M. Émile LAPORTE, rue Censier, nᵒ 31, à Paris (Seine).

M. Laporte livre chaque année au commerce, de 15 à 20 mille peaux de veau, tannées et corroyées dans son établissement. Le cambrage des tiges de bottes et des guêtres pour l'armée se fait chez lui.

Le jury lui décerne une mention honorable.

MM. ANDRILLAT et MURET, rue Saint-Sauveur, nᵒ 7, à Paris (Seine).

Ils versent chaque année dans le commerce pour 200,000 francs de cuirs tannés et corroyés chez eux. Les échantillons de cuir de vache pour la chaussure, qu'ils ont exposés, sont d'une bonne qualité et indiquent une fabrication satisfaisante.

Le jury leur décerne une mention honorable.

Citations favorables.

M. François-Vallier BERTHIOT, rue Oblin, nᵒ 5, à Paris (Seine).

Il a eu l'idée de diviser les cuirs avant de les livrer au commerce, de manière à ne donner à chacun de ses clients que la portion du cuir qui lui convient. Il y a économie en ce que le cuir, étant coupé de toute longueur ou largeur, ménage les besoins de celui qui les achète; les metteurs en œuvre ne sont plus obligés d'acheter le cuir entier, et chacun peut prendre le morceau qui, propre aux usages de son industrie, serait très-mauvais pour un autre emploi.

Le jury lui accorde une citation favorable.

M. Jean BULTINGAIRE, à Metz (Moselle).

Malgré les perfectionnements qu'il a introduits dans la fabrication des cuirs hongroyés, il n'a pas encore atteint la bonté de ceux de Pont-Audemer ; cependant il rivalise avec les meilleures maisons de Paris. Il fournit annuellement au commerce 1.500 cuirs de Hongrie et 5,000 cuirs tannés. Il occupe de 20 à 25 ouvriers.

Le jury lui accorde une citation favorable.

M. Jean-Jacques COURT, rue Bailleul, n° 50, à Paris (Seine).

La fabrique de M. Court, établie depuis trente ans, produit presque uniquement les cuirs à revers, qui sont les plus difficiles à corroyer et à obtenir unis, sans taches, sans marbrure ; ses produits sont fort beaux.

Le jury lui accorde une citation favorable.

M. François-Alfred COQUET, rue Censier, n° 45, à Paris (Seine).

La fabrique de M. Coquet n'est pas très-considérable. Cet industriel n'occupe que 4 ouvriers. Il fait pour 80,000 francs d'affaires par an ; mais la bonne qualité des produits qu'il a exposés, et de ceux qu'il livre au commerce, le rend digne d'une citation favorable.

Le jury la lui accorde.

M. GURIEC, à la Roche-Bernard (Morbihan).

Cet industriel, dont l'usine peu considérable ne produit annuellement que de 2 à 3,000 cuirs de toutes sortes, ne vend absolument qu'au détail ; sa fabrique alimente un rayon de 8 à 10 lieues.

Le jury lui accorde une citation favorable.

M. VILLENEUVE, rue du Faubourg-Poissonnière, n° 35, à Paris (Seine).

Les produits de M. Villeneuve sont avantageusement connus dans le commerce, malgré le peu d'importance de sa fabrique, qui n'emploie que 4 ouvriers, et fait seulement pour 30,000 francs d'affaires par an.

Le jury lui accorde une citation favorable.

MM. MESLIER frères, à Angoulême (Charente).

MM. Meslier frères emploient les procédés ordinaires pour le tannage et le corroyage des cuirs qu'ils livrent à la consommation, et les 50,000 francs d'affaires qu'ils font par an sont une garantie assurée de la bonne fabrication de leurs produits, qui sont consommés sur les lieux.

Le jury leur accorde une citation favorable.

M. Amand-Adolphe VARIN, rue Censier, n° 49, à Paris (Seine).

Cette fabrique, fondée en 1843, et encore peu importante, produit, par an, environ 2,500 cuirs forts, tannés par les procédés ordinaires. Ces cuirs proviennent de la boucherie de Paris, et des cuirs secs arrivant de Buenos-Ayres, qui, comme on sait, sont plus difficiles à tanner que les cuirs français.

Le jury lui accorde une citation favorable.

M. François VARIN, rue Censier, n° 7, à Paris (Seine).

Cette fabrique consomme des cuirs de Buenos-Ayres et des cuirs de pays; elle produit des cuirs forts et des cuirs à empeigne.

Le jury lui accorde une citation favorable.

---

§ 2. CUIRS VERNIS.

M. Dumas, de l'Institut, rapporteur.

Rappels de médailles d'or.

M. NYS et Cⁱᵉ, à Belleville (Seine).

L'usine de M. Nys est toujours une des plus belles et des plus florissantes. Ses produits occupent toujours le premier rang.

Le jury se plaît à reconnaître que M. Nys est toujours digne de la médaille d'or qu'il a obtenue en 1839.

MM. PLUMMER et Cⁱᵉ, à Pont-Audemer (Eure).

M. Plummer, dont de nombreuses récompenses ont déjà couronné les efforts, ne cesse pas de chercher des améliorations.

Depuis l'exposition de 1844, il est parvenu, et il est le seul, à colorer d'une manière régulière en marron la peau de cochon employée dans la sellerie.

Il a su perfectionner assez la machine à diviser les cuirs pour pouvoir refendre (sans en manquer une) les peaux de bœufs et de vache en trois parties, employées chacune en un usage différent et auquel elles sont parfaitement adaptées.

Les cuirs vernis de cette maison sont toujours parmi les plus beaux, et le jury se plaît à reconnaître que M. Plummer est toujours digne de la médaille d'or qui lui a été décernée à la dernière exposition.

M. HOUETTE, rue du Fer-à-Moulin, n° 46, à Paris (Seine). *Médaille d'or.*

La tannerie de M. Houette, fondée en 1804, vit dès 1806 ses produits admis à l'exposition des produits de l'industrie. Tanneur et corroyeur, en même temps que fabricant de cuirs vernis, M. Houette a sur ses concurrents l'avantage de suivre les cuirs depuis leur sortie de la boucherie jusqu'à ce qu'ils soient prêts à être mis en œuvre par les cordonniers. Aussi ses cuirs vernis sont-ils irréprochables autant sous le rapport du brillant que sous celui de la solidité.

Le jury lui accorde la médaille d'or.

M. GAUTHIER, à Belleville (Seine).

Les cuirs vernis de M. Gauthier, étant destinés à l'exportation principalement, ont besoin d'être fabriqués avec plus de soins que les autres; à force d'essais, ce fabricant est parvenu à produire des cuirs qui peuvent sans altération être exportés dans les pays les plus éloignés; de plus il a su, tout en augmentant la perfection de ses cuirs vernis, en baisser le prix de 20 p. o/o, ce qui l'empêche de craindre désormais la concurrence anglaise.

Les cuirs vernis et les maroquins de couleur de M. Gauthier sont employés avec succès par les selliers et les carrossiers; ses cuirs blancs pour ceinturons remplacent avec avantage à l'étranger les peaux allemandes dont on se servait autrefois. Enfin les produits de cette fabrique sont si estimés, et la confiance que M. Gauthier a su inspirer à l'étranger par la perfection de ses produits est telle que les commissionnaires achètent ses cuirs sans même les déballer.

Le jury lui accorde la médaille d'or.

Rappel
de médaille
d'argent.

M. PLATTET, rue Montmorency, n° 39, à Paris (Seine).

MM. Plattet frères, dont l'usine fondée en 1830 a exposé pour la première fois en 1844 et a mérité la médaille d'argent, continuent à produire des cuirs vernis d'une grande beauté. Ces produits sont acceptés avec une grande faveur par les commerçants français et étrangers, et les articles de voyage qu'ils ont exposés ne laissent rien à désirer sous le rapport de la beauté et de la solidité.

Le jury rappelle la médaille d'argent qu'il a décernée à ce fabricant en 1844.

Médaille
d'argent.

M. COURTOIS, rue Saint-Grégoire-de-Tours, n° 2, à Paris (Seine).

La fabrique de veaux cirés et vernis de M. Courtois existe depuis près de soixante ans, et sa bonne fabrication lui a déjà mérité, en 1845, une médaille de bronze à l'exposition de Toulouse.

Une centaine d'ouvriers employés chez M. Courtois, 20 à 24,000 peaux corroyées et vernies qui sortent chaque année de ses ateliers, témoignent de l'activité de sa fabrication et du bon accueil que le commerce fait à ses produits.

Le jury lui accorde une médaille d'argent.

Rappels
de
médailles
de bronze.

M. MICOUD, à Belleville (Seine).

M. Micoud a déjà mérité par la beauté de ses produits trois récompenses aux différentes expositions qui ont eu lieu depuis la création de son usine; il semble n'avoir pas démérité depuis 1844.

Son chiffre d'affaires s'élève à 80,000 francs.

Le jury lui accorde le rappel de la médaille de bronze qu'il avait obtenue en 1844.

M. H. BLOT, rue Pastourel, n° 5, à Paris (Seine), ancienne maison HEULTE.

Cette maison, fondée en 1790, fabrique les visières, civiles et militaires, les dames de shakos en cuir verni, et toute sorte de coiffures en cuir et en feutre vernis.

Le jury rappelle la médaille de bronze que M. Blot a déjà obtenue.

M. Auguste GUERLIN-HOUEL, rue Samson, n° 3, à Paris (Seine). Médaille de bronze.

M. Guerlin-Houel s'occupe spécialement dans sa fabrique, fondée en 1842, du tannage des cuirs de veau secs provenant du nord de l'Europe. Par des procédés particuliers il tanne les cuirs de veau avec une telle perfection, que les fabricants de cuirs vernis les emploient de préférence à tous autres.

Depuis peu de temps M. Guerlin-Houel a joint à sa tannerie une fabrique de cuirs vernis dans laquelle il emploie lui-même une partie des produits de sa première usine. Les vernis sont très-dignes d'attention et promettent un succès durable à cette maison; mais il y a peu de temps que ce produit est fabriqué par M. Guerlin-Houel. En somme, 80 à 100 mille peaux de veau entrent chaque année, bruts et en poil, dans l'usine de M. Guerlin-Houel, et en ressortent les unes seulement tannées, les autres tannées, corroyées et vernies.

Le jury lui accorde la médaille de bronze.

M. DÉADDÉ, rue Montmartre, n° 9, à Paris (Seine).

Malgré les progrès qu'a faits depuis dix ans l'industrie des cuirs vernis, la fabrique de M. Déaddé est toujours l'une des plus estimées de France pour la beauté et la solidité de ses cuirs pour la sellerie et pour la cordonnerie. Les cuirs noirs sont irréprochables, ils ne collent pas, ne se fendent ni ne s'écaillent, et les changements de température n'ont aucune influence sur eux. Aussi pour répondre à de nombreux engagements, 3,000 douzaines de peaux de veau pour la chaussure et 5,000 peaux de vache pour la carrosserie suffisent-elles à peine.

Le jury lui accorde une médaille de bronze.

M. DESTIBEAUX, passage Saulnier, n° 11, à Paris (Seine). Mention honorable.

L'usine de M. Destibeaux est à Gagny; c'est le seul établissement de ce genre qui existe en cet endroit. 12 ou 15 ouvriers suffisent jusqu'à présent à ses besoins, mais la prospérité de son établissement fait présumer qu'avant un an 30 ou 40 ouvriers y trouveront de l'ouvrage.

Le jury lui accorde une mention honorable.

Citation
favorable. ## MM. HUGO et C*, à la Chapelle-Saint-Denis (Seine).

M. Hugo expose des peaux vernies de diverses couleurs, et entre autres une peau vernie blanche d'une très-belle qualité.

Le jury lui accorde la citation favorable.

S 3. MAROQUINS, CUIRS HONGROYÉS ET MÉGISSÉS.

M. Dumas, de l'Institut, rapporteur.

Rappel
de
médaille
d'or. ## MM. FAULER ET BAYVET, à Choisy-le-Roi (Seine).

La manufacture de maroquins de MM. Fauler et Bayvet est la plus belle de France, et ses produits s'exportent jusque dans le pays du maroquin lui-même.

La fabrique de Choisy-le-Roi, fondée en 1795 par M. Fauler père, emploie 160 à 180 ouvriers, est mue par une machine à vapeur de la force de 15 chevaux et produit annuellement 20,000 à 30,000 douzaines de peaux de maroquins de toute couleur, d'une perfection dont aucune autre usine n'approche.

De nombreuses marques de distinction ont déjà été accordées aux propriétaires de cette usine, qui font toujours de nouveaux efforts couronnés de nouveaux succès. Le jury se plaît à les reconnaître toujours dignes de la médaille d'or qui leur a été accordée en 1818.

Rappel
de
médaille
de bronze. ## MM. TREMPÉ oncle et C*, rue des Écluses-Saint-Martin, n° 24, à Paris (Seine).

Cette fabrique, fondée en 1823, produit des peaux de chevreau de toute couleur, bronzées et dorées, destinées spécialement à la chaussure des dames. La beauté des produits de M. Trempé lui a déjà mérité une médaille de bronze en 1834 et son rappel en 1844. Leur qualité n'a pas diminué depuis la dernière exposition. Le jury le constate en rappelant, pour la seconde fois, la médaille de bronze accordée à M. Trempé en 1834.

Médailles
de bronze. ## M. LEFOUR, à Orléans (Loiret).

Il fabrique du dégras et ne compte comme produit que ce corps, dont il vend une grande quantité aux corroyeurs.

Ceux qui se fournissent ordinairement de dégras chez M. Lefour n'ont qu'à se louer de la bonne qualité de ce produit, qu'ils aiment mieux acheter chez lui, tout en le payant plus cher, que chez ses confrères. Cette supériorité est due à la fois à la pureté des matières employées à la production du dégras et à la substitution de procédés mécaniques perfectionnés, aux agents chimiques employés habituellement.

Le jury lui accorde une médaille de bronze.

M. Louis JOSSET, à Emencourt-Léage (Oise).

Il est le seul chamoiseur qui ait exposé des peaux de bœuf travaillées pour les buffleteries. Ayant commencé par être ouvrier dans plusieurs chamoiseries, M. Josset a pu recueillir des observations qui lui permettent maintenant d'atteindre une telle supériorité dans la fabrication des buffles, que ses produits se vendent en général au-dessus du cours.

Le jury lui accorde une médaille de bronze.

M. Henri TRACOL, à Annonay (Ardèche).

Il emploie 52 ouvriers habituellement, et produit 190,000 à 200,000 peaux de chevreau de lait par an. Ces peaux sont d'une blancheur et d'une souplesse qui les ont fait admettre avec éloge par le jury départemental.

Le jury lui accorde une médaille de bronze.

M. Alexandre TAVERNIER, à Argentan (Orne).

Il a exposé pour la première fois en 1844, et a obtenu une mention honorable pour ses cuirs de Hongrie. Sa fabrique date de 1815, et ses produits sont fort estimés dans le département de l'Orne.

Le jury lui accorde une médaille de bronze.

MM. PUEL et BARTHEL, rue Pascal, n° 16, à Paris (Seine).

Mentions honorables.

Ils ont fondé, en 1847, une fabrique de maroquin à façon qui donne déjà une grande quantité de produits très-recommandables par leurs couleurs et leur solidité. Ces maroquins sont estimés par les relieurs, bottiers et autres metteurs en œuvre, qui se servent habituellement de ce genre de peau.

Le jury leur accorde une mention honorable.

M. DEBARLE, rue Sainte-Avoie, n° 25, à Paris (Seine).

Les chapeliers de Paris se fournissent, pour la plupart, de cuirs pour garnir les chapeaux chez M. Debarle, qui fabrique presque seul le genre de maroquin mince, en peau solide, qui est nécessaire à cette industrie.

40 ouvriers et 80 ouvrières, gagnant de 1 franc à 1 fr. 25 cent., sont employés chez lui en ce moment, et produisent par an pour 200,000 francs de maroquins, qui sont consommés par les chapeliers, tant en France qu'à l'étranger.

Le jury lui accorde une mention honorable.

M. LAVALETTE, à Brie, près Grenoble (Isère).

Il fabrique à très-bon marché des peaux imprimées qui, pour couvrir des meubles de campagne, pourront remplacer, avec avantage, les étoffes si facilement et si fréquemment gâtées par les vers et par la poussière.

Le jury lui accorde une mention honorable.

Citation favorable.

M. Jean-Pierre GRISON, rue Corbeau, n° 28, à Paris (Seine).

Il fabrique spécialement des peaux de chevreau doré, noir et lissé pour les souliers de dames. Les peaux qu'il présente à l'exposition sont très-belles ; leur lustre est considérable et leur solidité très-grande.

Le jury lui accorde une citation favorable.

---

§ 4. CUIRS REPOUSSÉS, CUIRS FORÉS, COURROIES.

M. Dumas, de l'Institut, rapporteur.

Nouvelle médaille de bronze.

M. Jacques-Michel DULUD, boulevard des Italiens, n° 27, (Seine).

Les cuirs estampés de M. Dulud ont beaucoup gagné depuis quelques années en beauté, en solidité et en bon marché. Infiniment moins chers que les bois sculptés, ils sont au moins aussi solides, et ne leur cèdent en rien comme finesse de sculpture.

La perfection des détails de moulures et surtout le bon marché, obtenu par l'emploi de nouveaux procédés d'estampage au rouleau, permettent, sans une très-grande dépense, d'employer les cuirs gaufrés pour tentures et décorations d'appartements.

Le jury lui accorde une médaille de bronze.

MM. BUCHET et Cⁱᵉ, rue Neuve-Popincourt, n° 9, à Paris (Seine). Mention honorable.

Il a, par un nouveau procédé de forage des cuirs, supprimé, dans un grand nombre de produits, tels que fourreaux, gibernes, chaussures, bouteilles, etc. les coutures et les raccords collés qui, jusqu'à présent, avaient été employés. Cette nouvelle disposition, dont l'industrie apprécie toute l'importance, est susceptible d'une grande extension.

Le jury accorde à M. Buchet une mention honorable.

M. PONTRÉVÉ, aux Batignolles (Seine). Citations favorables.

Il expose un système nouveau d'attache de courroies pour les transmissions de mouvements dans les usines. Les courroies, placées bout à bout, sont maintenues par des crochets en fil de fer logés dans l'intérieur même du cuir. On évite ainsi la superposition des deux extrémités de la bande de cuir. Cette disposition, recommandable sous le double point de vue de l'économie et de la régularisation du mouvement, a été appréciée par les industriels de Nantes, et a attiré l'attention du jury, qui accorde une citation favorable à M. Pontrévé.

M. ROPER, rue de l'Oratoire-du-Roule, n° 49, à Paris (Seine).

Il présente des limes et des cuirs à rasoirs qui, par leur bonne qualité et leur prix peu élevé, méritent la faveur que leur accorde, depuis vingt ans, le commerce parisien.

Le jury accorde à M. Roper une citation favorable.

§ 5. FOURRURES.

M. Dumas, de l'Institut, rapporteur.

Citation favorable.

M. KROPFF, rue Saint-Honoré, n° 253, à Paris (Seine).

La maison de fourrures de M. Kropff est fort ancienne, et actuellement très-considérable.

La beauté des fourrures qu'il a exposées a attiré l'attention du jury, qui lui accorde une citation favorable.

---

§ 6. TOILES CIRÉES.

M. J. Persoz, rapporteur.

Rappel de médaille d'or.

MM. BAUDOUIN frères, rue des Récollets, n° 3, à Paris.

MM. Baudouin frères, qui ont mérité en 1844 la médaille d'or, continuent à marcher dans une voie de progrès. Ils exposent cette année des produits qui ne laissent rien à désirer sous le rapport de l'exécution.

L'établissement de ces messieurs occupe 90 ouvriers, dont le salaire, en moyenne, est de 3 francs par jour. 8 étendages et 6 calorifères sont affectés à la dessiccation des cuirs et des toiles cirées imprimées, dont ils livrent annuellement au commerce pour une valeur d'environ 500,000 francs.

Le jury donne à MM. Baudouin le rappel de la médaille d'or.

Médaille d'or.

M. SEIB, à Strasbourg (Bas-Rhin).

Dans l'établissement de M. Seib, où l'on occupe de 60 à 80 ouvriers, et où l'on fabrique annuellement pour plus de 700,000 fr. de marchandises, on exécute toute espèce de toiles cirées : toiles cirées vernies pour les couvertures de shakos et pour les chàssis à fausses couleurs dans l'impression ; toiles cirées imprimées dans tous les genres, non-seulement celles qui doivent imiter les bois, les marbrures, les granits, etc. mais encore celles qui sont le résultat des impressions à la planche les plus délicates.

Pendant quarante ans de la plus honorable carrière industrielle, M. Seib n'a cessé de livrer à la consommation des produits d'une qualité irréprochable, et qui se sont toujours fait remarquer par la goût exquis des dessins. Enfin, M. Seib a été le premier à appliquer la lithographie à l'impression sur toiles cirées.

La médaille d'argent a été accordée à M. Seib en 1839 et en 1844. Le jury de cette année lui décerne la médaille d'or.

M. Michel-Louis LE CROSNIER, rue Bourg-l'Abbé, n° 7, à Paris.

Médaille d'argent.

C'est la première fois que M. Le Crosnier présente ses produits à l'exposition. Il soumet au concours plusieurs pièces de toiles cirées imprimées, et un assortiment de soies et de gazes gommées dont la fabrication ne laisse rien à désirer. Parmi les objets qu'il expose, le jury a particulièrement remarqué de grands tapis pour appartements, de 4 à 5 mètres de côtés, avec rosace, coins en rapport, jeu de fonds et bordure jouant le point de marque en laine; un tissu verni des deux côtés, et imitant assez bien les cuirs vernis destinés à la fabrication des visières; enfin les beaux taffetas et gazes gommés, dont M. Le Crosnier exporte annuellement pour une valeur de 100,000 francs.

Le jury lui décerne la médaille d'argent.

M. Martin DELACROIX, rue du Roule-Saint-Honoré, n° 17, à Paris.

Médaille de bronze.

Successeur de M. Larroumets, qui, à l'exposition de 1844, avait obtenu une médaille de bronze, M. Martin Delacroix expose cette année des produits qui prouvent qu'il a su donner une heureuse impulsion à son établissement; car non-seulement il imprime des tapis en toile cirée de grande dimension pour l'ameublement des paquebots à vapeur, mais encore il exécute avec un rare succès des ronds de table imitant des bois de toutes espèces, et sur lesquels, à l'aide d'un artiste aussi modeste qu'habile, M. Guillaume, il est parvenu à réaliser des peintures qui ajoutent beaucoup de mérite à ces tapis, et qui cependant n'en augmentent le prix que de la modique somme de 3 à 5 francs, selon le sujet.

Le jury, prenant en considération les améliorations que M. Martin Delacroix a introduites dans son industrie, lui décerne la médaille de bronze.

M. RIVOT DE BAZEUIL, à La Ferté-sur-Amance (Haute-Marne).

Mention honorable.

M. Rivot de Bazeuil, qui a obtenu une mention honorable à

l'exposition de 1844, continue avec succès la fabrication des toiles cirées. Il exécute surtout avec talent des ronds de table recouverts d'empreintes imitant les bois de palissandre, d'acajou, de noyer, de chêne, d'orme et de citronnier.

Le jury, ayant surtout égard au bas prix auquel M. Rivot de Bazeuil livre ses produits au commerce, lui accorde une nouvelle mention honorable.

TROISIÈME SECTION.

APPAREILS CHIRURGICAUX, BANDAGES, BIBERONS, CLYSOIRS.

§ 1. INSTRUMENTS, APPAREILS DE CHIRURGIE.

M. Héricart de Thury, rapporteur.

CONSIDÉRATIONS GÉNÉRALES.

Nous avons dit, dans le rapport de 1844, que les instruments de chirurgie étaient la partie la plus intéressante de la haute coutellerie, que nulle autre branche d'industrie ne pouvait recevoir une destination plus noble et plus utile, et ne demandait un travail plus rigoureusement soigné, à raison de la grave responsabilité qui pesait sur elle.

Déjà, à cette époque, nous nous sommes plu à constater que plusieurs fabricants français avaient compris que cette partie de leur exploitation exigeait autre chose qu'un travail purement manuel, et qu'un des plus sûrs moyens d'exécuter habilement les modèles qu'ils auraient à reproduire et de seconder les vues des opérateurs était de suivre les hôpitaux, d'assister aux diverses opérations qui s'y pratiquent, afin de mieux saisir les indications que le chirurgien est souvent appelé à remplir.

Le jury de cette année a vu avec une véritable satisfaction les efforts des exposants en général, pour se maintenir dans la voie de progrès tracée par leurs confrères, et qui a amené de si heureux résultats. L'on peut dire, en effet, que si l'exposition de 1849 est moins féconde en innovations que quelques-unes des précédentes, cela tient à ce que les découvertes en chirurgie, comme en toute autre science, ne sauraient être soumises à des époques invariables. Quant aux procédés de fabrication, ils ont acquis un degré de perfectionnement incontestable, et l'on est forcé de reconnaître que presque tous les produits exposés réunissent les conditions suivantes : *qualité supérieure dans la matière première, précision de formes, diminution de poids et de volume,* sans nuire en rien à la solidité, disposition des plus ingénieuses pour les diverses exigences de l'art de guérir.

Récompenser comme par le passé des efforts aussi généreusement soutenus était une chose juste et nécessaire, et que le jury a parfaitement comprise. Cet acte d'équité profitera, n'en doutons pas, à la branche d'industrie la plus précieuse, puisqu'elle contribue aux progrès d'un art dont le premier, le principal but est de soulager l'humanité.

M. CHARRIÈRE, rue de l'École-de-Médecine, n° 6, à Paris (Seine).

Nouvelle médaille d'or.

M. Charrière, à cause de l'importance de ses produits, de l'immense extension qu'il a donnée au commerce d'exportation des instruments de chirurgie, a obtenu en 1839 une médaille d'or; en 1844, le rappel de cette médaille, et, depuis, la croix de la Légion d'honneur.

Cette année, M. Charrière présente encore des améliorations et perfectionnements d'une haute importance, qui prouvent qu'il a suivi dans les hôpitaux nos plus habiles professeurs, et que c'est à leur école qu'il a appris ce qui lui restait à faire pour arriver au degré de supériorité que le jury a remarqué dans tous ses instruments.

Mais depuis la dernière exposition, M. Charrière a voyagé à l'étranger, afin de se mettre au courant des découvertes qui ont pu y être faites par les plus habiles fabricants. Le placement rapide de ses produits en France et leur exportation toujours croissante l'ont mis à même, malgré les circonstances difficiles des années dernières, de donner le plus grand développement à son établissement

et de maintenir constamment dans ses ateliers le nombre d'ouvriers qu'il occupait précédemment.

Quant aux heureuses modifications apportées à la fabrication de
ses produits, nous devons signaler en général celles qui consistent
à réduire le volume de l'instrument qui doit pénétrer dans la profondeur des organes, et lui éviter de marquer les parties sur lesquelles il agit; c'est dans ce but que M. Charrière a fabriqué toutes
ses pinces, tenettes, ciseaux à *branches*, *croisées*, etc. Ces instruments, se décroissant près de leurs anneaux, ont encore l'avantage
de pouvoir être tenus et maniés d'une seule main. Une modification analogue a été apportée aux cisailles, cortotomes, sécateurs,
qui sont construits à vis excentrique. Ici l'écartement des lames
suffit pour allonger l'une et raccourcir l'autre, et par là procurer
une section plus nette et plus facile.

D'autres instruments ont encore fixé l'attention du jury, ce sont:

Le mandrin articulé, sans vis ni goupilles, destiné à courber ou
redresser l'urètre, l'œsophage; instrument composé de maillons
dont le nombre varie suivant la longueur de l'organe auquel il est
destiné.

Un perce-crâne avec gaîne, pour protéger les organes et la main
de l'opérateur.

Un nouveau modèle de boîtes-trousses, d'anatomie, d'autopsie,
qui offrent de véritables avantages sous le rapport de leur utilité
et la modicité de leurs prix.

Des bandages herniaires, ceintures hypogastriques, membres artificiels, et notamment un appareil compresseur destiné à maintenir les fragments des os dans les fractures non consolidées.

Un fauteuil locomoteur pour les personnes paralysées des membres inférieurs; des appareils fumigatoires d'une simplicité remarquable, etc.

Au nombre des instruments récemment confectionnés par
M. Charrière, le jury a vu et examiné, avec le plus vif intérêt, l'appareil volta-électrique à double courant de l'invention de M. le
docteur Duchesne, de Boulogne.

Cet appareil, qui paraît supérieur à tous ceux employés jusqu'ici,
est conçu dans un but essentiellement pratique et permet aujour-
d'hui à l'auteur de limiter l'action galvanique dans presque tous
les organes, sans être obligé de recourir à aucune opération chi-
rurgicale, sans piquer, ni inciser la peau, et sa méthode qu'il dé-

signe sous le nom de *Galvanisation localisée*, outre qu'elle a produit dans les divers services cliniques de Paris les plus heureux résultats thérapeutiques, conduit chaque jour à la découverte de phénomènes physiologiques et pathologiques qui, sans elle, eussent probablement échappé longtemps encore à l'observation. En effet, à l'aide de son appareil, M. Duchesne démontre (qu'on nous permette cette expression) la myologie vivante, en produisant à volonté des mouvements isolés ou d'ensemble, suivant qu'il dirige l'action galvanique sur un muscle ou l'un de ses faisceaux, sur un nerf ou l'un de ses filets.

Veut-il agir sur un organe ou une région profondément placés hors de toute action directe? il les atteint par les nerfs ou plexus qui l'animent. Est-ce sur la peau seulement qu'il veut se porter? avec une admirable précision, il limite la puissance galvanique en cet organe, en promenant sur l'enveloppe cutanée des excitateurs variés, et arrive à produire, selon les indications, depuis la sensation légère et agréable jusqu'à la douleur graduée, qu'il peut aussi rendre insupportable, sans cependant laisser d'autres traces visibles qu'une excitation organique passagère.

Mais, comme chaque nerf, chaque muscle, chaque organe possède un mode et un degré d'excitabilité dont il faut tenir compte dans l'application du galvanisme, sous peine d'insuccès ou d'accidents très-graves, M. Duchesne a senti toute la nécessité de pouvoir gouverner à son gré l'action électrique dans les organes. Malheureusement, les instruments et appareils les plus répandus dans la pratique médicale répondaient peu à son point de vue; il a donc dû alors se livrer avec ardeur à de nouvelles recherches physiques, devenir lui-même ouvrier et fabriquer d'abord pour bien faire comprendre sa pensée, et sa persévérance a été couronnée du plus heureux succès.

L'art de la galvanisation localisée exige un appareil d'une grande puissance, d'une grande précision, dont les courants soient variés et appropriés au mode et au degré d'excitabilité des organes, et dont les intermittences soient tantôt lentes, tantôt rapides.

Toutes ces conditions paraissent réunies dans les appareils de M. Duchesne.

A cet appareil ingénieux sont joints divers excitateurs galvaniques dont le choix est de la plus haute importance, et qui, par leur bonne confection, rappellent l'habileté du fabricant, M. Charrière. Ces excitateurs sont de trois ordres : 1° excitateurs de la sensibilité cutanée; 2° excitateurs de la motilité; 3° excitateurs internes.

Enfin, pour rendre plus complet son travail et ses moyens d'investigation, M. Duchesne a, dans le même but, composé et fait fabriquer par M. Delcuil, l'un de nos premiers et plus habiles fabricants d'instruments de physique, dont le jury central a constaté la haute supériorité, un appareil électro-magnétique à double courant, non moins ingénieux et trois ou quatre fois plus puissant que le premier.

A la dernière exposition, le jury central avait voté pour M. Charrière le rappel de la médaille d'or qu'il avait obtenue précédemment. Cette année, le jury lui décerne à l'unanimité une nouvelle médaille d'or en récompense des améliorations et perfectionnements apportés dans son établissement, établissement modèle et vraiment unique dans son genre.

Médaille d'or.

M. LUËR, rue et place de l'École-de-Médecine, n° 3 et 19, à Paris (Seine).

M. Luër a exposé pour la première fois, en 1844, des instruments de chirurgie d'une parfaite exécution, et qui lui ont valu de la part du jury d'exposition la médaille de bronze.

Ce fabricant, dont l'exploitation augmente chaque jour, vient de présenter cette année des instruments de tous genres, dont la confection, le poli et la délicatesse, ne le cèdent en rien à ceux des premières fabriques de la capitale.

Un examen approfondi de la trempe et du tranchant de ces instruments nous a prouvé leur qualité et leur supériorité. Ainsi, nous avons vu les instruments les plus délicats, tels que l'aiguille à cataracte, après avoir incisé et enlevé des parcelles d'ivoire ou de corne, rester intacts et pénétrer le canepin comme s'ils venaient d'être affilés.

Nous regrettons de ne pouvoir, sans sortir de justes limites, parler en détail de tous les instruments inventés ou perfectionnés par M. Luër, mais nous citerons avec avantage son mandrin articulé du docteur Blanche, pour l'alimentation des aliénés; son instrument à retirer les corps étrangers de la vessie; son speculum buccal; une série de pièces pour saisir le col de l'utérus, réduire la luxation des doigts, faciliter la ligature des artères profondes; le per-

forateur porte-fraise pour remplacer l'archet du dentiste; son forceps modifié, etc.

M. Luër, bien convaincu que, pour arriver à un résultat parfait,
il devait s'éclairer par lui-même et s'étayer de sa propre expérience,
n'a pas négligé la visite des hôpitaux; il y a étudié avec soin les
opérations de haute chirurgie. Il a, de plus, fait plusieurs voyages
à l'étranger, afin de comparer les fabrications de nos voisins avec
les nôtres, et suivre avec impartialité les perfectionnements ou les
idées nouvelles pour les appliquer ensuite à la confection de ses instruments.

Le jury décerne à M. Luër une médaille d'or.

M. ROISSARD, à Brest (Finistère).

Médailles d'argent.

M. Roissard a exposé des instruments de chirurgie bien confectionnés et qui sont journellement employés par les officiers du
service de santé de la marine.

Ces instruments ont paru au jury d'une exécution parfaite et
dignes de rivaliser avantageusement avec ceux provenant des meilleures fabriques de Paris.

M. Roissard mérite d'autant plus les éloges du jury que, n'ayant
point à sa disposition des ouvriers de tous genres, il est obligé de
revoir par lui-même ses instruments pour leur donner tout le fini
d'une bonne exécution.

Au nombre des instruments modifiés par M. Roissard se
trouvent :

Une clef de Garangeot, dont le crochet peut aisément être rap-
proché ou éloigné du levier sans qu'il soit nécessaire de le dévisser,
ou être fixé instantanément à l'extrémité de ce même levier dans
les cas d'extraction des dernières dents molaires; une scie à ampu-
tation, dont le feuillet deux fois plus large et plus épais au bord
tranchant, facilite la marche de l'instrument;

Une pince à ligature d'artère, qui, en écartant les tissus, permet
de saisir sans peine le vaisseau et de porter sur lui un nœud solide
sans le secours d'aucun aide.

Le jury accorde à M. Roissard une médaille d'argent.

M. BOURDEAUX aîné, à Montpellier (Hérault).

L'établissement de M. Bourdeaux compte plus d'un siècle d'existence, de père en fils; il le gère pour son compte depuis trente ans et

se fait remarquer par la qualité de ses produits en coutellerie et la bonne confection de ses instruments de chirurgie, qui sont fort appréciés des premiers chirurgiens de Montpellier.

Ce fabricant vient d'apporter une modification heureuse au forceps, en substituant aux moyens d'union ordinaires un nouveau mode d'articulation qui a pour avantage d'éviter, par la mobilité du pivot, la douleur que produisent souvent, soit à l'utérus, soit à la vulve, les mouvements qu'on est obligé d'imprimer aux branches du forceps ordinaire pour les réunir.

La série de trous que porte la branche femelle permet l'articulation des deux branches dans le cas même où l'une d'elles est plus profondément engagée ou un peu antérieure à l'autre.

L'utilité du nouveau forceps de M. Bourdeaux semble déjà sanctionnée par l'expérience, ainsi que le prouve le rapport favorable délivré par la société de médecine pratique de Montpellier.

M. Bourdeaux a obtenu déjà une médaille de bronze en 1844: le jury lui accorde une médaille d'argent.

Médailles de bronze. M. DARAN, rue Gît-le-Cœur, n° 4, à Paris (Seine).

M. Daran a exposé pour la première fois en 1844. Les produits de sa fabrique ont fixé l'attention du jury et lui ont valu une mention honorable.

Ceux qu'il expose aujourd'hui ne laissent rien à désirer sous le rapport de l'exécution et la modicité des prix. Ils sont en usage dans plusieurs hôpitaux de province et notamment à Cambrai, Chartres, la Rochelle, Nîmes, etc.

Au nombre des instruments nouveaux présentés par ce fabricant, nous citerons le couteau-aiguille de M. Badinier, destiné à faciliter l'opération de la cataracte par extraction : les pinces-forceps urétrales de M. Bernard de Villefranche, pour l'extraction des calculs de l'urètre; la pince pour la section et l'arrachement des nerfs dans les expériences physiologiques ; le speculum-porte-médicament de M. Vernher.

Le jury accorde à M. Daran une médaille de bronze.

M. MATHIEU, rue des Poitevins, n° 7, à Paris (Seine).

M. Mathieu a exposé divers instruments de chirurgie, dont la bonne confection, l'élégance, la solidité, et, pour plusieurs d'entre eux, la nouveauté, ont attiré l'attention du jury.

Ces instruments ont en majeure partie trait à la lithotritie. Heureusement conseillé par des chirurgiens dont l'habileté est bien connue pour cette branche de la science, et particulièrement par M. Leroy d'Étiolles, M. Mathieu a confectionné un instrument pulvérisateur qui, par un mouvement régulier, fait osciller la pierre et la présente successivement à l'action d'une râpe pour la réduire en poudre fine. L'idée de promener des râpes, des limes sur la surface des calculs urinaires, n'est pas nouvelle, mais ces instruments avaient l'inconvénient de se mouvoir à découvert dans la vessie et d'exposer à la blesser. M. Mathieu a obvié à ce danger, en fixant sa râpe sur des branches mobiles, qui les isolent de la vessie.

Sous la même inspiration, il a imaginé un siége à pivot, pouvant incliner le malade en différents sens, ce qui facilite la saisie des calculs; divers percuteurs et brise-pierre; un dynamomètre au moyen duquel on mesure le degré de puissance et de force des instruments brise-pierre; divers scarificateurs pour l'urètre, etc. qui prouvent l'habileté de ce fabricant.

L'établissement de M. Mathieu date à peine de deux ans, et cependant l'extension qu'il a donnée à ses produits est digne d'éloges.

Le jury lui accorde une médaille de bronze.

MM. PORTIER et Cⁱᵉ, place de l'École-de-Médecine, à Paris (Seine).

Mention honorable.

MM. Portier et Cⁱᵉ ont succédé à la maison Sir Henry, connue depuis cinquante ans pour sa bonne fabrication d'instruments de chirurgie et ses produits de coutellerie. Sir Henri a obtenu aux diverses expositions de 1819-23-27-34-39 une mention honorable, une médaille d'argent et un rappel de médaille.

Aujourd'hui, les perfectionnements apportés aux produits de cet établissement sont le résultat du travail des ouvriers mis en association sous la raison sociale de MM. Portier et compagnie.

Les instruments exposés sont généralement bien confectionnés.

Le jury accorde à cette association une mention honorable.

Citation
favorable.

M. MIERGUES, à Anduze (Gard).

Les deux instruments de chirurgie présentés par M. Miergues sont : un trocart à vulves et diverses sondes en étain susceptibles de se prêter à toutes les courbures qui peuvent nécessiter leur application.

Ces sondes ont été honorablement mentionnées dans le Mémorial encyclopédique de 1840.

Le jury cite favorablement M. Miergues.

APPAREILS HERNIAIRES ET D'ORTHOPÉDIE.

Médailles
d'argent.

M. VALÉRIUS, rue du Coq-Saint-Honoré, n° 7, à Paris (Seine).

M. Valérius est avantageusement connu depuis longtemps pour ses bandages herniaires et ses appareils orthopédiques.

Il a de nouveau, cette année, fixé l'attention du jury par la production d'appareils à extension continue pour le maintien des fragments de la fracture de la cuisse et la luxation spontanée du fémur.

A ces divers procédés, ce fabricant a joint d'autres appareils orthopédiques pour le redressement de la colonne vertébrale et un lit pour changer et soulever les blessés. M. Valérius a déjà reçu des témoignages d'intérêt de la part du jury aux expositions antérieures. En 1827, une médaille d'or lui a été décernée, à la suite de l'exposition, par le gouverneur des invalides au sujet d'un bras artificiel de sa composition.

Le jury rend justice à ses constants efforts et lui accorde la médaille d'argent.

M. BÉCHARD, rue Richelieu, n° 20, à Paris (Seine).

M. Béchard a présenté divers appareils orthopédiques bien imaginés et qui peuvent être d'une utile application. Au nombre de ces produits nous citerons la ceinture hypogastrique déjà employée depuis longtemps dans les affections de matrice et qu'il a perfectionnée en substituant au ressort fixe qui l'assujettissait, deux ressorts latéraux avec charnière qui en facilitent l'application, l'empêchent de casser et lui donnent toute la souplesse désirable; une ceinture pour hernie ombilicale, dans laquelle la pelote peut obéir à tous les mouvements du corps, sans cesser de conserver une pression soutenue; un appareil double pour le redressement simultané des membres et la déviation de la colonne vertébrale; des béquilles à sabots articulés pour assurer la marche et éviter le glissement sur le sol.

Le jury lui décerne la médaille d'argent.

M. TÉTARD, à Haussonville (Meurthe).

M. Tétard a exposé un système de bandages pour les chevaux fort remarquable et d'une utilité incontestable. Le jury, pour reconnaître les heureux travaux de M. Tétard déjà constatés par la société centrale d'agriculture, lui décerne une médaille d'argent.

M. le docteur LEMAUX, rue des Moulins, n° 4, à Batignolles (Seine).

Médailles de bronze.

M. Lemaux est auteur de plusieurs procédés chirurgicaux et de divers appareils pour la réduction des luxations et le maintien des fractures. Ceux qu'il expose cette année ont trait particulièrement à la fracture de la rotule, à la réduction de l'épaule et à la fracture de l'avant-bras. Les résultats obtenus par l'emploi de ses procédés militent en faveur de l'auteur, et sont dignes de fixer l'attention des praticiens, qui y trouveront d'heureuses applications.

Le jury rend justice aux constants efforts de M. le docteur Lemaux et lui accorde la médaille de bronze, qu'il a bien méritée pour ses divers procédés et appareils.

M. RABIOT, rue Saint-André-des-Arts, n° 60, à Paris (Seine).

M. Rabiot a exposé divers appareils de sou invention dans le but de procurer du soulagement aux blessés et aux malades. Son lit mécanique appelé *Nosophore* ou châssis à support, outre qu'il présente tous les avantages du lit mécanique à la Dauzun, est susceptible de s'appliquer à toutes sortes de coucher; d'aider ainsi à soulever les malades, leur permettre de satisfaire certains besoins, les transporter d'une place à l'autre et les maintenir sans fatigue au bain.

Le *Nosophore* de M. Rabiot a été employé dans les hôpitaux, et l'Académie de médecine, consultée sur ses avantages par M. le ministre du commerce, a déclaré que cet appareil était d'une utilité réelle.

Le jury, après un examen consciencieux, émet la même opinion et, pour rendre hommage à la bonne confection de cet appareil, accorde à M. Rabiot une médaille de bronze.

Rappel de mention honorable.

M. PERNET, rue Richelieu, n° 14, à Paris (Seine).

M. Pernet a reproduit cette année ses bandages herniaires et ombilicaires à pelotes mobiles, et susceptibles de suivre les mouvements du corps sans diminuer la pression convenable; des ceintures hypogastriques pouvant s'appliquer au busc du corset. Ces appareils doivent trouver leur utilité dans beaucoup de circonstances.

Le jury rappelle à M. Pernet la mention honorable qu'il a obtenue.

Mention honorable.

M. CORBIN, à Joué-lès-Tours (Indre-et-Loire).

M. Corbin a exposé un appareil de délitement propre à soulever les malades et dont le prix très-peu élevé le met à la portée de tous les établissements.

L'appareil de M. Corbin fonctionne depuis quelque temps à l'hôpital de Tours, où les médecins ont constaté son utilité. Suivant eux, il remplace avec avantage les lits mécaniques, qui sont très-coûteux, tandis que le prix de cet appareil ne dépasse pas 100 francs.

Le jury regrette que le modèle exposé par M. Corbin ne lui donne qu'une idée imparfaite des heureuses modifications apportées par l'auteur et constatées par les médecins de Tours; néanmoins il espère encore encourager les efforts de M. Corbin et lui accorde une mention honorable.

Citation favorable.

Mᵐᵉ MARTIGNY, rue Saint-Honoré, n° 353, à Paris (Seine).

Mᵐᵉ Martigny propose au jury une méthode de son invention qui prévient, dit-elle, et rectifie en fort peu de temps les déviations de la taille et autres difformités osseuses.

Aux exercices gymnastiques, qui font la base de son traitement, cette dame adjoint une chaise-tabouret qu'elle a imaginée, pour permettre aux malades de se livrer à leurs travaux d'éducation. tels que peinture, musique, etc.

Le jury cite favorablement Mme Martigny.

CORNETS ACOUSTIQUES, BANDAGES.

M. GREILING, rue Saint-Martin, n° 30, à Paris.

Nouvelle médaille de bronze.

M. Greiling expose une série de cornets acoustiques et d'appareils contre la surdité. Ces divers instruments, bien confectionnés en général, ont rendu et sont appelés encore à rendre d'utiles services que le jury se fait un plaisir d'apprécier. M. Greiling avait obtenu en 1839 une médaille de bronze pour la fabrication d'instruments de chirurgie. Le jury lui accorde une nouvelle médaille de bronze.

M. GATEAU, rue de Grenelle-St-Germain, n° 64, à Paris.

Médailles de bronze.

M. Gateau a présenté de nouveau les conques acoustiques dont il est l'inventeur. Ces appareils sont d'un usage commode, en ce que, moulés avec soin sur le conduit de l'oreille, ils transmettent les sons en s'opposant par l'exactitude de leur forme à ce que l'air environnant ne vienne les détruire ou les altérer.

La petitesse de leur volume permet, en outre, de les tenir appliqués sous un bonnet ou même sous les cheveux.

M. Gateau a déjà obtenu en 1844 une mention honorable; le jury lui accorde une médaille de bronze, pour les perfectionnements de ses appareils.

M. BIONDETTI, rue Vivienne, n° 48, à Paris (Seine).

Les appareils de M. Biondetti, qui consistent en bandages herniaires, suspensoirs, pessaires, pompes artificielles, etc. sont remarquables par leur légèreté et la finesse de leur exécution.

Parmi les bandages de ce fabricant, nous citerons: celui à pression de rotation qui peut à la fois agir à droite et à gauche et comprimer les hernies crurales et inguinales ou même ombilicales; un autre bandage pour les hernies irréductibles dont la pelote concave change de forme à volonté et peut devenir graduellement plane ou tout à fait convexe.

Le jury félicite M. Biondetti de sa bonne exécution et lui décerne une médaille de bronze. C'est la première fois que M. Biondetti, qui est un de nos meilleurs bandagistes, se présente aux expositions de l'industrie nationale.

MM. BURAT, rue Mandar, n° 12, à Paris (Seine).

Les produits de MM. Burat ont fixé l'attention du jury; ils consistent en bandages, ceintures hypogastriques et divers appareils orthopédiques.

Par un procédé à la fois simple et ingénieux, ils sont arrivés à mettre le malade à même de donner à la pelote de son bandage l'inclinaison et le degré de compression qui conviennent à sa hernie.

M. Burat a appliqué le même système aux ceintures hypogastriques, qu'on peut incliner à volonté au moyen d'une bélière ou anneau qui, fixé sur une petite plaque ronde, fait agir la pelote en tous sens.

MM. Burat ont encore apporté divers perfectionnements aux bandages de rectum, aux appareils contre *l'onanisme*, etc.

Le jury décerne à MM. Burat une médaille de bronze.

Nouvelle mention honorable.

M. WICKHAM, rue Saint-Honoré, n° 257, à Paris (Seine).

M. Wickham qui, en 1839 et 1844, a exposé des bandages, ceintures, etc. vient cette année d'ajouter à ces divers objets, des appareils dits *anti-méphitiques* pour l'usage des pierres d'éviers et des cuisines. Le jury applaudit aux efforts tentés par M. Wickham et lui rappelle de nouveau les deux mentions honorables qu'il a déjà obtenues.

Mentions honorables.

M. le docteur GIROD, officier de santé, à Écueillé (Indre).

M. Girod est inventeur d'un nouveau bandage herniaire universel, qui paraît présenter des perfectionnements et avantages.

Nous regrettons que cet appareil n'ait pas été confectionné par des ouvriers habiles; l'idée de M. Girod aurait été tout à fait comprise et la commission aurait pu mieux juger cet appareil.

Cependant elle accorde à M. Girod une mention honorable.

M. MABAUX DE LA FRASSE, bandagiste, rue Fontaine-Molière, n° 18, à Paris (Seine).

M. Mabaux de la Frasse, bandagiste, fournisseur du magasin central des hôpitaux militaires et de l'hôtel des invalides, a présenté des bandages en pelotes de caoutchouc artificiel approuvé par l'académie de l'industrie et par le conseil de santé des armées.

La parfaite élasticité des pelotes de M. Mabaux de la Frasse après un service de quinze à dix-huit mois par des ouvriers et des invalides et la conservation de son excellent artifice dans une de ces pelotes ouvertes devant nous, ne peut laisser aucun doute sur les avantages que présentent les bandages de M. Mabaux de la Frasse.

Les pelotes élastiques de M. Mabaux de la Frasse paraissent réunir de bonnes conditions d'usage, mais jusqu'à ce que l'expérience ait définitivement prononcé sur leur supériorité, le jury croit devoir se borner à en faire une mention honorable, et engager l'inventeur à continuer ses essais et à en faire constater authentiquement le succès.

M. MONCOURT, boulevart Saint-Martin, n° 3 *ter*, à Paris (Seine).

Citations favorables.

Les ouvrages de M. Moncourt sont bien confectionnés. Le jury lui témoigne sa satisfaction par une citation.

Madame AMIS, rue du Regard, n° 30, à Paris (Seine).

M⁻ Amis a exposé pour la première fois des bandages orthopédiques, tels que corsets, béquilles. Ces objets sont bien confectionnés et le jury accorde une citation favorable à Madame Amis.

M. BORSARY-GIRARD, à Dijon (Côte-d'Or).

M. Borsary-Girard vient de perfectionner les bandages herniaires connus primitivement sous le nom de *Brager*. Son mécanisme est simple, d'une solidité à toute épreuve, et d'une manœuvre facile. L'académie de Dijon lui a déjà accordé son approbation, et le jury de l'exposition cite favorablement M. Borsary.

SCARIFICATEUR.

M. SANDOZ, à Lyon (Rhône).

En 1844, M. Sandoz a présenté un scarificateur confectionné par lui, d'après les instructions du docteur Blatin. Cet instrument, plus léger et plus simple que les scarificateurs allemands généralement employés, a valu à son auteur une citation favorable du jury.

Aujourd'hui M. Sandoz expose de nouveau ce même instrument revu et perfectionné.

Les avantages qu'il présente sont de tendre mieux la peau par la disposition convexe de sa surface, de produire des incisions plus longues sans causer plus de douleur et d'extraire ainsi plus de sang. (Dans une expérience comparative, le scarificateur allemand a produit des incisions dont la longueur, au maximum, était de 4 millimètres; la quantité de sang obtenu de 45 à 48 grammes, tandis que la longueur des incisions faites par le nouveau scarificateur était de 7 millimètres et le sang obtenu de 65 à 70 grammes; de s'appliquer dans des espaces étroits, tels que l'apophyse mastoïde, les espaces intercostaux; d'être moins sujet à s'altérer que les scarificateurs à engrenage, enfin de pouvoir se monter, se démonter et se nettoyer avec la plus grande facilité. Les pièces qui le composent ayant été obtenues par le découpage au balançoir, il en résulte une symétrie parfaite entre chaque partie similaire et un accord invariable dans leur ajustement.

L'expérience ayant prononcé sur la supériorité du scarificateur Sandoz, le jury accorde à ce fabricant une médaille de bronze.

SANGSUES ARTIFICIELLES.

Médailles de bronze.
MM. KUSSMANN et GEORGY, rue Saint-Denis, n° 328, à Paris (Seine).

MM. Kussmann et Georgy ont soumis à l'appréciation du jury un appareil de leur invention auquel ils ont donné le nom de *sangsues artificielles.*

Cet appareil se compose,

1° D'un scarificateur cylindrique à 2 ou 4 lames, creusé inférieurement et surmonté d'un petit corps de pompe en cuivre pour faire le vide.

2° D'un autre corps de pompe, en tout semblable au premier, auquel est adapté un cylindre de caoutchouc galvanisé de 3 centimètres de longueur sur 1 centimètre 1/2 de diamètre.

3° D'une série de petits tubes de verre ouverts à une extrémité, et dont l'autre extrémité est fermée par une petite peau de baudruche destinée à faire l'office de soupape et à laquelle on a pratiqué seulement une très-petite ouverture pour le passage de l'air.

Pour mettre en jeu l'appareil, on arme le scarificateur et on applique sa partie creuse sur l'endroit où l'on veut obtenir du sang, on fait le vide au moyen du piston, la peau monte dans l'intérieur de l'instrument et on l'incise en lâchant la détente.

Ce premier temps de l'opération terminé, on ôte le scarificateur, et il ne s'agit plus que d'opérer la succion. Pour cela, après avoir plongé dans l'eau tiède les petits tubes de verre, pour rendre plus flexible la baudruche, qui ferme une de leurs extrémités, on introduit cette extrémité dans l'intérieur du tube de caoutchouc qui tient au corps de pompe dont nous avons parlé. L'autre extrémité du tube s'applique ensuite sur les incisions faites par le scarificateur, et le piston est mis en jeu. Le vide opéré, on dégage le tube du cylindre de caoutchouc qui le tenait uni au corps de pompe; la baudruche, faisant office de soupape, maintient le vide, et la succion s'opère. On obtient ainsi la quantité de sang nécessaire, soit en vidant et replaçant plusieurs fois le même tube, soit en faisant d'autres incisions et en y plaçant autant d'autres tubes.

On voit par ce qui vient d'être dit que l'appareil de MM. Kussmann et Georgy est un scarificateur fonctionnant dans le vide. Quant aux tubes ou ventouses (car ces messieurs ont appliqué avec avantage leur système de baudruche aux ventouses ordinaires), ils ont la plus grande analogie avec la ventouse à pompe. Plusieurs expériences répétées devant nous dans les hôpitaux nous ont permis de constater que, comme ces derniers, ils opèrent un vide parfait et une succion prompte. Ils offrent, en outre, l'avantage d'une confection plus simple, d'un prix moins élevé, d'un entretien facile et peu coûteux.

Le jury, appréciant les efforts de MM. Kussmann et Georgy, leur accorde la médaille de bronze.

SANGSUES MÉCANIQUES.

Mention
honorable. M. ALEXANDRE, passage de l'Entrepôt-des-Marais, n° 6,
à Paris (Seine).

La rareté toujours croissante des sangsues, et, par suite, la difficulté de se procurer ces annélides, *bonnes et à des prix modérés*,
ont depuis longtemps occupé les gens de l'art et les industriels, et
ils ont senti toute l'importance qu'il y aurait à les remplacer par un
procédé chirurgical quelconque.

C'est dans ce but que M. Alexandre, ingénieur civil, a imaginé
un appareil sous le nom de sangsues mécaniques.

Cet appareil se compose de deux tubes : l'un désigné par l'auteur
sous le nom de sangsue à dard ou tube scarificateur, l'autre de
sangsue mécanique suceuse.

Le tube scarificateur est en cuivre, d'une longueur de 6 centimètres et d'un diamètre proportionné. Le tube d'aspiration est en
verre; sa longueur est également de 6 centimètres et d'un diamètre
en proportion.

Tous deux sont taillés en biseau à leur extrémité libre. Leur
extrémité opposée reçoit un piston formé d'un certain nombre de
rondelles en caoutchouc galvanisé et disposé pour faire le vide. Au
tube de cuivre est, en outre, annexé, vers sa partie moyenne,
le point d'appui d'un levier de premier genre, et à son extrémité
oblique, l'appareil scarificateur proprement dit.

Cet appareil scarificateur consiste en un petit tube métallique
fixé à angle à peu près droit sur le grand tube et communiquant avec
lui : une lancette triangulaire, à laquelle il sert de gaîne, le parcourt
dans toute sa longueur. La chape de cette lancette reçoit l'extrémité du levier de premier genre, dont nous venons de parler, et un
petit cylindre en caoutchouc galvanisé, adapté à la manière de la
peau dont les droguistes recouvrent leur mortier pour piler certaines
substances, unit ensemble la chape de la lancette et le tube qui lui
sert de gaîne.

A l'état de repos, la lancette-scarificateur fait saillie dans l'intérieur
du tube.

Quand on veut armer l'instrument, on abaisse l'extrémité libre
du levier en la fixant à un arrêt disposé exprès; alors la lancette
rentre dans sa gaîne en distendant fortement le petit tube de caout-

chouc. Veut-on que l'instrument agisse, il suffit de faire échapper l'extrémité du levier de dessous l'arrêt, et le capuchon de caout-chouc, revenant subitement sur lui-même, force la lancette de redescendre promptement dans le grand tube de cuivre, où elle trouve la peau pour l'inciser.

Ceci posé, voici comment on emploie l'appareil de M. Alexandre: on arme d'abord le scarificateur et on applique l'extrémité oblique du tube en cuivre sur la partie de la peau préalablement mouillée où l'on veut pratiquer la scarification; on produit le vide à l'aide du piston, et dès que la peau a fait saillie dans le tube, on dégage l'extrémité du levier de dessous l'arrêt qui le maintenait : le dard alors se trouve lancé hors de sa gaîne, atteint la peau qui fait saillie dans le tube, et la ponction donne lieu à une incision triangulaire de 1 à 2 millimètres de profondeur. Aussitôt on remplace le tube de cuivre par le tube de verre, dans lequel on fait le vide comme il vient d'être dit, et le sang s'y accumule.

Les sangsues mécaniques de M. Alexandre ont déjà obtenu l'approbation de divers corps savants. Les essais tentés par le jury d'exposition n'ont pas également réussi sur tous les sujets, mais il est cependant à présumer que l'expérience sanctionnera les avantages de l'appareil de ce fabricant.

Le jury accorde à M. Alexandre une mention honorable à raison des efforts qu'il a faits pour obtenir l'effet des sangsues dans le mécanisme de son appareil.

APPAREILS DE PANSEMENT ET DE SECOURS POUR LES BLESSÉS ET INFIRMES.

M. ARRAULT, rue des Petites-Écuries, n° 26, à Paris (Seine). *Mention honorable.*

Porter un prompt secours aux blessés; mettre sans cesse sous la main du chirurgien les instruments nécessaires à l'exercice de son art, et les appareils de pansements indispensables sur le champ de bataille, c'est, sans contredit, rendre un service à l'humanité.

Depuis longtemps le ministère de la guerre a senti l'importance de faire confectionner des sacoches à pansements pour la cavalerie; des sacs d'ambulance identiquement semblables au havre-sac d'ordonnance, pour être placés facilement sur le dos du soldat ou de l'infirmier.

M. Arrault, dans le même but, vient de présenter à l'exposition des sacs d'ambulance, des boîtes de secours commodes, bien disposées, des pharmacies portatives qui trouveront, avantageusement leur emploi dans plus d'une localité.

Le jury ne peut qu'applaudir aux efforts de cet exposant, et lui accorde la mention honorable.

M. Pierre-Louis PERNOT, rue Fontaine-Molière, n° 3₂, à Paris (Seine).

M. Pernot a exposé des bas élastiques lacés, en tricot de coton, de son invention, fabriqués à la mécanique, pour laquelle il a obtenu un brevet d'invention.

Ses bas exercent une compression douce, régulière, sans interrompre la circulation ; ils suivent tous les mouvements, toutes les sinuosités des jambes en se contractant et revenant graduellement à leurs formes et dimensions ordinaires.

Le jury décerne à M. Pernot une mention honorable.

M. POIRET, à Clermont (Puy-de-Dôme).

Bains portatifs de chaleur et fumigation sèches, pouvant remplacer les bains d'*eaux thermales*, au moyen de fumigations gazeuses.

Ces bains, suivant le jury départemental, sont propres à la guérison des maladies de la peau, aux douleurs, sueurs rentrées, rhumatismes. Ils sont employés avec le plus grand succès contre le choléra. L'appareil est très-simple et *d'un bon usage* : les ravages du choléra feraient désirer qu'il en fût établi de semblables dans les communes rurales.

Le jury décerne une mention honorable à M. Poiret, de Clermont.

M. POUILLIER, rue Sainte-Avoie, n° 3₂, à Paris (Seine).

M. Pouillier a exposé cette année des ceintures hypogastriques en tissu élastique, avec pelotes à air, susceptibles d'augmenter de volume à volonté, et d'exercer ainsi une pression plus ou moins forte sans produire de la gêne ; des pessaires en buis avec tige en métal, articulée ou non articulée, et fixée de même à une ceinture élastique ; des bas lacés, en soie très-fine et en caoutchouc.

MM. les médecins apprécieront mieux que personne le degré d'utilité de ces appareils, que le jury regarde comme étant de bonne confection.

M. Pouillier mérite une mention honorable.

PROTHÈSE DENTAIRE.

M. Héricart de Thury, rapporteur.

M. BILLARD, rue de l'Ancienne-Comédie, n° 18, à Paris (Seine).

Médailles de bronze.

M. Billard, connu depuis longtemps pour ses procédés de fabrication de dents minérales, a exposé cette année divers produits dont la bonne confection et le fini ont été appréciés du jury.

Au nombre des objets qui figurent dans la montre de M. Billard, on remarquait un alliage composé de platine et d'argent destiné à remplacer les divers alliages employés par les dentistes.

Le jury témoigne à M. Billard sa satisfaction et lui accorde la médaille de bronze.

M. SOUPLET, à Troyes (Aube).

M. Souplet, de Troyes, chirurgien dentiste, s'occupe depuis plusieurs années, et avec succès, du redressement des dents vicieusement implantées.

Le tableau que ce chirurgien fait figurer à l'exposition a fixé l'attention du jury.

Il comporte une série de mâchoires qui étaient mal conformées et qui, dans un espace de temps très-court, ont été ramenées à une direction normale : c'est 1° en extrayant une ou plusieurs dents lorsque la mâchoire est trop étroite; 2° en adaptant, pour un certain temps, aux dents mal rangées un appareil compresseur, pour les pousser d'arrière en avant, ou en opérant sur elles un degré de tension, d'avant en arrière, qu'il obtient le résultat proposé.

Le moulage des mâchoires, avant et après l'opération, témoigne de l'efficacité du procédé et les attestations nombreuses de la part de médecins distingués qui ont suivi les malades garantissent que les dents replacées ne perdent rien de leur solidité primitive.

Le jury, en exprimant à M. Souplet sa satisfaction, lui accorde une médaille de bronze.

M. DIDIER, rue Richelieu, n° 28, à Paris (Seine).

M. Didier, médecin dentiste, a exposé des dentiers en pâte dure, vitrifiée, à laquelle il a donné le nom de *minéro-adamantine*.

Pour juger convenablement des dentiers de M. Didier, il importe que nous disions quelques mots sur les matières généralement employées pour la confection des pièces de prothèse dentaire. Les dents naturelles, celles d'hippopotame et les dents minérales montées sur cuvette métallique sont les seules ressources du dentiste.

Les premières, les dents naturelles, seraient, sans contredit, les meilleures, mais comme elles de dents d'hippopotame, elles s'altèrent facilement à la chaleur et à l'humidité de la bouche: les dents minérales imitent mal la nature, se cassent facilement, et le métal sur lequel elles sont montées, blesse continuellement les gencives; il a de plus le désagrément de laisser dans la bouche une saveur métallique souvent insupportable.

Ce sont ces inconvénients que M. Didier a cherché à corriger en fabriquant sa pâte *minéro-adamantine*. Nous avons examiné avec soin ses dentiers, et nous avons pu nous convaincre que, non-seulement à la main, mais dans la bouche même des personnes qui en portent, ils simulent parfaitement les dents naturelles ainsi que les gencives dont elles sont surmontées.

Restait à connaître leur importance dans la prothèse dentaire, et le degré d'inaltérabilité dont elles sont douées. Le temps ne nous a pas permis de suivre l'inventeur dans ses procédés de fabrication, mais nous tenons pour certain de M. le docteur Roquette chargé, avec M. Rayer, d'éclairer l'académie de médecine sur la composition de la pâte de M. Didier, que cette pâte est surtout remarquable:

1° Par sa dureté qui résiste parfaitement aux chocs et aux frottements; ce qui n'existe pas dans la plupart des autres compositions du même genre;

2° Par sa translucidité;

3° Par l'inaltérabilité au four, l'absence de retrait et de tout gauchissement;

4° Par la possibilité de construire des dentiers complets sans pièces métalliques apparentes et d'y reproduire des gencives, d'une imitation parfaite.

Le jury est d'avis que M. Didier a apporté une perfection notable à la prothèse dentaire et lui décerne une médaille de bronze comme exposant pour la première fois.

M. GONTIER, à Brest (Finistère).

M. Gontier, de Brest, qui a obtenu une médaille de bronze à l'exposition d'Amiens, a présenté plusieurs dentiers et autres objets concernant la prothèse dentaire, qui paraissent généralement bien confectionnés.

Ils sont, d'ailleurs, le produit d'une industrie nouvelle pour le département du Finistère.

Le jury accorde à M. Gontier une mention honorable.

M. Paul SIMON, boulevard du Temple, n° 42, à Paris (Seine).

Les produits de M. Simon sont de bonne confection, ingénieusement travaillés, pour la prothèse dentaire en dents minérales.

Le jury d'exposition lui décerne une mention honorable.

---

§ 2. BIBERONS.

M. Héricart de Thury, rapporteur.

M. THIER, passage Choiseul, n° 40, à Paris (Seine).

M. Thier est parvenu à surmonter les deux inconvénients d'une aspiration insuffisante de la bouche, et trop énergique de la pompe pneumatique, en substituant tout simplement à cette dernière une pompe ordinaire, dont les mouvements aspirateurs intermittents imitent parfaitement la succion opérée par l'enfant, et, en effet, il suffit de quelques-uns de ces mouvements d'aspiration, imprimés à la tetterelle Thier, pour que le lait découle et jaillisse sur les parois du réservoir.

Enfin, pour achever de perfectionner son appareil, l'inventeur a annexé au réservoir ordinaire un récipient inférieur de même capacité à peu près, uni au premier par une coulisse circulaire. La communication de ces deux réservoirs s'établit par un diaphragme mobile. Quand le réservoir supérieur contient une certaine quantité de lait, on applique un doigt sur une petite bascule extérieurement placée, le diaphragme s'abaisse et le lait passe d'un réservoir à l'autre sans perdre sa chaleur. A ce deuxième récipient, se trouve ajouté un petit siphon, dont l'extrémité inférieure plonge dans le lait, et l'autre extrémité se termine par un mamelon en liége qu'on place dans la bouche de l'enfant.

Depuis plusieurs années, la tetterelle de M. Thier est employée à la clinique d'accouchement, où elle a rendu de nombreux services, et tels, que les autres appareils y ont été complétement abandonnés.

Le jury mentionne ici, pour ordre, M. Thier, qui a déjà reçu une récompense (médaille de bronze), au chapitre des instruments de précision (Appareils à peser).

Rappel de médaille de bronze. M™ V° BRETON, femme FAUCHEUX, rue Saint-Sébastien, n° 40, à Paris (Seine).

Les appareils de M™ Breton sont, comme pour les années précédentes, remarquables par leur bonne confection, et le jury lui accorde de nouveau le rappel de la médaille de bronze qu'elle a obtenu en 1839.

Médaille de bronze. M. DARBO, passage Choiseul, n° 26, à Paris (Seine).

La plupart des produits présentés par M. Darbo pour l'allaitement artificiel sont bien imaginés et susceptibles d'une bonne et utile application.

Le jury lui accorde la médaille de bronze, justement méritée par ses efforts constants.

Mention honorable. M. BOR, à Amiens (Somme).

Les biberons bouts-de-sein en buis, corne et ivoire, la *charpie vierge*, présentés par M. Bor, sont des produits bien confectionnés et d'une *utilité réelle*.

L'hypo-sulfite de chaux et de soude qu'il est parvenu à extraire de l'épuration du gaz à des prix de la moitié ou à peu près de leur valeur ancienne lui ont valu diverses récompenses et mentions honorables de plusieurs sociétés savantes ou d'encouragement.

Le jury apprécie les efforts de M. Bor, et lui accorde une mention honorable.

§ 3. CLYSOIRS.

M. Héricart de Thury, rapporteur.

MM. TOLLAY et MARTIN, rue Cadet, n° 28, à Paris (Seine).

Médailles de bronze.

Le jury a examiné avec intérêt l'appareil irrigateur du docteur Éguisier présenté par MM. Tollay et Martin.

Cet appareil, uniquement appliqué à la médecine, fonctionne seul et se monte comme une pendule. Il peut servir avec avantage à toute espèce d'irrigation, douches externes, internes, injections simples et à double courant, lavement, etc.

Sa bonne et ingénieuse confection mérite des éloges; son emploi dans presque tous les hôpitaux depuis huit et neuf ans et les divers comptes rendus sur la manière dont il fonctionne et la facilité de son entretien témoignent de son utilité.

Avec ces appareils, les malades peuvent s'administrer seuls toute espèce d'injection et la modifier suivant les indications qui se présentent.

Le jury décerne à MM. Tollay et Martin une médaille de bronze pour leur irrigateur, dont ils reconnaissent le docteur Éguisier l'inventeur.

M. LEPERDRIEL, rue du Faubourg-Montmartre, n° 76, à Paris (Seine).

Parmi les nombreux produits exposés par M. Leperdriel, le jury a particulièrement remarqué sa toile vésicante adhérente pour la prompte application des vésicatoires, ses taffetas épispastiques, qui remplace avec le plus grand avantage les pommades suppuratives, et dont il est le premier inventeur. Ses compresses en papier et ses pois élastiques en caoutchouc susceptibles d'être rendus plus ou moins stimulants suivant les indications, ses divers tissus élastiques, tels que serre-bras, bas lacés, etc. Par ses nombreux produits, M. Leperdriel a rendu de véritables services à toutes les classes de la société, et il n'est pas de voyageur qui, obligé de recourir à ses procédés, n'en ait reconnu la supériorité et les avantages.

Le jury lui décerne une médaille de bronze.

41.

Mentions
honorables. M. NAUDINAT, rue de la Cité, n° 19, à Paris (Seine).

M. Naudinat a succédé depuis deux ans à M. Petit (Adrien).

Depuis son entrée en possession de la fabrique de M. Petit, M. Naudinat a continué à fabriquer avec le même soin que son prédécesseur, et le jury lui décerne une mention honorable.

M. CHARBONNIER, rue Saint-Honoré, n° 347, à Paris (Seine).

M. Charbonnier, qui a exposé en 1844, vient de présenter de nouveau, cette année, à l'examen du jury, une série de clyso-pompes seringues, anciens et nouveaux modèles, bandages de tous systèmes avec ou sans ressorts, divers appareils orthopédiques, ceintures, suspensoirs, etc.

Ces divers produits, qui ont leur utilité relative, sont confectionnés avec soin. Le jury accorde à M. Charbonnier une mention honorable.

M. LEHODEY, rue François-Miron, n° 15 *bis*, à Paris (Seine).

En 1844, M. Lehodey a exposé des clysoléides et des clyso-poches sans aucune garniture, ce qui rend l'instrument moins facile à se déranger et d'un entretien plus simple.

Les appareils de M. Lehodey lui ont déjà valu une mention honorable : le jury d'exposition la lui renouvelle aujourd'hui.

M. BIBER, rue Hautefeuille, n° 30, à Paris (Seine).

M. Biber, tourneur mécanicien qui a succédé à M. Deroghat, vient de présenter des clyso-seringues en étain et en cuivre de différentes grandeurs, remarquables par la simplicité avec laquelle ils fonctionnent seuls.

Ces appareils, qui ont quelque analogie avec les irrigateurs déjà connus, en diffèrent cependant dans la puissance qui met en jeu le piston. Cette puissance placée extérieurement consiste en deux cordes en caoutchouc vulcanisé, armées d'un crochet en fer ; elles sont fixées aux extrémités d'un fléau transversal qui tient au sommet du piston.

Lorsque l'instrument est rempli de liquide, le piston fort élevé, il suffit de tendre les deux cordes en caoutchouc et de les maintenir ainsi en arrêt à deux anneaux placés latéralement en bas et en dehors du cylindre, la pression exercée par leur retrait sur le piston pousse le liquide, qui s'échappe d'un siphon annexé au clyso-seringue.

Le jury accorde à M. Biber une mention honorable.

M. PESQUET, rue Aumaire, n° 4, à Paris (Seine). *Citations favorables.*

Il a présenté à l'examen du jury divers objets de chasse, entre autres des poires à poudre en cuivre, zinc, maillechort et argent; de plus, des clyso-pompes intermittents et d'autres à jet continu.

Il s'occupe aussi de la fabrication d'une cafetière pour faire le café sur table. Le jury regrette de ne pouvoir se prononcer sur cet article, cependant il cite favorablement les produits ci-dessus de M. Pesquet, qui lui ont paru bien confectionnés.

M. ONFRAY, rue Jean-Robert, n° 15, à Paris (Seine).

Les produits que M. Onfray a présentés à l'exposition consistent en divers objets de poterie d'étain, tels que couverts pour le service de table, clyso-pompes, etc.

Ces produits sont de bonne fabrication et le jury croit devoir citer favorablement M. Onfray.

M. GUILBAUT, rue Saint-Martin, n° 214, à Paris (Seine).

Il a exposé un clyso-pompe à jet continu, d'un usage simple et se démontant facilement.

Le jury le cite favorablement.

QUATRIÈME SECTION.

FLEURS ARTIFICIELLES.

M. Héricart de Thury, rapporteur.

CONSIDÉRATIONS GÉNÉRALES.

Nous n'avons rien à ajouter aux considérations générales

que nous avons présentées dans notre rapport de 1844, sur l'industrie des fleurs artificielles et l'importance de leur fabrication, de leur commerce et de leur exportation, importance aussi peu connue qu'appréciée, puisqu'elle s'élève à plus de dix millions de francs, pour le total des diverses spécialités qui sont engagées dans cette fabrication, dont plus d'un cinquième passe à l'étranger d'outre-mer, à raison de la haute supériorité de nos fleurs artificielles, qui leur fait donner la préférence sur celles de tous les autres pays. Nous croyons cependant devoir rappeler, à l'appui de cette supériorité, que personne d'ailleurs ne nous conteste, ce que nous disions en 1844, que des botanistes, des jardiniers fleuristes, et même certains professeurs, membres du jury du concours de la société centrale d'horticulture, ont souvent déclaré qu'ils ne pouvaient, sans les examiner attentivement et même sans les toucher, distinguer les fleurs artificielles de quelques-uns de nos fabricants, des fleurs naturelles qui leur étaient présentées réunies en bouquets. Plusieurs de nos fabricants, tout en se livrant à l'industrie des fleurs artificielles de parure, toilette et ornements, s'attachent depuis quelques années à l'étude de la botanique et suivent les cours de nos premiers professeurs, pour donner à chacune de leurs compositions les véritables caractères qui servent à les déterminer, de manière à former des spécimens de la plus grande vérité pour les familles naturelles des plantes, en fleurs artificielles, afin de faciliter en toute saison l'étude de la botanique aux jeunes élèves et aux amateurs.

Comme en 1844, nous diviserons la section des fleurs artificielles en sept articles, savoir :

1° Les fleurs de botanique artificielles destinées, ainsi que nous venons de le dire, à présenter les caractères particuliers de chaque famille naturelle des plantes, etc.

2° L'outillage de la fabrication des fleurs et des feuilles artificielles ;

3° Les matières employées pour les fleurs et les feuilles arti-

ficielles, telles que le velours, le taffetas, les divers tissus végétaux ou animaux, etc.

4° Les fleurs artificielles pour parure, ornements, bouquets,
fleurs de vases, fleurs en plumes;

5° Fleurs artificielles de matières autres que les étoffes,
tissus, papiers, etc.

6° Les fleurs et fruits en cire, verre, etc.

7° Application des fleurs artificielles dans diverses industries, telles que les appareils de gaz pour l'éclairage, les illuminations et diverses autres industries.

1° FLEURS DE BOTANIQUE ARTIFICIELLES.

La fabrication des fleurs de botanique artificielles a fait de tels
progrès depuis quelques années, que nous ne pouvons les comparer
qu'à ceux de l'anatomie artificielle, tellement parfaite qu'elle est
généralement adoptée pour l'étude des opérations chirurgicales,
dans les hôpitaux des régions tropicales, où l'étude de l'anatomie
est impraticable, comme celle de la botanique l'est au contraire en
hiver dans nos climats, lorsque nous sommes entièrement privés
de fleurs. Cette belle industrie a été tellement appréciée par nos
plus célèbres professeurs de botanique qu'ils l'ont encouragée de
tous leurs moyens, en s'appliquant eux-mêmes à faire faire des
collections de spécimens des caractères essentiels de chacune des
familles naturelles des plantes, afin d'en faciliter, à leurs élèves,
l'explication et l'étude dans la saison où la nature ne leur en présentait plus en fleur; mais là ne s'est pas bornée leur bienveillante
protection envers leurs élèves, et tels que Berzélius à Stockholm et
le docteur Fischer à Saint-Pétersbourg, nos premiers professeurs
les ont engagés à venir suivre leurs cours de botanique, et le
jury central, de son côté, a couronné nos fabricants de fleurs artificielles pour leurs progrès et leurs perfectionnements dans une
industrie aujourd'hui généralement considérée comme véritablement à l'apogée de la plus grande et de la plus haute supériorité,
tels que M. Constantin, M. de Laère, Mᵐᵉ de Furstenhoff, Mᵐᵉ de
la Roque, etc.

Médailles
d'argent.

M. et Mme Louis DELAÈRE, rue de Richelieu, n° 18, à Paris (Seine).

M. et Mme Louis Delaëre soutiennent la haute réputation qu'ils se sont acquise par les belles préparations d'études de botanique artificielle qu'ils avaient présentées à l'exposition de 1844, pour lesquelles le jury central leur avait décerné une médaille de bronze, en les plaçant en tête de leur belle industrie.

D'après les admirables perfectionnements qu'ils ont introduits dans leur fabrication, dont ils ont exposé un riche et brillant assortiment, composé des plus belles fleurs des serres de M. Hardi, au Luxembourg, de M. Paillet, un de nos premiers horticulteurs, et de celles de nos plus belles serres, la commission avait proposé au jury central de leur décerner une médaille d'argent. M. et Mme Delaëre ayant prouvé par leur exposition qu'ils méritaient d'être placés au même rang pour les fleurs de parure, le jury central, dans sa séance de révision, décida que M. et Mme Delaëre étaient de plus en plus dignes de la médaille d'argent qu'ils avaient obtenue précédemment, confondant celle que leur avait décernée la société centrale d'horticulture, avec celle de l'exposition de 1844, qui n'était que la médaille de bronze. Le rapporteur de la commission, alors absent par suite d'une grave indisposition, n'ayant pu soutenir la proposition devant le jury central, qui maintenait M. et Mme Delaëre au premier rang en leur accordant le rappel de leur médaille d'argent, croit devoir exposer ici ces diverses circonstances pour réserver à M. et Mme Delaëre des droits à la médaille d'argent qu'il croyait leur avoir réellement été décernée. (Voir au reste leur article aux fleurs de parure, paragraphe 4.)

Mme Emma FURSTENHOFF, née LINDÉGRON, rue de Grammont, n° 8, à Paris (Seine).

Mme Emma Furstenhoff, fille de M. Lindégron, poète, auteur et savant suédois distingué, reçut les premières leçons d'histoire naturelle de MM. les professeurs de Pontin et Wahlberg, sur la recommandation du savant Berzélius, qui l'envoya à Saint-Pétersbourg à M. le docteur Fischer, directeur du jardin impérial, pour s'y fortifier dans l'étude de la physique végétale et des caractères botaniques des plantes. Elle s'attacha, sous ses yeux, à les représenter par des préparations qui eurent les plus grands succès et qui lui valurent les plus hautes et puissantes protections, celles de la reine de Suède et du prince Max, son frère.

Après quelques années de séjour et d'études, d'abord à Londres et ensuite à Saint-Pétersbourg, les professeurs Fries d'Upsal, Berzélius de Stockholm et Fischer, l'engagèrent à aller se fortifier à Paris dans l'étude de la botanique et la préparation des fleurs artificielles des familles naturelles. Ils l'adressèrent à MM. Brongniart, de Caisne, Pepin et Neümann, du Jardin des plantes, qui s'empressèrent tous d'accueillir l'élève des Fries, Berzélius et Fischer, et lui procurèrent les moyens de se perfectionner dans ses travaux. Ces célèbres professeurs des académies d'Upsal, Stockholm et Saint-Pétersbourg, ne l'abandonnèrent point à Paris, ils continuèrent à lui adresser des instructions, que Mme Furstenhoff a communiquées à la commission, qui les a mises sous les yeux du jury central pour lui faire voir et apprécier l'intérêt qu'ils portaient à leur élève, recommandée d'autre part, de la manière la plus honorable, par M. de Pontin, premier médecin du roi, membre de l'académie des sciences de Stockholm, et M. F. P. Wahlberg, professeur, secrétaire de la même académie, ses premiers protecteurs [1].

D'après les conseils de Fischer, et tout en se livrant, par besoin,

---

[1] Mme Furstenhoff a entre les mains, 1° une lettre d'un grand intérêt du professeur Fischer, dans laquelle, après lui avoir décrit et dessiné la *Cattleya Forbesii*, il lui conseille de bien étudier la famille des orchidées, dont il lui dessine en détail tous les caractères principaux, et 2° un certificat du professeur Fries, que nous transcrivons ici : «Le soussigné, professeur de botanique à l'académie d'Upsal, chargé d'examiner les fleurs artificielles copiées d'après nature par Mme Furstenhoff, croit devoir citer particulièrement, 1° un *Zygopetalum crinitam*, et 2° un *Cattleya Forbesii* présentés à sa majesté la reine de Suède et de Norwége, et il déclare et certifie, avec le plus vif intérêt, que ces fleurs ont dans tous leurs caractères la plus parfaite ressemblance avec les modèles naturels, au point qu'au premier aspect il est difficile de les distinguer, et qu'il faut les examiner et étudier avec la plus grande attention, pour reconnaître qu'ils sont artificiels, mais qu'ils sont d'une telle vérité et d'une telle exactitude, qu'un œil botanisé bien exercé peut seul les distinguer et en exécuter de semblables et aussi parfaits.»

E. FRIES, *botaniste, professeur à l'académie d'Upsal et à l'académie des sciences de Stockholm.*

au travail des fleurs artificielles de parure, qu'elle exécute avec une rare perfection, qui lui a valu la clientèle des premières maisons de fleuristes, Mme Emma Furstenhoff a continué à se livrer spécialement à l'étude des fleurs artificielles pour l'étude de la botanique. Elle n'a même pas craint de s'attacher à représenter celles dont les caractères sont les plus difficiles à exécuter, et elle est ainsi parvenue à faire une nombreuse collection de fleurs d'une vérité et d'une exactitude telles, que, sur la proposition de Berzélius, de Pontin et Wahlberg, elle a été nommée membre de la société royale d'horticulture de Stockholm.

Le jury central, sur le rapport de sa commission, considérant que Mme Furstenhoff, élève des professeurs Wahlberg, Fries et Fischer, obtient le même succès dans la fabrication des études et spécimens de fleurs de botanique artificielles, si rarement représentées avec la vérité et l'exactitude de la nature, que dans la fabrication des fleurs de parure les plus recherchées pour leurs brillantes couleurs et leurs effets admirables, lui décerne une médaille d'argent.

Médaille de bronze. Mme Marie-Rose VÉNY, à Brest (Finistère), et rue Rambuteau, n° 20, à Paris (Seine).

Elle a présenté à l'exposition des fleurs artificielles pour l'étude de la botanique, pour laquelle les herbiers faits avec le plus de soin laissent toujours beaucoup à désirer, la plupart des plantes desséchées ayant perdu leurs couleurs et souvent leurs principaux caractères. A cet effet, après s'être livrée à l'étude de la physique végétale, elle a cherché les moyens de représenter et reproduire les caractères des plantes et de leurs organes avec l'exactitude la plus rigoureuse que l'on peut obtenir, et elle est parvenue à exécuter avec un très-grand succès des spécimens propres à faciliter, en toute saison, l'étude des fleurs. Déjà, elle avait soumis à la société de pharmacie plusieurs cartons renfermant des préparations de plantes artificielles, que cette société fit examiner par une commission composée de MM. Guibourt, Chalin et Lap, qui fit un rapport favorable sur ses premiers essais. Mme Vény a depuis continué ses travaux avec plus d'ardeur. Ses compositions sont des reproductions exactes des plantes et de leurs organes, au moyen desquelles la botanique pourra réellement être étudiée en toutes saisons.

Le jury décerne à Mme Vény une médaille de bronze.

Mlle Charlotte de BEAULINCOURT, à Glomenghem (Pas-de-Calais). Mention honorable.

En exprimant à M. le préfet du département du Pas-de-Calais son désir d'être admise à l'exposition pour des fleurs artificielles, elle a déclaré que son intention n'était pas de se présenter comme fabricante de fleurs, de modes et parures, mais pour des fleurs artificielles de botanique, propres à remplacer celles des herbiers, qui donnent des idées si imparfaites de la manière d'être et des caractères de la plupart des plantes.

Le jury, adoptant les conclusions de sa commission, décerne à Mlle de Beaulincourt une mention honorable.

2° OUTILLAGE DE LA FABRICATION DES FLEURS ET DES FEUILLES ARTIFICIELLES.

M. Antoine-Victor CROUSSE, rue Saint-Denis, n° 16, à Paris (Seine). Rappel de médaille de bronze.

Les produits exposés par M. Crousse sont particulièrement les différentes pièces de l'outillage des fleurs artificielles ; ainsi des découpoirs, des emporte-pièces, des gaufroirs, etc. etc. exécutés et gravés avec tout le soin et la perfection qu'exige la représentation du tissu organique des surfaces des feuilles des plantes. M. Crousse est parvenu à le rendre avec tant de vérité, qu'on a souvent vu prendre pour naturelles les feuilles produites en étoffe ou en papier avec ses instruments.

Il avait obtenu en 1844 une médaille de bronze ; le jury, prenant en considération tous les développements qu'il a donnés à son industrie et les perfections qu'il y a introduites, lui rappelle la médaille de bronze à lui décernée en 1844.

M. Cyprien-Hubert REDÉLIX, rue Saint-Denis, n° 357, à Paris (Seine). Médailles de bronze.

M. Redélix, graveur sur acier, a exposé un outillage très-varié, composé de divers découpoirs, emporte-pièces, gaufroirs, etc. pour les feuilles des fleurs artificielles. Il est difficile d'établir une différence entre son outillage et celui de M. Crousse ; on y trouve la même perfection, le même soin et toutes les bonnes conditions d'exécution et de vérité.

A cet outillage, M. Redélix a ajouté divers instruments, haches et marteaux forestiers et autres outils pour impression de marques en tous genres et d'une bonne confection.

Le jury lui décerne une médaille de bronze.

3° FABRIQUE DES MATIÈRES EMPLOYÉES POUR LES FLEURS ET FEUILLES ARTIFICIELLES, SOIES, VELOURS, TAFFETAS, TISSUS DIVERS, TOILES, BATISTES, ÉCORCES VÉGÉTALES ET SUBSTANCES ANIMALES, PAPIERS, APPRÊTS, COULEURS, ETC. ETC.

OBSERVATIONS.

La préparation des matières employées pour la fabrication des fleurs artificielles est une industrie particulière, comme celle de l'outillage, et la plupart des fleuristes ont recours aux fabricants des matières premières pour confectionner leurs fleurs. Quelques-uns, cependant, réunissent ces deux industries et méritent d'être signalés au jury central pour les succès qu'ils obtiennent et ceux qu'ils ont fait faire, en général, à toute la fabrication des fleurs artificielles. La commission à cet égard a particulièrement distingué et recommande, entre autres, les fabricants suivants au jury.

Médaille d'argent.

M. CHAGOT aîné, rue de Richelieu, n° 81, à Paris (Seine).

La maison de M. Chagot, une des premières de Paris, s'était présentée sous la raison de MM. Chagot frères aux expositions de 1839 et 1844, où elle obtint deux médailles de bronze.

Elle se représente aujourd'hui sous le nom de M. Chagot aîné, qui a beaucoup contribué à étendre la haute réputation des fleurs artificielles de Paris dans toutes les parties du monde.

Les matières premières qu'il emploie sont très-variées, bien préparées et de la plus grande beauté; ses ateliers, sagement administrés, bien divisés et remarquables par l'ordre qui y règne dans toutes les parties du travail. La commission le signale sous ce rapport comme pour la perfection et la beauté de ses fleurs et de ses parures variées du meilleur goût, qui sont bien recherchées et obtiennent le plus grand succès dans les pays étrangers.

Le jury décerne à M. Chagot aîné, qui figurera dans les premiers rangs de nos fleuristes du paragraphe suivant, une médaille d'argent, pour tous les progrès que lui doit l'industrie des fleurs artificielles.

M. PRÉVOST-WENZEL, rue Saint-Denis, n° 290, à Paris (Seine).

Rappel de médaille de bronze.

Il a obtenu, en 1844, une médaille de bronze pour la fabrication des matières premières de l'art des fleurs artificielles et pour leur emploi dans ses ateliers, depuis longtemps connus pour la beauté et la vérité de ses fleurs, et qui jouissent d'une réputation justement méritée qui lui avait valu, dès 1784, un brevet des plus honorables de la reine Marie-Antoinette, au nom de Wenzel, le fondateur de cette importante maison.

La commission, considérant que M. Prévost-Wenzel, déjà si recommandable à ses yeux par la préparation de ses matières premières et par les fleurs qu'il en confectionne, l'est encore par les instruments et machines qu'il emploie dans ses ateliers et par les apprêts qu'il prépare lui-même, avait demandé pour lui la médaille d'argent, mais le nombre trop limité de médailles n'ayant pas permis de le comprendre dans la proposition, le jury central a été forcé de se réduire au rappel de la médaille de bronze accordée en 1844, dont M. Prévost-Wenzel se montre de plus en plus digne.

M PAROISSIEN, rue Sainte-Appoline, n° 12, à Paris (Seine).

Mention honorable.

Il a établi une fabrique dans laquelle il prépare avec succès les matières premières pour les feuilles des fleurs artificielles. L'assortiment qu'il en a présenté prouve de sa part autant de connaissance des moyens que d'habileté dans leur emploi.

Le jury lui accorde une mention honorable.

Mme LOUBON-GAUDET-DUFRESNE, rue de Richelieu, n° 41, à Paris (Seine).

Citations honorables.

Mme Gaudet-Dufresne, artiste peintre, s'est spécialement attachée à la fabrication des feuilles des fleurs artificielles qu'elle fournit aux premières maisons de fleuristes; ainsi, en accordant une mention honorable à Mme Loubon, le jury croit devoir la mettre également sous le nom du feuillagiste et la porter aux noms Loubon-Gaudet-Dufresne.

Citation favorable. **M. H. BRIARD, rue du Cloître-Saint-Jacques, n° 2, à Paris (Seine).**

C'est un habile chimiste qui prépare les apprêts et couleurs fines pour les fleurs, les feuillages, les plumes, etc. etc.

Sur le rapport de la commission, le jury central accorde à M. Briard une citation favorable.

4° FLEURS ARTIFICIELLES POUR PARURES, ORNEMENTS, BOUQUETS, VASES, ETC.

Mentions pour ordre. La commission rappellera d'abord, pour ordre, en tête des fabricants fleuristes en fleurs artificielles de parures et au même rang :

M. et Mme Louis Delaère, auxquels le jury central a décerné une médaille d'argent pour leurs études de plantes rares de serre chaude et leurs fleurs de parure;

Mme Emma Frœstenhoff, qui a également obtenu une médaille d'argent pour sa belle collection de fleurs, ses spécimens de botanique artificielle et ses belles fleurs de parure,

Et M. Chagot aîné, qui par les matières employées dans la fabrication de ses fleurs artificielles a mérité du jury central une médaille d'argent.

Rappel de médaille de bronze. **M. Jean-Baptiste-Félix JULIEN, rue Montmartre, n° 157, à Paris (Seine).**

Il s'était fait distinguer à l'exposition de 1844 par les fleurs qu'il avait exposées et pour lesquelles il obtint une médaille de bronze; celles qu'il a présentées cette année prouvent qu'il s'attache de plus en plus à faire des progrès, ce que le jury central constate par le rappel de la médaille de bronze.

Médaille de bronze. **Mme DUCHESNE-BETTINGER, à Nantes (Loire-Inférieure).**

Madame Duchesne-Bettinger, suivant le jury départemental de

la Loire-Inférieure, tout en se livrant à l'industrie des fleurs de parure et d'ornement, fait également, avec une admirable vérité, les fleurs de pacotille pour l'exportation, en fines fleurs au plus bas prix.

Le jury central lui décerne une médaille de bronze.

M. Frédéric-Hippolyte MAYER, rue Richelieu, n° 24, à Paris (Seine).   Mentions honorables.

Il s'est fait distinguer dans les expositions d'horticulture par les fleurs artificielles qu'il y a présentées et qui lui ont mérité plusieurs médailles d'argent. Celles qu'il a soumises à l'examen du jury central sont d'une grande perfection, que le jury constate par une mention honorable.

M. François-Louis CHAGOT, pour la maison **CHAGOT-MARIN**, rue Neuve-Saint-Augustin, n° 5, à Paris (Seine).

Anciennement associé de M. Chagot aîné, M. François-Louis Chagot-Marin se présente pour la première fois en son nom, et les plumes et les fleurs qu'il a soumises à l'examen de la commission attestent qu'il se distinguera dans tous les genres auxquels il se livre avec le même succès que la maison de M. Chagot aîné, dont il sera un digne rival, et qu'il méritera les mêmes récompenses; mais, comme il se présente pour la première fois aux expositions, le jury central, en attendant, lui décerne une mention honorable.

MM. LOUVEL et CABANIS, rue du Caire, n° 5, à Paris (Seine).

Ils se présentent pour la première fois à l'exposition. La commission a examiné avec un vif intérêt les plumes et les fleurs qu'ils confectionnent par des moyens qui leur sont particuliers et qui ont exigé des études et des travaux en mécanique comme en apprêts chimiques. Ils sont parvenus à fabriquer des fleurs d'une beauté et d'une vérité admirables.

Le jury leur décerne une mention honorable.

Mme Natalie TILMAN, rue Ménars, n° 2, à Paris (Seine).

La maison de Mme Natalie Tilman se distingue dans le nombre des fabriques de Paris pour les soins, l'ordre et la division du travail, comme par la perfection et la supériorité de ses fleurs et de ses gracieuses compositions, qui lui ont promptement mérité une nombreuse clientèle dans les premières maisons de France, d'Angleterre, d'Espagne et d'Amérique.

Le jury central reconnaît à tous égards Mme Tilman, qui expose pour la première fois, comme méritant une mention honorable.

Citations favorables.

Sur le rapport de la commission, qui a fait une mention particulière des produits exposés par les quatre fabricants suivants, en considérant qu'ils se présentent pour la première fois, le jury central leur décerne à chacun une citation favorable qu'ils méritent également, savoir :

M. Charles Breteau, rue Notre-Dame-des-Victoires, n° 34, fabrique de plumes et fleurs;

M. Louis Leroux, rue Saint-Honoré, n° 342, fabrique de plumes et fleurs;

M. Édouard Harand, rue de Choiseul, n° 15, fabrique de fleurs artificielles:

M. Isaac Marcand, rue des Petites-Écuries, n° 42, fabrique de fleurs artificielles.

5° FLEURS ARTIFICIELLES ET MATIÈRES AUTRES QUE LES ÉTOFFES, LES TISSUS, LES MATIÈRES VÉGÉTALES OU ANIMALES, LE PAPIER, ETC.

Plusieurs fabricants ont présenté des fleurs artificielles en matières autres que les tissus de soie, de toile, mousseline, batiste, substances végétales et animales, papiers, écorces, etc. ainsi que des fleurs en acier, en verre filé, en perles de verre, en laine, etc. etc. Mais le jury, considérant, d'après le rapport de sa commission, que les produits présentés ne sont que des essais, et qu'ils ne sont point réellement des produits de fabrique et qu'ainsi ils ne peuvent être classés parmi ceux de l'industrie manufacturière, seuls appelés à figurer à l'exposition, a jugé devoir se borner à citer favorablement M. Bruno-Théodore Gosselin, rue Sainte-Appoline, n° 12, pour ses fleurs de deuil, spécialité à laquelle il se livre avec succès.

6° FLEURS ET FRUITS EN PLASTIQUE, CIRE, ETC.

Les belles collections de fruits modelés placés dans le jardin de l'exposition ayant été comprises dans les attributions de la commission d'agriculture et d'horticulture, sur le rapport de laquelle le jury central s'est prononcé à leur égard, la commission des arts divers a dû se borner à examiner les fleurs et les fruits en plastique de diverse nature qui ont fait partie de la sixième division, savoir:

Mme BOURGERY, rue Hautefeuille, n° 22, à Paris (Seine).

Déjà citée pour ses pièces et tableaux d'anatomie artificielle de plastiques pour lesquels le jury lui a décerné une médaille d'argent, qui est ici rappelée pour ordre.

M. BRUYÈRE aîné, rue du Faubourg-du-Temple, n° 50, à Paris (Seine).

Citations favorables.

Cet habile sculpteur et bon modeleur a présenté plusieurs cadres de spécimens de fruits d'une grande vérité.

Le jury central lui décerne une citation favorable.

M. FOUQUET et Mme MAX, rue du Faubourg-Saint-Denis, n° 13, à Paris (Seine).

Les vases et corbeilles de fleurs et fruits de M. Fouquet et de Mme Max sont d'une bonne confection et prouvent une étude suivie du développement des différentes phases de la maturité et de sa décroissance.

Le jury central décerne à M. Fouquet et à Mme Max une citation favorable pour leurs vases et corbeilles de fruits artificiels.

7° FLEURS ARTIFICIELLES, LEUR EMPLOI DANS LES ARTS ET APPLICATIONS DIVERSES.

Quelques fabricants de fleurs artificielles en leur donnant les dimensions gigantesques des plus grandes fleurs connues dans la nature ont jugé pouvoir en faire un emploi avantageux dans les appareils d'illumination pour les fêtes publiques et les cérémonies nocturnes.

La commission s'est bornée à signaler à cet égard, 1° les fleurs artificielles employées dans les appareils d'illumination au gaz par MM. Loubon-Gaudet-Dufresne, déjà cités favorablement;

Et 2° celles de M. G. Bied, rue du Faubourg-du-Temple, pour ses vases et paniers de fleurs artificielles éclairées intérieurement et d'un bel effet dans les illuminations.

Le jury leur accorde à chacun une citation favorable.

CINQUIÈME SECTION.

SELLERIE, BOURRELERIE, CHAUSSURES EN CUIR.

§ 1. SELLERIE ET BOURRELERIE.

M. Geoffroy de Villeneuve, rapporteur.

CONSIDÉRATIONS GÉNÉRALES.

Comme toutes les industries de luxe, la sellerie a eu aussi de mauvais jours à traverser; cependant, il faut encore se féliciter des progrès et des améliorations qu'offre cette industrie depuis l'exposition de 1844. Si en 1849 nous ne rencontrons pas en aussi grand nombre des produits remarquables par la richesse et l'élégance, nous trouvons une heureuse compensation dans la bonne confection et dans la réduction des prix.

En outre, nous ne sommes plus tributaires de l'étranger pour les matières qui entrent dans la confection des équipements; nous avons remarqué, dans les galeries de l'exposition, des cuirs parfaitement tannés, et nous devons signaler spécialement à l'attention du jury une peau de cochon admirablement préparée par M. Fortier-Beaulieu; elle surpasse, par sa souplesse et sa force, les peaux de cochon que nous étions obligés de tirer d'Angleterre.

Plusieurs inventions soumises à l'appréciation du jury n'apparaissent pas pour la première fois; on les a vues à l'exposition de 1844; elles sont surtout spéciales à l'équipement du cheval de selle; il ne faut pas nous étonner de les retrouver au même point où elles étaient à cette époque.

Le peu d'usage que l'on fait du cheval de selle explique facilement cet état stationnaire : malheureusement, de nos jours, l'équitation est presque abandonnée. L'attention et les efforts du producteur se sont portés de préférence sur l'équipement du cheval d'attelage; de toutes parts l'on s'est appliqué à rendre plus facile et plus énergique l'action du cheval attelé en modifiant les moyens de traction.

On s'est aussi efforcé de rendre plus sûre et plus facile la direction du cheval; on a voulu, à l'aide de moyens mécaniques, dompter son naturel parfois intraitable; mais il est un moyen plus sûr et plus puissant que tous les autres, dont on devrait faire un plus fréquent usage : je veux parler de la main expérimentée du véritable homme de cheval.

M. LIÉGARD, rue du Val-Ste-Catherine, n° 19, à Paris.

Rappel de médaille d'argent.

M. Liégard n'a pas de nouvelles inventions à vous offrir, mais il n'en est pas moins digne de fixer votre attention. A la tête d'un établissement d'une grande importance, il paraît le diriger avec un soin tout spécial; il emploie habituellement environ 150 ouvriers, dont le salaire varie de 3 à 5 francs. Le chiffre habituel de ses affaires est de 500,000 francs, mais les événements politiques l'ont réduit à 100,000 francs. M. Liégard a établi des relations commerciales, surtout avec les pays étrangers. La pièce la plus importante qu'il a exposée est une magnifique paire de harnais garnis en argent ciselé et destinés à la Russie. On ne peut faire qu'un reproche à ces harnais : c'est d'être un peu trop chargés d'ornements. Au reste, ils ont dû subir la loi de la mode du pays auquel ils sont destinés. Après la bonne confection, ce qui nous a frappés le plus dans la multiplicité d'objets exposés par M. Liégard, c'est la modicité des prix; ainsi, il nous a déclaré que ses prix étaient réduits d'environ 25 p. o/o et que cependant il pouvait encore faire des bénéfices convenables; nous avons vu des harnais de limonière de 150 à 350 francs; de cabriolet, à boucles plaquées ou enveloppées, de 100 à 250 francs; de cabriolet, à boucles vernies, de 100 à 60 francs; des harnais doubles, de 400 à 200 francs. Tous ses cuirs nous ont paru de bonne qualité, et la différence de prix

semble dépendre plutôt des ornements que de la qualité. M. Liégard
nous a montré des colliers doublés en peau de daim et en peau
maroquinée; il a aussi de faux colliers do même genre qui sont
plus doux que les autres pour les épaules des chevaux. Sa collection
de selles est aussi fort nombreuse et offre les mêmes avantages
pour la confection et la réduction des prix; ainsi, nous avons remarqué des selles dites *américaines*, complétement équipées pour
30 francs; des selles anglaises matelassées, couvertes en peau de
cochon, au prix de 50 francs; des selles piquées de 90 à 110 francs.
Les prix des couvertures de laine, de coutil, des licous, des brides
sont en rapport avec ceux des autres articles, tous avantageux, et
M. Liégard paraît avoir résolu le problème de donner du bon à
bas prix. En 1839, il a reçu une médaille d'argent, et nous sommes
bien convaincus qu'il n'est pas homme à s'arrêter dans la voie
qu'il a suivie jusqu'ici. Le jury lui accorde le rappel de la médaille
d'argent.

Médailles de bronze. **M. BENCRAFT, rue Neuve-de-Berry, n° 1 *bis*, à Paris.**

M. Bencraft a exposé des colliers qui modifient le mode de
traction; il a remarqué que la bricole, dont l'usage est encore adopté par un grand nombre d'établissements de voitures
publiques, et le collier ordinaire, portaient spécialement sur l'articulation (*scapulo-humérale*) et gênaient d'une manière notable les
mouvements de cette articulation; il a pensé avec raison que le
collier ordinaire comprime la trachée-artère et gêne par conséquent
la respiration: appuyé sur l'articulation de l'épaule, à chaque mouvement il produit sur la peau un frottement qui souvent est accompagné de blessures profondes et a le double inconvénient d'user et
de fatiguer la peau, en même temps qu'il amaigrit les muscles
sous-jacents.

Pour obvier aux divers inconvénients que je viens de signaler,
M. Bencraft a eu l'heureuse idée de changer le mode de traction;
il a voulu relever le point auquel viennent se fixer les traits, de
manière à ce que l'épaule soit parfaitement libre. Au lieu de placer
l'anneau des attelles au tiers inférieur, comme cela se fait ordinairement, il l'a placé au tiers supérieur. Dès lors la traction s'exerce
sur la partie supérieure de l'épaule, quelques pouces au-dessous
du garrot, qui est complétement à l'abri de toute lésion au moyen
d'une chambrure pratiquée à la partie supérieure du collier. Les

avantages du collier de M. Bencraft sont incontestables; il est entièrement évidé vers la partie inférieure, par conséquent ne comprime point la trachée et laisse la respiration libre; il permet aussi aux épaules d'exécuter, sans aucune gêne, tous les mouvements de progression; enfin, appliqué sur un point où l'articulation est beaucoup moins mobile, le frottement de la peau est moins sensible et les blessures presque impossibles.

Cependant, nous pensons que si le point d'attache de ses traits se rapprochait un peu plus de la partie moyenne du collier, la traction serait plus sûre et le collier appuierait plus régulièrement sur la partie moyenne de l'épaule, ce qui l'empêcherait de se relever; il pourrait aussi, comme on le pratique en Belgique, adapter aux traits une légère sous-ventrière, qui aurait l'avantage de les maintenir dans une position toujours égale.

L'usage des colliers de M. Bencraft est venu confirmer les heureux résultats qu'il en attendait. Employés dans plusieurs grands établissements de voitures publiques en France et en Angleterre, ils y sont tellement appréciés que les directeurs de ces établissements les ont adoptés.

Si les avantages des colliers de M. Bencraft nous paraissent incontestables quand ils servent à des chevaux qui doivent marcher à des allures légères, nous pensons qu'il faut s'appuyer de l'expérience avant de les appliquer aux chevaux qui, tirant de lourds fardeaux, sont obligés de marcher au pas; nous croyons que, dans le cas où le poids de l'animal entre pour beaucoup dans les moyens de traction, il est plus convenable de fixer les anneaux d'attelles à la partie inférieure du collier.

Quoi qu'il en soit, reconnaissant toute l'utilité de l'invention de M. Bencraft, le jury lui décerne une médaille de bronze.

M. HERMET, à la Petite-Villette (Seine).

Le collier de M. Hermet diffère des autres en ce qu'il renferme dans l'intérieur un arçon ovale qui soutient la garniture et l'empêche de se déformer; il est plus léger, d'un entretien facile, et peut s'adapter à toutes les encolures, attendu qu'il s'ouvre par le haut et peut s'élargir ou se rétrécir à l'aide d'une courroie qui écarte ou rapproche les branches de l'arçon. Ce collier n'a point d'attelles; les crochets après lesquels s'attachent les traits sont solidement fixés après les arçons, ce qui augmente encore sa résistance. Les prix des colliers de M. Hermet sont, pour les colliers destinés au gros trait et à l'agriculture, de 15 francs, et, pour ceux de carrosse, de 18 à 20 francs.

Le jury juge l'invention de M. Hermet digne d'une médaille de bronze.

M. AMIARD, rue Geoffroy-St-Hilaire, n° 19, à Paris.

Il s'occupe spécialement des harnais destinés au gros trait. Il a exposé divers modèles tous remarquables par leur bonne confection et par leur légèreté. On ne trouve pas chez lui ces équipements pesants qui trop souvent accablent le cheval avant qu'on lui ait demandé aucun travail; il emploie, dans ses ateliers et au dehors, environ une quarantaine d'ouvriers, dont le salaire varie de 3 à 5 francs par jour. La valeur des matières qu'il met en œuvre s'élève annuellement à la somme de 20,000 francs, et celle des produits qu'il livre au commerce dépasse le chiffre de 50,000 francs.

Ce qui a surtout fixé l'attention de votre commission, c'est la réduction du poids des colliers qui, pour tous les services, a été abaissé de près de moitié; cette diminution de poids a été le but constant des efforts de M. Amiard. Aussi est-il arrivé à remplacer, par des colliers de 10 à 15 kilogrammes, ceux qui, il y a quelques années encore, pesaient 30 et 40 kilogrammes; cette réduction n'a pas été obtenue au détriment de la solidité; il a pensé qu'il pouvait entourer, en avant et sur les côtés, le faux collier d'une plaque de métal qui empêche toute déformation et permet, en le maintenant, de le rembourrer plus mollement. Pour les colliers de luxe, les plaques de métal sont polies; pour les colliers de travail, elles sont peintes, vernies ou étamées; du reste, les uns comme les autres sont d'une solidité irrécusable.

M. Amiard s'occupe sans cesse de perfectionner ses produits, et certes il a fait faire des progrès rapides et intelligents à l'industrie qu'il exerce; déjà le jury central lui accorda une mention honorable en 1839; le jury de 1849 lui décerne une médaille de bronze.

Mentions honorables. ## M. VUILLEMOT, rue du Faub.-St-Denis, n° 148, à Paris.

Il a exposé ce qu'il appelle une muselière mécanique, mais ce que nous croyons plus convenable de désigner sous le nom de muserole mécanique. Cet appareil a pour but de dompter les chevaux les plus difficiles, de les empêcher de s'emporter et de les arrêter subitement à volonté. Il se compose d'une espèce de caveçon doublé en cuir qui remplace la muserole et qui, à sa partie interne, est armé de deux leviers qui se meuvent à volonté à l'aide de rênes adaptées sur ses parties latérales, rênes qui remplacent celles du filet et qui agissent isolément, suivant que l'on tire celle de droite ou de gauche, et simultanément quand l'action a lieu sur les deux rênes réunies. Du reste, la puissance de ces leviers s'exerce sur la cloison du nez et modère l'énergie du cheval en mettant obstacle à la respiration. Au moment où on lâche les rênes, on voit cesser tout à coup la pression exercée par les ressorts, et le cheval peut librement respirer de nouveau. Nous pensons que l'emploi de l'appareil de M. Vuillemot peut être d'une utilité réelle en même temps que l'usage en est facile. Le jury lui accorde une mention honorable.

M. ALLIER, rue Saint-André-des-Arts, n° 35, à Paris.

Il a exposé un mors dont le but est le même que celui de M. Vuillemot. Ce mors est armé, à la partie supérieure de ses branches et de chaque côté, d'une tige circulaire qui vient à volonté appuyer sur la cloison du nez et empêcher la respiration. L'animal, pour ainsi dire asphyxié, devient complétement immobile; cependant le cavalier peut lui rendre la faculté de respirer avec la même facilité qu'il la lui a enlevée. Voici comment fonctionne cet appareil : les rênes, fixées à la partie moyenne des branches du mors, ont pour but de faire développer de dehors en dedans des leviers qui s'appliquent sur la cloison du nez, tandis que les rênes, fixées à l'anneau inférieur, les ramènent en dehors et font cesser leur action. Ce mécanisme marche avec une grande facilité. Le plus léger mouvement de la main exercée sur l'une des deux rênes suffit pour le faire agir dans un sens ou dans l'autre.

M. Allier a voulu que son appareil fût soumis à toutes les épreuves; il a été essayé avec le plus grand succès en présence du professeur de clinique de l'école vétérinaire d'Alfort sur des chevaux indociles et rétifs.

Le jury accorde une mention honorable à M. Allier.

M. FOLLET, rue Olivier-Saint-Georges, n° 16, à Paris.

Citation favorable.

Il a exposé, 1° une espèce de caveçon qui a pour but d'arrêter les chevaux qui s'emportent. Ce pince-nez (c'est ainsi que l'auteur désigne cet appareil) se compose d'une lame de fer qui agit par compression sur le nez du cheval; cette compression s'opère à l'aide de deux taquets de bois qui viennent s'appuyer sur la cloison du nez; ces ressorts se meuvent à volonté; le mouvement leur est communiqué par la rêne de chaque côté ou par les deux rênes réunies. Dans ce cas, le cheval s'arrête instantanément, privé qu'il est de toute fonction respiratoire; M. Follet nous a dit avoir fait plusieurs fois, avec le plus grand succès, l'application de son système sur des chevaux qui essayaient de s'emporter.

2° Auprès du pince-nez ci-dessus, un autre appareil monté, dit-il, pour ne pas échauffer la bouche des chevaux : ce sont de doubles rênes; l'une, de tissu élastique, s'attache à l'anneau du milieu des branches du mors et sert à conduire habituellement; l'autre, de cuir, se fixe à l'anneau le plus bas. Ces deux rênes, de substance différente, se réunissent à environ 80 centimètres du point d'attache: celle de cuir est plus longue que celle de tissu élastique, de manière à rester flottante tant que l'allure du cheval n'a pas besoin d'être modérée, mais aussitôt que le cheval s'anime davantage, la rêne de tissu élastique s'allonge, celle de cuir se tend et reprend toute son action. Cet appareil nous paraît fort ingénieux, peu dispendieux et d'une application facile; le jury accorde une citation honorable à M. Follet.

§ 2. CHAUSSURES EN CUIR.

M. Gaussen, rapporteur.

CONSIDÉRATIONS GÉNÉRALES.

La chaussure a toujours occupé une place assez modeste dans l'histoire de nos industries; cependant il y aurait un grand intérêt à voir se développer une fabrication aussi utile, et, on peut le dire, aussi nécessaire. Être bien chaussé, économiquement, solidement, est un besoin impérieux pour tous. Aussi est-ce avec une vive sollicitude que le jury a examiné, cette année, les différents produits de l'art de nos cordonniers, et surtout les nouveaux et ingénieux systèmes apportés dans la confection de la chaussure non cousue. Aujourd'hui nous avons la chaussure à vis, à clous dentelés, à clous en forme de V, à chevilles en bois, etc. etc. Ces différents

genres de chaussure se distinguent tous de la fabrication ordinaire, non-seulement par l'absence de couture, mais aussi
par la suppression de la trépointe. Il nous paraît presque
certain, que, pour la chaussure dite *de confection*, les procédés qui n'emploient pas la couture sont appelés à prendre
un grand développement, en raison des économies qu'ils
peuvent réaliser sur la main-d'œuvre.

Le jury central a constaté néanmoins, avec plaisir, que ces
nouveaux procédés de fabrication, tout en procurant aux ouvriers qu'ils emploient, un salaire plus avantageux, leur évite
une grande partie de la fatigue que nécessite le procédé ordinaire de couture. Il y a tout lieu d'espérer que ce genre de
chaussure étendra nos débouchés à l'étranger; surtout, si
nos industriels comprennent qu'il faut impérieusement,
pour fonder notre réputation dans ce genre d'article, n'expor-
ter que des chaussures irréprochables sous le point de vue de
la solidité. La maison Lefébure, en particulier, a déjà établi
des dépôts à Londres et à Manchester; elle se propose d'é-
tendre encore ses relations.

Nous croyons devoir dire, en terminant, un mot sur les
belles machines qui confectionnent la chaussure à vis de cette
maison. Ces appareils remarquables sont dus à M. Duméry.
un de nos ingénieurs civils les plus distingués. Le problème
de la chaussure à la mécanique présentait de grandes difficultés: en Angleterre, le savant Brunel s'en était occupé sans
succès; la solution en est due à la persévérance de M. Lefébure et au talent de M. Duméry.

MM. LEFÉBURE et DUMÉRY, rue de Paradis-Poisson-nière, n° 14, à Paris.

Médaille d'or.

MM. Lefébure et Duméry exposent des chaussures à vis d'un
travail irréprochable. L'empeigne de ces chaussures, confectionnée
par les procédés ordinaires, est soumise à une série de machines
mues par la vapeur, et que dirigent des femmes. La première machine à l'aide de laquelle s'effectue l'opération du montage, opération regardée cependant comme très-difficile, se fait par les ou-

vrières au bout d'un apprentissage très-court. Lorsque l'empeigne est montée sur la forme et liée à la semelle intérieure par une rangée de petits clous, on fixe, sur la partie inférieure de cette même forme, la semelle qui doit terminer la construction de la chaussure. Cette dernière, comme la précédente, est préparée et découpée à l'avance, de façon à éviter, après l'opération du montage, le tranchet et le fer chaud dont on se sert dans le travail ordinaire, pour en biseauter et en cornifier les bords. C'est au moyen d'un autre appareil que le tour de la semelle est garni de vis, ou plutôt de tiges héliçoïdes en cuivre, introduites pendant que les cuirs sont réunis par une pression de 80 à 100 kilog. On enlève ensuite, au moyen d'une cisaille mécanique, tous les bouts de vis qui débordent. La rapidité de cette opération est telle que 700 paires de chaussure par jour peuvent être débarrassées de ces bouts de vis par une seule personne. La bavure que laisse la cisaille est usée au moyen d'une meule de grès. Le talon de la chaussure à vis est l'objet d'une fabrication toute spéciale; les cuirs qui le composent sont soumis à une pression qui en opère, pour ainsi dire, la réunion intime, et, au moyen d'un emporte-pièce, il est découpé selon la forme indiquée, appliqué à la chaussure, vissé par le même procédé que la semelle, puis gratté, poli, noirci et ciré à la main.

L'outillage de l'établissement de M. Lefébure est mis en mouvement par une machine à vapeur de la force de quatre chevaux.

Cette maison, mentionnée honorablement en 1844, a pris aujourd'hui un développement considérable ; ses ventes atteindront, cette année, le chiffre de 500 mille francs. Elle a quatre dépôts à Paris et deux en Angleterre.

Il a fallu à M. Lefébure une grande persévérance pour arriver à son but. Tous les essais tentés jusqu'à présent, même en Angleterre, pour fabriquer les chaussures à la mécanique, étaient décourageants ; mais rien n'a arrêté cet industriel d'une trempe peu commune, et on peut dire que le succès a couronné ses efforts. Nous pouvons ajouter maintenant que les belles machines qui confectionnent la chaussure à vis sont dues au talent de M. Duméry, ingénieur civil très-distingué. Le jury, qui a examiné avec le plus grand intérêt ces ingénieux appareils, a pensé qu'il devait réunir le nom de M. Duméry à celui de M. Lefébure dans la récompense qu'il croit devoir décerner aux fondateurs de la chaussure à vis;

en conséquence, il accorde une médaille d'or à MM. Lefébure et Duméry.

MM. PÉNOT et Cie, rue Bergère, n° 30, à Paris.

Médailles de bronze.

MM. Pénot et Cie soumettent au jury différents genres de chaussures sans coutures parfaitement conditionnées.

L'empeigne de ces chaussures est attachée à la semelle par des pointes dentelées en cuivre, que l'on fait entrer dans le cuir à coups de marteau. Les produits de MM. Pénot et Cie se confectionnent et se vendent à meilleur marché que leurs similaires dans le système ordinaire. Voici le détail sommaire des opérations que nécessite cette fabrication : L'empeigne, toute préparée, est posée sur une forme serrée dans la partie qui représente la plante du pied, et fixée à la semelle intérieure par une ligne de petits clous. La semelle extérieure est attachée, à son tour, à l'empeigne et à la première semelle par une rangée de pointes dentelées. Si l'on veut ajouter un patin à la chaussure, on l'applique, par le même procédé, au moyen d'une nouvelle ligne de pointes placées plus près du bord que la précédente. Les talons viennent ensuite compléter l'œuvre, mais ils sont simplement cloués par des pointes en fer dont la longueur est calculée.

MM. Pénot et Cie ont obtenu une mention honorable en 1844. Le jury, considérant aujourd'hui l'importance de leur établissement et les progrès de leur fabrication, leur décerne une médaille de bronze.

M. Clovis BERNIER, rue Saint-Martin, n° 30, à Paris.

La maison Bernier exploite, depuis 1846, un brevet pour confectionner des chaussures sans couture, sous le nom de *chaussures corrioclaves*. Elle expose, cette année, des chaussures de toute espèce; mais elle se livre plus spécialement à la confection de la chaussure pour femmes. Les moyens employés par M. Bernier sont les mêmes que ceux que nous avons décrits dans le rapport relatif à MM. Pénot et Cie. La forme des clous qui servent à fixer la semelle à l'empeigne est différente; les clous de M. Bernier sont également en cuivre, mais ils ont la forme d'un V, et présentent un angle intérieur et extérieur. Cette maison fait 150,000 francs d'affaires et ne peut suffire aux nombreuses demandes qui lui sont adressées. Jusqu'à présent M. Bernier n'exporte pas ses produits.

Il vend la botte vernie, pour homme, 26 francs, la botte ordinaire 18 francs, et les brodequins de femmes, en cuir vernis, 72 francs la douzaine.

L'établissement de M. Bernier a beaucoup d'avenir. Le jury décerne à cet industriel une médaille de bronze.

M. DUFOSSÉ, rue St-Dominique-St-Germain, n° 13, à Paris.

M. Dufossé s'occupe spécialement, et avec une supériorité incontestable, de la chaussure dite *de chasse.*

Le jury a admiré, sans réserve, la magnifique exposition de cet habile cordonnier. Il est impossible de voir des chaussures mieux finies, conditionnées plus fortement, et d'une manière plus flatteuse pour l'œil. On y remarquait particulièrement de forts souliers de chasse, avec une feuille d'étain entre les deux semelles, et dont un ruban de caoutchouc suit les coutures. Les grandes bottes de marais de M. Dufossé, celles dites *à l'écuyère,* ses souliers-guêtres, napolitains, à la Molière, ne laissent rien à désirer. On peut dire que la vue de son exposition faisait naître l'envie d'acheter ses produits.

Le jury décerne à M. Dufossé une médaille de bronze.

M. Jérôme RAGEOT, rue Richelieu, n° 24, à Paris.

M. Rageot a soumis au jury des souliers et des bottes vernis irréprochables sous tous les rapports. Les bottes, qu'il vend jusqu'à 35 francs, sont ce qu'on peut voir de mieux et de plus élégant.

M. Rageot est à la tête d'une maison importante pour son genre d'industrie : il fait pour 70,000 francs d'affaires, dont une bonne partie avec l'exportation.

Les produits de cet industriel consciencieux nous paraissent devoir soutenir à l'étranger la réputation de notre cordonnerie.

Le jury décerne à M. Rageot une médaille de bronze.

Mentions honorables.

M. SIGUY, rue de la Bourse, n° 9, à Paris.

M. Siguy a obtenu une citation favorable en 1839. Il est l'inventeur des brodequins élastiques, sans lacet ni boutons. M. Siguy expose aujourd'hui des brodequins de femmes bien conditionnés, dans lesquels les élastiques en laiton sont remplacés par du caoutchouc. Cette modification apportée au système primitif de M. Siguy, nous paraît avantageuse; elle évite l'oxydation. Toutes les

chaussures soumises au jury par cet industriel sont d'une confection parfaite.

Le jury lui accorde une mention honorable.

MM. BRÉDIF frères, à Tours (Indre-et-Loire).

MM. Brédif exposent, pour la première fois, de magnifiques chaussures et des souliers-guêtres en peau de chagrin, à 18 francs, d'une
bonne confection. Nous remarquons, dans l'étalage de ces messieurs, deux paires de bottes à l'écuyère, dont le travail est d'un fini
remarquable. La maison de MM. Brédif frères fait des affaires assez
importantes.

Le jury accorde à ces exposants une mention honorable.

M. FROMANTAULT, à Nantes (Loire-Inférieure).

M. Fromantault dirige un établissement d'une certaine importance.

M. Fromantault présente au jury une nouvelle chaussure, à laquelle il donne le nom de diplostenanique (ou botte double imperméable). Le semelage de ces bottes se compose de quatre semelles
superposées; l'empeigne est double dans la partie adhérente à la
semelle, et un morceau de vessie, ou baudruche, se trouve placé
entre les deux empeignes. Le tout est confectionné avec beaucoup
de solidité, au moyen de vis, pointes et coutures. Ces chaussures
sont légères; l'épaisseur des semelles est artistement dissimulée.

Le jury accorde une mention honorable à M. Fromentault.

MM. REVILLON, JACOB et BERGER, à Lyon (Rhône).

MM. Revillon, Jacob et Berger soumettent au jury des chaussures imperméables sans coutures: ces chaussures sont clouées. Ces
industriels, au moyen d'un hydrofuge qui donne de la souplesse
au cuir, prétendent obtenir une complète imperméabilité, sans
avoir besoin de recourir au liége et à la double semelle, moyens
qui rendent toujours les chaussures lourdes et dispendieuses.

Le jury accorde à MM. Revillon, Jacob et Berger, une mention
honorable.

M. CALLEROT, rue Bailleul, n° 6, à Paris.

M. Callerot soumet au jury, au nom d'une association ouvrière fondée en 1840, dans un but philanthropique, et constituée en association laborieuse et fraternelle des ouvriers cordonniers, en 1848, des produits variés et d'une bonne confection.

Cette société, très-intéressante aux yeux du jury, mérite d'être encouragée. Son double but est de donner de l'ouvrage aux ouvriers valides, et de secourir ceux que l'âge ou des infirmités empêchent de travailler. Les différents produits de cette association sont d'un prix très-modeste, eu égard à leur qualité.

Le jury accorde à M. Callerot une mention honorable.

M. Jean-Auguste JEUNESSE, rue du Faubourg-Saint-Denis, n° 136, à Paris.

M. Jeunesse soumet au jury des chaussures dites *à coutures métalliques*. Son procédé est applicable aux tuyaux de pompes.

M. Jeunesse fait également les souliers ordinaires et ceux dits *de fatigue*. Ses produits sont bien confectionnés. M. Jeunesse est arrivé à faire un chiffre d'affaires assez considérable pour son genre de production.

Le jury le mentionne honorablement.

M. Gérard KLAMMER, boulevard des Capucines, n° 19, à Paris.

M. Klammer expose des chaussures dites *bottines à élastique*, et des pantoufles confectionnées dans le même système.

Ses bottines sont du prix de 28 francs, et les pantoufles de 15 francs.

Les chaussures de M. Klammer sont très-soignées et d'une confection irréprochable. Sa maison a une certaine importance.

Le jury accorde à M. Klammer une mention honorable.

M. Laurent VELLEAUX, rue de l'Arbre-Sec, n° 33, à Paris.

M. Velleaux expose pour la première fois et soumet au jury un talon mobile très-ingénieux, qui se pose et se retire à volonté. On peut donc remplacer facilement celui qui est en partie usé. M. Velleaux présente également un dessous de pied à ressort qui s'ouvre avec la plus grande facilité, lorsque l'on veut quitter sa chaussure sans se déshabiller.

Le jury mentionne honorablement cet ingénieux industriel.

M. LEBRUN, rue Neuve-Saint-Martin, n° 12, à Paris.

M. Lebrun expose une paire de bottes vernies, illustrées d'un dessin que M. Lebrun a tracé lui-même au tranchet et exécuté par un effet de piqûre. Ce dessin est parfaitement rendu.

M. Lebrun a soumis au jury un tissu de coton verni qui peut remplacer le cuir et qui coûte beaucoup moins cher. Ce tissu peut être impunément soumis à toute espèce de frottement.

Le jury accorde à cet industriel une mention honorable.

M. Réné-Christophe LEBRETON, à Meaux (Seine-et-Marne).

Citations favorables.

M. Lebreton a déjà obtenu une citation favorable en 1844; il expose cette année des chaussures imperméables, variées, et d'une bonne confection.

Le jury le cite encore favorablement.

M. Jean-Nicolas POUARD, place des Vosges, n° 24, à Paris.

M. Pouard expose des chaussures ordinaires, bien conditionnées, à 6 francs. Ses bottes vernies sont d'un prix très-modeste, 20 et 22 francs.

Le jury le cite favorablement.

M. Sébastien JURISCH, rue de Suresnes, n° 23, à Paris.

M. Jurisch soumet au jury de fortes chaussures, sans coutures, dont l'empeigne est jointe aux semelles par des chevilles en bois.

M. Jurisch ne fait pas des affaires importantes, mais tout prouve que son système est excellent, et que ses chaussures sont solides.

Le jury le cite favorablement.

M. BRAQUEHAYS, à Bolbec (Seine-Inférieure).

M. Braquehays expose deux paires de chaussures, en cuir verni, qui sont remarquables par leur excellente confection et par la modicité de leur prix.

Les chaussures de M. Braquehays sont rendues à peu près imperméables par un moyen particulier.

Le jury le cite favorablement.

M. Jean-Baptiste GAGNET, aux Thernes (Seine).

M. Gagnet soumet au jury une paire de chaussures imperméables, qui est restée sur l'eau pendant toute la durée de l'exposition, sans que l'humidité paraisse avoir pénétré dans l'intérieur.

M. Gagnet est un producteur intelligent. Le jury le cite favorablement.

M. Eugène-Nicolas CRUCIFIX, à Crèvecœur (Oise).

M. Crucifix expose une paire de bottes et un soulier dits *imperméables*. Les semelles de ces chaussures sont composées de plusieurs feuilles superposées de cuir, de bois et de liége; le tout est très-flexible. Ces chaussures sont d'un prix modéré.

Le jury cite favorablement M. Crucifix.

M. Casimir GAUTIER, à Villeneuve-de-Berg (Ardèche).

M. Gautier soumet au jury deux paires de guêtres, sans couture, d'une très-bonne confection, à 2 fr. 50 cent. la paire. Ces chaussures sont très-convenables pour les habitants des campagnes. Elles ne laissent rien à désirer sous le rapport de la solidité.

Le jury cite favorablement M. Gautier.

M. VERGNIAUD, à Bordeaux (Gironde).

M. Vergniaud expose des brodequins vernis, formant le bottillon, pour chaussure de ville.

Le jury le cite favorablement.

M. GODEFROY, rue Vivienne, n° 16, à Paris (Seine).

M. Godefroy fabrique des tiges de chaussure vernies, prêtes à être montées.

Il expose, pour la première fois, des produits faits avec beaucoup de soin; son industrie peut devenir intéressante.

Le jury le cite favorablement.

SIXIÈME SECTION.

INDUSTRIES DIVERSES ET INDUSTRIE PARISIENNE.

§ 1. FEUTRES ET FLOTRES.

M. Natalis Rondot, rapporteur.

Nous en exportions, en 1837, 4,911 kilogrammes, en 1842, 7,325 kilogrammes, en 1847, 19,125 kilogrammes; en dix ans, l'exportation a quadruplé. Les feutres pour pianos et les flôtres sont confondus sur les états de commerce avec les feutres vernis et peints pour tapis, visière, etc. les galettes de chapeau, les filtres, etc. dans la catégorie des *ouvrages en feutre non dénommés.* Le kilogramme, au lieu d'être calculé à raison de 3 francs, valeur officielle (de 1826), peut être estimé à 10 francs, taux qui en représente la valeur moyenne actuelle.

FLOTRES.

CONSIDÉRATIONS GÉNÉRALES.

Les premiers essais de fabrication des flôtres datent de 1822; ils furent assez heureux, mais, malgré les efforts et l'habileté de nos manufacturiers, l'Angleterre importa des flôtres jusqu'en 1838. Depuis cette époque, on les fait en France en bonne qualité et à des prix modérés; un fait atteste, d'ailleurs, nos progrès sous ces deux rapports, c'est notre exportation, d'année en année plus importante, de ces feutres en Suisse, en Allemagne, en Belgique et en Italie.

M. BARTHÉLEMY, à Metz (Moselle).

Nouvelle mention honorable.

Il a exposé :

Un flôtre sécheur, de 10^m,20 sur 1^m,76, du poids de 44 kilogrammes;

Un flôtre coucheur fin, de 5^m,20 sur 1^m,65, pesant 4^k,500;

(Tous deux sont du prix de 8 francs à 8 fr. 50 cent. le kilogramme);

Un manchon fin en boyau, de 14 mètres de long sur 69 centimètres de circonférence, de 8 fr. 50 cent. à 9 francs le kilogramme.

Ces échantillons paraissent réunir toutes les qualités désirables.

La courroie en laine hydrofuge, de 12 centimètres, à 6 francs le kilogramme, a été éprouvée pendant quatre années dans une ferme des environs de Metz ; le jury de la Moselle certifie le résultat favorable de l'expérience. Cette courroie peut être encore perfectionnée.

M. Barthélemy a été déjà distingué en 1844 ; le jury central lui accorde une nouvelle mention honorable.

***

FEUTRES POUR PIANO.

CONSIDÉRATIONS GÉNÉRALES.

Les premiers feutres de laine, pour étouffoir et marteau de piano, ont été importés d'Angleterre, en 1838, par la maison Érard, dans le but de remplacer le feutre de poil et la peau dont on s'était servi jusqu'à cette époque. Vers décembre 1840, M. Billion vint proposer à M. Érard de lui fournir des feutres aussi bons, et, en effet, après plusieurs essais, il est parvenu à obtenir des qualités satisfaisantes. Le prix, quoique assez élevé, est moindre, à finesse égale, que le prix de revient à Paris, tous frais compris, des similaires anglais, découpés en lanières, qui, admis par exception, sont grevés d'un droit d'entrée de 4 francs le kilogramme.

Les premiers feutres ont été faits en feuilles de différentes épaisseurs. — Les marteaux du piano devant être garnis d'une étoffe plus épaisse dans la basse que dans le médium et les dessus, pour obtenir la gradation mesurée du son, M. Érard remit, vers 1843, à M. Billion des modèles en forme de cônes d'après lesquels devait être établi le feutre nécessaire à la garniture des 80 ou 82 marteaux du piano. M. Billion réussit dans ce nouvel essai, et la fabrication du feutre pour piano est aujourd'hui chez nous en progrès et en voie de perfectionnement. Les produits sont exportés en Allemagne, en Belgique, etc.

M. BILLION, rue Ménilmontant, n° 5, passage Crussol, à Paris (Seine).

Médaille de bronze.

Ainsi qu'on l'a vu plus haut, il a introduit en France la fabrication du feutre pour piano; encouragé et guidé par M. Pierre Érard, il a perfectionné le travail, la forme, la densité de ses feutres. Ceux qui sont exposés sont en très-belle qualité, et M. Érard, qui en est le meilleur juge, en atteste l'excellent usage. De 72 à 80 centimètres de large sur 1m,20 à 1m,60 de long, ils coûtent, pour marteau, première garniture, 25 francs le kilogramme; pour étouffoir et dernière garniture de marteau, 40 francs. Presque tous ces feutres sont coniques, c'est-à-dire que la feuille, épaisse à la tête de 7 ou 15 millimètres, est réduite, par gradation insensible, à la minceur de 1 ou 2 millimètres qu'elle présente à l'extrémité.

M. Billion a fait preuve d'intelligence et d'habileté dans ses essais; le pays lui doit une fabrication nouvelle dont les produits sont déjà exportés. Le jury central accorde à cet industriel une médaille de bronze.

S 2. LAYETERIE, EMBALLAGES, ARTICLES DE VOYAGE, DE CHASSE ET DE CAMPEMENT.

M. Natalis Rondot, rapporteur.

M. Alexis GODILLOT, fils aîné, boulevard Poissonnière, n° 14, et rue Rochechouart, n° 61, à Paris (Seine).

Médaille d'argent.

La maison Godillot est fondée depuis trente ans, mais elle n'a commencé à acquérir son importance et sa réputation que vers la fin de 1844, dès qu'elle fut dirigée exclusivement par M. Alexis Godillot. C'était encore à cette époque une simple fabrique de layeterie, conduite avec activité, mais n'occupant que 10 ou 12 ouvriers, et ne faisant que 100,000 francs d'affaires. La bonne exécution de ses produits appela sur elle l'attention du jury; et la médaille de bronze fut la récompense d'efforts et d'essais intelligents.

Durant ces cinq dernières années, cette fabrique s'est entièrement transformée; sa production s'est quintuplée et le nombre de ses ouvriers est devenu quinze fois plus grand. Articles de chasse, de voyage, de campement, et de couchage, appareils de gymnastique, équipement militaire, serrurerie d'art, sellerie de cuir, de bois et de métal, tentes, bannières, mâts, lanternes, transparents et l'immense matériel pour la décoration et l'illumination des fêtes publiques; tout, à quelques exceptions près, est exécuté dans les dix ateliers de M. Godillot. Ces dix-huit à vingt fabrications différentes, mais qui se relient par des points communs, il les a entreprises presque simultanément et les a concentrées dans deux vastes établissements. Il a su tirer un habile parti des aptitudes diverses de ses ouvriers, les a appliquées, dans une mesure souvent infiniment petite, mais toujours utile, à des ouvrages d'une variété et d'une dissemblance extrêmes. Il a rendu chez lui le travail plus rapide en le confiant à des mains spéciales, et plus économique par de sévères comptabilités de matière et de main-d'œuvre; il a, en un mot, donné la preuve d'une entente parfaite de la grande industrie.

M. Godillot a vingt fois modifié sa fabrication; on la retrouve à chaque événement réappropriée aux exigences du jour, et une activité singulière préside aux installations, aux outillages et à la production. Bien des faits en témoignent : les tentes, cantines et campements pour les expéditions en Algérie, les lanternes chinoises au retour de la mission de M. de Lagrené, les lanternes tricolores à la révolution de Février; en avril, l'équipement de la garde nationale, les décorations des grandes fêtes du Gouvernement provisoire; bientôt après, les portoirs de blessés, les sacs de l'armée piémontaise, les maisons mobiles pour les colons algériens et les cantonniers des chemins de fer, les sacoches et les boîtes de service de l'administration des postes, les pouponnières de M. Delbruck, les hamacs des prisons cellulaires, etc.

L'exposition de M. Godillot se divise naturellement en quatre parties : 1° la layeterie, l'équipement de chasse; 2° l'article de campement; 3° la décoration et la lanterne; 4° la gymnastique. Nous nous sommes occupé ailleurs de cette dernière spécialité.

La maison Godillot fait depuis trente ans avec supériorité la layeterie; elle a créé la plupart des modèles, elle en a perfectionné la forme et réduit le prix. La malle jumelle ou à cave, en vache, est bien exécutée; il y a progrès dans sa fabrication. Comme solidité, le rapporteur peut citer une malle, encore excellente, qui a résisté aux accidents de toute nature inséparables d'un voyage et d'un séjour de près de trois années dans l'Inde, la Chine et la Malaisie. Le bois, remplacé par le carton de Lyon, la peau de mouton par une toile à voile imperméable, telles sont deux bonnes idées de M. Godillot qui lui ont permis de livrer à bas prix une malleterie qui ne laisse rien à désirer. Nous citerons, pour leur disposition, les boîtes à robes et à chapeaux pour dame, les caisses-commodes pour linge et vêtements; il n'est pas jusqu'aux champignons et au mode de fermeture qui n'aient été simplifiés.

L'article de voyage comprend encore le sac, le carnet pliant et la lanterne d'artiste, les nécessaires de naturaliste, les boîtes-bancs pour la pêche, les hamacs d'enfant pour voyage, etc. Ces divers objets, nous les avons examinés, ainsi que les malles, coffrets, caisses, étuis, poches à argent, sacs de nuit avec ou sans cave; presque tout est solide, utilement combiné, et a le mérite d'être d'une vente aussi facile à l'étranger qu'en France.

Les tentes, cabanes et maisonnettes, les lits de camp, les cantines et bidons, composent principalement ce que l'on appelle article de campement. C'est une industrie qui doit son origine et son développement à nos guerres d'Afrique. Encore ici, nous devons rendre justice à l'intelligence de M. Godillot : il y a dans les systèmes, le montage, la façon, le mobilier de ses tentes, de très-ingénieuses applications, une simplicité d'ensemble, une rapidité de construction qui méritent d'être signalées. Nous ajouterons que pour 210 francs on a une tente en coutil, avec colonne et fenêtres, de 2 mètr. 50 cent. de diamètre, et du poids de 20 kilogrammes. Les fauteuils et lits en fer à brisures articulées, les pliants, tables ployantes, hamacs, malles-lits, qui sont pour ainsi dire inséparables de ces tentes, sont commodes, du volume et du poids le moindres possible. Un des lits, qui tiendrait dans un fourreau de parapluie et qui se monte avec deux pliants et deux piquets, ne coûte que 9 francs.

Le chef-d'œuvre de M. Godillot est un bât de campagne, qui se compose de deux cantines, l'une pour la batterie de cuisine, l'autre pour le service de table et les vins, d'une tente, de deux lits de camp, d'une sacoche, d'une pioche et d'une hache; le tout pèse 52 kilogrammes. Ce bât est depuis plusieurs années adopté dans l'armée d'Afrique; l'expérience en a constaté la solidité et le bon aménagement.

Nous noterons enfin un petit bidon de 30 francs, dans lequel on trouve 54 pièces en fer battu de Japy, depuis la poêle à frire et la marmite jusqu'aux couverts et aux tasses à café.

Portoirs de blessés, guêtres et corniers, balançoires, échelles à rentrure, lanternes, bannières, décors de circonstance, sacoches de poste, boîtes de facteur, ceinturonnerie et équipement militaires, M. Godillot les fabrique dans ses ateliers, et, en général, en bonne qualité.

Nous avons voulu nous assurer par nous-même de l'importance de son établissement, et nous ne pouvons mieux la faire connaître qu'en publiant les chiffres de l'inventaire et du livre de paye.

M. Godillot a fait, en 1848, 527,226 francs d'affaires. Au 4 mai 1849, il occupait 603 ouvriers, et, le 4 août, nous avons trouvé dans ses ateliers 139 ouvriers; ils étaient, aux deux époques, ainsi répartis :

	4 mai.	4 août.
Malletiers	7	28
Cordiers	4	6
Menuisiers	18	16
Layetiers	4	4
Serruriers	7	6
Tourneurs	14	7
Tapissiers-décorateurs	33	29
Selliers	5	9
Ouvriers pour le travail de l'illumination	510	30
Graveurs	1	1
Matériel	0	3
Ouvriers en pliant (au dehors)	0	3
Ouvriers en lanternes, ballons, etc. (au dehors)	0	9
	603	151

L'intelligence et l'activité avec lesquelles M. Alexis Godillot dirige cette fabrication si variée, et y a introduit tant d'applications et d'idées nouvelles, ont déterminé le jury central à décerner à ce laborieux industriel une médaille d'argent.

Médaille de bronze.

M. COTEL, place du Louvre, n° 8, à Paris.

L'expérience a constaté depuis longtemps les avantages des systèmes d'emballage de M. Cotel; ils diffèrent selon la nature et les dimensions des objets : nous avons remarqué environ quinze modèles, dont quelques-uns sont très-ingénieux. Les tableaux, statues, bronzes, porcelaines, glaces, pianos, pendules, etc. emballés par ces moyens, arrivent à leur destin   dans un parfait état d'intégrité et de fraîcheur ; dans presque tous ses systèmes, l'emballage et le déballage ont lieu avec une égale rapidité. Année moyenne, M. Cotel fait travailler 20 ouvriers.

Le comité central des artistes, la société libre des beaux-arts, MM. Horace Vernet, Pradier, Taylor, Paul Gayrard, Mène, Barre, les exportateurs, les fabricants de bronzes, etc. attestent l'excellence de l'invention de M. Cotel ; la société d'encouragement lui a décerné, en 1846, une médaille de bronze et, cette année, une médaille d'argent.

Le jury central accorde à M. Cotel une médaille de bronze.

M. ÉTARD, rue du Petit-Reposoir, n° 6, à Paris.

Mention Louorable.

M. Étard a constamment amélioré l'article de voyage pour dame : il imagina, en 1828, les champignons mécaniques pour l'emballage des chapeaux ; en 1834 et 1839, il perfectionna l'assemblage, la disposition et les compartiments des caisses à robes et à linge. Il a acquis dans cette spécialité une certaine réputation.

M. Étard a exposé, en outre, des pièges pour la destruction des animaux nuisibles, des crochets articulés pour le transport des fardeaux, et un livre de comptes-faits à l'usage des layetiers.

L'ensemble de ces ouvrages a un caractère d'utilité que le jury a apprécié, et il récompense M. Étard par une mention honorable.

M. MORAND, rue du Renard-Saint-Sauveur, n° 6, à Paris.

Citations favorables.

Il fabrique principalement le sac de nuit, la chancelière et la petite malle à main ; le soin avec lequel il fait établir ces articles de voyage rend M. Morand digne d'une citation favorable.

M. DUNET, rue Thiroux, n° 4, à Paris.

Le jury cite favorablement M. Dunet pour la malleterie de voiture. La vache et le coffre exposés ont une membrure solide et sont d'un bon travail.

§ 3. SABOTS, GALOCHES, SOCQUES.

M. Natalis Rondot, rapporteur.

CONSIDÉRATIONS GÉNÉRALES.

On fabrique des sabots dans les principales forêts de France. Cette industrie a une activité très-grande dans les forêts de Belhem (Orne), de Persaigne et de Jupille (Sarthe), de Darnay (Vosges), de Fougères (Ille-et-Vilaine), et dans celles du Cantal et du Puy-de-Dôme.

A certaines époques de l'année, l'État fait la vente par adjudication de coupes de bois dans les forêts que nous venons d'indiquer; c'est alors que les maîtres sabotiers se rendent adjudicataires des parties de ces bois propres à la fabrication du sabot, laquelle a lieu dans la forêt même. A cet effet, des huttes en terre et en branchages sont élevées sur les points exploités, les familles s'y installent, car les sabotiers mariés travaillent avec leurs femmes et ceux de leurs enfants en âge de pouvoir leur être utiles. La paye a lieu le samedi de chaque semaine; le *tailleur*, c'est-à-dire l'ouvrier qui donne à la bûche la forme du sabot, le *creuseur*, celui qui creuse le sabot qui vient d'être dégrossi, le *pareur*, l'ouvrier qui le termine, gagnent 2 francs par jour; les femmes et les enfants sont considérés comme apprentis et payés 50 centimes.

La coupe *vidée*, c'est-à-dire entièrement nette du bois servant à la confection du sabot, est aussitôt abandonnée par les ouvriers nomades, qui vont élever de nouvelles huttes dans une autre coupe. Les villages voisins de ces parties de bois sont généralement déserts; le voyageur n'y trouve qu'avec peine un gîte et des vivres, tandis que la forêt est vivante et que la nourriture y est abondante et variée.

Au mois de février de chaque année, les maîtres sabotiers se rendent à Paris; chacun y a, non pas une clientèle, mais des patrons. Ils s'entendent avec ceux-ci sur la façon du sabot, sur l'essence de bois à employer; tantôt un peu plus de hêtre que de bouleau est nécessaire; quelquefois le noyer convient, et par hasard un peu de tremble. Le prix est ensuite fixé pour la fabrication de l'année commerciale, qui court de mars en mars. Les livraisons commencent toujours en mai et sont ordinairement terminées dans le mois de mars de l'année suivante. Elles ont lieu par pentes de 20 paires assorties.

Le sabot expédié est fabriqué *au premier degré;* cette désignation s'applique à l'état des sabots sortant des mains du pareur; ils n'ont alors que la forme commune, tandis que, pour la vente, ils doivent être diversement façonnés. Les uns sont couverts en cuir, ils s'appellent *sabots garnis;* les autres sont, selon leur forme, des sabots-bottes, des sabots-souliers, des sabots-guêtres. Il y en a de sculptés, de plissés, et quelques-uns ont, à l'endroit de l'orteil, une petite saillie qui leur donne l'apparence d'un pied chaussé. Avant de subir ces modifications, les sabots sont noircis, puis lissés à la baïonnette. Ces dernières façons sont données à Paris, à Lyon, à Nantes, et dans les villes voisines des forêts où a lieu la fabrication du sabot.

Chaque maître sabotier occupe, en moyenne, de 50 à 60 ouvriers.

On ne fait à Paris que le sabot de fantaisie, c'est-à-dire le sabot-soulier fin, garni de cuir ou de drap.

Presque tous les sabots sont vendus pour la consommation intérieure; cependant il s'en exporte toujours un peu pour la Belgique, l'Angleterre et l'Algérie. Ces expéditions ont été en progressant jusqu'en 1844; depuis cette époque, elles ont diminué; en voici la preuve : en 1840, 22,000 fr.; en 1843, 34,600 fr.; en 1844, 34,000 fr.; en 1846, 29,200 fr.; en 1847, 17,500 fr.

M. FROMENT-CLOLUS, à Paris, rue Neuve-Saint-Méry, n° 15.

Médaille de bronze.

M. Froment-Clolus emploie, dans les forêts de la Sarthe, de l'Orne, des Vosges, du Cantal, 25 maîtres sabotiers, lesquels font travailler un millier de paysans; il reçoit, année moyenne, 600,000 paires de sabots parés; il les fait finir, sculpter s'il y a lieu, et noircir à Paris. Il occupe pour cela, dans ses ateliers, 8 ouvriers de mars à août, et 18 d'août à mars; les uns gagnent 65 francs, les autres 80 francs par mois.

Le sabot noir sans bride, pour homme, se vend 13 francs; pour femme, 10 francs; pour écolier et fillette, 8 francs les 20 paires. Les brides coûtent de 4 à 6 francs les 20 paires. Quant aux sabots de fantaisie garnis, le prix varie de 13 à 20 francs la pente, brides non comprises; ils sont légers et d'un assez bon travail.

M. Froment-Clolus, même dans les plus mauvais jours de 1848, a conservé ses ouvriers sans diminuer leur salaire, et a assuré de l'ouvrage à tous les sabotiers de forêt.

Le jury central, prenant en considération l'importance des affaires de M. Froment-Clolus, lui décerne la médaille de bronze.

Mentions honorables. M. DEVAUX, à Paris (Seine), passage des Panoramas, galerie des Variétés, n° 15.

Les socques articulés paraissent avoir été inventés par M. Duport, car il prit le premier brevet en 1821; M. Devaux, en imaginant en 1824 le socque à plusieurs brisures, assura la vogue de ce genre de chaussure, et, de 1824 à 1848, il a été délivré 35 brevets, dont 25 d'invention, pour les modifications apportées au socque. M. Devaux, qui en est aujourd'hui le plus ancien fabricant, est sans contredit le plus habile; il a beaucoup perfectionné et simplifié. L'exécution soignée et le prix modique de ses socques lui ont acquis une clientèle dont la confiance lui fait honneur.

Le jury central confirme à M. Devaux la mention honorable qu'il a déjà reçue en 1834 et en 1839.

M. DESROCHES, à Grenoble (Isère).

Ses sabots, de 2 francs à 2 francs 75 centimes la paire, plissés ou sculptés, garnis et vernis, se recommandent par une confection soignée. La cambrure cependant paraît négligée.

Le jury accorde à M. Desroches une mention honorable.

MM. Charles LOUVEL et Benoît CHAMPONNIÈRE, à Paris (Seine), rue des Petits-Champs-Saint-Martin, n° 21.

M. Charles Louvel reçoit, des forêts de Belhem et de Persaigne, le sabot brut; il le noircit, le plisse, le sculpte et le garnit. Il s'occupe aussi de la fabrication sur commande du sabot de fantaisie: les échantillons en noyer, en érable, en orme qu'il a exposés, sont faits et évidés avec un soin extrême, et la cambrure en est bonne. Les genres guêtre et soulier sont légers, solides et élégants.

M. Charles Louvel est activement secondé dans son travail par un habile ouvrier sabotier, M. Benoît Champonnière; le jury accorde à tous les deux une mention honorable.

M. François LAUSSER, à Aurillac (Cantal).

M. François Lausser est un habile fabricant; les sabots en noyer qu'il a exposés en sont la preuve.

Le jury le mentionne honorablement.

M. BATHIER, à la Souterraine (Creuse).

M. Bathier a imaginé le sabot façon guêtre et a perfectionné le soulier à semelle en noyer, doublé de cuir. La cambrure est assez bien étudiée pour ne pas fatiguer le pied pendant une longue marche.

La correspondance de ce fabricant nous a prouvé que ses chaussures-sabots sont recherchées, et que le prix en est modéré; elles coûtent, pour homme, de 30 à 36 francs; pour femme, de 27 à 30 francs la douzaine; les bottes cirées reviennent à 13 francs la paire.

Le jury accorde à M. Bathier une mention honorable.

M. François GUILLAT, à Limoges (Haute-Vienne).

M. Guillat fait le sabot garni avec recouvrement, ciré, plissé, brodé, en cuir verni ou ciré, en velours ou en drap; c'est un soulier dont la semelle est en noyer pour préserver le pied de l'humidité. Le cuir est fixé au bois par une couture faite avec des maillons en gros fil de fer de carde; ce perfectionnement n'est pas sans intérêt. Nous désirons, sans l'espérer, que l'expérience constate la solidité de cette couture.

M. Guillat est un sabotier plein de zèle qui produit, année moyenne, 20,000 paires de sabots et de socques; le jury récompense ses efforts par une mention honorable.

M. Alexandre LOUVEL, à Paris (Seine), rue d'Aboukir, n° 63.

M. Alexandre Louvel fait finir les sabots des forêts et les vend de 40 à 75 centimes la paire. Il occupe à Paris quelques ouvriers au sabot fin, de 2 à 5 francs pour homme et de 1 franc 50 centimes à 4 francs pour femme. Le pli, le parage, la sculpture au fer chaud et la garniture de ses sabots-souliers, faits avec soin, méritent à ce fabricant la mention honorable que le jury lui accorde.

Citations favorables.

M. Pierre LAUSSER, à Aurillac (Cantal).

La façon et la cambrure des sabots en noyer de M. Lausser jeune dénotent du soin et de l'adresse; les recouvrements en cuir sont bien ajustés.

Le jury cite favorablement M. Pierre Lausser, déjà distingué en 1844.

M. Pierre BONNY, à Clermont-Ferrand (Puy-de-Dôme).

Il fabrique convenablement le sabot couvert en cuir ciré, en velours, en drap ou en lasting; quelques échantillons ne sont pas sans élégance.

Le jury cite favorablement M. Bonny.

M. GAGNANT, à Batignolles, rue des Dames, n° 66.

M. Gagnant est un bon ouvrier sabotier qui a exposé des sabots-claques, semelle en noyer, cirés ou vernis, genre bottine, guêtre ou soulier.

Le jury le cite favorablement.

M. MUZARD, à Paris (Seine), passage Molière, n° 12.

Il a exposé des galoches-souliers à 10 francs pour homme et 7 francs pour femme; des bottes cuir et bois à 20 francs; des galoches communes articulées à 3 francs et des chaussures de prisonnier à 3 francs 25 centimes.

Pour ces divers produits, solidement établis et d'un bon usage, le jury cite favorablement M. Muzard.

§ 4. BRIDES ET GARNITURES DE SABOT.

M. Natalis Rondot, rapporteur.

M. JAMAIN-CERISIER, à Amboise (Indre-et-Loire).

Mentions
honorables.

La collection de sabots garnis et de brides présentée par M. Jamain atteste l'intelligence avec laquelle il s'occupe de cette fabrication. Matière, forme, gaufrure, broderie, tout est varié; le choix et l'exécution sont satisfaisants.

M. Jamain produit par an 120,000 garnitures de sabots de 2 fr. 50 cent. à 7 fr. la douzaine de paires, selon la grandeur.

Le jury central le mentionne honorablement.

M. MASSENOT, à Paris (Seine), rue Popincourt, n° 60.

M. Massenot fait la bride de sabot depuis 3 fr. jusqu'à 24 fr. la douzaine de paires. Ses modèles et ses dessins sont, en général, assez jolis; la gaufrure a trop peu de relief, le cuir est bien choisi. Des crêtes en passementerie de soie et des rubans concourent à l'enjolivure des bords. Pour le sabot léger de dame, un ou deux genres d'une coupe nouvelle offrent l'avantage d'un peu plus d'élégance avec une tension et une surface suffisantes. Il est à désirer que l'on fasse des broderies d'un meilleur goût.

M. Massenot est un fabricant entreprenant et habile; le jury lui accorde une mention honorable.

M. MÉNÉTREL-DROUIN, à Joinville (Haute-Marne).

Il fabrique et a exposé des brides de sabot et des bourses en peau plissée. Il occupe 35 ouvriers en atelier et 160 en chambre; il produit de 40 à 50,000 douzaines de paires de brides et 100 grosses de bourses en peau. Les moyens mécaniques dont il dispose lui assurent un travail économique et régulier. Les brides, coussins, panoufles normandes de 1 fr. 30 cent. à 7 fr. la douzaine, sont, en toute grandeur, d'une coupe et d'une gaufrure assez nettes; les bourses en peau plissée, de 15 à 42 francs la grosse, méritent également une citation.

M. Ménétrel-Drouin, déjà distingué en 1844, est digne, pour l'ensemble de sa fabrication, de la mention honorable que le jury lui accorde.

§ 5. CHAUSSONS DE TRESSE ET DE TISSU.

M. Natalis Rondot, rapporteur.

Nouvelle médaille de bronze.

MM. COLLARD et BELZACQ, rue des Lavandières-Sainte-Opportune, n° 22, à Paris (Seine).

Ils ont exposé des chaussons de tissu et de lacet, ainsi que les tissus et les lacets employés à cette confection. Le bas prix de leurs produits en rend la vente très-facile; il varie de 14 à 30 francs la douzaine de paires. La qualité est de nature à assurer une assez longue durée à ces chaussons.

MM. Collard et Belzacq emploient à Liancourt, à Oudainville et à Saint-Félix, 215 métiers à tisser, mus par une roue hydraulique, et 175 ouvriers. A Paris, ils font travailler 200 ouvriers en chambre, tant tisseurs que chaussonniers et claqueurs, et occupent près de 1,200 détenus dans les départements de Seine-et-Oise et d'Eure-et-Loir. En 1844, ils produisaient 11,600 pelotes de lacet et 130,000 paires de chaussons; en 1849, ils firent 210,000 pelotes et 265,000 paires; le tiers est exporté.

Ils font fabriquer également différentes pièces de bonneterie commune.

En considération du développement de leur industrie, le jury central décerne à MM. Collard et Belzacq une nouvelle médaille de bronze.

Médaille de bronze.

M. Charles BESLAY, rue Neuve-Popincourt, n° 17, à Paris (Seine).

Dans les chaussons ordinaires, la garniture en cuir est appliquée et cousue sur le chausson tressé; dans ceux de M. Beslay, le claquage est d'abord établi, percé avec symétrie, le bord supérieur reçoit les lacets, et le tressage est alors exécuté à la main. Cet *implantage* de la tresse dans le cuir peut être appliqué au semelage; plus propre que la couture, il rend d'ailleurs le chausson plus solide et mieux cambré. Il y a en outre économie de matière, de temps et de main-d'œuvre. En voici la preuve : dans le chausson ordinaire, il entre pour 1 fr. 25 cent. de tresse, 1 franc de cuir, 1 franc de façon, soit 3 fr. 25 cent. Dans le nouveau chausson, on compte 60 centimes de tresse (1 pelote fait 3 paires), 1 franc de cuir et 5o centimes de façon; le prix de revient est de 2 fr. 10 c., et le chausson se vend 2 fr. 37 cent. 1/2, net.

M. Charles Beslay a exposé des chaussons claqués, semelés et cloués, forte semelle sans talon, à 36 francs la douzaine pour homme et 3o francs pour femme; fourrés en molleton, à 45 francs pour homme; des chaussons-souliers en tresse et maroquin, pour homme, à 6o francs; pour femme, à 4o francs; enfin, des chaussons dits de *Strasbourg* à 52 francs. En résumé, la différence de prix à l'avantage de ces chaussons, établis tous en bonne marchandise, est en moyenne de 25 p. o/o.

Commencé, il y a un an à peine, cet article est encore peu connu: cependant les demandes augmentent, des expéditions ont été faites en Angleterre et au Brésil, la fabrication prend plus d'extension, et maintenant 16o ouvriers y sont employés; à l'atelier 21 ouvriers, en chambre, 71 tresseuses, 3o jeunes garçons à l'établissement de M. de la Rochefoucauld, et de 4o à 5o détenus dans la prison de Beaulieu. Les femmes gagnent de 5o cent. à 2 fr. par jour, selon leur habileté et le temps qu'elles consacrent au travail.

M. Durand a inventé ce système de tressage-claquage et l'ingénieuse machine à fendre le cuir, ce qui permet d'obtenir des tuyaux, des bidons, des fourreaux sans couture.

Après avoir signalé l'utile et l'intelligente coopération de M. Durand, le jury central décerne à M. Charles Beslay une médaille de bronze.

MM. PLANTARD et Cⁱᵉ, rue des Bourdonnais, n° 21, à Paris (Seine).

Mention honorable.

Ils fabriquent la pantoufle et le chausson.

Leurs pantoufles sont montées en pantoufline reps, chaîne laine à broder, trame coton; la laize est de 6o à 65 centimètres, et le prix de 3 fr. 25 cent. le mètre. Cette étoffe se fait en toutes couleurs, en uni, en rayé, en ombré. On l'imprime également, et, dans ce cas, afin d'obtenir la disposition de dessin convenable, on n'imprime sur le tissu que la surface à peu près en fer à cheval nécessaire pour la façon de la pantoufle. La pantoufline, impression tapis, se vend 1 franc la paire. La fourrure qui garnit la pantoufle se fait en nappes et en écouaille de mérinos fin; elle s'applique sur semelle de liége; ainsi établie, la douzaine coûte 3 fr. 75 cent. pour fillette, 4 fr. 5o cent. pour femme et 5 fr. 5o cent.

pour homme. La peluche de chausson revient, toute posée, à 6 francs la douzaine.

La pantoufle claquée et semelée coûte, non fourrée, en tissu uni ou rayé, 24 francs la douzaine: en tissu imprimé, 30 francs; fourrée, en uni, 25 fr. 50 cent., imprimée, 33 francs. Les pardessus unis et fourrés se vendent 32 francs, et les chaussons de tresse, de 16 à 27 francs.

Le mérite de ces articles consiste dans leur exécution soignée et leur excellente qualité; nous avons indiqué les prix, ils témoignent du bon marché.

MM. Plantard et Cⁱᵉ font fabriquer à Paris, aux environs de Chartres et de Mouy; leurs produits sont estimés dans le commerce et leur affaires considérables.

Le jury leur accorde une mention honorable.

------

§ 6. FORMES.

M. Natalis Rondot, rapporteur.

CONSIDÉRATIONS GÉNÉRALES.

Nous avons réuni les formiers pour cambreurs et pour corroyeurs. La fabrication des formes est, à Paris même, une industrie de peu d'importance; elle ne compte pas plus de 30 patrons, de 130 ouvriers, et le chiffre de sa production ne dépasse guère 300,000 francs. Les formiers parisiens ont une réputation méritée; ils travaillent le bois avec une grande habileté de main, et plusieurs des produits exposés étaient d'une correction remarquable.

Mention pour ordre.

M. Frédéric LUTZ, rue Mauconseil, n° 33, à Paris (Seine).

M. Lutz a exposé des bois à cambrer les bottes et les guêtres; ces formes sont d'une bonne exécution et leur prix est modéré. M. Lutz a inventé une ingénieuse machine pour canneler avec régularité les marguerites et les pannelles; il fabrique tous les outils pour le travail des cuirs, et la formerie paraît n'être chez lui qu'une industrie accessoire. Aussi l'appréciation de l'ensemble de la fabrication de cet exposant a été renvoyée à la commission des machines.

Mention
honorable.

M. DEHAULE, barrière Pigale, chemin de ronde, n° 11 à Paris (Seine).

Les formes faites par les formiers ne sont jamais et ne peuvent guère être la reproduction fidèle du pied; il en résulte une moindre perfection dans la confection de la chaussure. M. Dehaule est cordonnier; il sait par expérience combien est essentielle l'exactitude de la forme, et il s'est attaché à la rendre semblable en tout point au pied, dont elle doit tenir la place. Plusieurs formes ainsi façonnées présentent des cambrures, des reliefs ou des déviations dont la reproduction n'était pas sans difficulté. Les embouchoirs sont également faits d'après les mêmes idées.

M. Dehaule a imaginé une pince à pied en bois destinée à rendre plus facile et plus régulière la couture des bottes. Il a fait preuve, dans tous les objets exposés, d'une assez grande intelligence du travail de la cordonnerie. Le jury récompense ses efforts en lui accordant une mention honorable.

Citation
favorable.

M. DAUTEUILLE, rue Saint-Germain-l'Auxerrois, n° 14 à Paris (Seine).

La collection de bois à cambrer les bottes, les bottines et les guêtres exposée, atteste l'habileté de M. Dauteuille et le soin qu'il apporte à sa fabrication. Il vend de 3 à 4 francs la paire de formes à bottes en hêtre ou en charme; c'est un prix très-modéré qui n'exclut ni la régularité des courbes, ni le fini du travail. Les étires, râpes et lisses de ce formier sont des outils à bon marché et qui feront bon usage.

Le jury accorde à M. Dauteuille une citation favorable.

---

§ 7. POSTICHES ET OUVRAGES EN CHEVEUX.

M. Natalis Rondot, rapporteur.

Médailles
de bronze.

M. CROISAT, rue Richelieu, n° 76, à Paris (Seine).

M. Croisat est toujours le coiffeur le plus habile et le posticheur le plus intelligent.

Le jury de 1844 a récompensé de la mention honorable les perfectionnements que ce fabricant a apportés dans l'implantation des cheveux, perfectionnements tels, qu'une ouvrière faisait par jour, au lieu de 24 centimètres, jusqu'à 40 centimètres d'implanté.

M. Croisat expose cette année une machine à implanter qui a été soumise à l'examen de la commission des machines.

La commission des arts divers n'a à se prononcer que sur les produits obtenus au moyen de cette machine; elle déclare qu'ils ne laissent rien à désirer sous le rapport de la régularité et de la solidité.

Ce que les ouvrières ne faisaient que lentement et en sacrifiant leur vue, la machine l'exécute avec rapidité, avec précision, et elle livre des ouvrages irréprochables.

Prenant en considération l'avis favorable de la commission des machines, et appréciant à leur valeur les efforts intelligents faits par M. Croisat pour améliorer les procédés de son industrie, le jury décerne à cet habile coiffeur-posticheur la médaille de bronze.

M. Louis NORMANDIN, rue Neuve-des-Petits-Champs, n° 5, à Paris (Seine).

Les perruques, les faux toupets et les tours exposés par M. Normandin témoignent des soins qui sont apportés à leur exécution. Ces ouvrages se distinguent par un choix de cheveux intelligent, une forme bien entendue et naturelle, la substitution au tulle d'un filet, dans la maille duquel le cheveu est inséré avant qu'elle soit arrêtée.

Divers perfectionnements recommandent, en outre, M. Louis Normandin, qui a été mentionné honorablement en 1834 et en 1844; le jury central lui décerne la médaille de bronze.

Mentions honorables. ## M. LEMONNIER, rue du Coq-Saint-Honoré, n° 13, à Paris (Seine).

Les cheveux sont le seul souvenir matériel qui puisse rester des personnes aimées; les familles, les amis regardent comme un pieux devoir de conserver, et souvent de porter ce souvenir des absents ou des morts, et cet usage a donné naissance à une petite industrie.

Les cheveux ont été tressés pour en former des bagues, des bracelets, des colliers, des cordons, des bourses; on en a fait des gerbes, des palmes, des boucles, des chiffres, etc.; on a été jusqu'à les transformer en fleurs, en arbres, en bouquets, en corbeilles, et enfin on s'en est servi, dissous ou réduits en poudre, pour peindre des tableaux.

On a trop oublié que ces ouvrages n'ont de mérite que par la présence des cheveux, et qu'ils seront toujours d'autant plus estimés que, tout en conservant le caractère d'un souvenir, ils seront à la fois plus simples, plus élégants et plus corrects.

M. Lemonnier satisfait, en général, à ces exigences du bon goût et de la convenance; il a présenté des ouvrages dont l'exécution correcte et sévère est appropriée à leur origine et à leur destination. Il est entré, nous le regrettons et nous espérons que c'est par exception, dans la voie des compositions et des grands tableaux, auxquels il est impossible d'attacher aucune valeur artistique.

Le jury central accorde une mention honorable à M. Lemonnier, qui a été cité favorablement en 1844.

M. THIBIERGE, rue Vide-Gousset, n° 4, à Paris (Seine).

Parmi les échantillons présentés par ce fabricant, nous avons distingué un toupet implanté sur gaze de soie, et une perruque en filet de soie, qui offre une implantation solide, une grande légèreté, et qui, grâce à un ruban de caoutchouc est maintenue sur la tête sans ressorts ni élastiques.

Les postiches de M. Thibierge implantés sur taffetas, tulle ou gaze, sont établis avec soin, dans des conditions de travail et de prix variées; le jury mentionne honorablement ce fabricant.

M. PÂRIS, passage Choiseul, n° 25, à Paris (Seine).

Citations favorables.

Des perruques, des toupets et des tours d'une exécution soignée ont déterminé le jury à citer favorablement M. Pâris.

M. Ernest CAMUS, rue du Faubourg-Montmartre, n° 36, à Paris (Seine).

Il a exposé un choix d'objets de souvenir faits en cheveux: cette collection les comprend tous depuis les tableaux destinés à l'exportation jusqu'aux bracelets, bagues et cordons exécutés principalement pour la France. La finesse du travail et la préparation habile des cheveux recommandent les ouvrages de M. Ernest Camus, auquel le jury central accorde une citation favorable.

44.

M. Daniel DUMAS, rue Vivienne, n° 21, à Paris (Seine).

Dans les toupets et perruques produits par M. Dumas, les carcasses et les rubans sont remplacés par de la gaze de soie légère, transparente et doublée de baudruche; on obtient la fixité convenable par l'emploi de crochets-couteaux ou de colle à bouche. Ainsi établi, le toupet ou la perruque est très-léger, et s'ajuste bien; la solution de continuité n'est pas apparente, et il n'y a, avec l'ancien système, qu'une différence de prix de 5 à 6 francs.

Le jury cite favorablement M. Dumas.

M. LABRUGUIÈRE, rue Saint-Martin, n° 149, à Paris (Seine).

Il a imaginé, pour prendre la mesure de la tête, une lame de cuivre qu'une crémaillère, faite avec un ressort de montre, permet de serrer à volonté; cette lame est la base du travail; c'est sur elle qu'est monté un réseau tressé en cheveux. Le cheveu est, comme d'usage, fixé sur trois soies; la solidité ne laisse rien à désirer, la fabrication est économique et le prix très-modéré.

M. Labruguière a exposé également des demi-cache-folie perfectionnés et des pinces pour fixer les toupets; celles-ci sont destinées à remplacer le crochet, qui coupe quelquefois le cheveu.

Le jury central accorde à M. Labruguière une citation favorable.

M. CHAMPEAUX, place de l'École, n° 6, à Paris (Seine).

Il noue le cheveu au lieu de le doubler, mais ce travail ne peut guère être appliqué qu'à la raie et au cache-folie.

M. Champeaux établit les postiches avec soin et solidité; les ouvrages qu'il a présentés sont très-satisfaisants, et il mérite la citation favorable que lui accorde le jury.

M. CROQUART, rue Montmartre, n° 132, à Paris (Seine).

Le jury cite favorablement M. Croquart pour les perruques, toupets et frisettes, établis sur tresse et sur tulle, qu'il a exposés; ces divers ouvrages de M. Croquart témoignent en faveur de son habileté.

M. FICHOT, passage de l'Opéra, n° 21, à Paris (Seine).

La légèreté et la minceur de ses postiches lui ont fait reconnaître la nécessité de s'attacher, afin d'assurer leur adhérence par un ajustement parfait, à reproduire exactement la forme de la tête; c'est dans ce but que M. Fichot a imaginé une mesure articulée, et a pris le parti d'établir un moule particulier pour chaque client. Il marie le tulle à la baudruche, et obtient ainsi de bons résultats. Ses ouvrages se distinguent par leur naturel et leur qualité.

Le jury cite favorablement M. Fichot.

---

§ 8. CASQUES.

M. Natalis Rondot, rapporteur.

CONSIDÉRATIONS GÉNÉRALES.

Les casques en cuivre, en laiton, en fer et en plaqué sont fabriqués en France mieux et à meilleur marché qu'en Angleterre et en Allemagne; une preuve décisive en est fournie par les commandes qui ont été faites dans ces derniers temps par plusieurs gouvernements étrangers. C'est, en général, à Paris que l'on sait le mieux établir un modèle, c'est-à-dire, un dessin étant donné, exécuter un casque aussi solide, léger et gracieux que possible. Il y a néanmoins encore de grandes améliorations à introduire dans cette partie de l'équipement de nos troupes.

M. PESTILLAT, rue du Faubourg-Saint-Denis, n° 162, à Paris (Seine).

Mention honorable.

Il ne fabrique pas les casques de notre cavalerie et des sapeurs-pompiers de Paris, mais il en fournit aux officiers de nos régiments de dragons et de cuirassiers, et a été chargé de l'équipement entier des sapeurs-pompiers de plusieurs villes et communes. C'est lui qui a exécuté les casques en cuir verni, avec crinière, de la garde civique romaine.

Les casques de M. Pestillat sont bien établis; plusieurs de ceux pour officier, qu'il a exposés, se distinguent par la correction du travail, des ornements et des ajustements. Les prix sont avantageux, deux exemples en témoigneront : casque d'officier de cuirassiers, bombe en plaqué d'argent au 20ᵉ, garniture dorée mate et turban de choix, 95 francs au comptant ; casque de sapeur-pompier, bombe polie, visière mouvante, chenille en crin noir, plaque estampée, 9 francs.

Le jury accorde à M. Pestillat une mention honorable.

---

§ 9. CHAPELLERIE.

M. Natalis Rondot, rapporteur.

CONSIDÉRATIONS GÉNÉRALES.

La chapellerie est une de nos anciennes industries ; elle a une assez grande importance, puisque sa production annuelle est évaluée à environ 35 millions de francs, mais, quels qu'aient été son développement et ses progrès, elle n'a pas acquis la vitalité et la supériorité que l'on était fondé à espérer en songeant combien elle est favorisée par la beauté et le bon marché des peluches de soie, par l'intelligence des ouvriers, le goût des fabricants, l'initiative de Paris pour les modes. Sans doute, la main-d'œuvre et la matière sont en France plus chères qu'en Allemagne ; l'Angleterre a conservé d'excellentes traditions de travail, les États-Unis ont les poils à plus bas prix ; ces avantages, si précieux qu'ils soient, mais qu'il ne faut pas exagérer, n'auraient pas suffi à nos rivaux pour fonder une industrie aussi active, sans cette indifférence pour le commerce extérieur, conséquence de la rareté chez nous de grandes manufactures, à peu près seules capables de travailler pour l'exportation. Notre timidité commerciale nous a empêchés de tirer un parti réellement utile de nos efforts industriels, de ces cent quarante brevets qui témoignent de l'activité d'esprit de nos fabricants durant ces huit dernières années, de ces inventions qui ont rendu populaires les noms de plusieurs de nos chapeliers. Mais tout en n'étant pas encore ce qu'elle peut devenir, la chapellerie n'en est pas moins en France une industrie de jour en jour plus considérable, et ses produits se présentent jusqu'à présent sur tous les marchés du monde en concurrence avec ceux de l'Angleterre et de l'Allemagne, souvent même malgré des droits différenciels.

La chapellerie se divise en deux branches distinctes : la chapellerie de feutre, celle de soie et de tissu. Nous parlerons plus loin des chapeaux mécaniques et des chapeaux de paille.

Le chapeau de soie a été imaginé vers 1760 à Florence; on en faisait déjà quelques-uns en France avant 1770, car l'*Almanach des marchands* de cette année cite à Paris « deux nouvelles fabriques de chapeaux de soie des Indes et de Provence très-beaux. » Roland de la Platière disait, en 1785, que le chapeau de soie était « une œuvre de charlatanerie. » On ne paraît s'en être occupé sérieusement qu'il y a vingt ans; cependant, le premier brevet qui en fait mention porte la date de 1803; il est vrai que, jusqu'en 1828, époque où la mode le mit en faveur, quatre brevets seulement furent demandés. Dans l'origine, la peluche était appliquée sur espadrille; vers 1835, on perfectionna les carcasses de toile, bientôt après les galettes de feutre, les façons, les apprêts. Dès 1839, la fabrication des peluches de soie grandit avec une merveilleuse rapidité, se signala chaque année par un progrès et un essor nouveaux, et parvint à égaler celle de Berlin et du pays rhénan. La vogue de la chapellerie de soie est désormais assurée; pourquoi faut-il qu'après avoir constaté qu'elle a reçu en France toutes ses améliorations, nous devions signaler la crainte de voir l'Angleterre nous enlever une partie de notre vente extérieure. Londres a commencé depuis trois ou quatre ans à faire, avec nos peluches de belle qualité, des chapeaux dont la concurrence se fait déjà sentir. Un tournurier bordelais, établi à Madrid, a importé en Espagne cette fabrication, ainsi que celle du chapeau dit *à retaper*, et toutes deux y prospèrent.

Les chapeaux de soie ne figurent plus depuis 1836 sur les états de commerce. En 1832, l'exportation a été de 10,000 chapeaux, elle s'élevait, en 1836, à 90,000.

La chapellerie de bourre de soie a remplacé dans les campagnes la grosse chapellerie de feutre. Elle n'offre d'autre intérêt que l'importance et l'extrême division de sa production.

Londres est toujours renommé pour les castors et les feutres fins; Hambourg, Altona et quelques autres villes des États de l'association allemande et de l'Autriche fabriquent les feutres à meilleur marché que nous; l'Italie, la Belgique et les États-Unis font de bonnes qualités; la France excelle dans le poil ras, le flamand, l'ourson et le feutre de fantaisie. Nos chapeliers ont fait de grands progrès dans le secrétage, la foule, la dorure et l'apprêt; ils dégagent, comme les Anglais, le poil avec la laine de Saxe; ils savent mieux employer les poils indigènes, ils atteignent à la perfection du travail de Londres et sont devenus de très-habiles tourneuriers : aussi, nos feutres, même les castors et les flamands, font-ils à ceux des Anglais et des Allemands, dans les genres fins et courants, une rude concurrence en Suisse, dans l'Amérique du Sud, et même aux États-Unis, en Allemagne, en Angleterre et à l'île Maurice. En 1839, nous en exportions pour 520,000 francs; en 1847, notre exportation s'est élevée à 2,611,000 francs, dont 1,060,000 francs pour les Amériques, 670,000 francs pour la Suisse et l'Italie, 190,000 francs pour l'Angleterre et ses colonies, 130,000 francs pour l'Allemagne, etc.

Paris avait, en 1750, cent trente maîtres chapeliers dont les produits étaient estimés; ils vendaient les chapeaux au poids: ainsi, un castor de 6 onces se payait 15 livres, un demi-castor de 9 onces, 12 livres; un dauphin de 8 onces, 10 livres 10 sols, etc. Aujourd'hui, Paris fabrique principalement le castor gris et le chapeau flamand, Lyon fait ce dernier en moins belle qualité, Bordeaux [1], Toulouse et d'autres villes du Midi ont acquis une certaine réputation pour les poils ras. Nous avons assez de confiance dans l'activité de plusieurs de nos chapeliers en feutre pour espérer qu'ils soutiendront toujours avec honneur la concurrence avec Londres, Hambourg

---

[1] Il y a dans le département de la Gironde de 800 à 900 ouvriers chapeliers; les deux tiers travaillent chez eux, aidés par leurs femmes et leurs enfants.

et Altona, qu'ils ne se laisseront pas devancer par New-York, qui, entré le dernier en lutte, restreint déjà sensiblement nos exportations aux États-Unis. En Belgique, en Hollande, en Russie, au Brésil, dans la Plata, à la Nouvelle-Orléans, dans tous ces États producteurs de chapellerie, malgré la présence de chapeliers français et des droits d'entrée, en moyenne 30 p. o/o, et en certains points presque prohibitifs, l'élégance et la légèreté de nos produits maintiennent leur vogue, et le bon marché relatif leur assure une vente avantageuse.

Il nous reste à parler des chapeaux mécaniques, pour lesquels ont été pris 44 brevets, c'est-à-dire le cinquième sur les 210 délivrés pour les inventions et les perfectionnements de la chapellerie, de 1791 à 1848.

Quoique l'on ait contesté la priorité de l'idée à M. Antoine Gibus, il n'en est pas moins positif qu'il a pris le premier brevet, le 23 juillet 1834, trois ans avant qu'aucune autre invention eût été produite; qu'il a exposé en cette même année 1834 son chapeau mécanique, pour lequel le jury central le mentionna honorablement. A la bague destinée à empêcher la flexion des montants, cet intelligent fabricant substitua, en 1837, le ressort à lame de couteau, et, en 1840, le ressort à paillette.

De 1834 à 1843, en dix ans, 14 brevets, dont 8 d'invention; de 1844 à 1848, en cinq ans, 30, dont 16 d'invention. Ces chiffres donnent la mesure de l'activité de cette fabrication annexe de la chapellerie parisienne, qui est devenue proportionnellement considérable. Dans certaines années, l'exportation des Gibus a présenté assez d'importance. Aujourd'hui, sans les continuels perfectionnements qui maintiennent à Paris sa supériorité dans cette spécialité, Paris serait battu avec ses propres armes, car les étrangers emploient ses plus habiles ouvriers, ses procédés, ses systèmes.

Il n'a pas convenu à la commission de se prononcer sur les questions d'antériorité et de contrefaçon, qui n'ont été que trop souvent portées devant les tribunaux; nous nous sommes bornés, dans l'examen des produits exposés, à l'appréciation du mérite industriel, et si nous avons rappelé plus haut le nom de *Gibus*, c'est qu'il est inséparable de l'histoire des chapeaux mécaniques, et de l'application ingénieuse du ressort à la carcasse articulée du chapeau à bague.

En résumé, l'exposition a prouvé une fois de plus, que nos chapeliers fabriquent avec habileté, avec goût et à bon marché ; ils doivent sentir assez leur force pour se présenter avec hardiesse sur les marchés étrangers, pour rendre inutiles ces ateliers fondés en Espagne, en Russie, au Brésil, aux États-Unis, à Montevideo, avec nos ouvriers et notre outillage, pour aviser enfin à réduire, par un travail destiné à l'exportation, ces longs chômages dont ils souffrent autant que leurs ouvriers.

Mention pour ordre. M. MICOUD, rue de Meaux, n° 14, à Belleville (Seine).

On connaît les inconvénients qu'offre le cuir pour la garniture des chapeaux, il se graisse promptement et il est perméable à l'huile et à la sueur, qui pénètrent et tachent bientôt le feutre ou la peluche. On a été amené, pour y remédier, à se servir du cuir verni, mais son prix élevé en restreint l'emploi, et sa qualité laisse quelquefois à désirer. M. Micoud a exposé une toile fine et serrée, vernie, qui est plus mince, plus souple, des 4/5 moins chère que le cuir verni, et qui paraît avoir plus de fixité. Cette nouvelle application des tissus vernis de M. Micoud paraît appelée à prendre une certaine extension.

On a mis en doute, non sans raison, la convenance des garnitures imperméables ; l'expérience est trop récente pour qu'il soit possible de se prononcer à cet égard.

(Voir, pour la récompense accordée à M. Micoud, le rapport sur les cuirs vernis.)

Rappel de médaille d'argent. M. A. JAY, rue Neuve-Vivienne, n° 53, à Paris (Seine).

M. Jay père était un de nos plus habiles chapeliers ; la médaille d'argent que lui décerna le jury central, en 1834, et qu'il lui rappela en 1839, fut la récompense méritée de ses essais intelligents et de la belle exécution de ses produits.

L'invention qui a le plus contribué à sa réputation, remonte à 1841 ; elle n'a pas encore été soumise au jury, nous allons en dire quelques mots : jusqu'à cette année, 1841, on faisait les chapeaux comme on a fait bien longtemps et les chaussures et les chemises, sur quatre ou cinq formes banales; on ne tenait aucun compte de la conformation particulière de la tête, et il en résultait que les chapeaux blessaient pendant quelque temps et souvent allaient fort mal. M. Jay imagina d'abord le *Jayotype moulé*, c'est-à-dire le moyen de prendre, avec un bandeau de plomb très-mince, la forme de la tête avec ses sinuosités, ses protubérances, et de conserver cette forme par le moulage. L'expérience aidant, les essais se multipliant, il le remplaça par le *Jayotype métrique*, dont la circonférence s'étend, se resserre à volonté et permet de noter exactement avec deux ou trois chiffres la mesure de toutes les têtes.

Le jury n'a pas oublié que M. Jay père a, le premier en 1831, appliqué le caoutchouc à la chapellerie et, en 1844, perfectionné cette application en utilisant le procédé de dissolution de MM. Cabriol et Blanchard.

Les chapeaux présentés par M. Jay fils sont d'une fabrication excellente et très-soignée; il soutient dignement la réputation de la maison à la tête de laquelle il se trouve depuis trois ans.

Le jury, prenant en considération la participation que M. Adolphe Jay a prise aux expériences et aux inventions de son père, lui rappelle la médaille d'argent accordée à son père.

MM. BESSON frères, à Bordeaux (Gironde).

Médaille d'argent.

MM. Besson occupent dans leurs ateliers 100 ouvriers, hommes et femmes; ils y ont monté une machine à vapeur pour mettre en mouvement les tours et tournurières et chauffer les chaudières de foule, etc. Leur fabrique, fondée en 1779 par leur oncle, produit pour une valeur de 400,000 francs de chapeaux de feutre et de soie, dont les deux tiers sont exportés et rivalisent sur les marchés de l'Amérique du Sud et de l'Inde avec les produits anglais.

Les chapeaux de feutre ras et souples, exposés par MM. Besson, se distinguent moins par leur légèreté, leur cohésion et leur régularité, que par la beauté de la teinture; la réussite des nuances tendres de fantaisie est parfaite. Les prix, de 4 à 9 francs, assurent à ces chapeaux une grande vogue et en augmentent chaque été la consommation.

Les chapeaux de peluche de soie, montée sur feutre ou sur carton verni à la gomme laque, offrent un moindre intérêt; l'exécution et la qualité laissent un peu à désirer.

L'extension des affaires d'exportation de MM. Besson, leur expérience et leur habileté en fabrication, les résultats favorables de l'examen de leurs produits, ont déterminé le jury central à leur décerner une médaille d'argent.

Médailles de bronze. ## M. VINCENDON fils, à Bordeaux (Gironde).

M. Vincendon a exposé des chapeaux de feutre ras doubles et sans couture, pour lesquels il a été breveté cette année. Un des inconvénients des feutres est, comme on le sait, l'apparition de l'apprêt sur la face extérieure du chapeau. Pour la rendre impossible, M. Vincendon a imaginé un feutre double, aussi léger que tout autre, grâce à la minceur des deux couches, et dont le prix n'est que de 50 centimes à 1 franc plus élevé. La coiffe seule est apprêtée, et le feutre conserve à l'extérieur toutes ses qualités. Les bords doubles jusqu'à 3 centimètres au dessus du lien, offrant plus de fermeté, rendront plus agréable l'usage du chapeau de feutre souple. Enfin, les façons et l'apprêt imperméable que M. Vincendon donne au feutre destiné à la teinture, nous ont paru bien entendus.

Cet habile industriel se recommande par d'autres titres à l'estime du jury central. Son établissement, où marche une machine à vapeur, où sont occupés, toute l'année, avec un salaire de 3 francs à 4 fr. 50 cent. pour les hommes, et de 1 fr. 50 cent. à 2 fr. 25 cent. pour les femmes, 30 fouleurs, 29 approprieurs, 30 garnisseuses et éjarreuses, 6 apprentis, pour lequel, en outre, travaillent en chambre 45 ouvriers, est dirigé avec intelligence et a acquis, pour l'ensemble de ses produits, un certain renom. Il en sort chaque année, d'après le témoignage du jury départemental de la Gironde, 18,000 chapeaux de soie, 4,000 de bourre de soie et 32,000 feutres de poil de lièvre ou de lapin; le tiers environ est exporté. Les affaires atteignent le chiffre de 400,000 francs.

Le jury central, appréciant l'invention et l'activité de M. Vincendon, lui décerne la médaille de bronze.

M. DUCHÈNE aîné, rue Geoffroy-l'Angevin, n° 7, et boulevard Saint-Denis, 9 bis, à Paris (Seine).

La commission a décidé qu'elle n'entrerait pas, en ce cas spécial, dans l'appréciation des titres de priorité d'invention ou de perfectionnement, qui a été portée tant de fois devant les tribunaux; elle n'a ouvert aucune discussion contradictoire, et n'a admis aucun des intéressés à donner la preuve de ses assertions; en conséquence, le jury s'abstient entièrement.

Ceci posé, abstraction faite de toute question d'antériorité, nous avons examiné avec attention les chapeaux exposés par M. Duchène aîné.

Le système à ressort qu'il a le droit d'exploiter offre l'avantage d'une élasticité en quelque sorte à double effet, tant pour ouvrir le chapeau que pour le maintenir ployé. La vivacité de l'impulsion, dans le premier cas, la force de résistance, dans le second, toutes deux faciles à régler en variant la distance de l'axe au point d'attache du ressort, ont rendu le chapeau mécanique commode et suffisamment solide. Le prix de 10 à 13 francs est modéré. Le travail de chapellerie est soigné; l'exécution des branches, boucles et ressorts pourrait être plus finie; le système est assez bon. M. Duchène l'a appliqué avec succès aux képys et aux toques d'avocat. La plupart de ces articles sont couverts en mérinos double.

Le jury central décerne à M. Duchène aîné une médaille de bronze.

M. CHAUVEL, rue des Rosiers, n° 20, à Paris.

Mentions honorables.

M. Chauvel se recommande beaucoup moins par sa chapellerie de soie de 8 à 11 francs, de feutre de 6 à 10 francs, et de castor de 12 à 22 francs, que par ses feutres absorbants et ses feutres de nouveauté.

Son feutre spongieux, destiné à faire des doubles coussins pour enfants, et à garnir les lits des vieillards et des enfants pour absorber les urines, est signalé pour ses avantages par les docteurs Guersent, Blache, Blandin, Baudelocque, etc. Le feutre nouveauté offre des nuances, des rayures, des dispositions variées; il peut être employé dans la confection des gilets, des guêtres, des casquettes, des chapeaux d'homme et de femme.

La fabrication de M. Chauvel est prospère et intelligente; il a introduit dans le travail du feutre des moyens mécaniques qui donnent de bons résultats. Il exporte le tiers de ses produits.

Le jury lui accorde une mention honorable.

MM. LAMBERT et fils frères, à Toulouse (Haute-Garonne).

L'élégance de la forme, la finesse et la légèreté du feutre, la pureté et la fixité des couleurs de fantaisie, nankin, thisbé, giselle, etc., si difficiles à réussir : tels sont les mérites qui signalent à l'attention les chapeaux poil ras ou long de MM. Lambert. Ils ont apporté dans le travail une économie intelligente qui leur permet de livrer à 7 et 8 francs de beaux et bons articles.

Le jury mentionne honorablement MM. Lambert et fils frères.

MM. Gabriel GIBUS et fils, rue Beaubourg, n° 50, à Paris (Seine).

La moitié des produits de MM. G. Gibus et fils sont exportés au Brésil, dans l'Amérique du Sud, en Russie, etc. Leur bon marché et leur qualité les font rechercher.

M. Gabriel Gibus exploite les brevets de M. Antoine Gibus; il s'est attaché à perfectionner le système de son frère; le chapeau mécanique qu'il expose est solide et bien établi. Ses chapeaux à cornes ployants sont également perfectionnés avec beaucoup de soin.

En 1823, MM. Achard aîné et Audet de Lyon furent brevetés pour une carcasse en toile imperméable ou non. En 1834, M. Wransbrough; en 1839, M. Guiguet d'Arles; en 1840, MM. Boucher et Danvers, tentèrent aussi de remplacer la galette de feutre par un corps en toile : ces essais, MM. Gibus père et fils les continuent; il est douteux qu'ils soient suivis de succès, le chapeau perd en solidité ce qu'il gagne en légèreté, en élégance, coûte moins en matière, plus en façon.

Le prix des chapeaux de MM. G. Gibus doit être cité, il fait connaître les progrès de la fabrication. Ils vendent 9, 10 et 11 francs le chapeau de soie; 7 fr. 50 cent., 8 fr. 50 cent., 9 fr. 50 cent.

et 10 fr. 50 cent. le chapeau mécanique, et voici comment ils décomposent ces prix :

CHAPEAU DE SOIE.

Peluche de soie......................	3ᶠ 00ᶜ
Bord...............................	1 00
Garniture...........................	1 25
Galette en feutre.....................	1 00
Façon et apprêt......................	0 90
Frais, bénéfice, etc..................	2 85
	10 00

CHAPEAU MÉCANIQUE.

Mérinos double......................	1ᶠ 50ᶜ
Bord...............................	1 00
Ressort.............................	1 25
Garniture, façon, bénéfice, etc.........	3 75
	7 50

La fabrication de MM. Gibus père et fils est considérable, florissante, et conduite avec activité et intelligence. Ils se présentent pour la première fois à l'exposition; le jury central les récompense par une mention honorable.

M. DIDA, rue Vivienne, n° 20, à Paris (Seine).

M. Dida, successeur de M. Antoine Gibus, s'occupe particulièrement du chapeau mécanique; il en a amélioré le montage et l'exécution, et est arrivé à lui donner une forme aussi évidée en le recouvrant en velours, en peluche, en drap ou en feutre.

Les chapeaux mécaniques en mérinos double qui, en 1844, valaient en gros 24 francs, M. Dida les vend aujourd'hui, mieux finis, de 8 francs à 10 fr. 50 cent.; ils sont dignes, par leur bonne qualité et leur distinction, de la marque de Gibus, qu'ils portent, et qui n'est pas étrangère à leur succès.

Le jury accorde à M. Dida une mention honorable.

M. ALLAIN-TARBOURIÈCH, gérant de l'association des ouvriers chapeliers de Paris réunis, rue des Trois-Pavillons, n° 5, à Paris (Seine).

Les ouvriers chapeliers de Paris ont formé depuis vingt ans une société de secours mutuels; elle se divisait en *grande* et *petite bourse*. Chaque sociétaire versait, au jour de son admission, 80 francs, s'il voulait puiser plus tard à la première, ou 40 francs à la seconde, et s'engageait à payer 1 fr. 50 cent. par semaine. Lorsqu'il était sans ouvrage ou malade, il recevait 9 francs ou 7 francs par semaine, selon que l'une ou l'autre bourse lui venait en aide. Cette société disposait, à la révolution de février, de 140,000 francs environ; elle songea, à cette époque où les idées d'association agitaient tous les esprits, à se transformer en un établissement de confection et de vente. Dans ces circonstances, M. Allain-Tarbourièch, fabricant chapelier, lui proposa de gérer l'association, de fournir les fonds, d'abandonner la moitié du bénéfice net, et de ne pas détourner la bourse de sa destination. En échange de ces conditions, M. Allain devait payer les ouvriers au prix qu'eux-mêmes voulaient établir, pour s'assurer, par un extrême bon marché, la faveur publique. C'est ainsi qu'il paye, pour la façon du chapeau, 3 francs de moins que ses confrères.

La crise qui a suivi la révolution a épuisé les ressources de la masse commune; ses recettes augmentent maintenant, car chaque ouvrier verse à la fin de la semaine le dixième de sa paye.

Les 1,200 ou 1,500 sociétaires de cette bourse ont adhéré aux statuts de l'association que dirige M. Allain-Tabourièch; ils travaillent plus ou moins pour elle, selon l'activité commerciale, et elle est arrivée au chiffre de 150,000 francs d'affaires.

Si nous en jugeons par les chapeaux de soie, de castor et de feutre qu'elle a exposés, cette association fabrique surtout les qualités fines. Telle qu'elle est organisée, elle peut offrir des résultats satisfaisants, et c'est dans cette espérance que le jury accorde à M. Allain-Tarbourièch et aux ouvriers de l'association fraternelle une mention honorable.

M. LEJEUNE, rue Saint-Honoré, n° 251, à Paris (Seine).

Il a exposé des chapeaux de soie établis avec des perfectionnements qui lui sont dus. Il remplace la galette de feutre par une carcasse en crin plus élastique et aussi légère; le vernis qui sert à poser la soie, est soutenu par un peu de colle de peau, elle se détrempe à la pluie et fait décoller la peluche; M. Lejeune imperméabilise celle-ci et assure ainsi sa fixité. En découpant à jour le cuir et le doublant d'une flanelle, il a voulu prévenir les inconvénients de la sueur en facilitant son absortion. Enfin, désireux de rendre impossible la remise à neuf des vieux chapeaux, réitérée jusqu'à trois fois, il altère, par la chaux et l'acide sulfurique, l'envers de la peluche; il est dès lors impossible de la décoller sans la déchirer. Sans doute la fabrication de la peluche et des chapeaux acquerra plus d'activité, mais on peut craindre que cette altération ne nuise à la beauté et à la durée des chapeaux, et ne soit alors plus funeste qu'utile à la chapellerie de soie. L'expérience en décidera.

M. Lejeune s'est occupé du perfectionnement du chapeau mécanique : c'est un fait que nous constatons, sans vouloir entrer dans la discussion des procédés d'invention.

Le jury, satisfait de la qualité des chapeaux de M. Lejeune, confirme à ce fabricant la mention honorable qu'il a déjà obtenue en 1844.

M. ERNOUX, passage Sainte-Avoye, n° 9, à Paris (Seine).

Il ne s'occupe que de la chapellerie de fantaisie en feutre; il prépare, foule, teint et apprête chez lui. Sa fabrication est conduite avec une assez grande économie, on en a la preuve dans l'analyse du prix de sa qualité à 36 francs la douzaine :

100 grammes de poil de lapin, 10 grammes de coton..	0f 75c
Éjarrage...	0 05
Foule..	0 75
Appropriage......................................	0 35
Garnissage.......................................	0 10
Cuir, coiffe, bourdaloue.........................	0 25
	2 25

Les chapeaux de M. Ernoux sont, en égard au prix, assez bien confectionnés, toutefois ils laissent à désirer sous le rapport de la cohésion.

Le jury central, prenant en considération les essais de M. Ernoux avec les cotons d'Algérie, accorde à ce fabricant une mention honorable.

Citations favorables.

M. SABLON, rue du Faubourg-Montmartre, n° 23, à Paris (Seine).

Il fait en belle qualité le castor poil ras ou long. Le péruvien ras à 25 francs, le superfin long poil à 30 francs, et le genre velours, tous légers (de 45 à 100 grammes) et solides, témoignent du soin qu'il apporte à son travail.

Le jury cite favorablement M. Sablon.

M. DUCLOS, gérant d'une association d'ouvriers chapeliers, passage Jouffroy, n° 21 et 23, à Paris (Seine).

M. Duclos et les ouvriers qui le secondent ont une expérience de la fabrication dont les chapeaux de soie exposés offrent la preuve. Ces chapeaux sont tous de même qualité et du prix de 12 francs. Vingt ouvriers payés proportionnellement à leur capacité partagent entre eux, au prorata de leur travail, 10 p. o/o du bénéfice net.

Cette association a été fondée en août 1848; elle a donc peu produit jusqu'à présent, et tout en lui rendant justice, le jury central ne peut la récompenser que par une citation favorable.

M. FEUILLET, à Nîmes (Gard).

Il a exposé un chapeau en soie imitation de castor, coté à 8 francs; le bon marché en est le principal mérite.

Le jury accorde à M. Feuillet, déjà distingué en 1844, une citation favorable.

----

§ 10. CASQUETTES.

M. Natalis Rondot, rapporteur.

Médailles de bronze.

M. Marc KLOTZ, rue Rambuteau, n° 75, à Paris (Seine).

Il fait confectionner par des ouvrières en chambre et des

entrepreneurs, la calotte de velours et la casquette ; il donne ainsi du travail à plus de 200 ouvriers et ouvrières. Le tiers de sa fabrication est exporté en Italie, en Espagne, en Suisse et dans l'Amérique du Sud.

Le prix de la calotte en tissu de coton de fantaisie varie de 2 fr. 50 cent. à 6 fr., et en velours de coton imprimé, de 5 à 6 francs, la douzaine. Le genre riche se fait depuis 30 francs jusqu'à 60 francs la douzaine. Le goût et la richesse des impressions sur velours de M. Klotz lui permettent de soutenir sur les marchés étrangers la concurrence avec les calottes anglaises, faites avec un velours plus beau et à meilleur marché. Dans la calotte commune, il y a 20 p. o/o de façon et 60 p. o/o d'étoffe.

La casquette se fait depuis 2 fr. 25 cent. la douzaine. Dans ces 2 fr. 25 cent., l'étoffe entre pour 85 centimes, la doublure pour 30 centimes, la garniture pour 35 centimes, la façon et le bénéfice pour 75 centimes. La casquette de drap est établie dans les prix de 12 à 42 francs la douzaine. Dans la qualité de 12 francs, le drap figure pour 37 p. o/o, la façon pour 17 p. o/o, la visière pour 8 p. o/o. Dans le prix de 42 francs, il entre pour 35 p. o/o de drap et 14 p. o/o de façon.

M. Klotz dirige avec économie et intelligence toute cette confection. Le jury lui accorde une médaille de bronze.

Mme SOUDAN, rue Rambuteau, n° 55, à Paris (Seine).

Citation favorable.

Elle a exposé des casquettes de fantaisie pour enfant, des bonnets de velours, des coiffures espagnoles et anglaises. Ces différents articles sont destinés à l'exportation. Mme Soudan apporte dans leur exécution assez d'élégance et de soin. Le jury la cite favorablement.

---

§ 11. PAILLES ET TRESSES POUR CHAPEAUX; CHAPEAUX DE PAILLE.

M. Natalis Rondot, rapporteur.

M. GRELLEY.

Mention pour ordre.

Il cultive aux environs d'Elbeuf du blé de Toscane, et en obtient une paille assez fine. Les tresses faites avec cette paille ont paru à la commission des arts divers d'une qualité et d'une blancheur satisfaisantes.

Médaille
d'argent.

MM. Jean DUCRUY et fils, et ROSSIGNOL aîné, à Grenoble (Isère).

MM. Ducruy et fils ont exposé sept numéros de chapeaux pédale et dix numéros de chapeaux nostrali, des gerbettes de paille, cultivées en France, à tous les états du travail, des échantillons des différentes finesses de paille indigène et des tresses faites avec chacune d'elles. Cet ensemble de produits nous a permis d'apprécier les résultats acquis et les espérances que l'on peut former.

Les essais de culture de froment dans l'Isère pour obtenir des pailles fines ne sont pas nouveaux; ils remontent à 1820, et furent infructueux. Ils furent repris et dirigés avec intelligence par MM. Rossignol et Dufour, mais des circonstances diverses firent renoncer à cette exploitation.

En 1847, MM. Ducruy se sont décidés à recommencer ces essais, et ont placé M. Rossignol à la tête de cette entreprise nouvelle. Des grains furent tirés de Florence et distribués à plusieurs cultivateurs des environs de Grenoble; grâce à l'expérience personnelle de M. Rossignol, à des renseignements exacts, recueillis en Italie sur l'époque la plus favorable pour les récoltes, sur les meilleurs procédés de préparation et de blanchiment, la culture et le travail ont réussi, à en juger par les échantillons exposés. Les pailles sont, en effet, nous nous empressons de le reconnaître, d'une assez bonne nature, d'une blancheur et d'une finesse moyenne satisfaisantes.

Les tresses laissent un peu à désirer : 1° faute d'attention dans le triage, des brins de grosseur différente figurent dans la même tresse ; 2° si certaines tresses annoncent par leur correction des ouvrières habiles, d'autres paraissent sorties des mains d'apprenties; 3° le grain du tressé est, en général, un peu allongé, il faut le faire plus carré afin d'arriver à une régularité plus grande en même temps qu'à un effet plus agréable.

Quant aux chapeaux, ils sont assez bien cousus et apprêtés, et principalement dans les qualités moyennes, offrent la preuve d'une fabrication intelligente. Le prix est modéré, on va en juger:

Chapeaux pédale pour bambin, n° 11..... 24 fr. la douzaine.
——————————————— n° 16..... 39
——————— pour homme, n° 11..... 24
——————————————— n° 16..... 42

Chapeaux nostrali pour bambin, n° 14..... 33 fr. la douzaine.
——————————————— n° 18..... 45
——————————— pour homme, n° 17..... 42
——————————— pour fillette, n° 43..... 43

Après nous être occupés des produits, il nous reste à examiner l'intérêt que peut avoir pour le pays l'entreprise de MM. Ducruy.

Pouvoir utiliser pour l'obtention de la paille fine des terrains que leur mauvaise nature rend à peu près improductifs, avoir une récolte hâtive et rendre ainsi le sol, amélioré, favorable pour une seconde culture, est un premier avantage que l'on ne saurait contester. Sans doute le ciel de l'Isère n'a pas la sérénité de celui de la Toscane, et la fréquence des pluies au printemps peut être, en certaines années, fatale à la récolte; mais, si nous sommes bien informés, les probabilités de cette chance malheureuse ont été trop exagérées. Sans doute le travail agricole exige de l'expérience, et la préparation, de grands soins : ces exigences, qui se retrouvent dans nombre d'industries, ajoutent à la valeur du produit et reçoivent ainsi une avantageuse compensation. En admettant même que la production de la paille fine doive rester sans importance, le peu qui sera produit sera toujours un service rendu au pays, une augmentation de richesse; nous le répétons, des terrains infertiles seront utilisés, un travail facile et pouvant se marier aux occupations rurales, accroîtra les ressources de la population, la consommation gagnera à cette concurrence nouvelle, car, et c'est ce qui a influé sur la décision du jury, MM. Ducruy ont déclaré ne réclamer aucune élévation des droits protecteurs qui les favorisent d'ailleurs largement, et ils ont même assuré ne pas craindre une réduction de ces droits.

Toutefois, nous ne nous faisons pas illusion sur le résultat final de ces essais; la force des choses triomphera peut-être de ces efforts laborieux, mais ils auront donné à l'Isère une culture spéciale habilement conduite, des méthodes éprouvées. Si, ce que d'ailleurs nous ne pensons pas, la paille fine devait faire intégralement place à la paille demi-fine, MM. Ducruy, appliquant à celle-ci leur activité, leurs améliorations diverses, feraient progresser la fabrication des chapeaux ordinaires. Nous avons supposé ce cas extrême pour faire ressortir l'utilité qu'ont ces expériences, faites dans des conditions presque normales et un peu sous le coup de la concurrence

étrangère; c'est sous le régime de la liberté que l'industrie se for-
tifie le plus.

MM. Ducruy déclarent qu'ils payent la paille fine 60 pour cent
meilleur marché qu'on ne l'achète en Italie, et que la tresse treize
bouts de Florence se vend 19 pour cent plus cher que la leur. Ils
annoncent avoir créé des ateliers de tressage dans plusieurs communes de l'Isère, et, des certificats en font foi, avoir employé
6,000 hommes, femmes et enfants; ils espèrent enfin pouvoir toujours donner aux populations des montagnes un travail qui sera
pour elles une bien précieuse ressource.

Nous avons pesé toutes les considérations qui ont été invoquées
pour et contre MM. Ducruy; nous constatons que leurs produits
en paille fine, s'ils ne sont pas irréprochables, sont supérieurs à ce
que l'on pouvait espérer, que leurs tresses et leurs chapeaux sont
d'une bonne qualité marchande, d'un prix avantageux; nous ne
pouvons toutefois les encourager dans la voie où ils entrent, qu'en
leur conseillant de ne pas s'attacher exclusivement à la paille fine,
et d'améliorer nos pailles ordinaires, qu'en les engageant à fonder
une industrie assez vivace pour ne pas redouter, même sous le régime de la franchise, la concurrence de l'Italie.

Sous le bénéfice de ces observations, la commission d'agriculture
et la commission des arts divers reconnaissent que les essais et les
produits de MM. Ducruy et fils sont dignes d'une récompense élevée,
et que M. Rossignol aîné, gérant de leur fabrique, mérite de la
partager.

Le jury central, appréciant les titres qui les recommandent, décerne la médaille d'argent à MM. Jean Ducruy et fils, et Rossignol
aîné.

Rappel de médaille de bronze.

M. Henry ABT, rue du Caire, n° 5, à Paris (Seine).

Des bordures, des agréments, des tresses de fantaisie, très-variés
et bien exécutés; des chapeaux, de toute forme, en tout genre,
ont été exposés par M. Abt. Nous n'avons que des éloges à donner
à ces divers articles, qui unissent la modicité du prix à l'élégance et
à la correction du travail. Pour confectionner ses chapeaux, M. Abt
emploie des pailles et des tresses d'Italie, de Belgique, de Suisse;
il choisit ses matières avec grand soin et les fait ouvrer avec beaucoup de goût.

Sa maison jouit toujours d'une excellente réputation; elle est toujours digne de la distinction qu'elle a obtenue en 1844, et le jury rappelle à M. Henry Abt la médaille de bronze.

M. Jean DURST, rue du Caire, n° 23, à Paris (Seine).

Chef de la maison Wild et compagnie, fondée en 1819, M. Jean Dürst est à la tête du commerce et de la fabrication des chapeaux de paille à Paris. Un personnel de 220 ouvrières et une vente de 80,000 chapeaux donnent la mesure de l'activité et de l'importance des façons de couture, de confection et d'apprêt qui se font chez lui.

Tous les échantillons présentés par M. Dürst sont exécutés avec soin, montés avec goût, variés de modèle; ils ne laissent rien à désirer, et les dessins, comme les formes, sont nouveaux et élégants.

Le jury central décerne la médaille de bronze à M. Jean Dürst, et il espère qu'à l'exposition prochaine, cet industriel distingué aura encore ajouté à la réputation de sa maison et méritera une récompense plus élevée.

MM. LEBORGNE et DUTOUR, à Grenoble (Isère).

La collection exposée par MM. Leborgne et Dutour offrait un grand intérêt; elle présentait les résultats des trois ordres de travaux qui sont exécutés et qui peuvent considérablement se développer dans l'Isère.

Tout en nous rappelant les divers essais de culture faits, dès 1826, aux environs de Voiron, par M. Dutour, nous n'avons dû porter notre attention que sur les tresses et les travaux.

Le choix des pailles est intelligent, elles sont bien blanchies et convenablement assorties. Nous n'avons également que des éloges à donner au remmaillage, bien qu'il y ait sur quelques échantillons des traces du passage de mains d'apprenties. Les prix sont avantageux; ainsi :

Fait en paille d'Italie tressée et remmaillée dans les ateliers de MM. Leborgne et Dutour,

Le chapeau pour homme n° 14 coûte 28 francs la douzaine.
———————————— n° 19 ——— 44
——————— pour fillette n° 13 ——— 24
———————————— n° 20 ——— 48

Fait en paille du pays non cultivée.

Le chapeau pour homme, n° 5, vaut 8 fr. 50 cent. la douzaine.
———————— pour femme, n° 12, —— 15 00

Nous manquons de renseignements sur l'importance de la fabrication, sur le nombre et le salaire des ouvriers, sur les conditions économiques du travail. Cette absence d'informations complémentaires est regrettable, mais elle n'a pas empêché le jury central de s'édifier sur la valeur des produits et des entreprises de MM. Leborgne et Dutour, auxquels il accorde la médaille de bronze.

Mention honorable.

M. Jean-Baptiste SAZERAT, à Limoges (Haute-Vienne), et rue Sainte-Avoye, n° 57, à Paris (Seine).

Il a succédé à M. Poinsot, qui a obtenu la médaille d'argent aux expositions de 1839 et 1844.

Le jury, en attribuant à M. Poinsot cette haute distinction, avait voulu récompenser l'application de la feuille de latanier à la confection des chapeaux, l'organisation de leur fabrication dans les maisons centrales de détention de Fontevrault, de Riom et d'Eysses. Il était difficile de perfectionner un travail qui depuis longtemps est très-satisfaisant, et de produire à meilleur marché ces chapeaux légers, fins et solides, M. Sazerat n'a pu que continuer les soins et les bonnes traditions de son prédécesseur.

Le jury est forcé de prendre en considération et les circonstances exceptionnelles à la faveur desquelles M. Sazerat produit à des conditions avantageuses, et la position particulière où la suspension du travail dans les prisons a placé ce fabricant. Le jury central réserve les titres de M. Sazerat pour l'exposition prochaine, et se borne à lui accorder cette année une mention honorable.

§ 12. CHAPEAUX DE FEMME.

M. Natalis Rondot, rapporteur.

CONSIDÉRATIONS GÉNÉRALES.

Les chapeaux de femme sont un des articles principaux de ce groupe de marchandises de nouveauté que l'on inscrit sur les états de commerce sous le titre de *modes*, et qui figurent dans notre exportation de 1847 pour plus de cinq millions de francs.

Les modistes sont, à Paris, des fabricantes très-intelligentes et très-habiles, qui occupent de nombreuses ouvrières, et dont la production générale, tant en chapeaux, qu'en bonnets montés, était estimée, il y a dix ans, à près de 8 millions de francs. Les chapeaux parisiens sont recherchés des dames de toutes les parties du monde pour leur bon goût, leur légèreté, leur élégance, et il est à regretter qu'une industrie depuis longtemps si renommée et si active, qui a donné tant de preuves d'originalité et de supériorité, n'ait pas paru à l'exposition avec plus d'éclat.

Mme BRIE et JEOFRIN, rue Richelieu, n° 81, à Paris (Seine).

Rappel de mention honorable.

Si les chapeaux présentés par Mmes Brie et Jeofrin laissent à désirer sous le rapport de l'élégance et de la distinction, ils se recommandent par leur nouveauté et les soins apportés à leur confection; les garnitures sont chiffonnées et posées avec goût et coquetterie. La mode n'a pas encore sanctionné la guipure de peau et la broderie de paille sur tulle appliquées par Mmes Brie et Jeofrin aux chapeaux, mais la dernière idée n'en doit pas moins être signalée pour son heureux effet et l'habileté d'exécution.

Le jury central confirme à Mmes Brie et Jeofrin la mention honorable qu'elles ont déjà méritée en 1844.

Mme Marie SÉGUIN, rue Neuve-des-Capucines, n° 7, à Paris (Seine).

Citation favorable.

Elle a soumis au jury de 1844 son chapeau mécanique, pour lequel elle a été mentionnée favorablement. Elle l'a perfectionné depuis cette époque, et elle est aujourd'hui arrivée à monter, avec son système de carcasse à brisure, les chapeaux les plus ornés. L'invention de Mme Séguin est utile pour les expéditions lointaines; elle diminue des trois quarts le volume des caisses et les frais d'emballage, empêche le froissement des chapeaux. Depuis 1844, Mme Séguin a fait pour l'exportation un grand nombre de ses chapeaux, qui conservent, même après avoir été déployés plusieurs fois, leur fraîcheur et leur forme premières.

Le jury accorde à Mme Séguin une citation favorable.

---

§ 13. LINGERIE.

M. Natalis Rondot, rapporteur.

CONSIDÉRATIONS GÉNÉRALES.

La lingerie confectionnée n'a jamais figuré aux expositions dans la proportion de son importance; cette industrie a pris de nos jour une extension considérable, et nos exportations augmentent chaque année. Notre exportation était, d'après les états officiels du commerce extérieur, en 1837, de 437,360 fr.; en 1842, de 1,261,760 francs; en 1846, de 2,309,720 fr.; et en 1847, de 2,900,200 francs. Nos débouchés principaux sont l'Algérie, le Chili, les États-Unis, le Pérou, le Brésil, etc.

La nécessité de produire pour l'Amérique au prix le plus bas possible a amené une grande baisse dans le taux des façons. Le prix pour la chemise fine à col et poignets brisés, était en 1838, de 2 fr. 50 cent. à 3 francs; il était encore de 1 fr. 50 cent. à 1 fr. 75 cent. en 1847, et il a été réduit, après la révolution, à 1 fr. 25 cent. et 1 franc. La chemise brodée n'est plus payée que 1 fr. 50 cent., au lieu de 2 fr. 50 cent., prix de 1847. A ces conditions, une lingère laborieuse ne pouvait gagner en moyenne que 75 centimes par jour, car il lui faut un jour ou un jour un quart pour faire une chemise fine. Ces prix se sont relevés depuis plusieurs mois, et il y a lieu d'espérer que le taux des façons augmentera encore.

Nouvelle médaille de bronze. MM. Charles LAMOTTE et Cie, rue Saint-Denis, n° 303, à Paris (Seine).

Ils fabriquent spécialement le faux col de chemise de 1 fr. 50 cent. à 21 francs la douzaine. Avant eux, on les coupait au ciseau, d'après une dizaine de modèles différents; MM. Lamotte et compagnie coupent à la mécanique, avec précision et netteté, 48 épaisseurs de la toile ou du calicot employé à la confection de leurs cols; ceux-ci sont classés selon la forme, la hauteur et les dimensions, par noms, numéros et lettres. Ils ont, en ce moment, près de 400 modèles différents, et rien n'est plus facile que d'y choisir, pour le premier cou venu, un col d'une convenance parfaite.

MM. Lamotte et compagnie donnent de l'ouvrage à 140 ouvrières, produisent pour 150,000 francs, et exportent les sept huitièmes de leurs cols en Angleterre, en Allemagne et en Amérique.

Le jury central, en considération des perfectionnements apportés par MM. Lamotté et compagnie dans cette fabrication, leur décerne une nouvelle médaille de bronze.

M. LEVILLAYER, rue des Filles-Saint-Thomas, n° 11, à Paris (Seine).

Mention honorable.

M. Levillayer s'est attaché à réduire le prix de la lingerie demi-fine et fine, tout en conservant une bonne qualité et une confection soignée. Les chemises qu'il vendait, en 1842, 7, 11, 18, 20 et 30 francs la pièce, il les livre aujourd'hui à 5, 9, 11, 13 et 24 francs. Il a apporté la même économie dans le travail des devants brodés et des cols-cravates. Il vend principalement pour la consommation intérieure et n'exporte que le cinquième de ses produits.

Les divers articles de lingerie exposés par M. Levillayer sont, en général, de bon goût et en belle qualité; le jury le mentionne honorablement.

---

§ 14. CORSETS.

M. Natalis Rondot, rapporteur.

CONSIDÉRATIONS GÉNÉRALES.

Par une fatalité singulière, on ne saurait parler des corsets sans faire sourire, et le préjugé qui frappe cette industrie est tel encore qu'il rend fort difficile, non pas seulement l'appréciation des mérites divers du produit, mais l'étude des conditions de sa fabrication.

Exclu de l'exposition en 1839, le corset parvint non sans

peine à y figurer en 1844, et 13 exposants furent admis ; cette année, 31 fabricants ont concouru.

Nous dirons tout d'abord que le nombre de ses ouvriers de tout état, le chiffre élevé et d'année en année plus considérable de ses exportations, les progrès de son travail, donnent à cette industrie une importance très-réelle, et nous ajouterons qu'au point de vue de la santé et de la conformation, elle a acquis une haute utilité depuis l'adoption générale de précieux perfectionnements.

De 1791 à 1828, il ne fut pris que deux brevets ; on suivait toujours les anciennes traditions. En 1829, un mécanicien, M. Josselin, imagina le délaçage instantané à l'aide d'une garniture particulière avec ou sans agrafes. Cinq brevets d'addition délivrés en 1830, 1831 et 1833, constatent que cette ingénieuse invention fut perfectionnée par son auteur. En 1832, M. Werly, de Bar-le-Duc, produisit ses étoffes en ronde-bosse et cambrées ; nous retrouvons, en 1836, 37, 38, 42 et 45, les brevets de M. Josselin, qui indiquent de nouveaux progrès dans la confection du corset mécanique ; la suppression des goussets, due à Mlle Dumoulin, remonte à 1838 ; le dos à *la paresseuse* de M. Nolet est de 1844, et c'est en cette même année que fut brevetée, en faveur de MM. Voisin et Baillard, la tenaille horizontale servant au tissage des étoffes cambrées pour corset, etc. — En résumé, de 1791 à 1828, en trente-neuf ans, deux brevets ; en dix ans, de 1829 à 1838, trente-deux brevets (dont dix-sept d'invention), et de 1839 à 1848, dans ces dernières dix années, également trente-deux brevets, dont vingt-quatre d'invention.

Il y a vingt-cinq ou trente ans, le corset était fait, ou par les couturières, et il pouvait être dangereux par suite d'une coupe et d'une façon souvent vicieuses, ou par les chirurgiens-orthopédistes, et le prix était alors très-élevé. Aussi les médecins condamnèrent longtemps, avec raison, mais sans succès, l'usage du corset ; les femmes entraînées par les exigences de la mode tinrent peu compte de ces sages représentations, et cette imprudence coûta à plusieurs la santé, à quelques-unes la vie. Aujourd'hui le corset est accepté, même conseillé par les médecins; l'idée et l'application de la laçure et de la délaçure instantanées, dues à M. Josselin, les améliorations multipliées et intelligentes dont nous avons parlé plus haut, la précision d'une coupe mieux entendue, ont enlevé au porter du corset tout danger et toute gêne.

Établi dans d'excellentes conditions hygiéniques, le corset eût perdu faveur si ces avantages eussent été obtenus aux dépens de l'élégance; tout au contraire, depuis vingt ans, on n'a cessé de le rendre plus gracieux. Pour qu'il puisse se prêter à tous les mouvements, on a combiné la pose, selon le fil du coutil, de nombreuses pièces qui composent le corps et les goussets de hanches et de poitrine; on a conservé le baleinage pour assurer la force et la cambrure du corset, mais on est arrivé à varier, suivant les convenances du travail, la résistance, la hauteur et la quantité des baleines. Enfin, appréciant l'âge, le tempérament, les habitudes de leurs clientes, les corsetières ont su y approprier leur ouvrage.

C'est principalement dans les corsets exceptionnels que nous avons jugé de l'habileté, et nous osons le dire, de la science de quelques-unes de nos fabricantes. Ainsi, dans le corset pour femme enceinte, la coupe est étudiée de manière à permettre l'application d'élastiques et de laçure réglés suivant la progression de la grossesse. Dans le cas de maladies locales, ce n'est pas sans difficulté que l'on peut faire converger le point d'appui de toutes les compressions sur la partie osseuse des hanches. Enfin, par la combinaison de garnitures légères et de ressorts, on remplace avec succès les rembourrures anciennes, et en dissimulant les difformités de la taille, on en arrête les progrès.

En un mot, les fabricantes de corsets, et nous ne parlons que de celles vraiment dignes de ce nom, comme Mmes Bourgogne, Bertrand, Hippolyte, Clémençon, ont atteint ce but naturel qu'elles s'étaient proposé, qu'une femme ne sente pas le corset qui donne à sa taille une cambrure gracieuse.

On compte à Paris environ 985 fabricants de corsets, que l'on peut diviser dans l'ordre suivant [1] :

5 maisons produisant pour une valeur de	100 à 150,000ᶠ			
24	id.	id.	40	60,000
20	id.	id.	20	30,000
40	id.	id.	12	15,000
100	id.	id.	8	10,000
300	id.	id.	5	7,000
300 ouvrières à leur compte	id.		3	4,000
200	id.	id.	1,200	1,500

En y comprenant au moins 500,000 francs pour les corsets orthopédiques, on trouve pour la production totale une valeur de 7 millions de francs; elle se décompose ainsi :

La vente pour la fabrication des corsets des coutils fins et communs est estimée à 590,000 mètres qui proviennent, savoir :

300,000	mètres d'Évreux.		
100,000	id.	du département de la	Mayenne.
60,000	id.	id.	de l'Orne.
70,000	id.	id.	de la Seine-Inférieure.
50,000	id.	id.	du Nord.
10,000	id.	id.	de l'Aube.

Le tiers de cette quantité est expédié dans les départements et à l'étranger, et la fabrique de Paris ne consomme qu'environ 392,000 mètres du prix de 1 fr. 25 cent., 2 fr. 50 cent., 5 fr., 7 fr., 8 fr. et 9 fr. le mètre, en moyenne 4 fr. 35 cent., soit. 1,275,000ᶠ

On fait avec un mètre de coutil trois corsets, c'est donc une production annuelle de 1,176,000 corsets, non compris ceux, en petit

A reporter. 1,075,000

---

[1] Nous devons une partie de nos renseignements à l'obligeance de M. Josselin, dont les perfectionnements utiles ont grandement contribué aux progrès de l'industrie du corset.

Report...... 1,075,000ᶠ

nombre, qui sont faits en soierie, en tricot, en tissu de crin, etc.

La valeur des étoffes de soie employées dans ce but, est d'au moins................... 50,000

La façon du corset comprend beaucoup d'accessoires, tels que dos et buscs mécaniques, buscs ordinaires, baleines, ressorts en acier, élastiques, rubans de toute sorte, broderie et dentelle, lacet de soie et de fil, soie, fil à coudre, mercerie; la valeur de cet ensemble de produits si divers s'élève au moins à..................... 1,000,000

Il n'est pas inutile d'ajouter que la production des buscs acquiert de plus en plus d'importance; une seule fabrique de Paris en vend plus de cent douzaines par jour. L'exportation des dos à délacure instantanée, à poulies et à aiguilles, ainsi que des buscs mécaniques, augmente rapidement, car leur adoption devient générale.

La main-d'œuvre peut être comptée pour.... 3,000,000

———

5,325,000

Les bénéfices et les frais généraux sont d'environ........................... 1,675,000

———

Total............... 7,000,000

La fabrication des 1,200,000 corsets, dont le sixième est destiné à la consommation parisienne, emploie, à Paris, 6,500 ouvrières, gagnant de 75 centimes à 2 francs par jour, et plus ordinairement 1 fr. 25 cent. et 1 fr. 50 cent. Enfin, le travail des accessoires est distribué entre 1,500 à 1,800 ouvriers mécaniciens, baleiniers, couturières, etc.

Une industrie qui, dans la seule ville de Paris, vend pour 7 millions de francs, occupe un millier de fabricants et plus de 8,000 ouvriers, mérite, ne fût-ce qu'en raison de cette importance, une attention sérieuse; cette attention est, en outre, motivée par la réputation et la supériorité des corsetières parisiennes, par leurs exportations de qualités riches et communes sur tous les points du globe, et par les progrès incontestables de la fabrication.

Rappel de médaille de bronze.

M. GOBERT, à Lyon (Rhône).

Il a présenté un busc composé de deux bandes d'acier, arquées au bas, minces, étroites et flexibles en haut, qui s'ouvrent et se ferment en un instant, à l'aide de trois mentonnets-agrafes retenus par un ressort. Simple et solide, ce busc est d'un usage assez répandu dans les départements.

Afin de donner plus de souplesse au corset, ce fabricant a appliqué aux deux lames d'acier, sur lesquelles porte la laçure du dos, de huit à onze brisures, qui facilitent les mouvements du corps. Cette laçure articulée est très-flexible et mince, les poulies sont engagées de manière à n'offrir aucune saillie. Le prix des dos et des buscs mécaniques est de 5o francs la douzaine de paires.

Enfin, M. Gobert a exposé un tuteur pour soutenir une taille déviée; cette petite béquille est à la fois forte, souple et simple; l'usage en est conseillé par les médecins de Lyon, et la vente en est assez active. Ce tuteur ne coûte que 24 francs la douzaine.

M. Gobert occupe soixante ouvriers et ouvrières, dont 26 en atelier, et ses affaires s'élèvent à 240,000 francs.

Le jury central, en considération de l'importance de la fabrication et des inventions de M. Gobert, lui confirme la médaille de bronze.

Médailles de bronze.

Mme GUILLARD, rue Sainte-Anne, n° 42, à Paris (Seine),

Est une des corsetières les plus habiles et les plus occupées: elle a déclaré faire 5,000 corsets par an, dont les trois cinquièmes pour l'exportation, et elle a perfectionné la coupe et la laçure.

Parmi les échantillons exposés, nous citerons un élégant corset d'amazone faisant bien l'éventail, un corset élastique de jeune fille, dont le busc est remplacé par un baleinage très-souple, des corsets de femme enceinte et de nourrice, d'un travail bien entendu et soigné.

Le jury central décerne à Mme Guillard une médaille de bronze.

M⁰ Sophie DUMOULIN, rue Basse-du-Rempart, n° 44, à Paris (Seine),

A inventé, en 1838, le corset sans goussets, dont la forme simple et correcte assuré une pression régulière, l'aisance des mouvements et ne blesse ni ne gêne aucune partie du corps. Les avantages de cette disposition sont constatés par l'expérience, et plusieurs des premières corsetières parisiennes ont adopté pour certains genres la coupe sans goussets.

M⁰⁰ Dumoulin fait, année moyenne, selon sa déclaration, deux mille cinq cents corsets, dont un peu moins du tiers pour la Russie et l'Allemagne. Elle occupe à cette fabrication trente ouvrières environ. Ses corsets, du prix de 25 à 60 francs, sont établis avec différents systèmes de laçure et sont, en général, confectionnés avec soin.

L'expérience, ayant prouvé les bons effets du corset sans goussets, le jury décerne à M⁰⁰ Dumoulin une médaille de bronze.

M. GÉRESME, rue Mauconseil, n° 2, à Paris (Seine).

Il emploie, pour la confection des corsets en atelier, trois tailleuses, cinq embaleineuses et éventailleuses; au dehors, cent quarante-quatre couseuses; plus, deux entrepreneuses et un mécanicien occupant environ quatre ouvriers et vingt-six femmes pour le compte de M. Géresme.

Le chiffre des affaires de cette maison atteint cette année 200,000 francs; les trois cinquièmes de ses corsets sont expédiés dans les départements; les deux autres cinquièmes, à part quelques milliers de francs de vente à Paris, sont exportés directement en Belgique, en Espagne, en Turquie, aux colonies et un peu en Angleterre.

M. Géresme a apporté au busc à poulies et coulisseaux un perfectionnement qui est accueilli avec faveur par sa clientèle.

Le prix des corsets dépend principalement de la nature de l'étoffe; il commence à 16 francs la douzaine, en toile de coton écrue, et s'étend jusqu'à 156 francs la douzaine, en coutil de fil piqué en soie et bien baleiné. Les qualités courantes valent de 75 à 84 fr. la douzaine (de 6 fr. 25 cent. à 7 fr. la pièce). La façon se paye de 30 cent. à 2 fr. 75 cent. par corset. Les ouvrières, presque toutes mariées et occupées de leur ménage, gagnent, à ces prix, de 75 cent. à 1 fr. 50 cent. par jour.

Le jury central, en raison de l'importance de cette fabrication et de l'exécution satisfaisante des produits, décerne à M. Géresme une médaille de bronze.

Mentions honorables. ## MM. J. AUQUIER jeune et Cie, à Lyon (Rhône).

Exploitent le brevet d'invention de MM. Voisin et Baillard, de 1844, et le brevet de perfectionnement de MM. Auquier, Voisin et compagnie, de 1846, pour une tenaille servant au tissage des étoffes cambrées. On sait que M. Robert Werly est le premier qui se soit occupé de cette fabrication ; son brevet est daté de 1832.

La fabrique comprend 40 métiers produisant 480 corsets par semaine, soit environ 25,000 corsets par an. Les pièces de 120 à 150 mètres sont divisés par coupes de 12 corsets; elles n'offrent que deux qualités, appelées, l'une *coutil*, l'autre *satin*. La façon est payée à l'ouvrier à raison de 1 fr. 35 cent. pour le corset coutil, taille moyenne, et de 1 fr. 60 cent. pour le satin.

Dans le *prix de revient* d'un corset coutil, la façon figure pour 36 p. o/o, le coton en chaîne et trame pour 20 p. o/o, les baleines pour 21 p. o/o, la confection pour 13 p. o/o, les fournitures pour 5 p. o/o, le blanchiment et l'apprêt également pour 5 p. o/o.

Le prix de vente est, buscs non compris et remises non déduites, de 8 francs pour le coutil, de 10 francs pour le satin et de 20 francs pour le broché en soie.

Les corsets exposés présentent une bonne cambrure; mais, quel que soit le soin apporté à la fabrication, il est douteux qu'on les rende aussi commodes que les corsets cousus. La taille et la poitrine offrent, suivant les personnes, des reliefs et des sinuosités variés, et la coupe à la main peut seule en tenir compte dans la confection.

Quoi qu'il en soit, le jury central accorde à MM. Auquier jeune et compagnie une mention honorable, en espérant qu'à l'exposition prochaine la consommation de leurs corsets, s'étant plus répandue, aura permis de mieux apprécier leurs qualités.

Mme HIPPOLYTE, rue de la Michodière, n° 21, à Paris (Seine).

Un corset dit *diane*, sans goussets, boutonné et à lacure ordinaire.

est, grâce à trois élastiques, d'un usage agréable aux dames qui montent à cheval ou sont souffrantes. Un corset lacé et garni de pattes sur le devant est d'une forme gracieuse et offre l'avantage de pouvoir être desserré graduellement. Tels sont les échantillons exposés par Mme Hippolyte.

Elle a acquis dans la confection des corsets une réputation méritée; c'est une des faiseuses parisiennes les plus habiles, et elle est digne de la mention honorable que le jury lui décerne.

Mme CLÉMENÇON, rue de Port-Mahon, n° 8, à Paris (Seine).

Les corsets de cette exposante offrent une cambrure gracieuse et des formes naturelles; ils sont disposés avec assez d'habileté pour maintenir la poitrine et la taille sans gêner les mouvements et la respiration. Mme Clémençon applique à ses corsets tel ou tel système de laçure au gré de ses clientes, et est au nombre des meilleures faiseuses.

Le jury lui accorde une mention honorable.

M. BACQUEVILLE, rue Neuve-des-Petits-Champs, n° 69, à Paris (Seine).

Il a exposé un corset pour femme enceinte, en tricot côte anglaise avec trois fils de caoutchouc, dont la coupe et la laçure sont bien combinées; un busc mécanique simple, solide et mince, dont le prix est de 15 à 18 francs la douzaine, tandis que les buscs Gobert et Legras coûtent 50 et 60 francs la douzaine.

La fabrication de M. Bacqueville est assez importante et conduite avec intelligence. Le jury accorde à cet exposant une mention honorable.

Mme RISLER, rue Saint-Honoré, n° 105, à Paris (Seine).

Les corsets mi-déhanchés et à goussets, exposés par Mme Risler, se distinguent par une coupe gracieuse et bien étudiée qui assure la liberté des mouvements sans rien sacrifier à l'élégance.

Des ceintures hygiéniques et des corsets pour le redressement de la taille témoignent de l'expérience de Mme Risler dans cette fabrication.

Le jury central mentionne honorablement Mme Risler.

Mme CAILLAUX, passage du Saumon, à Paris (Seine).

Une forme élégante et une exécution soignée recommandent les corsets lacés ou bouclés de Mme Caillaux; leur prix est modéré et leur vente facile.

Le jury accorde à Mme Caillaux une mention honorable.

Mme DE SMEDT, rue de la Chaussée-d'Antin, n° 23, à Paris (Seine),

Remplace le coutil par la percale pour les hanches, et par le basin pour les pinces, qu'elle substitue aux goussets. Elle a perfectionné le dos *à la paresseuse*, dont elle revendique l'invention pour sa mère, Mme Mollard, par un système de laçure dite *à la Russe*. Cette laçure est divisée en trois parties indépendantes, de sorte que l'on peut, sans se déshabiller, serrer ou desserrer soi-même le milieu ou le bas du corset.

Mme de Smedt est renommée pour l'élégance de ses ouvrages, et le corset pour toilette de bal qu'elle a exposé et qui est très-échancré, dénote une fabrication bien étudiée.

Le jury central mentionne honorablement Mme de Smedt.

Citations favorables.

M. POUSSE, boulevard Montmartre, n° 19, à Paris (Seine).

Il a exposé des corsets dos-minute et déhanchés, des corsets sans busc ni baleines pour les jeunes filles, des ceintures, des dos se délaçant ou se desserrant à l'aide d'aiguilles, etc. Ces divers ouvrages sont bien établis et avantageux.

Le jury accorde à M. Pousse une citation favorable.

M. LEMASSON, rue Grenétat, n° 10, à Paris (Seine).

Il a exposé des corsets coupés par procédé mécanique destinés à l'exportation et à la vente des départements. Les cambrures, les laçures, les formes sont très-variées, l'économie de la fabrication permet d'offrir les corsets à des prix très-modiques, et leur confection, eu égard au bon marché, est en général satisfaisante.

Le jury cite favorablement M. Lemasson.

Mme GILBERT, rue des Saints-Pères, n° 12, à Paris (Seine).

Son mari est l'inventeur du dos à coulisse, pour lequel il fut breveté en 1836. Mme Gilbert a exposé des corsets et des ceintures d'un bon travail et dont le prix moyen est de 15 francs.

Le jury cite favorablement Mme Gilbert.

Mme MACÉ, rue Neuve-Saint-Augustin, n° 2, à Paris (Seine).

Elle a exposé un choix de corsets avec ou sans goussets, dont le baleinage et la laçure sont en général assez heureusement entendus.

Le jury lui accorde une citation favorable.

M. PELET, boulevard Saint-Denis, n° 22 *bis*, à Paris (Seine).

Il déclare avoir inventé le busc à bouton et le dos-minute à double baguette pour se desserrer à volonté. Ce fabricant a exposé des corsets en coutil, en toile de coton et en tissu de crin, tous ordinaires, mais à bon marché et confectionnés avec assez de soin.

Le jury cite favorablement M. Pelet.

§ 15. HABILLEMENTS D'HOMME.

COUPE. — CONFECTION. — RÉPARATION.

M. Natalis Rondot, rapporteur.

CONSIDÉRATIONS GÉNÉRALES.

L'industrie de la confection des vêtements d'homme n'a réellement jamais figuré aux expositions nationales; cette industrie a cependant une grande importance, et, à Paris seulement, on compte :

224	tailleurs avec magasins d'étoffes;
538	—— vendant sur échantillon;
1,156	—— à façon;
99	—— marchands d'habits neufs;
2,017	tailleurs, qui occupent environ 10,000 ouvriers et 4,000 ouvrières.

200 patrons ont des ateliers, et les 1,800 autres font travailler chez les appiéceurs et en chambre.

Les tailleurs parisiens n'ont pas de rivaux pour la coupe et la façon des habillements de ville; ils habillent à peu près le huitième des gens aisés du nord, de l'est, de l'ouest et du centre de la France, et les personnes riches de tous les pays. Les tailleurs et les coupeurs en faveur à l'étranger sont sortis des ateliers parisiens, et suivent dans leur travail les modèles et les perfectionnements imaginés à Paris.

Lyon, Bordeaux, Toulouse et Marseille ont acquis également dans cette industrie une certaine renommée, et la clientèle des tailleurs de ces villes est répandue dans tout le Midi, en Italie et en Espagne.

La *confection* proprement dite a un caractère plus industriel, et occupe, de son côté, une très-nombreuse population ouvrière, surtout en février et mars, août et septembre, époques de la morte-saison des tailleurs. Depuis plusieurs années, elle tend à enlever à ceux-ci une partie de leur clientèle. L'extension des entreprises de confection a amené dans l'industrie du vêtement et dans la condition des ouvriers de graves changements, sur lesquels nous n'avons pas à nous expliquer ici.

Nous nous bornerons à faire connaître le prix de façon payé à l'appiéceur :

Pantalon	de	1f 00c	à	3f 50c
Gilet		1 00		2 50
Paletot		4 00		14 00
Redingote		10 00		17 00
Habit d'été		1 25		3 50
—— de drap		4 50		17 00

Les appiéceurs s'accordent à signaler une diminution de 20 à 30 p. o/o dans le taux des façons, de 1846 à 1849.

En 1754, il n'y avait pas à Paris moins de 1,800 maîtres tailleurs; en 1848, nous avons vu qu'on en comptait plus de 2,000. En 1847, un tailleur, membre du conseil des prud'hommes, M. Larouette, consulté par le président du

tribunal de commerce sur l'importance de cette industrie, es-
timait à

125 le nombre des établissements faisant en moyenne 100,000 f d'affaires		
300	———————————————	50,000
900	———————————————	25,000
1,325.		

En y ajoutant les petits tailleurs, on retrouve le chiffre
indiqué par la commission des tailleurs. Il y avait, en 1847,
20 grandes maisons de confection, et, selon M. Larouette,
l'ensemble des affaires représentait une valeur de 55 millions
de francs. Cette valeur ne nous parait pas exagérée.

En 1837, nous exportions pour 2 millions de francs d'habillements neufs; l'exportation s'est élevée, en 1846, à plus
de 9 millions de francs.

Les seules personnes qui, aux diverses expositions, aient
représenté cette industrie du vêtement, dont l'importance est
incontestable, sont des inventeurs de méthodes de coupe,
d'appareils destinés à prendre les mesures, etc. Nous nous
étonnons même qu'un si petit nombre se soit présenté, alors
que nous voyons que, de 1804 à 1848, sur 46 brevets relatifs
aux habillements, la moitié a été prise pour ces diverses inventions. Hâtons-nous de dire que l'usage de tous ces instruments, épaulimètre, dossimètre, pantomètre, fémoralimètre,
métromètre, autimètre, etc., parait avoir été abandonné même
par leurs auteurs, et que, bien que dès 1806 on eût trouvé
le moyen de faire des vêtements sans couture, et qu'en 1845
on ait fait breveter un moyen de confectionner les habits en
quinze minutes, la façon est restée, sauf le perfectionnement
de la coupe, à peu près ce qu'elle était au temps où l'a dé-
crite Roland de la Platière.

Quant à la remise à neuf des vêtements détériorés par
l'usage, elle est aussi l'objet d'une industrie qui offre un certain intérêt, et dans laquelle sont employés des procédés chimiques dont déjà soixante ans d'expérience attestent l'efficacité et le mérite.

Il n'est pas inutile de rappeler que la réparation et le commerce des vieux habits a en France une assez grande importance, et qu'en 1847 leur exportation s'est élevée à 8 millions de francs. La Suisse, l'Algérie, l'Allemagne, l'Angleterre sont, pour ces articles, nos principaux débouchés.

I. — REMISE A NEUF DES VÊTEMENTS.

Rappels
de
médailles
de bronze.

M. DIER, avenue de Clichy, n° 74, à Batignolles (Seine).

Une expérience de soixante années a prouvé la bonté des procédés de M. Dier. Il rend au drap porté depuis longtemps sa couleur et son lustre primitifs, sans altérer la qualité. Parmi les clients de ce tailleur, sont inscrits des personnages très-éminents et très-riches dont le témoignage atteste le mérite des réparations qu'ils ont confiées à M. Dier. Ses procédés paraissent surtout utiles à la petite bourgeoisie qui, pour le prix de 20 francs (4 francs de remise à neuf et 16 francs de façon), prolonge du double le service de ses habits, et réalise ainsi une grande économie.

M. Dier a été mentionné honorablement en 1834, a reçu en 1839 une médaille de bronze, qui lui a été rappelée en 1844, et que le jury central lui confirme encore cette année.

II. — CONFECTION.

MM. CAVY jeune et Cⁱᵉ, à Nevers (Nièvre).

Le jury de la Nièvre signale les avantages acquis au département par la présence de l'établissement de MM. Cavy, et il juge que leur fabrication s'est notablement perfectionnée.

Les habillements exposés par MM. Cavy sont surtout remarquables par leur bon marché et leur excellent usage : nous citerons, entre autres, un surtout en peau de chèvre de France, avec collet en lapin lustré, à 22 francs; un paletot en mouflon, garni de renard de Virginie, et doublé en tartanelle, à 55 francs; des chaussons en rognures de peau de chèvre, à 1 franc la paire.

Cette confection emploie 15,000 peaux, et donne du travail et un salaire élevé à 40 ouvriers, hommes et femmes.

MM. Cavy sont toujours dignes de la médaille de bronze, le jury central la leur rappelle.

III. — MESURES LINÉAIRES SOUPLES.

M. THIELLAY, rue Phélipeaux, n° 44, à Paris (Seine). Mention honorable.

La collection exposée par ce fabricant offrait un grand choix de modèles, et des produits exécutés avec soin dans toutes leurs parties. Les mesures souples, libres, sont aujourd'hui l'exception; presque toutes sont enroulées autour d'un axe, et renfermées dans une boîte circulaire, dont la forme et la matière sont variées à l'infini. La mesure, sur ruban, lacet ou cuir, est divisée avec une régularité suffisante; frappés ou imprimés, les chiffres sont bien lisibles. Les boîtes, étuis ou grotesques sont en cuir, maillechort, cuivre, buis, ivoire, etc., les uns à manivelle ou à tourniquet, les autres à ressort et à point d'arrêt. Le jeu des rubans à ressort est rapide, et le montage en est bien établi.

Les prix sont modérés : le ruban seul, long d'un mètre et demi, vaut, en fil, 25 centimes, et en cuir, 1 fr. 50 cent. la douzaine; la douzaine de boîtes en cuir, avec manivelle et lacet de 10 mètres, se vend 7 francs; la douzaine de boîtes à ressort et point d'arrêt (un mètre et demi), 15 francs; enfin le prix le plus élevé est de 39 francs la douzaine, pour les caricatures à ruban montées sur ressort.

Le jury accorde à M. Thiellay une mention honorable.

IV. — COUPES ET BUSTES POUR LE PERFECTIONNEMENT DE LA COUPE ET L'ESSAYAGE DES HABITS.

M. LAVIGNE, cour des Fontaines, n° 4, à Paris (Seine). Citations favorables

M. Lavigne a écrit un traité de coupe, dans lequel il a exposé les règles que doivent suivre les tailleurs dans la mesure, le tracé, la coupe, la retouche et la couture. Il a imaginé de mouler le buste du client, vêtu du pantalon, du gilet et de la cravate; ce moule en tricot, feutré et durci par un procédé particulier, reproduit les moindres détails de la conformation, et sert de patron au coupeur. Le ruban métrique présenté par M. Lavigne est établi avec soin; il se distingue par l'échelle de rectification qui y est placée, et qui facilite le travail.

L'ensemble de ces perfectionnements mérite à M. Lavigne la citation favorable que le jury lui accorde.

M. MAILLIER, place Louvois, n° 8, à Paris (Seine).

M. Maillier a pris un brevet, en 1839, pour *l'acribomètre*, et, en 1849, pour le *corporimètre*; ce dernier instrument, le seul exposé, doit servir à obtenir et à noter avec exactitude la cambrure et les formes du buste. Il ne suffisait pas de prendre des mesures exactes, il fallait les appliquer utilement à la coupe; c'est dans ce but que M. Maillier a calculé une *échelle corporimétrique*, et écrit un traité de coupe géométrique. L'économie de drap qui résulte de la précision de sa méthode lui permet de diminuer de 15 p. o/o le prix des gilets, habits et redingotes.

L'expérience n'a pas encore démontré les avantages de l'instrument et du procédé, aussi le jury central ne peut que rappeler, à M. Maillier, la citation favorable que cet exposant a déjà obtenue en 1844.

---

§ 16. BALEINES, CANNES, PARAPLUIES, OMBRELLES, FOUETS ET CRAVACHES.

M. Natalis Rondot, rapporteur.

CONSIDÉRATIONS GÉNÉRALES.

Le travail de la baleine, de la corne et des cannes, la fabrication des parapluies, des fouets et des cravaches constituent, réunis, une industrie qui a pris, depuis vingt ans, une rapide extension.

En 1754, on comptait à Paris 250 maîtres boursiers, colletiers, pochetiers, caleçonniers, faiseurs de brayes, gibecières et marcarines; tels étaient alors les titres de la corporation qui avait le privilége, non pas seulement de faire le parapluie, mais encore les bourses à cheveux, les culottes de daim, les bas de chamois et tout l'article de chasse. A cette époque, si nous en croyons le *Journal du citoyen*, édité à la Haye (page 232), le parasol brisé se vendait de 15 à 22 livres la pièce, et le parasol pour la campagne, de 9 à 14 livres.

M. Cazal, à qui l'on doit plusieurs perfectionnements

utiles, a publié, dans un petit livre assez curieux[1], des renseignements statistiques sur l'importance, en 1844, de la fabrication parisienne des parapluies. Voici, selon lui, comment elle est divisée et ce qu'elle produit en moyenne :

50 fabricants de manches emploient 600 ouvriers, et font pour 3,500,000 francs d'affaires;

10 fabricants bijoutiers et sculpteurs emploient 100 ouvriers, et font pour 700,000 francs d'affaires;

15 tourneurs en cuivre, fabriquant les coulants et les noix, emploient 150 ouvriers, et font pour 750,000 francs d'affaires;

24 fabricants de baleines emploient 100 ouvriers et font pour 3,600,000 francs d'affaires;

30 fabricants de fourchettes, tenons, petits bouts de cuivre, etc., emploient 140 ouvriers et font pour 900,000 francs d'affaires;

50 fabricants de montures emploient 120 ouvriers et font pour 750,000 francs d'affaires;

200 fabricants-marchands de parapluies occupent : pour couper, recouvrir, coudre et finir, 2,000 ouvriers; pour les montures et les raccommodages, 1,000 ouvriers et 500 demoiselles de magasin; et ils font pour 12 millions d'affaires.

380 patrons, 5,000 ouvriers et 22 millions de francs d'affaires, telle aurait été, en 1844, suivant M. Cazal, la situation de l'industrie du parapluie. Nous avons lieu de penser qu'il y a, dans le dernier chiffre, une exagération d'au moins 4 à 5 millions de francs.

Dans cet aperçu n'est pas comprise la fabrication de la canne, du fouet, de la cravache, fabrication considérable aussi, qui occupe beaucoup d'ouvriers, et dont la production est fort active.

Cette industrie, dont l'importance est manifeste, paraît avoir été peu atteinte par la révolution de février : elle a,

---

[1] *Essai historique, anecdotique, sur le parapluie, l'ombrelle et la canne, et sur leur fabrication;* Paris, 1844.

depuis longtemps, éteint sur les marchés étrangers toute concurrence pour l'article de luxe et de haute fantaisie; elle a toujours soutenu la réputation d'élégance, de goût et d'originalité de la fabrique parisienne, et l'exportation a, en 1848 et cette année, amorti la violence du coup qui, sans cette heureuse circonstance, l'aurait frappée.

La faveur dont jouit à l'étranger notre parapluie de soie s'est attachée, depuis plusieurs années, à nos montures et à nos carcasses. Cela tient autant à l'habileté et au fini des ouvrages de nos ouvriers qu'aux perfectionnements ingénieux et variés qu'ils apportent chaque jour. Tout au contraire, la vente du parapluie commun de toile cirée et autre diminue chez nous et augmente, en Angleterre, avec une rapidité inouïe. Quelques chiffres vont établir nettement le mouvement de ce commerce.

Nous avons exporté, année moyenne, de 1827 à 1836, pour 909,000 francs de parapluies de soie; de 1837 à 1846, pour 1,354,300 francs, et, en 1847, pour 1.752,200 fr. Ainsi, en vingt ans, l'exportation a doublé. Nos principaux débouchés sont tous les États de l'Amérique, nos colonies, l'Italie. De 1827 à 1836, nous vendions, année moyenne, pour 179,000 francs de montures; de 1837 à 1846, pour 229,000 francs, et, en 1847, les expéditions ont atteint le chiffre de 232,000 francs. L'augmentation a été du tiers dans l'intervalle de ces vingt ans. Les destinations habituelles sont toujours pour la Belgique et l'Italie. De 1827 à 1836, nos exportations de parapluies de toile cirée et autre s'élevaient à 31,000 francs; de 1837 à 1846, elles ont été réduites à 24,000 francs; en 1847, elles n'ont plus été que de 12,000 francs. La différence est, on le voit, de plus des trois cinquièmes en moins.

M. Farge a mis sous les yeux du jury central les parapluies de 1645, de 1740 et de 1780. Pour ne parler que des plus modernes et des moins disgracieux, de ceux de 1820, par exemple, on se rappelle leur volume et leur lourdeur, la grossièreté de la monture, l'anneau ou le lacet si incommode, à l'aide duquel on les maintenait roulés. On peut presque apprécier les perfectionnements par la diminution du poids du parapluie.

Parapluies.	Longueur des baleines.	Poids.
De 1645,	80 centimètres,	1 kil. 600 gr.
De 1740,	74 idem.	0 820
De 1780,	73 idem.	0 700
De 1848,	70 idem.	0 380
De 1849,	69 idem.	0 250

Ainsi le parapluie est sept fois moins lourd qu'il y a deux cents ans. Ce n'est qu'après des essais et des tâtonnements nombreux qu'on est arrivé à lui donner cette légèreté, cette élégance et une gracieuse cambrure. Depuis le bout en ivoire, le tenon, la noix, jusqu'aux brisures des baleines ou du manche, tous les moindres organes ont été perfectionnés et sont aujourd'hui exécutés à des prix extrêmement modiques, avec une grande précision.

De 1808 à 1848, en trente ans, il a été pris 80 brevets d'invention, 3 d'importation et 41 de perfectionnement. On n'a pas seulement inventé des mécanismes nouveaux, modifié avantageusement la forme ou l'ajustement de telle ou telle pièce, simplifié ou compliqué le parapluie, on a encore, et c'est là un grand mérite, appliqué à la fabrication les moyens, les engins, les machines en usage dans d'autres industries. On a abandonné le travail à la main irrégulier, lent, incertain, pour y substituer le balancier, le tour, le banc à tréfiler, la scie circulaire à pédale, etc., etc. On a utilisé, avec un rare esprit d'à propos, bien de petits tours de main, de petites idées oubliées dans d'autres ateliers. On a enfin été à la fois et si économe et si habile, que l'on a pu réduire des huit ou neuf dixièmes quelquefois le prix de revient de certaines pièces, tout en les faisant mieux.

Il n'est pas sans intérêt d'indiquer dans quelle proportion les différents organes ou façons entrent dans le prix de revient du parapluie commun, par exemple. On sait que le taux de ces façons a depuis quarante ans considérablement baissé, grâce aux bons effets de la division du travail ; il n'y a pas de parapluie qui ne passe entre les mains de 20 à 24 ouvriers spéciaux.

Manche en bois	7	p. o/o.
Monture en jonc.................	9	
Fourchettes.....................	5 1/2	
Façon	7 1/2	
Noix, coulants, garnitures..........	4 1/2	
Lustrine	52 1/2	
Bouts...........................	2	
Étui	2 1/2	
Fermoir en caoutchouc.............	1	
Frais et bénifice.................	8 1/2	
	100	

Nous n'avons pas grand'chose à dire des inventions qui se sont produites à l'exposition de 1849. Celles qui ont le plus attiré l'attention du public sont les parapluies s'ouvrant seuls et les parapluies de poche.

Il y a trente-sept ans que l'on connaît les premiers : un brevet a été pris, en 1812, par M. Langoiroux ; en 1822, M. Mercier a également été breveté pour un pareil système. L'idée n'est pas nouvelle, le mécanisme est nouveau. Au lieu de contre-fourchettes, il y avait autrefois des cordons, et l'ouvrant seul était en ce temps-là une machine qui ne fonctionnait pas avec une facilité et une régularité satisfaisantes. En 1845, on a imaginé des parapluies se fermant seuls.

Deux systèmes sont aujourd'hui en présence, nous allions dire en lutte. Dans l'un, qui est dans le domaine public, sauf les perfectionnements de M. Blanc, le ressort à boudin est dans l'intérieur d'un manche en métal. Dans l'autre, imaginé et exploité par M. Charageat, le ressort est extérieur et se compose de quatre ressorts à boudin placés au-dessus de la fourchette et entièrement indépendants du manche.

Les parapluies-cannes datent aussi de 1812 ; les premiers

brevets sont signés des noms de Peix, de Jecker, de Mignard-Blilinge. Il n'est pas de complication que l'on n'ait essayée en ce genre; on y a renfermé encrier, plumes, bougie, lorgnette, pliant, tabatière, etc. Les uns ont songé à transformer en longue-vue la canne veuve de son parapluie; d'autres l'ont rendue assez flexible pour la mettre dans la poche.

Enfin, le parapluie brisé a le plus exercé l'imagination des fabricants. Quelque perfectionné qu'il soit, il laisse encore à désirer. Dans cette course au clocher, où personne encore n'a atteint le but, il y a eu de curieuses luttes de vitesse; ainsi, en 1846, on prit, en mai, un brevet pour un parapluie pouvant être brisé et mis en poche en une minute; en août, nouveau brevet pour un parapluie se désarticulant et s'empochant cinq fois en une minute; en décembre, autre brevet pour une réduction de volume telle et si rapide, que le parapluie en devenait *invisible* (dit l'inventeur). Quoi qu'il en soit advenu, il y a, dans les genres proposés par M. Cazal et Farge, preuve de progrès; le premier a, dès 1840, modifié utilement la brisure des baleines et du manche.

Il est très-regrettable que nos fabricants de parapluies d'exportation se soient abstenus d'exposer; plusieurs d'entre eux, pour l'intelligence avec laquelle est établi et réparti chez eux le travail, ainsi que pour la bonne exécution marchande de leurs produits, plusieurs, disons-nous, avaient droit aux récompenses du jury central. Nous avons dû, dans les rapports particuliers qui suivent, appliquer à quelques exposants des mérites que nous eussions, sans aucun doute, constatés à un égal, si ce n'est à un plus haut degré chez leurs confrères; en l'absence de toute rivalité, notre devoir était de les signaler, en faisant précéder toutefois nos notices de cette réserve.

Il y a moins à dire sur les cannes, les cravaches, les fouets, parce que leur travail offre naturellement moins d'intérêt. Nous avons à soutenir pour ces articles la concurrence de l'Angleterre et de l'Allemagne. Londres, Hambourg, Vienne et Berlin ont acquis, dans certains genres, une réputation méritée; ils font, il faut le reconnaître, mieux et à meilleur marché. Aussi, expédions-nous peu dans ces deux pays; ajoutons que nous n'y avons pas fait connaître avantageusement notre fabrication; à différentes époques, on y a présenté des pacotilles de cannes et de cravaches à 2 fr. 50 cent. la douzaine, de fouets à 6 francs la douzaine, de ce que l'on appelle de la *camelote*, et dont la vente n'est possible et convenable que dans les colonies ou l'Amérique du Sud. Malgré cette défaveur, nous exportons partout la fantaisie et la nouveauté en canne, fouet et cravache; nous sommes, pour cette spécialité, sans rivaux, et c'est vraiment chose merveilleuse que cette supériorité que nous donnent pour le moindre objet notre goût, la finesse et la coquetterie de notre travail. Telle canne, seulement dressée et vernie, dont Hambourg, grâce à la franchise de droit, nous enlèverait la vente, sera expédiée par nous-même à Hambourg, si nous y mettons une monture.

Nous ne terminerons pas sans féliciter ceux de nos fabricants qui ont entrepris de relever en Angleterre et en Allemagne la réputation de nos produits; depuis quelques années, ils y présentent des fouets et des cravaches en belle qualité, qui commencent à être appréciés et recherchés. Ce fait, qui n'est pas isolé, prouve que la loyauté dans le travail et les affaires peut rendre une industrie aussi florissante et renommée que quand une concurrence irréfléchie l'entraîne à tout sacrifier aux exigences d'un bon marché presque toujours très-coûteux,

L'industrie de la baleine occupe à Paris 30 patrons, 150 ouvriers, et sa production s'élève à près de 1,900,000 francs; c'est une annexe des deux autres industries dont nous venons de nous occuper. Pour le nettoyage, le refendage et le lotissage, Paris l'emporte depuis sept ou huit ans sur Rouen et Limoges; on y a introduit le travail à la vapeur, et l'on est arrivé à refendre avec plus de régularité et moins de déchet qu'en Angleterre, à Anvers et à Hambourg. Le refoulage à la vapeur de la baleine, opération très-simple qui s'exécute dans une espèce de lingotière, est aujourd'hui d'autant plus utile, que le prix des fanons augmente de plus en plus. En 1842, ils valaient 3 francs le kilogramme; payés 7 francs en janvier et juillet 1844, ils coûtent encore cette année de 5 à 6 francs.

M. THÉODON fils, rue Saint-Denis, n° 278, à Paris (Seine).

Médaille d'argent.

M. Théodon fils est, sous tous les rapports, le premier fabricant de Paris pour la canne, le fouet et la cravache d'exportation. Il fabrique depuis quelques années pour une valeur de 260 à 300,000 fr. Les neuf dixièmes de ses produits sont expédiés en Angleterre, en Russie, en Hollande, en Espagne, en Italie, dans les deux Amériques et dans l'Inde; il ne rencontre et ne redoute, pour les genres auxquels il s'est attaché, aucune concurrence étrangère.

Son établissement, rue Saint-Denis, n° 278, se compose de sept ateliers, et comprend des magasins de matières premières et d'assortiments de cannes, fouets et cravaches, de modèles et de montures. Il est si rare de trouver dans l'industrie parisienne cette concentration, dans un même local et sous une même direction, des branches diverses, si multipliées, de la fabrication; il y a un intérêt si sérieux à acquérir et donner la preuve du fait, que nous allons faire connaître la population ouvrière qu'occupe chez lui M. Théodon :

3 contre-maîtres;

3 apprentis;

4 tourneurs;

2 façonneurs, refouleurs et mouleurs de corne;

6 façonneurs, refouleurs et sculpteurs de baleine;

1 plaqueur et incrusteur d'ivoire, nacre, écaille, etc.;

2 fabricants de bouts de canne en fer, cuivre, maillechort, etc.;

12 monteurs, garnisseurs, finisseurs de cannes;

2 tresseurs à la mécanique, en boyau, soie et coton;

2 garnisseurs en cuir pour cannes, fouets et cravaches;

1 tresseur au boisseau pour les tresses en fils d'argent ou de fer;

4 brodeuses à l'aiguille, en soie, boyau ou fil, pour garnitures;

1 sculpteur en ivoire;

7 apprêteurs, monteurs, vernisseurs, finisseurs de fouets et cravaches;

Enfin, dans l'atelier de bijouterie, où se fait aussi un peu d'émail, de plaqué et de dorure, travaillent

2 bijoutiers-fondeurs;

6 dessinateurs, graveurs, ciseleurs;

6 bijoutiers, joailliers-bijoutiers et finisseurs.

64

Tous ces ouvriers, engagés à la journée ou à la tâche, gagnent de 3 fr. 50 cent. à 6 francs; en moyenne 4 fr. 50 cent. Quelques-uns sont des artistes assez habiles pour devoir être payés 8 francs par jour. Le salaire des femmes, réglé à la pièce, varie de 1 fr. 50 cent. à 2 fr. 25 cent.

Indépendamment des 64 ouvriers de ses ateliers, M. Théodon occupe au dehors, faute de place, des ouvriers éclisseurs, tresseurs et tresseuses, vernisseurs, mouleurs d'écaille, plaqueurs, des brodeuses, brunisseuses et polisseuses, et différents entrepreneurs pour travailler la baleine et la corne, sculpter l'ivoire, fondre, estamper, émailler, etc.

Les matières premières entrent brutes dans ses ateliers; toutes elles y sont façonnées, montées, finies, et sortent converties en cannes, fouets et cravaches. L'activité imprimée au travail en assure l'économie sans nuire à l'exécution.

Le fouet et la cravache sont fabriqués avec une supériorité bien réelle; ils unissent la solidité à l'élégance et au bon marché. La cravache se fait depuis 2 fr. 50 cent. la douzaine jusqu'à 25 francs la pièce, et le fouet depuis 10 francs la douzaine jusqu'à 15 francs la pièce; mais l'article courant est, en cravache, de 21 à 42 francs et jusqu'à 60 francs; et, en fouet, de 36 à 54 francs la douzaine. A ces différents prix, qui représentent d'excellentes qualités, l'exportation est avantageuse, facile, même en Angleterre.

Pour la canne d'exportation, M. Théodon fils n'a pas de rival; il l'établit en jonc, en rotin, en houx et en laurier, comme en ivoire, en baleine et en corne. Il s'est fait surtout une spécialité pour la monture et la pomme en bijouterie. Ses 6 à 700 modèles sont en général d'un bon dessin, appropriés au goût étranger, et, dans ce but, variés à l'infini. Parmi tant de jolies fantaisies, nous citerons les tressés en fil d'argent, les figurines en fonte, les poignées en cornaline, en corail ou en aventurine rehaussée d'or et de perles, et tous ces petits sujets gravés, émaillés, ciselés, dans lesquels excelle le bijoutier parisien[1]. On exporte des cannes à 2 fr. 50 cent. et 6 francs la douzaine; celles dont s'occupe principalement M. Théodon sont du prix de 24 à 36 francs; il en livre également un bon nombre à 10, 15 et 20 francs la pièce pour l'Amérique, et pour compléter les assortiments.

M. Théodon fils fabrique tous les genres, à tous les prix et pour toutes les parties du monde; c'est un homme habile que le succès a encouragé, dont l'intelligence a secondé la hardiesse et fait la réputation. Il se présente pour la première fois au concours de l'industrie.

Le jury central lui décerne une médaille d'argent.

M. CAZAL, boulevard des Italiens, n° 20, à Paris (Seine).

Rappel de médaille de bronze.

La fabrication des parapluies doit à M. Cazal quelques-uns de ses progrès et plusieurs perfectionnements utiles. Il n'y a guère de modèle ou d'organe de parapluie qu'il n'ait cherché à simplifier. Des brevets pris en 1835, 1836, 1840, 1842 et 1844 témoignent de ses ingénieux essais. L'idée première de la bague-bascule à crochet appartient à M. Mignard-Billinge; M. Cazal a le mérite d'être parvenu à rendre le jeu de ce petit mécanisme assez facile pour le faire préférer aux anciens ressorts engagés dans des entailles. Nous nous bornerons à rappeler son invention du godet, ses différents systèmes de brisure du manche et des baleines, et les améliorations qu'il a apportées au parapluie-canne à fourreau pliant et sans couture.

M. Cazal occupe, tant à l'atelier qu'au dehors, pour le montage et la garniture des parapluies, 12 ouvriers et ouvrières; 16 petits fabricants indépendants établissent, selon ses idées et ses dessins, les tubes et les coulants, les montures en acier, les tenons, les baleines, les manches, les pommes, la bijouterie, etc.

Les produits exposés par M. Cazal sont, en général, d'une grande richesse; ils sont estimés depuis longtemps pour leur élégance et leur bon goût. L'exécution du parapluie s'ouvrant seul,

[1] M. Théodon fils a mis sous les yeux de la commission une collection de coffrets qui n'a pas pu être exposée; nous devons mentionner ici ces ouvrages, destinés à l'exportation, qui se recommandent par leur élégance et leur prix modéré. Cette fabrication nouvelle a fait porter à 85 le nombre des ouvriers de l'établissement de M. Théodon.

des ombrelles de cheval et de voyage, de la marquise brisée, est irréprochable.

La médaille de bronze a été décernée à M. Cazal en 1839 et en 1844; le jury central le juge toujours digne de cette distinction et la lui rappelle.

Médaille de bronze.

M. FARGE, passage des Panoramas, galerie Feydeau, n° 6, et passage Saint-Denis, n° 15, à Paris (Seine).

Le chiffre des affaires de M. Farge est de 110,000 francs, le tiers de ses ventes est destiné à l'exportation, et sa fabrication principale est celle des parapluies de 8 à 15 francs. Il emploie chez lui 32 personnes : 1 contre-maître, trempeur, tireur au banc; 2 tourneurs; 4 apprêteurs; 2 fondeurs; 5 découpeurs, ajusteurs, garnisseurs, riveurs, etc.; 3 monteurs; 3 ajusteurs et finisseurs; 12 femmes et jeunes filles (dans ses trois magasins) occupées à la coupe, la couture, la vérification et la vente. M. Farge fait travailler, en outre, 10 ouvrières couseuses, et 12 entrepreneurs pour la fabrication et la pose des ressorts des manches en bois, le travail des cannes, des fourchettes et des baleines, les vernissages, les montures des marquises, la sculpture des ivoires, la bijouterie, etc.

L'attention de M. Farge s'est portée principalement sur les montures en acier: l'acier d'Angleterre ou d'Allemagne entre chez lui en fil, et, après une vingtaine de façons successives, est converti en une monture légère, élégante et solide. Ce dont il faut féliciter cet exposant, c'est d'avoir introduit dans sa fabrication ces petits moyens simples et puissants qui économisent le temps et la matière : aussi la monture qui, en 1842, revenait à 8 ou 10 francs, ne coûte plus que 1 fr. 80 cent. net; le coulant à bascule est tombé en sept années, de 6 francs à 2 fr. 35 cent. la douzaine; M. Mignard-Billinge vendait, en 1842, le manche en fer creux 125 francs le cent, et, aujourd'hui, M. Farge l'établit à 18 francs. Enfin, appliquant les mêmes procédés au travail des montures en fer pour les parapluies communs, il est arrivé à livrer à 1 fr. 18 cent., ce qui l'an dernier était payé 1 fr. 75 cent.

En signalant ces résultats, nous n'entendons pas attribuer à M. Farge ces perfectionnements de l'outillage qui les ont amenés; il a le mérite de les avoir utilisés, et a pris lui-même une part active à ces progrès.

Les nouveaux modèles de parapluie présentés par ce fabricant sont établis dans d'excellentes conditions et à des prix modérés (de 14 à 16 francs). Son parapluie-poche mobile, à baleines articulées, et qu'une bague à jeu de baïonnette permet d'adapter à toutes les cannes, est disposé avec non moins d'intelligence que le parapluie-manchon dont toutes les parties sont brisées, que le parapluie s'ouvrant seul, à ressort intérieur et double fourchette, de Blanc, et que le parapluie-canne, breveté en 1841, mieux établi qu'en 1844, mais encore un peu volumineux. Ce dernier se vendait, en 1842, 30 francs, en 1844, 20 francs, et son prix n'est plus que de 15 francs.

Nous signalerons enfin, bien que moins bons et un peu plus chers que ceux d'Angleterre, les parapluies en lustrine, à 2 francs, et en taffetas de soie, à 5 fr. 50 cent., les ombrelles en calicot imprimé, à 1 fr. 50 cent., dont M. Farge expédie chaque année à nos colonies pour une vingtaine de mille francs.

Depuis la dernière exposition, M. Farge a pris quatre brevets, a perfectionné les brisures; sa fabrication est devenue plus active, et il ne le cède maintenant à personne pour l'élégance, la bonté et le bon marché de ses parapluies, ombrelles et marquises.

Le jury central récompense les efforts de ce laborieux fabricant en lui décernant une médaille de bronze.

M. COLLETTE, rue du Temple, n° 12, à Paris (Seine).

Mentions honorables

Il fabrique les genres courants, c'est-à-dire les cannes de 3 à 10 francs la pièce, les cravaches de 12 à 72 francs la douzaine, les fouets de 36 à 72 francs la douzaine. Dans ces limites, M. Collette fait, pour la France, l'Italie, l'Espagne et l'Allemagne, des affaires qui atteignent le chiffre de 200,000 francs. Depuis le dressage du jonc jusqu'à la ciselure des garnitures, tout est exécuté par 50 ouvrières, dont 20 travaillent dans son atelier.

M. Collette a succédé à M. Gallois, qui a été mentionné honorablement en 1844; il paraît avoir soutenu l'excellente réputation de son prédécesseur, et mérite que le jury lui accorde une mention honorable.

M. CHARAGEAT, rue du Caire, n° 7, à Paris (Seine).

M. Charageat a été un habile ouvrier; il est aujourd'hui un

fabricant de montures intelligent. Il a présenté à l'exposition trois perfectionnements sur lesquels nous désirons appeler l'attention.

Le premier, pour être très-simple, n'en est pas moins utile : la baleine est ordinairement attachée à la ligature de la noix par un tenon rond à épaulement ; M. Charageat fixe sur la double rainure d'une pince conique, la baleine ébauchée, la rabote avec une grêle, et obtient ainsi un tenon qui s'ajuste avec précision et rend la monture plus solide.

Le parapluie s'ouvrant seul, tel qu'il est établi d'après le système de M. Blanc, laisse un peu à désirer, sous le rapport de la légèreté et de la solidité ; le ressort unique, placé dans l'intérieur d'une tige métallique, a été remplacé par quatre ressorts à boudin, assez courts, et adaptés au-dessus de la fourchette. Cette disposition offre l'avantage de rendre le parapluie et son mécanisme indépendants du manche, de faire celui-ci en bois, si on le veut, de pouvoir donner plus de finesse à l'armature, et de diminuer la résistance lors du jeu de la double fourchette, pendant la fermeture. M. Charageat vend 6 fr. 50 cent. la monture s'ouvrant seule, manche non compris.

Il y avait plus de difficulté à appliquer le ressort à la marquise et à combiner, de manière à obtenir un résultat satisfaisant, le double mouvement de déploiement et de brisure instantané. Ces difficultés ont été assez heureusement surmontées.

L'outillage du petit atelier de M. Charageat atteste son entente de la fabrication. Plusieurs outils ont été ou imaginés ou modifiés par lui ; ils se recommandent, en général, par leur simplicité et leur précision. Nous citerons, entre autres, la petite cisaille pour couper de longueur les bagues de manche, le tour et le guide pour vriller les ressorts, les percerettes variables pour les trous des axes de la noix, etc. Les matrices pour découper, percer, arrondir et cambrer sous le balancier, les fraises pour brisures et charnières sont établies sur de bons modèles.

M. Charageat expose pour la première fois ; le jury central lui accorde une mention honorable.

M. BICHERON, rue Saint-Martin, n° 115, à Paris (Seine).

Il prépare, refend et polit la baleine qui entre dans la confection des corsets, des robes et des articles de mode ; il a inventé un procédé et une machine pour la refouler. Il vend toutes

ses baleines refoulées aux fabricants de cannes, de fouets et de cravaches, qui les emploient de préférence à celles de Hambourg, un
peu plus chères et moins nerveuses.

Le refoulage de la baleine paraît avoir été imaginé, en 1836,
par M. Deschamps ; M. Bicheron l'a perfectionné ; ses applications
et sa fabrication ont déjà été jugées très-favorablement en 1844 ;
depuis cette époque, M. Bicheron s'est occupé de cette industrie
nouvelle avec autant de zèle que d'intelligence, aussi le jury lui
confirme-t-il la mention honorable.

MM. RENARD et Cie, rue Neuve-Saint-Laurent, no 17, à Paris (Seine).

Il amollit, détord, étire, comprime les cornes de bélier, et
en fait de jolies cannes, qui, finies et polies, imitent les cannes en
corne de rhinocéros. Les plus chères se payent de 25 à 30 francs
la pièce, mais celles dont la vente est courante ne valent que 6
ou 7 francs, et le perfectionnement des moyens de travail en rédui-
rait encore de beaucoup le prix.

L'idée est ingénieuse, et il faut espérer que M. Renard dévelop-
pera sa fabrication et tirera un utile parti de la corne de bélier,
dont la texture fine, translucide, nerveuse et assez souple, se prête
à des applications variées.

M. Renard fait également les cannes en écaille et les pommes de
canne en écaille plaquée sur corne blonde. Il occupe 6 ouvriers.

Le jury lui accorde une mention honorable.

M. LÉAUTAUD, rue Chapon, no 17, à Paris (Seine).

Les fanons de baleine entrent bruts dans l'atelier de ce fabricant
et en sortent façonnés en buscs, mesures métriques, baguettes pour
parapluies, chapeaux, robes, etc. Il refend à la vapeur, et apporte
dans le travail du refendage et du polissage un soin et une régularité qui rendent ses produits très-estimés. Ses prix (de 6 à 9 francs
le kilog.) sont modérés.

Sa fabrication de buscs en acier est également conduite avec
intelligence ; le plombage prévient leur oxydation.

Le jury accorde à M. Léautaud une mention favorable.

M. PATUREL, rue Saint-Martin, n° 98, à Paris (Seine), et à Linas (Seine-et-Oise).

Il a pour spécialité la fabrication des fouets et cravaches; en général, l'âme est en baleine, renforcée par des éclisses de rotin ou de baleine; des lanières de caoutchouc l'entourent, la compriment et sont recouvertes par un tissu tressé en cordes de boyau ou de gutta percha. Ainsi confectionnés, les fouets, monture à l'anglaise en veau tressé, valent en moyenne 72 francs, et les cravaches, de 36 à 48 francs la douzaine. M. Paturel fait aussi le fouet de cabriolet, manche en noyer, monture en cheval, à 6 fr. 50 cent. la douzaine; la cravache, âme en rotin recouverte en fil, à 2 fr. 50 cent. la douzaine, et des imitations, en belle qualité, des cravaches anglaises. Il vend ces articles à l'étranger, en concurrence avec l'Angleterre et l'Allemagne.

Le jury accorde à M. Paturel une mention honorable.

Citations favorables.

M. MEREL, boulevard Bonne-Nouvelle, n° 9, à Paris (Seine).

Depuis longtemps les principaux carrossiers de Paris avaient cherché à adapter aux voitures de luxe un parapluie qui garantît de la pluie ou du soleil; aucun n'avait pu trouver le moyen de le rendre assez solide pour résister à la double action du vent et de la vitesse. M. Merel a surmonté cette difficulté, et le système qu'il expose paraît satisfaire à toutes les exigences. L'idée paraît appartenir à M. Laurent, breveté en 1846 pour une *joliette*.

Dans les voitures à 4 places, la joliette, surmontée d'un parasol ou d'un capuchon ventilateur, peut s'incliner dans tous les sens; dans les voitures à 2 places, un patin fixé entre les coussins soutient une tige en fonte montée sur un genou, dans laquelle est inséré le parapluie, et qui permet aussi de le pencher en avant et en arrière. Lorsque la joliette est inutile, elle se démonte en un instant, se ferme, se brise et se loge dans le coffre. Les petits mécanismes employés par M. Merel sont simples et solides; son parapluie carré est bien établi, il y a multiplié les garanties de résistance. Le prix de la joliette varie de 70 à 150 francs.

Le jury accorde à M. Merel une citation favorable.

M. CHAUDRON-BERLAND, à Orléans (Loiret).

Il est à la fois hongroyeur et fabricant de fouets; il ne fait que les lanières de fouets de vente courante, pour rouliers, charretiers de labour, conducteurs de diligence et d'omnibus, etc., et en livre chaque année de 10 à 11,000 douzaines au prix de 2 fr. 75 cent. et 3 fr. 50 cent. la douzaine. 35 ouvriers, hommes et femmes, travaillent dans ses ateliers.

Les fouets en cuir de cheval hongroyé qu'il a présentés sont bien tressés, réguliers, nerveux et solides.

Le jury central, prenant en considération la recommandation du jury du département du Loiret et les efforts intelligents de M. Chaudron, accorde à cet exposant une citation favorable.

M. Barthélemi BERGUE, à Sorède (Pyrénées-Orientales).

Il fait avec le bois si flexible du micocoulier (*Celtis australis*), commun dans le Roussillon, des manches de fouet et des cravaches, du prix de 5 à 10 francs la douzaine. La tige est divisée en 5, 7 ou 9 baguettes, tordues autour de l'une d'elles qui sert d'axe. Ces manches de fouet, travaillés avec soin, sont à la fois très-élastiques et très-forts.

Le jury accorde à M. Bergue une citation favorable.

MM. LAMBERT, BUREL et Cⁱᵉ, rue Sainte-Avoie, n° 63, à Paris (Seine).

Ils sont les représentants d'une association d'ouvriers qui a reçu du Gouvernement, à titre de prêt, une somme de 14,000 francs. Ces fabricants paraissent s'attacher à l'article d'exportation dans les bas prix. Les produits qu'ils ont exposés sont, les fouets surtout, d'une assez bonne exécution; il y a dans quelques-uns la preuve d'un travail soigné et intelligent. Toutefois, MM. Lambert, Burel et compagnie n'ont pas encore marqué leur place dans l'industrie; le jury central ne peut donc récompenser leurs efforts que par une citation favorable.

§ 17. BOUTONNERIE.

M. Natalis Rondot, rapporteur.

CONSIDÉRATIONS GÉNÉRALES.

L'industrie de la boutonnerie n'existe en France que depuis soixante et dix ans environ; l'Angleterre s'occupait à peu près seule en Europe de cette fabrication jusqu'à l'époque où Louis XVI, enlevant à nos voisins machines et ouvriers, fonda à grands frais, à Paris, dans le faubourg Saint-Honoré, une manufacture qui tomba à la révolution.

Bientôt, la guerre ayant interrompu les échanges avec l'Angleterre, des fabriques furent établies. L'absence de concurrence protégea leurs premiers essais, et bientôt elles acquirent une grande importance. A la rentrée des Bourbons, la prohibition des boutons étrangers contribua à assurer le développement de cette industrie; toutefois, les fabricants ne travaillaient alors que pour la consommation intérieure et n'essayaient pas d'entrer en lutte avec leurs rivaux sur les marchés étrangers.

En 1836, la prohibition fut levée, et les boutons étrangers purent être importés aux droits de la mercerie fine ou commune, selon l'espèce. Cette mesure eût été juste et utile, si elle eût été précédée de l'admission à un droit modéré des matières premières, telles que le cuivre, le fer, etc.; mais, isolée, produite et appliquée brusquement, elle amena la fermeture de la plupart des manufactures et la ruine de quelques-unes; nos fabricants furent réduits à se faire dépositaires de boutons anglais.

Cependant, bien que la tarification des cuivres et des fers n'ait pas été modifiée, et qu'ils coûtent à nos boutonniers au moins 15 p. o/o plus cher qu'à leurs rivaux d'Angleterre et d'Allemagne, on est arrivé en France, à force de persévérance, d'habileté, d'économie dans le travail, et surtout en y appliquant nos habitudes de goût, de soin et de nouveauté, on est arrivé, disons-nous, à relever peu à peu, à perfectionner, à fortifier et à développer cette industrie de la boutonnerie.

C'est au point que nous ne recevons plus d'Angleterre que des articles de fantaisie, destinés pour la plupart à satisfaire les caprices de la mode, et que nous vendons à l'Angleterre et à l'Allemagne des quantités d'année en année plus considérables.

Ainsi c'est en face d'importations incessantes anglaises et allemandes, sans débouchés, sans encouragements, avec des matières premières plus chères, des moyens mécaniques moins puissants, des capitaux souvent insuffisants, c'est accueillis avec défaveur par la mode et avec indifférence par la consommation, que les fabricants de boutons français ont grandi. Ces progrès, les états du commerce extérieur offrent un moyen facile de les mesurer.

En 1837, la France n'exportait que 1,104 kilogrammes de boutons; en 1847, l'exportation s'est élevée à 210,066 kilogrammes, et elle avait été en 1845 de 234,392 kilogrammes, qui représentaient une valeur de 2,500,000 francs. Nous n'avons expédié en 1837 que 6 kilogrammes de boutons en Allemagne; en 1846, nous lui en avons envoyé 79,944 kilogrammes. L'Angleterre, où il n'en arrivait pas en 1837, nous en a acheté 4,011 kilogrammes en 1845. Enfin, si nous recevons de l'étranger cinq fois plus de boutonnerie fine qu'il y a dix ans, il faut dire qu'ils nous vendent vingt fois moins de boutonnerie commune, et nous devons ajouter que les importations de boutons fins ont diminué d'un cinquième.

Ces résultats sont considérables, et nous sommes heureux de déclarer que ces progrès rapides et remarquables se poursuivent, que cette fabrication doit arriver encore à plus d'importance, d'activité et de perfection. Nous avons bon espoir dans l'avenir de cette industrie, car nous voyons à sa tête des hommes dont l'expérience égale la hardiesse et l'intelligence, car les perfectionnements dans l'outillage et le travail abondent, et chaque jour amène dans les procédés plus d'accélération, d'économie et de précision.

Pour apprécier comme ils le méritent les efforts de nos industriels, il ne suffit pas de dire ce qu'ils ont fait; il importe de faire connaître en présence de quelle rivalité puissante ils ont travaillé, essayé et réussi.

En Angleterre, 20,000 ouvriers sont employés à la fabrication des boutons, dont Londres, Birmingham et Sheffield sont les foyers principaux. Paris renferme 170 patrons et 2,500 ouvriers boutonniers, qui produisent pour près de 5,500,000 francs. C'est un peu plus du cinquième de ce que fabrique une seule maison de Birmingham, celle de MM. Hammond, Turner et fils, qui a magasin de vente à Londres, à Manchester, et fait par an 25 millions de francs d'affaires; c'est à peu près les deux tiers de ce que produit une autre maison, celle de M. Elliott, qui fabrique principalement les boutons de soie à queue flexible. A Londres, à Birmingham et à Manchester, on ne compte pas moins, outre ces manufactures colossales, de soixante et dix à quatre-vingts fabriques, dont dix ou douze occupent chacune de 400 à 450 ouvriers.

L'industrie de la boutonnerie est moins avancée et moins importante en Allemagne; son introduction y est de date assez récente, car les procédés de fabrication ont été importés à Barmen par un ouvrier français, il n'y a guère plus de vingt-cinq ans. Aujourd'hui, plus de trente fabriques sont établies dans les provinces rhénanes; elles emploient environ 6,000 personnes. Leurs produits sont, en général, très-ordinaires, mais à si bas prix, que l'exportation en est devenue très-considérable. La tarification élevée du Zollverein leur assure une partie de la vente pour la consommation intérieure; nous disons une partie, parce que, malgré les droits, la France importe en Allemagne des boutons riches et de haute fantaisie, surtout les boutons dorés unis ou ciselés, et ceux en soie façonnée pour habit et gilet, ainsi que quelques genres pour pantalon. Les manufactures allemandes les plus connues sont, à Barmen, celle de MM. Greffe et fils, et celle de M. Gottfried-Hosterey, qui renferme plus de 300 ouvriers.

Enfin nous ajouterons que l'importation des boutons est prohibée en Russie et en Autriche, et que les gouvernements de ces deux empires encouragent, par tous les moyens en leur pouvoir, les fabriques qu'ils ont décidé des Français et des Anglais à y monter, mais dont le travail n'offre rien de remarquable.

MM. TRÉLON, WELDON ET WEIL, rue Grenétat, n° 29, et rue de Bercy-Saint-Antoine, n° 11, à Paris (Seine).

Médaille d'or.

Nous venons de faire connaître, en quelques mots, l'histoire de la boutonnerie française, nous avons rappelé combien lui fut fatal l'acte de 1836, qui substitua brusquement à la prohibition une tarification libérale, et nous avons été heureux de dire combien cette industrie s'est brillamment relevée. Aujourd'hui, elle est sortie victorieuse de la lutte de concurrence avec l'Allemagne et l'Angleterre; plus vivace que jamais, forte, prospère, active, elle progresse et grandit toujours, malgré des obstacles nombreux. Sans atténuer pour cela le mérite très-réel de plusieurs de nos fabricants, nous n'hésitons pas à déclarer que ces résultats inespérés et ces progrès sont dus en partie à M. Trélon, qui, depuis vingt années, a poursuivi laborieusement cette tâche difficile et glorieuse.

M. Trélon succéda à son père, en 1839, avec un capital de 36,000 francs, dont 20,000 francs en matériel; cette année, l'outillage des vastes ateliers de MM. Trélon, Weldon et Weil comprend 14 moutons, 8 balanciers, 162 découpoirs, 155 presses, 74 tours à brunir, sertir, etc., 51 machines diverses, 8 chaudières de dérochage, 8 fours et fourneaux à vernir, souder, recuire, etc., et 39,407 matrices, goujons, poinçons, etc.

Après avoir fabriqué, en 1829, pour 200,000 francs; en 1844, pour 450,000 francs, MM. Trélon, Weldon et Weil sont arrivés à produire, en 1848-49, 4,200,000 douzaines de boutons de tout genre, excellents en qualité et de prix très-modique, qui représentent une valeur de 1,200,000 francs, dont le tiers, c'est-à-dire le sixième de notre exportation totale, est expédié à l'étranger.

Enfin, dans la manufacture de la rue de Bercy-Saint-Antoine, travaillent 350 ouvriers, secondés par 90 ouvriers au dehors. En 1839, 70 et, en 1844, 110 ouvriers y étaient employés.

Pour donner la preuve et la mesure de ce développement industriel, nous avons voulu présenter simplement ces chiffres; ils disent tout avec concision comme avec exactitude.

Le succès de cette grande entreprise est la conséquence de mérites divers que nous devons signaler.

MM. Trélon, Weldon et Weil ont perfectionné et simplifié l'outillage ainsi que le travail, ils ont apporté dans l'exécution plus de soin, dans la fabrication plus d'économie, de rapidité et de précision; ils ont recherché en Angleterre et en Allemagne les meilleurs procédés, il les ont appliqués et modifiés avec intelligence.

Il ne suffisait pas de produire, il fallait vendre; il était urgent de former des relations commerciales actives, importantes, durables; M. Trélon expédie des boutons dans tous les ports des deux Amériques. Les pertes inséparables de ces consignations aventureuses n'ébranlèrent pas sa résolution; la réussite justifia ses prévisions, récompensa sa hardiesse et sa persévérance. Maintenant, MM. Trélon Weldon et Weil vendent, dans toutes les parties du monde, des boutons de métal, de soie, de velours, de toile, de passementerie; ils ont frappé les monnaies d'Haïti, ils ont fait, pour les armées de Turquie, de Piémont, de Belgique, d'Espagne, du Brésil, des États-Unis et des États de l'Amérique du Sud, plusieurs millions de douzaines de boutons d'uniforme; pour les troupes de l'Uruguay, du Chili, de l'Équateur, etc., des piastres et des cocardes agrafes; pour l'Espagne et ses colonies, pour l'Italie et pour nos campagnes, des millions de médailles de sainteté. Ils ont établi, à un tiers meilleur marché que les Chinois, le bouton grelot ciselé et doré; ils ont réussi le bouton de chasse bronze anglais, réputé inimitable, et, sont parvenus à vendre cette année à l'Angleterre pour 60,000 fr., à l'Allemagne pour 140,000 francs, de boutons de métal et de soie de haute nouveauté.

Les boutons de MM. Trélon, Weldon et Weil laissent peu à désirer; la gravure et l'estampage sont, en général, corrects; les bords, les reliefs, les appliques sont nets; l'ajustage est solide. Quant au prix, il est aussi modique que celui des fabricants d'outre-Manche et d'outre-Rhin : nous rappellerons que le bouton verni noir pour pantalon, dont l'usage est aujourd'hui si répandu, ne coûte que 21 centimes 1/4 la grosse (1 centime 3/4 la douzaine), que les boutons de métal façonnés pour habit valent, en qualité ordinaire, 23 centimes la douzaine, et les lastings de 95 centimes à 3 francs la grosse, etc.

M. Trélon a obtenu, en 1844, une médaille de bronze, alors que M. Langlois-Sauer était encore son associé; c'est donc la première fois qu'il se présente sous la raison sociale Trélon, Weldon et Weil. Le jury central croit, néanmoins, devoir accorder à ces fabricants la plus haute distinction dont il dispose, digne récompense de tant d'essais et d'efforts intelligents. Elle les encouragera à développer, par des économies et des progrès nouveaux, cette industrie qui ne date réellement que de dix années, et qui est déjà assez vivace pour défier et vaincre la concurrence étrangère jusque sur ses propres marchés, qui s'est créé elle-même, par tout le monde, des débouchés assez étendus pour avoir décuplé la production et pu travailler sans relâche, même dans les plus mauvais jours de 1848.

Le jury central décerne à MM. Trélon, Weldon et Weil la médaille d'or.

MM. GOURDIN et Cⁱᵉ, cloître Saint-Honoré, à Paris (Seine).

Médaille d'argent.

Ils sont les dignes émules de MM. Trélon, Weldon et Weil; eux aussi ont grandement contribué aux progrès de la boutonnerie française, et leurs dernières inventions assurent déjà à nos produits une économie de prix, une supériorité d'exécution et de solidité telles que l'Angleterre et l'Allemagne ont peu d'articles à leur opposer.

MM. Gourdin et compagnie ont 5 moutons, 5 balanciers, 70 découpoirs et 15 tours, 12,000 matrices et poinçons; ils occupent 40 hommes, 20 femmes, 8 enfants, dans leurs ateliers, et 15 ouvriers au dehors. Ils fabriquent 200,000 dizaines de boutons de métal et 400,000 dizaines de boutons de soie, ce qui représente une production totale de 400,000 francs environ, dont le quart est exporté.

MM. Trélon, Weldon et Weil se sont placés sans doute à la tête de cette industrie, tant par une haute intelligence commerciale que par une fabrication considérable et bien entendue, mais MM. Gourdin et compagnie les suivent de près, et nous leur devons cette justice qu'ils ont imaginé des moyens de travail ingénieux, sûrs, économiques. Ils se sont principalement attachés à la boutonnerie fine, et sont dans ce genre sans rivaux. Leurs articles se distinguent par la finesse de la gravure et la correction de l'estampage; la solidité en est extrême; le dessin est, en général, de bon goût. Les boutons des livrées du Président de la République, de MM. de Rothschild, Demidoff, de Beauvau, de la Rochefoucauld, Oudinot, etc., sont presque des bijoux, tant l'exécution est belle, et il serait difficile aux manufactures étrangères d'atteindre à la perfection des boutons or et émail des maisons de la reine d'Espagne et de M⁰ᵉ Aguado. On retrouve même soin et même netteté dans les boutons de marine, d'argent fin pour administration, et de chasse: parmi ces derniers, nous citerons la tête de loup estampée et repercée, ainsi que de charmantes appliques, entre autres la tête de chien renaissance oxydée. Quant au bouton de soie, il est cintré avec précision, bien garni et réussi de tout point.

Il y avait pour perfectionner la boutonnerie fine, au triple point de vue de l'économie, de l'élégance et de la durée, de grandes difficultés à surmonter. Il fallait créer tout un outillage, graver plusieurs milliers de matrices, poursuivre et multiplier des essais coûteux, en face de l'importation incessante des produits étrangers, qui, tarifés au poids, payent un droit insignifiant. Il fallait aussi, après avoir réussi, non-seulement se faire accepter en France par la consommation et la mode, mais encore chasser les similaires Anglais et Allemands des marchés de l'Europe et de l'Amérique. c'est qu'ont fait, à la faveur des résultats déjà conquis par M. Trélon, MM. Gourdin et compagnie. Ils sont arrivés à acquérir une réputation méritée pour les boutons riches et soignés, pour les boutons de soie, de collége et de chasse; bien qu'ils exportent en Italie, aux États-Unis, etc., ils travaillent principalement pour la consommation, et surtout pour les tailleurs.

Nous dirons plus loin la part qui appartient à M. Bassot dans les titres qui recommandent la maison Gourdin.

Le jury central décerne à MM. Gourdin et compagnie la médaille d'argent.

Médailles de bronze. M. Victor LETOURNEAU, rue Michel-le-Comte, n° 33, à Paris (Seine).

Il a succédé à M. Christofle, et il a continué la fabrication de boutons en corne que celui-ci avait créée et perfectionnée; il y a toutefois cette différence, que ce qui se vendait il y a vingt-cinq ans 20 francs la grosse ne vaut plus aujourd'hui que 1 fr. 50 cent. En boutons de corne (de 6 à 12 lignes), M. Letourneau fait de 50 à

60,000 grosses de trois qualités : les façonnés ordinaires, de 37 centimes à 1 fr. 40 cent. la grosse ; les vernis superfins, de 55 centimes à 2 francs ; les brossés extra-fins, de 70 centimes à 2 fr. 50 cent. Il exporte cet article, pour lequel il soutient la concurrence des Anglais, qui le fabriquent mieux, mais à plus haut prix.

M. Letourneau a inventé le bouton pour pantalon, dit à *dôme*, qu'il établit à 1 fr. et 1 fr. 25 cent. la grosse, selon la grandeur, c'est-à-dire à près de 40 pour 100 meilleur marché, épaisseur et qualité égales que tout autre genre analogue.

Le bouton à œillet est suffisamment solide, d'une pose assez facile, d'un prix peu élevé (2 fr. 25 cent. la grosse), et néanmoins d'un usage encore peu répandu.

Nous avons examiné avec intérêt les nombreuses sortes exposées par M. Letourneau, et nous avons, en général, constaté la correction du travail et la modicité du prix. Nous avons particulièrement distingué le bouton doré *façon ciselé* ; il est, si on le compare avec celui qui est fait en Allemagne, plus solide, incontestablement plus joli, et il ne se vend que 1 fr. la grosse, tandis que, tous frais compris, le bouton allemand revient à 1 fr. 70 cent.

Le jury central, prenant en considération les efforts et les soins apportés à la fabrication par M Letourneau, lui décerne la médaille de bronze.

M. LEMESLE, rue des Fontaines-du-Temple, n° 9, à Paris (Seine).

M. Lemesle paraît s'occuper principalement des petits boutons or et argent, ciselés ou estampés, pour gilet, et de ceux en papier, en fer, en zinc, vernis pour pantalon.

Grâce à un outillage perfectionné, à beaucoup d'intelligence, et d'économie, M. Lemesle a en sept années décuplé le nombre de ses ouvriers et le chiffre de ses affaires, en même temps qu'il a pris rang parmi nos plus habiles boutonniers.

Il exporte une partie de ses produits en Espagne, en Italie, dans l'Amérique du Sud.

Au nombre des échantillons, dont l'extrême bon marché est uni à une bonne qualité, nous citerons le bouton en carton verni noir à 30 centimes la grosse ; et le bouton en zinc verni, pour pantalon, à 28 centimes la grosse (2 cent. 1/3 la douzaine).

Toute cette fabrication bien entendue et bien dirigée a appelé sur M. Lemesle l'attention du jury, qui lui décerne la médaille de bronze.

Mentions honorables. ## M. François MORNIEUX, rue Mondétour, n° 35, à Paris (Seine).

Il fabrique le bouton de passementerie et le tissu en soie pour bouton avec une grande supériorité. La variété et l'élégance du dessin, la correction du travail, la modération du prix, recommandent ces produits, qui sont d'une vente facile.

18 métiers, 60 ouvriers et ouvrières, donnent la mesure de l'importance de la fabrication.

Le jury central mentionne honorablement M. Mornieux.

M. PARENT, rue Fontaine-au-Roi, n° 39, à Paris (Seine).

Il monte les boutons de soie et de toile sur un culot en fil de lin ou de soie, formé par une petite machine dont le travail est rapide et bien exécuté. Cette *queue* en fil est plus solide, plus légère, plus aisée à coudre que la queue flexible; elle rend le centrage plus exact et plus facile. Les prix sont, pour le bouton cordonnet, de 2 fr. 75 cent. à 3 fr. 60 le cent., et pour le bouton armure, 2 fr. et 2 fr. 50 cent. le cent.

La fabrication de M. Parent est organisée avec un soin extrême; tout l'outillage est ingénieusement disposé, l'atelier est bien tenu, les produits sont très-satisfaisants.

Le jury mentionne honorablement M. Parent.

M. RÉDELIX, rue Notre-Dame-de-Nazareth, n° 25, à Paris (Seine).

Le jury de 1844 a constaté la part que M. Rédelix a prise, comme contre-maître de M. Vasserot, à l'invention et à la fabrication des boutons à vis. M. Rédelix se présente cette fois en son nom et avec un ensemble d'améliorations qui ont fixé notre attention.

Le bouton est, on le sait, formé de deux parties; dans la tête, qui peut être de toute forme et de toute matière, est taraudé un pas de vis; la queue est une petite vis à tête plate. On perce un trou dans l'étoffe, on y passe la queue du bouton, sur laquelle on visse la tête. Ce système offre une grande solidité.

M. Rédelix a imaginé de canneler en forme de rochet le dessus du bouton à bretelle, afin d'empêcher qu'il ne se dévisse tout seul.

Pour apporter plus d'économie dans la fabrication, il est arrivé à faire à la fois cinq vis au lieu de trois, à adopter une division de travail bien entendue, à modifier utilement l'outillage.

Le bouton à vis passe entre les mains de 17 ouvriers spéciaux. Grâce à cette séparation des fonctions et à l'amélioration des moyens mécaniques, son prix a pu être réduit ainsi qu'il suit :

	1844.	1849.
Boutons à bretelle.........	3ʳ 00ᵉ	1ʳ 65ᵉ la grosse.
——————— (petits)...	2 25	1 40 *idem.*
————cisalés (le culot ayant 10 pas de vis au lieu de 1 ou 2 comme autrefois)........	15 50	11 00 *idem.*
————de jais, bombés au plat...........	16 00	8 00 *idem.*
———— satin pour paletot, (12 lignes 1/2)...	24 00	18 00 *idem.*

Ce genre de bouton, vu sa commodité et son bas prix, a été appliqué aux gants, aux chemises, aux gilets et à tous les vêtements. Il commence à être connu et peut espérer un certain succès.

Le jury central accorde à M. Rédelix une mention honorable.

M. LARRIVÉ, rue des Petits-Champs-Saint-Martin, n° 2, à Paris (Seine).

Les boutons de livrée et d'uniforme sont exécutés avec soin par M. Larrivé; le prix en est avantageux, mais les reliefs et les dessins laissent un peu à désirer sous le rapport de la correction et du fini.

Mentionné honorablement en 1844, M. Larrivé est digne encore de cette distinction, que le jury lui confirme.

M. PASSERAT, à Nantua (Ain).

Il s'occupe uniquement de la fabrication des boutons de nacre. Il en produit 46,000 grosses, dont les deux tiers pour l'exportation. Les six genres de bouton qu'il a exposés (biseau, creux, téton, uni, gravé et moleté), attestent l'habileté des ouvriers, le choix intelligent

48.

des nacres, la bonne direction du travail. Les prix varient de
50 cent. à 2 fr. 45 cent. la grosse. Il sont avantageux, surtout si
l'on tient compte du fini de ces boutons, qui rivalisent sur les
marchés suisses et italiens, avec les similaires anglais et allemands.

50 ouvriers sont employés dans cette fabrique, qui est devenue
un véritable atelier de charité, et qui, à ce titre, rend un grand
service à la ville de Nantua.

Le jury central mentionne honorablement M. Passerat.

Citations
favorables. M. Pierre LABAT, rue de Saint-Quentin, n° 17, à Paris
(Seine).

M. Labat, ouvrier mécanicien, a imaginé un nouveau système
de plaque pour ceinturon, dit *à excentrique volant;* plus légère et
plus résistante, cette plaque offre l'avantage de permettre d'allonger et de raccourcir aisément le ceinturon, de l'empêcher de se
desserrer, et de s'agrafer avec facilité.

La boucle *ablaptique* présente une disposition ingénieuse; elle est
très-solide, et peut être utilement montée sur bretelles, jarretières,
pattes, ceintures, etc.

Enfin, M. Labat a exposé une agrafe pour gants, un bouton circulaire pour fourreau de sabre, et des applications à la sellerie de
son système de plaque et de boucle.

Toutes ces idées témoignent d'efforts laborieux et intelligents,
et le jury regrette que l'expérience ne les ait pas encore sanctionnées;
fidèle à ses précédents, il ne peut récompenser M. Labat que par une
citation favorable.

M. LEGUAY, rue de Richelieu, n° 7, à Paris (Seine).

Son assortiment de boutons de chasse, de livrée et de fantaisie,
tous en métal, a arrêté l'attention du jury, qui, prenant en considération l'importance de l'atelier, où travaillent 10 ouvriers, et les
soins apportés à la fabrication, accorde à M. Leguay une citation
favorable.

§ 18. BROSSERIE.

M. Natalis Rondot, rapporteur.

MM. VUIGNER et PLANTIER, rue Quincampoix, n° 3, à Paris (Seine).

Mentions pour ordre.

Ils ont monté à fourchette les balais d'appartement, ainsi que les brosses à laver et à frotter. Cette disposition ne paraît pas offrir tous les avantages que les inventeurs en espéraient; la fixité du manche n'est pas sans doute exempte d'inconvénients, mais elle est indispensable pour obtenir un bon nettoyage. Toutefois, dans certains cas, la monture de MM. Vuigner et Plantier peut être utilement employée.

Le travail de brosserie et l'ensemble de la fabrication sont satisfaisants.

M. Étienne LAURENÇOT, rue Bourg-l'Abbé, n° 8, à Paris (Seine).

Médailles de bronze.

M. Laurençot fait principalement la brosse à dents pour l'exportation, et il l'exécute dans d'excellentes conditions de prix et de travail. Nous avons examiné, non-seulement les échantillons exposés, mais des pièces prises au hasard dans les assortiments, et nous avons constaté que même la brosse à dents à 4 rangs de 12 fr. la grosse (à peine 8 centimes 1/2 la pièce) est en bonne qualité, et que déjà, à 42 francs (3 fr. 50 cent. la douzaine), on a des choix très-satisfaisants.

La brosse à ongles, aussi établie avec un grand soin, est faite ordinairement dans les prix de 20 à 50 francs la douzaine.

M. Laurençot s'est fait une réputation méritée pour ses brosses à tête; comme travail de brosserie, elles ne laissent rien à désirer, et elles sont avantageuses sous le rapport du prix et de la durée.

Ce qui donne, en outre, à ces différents articles un caractère de supériorité incontestable, c'est la beauté de la monture. Des affaires considérables permettent à M. Laurençot de faire venir directement l'os et l'ivoire des Indes et des Amériques, lui mettent en main, au meilleur marché, les matières le mieux appropriées à sa fabrication, et dont, après une préparation et un débitage intelligents, il sait tirer un habile parti. Nous en avons acquis la preuve; mais, pour en être assurés, il nous eût suffi de l'examen de ces magnifiques brosses à manche et dos sculptés, du prix de 50, 60, 80 fr., qui sont destinées à la Russie, à l'Angleterre, au Brésil. Il n'est pas jusqu'aux brosses à dents communes, dont l'os ne doive être cité pour sa blancheur.

M. Laurençot emploie à Tracy-le-Mont, près Ribécourt (Oise), plus de 100 ouvriers, qui ne font que la brosse à dents ; il a, dans ses ateliers de Paris, 30 ouvriers, hommes et femmes, lesquels s'occupent du travail de la brosse à tête et de l'ivoire.

Ainsi, exploitation industrielle importante, commerce et préparation intelligents de l'os et de l'ivoire, utilisation, à des travaux de tabletterie et de brosserie, de paysans qui y gagnent un bon salaire, tout en pouvant ne pas négliger leur labeur des champs, exécution correcte et bien dirigée d'objets d'une vente facile ; tels sont les titres qui recommandent M. Laurençot, et nous ajouterons qu'à ces titres il faut joindre le mérite d'avoir lutté longtemps contre la brosserie anglaise, d'avoir triomphé d'elle, et d'expédier aussi en Angleterre ces articles fins de toilette qu'elle nous fournissait il y a peu d'années encore.

Le jury central décerne à M. Laurençot la médaille de bronze.

MM. MARIATTE et JACQUEMOT, à Metz (Moselle).

128 modèles différents de brosses, de vergettes et de pinceaux nous ont bien fait connaître la fabrication de MM. Mariatte et Jacquemot. Nous n'avons que des éloges à leur donner ; le choix des crins, des soies, des blaireaux, des poils de chèvre, le travail de brosserie, le montage, la cambrure, etc., sont faits avec soin et avec intelligence. Les prix sont, en général, modérés, surtout eu égard à la solidité que nous paraissent offrir les produits de MM. Mariatte et Jacquemot.

Ils ne fabriquent pas seulement la grosse brosserie domestique et la brosserie de toilette : ils établissent les diverses sortes de vergettes, la petite brosserie militaire, et toute la brosserie industrielle pour meunier, boulanger, imprimeur, chapelier, tisserand, enfin les brosses et pinceaux à peindre, vernir, blanchir, dorer, décorer, etc.

La bonne confection de produits si variés a frappé le jury, qui accorde à MM. Mariatte et Jacquemot la médaille de bronze.

M. CHEVILLE, rue des Hospitalières-Saint-Gervais, n° 4, à Paris (Seine). Mentions honorables.

Il fabrique la grosse brosserie, principalement la brosserie pour l'industrie et le balai pour l'exportation.

La brosserie industrielle demande, pour être bien exécutée, une assez grande expérience : la chapellerie emploie quatorze brosses différentes; le travail des papiers peints, douze brosses; l'impression sur étoffes, dix brosses, etc.; il est essentiel de donner à chacune, en vue de sa destination, sa qualité et sa nature particulières. M. Cheville paraît y avoir réussi; les échantillons qu'il a exposés sont, au témoignage de fabricants spéciaux, parfaitement appropriés à leur usage.

Les balais plats, Berg-op-Zoom, hollandais et à tête, sont établis en bonne matière et avec une solidité satisfaisante; l'exportation en est, en raison de leur bon marché, assez facile, surtout dans les prix de 14 à 36 francs la douzaine.

Le jury central mentionne honorablement M. Cheville.

M. PAILLETTE, rue du Grenier-Saint-Lazare, n° 12, à Paris (Seine) et à Claye (Seine-et-Marne).

Les brosses de toilette et à habit exposées par ce fabricant se distinguent par leur excellente confection et la modicité de leur prix. Montées à l'anglaise, elles sont établies sur bois chevillé et non sur bois plaqué; on peut, en conséquence, laver les soies. Tout en étant chevillées et faites, en général, en bonne qualité, ces brosses sont offertes à des prix avantageux, exemple :

Brosse à tête hérisson, 9 rangs, 12 francs la douzaine.

                11   18

                17   33

Brosse à favoris..... 7 et 9   6 et 7

Brosse à habit, russe ou anglaise :

   6 pouces, 9 rangs, soie noire, 12 francs la douzaine.

   8   11   idem....... 30

   6   9   soie blanche, 15

   8   11   idem....... 30

La plupart des produits de M. Paillette sont exportés dans les Amériques, où ils soutiennent la concurrence de l'Angleterre.

Trente ouvriers et ouvrières sont employés à Claye à cette fabrication, qui est bien dirigée.

Le jury central accorde à M. Paillette une mention honorable.

M. Alexandre RENNES, rue de l'Aiguillerie, n° 2, à Paris (Seine).

Il fabrique principalement la grosse brosserie et a apporté quelques perfectionnements avantageux dans la monture et la forme. Dans les balais, il a donné au bois plus de légèreté et une meilleure cambrure, aux loquets de sanglier, une inclinaison favorable au nettoyage; il a articulé la brosse à frotter, l'a garnie à l'entour d'un cordon de soies de sanglier, en a doublé la durée, a logé dans des cannelures les ficelles de la monture, et a pratiqué des arêtes transversales pour maintenir le pied du frotteur. M. Rennes a remplacé, dans la brosse à friction, les rouleaux de flanelle par une éponge recouverte de flanelle, et a établi un contre-perçage, tant pour l'aération que pour l'introduction des substances qui doivent intervenir dans la friction. Il a imaginé de substituer la corde à boyau et le fil d'argent fin au fil de laiton et à la soie dans la monture de la brosse à dents, afin d'assurer la solidité des soies; et il a préparé une composition qui fixe les loquets beaucoup plus fortement qu'on ne peut le faire avec la poix, et qui n'est pas sensiblement influencée par la chaleur.

Ces améliorations diverses sont, en général, bien entendues; elles témoignent d'une grande expérience du travail de la brosserie et d'une activité intelligente. La plupart n'élèvent pas, et quelques-unes réduisent le prix des produits.

Examinés avec attention, les échantillons exposés par M. Rennes nous ont paru réunir toutes les conditions d'une excellente fabrication, et le jury central, appréciant les efforts de ce laborieux fabricant, lui confirme la mention honorable qui lui a été accordée en 1844.

M. BAZERT, à Saint-Sulpice-la-Pointe (Tarn).

Il a présenté une collection d'échantillons de vergettes, décrottoirs et polissoirs, brosses à fusil et à bouton pour soldats, brosses de toilette et brosses pour le pansage de chevaux.

Le principal mérite de ces articles est leur solidité et leur bon marché; il serait possible d'y joindre un peu plus d'élégance dans la forme et de correction dans le travail.

Le jury mentionne honorablement M. Bazert.

M. GUANTÉLIAT, rue de la Paix, n° 70, à Batignolles (Seine).

Il a proposé, pour remplacer l'étrille et le bouchon de paille, un gant en crin, tissé à nœud plat. On est d'accord sur les bons effets de cette espèce de brosse pour le pansage des chevaux. L'idée paraît empruntée aux Orientaux; elle n'est plus nouvelle ici, car, à l'exposition de 1844, elle a valu à M. Guantéliat une mention honorable.

Cette année, ce fabricant présente des gants, les uns en crin, les autres en tricot de poil de chèvre, pour friction, des brosses de bain, dont le corps en liége est recouvert d'un tissu de crin à nœud plat, enfin des décrottoirs en crin pour vêtement d'homme, en poil de chèvre pour robe de femme.

Ces applications ne nous ont pas paru offrir une utilité et un intérêt réels, et tout en appréciant le zèle avec lequel M. Guantéliat cherche à apporter des améliorations dans son industrie, le jury ne peut que lui rappeler la mention honorable.

M. Robert BABON, rue de la Verrerie, n° 99, à Paris (Seine).

Citations favorables.

Le balai et le passe-partout ont été perfectionnés par M. Babon; il s'est attaché à rendre le nettoyage plus facile et plus complet, tout en rendant les chocs et les accidents impossibles.

Il fait toute la brosserie d'appartement et de ménage en qualité courante, et la vend principalement dans les départements.

M. Babon s'est, comme tous ses confrères, occupé de la brosse à friction; il a eu l'idée d'employer la poire de caoutchouc et de la recouvrir de flanelle.

Le jury accorde à M. Babon une citation favorable.

M. RIVIER, rue Neuve-des-Capucines, n° 18, à Paris (Seine).

La brosse à friction, employée le plus généralement jusqu'à présent, est formée de rouleaux de flanelle; elle a plusieurs inconvénicnts; elle s'écrase, se crasse, ne peut guère être nettoyée, et sèche très-lentement. Son prix est assez élevé : 18 francs la douzaine, le n° 1; 36 francs, le n° 4.

M. Rivier recouvre un corps en liége d'une feuille d'étain, et l'entoure de quatre épaisseurs de flanelle; ainsi établie, la brosso-baigneuse peut-être employée pour frictions sèches et humides avec assez d'avantage; elle se sèche rapidement et se nettoie avec facilité.

Les prix sont de 15 francs la douzaine pour le n° 1, et de 27 francs pour le n° 4. Tout en constatant cette grande réduction de prix, nous devons rappeler que la disposition adoptée par M. Rennes permet de livrer le n° 1 à 10 francs, et le n° 4 à 18 francs,

Le jury cite favorablement M. Rivier.

M. DESMAZIERS, rue Saint-Martin, n° 210, à Paris (Seine).

Il fait la lavette et le balai de garde-robe, l'écouvillon pour l'artillerie et le goupillon pour marchand de vin, les brosses pour raffineur, boulanger, mouleur, ainsi que les balais et les têtes de loup; ces différents articles sont montés sur une tête en étain, sur un corps en cuivre ou en étain, et quelques-uns peuvent être démontés. Ils sont établis dans les meilleures conditions de durée et de solidité.

Le jury cite favorablement M. Desmaziers.

S 19. GAINERIE, PORTE-MONNAIE ET PORTEFEUILLE.

M. Natalis Rondot, rapporteur.

Médaille d'argent.

M. Henry SCHLOSS, rue Chapon, n° 15, à Paris (Seine).

Il a importé, vers 1834, de Francfort à Paris le porte-monnaie; il en a perfectionné la fabrication, la monture et le fermoir; il a créé le porte-cigare en 1840; il a imaginé et établi un outillage complet; a organisé une fabrique importante où travaillent près de 200 ouvriers, et c'est réellement à lui que Paris doit cette nouvelle industrie, qui depuis six ans a pris une si rapide extension.

Cinq brevets datés de 1842, 1843, 1847 et 1848, établissent

en faveur de ce fabricant la priorité des inventions et des perfectionnements.

Les produits exposés par M. Henry Schloss comprennent cinq articles principaux exécutés de toutes pièces dans ses ateliers. Le fer y entre en feuilles et l'acier en barres; le mouton chagriné, le maroquin et le daim y sont reçus en peaux entières, tantôt brutes, tantôt préparées et teintes. Aucune façon n'est faite au dehors, à l'exception du parage de la peau, d'une partie du polissage et de la dorure sur acier.

Le modèle de porte-monnaie adopté par M. Schloss se distingue par un double encadrement en acier dans lequel le cuir est solidement fixé, et par un fermoir à bascule d'un jeu facile. Dans un porte-monnaie de 6 centimètres sur 7 centimètres 1/2, on peut renfermer aisément 50 francs en argent, sans que la fermeture soit moins hermétique et sans qu'aucune partie cède ou se fatigue. Dans le modèle *russe*, les deux petites cloisons sont doubles, closes par des fermoirs, et destinées à renfermer l'or; plusieurs poches, séparées par une grille d'acier, servent à placer les billets.

Le porte-cigare, souple ou façon portefeuille, est d'une vente considérable, principalement pour l'exportation; il est comme le porte-monnaie, établi avec un grand soin et en bonne qualité.

Le portefeuille est fabriqué et garni avec non moins d'habileté d'outil et de main, et avec une entente parfaite de sa destination. Il y a jusque dans les moindres organes de ces ouvrages divers, luxe de précision et de solidité; c'est ainsi que pour obtenir d'une seule pièce une gaîne-charnière pour le crayon, M. Schloss a monté deux balanciers et imaginé vingt matrices.

Enfin, de petits nécessaires de travail, des buvards très-coquets, des carnets anglais avec cahier mobile, des porte-monnaie avec tablettes, des nécessaires de fumeur forme locomotive, complètent la collection des produits de cette maison.

Les prix sont naturellement variables selon la grandeur, la qualité et la richesse; il nous suffira d'en indiquer les deux termes extrêmes: porte-monnaie, de 24 francs à 140 francs la douzaine; portefeuilles, de 30 francs à 200 francs la douzaine; porte-cigares, de 5 francs la douzaine à 25 francs la pièce; buvards, de 3 francs à 20 francs la pièce.

Le bon marché de plusieurs de ces articles, qui réunissent l'élégance à la solidité, s'explique par l'intelligence avec laquelle la division du travail a été appliquée à leur exécution. Le porte-monnaie le plus modeste n'est entièrement confectionné qu'après avoir passé entre les mains de 22 ouvriers différents, et sous 12 ou 15 machines spéciales. La garniture d'acier, à elle seule, est soumise, depuis la tarocho jusqu'à la dorure, à 14 manutentions diverses ; la peau en subit 8 ou 9, non compris les préparations dernières et la teinture. Tout en rendant le travail plus facile et plus rapide, plus habile et plus économique, par cette division, M. Schloss en a relié avec soin toutes les parties, afin d'assurer sa régularité, en même temps que la bonne administration et la surveillance de ses ateliers. Il a réussi en tout point.

L'exportation des porte-cigares, des portefeuilles, etc. n'est guère possible surtout dans les colonies, les Amériques et les pays méridionaux, qu'autant que le décor en est varié, riche et éclatant. C'est pour satisfaire à ces fantaisies du consommateur étranger que M. Schloss a fait composer et exécuter plus de 4,000 dessins. Nous avons remarqué dans cette collection des modèles d'un goût original, d'un charmant style, ainsi que des gravures, des impressions des gaufrures, toutes sur peau, correctes et d'un agréable effet. Nous citerons parmi les plus jolis les genres *asiatique*, *arabe*, *perse*, *mosaïque*, et surtout les imitations *manille*, dont en 1845 et 1846, M. Schloss a fait pour l'exportation environ 30,000 douzaines au prix de 10 et 12 francs la douzaine.

Son établissement comprend 8 ateliers, dans lesquels sont occupés, en tout temps, 40 mécaniciens, horlogers-riveurs, polisseurs, etc. ; 16 portefeuillistes, doreurs, imprimeurs, etc. ; 56 ouvrières. Payés presque tous à la pièce, les hommes gagnent de 3 à 7 francs, et les femmes de 1 fr. 50 cent. à 2 francs par jour. Au dehors sont employés 20 polisseurs et 12 portefeuillistes, tous chefs ouvriers façonniers, qui font travailler avec eux de 70 à 80 ouvriers.

58 balanciers et découpoirs, 4 presses à dorer, 25 machines diverses, fonctionnent dans la fabrique, qui renferme en outre un atelier outillé pour l'impression, le gaufrage, la gravure et la dorure sur peau.

15,000 douzaines de produits et environ 400,000 francs d'affaires, dont les trois quarts pour l'exportation, disent assez quelle est l'importance de la maison Schloss.

M. Henry Schloss est mort jeune encore, pendant l'exposition.

et ce que nous aurions hésité à dire, lui vivant, il est de notre devoir de le faire connaître aujourd'hui.

Il n'a pas été seulement un fabricant intelligent et habile, honnête et laborieux, il a été aussi en tout temps l'ami et l'appui de ses ouvriers. Il les aidait, eux et tous les travailleurs de courage qui s'adressaient à lui, de ses conseils et de son argent ; et, grâce à lui, dans la petite fabrique parisienne, plus d'un perfectionnement a été réalisé. Durant les agitations révolutionnaires de 1848, et dans les tristes jours où sévissait le choléra, M. Schloss a redoublé de dévouement et de sollicitude pour sa famille d'ouvriers. C'est un exemple qui, à l'honneur des chefs d'industrie, a été donné avec un égal désintéressement en différentes villes.

Feu Henry Schloss a pour successeurs sa veuve et son frère, M. Simon Schloss. Tous deux sont animés des mêmes sentiments que lui ; ils ont partagé ses travaux, contribué à la prospérité de sa fabrique, et le passé nous répond de l'avenir. Le jury a pensé que c'était encore honorer la mémoire de M. Henry Schloss que de faire participer sa famille à la récompense dont il juge digne cet industriel. En considération des perfectionnements divers apportés dans l'outillage, et de l'intelligence avec laquelle cette fabrication a toujours été activement conduite, le jury central décerne la médaille d'argent à feu Henry Schloss.

M. FENOUX, rue de Grenelle-Saint-Honoré, n° 55, à Paris (Seine).

Rappel de médaille de bronze.

Ses portefeuilles ministre et de banque, ses trousses de voyage, se font remarquer par le fini de leur exécution, leur élégance et l'ingénieuse distribution de leurs parties.

M. Fenoux est toujours un de nos premiers et de nos plus habiles portefeuillistes, et mérite toujours la médaille de bronze qui lui a été accordée en 1834, confirmée en 1839 et en 1844, et que le jury lui rappelle.

M. BOUILLARD, rue Michel-le-Comte, n° 30, à Paris, (Seine).

Rappel de mention honorable.

Il a exposé des bijoutières dont la construction, la garniture et la fermeture sont perfectionnées par lui ; ces coffrets, à fonds élastiques et à rainures, sont solides, légers, et du prix avantageux en raison de la durée, de 20 à 200 francs, suivant qu'ils ont de une à huit coupes d'ouverture.

La membrure des écrins pour les bijoux, les montres et la petite orfévrerie a été faite jusqu'à présent en bois taillé, ajusté, collé et cloué ; elle est ainsi l'objet d'un travail long et difficile. En substituant au bois une feuille de métal, en découpant celle-ci à l'emporte-pièce, la cambrant et la façonnant dans une matrice, M. Bouillard obtient une économie de 25 p. o/o, en même temps qu'une exécution plus correcte, plus régulière et plus rapide.

On doit aussi à ce fabricant intelligent l'application à la cartonnerie d'un carton souple et tenace, formé par le collage successif et la compression de feuilles minces de bois, de carte et de parchemin.

Le jury central confirme à M. Bouillard la mention honorable qui lui a été accordée en 1844, et lui réserve une récompense plus élevée lorsque les avantages de ses nouvelles inventions auront été constatés par l'expérience du travail et l'usage.

Mentions honorables. MM. GELLÉE frères, rue Rambuteau, n° 12, à Paris (Seine).

Gaîniers habiles, ils font avec intelligence et succès les coffrets pour orfévrerie, les boîtes et étuis pour couverts et couteaux, et les écrins pour bijouterie. Ils ont imaginé, pour l'étalage des bijoux et des montres, des tringlettes de bois et velours avec appliques de cristal ou de porcelaine, et ont placé dans les écrins des supports également en cristal.

Les divers échantillons de gaînerie exposés par MM. Gellée frères, tout en étant d'une exécution soignée et perfectionnée, sont établis à des prix modérés ; ils rendent dignes ces fabricants de la mention honorable que le jury central leur accorde.

M. CLASSEN, rue Phélipeaux, n° 36, à Paris (Seine).

Il exporte les neuf-dixièmes de sa fabrication. Il fait le porte-monnaie et le porte-cigare, le portefeuille et le carnet de poche, le nécessaire et le pupître-papeterie de fantaisie, l'encrier portatif. Une cinquantaine d'ouvriers, dont trente en atelier, travaillent sans relâche à ces ouvrages variés, exécutés avec soin, établis à bas prix et en bonne qualité courante.

Le jury mentionne honorablement M. Classen.

S 20. GANTERIE DE PEAU.

M. Natalis Rondot, rapporteur,

CONSIDÉRATIONS GÉNÉRALES.

La fabrication des gants de peau occupe en France au moins 28,000 ouvriers, hommes et femmes, et représente une valeur de production annuelle de 36 millions de francs environ.

Il s'en confectionne à Paris seulement pour une valeur de... 16,000,000^f

Grenoble en produit pour une valeur de... 10,000,000

Milhau, Niort, Chaumont, Lunéville, le Mans, etc. en font pour.................... 10,000,000

On évaluait cette production, en 1840, à 28 millions de francs.

L'exportation des gants de peau a pris, dans ces dernières vingt-cinq années, un développement considérable.

En 1827, l'exportation était de 137,915 kilogrammes; le kilogramme pouvait valoir alors 40 francs. Les 137,915 kilogrammes représentaient donc une valeur de 5,516,600 francs.

En 1846, 247,800 kilogrammes, et en 1847, 244,718 kilogrammes sont exportés; mais maintenant le kilogramme a triplé de valeur, et doit être estimé de 110 à 125 francs, soit en moyenne 118 francs. L'exportation s'élève à 29 millions de francs; c'est cinq fois plus qu'en 1827, et chaque année les expéditions augmentent encore d'importance.

En 1848, malgré la crise que les agitations révolutionnaires ont aggravée, plus de 235,000 kilogrammes sont sortis de France.

Nous ne donnons naturellement ici que les chiffres officiels, ceux qui sont inscrits sur les états de commerce; mais il faut ajouter que 20,000 kilogrammes environ ne passent pas en douane, et cette fraude a pour but, non d'éviter les formalités et l'acquittement d'un droit minime, mais de préparer plus sûrement l'entrée en contrebande en Angleterre ou ailleurs.

La production française paraît surtout considérable quand on la compare à celle de l'Angleterre; nous n'estimons pas celle-ci à plus de 12 millions de francs, et voici pour quelle part figurent dans ce chiffre les villes où cette fabrication a quelque importance :

Londres.........	3,900,000	en gants de chevreau;
Worcester......		
Ycovil.........	6,500,000	— de chevreau et d'agneau;
Milbourne-Port..		
Woodstock......		
Witney.........	1,040,000	— de castor et de daim;
Rexham........		
Holt..........		
Hartwich.......	260,000	en grosse ganterie de peau.
Glastonbury.....		

Les gants anglais ont les États-Unis pour destination principale; c'est aussi là que nous expédions une grande partie de notre ganterie (95,000 kilogrammes environ en 1847). Les colonies anglaises fournissent ensuite aux fabricants de Worcester, d'Ycovil, de Londres et de Woodstock un débouché avantageux. Quant à la France, elle vend des gants à tout le monde, et à l'Angleterre plus qu'à aucun autre pays, car, en 1848, il y a été importé, contrebande non comprise, 97,250 kilogrammes de gants français. Nos gants fins sont recherchés sous toutes les latitudes, en Russie, en Hollande, en Allemagne, en Turquie, au Brésil, aux Indes.

Partout le gant français jouit d'une réputation et d'une vogue que justifient sa finesse, l'élégance et la précision de la coupe, la fraîcheur et la pureté des couleurs.

Il a été pris, de 1806 à 1848, 77 brevets d'invention et 36 brevets de perfectionnement, d'addition ou d'importation; mais, de ces inventions diverses, une seule a acquis à son auteur une célébrité méritée, et a donné, depuis quelques années surtout, à cette industrie un essor considérable : c'est la coupe mécanique, soit par l'emporte-pièce, soit par le calibre, due à M. Jouvin. Nous parlerons plus loin et de ce fabricant intelligent et de son système; un mot suffit ici : la correction introduite ainsi dans le travail, la facilité avec laquelle on peut, à l'aide d'un numérotage ingénieux, faire fabriquer ou trouver des gants qui s'ajustent parfaitement, ces avantages ont donné aux produits de M. Jouvin, loyalement exécutés, un renom qui s'est attaché à l'étranger à toute la ganterie française.

Constatons en terminant qu'il y a quinze ans la peau était de 40 p. o/o moins chère qu'aujourd'hui, que l'adoption de l'emporte-pièce et du calibre a fait élever le salaire des ouvriers coupeurs, et que celui des ouvrières couseuses a diminué par suite de l'emploi de la petite mécanique, qui rend leur travail plus régulier et plus facile.

MM. JOUVIN et DOYON, boulevard Bonne-Nouvelle, n° 8, à Paris (Seine).

Médaille d'or.

Ils sont aujourd'hui si honorablement connus dans l'industrie et le commerce de la ganterie, que, sur plusieurs marchés étrangers, on appelle aujourd'hui les gants français des *Jouvins*, et ce n'est que, sous les noms et avec la marque de ces fabricants si renommés, que Naples, la Belgique et l'Espagne peuvent vendre le peu de ganterie de chevreau que l'on y fait encore. — Il n'est pas inutile de rappeler que, depuis longtemps déjà, et surtout depuis l'adoption des nouveaux modes de coupe et de couture, Worcester, Woodstock et Ycovil sont distancés par Paris et Grenoble. L'industrie de la ganterie de peau est néanmoins florissante et considérable en Angleterre, mais la consommation nationale lui est enlevée et elle n'a guère de débouchés que dans les colonies.

25 années de fabrication intelligente et toujours loyale ne sont pas le seul titre de M. Jouvin à la haute estime et aux récompenses du jury central. Les inventions de l'emporte-pièce et du calibre pour la coupe exacte des gants, et les ingénieuses combinaisons imaginées pour permettre de ganter avec précision toutes les mains,

ont eu, sur la fabrication des gants en France, la plus heureuse influence; elles l'ont amenée à un degré de supériorité remarquable, et, quelques-uns des brevets étant expirés, ces procédés sont adoptés par presque tous les gantiers de Paris, de Grenoble, de Niort, etc.

MM. Jouvin et Doyon fabriquent par an 44,000 douzaines de paires de gants de chevreau, et en vendent pour l'exportation plus de 30,000 douzaines de paires, c'est-à-dire pour près d'un million de francs; c'est le 20ᵉ de l'exportation totale.

Leurs gants sont d'une excellente qualité et très-recherchés en Angleterre, en Allemagne, dans les deux Amériques, si recherchés même que l'on y vend avec leur marque cent fois plus de gants qu'ils n'en peuvent livrer. Cette contrefaçon, ce vol de marque, si glorieux pour MM. Jouvin et Doyon, est une honte pour le commerce, un grave délit, qui reste trop longtemps impuni.

1,100 ouvriers sont employés par MM. Jouvin et Doyon; ils occupent, en atelier, 92 étavillonneurs et coupeurs, 68 à Grenoble et 24 à Paris; 28 fendeuses, 22 à Grenoble et 6 à Paris; 980 couseuses, dont 250 à Grenoble et dans ses environs, 220 à Mortagne (Orne), 180 à Verneuil (Eure), 270 à Ravenel (Oise), et 60 à Métry et à Tremblay (Seine-et-Oise). Les hommes gagnent de 3 fr. 50 cent. à 4 fr. 50 cent., et les femmes de 90 centimes à 1 fr. 25 cent. par jour.

Nous ne terminerons pas sans revenir sur le système de mesure et de coupe qui a rendu si populaire le nom de M. Jouvin, et qui a assuré à ses produits une vogue méritée. — Les mains d'homme, de femme et d'enfant ont été divisées, pour la longueur, en quatre, et, pour la largeur, en cinq séries; des échelles proportionnelles ont servi de bases à un ingénieux numérotage par lettres et par chiffres, qui est représenté par une collection de 224 calibres de main et de pouce, et de 112 calibres de fourchette et d'enlevure. Nous avons suivi avec attention tout le travail des gants, depuis l'étavillonnage jusqu'à la broderie, et nous avons été surpris de la précision extrême à laquelle l'ouvrier est forcé d'arriver.

Cet ensemble de faits et de mérites a vivement excité l'intérêt du jury central, qui décerne une médaille d'or à MM. Jouvin et Doyon, déjà récompensés, en 1839 et en 1844, par les médailles de bronze et d'argent.

M. Victor ROUQUETTE, rue Saint-Denis, n° 244, à Paris (Seine). **Médailles de bronze.**

Depuis 3o ans, il s'occupe avec un égal succès de la fabrication des gants de chevreau et d'agneau; il en fait 35,000 douzaines de paires, dont 20,000 douzaines de paires environ pour les États-Unis, l'Amérique du Sud, la Turquie, l'Allemagne, la Russie, etc. Il fait travailler 70 étavillonneurs et coupeurs, dont 5o dans ses ateliers, et 800 couseuses et brodeuses, dont 100 en chambre et 700 en Picardie et en Normandie.

Pour satisfaire aux habitudes de toilette des dames des colonies espagnoles et des États de l'Amérique du Sud, M. Rouquette a dû orner les gants qui leur sont destinés de fleurs et quelquefois d'armoiries brodées en soie de couleur ou en or. Les poignets sont garnis de bouffantes en satin et en dentelle d'or. Il a su, ce qui n'était pas sans difficulté, ne pas sacrifier le bon goût à la richesse et à l'éclat. Ajoutons que, depuis longtemps, l'exécution et la qualité de ses gants d'uniforme et d'amazone en agneau chamoisé ne laissent rien à désirer.

M. Rouquette coupe le gant à l'emporte-pièce, et non pas au calibre; la confiance qu'il a su obtenir et conserver prouve que ce moyen de travail, employé avec habileté, peut donner de bons résultats. Les peaux sont choisies avec soin, elles sont souples et fines; leur teinture, surtout dans les couleurs tendres, est parfaitement réussie.

Le jury central décerne à M. Victor Rouquette une médaille de bronze.

M. LECOCQ-PRÉVILLE, passage du Saumon, n° 5o, à Paris (Seine).

Un bon choix de peaux, des soins intelligents apportés à la coupe et à la couture, ont acquis en France aux gants de chevreau de M. Lecocq-Préville une réputation méritée; aussi s'est-il attaché principalement à la ganterie de luxe et de nouveauté. Ses amadis, ses quart et demi-longs, réunissent l'élégance de la forme à la perfection du travail; dans ceux pour toilette de bal, grâce à des enlevures par estampage, le bord imite, jusqu'à une certaine hauteur, la dentelle ou la guipure ; c'est une heureuse idée qui a déjà été appliquée à une autre industrie.

M. Lecocq-Préville produit 28,000 douzaines de paires de gants de chevreau, dont le tiers est exporté en Angleterre, en Russie, en Hollande et en Amérique. Il occupe 17 ouvriers en atelier, 20 brodeuses et bordeuses en chambre, et 800 couseuses dans les départements de l'Eure, de l'Orne et de l'Oise.

Mentionné honorablement en 1844, pour son excellente fabrication, aujourd'hui p'us importante et plus perfectionnée, M. Lecocq-Préville mérite la médaille de bronze, que le jury lui accorde.

Mentions honorables. **M. TAMBOUR-LEDOYEN, rue Neuve-Saint-Augustin, n° 49, à Paris (Seine).**

Il soutient la réputation acquise à la ganterie de son prédécesseur, M. Privat, et les échantillons qu'il a soumis au jury central témoignent de l'activité avec laquelle il cherche à améliorer la fabrication.

Il a adopté définitivement le pouce à languettes, la coupe du gant à la main et celle des fourchettes et des carabins à l'emporte-pièce, jugeant qu'il résultait de cette adoption une meilleure exécution.

La couture laisse presque toujours à désirer ; il y a peu de gants dont le point ne s'échappe en quelque endroit, dès qu'ils ont été portés un jour ou deux. La faiblesse de la soie en est aussi souvent la cause que la négligence de l'ouvrière. M. Tambour pouvant, en raison de la nature de sa clientèle, donner à ses gants une façon un peu plus coûteuse, les fait coudre à double soie, quelquefois au point de feston ou à points croisés, quelquefois aussi avec piqûre simple ou double.

Le gant de chevreau en belle qualité est l'objet principal de la fabrication de M. Tambour, qui exporte, notamment en Hollande, une certaine quantité de ses produits.

Le jury, appréciant les essais intelligents de ce fabricant, lui accorde une mention honorable.

M. Charles-PERRUCAT, à Grenoble (Isère).

Les gants exposés par M. Perrucat sont d'une qualité et d'un travail satisfaisants. Le jury départemental de l'Isère le signale comme un des bons fabricants de Grenoble.

Les produits de M. Perrucat n'ont pu être, faute de renseignements, appréciés par la commission comme ils méritent probablement de l'être; toutefois, en considération de la recommandation du jury de l'Isère et de la belle apparence des échantillons, le jury central mentionne honorablement M. Charles Perrucat.

M. Aimé ABRAHAM, à Grenoble (Isère).

Citations favorables.

La plupart des coutures rendues inutiles, l'assemblage des diverses pièces du gant devenu en conséquence aussi simple que possible, le gant taillé tout entier dans le cœur de la peau, tels paraissent être les avantages du système de M. Abraham. La suppression des fourchettes ajoute sans doute à la solidité : mais ne nuit-elle pas à l'élégance de la coupe, à l'aisance des mouvements de la main? permet-elle de satisfaire facilement à toutes les exigences de forme et de travail? L'expérience n'a pas encore prononcé.

Le jury a tenu compte du fait de l'invention de M. Abraham, de l'habileté avec laquelle il l'applique à la fabrication, mais le mérite et les avantages de la suppression des fourchettes ne lui sont pas assez démontrés pour qu'il puisse accorder à M. Abraham une récompense autre que la citation favorable.

MM. JULIEN frères, rue Saint-Denis, n° 261, à Paris (Seine).

Le jury, en citant favorablement MM. Julien frères, récompense plutôt leur travail de ganterie que leur application du caoutchouc vulcanisé à la fermeture du gant. Le bouton laisse à désirer sous le rapport de la solidité, le lacet crémaillère peut être perfectionné, les divers systèmes d'agrafe, d'œillet, de fermoir, offrent des inconvénients; ce que proposent MM. Julien a des avantages particuliers, mais ne présente ni l'élégance, ni la justesse désirables. Nous doutons que cette invention soit acceptée par la consommation.

Nous répétons que la bonne qualité des produits fabriqués par MM. Julien rendent ces gantiers dignes de la citation favorable.

M. Isidore HÉER, Palais-National, galerie de Chartres, n° 23, à Paris (Seine).

Il s'occupe particulièrement du travail des gants d'agneau, les coupe un à un à l'emporte-pièce, et remplace le bouton par un fermoir œilleté. La peau est bien choisie, la façon convenable et le prix modéré, c'est ce qui a déterminé le jury à citer favorablement M. Héer.

---

§ 21. GANTERIE DE TISSUS, DE BONNETERIE ET DE FILET.

M. Natalis Rondot, rapporteur.

Rappel de médaille de bronze.

M. MORIZE aîné, rue des Mauvaises-Paroles, n° 12, à Paris (Seine).

Le perfectionnement du tissage et du foulage du tricot a déterminé un progrès bien sensible dans l'industrie des gants faits avec ce tissu, et son importance s'est accrue. L'élasticité, la finesse et la régularité sont, surtout en ganterie, de précieuses qualités, et nous en reportons le mérite sur MM. Lombard, de Nîmes, Courvoisier, de Calais, etc., qui ont fait les tricots; nous n'avons à féliciter M. Morize que de l'habileté de ses coupeurs à la main et de ses couseuses et piqueuses, ainsi que de la direction intelligente qu'il a imprimée à sa fabrication. Il est parvenu à vendre ses produits, en concurrence avec ceux de l'Angleterre, sur quelques marchés étrangers, en Belgique, en Allemagne, en Russie et dans les colonies espagnoles entre autres, et il doit ce résultat inespéré à l'économie et à la perfection de son travail de ganterie.

M. Morize aîné est toujours digne de la médaille de bronze que le jury central lui rappelle.

Citations favorables.

M. CHANAL, rue des Mauvaises-Paroles, n° 19, à Paris (Seine).

Des assortiments complets de gants et de guêtres nous ont permis de juger, dans toutes les qualités, les produits de M. Chanal.

Le tricot cachemire et le castor qu'il emploie sortent des fabriques de MM. Courvoisier, Sallet et Thibout.

Une coupe bien calculée, assez correcte, et qui n'est pas sans élégance, une couture solide et soignée, une bonne direction commerciale, recommandent et la ganterie et la maison de M. Chanal, auquel le jury accorde une citation favorable.

MM. SAINTON oncle et neveu, à Vocée (Aube).

MM. LÉONARD et CAMBON jeune, à Sumène (Gard).

M. VIÉ, rue Saint-Jacques, n° 161, à Paris (Seine).

Le poignet de gant en côte anglaise n'est pas nouveau; le seul perfectionnement qui y ait été appliqué est l'introduction de fils de caoutchouc vulcanisé; ce perfectionnement paraît être dû à M. Vié. Ainsi établi, le bord conserve plus longtemps son élasticité et sa douceur.

MM. Sainton, Léonard et Cambon, reçoivent les bords élastiques et s'en servent, comme de base, pour le tissage du gant; leur travail de bonneterie est satisfaisant, mais n'offre aucun mérite particulier.

Le jury cite favorablement M. Vié pour son perfectionnement; MM. Sainton, oncle et neveu, Léonard et Cambon jeune, pour leur ganterie tissée.

---

§ 22. JOUETS D'ENFANT. — BIMBELOTERIE.

M. Natalis Rondot, rapporteur.

CONSIDÉRATIONS GÉNÉRALES.

La bimbeloterie comprend une diversité infinie d'objets : les uns servent à l'amusement des enfants ou à l'ornement des étagères; les autres sont destinés aux modistes, aux couturières et aux confiseurs.

La bimbeloterie est une industrie très-complexe, elle n'est composée, en grande partie, que des infiniment petits de huit ou dix industries.

Dans la seule ville de Paris, elle occupe 330 fabricants et 1,832 ouvriers, dont 561 hommes, 1,168 femmes et 103 enfants; le chiffre de la production s'élève à environ 3,660,409 francs.

Il y a un certain intérêt à analyser ces chiffres, nous allons les décomposer rapidement :

	PRODUCTION.	FABRI-CANTS.	OUVRIERS.
Poupées en peau et en carton, nues et ha-billées..........................	1,208,950	90	805
Jouets divers..........................	737,764	65	309
Jouets militaires (tambours, fusils, sabres, gibernes, canons, arcs, flèches, etc.).. (Les tambours y figurent pour 54,700ᶠ)	277,650	22	105
Jouets mécaniques....................	249,500	11	108
Jouets en fer-blanc et en fer battu (mé-nages, etc.)........................	196,000	9	54
Cartonnages, boîtes, jeux de patience, etc.	192,800	18	75
Animaux en carton, recouverts ou non de peau, poil, toison....................	135,775	16	42
Voitures et chevaux en bois............	109,950	15	43
Raquettes et volants...................	103,450	13	89
Masques.............................	91,950	7	49
Fausses montres......................	60,000	3	39
Soldats de plomb.....................	55,000	2	15
Petits meubles.......................	46,500	14	15
Balles, ballons, mirlitons, têtes pour mo-diste, cerfs-volants, jouets tournés, etc.[1]	196,120	45	84
TOTAUX.............	2,661,409	330	1,832

Sur ces 330 fabricants, dont 81 travaillent absolument seuls,

11 produisent pour une valeur de 50,000ᶠ à 200,000ᶠ
33 —————————— 25,000 à 50,000
44 —————————— 10,000 à 25,000
52 —————————— 5,000 à 10,000
140 —————————— 1,000 à 5,000
50 —————————— moins de 1,000

La répartition des diverses spécialités dans ce cadre est as-

[1] Les polichinelles et pantins sont compris dans cette somme pour 18,810 francs, les têtes pour modistes pour 22,600 francs, les bilboquets, les toupies et les quilles pour 39,200 francs.

sex curieuse: ainsi, font moins de 5,000 francs d'affaires, plus des 4/5ᵐ des habilleuses de poupée, plus des 3/4 des fabricants de petits meubles, les 3/5ᵐ des fabricants de masques, la moitié des fabricants de poupées, et pas même le cinquième des fabricants de jouets mécaniques.

Enfin, nous ferons observer que, tandis que l'ouvrier en bimbeloterie de fer-blanc produit en moyenne pour 3,630 francs par an, et l'ouvrier en fausses montres pour 3,000 francs, la moyenne de la production par ouvrier n'est, en poupées, que de 1,500 francs; en masques, que de 1,538 francs; en mirlitons, que de 1,445 francs, et en petits ouvrages en perles, que de 1,077 francs.

Il est très-difficile de se faire une idée de l'intelligence, et même, l'expression est vraie, de l'imagination qu'exige la fabrication du jouet d'enfant. Il ne suffit pas d'atteindre à la limite extrême du bon marché, il faut incessamment varier et les modèles et les façons et les genres. Le bimbelotier étudie toujours; vous rencontrez celui qui fait les animaux devant la ménagerie ou dans les galeries du Muséum d'histoire naturelle; tel autre note, d'après les relations de voyage, les types de race, les costumes, les allures des peuples étrangers; tel autre s'attache à suivre jour par jour, et à traduire en jouets l'histoire européenne. Au jour où nous écrivons, ici, à Paris, dans bien des petites chambres, on fait par grosse, en étain, des gardes mobiles et des hussards hongrois; en bois, des Kossuth; en poupée, des reine Victoria, des quakeresses, des chinoises; en imagerie, pour jeu de patience, des *prise de Rome*, des *campagne de Hongrie*, et toujours des *familles de Napoléon*; en marron ou en élastique (masques grotesques), les héros des luttes du parlement et de la presse, etc. Dans la saison dernière notre bimbeloterie a fait connaître l'Amérique, les principaux chefs et les scènes les plus dramatiques de la révolution de 1848.

Les *ménages* et les *bergeries* en bois se font peu, et chèrement à Paris; on y réussit mieux la *batterie de cuisine* en fer-blanc et en fer battu, et la *boutique*, c'est-à-dire ces réductions si exactes de cuisines, d'ateliers, de nos principaux magasins de confiserie, d'épicerie et de nouveautés, etc. Il y a en ce genre des chefs-d'œuvre.—Le *meuble*, et dans cette catégorie nous rangeons ces millions de lits, commodes, tables, fauteuils, chaises, en miniature, le meuble, disons-nous, sort aussi des mains d'ébénistes-bimbelotiers des 6ᵉ et 8ᵉ arrondissements; Paris fait moins bien que l'Allemagne et le Jura le *moulin à vent* en bois, et fait mieux le moulin à vent parasol en papier, que l'on trôle dans les rues.

Le *ménage* en porcelaine, faïence, terre cuite, étain ou fer, est décoré ou même seulement *composé* à Paris; les pièces diverses sont tirées de fabriques des départements de Seine-et-Oise, de la Moselle, du Haut-Rhin, etc. A Saint-Claude, à Besançon, à Poligny, à Pont-en-Royans, on taille, on sculpte et l'on tourne le buis, le hêtre, le charme; une partie de cette bimbeloterie est finie et assortie à Paris. On fait dans cette dernière ville bon nombre de jouets tournés, entre autres les bilboquets, les toupies, les diables, les quilles et leurs boules, etc.; on en fait pour une soixantaine de mille francs. Quant au *cartonnage*, qui comprend ces milliers de jeux de patience, de boîtes à glace, de porte-montre, de pelottes, de coffrets, de petites commodes, etc., dont le prix est si modique, il est presque entièrement fabriqué ici; et nous dirons même qu'il n'a pas été perfectionné; l'imagerie en est toujours fort grossière et le carton très-mauvais. Il est juste de reconnaître que l'on fait mieux aujourd'hui les surprises à ressort; on a su obtenir un plus grand développement et varier la forme ainsi que le costume des diables.

La bimbeloterie de papier mâché et de carton est en progrès. Les animaux, dits *veloutés*, sont, en général, rendus avec vérité: les chevaux, recouverts en veau mort-né, viennent de Bretagne, où la peau et la main-d'œuvre sont moins chères; le travail en est assez soigné. Les personnages et les grotesques, à partir de 200 grammes et de 2 fr. 50 cent. la douzaine, sont préférés à ceux de Nuremberg, de Neustadt, de Sonnenberg, etc.; nos grotesques sont, pour la plupart, modelés avec goût et grimés avec esprit ; ils sont très-recherchés à l'étranger et d'une vente avantageuse.

Le bonhomme commun commence à être établi chez nous avec une extrême économie : la grosse ne revient qu'à 12 francs 20 centimes, et ce prix se décompose ainsi qu'il suit :

14 kilogrammes de vieux papier à sucre............	1ᶠ 40ᶜ
5 mains de papier gris.........................	» 35
5 kilogrammes de colle de peau.................	1 50
26 pains de blanc d'Espagne...................	0 30
Demi-litre vernis et alcool..................	0 90
Couleur..................................	0 75
3 jours à 3 personnes......................	6 00
	12ᶠ 20ᶜ

On vend 18 francs, c'est-à-dire avec un bénéfice de 30 p. o/o.

C'est dans la poupée et le jouet mécanique que Paris excelle ; il a acquis dans ces deux fabrications une supériorité incontestable. Citer le nom de Théronde, c'est rappeler ces béliers, ces chèvres, ces moutons, d'une imitation si vraie, et dont les bêlements, presque naturels, attestaient l'habileté avec laquelle étaient réglés la course du barillet et le jeu des soufflets et des soupapes. Quant à tous ces personnages automatiques, qui réunissent les mérites d'une exécution correcte et d'une mobilité souvent très-prolongée, on sait que, depuis longtemps, nous les expédions partout ; les Chinois seuls, bimbelotiers fort ingénieux, font le jouet automatique commun aussi bien et à meilleur marché que nous. Les *danseurs de corde* sont plutôt des pièces d'horlogerie que de bimbeloterie ; ils sont, d'ailleurs, déjà connus.

La poupée est, à Paris, l'objet d'une fabrication active, variée, intelligente. L'extension des affaires a déterminé l'introduction, dans cette industrie, de la division du travail ; et, en peu d'années, grâce à ses heureux effets, les prix ont baissé, la confection a été améliorée, et la vente s'est accrue. Tout le monde sait qu'une poupée se compose, 1° d'un buste en cire ou en pâte ; 2° d'un corps, tantôt en carton, tantôt bourré de sciure de bois, etc., dans ce cas, recouvert d'une peau d'agneau, blanche ou rose ; 3° d'une denture en paille ou en émail ; 4° d'yeux peints, en verre ou en émail ; 5° de mains en bois, en pâte, ou en peau jaune, simulant les gants ; 6° d'une chevelure frisée et coiffée ; 7° de bas et de linge de corps ; 8° d'une toilette complète ; 9° d'un chapeau avec fleurs ; 10° de souliers. — Chacun de ces détails est confié à des mains spéciales. Le buste en cire a été pendant longtemps tiré d'Angleterre ; celui que l'on fait aujourd'hui à Paris a moins de mignardise, mais plus de vérité dans le modelé. Le corps en carton est établi par milliers de grosses à un prix bien modique (23 centimes la douzaine), mais encore un peu plus élevé, dit-on, qu'en Saxe ; par jour, une femme en moule une grosse ; un ouvrier finit et colorie 4 grosses. Les pieds et les mains en bois, les bas et les souliers, le linge et la layette, les robes, les corsets, les sacs, les bonnets, les chapeaux, etc., sont le produit de fabrications distinctes ; il y a des modistes, des perruquiers, des fleuristes pour poupée.

Les poupées se vendent depuis 4 fr. 80 cent. la grosse, nues, à 50 francs la pièce, habillées. De ces dernières (les poupées habillées), il existe des modèles de 35 centimètres, dont la toilette se compose de 5 pièces, et qui coûtent 1 fr. 50 cent. la douzaine (12 centimes 1/2 la pièce). Le même modèle, bras en papier, avec robe et chapeau, ne vaut que 83 centimes la douzaine (7 centimes la pièce) : nous donnons plus loin l'analyse des prix de 16 centimes pour la poupée nue, et de 95 centimes pour la poupée habillée ; comme cette analyse n'est applicable qu'à des modèles déterminés, elle ne pouvait figurer que dans le rapport consacré à M. Jumeau. Nous nous bornons ici à citer deux comptes de revient de poupée nue :

POUPÉE PEAU ROSE, NUE.	
DROITE, de 75 centimètres, yeux peints, sans denture, à 11ʳ 35ᶜ la douzaine, prix net (94 cent. 1/2 la pièce).	FLOTTANTE, de 65 centimètres, yeux en émail, dents en paille, à 56ᶠ 40ᶜ la douzaine, prix net (4ᶠ 70ᶜ la pièce).
Peau.................... 37 p. o/o.	26 1/2 p. o/o.
Buste.................... 15 1/2	26 1/2
Bourrage et couture......... 15 1/2	8 1/2
Pieds et mains (doigts détachés). 4	9
Cheveux.................. 9	16
Montage, frais, bénéfice..... 16 1/2	13 1/2

Les ouvrières parisiennes n'ont pas de rivales pour l'habillement de la poupée: elles savent, avec une prestesse et une habileté merveilleuses, tirer parti des moindres morceaux d'étoffes pour créer une toilette élégante. Le mantelet, le casarecka, et la robe d'une poupée de 1 franc sont la reproduction fidèle et correcte des modes nouvelles, et dans ces costumes chiffonnés avec tant de coquetterie, l'habilleuse ne se montre pas seulement excellente lingère, couturière ou modiste; elle fait preuve, en même temps, de goût dans le choix des tissus et le contraste des couleurs. Aussi, la poupée est-elle expédiée dans les départements, et souvent à l'étranger, comme patron des modes; elle est même devenue un accessoire indispensable de toute exportation de nouveautés confectionnées; et il est arrivé que, faute d'une poupée, des négociants ont compromis le placement de leurs envois. Les premiers mantelets vendus dans l'Inde furent d'abord portés sur la tête, en mantille, par les dames de Calcutta; le modèle arriva enfin, l'erreur fut reconnue, le mantelet ridiculisé, et le reste de l'assortiment dut être cédé à perte.

Les trousseaux et les layettes sont faits autant pour servir de guide aux lingères et aux couturières étrangères que pour l'amusement des petites filles : il y en a de tous prix, de 1 franc à 150 francs la boîte. Le trousseau se compose de 16 pièces, dont 3 robes, et souliers, bas, chapeau, sac, gants, compris. La layette comprend dix pièces : tabayole, bavoir, béguin, brassière, crême, camisole, couche, lange, serviette et bourrelet. En belle confection, et avec une poupée de 24 centimètres, les 26 pièces coûtent 4 fr. 50 cent.

Disons en terminant qu'à un certain point de vue, les expéditions de poupées habillées ne sont pas sans intérêt. C'est un peu par les poupées et les images que la plupart des peuples des deux mondes connaissent la France et se familiarisent avec ses usages, ses idées, ses costumes; ouvrez une caisse destinée à Valparaiso, à Mexico, à Batavia, à Smyrne, et vous y trouverez, dans ce que l'on appelle un assortiment, grisettes, paysannes, cantinières, mobiles, grandes dames en toilette de mariage, de ville ou de bal, reines et marquises du dernier siècle, etc.

Nous n'avons pas parlé des polichinelles, des pantins et des rigolos, des rouleurs et des branle-tête, des moutons et des lapins, des animaux sur soufflet, des mirlitons, des tambours et des crécerelles, des oiseaux emplumés à 5 et 10 centimes, des harmonicas, des poupées de tir en plâtre à 20 centimes la douzaine, etc.; la fabrication de tous ces articles est importante, tant à Paris, dans le 6e arrondissement, que dans le Jura et l'Isère.

Un dernier mot : c'est au Japon que le jouet est fait avec le plus de vérité, de finesse et de soin; en Chine, on ne trouve guère que des poupées automatiques, des statuettes peintes ou habillées, des poussahs en stéatite ou en pâte, et des joujoux grossiers de toute sorte en carton, en bambou, en papier, qui se vendent par caisses assorties. L'Allemagne lutte victorieusement avec nous pour la bimbeloterie de bois commune; les ménages, fermes, bergeries, villages, bons hommes et animaux taillés, peints et vernis, peuvent y être établis à beaucoup meilleur marché qu'à Saint-Claude. Manheim a conservé sa réputation pour les figurines; Nuremberg, Rodach, Sonnenberg, Neustadt, Hildburghausen, font avec le plus de succès le jouet en carton. Les grands bimbelotiers saxons ont des ouvriers vassaux qui, de père en fils, font le même article et sont payés en nature. Le Tyrol nous envoie toujours d'énormes quantités de poupées à ressort, d'animaux, de voitures, sculptés en bois blanc, parfois avec assez d'originalité. Dans la seule vallée de Groeden, 2,500 découpeurs et tourneurs ne font pas autre chose. Londres, Birmingham, etc., ont pour certains articles, pour la poupée en cire, entre autres, une supériorité bien connue.

Toutes les fois qu'il s'agit d'objets grâcieux, jolis, finis, nouveaux, Paris l'emporte sur tous ses rivaux, qui suivent son impulsion et travaillent d'après ses idées, ses dessins, ses modèles. Il est rare que l'on exporte des assortiments de bimbeloterie d'Angleterre ou d'Allemagne, sans les compléter par nos jouets fins. Au reste, nos exportations vont toujours en progressant; en 1827, nous expédiions pour 336,000 francs; en 1832, pour 313,000 francs; en 1837, pour 593,000 francs; les sorties se sont élevées, en 1842, à 684,000 francs; en 1847, à 1,217,440 francs; elles ont à peu près doublé dans chacune des deux périodes décennales. Nous avons vendu aux États-Unis pour 75,000 francs de bimbeloterie, en 1837, et pour 325,000 francs, en 1847; à l'Angleterre, pour 75,000 francs, en 1837, et pour 185,000 francs, en 1847; au Brésil, pour 10,000 francs, en 1837, pour 37,000 francs, en 1847.

La bimbeloterie parisienne n'a pas échappé à la crise fatale qui a suivi la révolution de Février. La différence en moins entre 1847 et 1848 a été de près de 60 p. 0/0, et, sur 1,832 ouvriers, 1,048, c'est-à-dire 57 sur 100, n'ont pas pu être conservés par leurs patrons durant les mois de mars, avril, mai et juin 1848. La diminution de la production eût été plus grande encore, si la vente des jouets militaires ne s'était pas assez bien soutenue ; il n'y a eu, en cette spécialité, qu'une différence en moins de 9 1/2 p. o/o entre 1847 et 1848.

Médailles de bronze.

M. THÉROUDE, rue Montmorency, n° 14, à Paris (Seine).

M. Théroude est un de nos premiers fabricants de jouets mécaniques ; il travaille pour Paris et pour l'exportation, et ne trouve pas de rivaux sur les marchés étrangers. Sa fabrication courante comprend les jouets mécaniques de 3 à 25 francs, particulièrement de 10 à 12 francs ; et c'est presque toujours lui qui exécute ces jouets de 25 fr. à 1,200 fr., dont plusieurs sont des curiosités. Il a perfectionné les organes et les rouages du barillet, qu'il a pris pour moteur direct, le jeu des soupapes, la composition des chairs de poupée. Les produits exposés par M. Théroude témoignent de son habileté ; et dans la visite de son atelier, nous avons constaté l'importance de la production, l'intelligence et la simplicité du travail.

Le jury décerne à M. Théroude une médaille de bronze.

M. JUMEAU, rue Mauconseil, n° 18, à Paris (Seine).

La poupée de peau est établie à Paris avec une telle supériorité de travail, de goût et de bon marché, qu'elle est expédiée dans toutes les parties du monde ; elle ne trouve ni ne craint aucune concurrence. Ce fait donne à l'exposition de M. Jumeau un intérêt tout particulier ; son chiffre d'affaires est de 120,000 francs, la plupart de ses produits sont exportés, et ils sont connus jusqu'en Chine.

Il fait la poupée de peau rose de toutes grandeurs et qualités, depuis 24 francs la grosse, en nu, jusqu'à 50 francs la pièce habillée ; mais il s'attache principalement au genre demi-fin, du prix de 36 à 48 francs en nu, de 60 francs la douzaine habillé.

Composer avec quelques chiffons un habillement coquet, est un jeu pour les ouvrières parisiennes, aussi insisterons-nous moins sur l'exactitude et l'élégance des toilettes que sur le montage et l'économie de la fabrication. Nous n'en saurions donner une meilleure preuve qu'en citant deux comptes de revient.

La poupée nue, dite soldigear, haute de 33 centimètres, se vend

22 fr. 55 cent. la grosse, prix net, c'est-à-dire 15 cent. 6/10 pièce. Elle revient à 16 centimes 3/10, qui se décomposent ainsi :

Buste en carton, de Paris.....................	0f 034m
Peau de mouton teinte............	0 080
Bourrage de la peau en sciure de bois..........	0 012
Couture de la peau...........................	0 016
Cheveux....................................	0 007
Montage et frais divers.......................	0 014
	0 163

L'analyse du prix des jolies poupées habillées de 32 centimètres à 11 fr. 30 cent. net la douzaine (94 centimes pièce) est non moins curieux :

Buste en papier mâché d'Allemagne.............	0f 15c
Corps en carton.	0 05
Bras en peau, mains en bois...................	0 06
Jambes en peau, bourrées de sciure.............	0 10
Cheveux et coiffure..........................	0 10
Montage....................................	0 02
Robe, tissu	0 25
——— coupe et couture.......................	0 10
Bas et souliers	0 05
Bonnet ou chapeau...........................	0 04
Frais divers et bénéfices......................	0 02
	0 94

M. Jumeau a, on le voit, à peu près atteint l'extrême limite du bon marché; il est en même temps un de ceux qui réussissent le mieux les reines, les marquises et les poupées de caractère. Ce fabricant artiste occupe, en temps ordinaire, 65 ouvrières couseuses, empeseuses, habilleuses et apprêteuses, tant chez lui qu'en chambre; payées à la tâche, elles gagnent de 1 fr. 25 cent. à 2 fr. 25 cent. par jour. Il tire d'Allemagne une partie de ses têtes, d'Angleterre les bustes en cire; les têtes de caractère et les corps de carton se font à Paris, et la division du travail est déjà devenue telle dans cette industrie, que les petits bas, souliers, chapeaux, pieds, mains, perruques, fleurs, etc., destinés aux poupées, sont l'objet de fabrications distinctes.

M. Jumeau confectionne les layettes et les trousseaux de poupée, depuis 12 francs la douzaine jusqu'à 150 francs la pièce. Les trousseaux de 12 francs la douzaine sont pour poupée de 19 centimètres ; ils se composent de 9 pièces et de la poupée : mais l'article courant est le trousseau-layette de 4 fr. 50 cent. la boîte : il comprend une poupée de 24 centimètres et 26 pièces différentes. Leur confection est réellement remarquable.

La poupée habillée n'est pas seulement un jouet, elle sert bien souvent à l'étranger de modèle et de patron de nos modes, et elle est devenue, dans ces dernières années, l'accessoire indispensable de toute expédition, dans les Amériques et les Indes, de nos nouveautés confectionnées.

M. Jumeau était, en 1844, associé de M. Belton ; cette maison a reçu, à cette époque, une mention honorable. Le jury central, appréciant l'intérêt de la fabrication de M. Jumeau, lui accorde une médaille de bronze.

Mentions honorables.

M. Pierre RINGEL, rue des Trois-Pavillons, n° 18, à Paris (Seine).

La concurrence de l'Allemagne est la seule qu'aient jamais redoutée les bimbelotiers français ; mais, depuis plusieurs années, ils sont parvenus, par une fabrication mieux entendue et plus économique, à faire préférer à l'étranger une grande partie de leurs produits. Sonnenberg, Rodach, Hildburghausen, Neustadt et Nuremberg sont encore maintenant sans rivaux pour les jouets en pâte petits et communs, dont le poids est au-dessous de 200 grammes et le prix de 50 centimes à 2 francs la douzaine. Cette supériorité, l'Allemagne la doit au bas prix de la main-d'œuvre (15 kreutzers = 55 centimes) ; mais, dès qu'un ressort ou un mouvement, un costume, quelques ornements ou même seulement des dimensions un peu plus grandes ajoutent à la valeur de l'article, M. Ringel lutte avec succès, et d'autant plus facilement, qu'employant pour le moulage du carton de papier, et non de la pâte de farine et de papier mâché, il évite cette casse de 15 à 20 p. o/o qui augmente naturellement la valeur de la bimbeloterie allemande. Il expédie aujourd'hui des jouets à ressort en Allemagne, et fabrique principalement l'article de 48 francs la douzaine.

Le jury central lui accorde une mention honorable.

Mlle TESTARD, rue Saint-Denis, n° 278, à Paris.

Elle établit et habille la poupée de peau rose ou blanche, depuis 5 francs la douzaine jusqu'à 30 francs et plus, la pièce, principalement pour l'Amérique. Elle s'occupe surtout de ce que l'on appelle la poupée *clouée*. Si l'exécution laisse un peu à désirer, le costume ne mérite que des éloges; les toilettes sont chiffonnées avec beaucoup de goût et d'élégance.

Mlle Testard est à la tête d'une maison déjà ancienne; elle fait travailler une trentaine d'ouvrières, et mérite la mention honorable que lui accorde le jury.

M. Julien JAN, à Rennes (Ille-et-Vilaine).

Citation favorable.

M. Jan est un ancien militaire qui a fait les campagnes de 1807 à 1813, et que recommande le jury du département d'Ille-et-Vilaine en ces termes : « La visite de l'atelier et l'examen des procédés de fabrication ont prouvé que tout se fait avec grand soin; ce ne peut être qu'à force de travail assidu, et grâce à beaucoup d'ordre et d'économie, que les produits peuvent être livrés à des prix aussi modérés. Borné à une spécialité qu'il semble affectionner, M. Jan est parvenu à fabriquer avec élégance et solidité quelque articles de bimbeloterie qu'on peut regarder comme objets de luxe dans la partie. » M. Jan fait à bon marché et convenablement le cheval en peau de veau mort-né. Les animaux qu'il a exposés sont d'une exécution assez satisfaisante et d'un prix assez modique pour mériter à M. Jan une citation favorable.

---

§ 23. ŒILLETS MÉTALLIQUES.

M. Natalis Rondot, rapporteur.

CONSIDÉRATIONS GÉNÉRALES.

L'œillet métallique a été inventé par M. Rogers, qui fut breveté pour cinq ans à la fin de 1823; c'est en 1828 que M. Daudé a pris son premier brevet, et lui seul a pris date six fois pour des perfectionnements. Son invention des agrafes œilletées remonte à 1841.

De 1823 à 1848, dix brevets seulement ont été délivrés pour la fabrication des œillets.

L'Angleterre fabrique peu cet article; elle en a exagéré la solidité au point de rendre l'œillet lourd, disgracieux et très-cher. L'Allemagne commence à le réussir, mais, si elle est arrivée à produire à meilleur marché, elle n'a pas encore atteint à la perfection de la fabrication parisienne.

La France jusqu'à présent fournit à peu près seule les œillets métalliques et les petites mécaniques pour les river, à tous les pays où il y a des corsetières, des couturières et des tailleurs. En 1845, les délégués commerciaux français ont fait connaître l'œillet aux Chinois, et il y a été accueilli avec faveur.

L'œillet est en cuivre jaune blanchi; il s'applique aux corsets, aux vêtements d'homme et de femme, aux chaussures, aux guêtres, aux blutoirs, aux voiles et aux bâches, et à nombre d'objets divers. L'usage en est de plus en plus répandu. La machine pour la pose de l'œillet est d'une vente relativement peu importante, car les fabricants livrent des œillets dont la tête est déjà un peu renversée, et il suffit d'un coup de marteau pour que le consommateur puisse les appliquer sur l'étoffe. On les appelle les *colibris;* les œillets droits sont désignés sous le nom de *renforcés.*

Les agrafes œilletées sur ruban pour corsages de robe sont, en raison de leur solidité et de la conservation de l'étoffe, préférées aux agrafes et aux portes cousues. L'Angleterre fabrique cet article, mais avec moins de correction que nous, et tire de France une grande partie des agrafes destinées à sa consommation.

Médaille de bronze. **M. DAUDÉ,** rue des Arcis, n° 22, à Paris (Seine).

Il a pris, en 1828, 1839, 1841, 1845 et 1846 six brevets pour la fabrication des œillets et des agrafes œilletées; il en a amélioré la forme, la pose, le travail, et réduit le prix.

Il vend le mille d'œillets de 50 centimes à 1 fr. 25 cent., les agrafes œilletées 60 centimes le mètre sur lacet, 90 centimes sur ruban de soie, et les petites machines à river de 10 à 15 francs la douzaine.

M. Daudé occupe, en temps ordinaire, 12 ouvriers, exporte les 2/7 de sa production, qui est d'environ 100,000 milliers d'œillets et d'agrafes œilletées.

Le jury central décerne une médaille de bronze à M. Daudé, mentionné honorablement en 1844.

M. CHAMBELLAN, rue Rambuteau, n° 57, à Paris (Seine), et à Argenteuil (Seine-et-Oise).

Mention honorable.

Il fait travailler dans sa fabrique d'Argenteuil 24 ouvriers et 18 découpoirs; son chiffre d'affaires est considérable, surtout pour cette industrie, et ses exportations en tous pays, égales aux 2/3 de sa production, sont très-actives.

Il a exposé des œillets dits *renforcés* et *colibris* de toute grandeur, depuis 53 centimes jusqu'à 1 franc 26 cent. le mille. La marque C Z, adoptée par M. Chambellan, et qu'il inscrit sur ses bonnes qualités, est connue et recherchée sur les marchés étrangers. Un assortiment varié d'œillets pour bretelles, bas lacés, bâches, fonds sanglés, voiles, etc., d'œillets avec rondelles, genre anglais, d'agrafes œilletées, système Daudé, etc., témoigne d'une fabrication bien entendue. Les machines pour river les œillets sont de 4 fr. 40 cent. la douzaine à 18 francs la pièce, selon la grandeur, la solidité et la précision; elles sont faites dans l'atelier de la rue Rambuteau, ainsi que les machines à serrer les lacets dont le prix est de 50 fr. la pièce.

M. Chambellan expose pour la première fois; il a succédé à M. Coullier et à M. Julien, mentionnés honorablement, le premier en 1839 et le second en 1844. Le jury accorde à M. Chambellan une mention honorable; il espère retrouver dans cinq ans son établissement toujours prospère et ses relations étendues.

---

§ 24. PEIGNES.

M. Natalis Rondot, rapporteur.

CONSIDÉRATIONS GÉNÉRALES.

Le travail du peigne est compris dans cet ensemble de petites fabrications que l'on désigne sous le nom de *tabletterie*;

il forme une des spécialités les plus importantes de cette industrie si complexe.

La tabletterie comprend tous les petits articles d'utilité ou de fantaisie qui sont faits en ivoire, en écaille, en nacre, en corne, en os, en bois exotiques, et garnis ou non en or, en argent, en acier. L'exposition de cette année était assez riche en échantillons de tout genre pour indiquer la variété infinie des produits, des modèles, des moyens de travail et des systèmes d'assemblage.

La tabletterie touche, on a pu le remarquer, à l'ébénisterie, à la marqueterie, à la gaînerie, et l'une de ses spécialités les plus importantes, celle des nécessaires, ne se compose même bien souvent que d'un travail d'assortiment de pièces diverses exécutées sur des modèles donnés par des fabricants indépendants.

Paris, Dieppe, onze communes du département de l'Oise, Beaumont (Seine-et-Oise), Ivry-la-Bataille (Eure), sont à peu près les seules localités où l'on fasse de la tabletterie demi-fine et fine.

La grosse tabletterie (c'est-à-dire les tabatières en buis et en carton, les peignes en corne et en buis) est façonnée à Saint-Claude (Jura), à Oyonnax et à Nantua (Ain), à Bourgogne (Marne), à Bois-le-Roi (Eure), à Sarreguemines (Moselle), à Rouen et à Oléron.

On compte à Paris 4,000 [1] ouvriers occupés par 700 fabricants et façonniers tabletiers; ils produisent annuellement pour 13 millions de francs environ. Dieppe a 300 ouvriers et vend pour 600,000 francs. Dans les cantons de Méru et de Noailles, à Beaumont et à Ivry, il n'y a pas moins de 3,000 ou-

---

[1] Nous lisons dans une lettre adressée par la chambre de commerce de Paris au ministre de l'intérieur, le 28 mars 1807 : « Les productions de la « tabletterie se subdivisent à l'infini; les tabatières de carton, d'écaille, « d'ivoire, de buis, de bois des îles, les garnitures de toilette, de table de « jeu, les jouets d'enfant, les cannes, les peignes et mille autres petits ar- « ticles sont du ressort de la tabletterie. Plus de 6,000 individus sont oc- « cupés dans Paris à ce genre de travail. »

vriers, dont le travail représente une valeur supérieure à
6 millions de francs.

Nous n'estimons pas à moins de 20 millions de francs la
production de la tabletterie mi-fine et fine, et ce chiffre, très-
approximatif, ne saurait être exagéré.

L'exportation constatée par les états de commerce s'élève
pour 1847, en valeurs actuelles, à 9 millions de francs, dont
4 millions de francs en tabletterie proprement dite; et 5 millions représentant le cinquième des exportations de mercerie
(la douane comprenant sous cette désignation toute la petite
coffreterie, les tabatières et la petite tabletterie de carton, de
peau maroquinée, etc.).

L'exportation de la tabletterie proprement dite a quadruplé
depuis 1828; l'importation des ivoires, des nacres et des
écailles a seulement doublé.

Nous insisterons peu sur le travail et les diverses spécialités
de la tabletterie; nous dirons seulement qu'en moyenne le prix
de la façon est égal à celui de la matière première. Il y a cependant, surtout en ivoire, de nombreux articles, dans la valeur desquels la main-d'œuvre figure pour une proportion plus
considérable. Nous citerons, en sculpture dite *commerciale*, les
Christs du poids de 16 à 34 grammes et de 5 fr. 50 cent. à
36 francs, qui coûtent de 290 à 1,050 francs le kilogramme;
les souvenirs de 43 et 65 grammes et de 12 à 36 francs, c'est-
à-dire de 280 à 540 francs le kilogramme. Pour les objets façonnés ou guillochés, les porte-bouquet, les couverts à salade,
les manches de couteau pesant de 20 à 30 grammes, valent
de 2 fr. 25 cent. à 10 francs, c'est-à-dire de 110 à 360 francs
le kilogramme. Enfin les objets unis, sciés ou tournés reviennent de 50 à 100 francs le kilogramme.

Après avoir indiqué l'importance de l'industrie de la tabletterie, nous devons dire un mot de la fabrication du peigne.

L'exportation des peignes d'ivoire et d'écaille, après avoir
été en décroissance pendant plusieurs années, s'est relevée
en 1847. De 414,000 francs en 1837, elle était tombée à
78,400 francs en 1845; elle a été en 1847 de 290,000 francs.

Presque tous les peignes fins d'ivoire, d'écaille et de buffle sont faits à Paris; le peigne de corne est façonné principalement à Ézy (Eure), celui de buis au Labit et à Bois-le-Roi (Eure); c'est dans le Jura, l'Ain et l'Oise que se font les peignes de buis, d'os et de corne en qualité ordinaire.

Trente et un brevets, dont vingt et un d'invention, ont été pris, de 1791 à 1848, pour l'exécution ou la disposition du peigne. Le premier de ces brevets, daté de 1807, fut délivré à M. Tissot, pour la fabrication mécanique du peigne à décrasser. Jusqu'alors le débitage de l'ivoire, la denture et le finissage étaient faits à la main. C'était un travail difficile et long, et les échantillons que l'on a conservés de la fabrication antérieure à la machine de M. Tissot attestent sans doute l'habileté de l'ouvrier, mais offrent des imperfections inséparables du travail à la main. L'ouvrier ne faisait que d'une à trois douzaines par jour, selon la grandeur et la finesse, et le peigne le plus fin n'avait que 90 dents au 5 centimètres. La fabrication à la mécanique fut améliorée en France, et surtout en Angleterre, sans que ces perfectionnements donnassent lieu à des prises de brevet. Le peigne était sans doute mieux fait, plus fin et plus régulier, livré à plus bas prix; la denture ne faisait plus l'éventail; mais il restait une condition à remplir, c'était l'*évidage*. M. Noël est parvenu à surmonter cette difficulté. Le 3 juillet 1845, il fut breveté, tant pour cet évidage que pour un ensemble de fabrication à la mécanique dont nous allons indiquer sommairement les principales machines-outils:

Machine à rogner et à écouanner les plaques, façonnant par jour 100 douzaines;

——— à arrondir et à enrichir les bouts de 300 douzaines par jour;

——— à cintrer les peignes dans le sens de la longueur (300 douzaines par jour);

——— à denter, à glissières horizontales;

Molettes, fraises et outils dentés pour pointer, évider et adoucir les dents (de 6 à 10 douzaines par jour).

La bonne combinaison et la précision de ces machines rendent aussi parfaite que possible l'exécution du peigne, qui se fait aussi facilement en 150 dents (aux 5 centimètres) qu'en 80 dents, comme autrefois.

Nous exportons nos peignes en Espagne, en Belgique, en Hollande, dans l'Amérique du Sud. L'Angleterre est notre seule rivale; elle fait, moins bien et plus chèrement que nous, les peignes moyens et fins. Nous soutenons sans désavantage sa concurrence sur tous les marchés de l'Amérique et de l'Europe.

Les peignes dits à *retaper* et à *chignon* sont toujours faits à la main, à l'exception, dans certaines sortes, de la denture. Tous ceux qui sont en belle qualité et d'un travail soigné se vendent sans rivalité dans tous les pays étrangers.

·Le peigne est fait ordinairement en ivoire d'Asie.

M. NOËL fils aîné, rue de Lancry, n° 33, à Paris (Seine). Médaille d'argent.

Il a inventé deux machines pour ébaucher et arrondir les billes de billard; la disposition en est simple, et leur marche est assez précise et rapide pour que l'on fasse mieux en trois fois moins de temps qu'à la main. La production de la bille n'est pas sans intérêt, et l'exportation de ce seul article s'élève à près de 60,000 francs.

Nous avons indiqué plus haut les perfectionnements apportés par M. Noël dans la fabrication à la mécanique du peigne à décrasser. Nous ajouterons que les diverses machines dont nous avons suivi le travail dans son atelier, ont été pour la plupart heureusement modifiées, entre autres la scierie à bascule, la scie-denteuse horizontale, etc. Une machine expéditive et très-simple remplace avec avantage le polissage et le grattage à la main. Le pointage et l'évidage, faits celui-là au moyen de fraises, et celui-ci avec des outils dentés, sont réussis sur les peignes de toute finesse.

M. Noël est également inventeur d'une machine à 4 fraises, armée de 96 ailes et garnie de 192 peignes, à l'aide de laquelle on peut denter plus de 100 douzaines par jour. Un ouvrier conduit trois de ces machines, dont la construction est ingénieuse, et sur lesquelles nous aurions insisté si, dans les limites actuelles de la vente du peigne, l'emploi en eût été avantageux.

26 machines diverses, mues par une pompe à vapeur de 5 chevaux, fonctionnent dans l'atelier de M. Noël.

Ce fabricant établit, outre le peigne à décrasser, le peigne à démêler, et a présenté différents échantillons de peigne en trois parties montées sur rainure droite, et de peigne avec dents engagées une à une dans une alvéole.

L'échelle de ses prix nets commence à 80 centimes et finit à 22 francs.

M. Noël a été encouragé par une mention honorable en 1839, par une médaille de bronze en 1844; depuis l'exposition dernière, l'industrie du peigne lui doit de nouveaux progrès, et le jury central récompense M. Noël de ses efforts en lui décernant la médaille d'argent.

Médailles
de bronze. ## M. FAUVELLE-DÉLEBARRE, boulevard Bonne-Nouvelle, n° 10, à Paris (Seine).

Ce fabricant soutient dignement la réputation de son prédécesseur, M. Cauvard; les peignes en corne, en buffle et en écaille, qu'il a exposés, étaient irréprochables, et quelques modèles riches faits en écaille de choix, se distinguaient par une sculpture élégante et très-finie. Ces derniers peignes, d'un prix élevé (30 et 40 francs la pièce), sont d'une vente facile pour Rio et pour les colonies anglaises et espagnoles. Les imitations d'écaille et de buffle sont également réussies et habilement façonnées par M. Fauvelle-Délebarre, et il a présenté en ce genre des peignes à chignon et à retaper, de 8 à 15 francs la douzaine, dont l'exécution ne laisse rien à désirer.

En écaille, les peignes se vendent au poids, à raison de 30 à 40 centimes le gramme; le peigne à chignon pèse de 20 à 30 gr.; et le peigne à démêler de 20 à 25 grammes.

M. Fauvelle-Délebarre fabrique principalement les belles qualités, il occupe de 70 à 80 ouvriers, dont 10 en atelier. Son chiffre d'affaires est assez considérable.

Le jury central décerne à ce fabricant renommé la médaille de bronze.

M. POISSON, rue de Vendôme, n° 17, à Paris (Seine).

Connu depuis longtemps comme un de nos plus habiles et plus intelligents tabletiers, il fait en ivoire tout l'article de fantaisie, depuis le bouton de chemise et le cure-dents à 6 et 8 francs la grosse, jusqu'au porte-cartes, à la corbeille, et jusqu'à la sculpture artistique. Il s'occupe plus spécialement de la bille et de la feuille à peindre; il vend la première 1 fr. 60 cent. les 31 grammes, et la deuxième de 15 à 60 francs la douzaine, selon la grandeur. Celle-ci varie de 15 lignes sur 34 à 60 lignes sur 135, c'est-à-dire de 33 m/m sur 76 à 125 m/m sur 304.

Jusqu'à présent, on a fait le peigne à démêler de trois manières:

1° D'une seule pièce; et il est alors façonné en droit fil ou à contre-fil : dans le premier cas, la longueur, limitée à la grosseur de la dent, atteint rarement à 17 centimètres, et le dos est fragile; dans le second cas, les dents sont très-cassantes.

2° En deux ou trois parties : les inconvénients que nous venons de signaler ont fait renoncer au peigne d'un seul morceau; aux États-Unis, en Allemagne et en France, on a fait différents essais, et l'on est arrivé à adopter une rainure droite dans laquelle sont engagés et réunis les coulisseaux surmontés des dents grosses et petites.

Ces coulisseaux sont fixés à l'aide de rivures et de chevilles, rarement avec la colle, qui a peu de prise sur l'ivoire.

3° Aux États-Unis, les grosses dents sont souvent rapportées et rivées, une à une, dans des trous pratiqués dans la baguette du dos.

Tels sont, en négligeant plusieurs modifications de détail, les principaux modes de fabrication; les deux derniers ne donnent au peigne la solidité nécessaire qu'au prix d'un travail coûteux.

M. Poisson avait, dès 1844, remplacé, dans l'ajustement des joints des pièces de tabletterie d'ivoire, l'enchevêtrement de tenons en forme de trapèze employé par les Chinois, ainsi que le collage ou le chevillage bout à bout, par la queue d'aronde. Cette année, il a appliqué celle-ci au peigne, et il a pu ainsi prendre le contre-fil pour le dos et le droit fil pour les dents, obtenir sans rivet, ni cheville, ni colle, une attache solide, apporter une grande économie dans la fabrication, et établir, suivant qu'on le désire, des dents en ivoire ou en écaille, sur des dos en corne, en bois, ou en ivoire.

Pour couper et planer l'ivoire et pour en faire des queues d'aronde mâles et femelles, M. Poisson a imaginé une petite machine assez simple, qui n'est pas encore en activité, mais sur laquelle ont été faits les échantillons exposés.

L'application de la queue d'aronde au peigne à démêler est trop récente encore pour que l'on puisse affirmer ses avantages; en attendant les résultats de l'expérience, nous ne pouvons que signaler, comme intelligente et utile, l'idée de M. Poisson, et, comme méritoires, ses essais.

Prenant ceux-ci en considération, ainsi que l'ensemble de la fabrication de tabletterie d'ivoire de M. Poisson, le jury décerne à ce fabricant la médaille de bronze.

M. MASSUE, passage Barrois, rue Aumaire, n°s 3 et 5, à Paris (Seine).

La fabrication du peigne à décrasser se fait, chez M. Massue, entièrement à la mécanique, depuis le débitage de l'ivoire jusqu'au pointage des dents (onze travaux différents). Les trois dernières façons, qui ont pour but de planeter, gratter et polir, sont données à la main. Une pompe à vapeur de six chevaux met en mouvement les vingt machines de l'atelier.

Les peignes en ivoire et en buis de M. Massue sont d'une exécution correcte et soignée; ils ont ordinairement une finesse de 90 à 130 dents aux 5 centimètres; ceux de 200 dents, également aux 5 centimètres, sont des chefs-d'œuvre de tabletterie.

Sur tous sont gravés la marque de fabrique et le numéro du modèle; cette dernière indication n'est pas inutile, car elle permet au destinataire de vérifier si la livraison est conforme au tarif et à la facture.

Les fabricants de peignes ont adopté, pour la largeur de 44 millimètres, 13 grandeurs de 0 à 12, pour la largeur de 48 millimètres 1/2, et pour le peigne à dos, 5 tailles (a, b, c, d, o); ainsi, le n° 7 représente un peigne de 44 millimètres de large et de 76 millimètres de long, qui, façon dite demi-anglais, se vend 5 fr. 75 cent. la douzaine, escompte 12 p. o/o au comptant.

Nous citerons, en raison de leur bon marché, des peignes en ivoire, de 45 millimètres de côté, pour l'exportation, à 9 francs la grosse.

M. Massue fait le peigne à démêler en trois parties, les peignes pour les fabricants de papiers peints et pour les ouvriers en tapisserie des Gobelins; il vend, année moyenne, 35,000 douzaines de peignes, dont les quatre septièmes pour l'exportation.

Mentionné honorablement en 1839 et en 1844, M. Massue mérite la médaille de bronze que le jury central lui accorde.

M. Joseph CLAUDÉ, rue Beaubourg, n° 51, à Paris (Seine).

Rappel de mention honorable.

Une fabrication de peignes à chignon unis et façonnés, assez importante et bien entendue, surtout une imitation réussie de l'écaille et de la corne, tels sont les titres qui recommandent M. Claudé à l'attention du jury.

Il a exposé un assortiment de peignes de toutes qualités, dont le prix varie de 5 à 10 francs la douzaine; ces articles, principalement destinés pour l'exportation, sont estimés dans le commerce et sont d'un bon travail.

M. Claudé a obtenu en 1844 une mention honorable; le jury central la lui rappelle.

M. Jules BAILIANT, rue Quincampoix, n° 77, à Paris (Seine).

Mention honorable.

Il fait le peigne d'ivoire dans le prix de 18 francs la douzaine, et travaille beaucoup pour l'exportation.

Les échantillons que M. Bailiant a présentés laissent peu à désirer; leur vente paraît être assez facile.

Fabricant habile, M. Bailiant mérite la mention honorable; le jury la lui accorde.

M. François-Xavier MONOD, à Marchou, commune d'Arbent (Ain).

Citation favorable.

Six genres de peigne à chignon en imitation de buffle ont été exposés par M. Monod. Leur souplesse est suffisante, leur prix est assez modique; il est de 13 francs la grosse pour le peigne à *nœuds*, de 25 francs la grosse pour les peignes *marquise* et *couronne*, de 52 francs la grosse pour le peigne *à jour*. Mais les modèles, en tant que dessin et de forme, sont de mauvais goût, la taille est irrégulière, et les peignes paraissent sujets à se déjeter.

M. Monod doit améliorer cette fabrication qui, nouvelle pour le département de l'Ain, peut, à la faveur du taux peu élevé des salaires, y acquérir quelque importance et devenir utile à la population rurale. C'est en raison de cet intérêt que le jury accorde à M. Monod une citation favorable.

---

§ 25. PLUMEAUX.

M. Natalis Rondot, rapporteur.

CONSIDÉRATIONS GÉNÉRALES.

Les plumeaux sont faits en plumes de coq ou de vautour. On appelle *vautour* la plume de l'autruche bâtarde d'Amérique.

Les plumes nous arrivent brutes, principalement de l'Amérique du Sud. Hautes de 16 à 66 centimètres, elles sont triées et divisées en 40 longueurs différentes. M. Hénoc a appliqué la vapeur au nettoyage des plumes; M. Loddé le premier les a assorties par qualités.

Le plumeau se compose d'une tige de bois à la tête de laquelle sont fixés trois rangs de plumes de différentes grandeurs; ils sont garnis au pied par de petites plumes d'oie. On a compris les inconvénients de cette disposition, et l'on a imaginé de monter sur baleine, sur liége, sur caoutchouc; l'expérience n'a pas encore prononcé définitivement sur le mérite de ces innovations, qui sont les unes et les autres assez bien entendues.

En 1826, il n'y avait guère à Paris plus de 12 ou 15 ouvriers en plumeaux; aujourd'hui les trois fabricants qui ont exposé occupent à eux seuls, en atelier, 86 hommes et 7 femmes, au dehors, 25 hommes et 15 femmes; dix fois plus qu'il y a vingt ans.

Nous exportons des plumeaux dans toute l'Europe et l'Amérique sans rencontrer aucune rivalité. Le Brésil a essayé de fabriquer le plumeau, et bien qu'il eût le vautour à plus bas prix que nous, il ne peut soutenir notre concurrence, même avec quelques droits protecteurs.

Nos débouchés les plus importants sont, pour les plumeaux

en vautour blanc, mi-teint et teint, les colonies espagnoles, les États-Unis et l'Amérique du Sud; pour les plumeaux en vautour gris, l'Angleterre et toute l'Europe; pour le plumeau de coq, la Hollande, la Belgique, la Prusse. Enfin nous expédions partout le plumeau de fantaisie en collet de coq ou en vautour plat ou frisé, monté sur un joli manche en ivoire sculpté ou doré.

M. LODDÉ, rue Bourg-l'Abbé, n° 52, à Paris (Seine).

Médaille
de bronze.

Il a perfectionné la monture du plumeau, de façon à donner au même prix un article plus fourni, plus long et fouettant mieux. Cette amélioration lui a valu en 1844 une mention honorable.

Il a exposé cette année tous les produits de sa fabrication courante, en ayant soin de les classer suivant les destinations. C'est ainsi que, d'un côté, étaient les plumeaux de vautour de couleur, de 40 à 60 centimètres de long, pour les colonies espagnoles, et de 17 centimètres et 1/2 à 55 centimètres, pour les États-Unis; de l'autre, se trouvaient les plumeaux de coq, pour la Hollande et la Prusse; les vautours gris de 17 centimètres 1/2 à 50 centimètres de long, pour l'Europe et l'Angleterre.

Le prix moyen de la douzaine de plumeaux peut être estimé à 21 francs, en vautour gris; à 33 francs, en vautour de couleur; à 24 francs, en coq. Le petit plumeau de colporteur se fait, en vautour, à 20 francs la grosse (14 centimes la pièce), et en coq, à 48 francs (33 centimes).

M. Loddé monte, sur manche en composition ou en ivoire sculpté, le plumeau de fantaisie, en vautour blanc ou teint; il en expédie beaucoup en Angleterre, en Allemagne, à la Havane, aux États-Unis, dans les prix de 12 à 84 francs la douzaine. Nous citerons en outre un nouveau modèle de plumeau plat, dont l'usage offre quelques avantages.

M. Loddé occupe à l'atelier 42 ouvriers et 20 au dehors; il exporte les deux tiers de sa fabrication. Cité favorablement en 1834 et en 1839, mentionné en 1844, il mérite la médaille de bronze, que le jury central lui décerne.

M. LHUILLIER, rue Saint-Martin, n° 86, à Paris (Seine).

Mentions
honorables.

Il exporte le tiers de sa production de plumeaux en Angleterre en Allemagne, en Amérique. Il ne rencontre aucune concurrence sérieuse.

Ses plumeaux de voiture sont d'une excellente exécution, et en hauteur de 40 à 60 centimètres; le prix de 36 à 60 francs la douzaine est avantageux. M. Lhuillier établit de 18 à 72 francs la douzaine, en longueur de 30 à 50 centimètres, le plumeau de coq, qu'il expédie en petite quantité en Belgique, aux Pays-Bas et en Allemagne. Il a rendu le plumeau d'appartement d'un usage plus commode, en le montant sur caoutchouc; la flexibilité de la tête peut prévenir quelques accidents en époussetant les verrines, les porcelaines et les meubles.

A côté du plumeau de 15 centimètres à 18 et 24 francs la grosse, nous avons remarqué le plumeau fin en vautour frisé, monté avec goût, l'écran en paon et les divers plumeaux de fantaisie.

Toute cette fabrication est soignée; elle occupe 35 ouvriers à l'atelier, 15 au dehors, et a une assez grande importance.

Le jury central décerne à M. Lhuillier la mention honorable.

M. HÉNOC, rue Saint-Sauveur, n° 1, à Paris (Seine).

Le plumeau dit *américain*, monté sur liége, offre l'avantage de supprimer et la ficelle et la garniture en petites plumes d'oie placées à la base du cœur, qui est formé de plumes à peu près égales en longueur; il est flexible, léger, solide et d'un emballage facile.

M. Hénoc s'occupe également de plumeaux de coq et de vautour pour la voiture, l'appartement et l'exportation; des écrans à pied et à main, en paon et en autruche, des parasols, etc. Ses produits sont estimés dans le commerce, et l'ensemble de son exposition mérite des éloges.

Le jury mentionne honorablement M Hénoc.

---

§ 26. TABATIÈRES EN CARTON, BOITES EN FER-BLANC.

M. Natalis Rondot, rapporteur.

CONSIDÉRATIONS GÉNÉRALES.

La tabatière de carton verni est en France, comme en Hanovre, en Bavière et en Oldenbourg, l'objet d'une fabrication très-active, qui l'emporte de beaucoup en importance sur celle des tabatières de buis de Saint-Claude.

Sarreguemines (Moselle) est le centre de cette industrie, qui fut introduite à Sarralbe en 1775, par un meunier de Nassau, et qui s'étendit, principalement dans ces dernières quarante années, dans les communes de Sarreguemines, Blies-brucken, Gros-Bliederstroff, Neufgrange, Sarralbe, Velfor-deng, Hornbach, Bliesgueswiller et Blieshoveigen. La première fabrique en ce genre fut établie à Sarreguemines en 1809.

On est tenté de supposer, en jetant les yeux sur ces petites tabatières vernies, dont le prix moyen est de 1 fr. 20 cent. à 2 fr. 40 cent. la douzaine, c'est-à-dire de 10 à 20 centimes la pièce, que cette fabrication et ce commerce, vu la valeur minime et la consommation naturellement très-restreinte de l'objet, sont limités à un chiffre d'affaires si modique, qu'il leur ôte tout intérêt. Il n'en est rien : l'industrie de la taba-tière de carton est une de ces mille petites industries incon-nues qui alimentent en tout temps notre exportation, et, autant qu'aucune autre, elle est précieuse pour le pays, car elle est exercée dans les campagnes de la Moselle, dans le sein de familles pauvres, et en alternance avec les travaux agricoles.

Nous n'estimons pas à moins de 2 millions de tabatières la production de l'arrondissement de Sarreguemines; le tiers environ est exporté.

Ici, nous avons encore à signaler ce fait si curieux de la supériorité dans toute fabrication où il faut de l'originalité et du goût, non plus seulement de Paris, la ville des fabricants et des ouvriers artistes, mais de la France.

Brunswick, Oberstein, Ensheim, Stuttgard, Offenbach, Nuremberg, étaient depuis longtemps renommés pour cet article. La patience et le soin des artisans allemands, leur aptitude pour le travail du cartonnage, l'habileté de pinceau des peintres de Brunswick, le bas prix de la main-d'œuvre, partant le bon marché des produits, une clientèle assurée en divers marchés, enfin la mode même, tout paraissait se réunir pour maintenir à l'Allemagne la production exclusive de la tabatière de carton. Malgré tant d'avantages, les paysans de la Moselle, bien dirigés, sont arrivés à faire mieux et à aussi bas prix, et la meilleure preuve de leur succès se trouve dans l'exportation facile et avantageuse de leurs tabatières.

L'exposition des tabatières de carton de Sarreguemines atteste l'intelligence, l'habileté et le goût des fabricants. Composée de plus de 300 modèles, elle nous a permis d'apprécier la correction du travail, la précision de l'ajustement des charnières en cuivre ou en carton; la délicatesse et l'élégance des incrustations en nacre, en étain ou en argenton, la netteté du vernis.

Quant au bon marché, il est extraordinaire, et nous ne pouvons nous dispenser de citer les tabatières noir-uni de 73 millimètres de long, 25 millimètres de large, 22 millim. de haut, à 45 centimes la douzaine (3 centimes 3/4 la pièce); celles de 65 millimètres de long, 40 millimètres de large, 20 millimètres de haut, à 70 centimes la douzaine (5 centimes 3/4 la pièce); et celles de 90 millimètres de long, 48 millimètres de large, 23 millimètres de haut, à 1 fr. 25 cent. la douzaine (10 centimes 1/2 la pièce).

Ce bas prix est atteint à l'Aigle (Orne) par un petit fabricant, qui est arrivé à faire des étuis en fer-blanc pour allumettes à 32 et 35 centimes la douzaine (un peu plus de 2 centimes 1/2 la pièce), des tabatières en fer-blanc garnies en carton, à 56 centimes la douzaine (4 centimes 2/3 la pièce), et ces boîtes vernies, qui sont entre les mains des fumeurs, à 58 centimes la douzaine (moins de 5 centimes la pièce).

On n'apprendra pas sans surprise que les 14,000 francs de vente, faite en 1847 par ce fabricant (M. Bohin), représentaient une fabrication de 470,000 boîtes, étuis et tabatières (à 3 centimes pièce, prix moyen).

MM. BARTH, ADT et JOSEPH, à Sarreguemines (Moselle), et rue du Temple, n° 29, à Paris (Seine).

Fondée à Sarreguemines en 1809, cette maison occupe 100 ouvriers dans ses ateliers et 150 ouvriers dans la campagne; elle produit 72,000 douzaines de tabatières dont le tiers est exporté.

Toutes les tabatières exposées par MM. Barth, Adt et Joseph se distinguent autant par la précision de l'assemblage et de l'ajustement, que par le fini du vernissage et de l'incrustation.

Une collection d'échantillons, qui comprend 200 modèles depuis 45 centimes jusqu'à 40 francs la douzaine, prouve que tous les genres sont produits avec un égal succès.

En noir uni, depuis 45 centimes jusqu'à 1 fr. 25 cent. la douzaine; en noir, avec décor en peinture ou en impression de fantaisie, de 70 centimes à 8 francs la douzaine.

En noir, avec peinture de Brunswick, de 30 à 36 francs la douzaine.

En noir, avec incrustation nacre et maillechort, de 6 fr. 50 cent. à 60 francs la douzaine.

En noir, avec portrait et guilloché or, charnière carton, de 36 à 48 francs la douzaine.

Tels sont les prix des principaux articles qui sortent des ateliers de Sarreguemines.

MM. Barth, Adt et Joseph savent exécuter en carton les ouvrages de coffreterie de fantaisie les plus élégants et les mieux finis. Les boîtes à gants (22 cent., 9 cent. 1/2 et 5 cent. 1/2), ornées d'un guilloché or et couleur, à 20 et 25 francs la pièce; les nécessaires (15 cent., 10 cent. et 3 cent. 1/2), à 15 et 20 francs, en guilloché or ou en incrustation de nacre et de maillechort, sont remarquables par la finesse du grain, la pureté du vernis, la précision de la charnière à vis et du montage.

L'ensemble de cette fabrication est digne d'éloges.

Le jury central décerne à MM. Barth, Adt et Joseph une médaille de bronze, et il espère que cette maison prendra d'ici à l'exposition prochaine un plus grand développement, en même temps qu'elle fera de nouveaux progrès, afin de mériter une récompense plus élevée.

Mentions
honorables.

MM. ACKERMANN et MARX, à Sarreguemines (Moselle).

Cette fabrique a été créée vers 1775, à Sarralbe; c'est la plus ancienne de la Moselle. Elle a été exploitée jusqu'en 1825 par MM. Roth et Pierron, et de 1825 à 1843, par MM. Bichelberger et Imhoff, qui furent mentionnés honorablement en 1834. L'établissement a été transféré, en 1843, à Sarreguemines, et est dirigé depuis cette époque par MM. Ackermann et Marx.

En atelier 21 ouvriers et 60 au-dehors, 16,000 douzaines de tabatières dont le tiers est exporté, indiquent l'importance de cette manufacture, qui renferme trois fours.

La collection présentée par MM. Ackermann et Marx comprend 96 modèles, dont le prix varie de 60 centimes à 15 francs la douzaine, selon les soins apportés à l'exécution et la richesse des ornements. Nous n'avons que des éloges à donner à cette fabrication, qui paraît conduite avec intelligence et habileté.

Le jury central n'a pas été suffisamment renseigné sur la nature et la valeur des perfectionnements que l'on dit avoir été introduits dans le travail; il le regrette, et en mentionnant honorablement MM. Ackermann et Marx, il espère être mis à même en 1854 de leur assigner un plus haut rang.

M. Benjamin BOHIN, à l'Aigle (Orne).

On connaît ces petites boîtes en bois à fond de copeau; ces boîtes en fer-blanc peint en noir et verni, pour allumettes ou amadou; ces étuis de lunettes et ces tabatières également en fer-blanc verni; en un mot, cette ferblanterie à vil prix qui est colportée dans les campagnes ou criée dans les rues; une partie est faite à l'Aigle, et M. Bohin est un des fabricants qui ont su atteindre à cette extrême limite du bon marché. Il vend 3 fr. 85 cent. la grosse (32 centimes la douzaine) les étuis ronds pour allumettes, 6 fr. 75 cent. la grosse (56 cent. 1/4 la douzaine) les tabatières en fer-blanc garnies en carton, et 16 francs le mille les boîtes en bois.

M. Bohin a donné un peu plus d'extension à sa petite industrie; il ne produisait, en 1844, que 120,000 boîtes en bois; en 1847, il a vendu 125,000 boîtes en bois et 350,000 boîtes en fer-blanc. Cette masse d'articles représente à peine une valeur de 14,000 fr.

Nous félicitons ce laborieux fabricant de ses efforts et de ses produits; cité en 1839, mentionné en 1844, il mérite toujours la mention honorable que le jury central lui accorde de nouveau.

---

§ 27. VANNERIE.

M. Natalis Rondot, rapporteur.

CONSIDÉRATIONS GÉNÉRALES.

Les rameaux flexibles de l'osier franc servent à peu près seuls à la confection de toute notre vannerie; les plantations de cet arbrisseau s'étendent surtout dans les vallées de Vervins, d'Aubenton, d'Hirson et de la Capelle, et deux bourgs du département de l'Aisne, Origny-en-Thiérache et Landouzy-la-Ville, sont les principaux centres de la fabrication de notre vannerie en osier fendu. Elle a une réputation et une importance moindres dans les autres départements, où la population rurale fait alterner cette occupation avec les travaux agricoles.

La vannerie bronzée est d'invention parisienne; on appelle ainsi les corbeilles de fantaisie en osier peint et verni, doré ou bronzé, et orné ou non de rameaux de feuilles et de fleurs en pâte ou en porcelaine. Cette vannerie ne se fait qu'à Paris; elle est remarquable par la gracieuseté et l'originalité des modèles, par le bon goût des décors et l'éclat du vernis. On n'en fait encore que de petites quantités pour corbeilles à ouvrage, boîtes à bonbons, coffrets d'étagère ou de table de salon, et l'on en exporte partout sans rencontrer aucune concurrence.

La grosse vannerie se compose surtout d'articles de ménage et d'économie domestique, d'un poids élevé, dont le transport au loin élèverait trop la valeur; la plus grande partie est faite en osier pelé. Il faut y rattacher l'article de théâtre: on sait que les exigences dramatiques réclament la présence d'un grand nombre d'accessoires exposés à tant d'accidents, qu'on a fini par les commander en osier; c'est donc en vannerie peinte que sont faits la plupart des chevaux et oiseaux pour les féeries, des pendules, cors de chasse, pains, etc.

Notre vannerie fine est à peu près aussi bien faite, mais beaucoup plus chère que celle d'Allemagne, où la main-d'œuvre est moins rétribuée. Si nous en croyons même plusieurs vanniers, la différence pour les petits paniers, par exemple, ne serait pas moindre de 50 p. 100. Ajoutons qu'en d'autres objets, les clisses de flacons entre autres, Origny travaille mieux et aux mêmes prix.

Notre exportation était de 375,000 francs en 1827, de 416,500 francs en 1831, de 752,000 francs en 1836, de 694,000 francs en 1841; elle a atteint 806,000 francs en 1847 et est revenue en 1847 au chiffre de 1836 et 1837. L'Angleterre et les États-Unis sont nos principaux débouchés.

La vannerie de paille, de jonc, de bois autre que l'osier, a pris peu d'extension; elle n'était représentée à l'exposition que par trois ou quatre échantillons.

Des essais variés ont été entrepris pour utiliser différentes matières et perfectionner le tressage; ils n'ont pas encore amené, en France, la vannerie au degré de supériorité de celle de Chine en rotin et en bambou; de celle de Malaisie, en nito, en sabolann et en maranta, toutes deux légères, durables et à bas prix.

Mentions honorables. M. Constant DEBRAY, rue Rambuteau, n°. 7, à Paris (Seine).

M. Debray fait faire dans le département de l'Aisne sa vannerie fine et demi-fine; il ne s'occupe, à Paris, que du travail de la vannerie bronzée. Il a exposé en ce genre des pièces charmantes et très-élégantes : nous citerons une jardinière, deux ou trois corbeilles d'un prix un peu élevé, de 18 à 25 francs la pièce, dont la composition et la peinture ne laissent rien à désirer.

Le jury central mentionne honorablement M. Debray.

M. DESVIGNES, rue Sainte-Foy, n° 24, à Paris (Seine).

M. Desvignes fait la grosse vannerie, entre autres les berceaux avec armature en fil de fer dans le fond, des vannettes à crottin adoptées par le ministère de la guerre, et du prix de 2 fr. 25 cent.

la douzaine, etc. Il s'occupe plus spécialement de l'article de théâtre; plusieurs des accessoires sortis de ses mains sont d'une grande vérité. L'aigle qu'il a exposé est d'un bon travail.

M. Desvignes est un de nos plus anciens vanniers; il a été cité favorablement en 1844. Le jury lui accorde, cette année, une mention honorable.

Mme BADIN, rue du Faubourg-Saint-Martin, n° 116, à Paris (Seine).

On a cherché souvent à rendre la vannerie élastique et solide en conservant sa légèreté et sa finesse; c'est dans cette intention qu'à l'acier fendu on a substitué, tantôt différents bois découpés en filets, tantôt le rotin ou le jonc; on a songé enfin à la baleine, avec laquelle on a fait de jolis ouvrages. Elle offrait cependant quelques inconvénients, et son prix était trop élevé; Mme Badin l'a remplacée par la plume d'oie, qu'elle découpe à la mécanique en brins souples et tenaces; elle en fait une vannerie charmante qui n'est pas plus chère que celle d'osier. Parmi les objets exposés par Mme Badin, nous avons remarqué des corbeilles à ouvrage brodées en chenille ou en passementerie et doublées en soie, des bourrelets et des chapeaux de dame; non garnis, ceux-ci valent 10 francs pièce; les paniers et les bourrelets coûtent 18 francs la douzaine.

Cette petite industrie paraît appelée à prendre une certaine extension; elle est exploitée par une femme active et intelligente, qui a prouvé son habileté de main par un délicieux bouquet de fleurs en plumes. Le jury central accorde à Mme Badin une mention honorable.

M. LAMBERT, rue Transnonain, n° 18, à Paris (Seine).

M. Lambert travaille l'osier avec beaucoup de goût et d'adresse; sa vannerie, peinte, bronzée et dorée, mérite des éloges pour sa belle exécution. Plusieurs modèles sont gracieux, entre autres les glaneuses, les petits paniers rubans, dentelles et nattés. Le travail des corbeilles en paille de maïs est soigné.

M. Lambert fait clisser en osier, à Origny, les flacons et les bouteilles de chasse et de voyage; cette vannerie revient de 8 à 18 fr. la douzaine; elle rivalise, pour le prix et la qualité, avec celle d'Allemagne.

Le jury central accorde à M. Lambert une mention honorable.

Citations
favorables.

M. PIERSON, rue Saint-Denis, n° 217, à Paris (Seine).

M. Pierson est un ouvrier vannier qui s'est attaché à offrir dans ses ouvrages des imitations de corail rouge; il a tiré de cette idée un ingénieux parti. Sa jardinière, et surtout quelques corbeilles-glaceuses de 18 francs, peintes, vernies et dorées, ont un cachet d'originalité qui ne peut manquer de mettre cette nouveauté en faveur.

Le jury accorde à M. Pierson une citation favorable.

M. RENAUDIN, rue d'Ormesson, n° 17, à Paris (Seine).

Il a exposé un cheval de grandeur naturelle dont le corps est en osier, la tête et les jambes sont en carton, et qui est recouvert en peau. M. Renaudin fabrique lui-même cet article, destiné aux ateliers de sellerie et aux gymnases; il y apporte un soin qui en assure la solidité sans en élever le prix.

Le jury cite favorablement M. Renaudin.

S 28. PAPETERIE DE LUXE.

M. Natalis Rondot, rapporteur.

Nouvelle
médaille
de bronze.

M. MARION, cité Bergère, n° 14, à Paris, et à Courbe-voie (Seine).

Il fait travailler, dans sa fabrique de Courbevoie, 14 presses, balanciers et machines à glacer, mues par une pompe à vapeur de 8 chevaux, et 50 ouvriers, dont le salaire est de 2 à 4 francs, pour les hommes, de 1 à 3 francs pour les femmes. Il occupe, à Paris, 6 ouvriers, et 10 coloristes au compte d'une entrepreneuse; à Condé-lès-Autry (Ardennes), un bordeur employant 5 ou 6 ouvriers, et à Issoudun (Indre), un autre façonnier donnant de l'ouvrage à plusieurs ouvriers.

L'importance de cette maison étant bien constatée, nous appellerons l'attention sur les soins apportés au travail des enveloppes et et de la papeterie de fantaisie. Un grand choix de dessins, une exécution assez correcte, un goût qui sait allier la distinction avec la simplicité, ont assuré la vogue, en France et à l'étranger, des produits de M. Marion. Leur prix élevé tient à la nature de la clientèle et non à la cherté des moyens de production. Les affaires de cette maison sont étendues, actives et considérables.

Le jury central décerne à M. Marion une nouvelle médaille de bronze.

MM. FOURNIER et DUPUY, rue du Cadran, n° 14, à Paris (Seine).

Mentions honorables.

Ils ont exposé la collection de leurs nombreux modèles de papier de fantaisie; ils s'occupent surtout de la gravure, de l'impression, du gaufrage, et ont appelé l'attention de la commission sur un papier de luxe dit *glyphique*, imprimé et gaufré en même temps.

L'exécution de la papeterie présentée par ces fabricants dénote du soin et de l'habileté; la modicité du prix rend facile la vente à l'intérieur et à l'exportation.

4 presses et 3 balanciers, 15 ouvriers et 16 façonniers, indiquent quel rang occupe l'atelier de MM. Fournier et Dupuy, auxquels le jury accorde une mention honorable.

M. BERTOU, rue du Faubourg-Saint-Martin, n° 13, à Paris (Seine).

Les sept-huitièmes des produits fabriqués par M. Bertou sont exportés. Sa papeterie de fantaisie et ses enveloppes, ses cartonnages fins, ses cartes perforées pour la broderie, imitées de celles d'Angleterre, tous ces articles sont établis, grâce à un bon outillage et à l'économie du travail, à des prix avantageux et en belle qualité; ils sont ornés, pour la plupart, de gaufrures et de décors élégants.

L'établissement et la production de M. Bertou sont assez considérables; le jury central récompense cet exposant par une mention honorable.

M. VALANT, rue de Seine-Saint-Germain, n° 23, à Paris (Seine).

Les papiers à lettre ornés de filets, lisérés et rubans d'or, d'argent et de couleur, de M. Valant, sont aussi estimés que ses enveloppes découpées à la mécanique. En outre de ces articles, faits avec toute la correction désirable, il a exposé un joli choix de papeterie de luxe et des études d'aquarelle d'après son *Manuel du coloris*.

Le jury mentionne honorablement M. Valant.

Rappel de citation favorable.

M. LEFÈVRE, rue Beaubourg, n° 21, à Paris (Seine).

Il a exposé un assortiment varié de papiers à lettre illustrés (à l'aquarelle), du prix de 12 à 80 francs la rame, et de pains à cacheter de luxe de 4 à 20 francs le mille.

Le soin et le goût apportés par M. Lefèvre dans ce travail le rendent toujours digne de la citation favorable qui lui a été accordée en 1844, et que le jury lui confirme.

---

§ 29. PAPIERS DE FANTAISIE.

M. Natalis Rondot, rapporteur.

CONSIDÉRATIONS GÉNÉRALES.

Nous appelons *papiers de fantaisie*, 1° les papiers dorés et argentés, mats ou brunis, unis, gravés, gaufrés, découpés à jour; 2° les papiers-porcelaine ou stuc lisses, gaufrés, imprimés, peints et dorés; en un mot toute la papeterie destinée à la reliure, à l'encadrement, à l'éventail, au décor des cartonnages, des sachets, des bonbons; des boîtes à gants, à chocolat, etc.

Dans le dernier siècle, on ne connaissait aucun de ces papiers; on ne savait faire et l'on n'employait que l'uni et le marbré, dans la fabrication desquels excellèrent longtemps l'Angleterre et la Bavière.

Vers 1810, M. Pierre-François Angrand commença ses premiers essais; il réussit, et, grâce à lui, la papeterie de fantaisie est devenue pour Paris une industrie importante, en tout temps active, et dans laquelle la France est parvenue à distancer les étrangers.

On a vu à l'exposition les échantillons de MM. Jean Angrand, Vandendorpel fils, Dufour, Salleron, etc., et l'on s'explique, au premier coup d'œil, la vitalité, la supériorité et les progrès de cette fabrication. Peu importent le prix et la qualité du papier, la force, la marche, le perfectionnement du balancier ou de la presse; le goût du fabricant, fidèle, malgré quelques écarts, aux bons modèles, son idée toujours ingénieuse et originale, sa vivacité de création de dessins qui devance la mode et l'entraîne; ces mérites de l'ouvrier-artiste parisien suffiraient à eux seuls pour rendre florissante une industrie où la matière n'est rien, où la nouveauté est tout.

C'est merveille de voir la sûreté de pinceau des peintres porcelainiers, ainsi que l'habileté de main et d'outil de ces ouvrières parisiennes que l'on trouve dans le sixième arrondissement, travaillant activement dans des chambrettes situées le plus souvent sous le toit. Et ce qui n'étonne pas moins, c'est la fraîcheur, la blancheur extrême de tous ces ouvrages de fantaisie, après avoir passé sur la matrice, sous le balancier et la presse lithographique, et entre les mains de 8 ou 10 ouvriers différents.

Nos papiers de fantaisie sont exportés en Allemagne, en Angleterre, en Russie, dans les Amérique, et ne craignent aucune concurrence étrangère.

M. RENAULT fils aîné, rue de la Harpe, n° 45, à Paris (Seine).

Mentions pour ordre.

Il a exposé des papiers dits *caméléons*, peints et gravés, dont le dessin est, en général, bien choisi et correct (80 francs la rame, grand raisin), des papiers vernis, de toutes couleurs, pour affiche, étiquette et reliure, souples et brillants (60 francs la rame, grand raisin), et des papiers satinés et glacés, non moins estimés.

La carte à jouer entrant pour les trois cinquièmes dans la production de M. Renault, nous renvoyons pour la récompense au rapport spécial, page 828.

Mᵐᵉ Vᵉ T. MAYER, rue de la Vieille-Monnaie, n° 22, à Paris (Seine).

Madame veuve Mayer fait peindre, satiner et vernir, gaufrer, incruster, imprimer et découper, dans ses ateliers, les papiers nécessaires à la fabrication de cartonnages fins et d'enveloppes de bonbons.

Les papiers lapis, agate, écaille, bois de rose, à 2 francs la feuille grand raisin, qu'elle a exposés, sont réussis et d'un charmant effet.

Ses feuilles d'éventail, lithographiées et coloriées, ou simplement gaufrées et incrustées, en moyenne de 18 à 24 francs la douzaine, laissent peu à désirer sous le rapport du goût et de la correction.

Son papier dentelle n'est pas moins estimé que ses papiers de fantaisie. Il est blanc ou colorié, doré ou argenté, et en toute grandeur; une feuille de 1 mètre sur 75 centimètres, exposée par Mᵐᵉ Mayer, est une dentelle admirable de finesse et d'élégance. Le prix varie de 1 fr. 50 cent. à 40 francs le cent; en abat-jour, la douzaine vaut 6 ou 9 francs en blanc, 10 ou 12 francs en couleur.

Nous mentionnerons enfin les incrustations en plusieurs ors, et les gaufrures si variées qui décorent les enveloppes et les cartonnages de Mᵐᵉ veuve Mayer.

(Voir, pour la récompense, le rapport spécial, page 824.)

Médaille d'argent.

M. J. F. ANGRAND, rue Meslay, nᵒˢ 59 et 61, à Paris (Seine).

M. Angrand père est, nous l'avons dit plus haut, le créateur de la papeterie de fantaisie, et son fils, M. Jean-François Angrand, a amené cette industrie, par des perfectionnements successifs, au point où nous la voyons aujourd'hui. Il faut avoir feuilleté souvent les carnets de M. Angrand, qui sont de véritables albums, les avoir comparés avec ceux des meilleurs fabricants, anglais et allemands, pour se faire une idée de la supériorité du goût et du travail. Au reste, la meilleure preuve du fait ressort de la faveur avec laquelle sont accueillis tous ces papiers, même en Angleterre, en Allemagne, et jusqu'en Russie, en Suède, en Amérique. Cette exportation est d'autant plus singulière que la destination naturelle de cet article est le décor de nos cartonnages fins et de nos éventails; c'est plus ordinairement sous ces diverses formes qu'il se montre à l'étranger.

Plusieurs des échantillons exposés par M. Angrand doivent être mentionnés, parce qu'ils sont réellement d'une exécution remarquable. Nous citerons le glacé damassé, pour la pureté de l'empreinte, (les porcelaines écossais) or et pompadour — dorées, émaillées et ciselées, pour la fraîcheur; — le boule, les damasquinures or et argent, pour la fidélité de l'imitation; — l'émail oriental, pour l'originalité; — enfin, cette variété infinie de bandes-porcelaines peintes et dorées, d'ornements et de bordures or et argent, gaufrées ou découpées à jour, presque tous d'un dessin élégant.

Parmi ces milliers de modèles de tout genre et de toute richesse, pour reliure, boîte à gants ou à bonbons, coffret, décor d'étoffes, nous avons reconnu, avec surprise, les aigles en papier d'argent gravé qui décorent les chefs des *Mézéritskys* russes de la fabrique de Maïkoff. Ces draps, expédiés de Moscou à Nijni, de Nijni à Kiakhta sur la frontière Mongole, arrivent par Kalgan, Pé-king et Sou-tchou, jusqu'à Chang-haï et Ning-po; c'est non loin de cette dernière ville, à Ting-haï (île Tchou-sann), que nous avons trouvé les aigles à 10 francs le mille, sortis des balanciers de M. Angrand.

Nous ne terminerons pas sans rendre justice au bon goût et à la belle qualité des papiers de fantaisie de M. Angrand; il a obtenu la médaille de bronze en 1823, 1827, 1834, 1839 et 1844; le jury central lui décerne la médaille d'argent.

M. SALLERON, rue du Chaume, n° 6, à Paris (Seine).

Rappel de médaille de bronze.

Il a exposé :

1° Des papiers-dentelle pour confiseurs, d'un joli dessin et d'une découpure correcte;

2° Des papiers dorés en fin ou en faux, unis ou gaufrés, pour bordure de cartonnages et décor d'étoffes apprêtées;

3° Des papiers de fantaisie produits à 40 p. o/o meilleur marché qu'en Allemagne, d'un effet et d'une exécution très-satisfaisants. Il y a, pour enveloppe de bonbon et enjolivure de boîte, de charmantes dispositions.

La production de M. Salleron est toujours considérable. Ce fabricant a obtenu, en 1844, une médaille de bronze dont il est encore digne, et que le jury central lui rappelle.

M. VANDENDORPEL fils, rue Chapon, n° 3, à Paris (Seine).

Médailles de bronze.

Nous avons jugé la fabrication de M. Vandendorpel fils d'après une collection de 3,500 échantillons et la note de leurs prix. L'examen de tous ces modèles était nécessaire pour apprécier une production qui, année moyenne, comprend près de 11 millions de pièces, d'une valeur totale de 225,000 francs environ.

Le matériel de M. Vandendorpel se compose de 3 balanciers, de 2 presses lithographiques, de 215 rouleaux gravés, de 300 matrices, de 270 pierres lithographiques, etc.

Le papier coquille (de 44 sur 56 cent.), or ou argent, est établi à 25 p. o/o au-dessous du prix de 1844. Les bordures, coins et ornements pleins ou à jour, sont, en général, d'une bonne force et réussis; quelques reliefs ont jusqu'à 2 millimètres de repoussé. Les dimensions s'échelonnent depuis 2 millimètres de large pour boîte, jusqu'à 11 centimètres pour glace. Le prix varie de 20 centimes à 12 francs la douzaine de bandes pleines en or fin. Elles ont 50 centimètres de long et, en faux, se vendent le quart du prix du fin; ainsi l'on a, pour 80 centimes, 100 mètres de bordure de 2 millimètres.

Nous passerons sous silence les cadres en or fin ou faux, les papiers-porcelaine peints, émaillés, dorés, damassés, pour nous arrêter sur les coins, les ornements et les tablettes pour sachets, cartonnages de confiseur, de parfumeur et de gantier. En général, le dessin est gracieux, le coloris brillant; le glacis se prête aux imitations de damasquinure, et le relief à des effets de ciselure et d'émail. Toutefois, le mérite principal de ces papiers est leur bon marché; de 8 à 25 francs le mille, on a un choix très-varié de feuilles (de 1 à 6 décimètres carrés) à 2 ou 3 tirages.

M. Vandendorpel fils fait surtout l'article de vente courante, et nous avons moins à signaler, nous le répétons, la correction et la finesse de ses papiers de fantaisie, que leur bas prix, leur éclat et leur diversité.

Le jury central décerne à ce fabricant une médaille de bronze.

M. DUFOUR, quai Valmy, n° 3, à Paris (Seine).

Les papiers or ou argent, fin ou faux, mat ou bruni, de M. Dufour, sont irréprochables comme force, éclat, gravure et dessin. Il en fabrique 115,000 feuilles. Les échantillons d'assiette à la plombagine pour doreur qu'il a exposés, et dont plusieurs cadres, en cours de travail, montrent le bon emploi, ont arrêté l'attention du jury; il n'est pas douteux que le bas prix de cette assiette ne fasse renoncer, pour certaines dorures, au bol d'Arménie.

M. Dufour taille l'agate, la cornaline et le silex, et les monte en brunissoirs; il en vend par an vingt grosses environ.

Le jury central, en rappelant les progrès que l'industrie du papier doré doit à M. Hutin, prédécesseur de l'exposant, décerne à M. Dufour une médaille de bronze.

M. DEBERGUE, rue Montmorency, n° 3, à Paris (Seine).

Mention honorable.

Il fabrique le papier métallique pour lithographie et cartonnage fin, au prix de 340 francs la rame de coquille, ainsi que tous les papiers gaufrés, moirés et lissés. Le papier est régulier et assez résistant; les glacis teintés et les reliefs sont bien venus.

Le jury mentionne honorablement M. Debergue.

M. DEVRANGE, rue Saint-Denis, n° 257, à Paris (Seine).

Citation favorable.

M. Devrange a exposé du papier dentelle blanc et colorié pour boîtes de bonbons, assiettes de dessert, boîtes à gants, cartonnages et abat-jour. Il a imaginé un voile de lampe, dont la coupe est convenable et le prix assez modique (4 fr. 20 cent. en blanc, et 9 francs en couleur, la douzaine). Enfin, il a présenté des nappes d'autel d'un joli travail destinées à l'Espagne; elles se vendent, en blanc, 3 francs le mètre carré.

Le jury accorde à M. Devrange une citation favorable.

S 30. PAPIER - PORCELAINE.

M. Natalis Rondot, rapporteur.

CONSIDÉRATIONS GÉNÉRALES.

La fabrication des papiers et cartes porcelaine a été importée en France, en 1827, par M. Lorget, de Francfort-sur-le-Mein. A l'expiration du brevet, vers la fin de 1832, plusieurs imprimeurs s'occupèrent accessoirement de cette petite industrie, et ne se servirent du papier porcelaine que pour carte de visite. Toutefois, cette fabrication avait alors si peu d'importance qu'elle employait à peine cinquante rames de papier par an.

En 1833, M. Bondon l'entreprit, et fonda à Paris un petit établissement; il perfectionna, en 1834, le glaçage; en 1835, la coloration; en 1842, l'encollage. Grâce à ces progrès, et aux améliorations dues à quelques autres fabricants, le papier porcelaine était devenu plus pur, plus brillant, plus nerveux et en même temps moins cher; le cartonnage fin, en l'adoptant, en excita la production. En peu d'années, vingt-six fabricants s'établirent à Paris. Il est regrettable d'avoir à constater que quatorze ont renoncé, et qu'il n'en reste aujourd'hui que douze: quatre sont imprimeurs, trois sont ouvriers à façon, et cinq sont à la tête d'ateliers spéciaux. Ils emploient par an environ mille rames de papier. MM. Jundt et compagnie, de la Robertsau, près Strasbourg, déclarent glacer par an deux mille rames.

En 1832, l'Allemagne et l'Angleterre fabriquaient, pour la France, les papiers et les cartons porcelaine; depuis plusieurs années, nous n'en recevons plus de ces pays, et nous exportons nos produits en ce genre en Espagne, en Italie, aux États-Unis, et même en Allemagne.

Médaille de bronze. **M. Louis BONDON**, rue Grange-aux-Belles, n° 15, impasse Sainte-Opportune, n° 5, à Paris (Seine).

C'est à M. Bondon, ainsi qu'on l'a vu plus haut, que l'industrie du papier-porcelaine doit en partie ses perfectionnements et son extension. Il est non-seulement parvenu à rendre le papier propre au gaufrage, à l'impression et à la dorure par mordançage lithographique, il a su aussi le fabriquer sans nuire à la santé de ses ouvriers. Ses ateliers sont isolés, très-aérés; les eaux saturées de sels de plomb n'y séjournent jamais; la céruse est concassée dans l'eau et broyée à la mécanique. Chaque fois que l'on sort de l'atelier, on se lave les mains avec de l'eau de potasse. Depuis seize ans, grâce à ces précautions si simples, pas un seul ouvrier n'a été atteint de la colique de plomb.

M. Bondon glace toujours à la céruse; ses essais avec le blanc de zinc n'ont pas réussi; suivant ce fabricant, l'oxyde de zinc couvre peu, ne se couche pas régulièrement, est moins blanc et moins brillant. L'application du blanc de zinc au glaçage des papiers et cartes peut ne pas être encore résolue, mais elle est possible, probable, et les avantages de l'emploi de cette substance nous font désirer le succès prochain des essais entrepris dans ce but.

Le prix du papier-porcelaine, en blanc ou en couleur, est en moyenne de 50 francs les 100 feuilles grand-raisin.

Le papier *stuc*, imaginé en 1847 pour enveloppe de bonbon, éventail et intérieur de cartonnage, présente une surface fine, douce et mate; le prix est de 20 francs les 100 feuilles glacées d'un côté, et de 35 francs glacées sur les deux faces.

M. Bondon a découvert cette année le moyen d'imperméabiliser la surface des feuilles de gélatine; si l'expérience constate la persistance de cette indissolubilité extérieure, cette invention est appelée à multiplier les usages de la gélatine.

Toute réserve étant faite à cet égard, le jury central décerne à M. Bondon une médaille de bronze.

MM. J. JUNDT et Cⁱᵉ, à la Robertsau, près Strasbourg (Bas-Rhin). Mention honorable.

Leurs papiers et cartons-porcelaine, pour la lithographie et la gravure, laissent à désirer sous le rapport de la blancheur; plusieurs feuilles, néanmoins, se distinguent par leur émail, leur pureté et leur belle qualité. Nous nous sommes assuré qu'elles conviennent également aux impressions en taille-douce et lithographiques. Le prix varie de 30 à 65 francs les 100 feuilles de carte grand-raisin; le papier se vend, au poids, de 5 à 6 fr. 50 cent. le kilo.

MM. Jundt et compagnie illustrent et impriment, avec assez de goût, les calendriers sur carte porcelaine. Nous avons examiné leur collection pour 1850; elle commence à l'almanach de 6 fr. 50 cent. le cent et se termine à celui de 54 francs la douzaine prix fort. Les encadrements, les arabesques, les sujets, qu'il faut changer chaque année, sont, en général, élégants et originaux. Le dessin et l'impression litho-chrômique manquent souvent de netteté et de correction; le bon marché fait excuser ces défauts. Nous citerons, parmi ces calendriers, le n° 69, l'arrivée de Christophe Colomb à Barcelone, la pagode de Ma-tsou-pou à Macao, le palais de Tsiaou-chann, la vue du Bosphore, etc.

MM. Jundt et compagnie sont de nos plus anciens fabricants de carte et papier-porcelaine; ils glacent environ 2,000 rames et exportent une partie de leurs produits en Belgique, en Italie et en Espagne.

Le jury accorde à MM. Jundt et compagnie une mention honorable.

---

§ 31. MOULES ET PAPIERS A CIGARETTES.

M. Natalis Rondot, rapporteur.

Mention honorable.

M. LEMAIRE-DAIMÉ, à Andrésy (Seine-et-Oise).

M. Lemaire-Daimé a exposé des cigarillotypes, des papiers-tubes et des embouchures pour former le cigarille-cigarette perfectionné.

Le moule dans lequel il se fait est simple et d'un usage facile. Le tube conique, fait en papier mince et choisi, est garni à l'une des extrémités d'un tuyau en X. Ces objets sont fabriqués à l'aide de petits moyens mécaniques qui en ont réduit le prix. L'entonnoir, autrefois repoussé sur le tour, aujourd'hui découpé et estampé, revient à 2 fr. 70 cent., au lieu de 8 fr. 85 cent. le cent. Le cigarillotype en bois ordinaire se vend, pour l'exportation, 50 ou 60 centimes; le papier tube, après avoir passé par les mains et les outils de quinze jeunes filles, est livré à 16 francs les cinq mille; l'embouchure spirale, faite également à l'aide d'une machine, ne coûte que 16 centimes le cent.

M. Lemaire-Daimé occupe en moyenne, à cette fabrication, 15 ouvriers à Andrésy, de 40 à 50 ouvriers à Warloy-Baillon (Somme), et 20 à Conflans-Sainte-Honorine.

Les ingénieuses inventions de M. Lemaire-Daimé le rendent digne de la mention honorable que le jury lui accorde.

---

§ 32. PAPIER dit GIPSY.

Mention honorable.

Mᵐᵉ veuve LEPRINCE DE BEAUFORT.

Mᵐᵉ veuve Leprince de Beaufort est inventeur d'un papier de fantaisie, qu'elle a surnommé *Gipsy*. Ce papier, dont l'emploi n'est pas encore généralisé, offre pourtant d'assez grands avantages; aussi, le jury central, en attendant que l'usage ait sanctionné son mérite, croit-il devoir décerner à Mme veuve Leprince de Beaufort une mention honorable.

---

§ 33. ENCADREMENTS EN CARTE REPOUSSÉE, PAPIERS ET CARTONS GAUFRÉS, OBJETS DE FANTAISIE EN PAPIER, ETC.

M. Natalis Rondot, rapporteur.

I. — CARTES EN RELIEF, PAPIERS ET CARTONS GAUFRÉS.

MM. BAUERKELLER et Cie, rue Saint-Denis, n° 280, passage Lemoine, à Paris (Seine).

Mentions pour ordre.

L'importance de la géographie physique, mieux comprise vers la fin du siècle dernier, a fait entreprendre des études sérieuses pour reproduire les accidents divers du relief du sol. Les cartes de Lartigue, ingénieur de la marine, et quelques sphères exécutées sous la direction de Louis XVI, sont des essais intéressants, mais qui n'ont aujourd'hui qu'une valeur historique. Les ouvrages de Kummer ont toujours une réputation méritée, et l'on peut les regarder comme les premiers modèles qui ont guidé nos fabricants de cartes en relief, ainsi que leurs émules allemands, MM. Schuster et Carl Rath, Erbe, Ravenstein, etc.

M. Georges Bauerkeller a fondé, en 1836, son atelier; il a pris en 1840, 1844, 1846 et 1847, sept brevets, dont quatre d'invention; il a été récompensé, pour l'ensemble de ces travaux, par une médaille de bronze en 1839, et par un rappel de cette médaille en 1844.

M. Bauerkeller a exposé cette année: 1° des cartes en relief; 2° des plans, dessins, affiches, abat-jour et globes gaufrés et imprimés; 3° des lanternes et des ballons plissés.

Les procédés de gaufrage, d'impression en noir et en couleur, de mise en relief des cartes géographiques ont été, non pas inventés, mais combinés ensemble par l'exposant, c'est un mérite très-réel; les modèles ont été exécutés également par lui. Il y a peu d'années encore, le prix des cartes en ce genre n'était pas moindre de quelques centaines de francs; M. Bauerkeller livre les siennes au commerce, cartonnées, encadrées et vernies, au prix de dix francs. Elles ont 78 centimètres de haut sur 72 centimètres de large, et l'échelle est de 2,000,000 à 7,000,000.

Ces cartes sont estimées et très-utiles; elles ne sont établies qu'après une étude attentive des ouvrages spéciaux d'orographie et de géodésie, qu'après un travail de détermination et de réduction proportionnelle sur des modèles de détail, des altitudes, des niveaux, des inclinaisons, des contours des bassins. Le gaufrage altère un peu la précision topographique, mais il conserve la finesse des profils et la pureté du relief. Quant aux plateaux et aux montagnes, on sait que pour la rendre suffisamment sensible, leur hauteur est exagérée dans une proportion convenue et fidèlement observée.

C'est ainsi que dans la carte de France, l'échelle horizontale est de $\frac{1}{\cdots\cdots}$ et l'échelle verticale de $\frac{1}{\cdots\cdots}$.

Dix-sept cartes en relief ont été exécutées par MM. Bauerkeller et compagnie : elles sont toutes d'une égale correction; cependant nous devons citer celles de France et de Belgique, d'Allemagne et de Suisse, du Royaume-Uni de la Grande-Bretagne et de l'Irlande, comme étant le mieux réussies. La carte du cours du Rhin, depuis Mayence jusqu'à Cologne, établie à l'échelle de $\frac{1}{\cdots\cdots}$ et modelée par M. Ravenstein, mérite aussi d'être citée.

La commission ne doute pas que M. Bauerkeller n'imagine, pour maintenir précise la fixation d'un point géographique, un système de correction proportionnelle au relief, cette correction peut être utile en certains cas.

Les plans demi-relief de douze grandes villes (Paris, Londres, Vienne, New-York, Hambourg, Mexico, etc.) se recommandent par une grande netteté de tracé et de gaufrage. Le prix (de 1 fr. 50 cent. à 5 francs) est modique.

M. Bauerkeller fabrique en outre, par assortiments variés, des abat-jour de toute façon, depuis 50 centimes la douzaine jusqu'à 5 francs la pièce. Nous en signalerons particulièrement qui présentent de charmants effets lithophaniques, d'autres dont l'impression en relief et couleur est à peu près irréprochable, d'autres encore qui sont de jolies imitations de verre, de porcelaine et de dentelle.

Les lanternes et les ballons, tuyautés par un ingénieux procédé mécanique, et vendus de 15 centimes à 10 francs la pièce, témoignent également de l'habileté de travail de MM. Bauerkeller et compagnie.

Ils occupent, année moyenne, 45 ouvriers, dont 7 graveurs, modeleur, ajusteur, etc., 16 imprimeurs et gaufreurs, 12 peintres, vernisseurs, etc., 9 cartonniers, etc. Les quatre cinquièmes de leur production sont exportés.

Le jury central a pris en considération l'utilité des cartes en relief pour l'instruction générale et les perfectionnements nombreux apportés dans l'industrie du gaufrage, et mentionne ici pour ordre MM. Bauerkeller et compagnie : une médaille d'argent leur a été accordée pour l'ensemble de leurs produits. (Voir le rapport de M. Mathieu, *Instruments de précision.*)

II. — ENCADREMENTS EN CARTE REPOUSSÉE, ETC.

M. Eugène BRÉAUTÉ, rue de la Monnaie, n° 11, à Paris (Seine).

Médaille de bronze.

La réputation des produits de M. Bréauté est faite : ses papiers et ses cartes sont adoptés par nos dessinateurs et nos peintres d'aquarelle et de pastel ; ses encadrements ont été accueillis avec faveur et se trouvent partout.

La fabrication se compose de deux parties bien distinctes, et toutes deux sont traitées avec une égale supériorité.

La carte bristol offre une belle pâte, un grain fin et doux, une blancheur et un glacis très-satisfaisants ; elle nous paraît toutefois être un peu moins nerveuse, moins dense que le bristol anglais. Celui-ci coûte 15 francs la douzaine (1 fr. 25 cent. la feuille), et celui de M. Bréauté 5 francs (40 centimes la feuille).

Nous devons citer les bristols teintes assorties, pour la copie des études Julien, les papiers et cartons dichrômes, les papiers pour pastel, tous d'une bonne qualité et d'un prix modéré.

Les cartons prostypes pour le dessin, l'acquarelle, etc., et pour passe-partout étaient représentés à l'exposition par un grand nombre de modèles.

La composition des dessins de ces modèles n'est pas, en général, irréprochable ; on pourrait désirer plus de véritable élégance, des combinaisons de lignes, d'arabesques, de rinceaux et de méandres plus heureux et de meilleur goût. Toutefois, quelques modèles se distinguent par des dispositions gracieuses.

La gaufrure est correcte, et les reliefs, même très-saillants, sont détachés avec netteté, sans écrasures, sans brisures. Les détails les plus légers sont accusés également avec une grande pureté. Nous signalerons entre autres, comme échantillon d'un joli travail de gravure et de gaufrage, l'encadrement n° 528.

Ces articles n'ont aucune rivalité étrangère à redouter et M. Bréauté les expédie en Allemagne et en Angleterre. Cette prééminence est due autant au prix qu'au goût : les modèles anglais, les seuls qui pourraient être opposés aux nôtres, sont lourds, surchargés d'ornements et incorrects; la présence des encadrements, style Louis XV, dans la collection de M. Bréauté, rend moins tranchée la différence qui existe en faveur de notre ornementation, mais elle est en réalité considérable. La douzaine, que l'on paye en Angleterre 100 fr., vaut à Paris 34 francs, plus 20 p. o/o de remise, et nous avons eu sous les yeux un modèle vendu 2 fr. 50 cent. à Londres, et chez M. Bréauté 72 centimes net.

En résumé, les produits exposés par M. Bréauté attestent que la France a acquis définitivement une fabrication nouvelle, que cette petite industrie commence à prendre un certain développement, qu'elle est vivace et qu'elle est sortie victorieuse de la lutte engagée en Angleterre avec les similaires anglais. Nous ne saurions trop engager M. Bréauté, qui a fait preuve de persévérance et d'activité, à donner à ses ouvrages cette distinction et cette originalité de dessin qui sont devenus le cachet du travail parisien. Il lui reste aussi à améliorer quelque peu la ténacité de son bristol.

Sa fabrication offre néanmoins, dans l'état présent, un grand intérêt, elle lui fait honneur, et le jury central le reconnaît en accordant à M. Bréauté la médaille de bronze.

III. — FIGURINES EN RELIEF.

Citations favorables.

M. BOISSON, rue de l'Arbre-Sec, n° 15, à Paris (Seine).

Il a exposé :

1° Des encadrements en carte lisse : ils sont faits avec une correction digne d'éloge; les joints sont biseautés et à arêtes vives. Un encadrement, de 22 centimètres sur 14, coûte 3 fr. 50 cent.; en 60 centimètres sur 48, il vaut 12 francs.

2° Des figurines en relief appliquées sur papier; elles sont faites en papier de riz, ou pour mieux dire avec la moelle de l'*æschynomene palodosa*, plante légumineuse qui croît dans les marais du Sse-tchouènne, du Kouang-si et du Fo-kiènn, en Chine. Le prix de ces ouvrages est de 7 fr. 50 cent. la douzaine, s'il n'y a qu'un personnage, et de 10 ou 12 francs, quand il y en a deux;

3° Des figurines repoussées. Ce sont des sujets lithographiés qui sont découpés, coloriés et repoussés en ronde-bosse. La douzaine de petits animaux se vend 3 fr. 50 cent.; de personnages, 5 fr. 50 cent., et de chevaux, cavaliers, etc, 10 francs.

Cette petite industrie est entreprise et conduite avec autant d'activité que d'intelligence; elle mérite une récompense du jury, qui accorde à M. Boisson une citation favorable.

IV. — OBJETS DE FANTAISIE EN PAPIER.

CONSIDÉRATIONS GÉNÉRALES.

Nous avons réuni dans cette catégorie un certain nombre d'objets de fantaisie faits en papier de couleur, tels que bobèches, porte-montre, écrans, allumettes, corbeilles, etc. Ces articles ne peuvent pas être considérés, en général, comme le produit d'une fabrication spéciale : la plus grande partie est faite par les jeunes filles dans les loisirs du pensionnat ou de la vie de famille; plusieurs sont exécutés à temps perdu par des ouvrières fleuristes, et ce n'est, nous le répétons, qu'exceptionnellement que ce travail est l'objet d'une exploitation industrielle.

Mme PASQUIER, rue de Crussol, n° 2, à Paris (Seine). Citation favorable.

La fabrication, en atelier, des articles de fantaisie en papier de couleur ne remonte guère qu'à 1847, et c'est Mme Pasquier qui imagina d'appliquer le travail de la fleur artificielle à la confection de toutes ces bagatelles parisiennes, si inutiles, mais si jolies qu'on les trouve partout. Elle fait, en papier anglais et en papier végétal de couleur, frisé et découpé à la main, les bobèches, porte-montre, porte-cigares, écrans, dessous de flambeau et de lampe, baguiers, etc. Tout est de bon goût, élégant et à bon marché; le prix des bobèches-fleurs est de 3 fr. 50 cent. à 6 francs les douze paires, des porte-montre, de 15 francs la douzaine, etc. Plusieurs pièces, entre autres la touffe d'iris porte-cigares, sont habilement faites.

Le jury central cite favorablement l'ensemble des produits de Mme Pasquier.

§ 34. ENVELOPPES ET CARTONNAGES POUR BONBON.

M. Natalis Rondot, rapporteur.

CONSIDÉRATIONS GÉNÉRALES.

Les enveloppes de bonbon ont été depuis dix ans tellement perfectionnées, que la plupart peuvent être considérées comme des curiosités, et plusieurs, en effet, méritent ce nom. Il suffit, pour le prouver, de citer le filoir en ivoire, le métier à broder, la lampe carcel, le houka, l'orgue, la cave à liqueurs, la goëlette, les meubles, l'attelage de chèvres, etc., modèles créés par Mme Mayer, et que l'on trouve sur bien des étagères.

Paris est sans rival pour l'enveloppe de bonbon, et il l'expédie, même seule, en quantité considérable dans les états producteurs de confiserie : nos bonbons fins doivent à leurs enveloppes une grande partie de la faveur avec laquelle ils sont accueillis à l'étranger.

L'enveloppe de bonbon est à Paris l'objet d'une fabrication active et importante; quiconque a vu les collections de modèles nouveaux qui sont produits chaque année, et s'est rendu compte du prix, a pu apprécier ce qu'il faut de goût et d'imagination, d'intelligence, de soin et d'économie, pour exciter la consommation, appeler l'attention, et rendre la vente facile et constante par le bon marché, l'attrait et la diversité des nouveautés.

Médaille d'argent. Mme veuve T. MAYER, rue de la Vieille-Monnaie, n° 22, à Paris (Seine).

L'exposition de Mme veuve Mayer est une des plus curieuses de l'industrie parisienne; elle comprend un ensemble d'articles de fantaisie, tels que cartonnages fins, enveloppes de bonbon, papier-dentelle, éventails, etc., d'une variété infinie, presque tous d'un bon dessin, d'une exécution habile, et d'un prix très-modique.

Mme Mayer occupe 75 ouvriers (à l'atelier 55, 19 hommes et 36 femmes ; en chambre, 20 femmes); elle fait travailler 4 presses lithographiques, 80 découpoirs, 3 balanciers à vapeur, 5 balanciers à froid, 4 presses et mécaniques diverses. Son matériel se compose de 900 matrices en acier et 330 en cuivre, de 200 emporte-pièce en acier, de 450 fleurons en cuivre, de 575 pierres lithographiques. Enfin elle produit pour 400,000 francs environ, dont la moitié est exportée directement en Russie, en Angleterre, en Italie, en Espagne, etc. Il faut, pour comprendre combien est considérable, dans l'industrie du pastillage, ce chiffre d'affaires, songer que la moitié seule, 200,000 francs, représente près de 1,400,000 pièces. Nous ajouterons que, chez Mmes Mayer, les ouvriers gagnent, en moyenne, 4 fr. 50 cent. par jour ; les femmes employées aux enveloppes 1 fr. 30 cent., et celles qui travaillent au cartonnage, 2 fr. 50 cent.

L'enveloppe de bonbons comprend *les surprises, la fantaisie, les cornes* et *le décor*. Chaque année, Mmes Mayer crée 150 modèles. Nous devons constater que ces modèles, dessinés avec beaucoup de goût, se distinguent par leur fraîcheur, leur élégance, leur originalité et la délicatesse du travail. La reproduction des objets pour surprise est d'une fidélité singulière ; la vérité d'imitation de la poire à poudre, de la pelotte de ficelle, de la livre de chocolat, du filtre à café, etc., est telle que les méprises sont fréquentes. L'imagerie et le décor qui enjolivent les enveloppes et les sacs sont choisis ou composés avec intelligence ; quelques feuilles sont signées par Traviès, Fragonard et Sorrieu. Les rébus et les scènes de *La propriété, c'est le vol*, en noir, ne coûtent que 7 centimes le cent. On fait, par an, 50 devises nouvelles, en vers ou en prose : elles sont souvent extraites d'anciens auteurs ; composées, elles sont payées 1 franc les 4 ou 6 vers, selon la qualité. Les devises-journaux, professions de foi, séances de club, etc., ont eu assez de succès. Il n'est pas inutile d'ajouter qu'aucun des papiers employés n'est glacé à la céruse, ou teint avec des couleurs métalliques dangereuses.

Les surprises se vendent 9 et 12 francs la douzaine, les enveloppes-fantaisie, de 35 à 40 francs le cent ; les cornes, 12 francs le cent ; le décor, de 10 à 12 francs le cent ; les sacs, 15 francs la douzaine ; les rouleaux de sucre de pomme, de 60 à 80 francs le cent.

Le papier entre dans l'atelier en rames blanches ; il y est peint, imprimé, gaufré ou incrusté, doré, verni (¹), découpé, façonné, et il en sort prêt à renfermer ou à recouvrir le bonbon.

Nous ne saurions trop insister sur l'intérêt qu'offre cette fabrica-

(¹) Voir la *Mention pour ordre*, page 811.

tion, où la division du travail est poussée au point qu'il faille treize mains-d'œuvre pour faire un sac à bonbon de 1 fr. 25 cent., dans lequel il entre pour 50 centimes de papier; sur l'intelligence, l'activité, la vivacité d'esprit, avec lesquelles doit être conduite une fabrication aussi complexe, où le cartonnage fin, le papier de fantaisie, l'éventail, sont, comme nous l'avons dit autre part, produits avec supériorité.

Le jury central, prenant en considération l'ensemble de produits si divers, exécutés avec tant de goût et de correction par Mme Mayer, qui expose pour la première fois, lui décerne une médaille d'argent.

CARTONNAGES DIVERS.

M. Natalis Rondot, rapporteur.

Médaille de bronze.

M. LAINÉ, rue du Maure-Saint-Martin, n° 6, à Paris (Seine).

Il est un de nos plus habiles cartonniers. Établi depuis 25 ans, il a utilement perfectionné le travail de son état. On lui doit l'invention de la machine à tracer et à couper le carton, l'application du bois comprimé à la cartonnerie, la création de divers modèles aujourd'hui d'un usage général; le perfectionnement, par l'emploi de toiles sans fin, du calendrier perpétuel de bureau, etc.

M. Lainé a apporté une solidité et une précision remarquables dans la confection des cartons; légers et durables, ceux-ci sont, en même temps, d'un prix avantageux.

M. Lainé occupe, tant en atelier qu'en chambre, environ 40 ouvriers; il compte dans sa clientèle les Archives nationales, l'Imprimerie nationale, les bureaux de la Préfecture de la Seine, de la plupart des mairies, des chemins de fer d'Orléans, de Strasbourg, etc.

Le jury central décerne une médaille de bronze à cet actif fabricant, cité en 1839 et mentionné en 1844.

Mentions honorables.

M. SALLERON, rue Saint-Martin, n° 253, à Paris (Seine).

Il occupe près de 40 ouvriers à la fabrication, pour Paris et l'exportation, de tout le cartonnage fin et de fantaisie. Il expédie l'article de 75 centimes la douzaine à 5 francs la pièce en Angleterre; de 2 à 50 francs la pièce aux colonies espagnoles et au Brésil; de 1 à 35 francs la pièce aux États-Unis; de 2 à 6 francs la douzaine en Allemagne; de 50 centimes à 15 francs la pièce en Italie, etc. On a vu à l'exposition, et l'on s'explique par cette simple indication, combien grande est la diversité des modèles.

M. Salleron apporte dans le travail de ses cartonnages, quelle qu'en soit la simplicité ou la richesse, une égale correction. Tout est laminé, gaufré, monté, cousu et décoré chez lui; il ne fait faire au dehors que le coloriage et la broderie.

Cette fabrication offre d'autant plus d'intérêt qu'elle soutient la concurrence de l'Allemagne, de l'Italie et de l'Angleterre; M. Salleron l'emporte sur ses rivaux étrangers pour tout modèle qui exige du goût, de l'élégance et de l'habileté.

Il expose pour la première fois; le jury central lui accorde une mention honorable.

M. BÉGUIN, rue du Marché-Saint-Honoré, n° 6, à Paris (Seine).

Il s'occupe particulièrement du cartonnage fin pour bijouterie, en carte lisse avec filets verts, de 6 à 15 fr. la grosse, en carton-porcelaine avec filets d'or fin, à 60 francs la grosse.

Il fabrique également les cartons de bureau en bois et carton, et a présenté, comme échantillon de la bonne qualité et du bon marché de sa production en ce genre, un carton de 49 centimètres de long, 32 centimètres de profondeur et 21 centimètres de hauteur, pesant 1 kilog. 610 gram., à 30 fr. la douzaine.

La fabrication soignée de M. Béguin a fixé l'attention du jury, qui lui accorde une mention honorable.

———

§ 35. ARTICLES DE FANTAISIE EN CARTON, BOIS ET PEAU.

M. Natalis Rondot, rapporteur.

M. GRANDCHER, rue de Vendôme, n° 9, à Paris (Seine).

Citation favorable.

Il a exposé des paniers à ouvrage en carton, en maroquin et en paille, ainsi que des plombs pour le travail du filet, des coffrets et des essuie-plume, qui se distinguent par leur élégance et par leur exécution soignée.

Le jury cite favorablement M. Grandcher.

---

§ 36. CARTES A JOUER.

M. Natalis Rondot, rapporteur.

Mention honorable. **M. RENAULT fils aîné, rue de la Harpe, n° 45, à Paris (Seine).**

Il a exposé des cartes à jouer satinées et imprimées en or sur le dos. Il vend en ce genre 5 francs le sixain de piquet, et 6 francs le sixain de jeu entier.

Il peint, grave, gaufre, vernit et imprime chez lui le papier (voir la *mention pour ordre*, page 811); sa fabrication est en progrès et témoigne d'efforts intelligents.

Le jury accorde à M. Renault une mention honorable.

Citations favorables. **MM. BOURRU et MARTINEAU, rue de Bondy, n° 66, à Paris (Seine).**

La transparence des cartes gêne et inquiète quelquefois les joueurs; MM. Bourru et Martineau évitent cet inconvénient en rendant la carte opaque sans augmenter son épaisseur ni son prix. Le sixain de piquet coûte 2 fr. 25 cent., 2 fr. 60 cent., 3 fr., et le sixain de jeu entier, 3 fr. 25 cent. et 3 fr. 75 cent., suivant la finesse. Le papier est fabriqué et imprimé par MM. Jean Zuber et compagnie.

Le jury accorde à MM. Bourru et Martineau une citation favorable.

M. BLAQUIÈRE, rue Richelieu, n° 102, à Paris (Seine).

Aux types traditionnels conservés sur les cartes à jouer, M. Blaquière a substitué les toilettes nouvelles de chaque saison. Il a transformé le jeu de cartes en journal de modes. L'idée est originale; elle peut produire à l'étranger quelques bons résultats pour l'industrie parisienne. Les dessins sont de Janet-Lange, et le prix est de 8 fr. 90 centimes, 10 fr. 50 cent., 13 fr. 50 cent. et 18 fr. le sixain selon la qualité.

Le jury cite favorablement M. Blaquière.

§ 37. REGISTRES.

M. Natalis Rondot, rapporteur.

CONSIDÉRATIONS GÉNÉRALES.

Depuis l'introduction en France, en 1807, des registres à dos élastique et brisé, due à M. Delaville, qui céda son brevet à M. Cabany, la confection des registres a acquis une certaine extension, et s'est tranformée peu à peu, à Paris, en une véritable industrie, que l'on retrouve à peu près partout annexée au commerce de la papeterie ou à la préparation des encres, des cires et des pains à cacheter, etc. Elle ne comporte guère de perfectionnements, ce qui explique le petit nombre de brevets délivrés de 1807 à 1848, *vingt.* L'application du caoutchouc, combinée avec la couture des feuilles sur ruban, date de 1839.

La division du travail peut donner dans cette fabrication d'excellents résultats; MM. Gaymard et Gérault en ont eu la preuve. Les registres passent chez eux par les mains de neuf ouvriers : régleur caoutchouqueur, couseuse, endosseur, briseur et rogneur, folioteur, monteur, couvreur, garnisseur. L'exécution est ainsi plus soignée, plus rapide et d'un cinquième plus économique.

Nos papetiers exportent des registres, en général, en qualité commune, depuis plusieurs années en Angleterre, en Espagne, aux États-Unis, au Brésil, dans l'Amérique du Sud et dans les Indes orientales. Ces affaires, d'abord assez limitées, tendent à devenir considérables.

Mme SAINT-MAURICE-CABANY, rue Sainte-Avoye, n° 57, à Paris (Seine).

Rappel de médaille de bronze.

Fondée vers 1740, une des plus anciennes et des plus honorables maisons de papeterie de Paris, cette fabrique a été mentionnée en 1834 et en 1839, et a obtenu en 1844 une médaille de bronze. Elle en est toujours digne, par la belle confection de ses registres à dos élastique, que la première elle a fait connaître et a fabriqués. La fidélité et la confiance de sa clientèle témoignent des soins et de la perfection apportés au travail.

Le jury central rappelle à Mme Saint-Maurice-Cabany la médaille de bronze.

Médailles de bronze.

MM. GAYMARD et GÉRAULT, rue Montmorency, n° 10, à Paris (Seine).

Ils ont succédé en 1846 à M. Victor Roumestant, dont le jury central a récompensé en 1839 et en 1844, par une médaille de bronze, la fabrication des cires à cacheter et des registres. Sous sa direction nouvelle, cet établissement a conservé et son importance et sa réputation. 30 ouvriers, dont 15 dans les ateliers, et un chiffre d'affaires de près de 200,000 francs, témoignent d'une activité qui s'est soutenue même en 1848.

Le système de confection adopté par MM. Gaymard et Gérault, offre une garantie réelle de solidité. Les feuilles sont d'abord collées ensemble au caoutchouc, réunies par cahiers de quatre, et ce cahier, renforcé au dos et en dedans par des rubans également collés, est cousu avant que le caoutchouc se soit séché. La pose du dos métallique n'a lieu qu'après un bon travail d'endossure en papier et peau, et de reliure en parchemin d'Espagne et carton.

Les registres exposés s'ouvrent bien à fond, la brisure est franche et la gouttière nette. Les grands livres de 2,000 pages grand-aigle et colombier Canson, nous paraissent devoir être cités pour leur parfait conditionnement. Des certificats nous ont été présentés qui attestent le long et excellent service de plusieurs de ces registres-monstres. Au reste, sur les 3,700 clients de cette maison, 2,000 environ renouvellent constamment chez elle leurs livres, et parmi eux, nous pourrions citer les noms de nos principales maisons de banque, d'assurances, de commerce, de roulage, de plusieurs de nos maîtres de forge et de nos premiers fabricants.

Le jury central décerne à MM. Gaymard et Gérault une médaille de bronze.

M. NÉRAUDAU, rue des Fossés-Montmartre, n°s 16 et 18, à Paris (Seine).

Il établit les registres sur dos en carton, les cahiers étant cousus sur ruban; l'assemblage et la reliure en sont très-satisfaisants. Fournisseur des comptoirs de la banque de France, des compagnies des chemins de fer de Lyon, de Saint-Étienne, d'Orléans, de grandes maisons de commerce, M. Néraudau à présenté à l'exposition des grands livres de 800 à 1,000 pages destinés à remplacer chez ces divers clients, pour la deuxième et la troisième fois, des registres de 3, 4 ou 5 ans d'usage, également livrés par lui et dont la solidité est attestée par des lettres flatteuses. M. Néraudau travaille aussi pour l'exportation, principalement pour les Antilles, le Mexique et l'Espagne.

Il fait faire à Houdan (Seine-et-Oise) de nouveaux canifs-porte-crayon et plume, du prix de 24 francs la douzaine.

Le jury accorde à M. Néraudau une médaille de bronze.

M. Victor DUCROQUET, rue Cléry, n° 42, à Paris (Seine). Mentions honorables.

Il a succédé à M. Robert, qui a mérité en 1844 une médaille de bronze. Il continue la fabrication des livres de comptabilité et les établit en papier de choix, avec une réglure, une couture et une endossure soignées. 10,000 registres sortent chaque année de son atelier, et sont estimés, à juste titre, des négociants qu'il fournit.

Le jury, en accordant à M. Ducroquet une mention honorable, espère que, dans cinq ans, il retrouvera cet exposant au premier rang.

M. A. DUBRAY, rue Sainte-Barbe, n° 3, à Paris (Seine).

Il n'est pas besoin de couture pour lier les cahiers des registres de M. Dubray, chaque feuillet étant composé du verso et du recto d'une feuille de papier mince collés ensemble. On comprend l'avantage de ce système; il rend solidaires les unes des autres toutes les parties du registre, conserve la trace de l'enlèvement d'un ou de plusieurs feuillets et assure ainsi l'inviolabilité des écritures, offre une surface d'ouverture unie et dont le milieu est naturellement intact, sans jonction, ni couture, ni solution de continuité. Ce système peut être employé utilement pour la reliure sans onglet des ouvrages imprimés d'un seul côté, tels que les atlas, les plans, les dessins, les albums de modèles. — Un ruban fixé entre une double couche de caoutchouc, une basane, des clefs en peau, et des bandelettes se prolongeant sous les gardes, donnent à l'endossure toute la solidité désirable.

M. Dubray expose pour la première fois; c'est un ouvrier laborieux, établi depuis peu de temps et encore peu connu, qui fait bien et à bon marché; il est digne d'une récompense, le jury central lui accorde une mention honorable.

M. LEFEBVRE, rue Saint-Denis, n° 86, à Paris (Seine).

Les registres sont cousus ordinairement avec un fil continu; si ce fil vient à être coupé ou brisé, les feuilles peuvent s'échapper. M. Lefebvre remplace le fil par la soie, emploie double ruban, arrête par un nœud chaque liage, de sorte que, dans un grand livre colombier, par exemple, les feuilles de chaque cahier sont fixées par cinq coutures ou liages indépendants les uns des autres. Que l'un des nœuds ou des fils soit rompu, et trois ou quatre autres attaches maintiennent parfaitement adhérent le cahier où l'accident est arrivé. Ce perfectionnement donne la facilité de rogner les registres, s'il en est besoin, sans toucher à la reliure et n'en augmente pas le prix; il permet d'occuper beaucoup de jeunes filles et de femmes qui, n'arrivant pas à soutenir la tension du fil sur toute la longueur, ne pouvaient travailler à la couture des registres.

M. Lefebvre a réussi également à diminuer l'épaisseur du dos, tout en assemblant et collant plus fortement les cahiers; l'emploi du chanvre, dont les filaments sont si tenaces, contribue à assurer la solidité de l'endossure.

Le jury accorde à M. Lefebvre une mention honorable.

M. Auguste DESSAIGNE, rue Cléry, n° 19, à Paris (Seine).

Successeur de M. Chavant, M. Dessaigne fabrique, avec la même intelligence, le papier de réduction pour la mise en carte des dessins d'étoffes façonnées; il n'a pas moins de 150 modèles différents gravés sur cuivre ou acier; le prix net de la feuille varie de 20 à 35 centimes.

Les papiers vernis, végétaux, dioptiques, de cet exposant sont estimés, à juste titre, ainsi que ses registres cousus et collés.

Éditeurs d'ouvrages pour les dessinateurs de fabrique et les fabricants, son prédécesseur et lui ont publié une trentaine de volumes signés des noms de Chenavard, Clerget, Redouté, Braun, Couder, etc., où se trouve réunie une précieuse collection d'études applicables aux papiers peints, à la broderie, aux châles, aux soieries, aux nouveautés de tout genre.

Le jury central accorde à M. Dessaigne, pour l'ensemble de ses produits, une mention honorable.

M. Auguste SUPOT, rue Lamartine, n° 27, à Paris (Seine).

Citations favorables.

M. Supot fait exécuter chez lui l'impression lithographique, la réglure, l'assemblage et la reliure de ses registres; les garnitures seules sont faites au dehors. Il conduit ce travail avec une attention soutenue : dans les modèles exposés, on trouve des preuves de bonne confection. Le tracé des lignes grises est fin et régulier.

Le jury accorde à M. Supot une citation favorable.

M. BOUCHÉ, rue Mandar, n° 1, à Paris (Seine).

Il a exposé des registres à dos en fer ou en carton double, réglés, imprimés, montés, reliés et garnis dans son atelier; ils sont bien conditionnés et d'un prix modéré.

Le jury accorde à M. Bouché une citation favorable.

M. DORVILLE, rue des Fossés-Montmartre, n° 6, à Paris (Seine).

M. Dorville est un fabricant très-actif qui a succédé à Weynen et qui a adopté la spécialité des livres, journaux, papiers et agenda de notaire. Il a tracé pour cette comptabilité particulière huit modèles bien entendus.

Son registre-comptable permet de résumer chaque jour, dans un tableau synoptique, toutes les opérations d'une maison de commerce; il rend la tenue des livres plus prompte, plus facile et plus claire.

Le copigraphe et le classeur étaient déjà connus; M. Dorville a abaissé le prix du premier à 10 francs, et a donné au second une disposition plus simple et plus commode.

Ses registres sont convenablement traités, établis à bon marché et appréciés depuis longtemps.

Le jury cite favorablement M. Dorville.

M. LONGUET, rue des Coquilles, n° 2, à Paris (Seine).

Son registre à dos métallique, en papier d'Annonay, est bien monté et d'un prix modéré.

Le jury cite favorablement ce fabricant.

M. ALEXANDRE, rue Neuve-Saint-Eustache, n° 3, à Paris (Seine).

Le registre à dos métallique, collé au caoutchouc et cousu sur ruban, est traité avec soin par M. Alexandre; la réglure, dessinée avec goût, est, tantôt tracée avec un carmin et un bleu outremer d'un ton vif, tantôt mordancée et dorée.

Le jury cite favorablement M. Alexandre.

M. Jules SERRE, rue Saint-Denis, n° 81, à Paris (Seine).

Le mode d'assemblage adopté par M. Serre donne à ses registres une garantie de solidité. La dernière feuille de chaque cahier, plus mince de moitié que les autres feuillets, est collée à la première feuille du cahier suivant, laquelle est dans les mêmes conditions d'épaisseur, de sorte que tous les cahiers sont intimement unis. Les feuillets placés dans l'intérieur de chacun d'eux sont cousus sur ruban. Il est à désirer que les points d'attache soient plus rapprochés; si les sautriaux de fil étaient moins longs, le cahier serait moins exposé à glisser. L'endossure est bonne, la réglure ordinaire, et le prix assez modique.

Le jury accorde à M. Serre une citation favorable.

MM. DREYFUS et Cⁱᵉ, rue de Vendôme, n° 13, à Paris (Seine).

L'exécution des registres à dos en fer de MM. Dreyfus et compagnie est assez satisfaisante pour motiver les commandes considérables qu'il reçoivent de diverses maisons de banque, de commerce, et de pensionnats. Ils ont eu l'idée de rendre, à volonté, la serrure indépendante du livre; c'est un petit perfectionnement qui n'est pas sans utilité. La correction de leur impression lithographique mérite des éloges.

Le jury accorde à MM. Dreyfus et compagnie une citation favorable.

M. L. GIRARD, rue Fontaine-ou-Roi, n° 52, à Paris (Seine).

On a imaginé, pour réunir, au fur et à mesure de leur réception, les lettres, les papiers et billets de commerce, les factures, les livraisons, etc., différents systèmes de reliure mobile que l'on a successivement éprouvés et abandonnés. M. Girard n'a pas été découragé par le sort des essais antérieurs; il a produit, sous le nom de *bibliorhapte*, un livre-portefeuille dont l'usage est suffisamment commode. Son système laisse, toutefois, à désirer sous le rapport du prix et de l'exécution : les broches qui servent à fixer les papiers pourraient être, faites en acier, plus minces et aussi résistantes. La reliure est ordinaire, et, vu le prix, le carton et le papier devraient être en meilleure qualité. L'idée de M. Girard est assez bonne; son livre-classeur, déjà employé dans quelques bureaux, serait, nous n'en doutons pas, adopté par un plus grand nombre de maisons de commerce, s'il avait au moins reçu les perfectionnements que nous avons signalés.

Le jury central cite favorablement M. L. Girard.

---

§ 38. ARTICLES DE BUREAU.

M. Natalis Rondot, rapporteur.

MM. BLANZY, POURE et Cⁱᵉ, à Boulogne-sur-Mer (Pas-de-Calais).

Médaille d'argent.

Birmingham est, en Angleterre, la seule ville où l'on fasse les plumes d'acier; Sheffield, où cependant est produit tout l'acier employé à cette fabrication, a fait des essais nombreux et infructueux; il a été obligé de renoncer à cette industrie. L'insuccès a toujours été la conséquence des efforts tentés, soit en France, soit en Allemagne, même par des Anglais. Les obstacles doivent être attribués, non pas seulement à l'ignorance des procédés et des tours de main, mais à la difficulté de s'attacher d'habiles ouvriers (*tools makers*) pour la confection des outils. Le nombre de ces artisans est très-restreint, et leur salaire n'est pas moindre de 2 liv. sterl. à 2 liv. 10 shill. par semaine, c'est-à-dire de 8 fr. 35 cent. à 10 fr. 50 cent. par jour.

Il y a à Birmingham trois maisons de premier ordre faisant par an de 520 à 780,000 grosses, pour la plupart en articles fins et demi-fins, et sur les sept ou huit fabriques secondaires que l'on comptait en 1846, six ont été ou sont encore inactives par suite de faillite.

Il est singulier que le prix des plumes anglaises fines et mi-fines soit, en général, plus élevé en Angleterre qu'en France. Cette différence peut être attribuée à la préférence qui est accordée aux qualités de choix chez nos voisins, et aux effets de la concurrence que se font les importeurs pour s'assurer le privilége d'alimenter notre consommation, qui peut être estimée à 120,000 grosses par mois.

MM. Blanzy, Poure et compagnie ont fondé, en 1847, leur établissement de Boulogne; ils n'ont reculé devant aucun sacrifice pour s'adjoindre des *tools makers* de Birmingham, et pour établir un outillage aussi perfectionné que possible. Leur matériel se compose d'une machine à vapeur de 5 chevaux, de deux moufles à recuire l'acier, de 106 presses et machines à couper, à percer, etc., de 25 moutons pour marquer et estamper, de 40 roues à polir, et de l'outillage d'un atelier pour la construction et la réparation de leurs machines.

Ils occupent 190 ouvriers, dont 30 hommes et 160 filles de 15 à 20 ans. Le salaire journalier des premiers est de 2 fr. 50 cent. à 5 francs, celui des secondes est de 1 fr. à 1 fr. 25 cent.

MM. Blanzy, Poure et compagnie fabriquaient par semaine, en juin et juillet 1847, 2,000 grosses; en février 1848, 6,000 grosses. Les événements révolutionnaires les forcèrent de suspendre le travail pendant quelque temps, mais dans les trois derniers mois de 1848, ils firent près de 80,000 grosses. Leur production actuelle (octobre 1849) est de 13,200 grosses par semaine, c'est-à-dire de près de 690,000 grosses par an. Elle influe sensiblement sur les importations étrangères de plumes métalliques. En 1842, la France recevait 355,000 grosses, en 1845 et 1846, 1,150 et 1,140,000 grosses; en 1847, 992,500 grosses, en 1848, 410,000 grosses. Il y a lieu de penser que les 80,000 grosses faites à Boulogne dans les six derniers mois de 1847 n'ont pas été étrangères à cette diminution de l'importation anglaise.

Nous avons fait éprouver, par vingt-cinq employés de l'enquête industrielle de Paris, dix grosses de cent modèles et numéros différents, des prix de 25 centimes à 80 centimes la grosse. Cet essai a été entièrement favorable aux produits de MM. Blanzy, Poure et compagnie. Cependant, pour les sortes fines, on a donné la préférence aux plumes anglaises ; à qualité égale, toutefois, celles-ci ne sont pas supérieures à la plupart des numéros des séries à 45, 55 et 57 centimes la grosse.

En présence de ces résultats satisfaisants, et en considération de l'introduction, en France, d'une industrie nouvelle qui prospère sans avoir réclamé de protection, le jury central décerne la médaille d'argent à MM. Blanzy, Poure et compagnie.

M. MALLAT, rue Neuve-Saint-François, n° 5, à Paris (Seine).

Médailles de bronze.

Il a exposé les plumes en or et en platine, à pointe de rubis ou d'osmiure d'iridium, qu'il a inventées en 1842 et perfectionnées. Le prix était, pour les plumes à pointe en rubis, de 18 francs [1] en 1843, il est aujourd'hui de 11 francs ; pour celles dont la pointe est en osmiure d'iridium, il a été réduit de 12 à 6 francs, et cependant l'iridium, qui valait 100 francs le kilogramme en 1843, coûte maintenant 3 francs le gramme ; cette hausse provient de la moindre richesse en iridium des minerais de platine exploités aujourd'hui.

Nous avons essayé bon nombre de ces plumes, et nous nous sommes assurés de leur bonne qualité. Les témoignages de MM. A. Séguier, Stanislas Julien, Charles Schlumberger, ceux des employés de la banque de France et des teneurs de livres de plusieurs maisons de commerce, ne laissent aucun doute sur l'excellence de l'usage, surtout depuis que le bec est soutenu par un tuteur en platine.

La meilleure preuve de la bonté de ces plumes, c'est l'augmentation de la vente ; en 1843, M. Mallat en faisait de 2 à 3,000 et n'occupait que 2 ouvriers. Cette année, il emploie chez lui 10 ouvriers et 4 au dehors, et produit près de 20,000 plumes, dont le quart est à pointe de rubis.

Il a été mentionné en 1839 pour ses ouvrages d'horlogerie, et cité en 1844 pour ses plumes. L'expérience ayant constaté leur utilité, leur durée et leurs avantages, le jury central décerne à M. Mallat une médaille de bronze.

[1] Ce prix et le suivant s'appliquent aux plumes entièrement montées.

M. BERTIER, à Poissy (Seine-et-Oise).

Il a exposé des crayons et des porte-plume. Ceux-ci, de quatre genres différents, sont, en outre, extrêmement variés de système, de couleur, de dimensions, et l'exposition de M. Bertier ne comprenait pas moins de 46 modèles. Le prix de ces articles varie principalement de 1 fr. 75 cent. à 8 fr. 95 cent. la grosse, soit 14 cent. 1/2 à 74 cent. 1/2 la douzaine. Les porte-mine, un peu plus compliqués, valent de 15 à 18 francs la grosse (de 1 fr. 25 cent. à 1 fr. 50 cent. la douzaine). Des prix aussi bas ont rendu possible la lutte de concurrence avec l'Allemagne, et, depuis quelques années, M. Bertier exporte la moitié de sa production en Espagne, en Italie, etc.

Ce fabricant a fait travailler et occupe de nouveau les prisonniers de la maison de détention de Poissy; il a néanmoins des ateliers tout à fait indépendants de cette exploitation exceptionnelle, et dans lesquels une machine à vapeur de 8 chevaux fait marcher 10 mécaniques diverses et où sont employés 50 ouvriers, pour la plupart femmes et enfants.

L'importance de cette fabrique, créée, outillée et conduite avec intelligence par M. Bertier a été appréciée par le jury, qui décerne à M. Bertier une médaille de bronze.

Citations
favorables

M. DUVOCHEL, rue Dupetit-Thouars, n° 23, à Paris (Seine).

Les porte-plume encriers ont l'inconvénient de fournir ordinairement l'encre par un suintement continu, de sorte qu'en écrivant lentement ou en cessant d'écrire, l'encre s'échappe si l'on néglige de fermer le porte-plume.

Dans le système de M. Duvochel, le pouce, en appuyant sur une petite clef, fait remonter la tige qui pèse sur l'orifice; dès que le doigt cesse de presser, le trou se bouche. La sortie de l'encre est réglée, suivant le genre d'écriture, au moyen d'une bague qui facilite plus ou moins l'ascension de la tige.

Ce système est d'invention trop récente pour que l'on puisse l'apprécier sûrement; le jury central, fidèle à ses précédents, accorde à M. Duvochel une citation favorable.

Mme veuve DELABROSSE, rue Montmartre, n° 147, et rue du Rocher, n° 59, à Paris (Seine).

Elle a exposé des porte-plume dits *siphoïdes*, d'une construction simple, d'un usage facile, et dont le prix, selon le travail et la nature du métal employé, descend jusqu'à 6 francs la grosse.

L'expérience n'ayant pas encore sanctionné ce perfectionnement, le jury ne peut que citer favorablement Mme veuve Delabrosse.

M. HALLEY, rue de l'Écharpe, n° 1, à Paris (Seine).

Il a exposé un porte-plume dit *siphoïde*, dont la disposition la plus ingénieuse est un système de piston assez bien combiné.

En attendant que l'expérience confirme les prévisions de l'inventeur, le jury lui accorde une citation favorable.

---

§ 39 ENCRIERS.

M. Natalis Rondot, rapporteur.

M. Adolphe BOQUET, rue Richelieu, n° 9, à Paris (Seine).

Médaille de bronze.

Il a été breveté le 1er août 1831 pour un encrier mécanique à compression, auquel il a donné depuis le nom d'encrier à pompe. L'expérience a depuis longtemps constaté les avantages de ce système, et le jury a accordé à l'exposant une citation favorable en 1839 et une mention honorable en 1844.

M. Boquet a augmenté le chiffre de ses affaires et le nombre de ses ouvriers; il a occupé, en 1848-1849, 10 ouvriers, et il fait travailler en atelier 4 tourneurs, 4 monteurs, 2 ciseleurs, 1 ébéniste et 1 marbrier. Il fait chez lui, comme on le voit, non-seulement le mécanisme, mais aussi le bronze, l'ébénisterie et la marbrerie nécessaires pour la garniture et l'ornement de l'encrier.

Ses modèles, en général d'un bon dessin, sont exécutés avec habileté et avec économie; aussi livre-t-il des encriers depuis 10 fr. 80 cent. la douzaine. Le prix moyen est, pour l'encrier à colonne, de 17 francs, et, pour l'encrier plat, de 24 francs la douzaine, avec un escompte de 10 p. o/o.

M. Boquet exporte la moitié de sa production; le jury central lui décerne une médaille de bronze.

Mentions
honorables.

M. CHAULIN, rue Saint-Honoré, n° 218, à Paris (Seine).

L'usage de l'encrier siphoïde de M. Chaulin est aujourd'hui très-répandu; il a reçu quelques perfectionnements qui ont peu d'intérêt. La forme en est très-variée, et des modèles riches et élégants en porcelaine et bronze doré figuraient à l'exposition, ainsi qu'une collection de papiers de luxe illustrés.

Pour l'ensemble de ces produits, dont l'exécution est toujours soignée et dont la fabrication n'est pas sans importance, le jury accorde à M. Chaulin une nouvelle mention honorable.

M. BRIFAUT, rue Neuve-Ménilmontant, n° 6, impasse Bretagne, n° 7, à Paris (Seine).

Il a exposé des encriers portatifs en fer-blanc, garnis pour la plupart d'une petite brosse qui sert d'essuie-plume. Les encriers qu'il fait en plus grande quantité sont cotés à 3 fr., 3 fr. 75 cent. et 5 fr. 75 cent. la douzaine, c'est-à-dire de 25 à 48 centimes la pièce; malgré la modicité du prix, ces encriers sont bien établis. M. Brifaut en fait environ 80,000 par an; il occupe 10 ouvriers chez lui et quelques ferblantiers et repousseurs au dehors.

Ancien contre-maître de la fabrique Merckel, M. Brifaut expose pour la première fois; le jury lui accorde une mention honorable.

---

§ 4C. PLUMES ET PORTE-PLUMES.

M. Natalis Rondot, rapporteur.

CONSIDÉRATIONS GÉNÉRALES.

Depuis plusieurs années, on a importé d'Angleterre un assez grand nombre d'articles de bureau, destinés à des usages divers, et dont la plupart, délaissés depuis longtemps chez nos voisins, ont été oubliés aussitôt que produits. De tous les petits appareils qui se sont succédé aux expositions et sur les rayons de nos papetiers, les prompts-copistes sont à peu près les seuls qui aient été adoptés; ce sont ceux aussi qui ont reçu le plus de perfectionnements. Des régloirs, des rouleaux-buvards, un prompt-copiste, et quelques essais sans intérêt ont été présentés cette année. Plusieurs fabricants de registres ont aussi exposé des presses à copier, mais aucun d'eux ne nous a soumis un modèle ou un procédé nouveau; toutes ces presses sont d'ailleurs faites par des mécaniciens indépendants, auxquels doit revenir, s'il y a lieu, le mérite du travail. Il est regrettable qu'aucune récompense ne soit accordée à cette fabrication des presses à copier, qui est conduite avec intelligence et qui a progressé depuis 1844, et nous espérons qu'à l'exposition prochaine nous serons en présence des véritables auteurs de ces petites machines. Rappelons, dès maintenant, que la presse en fer forgé, qui se vendait 75 francs en 1844, est livrée aujourd'hui pour 45 francs, et que le prix des copies de lettres de 500 feuilles in-4° coquille a baissé de 50 p. o/o durant ces cinq années.

M. LEFEBVRE, rue Saint-Denis, n° 86, à Paris (Seine).

Citation pour ordre.

Il a imaginé un *bouchon mécanique* qu'il applique principalement aux bouteilles d'encre. Ce petit obturateur est assez ingénieux, il peut être utilement employé pour d'autres liquides, surtout lorsque son prix sera moindre et sa disposition plus simple.

(*Voir le rapport sur les* Registres, *page 832.*)

Mme BEAU, rue Montmartre, n° 148, à Paris (Seine).

Citations favorables.

Elle a exposé un prompt-copiste, breveté en 1842, qui permet de tirer une ou deux épreuves d'une lettre, sans se servir d'un papier particulier et d'une presse. On écrit avec une encre dite *électro-chimique*, et l'écriture est transportée rapidement et avec netteté sur un papier sans colle.

L'expérience ayant prouvé la bonté de ce procédé, le jury cite favorablement Mme Beau.

M. VERNIER, à Beaumont-sur-Oise (Seine-et-Oise).

Régler une feuille de papier sans carrelet ni crayon, d'une seule course de rouleau, et avec une rectitude parfaite, était un petit problème qui a été résolu avec bonheur par M. Vernier. Il est à craindre que le prix élevé de ses prompts-régloirs n'en restreigne la consommation. Un rouleau, le tampon et l'encre, ne coûtent pas moins de 3 fr. 5o cent.

Le jury accorde à M. Vernier une citation favorable.

M. JOLY, rue des Francs-Bourgeois, nᵒ 1, au Marais (Seine).

En Angleterre, on a remplacé depuis longtemps le papier buvard par un rouleau, que M. Joly a importé en France. Il a eu l'idée de le garnir, tantôt d'une monture et d'un manche, tantôt d'un couvercle-poignée, qui le rendent d'un usage plus commode. M. Joly fait des prompts-buvards en tout genre, mais fabrique particulièrement ceux de 33 francs la grosse, 23 centimes la pièce. Tout, même l'incrustation, est fait chez lui avec assez de soin.

Le jury central cite favorablement M. Joly.

---

§ 41. BOUCHONS DE LIÉGE.
M. Natalis Rondot, rapporteur.

Médaille d'argent. ## MM. A. DUPRAT et Cⁱᵉ, à Castres (Tarn).

Ils sont parvenus à fabriquer à la mécanique des bouchons de liége. Ceux qu'ils ont exposés offrent un grain fin, une coupe régulière et correcte; et compacts, légers, sains, adroitement retouchés, ils sont irréprochables.

Ce n'est pas sans difficultés et sans nombreux essais, que MM. Duprat et compagnie ont pu arriver à cette supériorité. Leurs ingénieux moyens de travail sont trop bien entendus pour n'être pas le résultat de persévérants et intelligents efforts.

Après avoir été soumis à une ébullition, à une compression et à un séchage prolongés, le liége en planche est livré successivement à trois machines. La première le coupe en bandes plus ou moins épaisses; la deuxième (*perceuse*) découpe la bande en bouchons cylindriques; la troisième, dite *tourneuse*, rend ceux-ci plus brillants en leur enlevant une mince pellicule, et leur donne la forme conique. Cette machine, dont les 14 mouvements différents sont combinés avec une précision parfaite, façonne un bouchon par seconde; c'est un produit journalier de 20,000 bouchons, tandis que l'ouvrier le plus habile ne peut en tourner que 2,000 en un jour. La *tourneuse* est aussi employée à faire la retouche du bouchon, c'est-à-dire à enlever les défauts sur des points déterminés; elle retouche 20,000 bouchons par jour.

Fondée en 1844 à Salvages, incendiée en 1847, et reconstruite près Saïx en 1848-49, la fabrique de MM. Duprat et compagnie est aujourd'hui en pleine activité; elle occupe 50 ouvriers, et dispose d'un moteur hydraulique de 40 chevaux, qui met en mouvement 25 machines. La production annuelle est d'environ 30,000 milliers de bouchons, dont le prix varie, selon la qualité et la grosseur, de 3 à 80 francs le mille.

Le jury central décerne à MM. Duprat et compagnie une médaille d'argent.

---

§ 42. BUSTES ET TÊTES POUR COIFFEURS, COUTURIÈRES, MODISTES, ETC.

M. Natalis Rondot, rapporteur.

M. ALLIX, rue Montmartre, n° 41, à Paris (Seine).

Mention honorable.

Le modelage en cire a fait quelques progrès, et M. Allix est, sans contredit, un de ceux qui y ont le plus contribué. Il est parvenu à une exécution satisfaisante, et l'on remarque des efforts pour apporter, dans le modèle, une certaine correction de dessin et de forme.

M. Allix a exposé une vierge et un enfant Jésus d'un bon travail; des bustes pour coiffeurs, à 60 francs, quelques têtes de poupée à 20 francs (sans implanté), des mannequins pour tailleurs, avec tête et bras articulés à 100 francs. Il fabrique principalement les bustes mi-corps pour montres de corsetières et de coiffeurs; c'est cet article qu'il devrait s'attacher à perfectionner.

Le jury mentionne honorablement M. Allix, déjà distingué en 1839.

M. LEFORT, rue Rochechouart, n° 21, à Paris (Seine).

Citation favorable.

Il a exposé des têtes de poupée mobiles pour modistes, lingères et coiffeurs, du prix de 8 francs, tête non comprise. L'axe porte sur une genouillère tournante, et deux arcs de cercle permettent, en outre, l'inclinaison à 45 degrés. Ce petit appareil est ingénieux, bien établi, et rendra aux ouvrières le travail plus facile et moins fatigant.

Le jury central accorde à M. Lefort une citation favorable.

§ 43. CERCLES DE TAMIS.

M. Natalis Rondot, rapporteur.

Mention
honorable. **M. PEYRON, à Rumengol (Finistère).**

Il a exposé des cercles de tamis sciés, d'une bonne fabrication
et d'un prix très-modique.

M. Peyron occupe, dans ses scieries de Rumengol, trois cents
ouvriers, qui font, en outre, des barils pour la marée, des bois de
brosse et divers autres autres ouvrages de boissellerie et de ton-
nellerie. Le jury accorde à M. Peyron une mention honorable.

§ 44. CRINS ET SOIES DE PORC PRÉPARÉS.

M. Natalis Rondot, rapporteur.

Mention
honorable. **M. PICHON, à Metz (Moselle).**

Il a exposé trois qualités de crin frisé et de soie de porc échau-
dée, préparés par un procédé particulier.

Par ce procédé, inventé par M. Camus, le poil est parfaitement
dégraissé et épuré; il conserve sa souplesse, et a perdu cette odeur
infecte qui se manifeste surtout dans les chaleurs de l'été.

Les crins frisés sont bien préparés; les soies de porc ne laissent
rien à désirer; l'établissement est considérable, et le travail paraît
bien dirigé. Le jury signale les services que rend le procédé de
M. Camus, et accorde à M. Pichon une mention honorable.

§ 45. FILETS, — CORDERIE FINE POUR PASSEMENTERIE. — ARTICLES DE PÊCHE.

M. Natalis Rondot, rapporteur.

CONSIDÉRATIONS GÉNÉRALES.

Il y a vingt-cinq ans, l'article de pêche n'offrait aucun intérêt commercial; deux fabricants travaillaient en chambre,
et leurs produits étaient étalés et vendus sur les quais ou sur
la berge de la Seine. Les quincailliers tiraient d'Angleterre
les cannes et les lignes montées. M. Kresz aîné transporta, vers
1825, son petit atelier de la rue Grenétat au quai de la Mégis-
serie, et fonda la première maison spéciale de vente de tout
l'article de pêche; il était arrivé à faire quelques articles à un

tiers meilleur marché que les Anglais : c'est du moins ce qui est annoncé dans le rapport du jury de 1827, page 439.

Encore en 1830, malgré ces premiers efforts, on ne fabriquait en France que la ligne en crin, la canne et le filet; on ne connaissait dans le commerce que quatorze modèles de lignes, et le travail en était fort grossier. La flotte était en liége taillé en olive au couteau, arrondi à la lime, et garni à chaque extrémité de cire à cacheter rouge.

Le prix de revient de ces lignes était de 75 centimes à 4 francs, et le prix de vente de 1 à 6 francs la douzaine.

Les lignes anglaises étaient les seules que l'on trouvât entre les mains des amateurs, mais bientôt M. Montignac, perfectionnant le retordage de la soie, produisit des bannières à la fois fines, régulières et nerveuses, et fit la *queue-de-rat* mieux et à 15 p. o/o meilleur marché que les Anglais. Il apporta en même temps dans la fabrication le soin minutieux auquel il doit la réputation de ses articles.

Il ne suffisait pas d'établir la ligne d'amateur avec supériorité, il fallait aussi rendre meilleure la ligne du petit pêcheur, la ligne à deux sous. Mme Savouré apporta dans l'exécution de la plume et du bouchon de liége, dans le montage, une amélioration notable et une économie qui permit de réduire les prix. Ses modèles, imités de ceux d'Angleterre, furent bientôt préférés à ceux-ci, qui depuis six ou huit ans sont abandonnés.

Avant 1830, la fabrication de l'article de pêche, à Paris, atteignait à peine 30,000 francs ; aujourd'hui elle s'élève, dans les années favorables, à 300,000 francs environ, et occupe huit ou dix petits ateliers. Il est bien entendu que nous ne comprenons pas dans le chiffre précédent la valeur de tous les engins faits par les pêcheurs dans leurs moments perdus, et variés selon la nature des eaux et des poissons.

Pour faire apprécier la différence entre les prix de revient et de vente anciens et actuels, nous donnons ci-après l'analyse du prix de trois genres de ligne montée [1] :

----

[1] Nous devons ce renseignement à Mme Savouré.

Ligne en trois crins tressés au doigt, avec deux hameçons et plume, montée sur plioir en bois teint.

		PRIX DE REVIENT.	
		ANCIEN.	ACTUEL.
Plioir.........................	par grosso.	1ᶠ 25ᵉ	0ᶠ 90ᵉ
Teinture du plioir..............	idem......	0 30	0 20
Plume..........................	idem......	0 50	0 30
Hameçons.......................	idem......	1 20	0 90
Montage des hameçons............	idem......	1 20	0 75
Crin...........................	idem......	1 25	1 00
Tressage et nouage du crin........	idem......	2 00	1 30
Montage de la ligne.............	idem......	1 50	0 75
Plombs et coulants..............	idem......	0 20	0 10
TOTAL du revient...	idem......	9 40	6 20

Ainsi la ligne revenait autrefois à 6 centimes 1/2 et se vendait 8 centimes 1/4; elle ne coûte maintenant que 4 centimes 1/3 et se vend 5 centimes 1/2.

La ligne à un hameçon revient à 3 centimes et se livre à 4 centimes.

Ligne à quatre crins tressés au rouet, avec deux hameçons et bouchon en liège peint en rouge à chaque extrémité, plioir en roseau.

		PRIX DE REVIENT.	
		ANCIEN.	ACTUEL.
Plioir........................	par grosso.	2 00ᵉ	1 50ᵉ
Bouchon.......................	idem......	6 00	4 00
Hameçons......................	idem......	1 20	0 90
Montage des hameçons...........	idem......	1 20	0 75
Crin..........................	idem......	2 00	1 50
Tressage et nouage du crin......	idem......	3 00	2 25
Montage de la ligne............	idem......	1 50	0 75
Plombs et coulants.............	idem......	0 30	0 20
TOTAL du revient...	idem......	17 20	11 85

La ligne de 8 centimes 1/4, vendue 11 centimes, est donc de 30 p. o/o meilleur marché qu'il y a quinze ans.

Dans la ligne crin en six et gros bouchon, la différence est plus grande encore ; on vendait 42 francs la grosse, qui revenait à 20 francs 45 centimes, tandis qu'aujourd'hui ce qui coûte 15 francs 55 centimes est livré à 24 francs.

Ligne crin en six et gros bouchon.

		PRIX DE REVIENT.	
		ANCIEN.	ACTUEL.
Plioir.........................	par grosse.	2ᶠ 25ᵉ	2ᶠ 60ᵉ
Bouchon......................	idem......	8 00	5 50
Hameçons.....................	idem......	1 20	0 90
Montage des hameçons..........	idem......	1 20	0 75
Crin..........................	idem......	3 00	2 60
Tressage et nouage du crin......	idem......	3 00	2 25
Montage de la ligne............	idem......	1 50	0 75
Plombs et coulants.............	idem......	0 30	0 20
TOTAL du revient...	idem......	20 45	15 55

On n'est pas encore arrivé à faire en France les hameçons ; la plupart de ceux qui sont employés sont tirés d'Irlande, au prix de 3 à 18 francs le mille. L'Allemagne nous en fournit aussi dont la qualité est inférieure, et qui ne coûtent que de 2 à 8 francs le mille.

Le travail des cannes à pêche est inséparable de la fabrication des lignes ; les cannes sont faites en bambou, en roseau, en hicory, en frêne : l'ajustement et les garnitures en sont très-variés.

M. DELAGE-MONTIGNAC, rue Saint-Honoré, n° 414, à Paris (Seine).

Médailles de bronze.

Jusque dans ces dernières années, on employait pour la pêche des bannières en soie tirées d'Angleterre ; M. Montignac est arrivé, en perfectionnant le moulin à retordre, à obtenir une soie d'une régularité et d'une force telles, que ses bannières sont estimées de tous les amateurs, et recherchées même en Angleterre. Cette soie, quelles que soient sa finesse et sa torsion, ne vrille ni ne se détord, et un apprêt la rend imperméable; elle se vend de 5 à 75 cent. le mètre. Les *queues-de-rat* pour la pêche de la truite et du saumon à la mouche artificielle sont bien réussies.

M. Montignac fabrique l'article de pêche plutôt en amateur qu'en industriel; il s'attache à ne livrer que des lignes et des moulinets, des cannes et des filets, d'une exécution parfaite; il vérifie la bonté des moindres pièces. Ces soins constants ont fait sa réputation.

L'épervier à mailles voulues pour le gros poisson et surtout l'épervier goujonnier, exposés par M. Montignac, sont deux filets tout à fait exceptionnels; l'assortiment de lignes, de 9 à 60 francs la douzaine, offre plus d'intérêt.

Le jury central accorde une médaille de bronze à M. Delage-Montignac, cité en 1839 et mentionné en 1844, pour l'ensemble de sa fabrication.

M. LEBATARD, rue Coquillière, n° 37, à Paris (Seine).

La maison Lebâtard, fondée en 1612, fabrique depuis cette époque, de père en fils et dans le même atelier, les filets pour la chasse, la pêche, la sellerie et le délitement des vers à soie. Elle a exposé un assortiment de carniers depuis 2 fr. 50 cent. jusqu'à 50 francs. Les filets de plusieurs de ces carniers sont des chefs-d'œuvre de tressage; le sac de chasse russe est d'un modèle original, et le havresac d'ouvrier d'une disposition simple et convenable.

Nous citerons encore les caparaçons en filet de fil de lin ou de soie, réguliers, solides et élégants, les filets à déliter les vers à soie du prix de 1 fr. 75 cent. le mètre carré pour le premier âge, et de 80 centimes pour le deuxième âge et au delà, enfin les licols de poche à 10 francs la douzaine.

La perfection du retordage et du tressage ont assuré à la maison Lebâtard une clientèle fidèle et une vente facile.

Le jury central décerne à M. François-Antoine Lebâtard une médaille de bronze.

Mentions honorables.

M. PROSPER JEAN dit BRUNOT, rue Rambuteau, n° 79, à Paris (Seine).

Il a exposé des fils de chanvre et de lin simples et retors, fins, tenaces, réguliers. Ces fils servent à faire des bourses, des glands, des boutons-grelots, et des ouvrages de fantaisie au filet et au crochet.

Le jury mentionne honorablement M. Brunot.

Mme Émile SAVOURÉ, rue Saint-Martin, n° 297, à Paris (Seine).

Mme Savouré est une des plus anciennes fabricantes d'articles de pêche; elle a apporté dans ce travail des améliorations et une économie qui n'ont pas été sans influence sur l'extension de cette petite industrie. Elle a remplacé la cire à cacheter par la peinture à l'huile, a poli le liége à la mécanique, a réussi dans l'imitation des lignes et des bouchons anglais. La collection d'échantillons exposée par Mme Savouré atteste les soins qu'elle donne à sa fabrication, qui s'étend depuis la qualité de 8 francs la grosse jusqu'à celle de 24 francs la douzaine.

Le jury central rappelle à Mme Savouré la mention honorable qui lui a été accordée en 1844.

M. BLANCHARD, quai de la Mégisserie, n° 50, à Paris (Seine).

Citations favorables.

Il a exposé des lignes de 80 centimes à 15 francs la douzaine; des cannes à pêche avec moulinet, de 21 à 60 francs la pièce; des cannes à pêche simples de 4 à 60 francs la douzaine; des filets éperviers et échiquiers. Ces divers objets sont bien appropriés au genre de pêche auquel ils sont destinés, leur prix est modéré.

Successeur de M. Kresz aîné, qui s'est occupé dès 1810 avec un grand zèle de la fabrication de l'article de pêche, M. Blanchard est cité favorablement par le jury central.

MM. ESTUBLIÉ et CARTAU, à Marseille (Bouches-du-Rhône).

Ils ont exposé des filets faits au métier, à mailles de 2 centimètres, pour la pêche de la petite sardine, et de 15 millimètres, pour celle de l'anchois. Ces filets se distinguent des filets à la main par l'alternance à la lisière d'un nœud rond et d'un nœud à fil coupé; la nappe est régulière et sans défauts.

Le jury cite favorablement MM. Estublié et Cartau.

M. VINCENT, à Lyon (Rhône).

Le jury central cite favorablement M. Vincent pour un filet d'une belle exécution fait au métier.

---

§ 46. — APPAREILS DE GYMNASTIQUE.

CONSIDÉRATIONS GÉNÉRALES.

Le colonel Amoros s'est acquis une réputation méritée par l'application de la gymnastique à l'instruction militaire et à l'éducation des jeunes gens. Il a fait, de cet ensemble d'exercices, un véritable corps d'études, et a rendu, par plusieurs inventions, des services réels.

La gymnastique est devenue aujourd'hui, non plus seulement un enseignement, mais aussi une industrie; et nous avons à juger cette année le mérite des perfectionnements et des appareils, au double point de vue de la science et de la fabrication.

Il n'y a pas longtemps encore que, pour établir un gymnase, il fallait s'adresser au charpentier, au menuisier, au cordier, au serrurier; le plan et les installations étaient, en général, assez mal ordonnés, et un portique, même très-simple, revenait à un prix élevé. Il existe maintenant des ateliers où l'on exécute toutes les parties des constructions et des appareils, et cette réunion, dans un même établissement, de travaux si divers, toujours confiés à des ouvriers spéciaux, a rendu les gymnases moins chers et mieux disposés.

Mention pour ordre.
M. Alexis GODILLOT, boulevard Poissonnière, n° 14, à Paris (Seine).

C'est à M. Godillot que l'on doit la fabrication en grand et dans un même établissement de toutes les parties des gymnastiques; il est arrivé à préparer des assortiments complets, et à les établir à des prix fixes, proportionnels, suivant les dimensions, de sorte que l'on peut, avec le tarif illustré, choisir, pour une somme déterminée, des appareils, échelles, cordages, etc., d'une grandeur et d'une force également connues.

M. Godillot a réuni, sous le portique de gymnase avec plate-forme et hunier qu'il a exposé, presque toutes les dispositions d'échelles, de mâts, de haubans, de cordes, de trapèzes, de poutres, etc.; il a aussi présenté des balançoires, des anneaux et bâtons à lutter, des haltères et des mils. L'exécution de ces divers ouvrages de charpente, de menuiserie, de tour, de forge ou de corderie est soignée, et les ajustements, ainsi que la solidité, laissent peu à désirer. Les appareils sont établis d'après les modèles consacrés par l'expérience des professeurs, et l'ensemble de cette fabrication mérite des éloges.

Nous ne terminerons pas sans signaler la corde de sauvetage, imaginée par M Édouard Billot, l'un des contre-maîtres de M. Godillot; le mécanisme est assez simple, et l'usage en est assez facile pour que cette échelle devienne populaire et rende des services.

(*Voir, pour la récompense accordée à M. Godillot, le rapport sur la* Layetterie *et les articles de* Voyage *et de* Campement.)

M. E. TAMPIED, rue Saint-Denis, n° 361, à Paris, et au Petit-Montrouge, route de Châtillon, n° 26.

M. Tampied est un cordier renommé à juste titre pour la bonté de ses cordages; il s'occupe également de la confection des échelles de corde et de toute la corderie de gymnase. Les produits en ce genre qu'il a exposés sont bien faits et d'une grande résistance; nous citerons surtout une corde à nœuds d'un très-beau travail, dont le tressé et le nouage sont d'une correction remarquable.

M. Napoléon LAISNÉ, rue de Vaugirard, n° 9, à Paris (Seine).

Médaille de bronze.

M. Laisné, ancien sous-officier au 2° régiment du génie, directeur des gymnases de l'école polytechnique et des lycées nationaux, a exposé les modèles des appareils de gymnastique qu'il a perfectionnés.

Il a donné une forme plus convenable aux mils, ou massues persanes, importés en France en 1834 par le colonel anglais Harriot, et qu'avait fait connaître le voyage de Drouville, publié en 1825. Ces mils sont en charme ou en hêtre, et leur poids varie, comme celui des haltères, de 500 grammes à 25 kilogrammes.

L'échelle à étrier fixe, connue sous le nom de *Bois-Rosé*, qui l'employa, dit-on, pour s'emparer de Fécamp, a donné à M. Laisné l'idée d'une échelle à étrier mobile assez ingénieuse.

Mais ce qui recommande surtout ce professeur, c'est l'application intelligente qu'il a faite des exercices gymnastiques au traitement des enfants atteints de maladies nerveuses, scrofuleux, teigneux, etc. « Parmi les résultats déjà obtenus, disent, le 4 février 1849, MM. Blache, Guersant, Trousseau, etc., médecins de l'hôpital des Enfants, nous croyons devoir particulièrement mentionner la guérison d'un certain nombre de *chorées* (danse de Saint-Guy), due à l'emploi *exclusif* de ces exercices, parfaitement combinés... Nous avons pu constater aussi leurs bons effets sur la santé et l'état général de nos pauvres enfants atteints de maladies chroniques. »

M. Laisné dirige, depuis 1847, ces exercices si intéressants avec un dévouement et un zèle qu'attestent de nombreux témoignages; c'est pour fortifier les muscles de ces enfants qu'il a perfectionné plusieurs appareils, entre autres la balançoire brachiale, les barres à sphères de M. Triat, etc.

Enfin, il est l'inventeur d'une perche à escalade qui a été éprouvée au fort de Vanvres par une commission du génie. Le rapport, du 15 juin 1848, déclare que cette échelle, du poids total de 44 kilogrammes 1/2, est assez solide pour supporter sans danger quatre et même huit hommes, que son montage ne dure pas plus d'une minute, que l'ascension est facile, rapide, puisqu'elle est effectuée en une minute par trois soldats avec armes et bagages.

M. Laisné a publié un excellent traité de gymnastique pratique; il a coopéré à la préparation de l'instruction ministérielle pour l'enseignement de la gymnastique dans les corps de troupes : pour tous ces services, le jury central décerne à M. Napoléon Laisné une médaille de bronze.

Citation favorable.

M. CHANTRAI-REMY, à la Chapelle-Saint-Denis, n° 181 (Seine).

Dans l'échelle de corde exposée par M. Chantrai-Remy, toutes les difficultés de tressage et d'ajustement ont été multipliées à plaisir et surmontées avec habileté. C'est un chef-d'œuvre de corderie exécuté avec toute la perfection désirable.

Le jury accorde à M. Chantrai-Remy une citation favorable.

§ 47. — SYSTÈMES DE COUCHAGE. — LITERIE. — SOMMIERS ÉLASTIQUES.

M. Natalis Rondot, rapporteur.

L'examen des sommiers élastiques, des matelas, des appareils et des systèmes de couchage nous a été confié; cette section comprenait 21 exposants, dont les 3/5 appartenaient à d'autres catégories, comme ébénistes, tapissiers, fabricants de lits en fer, etc. Nous les avons classés en trois groupes, et nous avons rangé dans le premier les exposants de sommiers élastiques et de matelas; dans le deuxième, les exposants de meubles-lits; dans le troisième, les exposants de lits portatifs.

I. — SOMMIERS ÉLASTIQUES ET MATELAS.

CONSIDÉRATIONS GÉNÉRALES.

Les fabricants de sommiers s'accordent à attribuer l'invention des ressorts (en 1802) à un charron des environs de Francfort, nommé Kaiser. Les ressorts étaient d'abord guindés avec des fils de fer et des bandes de tôle, et ce fut un tapissier de Francfort qui songea à remplacer par des sangles cette mauvaise armature. Celui qui le premier a introduit et fabriqué le sommier élastique en France paraît être M. Thierry. M. Nuellens s'occupa presque en même temps de ce travail. L'importation remonte à 1816; le premier brevet est daté de 1818, et ce sont MM. Thierry, Dupont et Laude jeune qui ont donné à la vente du sommier élastique une extension d'année en année plus importante. Son usage est loin d'être devenu général; cependant il est rare que l'on fasse établir maintenant un bon coucher autrement qu'avec un sommier élastique.

Les premiers ressorts étaient cylindriques, on imagina ensuite les ressorts dits *isographiques*; mais quelles qu'aient été les modifications, tous les ressorts droits faisaient perdre 10 centimètres d'élasticité. M. Thierry inventa le ressort à cônes, généralement adopté et amélioré par divers fabricants.

L'exposition de cette année ne présente que deux perfectionnements notables : le ressort à double cône de M. Thierry, breveté en 1845, et le sommier double de M. Mary.

Les fabricants regrettent les fils de fer de la fabrique Grandvillars, que leur prix élevé ne permet plus d'employer ; ils se servent de ceux des tréfileries de l'Aigle et de Fourchambault, du n° 16 au n° 22. Les bons ressorts ont ordinairement une hauteur de 25, 27 et 35 centimètres, et pèsent 270, 385 et 480 grammes. Il en entre 7, 9, 12, 16 et jusqu'à 56 dans un sommier, selon sa valeur et la conscience du fabricant. Les caisses sont en sapin de Lorraine ; la rembourrure est en étoupe ou en crin, et l'on emploie les coutils d'Évreux et de Flers.

Un ouvrier fait, dans certains ateliers, un sommier en deux jours ; dans d'autres, cinq et six sommiers par jour. Dans les uns, il produit par an pour 4,000 francs environ, et dans les autres, pour 20,000 francs. Enfin, la façon est, dans le premier cas, de 4 et 5 francs ; dans le second, de 1 franc à 1 fr. 50 cent. par sommier. En général, cet article n'est bien fait que chez les fabricants spéciaux.

Indépendamment de ses avantages bien connus, on doit tenir compte de l'économie que présente son emploi ; un sommier en ressorts doubles ou simples, de 47 centimètres de haut, peut former avec un seul matelas un excellent coucher.

Citations pour ordre. **M. Louis MORIN**, rue Rambuteau, n°s 22, 24 et 27, et rue Beaubourg, n°s 34 et 36, à Paris (Seine).

Il a exposé, entre autres articles, un canapé-lit, une bercelonnette et des sommiers.

Le canapé-lit est en fer ; le dossier, qui contient le matelas, se rabat sur le siége qui forme le sommier ; le système est simple ; mais doit être perfectionné.

La bercelonnette, assez élégante, renferme un coussin à coulisse garni de zostère et est munie en dessous d'un petit urinoir.

Dans le sommier articulé, les ressorts sont cousus sur des bandes de treillis qui servent au guindage, les brisures sont tamponnées en étoupe et la rembourrure est en crin. Le prix est de 30 francs pour un lit de 97 centimètres sur 95 centimètres. Pour les sommiers ordinaires, M. Morin a également adopté, peut-être à tort, le système d'attache des ressorts sur sangle.

La fabrication de cet exposant se distingue surtout par le bon marché des produits.

Renvoi aux rapports Meubles en métaux. (Métaux. Tome II.)

MM. BRAG frères, rue Rambuteau, nᵒˢ 63 et 65, et rue Quincampoix, nᵒ 49, à Paris (Seine).

Ils ont exposé un sommier très-flexible à soufflet, dont les ressorts ont un double guindage et dont le prix varie de 50 à 130 fr. selon la grandeur et la garniture. Les matelas sont en bonne qualité et bien confectionnés.

La fabrication du sommier élastique ne représente chez MM. Brag que le quart de leur chiffre d'affaires.

Renvoi aux rapports Meubles en métaux. (Métaux. Tome II.)

M. Charles LÉONARD, boulevard Saint-Martin, nᵒ 55, et rue Meslay, nᵒ 50, à Paris (Seine).

Il a exposé des sommiers élastiques dont un est à soufflet. Les ressorts sont établis sur un treillage en fil de fer. Le prix de ces divers sommiers est de 20 à 28 francs en 80 centimètres sur 185 centimètres; ce bon marché explique la facilité de leur vente dans les départements.

M. Léonard s'occupe principalement de la fabrication des lits en fer.

Renvoi aux rapports Meubles en métaux. (Métaux. Tome II.)

M. LAUDE jeune, rue du Faubourg-Saint-Antoine, nᵒ 11, à Paris (Seine).

Rappel de médaille de bronze.

Il a exposé un sommier sans garniture de toile ni rembourrure, dont les ressorts sont fixés sur une armature en fer, et guindés en quatre à l'aide de doubles agrafes. Solide et élastique, il se vend à raison de 1 fr. 25 le kilogramme. Les autres sommiers sont bien conditionnés et d'un prix avantageux.

M. Laude jeune a toujours confectionné avec soin et avec succès les sommiers élastiques: la perfection du travail et la modicité du prix en ont rendu la vente facile et étendue (3,000 sommiers par an).

M. Laude a joint à cette fabrication celle des lits en fer , pour laquelle il commence à acquérir une certaine réputation.

Il est toujours digne de la médaille de bronze qui lui a été accordée en 1844 et que le jury central lui rappelle.

Médailles de bronze.

M. THIERRY, rue Montmartre, n° 123, à Paris (Seine).

Il a exposé un sommier élastique à soufflet, avec ressorts à double cône fixés sur feuillard; le guindage est fait en quatre au milieu et en huit à la partie supérieure avec des cordes de soie végétale. L'élasticité, la solidité et la confection, ne laissent rien à désirer. Le prix de ce sommier est de 30 francs en 98 centimètres sur 195 centimètres.

M. Thierry paraît être le premier qui ait introduit en France la fabrication du sommier élastique, il a contribué à son perfectionnement et a inventé le ressort double cône.

Le jury décerne à M. Thierry une médaille de bronze.

M. Auguste DUPONT, rue Neuve-Saint-Augustin , n° 1 3 et 5, à Paris (Seine).

Il a exposé un sommier avec armature en fer et sans garniture de toile; les ressorts en n° 21 sont fixés sur des feuillards consolidés par des bandelettes. Le guindage est fait en huit avec du fil de laiton. Le châssis est élastique, et une vis permet de hausser le sommier à l'une ou à l'autre extrémité. Un coussin, garni en laine ou en crin et piqué, préserve le matelas du frottement sur le fer. Solide et d'un nettoyage facile, ce sommier est souvent expédié aux colonies.

Les autres sommiers, tant ordinaires qu'à soufflet, sont bien conditionnés et solidement établis.

M. Dupont vend ses sommiers tout en fer 55 centimes le kilogramme; un sommier de 130 centimètres sur 195 centimètres pèse en moyenne 55 kilogrammes, et l'on peut en avoir un excellent pour 40 francs, en comptant le prix du coussin.

M. Dupont fait environ pour 180,000 francs de sommiers élastiques et d'articles de literie, et nous ne comprenons pas, dans ce chiffre, sa fabrication de lits et de meubles en fer plein laminé, qui est également importante.

Le jury central décerne à M. Auguste Dupont, une médaille de bronze.

M. MARY, rue Favart, à Paris (Seine).

Son sommier double est parfaitement approprié à un lit à deux personnes d'un poids différent; ce sont, en quelque sorte, deux sommiers réunis dont les ressorts, montés sur treillage en fer, ont de chaque côté une élasticité et un guindage différents.

Un conditionnement non moins soigné recommande les sommiers mécaniques à brisure de M. Mary; ils sont établis pour une ou deux personnes, unis ou séparés; un mécanisme fort simple, mu par une manivelle, permet de relever une partie du sommier qui sert alors de dossier.

La bonne fabrication de M. Mary est digne d'éloges, et le jury encourage cet exposant en lui accordant une mention honorable.

M. COUTANT, rue de la Paix, n° 19, à Paris (Seine).

Il a exposé comme fabricant de sommiers élastiques plutôt que comme tapissier.

Son sommier, composé de deux grands coussins indépendants, est très-moelleux et confectionné avec soin. Les ressorts, montés et guindés sur toile, sont serrés les uns contre les autres et maintenus par des baleines. Des oreillers et des coussins, établis dans le même genre avec des ressorts plus souples, se font remarquer par leur élasticité. Le prix en est modéré.

Le jury accorde à M. Coutant une citation favorable.

M. Eugène DUFAU, rue Montorgueil, n° 46, à Paris (Seine).

M. Dufau a exposé : 1° un sommier à soufflet, avec ressorts guindés en 8 et portant sur un châssis en bois; ce sommier est solide, bien conditionné et confortable; 2° des lits en fer dont les modèles lui appartiennent, mais qui sont fabriqués par M. Mousset.

Le jury cite favorablement M. Dufau pour ses sommiers et ses matelas.

II. — MEUBLES-LITS.

CONSIDÉRATIONS GÉNÉRALES.

Les divans et les canapés-lits figuraient en grand nombre à l'exposition ; presque tous présentaient, à quelques modifications près, la même disposition et le même jeu. Dans ces dernières cinq années, ce genre de meubles a été beaucoup perfectionné ; les systèmes sont plus simples et plus ingénieux, la fabrication est plus soignée et les prix sont beaucoup réduits. Cette nouvelle industrie, dont s'occupent les tapissiers et les ébénistes, attend cependant encore de grandes améliorations ; ce ne sera pas sans des essais multipliés que l'on arrivera, en conservant au canapé son élégance et sa commodité, à le transformer rapidement en un lit solide, moelleux, d'une aération facile pendant le jour, et dont les diverses parties ne soient pas en contact avec la garniture du meuble.

Dans les constructions actuelles, on donne aux appartements une étendue si petite ; les habitudes de luxe et les nécessités d'affaires restreignent encore tellement les aménagements de famille, que l'espace est presque toujours insuffisant, et l'on est amené à adopter les meubles à double usage. Cela explique l'activité actuelle des tapissiers-ébénistes qui se sont adonnés à cette nouvelle spécialité, et la vente facile, à des prix même élevés, de tant de modèles différents.

Mentions pour ordre. **M. BAUDRY** père, rue Neuve-des-Petits-Champs, n° 62, et avenue de Saint-Cloud, n° 14, à Paris (Seine).

Son lit double, en 130 centimètres de large, contient dans sa caisse un lit de 81 centimètres garni et tous les accessoires pour la toilette. Les divans-lits donnent des couchers de 81 centimètres ou de 97 centimètres ; le lit garni se trouve dans le soubassement. Il suffit, pour le monter, de lever et retourner le siége qui, dans l'un des systèmes de M. Baudry, sert de sommier. Ces différents meubles sont établis dans des conditions de solidité, de commodité et de prix qui en ont répandu l'usage.

M. DESCARTES, rue du Vingt-Neuf Juillet, à Paris (Seine).

Les divans et les canapés-lits, simples et doubles, de M. Descartes sont combinés avec une entente parfaite des exigences du couchage et des convenances de l'ameublement. Les systèmes sont simples et la manœuvre des bascules est rapide ; les couchers sont moelleux, et l'on a tout à la fois un beau meuble, un bon et large lit. La chaise longue à bascule, pour lit d'enfant, est jolie et commode.

M. BAUDRY fils, avenue de Saint-Cloud, n° 14, à Paris (Seine),

Citation pour ordre.

Il a présenté un divan-lit destiné aux installations de bord. Le lit n'est autre chose qu'un cadre suspendu à deux montants en fer et glissant le long de deux cordes ; il a donc un double balancement qui atténue les effets du roulis et du tangage. L'idée est ingénieuse, mais le meuble occupe déjà beaucoup d'espace et le jeu du lit en réclame plus encore ; il attend des perfectionnements que M. Baudry fils ne saurait tarder d'apporter à sa disposition.

M. VERGÉ, boulevard de la Madeleine, n° 15, à Paris (Seine).

Citations favorables.

Un siège profond et élastique tournant au moyen de deux roues excentriques, un système de serrure simple et solide, un dossier retourné et rabattu pour élargir le coucher, enfin une aération constante des matelas, durant le jour, grâce à des filets, à une toile métallique et à des appels d'air ; ces divers avantages, réunis à un prix modéré, ont fixé l'attention du jury sur le canapé-lit de M. Vergé.

M. BRICARD, rue Gaillon, n° 9, à Paris (Seine).

Il a présenté un canapé-lit dont le jeu est facile et la confection très-soignée. La caisse renferme le sommier élastique, le matelas, le traversin et l'oreiller ; le dossier reçoit la flèche et les rideaux.

Le jury cite favorablement M. Bricard.

M. VUACHEUX, rue de Choiseul, n° 23, à Paris (Seine).

Il a exposé deux systèmes de canapé-lit : l'un, établi pour deux personnes, offre une couche moelleuse, qui aurait besoin d'être plus solide ; l'autre simple, forme un lit mieux établi, peu gracieux, toutefois, mais ayant l'avantage de laisser au canapé une bonne profondeur de siège.

Le jury cite favorablement M. Vuacheux.

M. MAILLARD, rue Notre-Dame-de-Lorette, n° 21, à Paris (Seine).

Ses divans-lits sont aussi simples que possible ; le siège sert de sommier, il est recouvert par un matelas contenu dans le coffre, deux dossiers s'adaptent aux extrémités. Le divan peut être transformé en lit à deux personnes, soit en se dédoublant, soit à l'aide de volets garnis de pieds ou d'un tiroir du soubassement.

Ces meubles se recommandent principalement par leur bon marché.

Le jury central accorde à M. Maillard une citation favorable.

III. — LITS PORTATIFS.

Citation
pour ordre.

M. FAVEERS, rue Pétrelle, n° 23, à Paris (Seine).

Il a réduit le lit à sa plus simple expression, au sommier et à deux dossiers. Le sommier forme le fond du lit en s'agrafant aux dossiers en fer, qui le maintiennent à l'aide de quatre bras. Une mâchoire plate aide à border la couverture. Tout compris, ce lit, simple et solide, ne coûte que 24 francs en 73 centimètres sur 180 centimètres. Les sommiers sont faits par M. Thierry.

Renvoi aux rapports Meubles en métaux. (Métaux. Tome II.)

Citations
favorables.

M. ARONDEL, rue Neuve-Saint-Merry, n° 44, à Paris (Seine).

Il a inventé et a exposé un lit portatif pour campement et voyage : c'est un simple fond de 70 centimètres sur 180 centimètres en treillis matelassé, monté sur deux pliants à brisure. Roulé, il forme un cylindre de un mètre de long et de 28 centimètres de diamètre ; il pèse 10 kilogrammes, savoir : 3 kilogrammes 1/2, laine et crin, 6 kilogrammes 1/2, toile et bois. Ce lit se monte et se démonte avec facilité et en peu d'instants, il offre un coucher doux, sain et solide.

Le jury central cite favorablement M. Arondel.

M. FOYE-DAVENNE, rue Neuve-des-Petits-Champs, n° 63, à Paris (Seine).

Il a exposé un meuble en fer à double brisure pouvant servir de lit, de chaise longue et de fauteuil; ce meuble pèse 25 kilogrammes coûte 75 francs, est garni en laine et crin, et sans offrir de grands avantages, est d'un usage commode.

Les sommiers élastiques présentés par M. Foye-Davenne sont bien conditionnés.

Le jury cite favorablement M. Foye-Davenne.

---

§ 48. POUPONNIÈRE ET BERCELONNETTE.

M. Natalis Rondot, rapporteur.

M. Jules DELBRÜCK, rue Neuve-des-Petits-Champs, n° 97, à Paris (Seine).

Médaille de bronze.

On a cherché des moyens divers pour faciliter à l'enfant l'essai sans danger de ses premiers pas, pour prévenir les chocs et les chutes, et toujours on est revenu à la *lisière* et au *chariot*. Celle-là comprime la poitrine et gêne les mouvements, celui-ci peut produire des déformations, lorsque les jambes de l'enfant, trop faibles ou fatiguées, n'ont pas la force de le soutenir; dans les deux cas, le poids du corps porte sous les aisselles, et c'est au détriment de la santé et de la conformation. La pouponnière de M. Delbrück prévient ces graves inconvénients.

La pouponnière, telle qu'elle est installée dans les crèches de Saint-Gervais et de Sainte-Geneviève, est une corbeille elliptique entièrement close. Soutenues par des colonnettes, garnies d'un filet tendu et espacées de 40 centimètres, deux rampes forment une galerie de promenade; une ouverture donne accès dans le petit salon central; des banquettes à stalles sont adossées au treillage de la rampe. Les enfants, en s'y asseyant, ont devant eux une tablette mobile dont la forme est celle d'un croissant à pointes arrondies, et reçoivent gaiement la becquée de deux berceuses placées dos à dos sur une chaise double, à peu près aux foyers de l'ellipse. L'heure du repas ne se passait jamais dans les crèches sans cris et sans larmes; grâce à la becquée dans le salon de la pouponnière, la bonne humeur des enfants n'est pas altérée. La galerie a plus d'importance : les mailles du filet aident aux premiers pas, les rampes facilitent ensuite la promenade, et, sans danger comme sans ennui, l'enfant peut essayer et développer ses forces.

La pouponnière est la réalisation ingénieuse et utile d'une idée dont la simplicité n'exclut pas le mérite.

Ce meuble de crèche, ainsi que les bercelonnettes, présentés par M. Jules Delbrück et fabriqués par M. Alexis Godillot, ne pouvaient attirer l'attention du jury sous le double rapport de l'invention et de l'exécution industrielles; néanmoins, prenant en considération les bons effets obtenus par leur emploi dans les crèches, et voulant encourager les essais entrepris dans un esprit de bienfaisance, le jury central décerne à M. Delbrück une médaille de bronze.

---

§ 49. PRODUITS DU TRAVAIL DES AVEUGLES.

M. Natalis Rondot, rapporteur.

Médaille
d'argent.

INSTITUTION NATIONALE DES JEUNES AVEUGLES
(M. Dufau, directeur, et M. Guadet, instituteur), boulevard des Invalides, n° 32, à Paris (Seine).

Cette institution, fondée en 1784, par Valentin Haüy, donne aux jeunes aveugles une instruction intellectuelle, musicale et professionnelle, dont l'ensemble comprend huit années d'études. Ce n'est que dans les quatre dernières années que l'instruction industrielle devient réellement sérieuse, surtout pour les élèves qui ont montré peu d'aptitude pour la musique. C'est un apprentissage intelligent qui les prépare à exercer la profession qui les aidera à vivre, ou les rendra utiles dans le sein de leur famille.

Des ateliers de brosserie, d'ébénisterie, de tour, de vannerie, de tissage et de tressage du filet, sont ouverts aux garçons. Les filles apprennent à filer au rouet le chanvre et le lin, à tricoter, à broder au crochet et au métier, à faire des tresses en paille, des ouvrages divers en sparterie, des chaussons à l'aide du métier Fouché, enfin à pailler les chaises.

Ce sont les produits de ces ateliers d'étude, dirigés par d'habiles contre-maîtres, qui ont figuré à l'exposition.

Les objets tournés, les filets de pêche, les brosses communes, quelques tricots, les paniers en vannerie et en sparterie, les chaussons de tresse et les deux pièces de toile, nous ont paru d'un bon travail et d'une régularité qui font honneur à l'habileté et à l'attention de ces pauvres jeunes gens. Ces beaux résultats ont vivement intéressé la commission, qui félicite l'instituteur et les chefs d'atelier de leur direction intelligente, et les élèves-apprentis de leurs laborieux efforts.

L'imprimerie de l'institution a présenté une collection de livres, de partitions, de cartes géographiques imprimées en relief; une expérience journalière a constaté la netteté de ces impressions, et le mérite des systèmes d'écriture, ainsi que de notation musicale, adoptés et dus à M. Louis Braille.

Le jury central décerne une médaille d'argent à l'institution nationale des jeunes aveugles.

M. BARROCHIN, aveugle, aux Quinze-Vingts, à Paris (Seine).

Médailles de 1 rouse.

Il a inventé et exposé un pupitre qui permet aux aveugles d'écrire avec assez de rapidité et de régularité; le mécanisme et la disposition sont ingénieux, et l'usage en est commode. Le guide-main portatif est également bien établi.

MM. Jacques Arago, Augustin Thierry, de Tracy père, le président Boyer, etc., se servent des appareils de M. Barrochin; c'est signaler leur succès.

Le jury central décerne une médaille de bronze à M. Barrochin.

M. Philippe LAVAUX, aveugle, rue de Charenton, n° 38, à Paris (Seine).

Aveugle et fabricant de rateaux, d'échelles et de petite menuiserie, il a établi un outillage composé de quatorze machines-outils diverses. Il cherche à améliorer par le travail la condition des aveugles et des voyants âgés. Ses rateaux, de 2 fr. 50 cent. à 3 fr. 50 cent. les cent dents, sont bien exécutés.

M. Lavaux est un homme industrieux et méritant, que le jury récompense de la médaille de bronze et qu'il recommande à la bienveillance de M. le ministre de l'intérieur.

---

§ 50. CONTRE-MAITRES ET OUVRIERS NON-EXPOSANTS.

M. Natalis Rondot, rapporteur.

Médailles
de bronze.

M. Émile BASSOT, place de l'Oratoire-du-Louvre, à Paris (Seine).

D'abord ouvrier, bientôt petit fabricant, M. Bassot est devenu contre-maître de la manufacture de boutons de MM. Gourdin et compagnie. C'est à lui, nous n'hésitons pas à le dire, que cette maison doit sa réputation et son succès.

Plusieurs voyages en Angleterre ont ajouté à l'expérience de M. Bassot, et son intelligence de la fabrication lui a permis d'apporter aux différentes parties du travail de boutonnerie des perfectionnements ingénieux et utiles; nous nous bornerons à signaler ceux qui ont appelé sur lui l'attention du jury.

Il y a peu de temps encore, il fallait graver une matrice pour chaque combinaison de lettres et d'ornements; M. Bassot a imaginé de faire un alphabet en relief sur des goujons demi-cylindriques, qui permettent toutes les combinaisons possibles. Les deux tranches nécessaires étant accolées et serties, servent à estamper la matrice. Le bouton devant porter souvent une couronne ou des ornements, il y avait lieu d'aviser, pour ce cas, à une autre disposition : M. Bassot fit graver sept paires de matrices à couronne et deux paires à ornements; elles sont percées de deux trous ovales destinés à recevoir des goujons mobiles, sur lesquels est gravé en creux un alphabet en lettres gothiques, de sorte que, avec neuf modèles de fond et une cinquantaine de goujons, on peut faire près de 6,000 combinaisons. Il n'a pas fallu moins d'une année de travail opiniâtre pour réussir à surmonter les difficultés de la trempe et à obtenir pour le sertissage une grande précision.

Enfin, la fabrication de boucles, dont l'ardillon fût solide et d'un mouvement facile, a occupé activement M. Bassot, et il est parvenu à les produire dans d'excellentes conditions.

Cet ensemble de mérites et d'efforts a paru à la commission digne d'être récompensé, et le jury, appréciant comme elle l'intelligence et le zèle de M. Bassot, lui décerne une médaille de bronze.

M. GUILLAUME.

Artiste dessinateur employé chez M. Martin Delacroix, fabricant de toiles cirées, qui reconnaît devoir, à cet habile artiste, le mérite et l'importance de sa fabrication.

Le jury central décerne à M. Guillaume une médaille de bronze.

M. Joseph SCHMIDT, ouvrier corroyeur chez MM. Gillard frères, à Sierck (Moselle).

Comme il a été dit au rapport de MM. Gillard frères, au chapitre Cuirs et peaux (arts divers), le contre-maître J. Schmidt a puissamment contribué à la prospérité de leur établissement, par une suite de service actif et non interrompu, qui, aujourd'hui, n'est pas moindre de 35 ans.

Le jury central décerne, à M. Joseph Schmidt, une médaille de bronze.

FIN DU TOME III.

BIBLIOTHÈQUE NATIONALE IMPRIMÉS. R.F.

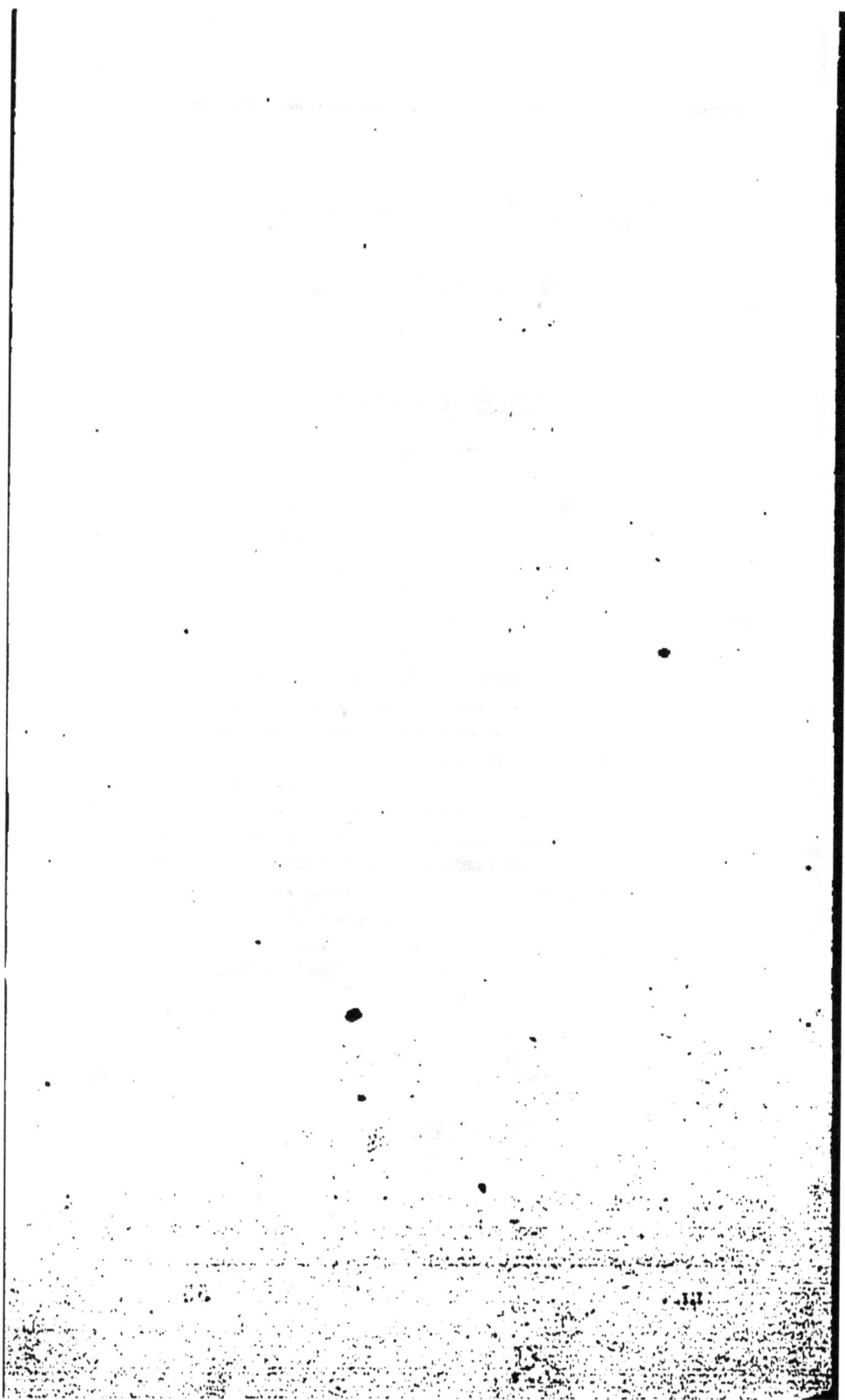

TABLE DES MATIÈRES

CONTENUES DANS LE TOME III.

HUITIÈME COMMISSION.

TISSUS.

NEUVIÈME COMMISSION.

BEAUX-ARTS.

DIXIÈME COMMISSION.

ARTS DIVERS.

FIN DE LA TABLE DU TROISIÈME VOLUME.

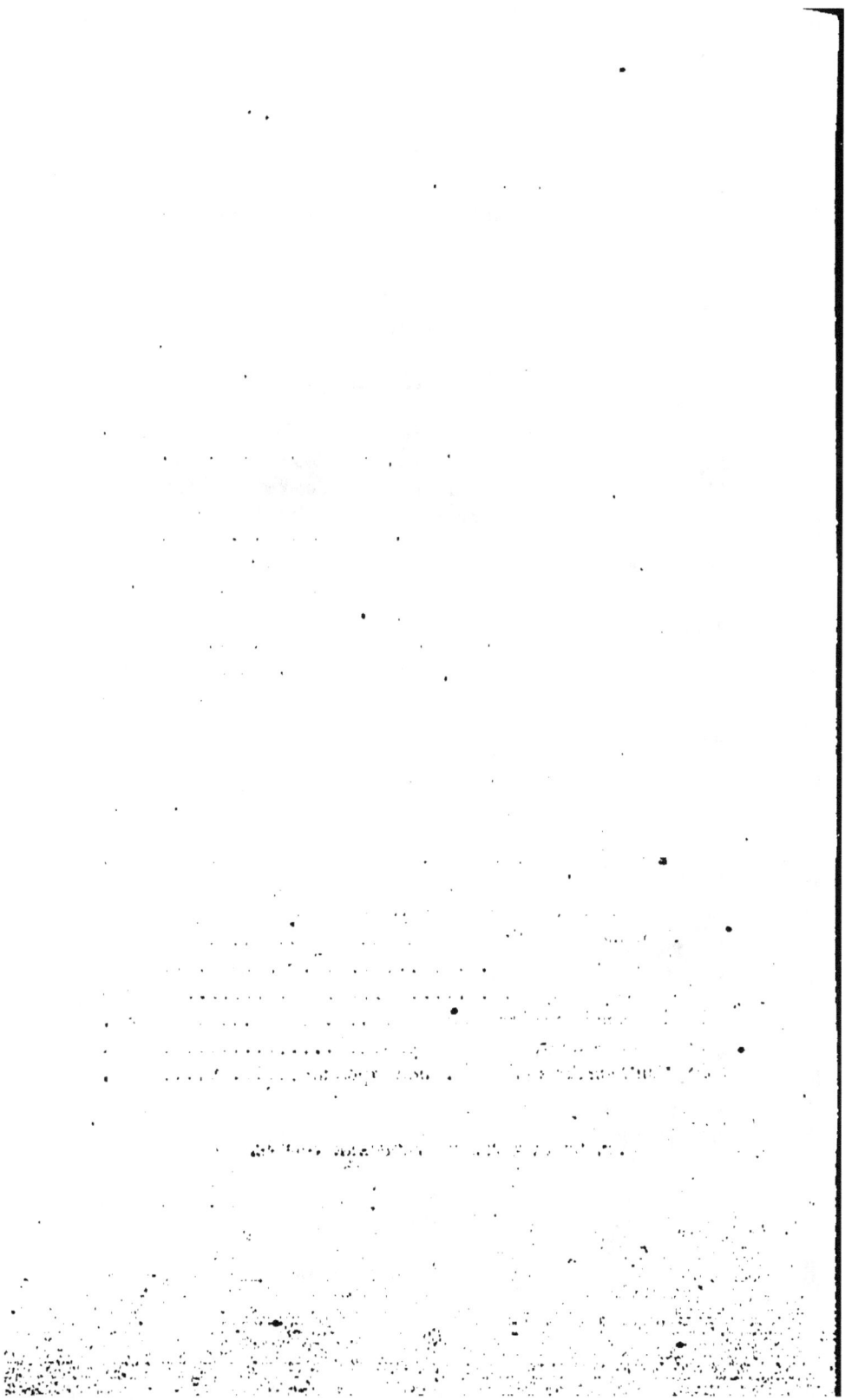

CORRECTIONS

ET ADDITIONS AU TROISIÈME VOLUME.

Pages. Lignes.

57, 5. MM. Poupinel J^{me} et Ern^{est} Guyon, à Paris, *ajoutez:* rue Galande, n° 57.

57, 27. MM. Buffault et Truchon, à Paris, *ajoutez:* rue Thibault-aux-Dés, n° 16.

58, 9. M. Albinet, à Paris, *ajoutez:* rue de la Vieille-Estrapade, n° 19.

58, 29. M. Beudon, à Paris, *ajoutez:* rue Saint-Victor, n° 61.

61, 4. M. Rocher, à Paris, *ajoutez:* rue Saint-Victor, n° 111.

61, 32. Mme Dormoy, à Paris, *ajoutez:* rue Saint-Denis, n° 16.

84, 10. MM. Mourceau et Cie, à Paris, *ajoutez:* rue du Mail, n° 25.

84, 30. M. Eug. Poirrier, à Paris, *ajoutez:* rue du Faubourg-Saint-Denis, n° 151.

85, 19. MM. Mallard et Cie, à Paris, *ajoutez:* rue Beauvau-Saint-Antoine, n° 17.

86, 1. MM. J. Millot et fils, à Paris, *ajoutez:* chemin de Ronde, à Montmartre.

86, 11. M. Th. Georges Morin, à Paris, *ajoutez:* rue Notre-Dame-des-Victoires, n° 32.

87, 1. MM. V. Sabran et Jessé, à Paris, *ajoutez:* rue Saint-Joseph, n° 3.

87, 37. MM. Lambert, Blanchard et Cie, à Paris, *ajoutez:* rue Neuve-Saint-Eustache, n° 36.

88, 20. M. Henri Coignet, à Paris, *ajoutez:* rue des Fossés-Montmartre, n° 6.

89, 3. M. Frédéric Dreyfous, à Paris, *ajoutez:* rue du Sentier, n° 18.

89, 20. M. Pagès-Baligot, à Paris, *ajoutez:* rue Martel, n° 5 bis.

90, 9. M. François Croce, à Paris, *ajoutez:* rue de Charonne, n° 165.

90, 23. M. Dauphinot-Baligot, à Paris, *ajoutez:* rue des Vinaigriers, n° 28.

91, 14. M. Alexandre Cocu, à Paris, *ajoutez:* rue du Faubourg-du-Temple, n° 56.

91, 21. M. Aubeux, à Paris, *ajoutez:* rue et impasse de l'Orillon, n° 6.

91, 29. M. Gustave Hess, à Paris, *ajoutez:* rue du Faubourg-Saint-Martin, n° 62.

97, 8. M. Frédéric Hébert, à Paris, *ajoutez:* rue du Mail, n° 13.

97, 22. M. Gaussen jeune, Fargeton et Cie, à Paris, *ajoutez:* rue Vide-Gousset, n° 2.

98, 14. M. Arnould, à Paris, *ajoutez:* rue des Fossés-Montmartre, n° 7.

Pages. Lignes.

98, 29. M. P. Th. Pascal-Fortier, à Paris, *ajoutez* : rue Neuve Saint-Eustache, n° 36.

99, 10. MM. Duché aîné et Cie, à Paris, *ajoutez* : rue des Petits-Pères, n° 1.

101, 6. MM. Boas frères et Cie, à Paris, *ajoutez* : rue Vide-Gousset, n° 4.

101, 20. MM. G. Chambellan et Cie, à Paris, *ajoutez* : rue des Fossés-Montmartre, n° 8.

101, 35. M. Joseph Debras, à Paris, *ajoutez* : rue des Fossés-Montmartre, n° 19.

102, 11. M. Fouquet aîné, à Paris, *ajoutez* : rue des Fossés-Montmartre, n° 10.

102, 21. MM. Lion frères, à Paris, *ajoutez* : place des Petits-Pères, n° 9.

102, 32. MM. Boutard, Vignon et Cie, à Paris, *ajoutez* : rue des Fossés-Montmartre, n° 21.

103, 11. M. Junot, à Paris, *ajoutez* : rue Neuve-Saint-Eustache, n° 6.

103, 26. MM. Dachès et Duverger, à Paris, *ajoutez* : rue Neuve-Saint-Eustache, n° 7.

104, 1. M. Charles Chinard fils, à Paris, *ajoutez* : rue de Cléry, n° 9.

104, 9. MM. Bonfils, Michel, Souvrax et Cie, à Paris, *ajoutez* : rue des Fossés-Montmartre, 3.

104, 26. MM. Nourtier et Cie, à Paris, *ajoutez* rue des Fossés-Montmartre, n° 2.

104, 32. MM. Fabart et Cie, à Paris, *ajoutez* : rue des Fossés-Montmartre, n° 23.

105, 4. MM. Rosset et Normand, à Paris, *ajoutez* : rue Feydeau, n° 32.

105, 11. MM. Bouteille frères, à Paris, *ajoutez* : rue de la Feuillade, n° 4.

105, 15. MM. Geoffroy et Chanel, à Paris, *ajoutez* : rue Neuve-Saint-Eustache, n° 44.

156, 7. M. Savouré, à Paris, *ajoutez* : rue de Béthisy, n° 11.

157, 23. M. Braconnier, à Paris, *ajoutez* : rue Chanoinesse, n° 16.

200, 19. M. Duranton, à Paris, *ajoutez* : rue de la Banque, n° 18.

230, 8. MM. Siredey et Billehault, à Paris, *ajoutez* : rue Saint-Ambroise, n° 3 *ter*.

230, 16. M. P. L. Candlot, à Paris, *ajoutez* : rue Saint-Pierre-Popincourt, n° 6.

231, 1. M. J.-E. Thouvenin, à Paris, *ajoutez* : rue d'Argenteuil, n° 42.

231, 9. M. Charles Vincourt, à Paris, *ajoutez* : rue Rambuteau, n° 27.

270, 23. MM. Delamorinière, Gonin et Michelet, à Paris, *ajoutez* : quai de Béthune, n° 2.

276, 17. MM. Cordier et Kaindler, à Paris, *ajoutez* : rue d'Enghien, n° 13.

282, 6. MM. Deny-Doisneau et Braquenié, à Paris, *ajoutez* : rue Vivienne, n° 16.

— 877 —

Pages. Lignes.

282, 15. M. Sallandrouze, à Paris, *ajoutez* : rue Taitbout, n° 21.

283, 4. Mme Dennebecq, à Paris, *ajoutez* : rue des Récollets, n° 8.

299, 26. Mlle Foulquier et Cie, à Paris, *ajoutez* : rue Hautefeuille, n° 20.

300, 29. M. A. Person, à Paris, *ajoutez* : rue Montmartre, n° 95.

301, 6. M. A. G. Pramondon, à Paris, *ajoutez* : rue du Faubourg-Poisson-nière, n° 29.

301, 29. M. J. Hennecart, à Paris, *ajoutez* : rue de l'Échiquier, n° 30.

408, 27. M. Meyard, *lisez* : M. Meynard.

440, 32. M. Beleugey, *lisez* : M. Beleurgey.

582, 15. La réputation de leur fabrique, *lisez à la suite* : leur confirme la médaille.

688, 20. Et pour corroyeurs, *lisez* : et pour cordonniers.

699, 18. MM. Cabriol et Blanchard, *lisez* : MM. Cabirol et Blanchard.

718, 31. A reporter, 1,975,000, *lisez* : 1,275,000.